主动式和被动式阻尼减振技术

Active and Passive Vibration Damping

[美]Amr M. Baz 著

舒海生 黄国权 牟 迪 张 雷 徐用椿 王笑天 译

国防工业出版社

·北京·

著作权合同登记　图字:军-2020-043 号

图书在版编目（CIP）数据

主动式和被动式阻尼减振技术/(美)阿姆鲁·M. 巴兹(Amr M. Baz)著;舒海生等译. —北京:国防工业出版社,2022. 3

书名原文:Active and Passive Vibration Damping

ISBN 978-7-118-12362-3

Ⅰ. ①主…　Ⅱ. ①阿…　②舒…　Ⅲ. ①阻尼减振—研究　Ⅳ. ①O328

中国版本图书馆 CIP 数据核字(2022)第 031338 号

※

国防工業出版社出版发行

(北京市海淀区紫竹院南路 23 号　邮政编码 100048)

三河市腾飞印务有限公司印刷

新华书店经售

*

开本 710×1000　1/16　**插页** 13　**印张** 45¾　**字数** 860 千字

2022 年 3 月第 1 版第 1 次印刷　**印数** 1—1500 册　**定价** 239.00 元

(本书如有印装错误,我社负责调换)

国防书店:(010)88540777　书店传真:(010)88540776

发行业务:(010)88540717　发行传真:(010)88540762

前　言

本书主要阐述主动式和被动式阻尼减振技术的基本原理和应用领域，较为全面地覆盖了与各种阻尼减振技术相关的物理原理、控制理论以及最优设计策略等内容。全书以引入智能材料来改进和增强被动式阻尼减振性能为核心主线，进行了深入的剖析。

借助合适的减振技术对结构进行振动控制是一个非常重要的研究领域，与此相关的各种动力学行为需要我们深刻地去认识和理解，这也是本书最重要的一个目标。在撰写本书时，我尽量以简洁但不失全面性的方式对相关理论基础加以介绍，并将侧重点放在黏弹性阻尼材料方面，揭示如何以被动方式和主动方式去调控此类材料的能量耗散特性。在撰写本书的这些年中，我一直从事被动式和主动式振动噪声控制方面的教学工作，同时也在这些领域进行科学研究。这些研究工作极大地丰富了我的教学内容，加深了我对这些领域的理解。事实上，我已经尝试着将相关的理论和工程实际结合起来，使得学生们和工程技术人员能够更好、更深刻地认识、理解并应用这些振动控制技术。在这一方面，我认为阿尔伯特·爱因斯坦的论述可以为我们提供良好的启示：

“为什么这一应用科学虽然能够为我们的生活和工作带来诸多益处，但是我们却从中感受不到多少快乐呢？其实答案很简单：因为我们还没有学会如何真正合理地善用它。”

因此，在本书中我已经有意识地将相关理论与各种应用场景有机结合起来，讨论了多种多样的应用实例，并进行了相当细致的计算机仿真分析，从而使得相关理论的实现更为真实，也更具实用性。

全书由 12 章组成，可以划分为两个部分。第Ⅰ部分主要阐述的是阻尼减振的基本原理，包括了 6 章内容，第Ⅱ部分主要讨论了各类先进的阻尼减振技术，同时也包括在不同结构系统中的应用分析。

在第Ⅰ部分中：第 1 章针对被动式和主动式阻尼减振这一领域做了概述；第 2 章考察了黏弹性阻尼材料的经典模型；第 3 章给出了频域和时域中黏弹性材料的一些重要表征方法；第 4 章针对黏弹性材料探讨了一些先进的建模技术，包括 Prony 级数方法、Gloa-Hughes-MacTavish 方法、增强热力学场方法以及分数阶导数法，通过有限元方法并借助上述这些技术手段，我们就可以在时域和频域中为带有黏弹性材料的结构的动力学行为进行建模；在第5章中，采用模态应变能来评价和预测带有阻尼材料的结构的模态损耗因子，并据此考察了此类结构的最优设计问题；第6章主要阐述了各种构型的被动式和主动式阻尼处理方案，分析了它们对杆、梁和板等重要结构物的能量耗散特性。

在第Ⅱ部分中：第7章介绍了被动式和主动式约束层阻尼处理技术在梁、板和壳等结构物方面的应用；第8章考察了各种先进的阻尼处理方案的建模问题，例如垫高型、功能梯度型、主动式压电阻尼复合结构型以及磁阻尼型等；在第9章和第10章中，分别讨论了压电分流和周期性设计问题，将这两种处理方案视为无阻尼型振动抑制技术，它们的行为特性类似于传统的阻尼处理技术，并且还具有可调功能；第11章主要介绍了一系列被动式和主动式纳米颗粒阻尼复合结构；第12章则考察了阻尼结构系统中的功率流这一问题。

在本书中，给出了非常丰富的数值算例，目的是加深读者对相关理论的理解，同时也为他们提供了有益的训练实例，使得他们可以更好地掌握相关技术以满足主动式和被动式振动抑制系统的设计与实现要求。这些数值算例都可由相关的MATLAB软件模块来运行，显然，对于振动抑制系统的设计人员来说，这无疑有助于他们尽快地将相关理论应用到各种不同的实际问题之中。

此外，在本书的每一章后面还给出了很多供思考的问题，它们覆盖了与阻尼减振技术相关的理论分析、设计和应用等各个方面。

可以看出，本书所涵盖的内容是相当广泛的，正是因为这一点，我认为本书非常适合于对振动抑制技术领域感兴趣，并希望能够获得更深入认识的高年级本科生、研究生、科研人员以及工程技术人员。相信本书所给出的丰富内容一定能够帮助上述读者群体更快捷地获得这一技术领域的相关知识，并能够针对大量实际场合做出正确而有效的分析、设计、优化和应用。

可以说，如果没有众多学生、同事和朋友们的鼎力支持，很难想象本书能够顺利地完成，他们所做出的贡献在全书的字里行间都是清晰可见的。在这里，我要特别向埃及开罗Ain Shams大学的Wael Akl教授和Adel Al Sabbagh教授表示感谢，感谢他们为本书做出的巨大的贡献。我也要感谢沙特阿拉伯King Saud大学的Osama Aldraihem教授，感谢他多年来的合作以及对本书第11章所做出的工作，同时还要感谢的是佐治亚理工学院的Massimo Ruzzene教授，多年以来我们的合作取得了丰硕的成果。

此外，我也应当感谢我的同事们和以往的学生们，他们在主动振动抑制方面进行了大量的工作,这些朋友包括:海军水面作战中心(NSWC)中心的 Mohamed Raafat 博士和 Soon-Neo Poh 博士,台湾 Da-Yeh 大学的 Jeng-Jong Ro 教授,NSWC 中心的 Tung Huei Chen 博士,韩国机器人产业促进协会(KIRIA)的 Chul-Hue Park 博士,NASA-Goddard 的 Charles Kim 博士,中国浙江天台良信有限公司的 Zheng Gu 博士,开罗军事技术学院的 Jaeho Oh 和 Adel Omer 博士,Northrop Grumman 公司的 Ted Shields 博士,NRL 的 Peter Herdic 博士,空军部副部长 William Laplante 博士,印度 Kharagpur 的印度理工学院的 Ray Manas 教授,开罗美国大学的 Mustafa Arafa 教授,Kuwait 大学的 Mohammed Al-Ajami 教授,开罗大学的 Mohamed Tawfik 教授,NSWC 的 Mary Leibolt 博士,纽约州立大学 Buffalo 分校的 Mostafa Nouh 教授和 John Crassidis 教授。以往的学生 Atif Chaudry 先生(美国专利局)和 Giovanni Rosannova 先生(NASA Wallop)在主动式和被动式阻尼振动抑制方面也做出了一些工作,在此一并向他们表示谢意。

需要着重指出的是,我在主动振动抑制方面的研究工作曾受到了陆军研究局(ARO)(Gary Anderson 博士是技术监督)、海军研究所(ONR)(Kam Ng 博士是技术监督)以及利雅得 King Abdulaziz 科技城主席(KACST)Turki S. Al-Saud 博士等的资助。没有他们的支持、信任和帮助,相关研究工作是难以顺利进行的。

当然,我还要感谢马里兰大学的诸多管理人员为我提供了非常优越的学术环境,使得我可以潜心从事自己的专业研究,也包括本书的撰写工作。这些管理人员包括:美国国家工程院(NAE)院长 Dan Mote,罗切斯特理工学院(RIT)院长 William Destler,斯蒂文森科技学院院长 Nariman Farvardin,马里兰大学(UMD)院长 Wallace Loh,工程系主任 Darryll Pines,Davinder Anand 教授,机械工程系前主任 William Fourney 教授,工程系副院长 Avi Bar-Cohen 教授,现任机械工程系主任 Balakumar Balachandran 教授等。他们不仅具有非常丰富的专业经验,而且还非常友好,这些都使我受益匪浅。

最后,我想表达的是,撰写本书是非常令人愉快的,这与我挚爱的妻子和两个优秀的孩子是分不开的,他们竭尽所能为我提供了持续的支持。我想,他们都是我真正的朋友和英雄。

Amr M. Baz

2018 年 12 月于马里兰大学,大学园区

主要符号表

符号	含义	单位
a	板的边长	m
a	小波的伸缩尺度参数	—
	面积	m^2
$\boldsymbol{A}$	磁势	A
A_{ATF}	ATF 模型的亲和系数($= -\partial f_{ATF}/\partial z$)	$N \cdot m^{-2} \cdot K^{-1}$
$\boldsymbol{A}_r^*$	组分相 r 的富集因子	—
b	板的边长	m
b	小波的平移参数	s
$\boldsymbol{B}$	输入的状态空间矩阵	—
B	磁感应强度	T
$B_{,0}^*$	被动式处理方式中的复特征长度	m
B_0	磁通密度	T
B_F	结构的电纳矩阵	m/(N · s)
B_r^*	组分相 r 的富集因子	—
c	声速	m/s
c_c	临界阻尼系数($= 2\sqrt{km}$)	N · s/m
c_d	耗散元件的阻尼系数	N · s/m
$\boldsymbol{c}^*$	复刚度矩阵	N/m^2
$\boldsymbol{c}_r^*$	组分相 r 的复刚度矩阵	N/m^2
$\boldsymbol{C}$	测得的状态空间矩阵	—
C	电容	F
C_G	控制参数	—
C^S	自由应变时的电容	F
C^T	自由应力时的电容	F
d_{ij}	由 k 方向上施加的电场所产生的 i 方向和 j 方向上的压电应变常数	m/V
D	一个完整的振动周期内黏弹性材料耗散掉的能量	N · m

续表

符号	含义	单位
D	传递函数的分母	—
D	纳米粒子的直径	m
D_a	整个三明治梁的中性轴到压电作动器的距离	m
D_i	i 方向上的电位移	C/m^2
D_t^*	复弯曲刚度（ $=D_t(1+i\eta_B)$ ）	N/m^2
$\boldsymbol{D}_i$	将应力矢量和应变矢量关联起来的刚度矩阵	N/m^2
e	电子电荷（ $=1.60217662\times10^{-19}C$ ）	C
e	功率流误差	Nm/s
e_{31}	压电电荷/应变常数（ $=d_{31}/s_{11}^E$ ）	$m^3/(N\cdot V)$
E	杨氏模量	N/m^2
E_i	i 方向上的电场强度	V/m
E_n	总能量（=PE+KE）	N·m
$E(t)$	松弛模量	N/m^2
E'	储能模量	
E''	耗能模量	
E^*	复松弛模量	
E_o	平衡模量	
E_i	松弛强度	
E_∞	GMM 的瞬时模量（无松弛或高频弹性模量）	
E_iA_i	纵向刚度	N
E_iI_i	弯曲刚度	$N\cdot m^2$
EQ	弹性模量与面积矩的乘积	$N\cdot m^2$
f	频率	rad/s,Hz
f_{ATF}	ATF 模型的亥姆霍兹自由能密度	N/m^2
F	力	N
F_c	控制力	N
F_m	磁力	N
$\boldsymbol{F}$	力和力矩矢量	N,N·m
g	约束阻尼处理中的剪切因子	—
g_{31}	压电电压常数（ $=d_{31}/\varepsilon_{33}$ ）	m/V

续表

符号	含义	单位
G'	剪切储能模量	N/m^2
G''	剪切耗能模量	
G^*	复剪切模量	
G_F	结构电导矩阵	m/(N·s)
h	层的厚度	m
h_P	普朗克常数($= 6.626 \times 10^{-34}$)	m^2kg/s
$\boldsymbol{H}$	磁场强度	A/m
i	虚数单位($= \sqrt{-1}$)	—
I	截面惯性矩	m^4
I	性能指标	—
$\boldsymbol{I}$	电流密度	A/m^2
$\boldsymbol{I}_{x,y}$	结构声强	N·m/(sm)
J^*	复蠕变柔量	m^2/N
J_j	延迟强度	N/m^2
$\hat{J}(i\omega)$	蠕变柔量的傅里叶变换	m
J	性能指标	—
$\boldsymbol{J}$	雅可比矩阵	—
K,k	刚度	N/m
$K_{d,p}$	微分和比例控制器的增益	—
$\boldsymbol{K}_{geo}^{e}$	单元几何矩阵	—
K_g	控制器的增益	—
$K_{v,D}$	速度(或微分)反馈控制器的增益	N·s/m
k_{31}^2	机电耦合因子	—
k_B^*	弯曲波复波数($=(m\omega^2/D_t^*)^{1/4}$)	1/m
k_r	微分和比例控制增益之比	—
$k_{x,y}$	x 和 y 方向上的波数	1/m
$k_{r,i}$	实波数和虚波数	1/m
$\bar{k}$	无量纲波数($= B_0 k$)	—
$\boldsymbol{K}$	刚度矩阵	N/m
$\boldsymbol{K}_{e,s}$	弹性刚度矩阵和结构刚度矩阵	N/m

续表

符号	含义	单位
$\boldsymbol{K}_{\mathrm{I,R,v}}$	虚刚度矩阵、实刚度矩阵和黏弹性刚度矩阵	N/m
l_s	样件厚度	m
L	长度,拉普拉斯变换,拉格朗日函数	
L	电感	H
L_{ATF}	ATF 模型的比例常数	$\mathrm{m^2K^2/(N \cdot s)}$
$\bar{L}$	无量纲形式的电感($=L/R^2C^S$)	—
M,m	质量,电子质量	kg
$M_{\mathrm{c,e}}$	控制力矩和外部力矩	N·m
$\boldsymbol{M}$	磁化强度	A/m
$M_{x,y}$	x 和 y 方向上的力矩	N·m
M_{ij}	i-j 平面内的扭矩	
$\boldsymbol{M}$	质量矩阵	kg
$\boldsymbol{Mg}$	整体磁化矢量	A/m
N	振荡项数量,有限单元数量,分子	—
$N_{ix},N_{i\theta}$	纵向力和切向力	N
N_{px}	x 方向上的纵向压电控制力	
$N_{x,y}$	x 和 y 方向上的法向力	
N_{ij}	i-j 平面内的剪力	
$\boldsymbol{N}$	有限元模型的形函数	—
p_i	单位长度上的法向内力	N/m
P	轴向载荷	N
P_F	有功功率($=\mathrm{Re}[S_P]$)	N·m/s
$P_{Fi,Fr}$	瞬时有功功率和参考有功功率	
$\boldsymbol{q}$	模态位移矢量	m·rad
q_i	单位长度上的外部作用力(体力)	N/m
$\boldsymbol{q}_{i,r}$	虚模态位移矢量和实模态位移矢量	—
Q	电荷	C
Q_{F}	无功功率($=\mathrm{Im}[S_P]$)	N·m/s
$Q_{x,y}$	x 和 y 方向上的剪力	N
r	缩放后的衰减因子	—

续表

符号	含义	单位
R	壳的半径	m
R	电阻	Ω
R_a	填料粒子上的电阻	
R_c	两个填料粒子间的接触电阻	
$\boldsymbol{R}_n$	n 个非零特征值对应的特征矢量矩阵	—
ΔR	导电聚合物压电电阻的变化	Ω
$\boldsymbol{R}_{\mathrm{i}}$	旋转矩阵	—
s	拉普拉斯复变量	rad/s
s	相邻纳米粒子的间距	m
s_{11}^{D}	方向 1 上的顺度（常值电位移 D 条件下）	m^2/N
s_{11}^{E}	方向 1 上的顺度（常值电场 E 条件下）	
s^{SH}	分流网络的顺度	
$\boldsymbol{s}^*$	总顺度	
$\boldsymbol{s}_r^*$	第 r 个组分相的顺度	
$\boldsymbol{S}^*$	Eshleby 应变张量	—
$\boldsymbol{S}_{\mathrm{an}}^{\mathrm{e}}$	单元的磁刚度矩阵	N/m
S_P	复振动功率	N · m/s
t	时间	s
T	温度	℃
	动能	N · m
$T(t)$	时间 t 的函数	—
T_c	内部的轴向拉力	N
T_i	沿着 i 方向作用于压电单元上的应力	N/m^2
T_g	玻璃转变温度	℃
$\boldsymbol{T}$	转换矩阵	—
$\boldsymbol{T}_k$	第 k 个单元的传递矩阵	—
$\boldsymbol{T}_r^*$	稀释浓度矩阵	—
u,v,w	x、y 和 z 方向上的位移	m
$\hat{u}(x,\omega)$	$u(x,t)$ 的傅里叶变换	m · s
U	势能	N · m

续表

符号	含义	单位
v, v_f	体积百分数	—
$V_{c,s}$	控制电压和传感电压	V
$V_{x,y}$	x 和 y 方向上的剪力	N
W	黏弹性材料耗散的能量	N·m
$W(x)$	关于空间坐标 x 的函数	—
$W_{D,e}$	耗散掉的能量和弹性能	N·m
W_n	标称能量	
W_{piezo}	压电层做的功	
$\boldsymbol{W}_r^*$	稀释浓度矩阵	—
$\Delta W_{\mathrm{a,p}}$	主动式阻尼和被动式阻尼耗散掉的能量	N·m
$\Delta W_{\mathrm{unconstrained}}$	无约束阻尼耗散掉的能量	
x,y,z	空间位置坐标	m
x_e	约束阻尼层处理的“剪切长度”	
X	电抗	Ω
$\boldsymbol{X}$	状态矢量	—
Y	约束阻尼处理的几何因子	—
Y^D	常值电位移 D 条件下的电学导纳	mho
Y^{EL}	电学导纳	mho
Y_{F}	机械导纳	m/(s·N)
Y^{SH}	电学分流导纳	mho
z_i	黏弹性材料的第 i 个内部自由度	—
Z^{EL}	电学阻抗	Ω
$\bar{Z}^{\mathrm{EL}}$	无量纲形式的电学阻抗($= Y^D/Y^{\mathrm{EL}}$)	—
$(Z^{\mathrm{ME}})^D$	常值电位移条件下的机械阻抗	N·s/m
Z^{ME}	机械阻抗	
$(Z^{\mathrm{ME}})^{\mathrm{SH}}$	带电学分流的机械阻抗	
$\bar{Z}^{\mathrm{ME}}$	无量纲形式的机械阻抗($=(Z^{\mathrm{ME}})^{\mathrm{SH}}/(Z^{\mathrm{ME}})^D$)	—

希腊符号表

符号	含义	单位
α	分数阶导数的阶次	—
α	衰减因子	dB/m
α_n	GHM 模型中第 n 个振荡项的增益	—
α_T	温度移位因子	—
β_i	GMM 的第 i 个相对模量	—
β	加权刚度矩阵方法(WSM)的权重参数	—
γ	剪应变,局部化因子,拉梅常数	—
$\gamma_{a,p}$	主动式和被动式处理下的剪应变	—
γ_{ATF}	ATF 模型的等效模量	$N/(m^2 \cdot K^2)$
$\Gamma(n)$	伽马函数	—
$\langle\Gamma\rangle$	平均方位角	rad
δ	阻尼引发的相位移动($\eta = \tan\delta$)	rad
δ_{ATF}	力学位移和增强热力学场之间的耦合项	$N/(m^2 \cdot K)$
Δ	体积膨胀量	—
Δ_{ATF}	ATF 模型的松弛强度	—
$\boldsymbol{\Delta}$	位移矢量	m · rad
ε	应变	—
$\bar{\varepsilon}$	分数阶导数方法中的应变函数	—
ε^A	施加的应变	—
ε^C	约束应变	—
ε^T	转换后的均匀应变	—
ε_{33}^T	方向 3 上的介电常数	F/m
$\hat{\varepsilon}(\omega)$	应变 $\varepsilon(t)$ 的傅里叶变换	s
$\bar{\boldsymbol{\varepsilon}}_r$	组分相 r 中的平均应变场	—
$\boldsymbol{\varepsilon}^0$	均匀弹性应变	—
ζ	阻尼比	—

续表

符号	含义	单位
ζ_n	GHM 模型中第 n 个振荡项的阻尼比	—
	第 n 个振动模态的阻尼比	—
η	损耗因子	—
η_n	第 n 个模态的损耗因子	—
η_v	黏弹性材料的损耗因子	—
θ	欧拉角	rad
κ	曲率	1/m
λ	时间常数（$\lambda = c_d/E_s$）	s
λ_B	弯曲波波长	m
Λ	非零特征值	rad/s
μ	摩擦系数，传播参数，拉梅常数（$=G$）	N/m^2
μ_0	真空磁导率（$=4\pi\times10^{-7}$）	$T\cdot m/A^{-1}$
μ_r	磁性介质的相对磁导率	H/m
ρ	密度	kg/m^3
ρ	电阻率	$\Omega\cdot m$
ρ_i	松弛时间常数	s
ρ_{ATF_i}	ATF 模型的松弛时间常数	s
σ	应力	N/m^2
$\bar{\boldsymbol{\sigma}}_r$	组分相 r 内的平均应力场	
$\boldsymbol{\sigma}^0$	均匀弹性应力	
τ	时间常数	s
τ_d	黏弹性材料中的耗散剪应力	N/m^2
τ_j	延迟时间	s
τ_{ij}	i-j 平面内的剪应力	N/m^2
υ	泊松比	—
ϕ	压电单元将电压转换为力的转换比（$=-d_{31}A/(s_{11}^E L)$）	N/V
ϕ	欧拉角	rad
ϕ	相邻粒子间的势垒高度	eV
ϕ_n^*	第 n 个复模态	—
$\phi_{n_{i,r}}$	第 n 个模态的虚部和实部	—

续表

符号	含义	单位
Φ	磁通量	W · b
$\boldsymbol{\Phi}$	模态矩阵	—
Ψ	垫高层的剪应变	rad
$\Psi(t)$	小波函数	—
ω	频率	rad/s
ω_n	固有频率	
	GHM 模型第 n 个振荡项的频率	
ω_r	简化频率($=\alpha_T\omega$)	
ω^*	阻尼处理的无量纲长度($=L/B_0$)	—
Ω	黏弹性材料的无量纲频率($=\sqrt{mh_1/G}\omega$)	—
	电阻分流的无量纲频率($=RC^S\omega$)	—

下标含义表

符号	含义
0	初始值
d	耗散值
e	电学域
f	摩擦
H	滞回特性
i	入射波
o	总体的
p	并联的,压电的
r	反射波
s	弹性固体,串联的
sf	应变自由的
stf	应力自由的
S	结构的
t	透射的
v	黏性的

上标含义表

符号	含义
*	复共轭
D	常值电位移
E	常值电场
s	常值应变
T	转置

运算符表

符号	含义
$\lvert\cdot\rvert$	绝对值
$\lVert\cdot\rVert$	范数
$[\cdot]^{-1}$	对括号内的矩阵求逆
$[\cdot]^{\mathrm{T}}$	对括号内的矩阵进行转置
$\frac{\mathrm{d}}{\mathrm{d}x}(\cdot)$	对 x 求微分
$\frac{\partial}{\partial x}(\cdot)$	对 x 求偏微分
$(\dot{\cdot}) = \frac{\mathrm{d}}{\mathrm{d}t}(\cdot)$	对时间的一阶导数
$(\ddot{\cdot}) = \frac{\mathrm{d}^2}{\mathrm{d}t^2}(\cdot)$	对时间的二阶导数
$\delta(\cdot)$	对括号内的量求变分
$\mathrm{Re}(\cdot)$	实部
$\mathrm{Im}(\cdot)$	虚部

缩略语

ACLD:主动式约束层阻尼
APDC:主动式压电阻尼复合结构
ATF:增强热力学场
BVP:边值问题
CLD:约束层阻尼
DMTA:动态热机械分析
DOF:自由度
DPM:分布参数模型
EAP:电活性聚合物
EDT:工程阻尼处理
EMDC:电磁阻尼复合结构
FD:分数阶导数
FEM:有限元方法
FFT:快速傅里叶变换
FGM:功能梯度材料
GHM:Golla-Hughes-MacTavish 模型
G-L:Grunwald-Letnikov 方法
GMC:通用单胞模型方法
HTM:Halpin-Tsai 方法
IDOF:黏弹性材料的内部自由度
IRS:改进的系统缩聚方法
KE:动能
LFA:低频近似方法
LMS:最小二乘法
MCLD:磁约束层阻尼
MDR:模态阻尼比
MMA:移动渐近线方法

MR:磁流变液

MSE:模态应变能

MTM:Mori-Tanaka 方法

MWCNT:多壁碳纳米管

NSC:负刚度复合结构

OC:开路

P. E. :势能

PCLD:被动式约束层阻尼

PVDF:聚偏氟乙烯

PZT:锆钛酸铅

R-L:Reimann-Liouville 方法

RVE:代表性体积单元

SAFE:半解析有限元方法

SC:短路

SCM:自洽方法

SHPB:分离式霍普金森压杆

SOL:垫高层

TTS:时-温叠加

VAMUCH:针对单胞匀质化的变分渐近方法

VEM:黏弹性材料

WLF:Williams-Landel-Ferry 公式

WSM:加权刚度矩阵方法

WSTM:加权储能模量方法

目　录

第Ⅰ部分　黏弹性阻尼减振的基础知识

第Ⅱ部分 先进的阻尼处理技术

第 I 部分

黏弹性阻尼减振的基础知识

第1章　阻尼减振

1.1　概　　述

对于一些关键结构物和结构零部件来说，为了降低其振幅、抑制有害的共振行为以及避免早期疲劳失效现象的发生，一个基本的技术手段就是对它们进行振动控制。事实上，考虑到一些大型轻质结构的迫切需求，在当代大多数结构设计过程中引入这种或者那种形式的振动控制措施，已经变得相当常见了。正是由于纳入了此类振动控制系统，才使得相关结构的性能能够满足诸多严苛的要求，从而可以作为“安静”而稳定的平台，用于制造、通信、观测以及运输等多种工作场合。

1.2　被动式、主动式和混合式振动控制

多年以来，人们已经提出了各种不同形式的被动式、主动式和混合式振动控制方法，其中采用了各种各样的结构设计形式、阻尼材料、主动控制策略、作动器以及传感器。在这些技术方法中，被动式、主动式和混合式阻尼减振是比较典型的。

这里必须清醒地认识到，被动式阻尼减振对于高频激励情况是非常有效的，而主动式阻尼减振则可用于控制低频振动。此外，为了能够有效抑制较宽频带内的振动水平，一般需要借助混合式阻尼减振措施。各种阻尼处理方法的工作范围如图1.1所示。

1.2.1　被动式阻尼减振

人们就已经采用被动式阻尼减振措施成功地抑制了各类结构物的振动水平，从简单的梁结构到复杂的空间结构，都已经有了对应的应用实例。被动式阻尼减振措施是多样化的，下面对其中的一些典型措施进行介绍。

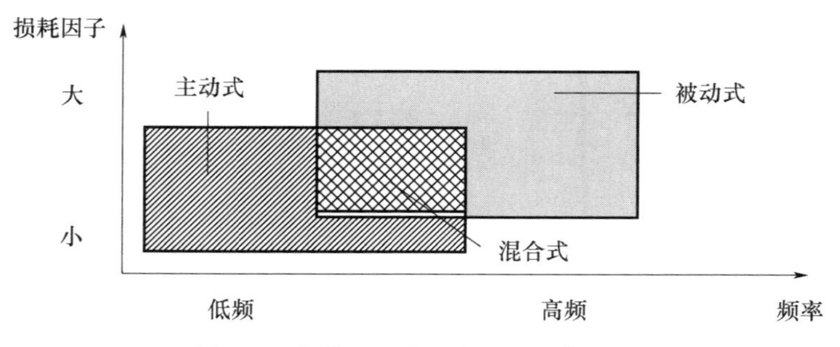

图 1.1　各种阻尼处理方法的工作范围

1.2.1.1　自由阻尼层和约束阻尼层

自由阻尼层和约束阻尼层这两种减振措施的工作机制都在于借助黏弹性材料(Viscoelastic Material,VEM)吸收振动结构的能量,如图 1.2 所示。在自由阻尼层减振方法中,振动能量主要通过黏弹性材料的伸缩变形来耗散,而在约束阻尼层减振措施中,振动能量更多的是通过黏弹性材料的剪切变形耗散的(Nashif 等人,1985)。

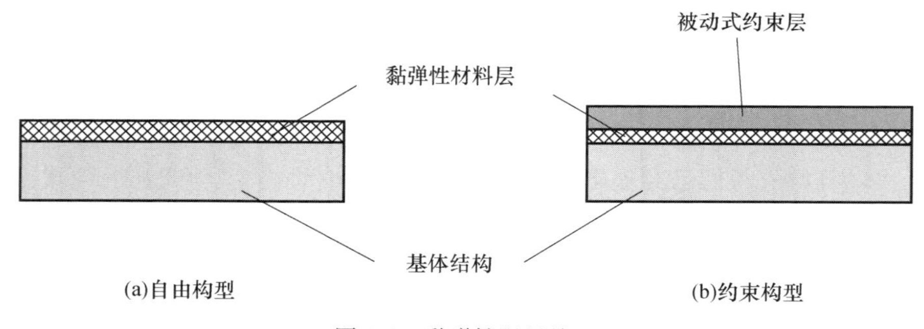

图 1.2　黏弹性阻尼处理

1.2.1.2　压电分流方法

压电分流方法是将压电片(或膜)粘贴到振动结构上,从而可以把振动能量转化成电能,所产生的电能会进一步在一个分流电路中耗散,如图 1.3 所示。只需合理地调定该分流电路,就可以实现能量耗散性能的最优化(Lesieutre,1998)。这些电路通常是由电阻、电感和(或)电容组成的。压电分流方法也有其他实现形式,例如 Aldraihem 等人(2007)所给出的具有分流压电夹杂的黏弹性聚合物复合材料。

1.2.1.3　带有压电分流的阻尼层

在这一方法中,振动结构上粘贴了一个黏弹性材料层,然后设置了一块压电片(或膜)来被动式地约束该材料层的形变,如图 1.4 所示。不仅如此,这个压电片(或膜)也同时参与构成了一个分流电路,合理调定该电路参数可以在较宽的工作范围内获得更好的减振性能(Ghoneim,1995)。

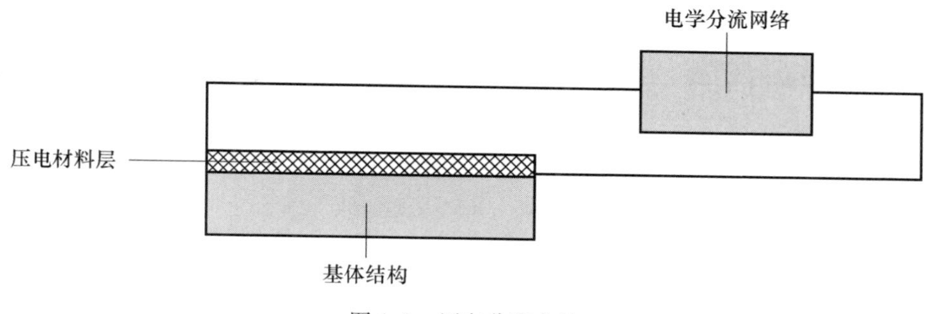

图 1.3 压电分流方法

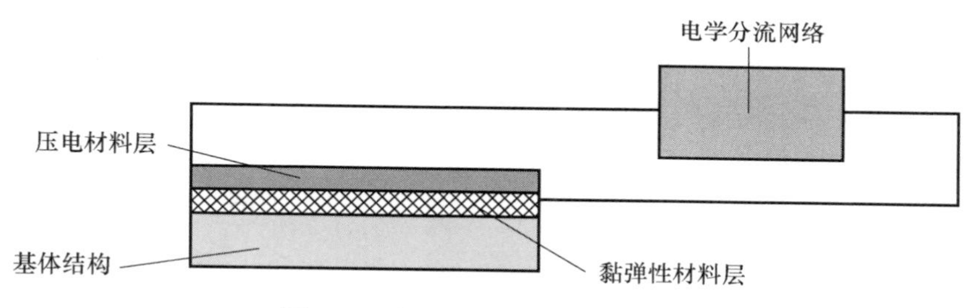

图 1.4 带分流压电处理的阻尼层

1.2.1.4 *磁约束阻尼层方法*(MCLD)

这一处理方法将永磁体以特殊的阵列形式粘贴到黏弹性阻尼层上,借助这些永磁体之间的相互作用可以增强黏弹性阻尼层的压缩或剪切形变,从而能够实现减振性能的改善,如图 1.5 所示。

图 1.5(a)所示为基于压缩形变的磁约束阻尼层处理措施,磁条(1 和 2)的磁化方向是在厚度方向上,因此这些磁条之间的相互作用就会产生垂直于梁的纵轴线的磁力,它们作用在黏弹性阻尼层的厚度方向上,因而这一处理措施是类似于 Den-Hartog 动力减振器的。图 1.5(b)所示为基于剪切型的磁约束阻尼层处理措施,其中的磁条(3 和 4)是沿着长度方向磁化的,它们所产生的磁力将平行于梁的纵轴,进而增强黏弹性材料层的剪切形变。这种构型的处理类似于传统的约束阻尼层,只是通过相邻磁条间的相互作用使得剪切形变得到了增强而已(Baz,1997;Oh 等人,1999)。

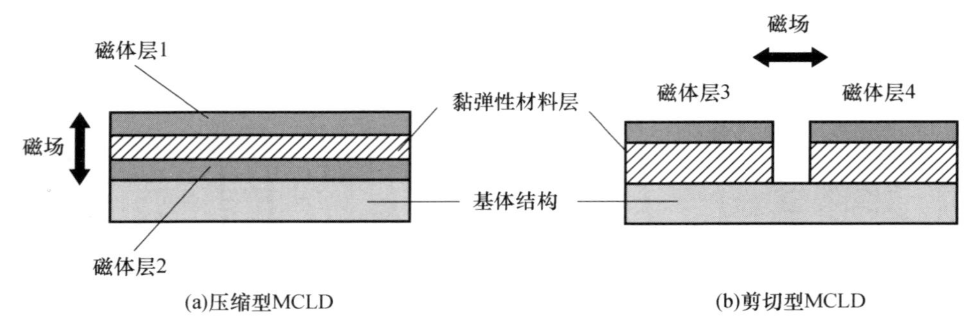

图 1.5　MCLD 处理方式

1.2.1.5　形状记忆纤维减振

这一方法将超弹性形状记忆纤维嵌入振动结构上的复合材料物中，如图 1.6(a)所示，利用形状记忆合金(SMA)所固有的迟滞特性(超弹性形式)来耗散振动能量。所耗散的能量等于应力应变特性图中曲线所包围的面积，如图 1.6(b)所示。这种被动式的减振措施已经得到了非常广泛的应用，可以用于抑制各种结构物的振动水平，其中包括受到地震激励的大型建筑物(Greaser 和 Cozzarelli，1993)。

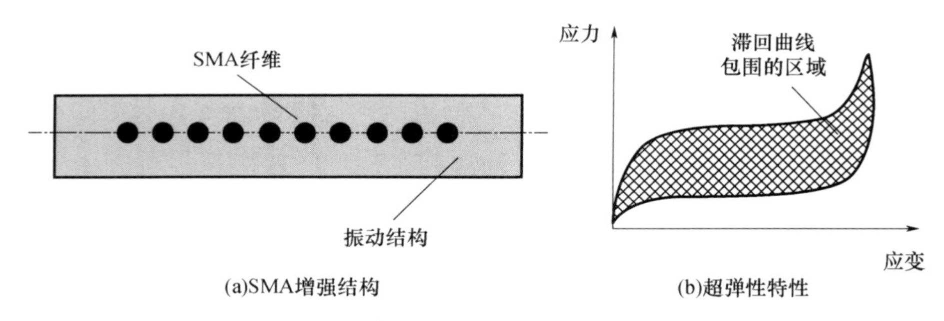

图 1.6　带有形状记忆纤维的阻尼处理

1.2.2　主动式阻尼减振

尽管上面介绍的被动式阻尼减振方法是比较简单和可靠的，然而由于阻尼材料特性会受到温度和频率的显著影响，因此这些方法所适用的工作范围往往是比较狭窄的。仅仅借助被动式方法，一般很难获得最优的减振性能，特别是当所要求的工作范围比较宽时。

正是由于上述原因，人们提出了多种主动式阻尼减振方法。这些方法都需要借助各种形式的作动器和传感器，最常见的做法是在振动结构上粘贴压电片

(或膜),如图 1.7 所示。这类主动控制减振手段已经成功应用于诸多结构物的振动抑制场合,包括最简单的梁结构,也包括非常复杂的空间结构(Preumont,1997;Forward,1979)。

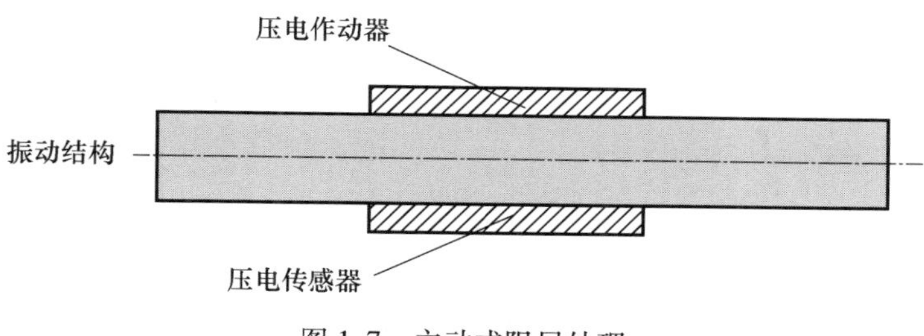

图 1.7　主动式阻尼处理

1.2.3　混合式阻尼减振

由于现有用于主动控制的作动器的控制能力是有限的,同时也由于被动式减振方法的有效工作范围是狭窄的,因此人们又提出了混合式振动控制策略,也就是将主动式和被动式阻尼减振措施有机地组合起来使用。一般而言,这类混合式策略均致力于利用各种主动控制机制去增强被动式阻尼减振效果,这主要是通过补偿后者的性能退化(由于温度和频率的影响)来实现的。应当说,这些策略将被动式措施的简洁性和主动式措施的有效性综合到了一起,保留了这两种措施各自的优良特性。

下面对最常用的一些混合式策略(或措施)进行介绍。

1.2.3.1　主动式约束层阻尼(ACLD)

如图 1.8 所示,这种处理措施实际上是将被动式约束层阻尼减振与主动式压电减振这两种手段组合起来。此处的压电片(或膜)以主动方式产生应变,以增强黏弹性阻尼层在基础结构振动时所产生的剪切变形(Baz,1996,2000;Crassidis 等人,2000)。

1.2.3.2　主动压电阻尼复合物(APDC)

如图 1.9 所示,这种类型的处理方法将压电陶瓷杆以阵列方式置入直接附着于振动结构上的黏弹性聚合物基体中(贯穿整个厚度方向),然后通过对这些杆进行电学激励来控制聚合物基体的阻尼特性。图 1.9 所示为两种不同的构造方式,第一种方式中的压电杆是垂直布置的,可以用于压缩变形阻尼控制(Reader 和 Sauter,1993),另一种方式中的压电杆则是倾斜布置的,可以同时用于聚合物基体的压缩和剪切阻尼控制(Baz 和 Tampia,2004;Arafa 和 Baz,2000)。

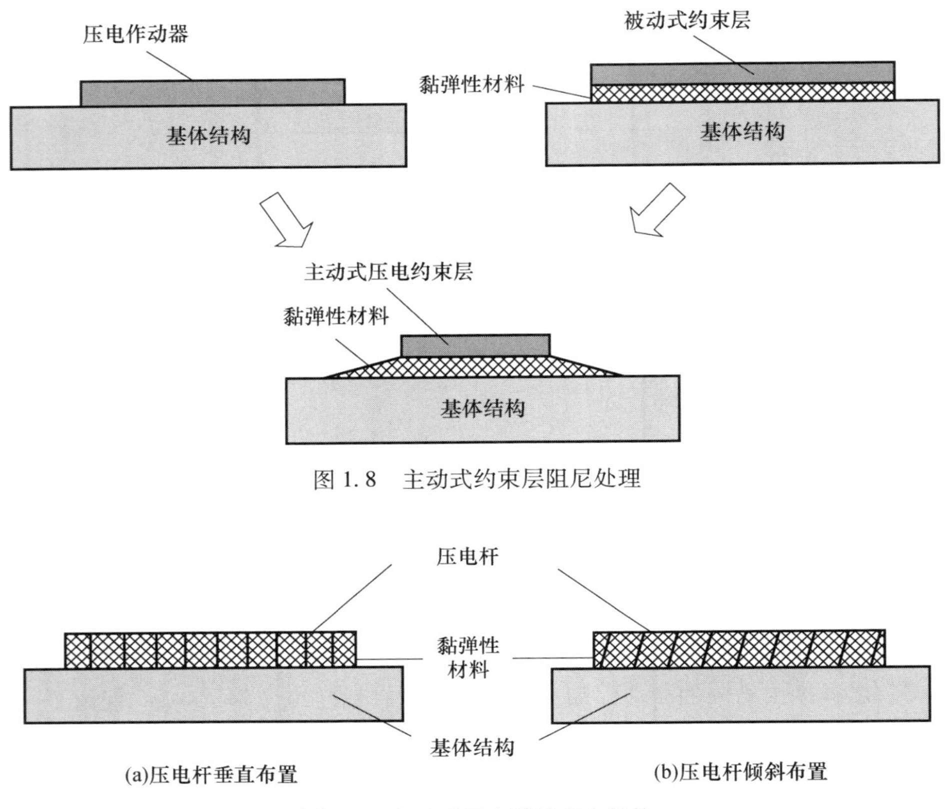

图 1.8　主动式约束层阻尼处理

图 1.9　主动式压电阻尼复合结构

1.2.3.3　电磁阻尼复合物(EMDC)

这种复合物是一种三明治结构,夹心层为黏弹性阻尼材料层,面板材料分别是永磁材料层和电磁材料层,如图 1.10 所示。只需将整个结构附着到振动结构的表面上,就可以构成一种智能型阻尼减振措施。当结构发生振动时,借助磁性材料层之间的相互作用,能够使得黏弹性阻尼材料层受到具有合适相位和幅值的压力,这些作用力可以对基础结构的横向振动产生反向抵消作用,并可增强黏弹性材料的阻尼特性。不难看出,这种电磁阻尼复合物的作用实际上类似于一种可调型 Den-Hartog 减振器:基础结构可视为主系统,电磁材料层可视为附加质量,磁力可产生可调刚度特性,而黏弹性材料层则提供了必需的阻尼效应(Baz,1997;Omer 和 Baz,2000;Ruzzene 等人,2000;Baz 和 Poh,2000;Oh

等人,2000)。

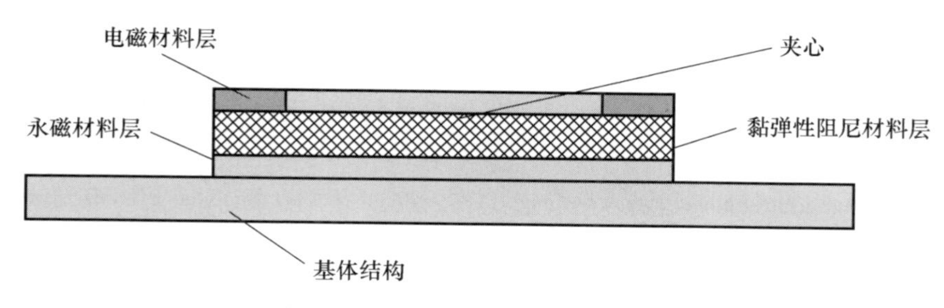

图 1.10 电磁阻尼复合结构(EMDC)

1.2.3.4 主动压电分流网络

图 1.11 示出了主动压电分流网络方法的基本原理,工作过程中需要对被动式分流电路网络进行开关控制(根据结构/网络系统的响应情况),目的是实现瞬态能量耗散水平的最大化,并使频率对性能的影响尽可能小(Lesieutre,1998;Tawfik 和 Baz,2004;Park 和 Baz,2005;Thorp 等人,2005)。

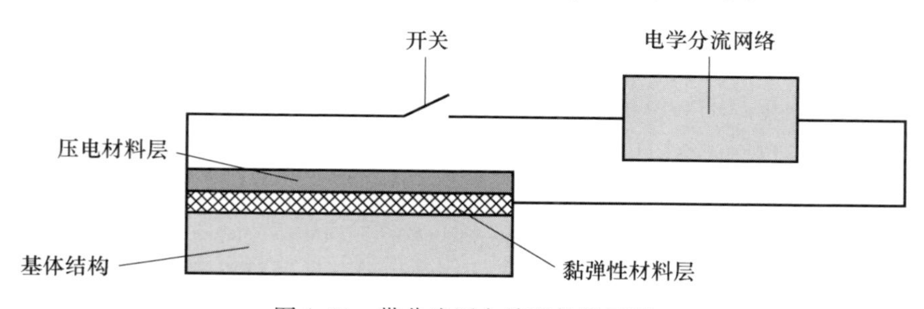

图 1.11 带分流压电处理的阻尼层

1.3 本章小结

本章简要介绍了一些主要的振动控制方法,它们已经成功应用于相当广泛的结构减振场合中。在后续各章中,将对这些方法进行细致的分析,并揭示其性能特点。

参考文献

Aldraihem, O. , Baz, A. , and Al-Saud, T. S. (2007). Hybrid composites with shunted piezoelectric particles for vibration damping. Journal of Mechanics of Advanced Materials and Structures 14:

413-426.

Arafa, M. and Baz, A. (2000). Dynamics of active piezoelectric damping composites. Journal of Composites Engineering: Part B 31:255-264.

Baz A. Active Constrained Layer Damping, US Patent 5,485,053, filed October 15 1993 and issued January 16 1996.

Baz A. "Magnetic constrained layer damping", Proceedings of 11th Conference on Dynamics & Control of Large Structures, Blacksburg, VA (May 1997), pp. 333-344.

Baz, A. (2000). Spectral finite element modeling of wave propagation in rods using active constrained layer damping. Journal of Smart Materials and Structures 9:372-377.

Baz, A. and Poh, S. (2000). Performance characteristics of magnetic constrained layer damping. Journal of Shock & Vibration 7(2):18-90.

Baz, A. and Tampia, A. (2004). Active piezoelectric damping composites. Journal of Sensors and Actuators: A. Physical 112(2-3):340-350.

Crassidis, J., Baz, A., and Wereley, N. (2000). H_∞ control of active constrained layer damping. Journal of Vibration & Control 6(1):113-136.

Forward, R. L. (1979). Electronic damping of vibrations in optical structures. Applied Optics 18 (5):1.

Ghoneim H. "Bending and twisting vibration control of a cantilever plate via electromechanical surface damping". Proceedings of the Smart Structures and Materials Conference (ed. C. Johnson), Vol. SPIE-2445, pp. 28-39, 1995.

Greaser E. and Cozzarelli F., "Full cyclic hysteresis of a Ni-Ti shape memory alloy", Proceedings of DAMPING '93 Conference, San Francisco, CA, Wright Laboratory Document no. WL-TR-93-3105, Vol. 2, pp. ECB-1-28, 1993.

Lesieutre, G. A. (1998). Vibration damping and control using shunted piezoelectric materials. The Shock and Vibration Digest 30(3):187-195.

Nashif, A., Jones, D., and Henderson, J. (1985). Vibration Damping. New York: Wiley.

Oh, J., Ruzzene, M., and Baz, A. (1999). Control of the dynamic characteristics of passive magnetic composites. Journal of Composites Engineering, Part B 30:739-751.

Oh, J., Poh, S., Ruzzene, M., and Baz, A. (2000). Vibration control of beams using electromagnetic compressional damping treatment. ASME Journal of Vibration & Acoustics 122(3):235-243.

Omer, A. and Baz, A. (2000). Vibration control of plates using electromagnetic compressional damping treatment. Journal of Intelligent Material Systems & Structures 11(10):791-797.

Park, C. H. and Baz, A. (2005). Vibration control of beams with negative capacitive shunting of interdigital electrode piezoceramics. Journal of Vibration and Control 11(3):331-346.

Preumont, A. (1997). Vibration Control of Active Structures. Dordrecht, The Netherlands: Kluwer

Academic Publishers.

Reader W. and Sauter D. ,"Piezoelectric composites for use in adaptive damping concepts", Proceedings of DAMPING '93, San Francisco, CA(February 24-26, 1993), pp. GBB 1-18.

Ruzzene, M. , Oh, J. , and Baz, A. (2000). Finite element modeling of magnetic constrained layer damping. Journal of Sound & Vibration 236(4):657-682.

Tawfik, M. and Baz, A. (2004). Experimental and spectral finite element study of plates with shunted piezoelectric patches. International Journal of Acoustics and Vibration 9(2):87-97.

Thorp, O. , Ruzzene, M. , and Baz, A. (2005). Attenuation of wave propagation in fluid-loaded shells with periodic shunted piezoelectric rings. Journal of Smart Materials & Structures 14(4): 594-604.

第 2 章 黏弹性阻尼

2.1 引 言

在各种结构减振场合中，黏弹性阻尼处理方法已经得到了非常广泛的应用，在抑制有害振动及其噪声辐射方面，这是一种相当简单而且非常可靠的方法（Nashif 等人，1985；Sun 和 Lu，1995）。在本章中，我们将重点关注此类减振方法的动力学特性分析，介绍可用于描述其减振行为的各种不同的数学模型（在较宽的工作频率和温度范围内），其中还将从时域和频域层面上着重讨论一些经典模型的优缺点，这些经典模型包括麦克斯韦（Maxwell）、开尔文·沃伊特（Kelvin-Voigt）和齐纳（Zener）模型等（Zener，1948；Flugge，1967；Christensen，1982；Haddad，1995；Lakes，1999，2009）。

2.2 黏弹性材料的经典模型

黏弹性材料的经典模型包括了 Maxwell 模型、Kelvin-Voigt 模型以及坡印廷·汤姆森（Poynting-Thomson）模型（Haddad，1995；Lakes，1999，2009）。在这些模型中，黏弹性材料的动力学特性是通过黏性阻尼器与弹簧的串联和（或）并联组合形式刻画的，如图 2.1 所示。阻尼器主要用于体现黏弹性材料的黏性行为，而弹簧则主要用于模拟其弹性行为。

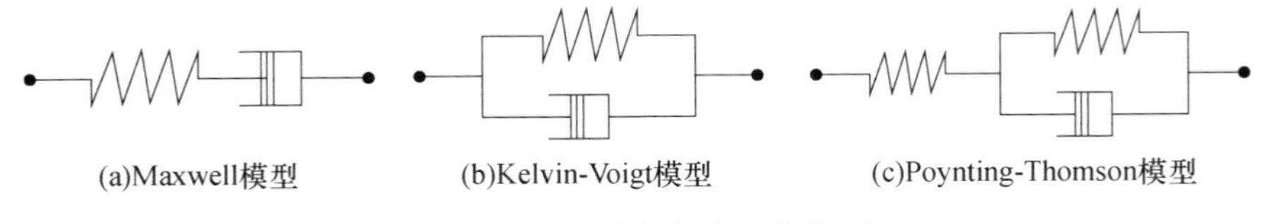

图 2.1 黏弹性材料的经典模型

2.2.1 时域内的特性

表 2.1 中列出了 Maxwell 模型和 Kelvin-Voigt 模型在时域中的动力学特性。

表 2.1 Maxwell 模型和 Kelvin–Voigt 模型的动力学特性

模型	Maxwell 模型	Kelvin–Voigt 模型
元件的应力和应变	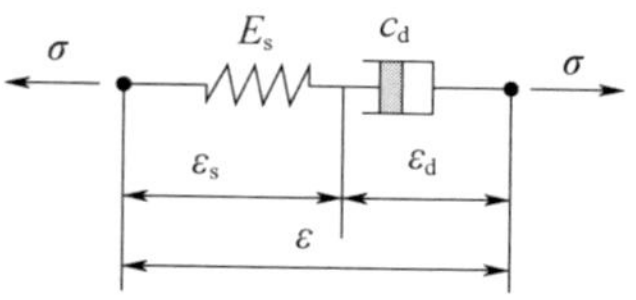 σ, E_s, c_d, σ, ε_s, ε_d, ε	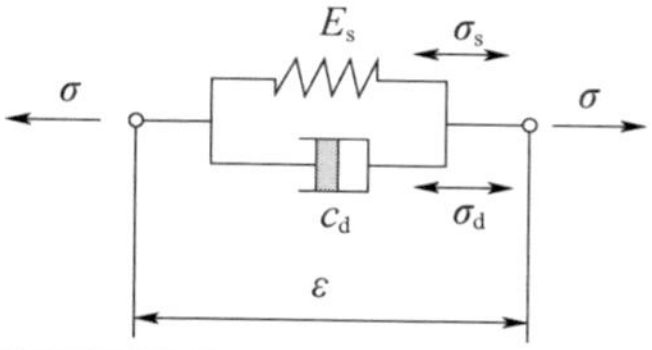 E_s, σ_s, σ, σ, c_d, σ_d, ε
平衡方程和运动方程	弹簧和阻尼器的应力 σ 是相同的。应变 ε 是弹簧和阻尼器的应变之和,即 $\sigma = \sigma_s = \sigma_d$ (2.1) $\varepsilon = \varepsilon_s + \varepsilon_d$ (2.3)	弹簧和阻尼器的应变 ε 是相同的。应力 σ 是弹簧和阻尼器的应力之和,即 $\sigma = \sigma_s + \sigma_d$ (2.2) $\varepsilon = \varepsilon_s = \varepsilon_d$ (2.4)
本构关系	弹簧: $\sigma = E_s\varepsilon_s$ (2.5) 阻尼器: $\sigma = c_d\dot{\varepsilon}_d$ (2.7)	弹簧: $\sigma_s = E_s\varepsilon$ (2.6) 阻尼器: $\sigma_d = c_d\dot{\varepsilon}$ (2.8)
模型方程	将式(2.5)和式(2.7)代入式(2.3)可得 $\lambda\dot{\sigma} + \sigma = c_d\dot{\varepsilon}$ (2.9) 式中: $\lambda = c_d/E_s$	将式(2.6)和式(2.8)代入式(2.2)可得 $\sigma = E_s\varepsilon + c_d\dot{\varepsilon}$ (2.10)
注: E_s 为弹性元件的杨氏模量; c_d 为耗能元件的阻尼系数		

不难注意到,这两种模型的应力应变关系都可以表示为

$$P\sigma = Q\varepsilon \tag{2.11}$$

式中: P 和 Q 为微分算子,可以写为

$$P = \sum_{i=0}^{p} \alpha_i \frac{\mathrm{d}^i}{\mathrm{d}t^i}, \quad Q = \sum_{j=0}^{q} \beta_i \frac{\mathrm{d}^j}{\mathrm{d}t^j} \tag{2.12}$$

对于 Maxwell 模型来说,上面的参数为 $p = 1, q = 1, \alpha_0 = 1, \alpha_1 = \lambda, \beta_0 = 0, \beta_1 = c_d$;而对于 Kelvin–Voigt 模型来说,则有 $p = 0, q = 1, \alpha_0 = 1, \beta_0 = E_s, \beta_1 = c_d$。

后面将通过考察蠕变和松弛载荷条件下的行为来确定这两种模型对实际黏弹性材料特性的预测能力。

2.2.2 时域内的基本分析

为了透彻地认识黏弹性模型的时域行为,必须正确地理解拉普拉斯变换的初值和终值定理,读者可以参阅附录 2.A,其中已经给出了这两个定理,并做了必要的证明。

针对蠕变和松弛载荷条件，可以将上面这两个定理应用于 Maxwell 模型和 Kelvin–Voigt 模型，表 2.2 和表 2.3 分别对这两种载荷情况进行了归纳。实际上，这两条定理为我们提供了确定黏弹性材料响应（在不同载荷条件下）的初始和最终情形的工具，进而使得在求解这些模型的微分方程时能够正确地计算出时域响应（在这两个极限情形之间），这一点将在后面进行阐述。

从表 2.2 可以看出，在蠕变载荷条件下，Maxwell 模型将出现一个初始应变，这对于黏弹性材料来说是比较典型的。不过，随着时间的推进，这个应变将趋于无界增长，这一行为在实验中没有观测到，或者说这一点没有得到实验的支持。对于 Kelvin–Voigt 模型，初值定理表明初始应变为零，这是不符合真实情况的，而这个模型所给出的有限的应变终值 σ_0/E_s 却能够在实际的黏弹性材料实验中观测到。

表 2.3 表明，当施加松弛应变时，Maxwell 模型表现出初始应力，且随着时间增长应力会彻底释放。这两种行为都是黏弹性材料比较典型的特征。对于 Kelvin–Voigt 模型，应力的初值和终值始终为 $E_s\varepsilon_0$，这与实际的黏弹性材料特性是不符的。

表 2.2 蠕变加载条件下 Maxwell 模型和 Kelvin–Voigt 模型的应力和应变的初值与终值

模型	Maxwell 模型	Kelvin–Voigt 模型
方程	$\lambda\dot{\sigma}+\sigma=c_d\dot{\varepsilon}$	$\sigma=E_s\varepsilon+c_d\dot{\varepsilon}$
加载状态	应力为常值（$\sigma=\sigma_0$），并对应变 ε 的初值和终值进行预测 σ σ_0 时间	
拉普拉斯域中的应变	$\varepsilon=\dfrac{\lambda s+1}{c_d s}\sigma=\dfrac{\lambda s+1}{c_d s^2}\sigma_0$	$\varepsilon=\dfrac{1}{E_s(\lambda s+1)}\sigma=\dfrac{1}{E_s s(\lambda s+1)}\sigma_0$
初值	$\varepsilon_0=\lim\limits_{s\to\infty}s\varepsilon$ $=\lim\limits_{s\to\infty}\dfrac{\lambda+1/s}{c_d}\sigma_0=\dfrac{\sigma_0}{E_s}$	$\varepsilon_0=\lim\limits_{s\to\infty}s\varepsilon$ $=\lim\limits_{s\to\infty}\dfrac{1}{E_s(\lambda s+1)}\sigma_0=0$
终值	$\varepsilon_\infty=\lim\limits_{s\to 0}s\varepsilon$ $=\lim\limits_{s\to 0}\dfrac{\lambda s+1}{c_d s}\sigma_0=\infty$	$\varepsilon_\infty=\lim\limits_{s\to 0}s\varepsilon$ $=\lim\limits_{s\to 0}\dfrac{1}{E_s(\lambda s+1)}\sigma_0=\dfrac{\sigma_0}{E_s}$

表 2.3　松弛加载条件下 Maxwell 模型和 Kelvin-Voigt 模型的应力和应变的初值与终值

模型	Maxwell 模型	Kelvin-Voigt 模型
方程	$\lambda\dot{\sigma}+\sigma=c_{\mathrm{d}}\dot{\varepsilon}$	$\sigma=E_{\mathrm{s}}\varepsilon+c_{\mathrm{d}}\dot{\varepsilon}$
加载状态	应变为常值($\varepsilon=\varepsilon_0$),并对应力 σ 的初值和终值进行预测 ε ε_0 时间	
拉普拉斯域中的应力	$\sigma=\dfrac{c_{\mathrm{d}}s}{\lambda s+1}\varepsilon=\dfrac{c_{\mathrm{d}}}{\lambda s+1}\varepsilon_0$	$\sigma=E_{\mathrm{s}}(\lambda s+1)\ \varepsilon=\dfrac{E_{\mathrm{s}}(\lambda s+1)}{s}\varepsilon_0$
初值	$\sigma_0=\lim\limits_{s\to\infty}s\sigma$ $=\lim\limits_{s\to\infty}\dfrac{c_{\mathrm{d}}s}{\lambda s+1}\varepsilon_0=E_{\mathrm{s}}\varepsilon_0$	$\sigma_0=\lim\limits_{s\to\infty}s\sigma$ $=\lim\limits_{s\to\infty}E_{\mathrm{s}}\varepsilon_0=E_{\mathrm{s}}\varepsilon_0$
终值	$\sigma_\infty=\lim\limits_{s\to0}s\sigma$ $=\lim\limits_{s\to0}\dfrac{c_{\mathrm{d}}s}{\lambda s+1}\varepsilon_0=0$	$\sigma_\infty=\lim\limits_{s\to0}s\sigma$ $=\lim\limits_{s\to0}E_{\mathrm{s}}\varepsilon_0=E_{\mathrm{s}}\varepsilon_0$

2.2.3　Maxwell 模型和 Kelvin-Voigt 模型更为详尽的时域响应

这里仍然以表格的形式讨论,表 2.4 和表 2.5 归纳了 Maxwell 模型和 Kelvin-Voigt 模型在时域中介于初值和终值(由表 2.2 和表 2.3 所预测)之间的详尽的行为特性。

从表 2.4 和表 2.5 不难发现,Maxwell 模型所预测的蠕变特性是不符合实际情况的,因为它所给出的应变会趋于无界增长,即便是对于有限应力水平,而且当应力移除之后应变还将趋于保持不变;Kelvin-Voigt 模型会导致不符合实际情况的松弛特性,它所预测出的应力不随时间改变,这就表明黏弹性材料不会表现出任何应力松弛。因此,可以说 Maxwell 模型和 Kelvin-Voigt 模型都未能真实刻画出黏弹性材料的行为特性。

表 2.4　Maxwell 模型和 Kelvin-Voigt 模型的蠕变特性

<table>
<tr><td>模型</td><td>Maxwell 模型</td><td>Kelvin-Voigt 模型</td></tr>
<tr><td>加载状态</td><td colspan="2">应力为常值($\sigma = \sigma_0$),并对应变 ε 的时间历程进行预测
σ　σ_0　时间</td></tr>
<tr><td>响应</td><td>由于 $t = 0$ 时刻的初始应变为 $\varepsilon = \varepsilon_0$ [a],于是有:
$$\varepsilon = \frac{\sigma_0}{c_d}t + \frac{\sigma_0}{E_s} = \frac{\sigma_0}{E_s}(1 + t/\lambda) \tag{2.13}$$
ε　斜率=σ_0/c_d　ε_0　时间
对于有界的应力,会出现无界的应变</td><td>由于 $t = 0$ 时刻的初始应变为 $\varepsilon = 0$ [①],于是有:
$$\varepsilon = \frac{\sigma_0}{E_s}(1 - e^{-t/\lambda}) \tag{2.14}$$
ε　σ_0/E_s　时间
对于有界的应力,应变也是有界的</td></tr>
<tr><td>卸载状态</td><td colspan="2">在 $t = t_1$ 时刻应力下降到零,预测应变的时间历程。
σ　σ_0　t_1　时间</td></tr>
<tr><td>响应</td><td>在 $t = t_1$ 时刻, $\varepsilon_1 = \frac{\sigma_0}{c_d}t_1 + \frac{\sigma_0}{E_s}$, 于是当 $\sigma = 0$ 时, $\dot{\varepsilon} = 0$, 解为
$$\varepsilon = \varepsilon_1 = \text{const} \tag{2.15}$$
ε　ε_1　ε_0　t_1　时间
应力移除之后不会收缩</td><td>在 $t = t_1$ 时刻, $\varepsilon_1 = \frac{\sigma_0}{E_s}(1 - e^{-t_1/\lambda})$,于是当 $\sigma = 0$ 时, $E_s\varepsilon + c_d\dot{\varepsilon} = 0$ 或 $\lambda\dot{\varepsilon}+\varepsilon=0$, 解为
$$\varepsilon = \varepsilon_1 e^{-(t-t_1)/\lambda} \tag{2.16}$$
ε　ε_1　t_1　时间
应力移除之后应变完全释放</td></tr>
<tr><td colspan="3">注:①利用了初值定理</td></tr>
</table>

表 2.5　Maxwell 模型和 Kelvin-Voigt 模型的松弛特性

模型	Maxwell 模型	Kelvin-Voigt 模型
加载状态	应变为常值($\varepsilon = \varepsilon_0$),预测应力的时间历程 ε ε_0 时间	
响应	在 $t=0$ 时刻,初始应力 $\sigma = \sigma_0$ ①,于是有 $\lambda\dot{\sigma} + \sigma = 0$, 解为 $\sigma = E_s e^{-t/\lambda}\varepsilon_0$　(2.17) σ $\sigma_0=E_s\varepsilon_0$ 时间 应力将衰减到零,无任何残余应力	在 $t=0$ 时刻,初始应变 $\varepsilon = \varepsilon_0$ ①,于是有 $\sigma = E_s\varepsilon_0 = \text{const}$, 解为 $\sigma = E_s e^{-t/\lambda}\varepsilon_0$　(2.18) σ $\sigma_0=E_s\varepsilon_0$ 时间 应力保持为常值,即黏弹性材料无松弛
注:①利用了初值定理		

应当注意的是,这些时域预测结果(特别是在 $t=0$ 处)与表 2.2 和表 2.3 中根据初值和终值定理给出的预测结果是一致的。

为了回避 Maxwell 模型和 Kelvin-Voigt 模型的不足,人们也提出了一些其他的弹簧-阻尼器布置形式。例如,人们已经建立了带有串联和并联弹簧连接的阻尼器构型,如图 2.1(c)和图 2.2(a)所示,也称为 Poynting-Thomson 模型,它将 Maxwell 模型和 Kelvin-Voigt 模型的优点组合了起来,弥补了这些模型各自存在的不足。另外,图 2.2 中还示出了其他常用的模型,例如“三参数模型”和“标准固体模型”(Zener,1948)。

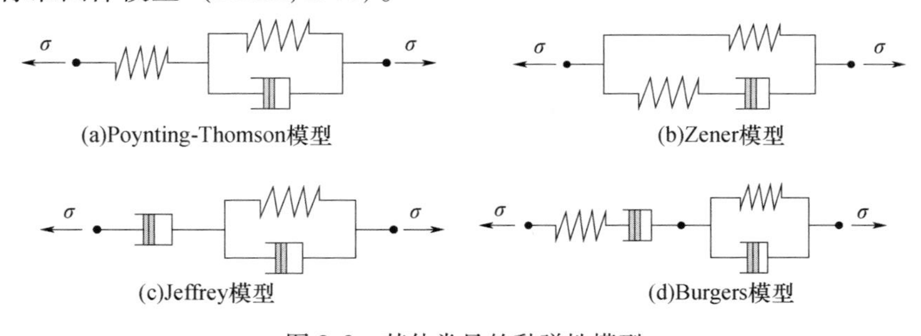

图 2.2　其他常见的黏弹性模型

进一步,图 2.3(a)和(b)分别给出了两种应用最为广泛的黏弹性材料弹簧质量模型,在一些商用有限元软件包中采用的就是此类模型。人们一般将它们称为广义 Maxwell 模型和广义 Kelvin-Voigt 模型,通常需要将这些广义模型以并联或串联的形式组装起来,以描述真实黏弹性材料的复杂行为特性。不难看出,这些广义模型中实际上是引入了附加弹簧 E_0(并联或者串联),据此来消除表 2.2~表 2.5 所述经典模型的不足之处。

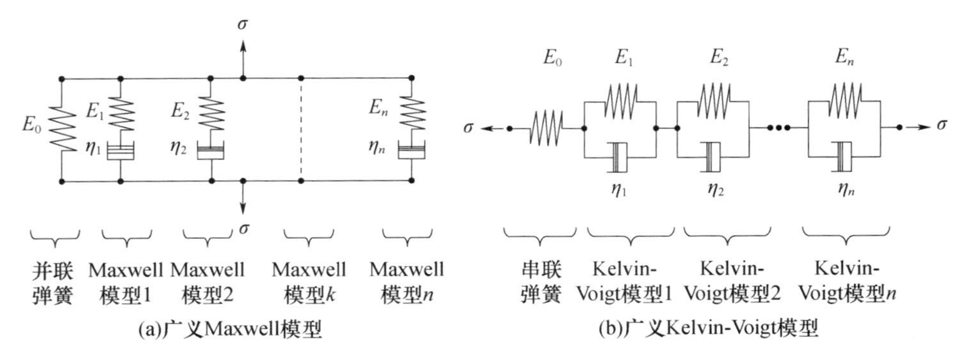

图 2.3　两种黏弹性材料弹簧质量模型

2.2.4　Poynting-Thomson 模型的时域响应

如图 2.4 所示,在 Poynting-Thomson 模型中,串联弹簧上的应力 σ 为

$$\sigma = E_s \varepsilon_s \tag{2.19}$$

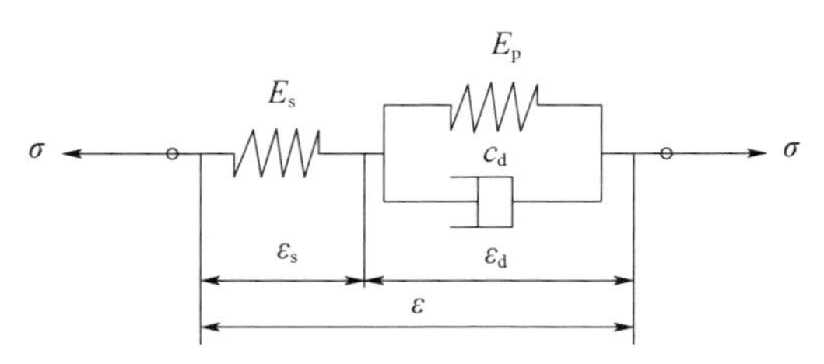

图 2.4　Poynting-Thomson 模型

同时,这个应力也是阻尼器和并联弹簧两端的应力,因此还可以表示为

$$\sigma = E_p \varepsilon_d + c_d \dot{\varepsilon}_d \tag{2.20}$$

应用拉普拉斯变换之后可以导出如下结果:

$$\varepsilon_s = \sigma / E_s, \varepsilon_d = \sigma / (E_p + c_d s) \tag{2.21}$$

于是,Poynting-Thomson 模型的总应变 ε 就可以表示为

$$\varepsilon = \varepsilon_s + \varepsilon_d = \left[\frac{(E_s + E_p) + c_d s}{E_s(E_p + c_d s)}\right]\sigma \tag{2.22}$$

式(2.22)在时域中也就变成了：

$$(E_s + E_p)\sigma + c_d\dot{\sigma} = E_s E_p \varepsilon + E_s c_d \dot{\varepsilon} \tag{2.23}$$

根据式(2.11)、式(2.12)和式(2.23)不难看出，这里有 $p = 1$，$q = 1$，$\alpha_0 = (E_s + E_p)$，$\alpha_1 = c_d$，$\beta_0 = E_s E_p$，$\beta_1 = E_s c_d$。

1. Poynting-Thomson 模型的蠕变特性的确定过程

1）确定应变初值和终值

对于应力 $\sigma = \sigma_0$，式(2.22)可化为如下形式：

$$\varepsilon = \frac{(E_s + E_p) + c_d s}{E_s(E_p + c_d s)} \frac{\sigma_0}{s}$$

于是有：

$$\varepsilon_0 = \lim_{s\to\infty} s\varepsilon = \lim_{s\to\infty}\left[\frac{(E_s + E_p) + c_d s}{E_s(E_p + c_d s)}\right]\sigma_0 = \frac{\sigma_0}{E_s}$$

$$\varepsilon_\infty = \lim_{s\to 0} s\varepsilon = \lim_{s\to 0}\left[\frac{(E_s + E_p) + c_d s}{E_s(E_p + c_d s)}\right]\sigma_0 = \frac{\sigma_0}{E_\infty}$$

式中：$E_\infty = \dfrac{E_s E_p}{E_s + E_p}$。

2）确定应变的时间历程

为了得到应变的时间历程，需要求解式(2.23)，使得在 $t = 0$ 处有 $\sigma = \sigma_0$，且初始应变为 $\varepsilon_0 = \sigma_0 / E_s$。显然，式(2.23)可以化简为

$$E_s c_d \dot{\varepsilon} + E_s E_p \varepsilon = (E_s + E_p)\sigma_0$$

上式具有如下形式的解，即

$$\varepsilon = \frac{\sigma_0}{E_\infty}\left(1 + \frac{E_\infty - E_s}{E_s} e^{-t/\lambda}\right) \tag{2.24}$$

式中：$\lambda = c_d / E_p$；$E_\infty = E_s E_p / (E_s + E_p)$。可以注意到，式(2.24)在 $t = 0$ 和 $t = \infty$ 处的取值分别为初值 ε_0 和终值 ε_∞。

式(2.24)所预测出的应变时间历程如图 2.5 所示。

2. Poynting-Thomson 模型的松弛特性的确定过程

1）确定应力初值和终值

对于应变 $\varepsilon = \varepsilon_0$，可以将式(2.22)化为如下形式：

$$\sigma = \left[\frac{E_s(E_p + c_d s)}{(E_s + E_p) + c_d s}\right]\frac{\varepsilon_0}{s}$$

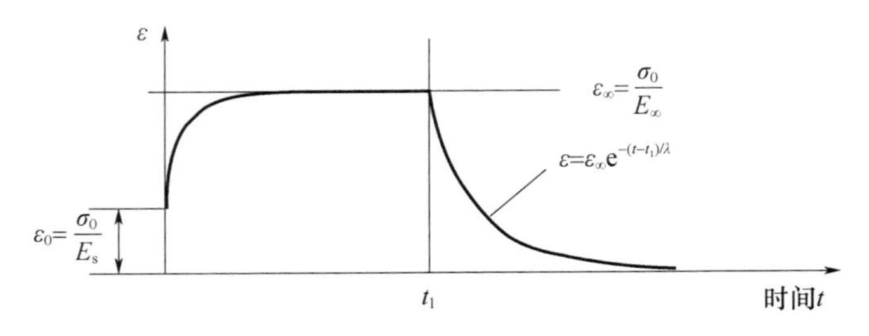

图 2.5 Poynting-Thomson 模型的蠕变特性

于是有：

$$\sigma_0 = \lim_{s\to\infty} s\sigma = \lim_{s\to\infty}\left[\frac{E_s(E_p + c_d s)}{(E_s + E_p) + c_d s}\right]\varepsilon_0 = E_s\varepsilon_0$$

$$\sigma_\infty = \lim_{s\to 0} s\sigma = \lim_{s\to 0}\left[\frac{E_s(E_p + c_d s)}{(E_s + E_p) + c_d s}\right]\varepsilon_0 = E_\infty\varepsilon_0$$

式中：$E_\infty = E_s E_p/(E_s + E_p)$ 。

2)确定应力的时间历程

为了得到应力的时间历程,需要求解式(2.23),使得在 $t=0$ 处有 $\varepsilon=\varepsilon_0$，且初始应力为 $\sigma_0 = E_s\varepsilon_0$。于是,式(2.23)可以化简为

$$c_d\dot{\sigma} + (E_s + E_p)\sigma = E_s E_p\varepsilon_0 \text{ 。}$$

上式具有如下形式的解,即

$$\sigma = E_\infty\varepsilon_0(1 - e^{-t/\alpha}) + E_s\varepsilon_0 e^{-t/\alpha} \tag{2.25}$$

式中：$\alpha = c_d/(E_s + E_p)$ 。

图 2.6 所示为式(2.25)预测出的应力时间历程。

关于 Maxwell 模型、Kelvin-Voigt 模型和 Poynting-Thomson 模型,表 2.6 对它们的主要特性做了归纳。从表 2.6 中不难看出,Poynting-Thomson 模型能够较好地描述黏弹性材料的真实行为特性,不过一般需要将若干个这样的模型组合起来才能有效地反映实际黏弹性材料。

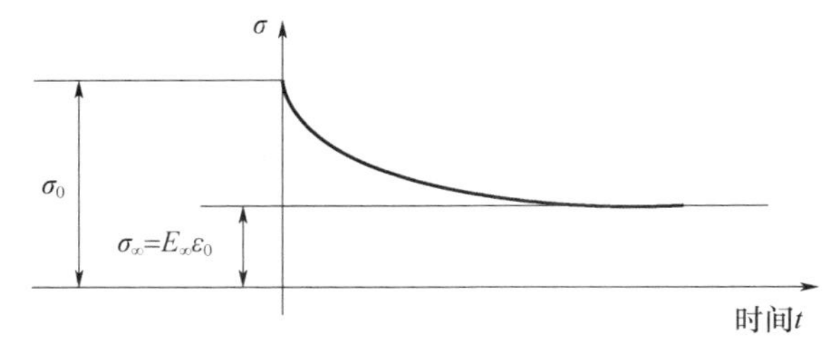

图 2.6 Poynting-Thomson 模型的松弛特性

表 2.6 经典黏弹性模型的时域特性

参数	Maxwell 模型	Kelvin-Voigt 模型	Poynting-Thomson 模型
模型简图			
动力学方程	$\lambda\dot{\sigma} + \sigma = c_d\dot{\varepsilon}$	$\sigma = E_s\varepsilon + c_d\dot{\varepsilon}$	$(E_s + E_p)\sigma + c_d\dot{\sigma} = E_sE_p\varepsilon + E_sc_d\dot{\varepsilon}$
蠕变特性	ε ε_0 ε_∞ 加载开始 卸载 时间	ε ε_∞ 加载开始 卸载 时间	ε ε_∞ ε_0 时间
评述	不符实际	符合实际	符合实际
松弛特性	σ 时间	σ 时间	σ σ_0 ε_∞ 时间
评述	符合实际	不符实际	符合实际

例 2.1 试绘出当黏弹性材料受到图 2.7 所示的加载和卸载过程时，Maxwell 模型和 Kelvin-Voigt 模型的应力应变特性曲线。这里假定 $E_s = 1, E_p = 1, c_d = 1, \varepsilon_0 = 0, t_1 = 1, t_2 = 2$。

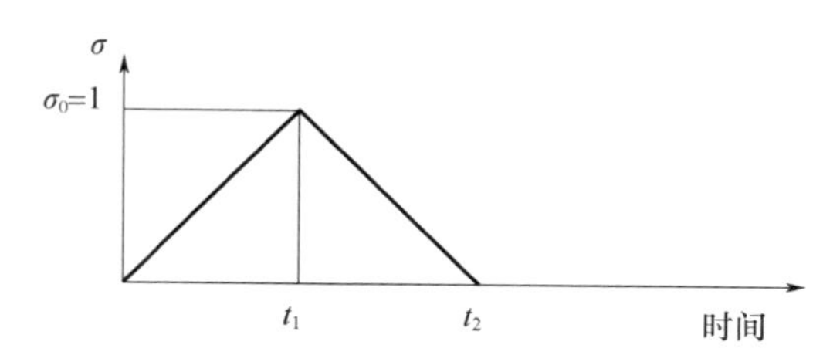

图 2.7 斜坡蠕变加载和卸载循环

[分析]

对于给定的加载和卸载循环，Maxwell 模型和 Kelvin-Voigt 模型的本构方程的解可以见表 2.7。图 2.8(a)和(b)分别给出了这两种模型的应力应变特性曲线，从图 2.8 中可以看出，与 Kelvin-Voigt 模型相比而言，Maxwell 模型给出的黏弹性材料特性要更硬一些，耗散的能量(曲线包围的面积)则要少一些。

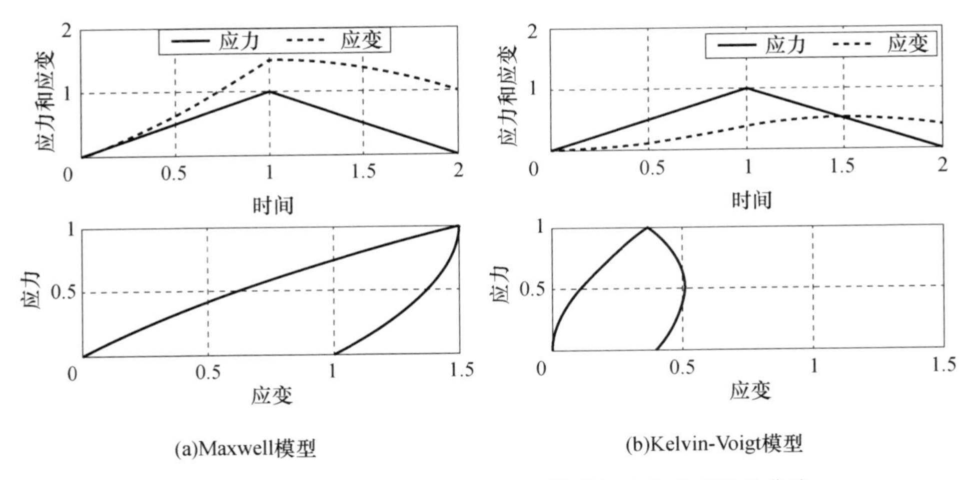

图 2.8　Maxwell 模型和 Kelvin-Voigt 模型的应力应变特性曲线

表 2.7　本构方程的解

模型名称	Maxwell 模型	Kelvin-Voigt 模型
本构方程	$\dot{\varepsilon}=\dot{\sigma}+\sigma$	$\dot{\varepsilon}+\varepsilon=\sigma$
加载过程中的关系式	$\dot{\varepsilon}=1+t$	$\dot{\varepsilon}+\varepsilon=t$
初始条件(ε_0)	$\varepsilon_0=0$	$\varepsilon_0=0$
响应	$\varepsilon=\varepsilon_0+t+\frac{1}{2}t^2$	$\varepsilon=(\varepsilon_0+1)\ \mathrm{e}^{-t}-1+t$
卸载过程中的关系式	$\dot{\varepsilon}=1-t$	$\dot{\varepsilon}+\varepsilon=2-t$
初始条件(ε_1)	$\varepsilon_1=1.5$	$\varepsilon_1=\mathrm{e}^{-1}$
响应	$\varepsilon=1+t-\frac{1}{2}t^2$	$\varepsilon=3-t+\mathrm{e}^{-t}-2\mathrm{e}^{1-t}$

2.3　蠕变柔量和松弛模量

在 2.2 节中,已经针对蠕变或松弛载荷条件推导了不同的经典黏弹性材料模型的时域关系特性。它们都是通过求解本构方程得到的,这些本构方程描述了黏弹性材料模型在初始条件下的动力学特性(应用了初值定理)。

表 2.8 列出了上述关系特性。这里采用符号 J 表示应变与蠕变应力幅值的比值 ε/σ_0,一般称为“蠕变柔量”,另外还采用符号 E 表示应力与松弛应变幅值的比值 σ/ε_0,一般称为“松弛模量”。

表 2.8　Maxwell 模型、Kelvin-Voigt 模型和 Poynting-Thomson 模型的蠕变特性

模型名称	Maxwell 模型	Kelvin-Voigt 模型	Poynting-Thomson 模型
蠕变柔量（J）	$J=\frac{\varepsilon}{\sigma_0}=\frac{1}{E_s}\left(1+\frac{t}{\lambda}\right)$ ①	$J=\frac{\varepsilon}{\sigma_0}=\frac{1}{E_s}(1-e^{-t/\lambda})$ ①	$J=\frac{\varepsilon}{\sigma_0}=\frac{1}{E_\infty}\left(1+\frac{E_\infty-E_s}{E_s}e^{-t/\lambda}\right)$
松弛模量（E）	$E=\frac{\sigma}{\varepsilon_0}=E_s e^{-t/\lambda}$	$E=\frac{\sigma}{\varepsilon_0}=E_s+c_d\mathrm{dirac}(t)$ $=\frac{\sigma}{\varepsilon_{0+}}=E_s$ ②	$E=\frac{\sigma}{\varepsilon_0}=E_\infty(1-e^{-t/\alpha})+E_s e^{-t/\alpha}$，式中：$\alpha=\frac{c_d}{E_s+E_p}$，$\lambda=\frac{c_d}{E_p}$。
注：① $\lambda=\frac{c_d}{E_s}$； ② 当 $t=0$ 时，$\mathrm{dirac}(t)=\infty$，当 $t=0+$ 时，$\mathrm{dirac}(t)=0$			

需要特别注意的一点是，黏弹性材料的这两个特性参数是与时间相关的，这与对应的固体特性参数是常数有所不同。

此外，还需注意这些特性的推导过程是比较烦琐的，因为它需要应用初值定理和终值定理，然后对本构方程（在初值条件下）进行繁杂的求解，最后还要根据所得到的终值情况对求解结果加以验证。

在本节中，给出另外两种不同的分析方法：第一种方法主要是针对黏弹性材料的本构方程依次应用拉普拉斯正变换和反变换；而第二种方法则将黏弹性模型的拓扑转换成一组线性方程，进一步利用高斯消去法即可同时确定出 J 和 E 。这两种方法已经在 MATLAB 环境下得到了实现，因此具有较强的实用性。

2.3.1　基于拉普拉斯变换的求解方法

这种方法需要将黏弹性材料的本构方程变换到拉氏域，并采用如下两种传递函数之一的形式，即

$$J^*=\frac{\varepsilon}{\sigma} \tag{2.26a}$$

$$E^*=\frac{\sigma}{\varepsilon} \tag{2.26b}$$

当黏弹性材料受到的是蠕变加载时，需要将应力 σ 替换成它的拉普拉斯变换 σ_0/s，式(2.26a)将化为

$$J^* = s\frac{\varepsilon}{\sigma_0} = sJ(s) \tag{2.27a}$$

类似地，当黏弹性材料受到的是松弛加载时，需要将应变 ε 替换为对应的拉普拉斯变换 ε_0/s，式(2.26b)将变为

$$E^* = s\frac{\sigma}{\varepsilon_0} = sE(s) \tag{2.27b}$$

随后，只需借助拉普拉斯反变换将 $J(s)$ 和 $E(s)$ 变换到时域中，就可以得到蠕变柔量 J 和松弛模量 E 了。

针对 Maxwell 模型、Kelvin-Voigt 模型和 Poynting-Thomson 模型，表 2.9 已经列出了对应的蠕变柔量和松弛模量。

表 2.9 经典黏弹性模型的时域特性

模型名称	Maxwell 模型	Kelvin-Voigt 模型	Poynting-Thomson 模型
动力学方程	$\lambda\dot{\sigma} + \sigma = c_d\dot{\varepsilon}$	$\sigma = E_s\varepsilon + c_d\dot{\varepsilon}$	$(E_s + E_p)\sigma + c_d\dot{\sigma} = E_sE_p\varepsilon + E_sc_d\dot{\varepsilon}$
蠕变加载(σ_0)产生的应变的拉普拉斯变换	$\frac{\varepsilon}{\sigma_0} = \frac{\lambda s + 1}{c_d s^2}$	$\frac{\varepsilon}{\sigma_0} = \frac{1}{E_s s(\lambda s + 1)}$	$\frac{\varepsilon}{\sigma_0} = \frac{E_s + E_p + c_d s}{(E_sE_p + E_sc_d s)s}$
利用 MATLAB 得到的 $\frac{\varepsilon}{\sigma_0} = J$ 的拉普拉斯反变换	`>>syms L cd s t` `>>ilaplace((L*s+1)/(cd*s^2),s,t)` `J=λ/cd+t/cd`	`>>syms L E s t` `>>ilaplace(1/(E*s*(L*s+1)),s,t)` `J=1/E-1/(E*exp(t/λ))`	`>>syms Es Ep cd s t` `>>ilaplace(((Es+Ep)+cd*s)/(s*(Es*Ep+Es*cd*s)),s,t)` `J=(Ep+Es)/(Ep*Es)-1/(Ep*exp((Ep*t)/cd))`
松弛加载(ε_0)产生的应力的拉普拉斯变换	$\frac{\sigma}{\varepsilon_0} = \frac{c_d}{\lambda s + 1}$	$\frac{\sigma}{\varepsilon_0} = \frac{E_s(\lambda s + 1)}{s}$	$\frac{\sigma}{\varepsilon_0} = \frac{E_sE_p + E_sc_d s}{(E_s + E_p + c_d s)s}$
利用 MATLAB 得到的 $\frac{\sigma}{\varepsilon_0} = R$ 的拉普拉斯反变换	`>>syms L cd s t` `>>ilaplace((cd)/(L*s+1),s,t)` `R=cd/(λ*exp(t/λ))`	`>>syms L E s t` `>>ilaplace(E*(L*s+1)/s,s,t)` `R=E+E*L*dirac(t)`	`>>syms Es Ep cd s t` `>>ilaplace((Es*Ep+Es*cd*s)/(s*(Es+Ep+cd*s)),s,t)` `R=(Ep*Es)/(Ep+Es)+Es^2/(exp((t*(Ep+Es))`

2.3.2　基于线性方程组的求解方法

基于线性方程组的求解方法由 Vondřejc(2009)提出,它将黏弹性材料模型的拓扑转换成由平衡方程、运动学方程和本构方程所组成的一个线性方程组,进一步利用高斯消去法即可同时确定出 J 和 E。这种方法也已经在 MATLAB 环境下得以实现,具有较好的实用性。

在这一方法中,黏弹性材料模型的拓扑被视为 N 个单元的串联(P 个点之间),每个单元则是由一根弹簧和一个阻尼器构成的。例如,图 2.9 所示为 Maxwell 模型和 Poynting-Thomson 模型的拓扑结构,如图 2.9(a)所示为 Maxwell 模型可以描述为一个单元和两个点,而图 2.9(b)中的 Poynting-Thomson 模型则可定义为两个单元和三个点。

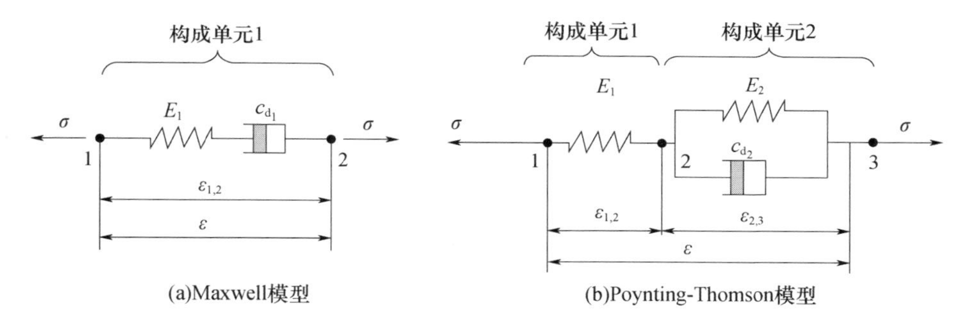

图 2.9　Maxwell 模型和 Poynting-Thomson 模型的拓扑结构

在 MATLAB 环境下,上面这两个模型的拓扑描述可以通过如下矢量形式给出。

(1)Maxwell 模型:$\mathtt{B=[1,2,E_1,c_{d_1}]}$。

(2)Poynting-Thomson 模型:$\mathtt{B=[1,2,E_1,inf;2,3,E_2,inf;2,3,inf,c_{d_2}]}$。

需要说明的是,在这一描述中,如果某个单元中不存在弹簧或阻尼器,那么对应的分量设置为“inf”。

在拉氏域中,黏弹性材料模型的数学描述如下所示。

(1)本构方程:

$$-\sum_{j=b_i}^{e_i-1}\varepsilon_{j,j+1}+\sigma_i\left(\frac{1}{E_i}+\frac{1}{c_{d_i}s}\right)=0,i=1,2,\cdots,N \tag{2.28}$$

(2)平衡方程:

$$-\sum_{j=1}^{P}\delta_{ib_j}\sigma_j+\sigma=0\qquad(\text{对于起点 } b_j) \tag{2.29}$$

$$\sum_{j=1}^{P}(\delta_{ib_j}-\delta_{ie_j})\sigma_j=0,i=1,2,\cdots,P-1 \tag{2.30}$$

$$-\sum_{k=1}^{P}\delta_{ie_k}\sigma_k+\sigma=0 \qquad (\text{对于终点 } e_k) \tag{2.31}$$

(3)运动学方程:

$$-\sum_{j=1}^{P-1}\varepsilon_{j,j+1}+\varepsilon=0 \tag{2.32}$$

上面的 b_j 和 e_j 分别代表的是第 j 个单元的起点和终点。

式(2.28)到式(2.32)也可以通过矩阵形式来表达,即

$$\boldsymbol{Ax}=0 \tag{2.33}$$

式中:$\boldsymbol{x}$ 为由应变和应力组成的矢量,可以写为

$$\boldsymbol{x}=\{\varepsilon_{1,2}\quad\varepsilon_{2,3}\quad\cdots\quad\varepsilon_{P-1,P}\quad\sigma_1\quad\sigma_2\quad\cdots\quad\sigma_N\quad\sigma\quad\varepsilon\} \tag{2.34}$$

式中:$\varepsilon_{j,j+1}$ 为点 j 和点 $j+1$ 之间的应变;σ_i 为第 i 个单元内的应力;σ 为整个黏弹性材料拓扑上的应力;ε 为整个黏弹性材料拓扑上的总应变。

下面通过例题的形式阐明怎样同时确定 J 和 E。

例 2.2 试利用 2.3.2 节给出的基于线性方程组的求解方法,推导 Maxwell 模型的蠕变柔量和松弛模量表达式。

[分析]

根据式(2.28)~式(2.32),Maxwell 模型的动力学特性可以通过如下矩阵方程描述,即

$$\begin{bmatrix}-1 & C & 0 & 0\\ 0 & -1 & 1 & 0\\ 0 & -1 & 1 & 0\\ -1 & 0 & 0 & 1\end{bmatrix}\begin{Bmatrix}\varepsilon_{1,2}\\ \sigma_{1,2}\\ \sigma\\ \varepsilon\end{Bmatrix}=0 \text{ 或 } \boldsymbol{Ax}=0 \tag{2.35}$$

式中:$C=\dfrac{1}{E_1}+\dfrac{1}{c_{d1}s}$。

针对式(2.35)进行高斯消去法处理之后,可得

$$\begin{bmatrix}-1 & C & 0 & 0\\ 0 & -1 & 1 & 0\\ 0 & 0 & 0 & 0\\ 0 & 0 & -C & 1\end{bmatrix}\begin{Bmatrix}\varepsilon_{1,2}\\ \sigma_{1,2}\\ \sigma\\ \varepsilon\end{Bmatrix}=0 \tag{2.36}$$

将上式中的最后一行展开,即

$$C\sigma=\varepsilon \text{ 或 } \left(\frac{1}{E_1}+\frac{1}{c_{d1}s}\right)\sigma=\varepsilon \tag{2.37}$$

因此,如果黏弹性材料受到的是蠕变加载,即 $\sigma=\sigma_0$,那么式(2.37)就变为

$$\varepsilon=\left(\frac{1}{E_1}+\frac{1}{c_{d1}s}\right)\frac{\sigma_0}{s} \tag{2.38}$$

MATLAB 中的符号处理过程可以做如下表示:

```
>>syms E1 cd1 sigma0 s t
>>ilaplace((1/E1+1/(cd1*s))*sigma0/s,s,t)
J=sigma0/E1 + (sigma0*t)/cd1)
```

由此得到的蠕变柔量 J 与表 2.9 中列出的是一致的。

如果黏弹性材料受到的是松弛应变,即 $\varepsilon=\varepsilon_0$,那么式(2.37)将变为

$$\sigma=\frac{\varepsilon_0}{s}\bigg/\left(\frac{1}{E_1}+\frac{1}{c_{d1}s}\right) \tag{2.39}$$

与此对应的 MATLAB 中的符号处理过程如下:

```
>>syms E1 cd1 eps0 s t
>>ilaplace (1/(1/E1+1/(cd1*s))*eps0/s,s,t)
E=(E1*eps0)/exp((E1*t)/cd1)
```

由此得到的松弛模量 E 与表 2.9 中列出的是一致的。

2.4 黏弹性材料的频域特性

这里假定黏弹性材料的应力 σ 和应变 ε 是正弦变化的,频率为 ω,即

$$\sigma=\sigma_0 e^{i\omega t},\varepsilon=\varepsilon_0 e^{i\omega t} \tag{2.40}$$

式中:σ_0 和 ε_0 分别为应力幅值和应变幅值;$i=\sqrt{-1}$。

于是,对于由 Maxwell 模型所描述的黏弹性材料来说,根据式(2.9)和式(2.26b)就可以导得 $(1+i\lambda\omega)\sigma_0 e^{i\omega t}=\lambda E_s\omega\varepsilon_0 i e^{i\omega t}$ 或 $\sigma_0=E_s\left(\frac{\omega^2\lambda^2}{1+\omega^2\lambda^2}+i\frac{\omega\lambda}{1+\omega^2\lambda^2}\right)\varepsilon_0$,也可以表示为如下更为紧凑的形式:

$$\sigma_0=E'(1+i\eta)\varepsilon_0 \tag{2.41}$$

式中:$E'=E_s\frac{\omega^2\lambda^2}{1+\omega^2\lambda^2}$;$\eta=\frac{1}{\omega\lambda}$。

式(2.41)所给出的黏弹性材料的本构关系表明,该材料具有复数模量 $E^*=E'(1+i\eta)$,它将应力和应变联系了起来。这里需要注意的是:

(1)该复模量的实部 E' 一般称为储能模量;

(2)复模量的虚部 $E'\eta$ 一般称为耗能模量,可表示为 E'' ;

(3)耗能模量与储能模量之比值 η 一般称为损耗因子。

图 2.10 所示为激励频率对 Maxwell 模型的储能模量和损耗因子的影响情况。不难注意到,Maxwell 模型预测指出,黏弹性材料在静态情况下($\omega = 0$)的储能模量为零,损耗因子则随着频率的增大连续减小。这两点都是不符合实际黏弹性材料的行为特性的。

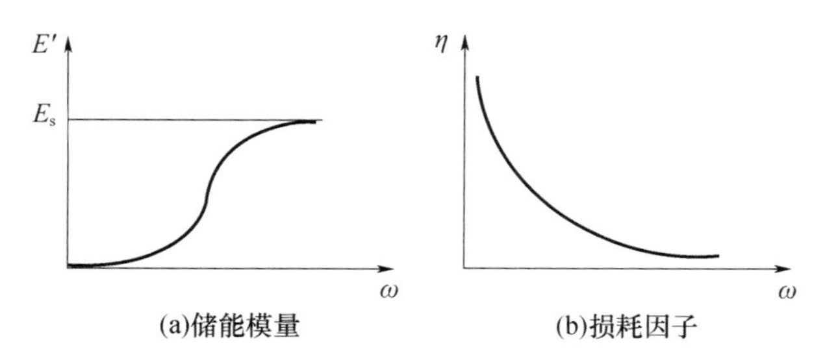

图 2.10 激励频率对 Maxwell 模型的储能模量和损耗因子的影响情况

图 2.11 以图形方式给出了复模量 $E^* = E'(1 + i\eta)$ 的不同分量,从中可以看出,复模量与实数轴构成了一个夹角 δ, 且有:

$$\tan\delta = \eta \tag{2.42}$$

正是由于上面这一关系,因此人们通常也将损耗因子称为"损耗角正切"或"损耗正切"。

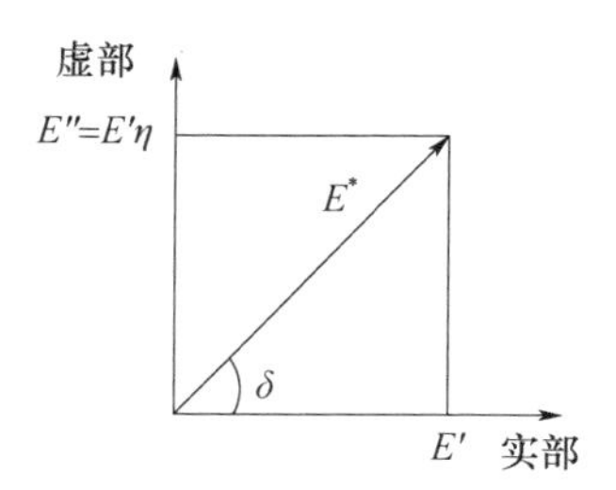

图 2.11 复模量的图形描述

与前面的过程类似,可以确定出频域内 Kelvin-Voigt 模型和 Poynting-Thomson 模型的本构方程,见表 2.10,其中列出了方程,并给出了对应的储能模量和损耗因子的表达式。

虽然表 2.10 所归纳的特性已经表明了 Poynting-Thomson 模型是能够用于模拟黏弹性材料的真实行为的,然而,仍然需要提醒注意的是,在准确反映黏弹性材料的实际特性时往往必须将若干个这样的模型组合起来使用。

表 2.10 经典黏弹性模型的频域特性

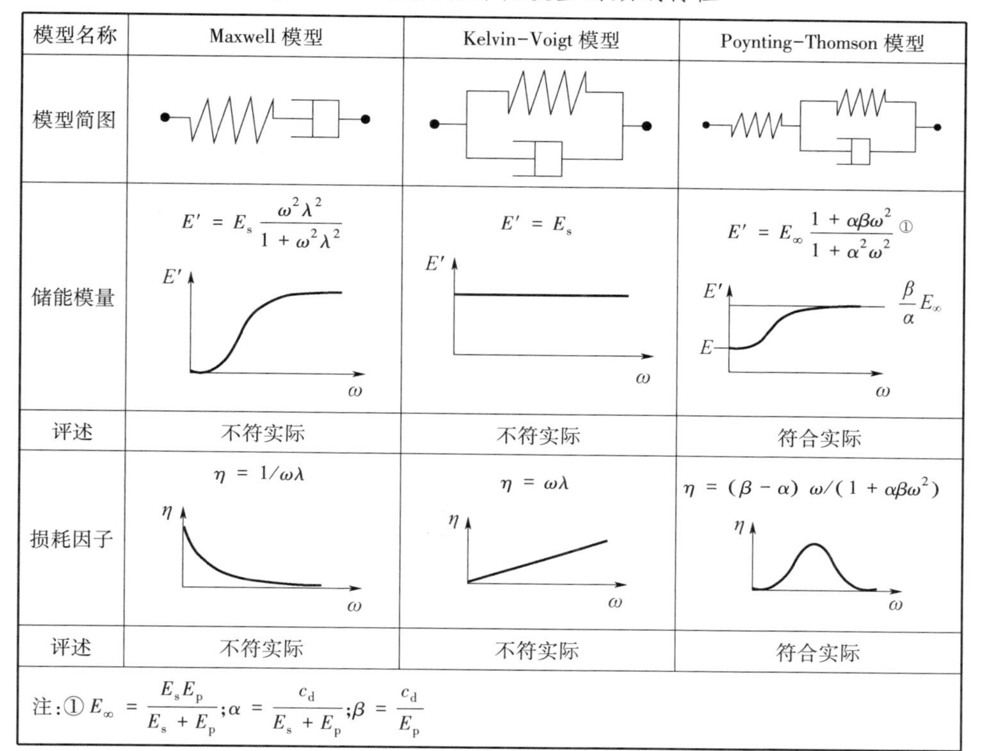

模型名称	Maxwell 模型	Kelvin-Voigt 模型	Poynting-Thomson 模型
模型简图			
储能模量	$E' = E_s \dfrac{\omega^2\lambda^2}{1+\omega^2\lambda^2}$	$E' = E_s$	$E' = E_\infty \dfrac{1+\alpha\beta\omega^2}{1+\alpha^2\omega^2}$ ①
评述	不符实际	不符实际	符合实际
损耗因子	$\eta = 1/\omega\lambda$	$\eta = \omega\lambda$	$\eta = (\beta-\alpha)\ \omega/(1+\alpha\beta\omega^2)$
评述	不符实际	不符实际	符合实际
注：① $E_\infty = \dfrac{E_sE_p}{E_s+E_p}$；$\alpha = \dfrac{c_d}{E_s+E_p}$；$\beta = \dfrac{c_d}{E_p}$			

2.5 黏弹性材料的滞回特性和能量耗散特性

2.5.1 滞回特性

不妨考虑一个应力 σ 和应变 ε 处于正弦型变化的黏弹性材料，这些应力和应变可以表示为如下形式：

$$\sigma = \sigma_0 e^{i\omega t}, \varepsilon = \varepsilon_0 e^{i\omega t} \tag{2.43}$$

且它们之间是通过如下本构方程联系起来的，即

$$\sigma = E'(1 + i\eta)\ \varepsilon \tag{2.44}$$

联立式(2.43)和式(2.44)可得

$$\sigma = \sigma_0 \sin(\omega t) = E'\varepsilon_0 \sin(\omega t) + \eta E'\varepsilon_0 \cos(\omega t) = \sigma_e + \sigma_d \tag{2.45}$$

式中：$\sigma_e = E'\varepsilon_0 \sin(\omega t)$ 和 $\sigma_d = \eta E'\varepsilon_0 \cos(\omega t)$ 分别为应力 σ 的弹性成分和耗散

成分。

进一步，σ_d 可以写为

$$\sigma_d = \eta E' \varepsilon_0 \cos(\omega t) = \pm \eta E' \sqrt{\varepsilon_0^2 - \varepsilon_0^2 \sin^2(\omega t)} = \pm \eta E' \sqrt{\varepsilon_0^2 - \varepsilon^2} \quad (2.46)$$

对式(2.46)重新整理后可得

$$(\sigma_d / \eta E')^2 + \varepsilon^2 = \varepsilon_0^2 \quad (2.47)$$

显然，上面这个方程代表的是一个椭圆，如图 2.12(a)所示。弹性应力成分与应变之间的关系可以参见图 2.12(b)，而图 2.12(c)则将弹性应力和耗散应力组合了起来，从而给出了黏弹性材料的总应力与应变之间的关系。

可以看到，耗散应力成分与应变之间构成了一个滞后环，该环包围的面积就是黏弹性材料循环变形过程中耗散的能量 D。

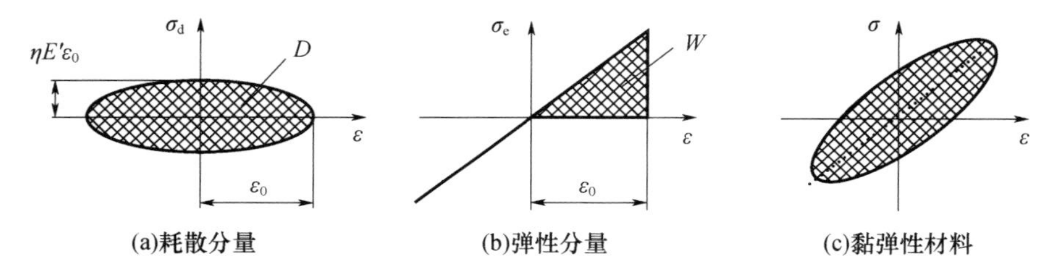

图 2.12　黏弹性材料的应力应变关系

2.5.2　能量耗散特性

对于以频率 ω 振动的黏弹性材料来说，一个完整的振动周期内单位体积所耗散掉的能量可以通过下式来确定，即

$$D = \int \sigma_d \mathrm{d}\varepsilon = \int_0^{\frac{2\pi}{\omega}} \sigma_d \frac{\mathrm{d}\varepsilon}{\mathrm{d}t} \mathrm{d}t \quad (2.48)$$

考虑到 $\sigma_d = \eta E' \varepsilon_0 \cos(\omega t)$ 和 $\varepsilon = \varepsilon_0 \sin(\omega t)$，于是式(2.48)就变为

$$D = \int_0^{\frac{2\pi}{\omega}} \sigma_d \frac{\mathrm{d}\varepsilon}{\mathrm{d}t} \mathrm{d}t = \int_0^{\frac{2\pi}{\omega}} [\eta E' \varepsilon_0 \cos(\omega t)][\omega \varepsilon_0 \cos(\omega t)] \mathrm{d}t = \pi \eta E' \varepsilon_0^2 \quad (2.49)$$

2.5.3　损耗因子

黏弹性材料的损耗因子可以从其滞回特性中提取出来，一般有两种实现方法，它们主要建立在如下关系的基础之上，下面分别加以讨论。

2.5.3.1 能量损耗与弹性储能之间的关系

不妨考虑1/4个振动周期,其中储存在弹性成分中的能量 W 可以通过下式来确定,即

$$W = \int \sigma_{e} \mathrm{d}\varepsilon = \int_{0}^{\frac{\pi}{2\omega}} \sigma_{e} \frac{\mathrm{d}\varepsilon}{\mathrm{d}t} \mathrm{d}t$$

考虑到 $\sigma_{e} = E'\varepsilon_{0}\sin(\omega t)$,因此上式可以做进一步的化简,即

$$W = \int_{0}^{\frac{\pi}{2\omega}} \sigma_{e} \frac{\mathrm{d}\varepsilon}{\mathrm{d}t} \mathrm{d}t = \int_{0}^{\frac{\pi}{2\omega}} [E'\varepsilon_{0}\sin(\omega t)][\omega\varepsilon_{0}\cos(\omega t)]\mathrm{d}t = \frac{1}{2}E'\varepsilon_{0}^{2} \tag{2.50}$$

根据式(2.49)和式(2.50),可确定出损耗因子 η, 即

$$\eta = \frac{D}{2\pi W} \tag{2.51}$$

式(2.51)实际上体现了损耗因子的物理含义,即耗散掉的能量与储存的能量之比值。根据图2.12,也可以直观地理解这两种能量的内涵。

2.5.3.2 不同应变之间的关系

式(2.45)和式(2.46)可以改写为

$$\sigma = E'\varepsilon \pm \eta E' \sqrt{\varepsilon_{0}^{2} - \varepsilon^{2}} \tag{2.52}$$

当应力 σ 为零时,对应的应变 ε_{sf} 可以根据下式得到:

$$0 = E'\varepsilon_{sf} \pm \eta E' \sqrt{\varepsilon_{0}^{2} - \varepsilon_{sf}^{2}}$$

即

$$\varepsilon_{sf} = \frac{\eta}{\sqrt{1 + \eta^{2}}}\varepsilon_{0} \tag{2.53}$$

滞回特性曲线的上分支所对应的应力应变关系可以根据式(2.45)表示为

$$\sigma = E'\varepsilon + \eta E' \sqrt{\varepsilon_{0}^{2} - \varepsilon^{2}} \tag{2.54}$$

最大应力将出现在 $\frac{\mathrm{d}\sigma}{\mathrm{d}\varepsilon} = 0$ 处,此时的应变 $\varepsilon = \varepsilon_{\max\sigma}$ 可由下式确定:

$$\varepsilon_{\max\sigma} = \varepsilon_{0} / \sqrt{1 + \eta^{2}} \tag{2.55}$$

式(2.55)的应变 ε_{sf} 与 $\varepsilon_{\max\sigma}$ 的含义可以参考图2.13。根据式(2.53)和式(2.55),可以看出:

$$\frac{\varepsilon_{sf}}{\varepsilon_{\max\sigma}} = \eta \tag{2.56}$$

显然，只需从滞回特性曲线中测出上述两个应变值，就可以根据式(2.56)确定出损耗因子了。

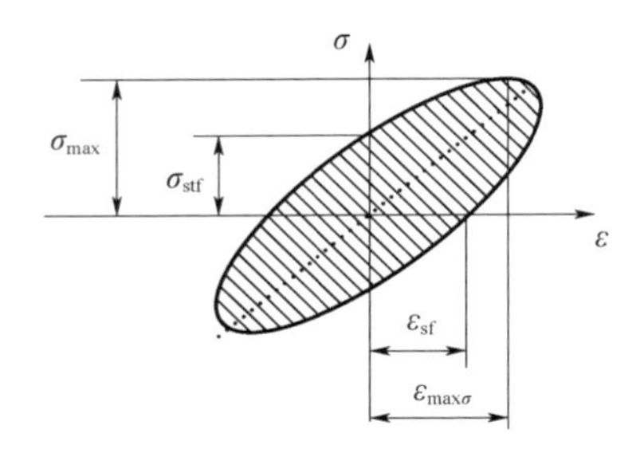

图 2.13　应变 ε_{sf} 和 $\varepsilon_{max\sigma}$ 的图形描述

2.5.4　储能模量

通过考察应变自由状态下的应力 σ_{stf}，就可以确定出储能模量。在式(2.54)中，令 $\varepsilon = 0$，可得

$$\sigma_{stf} = \pm \eta E' \varepsilon_0 \tag{2.57}$$

于是，在根据式(2.56)和式(2.53)得到 η 和 ε_0 之后，借助式(2.57)就能够计算出储能模量 E' 了。

例 2.3　设黏弹性材料处于正弦应力状态（$\sigma = \sin t$），试绘出 Poynting-Thomson 模型（假定 $E_s = 1, E_p = 1, c_d = 1$）的应力应变特性曲线。进一步，试根据 2.5.3.2 节和 2.5.4 节给出的方法确定损耗因子和储能模量，并将其与表 2.10 列出的表达式进行比较。

［分析］

Poynting-Thomson 模型的本构方程为

$$\dot{\varepsilon} + \varepsilon = \dot{\sigma} + 2\sigma$$

对于正弦型应力 $\sigma = \sin t$，这个方程就变为

$$\dot{\varepsilon} + \varepsilon = 2\sin t + \cos t$$

利用 MATLAB 软件对上式做数值积分求解（相对于时间变量），就可以得到应变的时间历程（是应力时间历程的函数），然后就可以将这个应变与应力绘制成应力应变特性曲线了，如图 2.14 所示。

(1)根据图 2.14 可得

$$\varepsilon_{max\sigma} = \varepsilon_0 / \sqrt{1 + \eta^2} = 1.5$$

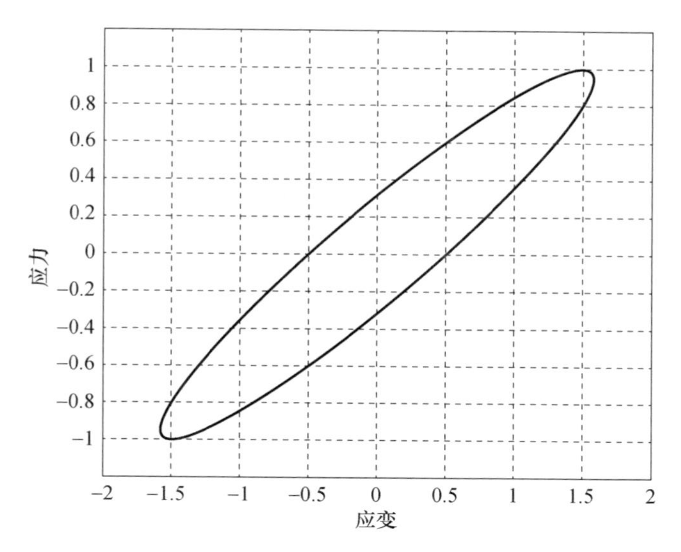

图2.14 Poynting-Thomson模型的应力应变特性曲线

$$\varepsilon_{sf}=\frac{\eta}{\sqrt{1+\eta^2}}\varepsilon_0=0.5$$

于是有:

$$\frac{\varepsilon_{sf}}{\varepsilon_{max\sigma}}=\eta=\frac{0.5}{1.5}=0.33$$

由此还可导得 $\varepsilon_0=1.581$。

此外,根据图2.14还可以得到 $\sigma_{stf}=\pm\eta E'\varepsilon_0=\pm 0.3148$,由此可得

$$E'=0.3148/(\eta\varepsilon_0)=0.3148/(0.333\times 1.581)=0.598$$

(2)根据表2.10可得

由于 $E=\dfrac{E_sE_p}{E_s+E_p}=\dfrac{1}{2}$,$\alpha=\dfrac{c_d}{E_s+E_p}=\dfrac{1}{2}$,$\beta=\dfrac{c_d}{E_p}=1$,且 $\omega=1$,于是:

$$E'=E\frac{1+\alpha\beta\omega^2}{1+\alpha^2\omega^2}=\frac{1}{2}\frac{1+0.5\omega^2}{1+0.25\omega^2}=\frac{1.5}{2\times 1.25}=0.6$$

$$\eta=(\beta-\alpha)\omega/(1+\alpha\beta\omega^2)=0.5/(1+0.5)=0.333$$

对比上述结果不难看出,这两种方法的计算结果是相当一致的。

例2.4 针对黏弹性材料(Dyad 606,纽约Deer Park的Soundcoat公司)的实验结果(37.8℃条件下),分别采用Maxwell模型、Kelvin-Voigt模型和Poynting-Thomson模型进行最佳拟合,绘制出相应的储能模量和损耗因子特性曲线。

[分析]

根据表 2.10 列出的各种黏弹性模型的储能模量和损耗因子情况，图 2.15 中绘制出了它们与频率 ω 之间的关系曲线，这些曲线针对的参数情况为

$$\alpha = 1, \beta = 20, \lambda = 3, E_s = 500, E = 500$$

图 2.15 清晰地表明，这 3 种模型都不足以准确刻画 Dyad606 的行为特性。Poynting-Thomson 模型的预测结果能够从定性角度反映出一般性趋势，不过不能定量描述较宽频率范围内的行为。为准确刻画黏弹性材料的实际特性，一般需要将若干个 Poynting-Thomson 模型组合起来使用。

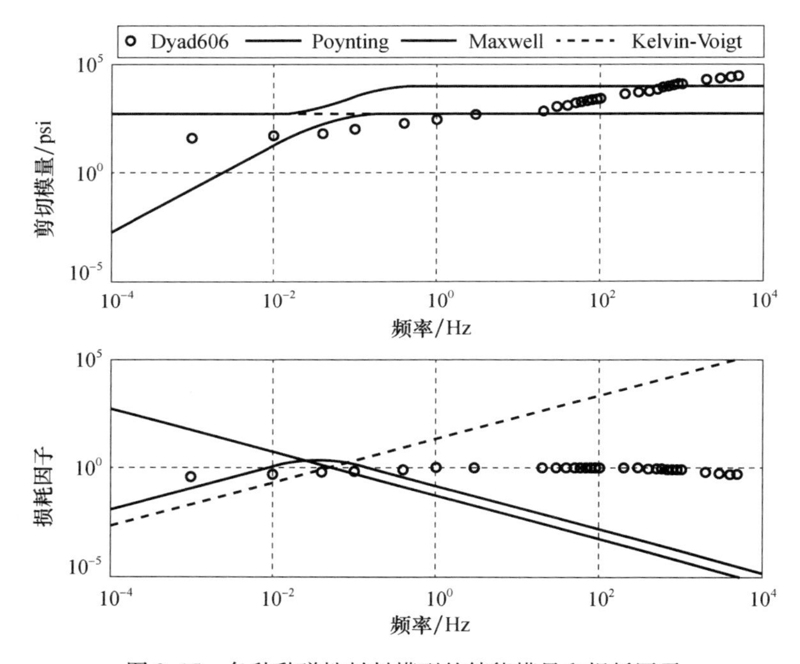

图 2.15　各种黏弹性材料模型的储能模量和损耗因子

2.6　黏弹性材料的分数阶导数模型

如同 2.5 节曾指出的，简单的经典模型是难以准确刻画实际黏弹性材料的动力学特性的。为了克服这些模型所存在的不足，人们还提出了一些其他形式的模型，其中包括了分数阶导数（fractional derivative，FD）模型（Bagley 和 Torvik，1983），Golla-Hughes-MacTavish（GHM）模型（Golla 和 Hughes，1985），以及增强热力学场模型（Lesieutre 和 Mingori，1990；Lesieutre 等人，1996）等。

2.6.1　分数阶导数模型的基本构造单元

为方便起见,关于分数阶微积分的基本概念已经在附录 2.B 中做了归纳。

在本节中,分数阶导数模型的基本构造单元是指“弹壶单元”,它替代了经典模型中所使用的弹簧单元和黏壶单元。采用弹壶单元可以简化黏弹性聚合物复杂行为特性的建模分析工作,它不仅减少了所需的模型参数个数,而且更具适用性。

弹壶单元是一种非线性的分数阶导数型单元,其本构关系为

$$\sigma(t)=E\tau^{\alpha}\frac{\mathrm{d}^{\alpha}\varepsilon(t)}{\mathrm{d}t^{\alpha}} \tag{2.58}$$

式(2.58)表明,作用到该单元上的应力 $\sigma(t)$ 是与应变 $\varepsilon(t)$ 对时间的分数导数的阶次 α 有关的。阶次 α 在 0~1 这一范围内取值,当 $\alpha=0$ 时,该单元将退化为一个线性弹簧单元,而当 $\alpha=1$ 时,则对应于一个线性黏壶(阻尼器),如图 2.16 所示。

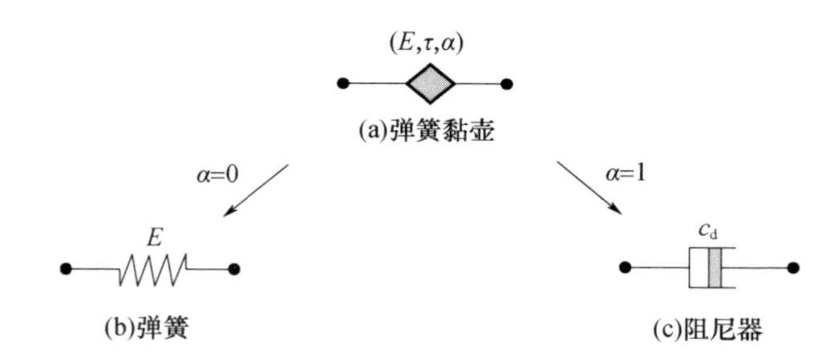

图 2.16　弹簧黏壶、弹簧和阻尼器的表示

根据式(2.58),不难确定弹壶单元的储能模量和耗能模量,即

$$\begin{aligned}E^*(\omega)&=E(\mathrm{i}\omega\tau)^{\alpha}=E(\omega\tau)^{\alpha}e^{\frac{\pi}{2}\alpha\mathrm{i}}\\&=E(\omega\tau)^{\alpha}\left[\cos\left(\frac{\pi}{2}\alpha\right)+\mathrm{i}\sin\left(\frac{\pi}{2}\alpha\right)\right]=E'+\mathrm{i}E''\end{aligned} \tag{2.59}$$

式中:$E'=E(\omega\tau)^{\alpha}\cos\left(\dfrac{\pi}{2}\alpha\right)$;$E''=E(\omega\tau)^{\alpha}\sin\left(\dfrac{\pi}{2}\alpha\right)$。

为了导出弹壶单元的松弛模量 $E(t)$,由于已知 $E(s)=E^*/s$(式(2.27b)),因此只需针对式(2.59)作傅里叶反变换即可,由此不难得到式(2.60)和式(2.61)

松弛模量:

$$E(t)=\frac{2}{\pi}\int_0^{\infty}\left[\frac{1}{\omega}E'\sin(\omega t)\right]\mathrm{d}\omega$$

$$= \frac{2}{\pi} E \tau^{\alpha} \cos\left(\frac{\pi}{2}\alpha\right) \int_{0}^{\infty} [\omega^{\alpha-1} \sin(\omega t)] \, \mathrm{d}\omega = \frac{E}{\Gamma(1-\alpha)} \left(\frac{t}{\tau}\right)^{-\alpha} \tag{2.60}$$

蠕变柔量：

$$J(t) = \frac{E^{-1}}{\Gamma(1+\alpha)} \left(\frac{t}{\tau}\right)^{\alpha} \tag{2.61}$$

2.6.2 基本的分数阶导数模型

这里给出的基本分数阶导数模型包括了分数阶导数型的 Maxwell 模型、Kelvin-Voigt 模型，以及 Poynting-Thomson 模型。

此处以图 2.17(a)所示的 Maxwell 模型为例，只需将其中的每个单元替换为具有不同参数的弹壶单元，即可得到对应的分数导数型 Maxwell 模型，如图 2.17(b)所示。

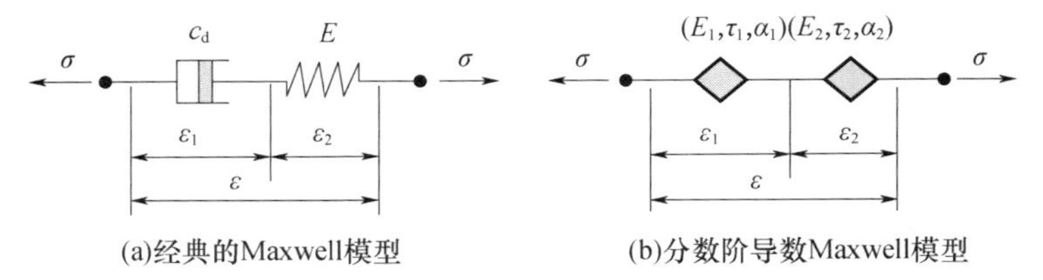

图 2.17 经典的和分数阶导数型 Maxwell 模型

对于这个分数阶导数模型而言，利用式(2.58)可以将应变 ε_1 和 ε_2 表示为如下形式：

$$\begin{cases} \varepsilon_1(t) = E_1^{-1} \tau_1^{-\alpha_1} \dfrac{\mathrm{d}^{-\alpha_1} \sigma(t)}{\mathrm{d}t^{-\alpha_1}} \\ \varepsilon_2(t) = E_2^{-1} \tau_2^{-\alpha_2} \dfrac{\mathrm{d}^{-\alpha_2} \sigma(t)}{\mathrm{d}t^{-\alpha_2}} \end{cases} \tag{2.62}$$

由于 $\varepsilon = \varepsilon_1 + \varepsilon_2$，于是有：

$$\sigma(t) + \tau^{\alpha_1-\alpha_2} \frac{\mathrm{d}^{\alpha_1-\alpha_2} \sigma(t)}{\mathrm{d}t^{\alpha_1-\alpha_2}} = E \tau^{\alpha_1} \frac{\mathrm{d}^{\alpha_1} \varepsilon(t)}{\mathrm{d}t^{\alpha_1}} \tag{2.63}$$

式中：$\tau = (E_1 \tau_1^{\alpha_1} / E_2 \tau_2^{\alpha_2})^{1/(\alpha_1-\alpha_2)}$；$E = E_1(\tau_1/\tau_2)^{\alpha_1}$；$\alpha_1 \geqslant \alpha_2$。

对式(2.63)做傅里叶变换之后，可得

$$E^* = \frac{E(\mathrm{i}\omega\tau)^{\alpha_1}}{1 + (\mathrm{i}\omega\tau)^{\alpha_1-\alpha_2}} \tag{2.64}$$

按照2.6.1节所采用的过程，也可以很轻松地导出分数阶导数型Maxwell模型的蠕变柔量，即

$$J(t)=\frac{E^{-1}}{\Gamma(1+\alpha_1)}\left(\frac{t}{\tau}\right)^{\alpha_1}+\frac{E^{-1}}{\Gamma(1+\alpha_2)}\left(\frac{t}{\tau}\right)^{\alpha_2} \tag{2.65}$$

关于分数阶导数型的Maxwell模型、Kelvin-Voigt模型，以及Zener模型，表2.11已经对它们的复模量做了归纳。

表2.11 分数阶导数黏弹性模型的频域特性

模型名称	Maxwell模型	Kelvin-Voigt模型	Zener模型
模型简图	(E_1,τ_1,α_1) (E_2,τ_2,α_2)	(E_1,τ_1,α_1) (E_2,τ_2,α_2)	(E_1,τ_1,α_1) (E_2,τ_2,α_2) (E_3,τ_3,α_3)
储能模量	$E^*=\frac{E(\mathrm{i}\omega\tau)^{\alpha_1}}{1+(\mathrm{i}\omega\tau)^{\alpha_1-\alpha_2}}$ ①	$E^*=E(\mathrm{i}\omega\tau)^{\alpha_1}+E(\mathrm{i}\omega\tau)^{\alpha_2}$	$E^*=E_0\frac{(\mathrm{i}\omega\tau)^{\alpha_2}}{1+(\mathrm{i}\omega\tau)^{\alpha_2-\alpha_1}}+E(\mathrm{i}\omega\tau)^{\alpha_3}$ ②
注：① $\tau=(E_1\tau_1^{\alpha_1}/E_2\tau_2^{\alpha_2})^{1/(\alpha_1-\alpha_2)}$；$E=E_1(\tau_1/\tau_2)^{\alpha_1}$；$\alpha_1\geqslant\alpha_2$；② $E_0=E_1(\tau_1/\tau)^{\alpha_1}$			

例2.5 针对如下所示的分数阶导数Zener模型，即Bagley和Torvik(1983)所给出的四参数分数阶导数模型，确定其储能模量、耗能模量和损耗因子：

$$\sigma(t)+\tau^{\alpha}D^{\alpha}\sigma(t)=E_0\varepsilon(t)+E_{\infty}\tau^{\alpha}D^{\alpha}\varepsilon(t)$$

式中：$E_0=E_sE_p/(E_s+E_p)$，为松弛弹性模量；$E_{\infty}=E_s$，为非松弛的弹性模量；$\tau=c_d/(E_s+E_p)$，为松弛时间；$0<\alpha<1$。

［分析］

根据式(2.58)，这个四参数分数阶导数模型所预测的复模量可以借助式(2.B.10)得到，即

$$E^*=\frac{\sigma(s)}{\varepsilon(s)}=\frac{E_0+E_{\infty}(\tau s)^{\alpha}}{1+(\tau s)^{\alpha}}$$

很明显，这个四参数模型的储能模量和耗能模量可由下式给出：

$$E'(\omega)=\frac{E_0+(E_{\infty}+E_0)(\omega\tau)^{\alpha}\cos(\pi\alpha/2)+E_{\infty}(\omega\tau)^{2\alpha}}{1+2(\omega\tau)^{\alpha}\cos(\pi\alpha/2)+(\omega\tau)^{2\alpha}}$$

$$E''(\omega)=\frac{(E_{\infty}-E_0)(\omega\tau)^{\alpha}\sin(\pi\alpha/2)}{1+2(\omega\tau)^{\alpha}\cos(\pi\alpha/2)+(\omega\tau)^{2\alpha}}$$

相应地，损耗因子 η 将为

$$\eta=\frac{E''(\omega)}{E'(\omega)}=\frac{(E_{\infty}-E_0)(\omega\tau)^{\alpha}\sin(\pi\alpha/2)}{E_0+(E_{\infty}+E_0)(\omega\tau)^{\alpha}\cos(\pi\alpha/2)+E_{\infty}(\omega\tau)^{2\alpha}}$$

由此可以确定出参数 α 的值（参见思考题 2.9），即

$$\alpha=\frac{2}{\pi}\sin^{-1}\left[\eta_{\max}(E_{\infty}-E_0)\times\frac{2\sqrt{E_{\infty}E_0}+(E_{\infty}+E_0)\sqrt{1+\eta_{\max}^2}}{\eta_{\max}^2(E_{\infty}+E_0)^2+(E_{\infty}-E_0)^2}\right]$$

例 2.6 针对黏弹性材料（Dyad 606，纽约 Deer Park 的 Soundcoat 公司）的实验结果（37.8℃条件下），采用分数阶导数模型进行最佳拟合，绘制出相应的储能模量和损耗因子特性曲线，并将其与 Poynting-Thomson 模型的结果进行比较。

［**分析**］

针对黏弹性材料的分数阶导数模型和 Poynting-Thomson 模型，图 2.18 所示为它们的储能模量和损耗因子与频率 ω 之间的关系曲线。对于 Poynting-Thomson 模型，相关参数为 $\alpha=1$、$\beta=20$、$\lambda=3$、$E_s=500\text{psi}$，而分数阶导数模型可由下式给出：

$$\sigma=\frac{52.5+18000(0.004s)^{0.7}}{1+(0.004s)^{0.7}}\varepsilon$$

从图 2.18 中可以清晰地发现，四参数分数阶导数模型能够很好地描述 Dyad 606 的物理行为，而线性 Poynting-Thomson 模型是有所不足的。

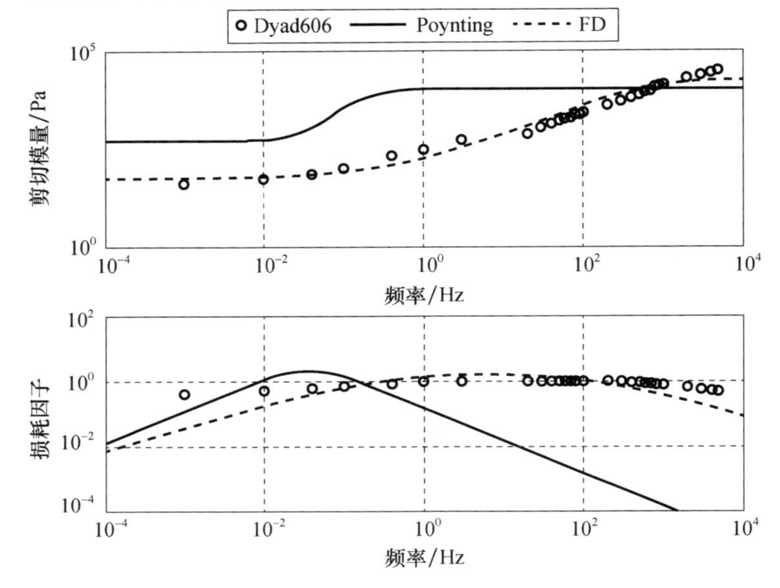

图 2.18 分数阶导数模型和 Poyntinig-Thomson 模型的储能模量和损耗因子

2.6.3　其他常用的分数阶导数模型

本节中，主要介绍其他一些常用的分数阶导数模型。这些模型的主要频域特性见表 2.12。由于所包含的参数个数不同，它们的复杂程度也有所不同，例如 Debye 模型中包含了 3 个参数 (E_∞,Δ,τ)，Havriliak－Negami 模型（Pritz，2003；Ciambella 等人，2011）则包含了 5 个参数 $(E_\infty,\Delta,\tau,\alpha,\beta)$。

表 2.12　分数阶导数黏弹性模型的频域特性

模型名称	$E^*(\omega)$	参数个数
Debye	$E^* = E_\infty\left(1+\dfrac{\Delta}{1+i\omega\tau}\right)$ ①	3
Cole–Cole②	$E^* = E_\infty\left(1+\dfrac{\Delta}{1+(i\omega\tau)^\alpha}\right)$	4
Cole–Davidson	$E^* = E_\infty\left(1+\dfrac{\Delta}{(1+i\omega\tau)^\beta}\right)$	4
Havriliak–Negami	$E^* = E_\infty\left(1+\dfrac{\Delta}{(1+(i\omega\tau)^\alpha)^\beta}\right)$	5

注：① $\Delta = (E_0 - E_\infty)/E_\infty$ 代表的是松弛强度，E_∞ 为松弛弹性模量，E_0 为松弛前的弹性模量；
②参见 Friedrich 和 Braun（1992），Pritz（2003），Ciambella 等人（2011）的文献

例 2.7　图 2.19 所示为一个弹簧质量系统，该系统带有一个分数阶导数阻尼器（阶次为 α），系统的动力学方程可描述为

$$m\ddot{x} + c\tau^\alpha D^\alpha x + kx = f$$

若假定 $m = 1kg$，$k = 1Nm^{-1}$，$f = 1N$，$\alpha = 0.75$，且 $x(0) = 0$，$\dot{x}(0) = 0$。试利用附录 2.B.5 中给出的分数导数的 Grunwald－Letnikov（G－L）定义确定系统的时域响应。

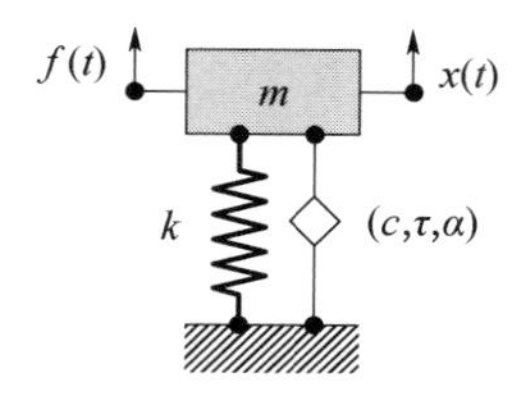

图 2.19　带有分数阶导数型阻尼器的弹簧质量系统

[分析]

根据给定的参数,系统方程可以表示为

$$\ddot{x}+D^{0.75}x+x=1$$

或者写为

$$\ddot{x}=-D^{0.75}x-x+1$$

式中:

$$D^{0.75}x=\lim_{N\to\infty}\left[\left(\frac{t}{N}\right)^{-0.75}\sum_{j=0}^{N-1}A_{j+1}f(t-jt/N)\right]$$

且 A_{j+1} 为 Grunwald 系数。

这个带有分数阶导数型阻尼器的弹簧质量系统的 Grunwald 系数以及时域响应可以分别参见图 2.20(a)和(b)。从图 2.20(a)可以清晰地观察到,当式(2.B.14)的求和项所包含的项数逐渐增加时,Grunwald 系数将趋于零,这例证了分数导数的"衰减记忆"特性。此外,根据图 2.20(b)可以发现,该系统在 15s 后可以达到预期的稳态值,误差为 3.14%。

这里值得提及的是,例 2.7 所采用的方法实际上构成了带有黏弹性材料(由分数阶导数模型描述)的结构有限元模型的时域分析基础。

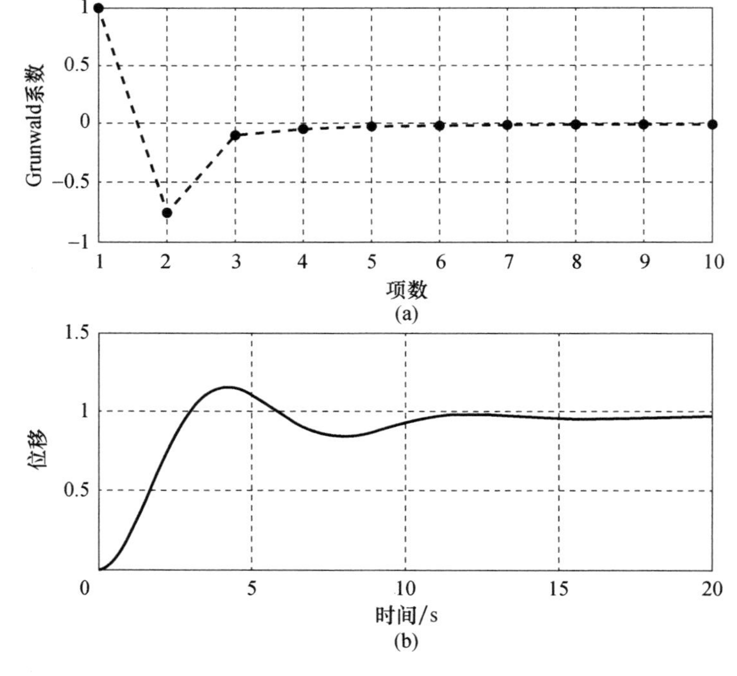

图 2.20 弹簧质量系统(带有分数阶导数型阻尼器)的时域响应

2.7　黏弹性机制与其他类型阻尼机制的比较

这里讨论 4 种较为重要的阻尼机制，分别是黏性阻尼、滞后阻尼、结构阻尼和摩擦阻尼，目的是将这些机制的特性跟黏弹性阻尼材料的特性加以区分和对比，并建立它们之间的联系。

表 2.13 和表 2.14 将上述 4 种阻尼机制的主要特性做了总结和归纳，其中表 2.13 列出的是每种机制的物理描述、模型方程、载荷位移曲线以及时域响应。

表 2.13　黏性阻尼、滞后阻尼、结构阻尼和摩擦阻尼的特性

阻尼机制	物理描述	模型方程	载荷位移曲线	时域响应
黏性阻尼①②	m, x, k, C	$F_d = c\dot{x}$	F_d, $c\dot{X}$, x, X	x, t
滞后阻尼①②	m, x, k, $\frac{\eta k}{\omega}$	$F_d = \frac{\eta k}{\omega}\dot{x}$	$\frac{\eta k}{\omega}\dot{X}$, F_d, x, X	x, t
结构阻尼③④	m, x, k, ηk	$F_d = \eta k \lvert x \rvert \mathrm{sgn}(\dot{x})$	F_d, $2\eta kX$, x, X	x, t
摩擦阻尼①②	m, x, k, F_f	$F_d = F_f \mathrm{sgn}(\dot{x})$	F_d, F_f, x, X	x, F_f/k, t

注：①Beards(1996)；

②Rao(2010)；

③Muravskii(2004)；

④Gremaud(1987)

表 2.14　黏性阻尼、滞后阻尼、结构阻尼和摩擦阻尼的能量耗散与阻尼比

阻尼机制	能量耗散	等效阻尼系数	等效阻尼比
黏性阻尼	$D_v = \pi c\omega X^2$	$c_v = c$	$\zeta_v = c/2\sqrt{km}$
滞后阻尼	$D_H = \pi k\eta X^2$	$c_H = \frac{k\eta}{\omega}$	$\zeta_H = \eta/2$
结构阻尼	$D_S = 2k\eta X^2$	$c_S = \frac{2k\eta}{\pi\omega}$	$\zeta_S = \eta/\pi$
摩擦阻尼	$D_F = 4F_f X$	$c_F = \frac{4F_f}{\pi\omega X}$	$\zeta_F = \frac{2}{\pi}\frac{F_f}{kX}$
黏弹性阻尼	$D_{VEM} = \pi k\eta X^2$	$c_{VEM} = \frac{k\eta}{\omega}$	$\zeta_{VEM} = \eta/2$

在不同类型的阻尼力情况下，每个周期耗散掉的能量都可以按照如下方式来计算，即

$$D_i = 4\int_0^{\pi/2\omega} F_d \dot{x} \mathrm{d}t \tag{2.66}$$

式中：F_d 为阻尼力，参见表 2.13 中的第 3 列。

为得到各种阻尼机制的等效黏性阻尼系数，只需令某个阻尼机制耗散掉的能量等于黏性阻尼所耗散掉的能量 D_v 即可计算出。进而，对于第 i 种阻尼机制来说，其等效阻尼比就可以按照下式来计算，即

$$\zeta_i = c_i/2\sqrt{km} \tag{2.67}$$

式(2.67)实际上假定了 $\zeta_i = c_i/c_c$，其中的 $c_c = 2\sqrt{km}$ 为单自由度振动系统的临界阻尼系数。

表 2.14 所列为每种阻尼机制在每个周期的能量耗散、等效阻尼系数和等效阻尼比，并将这些特性与黏弹性材料的对应结果做了比较。

2.8　本章小结

本章主要介绍了黏弹性材料的一些经典模型，讨论了它们在时域和频域内的优点和不足。我们给出了黏弹性材料的能量耗散特性，并侧重分析了复模量这一统一概念。此外，本章还简要阐述了分数阶导数模型，指出了它们的适用性和简洁性。在第 3 章中，我们将介绍黏弹性材料复模量的测试方法，而在第 4~6 章中还将把经典模型拓展为更加实用的模型，从而能够非常方便地综合到有限元方法的框架之中。

参考文献

Bagley, R. L. and Torvik, P. J. (1983). Fractional calculus-a different approach to the analysis of viscoelastically damped structures. AIAA Journal 21:741-749.

Beards, C. (1996). Structural Vibration: Analysis and Damping. London: Arnold.

Christensen, R. M. (1982). Theory of Viscoelasticity: An Introduction, 2nde. New York: Academic Press Inc.

Ciambella J., Paolone A., Vidoli S., "Dynamic Behavior of Viscoelastic Solids at Low Frequency: Fractional vs Exponential Relaxation", 1-5. In Proceedings XX Congresso dell' Associazione Italiana di Meccanica Teorica e Applicata, Bologna 12-15 September 2011; F. Ubertini, E. Viola, S. de Miranda and G. Castellazzi (Eds.), ISBN 978-88-906340-1-7, 2011.

Flugge, W. (1967). Viscoelasticity. Waltham, MA: Blaisdell Publishing Company.

Friedrich, C. and Braun, H. (1992). Generalized Cole-Cole behavior and its rheological relevance. Rheologica Acta 31(4):309-322.

Galucio, A. C., Deü, J.-F., Mengué, S., and Dubois, F. (2006). An adaptation of the gear scheme for fractional derivatives. Computer Methods in Applied Mechanics and Engineering 195(44-47):6073-6085.

Golla, D. F. and Hughes, P. C. (1985). Dynamics of viscolelastic structures - a time domain finite element formulation. ASME Journal of Applied Mechanics 52:897-906.

Gremaud G., "The Hysteretic Damping Mechanisms Related to Dislocation Motion", Journal de Physique, Colloque C8, Supplement au N012, Tome 48, December 1987.

Haddad, Y. M. (1995). Viscoelasticity of Engineering Materials. New York: Chapman & Hall.

Heymans, N. (1996). Hierarchical models for viscoelasticity: dynamic behaviour in the linear range. Rheologica Acta 35(5):508-519.

Iwan, W. D. (1964). An electric analog for systems containing Coulomb damping. Experimental Mechanics 4(8):232-236.

Lakes, R. (1999). Viscoelastic Solids. Boca Raton, FL: CRC Press.

Lakes, R. (2009). Viscoelastic Materials. Cambridge, UK: Cambridge University Press.

Lesieutre, G. A., Bianchini, E., and Maiani, A. (1996). Finite element modeling of one-dimensional viscoelastic structures using anelastic displacement fields. Journal of Guidance, Control, and Dynamics 19(3):520-527.

Lesieutre, G. A. and Mingori, D. L. (1990). Finite element modeling of frequency-dependent material damping using augmenting thermodynamic fields. Journal of Guidance, Control, and Dynamics 13(6):1040-1050.

Muravskii, G. B. (2004). On frequency independent damping. Journal of Sound and Vibration 274: 653-668.

Nashif, A., Jones, D., and Henderson, J. (1985). Vibration Damping. New York: Wiley.

Nise, N. S. (2015). Control Systems Engineering, 7th Edn. Hoboken, NJ: Wiley.

Oldham, K. B. and Spanier, J. (1974). An Introduction to the Fractional Calculus and Fractional Differential Equations. New York: Wiley.

Padovan, J. (1987). Computational algorithms for FE formulations involving fractional operators. Computational Mechanics 2:271-287.

Podlubny, I. (1999). Fractional Differential Equations. San Diego, California: Academic Press.

Pritz, T. (2003). Five-parameter fractional derivative model for polymeric damping materials. Journal of Sound and Vibration 265:935-952.

Sun, C. and Lu, Y. P. (1995). Vibration Damping of Structural Elements. Englewood Cliffs, NJ: Prentice Hall.

Rao, S. S. (2010). Mechanical Vibrations, 5the. New Jersey: Prentice Hall.

Vondřejc, J. (2009). Constitutive models of linear viscoelasticity using Laplace transform. Czech Republic, Prague: Department of Mechanics, Faculty of Civil Engineering, Czech Technical University.

Zener, C. M. (1948). Elasticity and Anelasticity of Metals. Chicago: University of Chicago Press.

本章附录

附录 2. A 初值定理和终值定理

对于一个函数 $x(t)$，其初值和终值可以根据如下定理(Nise,2015)给出。

(1)初值定理：$x(0) = \lim_{t \to 0} x(t) = \lim_{s \to \infty} sX(s)$。

(2)终值定理：$x(\infty) = \lim_{t \to \infty} x(t) = \lim_{s \to 0} sX(s)$。

[证明]

根据拉普拉斯变换(L)的定义，有：

$$L\left[\frac{\mathrm{d}}{\mathrm{d}t}x(t)\right] = \int_0^\infty \left[\frac{\mathrm{d}}{\mathrm{d}t}x(t)\right] \mathrm{e}^{-st}\mathrm{d}t = sX(s) - x(0)$$

现在考虑如下两种极限情形。

(1)当 $s \to 0$ 时，上式变成为

$$\lim_{s \to 0}\int_0^\infty \left[\frac{\mathrm{d}}{\mathrm{d}t}x(t)\right] \mathrm{e}^{-st}\mathrm{d}t = \int_0^\infty \mathrm{d}x(t) = x(\infty) - x(0) = \lim_{s \to 0}[sX(s) - x(0)]$$

即 $x(\infty) = \lim\limits_{s \to 0} sX(s)$。

(2)当 $s \to \infty$ 时，有：

$$\lim_{s \to \infty}\int_0^\infty \left[\frac{\mathrm{d}}{\mathrm{d}t}x(t)\right] \mathrm{e}^{-st}\mathrm{d}t = 0 = \lim_{s \to \infty}[sX(s) - x(0)]$$

即 $x(0) = \lim\limits_{s \to \infty} sX(s)$。

附录 2. B 分数阶微积分

2. B. 1 分数阶积分

对于函数 $f(x)$，其 n 重分数阶积分的定义为

$$D^{-n}f(x) = \int_0^x \mathrm{d}x_1 \int_0^{x_1} \mathrm{d}x_2 \int_0^{x_2} \mathrm{d}x_3 \cdots \int_0^{x_{n-1}} f(t)\,\mathrm{d}t \tag{2. B. 1}$$

若令：

$$D^{-1}f(x)=\int_0^x f(t)\,\mathrm{d}t \tag{2.B.2}$$

那么再次积分之后可得

$$D^{-2}f(x)=\int_0^x \mathrm{d}x_1\int_0^{x_1} f(t)\,\mathrm{d}t=\int_0^x f(t)\,\mathrm{d}t\int_0^{x_1}\mathrm{d}x_1=\int_0^x f(t)(x-t)\,\mathrm{d}t \tag{2.B.3}$$

继续积分一次可得

$$D^{-3}f(x)=\int_0^x \mathrm{d}x_1\int_0^{x_1}\mathrm{d}x_2\int_0^{x_2} f(t)\,\mathrm{d}t=\int_0^x \mathrm{d}x_1\left[\int_0^{x_1}\mathrm{d}x_2\int_0^{x_2} f(t)\,\mathrm{d}t\right]=\int_0^x \mathrm{d}x_1\left[\int_0^{x_1}(x_1-t)f(t)\,\mathrm{d}t\right]$$

$$=\int_0^x f(t)\,\mathrm{d}t\left[\int_t^x (x_1-t)\,\mathrm{d}x_1\right]=\frac{1}{2}\int_0^{x_1} f(t)(x-t)^2\,\mathrm{d}t \tag{2.B.4}$$

经过 n 次积分之后，也就得到了所谓的“Reimann－Liouville 分数阶积分”，即

$$D^{-n}f(x)=\frac{1}{(n-1)!}\int_0^x (x-t)^{n-1}f(t)\,\mathrm{d}t \tag{2.B.5}$$

由于伽马函数 $\Gamma(n)=(n-1)!$，因而式(2.B.5)可以表示为

$$D^{-n}f(x)=\frac{1}{\Gamma(n)}\int_0^x (x-t)^{n-1}f(t)\,\mathrm{d}t \tag{2.B.6}$$

2.B.2 卷积定理

一般地，$G(s)F(s)$ 的拉普拉斯反变换可以通过如下卷积分（Weber 和 Arfken,2003）给出，即

$$L^{-1}[G(s)F(s)]=\int_0^\infty g(x-t)f(t)\,\mathrm{d}t \tag{2.B.7}$$

因此，如果 $G(s)F(s)=s^{-n}F(s)$，那么有：

$$L^{-1}(s^{-n})=L^{-1}(G(s))=\frac{t^{n-1}}{(n-1)!}$$

或者：

$$L^{-1}[G(s)F(s)]=\frac{1}{(n-1)!}\int_0^\infty (x-t)^{n-1}f(t)\,\mathrm{d}t=D^{-n}f(x) \tag{2.B.8}$$

式(2.B.8)表明，函数 $f(x)$ 的分数阶积分实际上等于一个卷积分，它源于该函数的拉氏变换 $F(s)$ 受 n 重积分算子 s^{-n} 作用后的拉普拉斯反变换。

例 2.B.1 试确定函数 $f(x)=x$ 的半积分。

[分析]

由于 $n=1/2$，所以式(2.B.6)变成为

$$D^{-1/2}f(x)=\frac{1}{\Gamma(1/2)}\int_0^x (x-t)^{-1/2}t\mathrm{d}t$$

上式可以借助 MATLAB 来求解，其过程为

```
>>int((x-t)^-0.5*t,t,0,x)
ans=(4*x^(3/2))/3
```

即 $D^{-1/2}f(x)=\dfrac{1}{\Gamma(1/2)}\dfrac{4}{3}x^{3/2}=0.7523x^{3/2}$。

2.B.3 分数阶导数

若令 $m=p-l$，则有：$D^m f(x)=D^p D^{-l}f(x)$。根据式(2.B.6)可得

$$D^m f(x)=D^p\frac{1}{\Gamma(l)}\int_0^x (x-t)^{l-1}f(t)\mathrm{d}t$$

如果 $0<m<1$，$p=1$，那么有：

$$D^{1-l}f(x)=\frac{\mathrm{d}}{\mathrm{d}x}\frac{1}{\Gamma(l)}\int_0^x (x-t)^{l-1}f(t)\mathrm{d}t$$

令 $n=1-l$，则有：

$$D^n f(x)=\frac{1}{\Gamma(1-n)}\frac{\mathrm{d}}{\mathrm{d}x}\int_0^x \frac{f(t)}{(x-t)^n}\mathrm{d}t \tag{2.B.9}$$

式(2.B.9)就是所谓的“Reimann-Liouville 分数阶导数”。

例 2.B.2 试确定函数 $f(x)=x$ 的半微分。

[分析]

由于 $n=1/2$，因此式(2.B.9)变为

$$D^{1/2}f(x)=\frac{1}{\Gamma(1/2)}\int_0^x \frac{t}{(x-t)^{1/2}}\mathrm{d}t$$

上式可以通过 MATLAB 来计算，即

```
>>diff((int((x-t)^-0.5*t,t,0,x)),x)/gamma(0.5)
ans=1.1283*x^(1/2)
```

即 $D^{1/2}f(x)=\dfrac{\mathrm{d}}{\mathrm{d}x}\dfrac{1}{\Gamma(1/2)}\dfrac{4}{3}x^{3/2}=1.1283x^{1/2}$。

2.B.4 分数阶导数的拉普拉斯变换

若令 $n=1-l$，那么有 $D^n f(t)=D^1 D^{-l} f(t)$。对此做拉普拉斯变换之后可得

$$L(D^n f(t))=L\left(\frac{\mathrm{d}}{\mathrm{d}t}D^{-l}f(t)\right)=\int_0^{\infty}\mathrm{e}^{-st}\left(\frac{\mathrm{d}}{\mathrm{d}t}D^{-l}f(t)\right)\mathrm{d}\tau=\int_0^{\infty}\frac{\mathrm{d}}{\mathrm{d}t}(\mathrm{e}^{-st}D^{-l}f(t))\,\mathrm{d}\tau$$

分部积分之后，有：

$$L(D^n f(t))=(\mathrm{e}^{-st}D^{-l}f(t))\Big|_0^{\infty}+s\int_0^{\infty}(\mathrm{e}^{-st}D^{-l}f(t))\,\mathrm{d}\tau$$

或者：

$$L(D^n f(t))=s^{1-l}F(s)$$

考虑到 $n=1-l$，于是可得

$$L(D^n f(t))=s^n F(s) \tag{2.B.10}$$

2.B.5 分数阶导数的 Grunwald-Letnikov 定义

1）整数阶导数

利用向后有限差商形式的整数阶导数定义，可得

$$\frac{\mathrm{d}^1 f(t)}{\mathrm{d}t^1}=\lim_{\Delta t\to 0}\frac{1}{\Delta t}[f(t)-f(t-\Delta t)]$$

$$\frac{\mathrm{d}^2 f(t)}{\mathrm{d}t^2}=\lim_{\Delta t\to 0}\frac{1}{(\Delta t)^2}[f(t)-2f(t-\Delta t)+f(t-2\Delta t)]$$

$$\frac{\mathrm{d}^3 f(t)}{\mathrm{d}t^3}=\lim_{\Delta t\to 0}\frac{1}{(\Delta t)^3}[f(t)-3f(t-\Delta t)+3f(t-2\Delta t)-f(t-3\Delta t)]$$

由此不难推出第 n 阶导数，即

$$\frac{\mathrm{d}^n f(t)}{\mathrm{d}t^n}=\lim_{\Delta t\to 0}\frac{1}{(\Delta t)^n}\sum_{j=0}^{n}(-1)^j\binom{n}{j}f(t-j\Delta t) \tag{2.B.11}$$

将 Δt 替换成 t/N，那么式（2.B.11）就变为

$$\frac{\mathrm{d}^n f(t)}{\mathrm{d}t^n}=\lim_{N\to\infty}\frac{1}{(\Delta t)^n}\left[\left(\frac{t}{N}\right)^{-n}\sum_{j=0}^{N-1}(-1)^j\binom{n}{j}f(t-jt/N)\right] \tag{2.B.12}$$

式中：当 $j>n$ 时，二项系数 $\binom{n}{j}=0$。

2）分数阶导数

为了将式（2.B.12）拓展到任意的分数阶导数，可以对前述二项系数的定义

做如下形式的扩展，即

$$\binom{a}{j}=\begin{cases}\dfrac{a(a-1)(a-2)\cdots(a-j+1)}{j} &, j>0\\ 1 &, j=0\end{cases}$$

或

$$(-1)^j\binom{n}{j}=(-1)^j\frac{n(n-1)(n-2)\cdots(n-j+1)}{j!}$$
$$=\frac{(j-n-1)(j-n-2)\cdots(-n)}{j!} \tag{2. B. 13}$$
$$=\binom{j-n-1}{j}=\frac{\Gamma(j-n)}{\Gamma(-n)\Gamma(j+1)}$$

将式(2. B. 12)代入式(2. B. 13)中，可得

$$\frac{\mathrm{d}^n f(t)}{\mathrm{d}t^n}=\lim_{N\to\infty}\left[\left(\frac{t}{N}\right)^{-n}\sum_{j=0}^{N-1}A_{j+1}f\left(t-j\frac{t}{N}\right)\right] \tag{2. B. 14}$$

式中：$A_{j+1}=\dfrac{\Gamma(j-n)}{\Gamma(-n)\Gamma(j+1)}$为 Grunwald 系数。这些系数也可以通过如下递推关系给出：

$$A_1=1$$

$$A_{j+1}=[(j-1-\alpha)/j]\,A_j, 0<j<\infty$$

且有：

$$A_\infty=0 \tag{2. B. 15}$$

可以注意到，当项数 N 增大时，式(2. B. 15)给出的 Grunwald 系数将逐渐趋于零，这一特征实际上表征了“衰减记忆”现象，该现象意味着黏弹性材料的行为主要是由近期历史决定的，而不是更早期的历史。根据这一特征，可以将式(2. B. 14)内求和运算中的高阶项截断，从而使之简化，提高计算效率。

关于获得分数阶导数的其他数值算法，Oldham 和 Spanier(1974)、Padovan(1987)、Podlubny(1999)以及 Galucio 等人(2006)也做过讨论。

例 2. B. 3 试利用 G-L 方法确定函数 $f(x)=x$ 的半导数，并将结果与 Reimann-Liouville(R-L)方法的结果进行比较。

[分析]

图 2. B. 1 将基于 G-L 方法和 R-L 方法得到的分数阶导数结果做了对比，可以看出，二者之间是非常接近的。这里需要注意的是，在 G-L 求和中采用的项数 N 为 12000。

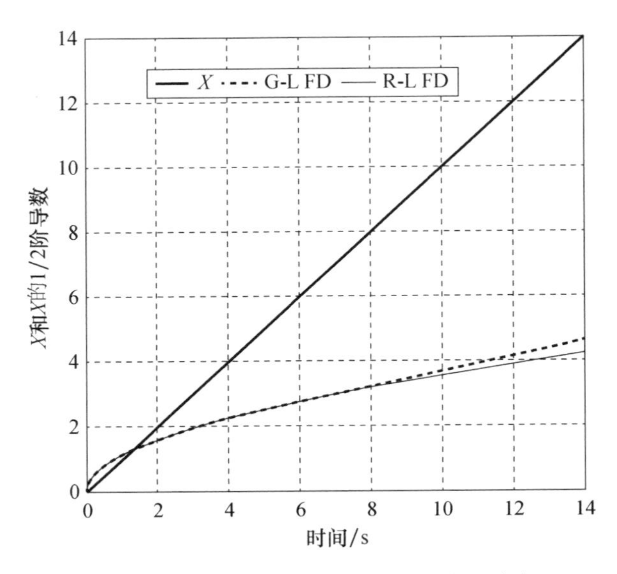

图 2. B. 1 利用 Grunwald-Letnikov(G-L)和"Reimann-Liouville"(R-L)方法得到的分数阶导数结果

思考题

2.1 考虑图 P2.1(a)给出的黏弹性材料的 Poynting-Thomson 模型,推导该模型的本构方程(即应力 σ 与应变 ε 之间的关系),并通过求解本构方程确定模型在加载和卸载过程中(针对图 P2.1(b)给出的循环)的蠕变行为。此处假定 $t=0$ 时有 $\sigma=\sigma_0$ 和 $\varepsilon=\sigma_0/(E_p+E_s)$,且 $t=t_1$ 时有 $\sigma=0$ 和 $\varepsilon=\varepsilon_1$。

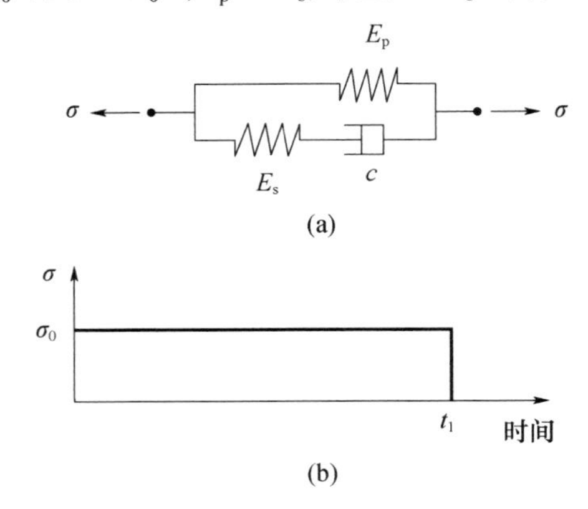

图 P2.1 受到蠕变加载的 Poynting-Thomson 模型

利用初值定理和终值定理(参见附录2.A),针对加载和卸载过程检查应变的初值和终值。

2.2 假定一种黏弹性材料可以通过 Poynting-Thomson 模型描述,那么当它受到一个阶跃型应变 ε_0,试说明该材料的初始应力 σ_0 应为 $\sigma_0 = E_s\varepsilon_0$。

利用初值定理。

2.3 考虑如图 P2.2(a)所示的黏弹性材料的三参数 Jeffery 模型,推导该模型的本构方程(即应力 σ 与应变 ε 之间的关系),并通过求解本构方程确定模型在加载和卸载过程中(针对图 P2.1(b)给出的循环)的蠕变行为,同时对得到的结果进行讨论。此处假定 $t = 0$ 时有 $\sigma = \sigma_0$ 和 $\varepsilon = 0$, 且 $t = t_1$ 时有 $\sigma = 0$ 和 $\varepsilon=\varepsilon_1$。

此外,考虑受到图 P2.2(b)所示的应变加载情况,通过求解本构方程确定松弛行为,并讨论所得到的结果。此处假定 $t = 0$ 时有 $\varepsilon = \varepsilon_0$。

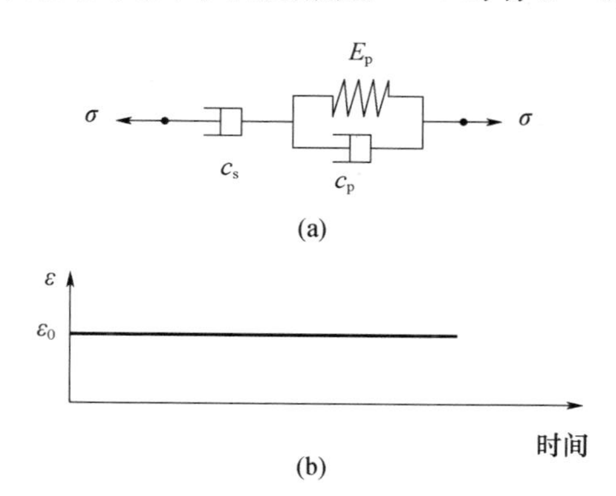

图 P2.2 受到松弛加载的 Jeffery 模型

2.4 考虑如图 P2.3 所示的黏弹性材料的三参数模型,推导其本构方程(即应力 σ 与应变 ε 之间的关系)。针对频率为 ω 的正弦激励(因而有 $\sigma = \sigma_0 e^{i\omega t}$ 和 $\varepsilon = \varepsilon_0 e^{i\omega t}$),利用所得到的本构方程导出各个模型($E = E'(1 + i\eta)$)的复模量 E 、储能模量 E', 以及损耗因子 η 的表达式。

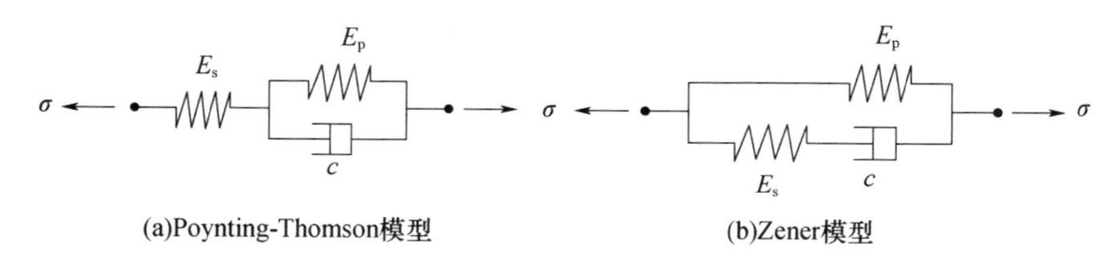

图 P2.3 三参数模型

若令 $E_s = 1, E_p = 1, c = 1$，试绘出每个模型的储能模量 E' 和损耗因子 η 受频率 ω 的影响曲线，并对得到的结果加以评述。

2.5　如图 P2.4 所示为黏弹性材料的 Burgers 模型，试推导其本构方程。注意该模型是 Maxwell 模型和 Kelvin−Voigt 模型的组合。

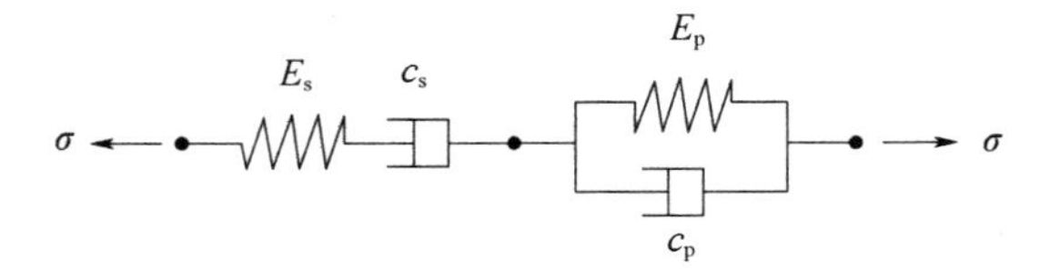

图 P2.4　Burgers 模型

针对频率为 ω 的正弦激励（因而有 $\sigma = \sigma_0 e^{i\omega t}$ 和 $\varepsilon = \varepsilon_0 e^{i\omega t}$），试导出模型（$E = E'(1 + i\eta)$）的复模量 E、储能模量 E'，以及损耗因子 η 的表达式。

若令 $E_s = 1, E_p = 1, c = 1$，试绘出模型的储能模量 E' 和损耗因子 η 受频率 ω 的影响曲线，并将得到的结果与思考题 2.4 中三参数模型的结果进行对比。

2.6　针对图 P2.5 所示的黏弹性滞回环，试说明：

（1）应变 $\varepsilon_{max} = \varepsilon_0$；

（2）应力 $\sigma_{max\varepsilon} = E'\varepsilon_0$；

（3）损耗因子 $\eta = \sigma_{stf}/\sigma_{max\varepsilon}$。

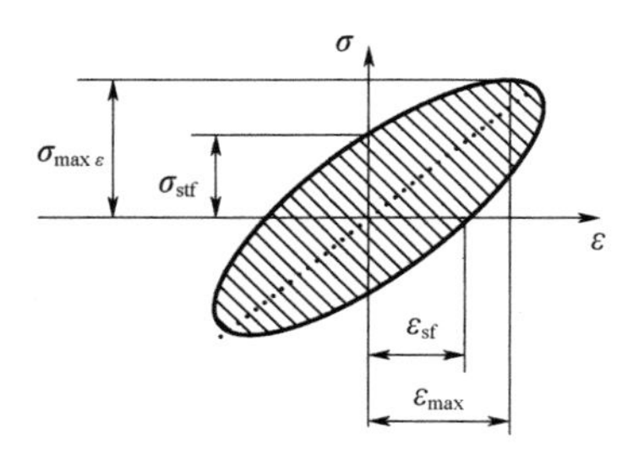

图 P2.5　黏弹性滞回特性

2.7　如图 P2.6 所示，对于这个带有附加惯性单元 I 的黏弹性材料 Jeffery 模型，试说明其复模量可由下式给出：

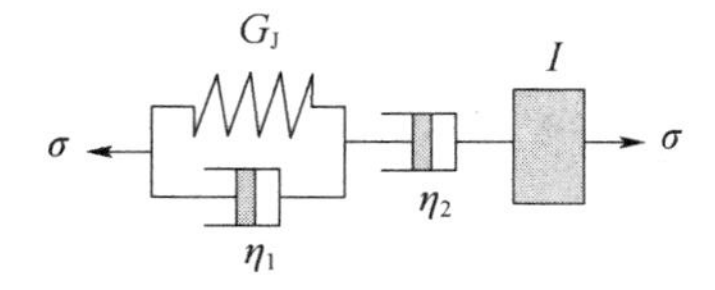

图 P2.6　带有附加惯性单元 I 的黏弹性材料 Jeffery 模型

$$\frac{\sigma}{\varepsilon}=E^{*}=\frac{I\eta_2(\eta_1 s+G)s^2}{I(\eta_1+\eta_2)s^2+(IG+\eta_1\eta_2)s+\eta_2 G}$$

2.8　如图 P2.7 所示，试说明该分级黏弹性模型的复模量 E^* 满足如下关系式：

$$E^{*}=\left(\frac{1}{E}+\frac{1}{E^{*}}\right)^{-1}+\left(\frac{1}{c_{\mathrm{d}}s}+\frac{1}{E^{*}}\right)^{-1}$$

并指出这一关系意味着 $E^*=\sqrt{c_{\mathrm{d}}Es}=E(\lambda s)^{\frac{1}{2}}$（$\lambda=c_{\mathrm{d}}/E$），即该层级模型实际上是一个分数阶导数模型（Heymans，1996）。

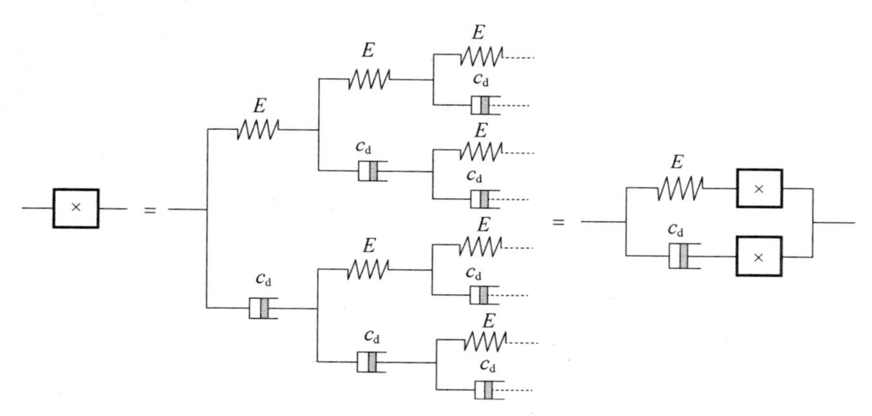

图 P2.7　分级黏弹性模型

2.9　由四参数分数阶导数模型给出的复模量可以表示为 $E^*=\dfrac{\sigma(s)}{\varepsilon(s)}=\dfrac{E_0+E_\infty(\tau s)^\alpha}{1+(\tau s)^\alpha}$，试说明：

（1）该模型的储能模量和耗能模量可以分别表示为

$$E'(\omega)=\frac{E_0+(E_\infty+E_0)(\omega\tau)^\alpha\cos(\pi\alpha/2)+E_\infty(\omega\tau)^{2\alpha}}{1+2(\omega\tau)^\alpha\cos(\pi\alpha/2)+(\omega\tau)^{2\alpha}}$$

$$E''(\omega)=\frac{(E_\infty-E_0)(\omega\tau)^\alpha\sin(\pi\alpha/2)}{1+2(\omega\tau)^\alpha\cos(\pi\alpha/2)+(\omega\tau)^{2\alpha}}$$

（2）损耗因子 η 可以表示为

$$\eta=\frac{E''(\omega)}{E'(\omega)}=\frac{(E_\infty-E_0)(\omega\tau)^\alpha\sin(\pi\alpha/2)}{E_0+(E_\infty+E_0)(\omega\tau)^\alpha\cos(\pi\alpha/2)+E_\infty(\omega\tau)^{2\alpha}}$$

（3）α 值可以由下式确定：

$$\alpha = \frac{2}{\pi}\sin^{-1}\left[\eta_{\max}(E_{\infty} - E_0) \times \frac{2\sqrt{E_{\infty}E_0} + (E_{\infty} + E_0)\sqrt{1 + \eta_{\max}^2}}{\eta_{\max}^2(E_{\infty} + E_0)^2 + (E_{\infty} - E_0)^2}\right]$$

（提示：$e^{\frac{\pi}{2}i} = \cos\frac{\pi}{2} + i\sin\frac{\pi}{2} = i, e^{\frac{\pi}{2}\alpha i} = \cos\alpha\frac{\pi}{2} + i\sin\alpha\frac{\pi}{2}$）

2.10　试确定如下两个分数阶模型的参数，使之能够最佳拟合出黏弹性材料 Dyad 606 的实际行为（Soundcoat 公司，实验条件为 38℃）：

（1）$G^* = \frac{\tau_\sigma(s)}{\gamma(s)} = \frac{G_0 + G_{\infty}(\tau s)^{\alpha}}{1 + (\tau s)^{\alpha}}$，参数为 $G_0, G_{\infty}, \tau, \alpha$；

（2）$G^* = \frac{\tau_\sigma(s)}{\gamma(s)} = \frac{G_m(\tau s)^{\alpha}}{1 + (\tau s)^{\alpha}}$，参数为 G_m, τ, α。

进一步针对这两个模型，推导出储能模量 G' 和损耗因子 η 的表达式。Dyad 606 的储能模量和损耗因子已经列于下表中，试进行结果对比并加以评述。

频率/Hz	0.001	0.01	0.040	0.10	0.20	0.40	0.70	1.0	3.0	5.0	10
G'/kpsi	0.040	0.050	0.065	0.100	0.150	0.200	0.250	0.300	0.500	0.58	0.67
损耗因子 η	0.40	0.50	0.60	0.70	0.75	0.80	0.90	0.92	0.93	0.94	0.95
频率/Hz	20	30	40	50	60	70	80	90	100	200	300
G'/kpsi	0.75	1.1	1.3	1.6	1.8	2	2.2	2.3	2.6	4	5.2
损耗因子 η	0.95	0.96	0.98	0.99	1	1	1	1	1	0.99	0.95
频率/Hz	400	500	600	700	800	900	1000	2000	3000	4000	5000
G'/kpsi	6.3	7.2	8.5	9.5	11	12	13	19	23	2.6	3
损耗因子 η	0.91	0.88	0.85	0.82	0.79	0.77	0.75	0.63	0.56	0.51	0.48

2.11　试说明对于 Maxwell 模型、Kelvin-Voigt 模型和 Poynting-Thomson 模型，它们的耗能模量与储能模量（均除以 E_s）的关系可通过图 P2.8 描述（注：图 2.8 也称为奈奎斯特图或者 Cole-Cole 图）。

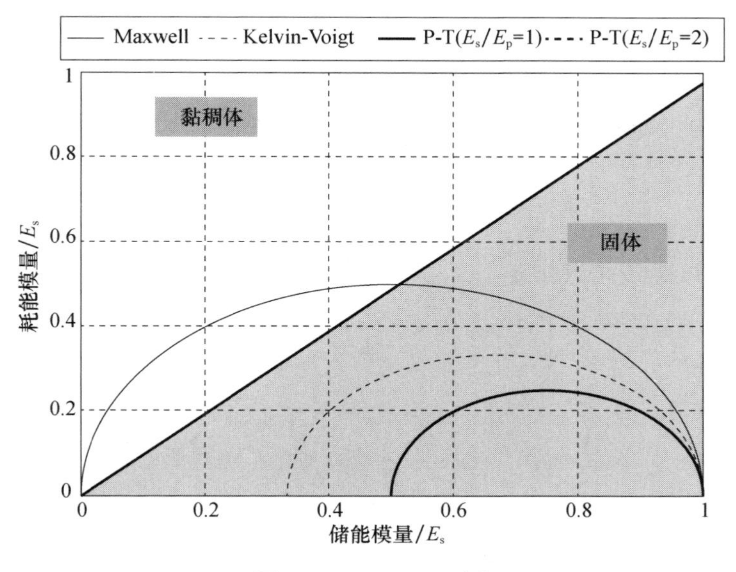

图 P2.8　Cole-Cole 图

2.12　试说明对于 Maxwell 模型、Kelvin-Voigt 模型和 Poynting-Thomson 模型,它们的损耗因子与储能模量(除以 E_s)的关系可通过图 P2.9 描述(注:图 2.9 也称为 Wicket 图)。

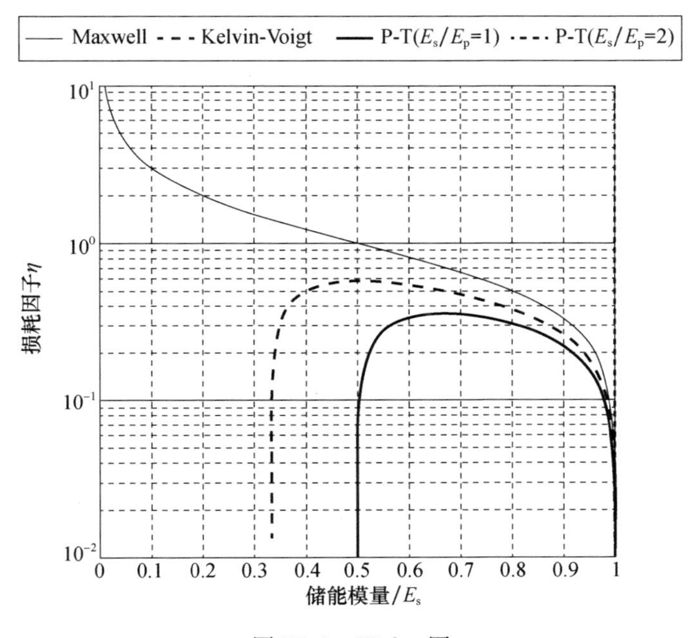

图 P2.9　Wicket 图

2.13　假定某黏弹性材料的松弛模量可以表示为 $E(t) = 1 + e^{-t}$（单位为GPa），时间 t 的单位为 s，试确定其蠕变柔量 $J(t)$。

2.14　试说明图 P2.10 所示的梯形黏弹性模型的复模量 E^* 满足如下关系式：

$$E^* \approx [(E_0)^{-1} + (\eta s + E^*)^{-1}]^{-1}$$

并指出该关系式意味着：$E^* \approx E_0\left[1 - \frac{1}{4(\lambda s)} + \frac{1}{8(\lambda s)^2} - \cdots\right]$，其中 $\lambda = \eta/E_0$。

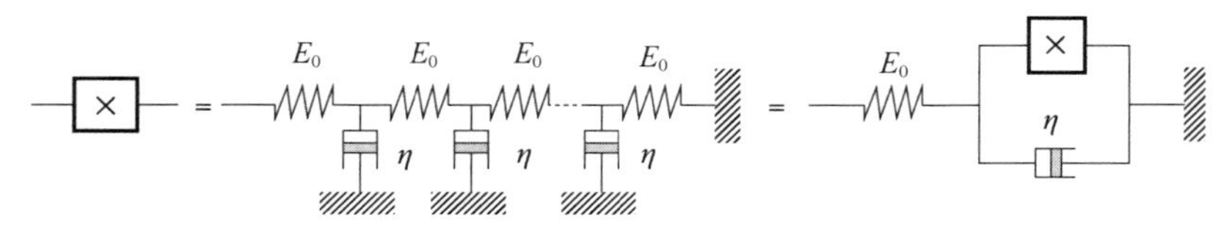

图 P2.10　梯形黏弹性模型

2.15　考虑图 P2.11 所示的用于模拟黏弹性材料行为的动力学系统，试推导：

（1）力 F 和净变形 (x_1) 之间拉氏域形式的关系 $F = K^* x_1$，其中的 $K^* = K'(1 + i\eta)$ 为复刚度，K' 和 η 分别代表的是储能模量和损耗因子；

（2）以频率表示的储能模量 K'；

（3）以频率表示的损耗因子 η。

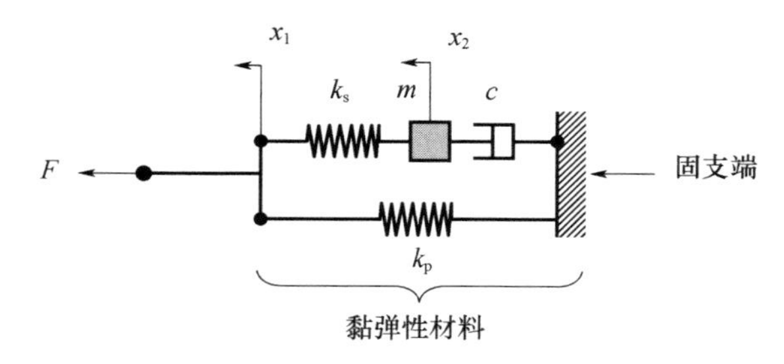

图 P2.11　黏弹性材料的动力学模型

2.16　图 P2.12(a)所示为一个带有库伦阻尼的力学系统，试说明它与图 P2.12(b)所示的电学系统是等效的，并指出该系统具有图 P2.12(c)所示的滞回特性。

将图 P2.12(a)中的力学元件参数与图 P2.12(b)中的等效电学元件参数关联起来，需要注意的是，此处的 q 代表的是电荷（Iwan，1964）。

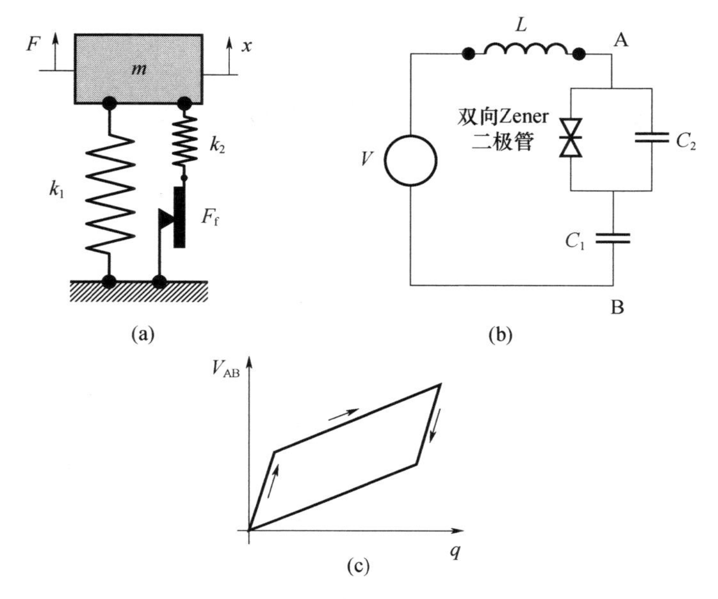

图 P2. 12　带有库伦阻尼的力学系统

第3章　黏弹性材料特性的表征

3.1　概　　述

为了能够在一定的工作温度和工作频率范围内实现结构振动的抑制，在阻尼处理设计中就必须正确地描述或刻画黏弹性材料的力学行为。本章将阐明典型黏弹性材料的行为特性，并介绍一些可用于表征此类材料的力学特性（频域和时域）的重要技术方法。我们将讨论“时间-频率”叠加和“时间-温度”叠加原理，并利用这些原理去生成广为使用的“主曲线”，它们实际上构成了黏弹性材料阻尼特性表征方面的行业规范，是一种统一的描述方式。

3.2　黏弹性材料的典型行为特性

黏弹性材料的典型行为特性主要取决于工作温度和频率。如图3.1所示，图中给出了大多数黏弹性材料的储能模量和损耗因子受温度的影响情况。从图3.1不难看出，在3个温度区域上，黏弹性材料的行为会发生剧烈的变化。在低温区域，即“玻璃态区域”，黏弹性材料的行为与玻璃相似，其储能模量达到最大值。

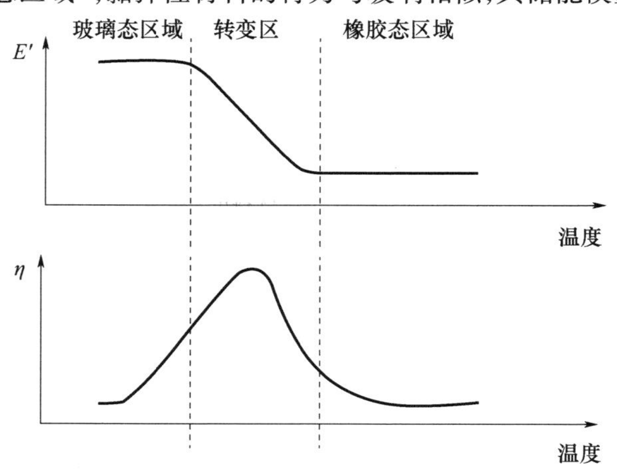

图3.1　频率不变情况下温度对黏弹性材料的储能模量和损耗因子的影响

随着温度的升高,储能模量略微下降,而损耗因子却会显著增大。在中等温度区域,即“转变区域”,黏弹性材料变软,储能模量在非常窄的温度范围内下降多个数量级,而损耗因子则达到了峰值。继续提高温度之后,将使得黏弹性材料进入“橡胶态区域”,此时的行为类似于非常软的橡胶,其储能模量和损耗因子都将显著降低(Christensen,1982;Nashif 等人,1985;Haddad,1995;Lakes,1999,2009)。

为了获得最佳性能,黏弹性材料应当工作在损耗因子峰值附近,同时也不应牺牲其结构保持性(以储能模量来衡量)。因此,对于较宽工作温度范围的场合来说,应当选择具有更宽的阻尼峰的黏弹性材料。

对于大多数的黏弹性材料,工作频率对它们的储能模量和损耗因子的影响情况如图 3.2 所示。可以发现,频率的增加一般会伴随着刚化效应,此外,损耗因子在中等频率范围存在峰值(Christensen,1982;Nashif 等人,1985;Haddad,1995;Lakes,2009)。

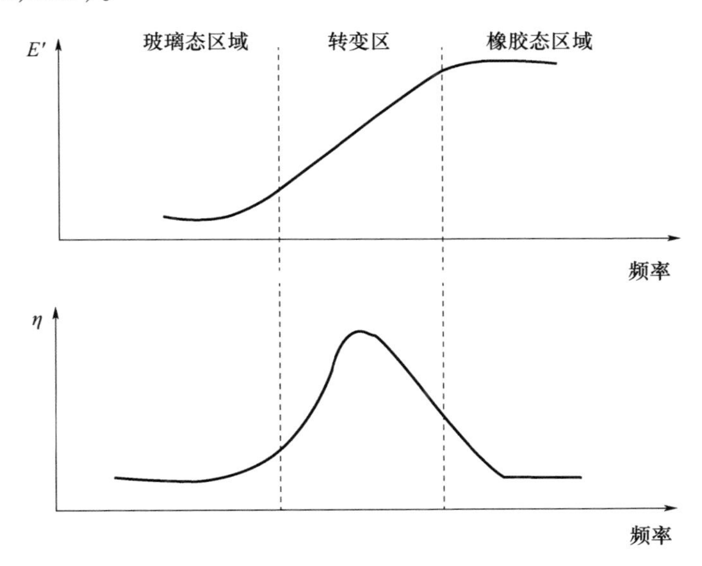

图 3.2 温度不变情况下频率对黏弹性材料的储能模量和损耗因子的影响

仔细检查图 3.1 和图 3.2,不难看出,增大频率对黏弹性行为的影响与升高温度带来的影响是相反的,正是这一独特性质为“温度-频率”叠加原理奠定了基础,借助这一原理可以得到黏弹性特性的简化描述,这一点将在 3.4 节中加以讨论。

图 3.3 中定义了黏弹性材料的一个重要参数,即玻璃化转化温度 T_g 。这个温度近似对应于储能模量 E' 的拐点和损耗因子的峰值点。对于典型的黏弹性材料来说,工作温度和频率对其特性的组合影响,可以参见图 3.4。

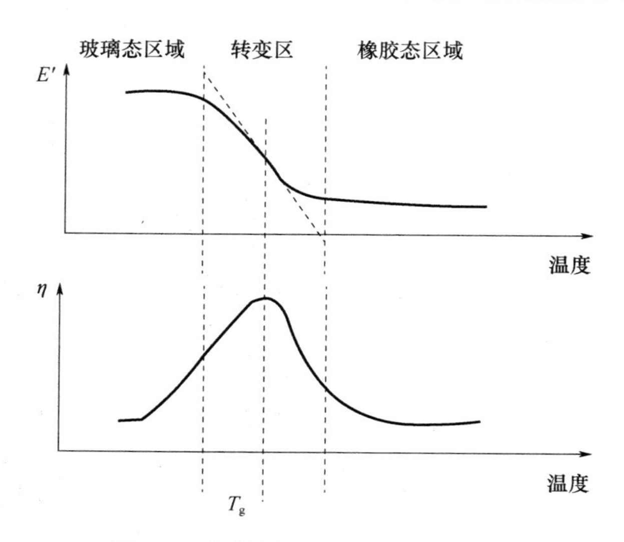

图 3.3　黏弹性材料的玻璃态转化温度

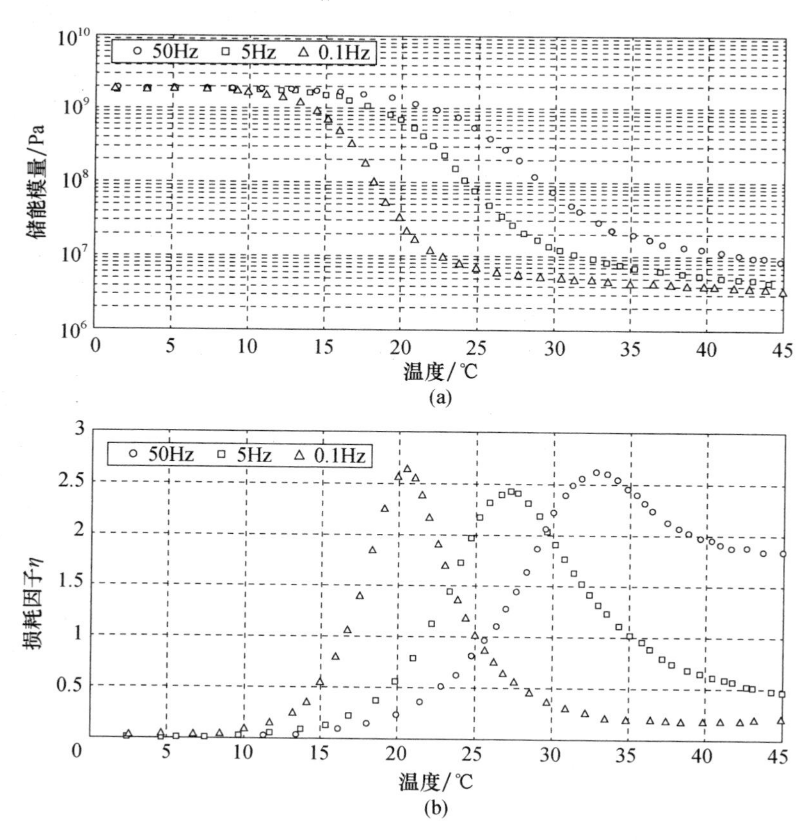

图 3.4　工作温度和频率对黏弹性材料的储能模量和损耗因子的影响

无论是由聚合物还是由弹性体制备而成,这些典型的黏弹性材料通常具有较低的刚度和较高的阻尼,这一点可以从损耗因子-储能模量图中观察到,参见图3.5。这一特性跟其他材料是有所区别的,后者包括合金和陶瓷等,它们具有较高的刚度和相对较低的损耗因子(Lakes,1999;Cebon 和 Ashby,1994)。这种阻尼与刚度之间的反比关系,也是一个一般性的规律。此外,值得指出的是,大多数聚合物或弹性体的损耗因子与模量的乘积($\eta|E^*|$)通常是小于0.6GPa的(Ashby,1999;Lakes,2009),参见图3.5中的黑线。

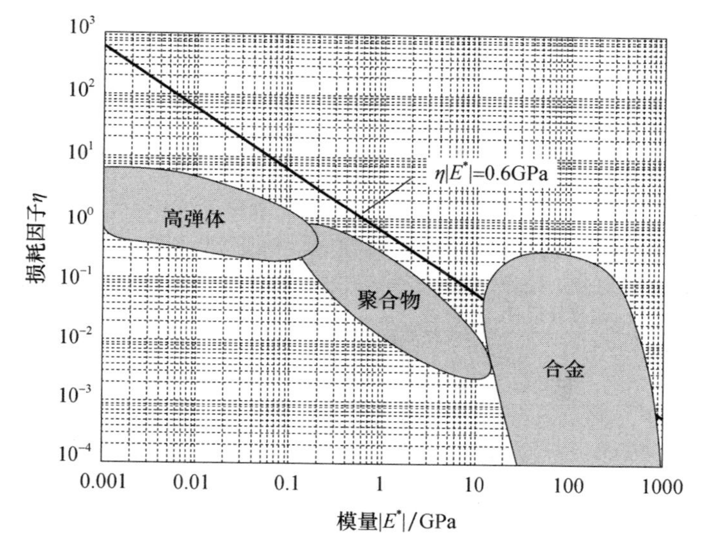

图3.5 一些工程材料的模量和损耗因子(Ashby,1999;Lakes,2009)

3.3 黏弹性材料动态特性的频域测试技术

对于黏弹性材料的动态特性,目前已经有多种不同的测试方法,很多学者对此都做过回顾,例如 Ferry(1980)、Dlubac 等人(1990)、Garibaldi 和 Onah(1996),以及 Lakes(2004,2009)等。这些测试方法主要依赖于对所考察的黏弹性材料样本的简谐响应进行检测分析,表3.1和图3.6针对最为常见的基于简谐响应的方法,归纳了相关的特性参数和工作范围。

此处我们着重介绍的是 DMTA(动态力学热分析仪)方法和 Oberst 梁方法的相关理论和工作原理。这些方法可以用于较宽的温度和频率范围(符合大多数振动控制应用的实际情况)内的特性测试,其中的 DMTA 方法属于一种非共振测试技术,而 Oberst 梁方法则属于一种共振测试方法。

表 3.1 一些基于简谐响应的测试方法的特性参数和工作范围

序号	方法	频率/Hz	温度/℃	储能模量/Pa	损耗因子	试件尺寸/mm	测试模式
1	DMTA[①](Brown 和 Read,1984)	0.01~200	-150~300	10^5~10^{11}	10^{-4}~9.99	3-10-12	剪切,拉伸,弯曲
2	扭转柱(Magrab,1984)	50~1500	-40~70	10^6~10^{10}	0.05~1.2	50~50(直径)	剪切
3	共振杆(Madigosky 和 Lee,1983)	2.5~25000	-60~70	10^4~10^{12}	0.01~5	6-6-150	拉伸
4	Oberst 梁(ASTM E756,1993)	10~10000	-60~120	10^4~10^9	0.001~2	12.5-(175~250)-(1~3.125)	复合梁的弯曲
5	超声频谱法(Alig 和 Lellinger,2000)	10^4~10^{10}	-35~60	10^5~10^{11}	0.0001~0.2	25~25(直径)	剪切

注:①DMTA 指动态机械热分析仪

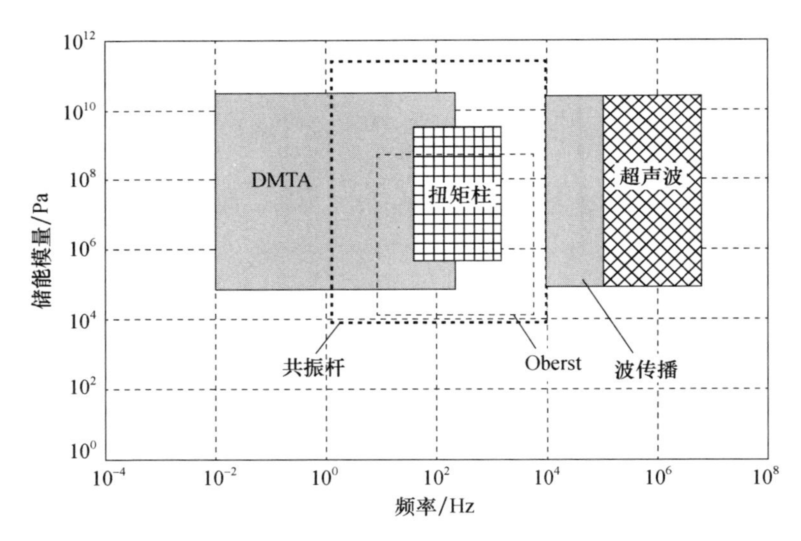

图 3.6 一些基于简谐响应的测试方法的特性参数和工作范围

3.3.1 动态机械热分析仪

聚合物实验室中所采用的传统 DMTA 为黏弹性材料复模量的测量提供了

有效而准确的手段,它适用于相当宽的温度范围(-150~300℃),而所能处理的频率范围通常是 0.01~200Hz。不过,近期 McHugh(2008)提出了一种超声 DMTA,所能测试的频率可达 6MHz。

在 DMTA 中,黏弹性材料样品一般以拉压、弯曲或剪切构型固定,并放置于一个温度可控的炉体中,其温度可以在-150~300℃之间变化。借助机电式激振器,就可以对样品施加正弦型应力,而所得到的响应(应变)可以通过位移传感器来检测。图 3.7 所示为一个 DMTA 系统所包含的主要元件以及不同类型的单元。

(a)DMTA系统

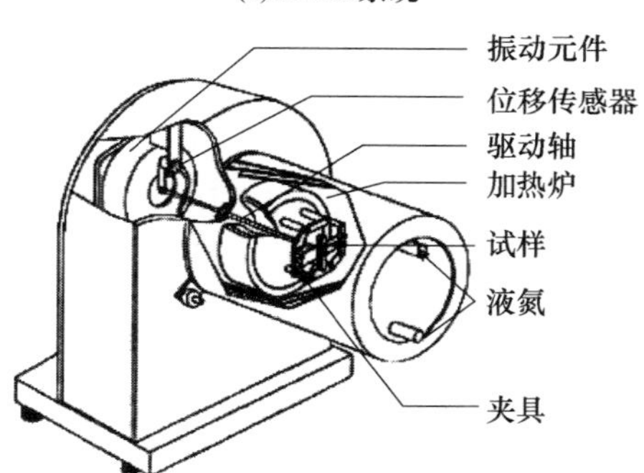

(b)DMTA的主要部件

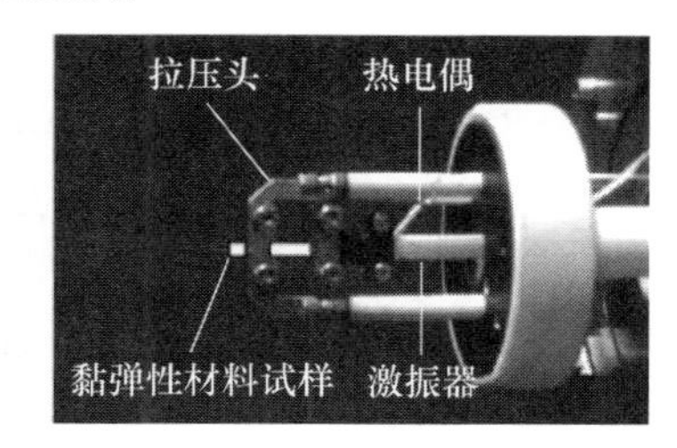

(c)不同类型的DMTA测试头

图 3.7　动态机械热分析仪(DMTA)(见彩插)

DMTA 的工作原理主要建立在黏弹性材料的应力和应变之间的关系这一基础上。对于幅值为 ε_0 和频率为 ω 的正弦型应变,可以将其表示为

$$\varepsilon = \varepsilon_0 e^{i\omega t} \tag{3.1}$$

式中:$i=\sqrt{-1}$ 。相应地,应力 σ 将为

$$\sigma = (E' + iE'')\,\varepsilon = E'(1 + i\eta)\,\varepsilon_0 e^{i\omega t} \tag{3.2}$$

式中:E' 和 E'' 分别为黏弹性材料的储能模量和耗能模量,损耗因子 $\eta = E''/E'$ 。

根据图 3.8,这个损耗因子也可以表示为

$$\eta = E''/E' = \tan\delta \tag{3.3}$$

联立式(3.2)和式(3.3),可得

$$\sigma = E'\sqrt{1 + \eta^2}\,e^{i\delta}\varepsilon_0 e^{i\omega t} = E'\varepsilon_0\sqrt{1 + \eta^2}\,e^{i(\omega t+\delta)} \tag{3.4}$$

或者:

$$\sigma = \sigma_0 e^{i(\omega t+\delta)}$$

式中:

$$\sigma_0 = E'\varepsilon_0\sqrt{1 + \eta^2} \tag{3.5}$$

根据式(3.1)和式(3.4)可以看出,实际的应变和应力为

$$\varepsilon = \varepsilon_0\sin(\omega t)\ ,\sigma = \sigma_0\sin(\omega t + \delta) \tag{3.6}$$

式(3.6)表明,应变 ε 比应力 σ 滞后 δ 相位,参见图 3.9。

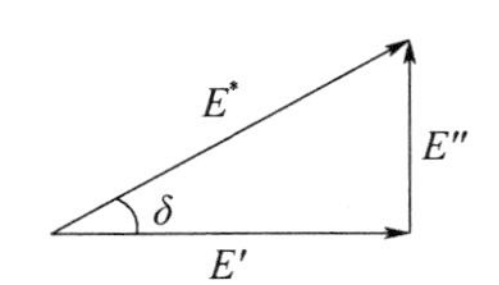

图 3.8 复模量的图形描述

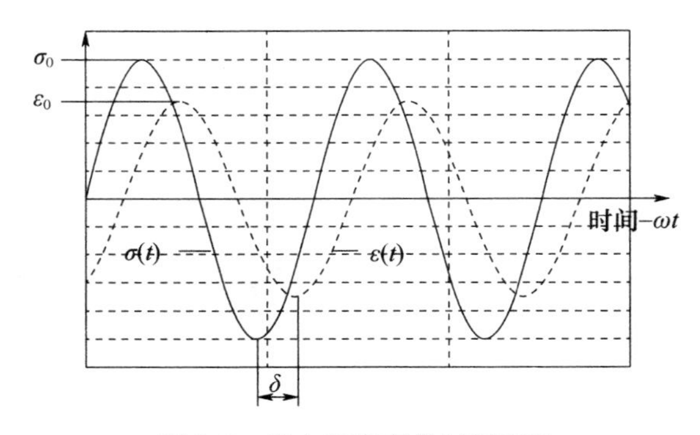

图 3.9 应力和应变的时间历程

于是,只需令黏弹性材料受到正弦型应力 σ（幅值为 σ_0）,并测出应变 ε 的时间历程,就能够获得应变幅值 ε_0 和相角 δ 。进一步,也就可以利用式(3.3)和式(3.5)去计算激励频率 ω 处的损耗因子 η 和储能模量 E' 了。针对不同的激励频率和工作温度,重复上述过程,即可确定频率和温度对储能模量和损耗因子的影响情况。利用“温度-频率”叠加方法对所得到的结果进行分析,我们将能够生成该黏弹性材料的主曲线。

3.3.2　Oberst 梁方法

3.3.2.1　基本设置和梁的构型

Oberst 在 1952 年提出了一种经典的共振型测试方法,可用于测量材料的阻尼特性,包括损耗因子 η 、储能模量 E' 和剪切模量 G。这一方法也被美国材料与试验协会所采纳,并作为黏弹性材料阻尼特性的一种标准测试过程(ASTM E 756-93)。

Oberst 梁实验设置如图 3.10 所示,图 3.11 则示出了 Oberst 梁的不同构型。一般应根据所需考察的特性来选择合适的梁构型,参见表 3.2。实验中,应将所选择的梁安装在一个温度可控(在所期望的工作范围内)的环境室内,并且其中的压力应能降低至真空状态(从而可以使得空气阻尼的影响降到最低)。在对 Oberst 梁进行激励时,一般采用的是非接触式的激振器(具有较宽的工作频带),激励可以是正弦扫频形式,也可以是随机性的。激励产生的响应通常由加速度传感器来检测。根据测得的梁的频率响应,就可以借助半功率法确定出该梁的不同共振频率 f_{s_n} 处(n 代表频率的阶次)的阻尼比 η_{s_n} 了。

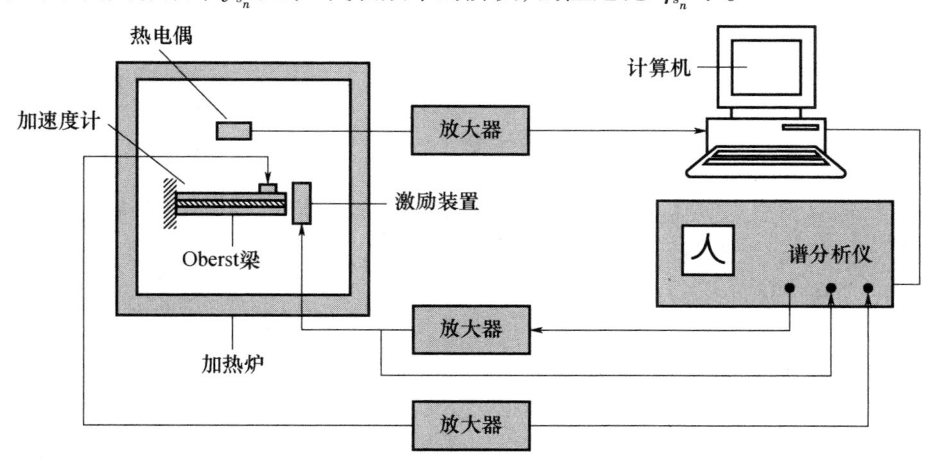

图 3.10　Oberst 梁实验设置

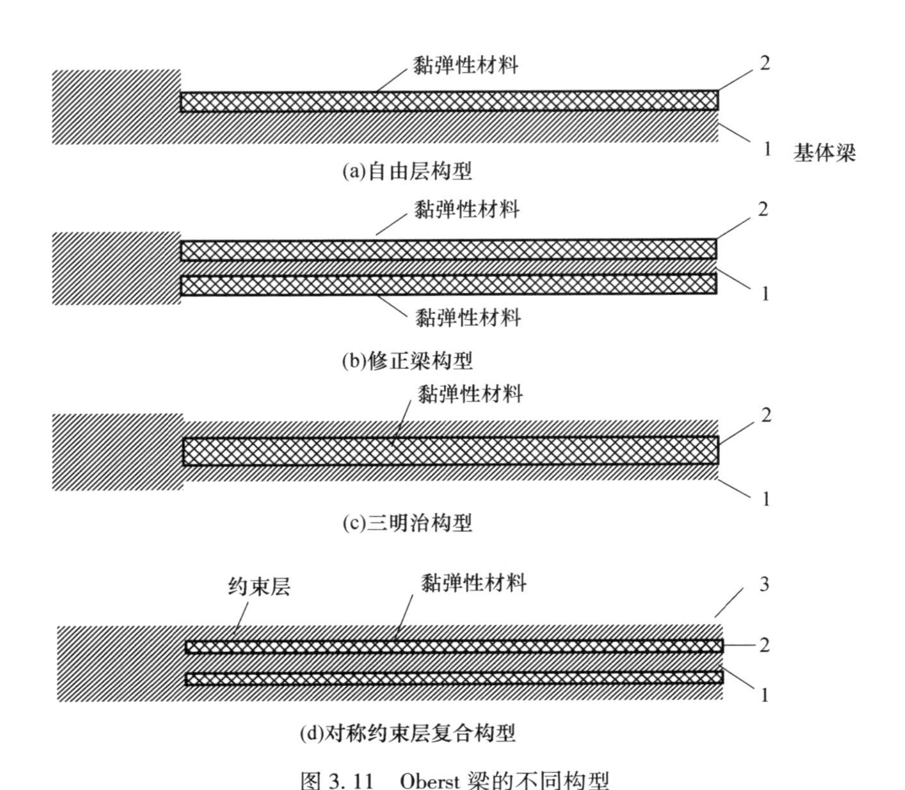

图 3.11 Oberst 梁的不同构型

表 3.2 Oberst 梁的特性

构型	自由层梁	修正梁	三明治梁	对称约束层梁
工作模式	拉伸	拉伸	剪切	剪切
提取的参数	E' 和 η	E' 和 η	G' 和 η	G' 和 η
梁的复杂性	非常简单	简单	复杂	更加复杂
参数提取的复杂性	复杂	简单	简单	更加复杂

3.3.2.2 参数提取

提取黏弹性材料阻尼参数需要一些基本方程,我们将在第 4 章和第 7 章中针对不同的梁构型对此进行介绍,这里只是做一简要的归纳。

1. 自由层阻尼梁

通过实验测出整个梁和基体梁的共振频率(分别记为 f_{s_n} 和 f_{b_n})之后,我们就可以根据下式计算无量纲数 Z:

$$Z^2 = (1 + \rho_2 h_2)\left(\frac{f_{s_n}}{f_{b_n}}\right)^2 \tag{3.7}$$

式中：f_{s_n} 为整个梁系统的第 n 阶共振频率；f_{b_n} 为基体金属梁的第 n 阶共振频率；$h_2 = t_2/t_1$，为黏弹性层与基体梁的厚度比；ρ_2 为黏弹性材料与基体梁材料的密度比。

在第6章中，可得如下关系：

$$Z^2 = \frac{1 + 2e_2h_2(2 + 3h_2 + 2h_2^2) + e_2h_2^4}{1 + e_2h_2} \tag{3.8}$$

式中：$e_2 = E_{2_n}/E_{1_n}$，为黏弹性材料与基体梁材料的模量比。

式(3.8)可以化为如下所示的关于 e_2 的二次方程，即

$$e_2^2h_2^4 + e_2h_2(4 + 6h_2 + 4h_2^2 - Z^2) + 1 - Z^2 = 0 \tag{3.9}$$

这个二次方程的解为

$$e_2 = \frac{-h_2(4 + 6h_2 + 4h_2^2 - Z^2) + \sqrt{h_2^2(4 + 6h_2 + 4h_2^2 - Z^2)^2 + 4h_2^4(Z^2 - 1)}}{2h_2^4} \tag{3.10}$$

根据式(3.10)，即可确定出 $E_{2_n} = E'_n$。类似地，黏弹性材料的损耗因子 η_{2_n} 可以根据这个梁系统的损耗因子(η_{s_n})测量结果导出，即

$$\frac{\eta_{2_n}}{\eta_{s_n}} = \frac{(1 + e_2h_2)(1 + 4e_2h_2 + 6e_2h_2^2 + 4e_2h_2^3 + e_2h_2^4)}{e_2h_2(3 + 6h_2 + 4h_2^2 + 2e_2h_2^3 + e_2^2h_2^4)} \tag{3.11}$$

图3.12所示为提取参数 E'_n 和 η_{2_n} 所需的步骤。

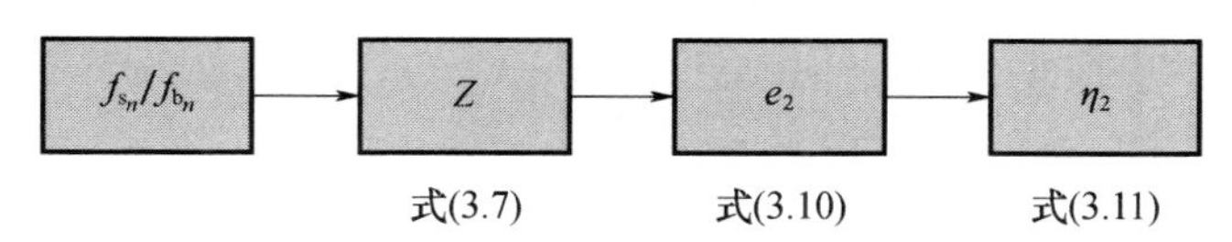

图3.12 自由层构型中阻尼参数的提取

2. 修正梁

在这种情形下，无量纲参数 Z 将由下式确定：

$$Z^2 = (1 + \rho_2h_2)\left(\frac{f_{s_n}}{f_{b_n}}\right)^2 = e_2(6h_2 + 12h_2^2 + 8h_2^3) + 1 \tag{3.12}$$

可以看出，式(3.12)比式(3.8)(自由层阻尼梁情形)简单得多，这一简洁性源自于修正梁的中性轴仍然与基体梁的中性轴保持一致，而自由层阻尼梁情况中却不是如此。

求解式(3.12)，即可得到 e_2 的表达式：

$$e_2 = (Z^2 - 1)/(6h_2 + 12h_2^2 + 8h_2^3) \tag{3.13}$$

式(3.13)也就给出了 $E_{2_n}=E'_n$，而黏弹性材料的损耗因子 η_{2_n} 可以根据这个梁系统的损耗因子(η_{s_n})测量结果导出，即

$$\frac{\eta_{2_n}}{\eta_{s_n}}=\frac{1}{e_2(6h_2+12h_2^2+8h_2^3)}+1 \tag{3.14}$$

3. 三明治梁

剪切模量 G'_{2_n} 可以根据下式计算：

$$\frac{G'_{2_n}L^2}{E_1H_1H_2\alpha_n}=\frac{(A-B)-2(A-B)^2-2(A\eta_{s_n})^2}{(1-2A+2B)^2+4(A\eta_{s_n})^2} \tag{3.15}$$

式中：L 为梁的长度；α_n 取自表 3.3 列出的值；A 和 B 为

$$A=(2+\rho_2h_2)\left(\frac{f_{s_n}}{f_{b_n}}\right)^2,B=\frac{1}{6(1+h_2)^2} \tag{3.16}$$

类似地，损耗因子 η_{2_n} 可根据如下关系得到：

$$\frac{\eta_{2_n}}{\eta_{s_n}}=\frac{A}{(A-B)-2(A-B)^2-2(A\eta_{s_n})^2} \tag{3.17}$$

表 3.3　α_n 的值

n	1	2	3	4	5
α_n	3.516	22.035	61.697	120.90	199.86

4. 对称约束层复合梁

剪切模量 G'_{2_n} 可以根据下式计算：

$$\frac{G'_{2_n}L^2}{E_3H_3H_2\alpha_n}=\left(\frac{\alpha}{\alpha^2+\beta^2}\right)-1=g \tag{3.18}$$

式中：

$$\alpha=\frac{1}{D}\left(\frac{(EI)_s}{(EI)_b}-C\right),C=1+2e_3h_3^3+D,\beta=\frac{\eta_s(EI)_s}{D(EI)_b},D=6e_3h_3(1+2h_2+h_3)^2 \tag{3.19}$$

类似地，损耗因子 η_{2_n} 可由下式确定：

$$\eta_{2_n}=\frac{\beta}{g(\alpha^2+\beta^2)} \tag{3.20}$$

针对不同频率 f_{s_n} 下得到的 E'_n（或 G'_{2_n}）和 η_{2_n} 进行分析，借助温度-频率叠加方法即可生成黏弹性材料的主曲线。

3.4　黏弹性材料的主曲线

3.4.1　温度-频率叠加原理

利用温度-频率叠加原理可以生成黏弹性材料的主曲线，为阐明这一原理，不妨考虑图3.13所示的特性曲线，该特性的测量是在较窄的工作范围内进行的，频率位于ω_1与ω_2之间，温度位于T_{-1}与T_1之间。这幅图绘出的是储能模量与频率之间的关系曲线（针对不同的温度），需要注意的是，如果将T_{-1}（低温）处测得的结果沿着频率轴向前平移（平移因子为α_{-1}），那么它将与参考温度T_0处的测量结果保持一致；类似地，如果将T_1（高温）处的测量结果向后平移（平移因子为α_1），那么它也将与参考温度T_0处的结果相互一致。通过在较窄的频带上（$\omega_2-\omega_1$）上进行这一频率移动过程，得到了一个拓展的频带，即（$\alpha_{-1}\omega_2-\alpha_1\omega_1$），如图3.13(b)和(c)所示。如果在整个感兴趣的频带上继续进行这一频移过程，那么不同温度处的测量结果将叠加成一条单一的主曲线，它代表了储能模量E'与简化频率$\alpha_T\omega$的函数关系。图3.14所示为温度平移因子α_T随温度的变化情况，为获得所期望的叠加结果，这一点是必需的。值得指出的是，在参考温度T_0处有$\alpha_T=1$，而当$T>T_0$时$\alpha_T<1$，当$T<T_0$时$\alpha_T>1$。

温度-频率叠加原理也同样适用于损耗因子情况，可以生成对应的主曲线，如图3.15所示。

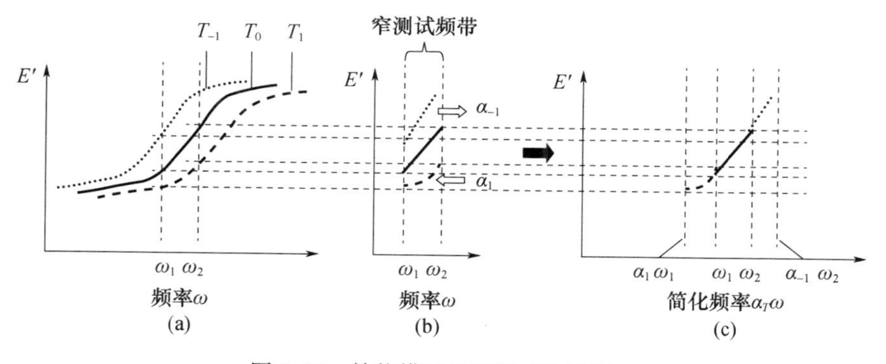

图3.13　储能模量的温度-频率叠加

用于生成储能模量和损耗因子主曲线的温度平移因子α_T是建立在非常常用的经验公式（Williams-Landel-Ferry，WLF公式）基础上的，即

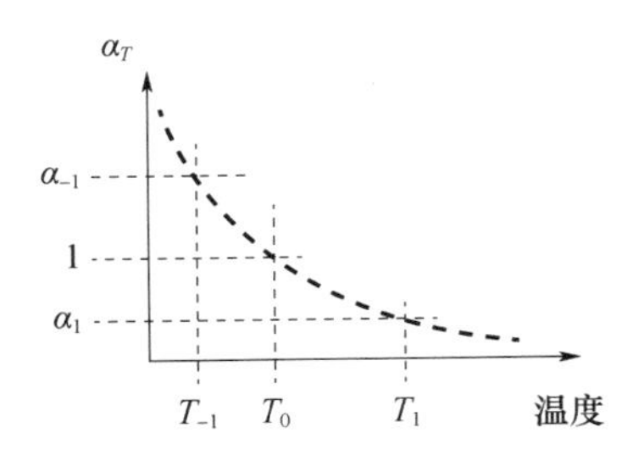

图 3.14　温度移位因子

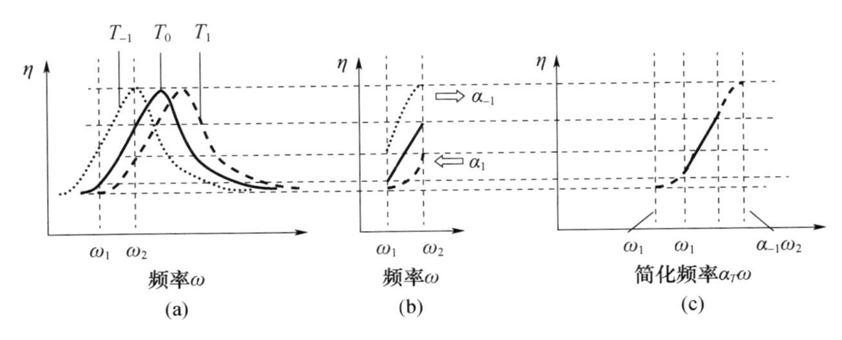

图 3.15　损耗因子的温度-频率叠加

$$\log_{10}\alpha_T = -\frac{C_1(T - T_g)}{C_2 + (T - T_g)} \tag{3.21}$$

式中：T 和 T_g 分别为温度和玻璃态转化温度；C_1 和 C_2 为常数，需要通过对实验数据做最佳拟合（使之与主曲线的偏差为最小）得到。Williams、Landel 和 Ferry 已经指出，对于所有的非晶高聚物来说，常数 C_1 和 C_2 具有统一的值，分别为 17.44 和 51.6。

顺便介绍一下 WLF 公式的来源。尽管 WLF 公式看上去似乎是经验性的公式，然而实际上它源自于黏弹性材料的唯象行为和动力理论（Lakes，2009）。例如，根据 Doolittle 方程，黏弹性材料的黏度可以表示为如下形式：

$$c_d = a e^{b(V/V_f - 1)} \tag{3.22}$$

式中：V 为总体积；V_f 为自由体积；a 和 b 为常数。

定义自由体积分数 f 为

$$f = V_f/V = f_g + \alpha_f(T - T_g) \tag{3.23}$$

式中：f_g 和 α_f 分别为 T_g 处被冻结的自由体积分数和自由体积的热膨胀系数。

若将温度平移因子写为（参见思考题 3.1）：

$$\alpha_T = c_d / c_{d_g} \tag{3.24}$$

那么由式(3.22)~式(3.24)可得

$$\log_{10}(\alpha_T) = \log_{10}\left(\frac{c_d}{c_{d_g}}\right) = 0.4343b\left(\frac{V}{V_f} - \frac{V}{V_g}\right) = -\frac{0.4343b}{f_g}\frac{T - T_g}{f_g/\alpha_f + (T - T_g)} \tag{3.25}$$

可以注意到式(3.25)与式(3.21)具有相同的形式,只需令 $C_1 = 0.4343b/f_g$ 和 $C_2 = f_g/\alpha_f$ 即可。如果令 $b = 1$、$f_g = 0.025$ 且 $\alpha_f = 0.000048℃^{-1}$,则有 $C_1 = 17.44$ 和 $C_2 = 51.6$。

必须注意的是,人们已经发现在 $(T - T_g) < 100℃$ 时,WLF 公式能够以合理的精度反映出热流变性简单黏弹性材料的行为特性。表3.4针对一些常用的聚合物列出了常数 C_1 和 C_2 的值,如果对更多聚合物类型的这些常数感兴趣,可以参阅聚合物物理特性手册(Mark,2007)。

关于温度平移因子,还有其他一些常用的公式,其中包括了 Arrhenius 公式,即

$$\log_{10}(\alpha_T) = C\left(\frac{1}{T} - \frac{1}{T_g}\right) \tag{3.26}$$

式中:C 为常数,它依赖于材料的活化能。

表3.4 WLF 公式的常数值(Ferry,1980)(经 John Wiley & Sons 许可使用)

聚合物	C_1	C_2/K	T_g/K
聚异丁烯	8.1	200.4	205
丁基橡胶	9.03	201.6	205
聚氨酯	16.7	68.0	221
聚苯乙烯	12.7	49.8	370
聚甲基丙烯酸乙酯	8.86	101.6	276
普适常数	17.4	51.6	

例3.1 针对图3.16所示的储能模量和耗能模量(Cowans,2006),试在0~200Hz范围内生成该黏弹性材料的主曲线,并绘出对应的温度平移因子图。

[分析]

借助3.5节给出的方法,取 $C_1 = 12$ 和 $C_2 = 200$,即可得到所需的主曲线,如图3.17所示。令 $T_0 = 313$K,对应的温度平移因子如图3.18所示。

图3.17中以圆圈标记表示了 Cowans(2006)所得到的平移后的数据,而实线(储能模量)和虚线(损耗因子)所表示的是 Drake 和 Terborg(1979)得到的,他们的数据可参见附录。

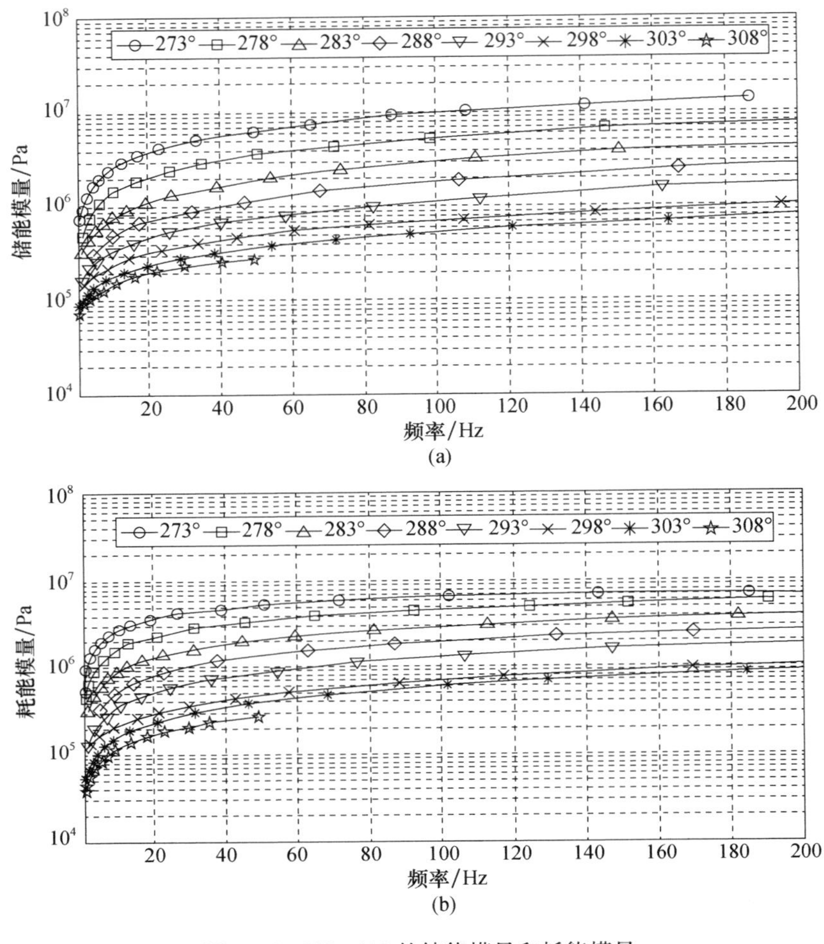

图 3.16 ISD-112 的储能模量和耗能模量

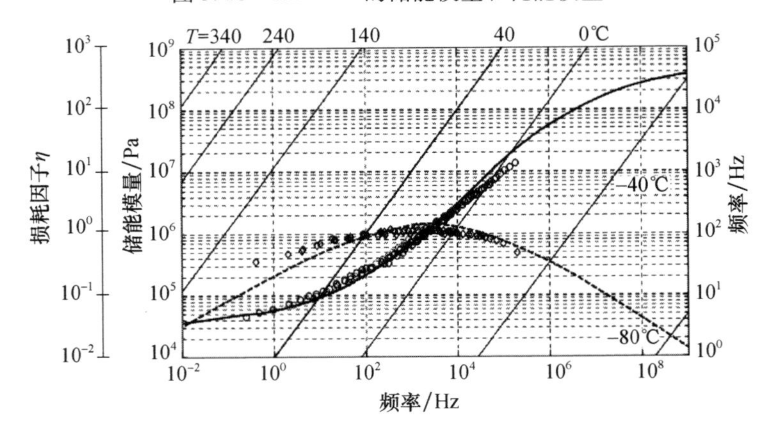

图 3.17 主曲线（实线代表储能模量，虚线代表损耗因子）

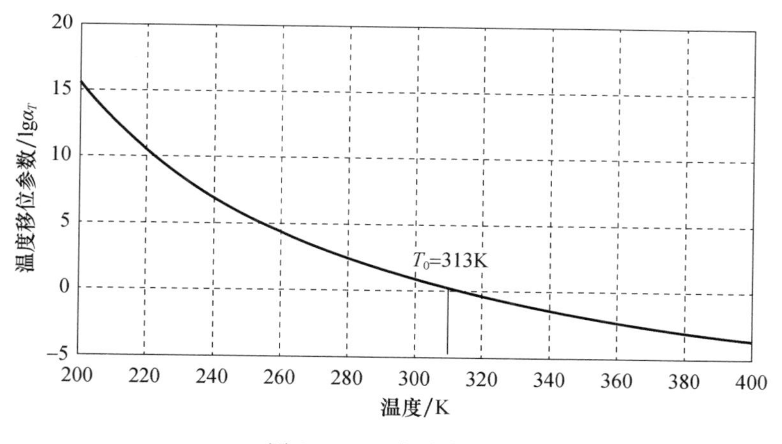

图 3.18　温度平移因子

3.4.2　主曲线的应用

图 3.19 所示为如何针对给定的激励频率 ω_1 和工作温度 T_1，利用主曲线去提取储能模量 E' 和损耗因子 η 。设常数频率线 ω_1 和常数温度线 T_1 的交点为 A，利用它就可以分别确定储能模量线和损耗因子线上的点 B 和点 C。进一步，从点 B 和点 C 向水平方向移动到纵坐标轴之后即可得到储能模量 E_1' 和损耗因子 η_1。

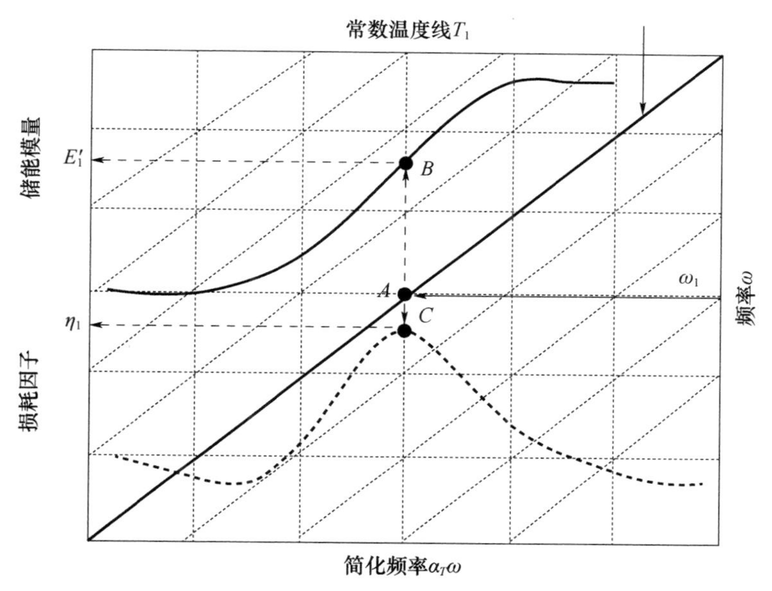

图 3.19　从主曲线中提取储能模量和损耗因子

3.4.3 常数温度线

主曲线图中的常数温度线是根据简化频率 ω_r 与激励频率 ω 之间的关系生成的,即

$$\omega_r = \alpha_T\omega \tag{3.27}$$

对式(3.27)两端取对数,可得

$$\log(\omega) = \log(\omega_r) - \log(\alpha_T) \tag{3.28}$$

对于给定的某个温度而言, $\log(\alpha_T)$ 为常数,于是式(3.28)也就表明了简化频率 ω_r 的对数与激励频率 ω 的对数之间应为线性关系,且斜率为 1。显然,常数温度线同时也应当是 $\log(\omega) - \log(\omega_r)$ 平面内的一族平移直线。

3.5 黏弹性材料动态特性的时域测量技术

时域测量技术与频域测量技术是同等重要的,本节将介绍 3 种时域中的技术方法,包括了蠕变和松弛测量法、Hopkinson 杆方法以及波传播方法。这些技术手段要么比较缓慢,例如蠕变和松弛方法,要么相当迅速,比如 Hopkinson 杆方法和波传播方法。图 3.20 所示为这些技术方法在整个谱上所处的范围。

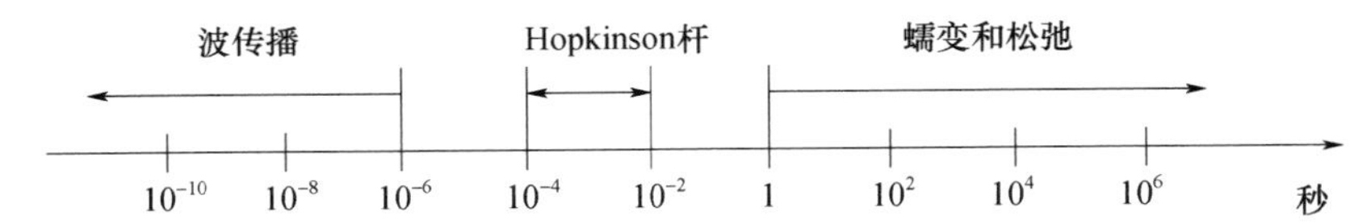

图 3.20 测试方法的谱分布情况(Ward,1983)(经 John Wiley&Sons 许可使用)

3.5.1 蠕变和松弛测量方法

3.5.1.1 测试设备

在黏弹性材料特性测试和表征方面,蠕变和松弛测量方法是至今为止最为常用也是发展得最为成熟的一项技术。此类方法主要采用了一些传统的测试设备,例如 MTS(www.mts.com)和 Instron(www.instron.us)通用设备。所涉及的其他设备还包括 TA 仪器(DMA-QM800、New Castle、DE)或 BOSE 仪器(BOSE 旗下 ELectro-Force Systems 集团、ELF3200、Eden Prairie、MN),如图 3.21 所示。黏弹性样品一般是以拉压或剪切构型形式放置于温度可控的环境室内的,通过恰当的调整,就能够借助上述设备实现任何所需的蠕变或松弛测试要求。

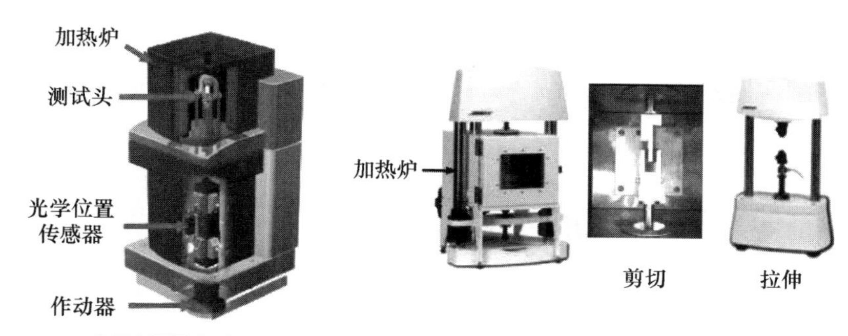

(a)TA仪器公司
(DMA-QM800，New Castle，DE)

(b)BOSE，电力系统公司
(ELF 3200，Eden Prairie，MN)

图 3. 21　典型的蠕变和松弛测试装置(见彩插)

3. 5. 1. 2　典型的蠕变和松弛行为

图 3. 22 所示为黏弹性材料在经受蠕变和松弛测试过程中(环境温度不变)所表现出的典型行为。对于受到突加应力 σ_0 的情况，黏弹性材料的蠕变应变 $\varepsilon(t)$ 随时间的变化如图 3. 22(a)所示，其中同时也给出了计算得到的蠕变柔量 $J(t)=\varepsilon(t)/\sigma_0$ 随时间的变化情况。类似地，黏弹性材料在受到突加的应变 ε_0 的情况下，松弛应力 $\sigma(t)$ 的时间历程如图 3. 22(b)所示，同时图中也给出了松弛模量 $E(t)=\sigma(t)/\varepsilon_0$ 随时间的变化情况。

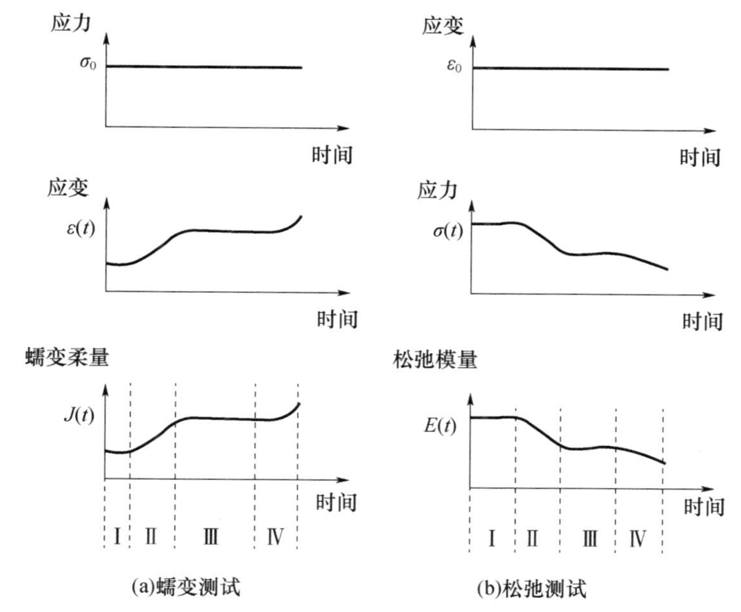

(a)蠕变测试　　(b)松弛测试

图 3. 22　典型的蠕变和松弛行为(区域Ⅰ为玻璃态，区域Ⅱ为黏弹态，区域Ⅲ为橡胶态，区域Ⅳ为流体态)

从图 3.22 中示出的蠕变柔量和松弛模量特性不难观察到，其中存在着 4 个清晰的区域，分别是（Ⅰ）玻璃态区域；（Ⅱ）黏弹态区域；（Ⅲ）橡胶态区域和（Ⅳ）流体态区域。

在图 3.23（a）和（b）中，我们进一步针对两种黏弹性材料给出了不同温度条件下的蠕变柔量和松弛模量特性情况。

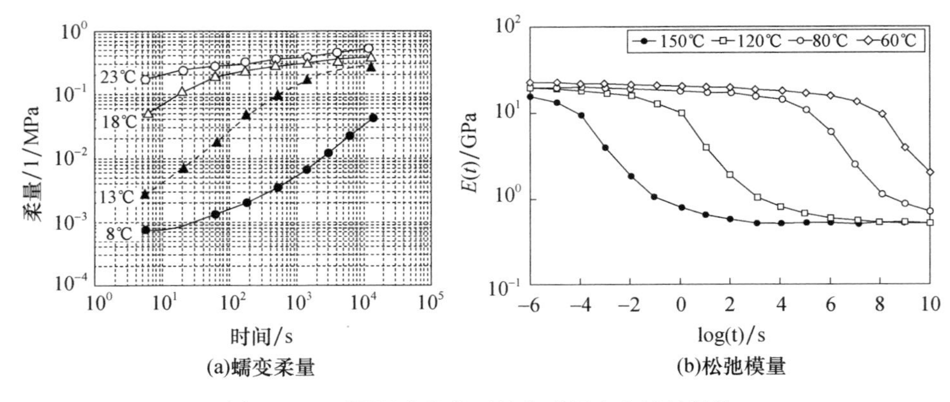

图 3.23　不同温度条件下的典型蠕变和松弛行为

3.5.1.3　时间-温度叠加

时间-温度叠加原理类似于 3.4.1 节中讨论过的温度-频率叠加原理，那里主要是为了生成复模量的主曲线（作为简约频率和温度的函数）。

本节将采用类似的过程，利用时间-温度叠加原理生成蠕变柔量和松弛模量的主曲线（作为简约时间和温度的函数）。

黏弹性材料的蠕变和松弛行为通常是在一个较短的时间范围和较窄的温度范围内进行测试的，一般来说，人们在一个较快的时间尺度上对较高温度条件下的测试数据进行记录，然后再利用时间-温度叠加原理预测出较低温度和较慢时间尺度上的行为特性。

考虑如图 3.24（a）所示的松弛测试结果，它们是在时间段 $t_1 \sim t_2$ 上针对 3 个等温线（T_{-1}, T_0, T_1）进行测量的，且 $T_{-1} < T_0 < T_1$，其中的 T_0 为参考温度。对于每一条等温线，施加一个温度平移因子 α_T，那么在时间轴上平移之后它们将与参考等温线部分重叠。在针对所有高于和低于参考温度的等温线完成这一过程之后，就得到了如图 3.24（b）所示的主曲线。

温度平移因子源自于聚合物的动力学理论，例如，根据 Rouse 方程（Brinson 和 Brinson，2008），任意温度 T 处的松弛时间 τ_T 应为

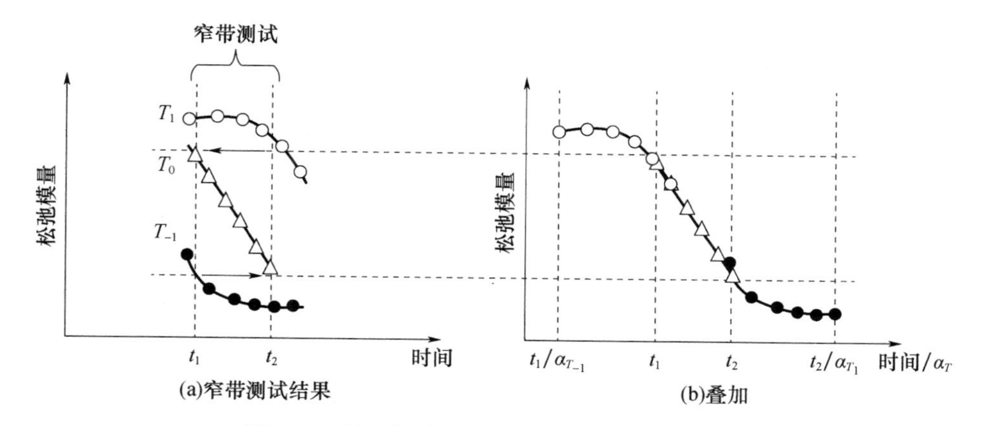

图 3.24　针对松弛测试结果进行时间-温度叠加

$$\tau_T = Cc_{d_T}/\rho_T T \tag{3.29}$$

式中:C 为常数;c_{d_T} 为黏度;ρ_T 为密度;T 为绝对温度。

对于参考温度 T_0,式(3.29)变为

$$\tau_0 = Cc_{d_0}/\rho_0 T_0 \tag{3.30}$$

联立式(3.29)和式(3.30),可得

$$\tau_T/\tau_0 = (\rho_T T/\rho_0 T_0)\ c_{d_T}/c_{d_0} \tag{3.31}$$

定义温度平移因子 α_T 如下:

$$\alpha_T = \tau_T/\tau_0 \tag{3.32}$$

于是有:

$$\alpha_T = (\rho_T T/\rho_0 T_0)\ c_{d_T}/c_{d_0} \tag{3.33}$$

式(3.33)中的因子 $(\rho_T T/\rho_0 T_0)$ 常被称为“垂直移位因子”,由于它通常非常接近于1,因而式(3.33)可以简化为

$$\alpha_T \approx c_{d_T}/c_{d_0} \tag{3.34}$$

可以看出,式(3.34)与式(3.24)是完全一致的,因此按照3.4.1节给出的相同过程,并利用式(3.22)~式(3.25),就能够得到如下WLF温度移位因子:

$$\log_{10}(\alpha_T) = -\frac{C_1(T - T_g)}{C_2 + (T - T_g)} \tag{3.35}$$

为了更深入地认识温度移位因子的物理含义,不妨考虑Maxwell模型的松弛响应,它由式(2.17)给出,即

$$\sigma = E_s e^{-t/\lambda} \varepsilon_0 \tag{3.36}$$

式(3.36)表明了,Maxwell模型在温度 T 处具有如下松弛模量 $E(t,T)$:

$$E(t,T)=E_s e^{-t/\tau_T} \tag{3.37}$$

联立式(3.32)和式(3.37),可得

$$E(t,T)=E_s e^{-t/\alpha_T\tau_0} \tag{3.38}$$

定义“简约时间” t' 如下:

$$t'=t/\alpha_T \tag{3.39}$$

于是式(3.38)变为

$$E(t,T)=E_s e^{-t'/\tau_0}=E(t',T_0) \tag{3.40}$$

式(3.40)从数学上阐明了“时间-温度等效性原理”,它指出了温度改变带来的影响可以通过改变时间尺度来等效,即乘以一个因子 $1/\alpha_T$ 即可。需要注意的是,根据式(3.35)可知:若 $T<T_g$,则有 $\alpha_T>1$;若 $T=T_g$,则有 $\alpha_T=1$;若 $T>T_g$,则有 $\alpha_T<1$。如果 $T_g=T_0$,那么当 $T<T_0$ 时简约时间 t' 将小于 t,这意味着在时间尺度上是向后平移的,参见图 3.24(b)中的等温线 T_{-1}。类似地,若 $T>T_0$,那么简约时间 t' 将大于 t,从而意味着向前移动,参见图 3.24(b)中的等温线 T_1。

借助相似的方式,也可将温度移位因子用于图 3.25(a)所示的窄带结果(该图是根据蠕变测试得到的),最终生成的主曲线如图 3.25(b)所示。需要注意的是,此处的简约时间仍然是 t/α_T,当温度高于 T_0 时应向前移位,而当温度低于 T_0 时应向后移位。

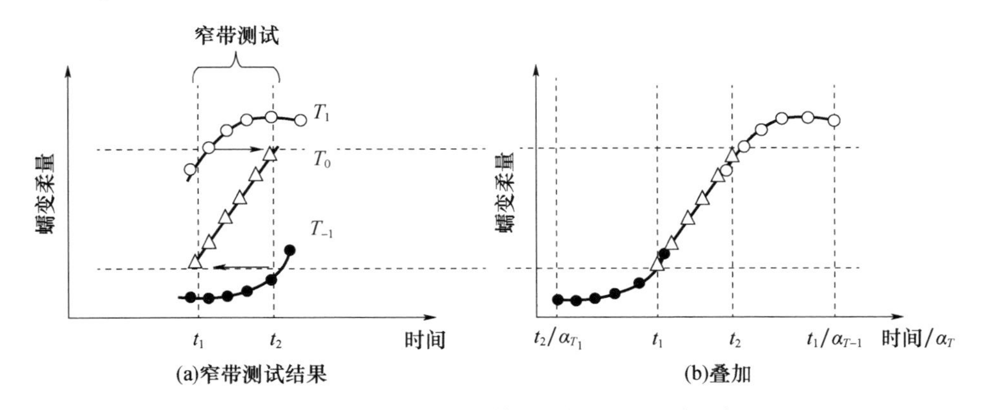

图 3.25 针对蠕变测试结果进行时间-温度叠加

3.5.1.4 玻尔兹曼叠加原理

关于玻尔兹曼叠加原理,只需考察黏弹性材料所受到的蠕变应力时间历程与其蠕变应变情况即可正确的理解,如图 3.26 所示。

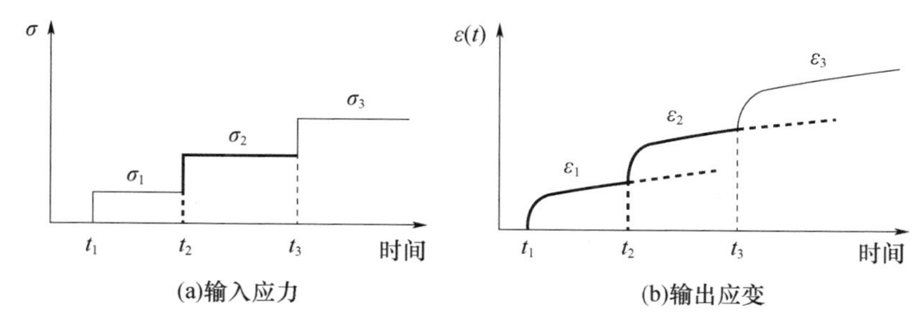

图 3.26　阶梯蠕变应力导致的蠕变应变的叠加

在数学层面上,应力 σ_1 导致的应变 ε_1 可以表示为

$$\varepsilon_1(t)=(\sigma_1-0)\,J(t-t_1) \tag{3.41}$$

式中:$J(t)$ 为蠕变柔量。需要注意的是,此处已经假定该柔量仅为时间的函数,而与应力无关,这对于线性黏弹性情况来说是合理的,关于这一点,下面举例解释。

例如,对于 Kelvin-Voigt 模型来说,式(2.14)表明了它的蠕变响应应为

$$\varepsilon=\frac{1}{E_s}(1-e^{-t/\lambda})\,\sigma_0 \tag{3.42}$$

这也就是说,蠕变柔量应为

$$J(t)=\frac{1}{E_s}(1-e^{-t/\lambda}) \tag{3.43}$$

当应力增大到 σ_2 时,应变 ε_2 将变为

$$\varepsilon_2(t)=(\sigma_2-\sigma_1)\,J(t-t_2) \tag{3.44}$$

相应地,对于图 3.26 所示的一般蠕变加载情况,所形成的蠕变响应应为

$$\varepsilon(t)=(\sigma_1-0)\,J(t-t_1)+(\sigma_2-\sigma_1)\,J(t-t_2)+(\sigma_3-\sigma_2)\,J(t-t_3)+\cdots \tag{3.45}$$

式(3.45)还可以表示为如下更为紧凑的形式,即

$$\varepsilon(t)=\sum_{i=-\infty}^{n}\Delta\sigma_i J(t-t_i) \tag{3.46}$$

式(3.46)就是离散玻尔兹曼叠加原理的数学描述,它表明了应变的时间历程可以通过将作用到黏弹性材料上的增量应力的影响叠加起来刻画。

在连续时间域内,式(3.46)变为

$$\varepsilon(t)=\int_{-\infty}^{t}\frac{\partial\sigma(\tau)}{\partial\tau}J(t-\tau)\,d\tau \tag{3.47}$$

采用类似的方式,不难阐明时变松弛应变对所形成的应力时间历程的影

响,如图 3.27 所示。在数学层面上,应力的叠加可以通过增量应变与松弛模量 $E(t)$ 描述,即

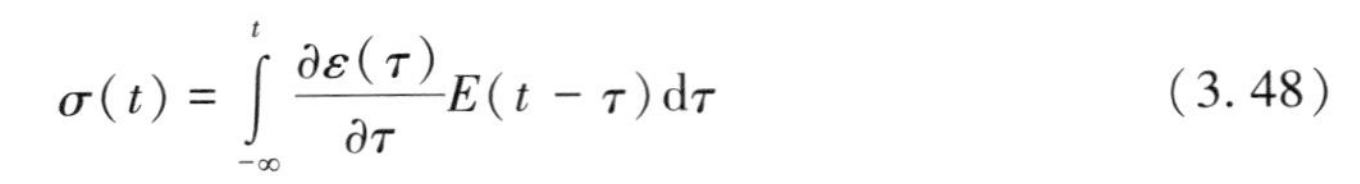

$$\sigma(t)=\int_{-\infty}^{t}\frac{\partial\varepsilon(\tau)}{\partial\tau}E(t-\tau)\mathrm{d}\tau \tag{3.48}$$

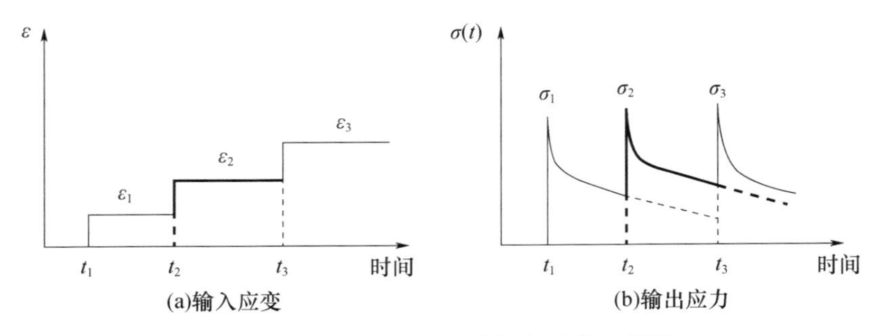

(a)输入应变 (b)输出应力

图 3.27 阶梯松弛应变产生的松弛应力的叠加

3.5.1.5 松弛模量与复模量之间的关系

为了导出松弛模量与复模量之间的关系,需要将 $a=t-\tau$ 代入式(3.48)中,于是有

$$\sigma(t)=-\int_{0}^{\infty}\frac{\partial\varepsilon(t-a)}{\partial a}E(a)\mathrm{d}a \tag{3.49}$$

如果黏弹性材料受到的是正弦型激励,即

$$\varepsilon(t)=\varepsilon_0\mathrm{e}^{\mathrm{i}\omega t} \tag{3.50}$$

那么联立式(3.49)和式(3.50)可得

$$\begin{aligned}\sigma(t)&=\int_{0}^{\infty}\varepsilon_0\omega\mathrm{i}\mathrm{e}^{\mathrm{i}\omega(t-a)}E(a)\mathrm{d}a=\varepsilon_0\mathrm{e}^{\mathrm{i}\omega t}\int_{0}^{\infty}\omega\mathrm{i}\mathrm{e}^{-\mathrm{i}\omega a}E(a)\mathrm{d}a\\&=\varepsilon\int_{0}^{\infty}\omega[\sin(\omega a)+\mathrm{i}\cos(\omega a)]E(a)\mathrm{d}a=(E'+\mathrm{i}E'')\varepsilon\end{aligned} \tag{3.51}$$

式中:

$$E'=\int_{0}^{\infty}\omega\sin(\omega a)E(a)\mathrm{d}a,\quad E''=\int_{0}^{\infty}\omega\cos(\omega a)E(a)\mathrm{d}a \tag{3.52}$$

式(3.52)实际上表明了储能模量和耗能模量是怎样与松弛模量关联起来的。

此处需要注意的一个重点是:

$$\sigma(t)=(E'+\mathrm{i}E'')\varepsilon \tag{3.53}$$

于是,根据式(3.50)和式(3.53),有

$$\sigma(t)=E'(1+\mathrm{i}\eta)\,\varepsilon_0\mathrm{e}^{\mathrm{i}\omega t}=E'\sqrt{1+\eta^2}\,\varepsilon_0\mathrm{e}^{(\mathrm{i}\omega t+\delta)}=|E^*|\varepsilon_0\mathrm{e}^{(\mathrm{i}\omega t+\delta)}=\sigma_0\mathrm{e}^{(\mathrm{i}\omega t+\delta)} \tag{3.54}$$

式中:损耗因子 $\eta=\tan\delta$;$|E^*|=E'\sqrt{1+\eta^2}$ 为模量的幅值;$\sigma_0=|E^*|\varepsilon_0$。

可以看出,式(3.54)表明了应变会比应力滞后一个相角 δ,这也是符合因果原理的。

例 3.2 试利用 Maxwell 模型的松弛模量 $E(t)=E_s\mathrm{e}^{-t/\lambda}$ 确定其储能模量和耗能模量。

[分析]

根据式(3.52)可知 $E'=\int_0^\infty \omega\sin(\omega a)E(a)\mathrm{d}a$,于是有

$$E'=E_s\omega\int_0^\infty \sin(\omega a)\mathrm{e}^{-a/\lambda}\mathrm{d}a=E_s\frac{(\omega\lambda)^2}{1+(\omega\lambda)^2}$$

此外,根据式(3.52)还可以得

$$E''=\int_0^\infty \omega\cos(\omega a)E(a)\mathrm{d}a=E_s\omega\int_0^\infty \cos(\omega a)\mathrm{e}^{-a/\lambda}\mathrm{d}a=E_s\frac{\omega\lambda}{1+(\omega\lambda)^2}$$

相应地,损耗因子 η 为

$$\eta=\frac{1}{\omega\lambda}$$

显然,上面这些结果与表 2.6 中所列出的是一致的。

3.5.1.6 蠕变柔量与复柔量之间的关系

为了导出蠕变柔量与复柔量之间的关系,可以对式(3.47)做分部积分,于是有:

$$\varepsilon(t)=\sigma(t)J(0)-\int_{-\infty}^{t}\sigma(\tau)\frac{\partial J(t-\tau)}{\partial\tau}\mathrm{d}\tau \tag{3.55}$$

式中:$J(0)$ 为静态柔量。若令 $a=t-\tau$,那么式(3.55)可以化为

$$\varepsilon(t)=\sigma(t)J(0)+\int_0^\infty \sigma(t-a)\frac{\partial J(a)}{\partial a}\mathrm{d}a \tag{3.56}$$

对于正弦型应力,即

$$\sigma(t)=\sigma_0\mathrm{e}^{\mathrm{i}\omega t} \tag{3.57}$$

式(3.56)将变为

$$\begin{aligned}\varepsilon(t) &= \sigma(t)J(0) + \int_0^{\infty}\sigma_0 e^{i\omega(t-a)}\frac{\partial J(a)}{\partial a}da \\ &= \sigma(t)J(0) + \sigma\int_0^{\infty}[\cos(\omega a) - i\sin(\omega a)]\frac{\partial J(a)}{\partial a}da \\ &= (J' - iJ'')\sigma\end{aligned} \tag{3.58}$$

式中：

$$J' = J(0) + \int_0^{\infty}\cos(\omega a)\frac{\partial J(a)}{\partial a}da,\quad J'' = \int_0^{\infty}\sin(\omega a)\frac{\partial J(a)}{\partial a}da \tag{3.59}$$

显然，复柔量也就是 $J^* = J' - iJ''$，需要注意的一点是复柔量中的负号，只有这样才能保证将 $\varepsilon(t) = (J' - iJ'')\sigma$ 与式(3.57)联立起来之后可得

$$\varepsilon(t) = \varepsilon_0 e^{i(\omega t-\delta)} \tag{3.60}$$

此处的应变应当滞后于应力一个相角 δ，这才能够符合因果原理。

例 3.3 试利用 Kelvin-Voigt 模型的蠕变柔量 $J(t) = \frac{1}{E_s}(1 - e^{-t/\lambda})$ 确定其储能模量和耗能模量。

[分析]

根据式(3.59)，且令 $J(0) = 0$，有

$$J' = \int_0^{\infty}\cos(\omega a)\frac{\partial J(a)}{\partial a}da = \frac{1}{E_s\lambda}\int_0^{\infty}\cos(\omega a)e^{-a/\lambda}da = \frac{1}{E_s}\frac{1}{1+(\omega\lambda)^2}$$

$$J'' = \int_0^{\infty}\sin(\omega a)\frac{\partial J(a)}{\partial a}da = \frac{1}{E_s\lambda}\int_0^{\infty}\sin(\omega a)e^{-a/\lambda}da = \frac{1}{E_s}\frac{\omega\lambda}{1+(\omega\lambda)^2}$$

相应地，损耗因子 η 为

$$\eta = J''/J' = \omega\lambda$$

为了从复柔量中导出复模量，注意到：

$$J^* = J' - iJ'' = \frac{1}{E_s}\frac{1 - i(\omega\lambda)}{1+(\omega\lambda)^2} = \frac{1}{E_s}\frac{1}{\sqrt{1+(\omega\lambda)^2}}e^{-i\delta}$$

于是有

$$E^* = 1/J^* = E_s\sqrt{1+(\omega\lambda)^2}e^{i\delta} = E_s(1 + i\omega\lambda)$$

显然，由此也就得到了 $E' = E_s, E'' = \omega\lambda E_s$，$\eta = \omega\lambda$ 。

上面这些结果与表 2.6 中列出的是完全一致的。

3.5.1.7 蠕变柔量与松弛模量之间的关系

由于式(3.47)给出：

$$\varepsilon(t) = \int_0^t \frac{\partial \sigma(\tau)}{\partial \tau} J(t-\tau)\,\mathrm{d}\tau$$

因此,利用卷积定理(参见附录)可得

$$\varepsilon(s) = sJ(s)\sigma(s) \tag{3.61}$$

类似地,由于式(3.48)给出:

$$\sigma(t) = \int_0^t \frac{\partial \varepsilon(\tau)}{\partial \tau} E(t-\tau)\,\mathrm{d}\tau \tag{3.62}$$

因此借助卷积定理则有

$$\sigma(s) = sE(s)\varepsilon(s) \tag{3.63}$$

根据式(3.61)和式(3.63)可得

$$E(s)J(s) = 1/s^2 \tag{3.64}$$

于是,根据卷积定理也就得到

$$\int_0^t E(\tau)J(t-\tau)\,\mathrm{d}\tau = t$$

这就意味着对于黏弹性材料而言,应有

$$E(t) \neq 1/J(t) \tag{3.65}$$

显然这与弹性材料是不同的,在弹性材料情况中有 $E(t) = 1/J(t)$ 。

3.5.1.8 蠕变柔量与复柔量之间的另一种关系

由于式(3.61)给出了如下关系:

$$\varepsilon(s) = sJ(s)\sigma(s) \tag{3.66}$$

而复柔量 J^* 的定义为

$$\varepsilon(s) = J^*(s)\sigma(s) \tag{3.67}$$

于是有

$$J^*(s) = sJ(s) \tag{3.68}$$

由此进一步可得

$$J^*(s) = sJ(s) = s\int_0^\infty J(t)\mathrm{e}^{-st}\mathrm{d}t \tag{3.69}$$

对于频率为 ω 的正弦型运动情况,式(3.69)将变为

$$J^*(\mathrm{i}\omega) = \mathrm{i}\omega\int_0^\infty J(t)\mathrm{e}^{-\mathrm{i}\omega t}\mathrm{d}t \tag{3.70}$$

可以看出,复柔量是蠕变柔量的傅里叶变换。

例3.4 试针对 Kelvin - Voigt 模型说明其复柔量是蠕变柔量 $J(t) =$

$(1/E_s)(1-e^{-t/\lambda})$ 的傅里叶变换。

[分析]

在 MATLAB 软件中利用命令“fourier”进行计算,即

```
>>syms t lam w Es
>>fourier(1/Es*(1-1/exp(t/lam))*heaviside(t),w)*i*w
ans=-(i*w*(i/w+1/(i*w+1/lam)))/Es
```

可得

$$J^* = \frac{1}{E_s}\left(\frac{1}{1+\omega^2\lambda^2} - \mathrm{i}\frac{\omega\lambda}{1+\omega^2\lambda^2}\right)$$

显然,这一结果与例 3.3 中所得到的是一致的。

3.5.1.9　松弛模量与复模量之间的另一种关系

由于式(3.62)已经给出:

$$\sigma(s) = sE(s)\varepsilon(s) \tag{3.71}$$

而复模量 E^* 的定义为

$$\sigma(s) = E^*(s)\varepsilon(s) \tag{3.72}$$

于是联立式(3.71)和式(3.72)可得

$$E^*(s) = sE(s) \tag{3.73}$$

根据拉普拉斯变换的定义,式(3.73)可以写为

$$E^*(s) = sE(s) = s\int_0^\infty E(t)\mathrm{e}^{-st}\mathrm{d}t \tag{3.74}$$

对于频率为 ω 处的正弦型运动,式(3.69)变成为

$$E^*(\mathrm{i}\omega) = \mathrm{i}\omega\int_0^\infty E(t)\mathrm{e}^{-\mathrm{i}\omega t}\mathrm{d}t \tag{3.75}$$

显然这就表明了,复模量应当是松弛模量的傅里叶变换。

例 3.5　试针对 Maxwell 模型说明其复模量为松弛模量 $E(t)=E_s\mathrm{e}^{-t/\lambda}$ 的傅里叶变换。

[分析]

在 MATLAB 环境中利用命令“fourier”即可,即

```
>>syms t lam w Es
>>fourier(Es/exp(t/lam)*heaviside(t),w)*i*w
ans=(Es*i*w)/(i*w+1/lam)
```

由此可得：$E^* = E_s\left(\dfrac{\omega^2\lambda^2}{1+\omega^2\lambda^2} + \mathrm{i}\dfrac{\omega\lambda}{1+\omega^2\lambda^2}\right)$，可见这与例 3.2 得到的结果是一致的。

3.5.1.10　基本的相互转换关系的总结

在 3.5.1 节中，已经介绍了描述黏弹性材料阻尼特性的蠕变和松弛方法，这些方法的结果就是蠕变柔量和松弛模量。这两个参数都是时域参数，它们之间的关系已经在 3.5.1.7 节中做过讨论。因此，如果已经进行了蠕变测试，那么利用式(3.64)也就可以得到松弛模量了。如果已经进行了松弛测试，也可以借助同样的关系式得到蠕变柔量(参见思考题 3.5)。由此不难看出，无论采用哪一种测试，都是足以体现黏弹性材料特性的，或者说没有必要都进行测试。

在 3.5.1.5 节中，建立了松弛模量和复柔量之间的关系，即式(3.52)。因此，为了获得黏弹性材料特性，既可以借助松弛测试，也可以借助正弦测试方法，可以参见 3.4 节。

类似地，3.5.1.6 节中建立了蠕变柔量和复柔量或模量之间的关系，即式(3.59)。于是，黏弹性材料特性也就可以通过蠕变测试或正弦测试方法获得。

图 3.28 对上述转换关系进行了总结和归纳，与此类转换关系有关的更多内容可以参考一些相关文献，例如 Gross(1953)、Brinson 和 Brinson(2008)以及 Anderssen 等人(2008)。

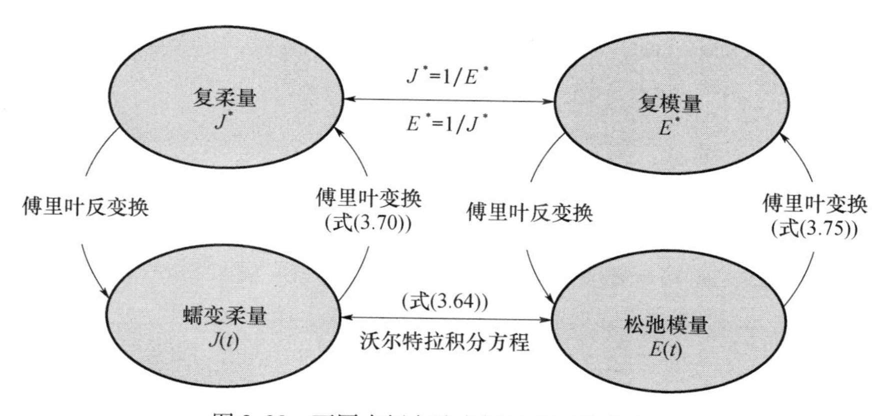

图 3.28　不同表征方法之间的相互转换关系

3.5.1.11　转换过程中涉及的一些实际问题

本节将针对时域和频域参数转换问题介绍两种有用的技术手段，它们能够帮助我们回避与傅里叶变换运算相关的一些问题，主要是精度问题，特别是在所记录的时间比较短的情况下。此外也往往存在着其他一些问题,例如由于柔量是随着时间不断增长的,因而针对蠕变柔量的傅里叶变换将会表现为一个非收敛的积分运算。

事实上,已经有很多研究人员针对实际的相互转换问题提出了多种近似的或精确的技术途径,Schwarzl(1970)、Park 和 Schapery(1999)、Schapery 和 Park(1999)、Parot 和 Duperray(2008)以及 Evans 等人(2009)曾对此做过归纳。不过,这里仅阐述两种方法,因为它们更具有实用性。

1. 间接转换方法

间接转换方法是一种非常成熟的方法,借助这种方法可以从蠕变或松弛测试结果中得到频率依赖的动态模量。在这一方法中,一般需要借助曲线拟合手段将实验数据匹配到一个特定的时域模型上,例如广义 Maxwell 模型(GMM)或广义 Kelvin-Voigt 模型,可参见图 3.29。在此之后,还需要利用傅里叶变换技术将所得到的时域模型转化到频域中,以便提取出黏弹性复模量。

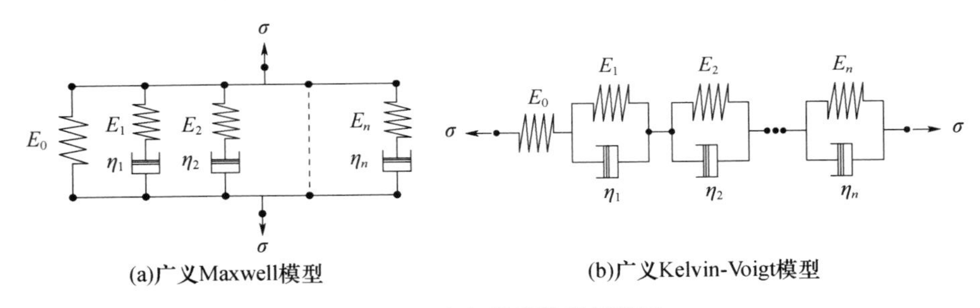

图 3.29 广义黏弹性材料模型

根据第 2 章介绍的过程,不难认识到上述模型在数学上可以表示为如下所示的 Prony 级数,即

$$E(t) = E_0 + \sum_{i=1}^{n} E_i e^{-t/\rho_i} \text{(广义 Maxwell 模型)} \tag{3.76}$$

$$J(t) = J_0 + \sum_{j=1}^{m} J_j(1 - e^{-t/\tau_j}) \text{(广义 Kelvin-Voigt 模型)} \tag{3.77}$$

式中:E_0 为平衡模量;E_i 为弛豫强度;$\rho_i = \eta_i/E_i$ 为松弛时间;J_0 为玻璃态柔量;J_j 为延迟强度;τ_j 为延迟时间;$J_0 = 1/E_0$;$J_j = 1/E_j$;$\tau_j = \eta_j/E_j$ 。参数 E_0、E_i 、ρ_i 、J_0、J_j 和 τ_j 均为需要识别的正常数,它们应使得实验数据能够得到最优拟合。

这里要注意的是,我们将利用广义 Maxwell 模型拟合松弛模量数据,而采用广义 Kelvin-Voigt 模型来拟合蠕变柔量数据。在识别出了上述参数之后,我们就可以借助傅里叶变换将式(3.76)和式(3.77)转换到频域中,并利用例 3.4 和例 3.5 给出的方法导得复模量 E^* 和复柔量 J^* 了,即

$$E^*(\omega)=E_0+\sum_{k=1}^{n}E_k\frac{\mathrm{i}\omega\rho_k}{\mathrm{i}\omega\rho_k+1} \tag{3.78}$$

$$J^*(\omega)=J_0+\sum_{l=1}^{m}J_l\left(1-\frac{\mathrm{i}\omega\tau_l}{\mathrm{i}\omega\tau_l+1}\right) \tag{3.79}$$

下面通过一个实例来阐明这一方法的应用,从而便于获得更好的理解。

例 3.6　如果某黏弹性材料的实验测试结果(松弛模量、储能模量、耗能模量和损耗因子)如图 3.30 所示,那么:

(1)试确定广义 Maxwell 模型的阶次和系数,使之能够最佳拟合出松弛模量;

(2)试利用傅里叶变换对所得到的最优广义 Maxwell 模型进行变换,从而导出该黏弹性材料的储能模量、耗能模量和损耗因子,并将这一广义 Maxwell 模型的预测结果与实验结果进行对比。

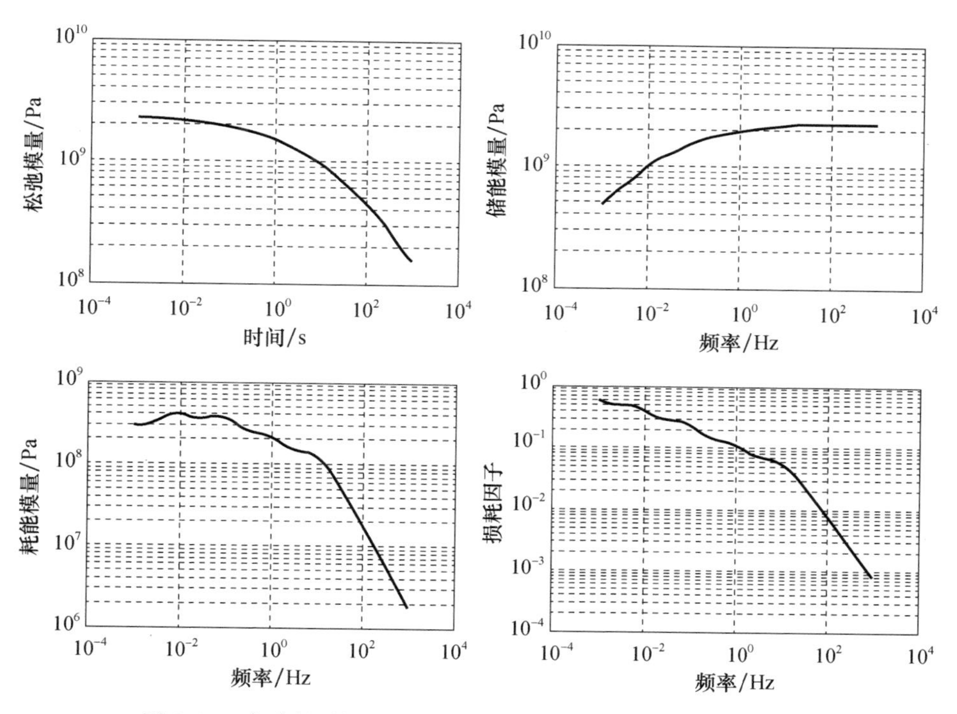

图 3.30　实验得到的黏弹性材料的松弛模量、复模量和损耗因子

[分析]

考虑由式(3.76)给出的广义 Maxwell 模型,即

$$E(t)=E_0+\sum_{i=1}^{n}E_i\mathrm{e}^{-t/\rho_i}$$

对于特定的模型阶次 n,需要确定出参数 E_0、E_i 和 ρ_i,使得该模型的预测结果能够最接近实际黏弹性材料的实验数据,或者说,这些参数的最优值应当能够使得模型预测值与实验值之间的偏差达到最小。这一最优化问题可以表示为

$$\begin{bmatrix}\text{确定 } E_i \text{ 和 } \rho_i \\ \text{使得 } F=\sum\limits_{\text{时间}}(E_{\mathrm{GMM}}/E_{\text{实验}}-1)^2 \text{ 最小}, \\ \text{且满足:} \\ E_i>0,\rho_i>0,i=1,2,\cdots,n \\ E_0+\sum\limits_{i=1}^{n}E_i=E,(t=0)\end{bmatrix} \tag{3.80}$$

式中:$E(t=0)$ 和 E_0 分别为黏弹性材料在 $t=0$ 和 $t=\infty$处的松弛模量,如图 3.31 所示。此外,n 代表了广义 Maxwell 模型中的项数。

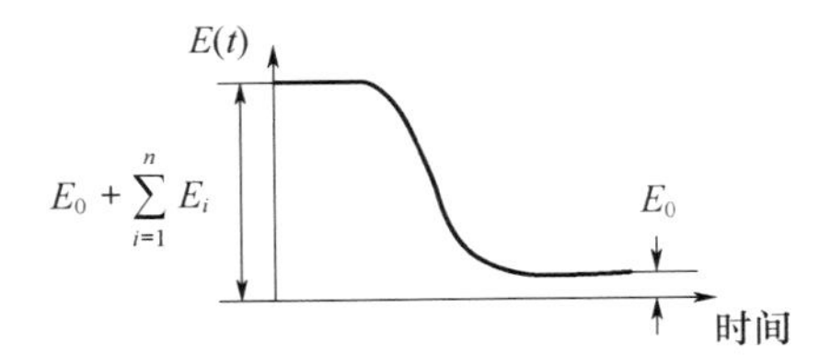

图 3.31 GMM 松弛模量的极限

在式(3.80)中,所构造的目标函数 F 是为了使得广义 Maxwell 模型对松弛模量的预测误差之和(在整个实验时间范围内)达到最小。之所以将误差表示为归一化形式和二次形式,目的是为了使得这一优化问题具有优良的性态。此外,式(3.80)中所施加的约束是为了保证这些参数均为非负值,且该模型能够预测 $t=0$ 和 $t=\infty$处的松弛模量。

根据实验数据可知,$E_0=2.24\times10^6\text{Pa}$,$E(t=0)=2.28\times10^9\text{Pa}$。于是,对于 $n=3$ 的情况,可以选择松弛时间常数,使得 $(\rho_1,\rho_2,\rho_3)=(2\times10^{-2},2\times10^0,2\times10^3)\text{s}$,以覆盖整个实验时间范围。从 $(E_1,E_2,E_3)=(3\times10^8,1.4\times10^9,3\times10^8)\text{Pa}$ 这个初始猜测值开始,利用 MATLAB 软件中的优化工具箱所提供的"fmincon"例程来求解上述优化问题,从而可以得到最优值为 $(E_1,E_2,E_3)=(3.93\times10^8,1.493\times10^9,3.93\times10^8)\text{ Pa}$,而对应的目标函数值为 $F=799.356$。图 3.32 中将该广义 Maxwell 模型的预测结果和实验结果进行了比较,很显然此

处采用3项是不足以刻画出该黏弹性材料的行为特性的。

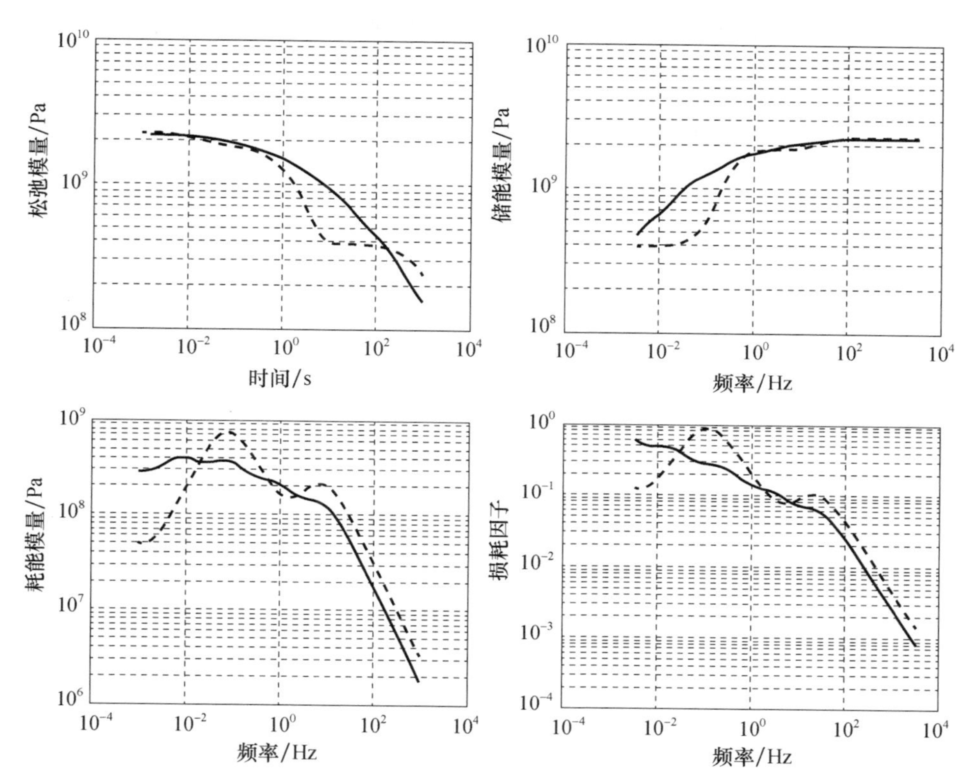

图3.32　包含3项的GMM的预测结果和实验结果的比较

（实线为实验值，虚线为GMM预测值）

当将 n 增大到6时，选择松弛时间常数为 $[\rho_1,\rho_2,\rho_3,\rho_4,\rho_5,\rho_6]=[2\times10^{-2},2\times10^{-1},2\times10^{0},2\times10^{1},2\times10^{2},2\times10^{3}]$ s，以覆盖整个实验时间范围。从初始猜测值 $[E_1,E_2,E_3,E_4,E_5,E_6]=[2\times10^{8},2\times10^{8},3\times10^{8},9\times10^{8},3\times10^{8},1.5\times10^{9}]$ Pa 开始，借助 MATLAB 优化工具箱可以得到最优值为 $[E_1,E_2,E_3,E_4,E_5,E_6]=[2.38\times10^{8},2.38\times10^{8},3.38\times10^{8},9.38\times10^{8},3.38\times10^{8},1.88\times10^{8}]$ Pa，而对应的目标函数值为 $F=89.706$。图3.33将广义 Maxwell 模型的预测结果和实验结果进行了比较，可以看出，采用6项是足以刻画黏弹性材料的行为特性的。

2. 直接转换方法

前面介绍的间接转换方法在一定程度上是存在局限性的，这是因为该方法需要借助一个预先指定的模型，并且需要非常多的拟合参数才能有效地反映出黏弹性材料的行为特性。不仅如此，这种方法还可能人为地掩盖了实验噪声，

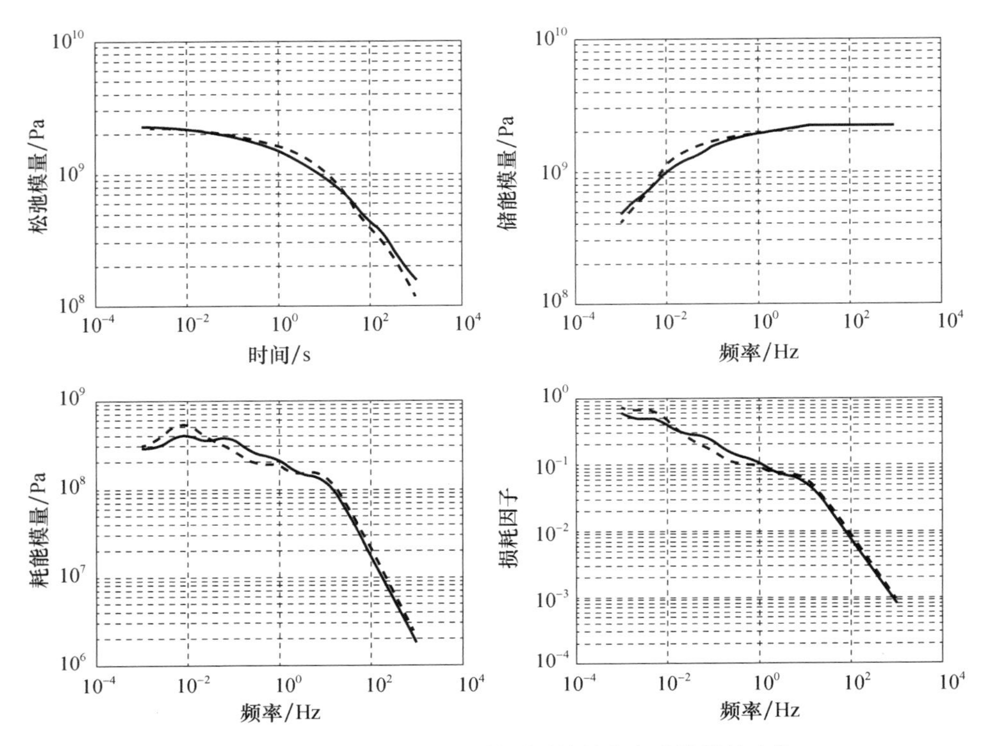

图 3.33 包含 6 项的 GMM 的预测结果和实验结果的比较
（实线为实验值，虚线为 GMM 预测值）

因而难以量化其中的不确定性。考虑到这些原因，人们也提出了一些其他转换方法，其中比较典型的就是 Evans 等人（2009）、Parot 和 Duperray（2008）所提出的两种方法。第一种方法进行的是从时域到频域的转换，而第二种方法则根据复模量测试数据来计算蠕变柔量和松弛模量。

这里对 Evans 等人（2009）的方法进行介绍。该方法利用蠕变柔量的实验数据直接提取出黏弹性材料的复模量，而不需要进行任何曲线拟合或任何后续的傅里叶变换工作。这一方法主要建立在这样一个事实基础之上，即，蠕变柔量 $J(t)$ 是随着时间不断增长的，这使得它的傅里叶变换 $\hat{J}(\mathrm{i}\omega)$ 成为一个非收敛的积分。可以注意到，由于 $\hat{J}(\mathrm{i}\omega)$ 可以表示为如下形式：

$$\hat{J}(\mathrm{i}\omega) = \int_0^{\infty} J(t)\,\mathrm{e}^{-\mathrm{i}\omega t}\,\mathrm{d}t \tag{3.81}$$

因此，在根据式（3.70）计算复模量时将是不准确的，即

$$E^{*} = \frac{1}{\mathrm{i}\omega\hat{J}(\mathrm{i}\omega)} \tag{3.82}$$

为了回避这一问题,可以将该傅里叶变换作用于 $J(t)$ 的二阶导数上,因为后者是一个收敛函数,如图 3.34 所示。为此,只需对式(3.81)进行两次分部积分即可,即

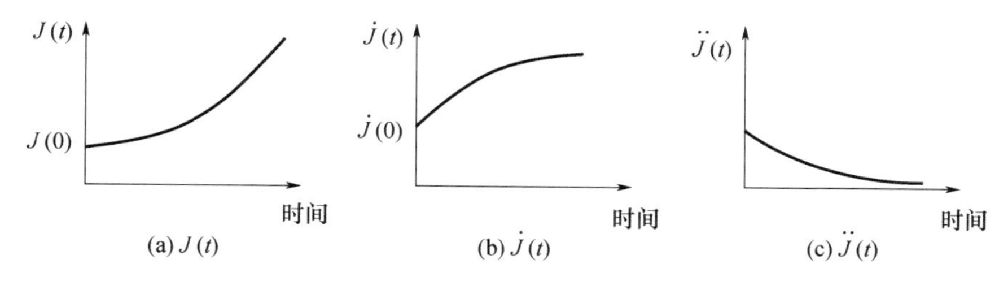

图 3.34　典型的蠕变柔量及其时间导数

$$\begin{aligned}\hat{J}(\mathrm{i}\omega) &= \int_0^\infty J(t)\mathrm{e}^{-\mathrm{i}\omega t}\mathrm{d}t \\ &= -\frac{1}{\mathrm{i}\omega}J(t)\mathrm{e}^{-\mathrm{i}\omega t}\Big|_0^\infty + \frac{1}{\mathrm{i}\omega}\int_0^\infty \dot{J}(t)\mathrm{e}^{-\mathrm{i}\omega t}\mathrm{d}t \\ &= \frac{1}{\mathrm{i}\omega}J(0) + \frac{1}{\mathrm{i}\omega}\int_0^\infty \dot{J}(t)\mathrm{e}^{-\mathrm{i}\omega t}\mathrm{d}t \\ &= \frac{1}{\mathrm{i}\omega}J(0) - \frac{1}{\omega^2}\dot{J}(0) - \frac{1}{\omega^2}\int_0^\infty \ddot{J}(t)\mathrm{e}^{-\mathrm{i}\omega t}\mathrm{d}t \\ &= -\frac{1}{\omega^2}\left[\mathrm{i}\omega J(0) + \dot{J}(0) + \int_0^\infty \ddot{J}(t)\mathrm{e}^{-\mathrm{i}\omega t}\mathrm{d}t\right]\end{aligned} \tag{3.83}$$

考虑到傅里叶变换运算需要知道 $J(t)$ 在 $0 < t < \infty$范围内的值,而实验数据却是有限的,显然这就需要进行外插,进而也就有必要引入一个额外的参数,即稳态黏度 η,它代表了蠕变柔量斜率的倒数(图 3.35)。

黏度的影响可以在蠕变柔量描述中考虑,即

$$J_{\mathrm{C}}(t) = J(t) + \frac{t}{\eta} \tag{3.84}$$

于是,$J_{\mathrm{C}}(t)$ 的傅里叶变换 $\hat{J}_{\mathrm{C}}(\mathrm{i}\omega)$ 将为

$$\hat{J}_{\mathrm{C}}(\mathrm{i}\omega) = \int_0^\infty \left(J(t) + \frac{t}{\eta}\right)\mathrm{e}^{-\mathrm{i}\omega t}\mathrm{d}t = \int_0^\infty J(t)\mathrm{e}^{-\mathrm{i}\omega t}\mathrm{d}t + \int_{t_N}^\infty \frac{t}{\eta}\mathrm{e}^{-\mathrm{i}\omega t}\mathrm{d}t = \hat{J}(\mathrm{i}\omega) - \frac{1}{\omega^2\eta}\mathrm{e}^{-\mathrm{i}\omega t_N} \tag{3.85}$$

联立式(3.83)和式(3.85),可得

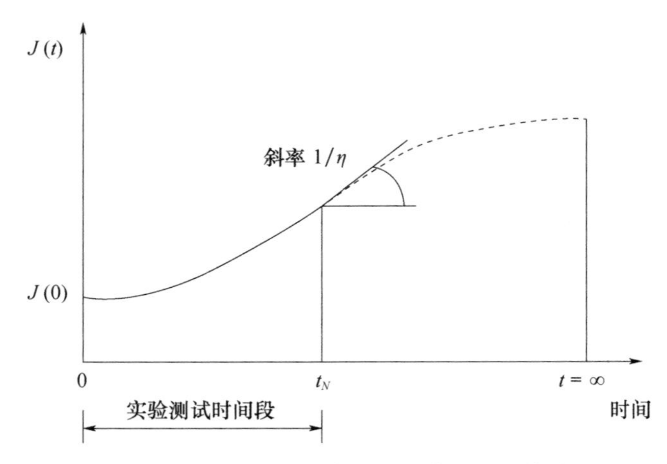

图 3.35　有限时间内蠕变柔量实验测试结果

$$\hat{J}_{\mathrm{C}}(\mathrm{i}\omega)=-\frac{1}{\omega^{2}}\left(\mathrm{i}\omega J(0)+\dot{J}(0)+\int_{0}^{\infty}\ddot{J}(t)\mathrm{e}^{-\mathrm{i}\omega t}\mathrm{d}t+\frac{\mathrm{e}^{-\mathrm{i}\omega t_N}}{\eta}\right) \tag{3.86}$$

于是,复模量 E^* 就可以计算为

$$E^{*}=\frac{1}{\mathrm{i}\omega\hat{J}_{\mathrm{C}}(\mathrm{i}\omega)} \tag{3.87}$$

将式(3.86)代入式(3.87)可得

$$E^{*}(\mathrm{i}\omega)=\mathrm{i}\omega\Bigg/\left(\mathrm{i}\omega J(0)+\dot{J}(0)+\int_{0}^{\infty}\ddot{J}(t)\mathrm{e}^{-\mathrm{i}\omega t}\mathrm{d}t+\frac{\mathrm{e}^{-\mathrm{i}\omega t_N}}{\eta}\right) \tag{3.88}$$

可以对式(3.88)进行数值计算,计算格式如下:

$$E^{*}(\mathrm{i}\omega)=\frac{\mathrm{i}\omega}{\left(\begin{array}{l}\mathrm{i}\omega J(0)+(1-\mathrm{e}^{-\mathrm{i}\omega t_1})\dfrac{J(t_1)-J(0)}{t_1}+\\ \displaystyle\sum_{k=2}^{N}\frac{J(t_k)-J(t_{k-1})}{t_k-t_{k-1}}(\mathrm{e}^{-\mathrm{i}\omega t_{k-1}}-\mathrm{e}^{-\mathrm{i}\omega t_k})+\frac{\mathrm{e}^{-\mathrm{i}\omega t_N}}{\eta}\end{array}\right)} \tag{3.89}$$

关于式(3.89)的具体实现细节,Evans 等人(2009)已经做过阐述。

在这里附带说明一下拓展 $J(t)$(即引入黏度项 t/η)的动机。这一点可以通过考虑黏弹性材料的 Burgers 模型的蠕变柔量来理解,这一模型实际上是将一个 Maxwell 模型与一个 Kelvin-Voigt 模型串联连接起来构成的,如图 3.36 所示。不难发现,该模型的本构方程可以表示为

$$\varepsilon(s)=\left(\frac{1}{E_0}+\frac{1}{E_1+\eta_1 s}+\frac{1}{\eta_0 s}\right)\sigma(s) \tag{3.90}$$

式中:s 为拉普拉斯变换中的复变量。

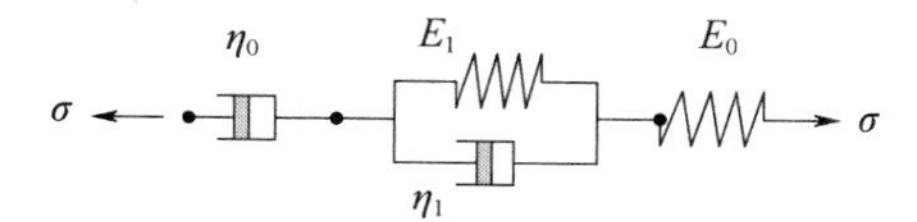

图 3.36　黏弹性材料的 Burgers 模型

对于阶跃蠕变应力 σ_0，所得到的应变响应 $\varepsilon(t)$ 将为

$$\varepsilon(t)=\left[\frac{1}{E_0}+\frac{1}{E_1}(1-\mathrm{e}^{-t/\lambda})+\frac{t}{\eta_0}\right]\sigma_0,\quad \lambda=\eta_1/E_1 \tag{3.91}$$

于是,蠕变柔量为

$$J(t)=\varepsilon(t)/\sigma_0=\left[\frac{1}{E_0}+\frac{1}{E_1}(1-\mathrm{e}^{-t/\lambda})+\frac{t}{\eta_0}\right] \tag{3.92}$$

可以看出,这个蠕变柔量中的最后一项与式(3.84)中的第二项是对应的。

例 3.7　图 3.37 所示为某种黏弹性材料的实验测试数据,即蠕变柔量、储能模量、耗能模量和损耗因子。试利用 Evans 等人的方法计算该黏弹性材料的储能模量、耗能模量和损耗因子,并将结果与实验值进行比较。

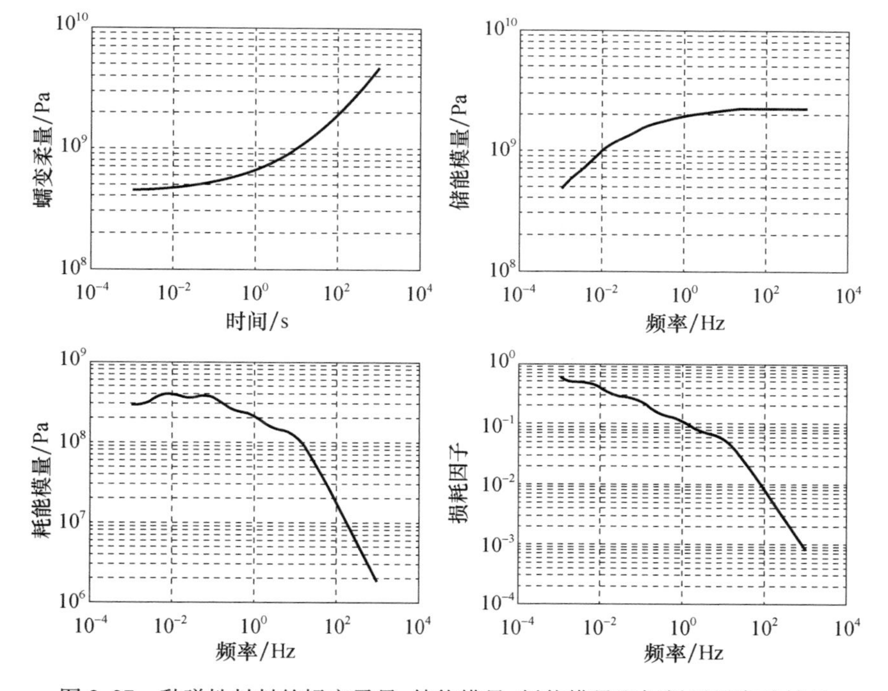

图 3.37　黏弹性材料的蠕变柔量、储能模量、耗能模量和损耗因子实验结果

[分析]

针对实验得到的蠕变柔量应用式(3.89),可以导得储能模量、耗能模量和损耗因子特性,如图3.38所示。很明显,Evans等人的直接方法是能够充分再现出这些实验结果的,特别是在0.01~100Hz这一频率范围内。

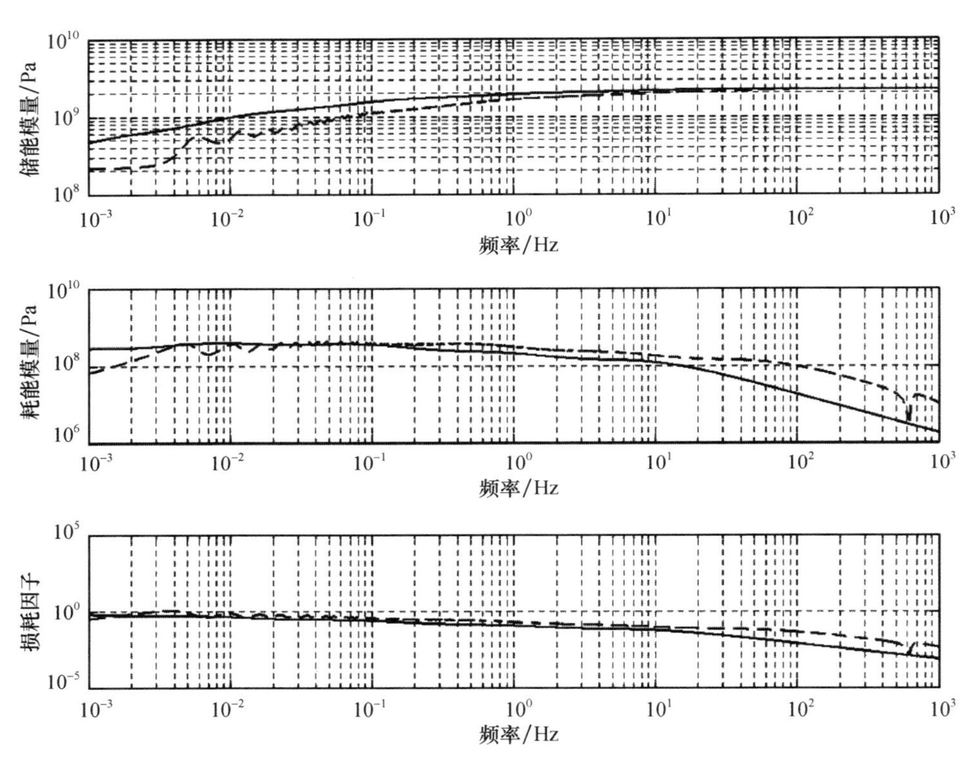

图3.38 实验结果与Evans等人方法的预测结果的对比

(实线为实验值,虚线为Evans等人的预测结果)

3.5.2 分离式Hopkinson压杆方法

3.5.2.1 概述

在高应变率(可达$10^4 s^{-1}$阶)黏弹性材料特性测试中,分离式Hopkinson压杆(SHPB)是一种广为使用的动态测试装置。这一装置是John和Bertram Hopkinson在1900年初提出的(Gama等人,2004),1949年Kolsky利用压杆技术对不同材料的动态压应力-应变行为进行了测试。

在SHPB测试过程中,需要将黏弹性材料测试样品放置在两根压杆之间并处于压缩状态,这两根杆分别称为入射杆(输入杆)和透射杆(输出杆),如图 3.39 所示。此后,入射杆将由一根撞击杆提供高速冲击作用,撞击杆的高速一般是利用压缩气体产生的。通过测量两根压杆内的应力波即可确定出样品的应力-应变特性,应力波的测量一般需要借助粘贴在入射杆和透射杆上的应变计来实现。

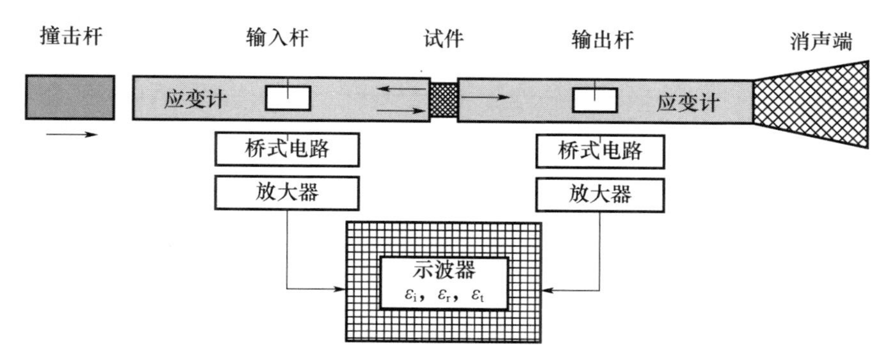

图 3.39　分离式 Hopkinson 压杆(SHPB)的原理简图

3.5.2.2　一维 SHPB 理论

借助 SHPB 测试黏弹性材料的应力-应变行为特性,主要建立在一维波传播这一原理基础之上(Gray,2000)。在这一原理中,通常假定各根压杆是细长杆,并且是线性无频散的。

考虑如图 3.40 所示的 SHPB,每根压杆中的波传播过程可以通过如下方程来刻画,即

$$\frac{\partial^2 u}{\partial x^2}-\frac{1}{c^2}\frac{\partial^2 u}{\partial t^2}=0 \tag{3.93}$$

式中:u 为任意位置 x 处的杆位移;$c=\sqrt{E/\rho}$ 为杆中声速,E 为杆材料的杨氏模量,ρ 为其密度;t 为时间。

式(3.93)的一般解可由下式给出:

$$u(x,t)=U(x)\mathrm{e}^{\mathrm{i}\omega t} \tag{3.94}$$

式中:$U(x)$ 为空间位置 x 的函数;$\mathrm{e}^{\mathrm{i}\omega t}$ 为时间变量 t 的函数;ω 为波的频率。

将式(3.94)代入式(3.93),可得

$$U_{,xx}(x)+k^2U=0 \tag{3.95}$$

式中:$k=\dfrac{\omega}{c}$ 为波数。式(3.95)的解为

$$U(x)=A\mathrm{e}^{-\mathrm{i}kx}+B\mathrm{e}^{ikx}$$

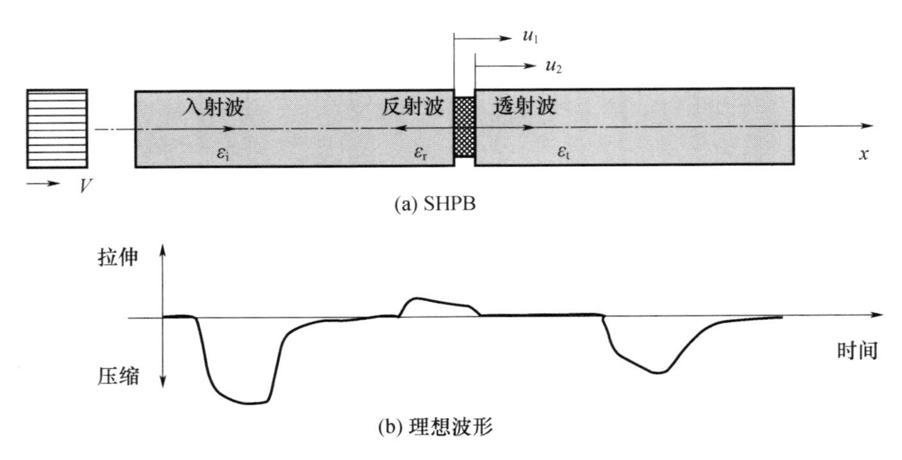

图 3.40　分离式 Hopkinson 压杆(SHPB)中波的传播

即

$$u = (Ae^{-ikx} + Be^{ikx})\ e^{i\omega t} = u_i + u_r \tag{3.96}$$

(1)入射杆中的应变应为

$$\varepsilon_1 = \frac{\partial u}{\partial x} \tag{3.97}$$

将式(3.96)对 x 求导可得

$$\frac{\partial u_1}{\partial x} = (-ikAe^{-ikx} + ikBe^{ikx})\ e^{i\omega t} = \varepsilon_i + \varepsilon_r \tag{3.98}$$

另外,将式(3.96)对时间 t 求导可得

$$\dot{u}_1 = i\omega(Ae^{-ikx} + Be^{ikx})\ e^{i\omega t} = -c\varepsilon_i + c\varepsilon_r \tag{3.99}$$

(2)透射杆中的应变应为

$$\dot{u}_2 = -c\varepsilon_t \tag{3.100}$$

在将波的反射成分设置为零之后(由于透射杆的末端带有消声装置,如图 3.40 所示),式(3.100)的推导过程与式(3.99)是类似的。

(3)样品中的应变率应为

$$\dot{\varepsilon}_s = \frac{\dot{u}_1 - \dot{u}_3}{l_s} \tag{3.101}$$

式中:l_s 为样品的长度。

联立式(3.99)~(3.101),可得

$$\dot{\varepsilon}_s = \frac{c}{l_s}(-\varepsilon_i + \varepsilon_r + \varepsilon_t) \tag{3.102}$$

根据变形协调性要求，有

$$\varepsilon_t = \varepsilon_i + \varepsilon_r \tag{3.103}$$

于是式(3.102)将变为

$$\dot{\varepsilon}_s = \frac{2c}{l_s}\varepsilon_r \tag{3.104}$$

此外，根据力的平衡要求，还有

$$F_1 = AE(\varepsilon_i + \varepsilon_r) = F_2 = AE\varepsilon_t \tag{3.105}$$

式中：A 为杆的截面积。

于是，样品中的应力为

$$\sigma_s = \frac{F_1}{A_s} = \frac{F_2}{A_s} = \frac{AE}{A_s}\varepsilon_t \tag{3.106}$$

由此不难看出，可以利用反射应变 ε_r 和透射应变 ε_t 的测量结果计算黏弹性材料的应变 ε_s 和应力 σ_s（均为时间的函数），根据这些时间历程，进一步就可以得到应力-应变特性、蠕变柔量和复模量了。

例 3.8　考虑图 3.41 所示的 SHPB，压杆的杨氏模量为 2.5GPa，声速为 2870m/s 。现利用该 SHPB 来测量某黏弹性材料样品在不同应变率条件下的黏弹性特性，入射杆和透射杆处测得的应变时间历程如图 3.42 所示，针对的是 4 种应变率（从 2000s^{-1} 到 12000s^{-1}）。试确定：

(1)该黏弹性材料在不同应变率条件下的应力-应变特性；

(2)该黏弹性材料在不同应变率条件下的能量耗散情况。

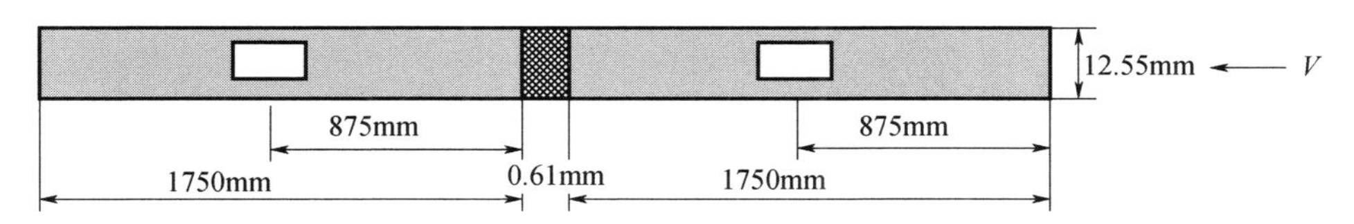

图 3.41　实验中采用的分离式 Hopkinson 压杆(SHPB)

[分析]

可以采用 3.5.2.2 节给出的 SHPB 理论，并根据图 3.43 所示的流程图确定所考察的黏弹性材料的应力-应变特性。

针对 4 种不同的应变率情况，图 3.44 和图 3.45 分别给出了该黏弹性材料的应力和应变时间历程与应力-应变特性。从图 3.45 不难发现，当增大应变率时，应力-应变曲线所包围的面积也随之增大，这实际上给出了描述该黏弹性材料能量耗散的一个直接指标。

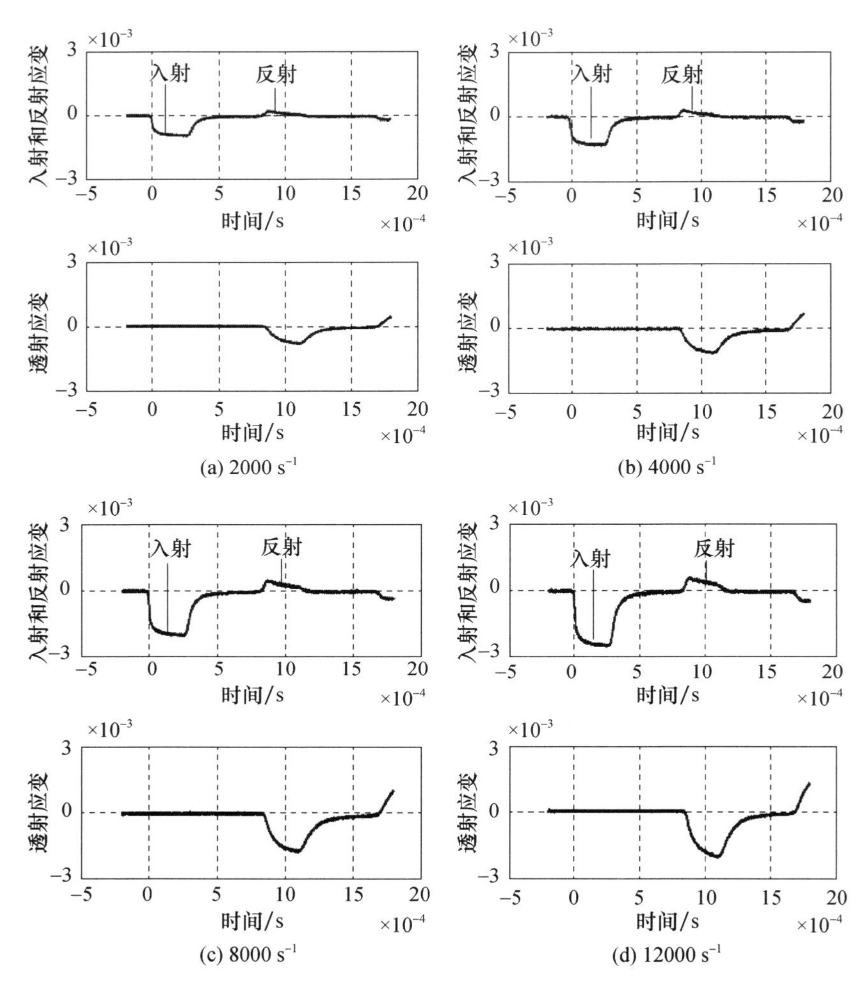

(a) 2000 s^{-1} (b) 4000 s^{-1}

(c) 8000 s^{-1} (d) 12000 s^{-1}

图 3.42 不同应变率条件下 Hopkinson 压杆中的应变

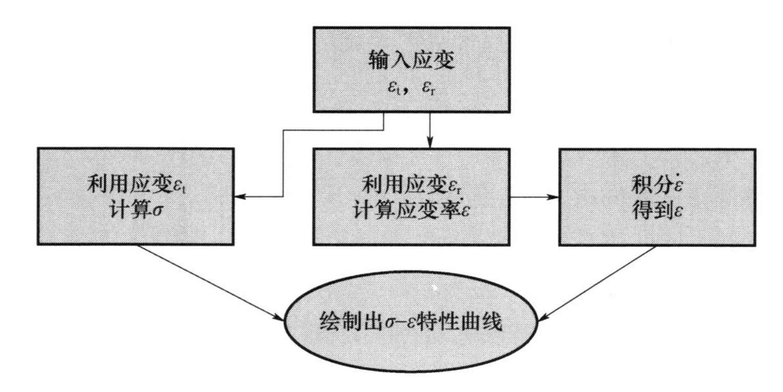

图 3.43 基于 SHPB 的黏弹性材料应力应变特性的计算流程

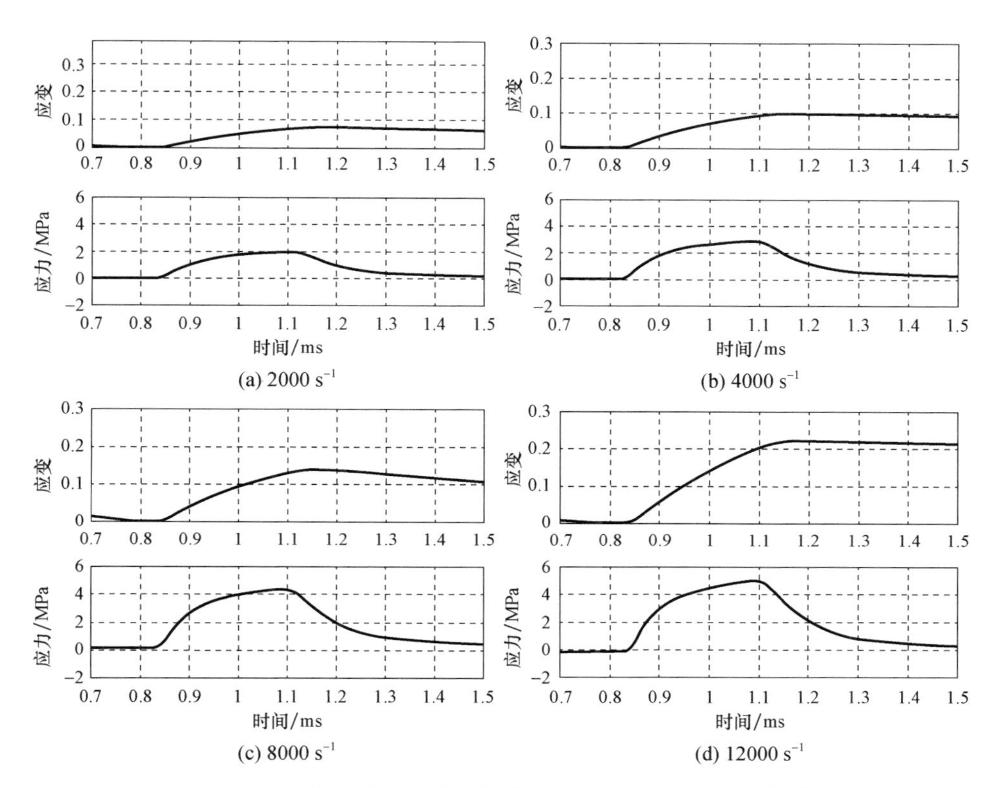

(a) 2000 s^{-1}　(b) 4000 s^{-1}　(c) 8000 s^{-1}　(d) 12000 s^{-1}

图 3.44　不同应变率情况下聚合物的应力和应变的时间历程

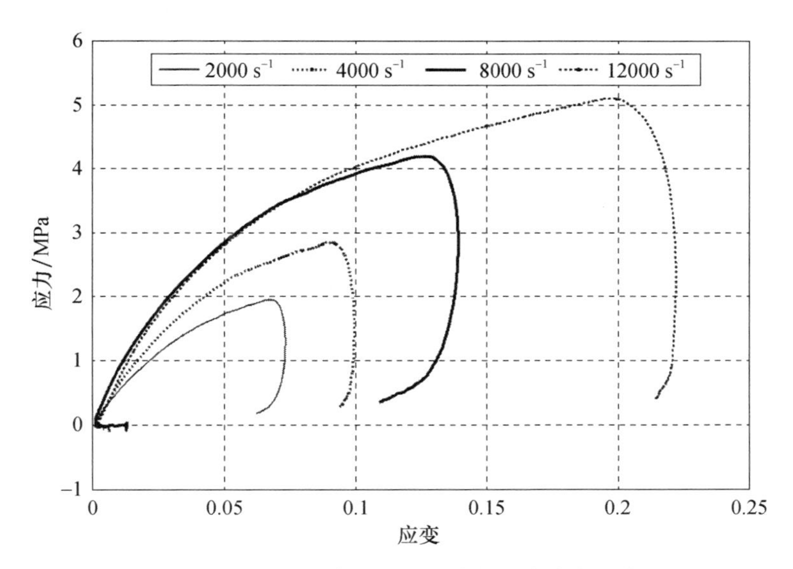

图 3.45　不同应变率情况下聚合物的应力应变特性

应变率对能量耗散的影响情况,可以参见表 3.5。

表 3.5　应变率对黏弹性材料的能量耗散量的影响

应变率/s^{-1}	2000	4000	8000	12000
能量耗散量/($Nm \cdot m^{-3}$)	36000	112000	273000	450000

3.5.2.3　基于 SHPB 测试得到黏弹性材料的复模量

黏弹性材料的复模量可以从 SHPB 测试给出的应力和应变时间历程中提取出来,此处考虑如图 3.46 所示的典型时间历程。

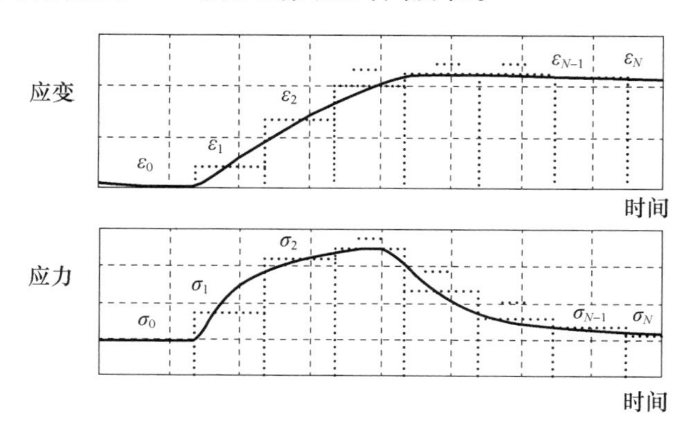

图 3.46　针对阶梯应变产生的应力进行叠加

借助离散玻尔兹曼叠加原理(参见 3.5.1 节),通过将增量应变($\varepsilon_1,\varepsilon_2,\cdots,\varepsilon_N$)对黏弹性材料的效应叠加起来,就可以确定出应力($\sigma_1,\sigma_2,\cdots,\sigma_N$)的时间历程,参见图 3.46。在数学层面上,对于应变时间历程的无限离散情形,所导致的由式(3.62)给出的应力时间历程为

$$\sigma(t)=\int_0^t \frac{\partial\varepsilon(t)}{\partial t}E(t-\tau)\mathrm{d}\tau \tag{3.107}$$

在 SHPB 测试得到了应力 $\sigma(t)$ 和应变 $\varepsilon(t)$ 的时间历程之后,就可以计算出应变率 $\partial\varepsilon(t)/\partial t$, 而式(3.107)将化为一个关于单个未知量 $E(t)$ 的方程。因此,松弛模量 $E(t)$ 也就可以解出了,而复模量则可以借助 3.5.1.9 节和 3.5.2.5 节给出的过程来确定。

然而应当注意的是,式(3.107)的求解是不那么容易的,一个可行方法是先假定 $E(t)$ 能够通过如下广义 Maxwell 模型来描述,即

$$E(t)=E_0+\sum_{j=1}^{n}E_j\mathrm{e}^{-t/\rho_j} \tag{3.108}$$

式中：E_0、E_j 和 ρ_j 分别为平衡模量、第 j 个弛豫强度和第 j 个松弛时间。这一模型的这些待定参数可以通过一个最优化问题获得，即令式(3.107)左右两端差值的平方达到最小。该优化问题的数学描述为

$$\begin{cases} \text{确定 } E_0, E_j \text{ 和 } \rho_j, j = 1,2,\cdots,n \\ \text{使得 } F = \sum_{t=0}^{t=T}\left[\sigma(t) - \int_0^t \frac{\partial\varepsilon(\tau)}{\partial\tau}\left(E_0 + \sum_{j=1}^{n} E_j \mathrm{e}^{-(t-\tau)/\rho_j}\right)\mathrm{d}\tau\right]^2 \\ \text{且有：} E_0 > 0, E_j > 0, \rho_j > 0, j = 1,2,\cdots,n \end{cases} \tag{3.109}$$

一旦最优参数 E_0、E_j 和 ρ_j 得以确定，那么通过对式(3.108)进行傅里叶变换就可以确定黏弹性材料的复模量 $E^*(\omega)$ 了，即

$$E^*(\omega) = E_0 + \sum_{j=1}^{n} E_j \frac{\mathrm{i}\omega\rho_j}{\mathrm{i}\omega\rho_j + 1}$$

例 3.9 试利用 SHPB 实验得到的应力和应变的时间响应特性(图 3.44)确定该黏弹性材料的复模量。

[分析]

在利用图 3.44 给出的应力-应变特性去确定黏弹性材料的模量 $E(t)$ 时，可以借助如下的广义 Maxwell 模型，即

$$E(t) = E_0 + E_1\mathrm{e}^{-t/\rho_1} + E_2\mathrm{e}^{-t/\rho_2} + E_3\mathrm{e}^{-t/\rho_3}$$

式中：E_1、E_2 和 E_3 应通过与实验结果的曲线拟合确定；E_0 = 10MPa；$\rho_1 = 10^{-2}$s；$\rho_2 = 10^{-3}$s；$\rho_3 = 10^{-4}$s。表 3.6 中已经针对不同的应变率情况列出了与实验结果能够最佳匹配的参数 E_1、E_2 和 E_3。进一步，图 3.47 针对不同的应变率情况将材料特性的实验结果和曲线拟合结果做了比较。

图 3.48 给出了该黏弹性材料在不同应变率条件下的复模量。从实际应用角度来看，无论是储能模量还是损耗因子，它们都不会随应变率的改变而发生显著变化，该黏弹性材料在所考虑的应变率条件下都表现出了线性行为特性。

表 3.6 不同应变率条件下参数 E_1、E_2 和 E_3 的值

应变率/s^{-1}	2000	4000	8000	12000
E_1 /MPa	1.2	1.1	3.0	1.1
E_2 /MPa	11.1	10.5	15.0	20.5
E_3 /MPa	57.0	63.0	60.0	45.0

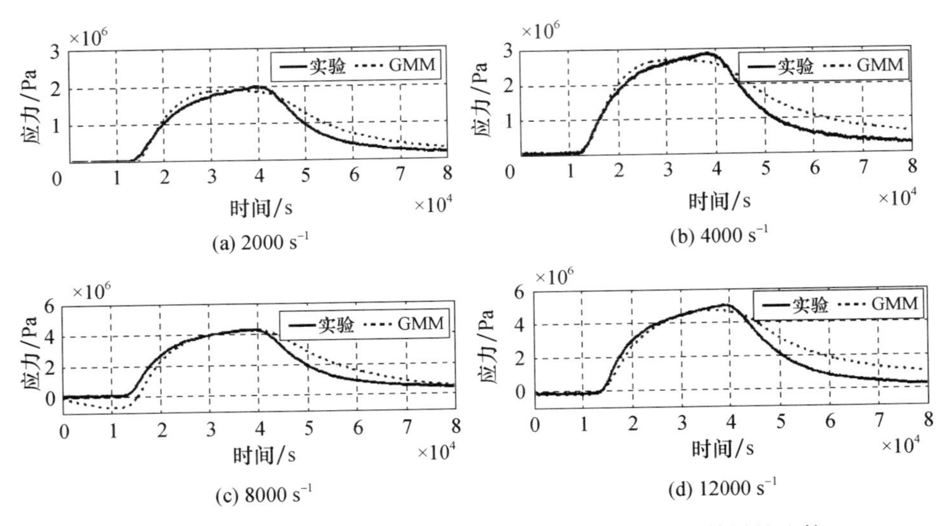

图 3.47 不同应变率情况下基于 GMM 和实验所得到的结果的比较

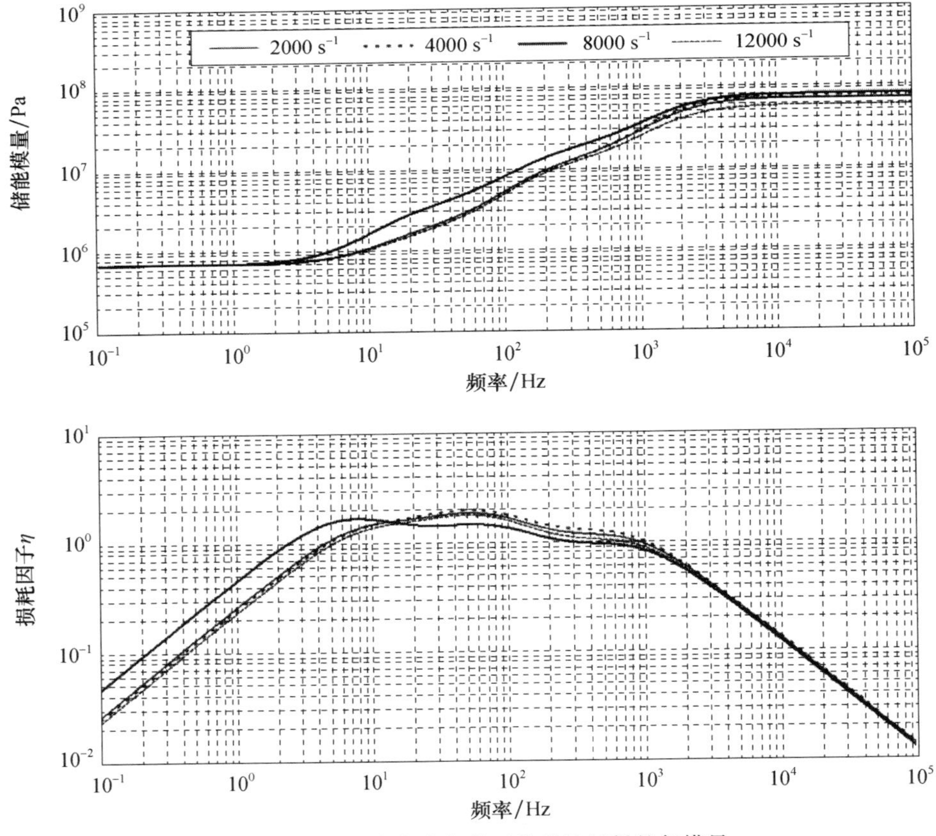

图 3.48 不同应变率条件下黏弹性材料的复模量

例 3.10 考虑如图 3.49 所示的 SHPB,压杆的杨氏模量为 70MPa,密度为 2700kgm^{-3},现利用该 SHPB 测试一种黏弹性材料,该材料的复模量可以表示为

$$E = E_0\left(1 + \alpha \frac{s^2 + 2\omega_n s}{s^2 + 2\omega_n s + \omega_n^2}\right) \tag{3.110}$$

式中:$E_0 = 15.3\text{MPa}$;$\alpha = 39$;$\omega_n = 19058\text{rad/s}$。试利用有限元理论来描述 SHPB 的动特性(将 SHPB 划分为 30 个单元),并利用上式给出的复模量来对这种黏弹性材料加以说明(提示:利用第 4 章给出的方法和过程)。

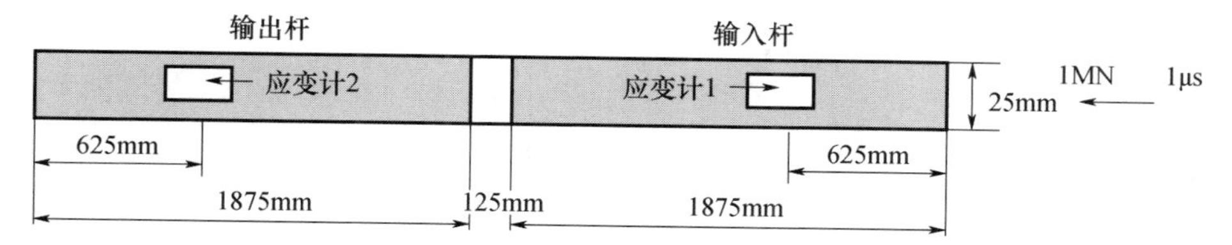

图 3.49 实验中采用的塑料分离式 Hopkinson 压杆(SHPB)

进一步:

(1)试确定应变计 1 和 2 分别测得的入射、反射和透射应变,这两个应变计与压杆两端的距离均为 62.5cm,且压杆受到的是 1MN 的冲击力。

(2)试确定该黏弹性材料的应力-应变特性。

(3)试确定该黏弹性材料的等效松弛模量。

(4)试确定一个广义 Maxwell 模型的参数($E_0, E_1, E_2, \rho_1, \rho_2$),使得该模型能够描述所得到的该黏弹性材料的等效松弛模量,该模型的形式为 $E(t) = E_0 + E_1 e^{-t/\rho_1} + E_2 e^{-t/\rho_2}$。

(5)试确定由上述广义 Maxwell 模型得到的该黏弹性材料的复模量。

(6)试将上述结果与式(3.110)所描述的复模量进行对比。

[分析]

通过对 SHPB 和黏弹性材料构成的这一系统进行有限元建模分析,所得到的结果如图 3.50 所示,其中图 3.50(a)所示为由应变计 1 和 2 分别测得的入射应变和透射应变。根据 3.5.2.2 节给出的 SHPB 理论,可以确定出该黏弹性材料的应力-应变特性,其流程如图 3.43 所示,而由此得到的应力-应变特性如图 3.50(b)所示。

进一步利用上面得到的应力-应变特性确定该黏弹性材料的模量 $E(t)$,该模量由如下广义 Maxwell 模型描述:

$$E(t) = E_0 + E_1 e^{-t/\rho_1} + E_2 e^{-t/\rho_2}$$

分析表明，能够与实验结果最佳拟合的参数（$E_0,E_1,E_2,\rho_1,\rho_2$）是：$E_0$ = 10MPa 、E_1 = 1GPa 、$\rho_1=10^{-4}$s 、E_2 = 1GPa 和 $\rho_2=10^{-5}$s 。

图 3.50(d)将上述广义 Maxwell 模型给出的复模量与式(3.110)给出的结果进行了比较，可以看出二者是相当接近的，这也就说明了借助 SHPB 和黏弹性材料所构成的系统的有限元模型是能够正确提取黏弹性材料参数的。

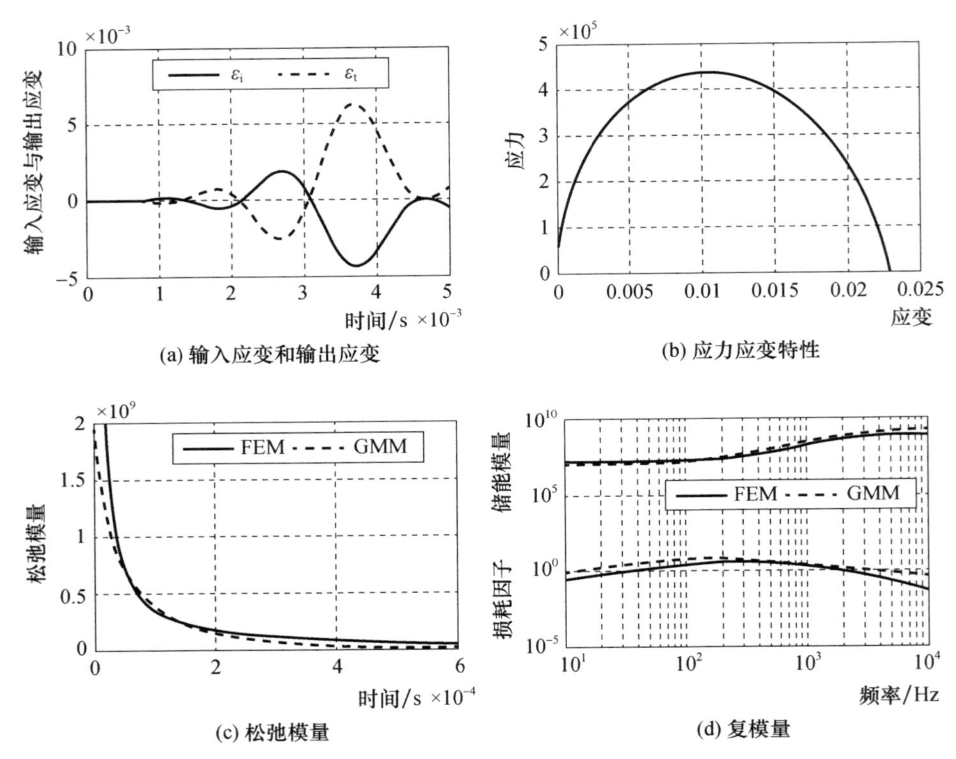

图 3.50 通过对分离式 Hopkinson 压杆（SHPB）/黏弹性材料这一系统进行有限元建模分析而得到的黏弹性材料特性

3.5.3 波传播方法

波传播方法一般是利用黏弹性材料样品上的应变时域测试结果去确定材料的复模量和泊松比（Hillstrom 等人，2000；Mousavi 等人，2004）。此类方法非常适合于较宽频率范围内（100Hz～10kHz）复模量的测试。

对于均匀杆中的轴对称黏弹性波而言，如果波长远大于杆的直径，那么就可以近似为一维情形，因而在频域内能够通过 3 个复值频率函数来刻画这种波动行为。一个函数是波传播系数，根据这一函数就可以确定出复模量（如果材料密度是已知的)。该函数的实部为衰减系数,而虚部为波数。

对于具有线性黏弹性行为的材料,其复模量的确定建立在已知的应变基础上,这些应变通常是在一根受到轴向冲击的杆样品(有时是单端自由边界状态)的 3 个或更多个截面处测得的。现有的测试方法主要依赖于样品上 3 个均匀分布的截面处测得的应变结果,为改进这一方法,可以增加截面的数量和采用非均匀分布形式。增大截面数量会导致出现过约束的方程组,可以借助最小二乘法得到复模量的近似解,而如果采用非均匀分布的截面,那么可以在很大程度上消除特定频率处出现的误差过大现象。

下面考虑图 3.51 所示的由线性黏弹性材料制备而成的一根均匀直杆,该杆的纵向运动 $u(x,t)$ 由如下方程描述:

$$\frac{\partial^2 u}{\partial x^2}=\frac{\rho}{E^*}\ddot{u} \tag{3.111}$$

式中:ρ 为密度;E^* 为复模量,$E^*=E'+\mathrm{j}E''$;E' 和 E'' 分别为储能模量和耗能模量。

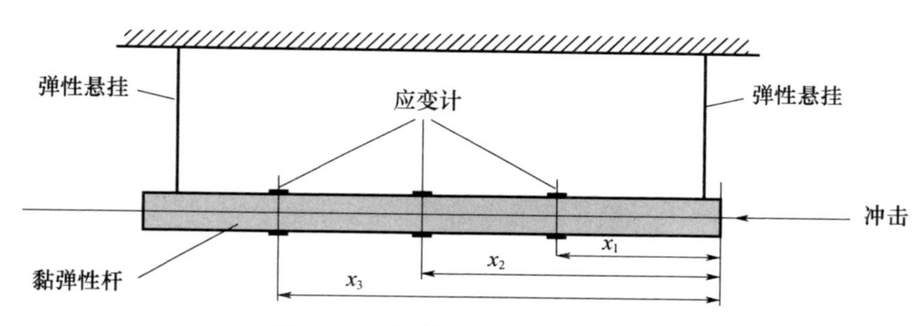

图 3.51 受到轴向冲击的黏弹性杆

通过傅里叶变换可以将式(3.111)转换到频域,由此可得

$$\frac{\partial^2 \hat{u}}{\partial x^2}-\gamma^2\hat{u}=0 \tag{3.112}$$

式中:$\gamma^2=-\dfrac{\rho\omega^2}{E^*}$;$\hat{u}(x,\omega)=\hat{u}=\int_{-\infty}^{\infty}u\mathrm{e}^{-\mathrm{j}\omega t}\mathrm{d}t$ 为 $u(x,t)$ 的傅里叶变换;ω 为频率。

式(3.112)具有如下形式解:

$$\hat{u}=\bar{A}\mathrm{e}^{-\gamma x}+\bar{B}\mathrm{e}^{\gamma x} \tag{3.113}$$

因而频域内的应变 $\hat{\varepsilon}=\dfrac{\partial\hat{u}}{\partial x}$ 为

$$\hat{\varepsilon}=-\gamma\bar{A}\mathrm{e}^{-\gamma x}+\gamma\bar{B}\mathrm{e}^{\gamma x}=A\mathrm{e}^{-\gamma x}+B\mathrm{e}^{\gamma x} \tag{3.114}$$

可以发现,式(3.114)中包含了三个未知参数,即 A、B 和 γ,它们都是频率

ω 的函数。为了确定这些参数,一般需要采用三个应变计才能得到关于这三个未知参数的三个方程。为了改进参数识别精度,可以采用更多个应变计,并借助经典的最小二乘法来处理(Hillstrom 等人,2000)。

在本章中,仅采用三个应变计来确定这些参数,这些应变计在杆上的位置与冲击端的距离分别为 x_1、x_2 和 x_3,如图 3.51 所示。通过这些应变计可以测得时域应变信号 $\varepsilon_i(t)$ ($i=1\sim3$),然后利用傅里叶变换将它们转换到频域,从而可以得到 $\hat{\varepsilon}_i(\omega)$。进一步,利用式(3.114)就可得

$$\hat{\varepsilon}_1 = \mathrm{e}^{-\gamma x_1}A + \mathrm{e}^{\gamma x_1}B \tag{3.115}$$

$$\hat{\varepsilon}_2 = \mathrm{e}^{-\gamma x_2}A + \mathrm{e}^{\gamma x_2}B \tag{3.116}$$

$$\hat{\varepsilon}_3 = \mathrm{e}^{-\gamma x_3}A + \mathrm{e}^{\gamma x_3}B \tag{3.117}$$

若令 $x_2 = x_1 + h$ 和 $x_3 = x_2 + h$,其中的 h 为应变计之间的轴向距离,那么求解式(3.115)和式(3.116)可得

$$A = \frac{\zeta\hat{\varepsilon}_2 - \zeta^2\hat{\varepsilon}_1}{1 - \zeta^2}, B = \frac{\hat{\varepsilon}_1 - \zeta\hat{\varepsilon}_2}{1 - \zeta^2}\mathrm{e}^{-\gamma x_1} \tag{3.118}$$

式中:

$$\zeta = \mathrm{e}^{\gamma h} \tag{3.119}$$

将式(3.118)代入式(3.117),可得

$$(\zeta^2 + 1)\hat{\varepsilon}_2 - \zeta\hat{\varepsilon}_1 = \zeta\hat{\varepsilon}_3 \tag{3.120}$$

式(3.120)的解为 $\zeta = \psi \pm \sqrt{\psi^2 - 1}$,其中 $\psi = \dfrac{\hat{\varepsilon}_1 + \hat{\varepsilon}_3}{2\hat{\varepsilon}_2}$。于是,第三个参数 γ 就可以从式(3.119)得到了,即

$$\gamma = \ln(\zeta)/h \tag{3.121}$$

而黏弹性材料的复模量则可根据下式得到:

$$E^* = -\rho\omega^2/\gamma^2 \tag{3.122}$$

例 3.11 考虑一根黏弹性杆,长度为 0.21m,截面积为 $0.000625\mathrm{m}^2$,密度为 $1100\mathrm{kgm}^{-3}$。杆上放置了三个应变计,如图 3.52 所示,间距 $h=0.06\mathrm{m}$。三个应变计的时域响应如图 3.53 所示,试确定该黏弹性材料的储能模量和损耗因子。

[分析]

可以利用式(3.115)~式(3.117)和式(3.120)~式(3.122)计算该黏弹性材料的复模量,所得到的结果如图 3.54 所示,其中同时也给出了准确的阻尼特性以供对比。由此可以看出,波传播方法是能够有效获得黏弹性材料的准确特性的。

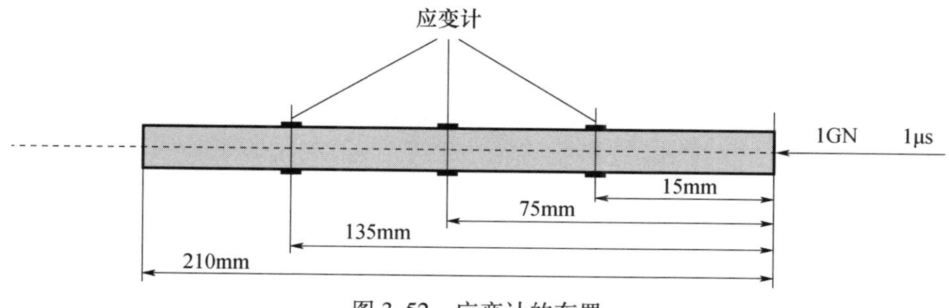

图3.52　应变计的布置

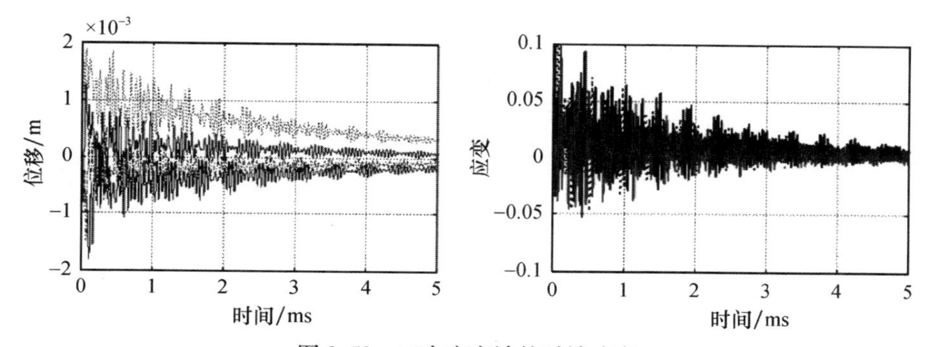

图3.53　三个应变计的时域响应

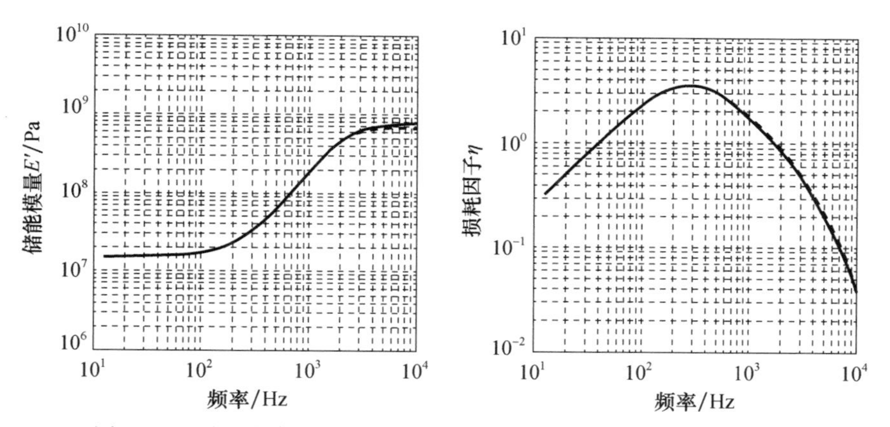

图3.54　利用波传播方法得到的黏弹性材料的储能模量和损耗因子

（虚线为精确值，实线为该方法得到的结果）

3.5.4　超声波传播方法

3.5.4.1　概述

超声波属于声波，其频率位于20kHz～2GHz范围内，如图3.55所示。在黏弹性材料特性的超声波测试中所采用的频率通常位于1~20MHz之间。之所以采用超声波测试方法,是因为它具有较高的精度,并且也较为简单。不仅如此,此类方法还能针对相当多黏弹性材料在高频段实现相速度、衰减和复模量的测试(Rose,1999)。

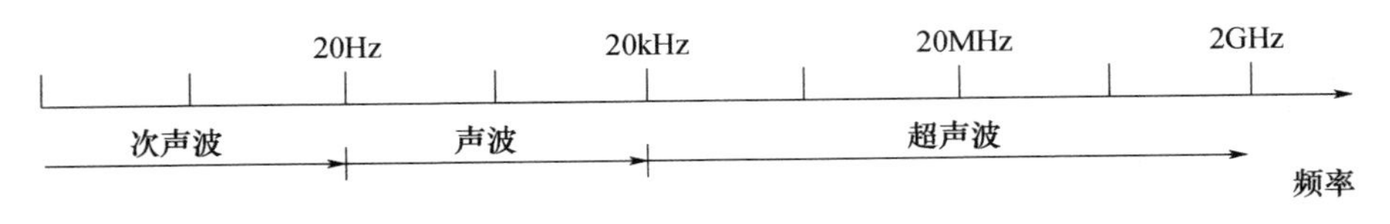

图3.55　超声波的频率范围

一般而言,在较高频段测试聚合物行为时既可以采用超声剪切波,也可以采用超声纵波,不过对于非常软的凝胶型材料(特别是高温条件下)来说,剪切波往往难以应用,这是因为此时很难有效地实现与样品的声学耦合。因此,在本节将重点放在超声纵波上,介绍如何利用它测量黏弹性材料的力学特性。

3.5.4.2　相关理论

杆的纵向运动方程由式(3.111)给出,即(Qiao等人,2011;Lakes,2009;Rose,1999)

$$E^{*}\frac{\partial^{2}u}{\partial x^{2}}=\rho\frac{\partial^{2}u}{\partial t^{2}} \tag{3.123}$$

式中:ρ为密度;E^{*}为纵向复模量;$E^{*}=E'+\mathrm{j}E''$;E'和E''分别为储能模量和耗能模量。

考虑上面这个波动方程的解,其形式为

$$u=u_{0}\mathrm{e}^{\mathrm{i}(\omega t-kx)} \tag{3.124}$$

上面这个形式解将时间变量和空间变量分离开了,变成了时间函数$\mathrm{e}^{\mathrm{i}\omega t}$和空间函数$\mathrm{e}^{\mathrm{i}kx}$相乘的形式,其中的$\omega$为频率,$k$为波数。

将式(3.124)代入式(3.123),可得

$$\omega^{2}=\frac{E^{*}}{\rho}k^{2}$$

或:

$$\omega=k\sqrt{\frac{E^{*}}{\rho}}=k\sqrt{\frac{E'(1+\eta\mathrm{i})}{\rho}}=k\sqrt{c^{2}(1+\eta\mathrm{i})} \tag{3.125}$$

式中:$c=\sqrt{\frac{E'}{\rho}}$为相速度;$\eta=\frac{E''}{E'}$为损耗因子。

式(3.125)也可改写为

$$k=\frac{\omega}{c}/\sqrt{1+\eta\mathrm{i}}\approx\frac{\omega}{c}\left(1-\frac{1}{2}\eta\mathrm{i}\right)=\beta-\alpha\mathrm{i} \tag{3.126}$$

式中：$\beta=\dfrac{\omega}{c}$；$\alpha=\dfrac{\omega}{2c}\eta$。

于是，式(3.124)将化为

$$u=u_0\mathrm{e}^{-\alpha x}\mathrm{e}^{\mathrm{i}(\omega t-\beta x)} \tag{3.127}$$

式(3.123)也可以改写为

$$c^*\frac{\partial^2 u}{\partial x^2}=\frac{\partial^2 u}{\partial t^2}$$

式中：c^* 为复波速，可以根据式(3.125)得到，即

$$\sqrt{E^*/\rho}=\frac{\omega}{k}=c^*=c'+\mathrm{i}c''=\sqrt{(E'+\mathrm{i}E'')/\rho} \tag{3.128}$$

令式(3.128)两端的实部和虚部分别相等，可得

$$E'=\rho(c'^2-c''^2),E''=2\rho c'c'' \tag{3.129}$$

相应地，式(3.124)可以改写为

$$u=u_0\mathrm{e}^{\mathrm{i}\omega\left(t-\frac{k}{\omega}x\right)}=u_0\mathrm{e}^{\mathrm{i}\omega\left(t-\frac{x}{c^*}\right)}=u_0\mathrm{e}^{\mathrm{i}\omega\left(t-\frac{x}{c'+c''\mathrm{i}}\right)}=u_0\mathrm{e}^{-\frac{\omega c''x}{c'^2+c''^2}}\mathrm{e}^{\mathrm{i}\omega t}\mathrm{e}^{\mathrm{i}\omega\left(t-\frac{c'x}{c'^2+c''^2}\right)} \tag{3.130}$$

对比式(3.127)和式(3.130)，不难发现：

$$\alpha=\frac{\omega c''}{c'^2+c''^2},\beta=\frac{c'^2+c''^2}{} \tag{3.131}$$

若记 $r=\dfrac{\alpha c}{\omega}$，那么由式(3.131)可得

$$r=\frac{cc''}{c'^2+c''^2},1=\frac{cc'}{c'^2+c''^2} \tag{3.132}$$

于是有：

$$r=\frac{c''}{c'}=\frac{1}{2}\eta \tag{3.133}$$

此外，由式(3.132)的第二部分可得

$$c'^2+c''^2=cc' \tag{3.134}$$

联立式(3.133)和式(3.134)，有：

$$c'^2(1+r^2)=cc'$$

即

$$c' = \frac{c}{1 + r^2} \tag{3.135}$$

进而有

$$c'' = \frac{cr}{1 + r^2} \tag{3.136}$$

然后,就可以通过将式(3.135)和式(3.136)代入式(3.129)中确定纵向复模量的实部和虚部了,由此得到的表达式为

$$E' = \frac{\rho c^2(1 - r^2)}{(1 + r^2)^2}, E'' = \frac{2\rho c^2 r}{(1 + r^2)^2} \tag{3.137}$$

式(3.137)给出了提取黏弹性材料复模量成分所必需的基本关系,涉及两个参数,即 $c = \sqrt{\frac{E'}{\rho}}$ 和 $r = \frac{\alpha c}{\omega} = \frac{1}{2}\eta$,它们分别代表的是相速度和缩放后的衰减因子(或损耗因子)。

3.5.4.3 相速度和衰减因子的测量

测量相速度和衰减因子所采用的实验设置与图3.56给出的原理图是相似的,黏弹性测试样件放置于超声发射装置和接收装置之间,发射装置由脉冲发生器所产生的输入脉冲电压进行激励,超声换能器接收到的信号通过一个高频存储示波器记录下来。记录过程是由脉冲发生器产生的一个触发信号启动的,

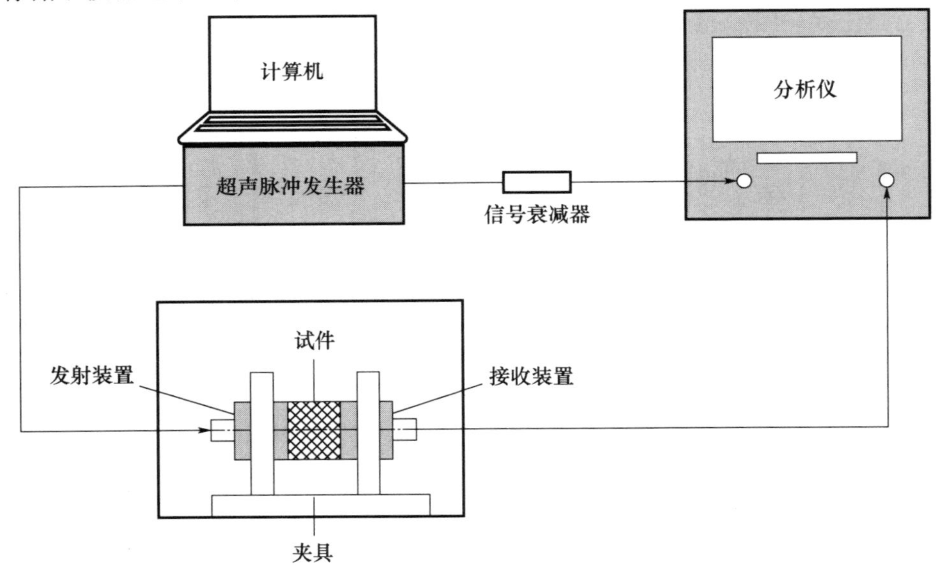

图3.56 黏弹性材料复模量的超声波测量:实验设置

它代表输入脉冲序列传输的开始。高电压的触发信号在到达示波器之前会被一个大功率衰减器抑制。

在上述测试过程之后,一般还需要针对一个更厚的测试样件重复进行一次相同的测试过程。此后,需要将两次测试所记录到的信号叠加起来,如图 3.57 所示,从中能够得到时间延迟 t_d,以及由厚度不同所带来的幅值衰减($A_1 \sim A_2$)。于是,黏弹性样件中的相速度就可以按照下式计算得到:

$$c = d/t_d$$

式中:d 为两个样件的厚度差;t_d 为所观察到的两次测试结果之间的时移。衰减因子可以根据透射信号的幅值,利用式(3.127)进行计算,即

$$A_1 = u_0 e^{\alpha L} \text{(对于样件 1)} \tag{3.138}$$

$$A_2 = u_0 e^{-\alpha(L+d)} \text{(对于样件 2)} \tag{3.139}$$

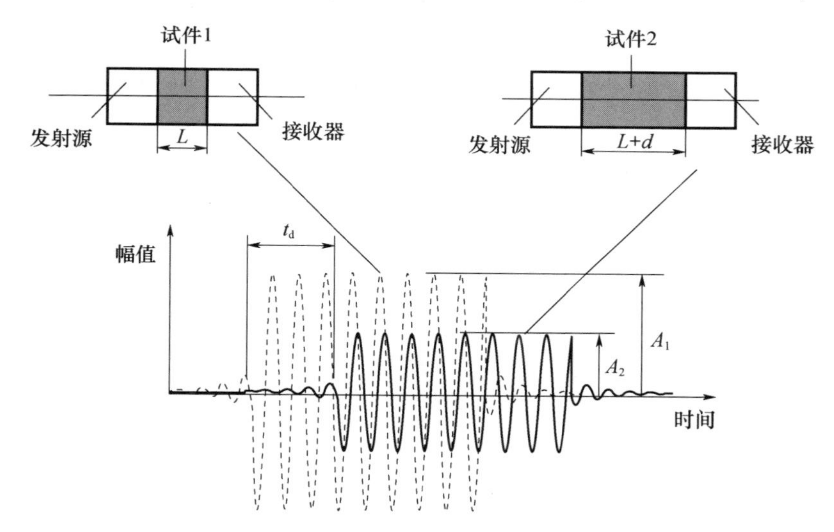

图 3.57　黏弹性材料复模量的超声波测量:两次测试记录到的信号

将式(3.138)除以式(3.139),并取自然对数,可以得到关于衰减因子的如下表达式:

$$\alpha = \frac{1}{d}\ln\left(\frac{A_1}{A_2}\right) \text{(单位:Np · m}^{-1}\text{)} \tag{3.140}$$

式中:A_1 和 A_2 分别为第一次和第二次测试中接收到的信号幅值。应当注意的是,此处的单位“Np”是一个无量纲单位,用于反映比值情况,这个单位名称是用来纪念微波领域的科学家 John Napier 的。另外,也可以用另一种方式来表示衰减因子,此时的单位为 dB · m^{-1},其计算式是:

$$\alpha = 20\frac{1}{d}\lg_{10}\left(\frac{A_1}{A_2}\right) \text{（单位：dB·m}^{-1}\text{）} \tag{3.141}$$

一旦从式(3.140)确定了 α，那么也就可以计算出 r 了，即 $r=\frac{\alpha c}{\omega}$，而复模量的分量（$E'$ 和 E''）则可以根据式(3.137)进行计算。针对不同的激励频率和环境温度，重复上述过程，也就能够生成黏弹性材料的主曲线了。

3.5.4.4 典型的衰减因子

如图3.58所示，其中给出了一些不同材料的衰减因子的典型值（作为激励频率的函数），包括聚合物、树脂、橡胶，以及一些流体介质等。这些特性的上、下边界分别对应了空气和水。这些数据是根据一些研究人员的工作总结和归纳得到的，这些文献包括 Qiao 等人(2011)、Challis 等人(2009)、Zhang 等人(2005)、He 和 Zheng(2001)以及 He(1999)。在图3.58中还示出了压电陶瓷材料（锆钛酸铅，PZT-4）的衰减特性，从中可以发现在非常高的频率处该材料具有很强的衰减能力。

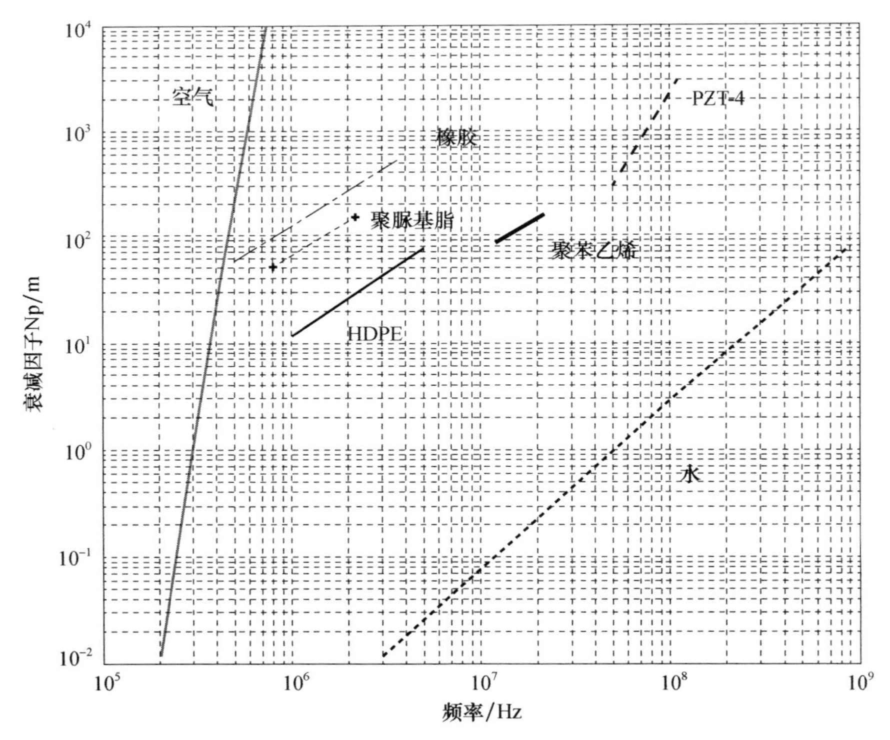

图3.58 各种聚合物和其他材料（HDPE，高密度聚乙烯）的衰减因子随频率的变化情况

例3.12 考虑图3.59所示的超声波材料测试设置,现利用其对一种黏弹性材料进行测试,该材料的密度为$\rho = 1100\text{kgm}^{-3}$,其复模量可表示为

$$E = E_0\left(1 + \alpha \frac{s^2 + 2\zeta\omega_n s}{s^2 + 2\zeta\omega_n s + \omega_n^2}\right) \tag{3.142}$$

式中:E_0、α、ζ 和 ω_n 为待定参数,它们应使得式(3.142)能够与实验结果最佳匹配。所考察的测试样件的主要几何参数如图3.59所示。表3.7中列出了针对两个黏弹性材料样件测得的实验结果(频率范围是0.5~5MHz)。

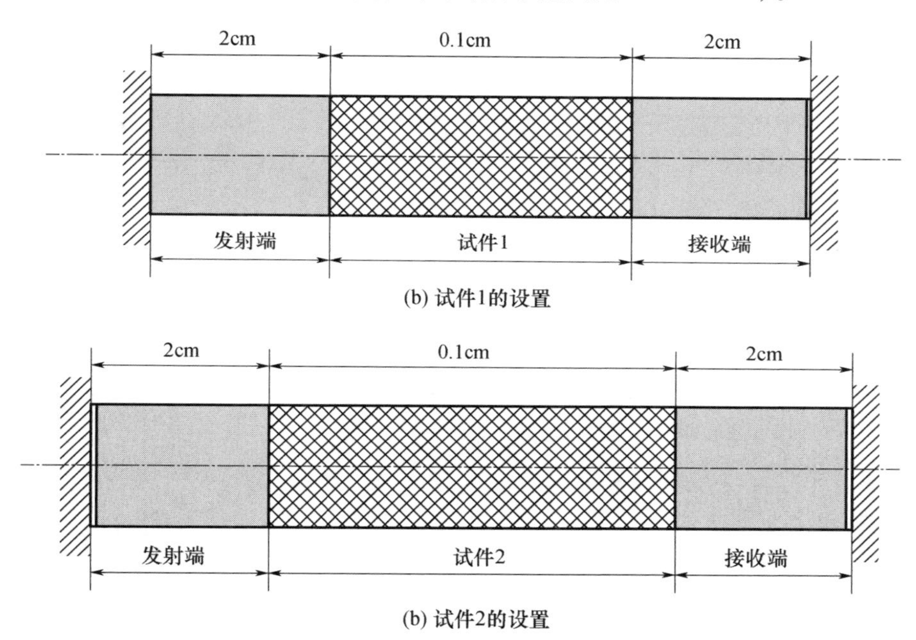

图3.59 黏弹性材料特性的超声波测试中的两个测试样件设置

试确定该黏弹性材料的复模量实验值,并确定E_0、α、ζ 和 ω_n,使得式(3.142)这一模型能够跟实验结果最佳匹配。

表3.7 激励频率对两种黏弹性样件的测试信号幅值和时延的影响

	频率/MHz							
参数	0.5	0.75	1	1.5	2	3	4	5
A_1/mV	50.00	54.30	46.50	20.5	11.4	3.80	1.80	1.10
A_2/mV	24.10	23.70	19.20	8.30	5.00	2.00	1.30	0.90
t_d/μs	0.2446	0.2093	0.1840	0.1581	0.1416	0.1221	0.1082	0.0973

[分析]

根据表 3.7 给出的实验结果,可以利用 3.5.4.3 节给出的理论来提取该黏弹性材料的储能模量和损耗因子。图 3.60 中示出了根据实验得到的储能模量和损耗因子,它们是激励频率的函数。图中还将这些结果跟式(3.142)(所确定的最优参数为 $E_0 = 1 \times 10^7 \text{Pa}$ 、$\alpha = 1750$、$\zeta = 0.7$ 和 $\omega_n = 1 \times 10^7 \text{rads}^{-1}$)给出的储能模量和损耗因子进行了比较。很明显,由于该模型只包含了单个振荡项,因而是不足以反映实验结果的。为了能够更准确地反映实验结果,应当采用包含多个振荡项的模型。

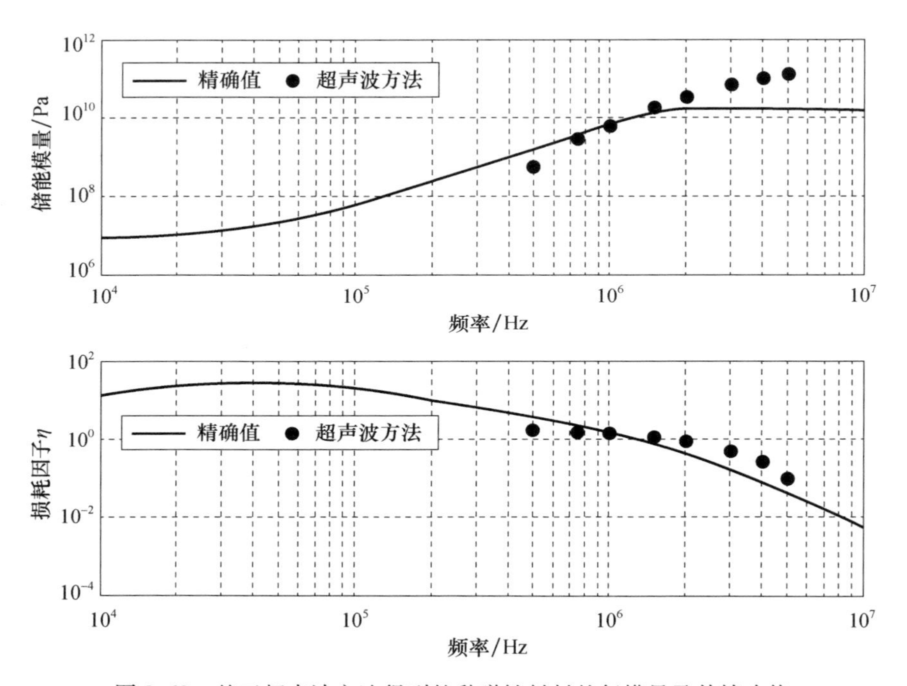

图 3.60 基于超声波方法得到的黏弹性材料的复模量及其精确值

3.6 本章小结

本章从时域和频域两个方面全面阐述了可用于表征和测试黏弹性材料阻尼特性的各类技术方法。利用频域方法可以得到黏弹性材料的复模量,而借助时域方法则能够给出蠕变柔量和松弛模量。我们从理论层面详细介绍了如何进行时域参数和等效频域参数的相互转换,这些转换是相当方便的,因此在黏弹性材料特性的测试中,只需采用一种方法即可。

进一步,本章还针对上述相互转换的实现讨论了相关的一些实际问题,并给出了能够保证精度和转换速度的若干有效手段。

在本章中,我们着重介绍了能够生成黏弹性材料的主曲线的方法,这些方法能够在较宽的时间和频率范围内利用窄带测试结果导出所需的性能特性。此类方法的外插功能主要借助的是温度-频率叠加原理和温度-时间叠加原理,这两种原理的理论基础可以追溯到黏弹性材料的分子和动力学理论。

在本章的最后,我们对最为常见的黏弹性材料测试方法中一些以波的传播原理为基础的方法进行了介绍,这些方法包括 SHPB 方法、波传播方法,以及超声波方法。

本章所给出的黏弹性材料阻尼特性的测试和表征方法有利于此类特性的数学建模工作,进而可以融入结构的动力学分析中以预测时域或频域激励所产生的结构响应,在第 4 章中将对这一过程的基本内容进行讨论。

参考文献

Alig, I. and Lellinger, D. (2000). Ultrasonic methods for characterizing polymeric material. Chemical Innovation 30(2):12-18.

Anderssen, R. S., Davies, A. R., and de Hoog, F. R. (2008). On the Volterra integral equation relating creep and relaxation. Inverse Problems 24(3):035009.

Ashby, M. F. (1999). Materials Selection Mechanical Design, 2e. Oxford: Butterworth - Heinemann. ASTM E 756-93, "Standard test method for measuring vibration damping properties of materials", ASTM Standard, American Society for Testing and Materials, West Conshohocken, PA, 1993.

Brinson, H. F. and Brinson, L. C. (2008). Polymer Engineering Science and Viscoelasticity: An Introduction. New York, NY: Springer.

Brown, R. and Read, B. (1984). Measurement Techniques for Polymers Solids. New York, NY: Elsevier Applied Science Publishers.

Cebon, D. and Ashby, M. F. (1994). Materials selection for precision instruments. Measurement Science and Technology 5:296-306.

Chae, S. -H., Zhao, J. -H., Edwards, D. R., and Ho, P. S. (2010). Characterization of the viscoelasticity of molding compounds in the time domain. Journal of Electronic Materials 39(4):419-425.

Challis, R., Blarel, F., Unwin, M. et al. (2009). Models of ultrasonic wave propagation in epoxy materials. IEEE Transactions on Ultrasonics, Ferroelectrics, and Frequency Control 56(6):1225-1237.

Chen, H. Y., Stepanov, E. V., Chum, S. P. etal. (1999). Creep Behavior of Amorphous Ethylene-Styrene Interpolymers in the Glass Transition Region. Journal of Polymer Science: Part B: Polymer Physics 37: 2373-2382.

Christensen, R. M. (1982). Theory of Viscoelasticity: An Introduction, 2e. New York, NY: Academic Press Inc.

Cowans J., "The effects of viscoelastic behavior on the operation of a delayed resonator vibration absorber", Masters Thesis, Clemson University, 2006.

Dlubac, J., Lee, G., Duffy, J. et al. (1990). Comparison of the complex dynamic modulus as measured by three apparatus. In: Sound and Vibration Damping with Polymers, vol. ACS 424 (ed. R. Crosaro and L. Sperling), 49-62. Washington, DC: American Chemical Society.

DrakeM. L. and Terborg G. E., "Polymeric material testing procedures to determine damping properties and the results of selected commercial material", Technical Report AFWAL-TR-80-4093, 1979.

Evans, R. M. L., Tassieri, M., Auhl, D., and Waigh, T. A. (2009). Direct conversion of rheological compliance measurements into storage and loss moduli. Physical Review E 80: 012501.

Ferry, J. D. (1980). Viscoelastic Properties of Polymers. New York, NY: Wiley.

Gama, B. A., Lopatnikov, S. L., and Gillespie, J. W. Jr. (2004). Hopkinson bar experimental technique: a critical review. Applied Mechanics Review 57(4): 223-250.

Garibaldi, L. and Onah, H. N. (1996). Viscoelastic Material Damping Technology. Turin, Italy: Becchis Osiride.

Gray, G. T. III (2000). Classic split-Hopkinson pressure bar testing. In: ASM Handbook Vol 8, Mechanical Testing and Evaluation, 462-476. Materials Park, OH: ASM Intl.

Gross, B. (1953). Mathematical Structure of the Theories of Viscoelasticity. Paris, France: Hermann.

Haddad, Y. M. (1995). Viscoelasticity of Engineering Materials. London: Chapman & Hall.

He, P. (1999). Experimental verification of models for determining dispersion from attenuation. IEEE Transacions on Ultrasonics, Ferroelectrics, and Frequency Control 46(3): 706-714.

He, P. and Zheng, J. (2001). Acoustic dispersion and attenuation measurement using both transmitted and reflected pulses. Ultrasonics 39: 27-32.

Hillstrom, L. M., Mossberg, M., and Lundberg, B. (2000). Identification of complex modulus from measured strains onan axially impacted bar usingleast squares. Journal of Sound and Vibration 230(3): 689-707.

Kolsky, H. (1949). An investigation of the mechanical properties of materials at very high rates of loading. Proceedings of the Physical Society London, Section B 62(II-B): 676-700.

Lakes, R. S. (1999). Viscoelastic Solids. Boca Raton, FL: CRC Press.

Lakes, R. S. (2004). Viscoelastic Measurement Techniques. Review of Scientific Instruments 75 (4):797-810.

Lakes, R. S. (2009). Viscoelastic Materials. Cambridge: Cambridge University Press.

Madigosky, W. and Lee, G. (1983). Improved resonance technique for materials characterization. Journal of Acoustic Society of America 73:1374-1377.

Magrab, E. (1984). Torqued cylinder apparatus. Journal of Research of National Bureau of Standards 89:193-207.

Mark, J. E. (2007). Physical Properties of Polymers Handbook, 2e. New York, NY: Springer.

McHugh J., "Ultrasound technique for the dynamic mechanical analysis (DMA) of polymers", Ph. D. Thesis, The Technical University in Berlin, BAM (Bundesanstalt for Material for schung und-prüfung) 2008.

Mousavi, S., Nicolas, D. F., and Lundberg, B. (2004). Identification of complex moduli and Poisson's ratio from measured strains on an impacted bar. Journal of Sound and Vibration 277:971-986.

Muller, P. (2005). Are the Eigensolutions of a 1-D. O. F. system with viscoelastic damping oscillatory or not? Journal of Sound and Vibration 285:501-509.

Nashif, A., Jones, D., and Henderson, J. (1985). Vibration Damping. New York, NY: Wiley.

Park, S. W. and Schapery, R. A. (1999). Methods of interconversion between linear viscoelastic material functions. Part I - a numerical method based on Prony series. International Journal of Solids and Structures 36:1653-1675.

Parot, J. -M. and Duperray, B. (2008). Exact computation of creep compliance and relaxation modulus from complex modulus measurement data. Mechanics of Materials 40:575-585.

Qiao, J., Amirkhizi, A., Schaaf, K. et al. (2011). Dynamic mechanical and ultrasonic properties of polyurea. Mechanics of Materials 43:598-607.

Rose, J. L. (1999). Ultrasonic Waves in Solid Media. Cambridge, UK: Cambridge University Press.

Schapery, R. A. and Park, S. W. (1999). Methods of interconversion between linear viscoelastic material functions. Part II - an approximate analytical method. International Journal of Solids and Structures 36:1677-1699.

Schwarzl, F. R. (1970). On the interconversion between viscoelastic material functions. Pure and Applied Chemistry 23(2-3):219-234.

Ward, I. M. (1983). MechanicalPropertiesofPolymers, 2e. Chichester: JohnWiley&Sons, Ltd.

Zhang, R., Jiang, W. H., and Gao, W. W. (2005). Frequency dispersion of ultrasonic velocity and attenuation of longitudinal waves propagating in 0. 68Pb(Mg 1/3 Nb 2/3)O 3- 0. 32PbTiO 3 single crystals poled along [001] and [110]. Applied Physics Letters 87:182903.

本章附录

附录 3. A 卷积定理

定理：

若时域信号 $x(t)$ 的拉普拉斯变换为 $X(s)$，且

$$X(s) = F_1(s)F_2(s) \tag{3. A. 1}$$

式中：$F_1(s)$ 和 $F_2(s)$ 分别为函数$f_1(t)$ 和$f_2(t)$ 的拉普拉斯变换。那么 $x(t)$ 就可以通过下式给出：

$$x(t) = \int_0^t f_1(\tau)f_2(t-\tau)\,\mathrm{d}\tau \tag{3. A. 2}$$

证明：

根据拉普拉斯变换的定义，有

$$\begin{aligned} X(s) &= F_1(s)F_2(s) \\ &= \int_\tau^\infty f_1(v)\mathrm{e}^{-sv}\mathrm{d}v\int_0^\infty f_2(\tau)\mathrm{e}^{-s\tau}\mathrm{d}\tau = \int_0^\infty\left[\int_0^\infty f_1(v)\mathrm{e}^{-s(v+\tau)}\mathrm{d}v\right]f_2(\tau)\mathrm{d}\tau \end{aligned} \tag{3. A. 3}$$

令 $t = v + \tau$，如果 τ 保持不变，那么有 $\mathrm{d}t = \mathrm{d}v$，于是式(3. A. 3)将化为

$$X(s) = \int_0^\infty\left[\int_\tau^\infty f_1(t-\tau)\mathrm{e}^{-st}\mathrm{d}t\right]f_2(\tau)\mathrm{d}\tau$$

交换积分顺序之后可得

$$X(s) = \int_0^\infty\left[\int_0^t f_1(t-\tau)f_2(\tau)\mathrm{d}\tau\right]\mathrm{e}^{-st}\mathrm{d}t$$

对 $X(s)$ 进行拉普拉斯反变换则有

$$L^{-1}[X(s)] = x(t) = \int_0^t f_1(t-\tau)f_2(\tau)\mathrm{d}\tau$$

思考题

3.1　试说明 Maxwell 模型的黏性阻尼系数 $c_{d_{T_0}}$（在给定温度 T_0 条件下）可以通过松弛模量 $E(t,T_0)$ 关于时间 t 的积分计算，即

$$c_{d_{T_0}} = \int_0^{\infty} E(t,T_0)\,dt$$

如果温度变为 T，时间移动到 t'（$t' = t/\alpha_T$，α_T 为温度平移因子），试导出下式：

$$c_{d_T} = \int_0^{\infty} E(t',T)\,dt' = c_{d_{T_0}}\alpha_T$$

或者指出温度平移因子 α_T 可由下式给出：

$$\alpha_T = c_{d_T}/c_{d_{T_0}}$$ ①

3.2　不同温度和频率条件下，黏弹性材料 Dyad609（Soundcoat 公司）的特性如下表所示，试给出该材料的主曲线和对应的温度平移因子（利用 WLF 公式），并将所得结果与阿伦尼马斯（Arrhenius）公式的结果进行对比。

Dyad609（Soundcoat 公司）的特性参数

温度/℉	频率/Hz	G/psi	损耗因子
25	10	70000	0.0450
50	10	60000	0.1800
75	10	18000	0.4100
100	10	3200	0.7500
125	10	1000	0.9500
150	10	450	0.6000
175	10	300	0.3000
200	10	230	0.1800
225	10	210	0.1100
250	10	210	0.0620
275	10	210	0.0410

① 类似的结果也可以利用劳斯（Rouse）方程得到，它将温度 T 和参考温度 T_0 处的松弛时间 τ 的比值与温度平移因子联系了起来，即 $\tau_T/\tau_{T_0} \approx c_{d_T}/c_{d_{T_0}} = \alpha_T$（Brinson 和 Brinson，2008）。

续表

温度/℉	频率/Hz	G/psi	损耗因子
300	10	210	0.0290
25	100	70000	0.0290
50	100	69000	0.1200
75	100	40000	0.2700
100	100	13000	0.5000
125	100	3200	0.7500
150	100	1300	0.9500
175	100	550	0.7000
200	100	350	0.4200
225	100	280	0.2800
250	100	220	0.1600
275	100	215	0.1100
300	100	210	0.0750
25	1000	70000	0.0180
50	1000	70000	0.0800
75	1000	60000	0.1700
100	1000	31000	0.3100
125	1000		0.5000
150	1000	3900	0.7200
175	1000	1700	0.9300
200	1000	800	0.9000
225	1000	500	0.6000
250	1000	330	0.4000
275	1000	290	0.2700
300	1000	260	0.1700
注:℉为华氏温标			

3.3　试针对 Poynting-Thomson 模型说明蠕变柔量 $J(t)$ 和松弛模量 $E(t)$ 可由下式给出:

(1) $J(t)=\dfrac{1}{E_\infty}\left[1-\left(1-\dfrac{E_\infty}{E_s}\right)e^{-t/\lambda}\right]$,其中 $\lambda=\dfrac{c_d}{E_p}$, $E_\infty=\dfrac{E_sE_p}{E_s+E_p}$;

(2) $E(t)=E_\infty\left[1+\left(\dfrac{E_s}{E_\infty}-1\right)e^{-t/\alpha}\right]$,其中 $\alpha=\dfrac{c_d}{E_s+E_p}$。

此外,试利用 $J(t)$ 和 $E(t)$ 确定 $J^*(t)$ 和 $E^*(t)$,并导出:

$$E' = E_\infty \frac{1 + \alpha\lambda\omega^2}{1 + \alpha^2\omega^2}, \eta = (\lambda - \alpha)\,\omega/(1 + \alpha\lambda\omega^2)$$

求解时分别采用手算和机算(利用 MATLAB 软件中的"fourier"命令)两种方式,并对结果进行检查和评述。

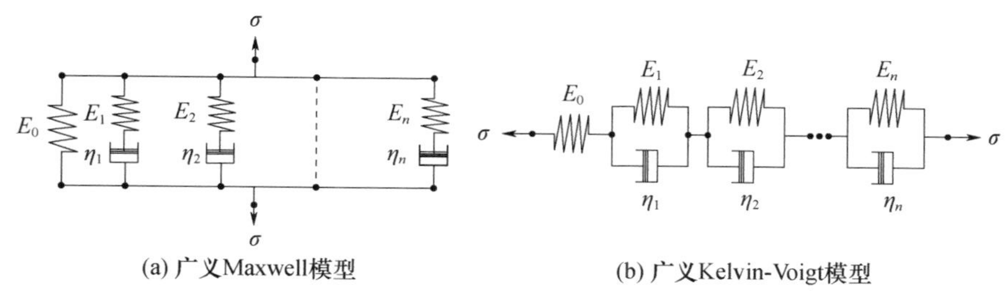

图 P3.1　广义 Maxwell 模型和广义 Kelvin-Voigt 模型

3.4　黏弹性材料的松弛模量 $E(t)$ 和蠕变柔量 $J(t)$ 通常是由广义 Maxwell 模型或广义 Kelvin-Voigt 模型(参见图 P3.1a 和 b)给出的,这些模型在数学上可以表示成如下所示的 Prony 级数:

$$E(t) = E_0 + \sum_{i=1}^{n} E_i e^{-t/\rho_i} \text{(广义 Maxwell 模型)}$$

$$J(t) = J_0 + \sum_{j=1}^{m} J_j(1 - e^{-t/\tau_j}) \text{(广义 Kelvin-Voigt 模型)}$$

式中:E_0 为平衡模量;E_i 为弛豫强度;$\rho_i = \eta_i/E_i$ 为松弛时间;J_0 为玻璃态柔量;J_j 为延迟强度;τ_j 为延迟时间;$J_0 = 1/E_0$;$J_j = 1/E_j$;$\tau_j = \eta_j/E_j$。参数 E_0、E_i、ρ_i、J_0、J_j 和 τ_j 均为需要通过实验进行识别的正常数。

试导出:

$$E^*(\omega) = E_0 + \sum_{k=1}^{n} E_k \frac{i\omega\rho_k}{i\omega\rho_k + 1}, J^*(\omega) = J_0 + \sum_{l=1}^{m} J_l\left(1 - \frac{i\omega\tau_l}{i\omega\tau_l + 1}\right)$$

3.5　考虑由如下所示的蠕变柔量 $J(t)$ 或松弛模量 $E(t)$ 所描述的黏弹性材料,即

$$E(t) = E_0 + \sum_{i=1}^{n} E_i e^{-t/\rho_i}, \qquad J(t) = J_0 + \sum_{j=1}^{m} J_j(1 - e^{-t/\tau_j})$$

式中:ρ_i 和 τ_i 是先验性选择的,且彼此相等。于是,当参数"E_0 和 E_i"或"J_0 和 J_j"是已知的,那么剩下的未知参数就可以通过求解如下方程确定:

$$\int_0^t E(t - \tau)\,\frac{dJ(\tau)}{d\tau}d\tau = 1$$

现假定 E_0、E_i 和 ρ_i 是已知的，而希望能够确定 J_0 和 J_j，试说明由上述方程将导出如下所示的一个线性方程组：

$$\boldsymbol{AD} = \boldsymbol{B}$$

式中：$\boldsymbol{A}$ 、$\boldsymbol{D}$ 和 $\boldsymbol{B}$ 分别为 $P \times n$ 、$n \times 1$ 和 $P \times 1$ 维矩阵，P 为时间样本的数量，n 为 Prony 级数中的项数。矩阵 $\boldsymbol{A}$ 、$\boldsymbol{D}$ 和 $\boldsymbol{B}$ 的元素为

$$A_{kj} = \begin{cases} E_0(1 - \mathrm{e}^{-t_k/\tau_j}) + \sum\limits_{i=1}^{n} \dfrac{\rho_i E_i}{\rho_i - \tau_j}(\mathrm{e}^{-t_k/\rho_i} - \mathrm{e}^{-t_k/\tau_j}), & \rho_i \neq \tau_j \\ E_0(1 - \mathrm{e}^{-t_k/\tau_j}) + \sum\limits_{i=1}^{n} \dfrac{t_k E_i}{\tau_j}\mathrm{e}^{-t_k/\rho_i}, & \rho_i = \tau_j \end{cases}$$

式中：$k = 1,2,\cdots,n;p = 1,2,\cdots,P$ 。

$$B_k = 1 - \left(E_0 + \sum_{i=1}^{n} E_i \mathrm{e}^{-t_k/\rho_i}\right) / \left(E_0 + \sum_{i=1}^{n} E_i\right)$$

$$\boldsymbol{D}_k = [J_1 \quad J_2 \quad \cdots \quad J_N]^{\mathrm{T}}$$

$$J_0 = 1/\left(E_0 + \sum_{i=1}^{n} E_i\right)$$

进一步，考虑一种黏弹性材料，它的 $E_0 = 2.24 \times 10^6 \mathrm{Nm}^{-2}$，且对于一个 12 项的 Prony 级数来说，它具有如下所示的松弛模量参数（E_i，ρ_i）：

项号	1	2	3	4	5	6	7	8	9	10	11
E_i/（GNm^{-2}）	0.194	0.283	0.554	0.602	0.388	0.156	0.041	0.0138	0.00368	7.9×10^{-4}	9.6×10^{-4}
ρ_i/s	2×10^{-2}	2×10^{-1}	2×10^{0}	2×10^{1}	2×10^{2}	2×10^{3}	2×10^{4}	2×10^{5}	2×10^{6}	2×10^{7}	2×10^{8}

（1）试确定该材料的复模量，并绘出其储能模量和损耗因子随频率的变化情况；

（2）试确定由广义 Kelvin－Voigt 模型所描述的等效蠕变柔量的参数 J_0 和 $J_j (j = 1,2,\cdots,n)$ ；

（3）根据（2）中计算出的蠕变柔量，试确定该材料模型的复模量，绘出储能模量和损耗因子随频率的变化情况，并将其与（1）中的结果进行比较。

3.6　根据实验测试发现某黏弹性材料的松弛模量如下表所示。

时间/s	1×10^{-6}	1×10^{-5}	1×10^{-4}	1×10^{-3}	1×10^{-2}	1×10^{-1}	1×10^{0}
$E_t/(\mathrm{MNm}^{-2})$	382.9	155.6	30.3	6.5	3.93	3.27	3.26

(1)试确定如下 Prony 级数的最优参数 $E_i(i=0,1,\cdots,n)$：

$$E(t)=E_0+\sum_{i=1}^{n}E_i\mathrm{e}^{-t/\rho_i}$$

可利用 MATLAB 软件中的“optimtool”图形用户界面，且假定 $n=7$，而 ρ_i 如下。

项号	1	2	3	4	5	6	7
ρ_i/s	1×10^{-6}	1×10^{-5}	1×10^{-4}	1×10^{-3}	1×10^{-2}	1×10^{-1}	1×10^{0}

(2)试确定材料的复模量，并绘出其储能模量和损耗因子随频率的变化情况，分别采用如下两种方法，并对比和讨论所得到的结果：

①利用思考题 3.5 中的 Prony 级数的拉普拉斯变换；

②利用原始数据的傅里叶变换(借助 MATLAB 软件中的“fft”命令)。

3.7　考虑如图 P3.2 所示的支撑在黏弹性材料上的质量，该黏弹性材料的松弛刚度可以通过如下广义 Maxwell 模型来描述：

$$K(t)=K_0(1+\alpha_1\mathrm{e}^{-t/\rho_1})$$

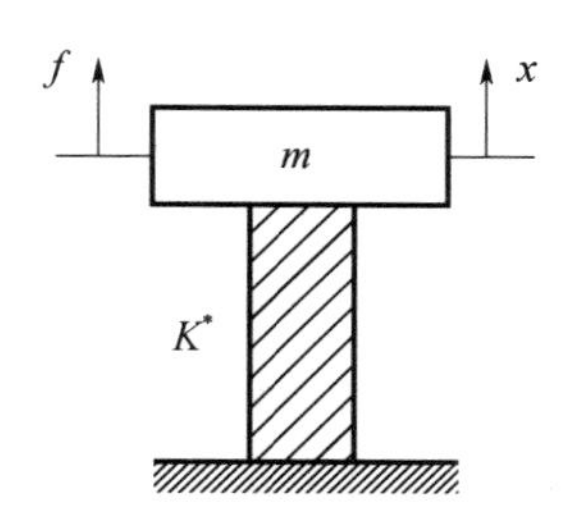

图 P3.2　支撑在黏弹性材料上的质量

试说明该黏弹性材料的复刚度可以表示为 $K^*(s)=K_0\left(1+\alpha_1\dfrac{s\rho_1}{s\rho_1+1}\right)$。

若引入变换关系式 $z=\dfrac{1}{\rho_1 s+1}x$，其中的 z 称为描述黏弹性材料动力学行为的内部自由度，试说明这一质量/黏弹性材料系统的动力学方程为

$$\begin{Bmatrix}\dot{x}\\\ddot{x}\\\dot{z}\end{Bmatrix}=\begin{bmatrix}0 & 1 & 0\\-\frac{K_0(1+\alpha_1)}{m} & 0 & \frac{K_0\alpha_1}{m}\\\frac{1}{\rho_1} & 0 & -\frac{1}{\rho_1}\end{bmatrix}\begin{Bmatrix}x\\\dot{x}\\z\end{Bmatrix}+\begin{Bmatrix}0\\\frac{1}{m}\\0\end{Bmatrix}f$$

3.8　考虑图 P3.3 所示的系统，其中的质量 m 支撑在一个黏弹性材料上，后者可用 Zener 模型描述。试说明该质量的运动方程可以表示为

$$m\ddot{x}(t)+k_s\int_{-\infty}^{t}e^{-(t-\tau)/\lambda}\dot{x}(\tau)\,d\tau+k_\infty x(t)=f(t)$$

式中：$\lambda=c/k_s$。

（提示：先推导出 Zener 模型的松弛模量（即刚度 $k(t)$）表达式，然后利用式(3.48)考察黏弹性材料对质量 m 的动力学影响。）

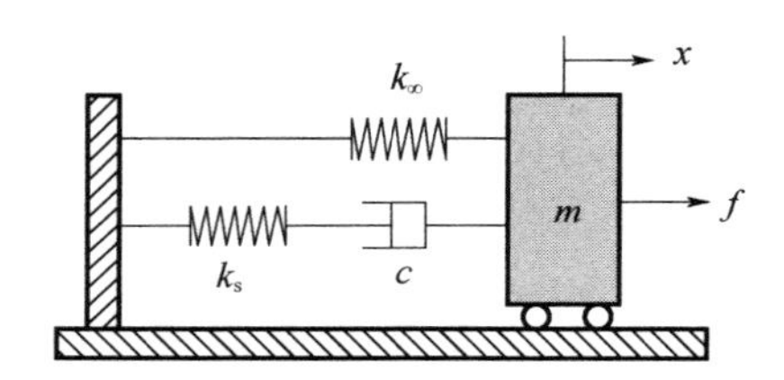

图 P3.3　Zener 模型(黏弹性材料)与质量构成的系统

3.9　针对思考题 3.8 中的质量/黏弹性材料系统，分析其齐次方程的本征解，该方程如下：

$$m\ddot{x}(t)+k_s\int_{-\infty}^{t}e^{-(t-\tau)/\lambda}\dot{x}(\tau)\,d\tau+k_\infty x(t)=0$$

若假定本征解的形式为 $x(t)=e^{st}$，参数 k_s 和 k_∞ 的关系为 $k_\infty=\lambda k_0$（$k_0=k_s+k_\infty$），且参数 α 和 λ 分别代表松弛时间和延迟时间（Muller, 2005），试说明系统的本征方程可以化为如下形式：

$$s^3+\frac{1}{\lambda}s^2+\omega'^2 s+\frac{1}{\alpha}\omega'^2=0,\quad \omega'^2=\frac{k_0}{m}$$

3.10　假定思考题 3.8 中的系统参数为 $\lambda=1$ 和 $\omega'=1$，若将系统本征方程表示为如下的根轨迹形式：

$$1+\frac{\beta}{s(s^2+s+1)}=0,\quad \beta=\frac{1}{\alpha}$$

试针对不同参数 α 绘出本征方程的根轨迹，并确定能够使得系统稳定（即，使得本征方程所有的根的实部均为负值）的 α 的取值范围。

第 4 章　黏弹性材料

4.1 引　　言

在第 2 章中已经阐述了黏弹性材料的一些经典模型，例如 Maxwell 模型、Kelvin–Voigt 模型、Poynting 和 Thomson 模型以及 Zener 模型等，并指出了这些模型在反映实际黏弹性材料的行为特性上均存在着较大不足。不仅如此，利用复模量这种经典方法来描述黏弹性材料的动力学问题，也只限于频域的分析。为了回避经典模型和方法所存在的局限性，人们已经发展了若干更为先进的黏弹性材料模型，其中包括了分数阶导数（FD）模型（Bagley 和 Torvik，1983）、Golla–Huges–McTavish（GHM）模型（Golla 和 Hughes，1985），以及增强热力学场（ATF）模型（Lesieutre 和 Mingori，1990）等。

由于上述先进模型在阻尼结构的分析中是十分方便的，并且也已经得到了广泛的应用，因此在本章中将集中讨论这些模型的优点和缺陷，并特别关注如何将此类模型与有限元模型结合起来以考察带有黏弹性材料的结构物的动力学问题。这种模型的集成对于相关结构物的时域和频域响应预测来说是一个基本要求，据此我们可以有效地计算结构在瞬态、冲击以及正弦载荷下的响应。

4.2 Golla–Hughes–McTavish（GHM）模型

GHM 模型是 Golla 和 Hughes 于 1985 年提出的，该模型将黏弹性材料的剪切模量描述为一个二阶微分方程，而不是 Maxwell 模型、Kelvin–Voigt 模型、Poynting–Thomas 模型，以及 Zener 模型所采用的一阶微分方程。正是由于这一不同之处，才使得黏弹性材料的动特性能够方便地集成到振动结构的有限元模型之中。

对于 GHM 模型，黏弹性材料的剪切模量 G 在拉氏域中可以表示为

$$G(s) = G_0\left(1 + \sum_{n=1}^{N} \alpha_n \frac{s^2 + 2\zeta_n\omega_n s}{s^2 + 2\zeta_n\omega_n s + \omega_n^2}\right) \tag{4.1}$$

式中：G_0 为模量的平衡值，即初始值 $G(\omega = 0)$；s 为拉氏变量。参数 α_n、ζ_n 和 ω_n 需要通过对给定温度条件下特定黏弹性材料的复模量数据进行曲线拟合得

到。如同 Golla 和 Hughes(1985)所曾指出的,可以将式(4.1)中的求和理解为利用一系列振荡项(二阶方程)描述材料模量。这些项代表了描述黏弹性材料特性所需的内部变量,展开式中的项数则是由(再现出材料的实际行为)所需的精度来决定的,通常情况下只需 2~4 项即可。

4.2.1 基于 GHM 模型的基本分析思想

不妨考虑由一个振荡项(即,$n=1$)描述的黏弹性材料,对于它与一个质量构成的耦合系统来说,拉氏域内的运动方程可以表示为

$$Ms^2x(s) + K(s)x(s) = F(s) \tag{4.2}$$

式中:M 为质量;K 为黏弹性材料的复刚度; F 为激励力。于是,式(4.2)可以进一步写为

$$Ms^2x(s) + K\left(1 + \alpha_n \frac{s^2 + 2\zeta_n\omega_n s}{s^2 + 2\zeta_n\omega_n s + \omega_n^2}\right) x(s) = F(s) \tag{4.3}$$

若令:

$$z = \frac{\omega_n^2}{s^2 + 2\zeta_n\omega_n s + \omega_n^2 x} \tag{4.4}$$

那么,在时域内式(4.3)将可化为

$$\ddot{z} + 2\zeta_n\omega_n\dot{z} = \omega_n^2(x - z) \tag{4.5}$$

将式(4.4)代入式(4.5),可得

$$Ms^2x + Kx + \frac{K\alpha_n}{\omega_n^2}(s^2 + 2\zeta_n\omega_n s)\, z = F(s)$$

在时域内则有

$$M\ddot{x} + Kx + \frac{K\alpha_n}{\omega_n^2}\omega_n^2(x - z) = f \tag{4.6}$$

式(4.6)可化为

$$M\ddot{x} + (K + K\alpha_n)x - K\alpha_n z = f \tag{4.7}$$

将式(4.5)改写为

$$\ddot{z} - \omega_n^2 x + 2\zeta_n\omega_n\dot{z} + \omega_n^2 z = 0 \tag{4.8}$$

将式(4.7)和式(4.8)组合表示为矩阵形式可得

$$\begin{bmatrix} M & 0 \\ 0 & 1 \end{bmatrix} \begin{Bmatrix} \ddot{x} \\ \ddot{z} \end{Bmatrix} + \begin{bmatrix} 0 & 0 \\ 0 & 2\zeta_n\omega_n \end{bmatrix} \begin{Bmatrix} \dot{x} \\ \dot{z} \end{Bmatrix} + \begin{bmatrix} K + K\alpha_n & -K\alpha_n \\ -\omega_n^2 & \omega_n^2 \end{bmatrix} \begin{Bmatrix} x \\ z \end{Bmatrix} = \begin{Bmatrix} f \\ 0 \end{Bmatrix} \tag{4.9}$$

可以看出这一系统具有不对称的刚度矩阵,不过只需将最后一行乘以

$\frac{K\alpha_n}{\omega_n^2}$，就可以将该刚度矩阵变成对称阵了，即

$$\begin{bmatrix} M & 0 \\ 0 & \frac{K\alpha_n}{\omega_n^2} \end{bmatrix} \begin{Bmatrix} \ddot{x} \\ \ddot{z} \end{Bmatrix} + \begin{bmatrix} 0 & 0 \\ 0 & \frac{2\zeta_n K\alpha_n}{\omega_n} \end{bmatrix} \begin{Bmatrix} \dot{x} \\ \dot{z} \end{Bmatrix} + \begin{bmatrix} K + K\alpha_n & -K\alpha_n \\ -K\alpha_n & K\alpha_n \end{bmatrix} \begin{Bmatrix} x \\ z \end{Bmatrix} = \begin{Bmatrix} f \\ 0 \end{Bmatrix} \tag{4.10}$$

式(4.10)决定了图 4.1 所示力学系统的动力学特性，因此黏弹性材料也就可以通过一个弹簧-质量-阻尼器单元和另一个弹簧 K 的并联构型描述，从式(4.3)可以注意到此处的 K 代表了该黏弹性材料在静态条件下(即，零频率条件下)的刚度。

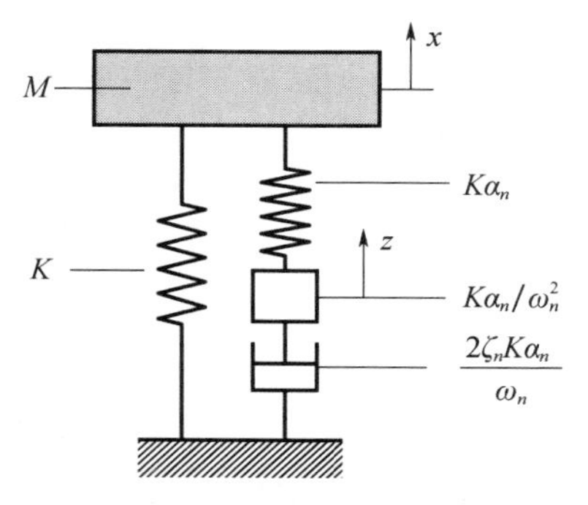

图 4.1　GHM 模型的等效系统

这里值得引起注意的一点是，z 定义了一个“内部自由度”，它描述了以单个振荡项为黏弹性材料建模时的运动。如果采用 N 个振荡项进行建模，就需要引入多个内部自由度。所引入的这些阻尼型内部自由度会显著增大结构运动方程组的维度，为了降低结构/黏弹性材料模型的维度，一般需要采用一些经典的模型缩减技术，例如 Guyan 缩减技术，从而可以只将结构自由度包含进来，以提高计算效率。

对于采用 N 个振荡项进行建模的黏弹性材料来说，其等效力学系统如图 4.2 所示。相应地，这一模型的控制方程可以写为

$$Ms^2x + K\left(1 + \alpha_1 \frac{s^2 + 2\zeta_1\omega_1 s}{s^2 + 2\zeta_1\omega_1 s + \omega_1^2} + \alpha_2 \frac{s^2 + 2\zeta_2\omega_2 s}{s^2 + 2\zeta_2\omega_2 s + \omega_2^2} + \cdots\right) x = F(s)$$

若令 $z_1 = \frac{\omega_1^2}{s^2 + 2\zeta_1\omega_1 s + \omega_1^2}x, z_2 = \frac{\omega_2^2}{s^2 + 2\zeta_2\omega_2 s + \omega_2^2}x, \cdots$，则

$$\begin{bmatrix} M & 0 & 0 & \cdots & 0 \\ 0 & \frac{K\alpha_1}{\omega_1^2} & 0 & \cdots & 0 \\ 0 & 0 & \frac{K\alpha_2}{\omega_2^2} & \cdots & 0 \\ \vdots & \vdots & \vdots & \ddots & \vdots \\ 0 & 0 & 0 & & \frac{K\alpha_N}{\omega_N^2} \end{bmatrix} \begin{Bmatrix} \ddot{x} \\ \ddot{z}_1 \\ \ddot{z}_2 \\ \cdots \\ \ddot{z}_N \end{Bmatrix} + \begin{bmatrix} 0 & 0 & 0 & \cdots & 0 \\ 0 & \frac{2\zeta_1\alpha_1 K}{\omega_1} & 0 & \cdots & 0 \\ 0 & 0 & \frac{2\zeta_2\alpha_2 K}{\omega_2} & \cdots & 0 \\ \vdots & \vdots & \vdots & \ddots & \vdots \\ 0 & 0 & 0 & & \frac{2\zeta_N\alpha_N K}{\omega_N} \end{bmatrix} \begin{Bmatrix} x \\ z_1 \\ z_2 \\ \cdots \\ z_N \end{Bmatrix} +$$

$$\begin{bmatrix} K(1+\alpha_1+\alpha_2+\cdots) & -K\alpha_1 & -K\alpha_2 & \cdots & -K\alpha_N \\ -K\alpha_1 & K\alpha_1 & \cdots & \cdots & 0 \\ -K\alpha_2 & 0 & K\alpha_2 & \cdots & 0 \\ \vdots & \vdots & \vdots & \ddots & 0 \\ -K\alpha_N & 0 & 0 & 0 & K\alpha_N \end{bmatrix} \begin{Bmatrix} x \\ z_1 \\ z_2 \\ \vdots \\ z_N \end{Bmatrix} = \begin{Bmatrix} F \\ 0 \\ 0 \\ 0 \\ 0 \end{Bmatrix} \tag{4.11}$$

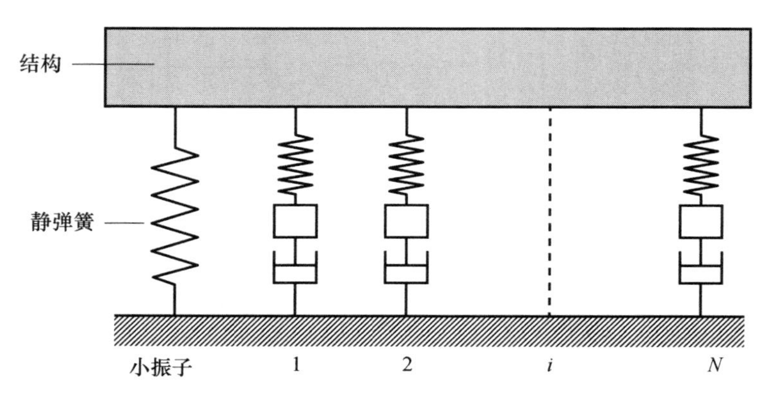

图 4.2　带有 N 个小振子(振荡项)的 GHM 模型的等效力学系统

例 4.1　设有一个 $m=100\text{kg}$ 的质量支撑在黏弹性材料上,后者可以借助 GHM 模型来描述,其中只包含了单个振荡项,其刚度可以表示为

$$100\left(1+7\frac{s^2+2000s}{s^2+2000s+10^6}\right)$$

即 $K=100,\alpha_1=7,\zeta_1=1,\omega_1=1000$。考虑完整的状态向量 $\{x\quad z\}^{\mathrm{T}}$,试确定单位正弦激励力作用下该质量的频率响应,并将结果与不考虑黏弹性材料的内部自由度 z 时的响应进行比较。

[**分析**]

图 4.3 所示为该黏弹性材料的储能模量和损耗因子。这一质量/黏弹性材料系统的动力学方程可以表示为

$$\begin{bmatrix} 100 & 0 \\ 0 & 0.0007 \end{bmatrix}\begin{Bmatrix} \ddot{x} \\ \ddot{z} \end{Bmatrix}+\begin{bmatrix} 0 & 0 \\ 0 & 1.4 \end{bmatrix}\begin{Bmatrix} \dot{x} \\ \dot{z} \end{Bmatrix}+\begin{bmatrix} 800 & -700 \\ -700 & 700 \end{bmatrix}\begin{Bmatrix} x \\ z \end{Bmatrix}=\begin{Bmatrix} \sin(\omega t) \\ 0 \end{Bmatrix} \tag{4.12}$$

于是,完整状态向量 $\{x\quad z\}^{\mathrm{T}}$ 的稳态响应将为

$$\begin{Bmatrix} x \\ z \end{Bmatrix}=\left(-\begin{bmatrix} 100 & 0 \\ 0 & 0.0007 \end{bmatrix}\omega^2+\mathrm{i}\omega\begin{bmatrix} 0 & 0 \\ 0 & 1.4 \end{bmatrix}+\begin{bmatrix} 800 & -700 \\ -700 & 700 \end{bmatrix}\right)^{-1}\begin{Bmatrix} 1 \\ 0 \end{Bmatrix} \tag{4.13}$$

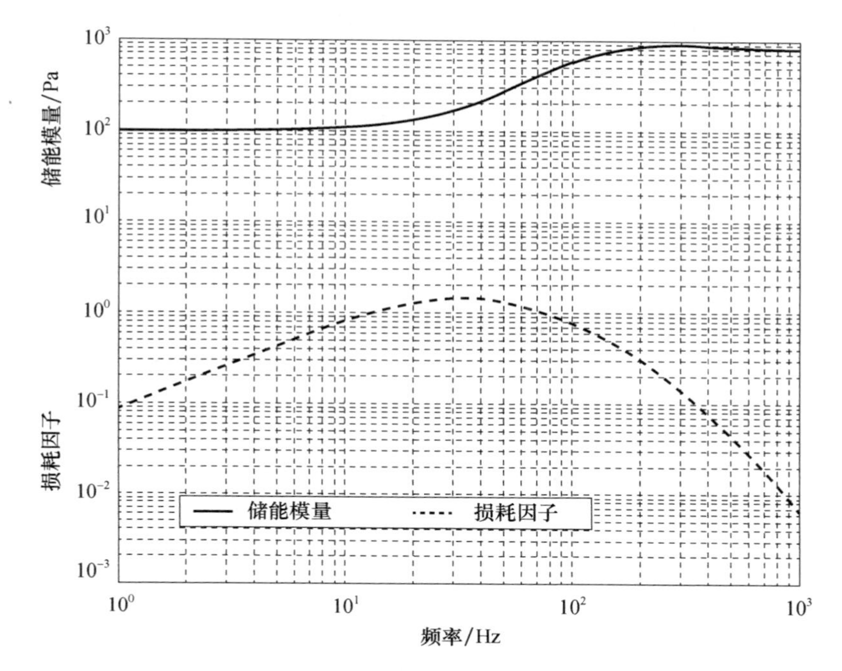

图 4.3　黏弹性材料的储能模量和损耗因子

如果仅考虑静态条件,那么式(4.12)将变为

$$\begin{bmatrix} 800 & -700 \\ -700 & 700 \end{bmatrix} \begin{Bmatrix} x \\ z \end{Bmatrix} = \begin{Bmatrix} F \\ 0 \end{Bmatrix}$$

这就意味着 $700x = 700z$ 或者 $x = z$ 。于是,可以将完整状态向量 $\{x \quad z\}^{\mathrm{T}}$ 以结构自由度的形式表示出来,即

$$\begin{Bmatrix} x \\ z \end{Bmatrix} = \begin{Bmatrix} 1 \\ 1 \end{Bmatrix} x = \boldsymbol{T} x \tag{4.14}$$

式中:$\boldsymbol{T}$ 为变换矩阵。

利用上述变换矩阵,式(4.12)可以缩减为结构自由度(x)的形式,即

$$\boldsymbol{T}^{\mathrm{T}} \begin{bmatrix} 100 & 0 \\ 0 & 0.0007 \end{bmatrix} \boldsymbol{T} \ddot{x} + \boldsymbol{T}^{\mathrm{T}} \begin{bmatrix} 0 & 0 \\ 0 & 1.4 \end{bmatrix} \boldsymbol{T} \dot{x} + \boldsymbol{T}^{\mathrm{T}} \begin{bmatrix} 800 & -700 \\ -700 & 700 \end{bmatrix} \boldsymbol{T} x = \sin(\omega t)$$

上式具有如下所示的稳态解:

$$x = \left(-\boldsymbol{T}^{\mathrm{T}} \begin{bmatrix} 100 & 0 \\ 0 & 0.0007 \end{bmatrix} \boldsymbol{T} \omega^2 + \mathrm{i} \omega \boldsymbol{T}^{\mathrm{T}} \begin{bmatrix} 0 & 0 \\ 0 & 1.4 \end{bmatrix} \boldsymbol{T} + \boldsymbol{T}^{\mathrm{T}} \begin{bmatrix} 800 & -700 \\ -700 & 700 \end{bmatrix} \boldsymbol{T} \right)^{-1} \tag{4.15}$$

图4.4将由式(4.13)和式(4.15)给出的质量的响应进行了比较,它们分别建立在完整模型和缩减模型基础之上。此外,图中也示出了黏弹性材料的内部自由度,分别是从式(4.13)和式(4.15)(与式(4.14)联立)得到的。

很显然,利用此处所描述的静力缩减方法(也称为Guyan缩减),可以提高计算效率,并能获得结构响应的准确预测。

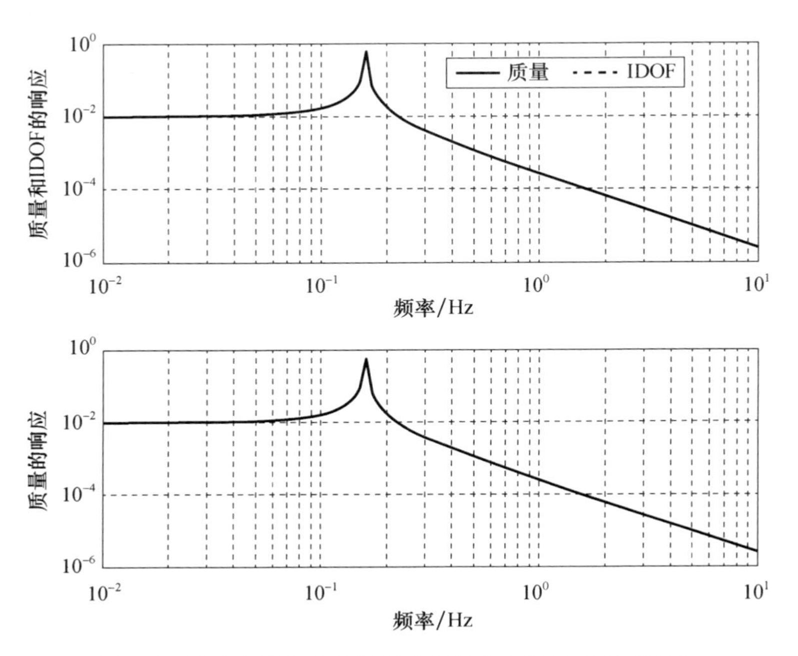

图4.4　结构响应和黏弹性材料内部自由度(IDOF)的响应

4.2.2　GHM振荡项参数的计算

在确定GHM振荡项的参数 G_0、α_n、ζ_n 和 ω_n 时,一般应使得模型预测结果能够最接近实际黏弹性材料的实验结果,或者说在计算这些参数的最优值时,应当使两种结果之间的差异达到最小。这一最优化问题可以表述如下:

$$\left\{\begin{array}{l}\text{确定 } G_0,\alpha_n,\zeta_n \text{ 和 } \omega_n\text{,使得如下函数达到最小值} \\ F=\sum\limits_{\text{频率}}\left[\left(\dfrac{G'_{\mathrm{GHM}}-G'_{\mathrm{Exp}}}{G'_{\mathrm{Exp}}}\right)^2+\left(\dfrac{\eta_{\mathrm{GHM}}-\eta_{\mathrm{Exp}}}{\eta_{\mathrm{Exp}}}\right)^2\right], \\ \text{且有:} G_0>0,\alpha_n>0,\zeta_n>0,\omega_n>0, \\ G_0\left(1+\sum\limits_{n=1}^{N}\alpha_n\right)=G_\infty\end{array}\right. \tag{4.16}$$

式中：G_0 和 G_∞ 分别为黏弹性材料在 $\omega=0$ 和 $\omega=\infty$ 处的储能模量；N 为 GHM 中振荡项的数量。所构造的目标函数 F 是为了使 GHM 模型对储能模量和损耗因子的预测误差之和在整个实验频率范围内达到最小。此处的误差采用的是归一化和平方处理方式，目的是为了使得该优化问题的性态更佳。此外，式(4.16)中还引入了一些约束条件，它们保证了这些参数均为非负值，并且确保了该模型能够预测很高频率处的储能模量。这一最优化过程的流程如图 4.5 所示。

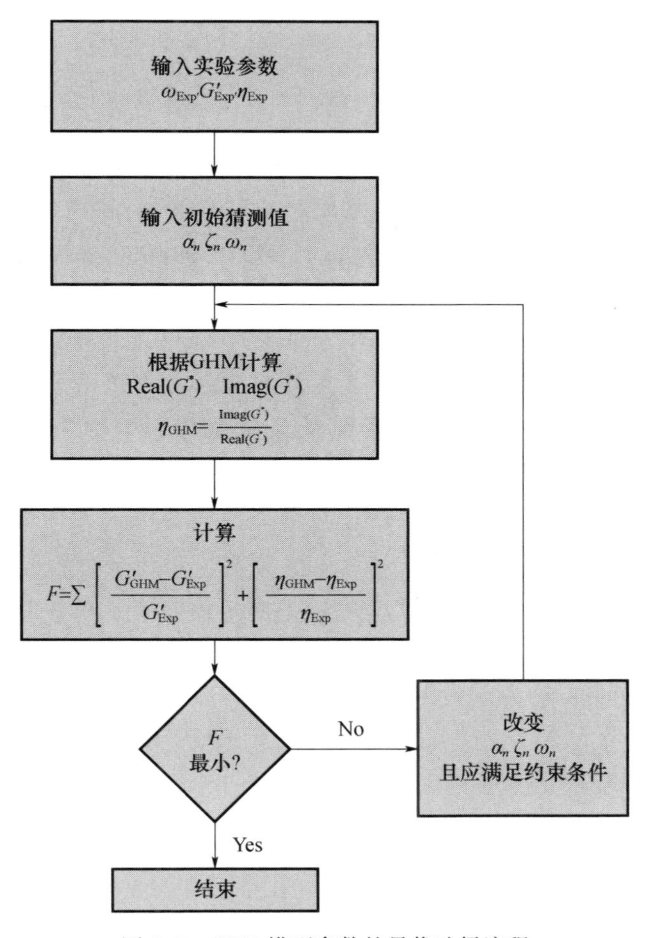

图 4.5　GHM 模型参数的最优选择流程

例 4.2　考虑表 4.1 列出的某黏弹性材料的实验数据是在 20~5000Hz 这一频率范围内测量得到的。试计算与之对应的 GHM 模型的最优参数，分别采用 1~3 个振荡项，并比较这 3 种情况下的预测精度。

表 4.1　某黏弹性材料的实验数据

频率/Hz	20	30	40	50	60	70	80	90	100	200	300
G'/kpsi	0.75	1.1	1.3	1.6	1.8	2	2.2	2.3	2.6	4	5.2
损耗因子 η	0.95	0.96	0.98	0.99	1	1	1	1	1	0.99	0.95
频率/Hz	400	500	600	700	800	900	1000	2000	3000	4000	5000
G'/kpsi	6.3	7.2	8.5	9.5	11	12	13	19	23	26	30
损耗因子 η	0.91	0.88	0.85	0.82	0.79	0.77	0.75	0.63	0.56	0.51	0.48

[分析]

对于 3 种模型，假定 $\xi_n = 1$。

(1)1 个振荡项情况：

根据实验数据，$G_0 = 750\text{psi}$①，$G_\infty = 30000\text{psi}$，于是 $\alpha_1 = 39$。然后，从一个初始猜测值 $\omega_1 = 10000\text{rads}^{-1}$ 开始，利用 MATLAB 优化程序（即，优化工具箱中的“fmincon”例程）可以得到最优值为 $\omega_1 = 11713.94\text{rads}^{-1}$，对应的目标函数值为 $F=41.97$。

(2)2 个振荡项情况：

这种情况下需要确定的参数为 α_1、ω_1、α_2 和 ω_2，可以选定初始猜测值分别为 20、500、20 和 1000，优化之后得到的最优值分别为 5.7、1154.6、33.3 和 30515.55，而对应的目标函数值为 4.22。于是，在包含了两个振荡项的情况下，GHM 的预测精度提高了 9.945 倍（41.97/4.22=9.945）。

(3)3 个振荡项情况：

这种情况下需要确定的参数为 α_1、ω_1、α_2、ω_2、α_3 和 ω_3，可以选定初始猜测值分别为 18、1000、15、1000、6 和 5000，优化之后得到的最优值分别是 31.36、31840.6、6.91、2216.9、0.728 和 0.001，而对应的目标函数值为 2.459。于是，在包含了 3 个振荡项的情况下，GHM 的预测精度提高了 17.06 倍（41.97/2.459=17.06）。

上述 3 种 GHM 模型预测结果与实验结果之间的对比如图 4.6 所示。

4.2.3　关于 GHM 模型的结构

4.2.3.1　其他形式的 GHM 结构

GHM 模型有多种不同的结构形式，式（4.1）所给出的三参数结构（α_n，ζ_n，

① 1psi = 　p/inch^2。

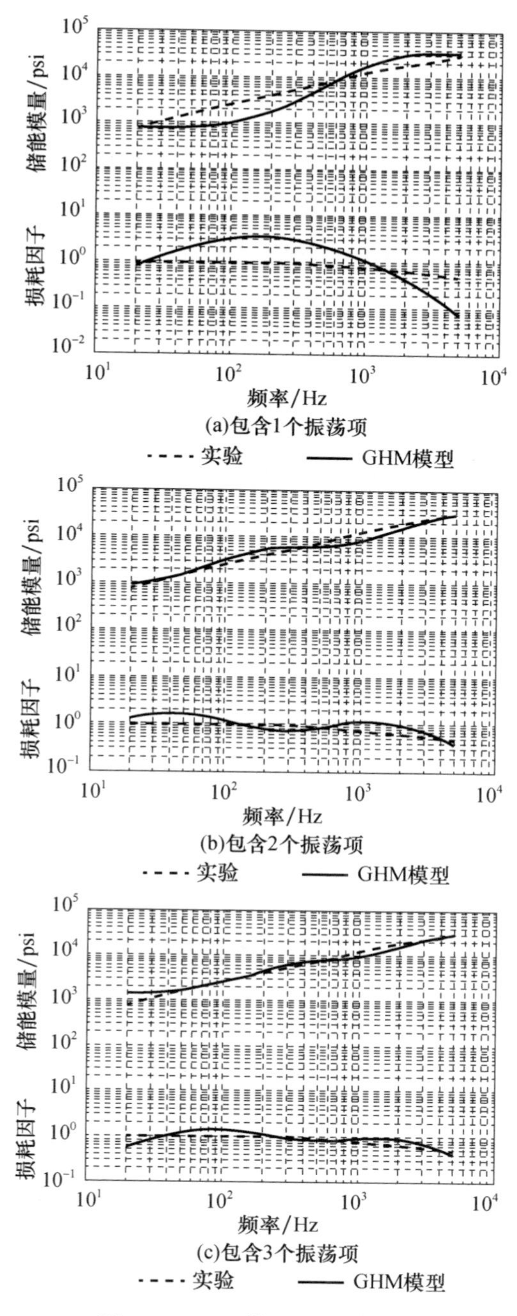

图 4.6　GHM 模型的预测精度

ω_n ）只是其中的一种原始形式，即

$$G(s) = G_0\left(1 + \alpha_n \frac{s^2 + 2\zeta_n\omega_n s}{s^2 + 2\zeta_n\omega_n s + \omega_n^2}\right) \tag{4.17}$$

除了这种原始形式以外,下面还给出了其他形式中的两种。

(1)Friswell 等人的模型(1997):这一模型包括了 4 个参数(α_n, γ_n, β_n, δ_n),形式为

$$G(s) = G_0\left(1 + \frac{\alpha_n s^2 + \gamma_n s}{s^2 + \beta_n s + \delta_n}\right) \tag{4.18}$$

(2)Martin 模型(2011):该模型也包括了 4 个参数(α_n, ζ_n, ω_n, ψ_n),形式为

$$G(s) = G_0\left(1 + \alpha_n \frac{s^2 + 2\zeta_n\omega_n\psi_n s}{s^2 + 2\zeta_n\omega_n s + \omega_n^2}\right) \tag{4.19}$$

上面这两种修正形式都引入了附加的自由度,其目的是为了改善模型的曲线拟合性能,减少为反映黏弹性材料实验结果所需的振荡项数量。不过,这两种形式仍然保留了 GHM 模型的基本特征,即,将黏弹性材料描述为一个二阶微分方程,从而可以直接跟结构的运动方程耦合。

4.2.3.2 GHM 模型的松弛模量

利用第 3 章给出的方法,能够从 GHM 模型中提取出黏弹性材料的松弛模量。GHM 模型可以表示为

$$\frac{G(s)}{s} = \frac{G_0}{s} + \alpha_n \frac{s + 2\zeta_n\omega_n}{s^2 + 2\zeta_n\omega_n s + \omega_n^2}$$

进行拉普拉斯反变换之后,不难得到黏弹性材料的剪切松弛模量,即

$$\begin{aligned} G(t) &= G_0\left[1 + \alpha_n \mathrm{e}^{-\zeta_n\omega_n t}\left(\cos\sqrt{1-\zeta_n^2}\,\omega_n t + \frac{\zeta_n}{\sqrt{1-\zeta_n^2}}\sin\sqrt{1-\zeta_n^2}\,\omega_n t\right)\right] \\ &= G_0\left[1 + \alpha_n \frac{1}{\sqrt{1-\zeta_n^2}}\mathrm{e}^{-\zeta_n\omega_n t}\cos(\omega_\mathrm{d} t - \phi)\right] \end{aligned} \tag{4.20}$$

式中: $\omega_\mathrm{d} = \sqrt{1-\zeta_n^2}\,\omega_n$; $\phi = \tan^{-1}\left(\frac{\zeta_n}{\sqrt{1-\zeta_n^2}}\right)$ 。

上面这个表达式是相当复杂的,不过如果 $\zeta_n = 1$, 即所有的振荡项均设定为临界阻尼情形,那么式(4.20)将简化为

$$G(t) = G_0[1 + \alpha_n \mathrm{e}^{-\omega_n t}(1 + \omega_n t)] \tag{4.21}$$

对于包含 N 个振荡项的情况,式(4.21)应变为

$$G(t)=G_0\left[1+\sum_{n=1}^{N}\alpha_n \mathrm{e}^{-\omega_n t}(1+\omega_n t)\right] \tag{4.22}$$

可以注意到,上面这种剪切松弛模量的形式是类似于广义 Maxwell 模型(GMM)中对应的表达式的,即

$$G(t)=G_0\left(1+\sum_{n=1}^{N}\alpha_n \mathrm{e}^{-t/\rho_n}\right) \tag{4.23}$$

不同之处在于,GHM 模型的模量表达式中存在因子 $(1+\omega_n t)$,这是由振荡项被设定为临界阻尼情形所带来的。在这一情形下,GHM 模型参数的曲线拟合将变得更快,不过一般需要引入更多的振荡项才能良好地反映黏弹性材料的实验结果。

4.2.4　带有黏弹性材料的杆结构的有限元模型

本节中,我们将把 GHM 模型与杆的有限元模型集成到一起。此处的杆仅做纵向振动,并且这些杆经过了无约束或有约束的黏弹性材料层处理,对于杆/黏弹性材料系统来说,黏弹性材料层的约束处理是增强阻尼特性的有效手段。

4.2.4.1　无约束阻尼层

图 4.7 中给出了经无约束黏弹性材料层处理的杆结构。此处的杆模型是通过 N 个一维有限单元描述的,每个单元包含了两个节点,每个节点具有一个自由度,即纵向变形 u。

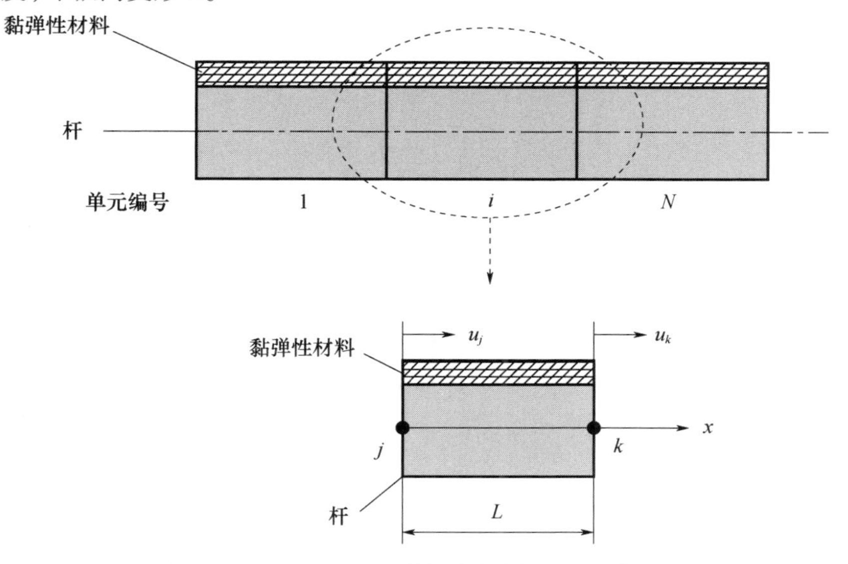

图 4.7　杆/无约束黏弹性材料系统的有限单元

黏弹性材料层是粘贴在杆的单侧表面上的，另一侧表面则未经处理，可以自由运动。不难看出，这种方式下黏弹性材料层也将出现与杆相同的变形 u。下面建立这个杆/黏弹性材料系统单元的势能和动能。

对于势能(P. E)，有

$$\mathrm{P.E} = \mathrm{P.E}_{杆结构} + \mathrm{P.E}_{黏弹性材料} = \frac{1}{2}\int_0^L E_s A_s u_{,x}^2 \mathrm{d}x + \frac{1}{2}\int_0^L E_v A_v u_{,x}^2 \mathrm{d}x \quad (4.24)$$

式中：E_i 和 A_i 分别为第 i 层的杨氏模量和截面面积；下标 s 和 v 分别指代杆结构和黏弹性材料部分；$u_{,x}$ 是指 u 对 x 的偏导数。

利用线性的形函数将任意位置 x 处的形变 u 表示成节点位移的形式，即

$$u = (1 - x/L)\, u_j + x/L u_k = \{1 - x/L \quad x/L\} \begin{Bmatrix} u_j \\ u_k \end{Bmatrix} = \boldsymbol{N\Delta}_i \quad (4.25)$$

式中：$\boldsymbol{N} = \{1 - x/L \quad x/L\}$ 为插值向量；$\boldsymbol{\Delta}_i = \{u_j \quad u_k\}^{\mathrm{T}}$ 为第 i 个单元的节点位移向量。

根据式(4.24)和式(4.25)，势能可以简化为

$$\begin{aligned} \mathrm{P.E} &= \frac{1}{2}\boldsymbol{\Delta}_i^{\mathrm{T}}\int_0^L E_s A_s \boldsymbol{N}_{,x}^{\mathrm{T}}\boldsymbol{N}_{,x}\mathrm{d}x\boldsymbol{\Delta}_i + \frac{1}{2}\boldsymbol{\Delta}_i^{\mathrm{T}}\int_0^L E_v A_v \boldsymbol{N}_{,x}^{\mathrm{T}}\boldsymbol{N}_{,x}\mathrm{d}x\boldsymbol{\Delta}_i \\ &= \frac{1}{2}\boldsymbol{\Delta}_i^{\mathrm{T}}(E_s A_s + E_v A_v)\int_0^L \boldsymbol{N}_{,x}^{\mathrm{T}}\boldsymbol{N}_{,x}\mathrm{d}x\boldsymbol{\Delta}_i \\ &= \frac{1}{2}\boldsymbol{\Delta}_i^{\mathrm{T}}(\boldsymbol{K}_s + \boldsymbol{K}_v)\,\boldsymbol{\Delta}_i \end{aligned} \quad (4.26)$$

式中：

$$\begin{cases} \boldsymbol{K}_s = E_s A_s \int_0^L \boldsymbol{N}_{,x}^{\mathrm{T}}\boldsymbol{N}_{,x}\mathrm{d}x = \dfrac{E_s A_s}{L}\begin{bmatrix} 1 & -1 \\ -1 & 1 \end{bmatrix} \\ \boldsymbol{K}_v = E_v A_v \int_0^L \boldsymbol{N}_{,x}^{\mathrm{T}}\boldsymbol{N}_{,x}\mathrm{d}x = \dfrac{E_v A_v}{L}\begin{bmatrix} 1 & -1 \\ -1 & 1 \end{bmatrix} \end{cases} \quad (4.27)$$

式中：$\boldsymbol{K}_s$ 和 $\boldsymbol{K}_v$ 分别为结构和黏弹性材料的刚度矩阵。需要引起注意的是，$\boldsymbol{K}_s$ 是一个实刚度矩阵，而 $\boldsymbol{K}_v$ 却是一个复数矩阵，它由 GHM 模型描述。此外，在式(4.26)中的 $\boldsymbol{N}_x$ 代表的是 $\boldsymbol{N}$ 对 x 的偏导。

下面再来考察动能(K.E)，它可以表示为

$$K.E. = \frac{1}{2}\int_0^L (\rho_s A_s + \rho_v A_v)\,\dot{u}^2 \mathrm{d}x \quad (4.28)$$

式中：ρ_s 和 ρ_v 分别为结构和黏弹性材料的密度。

由于 $u=N\boldsymbol{\Delta}_i$，因而 $\dot{u}=N\dot{\boldsymbol{\Delta}}_i$，于是式(4.28)将变为

$$\mathrm{K.E.}=\frac{1}{2}\dot{\boldsymbol{\Delta}}_i^{\mathrm{T}}(\rho_s A_s+\rho_v A_v)\int_0^L \boldsymbol{N}^{\mathrm{T}}\boldsymbol{N}\mathrm{d}x\dot{\boldsymbol{\Delta}}_i=\frac{1}{2}\dot{\boldsymbol{\Delta}}_i^{\mathrm{T}}\boldsymbol{M}\dot{\boldsymbol{\Delta}}_i \tag{4.29}$$

式中：$\boldsymbol{M}=\frac{(\rho_s A_s+\rho_v A_v)L}{6}\begin{bmatrix}2 & 1\\ 1 & 2\end{bmatrix}$ 为杆/黏弹性材料系统的质量矩阵。

根据式(4.26)和式(4.29)，单元的运动方程就可以借助拉格朗日方程导出，即

$$\frac{\mathrm{d}}{\mathrm{d}t}\frac{\partial K.E}{\partial\dot{\boldsymbol{\Delta}}_i}+\frac{\partial P.E}{\partial\boldsymbol{\Delta}_i}=\boldsymbol{F}_i$$

或者也可以写为

$$\boldsymbol{M}s^2\boldsymbol{\Delta}_i+(\boldsymbol{K}_s+\boldsymbol{K}_v)\boldsymbol{\Delta}_i=\boldsymbol{F}_i \tag{4.30}$$

式中：$\boldsymbol{F}_i$ 为第 i 个单元受到的力向量。

进一步，整个杆/黏弹性材料系统的运动方程就可以通过将每个单元的质量矩阵和刚度矩阵组装起来得到，可以表示为

$$\boldsymbol{M}_o s^2\boldsymbol{\Delta}+(\boldsymbol{K}_{s_o}+\boldsymbol{K}_{v_o})\boldsymbol{\Delta}=\boldsymbol{F}_o \tag{4.31}$$

式中：$\boldsymbol{M}_o$、$\boldsymbol{K}_{s_o}$ 和 $\boldsymbol{K}_{v_o}$ 分别为总体质量矩阵、总体结构刚度矩阵和总体黏弹性材料刚度矩阵；$\boldsymbol{\Delta}$ 和 $\boldsymbol{F}_o$ 分别为整个杆/黏弹性材料系统的位移向量和载荷向量。

在将总体黏弹性材料刚度矩阵 $\boldsymbol{K}_{v_o}$ 表示为 GHM 模型的形式之前，需要在结构上施加边界条件以消除刚体运动模式，这是因为这些刚体运动模式对于柔性体运动模式不会产生任何阻尼效应。

如果采用只包含单个振荡项的 GHM 模型，那么可以将总体黏弹性材料刚度矩阵 $\boldsymbol{K}_{v_o}$ 表示为

$$\begin{aligned}\boldsymbol{K}_{v_o}&=\left(1+\alpha_1\frac{s^2+2\zeta_1\omega_1 s}{s^2+2\zeta_1\omega_1 s+\omega_1^2}\right)\frac{E_{v_o}A_v}{L}\begin{bmatrix}1 & -1\\ -1 & 1\end{bmatrix}\\&=\left(1+\alpha_1\frac{s^2+2\zeta_1\omega_1 s}{s^2+2\zeta_1\omega_1 s+\omega_1^2}\right)\boldsymbol{K}_v\end{aligned} \tag{4.32}$$

式中：$\boldsymbol{K}_v=\frac{E_{v_o}A_v}{L}\begin{bmatrix}1 & -1\\ -1 & 1\end{bmatrix}$。如果引入内部自由度 z 描述黏弹性材料的动力学过程，并采用 4.2.1 节介绍的方法，那么式(4.31)就将简化为

$$\boldsymbol{M}_T\ddot{\boldsymbol{X}}+\boldsymbol{C}_T\dot{\boldsymbol{X}}+\boldsymbol{K}_T\boldsymbol{X}=\boldsymbol{F}_T \tag{4.33}$$

式中：

$$\boldsymbol{M}_{\mathrm{T}}=\begin{bmatrix}\boldsymbol{M}_{\mathrm{o}} & 0\\ 0 & \dfrac{\alpha_1\boldsymbol{K}_{\mathrm{v_o}}}{\omega_1^2}\end{bmatrix}$$

$$\boldsymbol{C}_{\mathrm{T}}=\begin{bmatrix}0 & 0\\ 0 & \dfrac{2\zeta_1\alpha_1\boldsymbol{K}_{\mathrm{v_o}}}{\omega_1}\end{bmatrix}$$

$$\boldsymbol{K}_{\mathrm{T}}=\begin{bmatrix}\boldsymbol{K}_{\mathrm{s_o}}+(1+\alpha_1)\boldsymbol{K}_{\mathrm{v_o}} & -\alpha_1\boldsymbol{K}_{\mathrm{v_o}}\\ -\alpha_1\boldsymbol{K}_{\mathrm{v_o}} & \alpha_1\boldsymbol{K}_{\mathrm{v_o}}\end{bmatrix}$$

$$\boldsymbol{X}=\begin{Bmatrix}\boldsymbol{\Delta}\\ \boldsymbol{z}\end{Bmatrix}$$

$$\boldsymbol{F}_{\mathrm{T}}=\begin{Bmatrix}\boldsymbol{F}_{\mathrm{o}}\\ 0\end{Bmatrix}$$

如果利用“静力缩聚法”处理 GHM 模型的内部自由度 $\boldsymbol{z}$，那么式(4.33)将化为

$$\begin{bmatrix}\boldsymbol{K}_{\mathrm{s_o}}+(1+\alpha_1)\boldsymbol{K}_{\mathrm{v_o}} & -\alpha_1\boldsymbol{K}_{\mathrm{v_o}}\\ -\alpha_1\boldsymbol{K}_{\mathrm{v_o}} & \alpha_1\boldsymbol{K}_{\mathrm{v_o}}\end{bmatrix}\begin{Bmatrix}\boldsymbol{\Delta}\\ \boldsymbol{z}\end{Bmatrix}=\begin{Bmatrix}\boldsymbol{F}_{\mathrm{o}}\\ 0\end{Bmatrix}$$

由此也就得到 $-\alpha_1\boldsymbol{K}_{\mathrm{v_o}}\boldsymbol{\Delta}+\alpha_1\boldsymbol{K}_{\mathrm{v_o}}\boldsymbol{z}=0$ 或者 $\{\boldsymbol{\Delta}\}=\{\boldsymbol{z}\}$ 。

于是，完整的状态向量 $\boldsymbol{X}$ 就可以表示为 $\boldsymbol{\Delta}$ 的形式，即

$$\boldsymbol{X}=\boldsymbol{II}^{\mathrm{T}}\boldsymbol{\Delta}=\boldsymbol{T}\boldsymbol{\Delta} \tag{4.34}$$

将式(4.33)和式(4.34)联立起来，不难导出缩减模型的运动方程如下：

$$\boldsymbol{M}_{\mathrm{R}}\ddot{\boldsymbol{\Delta}}+\boldsymbol{C}_{\mathrm{R}}\dot{\boldsymbol{\Delta}}+\boldsymbol{K}_{\mathrm{R}}\boldsymbol{\Delta}=\boldsymbol{F}_{\mathrm{o}} \tag{4.35}$$

式中：缩减质量矩阵、缩减阻尼矩阵以及缩减刚度矩阵分别为

$$\boldsymbol{M}_{\mathrm{R}}=\boldsymbol{T}^{\mathrm{T}}\boldsymbol{M}_{\mathrm{T}}\boldsymbol{T},\boldsymbol{C}_{\mathrm{R}}=\boldsymbol{T}^{\mathrm{T}}\boldsymbol{C}_{\mathrm{T}}\boldsymbol{T},\boldsymbol{K}_{\mathrm{R}}=\boldsymbol{T}^{\mathrm{T}}\boldsymbol{K}_{\mathrm{T}}\boldsymbol{T} \tag{4.36}$$

对于完整的和缩减的杆/黏弹性材料系统，其时域和频域响应可以分别根据式(4.33)和式(4.36)计算。进一步，为了确定固有频率和对应的阻尼比，只需将上述两个方程的齐次部分表示成状态空间形式，即

$$\dot{\boldsymbol{Y}}_{\mathrm{T}}=\boldsymbol{A}_{\mathrm{T}}\boldsymbol{Y}_{\mathrm{T}}\ (\text{完整系统})$$

$$\dot{\boldsymbol{Y}}_{\mathrm{R}}=\boldsymbol{A}_{\mathrm{R}}\boldsymbol{Y}_{\mathrm{R}}\ (\text{缩减系统})$$

式中：$\boldsymbol{Y}_{\mathrm{T}}=\{\boldsymbol{X}\quad\dot{\boldsymbol{X}}\}^{\mathrm{T}}$；$\boldsymbol{Y}_{\mathrm{R}}=\{\boldsymbol{\Delta}\quad\dot{\boldsymbol{\Delta}}\}^{\mathrm{T}}$；状态矩阵 $\boldsymbol{A}_{\mathrm{T}}$ 和 $\boldsymbol{A}_{\mathrm{R}}$ 为

$$A_T=\begin{bmatrix} \mathbf{0} & \mathbf{I} \\ -\mathbf{M}_T^{-1}\mathbf{K}_T & -\mathbf{M}_T^{-1}\mathbf{C}_T \end{bmatrix},\ A_R=\begin{bmatrix} \mathbf{0} & \mathbf{I} \\ -\mathbf{M}_R^{-1}\mathbf{K}_R & -\mathbf{M}_R^{-1}\mathbf{C}_R \end{bmatrix}$$

只需利用 MATLAB 软件中的命令“damp ($\mathbf{A}_T$) ”和“damp ($\mathbf{A}_R$) ”,就能够直接得到完整和缩减的杆/黏弹性材料系统的固有频率与对应的阻尼比了。

例 4.3　考虑图 4.8 所示的杆/无约束黏弹性材料系统,杆的材料为铝,宽度、厚度和长度分别为 0.025m、0.025m 和 1m,黏弹性材料层的宽度为 0.025m,厚度为 0.025m,密度为 1100kgm^{-3},且其储能模量和损耗因子可通过只包含单个振荡项(E_0 = 15.3MPa,α_1 = 39,ζ_1 = 1,ω_1 = 19058rad/s)的 GHM 模型来预测。试确定当杆的自由端(节点 3)受到单位力作用时,自由端(节点 3)处的时域和频域响应,并确定该系统的完整模型和缩减模型的固有频率和阻尼比,此处假定该系统可以通过两个单元构成的有限元模型来表达,且时域激励是持续时间为 100μs 的单位力。

[**分析**]

图 4.9 所示为完整模型和缩减模型的频域响应和时域响应。很明显,缩减模型的响应是非常接近于完整模型的。通过这些响应可以注意到,尽管采用了黏弹性材料处理,但是该系统仍然只表现出了非常小的阻尼。针对完整模型和缩减模型所进行的固有频率和对应的阻尼比计算(利用 MATLAB 中的“damp”命令)也证实了这一点,见表 4.2,其中已经列出了这些参数。

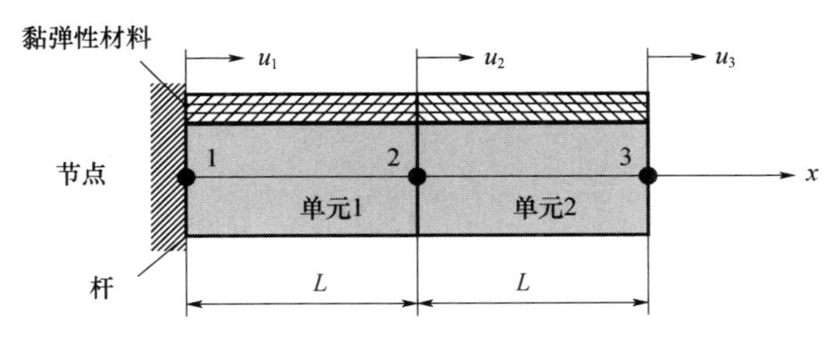

图 4.8　杆/无约束黏弹性材料系统的两单元模型

表 4.2　无约束层阻尼处理后的模态参数

模态阶次	完整模型		缩聚模型	
	频率/Hz	阻尼比	频率/Hz	阻尼比
1	1103.5	0.00242	1100.3	0.00310
2	3869.4	0.00157	3821.6	0.01070

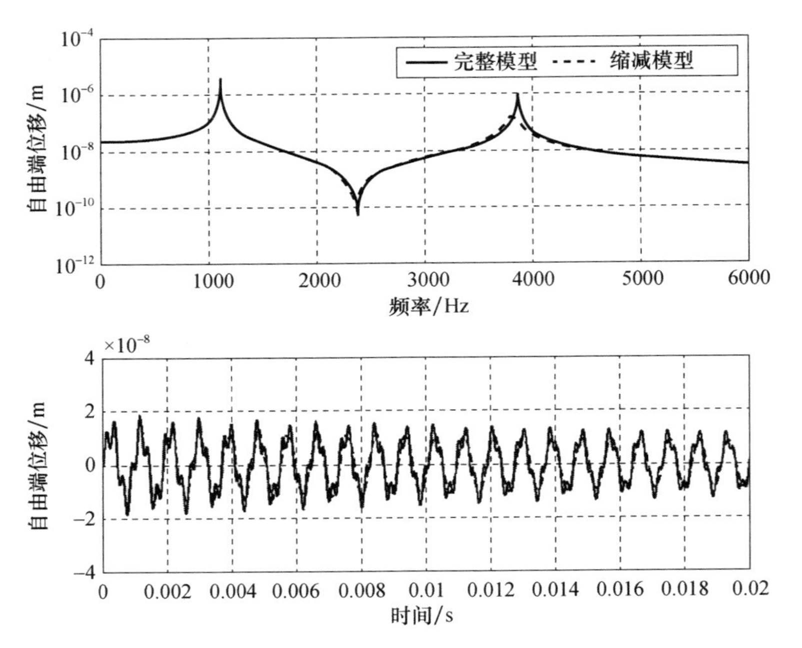

图 4.9　完整模型和缩减模型的频域响应和时域响应

4.2.4.2　约束阻尼层

如图 4.10 所示，其中给出了一根带有黏弹性材料约束层的杆结构。杆可以通过 N 个一维有限单元描述，每个单元包含了两个节点，而每个节点具有一个自由度，即纵向位移 u。黏弹性材料层是黏贴在杆的单侧表面上的，该层的另一表面上覆盖了一块薄板，以约束该层的运动，因此该薄板也被称为约束层。在这种结构方式下，由于黏弹性材料层的上、下表面之间存在着相对运动，因此该层将经受如图 4.10(c)所示的剪切应变 γ 。下面建立这个杆/约束黏弹性材料系统单元的势能和动能表达式。

先来考虑势能，该单元的势能可以表示为

$$\begin{aligned}\mathrm{P.E} &= \mathrm{P.E}_{\text{杆}} + \mathrm{P.E}_{\text{约束层}} + \mathrm{P.E}_{\text{黏弹性材料层}} \\ &= \frac{1}{2}\int_0^L E_3 A_3 u_{3,x}^2 \mathrm{d}x + \frac{1}{2}\int_0^L E_1 A_1 u_{1,x}^2 \mathrm{d}x + \frac{1}{2}\int_0^L G_v A_v \gamma^2 \mathrm{d}x\end{aligned} \tag{4.37}$$

式中：E_i 和 A_i 分别为第 i 层的杨氏模量和截面积；下标 1 和 3 分别为代约束层和基础结构；G_v 和 A_v 分别为黏弹性材料层的剪切模量和剪切面积。

考虑图 4.10(c)所示的(变形后的)杆/约束黏弹性材料结构的几何，不难导出剪应变 γ 为

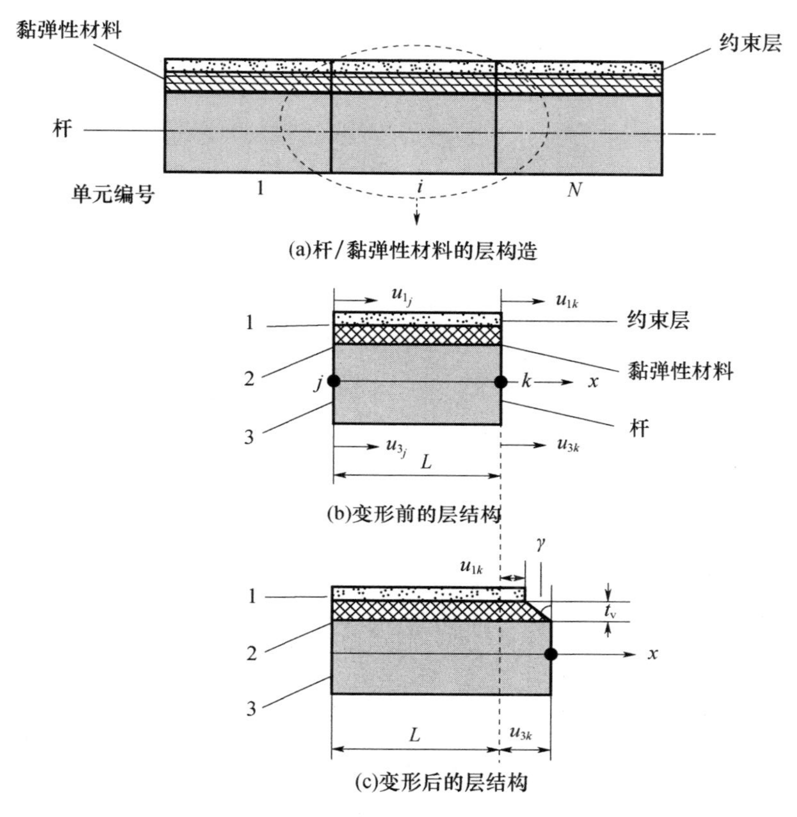

图 4.10　杆/约束黏弹性材料系统的有限元模型

$$\gamma = \frac{u_3 - u_1}{t_v} \tag{4.38}$$

在推导式(4.38)时已经假定了剪应变 γ 是一个小量,它意味着 $\gamma \approx \tan\gamma$ 。

如果假设位移 u_1 和 u_3 可由线性的形函数来表示,有

$$u_1 = \boldsymbol{N}_1\boldsymbol{\Delta}_i, u_3 = \boldsymbol{N}_3\boldsymbol{\Delta}_i \tag{4.39}$$

式中:$\boldsymbol{N}_1 = \{(1 - x/L) \quad 0 \quad x/L \quad 0\}$;$\boldsymbol{N}_3 = \{0 \quad (1 - x/L) \quad 0 \quad x/L\}$;$\boldsymbol{\Delta}_i = \{u_{1j} \quad u_{3j} \quad u_{1k} \quad u_{3k}\}^{\mathrm{T}}$ 为第 i 个单元的节点位移向量。

根据式(4.37)~式(4.39),势能就可化为

$$\mathrm{P.E} = \frac{1}{2}\boldsymbol{\Delta}_i^{\mathrm{T}}\int_0^L E_1A_1\boldsymbol{N}_{1,x}^{\mathrm{T}}\boldsymbol{N}_{1,x}\mathrm{d}x\boldsymbol{\Delta}_i + \frac{1}{2}\boldsymbol{\Delta}_i^{\mathrm{T}}\int_0^L E_3A_3\boldsymbol{N}_{3,x}^{\mathrm{T}}\boldsymbol{N}_{3,x}\mathrm{d}x\boldsymbol{\Delta}_i + \frac{1}{2}\boldsymbol{\Delta}_i^{\mathrm{T}}G_vA_v/t_v^2\int_0^L(\boldsymbol{N}_3 - \boldsymbol{N}_1)^{\mathrm{T}}(\boldsymbol{N}_3 - \boldsymbol{N}_1)\,\mathrm{d}x\boldsymbol{\Delta}_i$$

$$= \frac{1}{2}\boldsymbol{\Delta}_i^{\mathrm{T}}(\boldsymbol{K}_1 + \boldsymbol{K}_3 + \boldsymbol{K}_{\mathrm{v_G}})\boldsymbol{\Delta}_i \tag{4.40}$$

式中：

$$\begin{cases} \boldsymbol{K}_i = E_i A_i \int_0^L \boldsymbol{N}_{i,x}^{\mathrm{T}} \boldsymbol{N}_{i,x} \mathrm{d}x, i = 1,3 \\ \boldsymbol{K}_{\mathrm{v_G}} = G_{\mathrm{v}} A_{\mathrm{v}} / t_{\mathrm{v}}^2 \int_0^L (\boldsymbol{N}_3 - \boldsymbol{N}_1)^{\mathrm{T}} (\boldsymbol{N}_3 - \boldsymbol{N}_1) \mathrm{d}x \end{cases} \tag{4.41}$$

式中：$\boldsymbol{K}_1$、$\boldsymbol{K}_3$ 和 $\boldsymbol{K}_{\mathrm{v_G}}$ 分别为约束层、基础层以及黏弹性材料层的刚度矩阵，此处的 $\boldsymbol{K}_1$ 和 $\boldsymbol{K}_3$ 都是实刚度矩阵，而 $\boldsymbol{K}_{\mathrm{v_G}}$ 是由 GHM 模型描述的复矩阵。

再来考虑动能，它可以表示为

$$\mathrm{K.E} = \frac{1}{2}\int_0^L \rho_1 A_1 \dot{u}_1^2 \mathrm{d}x + \frac{1}{2}\int_0^L \rho_3 A_3 \dot{u}_3^2 \mathrm{d}x + \frac{1}{2}\int_0^L \rho_{\mathrm{v}} A_{\mathrm{v}} \dot{u}_{\mathrm{v}}^2 \mathrm{d}x \tag{4.42}$$

式中：ρ_1、ρ_3 和 ρ_{v} 分别为约束层、基础层和黏弹性材料层的密度；$\dot{u}_{\mathrm{v}}$ 为黏弹性材料层的速度，一般假定为约束层和基础层的速度的平均值，即

$$\dot{u}_{\mathrm{v}} = \frac{1}{2}(\dot{u}_1 + \dot{u}_3) \tag{4.43}$$

考虑到 $u = \boldsymbol{N}\boldsymbol{\Delta}_i$，于是有 $\dot{u} = \boldsymbol{N}\dot{\boldsymbol{\Delta}}_i$，因此式(4.42)将化为

$$\begin{aligned} K.E &= \frac{1}{2}\dot{\boldsymbol{\Delta}}_i^{\mathrm{T}} \rho_1 A_1 \int_0^L \boldsymbol{N}_1^{\mathrm{T}} \boldsymbol{N}_1 \mathrm{d}x \dot{\boldsymbol{\Delta}}_i + \frac{1}{2}\dot{\boldsymbol{\Delta}}_i^{\mathrm{T}} \rho_3 A_3 \int_0^L \boldsymbol{N}_3^{\mathrm{T}} \boldsymbol{N}_3 \mathrm{d}x \dot{\boldsymbol{\Delta}}_{\mathrm{i}} \\ &\quad + \frac{1}{2}\dot{\boldsymbol{\Delta}}_i^{\mathrm{T}} \frac{1}{4}\rho_{\mathrm{v}} A_{\mathrm{v}} \int_0^L (\boldsymbol{N}_1 + \boldsymbol{N}_3)^{\mathrm{T}} (\boldsymbol{N}_1 + \boldsymbol{N}_3) \mathrm{d}x \dot{\boldsymbol{\Delta}}_i \\ &= \frac{1}{2}\dot{\boldsymbol{\Delta}}_i^{\mathrm{T}} (\boldsymbol{M}_1 + \boldsymbol{M}_3 + \boldsymbol{M}_{\mathrm{v}}) \dot{\boldsymbol{\Delta}}_i \end{aligned} \tag{4.44}$$

式中：

$$\begin{cases} \boldsymbol{M}_i = \rho_i A_i \int_0^L \boldsymbol{N}_i^{\mathrm{T}} \boldsymbol{N}_i \mathrm{d}x, i = 1,3 \\ \boldsymbol{M}_{\mathrm{v}} = \frac{1}{4}\rho_{\mathrm{v}} A_{\mathrm{v}} \int_0^L (\boldsymbol{N}_1 + \boldsymbol{N}_3)^{\mathrm{T}} (\boldsymbol{N}_1 + \boldsymbol{N}_3) \mathrm{d}x \end{cases} \tag{4.45}$$

根据式(4.40)和式(4.44)，每个单元的运动方程就可以利用拉格朗日方程得到，而将这些方程组装起来就能够进一步给出整个杆/约束黏弹性材料系统的运动方程了，最终得到的方程为

$$M_o s^2\boldsymbol{\Delta} + (K_{1_o} + K_{3_o} + K_{v_{Go}})\boldsymbol{\Delta} = F_o \tag{4.46}$$

式中：M_o、K_{1_o}、K_{3_o} 和 $K_{v_{Go}}$ 分别为总体质量矩阵、约束层总体刚度矩阵、基础结构刚度矩阵和黏弹性材料层的总体刚度矩阵；$\boldsymbol{\Delta}$ 和 F_o 分别为整个系统的位移向量和载荷向量。

类似地，在将黏弹性材料层的总体刚度矩阵 $K_{v_{Go}}$ 表示成 GHM 模型的形式之前，需要在结构上施加边界条件，以消除刚体运动模式，这是因为这些刚体运动模式对于柔性体运动模式不会产生任何阻尼效应。在约束阻尼层这种情况下，由于 $K_{v_{Go}}$ 是奇异的（将在例 4.4 中介绍），因此上述这一处理并不足以完全消除掉所有的刚体运动模式，还需要作进一步的处理。

引入内部自由度 z 来描述黏弹性材料层的动力学过程，结合包含单个振荡项的模型，并采用 4.2.1 节所给出的方法，式（4.46）将可化为

$$M_T\ddot{X} + C_T\dot{X} + K_T X = F_T \tag{4.47}$$

式中：

$$M_T = \begin{bmatrix} M_o & 0 \\ 0 & \dfrac{\alpha_1 K_{v_{Go}}}{\omega_1^2} \end{bmatrix}$$

$$C_T = \begin{bmatrix} 0 & 0 \\ 0 & \dfrac{2\zeta_1\alpha_1 K_{v_{Go}}}{\omega_1} \end{bmatrix}$$

$$K_T = \begin{bmatrix} K_{1_o} + K_{3_o} + (1+\alpha_1)K_{v_{Go}} & -\alpha_1 K_{v_{Go}} \\ -\alpha_1 K_{v_{Go}} & \alpha_1 K_{v_{Go}} \end{bmatrix}$$

$$X = \begin{Bmatrix} \boldsymbol{\Delta} \\ z \end{Bmatrix}$$

$$F_T = \begin{Bmatrix} F_o \\ 0 \end{Bmatrix}$$

如果矩阵 $K_{v_{Go}}$ 是奇异的，那么可以引入如下的变换，将内部自由度 z 转换到 $\bar{z}$，即

$$z = R_n\bar{z} \tag{4.48}$$

式中：R_n 为矩阵 $K_{v_{Go}}$ 的非零本征值 Λ 的本征矢量矩阵，即

$$K_{v_{Go}} = R_n \Lambda R_n^T, R_n^T R_n = I \tag{4.49}$$

此处附带指出的是，矩阵 $K_{v_{Go}}$ 也可以写为

$$\boldsymbol{K}_{\mathrm{v}_{\mathrm{Go}}}=\boldsymbol{R}_{\mathrm{T}}\boldsymbol{\Lambda}_{\mathrm{T}}\boldsymbol{R}_{\mathrm{T}}^{\mathrm{T}}=[\boldsymbol{R}_0\quad \boldsymbol{R}_{\mathrm{n}}]\begin{bmatrix}0&0\\0&\boldsymbol{\Lambda}\end{bmatrix}\begin{bmatrix}\boldsymbol{R}_0^{\mathrm{T}}\\ \boldsymbol{R}_{\mathrm{n}}^{\mathrm{T}}\end{bmatrix}=\boldsymbol{R}_{\mathrm{n}}\boldsymbol{\Lambda}\boldsymbol{R}_{\mathrm{n}}^{\mathrm{T}}$$

式中：$\boldsymbol{R}_{\mathrm{T}}$ 为 $\boldsymbol{K}_{\mathrm{v}_{\mathrm{Go}}}$ 的完整本征矢量矩阵，其中包括了跟零本征值和非零本征值对应的本征矢量矩阵，分别为 $\boldsymbol{R}_0$ 和 $\boldsymbol{R}_{\mathrm{n}}$。

将式(4.48)和式(4.49)代入式(4.47)，可得

$$\boldsymbol{M}_{\mathrm{t}}\ddot{\boldsymbol{X}}_{\mathrm{t}}+\boldsymbol{C}_{\mathrm{t}}\dot{\boldsymbol{X}}_{\mathrm{t}}+\boldsymbol{K}_{\mathrm{t}}\boldsymbol{X}_{\mathrm{t}}=\boldsymbol{F}_{\mathrm{t}} \tag{4.50}$$

式中：$\boldsymbol{M}_{\mathrm{t}}=\begin{bmatrix}\boldsymbol{M}_{\mathrm{o}}&0\\0&\dfrac{\alpha_1\boldsymbol{\Lambda}}{\omega_1^2}\end{bmatrix}$；$\boldsymbol{C}_{\mathrm{t}}=\begin{bmatrix}0&0\\0&\dfrac{2\zeta_1\alpha_1\boldsymbol{\Lambda}}{\omega_1}\end{bmatrix}$；

$$\boldsymbol{K}_{\mathrm{t}}=\begin{bmatrix}\boldsymbol{K}_{1_{\mathrm{o}}}+\boldsymbol{K}_{3_{\mathrm{o}}}+(1+\alpha_1)\boldsymbol{K}_{\mathrm{v}_{\mathrm{o}}}&-\alpha_1\boldsymbol{R}_{\mathrm{n}}\boldsymbol{\Lambda}\\-\alpha_1\boldsymbol{\Lambda}\boldsymbol{R}_{\mathrm{n}}^{\mathrm{T}}&\alpha_1\boldsymbol{\Lambda}\end{bmatrix};\ \boldsymbol{X}_{\mathrm{t}}=\begin{Bmatrix}\boldsymbol{\Delta}\\ \bar{z}\end{Bmatrix};\ \boldsymbol{F}_{\mathrm{t}}=\begin{Bmatrix}\boldsymbol{F}_{\mathrm{o}}\\0\end{Bmatrix}。$$

在这种形式中，质量矩阵 $\boldsymbol{M}_{\mathrm{t}}$ 和刚度矩阵 $\boldsymbol{K}_{\mathrm{t}}$ 都是非奇异矩阵，所有模式均为柔性体运动模式。

如果采用静力缩聚法对 GHM 模型的内部自由度 z 进行处理，那么式(4.33)将化为

$$\begin{bmatrix}\boldsymbol{K}_{1_{\mathrm{o}}}+\boldsymbol{K}_{3_{\mathrm{o}}}+(1+\alpha_1)\boldsymbol{K}_{\mathrm{v}_{\mathrm{o}}}&-\alpha_1\boldsymbol{R}_{\mathrm{n}}\boldsymbol{\Lambda}\\-\alpha_1\boldsymbol{\Lambda}\boldsymbol{R}_{\mathrm{n}}^{\mathrm{T}}&\alpha_1\boldsymbol{\Lambda}\end{bmatrix}=\begin{Bmatrix}\boldsymbol{\Delta}\\ \bar{z}\end{Bmatrix}=\begin{Bmatrix}\boldsymbol{F}_{\mathrm{o}}\\0\end{Bmatrix}$$

由此可得：$-\alpha_1\boldsymbol{\Lambda}\boldsymbol{R}_{\mathrm{n}}^{\mathrm{T}}\boldsymbol{\Delta}+\alpha_1\boldsymbol{\Lambda}\bar{z}=0$ 或者 $\bar{z}=\boldsymbol{R}_{\mathrm{n}}^{\mathrm{T}}\boldsymbol{\Delta}$。

于是，完整的状态向量 $\boldsymbol{X}$ 就可以以 $\boldsymbol{\Delta}$ 的形式来表示，即

$$\boldsymbol{X}_{\mathrm{t}}=(\boldsymbol{I}\boldsymbol{R}_{\mathrm{n}}^{\mathrm{T}})^{\mathrm{T}}\boldsymbol{\Delta}=\boldsymbol{T}_{\mathrm{c}}\boldsymbol{\Delta} \tag{4.51}$$

联立式(4.50)和式(4.51)即可导出缩减模型的运动方程如下：

$$\boldsymbol{M}_{\mathrm{r}}\ddot{\boldsymbol{\Delta}}+\boldsymbol{C}_{\mathrm{r}}\dot{\boldsymbol{\Delta}}+\boldsymbol{K}_{\mathrm{r}}\boldsymbol{\Delta}=\boldsymbol{F}_{\mathrm{o}} \tag{4.52}$$

式中：缩减质量矩阵、缩减阻尼矩阵和缩减刚度矩阵分别为

$$\boldsymbol{M}_{\mathrm{r}}=\boldsymbol{T}_{\mathrm{c}}^{\mathrm{T}}\boldsymbol{M}_{\mathrm{t}}\boldsymbol{T}_{\mathrm{c}},\ \boldsymbol{C}_{\mathrm{r}}=\boldsymbol{T}_{\mathrm{c}}^{\mathrm{T}}\boldsymbol{C}_{\mathrm{t}}\boldsymbol{T}_{\mathrm{c}},\ \boldsymbol{K}_{\mathrm{r}}=\boldsymbol{T}_{\mathrm{c}}^{\mathrm{T}}\boldsymbol{K}_{\mathrm{t}}\boldsymbol{T}_{\mathrm{c}} \tag{4.53}$$

根据式(4.50)和式(4.52)，就能够计算出杆/约束黏弹性材料系统的完整模型和缩减模型的时域与频域响应了。进一步，通过将这两个方程的齐次部分表示成状态空间形式(参见无约束阻尼层中的情形)，还可以确定出固有频率和阻尼比。

如果黏弹性材料是通过包含 N 个振荡项的模型来描述的，那么式(4.50)的形式将为

$$\boldsymbol{M}_{t_N}\ddot{\boldsymbol{X}}_t + \boldsymbol{C}_{t_N}\dot{\boldsymbol{X}}_t + \boldsymbol{K}_{t_N}\boldsymbol{X}_t = \boldsymbol{F}_t \tag{4.54}$$

式中：

$$\boldsymbol{M}_{t_N} = \begin{bmatrix} \boldsymbol{M}_o & 0 & \cdots & 0 \\ 0 & \dfrac{\alpha_1\boldsymbol{\Lambda}}{\omega_1^2} & \cdots & 0 \\ 0 & \cdots & \ddots & 0 \\ 0 & \cdots & 0 & \dfrac{\alpha_N\boldsymbol{\Lambda}}{\omega_N^2} \end{bmatrix}, \boldsymbol{C}_{t_N} = \begin{bmatrix} 0 & 0 & \cdots & 0 \\ 0 & \dfrac{2\zeta_1\alpha_1\boldsymbol{\Lambda}}{\omega_1} & \cdots & 0 \\ 0 & \cdots & \ddots & 0 \\ 0 & \cdots & 0 & \dfrac{2\zeta_N\alpha_N\boldsymbol{\Lambda}}{\omega_N} \end{bmatrix},$$

$$\boldsymbol{K}_{t_N} = \begin{bmatrix} \boldsymbol{K}_{1_o} + \boldsymbol{K}_{3_o} + \left(1 + \sum_{i=1}^{N}\alpha_i\right)\boldsymbol{K}_{v_{Go}} & -\alpha_1\boldsymbol{R}_n\boldsymbol{\Lambda} & \cdots & \cdots & -\alpha_N\boldsymbol{R}_n\boldsymbol{\Lambda} \\ -\alpha_1\boldsymbol{\Lambda}\boldsymbol{R}_n^T & \alpha_1\boldsymbol{\Lambda} & 0 & 0 & 0 \\ \vdots & 0 & \alpha_2\boldsymbol{\Lambda} & 0 & 0 \\ \vdots & 0 & 0 & \ddots & 0 \\ -\alpha_N\boldsymbol{\Lambda}\boldsymbol{R}_n^T & 0 & 0 & 0 & \alpha_N\boldsymbol{\Lambda} \end{bmatrix}$$

例 4.4　考虑图 4.11 所示的固支-自由边界下的杆/约束黏弹性材料系统，杆的材料为铝，宽度、厚度和长度分别为 0.025m、0.025m 和 1m，黏弹性材料层的宽度、厚度和密度分别为 0.025m、0.025m 和 1100kgm^{-3}。黏弹性材料层受到了一个铝约束层的约束，后者宽度和厚度均为 0.025m。若利用包含单个振荡项（$E_0 = 15.3\text{MPa}, \alpha_1 = 39, \zeta_1 = 1, \omega_1 = 19058\text{rad/s}$）的 GHM 建模方法来描述该黏弹性材料，试确定杆的自由端（节点 3）受到单位载荷激励时自由端的时域和频域响应，以及该系统的完整模型和缩减模型的固有频率与阻尼比。此处假定这一系统可以通过两个有限单元描述，而且单位力激励的持续时间为 100μs。

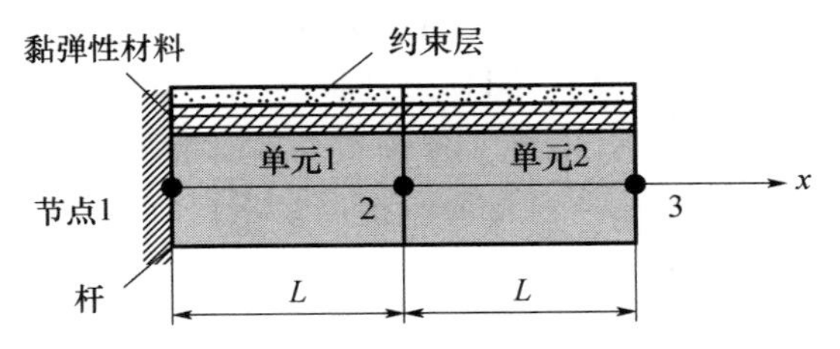

图 4.11　杆/约束黏弹性材料系统的两单元模型

[分析]

图 4.12 已经给出了完整模型和缩减模型的频域与时域响应，可以清晰地

看出,缩减模型的响应与完整模型的响应是十分相符的。需要注意的是,从时域响应能够体现出约束构型下的阻尼层对于杆结构的振动衰减是相当有效的,这是因为该约束层自身是非常薄的,不会对整个系统带来多少额外的质量或刚度影响。通过计算缩减模型的固有频率和阻尼比(利用 MATLAB 软件中的“damp”命令)也可以证实这一观测结果,这些参数可以见表 4.3。

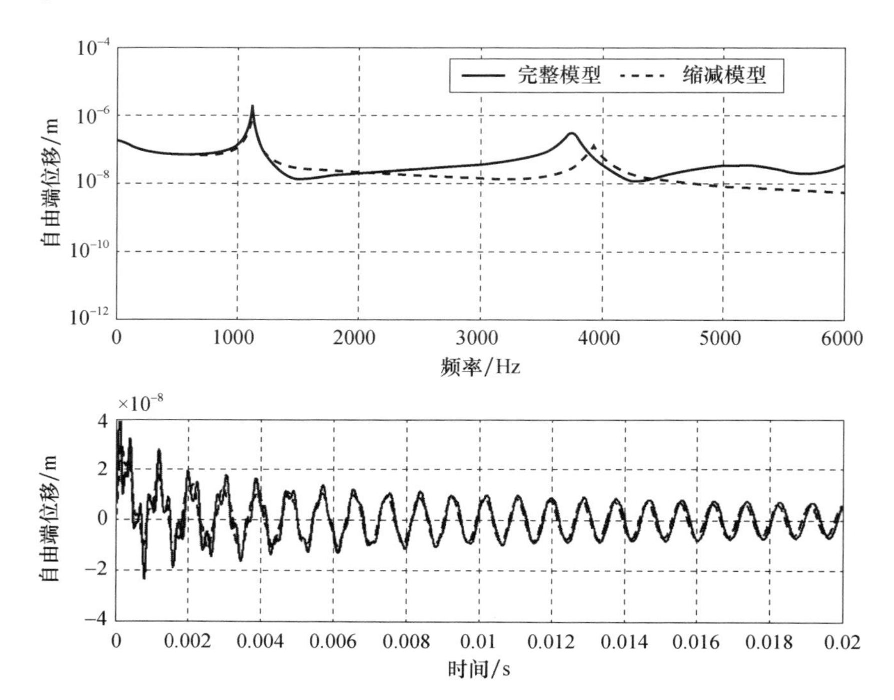

图 4.12 杆/约束黏弹性材料系统的频域响应和时域响应

通过对比表 4.2 和表 4.3 中的结果可以发现,对黏弹性材料层进行约束是可以提升阻尼比的,对于第一阶和第二阶模式来说,与无约束情况相比,阻尼比可以分别提高 2 倍和 10 倍。这一阻尼特性提升的主要是因为阻尼机制发生了改变,由无约束情况中的拉压变成了有约束情况中的剪切。在后面的第 6 章中,还将针对这两种构型中的能量耗散问题做更为详尽的分析与讨论。

表 4.3 约束层阻尼处理后的模态参数

模态阶次	完整模型		缩聚模型	
	频率/Hz	阻尼比	频率/Hz	阻尼比
1	1130.05	0.00489	1116.24	0.0051
2	3757.96	0.01230	3933.12	0.0126

4.3　带有黏弹性材料层的梁结构的有限元模型

本节将针对带有被动式约束层阻尼（PCLD）处理的梁结构，建立其有限元模型，并针对这些模型的预测结果通过商用软件包 ANSYS 的计算进行验证。

4.3.1　自由度

对于经过黏弹性材料约束层处理的梁结构，图4.13所示为它的一个有限单元。这个单元带有两个节点（j 和 k），每个节点具有4个自由度：u_1、u_3、w 和 $w_{,x}$，分别代表的是约束层的轴向位移、梁的轴向位移、梁的横向位移和转角。

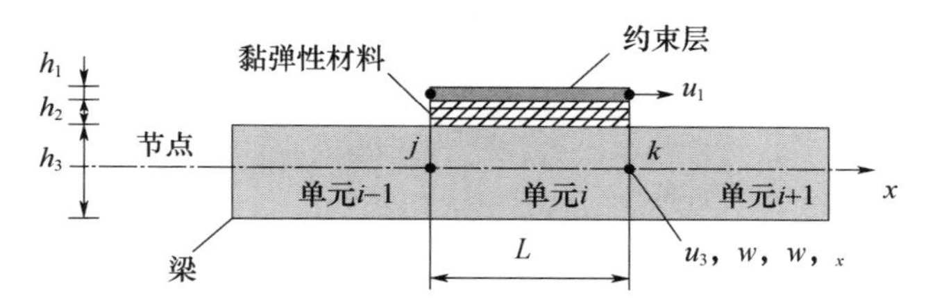

图4.13　经过黏弹性材料约束层阻尼处理的梁单元

在该单元上这些位移的空间分布可以通过如下形函数来表示，即

$$u_1 = b_1 + b_2x, u_3 = b_3 + b_4x, w = a_1 + a_2x + a_3x^2 + a_4x^3 \tag{4.55}$$

式中：a_i 和 b_i 均为常数。

类似于4.2.4节中杆的情况，这里也可以通过节点位移向量 $\{\Delta_i\}$ 的形式给出。相应地，就可以将式（4.55）表示为

$$\begin{Bmatrix} u_1 \\ u_3 \\ w \end{Bmatrix} = \begin{Bmatrix} \boldsymbol{N}_{u_1} \\ \boldsymbol{N}_{u_3} \\ \boldsymbol{N}_w \end{Bmatrix} \boldsymbol{\Delta}_i = \begin{bmatrix} N_1 & 0 & 0 & 0 & N_2 & 0 & 0 & 0 \\ 0 & N_1 & 0 & 0 & 0 & N_2 & 0 & 0 \\ 0 & 0 & N_{1w} & N_{1w,x} & 0 & 0 & N_{2w} & N_{2w,x} \end{bmatrix} \boldsymbol{\Delta}_i \tag{4.56}$$

式中：$\boldsymbol{\Delta}_i = \{u_{1j} \quad u_{3j} \quad w_j \quad w_{,xj} \quad u_{1k} \quad u_{3k} \quad w_k \quad w_{,xk}\}^{\mathrm{T}}$ 为节点位移向量。此外，这些插值函数 N_i 也是很容易得到的，它们分别为：$N_1 = (1 - x/L)$，$N_2 = x/L$，$N_{1w} = 1 - 3(x/L)^2 + 2(x/L)^3$，$N_{1w,x} = x[1 - 2(x/L) + (x/L)^2]$，$N_{2w} = 3(x/L)^2 - 2(x/L)^3$，$N_{2w,x} = x[-(x/L) + (x/L)^2]$。这些式子中的 x 和 L 分别代表的是单元上的位置和单元的长度。

4.3.2 基本的运动学关系

图 4.14 所示为变形后的梁/黏弹性材料系统的示意图,其中体现了不同层所表现出的形变。根据这一几何,我们可以看出:

$$u_A = u_1 + \frac{h_1}{2}w_{,x}, u_B = u_3 - \frac{h_3}{2}w_{,x} \tag{4.57}$$

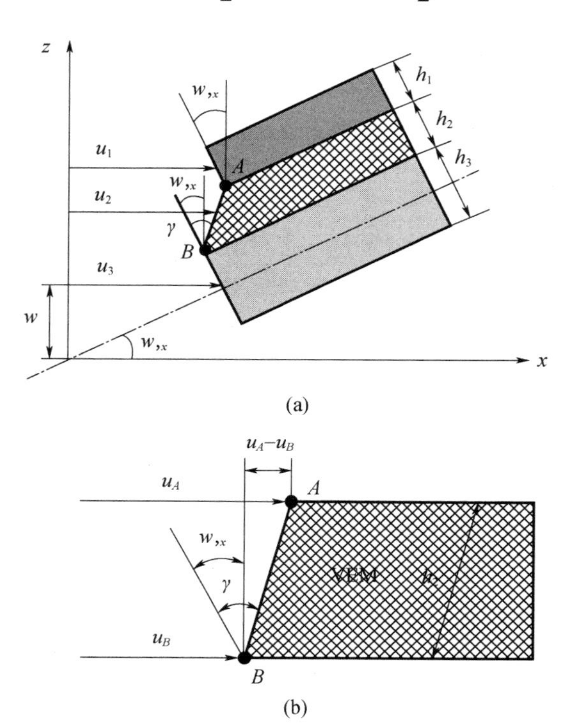

图 4.14 变形后的梁/黏弹性材料系统的示意图

于是,黏弹性材料层的剪应变 γ 可以通过下式来确定,即

$$\gamma \approx w_{,x} + \frac{1}{h_2}(u_A - u_B) = \frac{h}{h_2}w_{,x} + \frac{1}{h_2}(u_1 - u_3) \tag{4.58}$$

式中:$h = h_2 + \frac{1}{2}(h_1 + h_3)$ 。

此外,这里黏弹性材料层的纵向位移 u_2 还可以表示为

$$u_2 = \frac{1}{2}(u_A + u_B) = \frac{1}{2}\left[\frac{1}{2}(h_1 - h_3)\ w_{,x} + (u_1 + u_3)\right] \tag{4.59}$$

4.3.3 梁/黏弹性材料系统单元的刚度矩阵和质量矩阵

为了确定梁/黏弹性材料系统单元的刚度矩阵和质量矩阵,需要建立势能和动能的表达式,下面分别加以讨论。

1)势能

单元的势能(P·E)包括了约束层、黏弹性材料层以及梁结构层这三者的势能,因而可以表示为

$$\mathrm{P\cdot E}=\frac{1}{2}\int_0^L\left[\sum_{i=1}^{3}E_iA_iu_{i,x}^2+(E_1I_1+E_3I_3)\,w_{,xx}^2+G_2A_2\gamma^2\right]\mathrm{d}x \tag{4.60}$$

式中:E_iA_i 和 E_iI_i 分别为第 i 层的纵向刚度和横向刚度;G_2A_2 为黏弹性材料层的剪切刚度;G_2 为剪切模量。

式(4.60)中积分号内的项包括由拉压、弯曲和剪切变形所产生的势能。此外,在式(4.60)中,已经假定了三层在横向上的运动都是相同的,因而黏弹性材料层的横向刚度可以忽略不计。这些假设是合理的,原因在于黏弹性材料层的厚度和约束层的厚度都是小量。

利用式(4.56),式(4.60)就可以化为

$$\mathrm{P\cdot E}=\frac{1}{2}\boldsymbol{\Delta}_i^{\mathrm{T}}(\boldsymbol{K}_{\mathrm{u}}+\boldsymbol{K}_{\mathrm{w}}+\boldsymbol{K}_{\gamma})\,\boldsymbol{\Delta}_i=\frac{1}{2}\boldsymbol{\Delta}_i^{\mathrm{T}}\boldsymbol{K}_{\mathrm{e}}\boldsymbol{\Delta}_i \tag{4.61}$$

式中:

$$\boldsymbol{K}_{\mathrm{u}}=\int_0^L[E_1A_1(\boldsymbol{N}_{u_1,x}^{\mathrm{T}}\boldsymbol{N}_{u_1,x})+E_3A_3(\boldsymbol{N}_{u_3,x}^{\mathrm{T}}\boldsymbol{N}_{u_3,x})]\,\mathrm{d}x$$
$$+\int_0^L\frac{1}{2}E_2A_2\left[\left(\boldsymbol{N}_{u_1,x}+\frac{1}{2}(h_1-h_3)\,\boldsymbol{N}_{w,xx}+\boldsymbol{N}_{u_3,x}\right)^{\mathrm{T}}\left(\boldsymbol{N}_{u_1,x}+\frac{1}{2}(h_1-h_3)\,\boldsymbol{N}_{w,xx}+\boldsymbol{N}_{u_3,x}\right)\right]\mathrm{d}x$$

$$\boldsymbol{K}_{\mathrm{w}}=\int_0^L[(E_1I_1+E_3I_3)\,(\boldsymbol{N}_{w,xx}^{\mathrm{T}}\boldsymbol{N}_{w,xx})]\,\mathrm{d}x$$

$$\boldsymbol{K}_{\gamma}=\int_0^L\frac{G_2A_2}{h_2^2}[(\boldsymbol{N}_{u_1}-\boldsymbol{N}_{u_2}+h\boldsymbol{N}_{w,x})^{\mathrm{T}}(\boldsymbol{N}_{u_1}-\boldsymbol{N}_{u_2}+h\boldsymbol{N}_{w,x})]\,\mathrm{d}x$$

$\boldsymbol{K}_{\mathrm{e}}=\boldsymbol{K}_{\mathrm{u}}+\boldsymbol{K}_{\mathrm{w}}+\boldsymbol{K}_{\gamma}$ 为单元的刚度矩阵。应当注意的是,$\boldsymbol{K}_{\mathrm{u}}$、$\boldsymbol{K}_{\mathrm{w}}$ 和 $\boldsymbol{K}_{\gamma}$ 分别是对应于拉压、弯曲和剪切变形的刚度矩阵,这些矩阵的维度都是 8×8。

2)动能

单元的动能(K·E)包含了结构中各层的动能,于是有

$$\mathrm{K}\cdot\mathrm{E}=\frac{1}{2}\int_0^L\left(\sum_{i=1}^3\rho_iA_i\dot{u}_i^2+\sum_{i=1}^3\rho_iA_i\dot{w}^2\right)\mathrm{d}x \tag{4.62}$$

式中:ρ_i 为第 i 层的材料密度,积分号内的各项分别为由拉压和弯曲变形所产生的动能。此处已经假定转动惯量所导致的动能可以忽略不计。

利用式(4.56),式(4.62)可以化为

$$\mathrm{K}\cdot\mathrm{E}=\frac{1}{2}\dot{\boldsymbol{\Delta}}_i^{\mathrm{T}}(\boldsymbol{M}_{\mathrm{u}}+\boldsymbol{M}_{\mathrm{w}})\dot{\boldsymbol{\Delta}}_i=\frac{1}{2}\dot{\boldsymbol{\Delta}}_i^{\mathrm{T}}\boldsymbol{M}_{\mathrm{e}}\dot{\boldsymbol{\Delta}}_i \tag{4.63}$$

式中:

$$\begin{aligned}\boldsymbol{M}_{\mathrm{u}}=&\int_0^L(\rho_1A_1\boldsymbol{N}_{u_1}^{\mathrm{T}}\boldsymbol{N}_{u_1}+\rho_3A_3\boldsymbol{N}_{u_3}^{\mathrm{T}}\boldsymbol{N}_{u_3})\,\mathrm{d}x\\&+\int_0^L\left[\frac{1}{4}\rho_2A_2\left(\frac{1}{2}(h_1-h_3)\boldsymbol{N}_{w,x}+\boldsymbol{N}_{u_1}+\boldsymbol{N}_{u_3}\right)^{\mathrm{T}}\right.\\&\left.\left(\frac{1}{2}(h_1-h_3)\boldsymbol{N}_{w,x}+\boldsymbol{N}_{u_1}+\boldsymbol{N}_{u_3}\right)\right]\mathrm{d}x\end{aligned}$$

$$\boldsymbol{M}_{\mathrm{w}}=\int_0^L\left(\sum_{i=1}^3\rho_iA_i\boldsymbol{N}_{\mathrm{w}}^{\mathrm{T}}\boldsymbol{N}_{\mathrm{w}}\right)\mathrm{d}x$$

$\boldsymbol{M}_{\mathrm{e}}=\boldsymbol{M}_{\mathrm{u}}+\boldsymbol{M}_{\mathrm{w}}$ 为单元的质量矩阵。应当注意的是,$\boldsymbol{M}_{\mathrm{u}}$ 和 $\boldsymbol{M}_{\mathrm{w}}$ 分别是对应于拉压和弯曲变形的质量矩阵,这些矩阵的维度也都是 8×8。

4.3.4 梁/黏弹性材料系统单元的运动方程

根据式(4.61)和式(4.63),利用拉格朗日方程,不难导出梁/黏弹性材料系统单元的运动方程,即

$$\boldsymbol{M}_{\mathrm{e}}\ddot{\boldsymbol{\Delta}}_i+\boldsymbol{K}_{\mathrm{e}}\boldsymbol{\Delta}_i=\boldsymbol{F}_i \tag{4.64}$$

式中:$\boldsymbol{M}_{\mathrm{e}}$ 和 $\boldsymbol{K}_{\mathrm{e}}$ 分别为单元的质量矩阵和刚度矩阵;$\boldsymbol{\Delta}_i$ 和 $\boldsymbol{F}_i$ 分别为单元的节点位移向量和载荷向量。

对于整个梁/黏弹性材料系统来说,它的运动方程可以通过将单元矩阵组装起来导出,其方式类似于4.2.4节中针对杆结构所采用的过程。随后,可以对方程施加边界条件,并引入黏弹性材料的动力特性(借助GHM模型,包含单个或多个振荡项)以得到最终的系统方程。关于内部自由度的缩聚和刚体运动模式的消除,其处理方式跟4.2.4节针对杆结构的情形是相似的。

例 4.5　考虑图 4.15 所示的固支-自由边界下的梁/黏弹性材料系统，该系统的物理和几何参数已经列于表 4.4 中。假定该梁可以划分为 10 个有限单元，并受到了横向上的激励力 $\boldsymbol{F}$ 的作用，试针对下列情形确定该系统的响应：

(1)激励力为正弦型，即 $F = 0.001\sin(\omega t)$，其中的 ω 为激励频率；

(2)激励力为脉冲力，即，在 $t \leqslant 0.02\text{s}$ 内 $F = 0.001N$，在 $t > 0.02\text{s}$ 内 $F = 0$。

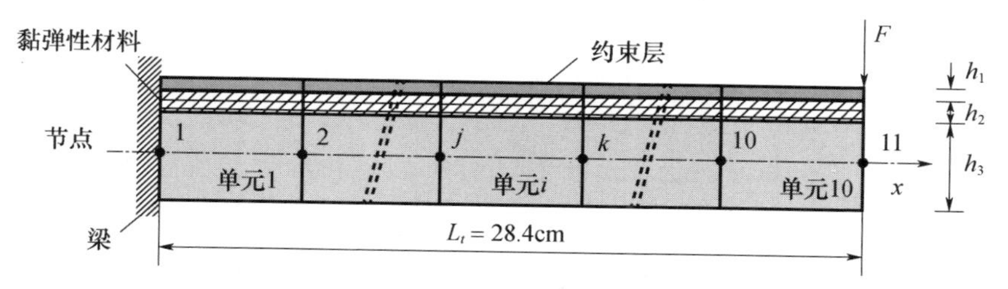

图 4.15　经过约束黏弹性材料阻尼处理的悬臂梁(10 个单元)

进一步，将上述情形下的时域和频域内的响应与单纯的梁结构情形进行比较。此处假定黏弹性材料层的复剪切模量 G_2 可以通过包含 4 个振荡项的 GHM 模型来描述(其特性参见表 4.5)，即

$$G_2(s) = G_0\left(1 + \sum_{i=1}^{4}\alpha_i \frac{s^2 + 2\omega_i s}{s^2 + 2\omega_i s + \omega_i^2}\right)，其中 G_0 = 2.72\text{MPa}。$$

表 4.4　梁/黏弹性材料系统的物理和几何参数

层名	厚度/m	宽度/m	杨氏模量/GPa	密度/kgm^{-3}	泊松比
约束层	$h_1 = 0.0025$	0.025	70	2700	0.3
黏弹性材料层	$h_2 = 0.0025$	0.025	GHM	1100	0.5
梁	$h_3 = 0.0025$	0.025	70	2700	0.3

表 4.5　黏弹性材料的 GHM 模型(含 4 个振荡项)的最优参数

振荡项	1	2	3	4
$\omega_i/(\text{rad}\cdot\text{s}^{-1})$	80000	35000	4000	500
α_i	15	55	18	4

[分析]

可以利用 4.3 节给出的有限元分析过程考察黏弹性阻尼处理对梁的振动响应(时域和频域)的影响。图 4.16 将带有约束层阻尼处理的梁结构与未经处理的梁结构的响应进行了比较,从中不难看出,在时域和频域内前者都是有明显优势的。

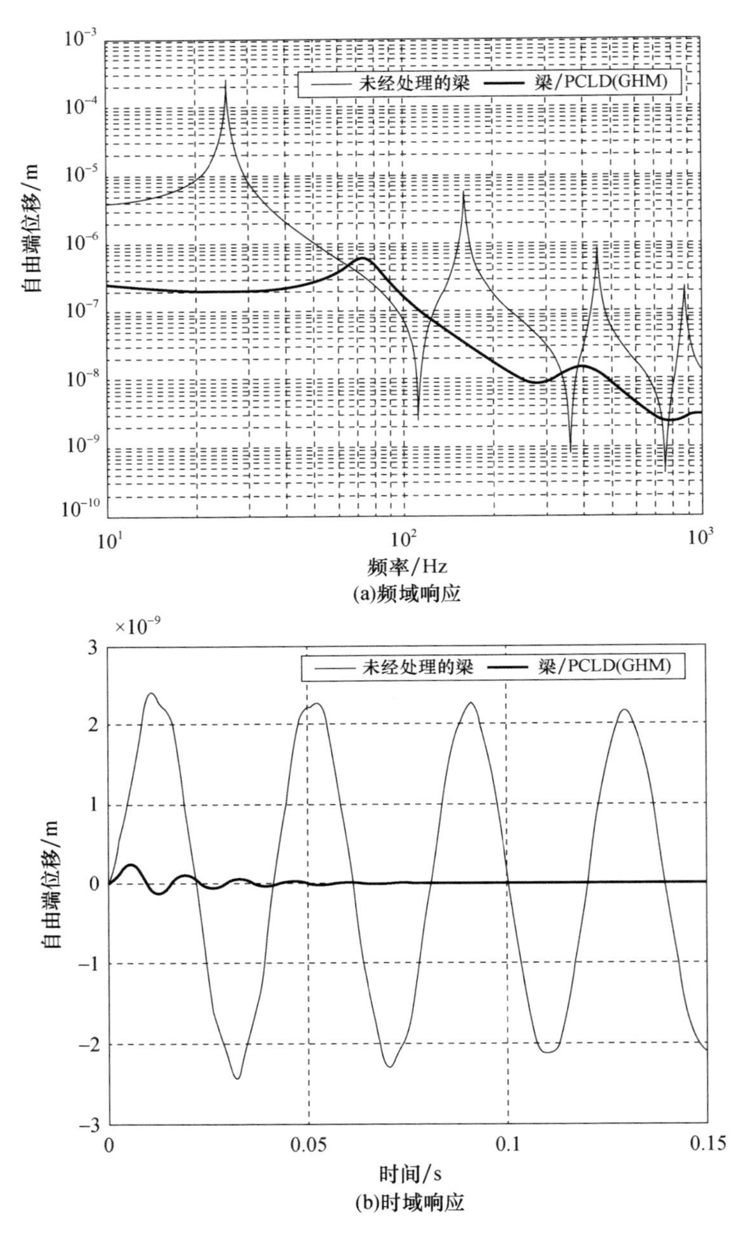

(a)频域响应

(b)时域响应

图 4.16 有无黏弹性阻尼处理两种情况下 10 单元悬臂梁模型的响应

4.4 广义 Maxwell 模型

4.4.1 概述

除了 GHM 模型以外,广义 Maxwell 模型(GMM)也能够用于黏弹性材料在时域和频域内的行为建模,并且可以跟振动结构的有限元模型集成到一起。在大量商用有限元软件包(例如 ANSYS)中,GMM 已经得到了广泛的应用。

黏弹性材料的松弛模量 $E(t)$ 通常是由 GMM 给出的,如图 4.17 所示。在数学上,这一模型在时域内可以通过如下 Prony 级数描述:

$$E(t) = E_0\left(1 + \sum_{i=1}^{n} \alpha_i e^{-t/\rho_i}\right) \tag{4.65}$$

式中:E_0 为平衡模量;α_i 为第 i 个松弛模量;$\rho_i = \eta_i/E_i$ 为第 i 个松弛时间。此处的 E_0、α_i 和 ρ_i 均为正常数。此外,式(4.65)中的求和项 $\sum_{i=1}^{n} \alpha_i e^{-t/\rho_i}$ 也称为“松弛核”。

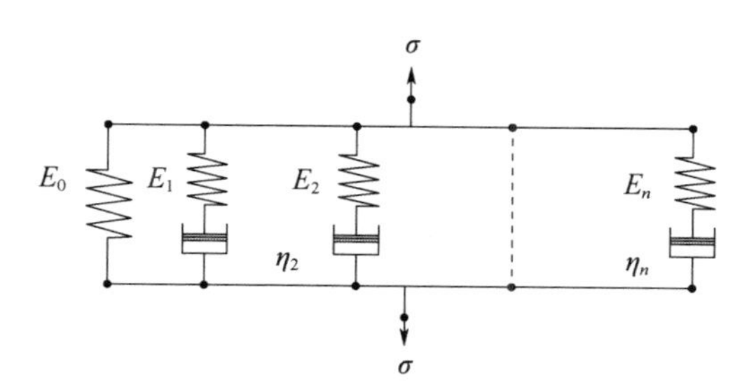

图 4.17 广义 Maxwell 模型

在频域内,式(4.65)可化为

$$E^*(s) = E_0\left(1 + \sum_{i=1}^{n} \alpha_i \frac{\rho_i s}{\rho_i s + 1}\right) \tag{4.66}$$

式中:s 为拉氏复变量。不难看出,E_0 是 $E(t)$ 在 $t = \infty$时的极限值,此时黏弹性材料完全松弛。与之等效地,当黏弹性材料工作在静态条件下($\omega = 0$)时,也将达到 E_0。此外,在 $t = 0$ 或 $\omega = \infty$时,松弛模量将取如下值:

$$E_\infty = E_0\left(1 + \sum_{i=1}^{n} \alpha_i\right) \tag{4.67}$$

式中:E_∞ 为指瞬态模量。

此处附带介绍一下 GMM 的另一种形式。式(4.65)和式(4.66)也可以改写为如下形式:

$$E(t)=E_{\infty}\left(\beta_{\infty}+\sum_{i=1}^{n}\beta_{i}e^{-t/\rho_{i}}\right),E^{*}(s)=E_{\infty}\left(\beta_{\infty}+\sum_{i=1}^{n}\beta_{i}\frac{\rho_{i}s}{\rho_{i}s+1}\right) \tag{4.68}$$

式中:E_{∞} 为瞬态模量;β_i 为第 i 个相对模量。

式(4.68)表明,E_{∞} 是 $E(t)$ 在 $t=0$ 且 $\beta_{\infty}+\sum_{i=1}^{n}\beta_{i}=1$ 处达到的极限值,与此等效地,当黏弹性材料工作在非常高的频率处($\omega=\infty$),也将达到 E_{∞}。

相对模量 β_i 和 α_i 是通过如下关系联系起来的,即

$$\beta_{\infty}=E_{0}/E_{\infty},\beta_{i}=(E_{0}/E_{\infty})\alpha_{i} \tag{4.69}$$

式(4.68)所给出的 GMM 形式已经被用于大多数商用有限元软件之中来模拟黏弹性材料的行为,例如 ANSYS 软件。

4.4.2 GMM 的内部变量描述

4.4.2.1 单自由度系统

此处所考虑的黏弹性材料是由包含有单个振荡项(即,$n=1$)的 GMM 来描述的,对于它跟一个质量所构成的系统来说,在拉氏域内的运动方程可以表示为

$$Ms^{2}X(s)+K(s)X(s)=F(s) \tag{4.70}$$

式中:M 为质量;K 为黏弹性材料的复刚度;F 为激励力函数。

利用式(4.66),式(4.70)将变为

$$Ms^{2}X(s)+K\left(1+\alpha_{n}\frac{\rho_{n}s}{\rho_{n}s+1}\right)X(s)=F(s) \tag{4.71}$$

现在定义一个内部变量 $Z(s)$ 如下:

$$Z=\frac{1/\rho_{n}}{s+1/\rho_{n}}X \tag{4.72}$$

于是在时域内,有

$$\dot{z}=\frac{1}{\rho_{n}}(x-z) \tag{4.73}$$

将式(4.72)代入式(4.71)中,可得

$$Ms^{2}X(s)+KX(s)+K\alpha_{n}\rho_{n}sZ(s)=F(s) \tag{4.74}$$

进一步将式(4.74)变换到时域,并利用式(4.73),有

$$M\ddot{x}+Kx+K\alpha_{n}(x-z)=f \tag{4.75}$$

将式(4.75)和式(4.73)组合成矩阵形式,可得

$$\begin{bmatrix} M & 0 \\ 0 & 0 \end{bmatrix}\begin{Bmatrix} \ddot{x} \\ \ddot{z} \end{Bmatrix} + \begin{bmatrix} 0 & 0 \\ 0 & 1 \end{bmatrix}\begin{Bmatrix} \dot{x} \\ \dot{z} \end{Bmatrix} + \begin{bmatrix} K(1+\alpha_n) & -K\alpha_n \\ -\dfrac{1}{\rho_n} & \dfrac{1}{\rho_n} \end{bmatrix}\begin{Bmatrix} x \\ z \end{Bmatrix} = \begin{Bmatrix} f \\ 0 \end{Bmatrix} \tag{4.76}$$

如果在式(4.76)的第二行乘以因子 $K\alpha_n\rho_n$，那么可以得到如下带有对称的系数矩阵的方程：

$$\begin{bmatrix} M & 0 \\ 0 & 0 \end{bmatrix}\begin{Bmatrix} \ddot{x} \\ \ddot{z} \end{Bmatrix} + \begin{bmatrix} 0 & 0 \\ 0 & K\alpha_n\rho_n \end{bmatrix}\begin{Bmatrix} \dot{x} \\ \dot{z} \end{Bmatrix} + \begin{bmatrix} K(1+\alpha_n) & -K\alpha_n \\ -K\alpha_n & K\alpha_n \end{bmatrix}\begin{Bmatrix} x \\ z \end{Bmatrix} = \begin{Bmatrix} f \\ 0 \end{Bmatrix} \tag{4.77}$$

要注意的是，式(4.77)中的质量矩阵是奇异的，因此有必要对黏弹性材料的内部自由度 z 进行静力缩聚。

利用4.2节所述的静力缩聚方法，即

$$z = x, \begin{Bmatrix} x \\ z \end{Bmatrix} = \begin{Bmatrix} 1 \\ 1 \end{Bmatrix} x = \boldsymbol{T}x \tag{4.78}$$

式(4.77)将化为

$$M\ddot{x} + K\alpha_n\rho_n\dot{x} + Kx = f \tag{4.79}$$

式(4.79)表明，仅包含结构自由度 x 的这个缩减模型是通过黏弹性材料的阻尼参数 (α_n, ρ_n) 实现衰减的。在时域内或者频域内对这个方程求解就可以得到系统的响应了，进而也就能够重构出内部自由度 z 的响应了（借助式(4.78)）。

4.4.2.2　多自由度系统

前面的方程(4.77)可以作进一步的拓展，用于描述跟黏弹性材料耦合的多自由度系统的动力学行为，此处的黏弹性材料模型采用的是包含多项的GMM。这一拓展跟4.2节针对GHM模型的情形是类似的，所得到的方程如下：

$$\begin{bmatrix} \boldsymbol{M}_s + \boldsymbol{M}_v & 0 & 0 & \cdots & 0 \\ 0 & 0 & 0 & \cdots & 0 \\ 0 & 0 & 0 & \cdots & 0 \\ \vdots & \vdots & \vdots & \ddots & \vdots \\ 0 & 0 & 0 & \cdots & 0 \end{bmatrix}\begin{Bmatrix} \ddot{\boldsymbol{x}} \\ \ddot{z}_1 \\ \ddot{z}_2 \\ \cdots \\ \ddot{z}_n \end{Bmatrix} + \begin{bmatrix} 0 & 0 & 0 & \cdots & 0 \\ 0 & \boldsymbol{K}_v\alpha_1\rho_1 & 0 & \cdots & 0 \\ 0 & 0 & \boldsymbol{K}_v\alpha_2\rho_2 & \cdots & 0 \\ \vdots & \vdots & \vdots & \ddots & \vdots \\ 0 & 0 & 0 & \cdots & \boldsymbol{K}_v\alpha_n\rho_n \end{bmatrix}\begin{Bmatrix} \dot{\boldsymbol{x}} \\ \dot{z}_1 \\ \dot{z}_2 \\ \cdots \\ \dot{z}_n \end{Bmatrix} +$$

$$\begin{bmatrix} \boldsymbol{K}_s + \boldsymbol{K}_v(1+\alpha_1+\alpha_2+\cdots) & -\boldsymbol{K}_v\alpha_1 & -\boldsymbol{K}_v\alpha_2 & \cdots & -\boldsymbol{K}_v\alpha_n \\ -\boldsymbol{K}_v\alpha_1 & \boldsymbol{K}_v\alpha_1 & & \cdots & 0 \\ -\boldsymbol{K}_v\alpha_2 & 0 & \boldsymbol{K}_v\alpha_2 & \cdots & 0 \\ \vdots & \vdots & \vdots & \ddots & \vdots \\ -\boldsymbol{K}_v\alpha_n & 0 & 0 & 0 & \boldsymbol{K}_v\alpha_n \end{bmatrix}\begin{Bmatrix} \boldsymbol{x} \\ z_1 \\ z_2 \\ \vdots \\ z_n \end{Bmatrix} = \begin{Bmatrix} \boldsymbol{f} \\ 0 \\ 0 \\ \vdots \\ 0 \end{Bmatrix}$$

(4.80)

式中：$\boldsymbol{M}$ 和 $\boldsymbol{K}$ 分别为基础结构的质量矩阵和刚度矩阵；α_i 和 ρ_i 分别为黏弹性材料的 GMM 描述中的第 i 个相对模量和松弛时间。

若以更为紧凑的形式来表示，式(4.80)还可以写为

$$\boldsymbol{M}_o\ddot{\boldsymbol{X}} + \boldsymbol{C}_o\dot{\boldsymbol{X}} + \boldsymbol{K}_o\boldsymbol{X} = \boldsymbol{f} \tag{4.81}$$

式中：$\boldsymbol{M}_o$、$\boldsymbol{C}_o$ 和 $\boldsymbol{K}_o$ 分别为整个结构的总体质量矩阵、总体阻尼矩阵和总体刚度矩阵。

4.4.2.3 内部自由度的缩聚

为了避免整体结构的质量矩阵出现奇异，有必要对黏弹性材料的内部自由度向量 $\boldsymbol{z} = \{z_1 \quad z_2 \quad \cdots \quad z_n\}^{\mathrm{T}}$ 进行缩聚处理，经过静力缩聚后，可得

$$\boldsymbol{z} = \begin{bmatrix} \boldsymbol{I}_{n\times n} \\ \boldsymbol{I}_{n\times n} \\ \vdots \\ \boldsymbol{I}_{n\times n} \end{bmatrix}\boldsymbol{x} = \boldsymbol{I}_{nn\times n}\boldsymbol{x},\ \begin{Bmatrix} \boldsymbol{x} \\ \boldsymbol{z} \end{Bmatrix} = \begin{Bmatrix} \boldsymbol{I}_{n\times n} \\ \boldsymbol{I}_{nn\times n} \end{Bmatrix}\boldsymbol{x} = \boldsymbol{T}\boldsymbol{x} \tag{4.82}$$

于是，式(4.80)将可化为

$$\boldsymbol{M}_{\mathrm{R}}\ddot{\boldsymbol{x}} + \boldsymbol{C}_{\mathrm{R}}\dot{\boldsymbol{x}} + \boldsymbol{K}_{\mathrm{R}}\boldsymbol{x} = \boldsymbol{f} \tag{4.83}$$

式中：$\boldsymbol{M}_{\mathrm{R}}$、$\boldsymbol{C}_{\mathrm{R}}$ 和 $\boldsymbol{K}_{\mathrm{R}}$ 分别为整体结构的缩减质量矩阵、缩减阻尼矩阵和缩减刚度矩阵，即

$$\begin{cases} \boldsymbol{M}_{\mathrm{R}} = \boldsymbol{T}^{\mathrm{T}}\boldsymbol{M}_o\boldsymbol{T} \\ \boldsymbol{C}_{\mathrm{R}} = \boldsymbol{T}^{\mathrm{T}}\boldsymbol{C}_o\boldsymbol{T} \\ \boldsymbol{K}_{\mathrm{R}} = \boldsymbol{T}^{\mathrm{T}}\boldsymbol{K}_o\boldsymbol{T} \end{cases} \tag{4.84}$$

4.4.2.4 结构自由度和内部自由度耦合情况下的直接求解

针对结构自由度和内部自由度耦合在一起的情况直接进行求解，对于获得较高的数值精度来说是必要的，这是跟静力缩聚处理后的求解相比而言。在这种直接求解过程中，可以将式(4.80)改写成如下所示的分块形式：

$$\begin{bmatrix} \boldsymbol{M}_{\mathrm{xx}} & 0 \\ 0 & 0 \end{bmatrix}\begin{Bmatrix} \ddot{\boldsymbol{x}} \\ \ddot{\boldsymbol{z}} \end{Bmatrix} + \begin{bmatrix} 0 & 0 \\ 0 & \boldsymbol{C}_{\mathrm{zz}} \end{bmatrix}\begin{Bmatrix} \dot{\boldsymbol{x}} \\ \dot{\boldsymbol{z}} \end{Bmatrix} + \begin{bmatrix} \boldsymbol{K}_{\mathrm{xx}} & -\boldsymbol{K}_{\mathrm{xz}} \\ -\boldsymbol{K}_{\mathrm{xz}} & \boldsymbol{K}_{\mathrm{zz}} \end{bmatrix}\begin{Bmatrix} \boldsymbol{x} \\ \boldsymbol{z} \end{Bmatrix} = \begin{Bmatrix} \boldsymbol{f} \\ 0 \end{Bmatrix} \tag{4.85}$$

式中：$\boldsymbol{M}_{\mathrm{xx}}$、$\boldsymbol{C}_{\mathrm{zz}}$、$\boldsymbol{K}_{\mathrm{xx}}$、$\boldsymbol{K}_{\mathrm{xz}}$ 和 $\boldsymbol{K}_{\mathrm{zz}}$ 分别为整体结构的分块质量矩阵、分块阻尼矩阵和分块刚度矩阵。

1. 时域分析

式(4.85)可以拆开表示为

$$\boldsymbol{M}_{\mathrm{xx}}\ddot{\boldsymbol{x}} + \boldsymbol{K}_{\mathrm{xx}}\boldsymbol{x} - \boldsymbol{K}_{\mathrm{xz}}\boldsymbol{z} = \boldsymbol{f} \tag{4.86}$$

$$\boldsymbol{C}_{zz}\dot{\boldsymbol{z}} + \boldsymbol{K}_{zz}\boldsymbol{z} = \boldsymbol{K}_{xz}\boldsymbol{x} \tag{4.87}$$

在状态空间描述中，把上面这两个方程写为如下标准形式：

$$\begin{aligned}\dot{\boldsymbol{X}} &= \boldsymbol{A}\boldsymbol{X} + \boldsymbol{B}u \\ y &= \boldsymbol{C}\boldsymbol{X} + Du\end{aligned} \tag{4.88}$$

式中：

$$\boldsymbol{A} = \begin{bmatrix} \boldsymbol{0} & \boldsymbol{I} & \boldsymbol{0} \\ -\boldsymbol{M}_{xx}^{-1}\boldsymbol{K}_{xx} & \boldsymbol{0} & \boldsymbol{M}_{xx}^{-1}\boldsymbol{K}_{xz} \\ \boldsymbol{C}_{zz}^{-1}\boldsymbol{K}_{xz} & \boldsymbol{0} & -\boldsymbol{C}_{zz}^{-1}\boldsymbol{K}_{zz} \end{bmatrix};\boldsymbol{B} = \begin{Bmatrix} \boldsymbol{0} \\ \boldsymbol{M}_{xx}^{-1}\boldsymbol{f} \\ \boldsymbol{0} \end{Bmatrix};$$

$$\boldsymbol{C} = [\boldsymbol{C}_{xx} \quad \boldsymbol{0}];D = 0;\boldsymbol{X} = \{\boldsymbol{x} \quad \boldsymbol{z}\}^{\mathrm{T}}$$

$\boldsymbol{C}_{xx}$ 为结构系统的测量结果矩阵，其元素 0 和元素 1 依赖于传感器的位置。

式(4.88)所给出的状态空间方程可以通过直接积分方法求解(针对任何特定的初始条件或输入激励)。

2. 频域分析

对式(4.86)和(4.87)进行拉氏变换可得

$$(\boldsymbol{M}_{xx}s^2 + \boldsymbol{K}_{xx})\boldsymbol{x} - \boldsymbol{K}_{xz}\boldsymbol{z} = \boldsymbol{f} \tag{4.89}$$

$$(\boldsymbol{C}_{zz}s + \boldsymbol{K}_{zz})\boldsymbol{z} = \boldsymbol{K}_{xz}\boldsymbol{x} \tag{4.90}$$

如果输入激励为正弦力 $\boldsymbol{f}$，幅值为 $\boldsymbol{f}_0$，频率为 ω，那么根据上述方程可得

$$\begin{cases} \boldsymbol{z} = (\boldsymbol{C}_{zz}\omega\mathrm{i} + \boldsymbol{K}_{zz})^{-1}\boldsymbol{K}_{xz}\boldsymbol{x} \\ \boldsymbol{x} = (-\boldsymbol{M}_{xx}\omega^2 + \boldsymbol{K}_{xx} - \boldsymbol{K}_{xz}(\boldsymbol{C}_{zz}\omega\mathrm{i} + \boldsymbol{K}_{zz})^{-1}\boldsymbol{K}_{xz})^{-1}\boldsymbol{f}_0 \end{cases} \tag{4.91}$$

值得重视的是，如果 $\boldsymbol{K}_{zz}$ 和 $\boldsymbol{C}_{zz}$ 是奇异的(由于 $\boldsymbol{K}_{v}$ 的奇异性)，那么就必须利用 GHM 方法中给出的过程去掉 $\boldsymbol{K}_{v}$ 的零本征值(借助式(4.48)和式(4.49))。

例 4.6　考虑例 4.5 中的固支-自由边界下的梁/黏弹性材料系统，试确定该系统的响应。此处假定该黏弹性材料的复剪切模量 G_2 可由一个包含 5 个振荡项的 GMM 模型来描述(特性参数见表 4.6)，即

$$G_2(s) = G_\infty\left(\beta_\infty + \sum_{i=1}^{5}\beta_i\frac{\rho_i s}{\rho_i s + 1}\right),G_\infty = 292.01\mathrm{MPa},\beta_\infty = 0.007$$

进一步，将所得到的响应与 ANSYS 的分析结果(需要借助上述以最终的平衡模量 G_∞ 和相对模量 β_i 给出的 GMM)做比较。

表 4.6　黏弹性材料的 GMM 模型(含 5 项)的最优参数

项号	1	2	3	4	5
β_i	0.7026	0.2342	0.0468	0.0047	0.0047
ρ_i/s	4×10^{-5}	3×10^{-4}	3×10^{-3}	3×10^{-2}	3×10^{-1}

［分析］

可以利用4.4节中给出的有限元分析过程考察黏弹性阻尼处理对该梁的振动响应的影响（时域和频域）。图4.18将PCLD梁的响应进行了比较，其中包括了基于ANSYS的分析结果与基于所给出的有限元方法得到的结果。不难看出，这两种方法的结果是非常吻合的。上述梁/PCLD的模态形状如图4.19所示，其中给出了这一系统的前两阶固有模态。

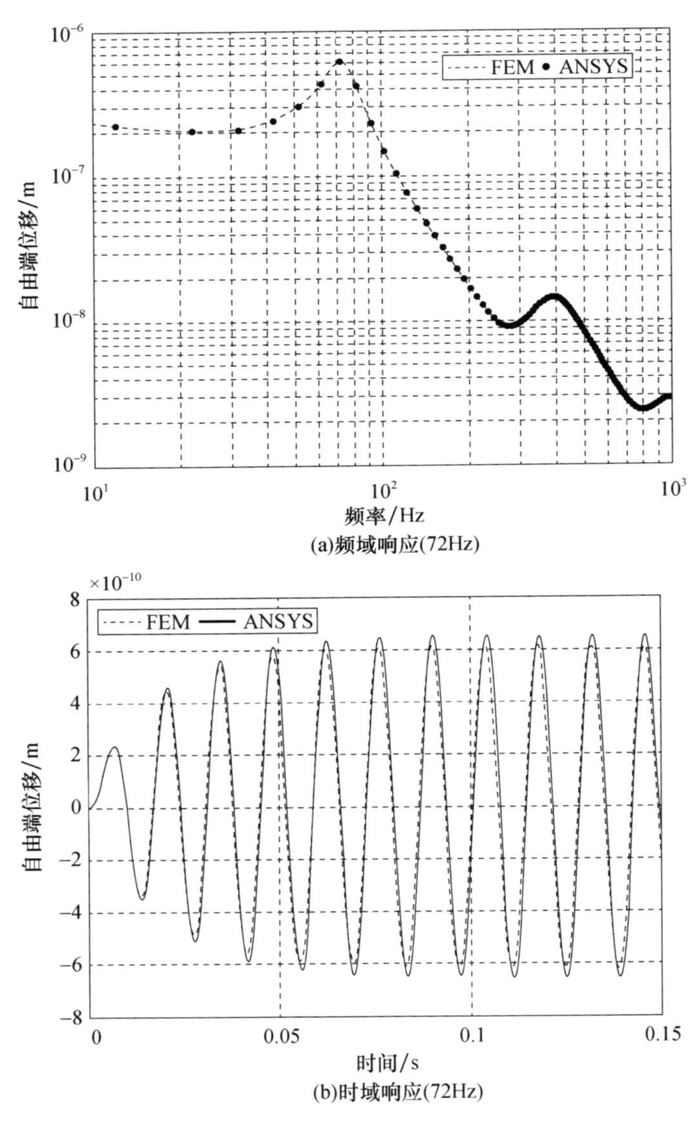

图4.18 有限元方法（FEM）和ANSYS分析结果的对比（基于GMM）

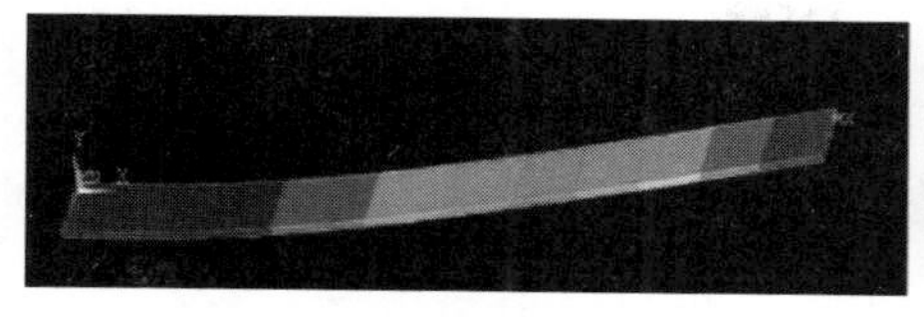

(a)一阶模态(72Hz)

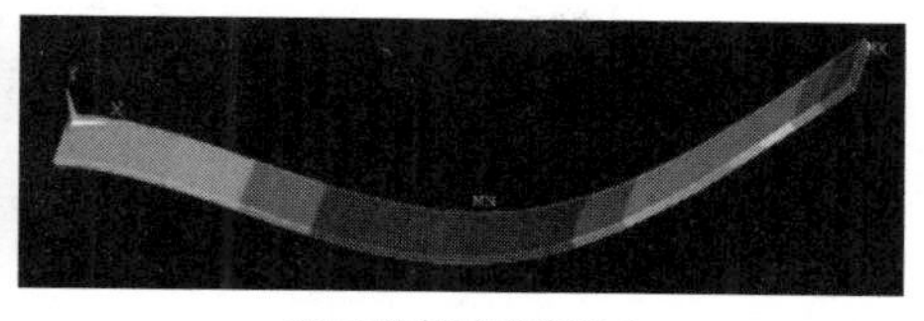

(b)二阶模态(392Hz)

图 4.19　梁/PCLD 系统在前两阶固有频率处的模态形状(ANSYS 计算结果)(见彩插)

这里顺便介绍一下 ANSYS 中 GMM 的 Prony 级数描述：

```
TB,PRONY,3,1,5,SHEAR
TBTEMP,0
TBDATA,1,0.7026,4E-5,0.2342,3E-4,0.0468,3E-3
TBDATA,7,0.0047,3E-2,0.0047,3E-1,,
```

4.5　增强热力学场(ATF)模型

4.5.1　概述

ATF 是 Lesieutre 于 1989 年提出的，它从物理层面对黏弹性材料在时域和频域内的行为特性进行了建模，可以方便地集成到振动结构的有限元模型之中(作为 GHM 和 GMM 模型)。后来人们又对此做了一系列研究，从而更好地认识这一方法，并将其适用范围拓展到各种类型的结构场合，例如可参阅 Lesieutre 和 Mingori(1990)、Rusovici(1999)和 Trindade 等(2000)。

ATF 方法利用了如下所示的亥姆霍兹自由能密度函数 f_{ATF}(单位为 Nm^{-2})，即

$$f_{\mathrm{ATF}}=\frac{1}{2}E_{\infty}\varepsilon^{2}-\delta_{\mathrm{ATF}}\varepsilon z+\frac{1}{2}\gamma_{\mathrm{ATF}}z^{2} \tag{4.92}$$

式中：ε 为应变；E_{∞} 为非松弛的弹性模量或高频弹性模量；z 为单个 ATF。需要注意的是，这里的 z 是黏弹性材料的内部自由度，也称为“温度场”，类似于 GHM 和 GMM 方法中的内部自由度。此外，力学位移场和 ATF 之间的耦合项是 δ_{ATF}，而 γ_{ATF} 为 ATF 的等效模量。

于是，最后得到的本构方程可以表示为

$$\sigma=\frac{\partial f_{\mathrm{ATF}}}{\partial\varepsilon}=E_{\infty}\varepsilon-\delta_{\mathrm{ATF}}z \tag{4.93}$$

$$A_{\mathrm{ATF}} = -\frac{\partial f_{\mathrm{ATF}}}{\partial z} = \delta_{\mathrm{ATF}}\varepsilon - \gamma_{\mathrm{ATF}} z \tag{4.94}$$

式中：A_{ATF} 为亲和系数，它与 z 共同构成了热力学参数对，等效于力学参数对（应力 σ 和应变 ε）。

利用不可逆热动力学的基本假定可以得到内部自由度 z 的演化方程，其中假设了 z 的变化率跟 A_{ATF} 是成正比的。换言之，z 的变化率跟它偏离平衡值 $\bar{z}$ 的偏移量成正比，即

$$\dot{z} = L_{\mathrm{ATF}} A_{\mathrm{ATF}} = -\frac{1}{\rho_{\mathrm{ATF}}}(z - \bar{z}) \tag{4.95}$$

式中：L_{ATF} 为一个比例常数；ρ_{ATF} 为常应变下的松弛时间常数。另外，$\bar{z}$ 也可由下式给出：

$$\bar{z} = z\big|_{A=0} = (\delta_{\mathrm{ATF}}/\gamma_{\mathrm{ATF}})\,\varepsilon \tag{4.96}$$

联立式(4.95)和式(4.96)可得

$$\dot{z} = \left(\frac{\delta_{\mathrm{ATF}}}{\gamma_{\mathrm{ATF}}\rho_{\mathrm{ATF}}}\right)\varepsilon - \frac{1}{\rho_{\mathrm{ATF}}} z \tag{4.97}$$

因此，黏弹性材料的本构方程就可以表示为

$$\sigma = E_{\infty}\varepsilon - \delta_{\mathrm{ATF}} z \tag{4.98}$$

$$\dot{z} = \left(\frac{\delta_{\mathrm{ATF}}}{\gamma_{\mathrm{ATF}}\rho_{\mathrm{ATF}}}\right)\varepsilon - \frac{1}{\rho_{\mathrm{ATF}}} z \tag{4.99}$$

对上述本构方程进行拉普拉斯变换，并消去 z 可得

$$z = \frac{\delta_{\mathrm{ATF}}}{\gamma_{\mathrm{ATF}}(\rho_{\mathrm{ATF}} s + 1)}\varepsilon,\ \sigma = \frac{E_{\infty}\rho_{\mathrm{ATF}} s + \left(E_{\infty} - \dfrac{\delta_{\mathrm{ATF}}^2}{\gamma_{\mathrm{ATF}}}\right)}{\rho_{\mathrm{ATF}} s + 1}\varepsilon \tag{4.100}$$

若令 $E_0 = \left(E_{\infty} - \dfrac{\delta_{\mathrm{ATF}}^2}{\gamma_{\mathrm{ATF}}}\right)$，那么有

$$\sigma = E_0\left[1 + \left(\frac{E_{\infty} - E_0}{E_0}\right)\frac{\rho_{\mathrm{ATF}} s}{\rho_{\mathrm{ATF}} s + 1}\right]\varepsilon = E^*(s)\varepsilon \tag{4.101}$$

式中：$E^*(s)$ 为黏弹性材料的复模量，它也可以表示为

$$E^*(s) = E_0\left[1 + \Delta_{\mathrm{ATF}}\frac{\rho_{\mathrm{ATF}} s}{\rho_{\mathrm{ATF}} s + 1}\right] \tag{4.102}$$

式中：$\Delta_{\mathrm{ATF}} = \dfrac{E_{\infty} - E_0}{E_0}$ 称为“松弛强度”。

4.5.2 ATF 模型的等效阻尼比

考虑由黏弹性材料支撑的质量块 M,且该黏弹性材料的刚度 $K^*(s)$ 可以通过如下单项 ATF 模型来描述,即

$$K^*(s)=K_0\left[1+\Delta_{\text{ATF}}\frac{\rho_{\text{ATF}}s}{\rho_{\text{ATF}}s+1}\right],\Delta_{\text{ATF}}=(K_\infty-K_0)/K_0 \tag{4.103}$$

于是,根据4.4.2节和4.5.1节所给出的方法,这个质量块和黏弹性材料系统的运动控制方程(设外力为 f)就可以表示为

$$\begin{bmatrix}M & 0\\0 & 0\end{bmatrix}\begin{Bmatrix}\ddot{x}\\\ddot{z}\end{Bmatrix}+\begin{bmatrix}0 & 0\\0 & K\Delta_{\text{ATF}}\rho_{\text{ATF}}\end{bmatrix}\begin{Bmatrix}\dot{x}\\\dot{z}\end{Bmatrix}+\begin{bmatrix}K(1+\Delta_{\text{ATF}}) & -K\Delta_{\text{ATF}}\\-K\Delta_{\text{ATF}} & K\Delta_{\text{ATF}}\end{bmatrix}\begin{Bmatrix}x\\z\end{Bmatrix}=\begin{Bmatrix}f\\0\end{Bmatrix} \tag{4.104}$$

利用静态方程不难导出如下缩减方程:

$$M\ddot{x}+K_0\Delta_{\text{ATF}}\rho_{\text{ATF}}\dot{x}+K_0x=f$$

或者表示为

$$\ddot{x}+\frac{(K_\infty-K_0)\rho_{\text{ATF}}}{M}\dot{x}+\frac{K_0}{M}x=\frac{1}{M}f \tag{4.105}$$

式(4.106)还可以写为

$$\ddot{x}+2\zeta_{\text{ATF}}\omega_{\text{n}}\dot{x}+\omega_{\text{n}}^2x=F \tag{4.106}$$

式中:$\omega_{\text{n}}=\sqrt{\dfrac{K_0}{M}}$;$\zeta_{\text{ATF}}=\dfrac{\rho_{\text{ATF}}(K_\infty-K_0)}{2\sqrt{\dfrac{K_0}{M}}}=\dfrac{1}{2}\rho_{\text{ATF}}\Delta_{\text{ATF}}\omega_{\text{n}}$;$F=\dfrac{1}{M}f$。

由此不难看出,单项 ATF 模型的等效阻尼比应为 $\zeta_{\text{ATF}}=\dfrac{1}{2}\rho_{\text{ATF}}\Delta_{\text{ATF}}\omega_{\text{n}}$。

4.5.3 多自由度 ATF 模型

式(4.77)可以拓展用于描述带有黏弹性材料的多自由度系统的动力学特性,此时的黏弹性材料需要通过多项 ATF 描述(类似于 GHM 和 GMM 方法中的处理方式),即

$$E^*(s)=E_0\left[1+\sum_{i=1}^{n}\Delta_{\text{ATF}_i}\frac{\rho_{\text{ATF}_i}s}{\rho_{\text{ATF}_i}s+1}\right] \tag{4.107}$$

可以看出,式(4.107)与 GMM 方法中的式(4.66)是类似的。根据这两个式子之间的对应关系,不难认识到 E_0 等价于黏弹性材料在 $\omega=0$ 和 $t=\infty$处的平

衡模量或松弛模量,此外,Δ_{ATF_i} 和 ρ_{ATF_i} 也就分别等价于 GMM 模型中的相对模量和松弛时间了。

4.5.4 与有限元模型的集成

式(4.77)可以拓展用于描述带有黏弹性材料(由多项 ATF 描述)的多自由度系统的动力学行为,这一拓展处理的过程与多项 GHM 模型中的情况是相似的,参见 4.2 节。由此得到的对应的方程为

$$\begin{bmatrix} \boldsymbol{M}_s+\boldsymbol{M}_v & 0 & 0 & \cdots & 0 \\ 0 & 0 & 0 & \cdots & 0 \\ 0 & 0 & 0 & \cdots & 0 \\ \cdots & \cdots & \cdots & \cdots & \cdots \\ 0 & 0 & 0 & \cdots & 0 \end{bmatrix} \begin{Bmatrix} \ddot{\boldsymbol{x}} \\ \ddot{z}_1 \\ \ddot{z}_2 \\ \cdots \\ \ddot{z}_n \end{Bmatrix} + \begin{bmatrix} 0 & 0 & 0 & \cdots & 0 \\ 0 & \boldsymbol{K}_v\Delta_{\mathrm{ATF}_i}\rho_{\mathrm{ATF}_i} & 0 & \cdots & 0 \\ 0 & 0 & 0 & \cdots & 0 \\ \cdots & \cdots & \cdots & \cdots & \cdots \\ 0 & 0 & 0 & \cdots & \boldsymbol{K}_v\Delta_{\mathrm{ATF}_i}\rho_{\mathrm{ATF}_i} \end{bmatrix} \begin{Bmatrix} \dot{\boldsymbol{x}} \\ \dot{z}_1 \\ \dot{z}_2 \\ \cdots \\ \dot{z}_n \end{Bmatrix} +$$

$$\begin{bmatrix} \boldsymbol{K}_s+\boldsymbol{K}_v(1+\Delta_{\mathrm{ATF}_1}+\Delta_{\mathrm{ATF}_2}+\cdots) & -\boldsymbol{K}_v\Delta_{\mathrm{ATF}_1} & \cdots & \cdots & -\boldsymbol{K}_v\Delta_{\mathrm{ATF}_n} \\ -\boldsymbol{K}_v\Delta_{\mathrm{ATF}_1} & \boldsymbol{K}_v\Delta_{\mathrm{ATF}_1} & 0 & \cdots & 0 \\ -\boldsymbol{K}_v\Delta_{\mathrm{ATF}_2} & 0 & \cdots & \cdots & 0 \\ \cdots & \cdots & 0 & \cdots & 0 \\ -\boldsymbol{K}_v\Delta_{\mathrm{ATF}_n} & 0 & 0 & 0 & \boldsymbol{K}_v\Delta_{\mathrm{ATF}_n} \end{bmatrix} \begin{Bmatrix} \boldsymbol{x} \\ z_1 \\ z_2 \\ \cdots \\ z_n \end{Bmatrix} = \begin{Bmatrix} \boldsymbol{f} \\ 0 \\ 0 \\ 0 \\ 0 \end{Bmatrix}$$

(4.108)

式中:$\boldsymbol{M}$ 和 $\boldsymbol{K}$ 分别为基础结构的质量矩阵和刚度矩阵;Δ_{ATF_i} 和 ρ_{ATF_i} 为黏弹性材料的 ATF 模型中的第 i 个相对模量和第 i 个松弛时间。

式(4.108)也可以表示为如下所示的更为紧凑的形式,即

$$\boldsymbol{M}_o\ddot{\boldsymbol{X}}+\boldsymbol{C}_o\dot{\boldsymbol{X}}+\boldsymbol{K}_o\boldsymbol{X}=\boldsymbol{f} \tag{4.109}$$

式中:$\boldsymbol{M}_o$、$\boldsymbol{C}_o$ 和 $\boldsymbol{K}_o$ 分别为结构和黏弹性材料这个系统的整体质量矩阵、整体阻尼矩阵和整体刚度矩阵。式(4.109)也可以借助 GMM 情况中式(4.81)的求解方法来进行求解,这些方法既可以将黏弹性材料的自由度考虑进来做直接的耦合求解,也可以将这些内部自由度进行缩聚,然后再做相应的处理。

例 4.7 考虑例 4.5 中的固支-自由边界下的梁/黏弹性材料系统,试确定该系统的响应。此处假定该黏弹性材料的复剪切模量 G_2 可由一个包含 3 项的 ATF 模型描述(等效的 3 项 GHM 的特性参数参见表 4.7),即

$$G_2(s) = G_0\left(1 + \sum_{i=1}^{3} \Delta_{\text{ATF}_i} \frac{\rho_{\text{ATF}_i} s}{\rho_{\text{ATF}_i} s + 1}\right), G_0 = 0.5\text{MPa}$$

进一步,将利用 ATF 和利用 GHM 模型得到的响应进行对比。

表 4.7 黏弹性材料的 ATF 模型和 GHM 模型(包含 3 项)的最优参数

模型名称	项	1	2	3
ATF	Δ_{ATF_i}	0.746	3.265	43.284
	$\rho_{\text{ATF}_i} s$	2.1×10^{-3}	2.11×10^{-4}	1.4×10^{-5}
GHM	$\omega_i/(\text{rad}\cdot\text{s}^{-1})$	6502.9	50618.8	352782
	α_i	0.742	3.237	41.654
	ζ_i	6.97	5.38	2.56

[分析]

可以采用 4.4 节给出的有限元过程来分析黏弹性阻尼处理对该梁的振动响应的影响(时域和频域),图 4.20 针对带有黏弹性材料夹心的 PCLD 梁,将基于 ATF 模型和基于 GHM 模型这两种情形下得到的响应进行了比较,从中不难发现,这两种方法所给出的结果是十分一致的。

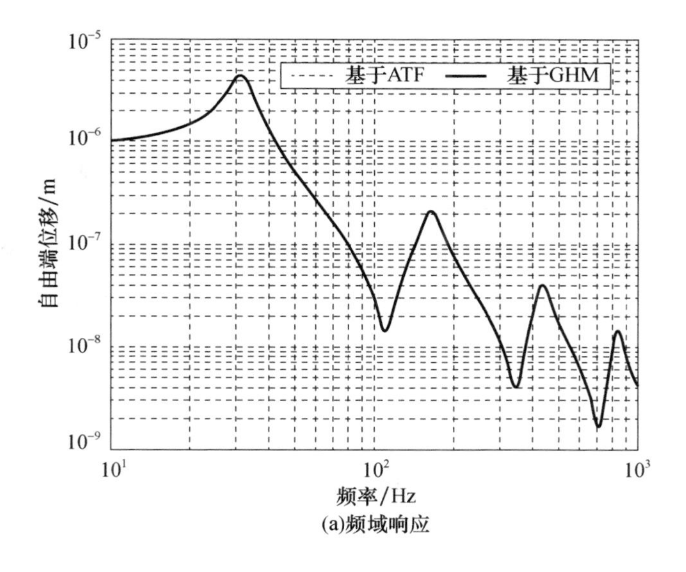

(a)频域响应

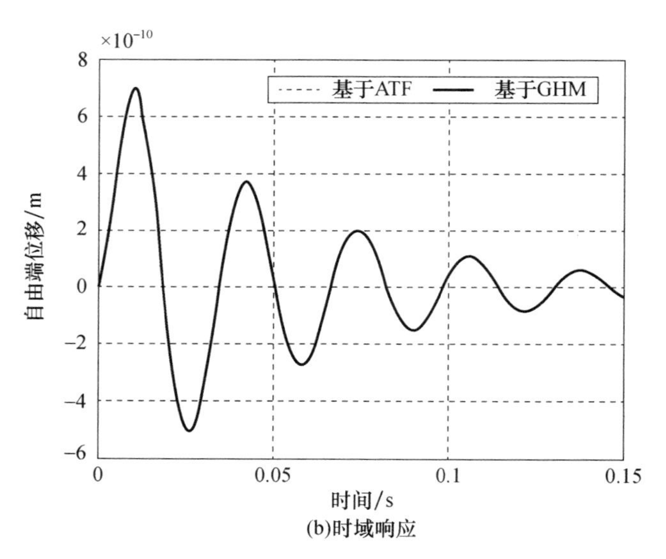

(b)时域响应

图 4.20　分别采用 ATF 模型和 GHM 模型(用于描述黏弹性阻尼处理)所得到的 10 单元悬臂梁模型的响应

4.6　分数阶导数(FD)模型

4.6.1　概述

本节介绍如何将黏弹性材料的分数阶导数模型集成到基础结构的有限元模型中。在这方面,人们已经做了大量研究工作,主要致力于借助合适的时间离散来给出应力应变关系的分数阶导数的近似。值得指出的比较突出的先驱性工作是 Padovan(1987)的研究,他提出了一些隐式、显式和预测-校正类型的算法。1998 年 Escobedo-Torres 和 Ricles(1998)还采用了中心差分方法,并进行了稳定性分析。Enelund 和 Josefson(1997)则利用了卷积分描述,其中包括了一个 Mittag-Leffler 型的奇异核函数。Singh 和 Chatterjee(2006)还借助 Galerkin 投影方法来近似处理线性和非线性系统的分数阶导数。然而,应当注意的是,所有这些研究都局限于简单的振动系统,例如单自由度系统和杆状结构等。

近年来,人们的注意力开始转移到如何研发出合适的有限元算法,以有效地处理更加复杂一些的结构系统,例如平面梁(Sorrentino 和 Fasana,2007)、带有自由阻尼层的梁(Cortes 和 Elejabarrieta,2007a,b)、带有约束阻尼层的梁(Galucio 等人,2004),以及板结构(Schmidt 和 Gaul,2002)等。

2009 年 Bekuit 等人(2009)进一步研究并提出了一种准二维有限元描述,对带有黏弹性材料夹心和主动约束层的梁进行了建模分析,其中的黏弹性夹心是通过分数阶导数型本构方程(Grunwald 近似)描述的。

在将分数阶导数黏弹性建模方法与有限元模型集成方面,最近还出现了很多其他的研究工作,例如考虑大变形的黏弹性梁的建模(Baahraini 等人,2013)、曲梁动力学的建模(Piovan 等人,2009),以及有限元模型的缩聚(Catania 等人,2008)等。

本节所将给出的方法与 GHM、GMM 和 ATF 模型的处理方法是相似的,也需要引入内部自由度对黏弹性材料的本构方程加以简化,然后再利用最为常用的格伦沃尔德(Grunwald)近似对所得到的方程进行时域内的离散处理,从而使得黏弹性材料的内部自由度跟主结构的自由度耦合起来。

4.6.2　分数阶导数模型的内部自由度

这里考虑 Bagley 和 Torvik(1983)提出的四参数分数阶导数模型,它通过如下方式将黏弹性材料的应力 σ 和应变 ε 联系了起来:

$$\sigma(t) + \tau^{\alpha} D^{\alpha} \sigma(t) = E_0 \varepsilon(t) + E_{\infty} \tau^{\alpha} D^{\alpha} \varepsilon(t) \tag{4.110}$$

式中:D^{α} 为 α 阶分数阶导数($0 < \alpha < 1$);E_0 为松弛弹性模量;E_{∞} 为松弛前的弹性模量;τ 为松弛时间。

若令应变函数 $\bar{\varepsilon}$ 表示黏弹性材料的内部变量,即

$$\bar{\varepsilon} = \varepsilon - \frac{\sigma}{E_{\infty}} \tag{4.111}$$

那么,式(4.110)就可以改写为

$$\frac{\sigma(t)}{E_{\infty}} - \frac{E_0}{E_{\infty}} \varepsilon(t) - \tau^{\alpha} \left[D^{\alpha} \varepsilon(t) - \frac{1}{E_{\infty}} D^{\alpha} \sigma(t) \right] = 0$$

进一步,对上式的左端加上和减去 $\varepsilon(t)$,可得

$$\frac{\sigma(t)}{E_{\infty}} - \varepsilon(t) + \varepsilon(t) - \frac{E_0}{E_{\infty}} \varepsilon(t) - \tau^{\alpha} \left[D^{\alpha} \varepsilon(t) - \frac{1}{E_{\infty}} D^{\alpha} \sigma(t) \right] = 0 \tag{4.112}$$

将式(4.111)代入式(4.112),则有

$$\tau^{\alpha} D^{\alpha} \bar{\varepsilon} + \bar{\varepsilon} = \left(\frac{E_{\infty} - E_0}{E_{\infty}} \right) \varepsilon \tag{4.113}$$

可以注意到,式(4.113)仅仅包含了内部变量 $\bar{\varepsilon}$ 的分数阶导数,而不像式(4.110)中同时包括了应力和应变的分数阶导数。这种对本构方程的转换和简化显然有利于结构/黏弹性材料有限元模型集成的研究和实现。

4.6.3 分数阶导数的 Grunwald 近似

利用第 2 章介绍过的由式(2B.14)给出的 Grunwald 近似,上述的内部变量 $\bar{\varepsilon}$ 的分数阶导数 $\tau^{\alpha}D^{\alpha}\bar{\varepsilon}$ 可以表示为

$$\tau^{\alpha}D^{\alpha}\bar{\varepsilon}=\left(\frac{\tau}{\Delta t}\right)^{\alpha}\bar{\varepsilon}+\left(\frac{\tau}{\Delta t}\right)^{\alpha}\sum_{j=1}^{N-1}A_{j+1}\bar{\varepsilon}(t-jt/N) \tag{4.114}$$

式中:$\Delta t=t/N$;$A_{j+1}=[(j-1-\alpha)/j]A_j\ (0<j<\infty)$。

相应地,式(4.113)可以化为

$$\left(\frac{\tau}{\Delta t}\right)^{\alpha}\bar{\varepsilon}+\left(\frac{\tau}{\Delta t}\right)^{\alpha}\sum_{j=1}^{N-1}A_{j+1}\bar{\varepsilon}(t-jt/N)+\bar{\varepsilon}=\left(\frac{E_{\infty}-E_0}{E_{\infty}}\right)\varepsilon \tag{4.115}$$

若令 $c=\dfrac{\tau^{\alpha}}{\tau^{\alpha}+\Delta t^{\alpha}}$,那么由式(4.115)即可导出如下方程,它描述了黏弹性材料随时间步 n 变化的"衰减记忆现象",即

$$\bar{\varepsilon}_{n+1}=(1-c)\left(\frac{E_{\infty}-E_0}{E_{\infty}}\right)\varepsilon_{n+1}-c\sum_{j=1}^{N-1}A_{j+1}\bar{\varepsilon}_{n+1-j} \tag{4.116}$$

根据式(4.111)和式(4.116),时间步 $n+1$ 的应力 σ_{n+1} 应为

$$\begin{aligned}\sigma_{n+1}&=E_{\infty}(\varepsilon_{n+1}-\bar{\varepsilon}_{n+1})\\&=E_{\infty}\left[\varepsilon_{n+1}-(1-c)\left(\frac{E_{\infty}-E_0}{E_{\infty}}\right)\varepsilon_{n+1}+c\sum_{j=1}^{N-1}A_{j+1}\bar{\varepsilon}_{n+1-j}\right]\end{aligned}$$

即

$$\sigma_{n+1}=E_0\left(\left[1+c\left(\frac{E_{\infty}-E_0}{E_{\infty}}\right)\right]\varepsilon_{n+1}+c\frac{E_{\infty}}{E_0}\sum_{j=1}^{N-1}A_{j+1}\bar{\varepsilon}_{n+1-j}\right) \tag{4.117}$$

对于由分数阶导数形式的本构关系所描述的黏弹性材料,式(4.117)是势能分析的基本关系式,在导出了势能之后,就可以将它与合适的有限元形状函数结合起来计算黏弹性材料的刚度矩阵了,这些将在 4.6.4 节中进行介绍。

4.6.4 分数阶导数近似与有限元的集成

在将黏弹性材料的分数阶导数形式的本构方程做 Grunwald 近似(式(4.117))之后,进一步将它与带有 PCLD 的平面杆和梁的结构模型耦合起来。

4.6.4.1　黏弹性杆

如同 4.2.4 节阐述过的,黏弹性杆单元的势能可以表示为

$$\mathrm{P.E} = \frac{1}{2}A\int_0^L \sigma\varepsilon \mathrm{d}x = \frac{1}{2}\boldsymbol{\Delta}^{\mathrm{T}}\boldsymbol{K}_{\mathrm{v}}\boldsymbol{\Delta} \tag{4.118}$$

式中:$\boldsymbol{A}$ 为黏弹性材料杆的横截面积;σ 和 ε 分别为黏弹性材料的应力和应变;$\boldsymbol{\Delta}$ 和 $\boldsymbol{K}_{\mathrm{v}}$ 分别为节点位移向量和黏弹性材料刚度矩阵。需要注意的是,此处的应变 ε 和节点位移向量 $\boldsymbol{\Delta}$ 是通过如下插值方程关联起来的(根据式(4.25)):

$$\varepsilon = \boldsymbol{N}_{,x}\boldsymbol{\Delta} \tag{4.119}$$

式中:$\boldsymbol{N}_{,x}$ 为 $\boldsymbol{N}$ 对 x 的偏导数。

联立式(4.119)和式(4.118)可得

$$\mathrm{P.E} = \frac{1}{2}\boldsymbol{\Delta}^{\mathrm{T}}A\int_0^L \boldsymbol{N}_{,x}^{\mathrm{T}}\sigma \mathrm{d}x = \frac{1}{2}\boldsymbol{\Delta}^{\mathrm{T}}\boldsymbol{K}_{\mathrm{v}}\boldsymbol{\Delta}$$

即

$$A\int_0^L \boldsymbol{N}_{,x}^{\mathrm{T}}\sigma \mathrm{d}x = \boldsymbol{K}_{\mathrm{v}}\boldsymbol{\Delta} \tag{4.120}$$

利用式(4.117),将 σ 以 ε 和 $\bar{\varepsilon}$ 的形式来替换,并假定 $\bar{\varepsilon}$ 可以表示成与 ε 类似的形式,即 $\bar{\varepsilon} = \boldsymbol{N}_{,x}\bar{\boldsymbol{\Delta}}$ ($\bar{\boldsymbol{\Delta}}$ 代表的是黏弹性材料的内部位移向量),于是式(4.120)在时间步 n+1 处可以化为

$$\begin{aligned}\boldsymbol{K}_{\mathrm{v}}\boldsymbol{\Delta}_{n+1} &= E_0A\int_0^L \boldsymbol{N}_{,x}^{\mathrm{T}}\left[1 + c\left(\frac{E_\infty - E_0}{E_\infty}\right)\right]\boldsymbol{N}_{,x}\boldsymbol{\Delta}_{n+1}\mathrm{d}x \\ &\quad + E_0A\int_0^L c\,\frac{E_\infty}{E_0}\boldsymbol{N}_{,x}^{\mathrm{T}}\sum_{j=1}^{N-1}A_{j+1}\boldsymbol{N}_{,x}\bar{\boldsymbol{\Delta}}_{n+1-j}\mathrm{d}x\end{aligned} \tag{4.121}$$

若记:

$$\begin{aligned}&\boldsymbol{K}_{\mathrm{c}} = E_0A\int_0^L \boldsymbol{N}_{,x}^{\mathrm{T}}\boldsymbol{N}_{,x}\mathrm{d}x,\bar{\boldsymbol{K}}_{\mathrm{c}} = \left[1 + c\left(\frac{E_\infty - E_0}{E_\infty}\right)\right]\boldsymbol{K}_{\mathrm{c}} \\ &\bar{\boldsymbol{F}}_{n+1} = -c\,\frac{E_\infty}{E_0}\boldsymbol{K}_{\mathrm{c}}\sum_{j=1}^{N-1}A_{j+1}\bar{\boldsymbol{\Delta}}_{n+1-j}\end{aligned} \tag{4.122}$$

那么式(4.121)也就可以表示为

$$\boldsymbol{K}_{\mathrm{v}}\boldsymbol{\Delta}_{n+1} = \bar{\boldsymbol{K}}_{\mathrm{c}}\boldsymbol{\Delta}_{n+1} - \bar{\boldsymbol{F}}_{n+1} \tag{4.123}$$

进一步,还可以给出黏弹性材料的动能 K.E 的表达式,以及非保守外力 $\boldsymbol{F}_{n+1}$ 所做的功 W_{nc} 的表达式,它们分别为

$$\mathrm{K.E} = \frac{1}{2}\dot{\boldsymbol{\Delta}}_{n+1}^{\mathrm{T}} \boldsymbol{M}_{\mathrm{v}} \dot{\boldsymbol{\Delta}}_{n+1} \tag{4.124}$$

$$W_{nc} = \boldsymbol{F}_{n+1} \boldsymbol{\Delta}_{n+1} \tag{4.125}$$

根据拉格朗日原理,黏弹性杆(基于分数阶导数形式的本构关系)的运动方程可以根据下式来建立,即

$$\frac{\mathrm{d}}{\mathrm{d}t} \frac{\partial \mathrm{K.E}}{\partial \dot{\boldsymbol{\Delta}}_{n+1}} - \frac{\partial \mathrm{P.E}}{\partial \boldsymbol{\Delta}_{n+1}} = \boldsymbol{F}_{n+1} \tag{4.126}$$

将式(4.118)、式(4.123)和式(4.124)代入式(4.126)不难导得:

$$\boldsymbol{M}_{\mathrm{v}} \ddot{\boldsymbol{\Delta}}_{n+1} + \overline{\boldsymbol{K}}_{\mathrm{c}} \boldsymbol{\Delta}_{n+1} = \boldsymbol{F}_{n+1} + \overline{\boldsymbol{F}}_{n+1} \tag{4.127}$$

即

$$\boldsymbol{M}_{\mathrm{v}} \ddot{\boldsymbol{\Delta}}_{n+1} + \left[1 + c\left(\frac{E_{\infty} - E_0}{E_0}\right)\right] \boldsymbol{K}_{\mathrm{c}} \boldsymbol{\Delta}_{n+1} = \boldsymbol{F}_{n+1} - c\frac{E_{\infty}}{E_0} \boldsymbol{K}_{\mathrm{c}} \sum_{j=1}^{N-1} A_{j+1} \overline{\boldsymbol{\Delta}}_{n+1-j} \tag{4.128}$$

可以看出,式(4.128)左端包括了杆的惯性力(质量矩阵为 $\boldsymbol{M}_{\mathrm{v}}$),来自于静态结构刚度矩阵 $\boldsymbol{K}_{\mathrm{c}}$ 和分数阶导数所带来的附加刚度 $c(E_{\infty}/E_0 - 1)\boldsymbol{K}_{\mathrm{c}}$ 的恢复力;右端则包括了外力 $\boldsymbol{F}_{n+1}$ 和源于黏弹性阻尼的载荷向量 $\overline{\boldsymbol{F}}_{n+1}$,后者是以内部位移向量($\overline{\boldsymbol{\Delta}}$)时间历程的衰减记忆形式出现的。

例 4.8 考虑一根固支-自由边界下的黏弹性材料杆,长度为 $L = 0.5\mathrm{m}$,宽度为 $b = 0.05\mathrm{m}$,厚度为 $h = 0.05\mathrm{m}$ 。假定将这根杆划分为 10 个有限单元,黏弹性材料的密度为 $1000\mathrm{kgm}^{-3}$,且可由如下分数阶导数模型来描述,即

$$E^* = \frac{\sigma(s)}{\varepsilon(s)} = \frac{E_0 + E_{\infty}(\tau s)^{\alpha}}{1 + (\tau s)^{\alpha}}$$

式中:$E_0 = 7\mathrm{MPa}$;$E_{\infty} = 10\mathrm{MPa}$;$\tau = 0.02\mathrm{s}$;$\alpha = 0.5$。

试确定当自由端受到单位阶跃载荷 $F = 1\mathrm{N}$ 的作用时杆的时域响应。

[分析]

可以利用 4.6.4 节给出的方法为这根黏弹性材料杆建立有限元模型,特别是式(4.128)。图 4.21(a)中示出了该杆的无量纲时域响应情况,其中的自由端位移已经针对参考位移 $u_0 = FL/(bhE_0)$ 进行了归一化处理,而时间变量则针对松弛时间常数 τ 进行了归一化。这里得到的结果跟 Enelund 和 Josefson (1997)以及 Galucio 等人(2004)给出的结果是相当一致的。图 4.21(b)进一步示出了时域响应所包含的频率成分,从中可以看出主导频率成分位于 48.84Hz 处。

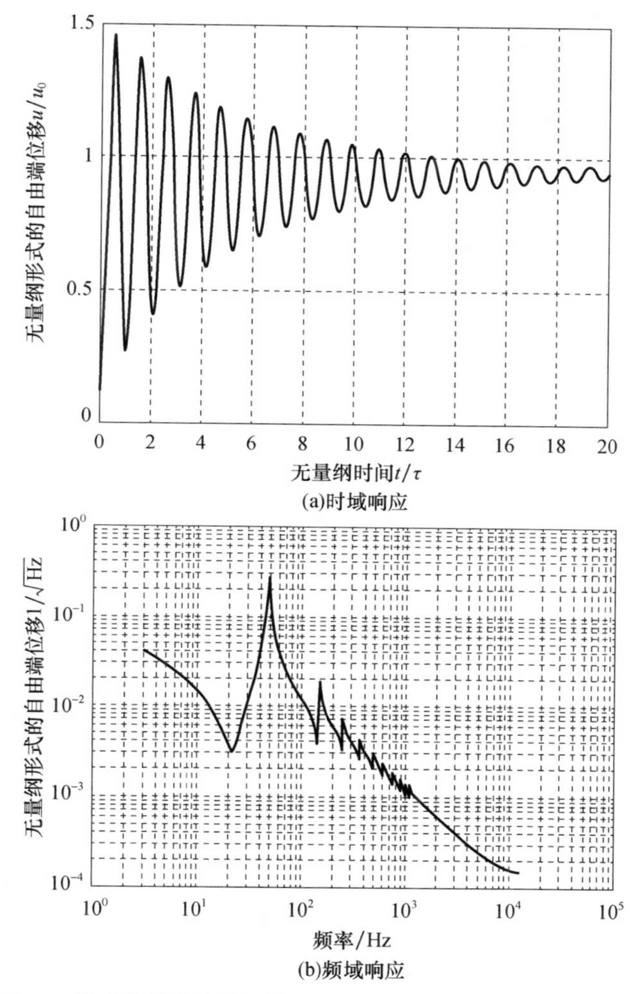

图 4.21　10 单元黏弹性材料杆模型的响应(具有分数阶导数型本构方程)

4.6.4.2　经过被动式约束层阻尼(PCLD)处理的梁

对于带有 PCLD 的梁,它的势能表达式已经在 4.3.3 节中通过式(4.61)给出了,这里将进一步通过它阐述黏弹性夹心行为的分数阶导数描述。我们将对黏弹性材料的刚度矩阵 $\boldsymbol{K}_{u_v}$ 和 $\boldsymbol{K}_{\gamma}$(与轴向变形和剪切变形相关联)进行修正,把分数阶导数描述产生的附加硬化效应和衰减记忆效应包括进来。

带 PCLD 的梁的势能可由下式给出:

$$\text{P. E} = \frac{1}{2}\boldsymbol{\Delta}_i^{\mathrm{T}}(\boldsymbol{K}_{u_{b,c}} + \boldsymbol{K}_{u_v} + \boldsymbol{K}_{w} + \boldsymbol{K}_{\gamma})\boldsymbol{\Delta}_i = \frac{1}{2}\boldsymbol{\Delta}_i^{\mathrm{T}}\boldsymbol{K}_{e}\boldsymbol{\Delta}_i \qquad (4.129)$$

式中:$\boldsymbol{K}_{u_{b,c}}$、$\boldsymbol{K}_{u_v}$、$\boldsymbol{K}_{u_w}$ 和 $\boldsymbol{K}_{\gamma}$ 分别为梁和约束层的组合轴向刚度、黏弹性材料层

的轴向刚度、梁和约束层的组合弯曲刚度，以及黏弹性材料层的剪切刚度。这些刚度矩阵分别为

$$
\begin{cases}
\boldsymbol{K}_{\mathrm{u_{b,c}}} = \int_0^L [E_1A_1(\boldsymbol{N}_{u_{1,x}}^{\mathrm{T}}\boldsymbol{N}_{u_{1,x}}) + E_3A_3(\boldsymbol{N}_{u_{2,x}}^{\mathrm{T}}\boldsymbol{N}_{u_{2,x}})]\,\mathrm{d}x \\
\boldsymbol{K}_{\mathrm{u_v}} = \int_0^L \frac{1}{2}E_2A_2\left[\left(\boldsymbol{N}_{u_{1,x}} + \frac{1}{2}(h_1 - h_3)\boldsymbol{N}_{w,xx} + \boldsymbol{N}_{u_{2,x}}\right)^{\mathrm{T}}\right. \\
\qquad \left.\left(\boldsymbol{N}_{u_{1,x}} + \frac{1}{2}(h_1 - h_3)\boldsymbol{N}_{w,xx} + \boldsymbol{N}_{u_{2,x}}\right)\right]\mathrm{d}x \\
\boldsymbol{K}_{\mathrm{w}} = \int_0^L [(E_1I_1 + E_3I_3)(\boldsymbol{N}_{w,xx}^{\mathrm{T}}\boldsymbol{N}_{w,xx})]\,\mathrm{d}x \\
\boldsymbol{K}_{\gamma} = \int_0^L \frac{G_2A_2}{h_2^2}[(\boldsymbol{N}_{u_1} - \boldsymbol{N}_{u_2} + h\boldsymbol{N}_{w,x})^{\mathrm{T}}(\boldsymbol{N}_{u_1} - \boldsymbol{N}_{u_2} + h\boldsymbol{N}_{w,x})]\,\mathrm{d}x
\end{cases}
\tag{4.130}
$$

且 $\boldsymbol{K}_{\mathrm{e}} = \boldsymbol{K}_{\mathrm{u_{b,c}}} + \boldsymbol{K}_{\mathrm{u_v}} + \boldsymbol{K}_{\mathrm{w}} + \boldsymbol{K}_{\gamma}$ 就是单元刚度矩阵。

随后，对黏弹性材料的 E_2 和 G_2 进行修正，其方式跟4.6.4.1节给出的针对黏弹性杆的情况是类似的，这样才能将黏弹性夹心的分数阶导数模型考虑进来。这一修正首先体现在黏弹性材料的刚度矩阵 $\boldsymbol{K}_{\mathrm{u_v}}$ 和 $\boldsymbol{K}_{\gamma}$ 上（它们与轴向和剪切形变相关），即

$$\overline{\boldsymbol{K}}_{\mathrm{u_v}} = \left[1 + c\left(\frac{E_\infty - E_0}{E_0}\right)\right]\boldsymbol{K}_{\mathrm{u_v}} \tag{4.131}$$

$$\overline{\boldsymbol{K}}_{\gamma} = \left[1 + c\left(\frac{G_\infty - G_0}{G_0}\right)\right]\boldsymbol{K}_{\gamma} \tag{4.132}$$

式中：$E_2 = \dfrac{E_0 + E_\infty(\tau s)^\alpha}{1 + (\tau s)^\alpha}$；$G_2 = \dfrac{G_0 + G_\infty(\tau s)^\alpha}{1 + (\tau s)^\alpha}$。

由于衰减记忆效应，上述修正将使得载荷向量 $\overline{\boldsymbol{F}}_{n+1}^{u}$ 和 $\overline{\boldsymbol{F}}_{n+1}^{\gamma}$ 变为

$$
\begin{cases}
\overline{\boldsymbol{F}}_{n+1}^{u} = -c\dfrac{E_\infty}{E_0}\boldsymbol{K}_{\mathrm{u_v}}\sum_{j=1}^{N-1}A_{j+1}\overline{\boldsymbol{\Delta}}_{n+1-j} \\
\overline{\boldsymbol{F}}_{n+1}^{\gamma} = -c\dfrac{G_\infty}{G_0}\boldsymbol{K}_{\gamma}\sum_{j=1}^{N-1}A_{j+1}\overline{\boldsymbol{\Delta}}_{n+1-j}
\end{cases}
\tag{4.133}
$$

于是，梁/PCLD这一系统的运动方程最终可以表示为

$$\boldsymbol{M}_{\mathrm{v}}\ddot{\boldsymbol{\Delta}}_{n+1} + (\boldsymbol{K}_{\mathrm{u_{b,c}}} + \overline{\boldsymbol{K}}_{\mathrm{u_v}} + \boldsymbol{K}_{\mathrm{w}} + \overline{\boldsymbol{K}}_{\gamma})\boldsymbol{\Delta}_{n+1} = \boldsymbol{F}_{n+1} + \overline{\boldsymbol{F}}_{n+1}^{u} + \overline{\boldsymbol{F}}_{n+1}^{\gamma} \tag{4.134}$$

利用上面这个方程，能够预测出梁/PCLD系统受到外部载荷 $\boldsymbol{F}_{n+1}$ 作用时所

产生的时域响应。

例 4.9 考虑图 4.22(a)所示的固支-自由边界下的梁/PCLD 系统,梁的长度 $L = 0.2\text{m}$,宽度 $b = 0.01\text{m}$,而约束层、黏弹性材料层以及基体梁的厚度分别为 $h_1 = 0.0025\text{m}$、$h_2 = 0.0025\text{m}$ 和 $h_3 = 0.0025\text{m}$。假定这个系统可以划分为 5 个有限单元,且梁和约束层的材料均为铝,而黏弹性材料的密度为 1600kgm^{-3},泊松比为 $v = 0.49$,并可由如下分数阶导数模型描述:

$$E^* = \frac{\sigma(s)}{\varepsilon(s)} = \frac{E_0 + E_\infty(\tau s)^\alpha}{1 + (\tau s)^\alpha}$$

式中:$E_0 = 1.5\text{MPa}$;$E_\infty = 69.9495\text{MPa}$;$\tau = 0.014052\text{s}$;$\alpha = 0.7915$。

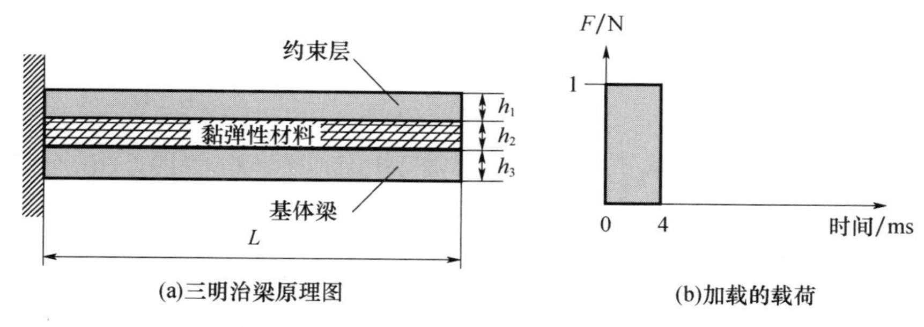

(a)三明治梁原理图 (b)加载的载荷

图 4.22 固支-自由边界下的梁/PCLD 系统

试确定整个系统在自由端受到横向脉冲载荷(如图 4.22b 所示)作用时产生的时域响应,并将分数阶导数有限元模型的预测结果与等效 ANSYS 模型的预测结果进行对比验证,后者利用的是黏弹性材料的 GMM 模型描述,即

$$E_2(s) = E_\infty\left(\beta_\infty + \sum_{i=1}^{3}\beta_i \frac{\rho_i s}{\rho_i s + 1}\right), E_\infty = 69.9495\text{MPa}, \beta_\infty = 0.007$$

且这个 3 项 GMM 模型的相对模量和松弛时间常数的取值见表 4.8。

图 4.23 已经将上述分数阶导数模型和 GMM 模型的储能模量和损耗因子进行了比较,可以看出,这两个模型是等效的。

表 4.8 黏弹性材料的 GMM 模型(包含 3 项)的参数

项号	1	2	3
β_i	0.003	0.060	0.930
$\rho_i(s)$	2.1×10^{-3}	2.11×10^{-4}	1.4×10^{-5}

[分析]

可以利用 4.6.4.2 节给出的过程来建立这个梁/PCLD 系统的有限元模型,

该模型可借助式(4.134)。图4.24(a)示出了该三明治梁自由端位移的时域响应情况,所得到的结果跟ANSYS的计算结果是非常吻合的。图4.24(b)进一步示出了响应的频域特性,可以看出主导频率位于27.45Hz。

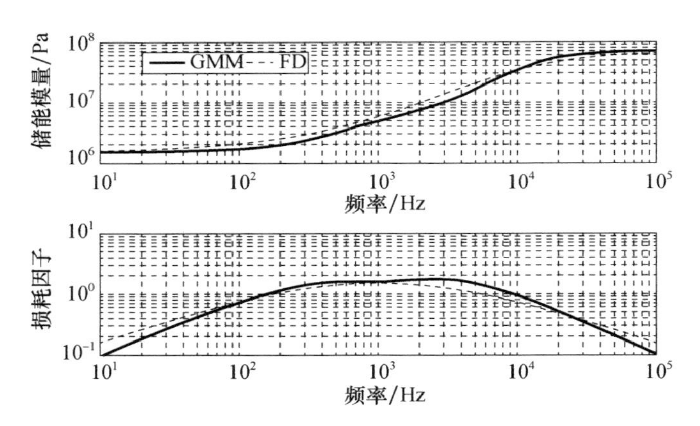

图4.23 分数阶导数(FD)模型与GMM模型的储能模量和损耗因子的比较

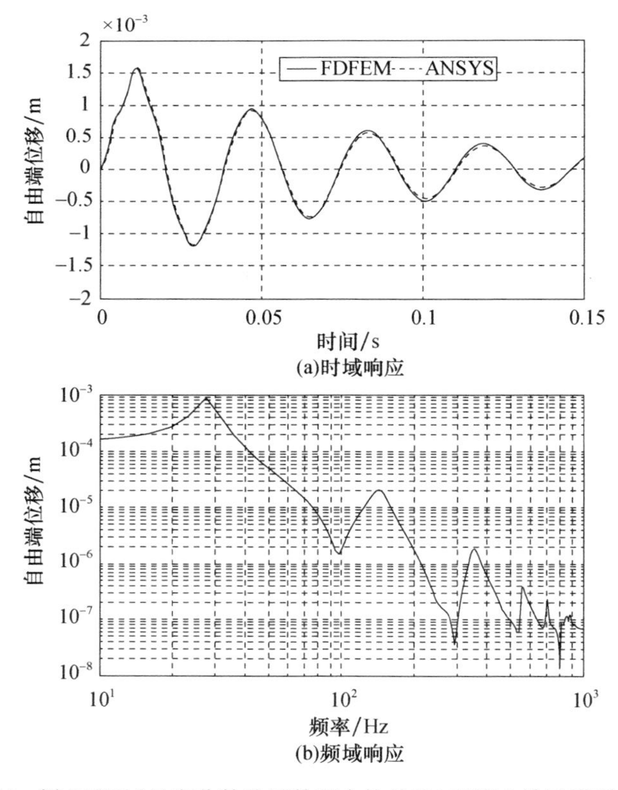

图4.24 梁/PCLD(具有分数阶导数型本构关系)系统5单元模型的响应

4.7　带有被动式约束阻尼层的板的有限元建模

4.7.1　概述

考虑一块四边形的板，如图 4.25 所示，该板进行了约束层阻尼处理。板的边长分别记为 a 和 b，而板、黏弹性材料层以及约束层的厚度分别记为 h_1、h_2 和 h_3。

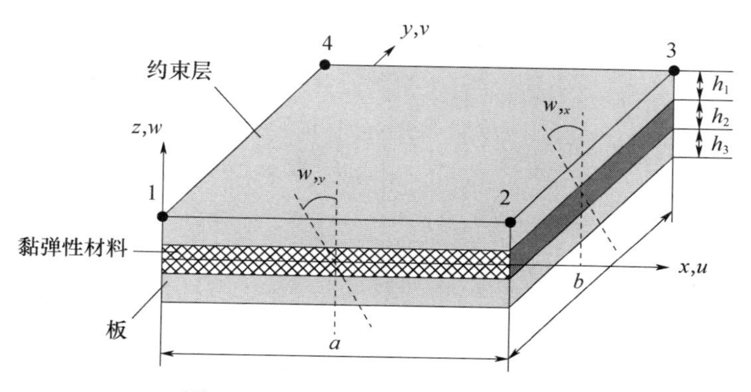

图 4.25　经过约束层阻尼处理的板

这个板/黏弹性材料/约束层系统单元的每个节点具有 7 个自由度，因而总共就有 28 个自由度了。这些自由度包括板的横向位移和角向位移（$w, w_{,x}, w_{,y}$）、板的轴向位移（u_3, v_3），以及约束层的轴向位移（u_1, v_1），这些轴向位移分别体现在 x 和 y 方向上。

在这里，假定板、黏弹性材料层，以及约束层都具有相同的横向变形，也就是说，黏弹性材料层的压缩行为是忽略不计的。这一假定对于厚度较小的黏弹性材料层而言是合理的。

对于第 e 个单元，其节点位移向量 $\boldsymbol{\Delta}_e$ 可以表示为

$$\boldsymbol{\Delta}_e = \begin{Bmatrix} u_{1_1} & u_{3_1} & v_{1_1} & v_{3_1} & w_1 & w_{,x_1} & w_{,y_1} & u_{1_2} & u_{3_2} & v_{1_2} & v_{3_2} & w_2 & w_{,x_2} & w_{,y_2} \\ u_{1_3} & u_{3_3} & v_{1_3} & v_{3_3} & w_3 & w_{,x_3} & w_{,y_3} & u_{1_4} & u_{3_4} & v_{1_4} & v_{3_4} & w_4 & w_{,x_4} & w_{,y_4} \end{Bmatrix}^{\mathrm{T}} \tag{4.135}$$

式中：下标 1~4 为单元节点的编号，如图 4.25 所示。

4.7.2　应力和应变特性

4.7.2.1　板和约束层

此处的应力应变关系可以表示为

$$\begin{Bmatrix}\varepsilon_{xi}\\ \varepsilon_{yi}\\ \gamma_{xyi}\end{Bmatrix}=\begin{bmatrix}\dfrac{\partial}{\partial x} & 0 & z_i\dfrac{\partial^2}{\partial x^2}\\ 0 & \dfrac{\partial}{\partial y} & z_i\dfrac{\partial^2}{\partial y^2}\\ \dfrac{\partial}{\partial y} & \dfrac{\partial}{\partial x} & 2z_i\dfrac{\partial^2}{\partial x\partial y}\end{bmatrix}\begin{Bmatrix}u_i\\ v_i\\ w\end{Bmatrix},i=1,3 \tag{4.136}$$

进一步,这些应变与应力之间还应满足如下本构方程:

$$\{\sigma_{xi}\quad\sigma_{yi}\quad\tau_{xyi}\}^{\mathrm{T}}=\boldsymbol{D}_i\{\varepsilon_{xi}\quad\varepsilon_{yi}\quad\gamma_{xyi}\}^{\mathrm{T}} \tag{4.137}$$

式中: $\boldsymbol{D}_i=\dfrac{E_i}{1-\nu_i^2}\begin{bmatrix}1 & \nu_i & 0\\ \nu_i & 1 & 0\\ 0 & 0 & \dfrac{1}{2}(1-\nu_i)\end{bmatrix}$; E_i 和 ν_i 分别为杨氏模量和泊松比。

4.7.2.2　黏弹性材料层

黏弹性材料层的剪应变 γ_{x_2} 和 γ_{y_2} 可以表示为

$$\gamma_{x_2}=\frac{h}{h_2}\frac{\partial w}{\partial x}+\frac{u_1-u_3}{h_2},\gamma_{y_2}=\frac{h}{h_2}\frac{\partial w}{\partial y}+\frac{v_1-v_3}{h_2} \tag{4.138}$$

式中: $h=h_2+\dfrac{1}{2}(h_1+h_3)$ 。

这些剪应变与剪应力之间存在如下关系:

$$\tau_{x_2}=G_2\gamma_{x_2},\tau_{y_2}=G_2\gamma_{y_2} \tag{4.139}$$

式中: G_2 为黏弹性材料的剪切模量,可以由 GHM、GMM 或 ATF 方法描述。

4.7.3　势能和动能

势能和动能包括了板、黏弹性材料层和约束层的贡献,可以分别表示为

$$\mathrm{P.E}=\sum_{i=1,3}\frac{1}{2}\int_V\boldsymbol{D}_i(\varepsilon_{xi}^2+\varepsilon_{yi}^2)\,\mathrm{d}V+\int_V G_2(\gamma_{x2}^2+\gamma_{y2}^2)\,\mathrm{d}V=\frac{1}{2}\boldsymbol{\Delta}_{\mathrm{e}}^{\mathrm{T}}\boldsymbol{K}_{\mathrm{e}}\boldsymbol{\Delta}_{\mathrm{e}} \tag{4.140}$$

$$\mathrm{K.E}=\sum_{i=1,3}\frac{1}{2}\int_A\rho_i h_i(u_i^2+v_i^2)\,\mathrm{d}A+\sum_{i=1}^{3}\frac{1}{2}\int_A\rho_i h_i\dot{w}^2\mathrm{d}A=\frac{1}{2}\dot{\boldsymbol{\Delta}}_{\mathrm{e}}^{\mathrm{T}}\boldsymbol{M}_{\mathrm{e}}\dot{\boldsymbol{\Delta}}_{\mathrm{e}} \tag{4.141}$$

式中: $\boldsymbol{K}_{\mathrm{e}}$ 和 $\boldsymbol{M}_{\mathrm{e}}$ 分别为单元刚度矩阵和单元质量矩阵。

4.7.4 形函数

横向位移和纵向位移均可以通过形函数来表达,即

$$\begin{cases} w(x,y) = c_1 + c_2x_i + c_3y_i + c_4x_i^2 + c_5x_iy_i + c_6y_i^2 \\ \qquad\qquad + c_7x_i^3 + c_8x_i^2y_i + c_9x_iy_i^2 + c_{10}y_i^3 + c_{11}x_i^3y_i + c_{12}x_iy_i^3 \\ u_1(x,y) = c_{13} + c_{14}x + c_{15}y + c_{16}xy \\ v_1(x,y) = c_{17} + c_{18}x + c_{19}y + c_{20}xy \\ u_3(x,y) = c_{21} + c_{22}x + c_{23}y + c_{24}xy \\ v_3(x,y) = c_{25} + c_{26}x + c_{27}y + c_{28}xy \end{cases} \tag{4.142}$$

式(4.142)中的常系数 $c_1 \sim c_{28}$ 可以根据节点位移向量 $\boldsymbol{\Delta}_e$ 确定,也就是单元的 28 个自由度,从而将得到如下所示的插值方程:

$$\begin{cases} w = \boldsymbol{N}_w\boldsymbol{\Delta}_e, u_i = \boldsymbol{N}_{ui}\boldsymbol{\Delta}_e, i = 1,3 \\ v_i = \boldsymbol{N}_{vi}\boldsymbol{\Delta}_e, i = 1,3 \end{cases} \tag{4.143}$$

式中:$\boldsymbol{N}_w$、$\boldsymbol{N}_{ui}$ 和 $\boldsymbol{N}_{vi}$ 为横向和轴向形状向量。这里应注意,$\boldsymbol{N}_w = [\boldsymbol{N}_{w1} \quad \boldsymbol{N}_{w2} \quad \boldsymbol{N}_{w3} \quad \boldsymbol{N}_{w4}]$,如果记 $\bar{x} = x/a$ 和 $\bar{y} = y/b$,那么 $\boldsymbol{N}_{w1}$、$\boldsymbol{N}_{w2}$、$\boldsymbol{N}_{w3}$ 和 $\boldsymbol{N}_{w4}$ 的形式将跟 Yeh 和 Chen(2007)给出的形式相同了,即

$$\begin{cases} \boldsymbol{N}_{w1} = \begin{bmatrix} 0,0,0,0,\dfrac{1}{8}(1-\bar{x})(1-\bar{y})(2-\bar{x}-\bar{x}^2-\bar{y}-\bar{y}^2), \\ \dfrac{b}{8}(1-\bar{x})(1-\bar{y})(1-\bar{y}^2),\dfrac{a}{8}(1-\bar{x})(1-\bar{y})(1-\bar{x}^2) \end{bmatrix} \\ \boldsymbol{N}_{w2} = \begin{bmatrix} 0,0,0,0,\dfrac{1}{8}(1+\bar{x})(1-\bar{y})(2+\bar{x}-\bar{x}^2-\bar{y}-\bar{y}^2), \\ \dfrac{b}{8}(1+\bar{x})(1+\bar{y})(1-\bar{y}^2),\dfrac{a}{8}(1+\bar{x})(1+\bar{y})(1-\bar{x}^2) \end{bmatrix} \\ \boldsymbol{N}_{w3} = \begin{bmatrix} 0,0,0,0,\dfrac{1}{8}(1+\bar{x})(1+\bar{y})(2+\bar{x}-\bar{x}^2+\bar{y}-\bar{y}^2), \\ \dfrac{b}{8}(1+\bar{x})(1+\bar{y})(1-\bar{y}^2),\dfrac{a}{8}(1+\bar{x})(1+\bar{y})(1-\bar{x}^2) \end{bmatrix} \\ \boldsymbol{N}_{w4} = \begin{bmatrix} 0,0,0,0,\dfrac{1}{8}(1-\bar{x})(1+\bar{y})(2-\bar{x}-\bar{x}^2+\bar{y}-\bar{y}^2), \\ \dfrac{b}{8}(1-\bar{x})(1+\bar{y})(1-\bar{y}^2),\dfrac{a}{8}(1-\bar{x})(1+\bar{y})(1-\bar{x}^2) \end{bmatrix} \end{cases} \tag{4.144}$$

此外,轴向形函数 $\boldsymbol{N}_{ui}$ 和 $\boldsymbol{N}_{vi}$ 应为

$$\begin{cases}\boldsymbol{N}_{u1}=[\boldsymbol{N}_{u11}\quad\boldsymbol{N}_{u12}\quad\boldsymbol{N}_{u13}\quad\boldsymbol{N}_{u14}]\\\boldsymbol{N}_{u3}=[\boldsymbol{N}_{u31}\quad\boldsymbol{N}_{u32}\quad\boldsymbol{N}_{u33}\quad\boldsymbol{N}_{u34}]\end{cases}\tag{4.145}$$

$$\begin{cases}\boldsymbol{N}_{v1}=[\boldsymbol{N}_{v11}\quad\boldsymbol{N}_{v12}\quad\boldsymbol{N}_{v13}\quad\boldsymbol{N}_{v14}]\\\boldsymbol{N}_{v3}=[\boldsymbol{N}_{v31}\quad\boldsymbol{N}_{v32}\quad\boldsymbol{N}_{v33}\quad\boldsymbol{N}_{v34}]\end{cases}\tag{4.146}$$

式中:

$$\boldsymbol{N}_{u11}=\left[\frac{1}{4}(1-\bar{x})(1-\bar{y}),0,0,0,0,0,0,0\right],$$

$$\boldsymbol{N}_{u12}=\left[\frac{1}{4}(1+\bar{x})(1-\bar{y}),0,0,0,0,0,0,0\right]$$

$$\boldsymbol{N}_{u13}=\left[\frac{1}{4}(1+\bar{x})(1+\bar{y}),0,0,0,0,0,0,0\right],$$

$$\boldsymbol{N}_{u14}=\left[\frac{1}{4}(1-\bar{x})(1+\bar{y}),0,0,0,0,0,0,0\right]$$

$$\boldsymbol{N}_{u31}=\left[0,0,\frac{1}{4}(1-\bar{x})(1-\bar{y}),0,0,0,0,0\right],$$

$$\boldsymbol{N}_{u32}=\left[0,0,\frac{1}{4}(1+\bar{x})(1-\bar{y}),0,0,0,0,0\right]$$

$$\boldsymbol{N}_{u33}=\left[0,0,\frac{1}{4}(1+\bar{x})(1+\bar{y}),0,0,0,0,0\right],$$

$$\boldsymbol{N}_{u34}=\left[0,0,\frac{1}{4}(1-\bar{x})(1+\bar{y}),0,0,0,0,0\right]$$

$$\boldsymbol{N}_{v11}=\left[0,\frac{1}{4}(1-\bar{x})(1-\bar{y}),0,0,0,0,0,0\right],$$

$$\boldsymbol{N}_{v12}=\left[0,\frac{1}{4}(1+\bar{x})(1-\bar{y}),0,0,0,0,0,0\right]$$

$$\boldsymbol{N}_{v13}=\left[0,\frac{1}{4}(1+\bar{x})(1+\bar{y}),0,0,0,0,0,0\right],$$

$$\boldsymbol{N}_{v14}=\left[0,\frac{1}{4}(1-\bar{x})(1+\bar{y}),0,0,0,0,0,0\right]$$

$$\boldsymbol{N}_{v31}=\left[0,0,0,\frac{1}{4}(1-\bar{x})(1-\bar{y}),0,0,0,0\right],$$

$$\boldsymbol{N}_{v32}=\left[0,0,0,\frac{1}{4}(1+\bar{x})(1-\bar{y}),0,0,0,0\right]$$

$$\boldsymbol{N}_{v33}=\left[0,0,0,\frac{1}{4}(1+\bar{x})(1+\bar{y}),0,0,0\right],$$

$$\boldsymbol{N}_{v34}=\left[0,0,0,\frac{1}{4}(1-\bar{x})(1+\bar{y}),0,0,0\right]$$

4.7.5　刚度矩阵

将式(4.142)~式(4.146)代入式(4.140),可以得到整体的刚度矩阵表达式。

1)轴向刚度矩阵

$$\boldsymbol{K}_{\mathrm{a}}=\sum_{i=1,3}h_i\int_A\boldsymbol{N}_i^{\mathrm{T}}\boldsymbol{D}_{ui}\boldsymbol{N}_i\mathrm{d}A \tag{4.147}$$

式中:$\boldsymbol{N}_i=\begin{bmatrix}\boldsymbol{N}_{ui,x}\\ \boldsymbol{N}_{vi,x}\\ \boldsymbol{N}_{ui,y}+\boldsymbol{N}_{vi,x}\end{bmatrix}$;$\boldsymbol{D}_{ui}=\dfrac{E_i}{1-v_i^2}\begin{bmatrix}1 & v_i & 0\\ v_i & 1 & 0\\ 0 & 0 & \dfrac{1}{2}(1-v_i)\end{bmatrix}$,$i=1,3$。

2)弯曲刚度矩阵

$$\boldsymbol{K}_{\mathrm{b}}=\sum_{i=1,3}\int_A\boldsymbol{N}_{w\mathrm{b}}^{\mathrm{T}}\boldsymbol{D}_{wi}\boldsymbol{N}_{w\mathrm{b}}\mathrm{d}A \tag{4.148}$$

式中:$\boldsymbol{N}_{w\mathrm{b}}=\begin{bmatrix}\boldsymbol{N}_{w,xx}\\ \boldsymbol{N}_{w,yy}\\ 2\boldsymbol{N}_{w,xy}\end{bmatrix}$;$\boldsymbol{D}_{wi}=\dfrac{E_iI_i}{1-v_i^2}\begin{bmatrix}1 & v_i & 0\\ v_i & 1 & 0\\ 0 & 0 & \dfrac{1}{2}(1-v_i)\end{bmatrix}$,$i=1,3$;$I_i$ 为第 i 层的截面惯性矩。

3)剪切刚度矩阵

$$\boldsymbol{K}_v=G_2h_2\int_A\boldsymbol{N}_v^{\mathrm{T}}\boldsymbol{N}_v\mathrm{d}A \tag{4.149}$$

式中:$\boldsymbol{N}_v=\dfrac{1}{h_2}[(\boldsymbol{N}_{u1}-N_{u3})+h\boldsymbol{N}_{w,x}(\boldsymbol{N}_{v1}-\boldsymbol{N}_{v3})+h\boldsymbol{N}_{w,y}]^{\mathrm{T}}$。

最后,单元总刚度矩阵 $\boldsymbol{K}_{\mathrm{e}}$ 就可表示为

$$\boldsymbol{K}_{\mathrm{e}}=\boldsymbol{K}_{\mathrm{a}}+\boldsymbol{K}_{\mathrm{b}}+\boldsymbol{K}_v \tag{4.150}$$

4.7.6　质量矩阵

将式(4.142)~式(4.146)代入式(4.141)中,可以得到如下质量矩阵。

1)轴向质量矩阵

$$\boldsymbol{M}_{\mathrm{a}} = \sum_{i=1,3}\int_{A}\rho_i h_i(\boldsymbol{N}_{ui}^{\mathrm{T}}\boldsymbol{N}_{ui} + \boldsymbol{N}_{vi}^{\mathrm{T}}\boldsymbol{N}_{vi})\,\mathrm{d}A \tag{4.151}$$

2)弯曲质量矩阵

$$\boldsymbol{M}_{\mathrm{b}} = \sum_{i=1}^{3}\int_{A}\rho_i h_i \boldsymbol{N}_{w}^{\mathrm{T}}\boldsymbol{N}_{w}\mathrm{d}A \tag{4.152}$$

于是,单元总质量矩阵 $\boldsymbol{M}_{\mathrm{e}}$ 就可表示为

$$\boldsymbol{M}_{\mathrm{e}} = \boldsymbol{M}_{\mathrm{a}} + \boldsymbol{M}_{\mathrm{b}} \tag{4.153}$$

4.7.7 单元运动方程和总体运动方程

利用拉格朗日原理,得到单元运动方程为

$$\boldsymbol{M}_{\mathrm{e}}\ddot{\boldsymbol{\Delta}}_{\mathrm{e}} + \boldsymbol{K}_{\mathrm{e}}\boldsymbol{\Delta}_{\mathrm{e}} = \boldsymbol{F}_{\mathrm{e}} \tag{4.154}$$

对于板/黏弹性材料层/约束层这个系统来说,可以通过将单元矩阵组装起来推导得到其运动方程,然后施加边界条件,最后再跟用于描述黏弹性材料的GHM、GMM、ATF或分数阶导数模型结合起来,从而建立最终的(增强的)系统方程。

例4.10 考虑一个悬臂板/黏弹性材料层/约束层系统,如图4.26所示,各层主要的物理和几何参数已经列于表4.9中,且黏弹性材料可以通过GHM和ATF模型来描述,即

$$G_2(s) = G_0\left(1 + \sum_{i=1}^{3}\Delta_i\frac{\rho_i s}{\rho_i s + 1}\right),G_0 = 0.5\mathrm{MPa}\ (\mathrm{ATF}\ 模型)$$

$$G_2(s) = G_0\left(1 + \sum_{i=1}^{3}\alpha_i\frac{s^2 + 2\zeta_i\omega_i s}{s^2 + 2\zeta_i\omega_i s + \omega_i^2}\right),G_0 = 0.5\mathrm{MPa}\ (\mathrm{GHM}\ 模型)$$

式中:Δ_i、ρ_i、α_i、ζ_i 和 ω_i 参见表4.7。

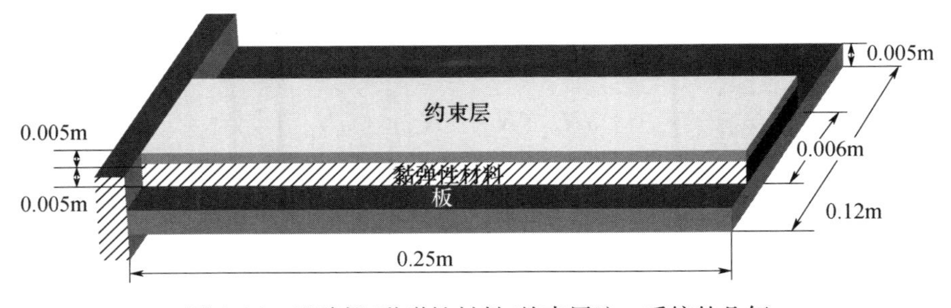

图4.26 悬臂板/黏弹性材料/约束层这一系统的几何

试确定当该系统的自由端受到单位力作用时所产生的频率响应,以及当自由端受到单位脉冲力(持续时间 0.10ms)作用时系统的时域响应,并针对采用 ATF 和 GHM 模型来描述黏弹性材料这两种情况对比响应结果。此外,当黏弹性材料和约束层覆盖了整个板面时,试确定时域和频域响应。

表 4.9　板/黏弹性材料/约束层系统的参数

参数	长度/cm	厚度/m	宽度/cm	密度/kgm^{-3}	杨氏模量/GPa
板	25	0.005	12.0	2700	70.00
黏弹性材料层	25	0.005	6.0	1104	①
约束层	25	0.005	6.0	2700	70.00
注:①由 ATF 和 GHM 模型给出,其中 $E^* = 3G_2$					

[分析]

可以利用 4.7 节给出的方法来求解这个系统的时域响应和频域响应。图 4.27(a)和(b)所示为部分板面覆盖约束层和黏弹性材料层情况下的时域和频域响应结果,从这些结果不难发现,采用 ATF 和 GHM 这两种模型描述所得到的响应是非常吻合的。

图 4.28 针对板面完全覆盖约束层和黏弹性材料层的情况给出了相应的结果,从中不难看出,此时能够获得更好的阻尼特性。

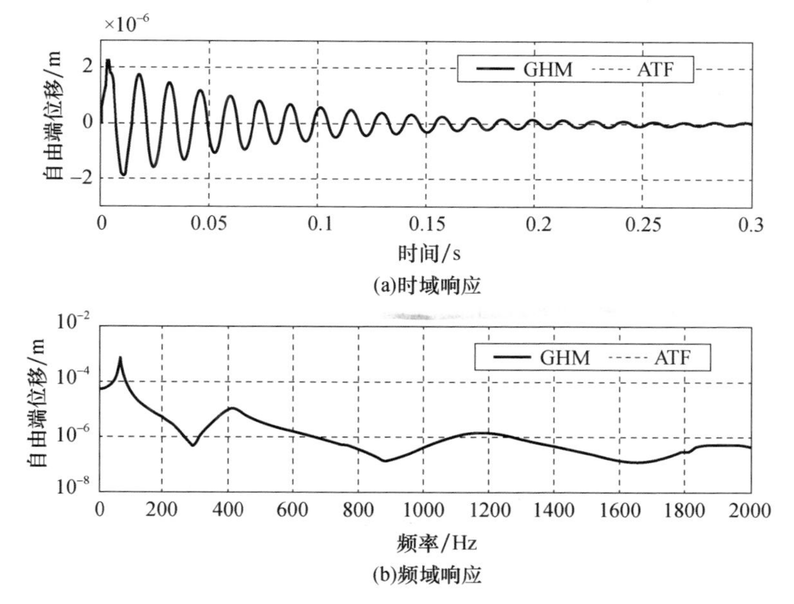

图 4.27　部分带有 PCLD(分别采用 ATF 和 GHM 本构关系)的板结构的响应

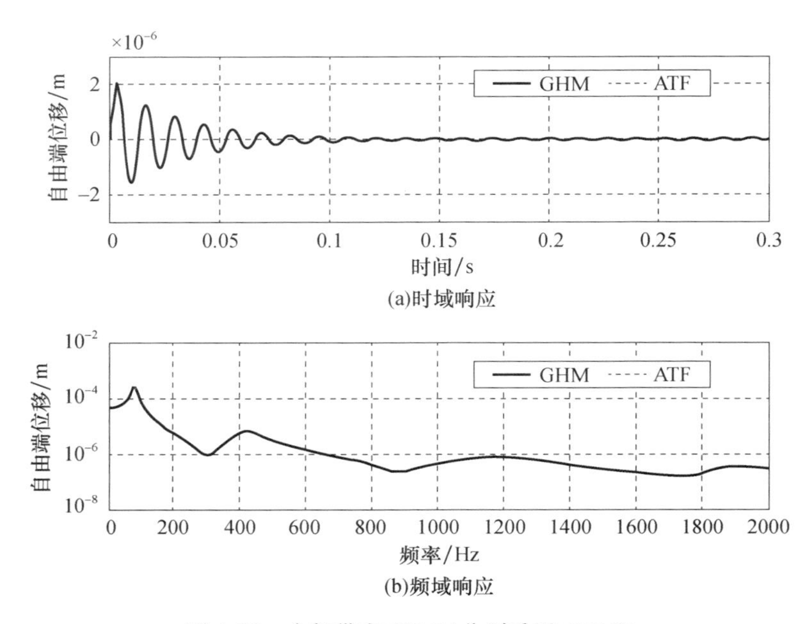

图 4. 28　全部带有 PCLD(分别采用 ATF 和 GHM 本构关系)的板结构的响应

例 4. 11　考虑如图 4. 26 所示的悬臂板/黏弹性材料层/约束层系统(即例 4. 9 所描述的系统),试将有限元模型分析结果与等效 ANSYS 模型的计算结果进行对比验证,后者利用的是黏弹性材料的 GMM 模型描述,其相对模量和松弛时间常数已经列于表 4. 8 中。

[分析]

图 4. 29 示出了整个系统的 ANSYS 有限元模型,它所预测出的前 4 阶固有频率处的系统模态形状如图 4. 30 所示。进一步,图 4. 31 将基于 4. 7 节给出的有限元方法所得到的频域响应与基于 ANSYS 软件包的计算结果进行了对比,从中可以看出,二者是相当一致的,特别是一阶和二阶振动模态。

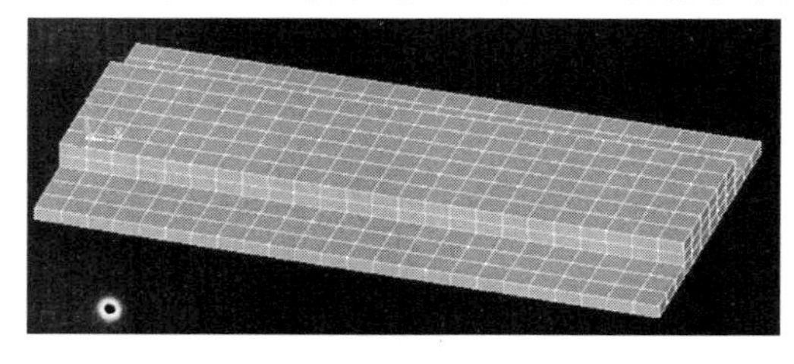

图 4. 29　悬臂板/黏弹性材料/约束层系统的 ANSYS 有限元模型

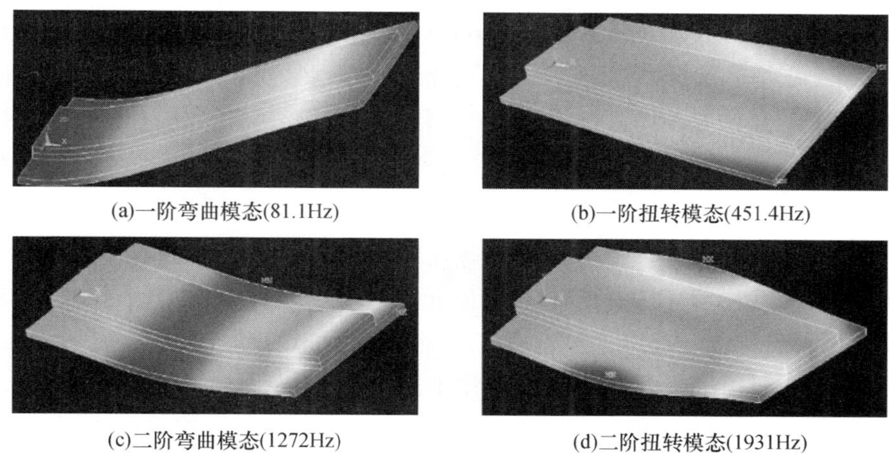
(a)一阶弯曲模态(81.1Hz)　(b)一阶扭转模态(451.4Hz)

(c)二阶弯曲模态(1272Hz)　(d)二阶扭转模态(1931Hz)

图 4.30　前 4 阶固有频率处的系统模态形状(见彩插)

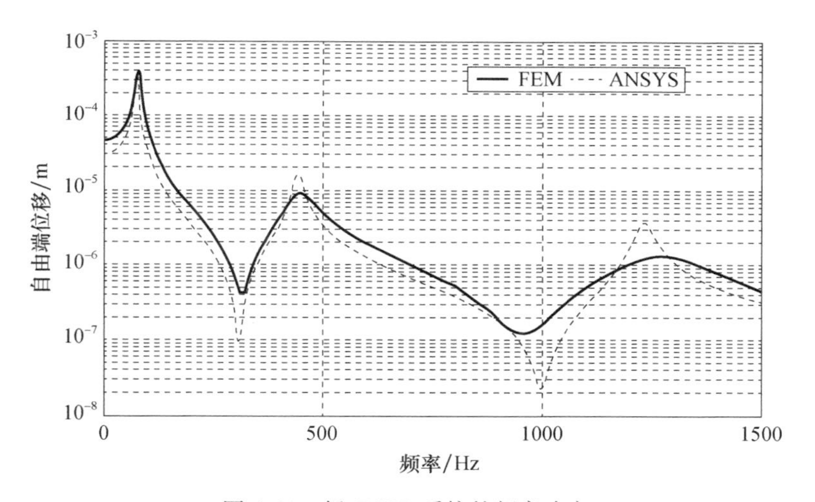

图 4.31　板/PCLD 系统的频率响应

4.8　带有被动式约束阻尼层的壳的有限元建模

4.8.1　概述

对于经过被动式约束层阻尼(PCLD)处理的壳结构而言,人们已经针对其动力学特性和阻尼特性进行了大量研究,这主要是因为此类结构物在各种重要应用场合中都具有非常显著的价值,例如在机舱、汽车和火箭等领域就是如此。

在已有研究工作中，较为突出的是 Markus(1976)的先驱性工作，其中针对轴对称振动模式考察了分层圆柱壳的阻尼特性。除此之外，Ramesh 和 Ganesan(1993,1994)还针对各向同性圆柱壳(带有 PCLD)，将有限元方法与一阶剪切变形理论(FSDT)结合起来确定了固有频率和损耗因子。1999 年，Chen 和 Huang(1999)利用假设模态法分析了部分表面经 PCLD 处理的圆柱壳的响应，其中应用了 Donnell-Mushtari-Vlasov 薄壳理论。Sainsbury 和 Masti(2007)则采用 Sivadas 和 Ganesan(1993)给出的有限元模型，并结合应变能方法对圆柱壳表面上进行部分 PCLD 处理的情况做了优化研究。2012 年，Mohammadi 和 Sedaghati(2012)提出了一个一般性方法，用于确定三层形式的三明治圆柱壳(带有薄的或厚的黏弹性夹心)的阻尼特性，其中借助了半解析的有限元处理。

4.8.2 应力应变关系

如图 4.32 所示，其中示出了带有 PCLD 的圆柱壳的一个四边形单元原理图，不妨设壳的半径为 R，厚度为 h_1，而黏弹性材料层和约束层的厚度分别为 h_2 和 h_3。这里采用 x、y 和 z 这一坐标系统来描述壳/PCLD，并给出各层的应力应变关系。

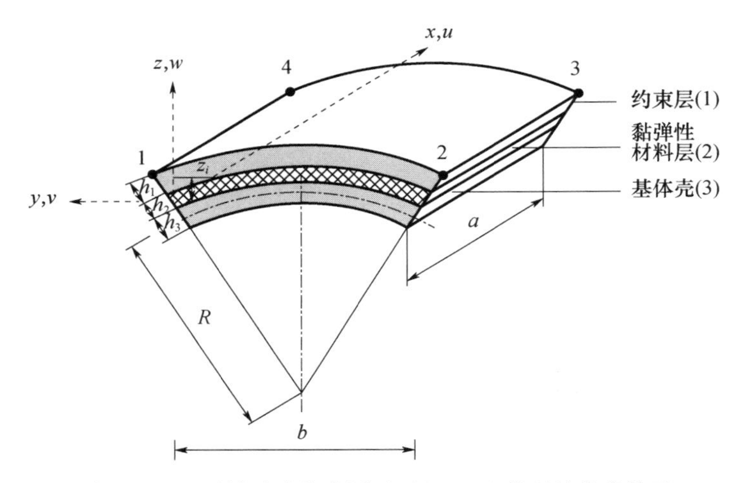

图 4.32 经过被动式约束层阻尼(PCLD)处理的柱壳单元

4.8.2.1 壳和约束层

壳和约束层的本构关系可以表示为

$$\{\sigma_{xi} \quad \sigma_{yi} \quad \tau_{xyi}\}^{\mathrm{T}} = \boldsymbol{D}_i\{\varepsilon_{xi} \quad \varepsilon_{yi} \quad \gamma_{xyi}\}^{\mathrm{T}}, i = 1,3 \tag{4.155}$$

式中：$\boldsymbol{D}_i = \dfrac{E_i}{1-\nu_i^2}\begin{bmatrix} 1 & \nu_i & 0 \\ \nu_i & 1 & 0 \\ 0 & 0 & \dfrac{1}{2}(1-\nu_i) \end{bmatrix}$；$E_i$ 和 ν_i 分别为杨氏模量和泊松比。

根据 Donnell–Mushtari–Vlasov 薄壳理论（Soedel，2004），应变位移关系可以写为

$$\begin{Bmatrix} \varepsilon_{xi} \\ \varepsilon_{yi} \\ \varepsilon_{xyi} \\ \varepsilon_{xzi} \\ \varepsilon_{yzi} \end{Bmatrix} = \begin{bmatrix} \dfrac{\partial}{\partial x} & 0 & z_i \dfrac{\partial^2}{\partial x^2} \\ 0 & \dfrac{\partial}{\partial y} & \left(\dfrac{1}{R} + z_i \dfrac{\partial^2}{\partial y^2}\right) \\ \dfrac{\partial}{\partial y} & \dfrac{\partial}{\partial x} & 2z_i \dfrac{\partial^2}{\partial x \partial y} \\ 0 & 0 & \dfrac{\partial}{\partial x} \\ 0 & -\dfrac{1}{R} & \dfrac{\partial}{\partial y} \end{bmatrix} \begin{Bmatrix} u_i \\ v_i \\ w \end{Bmatrix}, i = 1,3 \tag{4.156}$$

式中：z_i 为到中性面的距离（横向上）。

4.8.2.2　黏弹性层

黏弹性材料层的本构关系可以表示为

$$\sigma_{xz} = G_2 \gamma_{xz}, \sigma_{yz} = G_2 \gamma_{yz} \tag{4.157}$$

式中：G_2 为黏弹性材料的剪切模量，γ_{xz} 和 γ_{yz} 分别为黏弹性材料在 x–z 和 y–z 平面内的剪应变，可参见图 4.33。

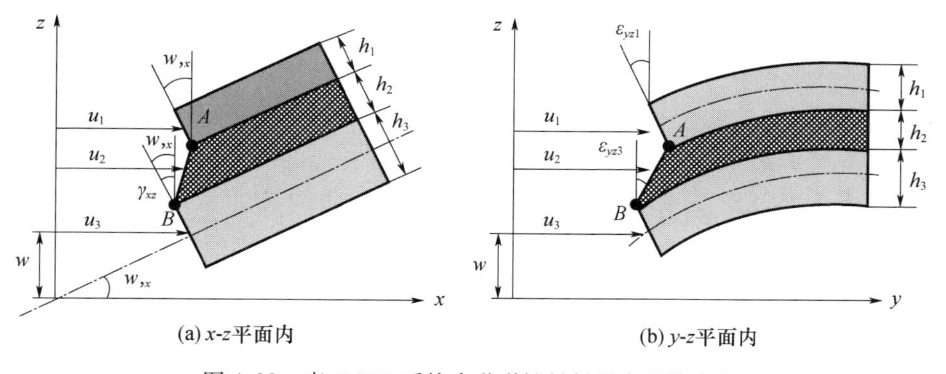

图 4.33　壳/PCLD 系统中黏弹性材料层内的剪应变

x-z 平面内的剪应变 γ_{xz} 与平板情况中的式(4.58)类似,可以写为

$$\gamma_{xz} = \frac{h}{h_2} w_{,x} + \frac{1}{h_2}(u_1 - u_3) \tag{4.158}$$

式中: $h = h_2 + \frac{1}{2}(h_1 + h_3)$ 。

y-z 平面内的剪应变 γ_{yz} 可以根据下式来确定:

$$\gamma_{yz} = \left(\frac{\partial w}{\partial y} - \frac{v_B}{R}\right) + \frac{1}{h_2}(v_A - v_B) \tag{4.159}$$

式(4.158)是通过式(4.156)和图4.33(b)所示的壳/PCLD的几何构型推导得到的,这里也假定了壳的半径 R 远大于壳、黏弹性材料层以及约束层的厚度,因此系统各层的半径都是接近于 R 的。

进一步,可以将面内位移 v_A 和 v_B 表示成中面位移 v_1 和 v_3 的形式,即

$$v_A = v_1 + \frac{h_1}{2}\left(\frac{\partial w}{\partial y} - \frac{v_1}{R}\right) \tag{4.160}$$

$$v_B = v_3 - \frac{h_3}{2}\left(\frac{\partial w}{\partial y} - \frac{v_3}{R}\right) \tag{4.161}$$

将上面这两个式子代入式(4.158),可得

$$\begin{aligned}\gamma_{yz} = &\left(\frac{1}{h_2} - \frac{h_1}{2h_2R}\right) v_1 - \left[\left(\frac{1}{R} + \frac{1}{h_2}\right)\left(1 + \frac{h_3}{2R}\right)\right] v_3 \\ &+ \left[1 + \left(\frac{1}{R} + \frac{1}{h_2}\right)\frac{h_3}{2} + \frac{h_1}{2h_2}\right]\frac{\partial w}{\partial y}\end{aligned} \tag{4.162}$$

值得注意的是,当 R 趋于 ∞ 时,式(4.162)将退化为平板情况,即式(4.138)。

4.8.3 动能和势能

壳/PCLD这个系统的势能P.E和动能K.E可以表示为

$$\text{P. E} = \sum_{i=1,3} \frac{1}{2}\int_V \boldsymbol{D}_i(\varepsilon_{xi}^2 + \varepsilon_{yi}^2)\,\mathrm{d}V + \int_V G_2(\gamma_{xz}^2 + \gamma_{yz}^2)\,\mathrm{d}V = \frac{1}{2}\boldsymbol{\Delta}_e^{\mathrm{T}}\boldsymbol{K}_e\boldsymbol{\Delta}_e \tag{4.163}$$

$$\text{K. E} = \sum_{i=1,3} \frac{1}{2}\int_A \rho_i h_i(u_i^2 + v_i^2)\,\mathrm{d}A + \sum_{i=1}^{3} \frac{1}{2}\int_A \rho_i h_i \dot{w}^2\mathrm{d}A = \frac{1}{2}\dot{\boldsymbol{\Delta}}_e^{\mathrm{T}}\boldsymbol{M}_e\dot{\boldsymbol{\Delta}}_e \tag{4.164}$$

式中: $\boldsymbol{K}_e$ 和 $\boldsymbol{M}_e$ 分别为单元刚度矩阵和单元质量矩阵; $\boldsymbol{\Delta}_e$ 为单元e的节点位移

向量,即

$$\boldsymbol{\Delta}_e = \begin{Bmatrix} u_{1_1} & u_{3_1} & v_{1_1} & v_{3_1} & w_1 & w_{,x_1} & w_{,y_1} & u_{1_2} & u_{3_2} & v_{1_2} & v_{3_2} & w_2 & w_{,x_2} & w_{,y_2} \\ u_{1_3} & u_{3_3} & v_{1_3} & v_{3_3} & w_3 & w_{,x_3} & w_{,y_3} & u_{1_4} & u_{3_4} & v_{1_4} & v_{3_4} & w_4 & w_{,x_4} & w_{,y_4} \end{Bmatrix}^{\mathrm{T}} \tag{4.165}$$

式中:下标 1~4 为单元节点的编号,如图 4.32 所示。

4.8.4　形函数

横向位移和纵向位移可以以节点位移向量和恰当的形函数来表示,即

$$\begin{cases} w = \boldsymbol{N}_w \boldsymbol{\Delta}_e, u_i = \boldsymbol{N}_{ui} \boldsymbol{\Delta}_e, i = 1,3 \\ v_i = \boldsymbol{N}_{vi} \boldsymbol{\Delta}_e, i = 1,3 \end{cases} \tag{4.166}$$

式中:$\boldsymbol{N}_w$ 为弯曲形函数;$\boldsymbol{N}_{ui}$ 和 $\boldsymbol{N}_{vi}$ 为轴向形函数。这些函数的确定可以参见 4.7.4 节的内容。

4.8.5　刚度矩阵

将式(4.166)代入式(4.163)即可导出系统的刚度矩阵表达式,下面分别给出这些矩阵。

1)轴向刚度矩阵

$$[\boldsymbol{K}_a] = \sum_{i=1,3} h_i \int_A \boldsymbol{N}_i^{\mathrm{T}} \boldsymbol{D}_{ui} \boldsymbol{N}_i \mathrm{d}A \tag{4.167}$$

式中:$\boldsymbol{N}_i = \begin{bmatrix} \boldsymbol{N}_{ui,x} \\ \boldsymbol{N}_{vi,x} \\ \boldsymbol{N}_{ui,y} + \boldsymbol{N}_{vi,x} \end{bmatrix}$;$\boldsymbol{D}_{ui} = \dfrac{E_i}{1 - v_i^2} \begin{bmatrix} 1 & v_i & 0 \\ v_i & 1 & 0 \\ 0 & 0 & \frac{1}{2}(1 - v_i) \end{bmatrix}$,$i = 1,3$。

2)弯曲刚度矩阵

$$\boldsymbol{K}_b = \sum_{i=1,3} \int_A \boldsymbol{N}_{wb}^{\mathrm{T}} \boldsymbol{D}_{wi} \boldsymbol{N}_{wb} \mathrm{d}A \tag{4.168}$$

式中:$\boldsymbol{N}_{wb} = \begin{bmatrix} \boldsymbol{N}_{w,xx} \\ \boldsymbol{N}_{w,yy} \\ 2\boldsymbol{N}_{w,xy} \end{bmatrix}$;$\boldsymbol{D}_{wi} = \dfrac{E_i I_i}{1 - v_i^2} \begin{bmatrix} 1 & v_i & 0 \\ v_i & 1 & 0 \\ 0 & 0 & \frac{1}{2}(1 - v_i) \end{bmatrix}$,$i = 1,3$;$I_i$ 为第 i 层的截面惯性矩。

3）剪切刚度矩阵

$$\boldsymbol{K}_v = G_2 h_2 \int_A \boldsymbol{N}_v^{\mathrm{T}} \boldsymbol{N}_v \mathrm{d}A \tag{4.169}$$

式中：$\boldsymbol{N}_v = \dfrac{1}{h_2}[(\boldsymbol{N}_{u1} - \boldsymbol{N}_{u3}) + h\boldsymbol{N}_{w,x}(n_1\boldsymbol{N}_{v1} - n_2\boldsymbol{N}_{v3}) + n_3\boldsymbol{N}_{w,y}]^{\mathrm{T}}$；$n_1 = \left(1 - \dfrac{h_1}{2R}\right)$；$n_2 = \left[\left(\dfrac{h_2}{R} + 1\right)\left(1 + \dfrac{h_3}{2R}\right)\right]$；$n_3 = \dfrac{1}{2}\left(h + \dfrac{h_2 h_3}{R}\right)$。

于是，单元的总刚度矩阵 $\boldsymbol{K}_{\mathrm{e}}$ 就可以表示为

$$\boldsymbol{K}_{\mathrm{e}} = \boldsymbol{K}_{\mathrm{a}} + \boldsymbol{K}_{\mathrm{b}} + \boldsymbol{K}_v \tag{4.170}$$

4.8.6 质量矩阵

将式（4.166）代入式（4.164）即可得到如下质量矩阵：

1）轴向质量矩阵

$$\boldsymbol{M}_{\mathrm{a}} = \sum_{i=1,3} \int_A \rho_i h_i (\boldsymbol{N}_{ui}^{\mathrm{T}} \boldsymbol{N}_{ui} + \boldsymbol{N}_{vi}^{\mathrm{T}} \boldsymbol{N}_{vi}) \mathrm{d}A \tag{4.171}$$

2）弯曲质量矩阵

$$\boldsymbol{M}_{\mathrm{b}} = \sum_{i=1}^{3} \int_A \rho_i h_i \boldsymbol{N}_w^{\mathrm{T}} \boldsymbol{N}_w \mathrm{d}A \tag{4.172}$$

于是，单元的总质量矩阵 $\boldsymbol{M}_{\mathrm{e}}$ 就可以表示为

$$\boldsymbol{M}_{\mathrm{e}} = \boldsymbol{M}_{\mathrm{a}} + \boldsymbol{M}_{\mathrm{b}} \tag{4.173}$$

4.8.7 单元运动方程和总体运动方程

利用拉格朗日原理，可以导得单元运动方程为

$$\boldsymbol{M}_{\mathrm{e}} \ddot{\boldsymbol{\Delta}}_{\mathrm{e}} + \boldsymbol{K}_{\mathrm{e}} \boldsymbol{\Delta}_{\mathrm{e}} = \boldsymbol{F}_{\mathrm{e}} \tag{4.174}$$

对于壳/PCLD 这个系统来说，也可以通过将单元矩阵组装起来推导得到其运动方程，然后施加边界条件，最后再跟用于描述黏弹性材料的 GHM、GMM、ATF 或分数阶导数模型结合起来，从而建立最终的（增强的）系统方程。

例 4.12 考虑如图 4.34 所示的固支-自由边界下的壳/PCLD 系统，主要的物理参数和几何参数已经列于表 4.10 中，壳的内半径 $R=0.1016\mathrm{m}$。PCLD 是由两块组成的，它们面对面（呈 180°）粘贴在壳的外表面上，且每块相对于壳中心点的夹角均为 90°，参见图 4.34。

试确定当该系统的自由端受到单位力激励时所产生的频率响应，以及当自由端受到单位脉冲激励力（持续时间 0.10ms）作用时所产生的时域响应，并将

基于 ANSYS 得到的结果和基于 4.7 节所述的有限元方法得到的结果进行比较。

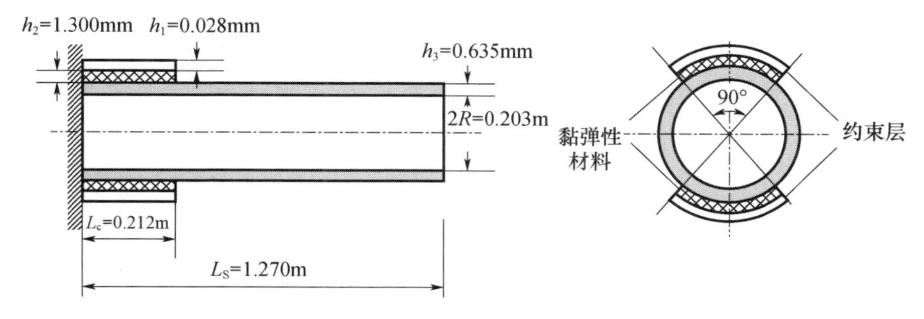

图 4.34　壳/PCLD 系统的构型

表 4.10　壳/PCLD 系统的参数

参数	长度/m	厚度/mm	密度/kgm^{-3}	杨氏模量/GPa
壳	1.270	0.635	7800	210
黏弹性材料层	0.212	1.300	1140	①
约束层	0.212	0.028	7800	210
注:①对于包含 5 项的 GMM 模型, G_∞ = 292.01MPa,β_∞ = 0.007, 参见例 4.6 和表 4.6。				

[分析]

1)壳体(不带附加层)的特性

表 4.11 中已经列出了壳体的固有频率和模态形状,这些结果是利用 ANSYS 和 4.7 节所述的有限元方法计算得到的,有限元模型如图 4.35 所示。

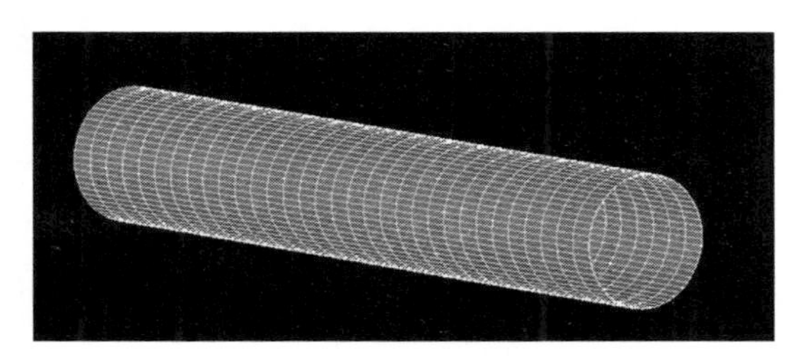

图 4.35　不带任何处理的壳的有限元模型

2)壳/PCLD 的特性

壳/PCLD 系统的有限元模型如图 4.36 所示,利用 ANSYS 和 4.7 节所述的有限元方法计算得到的固有频率和模态形状已经列于表 4.12 中。

图 4.37 进一步将有限元模型预测出的和 ANSYS 计算得到的壳体的频域响

应做了对比,可以看出二者是相当吻合的,特别是前三阶振动模态。类似地,图4.38针对壳/PCLD系统的频域响应,也将有限元模型和ANSYS计算结果做了比较,从中也不难发现二者吻合良好,尤其是前两阶振动模式。

表4.11 不带任何处理的壳的固有频率和模态形状(见彩插)

有限元计算结果	ANSYS
58Hz 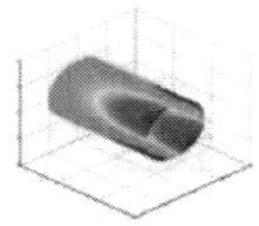	58Hz 
59Hz 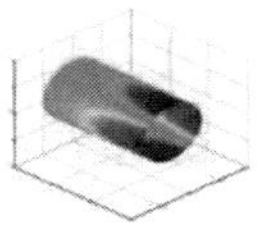	58Hz 
119Hz 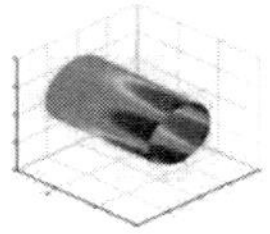	118Hz 
119Hz 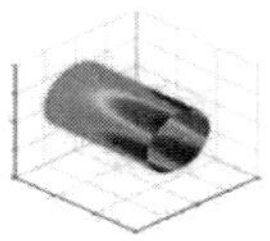	118Hz 
124Hz 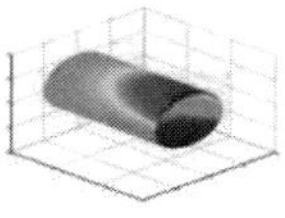	124Hz 
124Hz 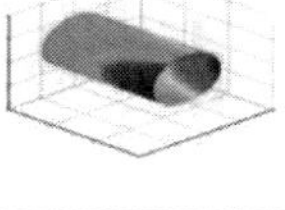	124Hz 

表 4.12　壳/PCLD 系统的固有频率和模态形状(见彩插)

有限元计算结果	ANSYS
60Hz	60Hz
62Hz	60Hz
119Hz	118Hz
120Hz	118Hz
125Hz	128Hz
129Hz	138Hz

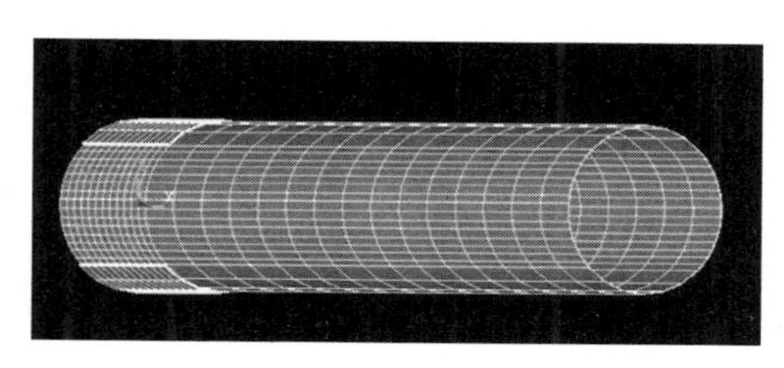

图 4.36　壳/PCLD 系统的有限元模型

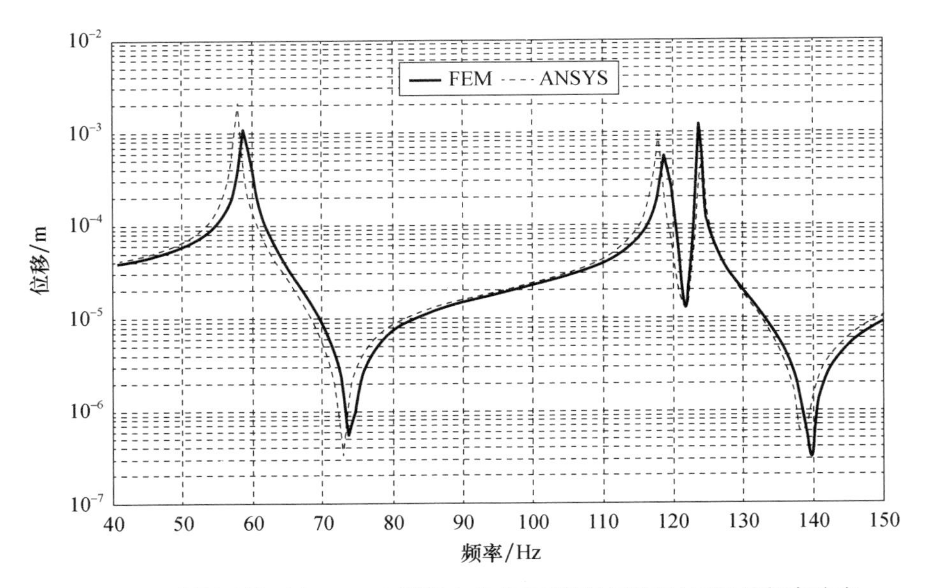

图 4.37　有限元模型和 ANSYS 预测出的壳(不带任何阻尼处理)的频率响应

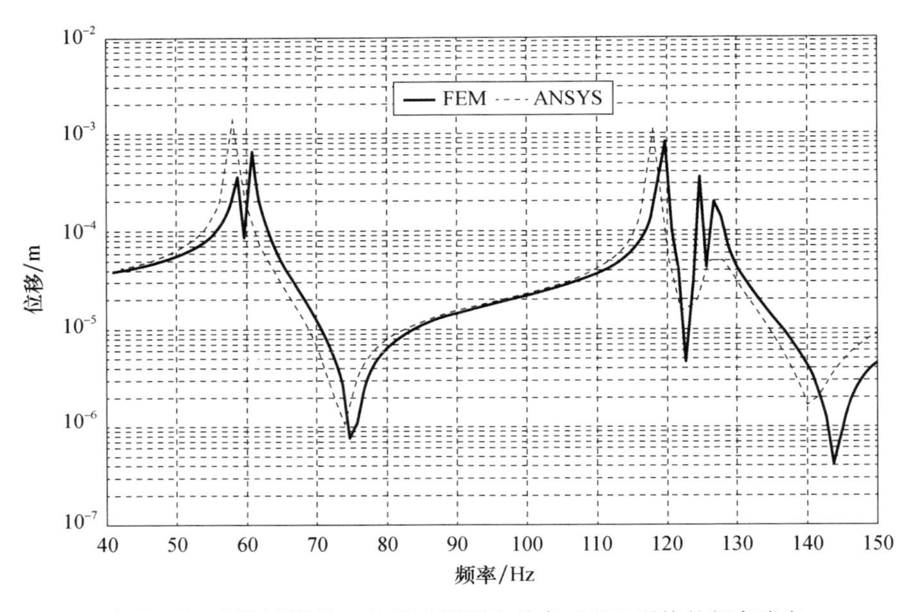

图 4.38　有限元模型和 ANSYS 预测出的壳/PCLD 系统的频率响应

4.9 本章小结

本章将 Golla-Hughes-McTavish 模型作为一种有效的分析工具,对黏弹性材料的动力学特性进行了建模,并将其集成到了结构(需要引入黏弹性材料进行阻尼减振)的有限元模型之中。我们阐明了这一模型的物理含义,它实际上是 Maxwell 模型和 Kelvin-Voigt 模型的组合,且在 Maxwell 模型的元件之间插入了附加的质量。此后,本章利用 GHM 模型对带有黏弹性材料的杆的动力学问题进行了描述,详细讨论了约束构型和无约束构型情况,并指出了利用约束形式的黏弹性材料层能够显著增强系统的阻尼特性(与无约束或自由阻尼层情形相比)。

参考文献

Bagley, R. L. and Torvik, P. J. (1983). Fractional calculus - a different approach to the analysis of viscoelastically damped structures. AIAA Journal 21:741-749.

Bahraini, S. M. S., Eghtesad, M., Farid, M., and Ghavanloo, E. (2013). Large deflection of viscoelastic beams using fractional derivative model. Journal of Mechanical Science and Technology 27(4):1063-1070.

Bekuit, J. -J. R. B., Oguamanam, D. C. D., and Damisa, O. (2009). Quasi-2D finite element formulation of active-constrained layer beams. Journal of Smart Materials and Structures 18:095003.

Catania, G., Sorrentino, S., and Fasana, A. (2008). A condensation technique for finite element dynamic analysis using fractional derivative viscoelastic models. Journal of Vibration and Control 14(9-10):1573-1586.

Chen, L. H. and Huang, S. C. (1999). Vibrations of a cylindrical shell with partially constrained layer damping (CLD) treatment. International Journal of Mechanical Sciences 41:1485-1498.

Cortes, F. and Elejabarrieta, M. J. (2007a). Finite element formulations for transient dynamic analysis in structural systems with viscoelastic treatments containing fractional derivative models. International Journal of Numerical Methods in Engineering 69:2173-2195.

Cortes, F. and Elejabarrieta, M. J. (2007b). Homogenized finite element formulations for transient dynamic analysis of unconstrained layer damping beams involving fractional derivative models. Computational Mechanics 40:313-324.

Enelund, M. and Josefson, B. L. (1997). Time-domain finite element analysis of viscoelastic structures with fractional derivatives constitutive relations. AIAA Journal 35(10):1630-1637.

Escobedo-Torres, J. and Ricles, J. M. (1998). The fractional order elastic-viscoelastic equations of motion: formulation and solution methods. Journal of Intelligent Material Systems and Structures 9:489-502.

Friswell, M. I., Inman, D. J., and Lam, M. J. (1997). On the realization of GHM models in viscoelasticity. Journal of Intelligent Material Systems and Structures 8(11):986-993.

Galucio, A. C., Deü, J. F., and Ohayon, R. (2004). Finite element formulation of viscoelastic sandwich beams using fractional derivative operators. Computational Mechanics 33:282-291.

Golla, D. F. and Hughes, P. C. (1985). Dynamics of viscolelastic structures - a time domain finite element formulation. ASME Journal of Applied Mechanics 52:897-600.

Lesieutre G. A., "Finite element modeling of frequency-dependent material damping using augmenting thermodynamic fields", Ph. D. Dissertation, University of California Los Angeles (UCLA), CA, 1989.

Lesieutre, G. A. and Mingori, D. L. (1990). Finite element modeling of frequency-dependent material damping using augmenting thermodynamic fields. Journal of Guidance, Control and Dynamics 13(6):1040-1050.

Markuš, Š. (1976). Damping properties of layered cylindrical shells vibrating in axially symmetric mode. Journal of Sound and Vibration 48(4):511-524.

Martin L. A., "A novel material modulus function for modeling viscoelastic materials", Ph. D. Dissertation, Virginia Polytechnic Institute and State University, 2011.

Mohammadi, F. and Sedaghati, R. (2012). Linear and nonlinear vibration analysis of sandwich cylindrical shell with constrained viscoelastic core layer. International Journal of Mechanical Sciences 54(1):156-171.

Padovan, J. (1987). Computational algorithms for FE formulations involving fractional operators. Computational Mechanics 2:271-287.

Piovan, M. T., Sampaiob, R., and Deu, J. -F. (2009). Dynamics of sandwich curved beams with viscoelastic core described by fractional derivative operators. Mecánica Computacional XXVIII: 691-710, Edited by: C. G. Bauza, P. Lotito, L. Parente, and M. Vénere, Tandil, Argentina,.

Ramesh, T. C. and Ganesan, N. (1993). Vibration and damping analysis of cylindrical shells with a constrained damping layer. Computers and Structures. 46(4):751-758.

Ramesh, T. C. and Ganesan, N. (1994). Finite element analysis of cylindrical shells with a constrained viscoelastic layer. Journal of Sound and Vibration 172(3):359-370.

Rusovici R., "Modeling of shock wave propagation and attenuation in viscoelastic structures", Ph. D. Dissertation, Virginia Polytechnic Institute and State University, 1999.

Sainsbury, M. G. and Masti, R. S. (2007). Vibration damping of cylindrical shells using strain-energy-based distribution of an add-on viscoelastic treatment. Finite Element in Analysis and Design 43:175-192.

Schmidt, A. and Gaul, L. (2002). Finite element formulation of viscoelastic constitutive equations using fractional time derivatives. Nonlinear Dynamics 29:37-55.

Singh, S. J. and Chatterjee, A. (2006). Galerkin projections and finite elements for fractional order derivatives. Nonlinear Dynamics 45(1-2):183-206.

Sivadas, K. R. and Ganesan, N. (1993). Axisymmetric vibration analysis of thick cylindrical shell with variable thickness. Journal of Sound and Vibration 160:387-400.

Soedel, W. (2004). Vibrations of Shells and Plates, 3rde. CRC Press.

Sorrentino, S. and Fasana, A. (2007). Finite element analysis of vibrating linear systems with fractional derivative viscoelastic models. Journal of Sound and Vibration 299:839-853.

Trindade, M. A., Benjeddou, A., and Ohayon, R. (2000). Modeling of frequency-dependent viscoelastic materials for active-passive vibration damping. Journal of Vibration and Acoustics 122(2):169-174.

Yeh, J. Y. and Chen, L. W. (2007). Finite element dynamic analysis of orthotropic sandwich plates with an electrorheological fluid core layer. Composite Structures 78(3):368-376.

思考题

4.1　针对 Soundcoat 公司的 Dyad606 型黏弹性材料(工作于 100℉ 或 38℃),试确定描述该材料的 GHM 模型(含 4 个振荡项)的最优参数,并将该模型的预测结果与下表给出的实际试验结果进行对比。

频率/Hz	20	30	40	50	60	70	80	90	100	200	300
G'/kpsi	0.75	1.1	1.3	1.6	1.8	2	2.2	2.3	2.6	4	5.2
损耗因子 η	0.95	0.96	0.98	0.99	1	1	1	1	1	0.99	0.95
频率/Hz	400	500	600	700	800	900	1000	2000	3000	4000	5000
G'/kpsi	6.3	7.2	8.5	9.5	11	12	13	19	23	26	30
损耗因子 η	0.91	0.88	0.85	0.82	0.79	0.77	0.75	0.63	0.56	0.51	0.48

可通过将 G' 转换为 E'(即乘以 $2(1+\nu)\approx 3$, ν 为泊松比,约为 0.5)来导出 GHM 模型的储能模量,然后再将 kpsi 转换为 Pa。

4.2　假定在 Dyad606 型黏弹性材料上支撑了一块质量 M(10kg),现通过包含 4 个振荡项的 GHM 模型来对该黏弹性材料建模,试计算该质量在单位正弦力激励下的响应:

(1)利用质量和 GHM 模型(包含四个振荡项)构成的完整的动力学方程来分析;

(2)利用缩减的动力学方程来分析,该方程是通过静力缩聚处理来消除与振荡项对应的内部自由度而得到的。

进一步,将完整模型和缩减模型的响应进行比较,此处假定该 Dyad 型黏弹性材料的横截面面积为 0.01m^2,厚度为 0.1m。

4.3　考虑如图 P4.1 所示的用于模拟黏弹性材料的动力特性的动力学系统,试推导:

(1)力 F 和位移 x_1 之间的关系,以如下拉氏域形式表示:

$$F = K^* x_1$$

式中:$K^* = K'(1 + \mathrm{i}\eta)$ 为复刚度;K' 和 η 分别为储能模量和损耗因子。

(2)黏弹性材料的储能模量 K'(作为频率的函数)。

(3)黏弹性材料的损耗因子 η(作为频率的函数)。

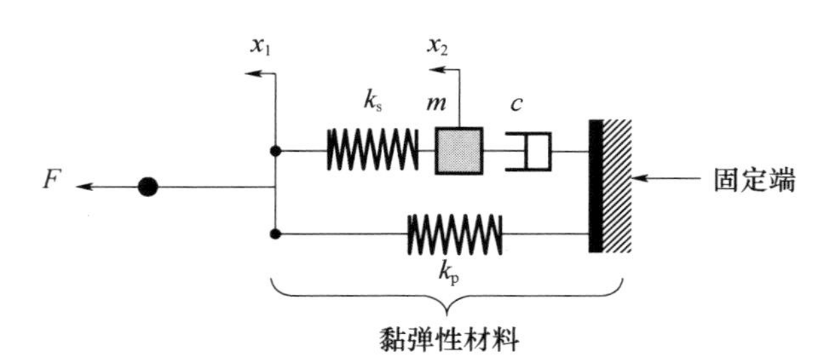

图 P4.1　用于模拟黏弹性材料的动力学系统

4.4　考虑黏弹性材料的如下 GHM 模型:

$$\sigma = E_0\left(1 + \hat{\alpha}\frac{s^2 + 2\hat{\zeta}\hat{\omega}s}{s^2 + 2\hat{\zeta}\hat{\omega}s + \hat{\omega}^2}\right)\varepsilon$$

式中:$\hat{\alpha}$、$\hat{\zeta}$ 和 $\hat{\omega}$ 为 GHM 模型参数;σ 和 ε 分别为黏弹性材料的应力和应变;s 为拉普拉斯复变量。试确定储能模量 E' 和损耗因子 η 的表达式(作为频率 ω 的函数),由此可将复模量表示为 $E = E'(1 + \eta\mathrm{i})$ 。

进一步,讨论为什么 GHM 模型需要像上面那样构造,而不应采用如下构造方式:

(1) $\sigma = E_0\left(1 + \hat{\alpha}\frac{s^2}{s^2 + \hat{\omega}^2}\right)\varepsilon$;

（2）$\sigma = E_0\left(1 + \hat{\alpha}\,\dfrac{2\hat{\zeta}\hat{\omega}s}{s^2 + 2\hat{\zeta}\hat{\omega}s + \hat{\omega}^2}\right)\varepsilon$;

（3）$\sigma = E_0\left(1 + \hat{\alpha}\,\dfrac{s^2}{s^2 + 2\hat{\zeta}\hat{\omega}s + \hat{\omega}^2}\right)\varepsilon$

4.5　假定一个质量 M 放置于黏弹性材料上，后者的刚度可以通过 Friswell 等人（1997）的四参数 GHM 模型来描述（参数为 $(\alpha_n,\gamma_n,\beta_n,\delta_n)$ ），因而该质量的运动方程就可以表示为

$$Ms^2X + K_0\left(1 + \alpha_n\,\frac{s^2 + \gamma_n s}{s^2 + \beta_n s + \delta_n}\right)X = F$$

式中：s 和 X 分别为拉普拉斯复变量和质量 M 的位移 x（在力 F 的作用下）的拉氏变换。

试提取出黏弹性材料的内部自由度 z，然后将该质量/黏弹性材料系统的运动方程构造成如下形式：

$$\boldsymbol{M}_{\mathrm{T}}\begin{Bmatrix}\ddot{x}\\ \ddot{z}\end{Bmatrix} + \boldsymbol{C}_{\mathrm{T}}\begin{Bmatrix}\dot{x}\\ \dot{z}\end{Bmatrix} + \boldsymbol{K}_{\mathrm{T}}\begin{Bmatrix}x\\ z\end{Bmatrix} = \begin{Bmatrix}F\\ 0\end{Bmatrix}$$

进一步，试确定上述对称形式的质量矩阵 $\boldsymbol{M}_{\mathrm{T}}$ 、阻尼矩阵 $\boldsymbol{C}_{\mathrm{T}}$ 和刚度矩阵 $\boldsymbol{K}_{\mathrm{T}}$ 的元素。最后，根据上述运动方程，试针对该质量/黏弹性材料系统利用弹簧-质量-阻尼器的组合加以实现。

4.6　考虑如下所示的黏弹性材料的 ATF 模型：

$$\sigma = E_u\varepsilon - \delta\zeta$$

$$\dot{\zeta} + B\zeta = (B\delta/\alpha)\,\varepsilon$$

式中：σ 、ε 和 ζ 分别为应力、应变和温度场；E_u 、$\boldsymbol{B}$、δ 和 α 均为 ATF 模型的参数。

试将该模型变换到拉氏域，以说明应力应变关系可以表示为

$$\sigma = E_r\left(\frac{E_u/E_r s + B}{s + B}\right)\varepsilon$$

式中：$E_r = E_u - \delta^2/\alpha$ 。

进一步，假定质量 M 放置在具有如下特性的黏弹性材料上：

$$K_r\left(\frac{K_u/K_r s + B}{s + B}\right)$$

试导出状态空间中的运动方程，其中状态空间矢量为 $\boldsymbol{X}=\{q,\dot{q},z\}^{\mathrm{T}}$，$q$ 和 z 分别代表的是质量和黏弹性材料的自由度。最后，试说明怎样利用所得到的方程确定系统的固有频率和阻尼比。

4.7　考虑如图 P4.2 所示的固支-自由边界下的梁/黏弹性材料系统，梁是铝制的，宽度为 0.025m，厚度为 0.0025m，长度为 1m，黏弹性材料层的宽度为 0.025m，厚度为 0.0025m，材料密度是 $1100\mathrm{kgm}^{-3}$，其储能模量和损耗因子跟例 4.2 所给出的相同。试利用 GHM 建模方法确定自由端（节点 3）处横向振动的时域和频域响应，此处假定梁的自由端受到了单位横向载荷的作用。进一步，确定该系统的完整模型和缩减模型的固有频率和阻尼比，其中假定该系统可以建模为包含两个单元的有限元模型。

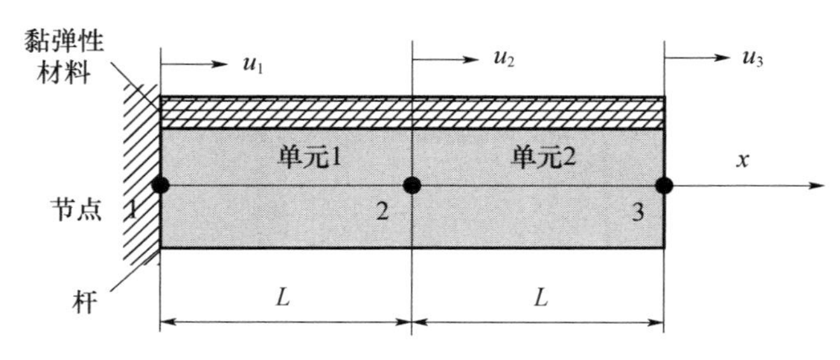

图 P4.2　固支-自由边界条件下的梁/黏弹性材料系统

需要注意的是，梁单元是一维单元，它有两个节点，每个节点有两个自由度，分别是线位移 w 和角位移 w_x。梁的形函数可以假定为立方型的，即：$w(x)=a_1+a_2x+a_3x^2+a_4x^3$，并且梁单元的势能和动能可以分别表示为 $\mathrm{P.E}=\frac{1}{2}\mathrm{EI}\int_0^L w_{xx}^2\mathrm{d}x$ 和 $\mathrm{K.E}=\frac{1}{2}m\int_0^L \dot{w}^2\mathrm{d}x$，其中的 EI 为梁的弯曲刚度，$m$ 为单位长度的梁质量。此外，可以采用包含单个振荡项的 GHM 模型，其参数为 $\alpha_1=39$，$\omega_1=19058\mathrm{rad/s}$，$\xi_1=1$。

4.8　考虑如图 P4.3 所示的固支-自由边界下的杆/黏弹性材料系统，杆是铝制的，宽度为 0.025m，厚度为 0.025m，长度为 0.30m，黏弹性材料层的宽度为 0.025m，厚度为 0.025m，材料密度为 $1100\mathrm{kgm}^{-3}$，其储能模量和损耗因子可以利用 GHM 模型（包含单个振荡项，参数为 $E_0=15.3\mathrm{MPa}$，$\alpha_1=39$，$\zeta_1=1$，$\omega_1=19058\mathrm{rad/s}$）来预测。试确定自由端（节点 4）处的时域和频域响应，此处假定杆的自由端受到了单位载荷 F 的作用。进一步，确定该系统的完整模型和缩减模型的固有频率和阻尼比，其中假定该系统可以建模为包含 3 个单元的有限元模型。

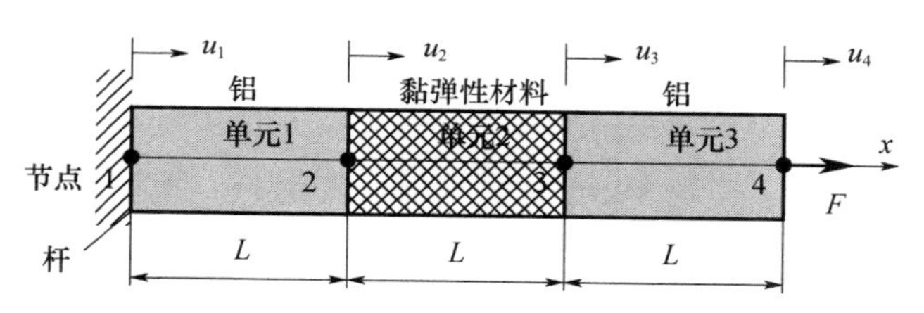

图 P4.3　固支-自由边界条件下的杆/黏弹性材料系统

4.9　考虑如图 P4.4 所示的固支-自由边界下的梁/约束黏弹性材料系统，梁是铝制的，宽度为 0.025m，厚度为 0.0025m，长度为 1m，黏弹性材料层的宽度为 0.025m，厚度为 0.0025m，密度为 1100kgm^{-3}，其储能模量和损耗因子与例 4.2 给出的相同。该黏弹性材料层上带有一个铝制的约束层，宽度为 0.025m，厚度为 0.0025m。试利用黏弹性材料的 GHM 建模方法，确定自由端（节点 3）横向振动的时域和频域响应，此处假定该梁的自由端受到了单位横向载荷的作用。进一步，试确定该系统的完整模型和缩减模型的固有频率和阻尼比，此处设该系统可以通过包含两个单元的有限元模型来描述。

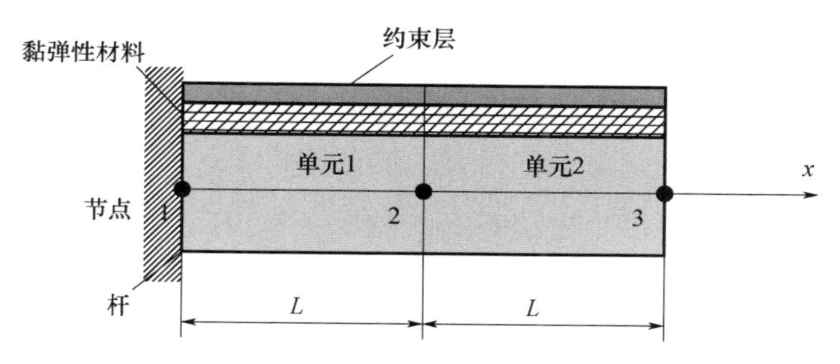

图 P4.4　固支-自由边界条件下的梁/约束黏弹性材料系统

在利用 GHM 模型进行建模时，可以采用单个振荡项，其参数为 $\alpha_1 = 39$，$\omega_1 = 19058\text{rad/s}$，$\zeta_1 = 1$。

4.10　考虑如图 P4.5 所示的铝制悬臂板，该板的固支端附近区域放置了一块 PCLD，板和 PCLD 的尺寸如图所示，且 $h_1 = h_2 = h_3 = 0.005\text{m}$。黏弹性材料可以利用包含 3 个振荡项的 GHM 模型来描述，即

$$G_2(s) = G_0\left(1 + \sum_{i=1}^{3} \alpha_i \frac{s^2 + 2\zeta_i\omega_i s}{s^2 + 2\zeta_i\omega_i s + \omega_i^2}\right)，且有 G_0 = 0.5\text{MPa}$$

式中：α_i、ζ_i 和 ω_i 已经列于表 4.7 中。另外，此处也假定约束层是铝制的。

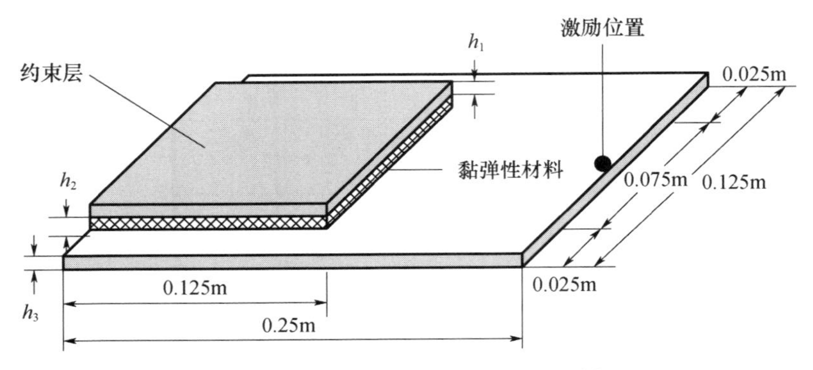

图 P4.5　部分进行 PCLD 处理的悬臂板

试确定当板的自由端中点受到单位力的作用时，板的时域和频域响应，并将所得到的结果与采用 ATF 模型来描述黏弹性材料所得到的结果进行比较，该 ATF 模型为 $G_2(s)=G_0\left(1+\sum_{i=1}^{3}\Delta_{\mathrm{ATF}_i}\frac{\rho_{\mathrm{ATF}_i}s}{\rho_{\mathrm{ATF}_i}s+1}\right)$，且有 $G_0=0.5\mathrm{MPa}$，参数 Δ_{ATF_i} 和 ρ_{ATF_i} 参见表 4.7。

第5章　基于模态应变能方法的黏弹性阻尼的有限元建模

5.1 引　　言

在分析和预测经黏弹性阻尼处理的复杂结构的模态参数方面，模态应变能(MSE)方法作为一种非常有效而实用的工具已经得到了广泛的认可。这一方法主要建立在对结构和黏弹性材料的模态应变能的估计之上，通常借助的是结构/黏弹性材料这一系统的无阻尼(实)模态，而不是精确的阻尼(复)模态。这一近似处理使得我们可以方便地将MSE集成到商用有限元代码(一般不采用复本征值问题求解器)之中。这里我们将针对最初提出的MSE方法以及后来的一些修正后的方法介绍其理论基础，并将对各种黏弹性阻尼处理情况中这一方法的应用进行讨论，进一步，我们还将把此处的分析结果与基于精确的复本征值问题求解器和GHM模型(参见第4章)得到的结果放到一起加以对比。

5.2 模态应变能(MSE)方法

模态应变能方法最早是由Kerwin和Ungar(1962)提出的，后来Johnson和Kienholz(1982)又进行了拓展，使之可以作为一种近似分析工具用于计算经黏弹性阻尼处理的复杂结构的模态参数。这一方法建立在黏弹性材料的“复模量”描述这一基础之上，因而只限于频域分析。此外，在揭示黏弹性材料特性随频率的变化时，模态应变能方法本质上是以迭代方式进行的。尽管存在着这两个方面的局限性，然而由于该方法具有较强的实用性，同时也便于跟结构(带有黏弹性材料)的有限元模型集成，且不会导致模型的尺度增大(不同于GHM方法，Golla和Hughes，1985)，因而它已经受到了人们的广泛认可。

从理论基础层面来看，模态应变能方法首先是将结构/黏弹性材料系统的动力学过程描述为如下形式的有限元方程：

$$\boldsymbol{M}\ddot{\boldsymbol{X}} + \boldsymbol{K}\boldsymbol{X} = 0 \tag{5.1}$$

式中：$\boldsymbol{X}$ 为结构的节点位移向量；$\boldsymbol{M}$ 为结构的质量矩阵（实矩阵）；$\boldsymbol{K}$ 为其刚度矩阵，为体现出黏弹性材料特性，该刚度矩阵是复数矩阵。

刚度矩阵可以表示为

$$\begin{aligned}\boldsymbol{K} &= \boldsymbol{K}_{\mathrm{e}} + \boldsymbol{K}_{\mathrm{v}} = \boldsymbol{K}_{\mathrm{e}} + \boldsymbol{K}_{\mathrm{v_r}} + \mathrm{i}\boldsymbol{K}_{\mathrm{v_i}} \\ &= \boldsymbol{K}_{\mathrm{e}} + \boldsymbol{K}_{\mathrm{v_r}} + \mathrm{i}\eta_{\mathrm{v}}\boldsymbol{K}_{\mathrm{v_i}} = \boldsymbol{K}_{\mathrm{R}} + \mathrm{i}\boldsymbol{K}_{\mathrm{I}}\end{aligned} \tag{5.2}$$

式中：$\boldsymbol{K}_{\mathrm{e}}$ 和 $\boldsymbol{K}_{\mathrm{v}}$ 分别为弹性结构和黏弹性材料的刚度矩阵；$\boldsymbol{K}_{\mathrm{v_r}}$ 和 $\boldsymbol{K}_{\mathrm{v_i}}$ 分别为跟黏弹性材料刚度的储能分量和耗能分量对应的刚度矩阵；$\boldsymbol{\eta}_{\mathrm{v}}$ 为黏弹性材料的损耗因子；$\boldsymbol{K}_{\mathrm{R}}$ 和 $\boldsymbol{K}_{\mathrm{I}}$ 分别为结构/黏弹性材料的总的弹性刚度矩阵和黏弹性材料的耗能刚度矩阵。这些矩阵可以表示为

$$\boldsymbol{K}_{\mathrm{R}} = \boldsymbol{K}_{\mathrm{e}} + \boldsymbol{K}_{\mathrm{v_r}}, \boldsymbol{K}_{\mathrm{I}} = \eta_{\mathrm{v}}\boldsymbol{K}_{\mathrm{v_r}} \tag{5.3}$$

为将式(5.1)这个有限元模型转化为本征值问题，可以将解 $\boldsymbol{X}$ 写为如下形式：

$$\boldsymbol{X} = \boldsymbol{\phi}_n^* \mathrm{e}^{\mathrm{i}\omega_n^* t} \tag{5.4}$$

式中：$\boldsymbol{\phi}_n^*$ 和 ω_n^* 分别为结构/黏弹性材料系统第 n 个模态的本征矢量（模态形状）和本征值（固有频率），这两个量都是复值，可以表示为

$$\boldsymbol{\phi}_n^* = \boldsymbol{\phi}_{n_{\mathrm{r}}} + \mathrm{i}\boldsymbol{\phi}_{n_{\mathrm{i}}}, \omega_n^* = \omega_n\sqrt{1 + \mathrm{i}\eta_n} \tag{5.5}$$

式中：$\boldsymbol{\phi}_{n_{\mathrm{r}}}$ 和 $\boldsymbol{\phi}_{n_{\mathrm{i}}}$ 分别为本征矢量 $\boldsymbol{\phi}_n^*$ 的实部和虚部；$\boldsymbol{\omega}_n$ 和 $\boldsymbol{\eta}_n$ 分别为第 n 个模态的固有频率和损耗因子。

将式(5.3)代入式(5.1)中，不难导得如下所示的复本征值问题：

$$\boldsymbol{K}\boldsymbol{\phi}_n^* = \omega_n^{*2}\boldsymbol{M}\boldsymbol{\phi}_n^* \tag{5.6}$$

这一问题的求解需要借助迭代过程，这样才能够反映出刚度矩阵 $\boldsymbol{K}$ 的储能和耗能成分随频率的变化情况。

将式(5.3)和式(5.5)代入式(5.6)之后，可得

$$[\boldsymbol{K}_{\mathrm{R}} + \mathrm{i}\boldsymbol{K}_{\mathrm{I}}]\,\boldsymbol{\phi}_n^* = \omega_n^2(1 + \mathrm{i}\eta_n)\,\boldsymbol{M}\boldsymbol{\phi}_n^* \tag{5.7}$$

令式(5.5)两端的实部和虚部平衡，可得

$$\boldsymbol{K}_{\mathrm{R}}\boldsymbol{\phi}_n^* = \omega_n^2\boldsymbol{M}\boldsymbol{\phi}_n^* \tag{5.8}$$

和

$$[\boldsymbol{K}_{\mathrm{I}}]\,\boldsymbol{\phi}_n^* = \omega_n^2\eta_n\boldsymbol{M}\boldsymbol{\phi}_n^* \tag{5.9}$$

将式(5.8)和式(5.9)乘以 $\boldsymbol{\phi}_n^{*\mathrm{T}}$，有

$$\omega_n^2 = \frac{\boldsymbol{\phi}_n^{*\mathrm{T}}\boldsymbol{K}_{\mathrm{R}}\boldsymbol{\phi}_n^*}{\boldsymbol{\phi}_n^{*\mathrm{T}}\boldsymbol{M}\boldsymbol{\phi}_n^*} \tag{5.10}$$

和

$$\omega_n^2\eta_n = \frac{\boldsymbol{\phi}_n^{*\mathrm{T}}\boldsymbol{K}_{\mathrm{I}}\boldsymbol{\phi}_n^*}{\boldsymbol{\phi}_n^{*\mathrm{T}}\boldsymbol{M}\boldsymbol{\phi}_n^*} \tag{5.11}$$

将式(5.11)除以式(5.10),然后利用式(5.3)替换 $\boldsymbol{K}_{\mathrm{I}}$,不难得到模态损耗因子 η_n 为

$$\eta_n = \frac{\boldsymbol{\phi}_n^{*\mathrm{T}}\boldsymbol{K}_{\mathrm{I}}\boldsymbol{\phi}_n^*}{\boldsymbol{\phi}_n^{*\mathrm{T}}\boldsymbol{K}_{\mathrm{R}}\boldsymbol{\phi}_n^*} = \eta_{\mathrm{v}}\frac{\boldsymbol{\phi}_n^{*\mathrm{T}}\boldsymbol{K}_{\mathrm{v_r}}\boldsymbol{\phi}_n^*}{\boldsymbol{\phi}_n^{*\mathrm{T}}\boldsymbol{K}_{\mathrm{R}}\boldsymbol{\phi}_n^*} = \eta_{\mathrm{v}}\frac{\boldsymbol{\phi}_n^{*\mathrm{T}}\boldsymbol{K}_{\mathrm{v_r}}\boldsymbol{\phi}_n^*}{\boldsymbol{\phi}_n^{*\mathrm{T}}(\boldsymbol{K}_{\mathrm{e}}+\boldsymbol{K}_{\mathrm{v_r}})\boldsymbol{\phi}_n^*} \tag{5.12}$$

模态应变能方法将式(5.12)做了简化处理,也就是利用结构/黏弹性材料这一系统的无阻尼(实)模态 $\boldsymbol{\phi}_{n_{\mathrm{r}}}$ 替换式中的精确的阻尼(复)模态 $\boldsymbol{\phi}_n^*$。这一简化处理使得我们能够方便地将模态应变能方法跟商用有限元代码(一般不采用复本征值求解器)有效地集成到一起。

由此也就得到了如下表达式:

$$\eta_n = \eta_{\mathrm{v}}\frac{\boldsymbol{\phi}_{n_{\mathrm{r}}}^{\mathrm{T}}\boldsymbol{K}_{\mathrm{v_r}}\boldsymbol{\phi}_{n_{\mathrm{r}}}}{\boldsymbol{\phi}_{n_{\mathrm{r}}}^{\mathrm{T}}(\boldsymbol{K}_{\mathrm{e}}+\boldsymbol{K}_{\mathrm{v_r}})\boldsymbol{\phi}_{n_{\mathrm{r}}}} \tag{5.13}$$

从物理层面来看,式(5.13)意味着:

$$\eta_n = \eta_{\mathrm{v}}\frac{\text{黏弹性材料的模态应变能}}{\text{结构的模态应变能}+\text{黏弹性材料的模态应变能}} \tag{5.14}$$

也就是说,结构/黏弹性材料这一系统的第 n 阶模态的损耗因子等于同一频率处黏弹性材料的损耗因子与一个因子的乘积,该因子为黏弹性材料的模态应变能跟整个系统的模态应变能之比值。

模态应变能方法可以按照图5.1所示的迭代过程来实现,借助这一过程即可有效地刻画出黏弹性材料特性随频率的变化情况,实际上,从这一过程中也不难体会到模态应变能方法是一种非常自然的分析手段。

例5.1 试利用模态应变能方法计算例4.3中给出的杆/无约束黏弹性材料层这一系统的固有频率和模态损耗因子(或阻尼比),并将得到的结果跟基于GHM方法(参见第4章的讨论)得到的结果进行比较。

[分析]

根据GHM方法和模态应变能方法,表5.1中列出了杆/无约束黏弹性材料层这一系统的固有频率和模态阻尼比(MDR)。在表5.2中,进一步给出了采用MSE方法进行迭代求解的收敛性。

从所得到的结果中不难看出,模态应变能方法是能够准确地预测出这一系统的模态参数的,不仅如此,我们还可观察到,采用这一方法时在经过3次迭代之后即可收敛到最终的模态参数。

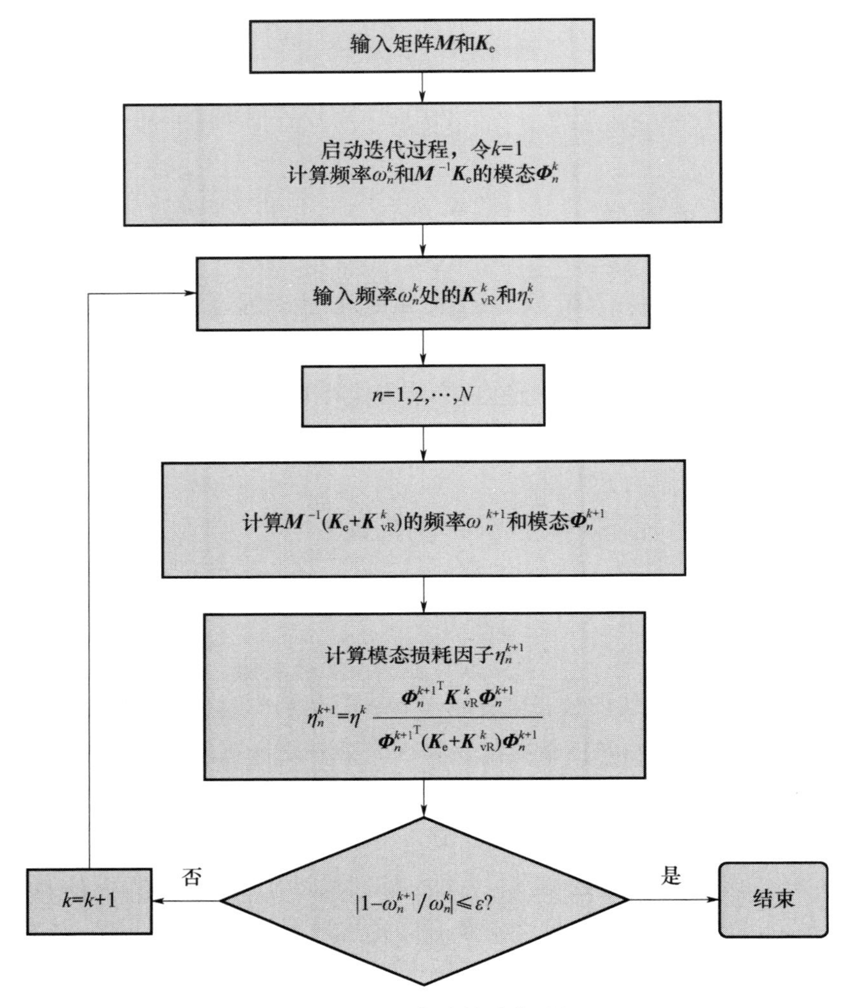

图 5.1 MSE 方法的迭代过程

表 5.1 针对杆/无约束黏弹性材料系统分别采用 GHM 和 MSE 方法所得到的预测结果的对比

方法	GHM		MSE	
模态	频率/Hz	阻尼比	频率/Hz	阻尼比
1	1103. 50	0. 00242	1102. 93	0. 00241
2	3869. 42	0. 00157	3865. 52	0. 00156

表 5.2 针对杆/无约束黏弹性材料系统采用 MSE 方法进行迭代求解的收敛性

迭代次数	模态 1/Hz	模态 2/Hz	ζ_1	ζ_2
1	1101.41	3847.69	0.00017	0.000036
2	1102.93	3865.51	0.00240	0.00156
3	1102.93	3865.52	0.00241	0.00156

例 5.2 试利用模态应变能方法计算例 4.4 中的杆/约束黏弹性材料层这一系统的固有频率和模态损耗因子(或阻尼比),其中的黏弹性材料具有如下复模量:

$$G^* = G_0\left(1 + \alpha\frac{s^2 + 2\omega_1 s}{s^2 + 2\omega_1 s + \omega_1^2}\right)$$

且有 $G_0 = 15.3\text{MNm}^{-2}$,$\alpha_1 = 39$,$\omega_1 = 1.90580 \times 10^4\text{rads}^{-1}$。

进一步,将此处的结果与基于精确的复本征值问题求解器得到的结果,以及基于 GHM 方法(参见第 4 章)得到的结果进行对比。

[**分析**]

表 5.3 中列出了基于 GHM 方法和基于 MSE 方法得到的,杆/约束黏弹性材料层这一系统的固有频率和模态阻尼比。根据所给出的结果不难发现,与基于精确方法或 GHM 方法得到的结果相比,对于此处的系统而言,MSE 方法预测出的模态参数是不够准确的。这主要是因为在这一情况中,利用无阻尼(实)本征矢量近似精确(复)本征矢量本身就是精度不足的,其根源在于此处的损耗因子很高。正因如此,人们已经提出了若干修正的模态应变能方法来改善本征矢量的近似程度。

表 5.3 针对杆/约束黏弹性材料系统分别采用 GHM 和 MSE 方法所得到的预测结果的对比

方法	GHM		MSE	
模态	频率/Hz	阻尼比	频率/Hz	阻尼比
1	1113.06	0.0489	1103.81	0.0179
2	3757.96	0.0123	3740.42	0.0136
3	5191.08	0.0869	5071.87	0.0969
4	6417.20	0.0341	6395.56	0.0353

5.3 修正的模态应变能方法

本节介绍 4 种针对原始的 MSE 方法的修正处理,这些修正后的方法主要致力于获得近似程度更好的本征矢量，从而对原始方法中忽略掉虚部这一点加以完善。这里所介绍的方法包括了启发式方法，如加权刚度矩阵（WSM）法（Hu 等人，1995）和加权储能模量法（WSTM）（Xu 等，2002），还包括了更为严谨的一些方法，例如改进的缩减系统法（O´Callahan，1989；Scarpa 等，2002），以及低频近似（LFA）法（Scarpa 等，2002）。

5.3.1 加权刚度矩阵法（WSM）

在这一方法中，将式（5.5）代入式（5.6）中，从而得

$$(\boldsymbol{K}_{\mathrm{R}} + \mathrm{i}\boldsymbol{K}_{\mathrm{I}})(\boldsymbol{\phi}_{n_{\mathrm{r}}} + \mathrm{i}\boldsymbol{\phi}_{n_{i}}) = \omega_n^2(1 + \mathrm{i}\eta_n)\boldsymbol{M}(\boldsymbol{\phi}_{n_{\mathrm{r}}} + \mathrm{i}\boldsymbol{\phi}_{n_{\mathrm{i}}})$$

令上式中两端的实部相等可得

$$\boldsymbol{K}_{\mathrm{R}}\boldsymbol{\phi}_{n_{\mathrm{r}}} - \boldsymbol{K}_{\mathrm{I}}\boldsymbol{\phi}_{n_{\mathrm{i}}} = \omega_n^2\boldsymbol{M}\boldsymbol{\phi}_{n_{\mathrm{r}}} - \omega_n^2\eta_n\boldsymbol{M}\boldsymbol{\phi}_{n_{\mathrm{i}}} \tag{5.15}$$

定义一个矢量 $\overline{\boldsymbol{\phi}}$ 如下：

$$\overline{\boldsymbol{\phi}} = a\boldsymbol{\phi}_{n_{\mathrm{r}}} \text{ 且 } \overline{\boldsymbol{\phi}} = - b\boldsymbol{\phi}_{n_{\mathrm{i}}}$$

于是式（5.15）可化为

$$(\boldsymbol{K}_{\mathrm{R}} + \beta\boldsymbol{K}_{\mathrm{I}})\overline{\boldsymbol{\phi}} = \omega_n^2(1 + \beta\eta_n)\boldsymbol{M}\overline{\boldsymbol{\phi}}$$

或者表示为

$$\boldsymbol{K}_{\mathrm{M}}\overline{\boldsymbol{\phi}} = \overline{\omega}_n^2\boldsymbol{M}\overline{\boldsymbol{\phi}} \tag{5.16}$$

式中：$\boldsymbol{K}_{\mathrm{M}} = \boldsymbol{K}_{\mathrm{R}} + \beta\boldsymbol{K}_{\mathrm{I}}$；$\beta = a/b$；$\overline{\omega}_n^2 = \omega_n^2(1 + \beta\eta_n)$。

式（5.16）是一个修正的本征值问题，它具有实的本征值 $\overline{\omega}_n^2$ 和本征矢量 $\overline{\boldsymbol{\phi}}$。需要注意的是，$\boldsymbol{K}_{\mathrm{M}}$ 是修正后的刚度矩阵，它在弹性刚度矩阵 $\boldsymbol{K}_{\mathrm{R}}$ 的基础上又引入了刚度矩阵 $\boldsymbol{K}_{\mathrm{I}}$ 虚部的贡献（加权），加权参数 β 可以根据 Hu 等人（1995）提出的经验公式来计算，即

$$\beta = \frac{\mathrm{trace}(\boldsymbol{K}_{\mathrm{I}})}{\mathrm{trace}(\boldsymbol{K}_{\mathrm{R}})} \tag{5.17}$$

如果 $\beta = 0$，那么这个修正后的本征值问题将转化为模态应变能方法中所涉及的计算实本征矢量的问题，如果 $\beta \neq 0$，那么这个修正后的问题实际上也就是以启发式的方式来考虑刚度的虚部成分所产生的贡献，从而为实本征矢量提供更好的估计（$\overline{\boldsymbol{\phi}}$）。随后就能够将这一估计用于计算第 n 阶模态的损耗因子 η_n，即

$$\eta_n = \eta_{\mathrm{v}}\frac{\overline{\boldsymbol{\phi}}^{\mathrm{T}}\boldsymbol{K}_{\mathrm{v_r}}\overline{\boldsymbol{\phi}}}{\overline{\boldsymbol{\phi}}^{\mathrm{T}}(\boldsymbol{K}_{\mathrm{e}} + \boldsymbol{K}_{\mathrm{v_r}})\overline{\boldsymbol{\phi}}} \tag{5.18}$$

5.3.2 加权储能模量方法(WSTM)

在这一方法中,黏弹性材料的剪切模量表示为 $G^* = G'(1 + \mathrm{i}\eta_{\mathrm{v}})$,也就是储能模量为 G',损耗因子为 η_{v}。为了生成实本征矢量,一般仅采用 G',因为它直接对黏弹性材料的实刚度矩阵 $\boldsymbol{K}_{\mathrm{v_r}}$ 产生影响。不过,为了得到实本征矢量的更好估计,可以对储能模量进行修正,将耗能部分的影响也考虑进来。Xu 等人(2002)曾经提出将储能模量按照如下方式进行修正:

$$G'_{\mathrm{modified}} = G' \sqrt{1 + \eta_{\mathrm{v}}^2} \tag{5.19}$$

显然这一修正处理将损耗模量的贡献考虑了进来,这种启发式的修正思想源自于一个事实,即,增大储能模量将会导致固有频率的增大,同时,如果增大黏弹性材料的损耗因子,那么固有频率也会随之增大,这一点是 Xu 和 Chen(2000)指出的(利用精确的复本征值问题求解器得到的)。

于是,结构/黏弹性材料系统的损耗因子就可以根据下式来确定:

$$\eta_n = \eta_{\mathrm{v}} \frac{\tilde{\boldsymbol{\phi}}^{\mathrm{T}} \tilde{\boldsymbol{K}}_{\mathrm{v_r}} \tilde{\boldsymbol{\phi}}}{\tilde{\boldsymbol{\phi}}^{\mathrm{T}} \left(\boldsymbol{K}_{\mathrm{e}} \sqrt{1 + \eta_{\mathrm{v}}^2} + \tilde{\boldsymbol{K}}_{\mathrm{v_r}}\right) \tilde{\boldsymbol{\phi}}} \tag{5.20}$$

式中:$\tilde{\boldsymbol{K}}_{\mathrm{v_r}}$ 为经过加权储能模量修正之后的黏弹性材料刚度矩阵的弹性部分,即 $\tilde{\boldsymbol{K}}_{\mathrm{v_r}} = \sqrt{1 + \eta_{\mathrm{v}}^2} \boldsymbol{K}_{\mathrm{v_r}}$;$\tilde{\boldsymbol{\phi}}$ 为如下本征值问题的本征矢量,即

$$(\boldsymbol{K}_{\mathrm{e}} + \tilde{\boldsymbol{K}}_{\mathrm{v_r}}) \tilde{\boldsymbol{\phi}} = \omega_n^2 \boldsymbol{M} \tilde{\boldsymbol{\phi}} \tag{5.21}$$

5.3.3 改进的缩减系统方法(IRS)

这一方法建立在如下所示的模态变换基础上,即

$$\boldsymbol{X} = \boldsymbol{\Phi} \boldsymbol{q} \tag{5.22}$$

式中:$\boldsymbol{\Phi}$ 为式(5.1)的无阻尼部分(即,$\boldsymbol{M}\ddot{\boldsymbol{X}} + \boldsymbol{K}_{\mathrm{R}}\boldsymbol{X} = \boldsymbol{0}$)的本征矢量矩阵,因而有

$$\boldsymbol{\Phi}^{\mathrm{T}} \boldsymbol{M} \boldsymbol{\Phi} = \boldsymbol{I}, \boldsymbol{\Phi}^{\mathrm{T}} \boldsymbol{K}_{\mathrm{R}} \boldsymbol{\Phi} = \boldsymbol{\Lambda} \tag{5.23}$$

另外,式(5.22)中的 $\boldsymbol{q}$ 代表的是模态位移矢量,可以表示为

$$\boldsymbol{q} = (\boldsymbol{q}_{\mathrm{r}} + \mathrm{i}\boldsymbol{q}_{\mathrm{i}}) \mathrm{e}^{\mathrm{i}\omega t} \tag{5.24}$$

不过,对于阻尼系统来说,有

$$\boldsymbol{M}\ddot{\boldsymbol{X}} + (\boldsymbol{K}_{\mathrm{R}} + \mathrm{i}\boldsymbol{K}_{\mathrm{I}}) \boldsymbol{X} = \boldsymbol{0} \tag{5.25}$$

将式(5.22)和式(5.24)代入式(5.25),可得

$$(\boldsymbol{K}_{\mathrm{R}} + \mathrm{i}\boldsymbol{K}_{\mathrm{I}}) \boldsymbol{\Phi}(\boldsymbol{q}_{\mathrm{r}} + \mathrm{i}\boldsymbol{q}_{\mathrm{i}}) - \omega^2 \boldsymbol{M}\boldsymbol{\Phi}(\boldsymbol{q}_{\mathrm{r}} + \mathrm{i}\boldsymbol{q}_{\mathrm{i}}) = \boldsymbol{0} \tag{5.26}$$

将式(5.26)乘以 $\boldsymbol{\Phi}^{\mathrm{T}}$，并利用式(5.23)，可以导得

$$(\boldsymbol{\Lambda}+\mathrm{i}\widetilde{\boldsymbol{K}}_{\mathrm{I}})(\boldsymbol{q}_{\mathrm{r}}+\mathrm{i}\boldsymbol{q}_{\mathrm{i}})-\omega^{2}\boldsymbol{I}(\boldsymbol{q}_{\mathrm{r}}+\mathrm{i}\boldsymbol{q}_{\mathrm{i}})=\boldsymbol{0} \tag{5.27}$$

式中：$\widetilde{\boldsymbol{K}}_{\mathrm{I}}=\boldsymbol{\Phi}^{\mathrm{T}}\boldsymbol{K}_{\mathrm{I}}\boldsymbol{\Phi}$。

令式(5.23)左右两边的实部和虚部分别相等，不难得到如下矩阵方程：

$$\left\{\begin{bmatrix}\boldsymbol{\Lambda} & -\widetilde{\boldsymbol{K}}_{\mathrm{I}}\\ \widetilde{\boldsymbol{K}}_{\mathrm{I}} & \boldsymbol{\Lambda}\end{bmatrix}-\omega^{2}\begin{bmatrix}\boldsymbol{I} & 0\\ 0 & \boldsymbol{I}\end{bmatrix}\right\}\begin{Bmatrix}\boldsymbol{q}_{\mathrm{r}}\\ \boldsymbol{q}_{\mathrm{i}}\end{Bmatrix}=\begin{Bmatrix}\boldsymbol{0}\\ \boldsymbol{0}\end{Bmatrix}$$

或可表示为

$$(\boldsymbol{K}_{\mathrm{T}}-\omega^{2}\boldsymbol{M}_{\mathrm{T}})\begin{Bmatrix}\boldsymbol{q}_{\mathrm{r}}\\ \boldsymbol{q}_{\mathrm{i}}\end{Bmatrix}=\boldsymbol{0} \tag{5.28}$$

利用静力缩聚方法进行处理之后，根据式(5.28)的第二行可得

$$\boldsymbol{q}_{\mathrm{i}}=-\boldsymbol{\Lambda}^{-1}\widetilde{\boldsymbol{K}}_{\mathrm{I}}\boldsymbol{q}_{\mathrm{r}}=Sq_{\mathrm{r}} \tag{5.29}$$

$$\begin{Bmatrix}\boldsymbol{q}_{\mathrm{r}}\\ \boldsymbol{q}_{\mathrm{i}}\end{Bmatrix}=\begin{Bmatrix}\boldsymbol{I}\\ \boldsymbol{S}\end{Bmatrix}\boldsymbol{q}_{\mathrm{r}}=Tq_{\mathrm{r}} \tag{5.30}$$

于是，联立式(5.28)和式(5.30)就可以得到缩聚后的系统了，也即

$$(\boldsymbol{K}_{\mathrm{c}}-\omega^{2}\boldsymbol{M}_{\mathrm{c}})\boldsymbol{q}_{\mathrm{r}}=\boldsymbol{0} \tag{5.31}$$

式中：

$$\boldsymbol{K}_{\mathrm{c}}=\boldsymbol{T}^{\mathrm{T}}\boldsymbol{K}_{\mathrm{T}}\boldsymbol{T}=\boldsymbol{\Lambda}+\boldsymbol{S}^{\mathrm{T}}\widetilde{\boldsymbol{K}}_{\mathrm{I}}-\widetilde{\boldsymbol{K}}_{\mathrm{I}}\boldsymbol{S}+\boldsymbol{S}^{\mathrm{T}}\boldsymbol{\Lambda}\boldsymbol{S}$$

$$\boldsymbol{M}_{\mathrm{c}}=\boldsymbol{T}^{\mathrm{T}}\boldsymbol{M}_{\mathrm{T}}\boldsymbol{T}=\boldsymbol{I}+\boldsymbol{S}^{\mathrm{T}}\boldsymbol{S}$$

根据式(5.31)所给出的这个本征值问题，即可计算得到本征值 ω 和本征矢量 $\boldsymbol{q}_{\mathrm{r}}$，而完整的复本征矢量可以按照下式来构造：

$$\boldsymbol{\phi}^{*}=\boldsymbol{\Phi I}+\mathrm{i}\boldsymbol{S}\boldsymbol{q}_{\mathrm{r}} \tag{5.32}$$

最后，利用这个本征矢量也就能够计算出结构/黏弹性材料这一系统的模态损耗因子了，即

$$\eta_{n}=\eta_{\mathrm{v}}\frac{\boldsymbol{\phi}^{*\mathrm{T}}\boldsymbol{K}_{\mathrm{v_r}}\boldsymbol{\phi}^{*}}{\boldsymbol{\phi}^{*\mathrm{T}}(\boldsymbol{K}_{\mathrm{e}}+\boldsymbol{K}_{\mathrm{v_r}})\boldsymbol{\phi}^{*}} \tag{5.33}$$

5.3.4 低频近似方法(LFA)

这一方法将式(5.28)的第二行展开为

$$\widetilde{\boldsymbol{K}}_{\mathrm{I}}\boldsymbol{q}_{\mathrm{r}}+(\boldsymbol{\Lambda}-\omega^{2}\boldsymbol{I})\boldsymbol{q}_{\mathrm{i}}=0$$

或者写为

$$\boldsymbol{q}_{\mathrm{i}}=-(\boldsymbol{\Lambda}-\omega^{2}\boldsymbol{I})^{-1}\widetilde{\boldsymbol{K}}_{\mathrm{I}}\boldsymbol{q}_{\mathrm{r}}=-\boldsymbol{\Lambda}^{-1}(\boldsymbol{I}-\omega^{2}\boldsymbol{\Lambda}^{-1}\boldsymbol{I})^{-1}\widetilde{\boldsymbol{K}}_{\mathrm{I}}\boldsymbol{q}_{\mathrm{r}} \tag{5.34}$$

对于较低的频率来说，可以将式(5.29)展开成关于 ω 的泰勒级数，即

$$\boldsymbol{q}_{\mathrm{i}}=-\boldsymbol{\Lambda}^{-1}\widetilde{\boldsymbol{K}}_{\mathrm{I}}\boldsymbol{q}_{\mathrm{r}}-\boldsymbol{\Lambda}^{-2}\widetilde{\boldsymbol{K}}_{\mathrm{I}}\omega^{2}\boldsymbol{q}_{\mathrm{r}} \tag{5.35}$$

式(5.35)中的第一项对应了静力缩聚的结果，即式(5.29)。显然，通过这一方式，式(5.35)也就将惯性项的贡献考虑了进来，从而以 $\boldsymbol{q}_{\mathrm{r}}$ 的形式给出了 $\boldsymbol{q}_{\mathrm{i}}$ 的动力缩聚。

将式(5.28)的第一行展开，可得

$$(\boldsymbol{\Lambda}+\beta\widetilde{\boldsymbol{K}}_{\mathrm{I}})\boldsymbol{q}_{\mathrm{r}}=\omega^{2}\boldsymbol{I}\boldsymbol{q}_{\mathrm{r}} \tag{5.36}$$

联立式(5.35)和式(5.36)，则

$$\boldsymbol{q}_{\mathrm{i}}=-[\boldsymbol{\Lambda}^{-1}\widetilde{\boldsymbol{K}}_{\mathrm{I}}+\boldsymbol{\Lambda}^{-2}\widetilde{\boldsymbol{K}}_{\mathrm{I}}(\boldsymbol{\Lambda}+\beta\widetilde{\boldsymbol{K}}_{\mathrm{I}})]\boldsymbol{q}_{\mathrm{r}}=\widetilde{\boldsymbol{S}}\boldsymbol{q}_{\mathrm{r}} \tag{5.37}$$

式中：β 由式(5.17)给出(参见 Hu 等人，1995)。

式(5.37)实际上给出了一个缩聚方程，只需引入如下变换即可：

$$\begin{Bmatrix}\boldsymbol{q}_{\mathrm{r}}\\ \boldsymbol{q}_{\mathrm{i}}\end{Bmatrix}=\begin{Bmatrix}\boldsymbol{I}\\ \widetilde{\boldsymbol{S}}\end{Bmatrix}\boldsymbol{q}_{\mathrm{r}}=\widetilde{\boldsymbol{T}}\boldsymbol{q}_{\mathrm{r}} \tag{5.38}$$

于是，对于式(5.28)所给出的原系统的求解也就转化成了对如下缩聚系统的求解，即

$$(\widetilde{\boldsymbol{K}}_{\mathrm{c}}-\omega^{2}\widetilde{\boldsymbol{M}}_{\mathrm{c}})\boldsymbol{q}_{\mathrm{r}}=0 \tag{5.39}$$

式中：

$$\widetilde{\boldsymbol{K}}_{\mathrm{c}}=\widetilde{\boldsymbol{T}}^{\mathrm{T}}\boldsymbol{K}_{\mathrm{T}}\widetilde{\boldsymbol{T}}=\boldsymbol{\Lambda}+\widetilde{\boldsymbol{S}}^{\mathrm{T}}\widetilde{\boldsymbol{K}}_{\mathrm{I}}-\widetilde{\boldsymbol{K}}_{\mathrm{I}}\widetilde{\boldsymbol{S}}+\widetilde{\boldsymbol{S}}^{\mathrm{T}}\boldsymbol{\Lambda}\widetilde{\boldsymbol{S}}$$

$$\widetilde{\boldsymbol{M}}_{\mathrm{c}}=\widetilde{\boldsymbol{T}}^{\mathrm{T}}\boldsymbol{M}_{\mathrm{T}}\widetilde{\boldsymbol{T}}=\boldsymbol{I}+\widetilde{\boldsymbol{S}}^{\mathrm{T}}\widetilde{\boldsymbol{S}}$$

求解式(5.39)给出的这个本征值问题可以得到本征值 ω 和本征矢量 $\boldsymbol{q}_{\mathrm{r}}$，完整的复本征矢量可以按照下式来重构：

$$\widetilde{\boldsymbol{\phi}}^{*}=\boldsymbol{\Phi}(\boldsymbol{I}+\mathrm{i}\widetilde{\boldsymbol{S}})\boldsymbol{q}_{\mathrm{r}} \tag{5.40}$$

最后，利用这个本征矢量即可计算出结构/黏弹性材料这一系统的模态损耗因子，即

$$\eta_{n}=\eta_{\mathrm{v}}\frac{\widetilde{\boldsymbol{\phi}}^{*\mathrm{T}}\boldsymbol{K}_{\mathrm{v_r}}\widetilde{\boldsymbol{\phi}}^{*}}{\widetilde{\boldsymbol{\phi}}^{*\mathrm{T}}(\boldsymbol{K}_{\mathrm{e}}+\boldsymbol{K}_{\mathrm{v_r}})\widetilde{\boldsymbol{\phi}}^{*}} \tag{5.41}$$

例 5.3 试利用不同的修正模态应变能方法计算杆/约束黏弹性材料层这一系统(参见例 4.4)的固有频率和模态损耗因子(或阻尼比)，这里假定该黏弹性材料具有如下所示的复模量：

$$G^{*}=G_{0}\left(1+\alpha\frac{s^{2}+2\omega_{1}s}{s^{2}+2\omega_{1}s+\omega_{1}^{2}}\right)$$

式中：$G_0 = 15.3\text{MNm}^{-2}$；$\alpha_1 = 39$；$\omega_1 = 19058\text{rad/s}$。

进一步，将基于原始模态应变能方法和基于不同的修正模态应变能方法得到的结果进行比较。

［分析］

表 5.4 和表 5.5 中列出了采用精确的本征值问题求解器（借助 MATLAB 软件）、模态应变能方法以及 4 种修正的模态应变能方法，所得到的这个杆/约束黏弹性材料层系统的固有频率和模态阻尼比。非常明显，4 种修正模态应变能方法改善了原始模态应变能方法的准确性，这些方法均给出了固有频率的足够准确的预测值，同时这些方法也准确地预测出了阻尼比，不过对于一阶模态情况 LFA 方法是个例外。

表 5.4　针对杆/约束黏弹性材料系统采用不同的修正 MSE 方法得到的固有频率预测值的比较

模态	GHM	MSE	加权刚度	加权储能模量	IRS	LFA
1	1113.06	1103.81	1105.26	1109.67	1111.89	1112.33
2	3757.96	3740.42	3740.81	3748.69	3746.69	3744.90
3	5191.08	5071.87	5072.19	5118.93	5059.11	5055.82
4	6417.20	6395.56	6395.32	6409.19	6391.55	6396.75

表 5.5　针对杆/约束黏弹性材料系统采用不同的修正 MSE 方法得到的阻尼比预测值的比较

模态	精确值	MSE	加权刚度	加权储能模量	IRS	LFA
1	0.0049	0.0179	0.0078	0.0049	0.0062	0.0346
2	0.0123	0.0136	0.0124	0.0124	0.0132	0.0135
3	0.0869	0.0959	0.0943	0.0942	0.0964	0.0952
4	0.0341	0.0353	0.0352	0.0352	0.0354	0.0361

5.4　模态应变能方法的总结

表 5.6 对用于计算模态损耗因子的基本方程进行了归纳，这些方程都是采用原始的或者修正的模态应变能方法得到的，此外表 5.6 还给出了特征矢量的不同形式，对于所考察的模态应变能方法，计算模态损耗因子时这些都是必需的。值得注意的是，MSE、WSM 和 WSTM 方法都采用的是实特征矢量，而 IRS

和 LFA 方法则采用的是虚特征矢量。

表 5.6　原始的和修正的 MSE 方法中用于确定模态损耗因子的基本方程

方法		模态损耗因子	特征矢量
MSE		$\eta_n=\eta_v\dfrac{\boldsymbol{\phi}_{n_r}^{T}\boldsymbol{K}_{v_r}\boldsymbol{\phi}_{n_r}}{\boldsymbol{\phi}_{n_r}^{T}(\boldsymbol{K}_e+\boldsymbol{K}_{v_r})\boldsymbol{\phi}_{n_r}}$	实特征矢量 $\boldsymbol{\phi}_n$ 是下式的解： $(\boldsymbol{K}_e+\boldsymbol{K}_{v_r})\boldsymbol{\phi}_n=\omega_n^2\boldsymbol{M}\boldsymbol{\phi}_n$
修正的 MSE	加权刚度矩阵方法	$\eta_n=\eta_v\dfrac{\bar{\boldsymbol{\phi}}^{T}\boldsymbol{K}_{v_r}\bar{\boldsymbol{\phi}}}{\bar{\boldsymbol{\phi}}^{T}(\boldsymbol{K}_e+\boldsymbol{K}_{v_r})\bar{\boldsymbol{\phi}}}$	实特征矢量 $\bar{\boldsymbol{\phi}}$ 是下式的解： $[\boldsymbol{K}_R+\beta\boldsymbol{K}_I]\bar{\boldsymbol{\phi}}=\bar{\omega}_n^2\boldsymbol{M}\bar{\boldsymbol{\phi}}$ 式中：$\beta=\mathrm{trace}(\boldsymbol{K}_I)/\mathrm{trace}(\boldsymbol{K}_R)$；$\bar{\omega}_n^2=\omega_n^2(1+\beta\eta_n)$
	加权储能模量方法	$\eta_n=\eta_v\dfrac{\tilde{\boldsymbol{\phi}}^{T}\tilde{\boldsymbol{K}}_{v_r}\tilde{\boldsymbol{\phi}}}{\tilde{\boldsymbol{\phi}}^{T}\left(\boldsymbol{K}_e\sqrt{1+\eta_v^2}+\tilde{\boldsymbol{K}}_{v_r}\right)\tilde{\boldsymbol{\phi}}}$	实特征矢量 $\tilde{\boldsymbol{\phi}}$ 是下式的解： $(\boldsymbol{K}_e+\tilde{\boldsymbol{K}}_{v_r})\tilde{\boldsymbol{\phi}}=\omega^2\boldsymbol{M}\tilde{\boldsymbol{\phi}}$ 式中：$\tilde{\boldsymbol{K}}_{v_r}=\sqrt{1+\eta_v^2}\boldsymbol{K}_{v_r}$
	改进的缩聚系统方法（IRS）	$\eta_n=\eta_v\dfrac{\boldsymbol{\phi}^{*T}\boldsymbol{K}_{v_r}\boldsymbol{\phi}^{*}}{\boldsymbol{\phi}^{*T}(\boldsymbol{K}_e+\boldsymbol{K}_{v_r})\boldsymbol{\phi}^{*}}$	虚特征矢量 $\boldsymbol{\phi}^*$ 为 $\boldsymbol{\phi}^*=\boldsymbol{\Phi}(\boldsymbol{I}+\mathrm{i}\boldsymbol{S})\boldsymbol{q}_r$ 式中：$\boldsymbol{S}=-\boldsymbol{\Lambda}^{-1}\tilde{\boldsymbol{K}}_I$；$\tilde{\boldsymbol{K}}_I=\boldsymbol{\Phi}^T\boldsymbol{K}_I\boldsymbol{\Phi}$；$\boldsymbol{\Lambda}$ 和 $\boldsymbol{\Phi}$ 分别是如下方程的特征值和特征矢量，即 $\boldsymbol{M}\ddot{\boldsymbol{X}}+\boldsymbol{K}_R\boldsymbol{X}=0$，$\boldsymbol{q}_r$ 为方程 $(\boldsymbol{K}_c-\omega^2\boldsymbol{M}_c)\boldsymbol{q}_r=0$ 的特征矢量，$\boldsymbol{M}_c=\boldsymbol{I}+\boldsymbol{S}^T\boldsymbol{S}$，$\boldsymbol{K}_c=\boldsymbol{\Lambda}+\boldsymbol{S}^T\tilde{\boldsymbol{K}}_I-\tilde{\boldsymbol{K}}_I\boldsymbol{S}+\boldsymbol{S}^T\boldsymbol{\Lambda}\boldsymbol{S}$
	低频近似方法（LFA）	$\eta_n=\eta_v\dfrac{\tilde{\boldsymbol{\phi}}^{*T}\boldsymbol{K}_{v_r}\tilde{\boldsymbol{\phi}}^{*}}{\tilde{\boldsymbol{\phi}}^{*T}(\boldsymbol{K}_e+\boldsymbol{K}_{v_r})\tilde{\boldsymbol{\phi}}^{*}}$	虚特征矢量 $\tilde{\boldsymbol{\phi}}^*$ 为 $\tilde{\boldsymbol{\phi}}^*=\boldsymbol{\Phi}(\boldsymbol{I}+\mathrm{i}\tilde{\boldsymbol{S}})\boldsymbol{q}_r$ 式中：$\tilde{\boldsymbol{S}}=-[\boldsymbol{\Lambda}^{-1}\tilde{\boldsymbol{K}}_I+\boldsymbol{\Lambda}^{-2}\tilde{\boldsymbol{K}}_I(\boldsymbol{\Lambda}-\beta\tilde{\boldsymbol{K}}_I)]$，$\tilde{\boldsymbol{K}}_I=\boldsymbol{\Phi}^T\boldsymbol{K}_I\boldsymbol{\Phi}$，$\beta=\mathrm{trace}(\boldsymbol{K}_I)/\mathrm{trace}(\boldsymbol{K}_R)$，是如下方程的特征值和特征矢量，即 $\boldsymbol{M}\ddot{\boldsymbol{X}}+\boldsymbol{K}_R\boldsymbol{X}=0$，$\boldsymbol{q}_r$ 为方程 $(\tilde{\boldsymbol{K}}_c-\omega^2\tilde{\boldsymbol{M}}_c)\boldsymbol{q}_r=0$ 的特征矢量，$\tilde{\boldsymbol{M}}_c=\boldsymbol{I}+\tilde{\boldsymbol{S}}^T\tilde{\boldsymbol{S}}$，$\tilde{\boldsymbol{K}}_c=\boldsymbol{\Lambda}+\tilde{\boldsymbol{S}}^T\tilde{\boldsymbol{K}}_I-\tilde{\boldsymbol{K}}_I\tilde{\boldsymbol{S}}+\tilde{\boldsymbol{S}}^T\boldsymbol{\Lambda}\tilde{\boldsymbol{S}}$

5.5　阻尼处理中的模态应变能指标

5.1~5.4 节所阐述的模态应变能可以作为一个重要的设计指标,用于阻尼处理问题中关于最优设计参数(Lepoittevin 和 Kress,2009;Sainsbury 和 Masti,2007)、最优分布(Ro 和 Baz,2002),以及最优拓扑(Ling 等人,2010)等方面的分析与确定。

图 5.2 所示为将模态应变能作为设计指标时所需进行的一般性分析过程。对于一个给定的基础结构(即,给定了 $\boldsymbol{K}_e$ 和 $\boldsymbol{M}$)来说,首先需要将黏弹性材料的设计参数和(或)拓扑(即 $\boldsymbol{K}_v$)的初始估计输入到模态应变能模块中,以确定前 $\boldsymbol{N}$ 阶模态的模态损耗因子 η_n。通过合理地调节黏弹性材料的设计参数和(或)拓扑,可以针对特定的模态或一组关键模态使得这些模态损耗因子达到最大化,这一工作一般可借助一些现有的优化工具来完成,例如 MATLAB 优化工具箱。通常需要重复这一优化分析过程,直到获得一个能够满足一组设计约束的最优黏弹性材料构型。

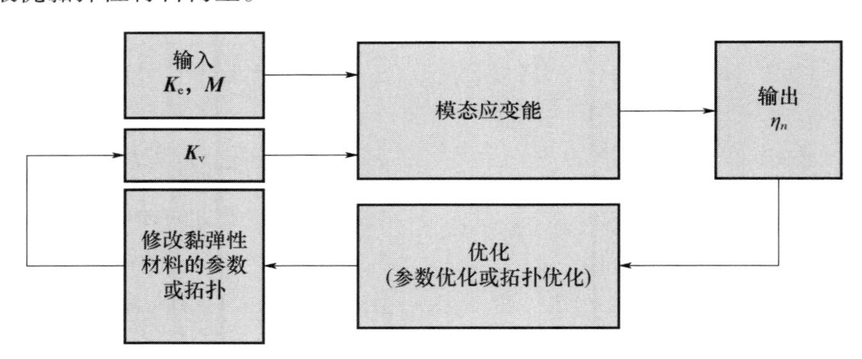

图 5.2　将模态应变能作为黏弹性材料的设计指标

在本节中,将针对采用无约束层阻尼处理的杆(考虑其纵向振动),借助模态应变能来确定无约束阻尼层的最优厚度。

为了阐明模态应变能可以作为一个有用的设计指标,先来看一个实例。

例 5.4　考虑图 5.3 所示的固支-自由边界下的杆,其上经过了无约束黏弹性材料的处理,可以划分成 N 个有限单元。现在希望确定该黏弹性材料层的最优厚度分布(即 $t_{vi}(x)$,$i = 1,2,\cdots,N$),使得前 5 阶固有频率对应的模态损耗因子达到最大,同时也要使得增加的重量达到最小。

此处假定杆是铝制的,宽度为 0.025m,厚度为 0.025m,长度为 1m,并假设

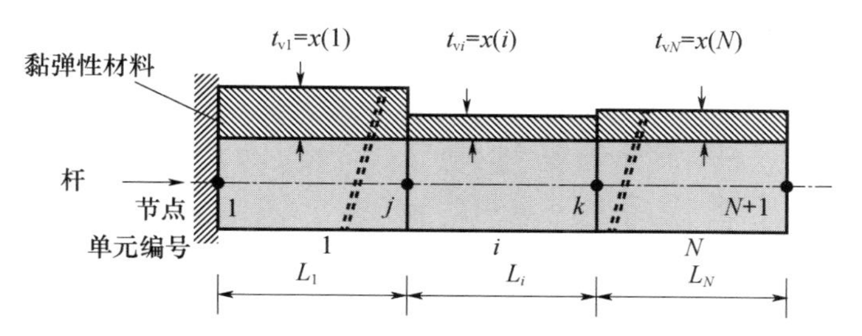

图 5.3　经过无约束黏弹性材料处理的杆的有限元模型

它可以划分为 5 个有限单元。此外，黏弹性材料层的宽度为 0.025m，材料密度为 1100kgm^{-3}，储能模量和损耗因子可以利用 GHM 模型（带有单个振荡项，参数为 $E_0=15.3\text{MPa}, \alpha_1=39, \zeta_1=1, \omega_1=19058\text{rad/s}$）来预测。

［分析］

这一设计问题可以从数学上描述如下：

$$\begin{cases}\text{确定阻尼层的厚度分布，即确定 } t_{v1}, t_{v2}, \cdots, t_{vN} \\ \text{使得 } F=\left[\sum\limits_{n=1}^{5}\eta_n\right] \Big/ \left[\rho_v b_v \sum\limits_{n=1}^{5} t_{vn}\right] \text{ 最大，且满足：} \\ t_{v1}, t_{v2}, \cdots, t_{vN}>0, t_{v\min}<t_{vi}<t_{v\max}, i=1,2,\cdots,N\end{cases} \tag{5.42}$$

在这个优化设计问题中，目标函数是前 5 阶模态的模态损耗因子之和与阻尼层总质量的比值，因此在使 $\boldsymbol{F}$ 达到最大的时候也就同时保证了模态损耗因子的最大化和总质量的最小化。该问题中的约束条件主要用于保证所有的设计变量 t_{vi} 均为正值，并且每个变量均在设定的上下界（$t_{v\min}$ 和 $t_{v\max}$）范围之内。

需要注意的是，这里所选择的变量下限应保证系统具有足够的阻尼，避免搜索到平凡解，即所有的设计变量均为零，事实上此时所增加的总质量为零（达到了最小），而目标函数为无穷大（达到了最大）。此外，在选择变量的上限时也要避免出现过厚而不切实际的黏弹性材料层。

下面先来考察将前 5 阶模态的模态损耗因子之和作为目标函数的情况，然后再给出采用上述目标函数所得到的分析结果。

（1）将目标函数设定为前 5 阶模态的模态损耗因子之和，即 $F_1=\sum_{n=1}^{5}\eta_n$。

选择两组约束条件。

第一组：$t_{v\min}=0.001\text{m}, t_{v\max}=0.01\text{m}$。

假定厚度分布的初始估计为 $[t_{v1}, t_{v2}, \cdots, t_{v5}]=[0.005\quad 0.005\quad 0.005\quad 0.005\quad 0.005]$，利用 MATLAB 中的优化工具箱内的“fmincon”例程对这一优化

问题求解,可以得到最优厚度分布为[0.01　0.01　0.01　0.01　0.01],如图5.4所示。与此对应的目标函数值为 $F_1 = 0.002043$。

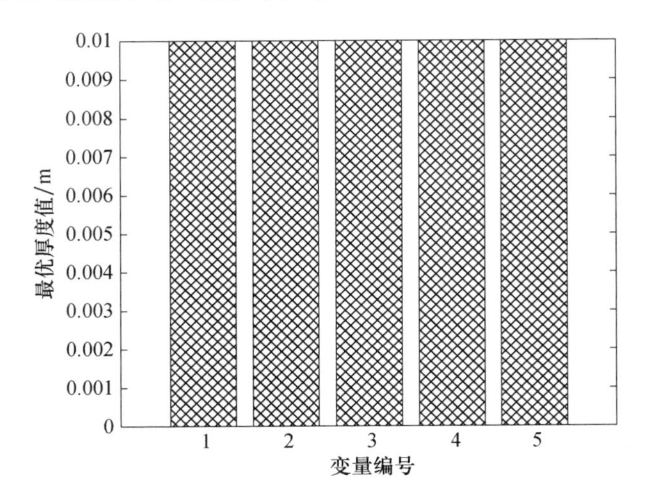

图5.4　针对约束集1和目标函数 F_1 得到的黏弹性材料层的最优厚度分布

第二组:$t_{vmin} = 0.001\text{m}$,$t_{vmax} = 0.025\text{m}$。

如果假定厚度分布的初始估计仍然为 $[t_{v1}, t_{v2}, \cdots, t_{v5}] = [0.005\quad 0.005\quad 0.005\quad 0.005\quad 0.005]$,那么利用MATLAB中的优化工具箱内的"fmincon"例程对这一优化问题求解之后,将得到最优厚度分布为[0.025　0.025　0.025　0.025　0.025],如图5.5所示。与之对应的目标函数值为 $F_1 = 0.00544$。

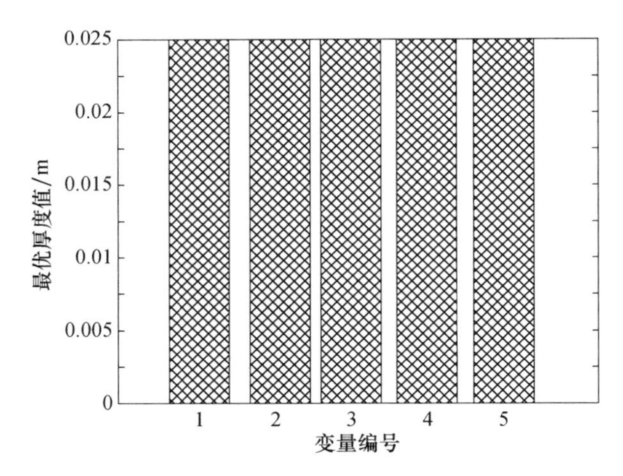

图5.5　针对约束集2和目标函数 F_1 得到的黏弹性材料层的最优厚度分布

可以看出,在上述两种情况中,最优解都体现为每个单元的厚度取所容许的厚度上限值,此时前 5 阶模态的模态损耗因子之和为最大。此外,该最优化算法还使得黏弹性材料层的厚度达到了最大容许值,而没有考虑所增加的重量。

(2)将目标函数设定为模态损耗因子之和与总质量的比值,即 $F_2 = \left[\sum_{n=1}^{5}\eta_n\right] / \left[\rho_v b_v \sum_{n=1}^{5} t_{vn}\right]$ 。

在这一情况中,目标函数中实际上引入了对黏弹性材料层质量的惩罚,下面也来考虑两组约束条件。

第一组:$t_{vmin} = 0.001\text{m}, t_{vmax} = 0.025\text{m}$ 。

如果假定厚度分布的初始估计为 $[t_{v1}, t_{v2}, \cdots, t_{v5}] = [0.005\quad 0.005\quad 0.005\quad 0.005\quad 0.005]$,那么利用 MATLAB 中的优化工具箱对这一优化问题求解后可得最优厚度分布为 [0.025　0.001　0.001　0.001　0.001],如图 5.6 所示。与之对应的目标函数值为 $F_2 = 0.00228$。

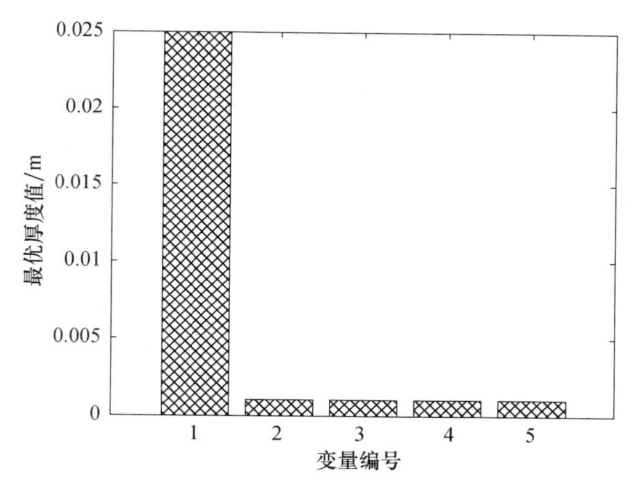

图 5.6　针对约束集 1 和目标函数 F_2 得到的黏弹性材料层的最优厚度分布

第二组:$t_{vmin} = 0.01\text{m}, t_{vmax} = 0.025\text{m}$ 。

如果假定厚度分布的初始估计为 $[t_{v1}, t_{v2}, \cdots, t_{v5}] = [0.01\quad 0.01\quad 0.01\quad 0.01\quad 0.01]$,那么利用 MATLAB 中的优化工具箱对这一优化问题求解后可得最优厚度分布为 [0.025　0.012　0.01　0.01　0.01],如图 5.7 所示。与之对应的目标函数值为 $F_2 = 0.00173$。

图 5.8(a)和(b)针对最优阻尼处理方案(分别对应于第一组和第二组约束条件,均针对目标函数 F_2),示出了该杆在受到自由端处的单位脉冲作用时的时

域响应。

值得注意的是,虽然第一组约束条件下得到的最优目标函数值为 F_2 = 0.00228,而在第二组约束条件下为 F_2 = 0.00173,然而第二种情况下的振动衰减特性却是优于第一种情况的。这主要是由于第二种情况中黏弹性材料层的质量是第一种情况的 2.39 倍,因此它的模态损耗因子之和几乎是第一种情况下的 2 倍,也就是说,尽管第二种情况下的目标函数值较小,但是却能够实现更强的振动衰减。

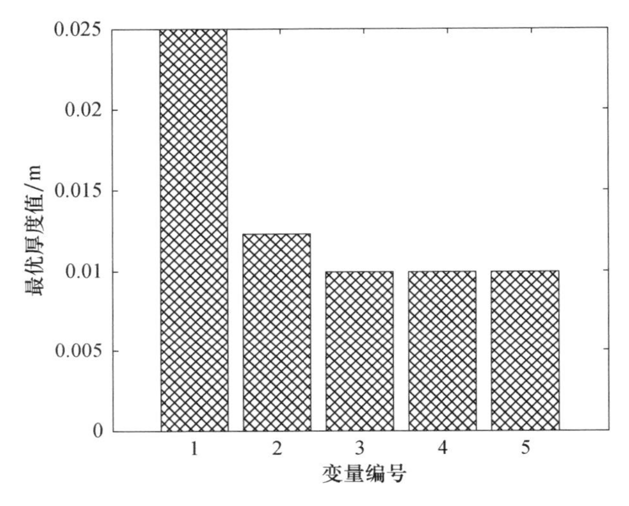

图 5.7　针对约束集 2 和目标函数 F_2 得到的黏弹性材料层的最优厚度分布

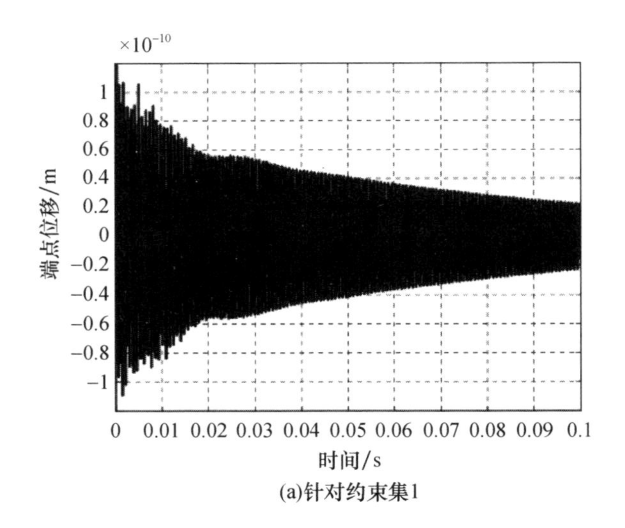

(a)针对约束集1

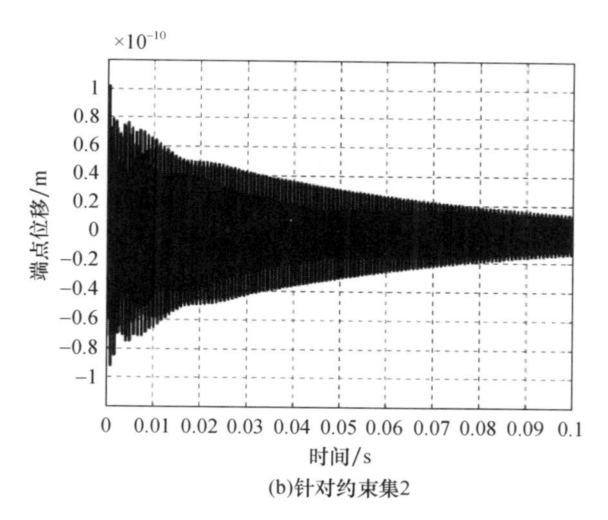

(b)针对约束集2

图 5.8　基于目标函数 F_2 得到的最优阻尼处理方案的时域响应

5.6　穿孔阻尼处理

5.6.1　概述

本节介绍轻量化阻尼处理(Engineered Damping Treatments,EDT)技术,其特征在于单位体积所具有的阻尼性能较高。此处所考察的 EDT 是由一系列黏弹性阻尼材料单元构成的,并且其单元构型、尺寸和分布都是经过优化设计的。人们希望利用这些经过穿孔处理的 EDT 替换传统的黏弹性阻尼处理方式,以改进阻尼性能,并降低重量,如图 5.9 所示,其中给出了一些穿孔 EDT 实例。穿孔的数量、形状和间距等参数对于等效阻尼特性和减重来说是非常重要的。图 5.9(a)~(c)中分别示出了传统处理方式、方孔处理方式(具有正的泊松比),以及凹六边形孔处理方式(具有负的泊松比)。

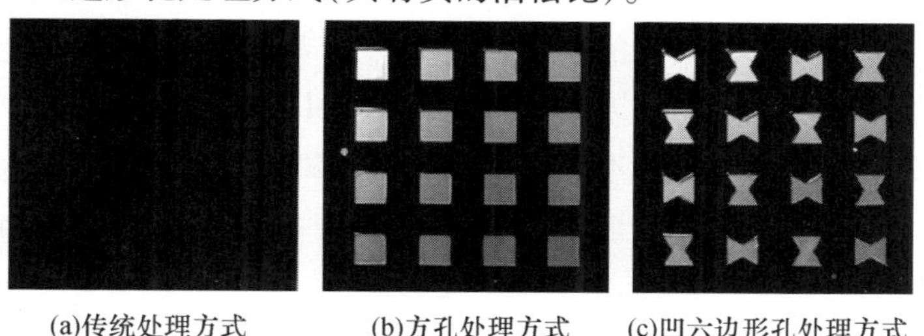

(a)传统处理方式　(b)方孔处理方式　(c)凹六边形孔处理方式

图 5.9　穿孔阻尼处理

一般可以通过有限元方法对 EDT 单元的拓扑进行建模,进而能够确定出最优拓扑形式,使得应变能和阻尼水平达到最大,同时也使总重量达到最小。这里将对所制备的 EDT 的阻尼特性进行分析,并把它跟基于传统的阻尼处理方式得到的结果进行对比,以阐明基于最优构型的阻尼处理方式可以获得更高的阻尼水平这一重要结论。

5.6.2 有限元建模

考虑图 5.10 所示的构型,它包括了一块基板以及一个黏弹性材料层(覆盖于基板的单侧表面上),基板是各向同性线弹性的,密度、弹性模量和泊松比分别为 ρ_{p} 、E_{p} 和 v_{p} 。黏弹性材料层的对应特性分别记为 ρ_{v} 、E_{v} 和 v_{v},这里采用了复弹性模量 $E_{\mathrm{v}} = E_0(1 + \mathrm{j}\eta)$ 描述该层的黏弹性特性。传统的黏弹性材料层是实心的,厚度为常数,或者也可以具有变厚度特征,从而能够使得阻尼水平达到最大。

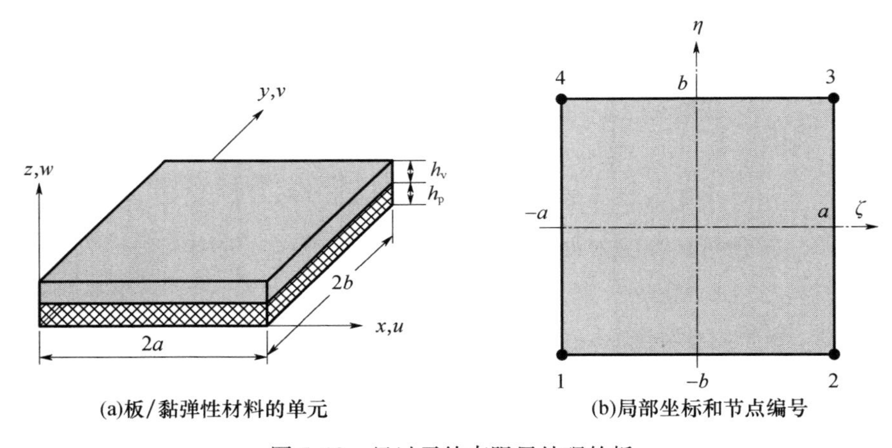

(a)板/黏弹性材料的单元　　(b)局部坐标和节点编号

图 5.10　经过无约束阻尼处理的板

图 5.10(b)给出了这一复合结构的有限单元,它是一个 4 节点矩形单元,尺寸为 $2a \times 2b$,基层和附着层的厚度分别为 h_{p} 和 h_{v} 。这个板单元跟 xy 坐标平面是对齐的,基板在 x、y 和 z 方向上的位移分量可以分别表示为 u、v 和 w,而绕着 x 和 y 轴的转角分别为 θ_x 和 θ_y,于是基板的位移矢量 $\boldsymbol{u}$ 就可以描述为 $\boldsymbol{u} = \{u \quad v \quad w \quad \theta_x \quad \theta_y\}^{\mathrm{T}}$ 。相应地,每个节点将具有 5 个自由度,它们与这 5 个位移分量对应。进一步,此处的基板可以假定为薄板,因而应变分量 ε_{xz} 、ε_{yz} 和 ε_{zz} 近似为零。根据这一假定,转角自由度就可以表示为横向位移的梯度形式,即

$$\theta_x = \frac{\partial w}{\partial y}, \theta_y = -\frac{\partial w}{\partial x} \tag{5.43}$$

其他的应变分量为

$$\varepsilon_{xx} = \frac{\partial u}{\partial x} - z\frac{\partial^2 w}{\partial x^2} \tag{5.44}$$

$$\varepsilon_{yy} = \frac{\partial v}{\partial y} - z\frac{\partial^2 w}{\partial y^2} \tag{5.45}$$

$$\varepsilon_{xy} = \frac{1}{2}\left(\frac{\partial u}{\partial y} + \frac{\partial v}{\partial x}\right) - z\frac{\partial^2 w}{\partial x \partial y} \tag{5.46}$$

在这个有限单元内部,位移矢量可以近似表示为

$$\boldsymbol{u} = t\begin{Bmatrix} u \\ v \\ w \\ \theta_x \\ \theta_y \end{Bmatrix} = \boldsymbol{Nq} \tag{5.47}$$

式中：$\boldsymbol{q} = \{p_1 \quad p_2 \quad p_3 \quad p_4\}^{\mathrm{T}}$ 为 4 个节点的位移矢量;$\boldsymbol{N}$ 为恰当的形函数。这里针对面内位移分量(u 和 v)采用双线性插值函数 $\boldsymbol{\phi}_1$，针对横向位移和转角分量(w, θ_x, θ_y)采用双三次插值函数 $\boldsymbol{\phi}_2$，它们分别为

$$\begin{cases} \boldsymbol{\phi}_1(\zeta,\eta) = \{1 \quad \zeta \quad \eta \quad \zeta\eta\} \\ \boldsymbol{\phi}_2(\zeta,\eta) = \{1 \quad \zeta \quad \eta \quad \zeta^2 \quad \zeta\eta \quad \eta^2 \quad \zeta^3 \quad \zeta^2\eta \quad \zeta\eta^2 \quad \eta^3 \quad \zeta^3\eta \quad \zeta\eta^3\} \end{cases} \tag{5.48}$$

于是,对于这 5 个变量来说,其基函数也就构成了一个 5 × 20 的矩阵 $\boldsymbol{C}$ 了,即

$$\boldsymbol{C}(\zeta,\eta) = \begin{bmatrix} \boldsymbol{\phi}_1 & & 0 \\ & \boldsymbol{\phi}_1 & \\ 0 & & \boldsymbol{\phi}_2 \\ & & \dfrac{\partial \boldsymbol{\phi}_2}{\partial y} \\ & & -\dfrac{\partial \boldsymbol{\phi}_2}{\partial x} \end{bmatrix} \tag{5.49}$$

显然,形函数 $\boldsymbol{N}$ 也将是一个 5 × 20 的矩阵,可以表示为

$$N = C(\zeta, \eta)\begin{bmatrix} C(-a, -b) \\ C(a, -b) \\ C(a, b) \\ C(-a, b) \end{bmatrix}^{-1} \tag{5.50}$$

对于黏弹性材料层,5 个自由度为

$$\begin{Bmatrix} u_v \\ v_v \\ w_v \\ \theta_{x_v} \\ \theta_{y_v} \end{Bmatrix} = \begin{bmatrix} 1 & 0 & 0 & 0 & (h_p + h_v)/2 \\ 0 & 1 & 0 & -(h_p + h_v)/2 & 0 \\ 0 & 0 & 1 & 0 & 0 \\ 0 & 0 & 0 & 1 & 0 \\ 0 & 0 & 0 & 0 & 1 \end{bmatrix}\begin{Bmatrix} u \\ v \\ w \\ \theta_x \\ \theta_y \end{Bmatrix} = \boldsymbol{TNq} \tag{5.51}$$

式中:T 为变换矩阵,它将黏弹性材料层的自由度和基板的自由度关联到一起。

5.6.2.1 单元的能量

对于上述的复合板结构来说,其总动能 T 可以表示为基板(T_p)和黏弹性材料层(T_v)的动能之和,即

$$T = T_p + T_v \tag{5.52}$$

第 e 个单元中的第 i 层的动能可以写为

$$T_i^e = \frac{1}{2}\rho_i \iiint_V \left[\left(\frac{\partial u}{\partial t}\right)^2 + \left(\frac{\partial v}{\partial t}\right)^2 + \left(\frac{\partial w}{\partial t}\right)^2\right] \mathrm{d}V = \frac{1}{2}\dot{\boldsymbol{q}}^{e^{\mathrm{T}}} \boldsymbol{M}_i^e \dot{\boldsymbol{q}}^e \tag{5.53}$$

类似地,该复合板的总势能也可以写为基板和黏弹性材料层的势能之和,即

$$V = V_p + V_v \tag{5.54}$$

第 e 个单元中的第 i 层的势能可以表示为

$$E_i^e = \frac{1}{2}\rho_i \iiint_V [\boldsymbol{\varepsilon}_i^{*^{\mathrm{T}}} \boldsymbol{\sigma}_i] \mathrm{d}V = \frac{1}{2}\boldsymbol{q}^{e^{\mathrm{T}}} \boldsymbol{K}_i^e \boldsymbol{q}^e \tag{5.55}$$

式(5.55)中的应力和应变之间的关系由下式给出:

$$\boldsymbol{\sigma}_i = \frac{E_i}{1 - \nu_i^2}\begin{bmatrix} 1 & \nu_i & 0 \\ \nu_i & 1 & 0 \\ 0 & 0 & \dfrac{1 - \nu_i}{2} \end{bmatrix} \boldsymbol{\varepsilon}_i \tag{5.56}$$

于是,这个板/黏弹性材料层系统的运动方程就可以描述为

$$M\ddot{X} + (K_R + jK_I)X = 0 \tag{5.57}$$

式中：K_R 为总体刚度矩阵的实部；K_I 为其虚部。进而第 n 阶模态阻尼比就可以表示为

$$\zeta_n = \frac{1}{2}\frac{\phi_n^T K_I \phi_n}{\phi_n^T K_R \phi_n} \tag{5.58}$$

式中：ϕ_n 为第 n 阶本征矢量。

例 5.5　考虑图 5.11 所示的 3 种黏弹性阻尼处理方式，它们都是利用 Flexane 80（ITW Devcon，Danvers，MA）制备的，该材料的杨氏模量为 3.6MPa，密度为 2300kgm^{-3}，泊松比为 0.49，阻尼层的厚度为 0.080″，以无约束方式黏接到铝制基板上，后者厚度为 0.040″。

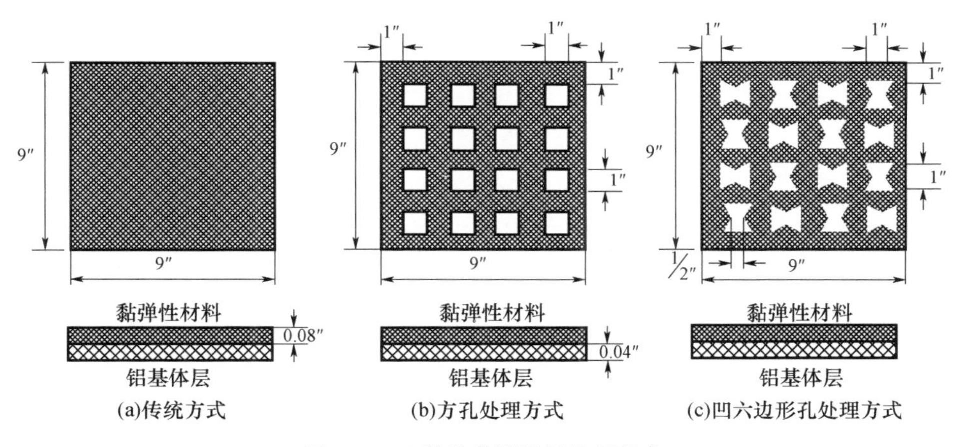

图 5.11　3 种黏弹性阻尼处理形式

试确定这 3 种情况下的应变能分布，此处假定板的一侧固定，而另一侧受到了轴向加载，剩余两侧处于自由边界状态。

［**分析**］

图 5.12 所示为所考察的这 3 种阻尼处理构型的有限元模型。表 5.7 中列出了分析结果，从中可以看出这 3 种情况下黏弹性材料层的固有频率和模态应变能几乎是相同的，不过传统处理方式中的模态阻尼比要稍微高于方孔和凹六边形孔处理方式。这些结果表明，方孔方式中黏弹性材料层具有最高的单位体积模态应变能（即耗散掉的能量），凹六边形孔方式次之，而传统处理方式最次。相对于传统处理方式而言，在方孔和凹六边形孔方式下额外耗散掉的能量的百分数分别为 20.26% 和 14.32%。

(a)传统方式

(b)方孔处理方式

(c)凹六边形孔处理方式

图 5.12　3 种黏弹性材料处理方式下的有限元模型

表 5.7　针对不同的黏弹性处理方式所得到的固有频率、模态阻尼比(MDR)、黏弹性材料的模态应变能(MSE)以及单位体积模态应变能的对比

模态阶次	固有频率/Hz		
	传统	方形	凹六边形
1	24	23	23
2	52	50	51
3	114	113	113
4	145	143	143
模态阶次	MDR/%		
	传统	方形	凹六边形
1	0.006015	0.005551	0.005734
2	0.006070	0.005350	0.005627
3	0.008950	0.007724	0.008188
4	0.009249	0.007556	0.008196
模态阶次	黏弹性材料中的 MSE(mJ/周期)		
	传统	方形	凹六边形
1	0.48	0.45	0.46
2	1.03	0.99	1.01
3	2.26	2.22	2.24
4	2.86	2.82	2.83
模态阶次	单位体积 MSE/(GJm^{-3})		
	传统	方形	凹六边形
1	4.74	5.54	5.33
2	11.02	12.19	11.71
3	22.32	27.32	25.97

续表

模态阶次	单位体积 MSE/(GJm^{-3})		
	传统	方形	凹六边形
4	28.25	34.71	32.81
平均	16.58	19.94	18.96
增幅	0	20.26%	14.32%

5.6.2.2 约束阻尼层的拓扑优化

对于带有约束阻尼层的板来说,其能量耗散主要是通过黏弹性材料层的剪切变形发生的,可以考虑将阻尼结构的模态阻尼比或模态损耗因子作为拓扑优化的目标函数(El-Sabbagh 和 Baz,2014),该目标函数可以表示为

$$f = \sum_{r=1}^{m} \xi_r \tag{5.59}$$

式中:f 为优化问题的目标函数;m 为所考察的模态阻尼比的数量。进一步,可以将每个黏弹性材料单元的密度作为设计变量,从而构成了设计变量向量,即

$$\boldsymbol{\rho} = \{\rho_1, \rho_2, \cdots, \rho_N\}^{\mathrm{T}} \tag{5.60}$$

此外,还需要引入约束条件,一般可以将黏弹性材料的用量作为限制条件,此处采用了体积百分比这一参量。于是,这个优化问题就可以描述为

$$\left[\begin{array}{l} \text{确定:}\rho = \{\rho_1, \rho_2, \cdots, \rho_N\}^{\mathrm{T}} \in R\text{,使得} \\ f = \sum\limits_{r=1}^{m} \xi_r \text{ 最小,且满足:} \\ \sum\limits_{i=1}^{n} \rho_e - V_0 \alpha \leqslant 0, (\boldsymbol{K} - \omega_j^2 \boldsymbol{M})\,\boldsymbol{\Phi}_j = 0, \\ 0 \leqslant \rho_e \leqslant 1, e = 1, 2, \cdots, N \end{array}\right] \tag{5.61}$$

式中:$\boldsymbol{N}$ 为单元的个数;$\boldsymbol{\Phi}_j$ 为本征矢量;$\boldsymbol{M}$ 和 $\boldsymbol{K}$ 分别为总体质量矩阵和总体刚度矩阵;$V/V_0 = \alpha$ 为黏弹性材料的体积百分数。

根据固体各向同性材料惩罚模型(Solid Isotropic Material with Penalization, SIMP)这一拓扑优化方法,可以将单元的质量矩阵和刚度矩阵表示为可变密度和黏弹性材料单元质量,以及刚度矩阵的乘积形式,并将惩罚因子 p 和 q($p, q \geqslant 1$)引入以加速迭代过程的收敛,即

$$\boldsymbol{M}_{\mathrm{v}}(\rho_e) = \rho_e^p \boldsymbol{M}_{\mathrm{v}}^{(e)}, \boldsymbol{K}_{\mathrm{v}}(\rho_e) = \rho_e^q \boldsymbol{K}_{\mathrm{v}}^{(e)} \tag{5.62}$$

式中:ρ_e 为每个黏弹性材料单元的可变密度,它是一个相对量,且 $0 \leqslant \rho_e \leqslant 1$。需要注意的是,如果 $\rho_e = 0$,那么代表该单元不进行黏弹性材料处理,或者说黏

弹性材料层的厚度为零。类似地,如果$\rho_e=1$,那么该单元中的黏弹性材料层的厚度等于指定的厚度值。此外,$\boldsymbol{M}_{\mathrm{v}}^{(e)}$ 和 $\boldsymbol{K}_{\mathrm{v}}^{(e)}$ 分别代表的是黏弹性材料单元的质量矩阵和刚度矩阵。若令基板和约束层材料不变,那么整体质量矩阵和整体刚度矩阵就可以按照下式计算:

$$\boldsymbol{M}=\sum_{e=1}^{N}(\boldsymbol{M}_{p}^{(e)}+\rho_e^p\boldsymbol{M}_{\mathrm{v}}^{(e)}+\boldsymbol{M}_{\mathrm{c}}^{(e)}) \tag{5.63}$$

$$\boldsymbol{K}=\sum_{e=1}^{N}(\boldsymbol{K}_{p}^{(e)}+\rho_e^q[\boldsymbol{K}_{\mathrm{v}}^{(e)}+\boldsymbol{K}_{\beta\mathrm{v}}^{(e)}]+\boldsymbol{K}_{\mathrm{c}}^{(e)}) \tag{5.64}$$

式中:p 和 q 为惩罚因子($p=1,q=3$)。通过对每一个黏弹性材料单元的相对密度进行寻优,能够确定出黏弹性材料层在板上的布局形式。为了求解这一优化问题,通常可以采用移动渐近线方法(Method of Moving Asymptote,MMA)。

5.6.2.3 敏感性分析

根据模态应变能方法,可以得到第 i 阶模态阻尼比的近似表达式。对于板/黏弹性材料系统来说,其运动方程为

$$\boldsymbol{M}\ddot{\boldsymbol{X}}+(\boldsymbol{K}_{\mathrm{R}}+\mathrm{i}\boldsymbol{K}_{\mathrm{I}})\boldsymbol{X}=0 \tag{5.65}$$

式中:$\boldsymbol{K}_{\mathrm{R}}$ 为整体刚度矩阵的实部;$\boldsymbol{K}_{\mathrm{I}}$ 为整体刚度矩阵的虚部。因此,第 n 阶模态阻尼比可以表示为

$$\zeta_n=\frac{1}{2}\frac{\boldsymbol{\phi}_n^{\mathrm{T}}\boldsymbol{K}_{\mathrm{I}}\boldsymbol{\phi}_n}{\boldsymbol{\phi}_n^{\mathrm{T}}\boldsymbol{K}_{\mathrm{R}}\boldsymbol{\phi}_n} \tag{5.66}$$

式中:$\boldsymbol{\phi}_n$ 为第 n 阶本征矢量。将式(5.66)针对设计变量求导,可得

$$\frac{\partial\zeta_n}{\partial\rho_i}=\frac{1}{2}\frac{\left(\boldsymbol{\phi}_n^{\mathrm{T}}\frac{\partial\boldsymbol{K}_{\mathrm{I}}}{\partial\rho_i}\boldsymbol{\phi}_n\right)(\boldsymbol{\phi}_n^{\mathrm{T}}\boldsymbol{K}_{\mathrm{R}}\boldsymbol{\phi}_n)-(\boldsymbol{\phi}_n^{\mathrm{T}}\boldsymbol{K}_{\mathrm{I}}\boldsymbol{\phi}_n)\left(\boldsymbol{\phi}_n^{\mathrm{T}}\frac{\partial\boldsymbol{K}_{\mathrm{R}}}{\partial\rho_i}\boldsymbol{\phi}_n\right)}{(\boldsymbol{\phi}_n^{\mathrm{T}}\boldsymbol{K}_{\mathrm{R}}\boldsymbol{\phi}_n)^2} \tag{5.67}$$

通过求解如下所示的敏感性方程,可以导出刚度矩阵的导数,即

$$\begin{cases}\dfrac{\partial\boldsymbol{K}_{\mathrm{I}}}{\partial\rho_i}=\mathrm{Im}\sum\limits_{i=1}^{N}q\rho_i^{(q-1)}\boldsymbol{K}_{\mathrm{v}}\\[2ex]\dfrac{\partial\boldsymbol{K}_{\mathrm{R}}}{\partial\rho_i}=\mathrm{Re}\sum\limits_{i=1}^{N}q\rho_i^{(q-1)}\boldsymbol{K}_{\mathrm{v}}\end{cases} \tag{5.68}$$

当 $p=1,q=3$ 时,模态阻尼比的导数可以表示为

$$\begin{aligned}\frac{\partial\zeta_n}{\partial\rho_i}=&\frac{1}{2}\frac{[\boldsymbol{\phi}_n^{\mathrm{T}}\mathrm{Im}(3\rho_i^3\boldsymbol{K}_{\mathrm{v}})\boldsymbol{\phi}_n][\boldsymbol{\phi}_n^{\mathrm{T}}\mathrm{Re}(\rho_i^3\boldsymbol{K}_{\mathrm{v}}+\boldsymbol{K}_{\mathrm{p}}+\boldsymbol{K}_{\mathrm{c}})\boldsymbol{\phi}_n]}{[\boldsymbol{\phi}_n^{\mathrm{T}}\mathrm{Re}(\rho_i^3\boldsymbol{K}_{\mathrm{v}}+\boldsymbol{K}_{\mathrm{p}}+\boldsymbol{K}_{\mathrm{c}})\boldsymbol{\phi}_n]^2}\\&-\frac{1}{2}\frac{[\boldsymbol{\phi}_n^{\mathrm{T}}\mathrm{Im}(\rho_i^3\boldsymbol{K}_{\mathrm{v}})\boldsymbol{\phi}_n][\boldsymbol{\phi}_n^{\mathrm{T}}\mathrm{Re}(3\rho_i^3\boldsymbol{K}_{\mathrm{v}})\boldsymbol{\phi}_n]}{[\boldsymbol{\phi}_n^{\mathrm{T}}\mathrm{Re}(\rho_i^3\boldsymbol{K}_{\mathrm{v}}+\boldsymbol{K}_{\mathrm{p}}+\boldsymbol{K}_{\mathrm{c}})\boldsymbol{\phi}_n]^2}\end{aligned} \tag{5.69}$$

动态约束函数为

$$f_j = \boldsymbol{\phi}_j^{\mathrm{T}}(\boldsymbol{K} - \omega_j^2\boldsymbol{M})\,\boldsymbol{\phi}_j \tag{5.70}$$

该函数的导数为

$$\frac{\partial f}{\partial \rho_i} = \boldsymbol{\phi}_j^{\mathrm{T}}\left(\frac{\partial \boldsymbol{K}}{\partial \rho_i} - \omega_j^2\,\frac{\partial \boldsymbol{M}}{\partial \rho_i}\right)\boldsymbol{\phi}_j \tag{5.71}$$

且有：

$$\frac{\partial \boldsymbol{M}}{\partial \rho_i} = \sum_{i=1}^{n} p\rho_i^{(q-1)}\boldsymbol{M}_{\mathrm{v}} \tag{5.72}$$

当 $p=1, q=3$ 时，约束函数的敏感性则为

$$\frac{\partial f_j}{\partial \rho_i} = \boldsymbol{\phi}_j^{\mathrm{T}}\left(\sum_{i=1}^{N} 3\rho_i^2\boldsymbol{K}_{\mathrm{v}} - \omega_j^2\sum_{i=1}^{N}\boldsymbol{M}_{\mathrm{v}}\right)\boldsymbol{\phi}_j \tag{5.73}$$

图 5. 13 所示为拓扑优化的流程图，此处采用的是 Svanberg（1987，2002）提出的移动渐近线方法（MMA），用于确定阻尼材料的最优分布。应当指出的是，这一过程的计算时间主要依赖于有限元模型（复刚度）的构建和求解。

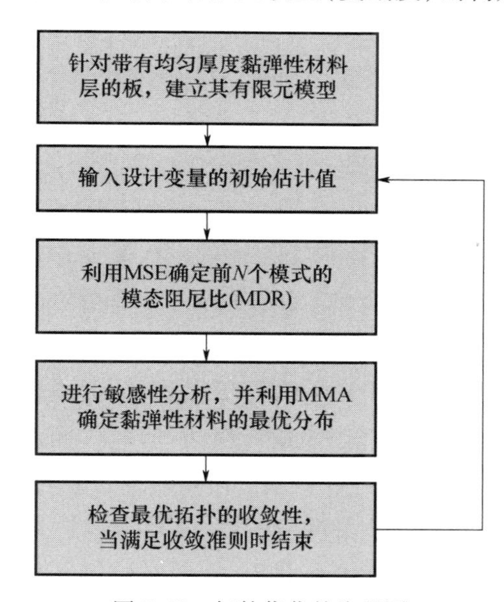

图 5. 13　拓扑优化的流程图

例 5. 6　考虑一块初始时经过传统黏弹性材料处理的板，如图 5. 14 所示，该黏弹性材料的杨氏模量为 3. 6MPa，密度为 2300kgm^{-3}，泊松比为 0. 49。黏弹性材料层的厚度为 0. 080″，且以无约束形式粘接到铝板上，后者厚度为 0. 040″，且左侧边固定，而其他三侧边处于自由状态。

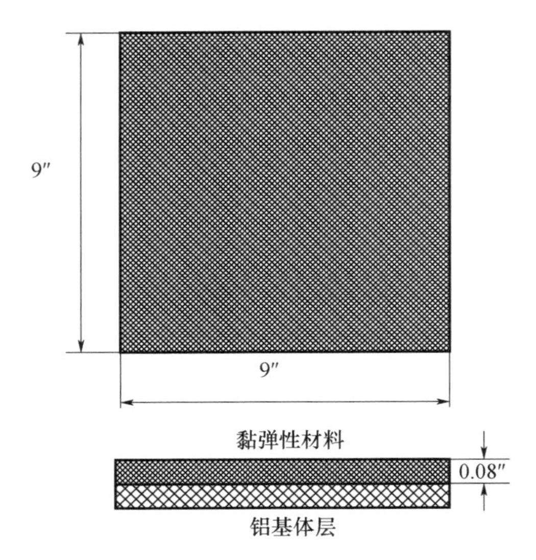

图 5.14 带有无约束黏弹性材料阻尼层的板的初始构型

试针对体积占比分别为 0.25、0.5 和 0.75 等情况确定黏弹性材料层的最优拓扑，使得一阶模态的模态阻尼比达到最大，并绘制出优化迭代次数对前四阶模态的模态阻尼比的影响。

[分析]

对于带有黏弹性材料层的板，其动力学分析的有限元过程已经在 5.6.2 节进行了介绍。利用该有限元模型可以获得应变能，从而作为计算模态阻尼比的定量指标。进一步，可以采用 5.6.2.2 节和 5.6.2.3 节给出的移动渐近线拓扑优化方法确定出表面阻尼处理的最优拓扑。

对于体积占比分别为 0.25、0.5 和 0.75 等情况，所确定出的黏弹性材料层的最优拓扑（使得一阶模态的模态阻尼比最大）分别如图 5.15～图 5.17 所示，这些图中同时也示出了优化迭代次数对前四阶模态的模态阻尼比的影响。

根据这些结果不难看出，在 2000 次迭代之后可以达到一阶模态的最优模态阻尼比，与体积占比 0.25、0.5 和 0.75 分别对应的最优阻尼比为 0.0002、0.00026 和 0.00024。这些阻尼比以及更高阶的阻尼比均随体积百分比的增加而增大。此外，图 5.15～图 5.17 还表明了，所得到的最优拓扑趋于使黏弹性材料集中到板的固定端附近，以及自由端附近的中部区域。

除此之外，我们还可观察到，当黏弹性材料的体积百分比增大时，这一移动渐近线算法收敛得更为迅速。

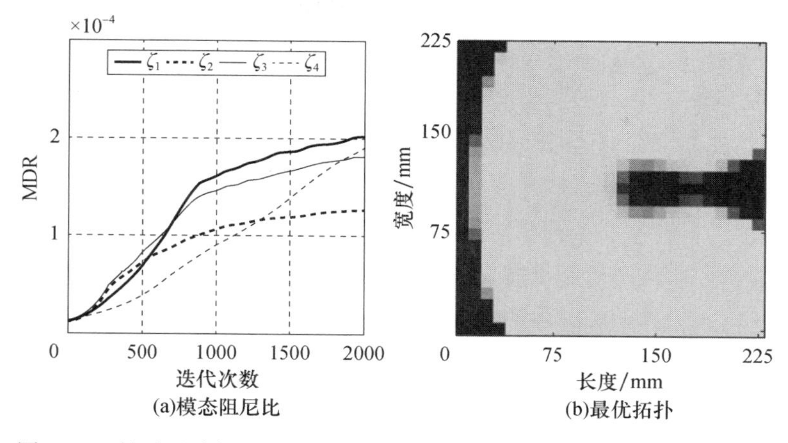

图 5.15　针对悬臂板所得到的最优黏弹性材料拓扑(体积百分比为 0.25)

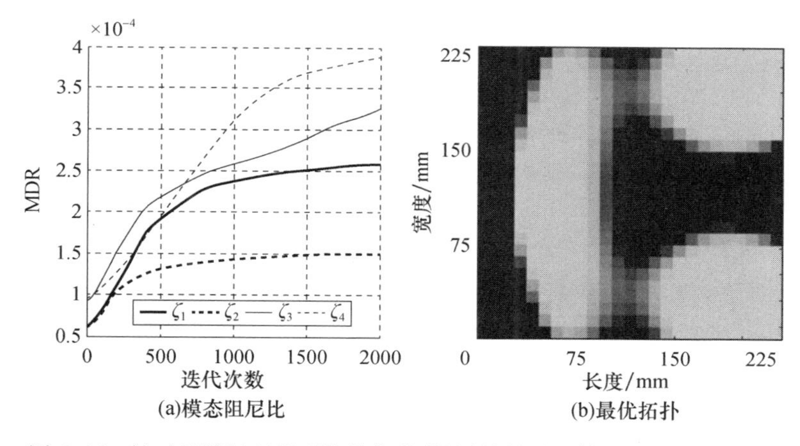

图 5.16　针对悬臂板所得到的最优黏弹性材料拓扑(体积百分比为 0.5)

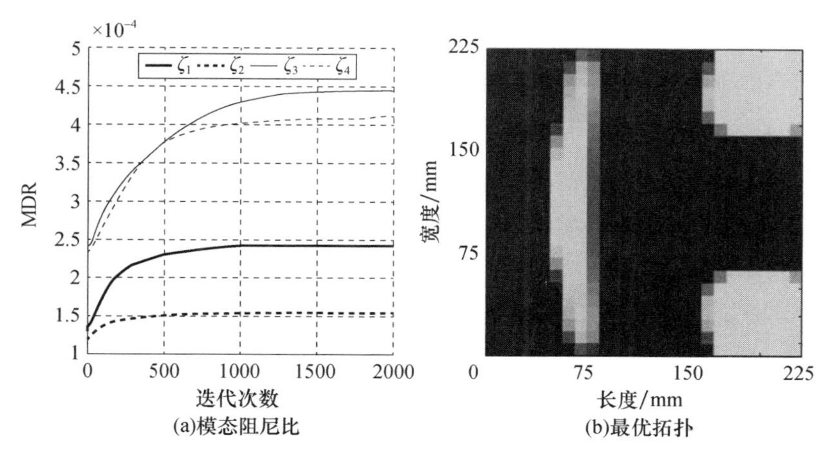

图 5.17　针对悬臂板所得到的最优黏弹性材料拓扑(体积百分比为 0.75)

例 5.7 如图 5.14 所示，一块板经过了传统黏弹性材料处理，该黏弹性材料的杨氏模量为 3.6MPa，密度为 2300kgm^{-3}，泊松比为 0.49。黏弹性材料层的厚度为 0.080″，且以无约束形式粘接到铝板上，后者厚度为 0.040″，且四边处于简支状态。

试针对体积占比分别为 0.25、0.5 和 0.75 等情况确定黏弹性材料层的最优拓扑，使得一阶模态的模态阻尼比达到最大，并绘制出优化迭代次数对前四阶模态的模态阻尼比的影响。

[分析]

这里仍然可以采用例 5.6 中的求解过程，不过此处的有限元模型中应改为四边简支边界。通过求解黏弹性材料的拓扑优化问题，所得到的最优拓扑如图 5.18~图 5.20 所示，它们分别对应于体积占比 0.25、0.5 和 0.75 等情况。在这些图中同时也示出了优化迭代次数对前四阶模态阻尼比的影响情况。

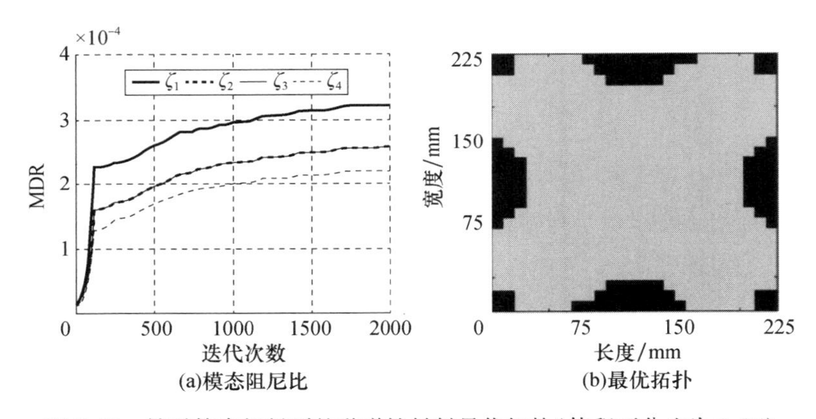

图 5.18 针对简支板得到的黏弹性材料最优拓扑(体积百分比为 0.25)

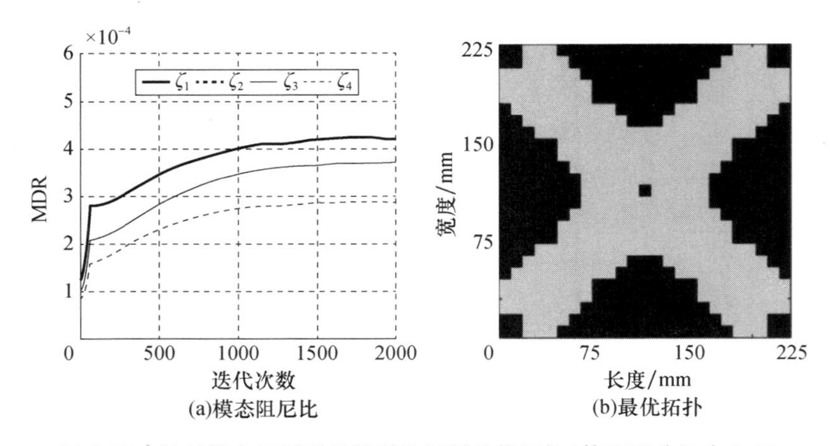

图 5.19 针对简支板得到的黏弹性材料最优拓扑(体积百分比为 0.5)

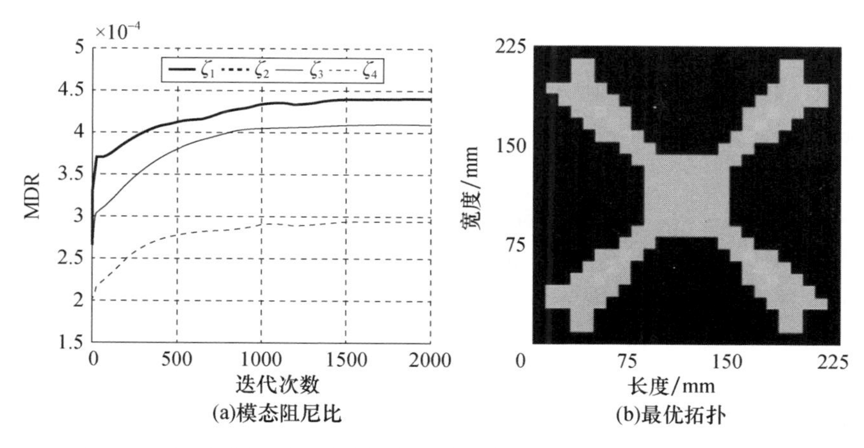

图5.20 针对简支板得到的黏弹性材料最优拓扑(体积百分比为0.75)

通过图5.18~图5.20可以看出,在大约2000次迭代之后即可达到一阶模态阻尼比的最优值,对应于体积占比0.25、0.5和0.75的最优值分别为0.00032、0.00042和0.00044。这些阻尼比以及更高阶的阻尼比均随体积比的增大而增大。此外,从图5.18~图5.20中还可发现,所得到的最优拓扑趋于使黏弹性材料集中于板的简支边附近区域,特别是中部。

5.7 本章小结

本章主要阐述了模态应变能方法的原始形式和修正形式,并介绍了这些方法背后的原理。我们给出了一些数值算例,用于说明各种方法在杆/黏弹性材料系统模态参数预测上的准确性。

进一步,本章还指出了模态应变能可以作为一个重要的设计指标,用于选择最优的阻尼层设计参数和(或)用于确定阻尼处理的最优拓扑(基于合理的设计目标)。

参考文献

Curà, F., Mura, A., and Scarpa, F. (2011). Modal strain energy based methods for the analysis of complex patterned free layer damped plates. Journal of Vibration and Control 18(9):1291-1302.

El-Sabbagh, A. and Baz, A. (2014). Topology optimization of unconstrained damping treatments for plates. Engineering Optimization 46(9):1153-1168.

Golla, D. F. and Hughes, P. C. (1985). Dynamics of viscolelastic structures - a time domain finite element formulation. ASME Journal of Applied Mechanics 52:897-600.

Hu, B. -G., Dokainish, M. A., and Mansour, W. M. (1995). Modified MSE method for viscoelastic systems: a weighted stiffness matrix approach. Journal of Vibration and Acoustics, Transactions of the ASME 117(2):226-231.

Johnson, C. D. and Kienholz, D. A. (1982). Finite element prediction of damping in structures with constrained viscoelastic layers. AIAA Journal 20:1284-1290.

Kerwin, E. M. and Ungar, E. E. (1962). Loss factors of viscoelastic systems in terms of energy concepts. Journal of Acoustical Society of America 34:954-957.

Lepoittevin, G. and Kress, G. (2009). Optimization of segmented constrained layer damping with mathematical programming using strain energy analysis and modal data. Materials & Design 31(1):14-24.

Ling, Z., Ronglu, X., Yi, W., and El-Sabbagh, A. (2010). Topology optimization of constrained layer damping on plates using method of moving asymptote (MMA) approach. Shock and Vibration doi:10.3233/SAV-2010-0583.

O'Callahan J., "A procedure for an improved reduced system", Proceedings of the International Modal Analysis Conference (IMAC), pp. 17-21, 1989.

Ro, J. and Baz, A. (2002). Optimal placement and control of active constrained layer damping using modal strain energy approach. Journal of Vibration and Control 8(8):861-876.

Sainsbury, M. G. and Masti, R. S. (2007). Vibration damping of cylindrical shells using strain-energy-based distribution of an add-on viscoelastic treatment. Finite Elements in Analysis and Design 43(3):175-192.

Scarpa F., Landi F. P., Rongong J. A., DeWitt L., and Tomlinson G., "Improving the MSE method for viscoelastic damped structures", Proceedings of SPIE - The International Society for Optical Engineering, Vol. 4697, pp. 25-34, 2002.

Svanberg, K. (1987). The method of moving asymptotes: a new method for structural optimization. International Journal for Numerical Methods in Engineering 24:359-373.

Svanberg, K. (2002). A class of globally convergent optimization methods based on conservative convex separable approximations. SIAM Journal on Optimization 12(2):555-573.

Xu Y. and Chen D., "Finite element modeling for the flexural vibration of damped sandwich beams considering complex modulus of the adhesive layer", Proceedings of SPIE -Damping and Isolation, Vol. 3989, pp. 121-129, 2000.

Xu Y., Liu Y., and Wang B., "Revised modal strain energy method for finite element analysis of viscoelastic damping treated structures", Proceedings of SPIE-The International Society for Optical Engineering, Vol. 4697, pp. 35-42, 2002.

思考题

5.1　考虑如图 P5.1 所示的固支-自由边界下的杆，试利用模态应变能方法及其四种修正形式(参见 5.3 节的讨论)确定这两个杆/黏弹性材料系统的固有频率和阻尼比。这里假定其尺寸和材料特性跟例 4.3 中的相同，另外它们都可以通过三个有限单元来建模。

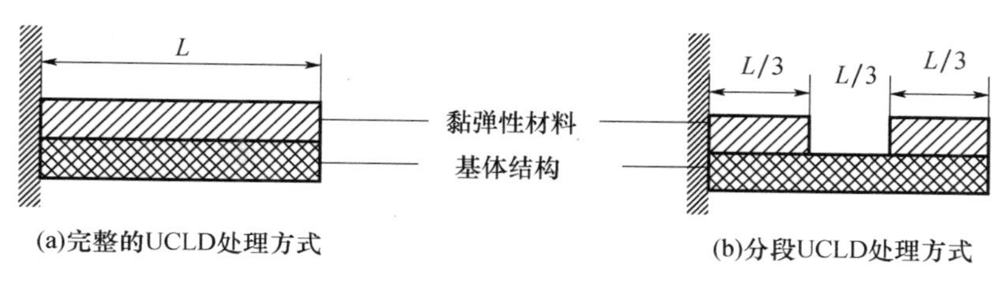

图 P5.1　固支-自由边界下的杆的 UCLD 处理

5.2　考虑如图 P5.2 所示的固支-自由边界下的杆，试利用模态应变能方法及其四种修正形式(参见 5.3 节的讨论)确定这两个杆/黏弹性材料系统的固有频率和阻尼比。这里假定其尺寸和材料特性跟例 4.4 中的相同，另外它们都可以通过三个有限单元来建模。

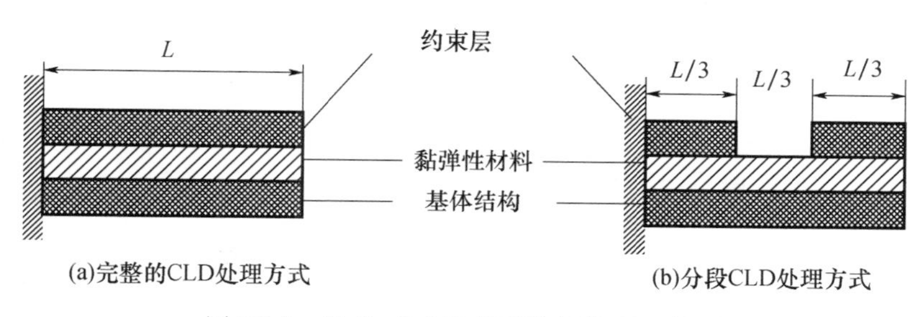

图 P5.2　固支-自由边界下的杆的 CLD 处理

5.3　考虑图 P5.3(a)所示的动力学系统，质量 m 支撑在两根弹簧上，一根弹簧是弹性的，具有实刚度 k_1，另一根弹簧是黏弹性的，具有复刚度 $k_2^* = k_2(1+\eta \mathrm{i})$，其中的 η 为黏弹性材料的损耗因子。

(1)试说明图 P5.3(b)所示的等效系统具有如下刚度：

$$K^* = K_{\mathrm{R}}(1+\eta_s \mathrm{i})$$

式中：$\eta_s = \eta \dfrac{k_2}{k_1+k_2}$。

(2)试说明该系统的损耗因子 η_{MSE}(根据 MSE 概念计算)可以表示为

$$\eta_{\text{MSE}} = \eta \frac{k_2}{k_1 + k_2}$$

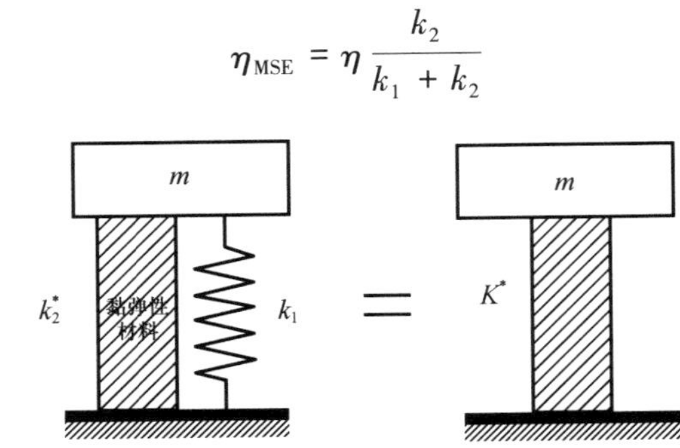

图 P5.3　质量块支撑在黏弹性材料和一根弹簧上

5.4　考虑图 P5.4(a)所示的动力学系统,质量 m 支撑在三根弹簧上,两根是弹性的,分别具有实刚度 k_1 和 k_3,第三根弹簧是黏弹性的,具有复刚度 $k_2^* = k_2(1+\eta \mathrm{i})$,其中的 η 为黏弹性材料的损耗因子。

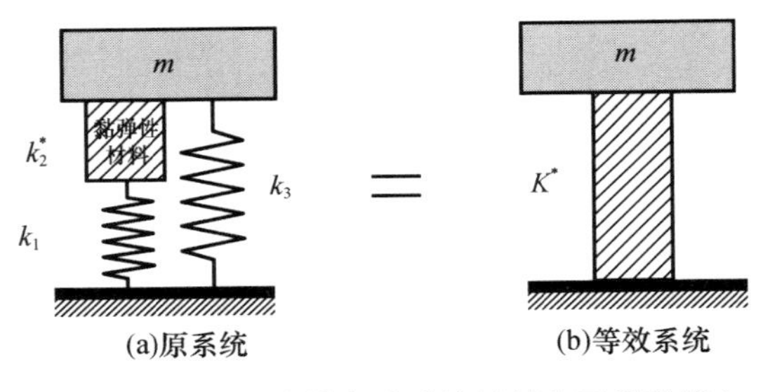

图 P5.4　质量块支撑在黏弹性材料和两根弹簧上

(1)试说明该系统等效于图 P5.4(b)所示的等效系统,且 $\eta_s = \dfrac{\eta}{[1+K_{21}(1+\eta^2)] + \dfrac{1}{K_{23}}[(1+K_{21})^2 + (\eta K_{21})^2]}$,其中 $K_{21} = k_2/k_1, K_{23} = k_2/k_3$。

(2)试说明该系统的损耗因子 η_{MSE}(根据 MSE 概念计算)可以表示为

$$\eta_{\text{MSE}} = \frac{\eta}{1 + \dfrac{k_2}{k_1} + \dfrac{k_3}{k_2}\left(1 + \dfrac{k_2}{k_1}\right)^2}$$

(3)试说明精确损耗因子 η_s 与 η_{MSE} 之间的误差为

$$\frac{\Delta\eta_s}{\eta_s} = \frac{\eta_{\text{MSE}} - \eta_s}{\eta_s} = \eta^2\left[\frac{k_2}{k_1} + \frac{k_3}{k_2}\left(\frac{k_2}{k_1}\right)^2\right] \Bigg/ \left[1 + \frac{k_2}{k_1} + \frac{k_3}{k_2}\left(1 + \frac{k_2}{k_1}\right)^2\right] > 0$$

也就是说，MSE 给出的预测值比精确值大。

5.5　考虑图 P5.5 所示的动力学系统，其中的主系统（ $m_1 - k_1$ ）的振动是由二级系统（即一个动力阻尼器系统）控制的，假定 $m_1 = m_2 = 1\text{kg}, k_1 = 1\text{Nm}^{-1}$，$k_2^* = 1 + \text{i}$ 。

（1）试推导该系统的运动方程，将其表示为

$$\boldsymbol{M}\ddot{\boldsymbol{X}} + (\boldsymbol{K}_{\text{R}} + \text{i}\boldsymbol{K}_{\text{I}})\boldsymbol{X} = \boldsymbol{0}$$

式中：$\boldsymbol{M}$ 为质量矩阵；$\boldsymbol{K}_{\text{R}}$ 为实刚度矩阵；$\boldsymbol{K}_{\text{I}}$ 为虚刚度矩阵。

（2）试利用原始的模态应变能方法确定该系统两个振动模态的模态阻尼比。

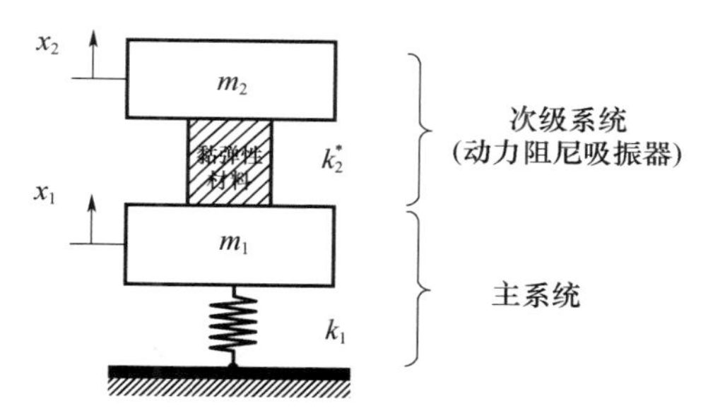

图 P5.5　带有动力阻尼吸振器的主系统

5.6　考虑图 P5.6 所示的动力学系统，质量 m 支撑在四根弹簧上，三根弹簧是弹性的，具有实刚度 k_1，另一根弹簧是黏弹性的，具有复刚度 $k_2^* = k_2(1 + \eta \text{i})$ ，其中的 η 为黏弹性材料的损耗因子。

（a）试利用图 P5.6 所示的等效系统（ $K^* = K_{\text{R}}(1 + \eta_{\text{s}}\text{i})$ ）确定损耗因子。

（b）试利用 MSE 概念（对应的损耗因子为 η_{MSE} ）确定损耗因子。

（c）将上述两种情况下的结果进行对比。

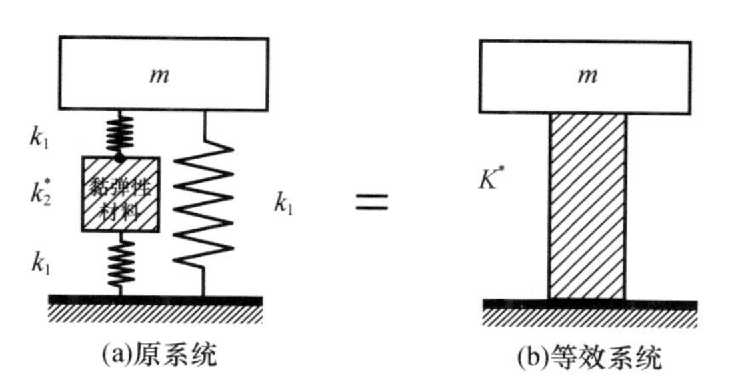

图 P5.6　质量支撑在黏弹性材料和三根弹簧上

5.7　考虑图 P5.7 所示的固支-自由边界下的杆/黏弹性材料系统，杆是铝制的，宽度为 0.025m，厚度为 0.025m，长度为 1m。黏弹性材料层的宽度为 0.025m，厚度为 t_vm，密度为 1100kgm^{-3}。该黏弹性材料层上带有一个约束层，是由铝板制备的，宽度为 0.025m，厚度为 0.0025m。这里采用 GHM 方法对黏弹性材料进行建模处理（带有单个振荡项，参数为 E_0 = 15.3MPa，α_1 = 39，ζ_1 = 1，ω_1 = 19058rad/s）。

（1）试确定黏弹性材料层的最优厚度，使得两个振动模态的模态阻尼比之和达到最大（将 MSE 作为设计准则）。

（2）试确定黏弹性材料层的最优厚度，使得单位重量下的两个振动模态的模态阻尼比之和达到最大（将 MSE 作为设计准则）。进一步将这里的结果与（1）中结果加以对比和评述。

分析中可以假定该系统的有限元模型只包含两个单元，另外厚度约束为 $0.005\text{m} \leqslant t_v \leqslant 0.05\text{m}$。

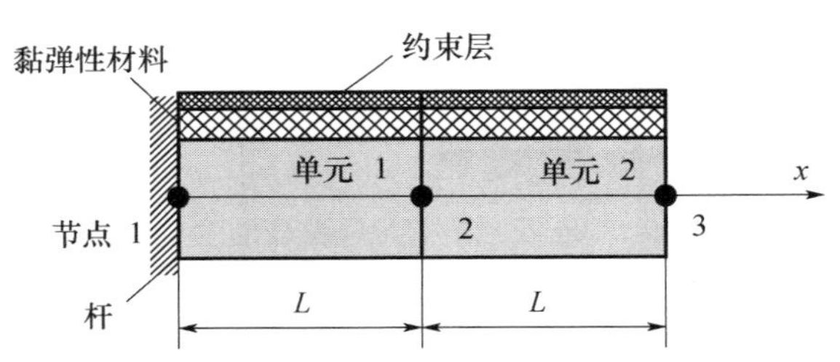

图 P5.7　固支-自由边界条件下带有约束黏弹性材料层的杆结构

5.8　考虑图 P5.8 所示的悬臂梁/被动式约束阻尼层（PCLD）系统，基体梁、黏弹性材料层以及约束层的主要物理参数和几何参数见表 P5.1。基体梁是铝制的，其上带有分段布置的黏弹性材料层，且后者还受到了铝层的约束（Cura 等人，2011）。

试针对不带约束层的梁/黏弹性材料系统以及图 P5.8 中所示的三种构型，分别确定前四阶振动模态的模态阻尼比之和。

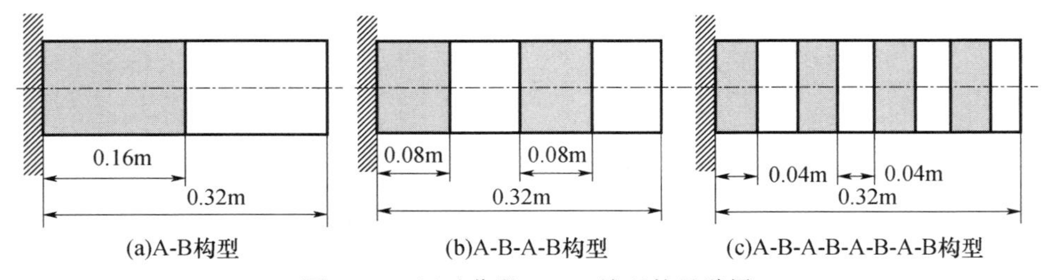

图 P5.8　经过分段 PCLD 处理的悬臂梁
（A 代表带 PCLD 的梁段，B 代表未经任何处理的梁段）

表 P5.1　梁/PCLD 系统的物理和几何参数

层	长度/m	宽度/m	厚度/mm	密度/(kgm^{-3})	模量/MPa
基体梁	0.32	0.125	0.50	2700	7100①
黏弹性材料层	图 P5.8	0.125	0.50	1140	20②
约束层	图 P5.8	0.125	0.25	2700	7100①
注:①杨氏模量;②剪切模量, η = 0.5					

5.9　考虑图 P5.9 所示的悬臂板/PCLD 系统,基板、黏弹性材料层和约束层的主要物理参数和几何参数参见表 P5.2,基体板是铝制的,其上带有黏弹性材料层,后者通过连续 PVDF 压电层进行约束。

表 P5.2　板/PCLD 系统的物理和几何参数

层	长度/m	宽度/m	厚度/mm	密度/(kgm^{-3})	模量/MPa
基体板	0.25	0.125	0.5	2700	7100①
黏弹性材料层	0.25	0.125	0.5	1140	20②
PVDF	0.25	0.125	0.028	1800	2250①
注:①杨氏模量;②剪切模量, η = 0.5					

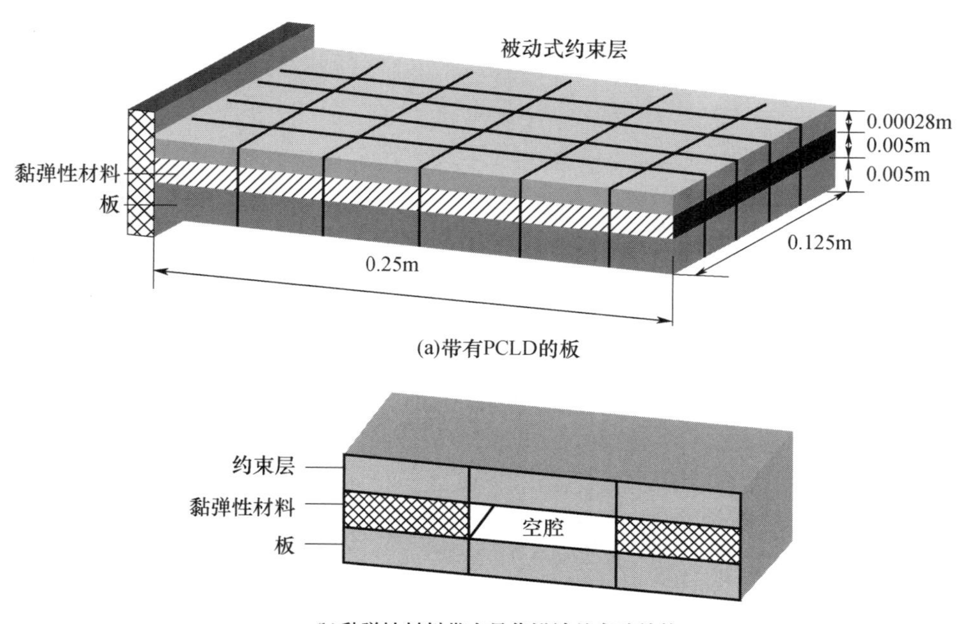

图 P5.9　经过 PCLD 处理的悬臂板

试利用拓扑优化方法确定黏弹性材料在板上的最优分布，使得前四阶振动模态的模态阻尼比之和达到最大。进一步，针对黏弹性材料体积占比分别为0.2、0.4、0.6和0.8等情形确定最优拓扑（Ling等人，2010）。

5.10　对于思考题5.9中的结构，试利用拓扑优化方法，确定当该板处于简支构型时（参见图P5.10）板面上黏弹性材料层的最优分布。此处的拓扑优化目标是使得系统的前四阶振动模态的模态阻尼比之和达到最大。进一步，针对黏弹性材料体积占比分别为0.2、0.4、0.6和0.8等情形确定最优拓扑。

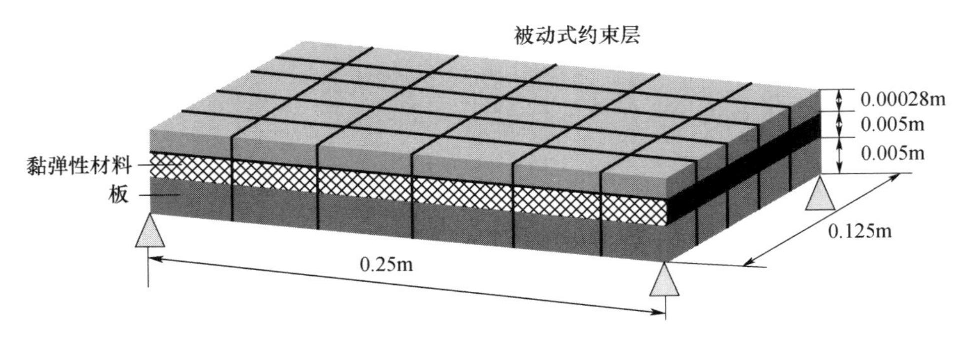

图P5.10　经过PCLD处理的简支板

第6章　阻尼处理中的能量耗散

6.1 引　　言

本章将针对杆、梁和板的各种黏弹性阻尼处理方式，阐明其能量耗散特性。我们不仅考虑约束构型和无约束构型的被动式阻尼处理，同时也将分析主动式约束层阻尼（ACLD）处理方式，后者是由黏弹性夹心和主动压电层（作为约束层）构成的，它是增强阻尼特性和补偿被动处理方式性能退化的有效手段。

6.2　杆的被动式阻尼处理

本节针对以约束和无约束构型进行被动式阻尼处理的结构，考察其能量耗散特性。

6.2.1　被动式约束层阻尼处理

图6.1和图6.2所示为被动式约束层阻尼（PCLD）处理方式，这里假定约束层和黏弹性层的厚度要比基础结构的厚度小得多，因此弯曲效应就可以忽略不计了，我们可以认为约束层仅受到纵向应变，而黏弹性夹心只受到剪切作用。此外，此处还假定黏弹性夹心层中的纵向应力可以忽略不计，并且该层是线性黏弹性的，而约束层则是弹性的，不会耗散能量。对于基础结构来说，假定在它和黏弹性层的界面上所产生的轴向应变 ε_0 是均匀分布的，而在时域内这个应变是以正弦形式变化的，频率为 ω，它源于基础结构的周期振动。

6.2.1.1　*运动方程*

根据图6.2所示的几何，不难发现黏弹性夹心中的剪应变 γ 可以表示为

$$\gamma = (u - u_0) / h_1 \tag{6.1}$$

式中：u 和 u_0 分别为约束层和基础结构的纵向位移；h_1 为黏弹性层的厚度。

跟约束层的拉压和黏弹性层的剪切相关的势能 P.E 可以写为

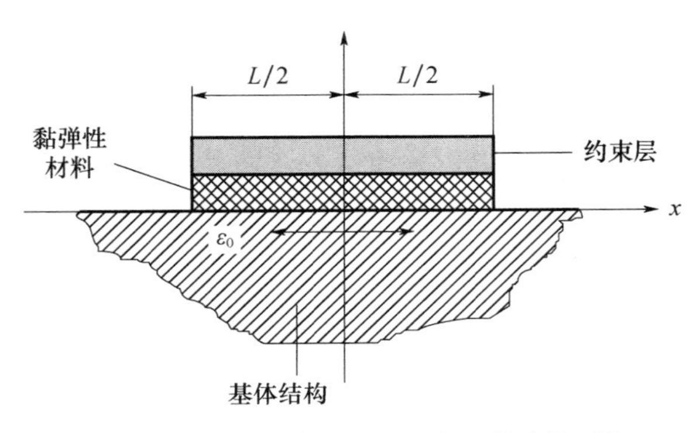

图 6.1　结构与约束黏弹性材料层构成的系统

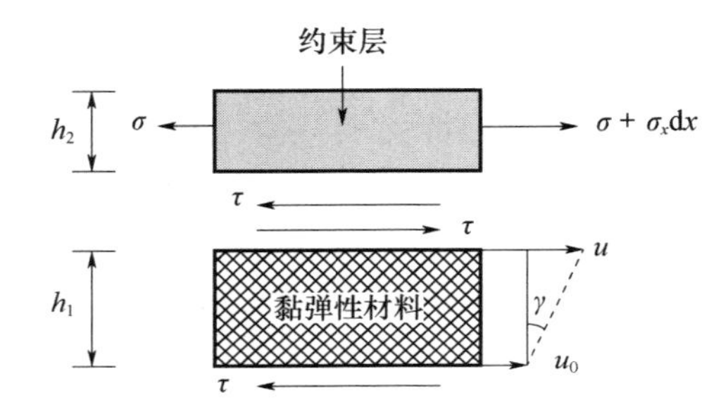

图 6.2　约束黏弹性材料层的受力分析图

$$\mathrm{P.E} = \frac{1}{2}E_2 h_2 b \int_{-L/2}^{L/2} u_{,x}^2 \mathrm{d}x + \frac{1}{2}G' h_1 b \int_{-L/2}^{L/2} \gamma^2 \mathrm{d}x \tag{6.2}$$

式中：E_2、h_2 和 b 分别为约束层的杨氏模量、厚度和宽度；下标 x 为对 x 的偏导数。在式(6.2)中，已经假定了黏弹性层是线性的，并且以复模量形式 $G^* = G'(1 + \mathrm{i}\eta_g)$ 来描述，其中的 G'、η_g 和 i 分别为储能剪切模量、损耗因子和虚数单位（$i = \sqrt{-1}$）。

与纵向变形 u 相关的动能 K.E 可以表示为

$$\mathrm{K.E} = \frac{1}{2}mb \int_{-L/2}^{L/2} \dot{u}^2 \mathrm{d}x \tag{6.3}$$

式中：m 为单位宽度和长度的约束层所对应的质量。在这一关系式中，黏弹性层的转动惯量已经忽略不计，同时也不考虑基础结构的惯性。

黏弹性夹心中耗散掉的功 W_d 为

$$W_\mathrm{d} = - h_1 b \int_{-L/2}^{L/2} \tau_\mathrm{d} \gamma \mathrm{d}x \tag{6.4}$$

式中：τ_d 为黏弹性夹心产生的耗散剪应力，即

$$\tau_d = (G'\eta_g/\omega)\dot{\gamma} = (G'\eta_g)\gamma i \tag{6.5}$$

式中：ω 为基础结构的激励频率；$(G'\eta_g/\omega)$ 为黏弹性材料的等效黏性阻尼（Nashif 等人，1985）。

为了导出该 PCLD 系统的运动方程和边界条件，可以利用哈密尔顿原理（Meirovitch，1967），即

$$\int_{t_1}^{t_2}\delta(\mathrm{K.E} - \mathrm{P.E})\,\mathrm{d}t + \int_{t_1}^{t_2}\delta(W_d)\,\mathrm{d}t = 0 \tag{6.6}$$

式中：$\delta(\cdot)$ 为对括号内的参量求一次变分；t 为时间变量；t_1 和 t_2 为积分时间限。

根据式(6.1)~式(6.6)，有

$$\int_{t_1}^{t_2}\left[-mb\int_{-L/2}^{L/2}\ddot{u}\delta u\mathrm{d}x - E_2h_2b[u_{,x}\mathrm{d}u]_{-L/2}^{L/2} + E_2h_2b\int_{-L/2}^{L/2}u_{,xx}\delta u\mathrm{d}x\right]\mathrm{d}t -$$
$$\int_{t_1}^{t_2}\left[G'b/h_1\int_{-L/2}^{L/2}(u-u_0)\,\delta u\mathrm{d}x + G'b/h_1\eta_g i\int_{-L/2}^{L/2}(u-u_0)\,\delta u\mathrm{d}x\right]\mathrm{d}t = 0 \tag{6.7}$$

于是，约束阻尼层系统的方程就可以表示为

$$mh_1/G^*\ddot{u} = B^{*2}u_{,xx} - (u-u_0) \tag{6.8}$$

而边界条件为

$$u_x = 0\ (\text{在 } x = \pm L/2 \text{ 处}) \tag{6.9}$$

式中：$B^* = \sqrt{h_1h_2E_2/G^*}$ 为被动式处理方式中的特征长度（复数）。需要特别引起注意的是，式(6.8)这个二阶偏微分方程跟 Plunkett 和 Lee（1970）得到的结果是相同的（如果把约束层的惯性设定为零）。

忽略掉式(6.8)中的惯性项，可以得到如下准静态平衡方程：

$$B^{*2}u_{,xx} - u = -u_0 \text{ 或 } B^{*2}u_{,xx} - u = -\varepsilon_0 x \tag{6.10}$$

同时，还应满足式(6.9)给出的边界条件。这一方程具有如下通解：

$$u = a_1\mathrm{e}^{-x/B^*} + a_2\mathrm{e}^{x/B^*} + \varepsilon_0 x$$

式中：a_1 和 a_2 可以根据边界条件来确定，由此可得

$$a_1 = -a_2 = \frac{1}{2}\varepsilon_0 B^* \Big/ \cosh\left(\frac{L}{2B^*}\right)$$

于是，不难得到 u 和 γ 为

$$\begin{cases} u = \varepsilon_0 \left[x - B^* \sinh\left(\dfrac{x}{B^*}\right) \Big/ \cosh\left(\dfrac{L}{2B^*}\right) \right] \\ \gamma = -\dfrac{\varepsilon_0 B^*}{h_1} \sinh\left(\dfrac{x}{B^*}\right) \Big/ \cosh\left(\dfrac{L}{2B^*}\right) \end{cases} \tag{6.11}$$

式(6.11)表明,当 $x = 0$ 时,也就是说在黏弹性材料层的中部时,位移 u 和剪应变 γ 为零。因此,在这一位置及其附近,黏弹性材料层的能量耗散水平是较低的,大多数能量的耗散将主要发生在黏弹性材料层的边界附近(即剪应变最大的位置)。

例 6.1 试分别采用如下方法来确定黏弹性材料层上的归一化剪应变($\gamma h_1/\varepsilon_0 L$)分布:

(1)利用封闭表达式(6.11);

(2)利用式(6.10)和边界条件(式(6.9))进行数值求解(在 MATLAB 软件中进行)。

此处假定 $L/B_0 = 3.28$,其中的 $B_0 = \sqrt{h_1 h_2 E_2/G}$,且有

$$G^* = G(\cos\theta + \mathrm{i}\sin\theta) = G\cos\theta(1 + \mathrm{i}\tan\theta) = G'(1 + \mathrm{i}\eta_g)$$

注意,此处的 $\tan\theta = \eta_g$ 为黏弹性材料的损耗因子, $B^* = B_0[\cos(\theta/2) - \mathrm{i}\sin(\theta/2)]$,且假定损耗因子 $\eta_g = 1$。

[分析]

图 6.3 将基于封闭式(6.11)和基于 MATLAB 中的“bvp4c”命令得到的剪应变分布情况进行了比较。在 MATLAB 中,需要定义如下两个函数:

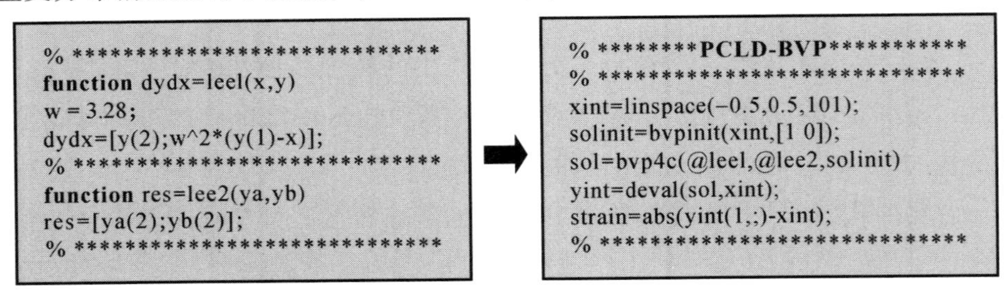

```
% ******************************
function dydx=lee1(x,y)
w = 3.28;
dydx=[y(2);w^2*(y(1)-x)];
% ******************************
function res=lee2(ya,yb)
res=[ya(2);yb(2)];
% ******************************
```

```
% ********PCLD-BVP***********
% ******************************
xint=linspace(-0.5,0.5,101);
solinit=bvpinit(xint,[1 0]);
sol=bvp4c(@lee1,@lee2,solinit)
yint=deval(sol,xint);
strain=abs(yint(1,:)-xint);
% ******************************
```

第一个函数将式(6.10)定义为一组一阶微分方程,第二个函数则定义了边界条件。

可以发现,在应变分布的预测上,精确方法和 MATLAB 方法所得到的结果是非常接近的。值得注意的是,剪应变在黏弹性材料/约束层的边界附近是最大的,而在中部则趋于零。这一现象对于阻尼处理的有效进行是具有重要启发的,据此采用合理的处理方式既可以使得能量耗散保持在较高水平,同时又能

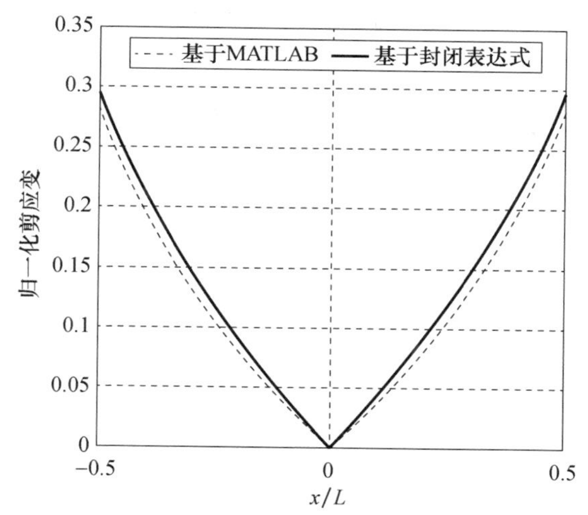

图6.3　基于封闭表达式(6.11)和基于 MATLAB 中的“bvp4c”命令得到的剪应变分布情况的比较

减小附加的重量。例如,在中部区域挖孔就是一种较为合理的方案,这样既能够降低黏弹性材料层的重量,又不会过分影响能量耗散水平。或者,我们也可以设计功能梯度型黏弹性材料层,使其剪切模量和(或)损耗因子在长度方向上呈现出一定的变化,这样也能够获得较高的能量耗散水平,即便是对于穿孔阻尼处理方式也是如此。

6.2.1.2　能量耗散

在一个周期内,单位长度上的黏弹性材料层的能量耗散可以表示为

$$\Delta W_{\mathrm{p}} = \pi b h_1 G'' \int_{-L/2}^{L/2} |\gamma|^2 \mathrm{d}x \tag{6.12}$$

将式(6.11)代入式(6.12)可得

$$\Delta W_{\mathrm{p}} = \pi b h_1 G'' \int_{-L/2}^{L/2} \left(\frac{\varepsilon_0 B_0}{h_1}\right)^2 \sinh^2\left(\frac{x}{B^*}\right) \Big/ \cosh^2\left(\frac{L}{2B^*}\right) \mathrm{d}x \tag{6.13}$$

上面这个封闭形式的积分计算需要借助附录6.A中的复数恒等式,由此可得

$$\Delta W_{\mathrm{p}} = 2\pi\varepsilon_0^2 E_2 h_2 L b/\omega^* \frac{\sinh[\omega^* \cos(\theta/2)]\sin(\theta/2) - \sin[\omega^* \sin(\theta/2)]\cos(\theta/2)}{\cosh[\omega^* \cos(\theta/2)] + \cos[\omega^* \sin(\theta/2)]} \tag{6.14}$$

式中:$\theta = \tan^{-1}(\eta_g)$;$\eta_g$ 为黏弹性材料的损耗因子。

进一步,引入 Plunkett 和 Lee(1970)针对 PCLD 处理方式所定义的名义能量 W_n,即

$$W_n = \frac{1}{2}\varepsilon_0^2 E_2 h_2 L b \tag{6.15}$$

名义能量 W_n 代表的是当整个层的应变为 ε_0 时约束层的最大应变能。由此，就可以将式(6.14)和式(6.15)相对于这个名义能量进行归一化处理，从而给出 PCLD 的等效损耗因子 η_p，它定量刻画了这一处理方式耗散的能量，即

$$\eta_p = 4\pi/\omega^* \frac{\sinh[\omega^*\cos(\theta/2)]\sin(\theta/2) - \sin[\omega^*\sin(\theta/2)]\cos(\theta/2)}{\cosh[\omega^*\cos(\theta/2)] + \cos[\omega^*\sin(\theta/2)]} \tag{6.16}$$

式中：$\omega^* = L/B_0$。

例 6.2 针对黏弹性材料在不同的无量纲长度值（$\omega^* = L/B_0$）和损耗因子（η_g）条件下，试计算 PCLD 处理方式的等效系数 η_p，并确定无量纲长度的最优值，使得等效系数 η_p 在不同损耗因子情形中达到最大。

[分析]

图 6.4 所示为黏弹性材料的无量纲长度值（$\omega^* = L/B_0$）和损耗因子（η_g）对等效系数 η_p（根据式(6.16)计算得到）的影响情况。可以发现，为使得该等效系数达到最大值，PCLD 处理中存在着最优长度值。该最优值几乎跟损耗因子（η_g）无关，近似等于 3.28。

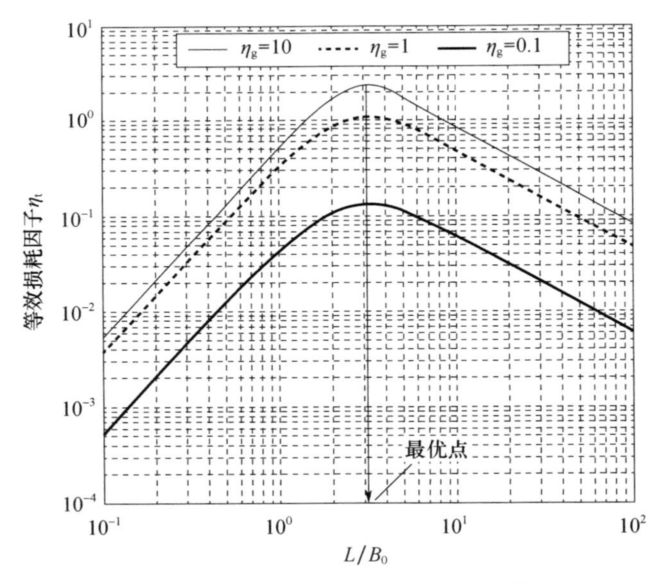

图 6.4 不同黏弹性材料损耗因子（η_g）情况下长度（L/B_0）对总损耗因子（η_t）的影响

针对大型结构的 PCLD 处理这一应用场景来说，图 6.4 所示的结果还给了我们另外一个重要的启发，即，对于此类结构来说，全部进行 PCLD 处理（如图 6.5a 所示）的有效性是较差的，因为等效损耗系数 η_p 会比较低，为了更加有效地提升阻尼水平，最好是进行分段 PCLD 处理，如图 6.5(b) 所示，每段长度的最优值约为 $3.28B_0$。

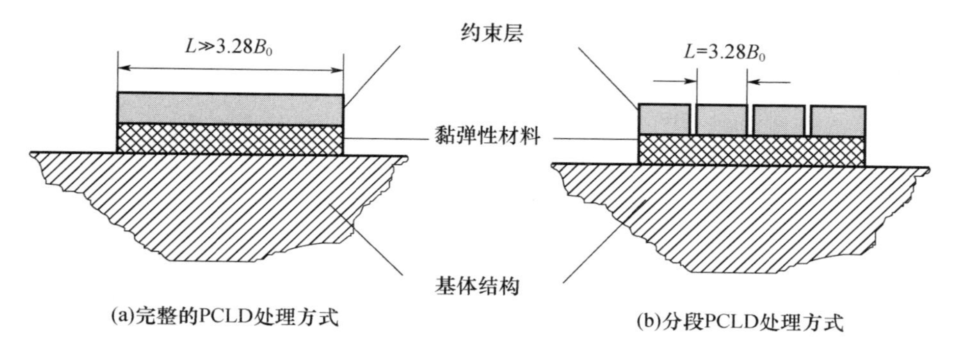

图 6.5　大型结构的 PCLD 处理

6.2.2　被动式无约束层阻尼处理

被动式无约束层阻尼（PUCLD）处理方式如图 6.6 所示，这种情况中黏弹性材料层所承受的应变（ε_0）跟基础结构是相同的，因此每个循环中单位长度和宽度的黏弹性材料层所耗散掉的能量 $\Delta W_{\text{unconstrained}}$ 可以表示为

$$\Delta W_{\text{unconstrained}} = \pi b h_1 E''_1 \int_{-L/2}^{L/2} \varepsilon_0^2 \mathrm{d}x = \pi b h_1 E''_1 L \varepsilon_0^2 \tag{6.17}$$

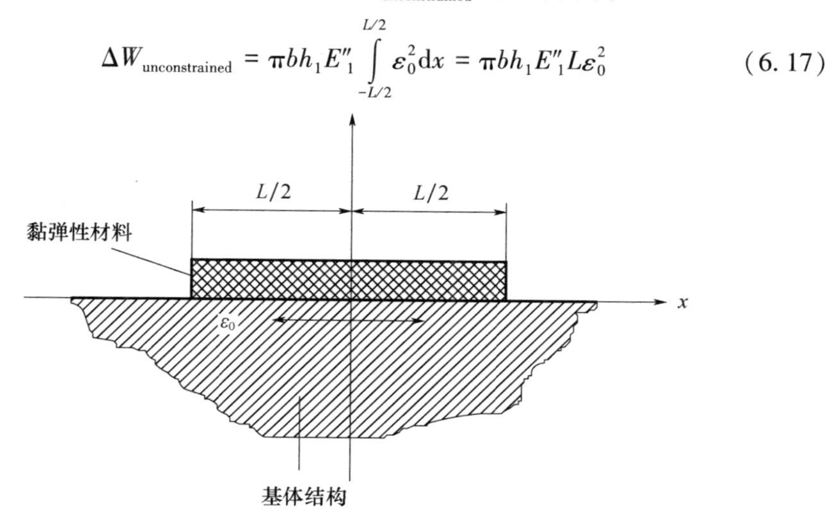

图 6.6　结构和无约束黏弹性材料层构成的系统

相应地,PUCLD 的等效损耗系数 $\eta_{unconstrained}$(针对名义能量 W_n 进行归一化)将为

$$\eta_{unconstrained} = 2\pi h_1 \frac{E'_1}{h_2 E_2}\eta_g \tag{6.18}$$

将式(6.15)除以式(6.17),或者将式(6.16)除以式(6.18),就得到了 PCLD 和 PUCLD 耗散掉的能量之比,即

$$\frac{\Delta W_p}{\Delta W_{unconstrained}} = \frac{2h_2E_2}{3h_1 G\omega^* \sin\theta}4\pi \Big/ \frac{\sinh[\omega^*\cos(\theta/2)]\sin(\theta/2) - \sin[\omega^*\sin(\theta/2)]\cos(\theta/2)}{\cosh[\omega^*\cos(\theta/2)] + \cos[\omega^*\sin(\theta/2)]} \tag{6.19}$$

例 6.3 考虑一种 PCLD 处理,约束层与黏弹性材料层的厚度之比为 $h_2/h_1 = 1$,黏弹性材料的损耗因子 η_g 为 1,无量纲长度为 $\omega^* = L/B_0 = 3.28$。试确定该 PCLD 处理的等效系数 η_p,此处假定 $E_2 = 70\text{GPa}$,$G' = 10\text{MPa}$。进一步,如果去掉约束层(从而变成了 PUCLD 处理方式),试确定:

(1)PUCLD 的等效系数 $\eta_{unconstrained}$;

(2)PCLD 和 PUCLD 耗散掉的能量之比。

[分析]

由于黏弹性材料的损耗因子 η_g 为 1,因而 $\theta = 45°$,根据式(6.16)可得

$$\eta_p = 1.104$$

此外,根据式(6.18)和式(6.19),有

$$\eta_{unconstrained} = 0.0027, \frac{\Delta W_p}{\Delta W_{unconstrained}} = 409.98$$

上面这个实例清楚地表明了,将黏弹性材料层以约束构型方式来使用可以显著增强其阻尼水平(与无约束构型相比),PCLD 的损耗因子要比 PUCLD 高出三个数量级。

6.3 杆的主动式约束层阻尼处理

主动式约束层阻尼(ACLD)处理方式是一种抑制各类结构元件的振动的有效手段(Baz,1996,1997a,b,c)。在这种阻尼处理方法中,黏弹性阻尼层受到的是主动式压电层的约束,后者的纵向应变是根据结构振动情况来控制的,目的

是增强能量耗散性能，如图 6.7 和图 6.8 所示。

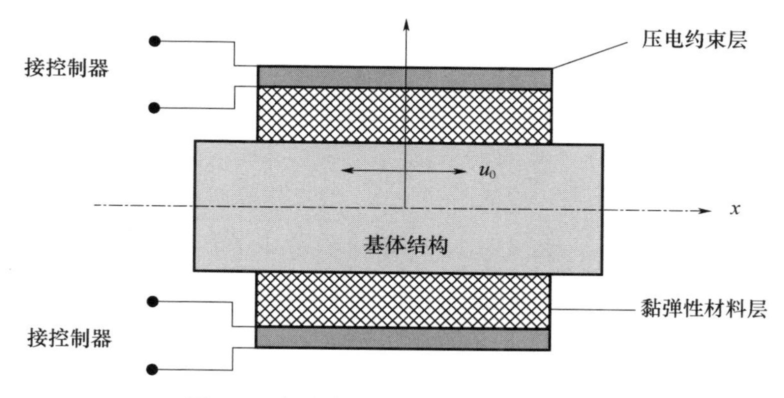

图 6.7　主动式约束层阻尼（ACLD）处理

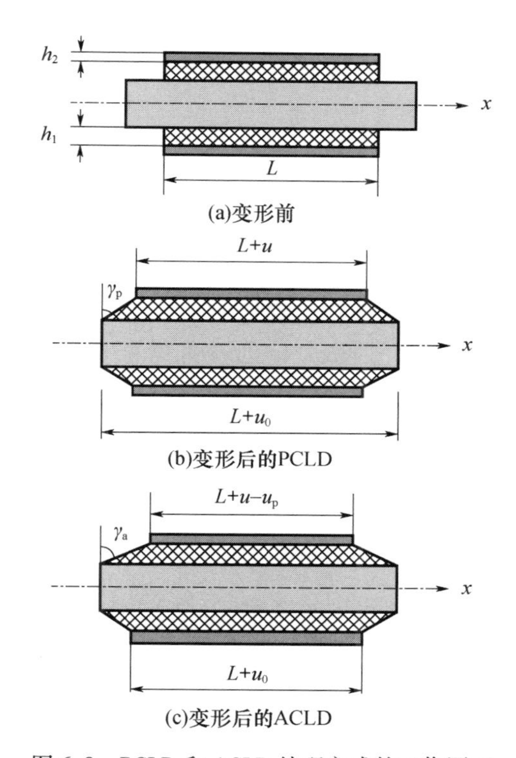

图 6.8　PCLD 和 ACLD 处理方式的工作原理

图 6.8 表明，当基础结构的运动表现为纵向位移 u_0 时，如果不对该约束层进行主动控制，那么其变形也是纵向的，黏弹性层经受的是剪应变 γ_p，参见图 6.8(b)。在这一情况下，ACLD 的效果跟传统的 PCLD 是相似的。然而，当通过

控制器对该约束层施加合适的控制作用时,压电效应会产生附加的变形 u_p,它能够使得黏弹性夹心的剪应变增大到 γ_a,如图 6.8(c)所示。这种剪应变的增大无疑会增强 ACLD 的能量耗散水平,从而获得更加有效的结构振动抑制效果。

6.3.1 运动方程

为了定量描述 ACLD 的性能水平,必须考察非保守压电控制力所做的功 W_{piezo}。附录 6.B 中已经简要归纳了一维压电性的一些基础知识,据此可以表明,W_{piezo} 可由下式确定:

$$W_{piezo} = E_2 h_2 b \int_{-L/2}^{L/2} \varepsilon_p u_x \mathrm{d}x \tag{6.20}$$

式中:ε_p 为压电约束层中产生的应变。在这里的分析中,为了突出 ACLD 处理方式的实用性,也为了简洁起见,假定 ε_p 在整个约束层的长度方向上是保持不变的。

类似地,为了导得 ACLD 系统的控制方程和边界条件,需要借助哈密尔顿原理(Meirovitch,1967),即

$$\int_{t_1}^{t_2} \delta(\mathrm{K.E} - \mathrm{P.E})\,\mathrm{d}t - \int_{t_1}^{t_2} \delta(W_d - W_{piezo})\,\mathrm{d}t = 0 \tag{6.21}$$

式中:$\delta(\cdot)$ 为括号内的量的一阶变分;t 为时间变量;t_1 和 t_2 为积分时间限。

根据式(6.1)~式(6.6)和式(6.20),有

$$\begin{aligned}
&\int_{t_1}^{t_2}\left[- mb \int_{-L/2}^{L/2} \ddot{u}\delta u \mathrm{d}x - E_2 h_2 b [u_{,x}\delta u]_{-L/2}^{L/2} + E_2 h_2 b \int_{-L/2}^{L/2} u_{,xx}\delta u \mathrm{d}x\right] \mathrm{d}t \\
&- \int_{t_1}^{t_2}\left[G'b/h_1 \int_{-L/2}^{L/2} (u - u_0)\,\delta u \mathrm{d}x + G'b/h_1 \eta_g \mathrm{i} \int_{-L/2}^{L/2} (u - u_0)\,\delta u \mathrm{d}x\right] \mathrm{d}t \\
&+ \int_{t_1}^{t_2} [E_2 h_2 b [\varepsilon_p \delta u]_{-L/2}^{L/2}]\,\mathrm{d}t = 0
\end{aligned} \tag{6.22}$$

由此也就得到 ACLD 系统的最终方程,即

$$mh_1/G^* \ddot{u} = B^{*2} u_{,xx} - (u - u_0) \tag{6.23}$$

和如下边界条件:

$$u_x = \varepsilon_p \ (\text{在 } x = \pm L/2 \text{ 处}) \tag{6.24}$$

可以看出,描述 ACLD 系统的二阶偏微分方程式(6.23)跟描述传统 PCLD

的式(6.8)是相同的，不过边界条件(式(6.24))有所不同，为把由主动约束层引发的应变 ε_p 所产生的控制作用(在约束层的自由端，即 $x=\pm L/2$ 处)考虑进来，此处在式(6.9)基础上做了修正。实际上，这也体现了 ACLD 系统的特殊工作原理，即存在边界控制作用 ε_p。

6.3.2　边界控制策略

为了利用 ACLD 系统这一工作机制，同时还能够确保系统振动模态的全局稳定性，一般需要对边界控制策略进行合理的设计。这里采用分布参数控制理论(Butkovskiy,1969)制定边界控制策略，从而生成合适的边界控制作用 ε_p，以确保带有 ACLD 的结构系统的所有振动模态均具有全局稳定性。这一控制策略实质上是保证 ACLD 系统的总能量是一个关于时间的严格非增函数。

利用式(6.2)和式(6.3)可以得到 ACLD 系统的总能量 E_n：

$$E_n=\mathrm{P.E}+\mathrm{K.E}$$

或者表示为

$$E_n/b=\frac{1}{2}\left(E_2h_2\int_{-L/2}^{L/2}u_x^2\mathrm{d}x+G'h_1\int_{-L/2}^{L/2}\gamma^2\mathrm{d}x+m\int_{-L/2}^{L/2}\dot{u}^2\mathrm{d}x\right)\tag{6.25}$$

式(6.25)给出了 ACLD 系统的二次严格正范数，当且仅当 u 和 $\dot{u}$ 为零(针对约束层上的所有点，在 $[-L/2,L/2]$ 区间内)时该范数才等于零，这一状态仅在 ACLD 系统回复到其初始未变形的平衡位置处才会出现。

将式(6.25)对时间求导，然后分部积分，再利用式(6.23)和式(6.24)，可得

$$\dot{E}_n/b=E_2h_2[\dot{u}(L/2)-\dot{u}(-L/2)]\varepsilon_p-(G'\eta_gh_1/\omega)\int_{-L/2}^{L/2}\dot{\gamma}^2\mathrm{d}x\tag{6.26}$$

由于第二项是严格负的，因此当控制作用 ε_p 取如下形式时，就可以得到一个全局稳定的边界控制器，其能量范数是连续下降的(即 $\dot{E}_n<0$)：

$$\varepsilon_p=-K_g[\dot{u}(L/2)-\dot{u}(-L/2)]\tag{6.27}$$

式中：K_g 为该边界控制器的增益。

式(6.27)表明了，这个控制作用是压电约束层末端纵向位移的速度反馈。

值得重视的是，当这个主动控制作用 ε_p 由于某种原因停止或失效时(也即 $\varepsilon_p=0$)，从式(6.26)可以看出杆系统仍然是全局稳定的。这种固有的稳定性主要源自于方程中的第二项，它定量描述了 PCLD 的贡献。因此，式(6.26)中的这两项也就为我们提供了一种量化分析工具，使得我们可以分别衡量 ACLD 和

PCLD 对于基础结构能量耗散总比率所产生的贡献度。

通过求解式(6.23)的准静态形式以及对应的边界条件(6.24),可以轻松地实现全局稳定的边界控制器,由此不难得到如下封闭形式解:

$$u - u_0 = (\varepsilon_p - \varepsilon_0) B^* \sinh(x/B^*) / \cosh(L/2B^*) \tag{6.28}$$

将式(6.28)代入式(6.27)可得

$$\varepsilon_p = \varepsilon_0 (2K_g s B^*) \{[\tanh(L/2B^*) - (L/2B^*)] / [1 + (2K_g s B^*) \tanh(L/2B^*)]\} \tag{6.29}$$

式中:s 为拉普拉斯复变量。

在这一控制策略的实现中,需要设计一种具有自检测功能的作动器,为此可以利用 Dosch 等人(1992)给出的方法。此外,值得引起注意的是,u 的时间导数可以通过监测压电传感器的电流确定,而不是其电压,参见 Miller 和 Hubbard (1987)所进行的分析。

6.3.3 能量耗散

ACLD 的能量耗散特性可以通过计算 ΔW_p 和 ΔW_a 来定量描述,它们分别代表了 ACLD 中的被动式和主动式元件在每个振动周期内所耗散掉的能量,即

$$\Delta W_p = \int_0^{2\pi/\omega} (G' \eta_g h_1 b/\omega) \int_{-L/2}^{L/2} \dot{\gamma}^2 \mathrm{d}x \mathrm{d}t \tag{6.30}$$

$$\Delta W_a = \int_0^{2\pi/\omega} (E_2 h_2 [\dot{u}(L/2) - \dot{u}(-L/2)] \varepsilon_p) \mathrm{d}t \tag{6.31}$$

式中:$2\pi/\omega$ 为频率 ω 对应的振动周期。

利用式(6.1)、式(6.27)~式(6.29),可以将式(6.30)和式(6.31)化为

$$\Delta W_p = \pi G' \eta_g b / h_1 \varepsilon_0^2 (\varepsilon_p/\varepsilon_0 - 1)^2 B_0^2 \int_{-L/2}^{L/2} [[\sinh(x/B^*)] / \cosh(L/2B^*)]^2 \mathrm{d}x \tag{6.32}$$

$$\Delta W_a = 4\pi E_2 h_2 \omega K_g \varepsilon_0 B_0^2 \{[\tanh(A) - A] / [1 + (2K_g \omega B^* \mathrm{i}) \tanh(A)]\}^2 \tag{6.33}$$

式中:B_0 为复特征长度 B^* 的幅值(可以根据附录 6.A 中的式(6.A.2)得到);$A = \omega^* / 2[\cos(\theta/2) - \mathrm{i}\sin(\theta/2)]$ 。

将式(6.32)和式(6.33)相对于名义能量 W_n 进行归一化处理,可以得到无量纲形式的损耗因子 η_p 和 η_a,它们定量反映了 ACLD 处理方式中被动和主动元件所耗散掉的能量,即

$$\eta_g = 4\pi/\omega^*(\varepsilon_p/\varepsilon_0 - 1)^2$$
$$\frac{\sinh[\omega^*\cos(\theta/2)]\sin(\theta/2) - \sin[\omega^*\sin(\theta/2)]\cos(\theta/2)}{\cosh[\omega^*\cos(\theta/2)] + \cos[\omega^*\sin(\theta/2)]} \tag{6.34}$$

$$\eta_a = 8\pi(K_g\omega B_0)\frac{\tanh(A) - A}{[1 + (2K_g\omega B_0)[i\cos(\theta/2) + \sin(\theta/2)]\tanh(A)]^2} \tag{6.35}$$

式中：$\omega^* = L/B_0$。

由此不难看出，式(6.34)和式(6.35)给出了损耗因子 η_p 和 η_a 的封闭形式表达式，它们都是无量纲参数 θ 、ω^* 以及 $(K_g\omega B_0)$ 的函数。这些参数实际上给出的是黏弹性层的损耗因子($\tan\theta$)、约束层的无量纲长度(L/B_0)，以及无量纲控制增益 $(K_g\omega B_0)$ 。如果将上面这两个式子相加，那么还可以得到 ACLD 处理方式的总损耗系数 η_t (被动式和主动式部分的组合)，即

$$\eta_t = \eta_p + \eta_a \tag{6.36}$$

例 6.4　试针对不同控制增益值($(K_g\omega B_0)$)和黏弹性材料损耗因子(η_g)计算 ACLD 处理方式的总损耗系数 η_t，此处假定无量纲长度为 $\omega^* = L/B_0 = 3.28$。

[**分析**]

图6.9所示为不同黏弹性材料损耗因子(η_g)情况下控制增益($K_g\omega B_0$)对总损耗因子(η_t)的影响。从中不难看出，对于每种黏弹性材料来说均存在一个最优控制增益值。这个增益值随着黏弹性夹心的损耗因子的增大而

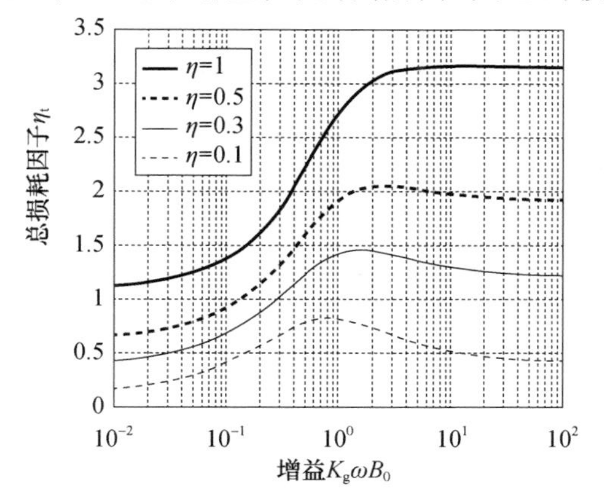

图6.9　不同黏弹性材料损耗因子(η_g)情况下控制增益($K_g\omega B_0$)对总损耗因子(η_t)的影响

增大。此外，这些结果还表明了当控制增益趋于零时，损耗系数将趋近于下极限值，它等于 PCLD 处理方式的对应结果。然而，当控制增益趋于无穷大时，损耗系数将降低到另一极限值，它等于 ACLD 处理方式中主动元件产生的 η_a。

例 6.5 试计算 ACLD 中的被动和主动元件对总损耗系数 η_t 所产生的贡献，此处假定控制增益为 $K_g\omega B_0 = 1$，损耗因子为 $\eta_g = 1$。

[分析]

图 6.10 所示为无量纲长度（L/B_0）对 ACLD 损耗系数中的被动和主动成分的影响（$K_g\omega B_0 = 1$，$\eta_g = 1$），此处的损耗系数是利用式(6.32)～式(6.36)计算得到的。在图 6.10 中同时也给出了 PCLD 的特性，以方便对比。

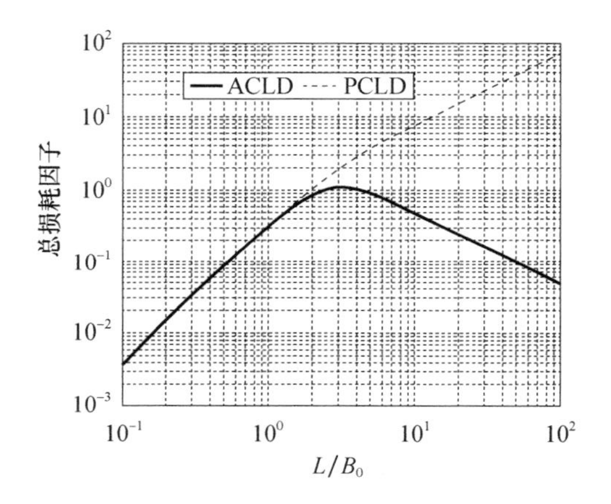

图 6.10 当 $\eta_g = 1$ 和 $K_g\omega B_0 = 1$ 时 ACLD 和 PCLD 处理方式的损耗因子

例 6.6 在采用 ACLD 处理后，若控制增益 $K_g\omega B_0 = 1$、损耗因子 $\eta_g = 1$，试计算黏弹性夹心中的剪应变分布，并将结果与 PCLD 方式下的剪应变进行对比。假定此处的无量纲长度为 $\omega^* = L/B_0 = 3.28$。

[分析]

黏弹性夹心中的剪应变分布可以根据式(6.11)～式(6.28)计算，图 6.11 所示为 ACLD 和 PCLD 两种方式下的分布情况。从中可以看出，采用 ACLD 构型时黏弹性夹心内的剪应变分布得到了改善。不仅如此，在整个长度上剪应变都有了增大，进而也将导致每个周期内以被动方式耗散掉的能量变得更多（根据式(6.14)和式(6.30)）。

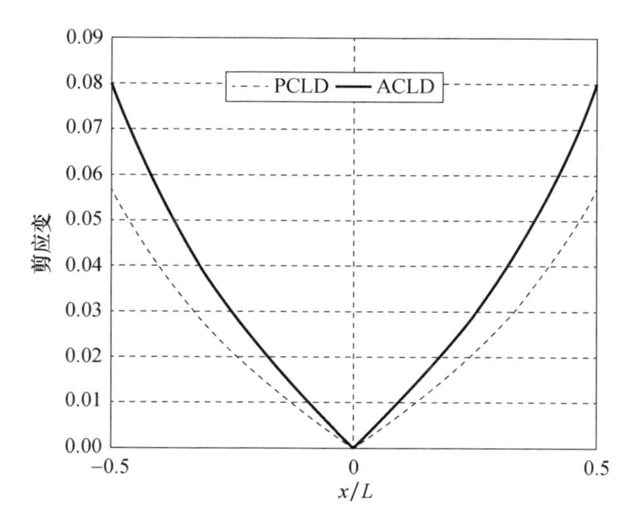

图 6.11　当 $\eta_g = 1$ 和 $K_g\omega B_0 = 1$ 时，ACLD 和 PCLD 处理方式的剪应变分布情况对比

6.4　梁的被动式约束层阻尼处理

6.4.1　阻尼梁的基本方程

阻尼梁的运动方程可以表示为(Kerwin,1959)

$$D_t^* w_{,xxxx} - m\omega^2 w = 0 \tag{6.37}$$

式中：$D_t^* = D_t(1 + i\eta_B)$ 为复弯曲刚度；m 为单位长度梁的质量；w 为横向位移；ω 为振动频率；η_B 为阻尼梁的损耗因子。

式(6.37)也可以改写为

$$w_{,xxxx} - k_B^{*4} w = 0 \tag{6.38}$$

式中：$k_B^* = (m\omega^2/D_t^*)^{1/4} \approx k_B(1 - i\eta_B/4) \approx k_B$（对于较小的 η_B）为弯曲波波数；$k_B = (m\omega^2/D_t)^{1/4}$。

式(6.38)的解一般可设为

$$w = w_0 e^{-i(k_B x - \omega t)} \tag{6.39}$$

式中：w_0 为初始变形。

6.4.2　梁的弯曲能

跟梁的弯曲变形相关的弹性能 W_e 可以按照下式确定(Mandal 和 Biswas,

2005)：

$$W_e = \frac{1}{2}\mathrm{Re}\left(\int_0^{2\pi/\omega}(F\dot{w}^\dagger + M\dot{w}^\dagger_{,x})\,\mathrm{d}t\right) \tag{6.40}$$

式中：$F = -D_t^* w_{,xxx}$ 为剪力；$M = D_t^* w_{,xx}$ 为弯矩；"Re"代表取实部；$(\cdot)^\dagger$ 代表对括号内的量取复共轭。

于是，利用式(6.39)及其空间导数和时间导数，就能够将式(6.40)化为

$$W_e = \frac{1}{2}\mathrm{Re}\left(\int_0^{2\pi/\omega}(-D_t^* w_{,xxx}\dot{w}^\dagger + D_t^* w_{,xx}\dot{w}^\dagger_{,x})\,\mathrm{d}t\right) = \pi D_t k_B^3 w_0^2 \tag{6.41}$$

6.4.3 带有被动式约束阻尼层的梁的能量耗散

考虑图6.12所示的梁/约束黏弹性材料系统，基梁和约束层的纵向振动位移分别为 u_1 和 u_3。当整个结构的横向变形为 w，转角为 $\partial w/\partial x = w_{,x}$ 时，将黏弹性材料层的剪应变记为 γ。图6.13所示为该系统变形后的构型，其中描述了相对于固定坐标系 x-z 的变形。

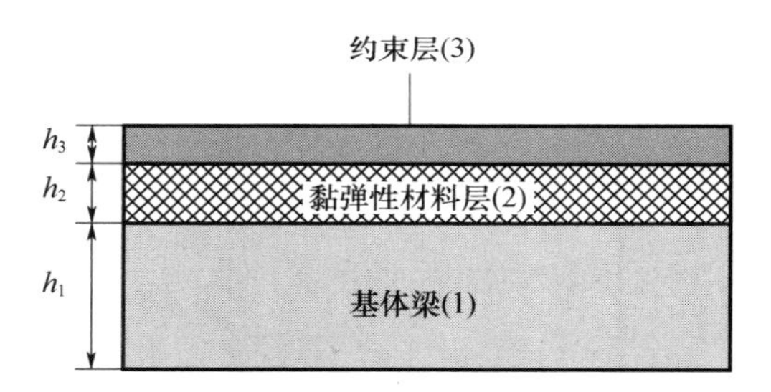

图6.12　梁/约束黏弹性材料系统在变形前的构型

为了确定黏弹性夹心的剪应变 γ，首先可以根据图6.13a中的几何描述得到：

$$u_A = u_3 + \frac{h_3}{2}\frac{\partial w}{\partial x},\quad u_B = u_1 - \frac{h_1}{2}\frac{\partial w}{\partial x} \tag{6.42}$$

另外，根据图6.13(b)还有：

$$\gamma - w_{,x} = \sin(\gamma - w_{,x}) \approx \frac{1}{h_2}(u_A - u_B) \tag{6.43}$$

联立式(6.42)和式(6.43)可得

$$\begin{aligned} h_2\gamma &= h_2\frac{\partial w}{\partial x} + u_A - u_B = h_2\frac{\partial w}{\partial x} + u_3 + \frac{h_3}{2}\frac{\partial w}{\partial x} - u_1 + \frac{h_1}{2}\frac{\partial w}{\partial x} \\ &= \left(h_2 + \frac{h_1}{2} + \frac{h_3}{2}\right)\frac{\partial w}{\partial x} + u_3 - u_1 \end{aligned}$$

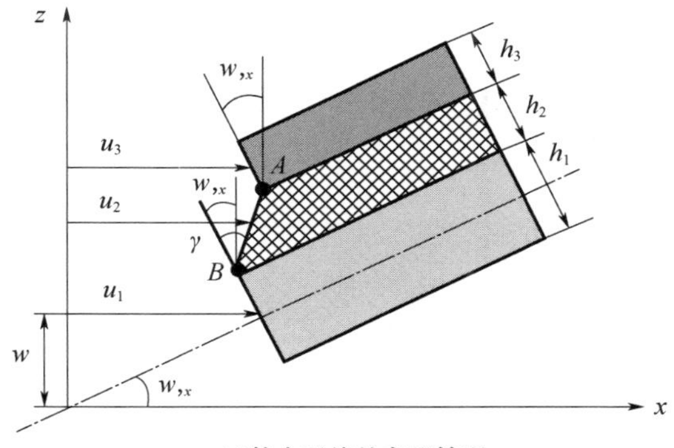

(a)整个系统的变形情况

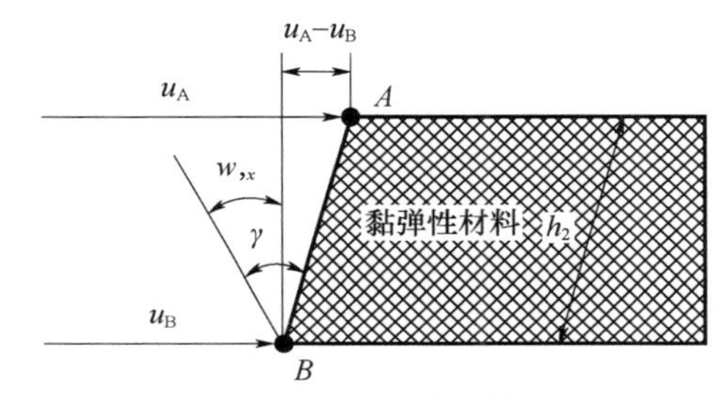

(b)黏弹性材料层的变形情况

图 6.13　梁/黏弹性材料系统的变形后构型

或者表示为

$$\gamma = \frac{h}{h_2}\frac{\partial w}{\partial x} + \frac{u_3 - u_1}{h_2} \tag{6.44}$$

式中：$h = h_2 + (h_1 + h_3)/2$。

上面出现的 h_1、h_2 和 h_3 分别代表的是约束层、黏弹性层和基体层的厚度。

下面考虑两种情况，即

(1) $u_1 = 0$，即相对于约束层而言，基梁非常刚硬。

此时由式(6.44)可得

$$u_3 = \gamma h_2 - h\frac{\partial w}{\partial x} \tag{6.45}$$

根据图 6.14 给出的约束层和黏弹性材料层的受力分析图，不难看出：

$$\Delta\sigma h_3 b = \tau b\mathrm{d}x \text{ 或 } \sigma_{,x} = G^* \gamma / h_3 \tag{6.46}$$

式中：

$$\sigma = E_3 u_{3_{,x}} = \frac{k_3}{h_3} u_{3_{,x}} \tag{6.47}$$

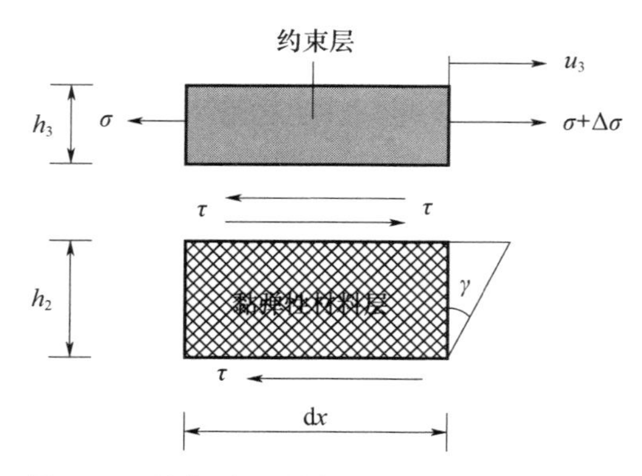

图 6.14　约束层和黏弹性材料层的受力分析图

$k_3 = E_3 h_3$ 为约束层的(单位长度的)纵向刚度，$G^* = G(1 + \mathrm{i}\eta_v)$。

联立式(6.45)~式(6.47),可得

$$\gamma_{,xx} - \frac{G^*}{k_3 h_2}\gamma = \frac{h}{h_2} w_{,xxx} \tag{6.48}$$

利用式(6.39),可以得到上面这个方程的一个解,其形式为

$$\gamma = -\frac{\mathrm{i}hk_B}{h_2\left[1 + \dfrac{G^*}{k_B^2 k_3 h_2}\right]} w \tag{6.49}$$

很容易就可以看出,式(6.49)是满足式(6.48)的。

因此,我们就能够按照类似于式(2.49)的方式确定黏弹性材料所耗散掉的能量了,其形式为

$$W_D = \pi G' \eta_v h_2 \gamma^2 \tag{6.50}$$

相应地,带有被动式约束阻尼层的梁的损耗因子将为

$$\eta = \frac{W_D}{W_e} \tag{6.51}$$

根据式(6.41)和式(6.50),损耗因子为

$$\eta = \frac{\pi G' \eta_v h_2 \gamma^2}{\pi D_t k_B^3 w_0^2} \tag{6.52}$$

将式(6.49)代入式(6.52),并假定 $\eta_v < 1$ 时 $G^* \approx G'$ (Kerwin,1959),那么可得

$$\frac{\eta}{\eta_v} = \frac{(h^2 k_3 / D_t)\ g}{(1 + g)^2} \tag{6.53}$$

式中：$g=\dfrac{G'}{h_2k_3k_B}$ 为无量纲剪切参数。

例 6.7　针对给定的无量纲参数 h^2k_3/D_t 值，试确定剪切参数 g 的值，使得式(6.53)给出的无量纲损耗因子 η/η_v 达到最大。

［分析］

引入函数 $f=\dfrac{\eta}{\eta_v(h^2k_3/D_t)}$，那么由式(6.53)可得 $f=\dfrac{g}{(1+g)^2}$。显然，当这个函数达到最大值时，无量纲损耗因子 η/η_v 也将达到最大。这个最大值发生在如下状态：$\dfrac{\mathrm{d}f}{\mathrm{d}g}=0$ 或 $\dfrac{(1+g)^2-2g(1+g)}{(1+g)^4}=0$，也就是出现在 $g=1$ 处。由此可以得到 $f_{\max}=0.25$，如图 6.15 所示。

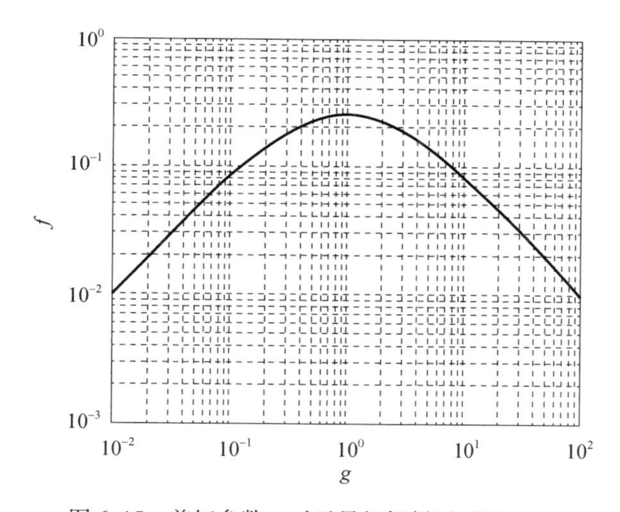

图 6.15　剪切参数 g 对无量纲损耗因子的影响

例 6.8　考虑图 6.16 所示的 CLD 处理，它受到了如下约束：$u_1=0$ 和 $w=0$。约束层在 $x=0$ 处的静态位移为 $u_3=u_{30}$。试确定跟 $u_{3e}=u_{30}/\mathrm{e}$ 对应的 x_e，其中的 e 为自然指数。进一步，讨论所得结果的物理含义。

［分析］

根据所给出的约束，式(6.45)和式(6.48)可化为

$$\gamma=u_3/h_2,\gamma_{,xx}-\frac{G^*}{k_3h_2}\gamma=0\text{ 或 }u_{3,xx}-\frac{G^*}{k_3h_2}u_3=0$$

这个方程的可行解为 $u_3=u_{30}\mathrm{e}^{-\sqrt{G^*/k_3h_2}x}$。若在 $x=x_e$ 处 $u_{3e}=u_{30}/\mathrm{e}$，也

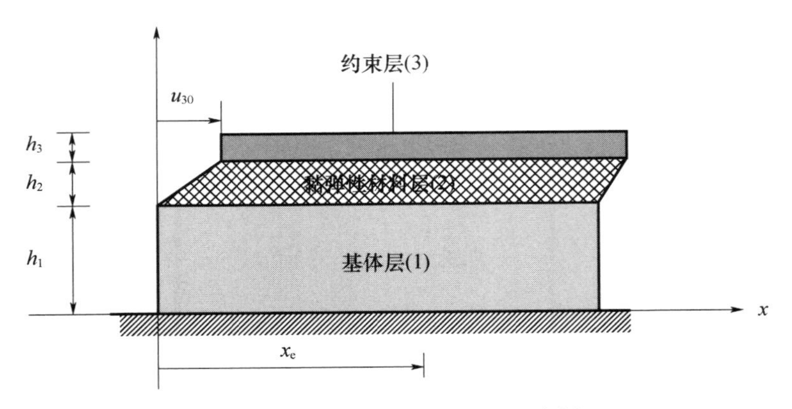

图 6.16　一个约束层阻尼处理实例

就是说：

$$u_{3e} = u_{30}e^{-\sqrt{G^*/k_3h_2}x_e} = u_{30}/e$$

那么由此可得：$x_e = 1/\sqrt{G^*/k_3h_2}$ 。

这个参数 x_e 一般称为“剪切长度”，它代表了约束层上的一个位置，在该位置处，局部的剪切扰动幅值将降低到原幅值的 1/2.718。

图 6.17 所示为 $u_3 - x$ 特性曲线，其中标出了 u_{30}、u_{3e} 和 x_e 。

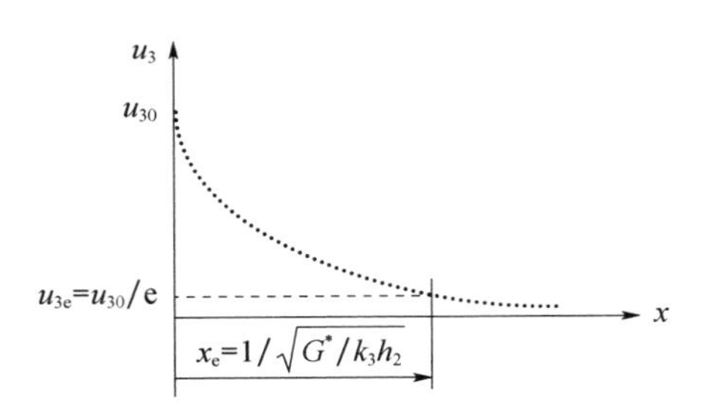

图 6.17　$u_3 - x$ 特性曲线

进一步考虑如下参量：$1/(k_B^2x_e^2) = G^*/k_B^2k_3h_2 = g$，可以注意到这个比值还可写为 $1/(k_B^2x_e^2) = \lambda_B^2/(4\pi^2x_e^2) = g$，其中的 $\lambda_B = 2\pi/k_B$ 代表了弯曲波波长。显然，这个剪切参数 g 也就可以作为一种直接指标来衡量弯曲波波长 λ_B 与剪切长度 x_e 的比值了。

(2) $u_1 \neq 0$，即基体梁和约束层的刚度相差不是那么悬殊。

在这种情况下，由 x 方向上的力平衡要求可得

$$k_1u_1 = -k_3u_3 \tag{6.54}$$

式中：$k_1 = E_1 h_1$ 为单位宽度基体梁的纵向刚度。

于是，式(6.44)可以化为

$$\gamma = \frac{h}{h_2}\frac{\partial w}{\partial x} + \frac{u_3 + (k_3/k_1)\, u_3}{h_2}$$

或者：

$$u_3 = \frac{k_1 h_2}{k_1 + k_3}\gamma - \frac{k_1 h}{k_1 + k_3}\frac{\partial w}{\partial x} \tag{6.55}$$

采用跟情况(1)中类似的过程，也就能够导出关于剪应变的如下微分方程了：

$$\gamma_{,xx} - \frac{G^*(k_1 + k_3)}{k_1 k_3 h_2}\gamma = \frac{h}{h_2} w_{,xxx} \tag{6.56}$$

该方程的解为

$$\gamma = -\frac{\mathrm{i} h k_{\mathrm{B}}}{h_2\left[1 + \dfrac{G^*}{k_{\mathrm{B}}^2 \dfrac{k_1 k_3}{k_1 + k_3} h_2}\right]} w \tag{6.57}$$

由此不难导得梁/约束层这一系统的无量纲损耗因子，即

$$\frac{\eta}{\eta_{\mathrm{v}}} = \frac{(h^2 k_3/D_{\mathrm{t}})\, g}{[1 + (1 + k_3/k_1)\, g]^2} \tag{6.58}$$

例6.9　针对给定的无量纲参数 h^2k_3/D_{t}，试确定剪切参数 g，使得由式(6.58)给出的无量纲损耗因子 η/η_{v} 达到最大值。

[**分析**]

引入函数 $f = \dfrac{\eta}{\eta_{\mathrm{v}}(h^2k_3/D_{\mathrm{t}})}$，那么根据式(6.58)，有：$f = \dfrac{g}{[1 + (1 + k_3/k_1)\, g]^2}$。显然，当无量纲损耗因子 η/η_{v} 达到最大时，函数 f 也将达到最大。这两个最大值均出现在 $\dfrac{\mathrm{d}f}{\mathrm{d}g} = 0$ 时，由此可得 $g = 1/(1 + K_{\mathrm{r}})$，其中的 $K_{\mathrm{r}} = k_3/k_1$。这时对应的 $f_{\max} = 1/[4(1 + K_{\mathrm{r}})]$，如图6.18所示。

可以看出，当基体梁比约束层刚硬得多时（即 $K_{\mathrm{r}} = k_3/k_1 = 0$），将得到最大的损耗因子。

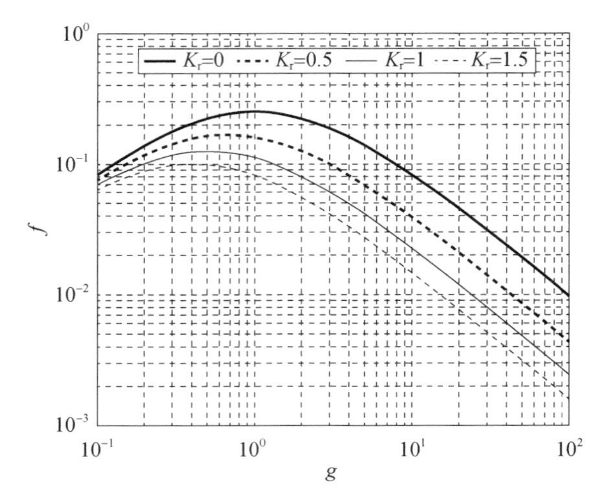

图 6.18 剪切参数 g 和纵向刚度比 $K_r = k_3/k_1$ 对无量纲损耗因子的影响

6.5 梁的主动式约束层阻尼处理

考虑图 6.19 所示的梁/约束阻尼层这一系统，梁上作用了一个外部弯矩 M_0，它将产生横向变形 w_0，利用式(6.39)，有

$$M_0 e^{-i(k_B x-\omega t)} = -D_t w_{,xx} = -w_0 D_t k_B^2 e^{-i(k_B x-\omega t)} \tag{6.59}$$

或：

$$w_0 = -M_0/(D_t k_B^2) \tag{6.60}$$

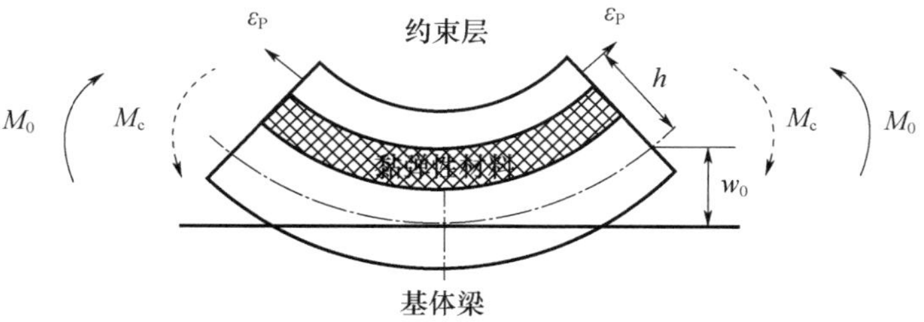

图 6.19 受到主动控制的梁

如果将被动式约束层换成主动式压电层，那么它将产生一个压电应变 ε_p，据此可以给出一个控制力矩 M_c，即

$$M_c = k_3 h \varepsilon_p \tag{6.61}$$

相应地,作用在梁上的净力矩则为

$$(M_0 - k_3 h\varepsilon_p)\ e^{-i(k_B x-\omega t)} = -D_t w_{,xx} = -w_c D_t k_B^2 e^{-i(k_B x-\omega t)} \tag{6.62}$$

式中:w_c 为这个系统的横向变形,即

$$w_c = -\frac{M_0 - k_3 h\varepsilon_p}{D_t k_B^2} \tag{6.63}$$

将式(6.60)代入式(6.63)可得

$$w_c = w_0\left(1 + \frac{k_3 h\varepsilon_p}{w_0 D_t k_B^2}\right) \tag{6.64}$$

如果压电应变是由简单的比例控制策略产生的,即

$$\varepsilon_p = K_G w_0 \tag{6.65}$$

式中:K_G 为控制增益。那么式(6.64)可以化为

$$w_c = w_0(1 + C_G) \tag{6.66}$$

式中:$C_G = \dfrac{k_3 h K_G}{D_t k_B^2}$ 为控制参量。

例 6.10　试针对带有 ACLD 的梁,分别确定如下两种情况下的无量纲损耗因子 η/η_v :

(1) $u_1 = 0$;

(2) $u_1 \neq 0$。

在情况(1)中,针对给定的无量纲参数 h^2k_3/D_t, 绘制出 η/η_v 随剪切参数 g 和控制参数 C_G 的变化曲线;在情况(2)中,针对给定的无量纲参数 h^2k_3/D_t, 绘制出 η/η_v 随剪切参数 g、纵向刚度 $K_r = k_3/k_1$ 和控制参数 C_G 的变化曲线。

[分析]

对于所考虑的两种情况,损耗因子可以根据式(6.52)计算,即

$$\eta = \frac{\pi G'\eta_v h_2 \gamma^2}{\pi D_t k_B^3 w_0^2}$$

对于情况(1):$\gamma = -\dfrac{ihk_B}{h_2\left[1 + \dfrac{G^*}{k_B^2 k_3 h_2}\right]} w$, 式中:$w = w_c e^{-i(k_B x-\omega t)}$; $w_c = w_0(1 + C_G)$ 。由此可得无量纲损耗因子为

$$\frac{\eta}{\eta_v} = \frac{(h^2k_3/D_t)\ g}{(1+g)^2}(1 + C_G)^2 \tag{6.67}$$

对于情况(2)：$\gamma = -\dfrac{\mathrm{i}hk_{\mathrm{B}}}{h_2\left[1+\dfrac{G^*}{k_{\mathrm{B}}^2\dfrac{k_1k_3}{k_1+k_3}h_2}\right]}w$，式中：$w = w_{\mathrm{c}}\mathrm{e}^{-\mathrm{i}(k_{\mathrm{B}}x-\omega t)}$；$w_{\mathrm{c}} = w_0(1+C_{\mathrm{G}})$。由此可得无量纲损耗因子为

$$\frac{\eta}{\eta_{\mathrm{v}}} = \frac{(h^2k_3/D_{\mathrm{t}})\,g}{[1+(1+k_3/k_1)\,g]^2}(1+C_{\mathrm{G}})^2 \tag{6.68}$$

利用式(6.67)和式(6.68)即可绘制出缩放处理后的无量纲损耗因子，即

$$f = \frac{\eta}{\eta_{\mathrm{v}}(h^2k_3/D_{\mathrm{t}})} \tag{6.69}$$

所得到的结果(图6.20)清晰地表明了，在约束层上增加了主动控制后，这一处理方式的损耗因子增大了，即便是采用很小的增益(如 $C_{\mathrm{G}} = 0.1$)。

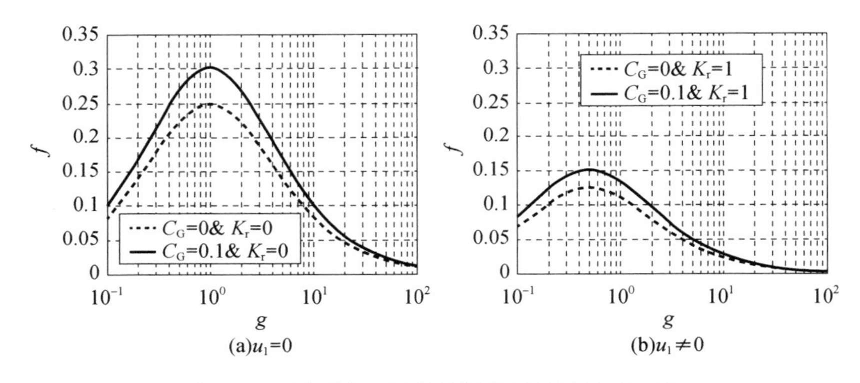

图6.20 受到主动控制的梁的无量纲损耗因子

6.6 板的被动式和主动式约束层阻尼处理

本节将把6.2节和6.3节的内容拓展到带有PCLD或ACLD的平板结构中，这一工作的详细过程是由Ray和Baz(1997)给出的。

图6.21和图6.22给出了经过ACLD处理的平板的典型构型，此处假定在基体结构和黏弹性夹心的分界面处，基体结构的纵向位移为 u_0(x 方向)和 v_0(y 方向)，这将使得主动约束层在分界面处出现位移 u_{pa} 和 v_{pa}，因此黏弹性层在 x-z 平面内就会承受被动式剪应变 γ_{pa}，如图6.22(b)所示。在这些条件下，该ACLD实际上就类似于传统的PCLD了。

然而，如果借助控制器对这个约束层施加合适的作动，此时上述被动式位

移 u_{pa} 和 v_{pa} 将分别转变为 u 和 v，那么压电效应所产生的附加位移($u - u_{pa}$)就会使得黏弹性夹心的剪应变增大到 γ_1(在 x-z 面内)，如图 6. 22(c)所示。剪应变的增量($\gamma_1 - \gamma_{pa}$)显然会增强 ACLD 的能量耗散性能，进而使得结构振动能够得到更为有效的抑制。类似地，受到主动控制的压电层在 y 方向上也会产生附加变形($v - v_{pa}$)，它将导致黏弹性夹心在 y-z 面内的剪应变增大到 γ_2。

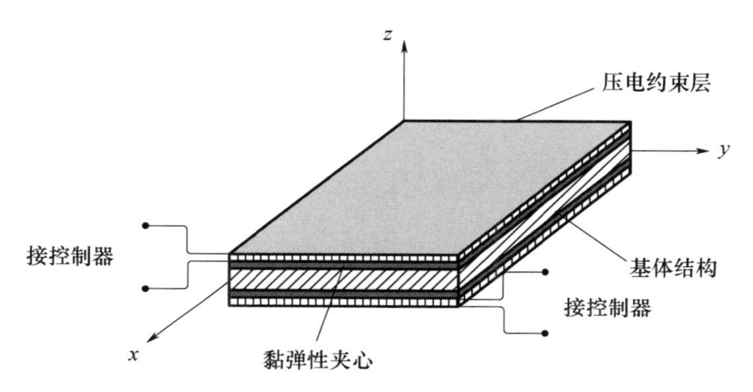

图 6. 21　经过主动式约束层阻尼处理的板结构

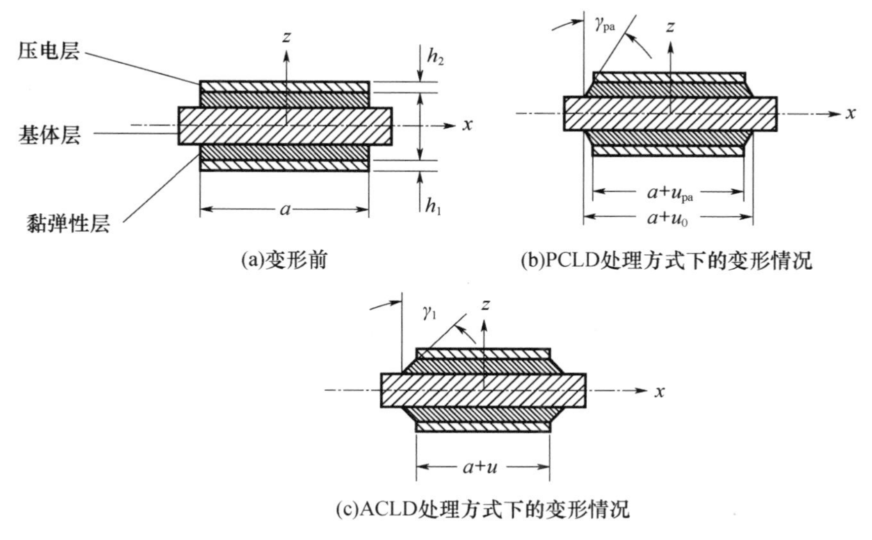

图 6. 22　PCLD 和 ACLD 处理方式的工作原理

6. 6. 1　运动学关系

在此处的分析中，假定板的弯曲效应可以忽略不计，约束层仅承受面内应变，而黏弹性夹心则只发生剪切。此外，这里还假定了压电约束层是弹性的，不会耗散能量,而夹心则是线性黏弹性的。

根据图 6.22 所示的几何情况,可以将黏弹性夹心内的剪应变 γ_1(x 方向)和 γ_2(y 方向)分别表示为

$$\gamma_1 = (u - u_0)/h_1, \gamma_2 = (v - v_0)/h_1 \tag{6.70}$$

式中:h_1 为黏弹性层的厚度。

6.6.2 PCLD 和 ACLD 处理方式中的能量

6.6.2.1 势能

约束层的平面应力变形和黏弹性夹心的剪切变形可以分别表示为如下形式:

$$\begin{cases} U_1 = \dfrac{1}{2}h_2 \displaystyle\int_{-b/2}^{b/2}\int_{-a/2}^{a/2} [C_{11}u_{,x}^2 + 2C_{12}u_{,x}v_{,y} + C_{22}v_{,y}^2 + C_{66}(u_{,y} + v_{,x})^2]\,\mathrm{d}x\mathrm{d}y \\ U_2 = \dfrac{1}{2}G'h_1 \displaystyle\int_{-b/2}^{b/2}\int_{-a/2}^{a/2} (\gamma_1^2 + \gamma_2^2)\,\mathrm{d}x\mathrm{d}y \end{cases} \tag{6.71}$$

式中:C_{ij} 为约束层的弹性常数;h_2、a 和 b 分别为约束层的厚度、长度和宽度;下标 x 和 y 分别为对 x 和 y 的偏微分。

在式(6.71)中,黏弹性材料的复模量是通过 $G^* = G'(1 + \eta_g \mathrm{i})$ 描述的,G' 和 η_g 分别为储能模量和损耗因子,$\mathrm{i} = \sqrt{-1}$。

6.6.2.2 动能

与纵向位移 u 和 v 相关的动能可以表示为

$$T = \frac{1}{2}m \int_{-b/2}^{b/2}\int_{-a/2}^{a/2} [u_{,t}^2 + v_{,t}^2]\,\mathrm{d}x\mathrm{d}y \tag{6.72}$$

式中:m 为单位面积对应的质量;下标 t 为对时间求偏导。

6.6.2.3 功

对于 ACLD 处理方式,压电控制力所做的功可以表示为

$$W_1 = -h_2 \int_{-b/2}^{b/2}\int_{-a/2}^{a/2} [(C_{11}\varepsilon_{px} + C_{12}\varepsilon_{py})u_{,x} + (C_{21}\varepsilon_{px} + C_{22}\varepsilon_{py})u_{,y}]\,\mathrm{d}x\mathrm{d}y \tag{6.73}$$

式中:ε_{px} 和 ε_{py} 分别为 x 和 y 方向上的压电应变。需要注意的是,在 PCLD 处理

方式中,这个功为零。

黏弹性材料中耗散掉的功 W_2 可以由下式给出:

$$W_2 = -h_1 \int_{-b/2}^{b/2} \int_{-a/2}^{a/2} (\tau_{dx}\gamma_1 + \tau_{dy}\gamma_2)\,dxdy \tag{6.74}$$

式中:τ_{dx} 和 τ_{dy} 为黏弹性夹心中具有耗能作用的剪应力,它们分别为

$$\begin{cases} \tau_{dx} = (G'\eta_g/\omega)\,\gamma_{1,t} = (G'\eta_g \mathrm{i})\,\gamma_1 \\ \tau_{dy} = (G'\eta_g/\omega)\,\gamma_{2,t} = (G'\eta_g \mathrm{i})\,\gamma_2 \end{cases} \tag{6.75}$$

可以看出,式(6.75)与式(6.5)是类似的。

6.6.3 PCLD 和 ACLD 处理方式的数学模型

对于 PCLD 和 ACLD 处理方式,可以利用哈密尔顿原理推导出运动方程和边界条件,即

$$\int_{t_1}^{t_2} \delta\left(T - \sum_{i=1}^{2} U_i + \sum_{j=1}^{2} W_j\right) dt = 0 \tag{6.76}$$

式中:$\delta(\cdot)$ 为括号内参量的一阶变分。

由此,不难导得运动方程为

$$\begin{cases} mh_1/G^* u_{,tt} = B_x^{*2} u_{,xx} + B_{xy}^{*2} v_{,xy} + B_z^{*2} u_{,yy} - (u - u_0) \\ mh_1/G^* v_{,tt} = B_z^{*2} v_{,xx} + B_{xy}^{*2} u_{,xy} + B_y^{*2} v_{,yy} - (v - v_0) \end{cases} \tag{6.77}$$

式中:$B_x^* = \sqrt{h_1 h_2 C_{11}/G^*}$;$B_y^* = \sqrt{h_1 h_2 C_{22}/G^*}$;$B_z^* = \sqrt{h_1 h_2 C_{66}/G^*}$;$B_{xy}^* = \sqrt{h_1 h_2 (C_{12} + C_{66})/G^*}$。

相关的边界条件如下。

PCLD:$u_{,x} = 0$(在 $x = \pm a/2$ 处),$v_{,y} = 0$(在 $y = \pm b/2$ 处),

$$u_{,y} + v_{,x} = 0\ (\text{在 } x = \pm a/2, y = \pm b/2 \text{ 处}) \tag{6.78}$$

ACLD:$u_{,x} = \varepsilon_{px}$(在 $x = \pm a/2$ 处),$v_{,y} = \varepsilon_{py}$(在 $y = \pm b/2$ 处),

$$u_{,y} + v_{,x} = 0\ (\text{在 } x = \pm a/2, y = \pm b/2 \text{ 处}) \tag{6.79}$$

值得指出的是,式(6.77)~式(6.79)描述了带有 PCLD/ACLD 的板的二维动力学问题,这些方程跟 6.6.2 节给出的式(6.8)和式(6.9)(描述的是带有 PCLD 的杆的一维动力学问题),以及 6.6.3 节给出的式(6.23)和式(6.24)(带有 ACLD 的杆的一维动力学问题)具有完全相同的结构。

6.6.4 经 ACLD 处理的板的边界控制

类似于 6.6.3 节所述,这里所采用的控制策略也是基于能量的,所设计的

控制结构应使得系统的总能量 E_n 的衰减率在每个瞬时均严格为负。

总能量可以表示为

$$E_n = U_1 + U_2 + T$$

或者展开表示为

$$E_n = \frac{1}{2}\int_{-b/2}^{b/2}\int_{-a/2}^{a/2}\left[h_2\left[\begin{array}{l}C_{11}u_{,x}^2 + 2C_{12}u_{,x}v_{,y} + C_{22}v_{,y}^2 + C_{66}(u_{,y} + v_{,x})^2 \\ + [G'h_1(\gamma_1^2 + \gamma_2^2)] + [m(u_{,t}^2 + v_{,t}^2)]\end{array}\right]\right]\mathrm{d}x\mathrm{d}y \tag{6.80}$$

将式(6.80)对时间变量求导，然后分部积分，并利用式(6.77)和式(6.79)，不难得到：

$$\begin{aligned}\dot{E}_n = & \int_{-b/2}^{b/2} h_2(C_{11}\varepsilon_{px} + C_{12}\varepsilon_{py})\,[u_{,t}(a/2) - u_{,t}(-a/2)]\,\mathrm{d}y \\ & + \int_{-a/2}^{a/2} h_2(C_{12}\varepsilon_{px} + C_{22}\varepsilon_{py})\,[v_{,t}(a/2) - v_{,t}(-a/2)]\,\mathrm{d}x \\ & - G'\eta_g h_1 \int_{-b/2}^{b/2}\int_{-a/2}^{a/2}(\gamma_1^2 + \gamma_2^2)\,\mathrm{d}x\mathrm{d}y\end{aligned} \tag{6.81}$$

这里需要注意的是，控制作用本质上是耦合作用，压电应变 ε_{px} 和 ε_{py} 并不是独立的，它们通过下式关联：

$$\varepsilon_{py} = (d_{32}/d_{31})\,\varepsilon_{px} \tag{6.82}$$

式中：d_{31} 和 d_{32} 分别为 z 方向(3 方向)上施加的电场所导致的 x 和 y 方向上(即，1 方向和 2 方向)的压电应变常数。因此，为了确保能量范数连续下降，那么控制作用 ε_{px} 就必须取如下形式：

$$\varepsilon_{px} = -K_x b[u_{,t}(a/2) - u_{,t}(-a/2)] - K_y a[v_{,t}(b/2) - v_{,t}(-b/2)] \tag{6.83}$$

式中：

$$K_y/K_x = (C_{12} + (d_{32}/d_{31})\,C_{22})/(C_{11} + (d_{32}/d_{31})\,C_{12}) \tag{6.84}$$

K_x 和 K_y 为该全局稳定边界控制器的控制增益。

6.6.5 带有 PCLD 和 ACLD 的板的能量耗散和损耗因子

对于带有 PCLD 和 ACLD 的板，其能量耗散可以表示为

$$\Delta W_{pa} = (G'\eta_g h_1/\omega)\int_0^{2\pi/\omega}\int_{-b/2}^{b/2}\int_{-a/2}^{a/2}(\gamma_1^2 + \gamma_2^2)\,\mathrm{d}x\mathrm{d}y\mathrm{d}t \tag{6.85}$$

$$\Delta W_a = \int_0^{2\pi/\omega}\int_{-b/2}^{b/2} h_2(C_{11}\varepsilon_{px} + C_{12}\varepsilon_{py})\,[u_{,t}(a/2) - u_{,t}(-a/2)]\,dydt$$
$$+ \int_0^{2\pi/\omega}\int_{-a/2}^{a/2} h_2(C_{12}\varepsilon_{px} + C_{22}\varepsilon_{py})\,[v_{,t}(a/2) - v_{,t}(-a/2)]\,dxdt$$

(6.86)

下面定义一个名义能量 W_n，它代表的是当整个层仅在 x 和 y 方向上承受均匀的纵向应变（ε_{0x}，ε_{0y}）时，约束层的最大应变能，可以表示为

$$W_n = \frac{1}{2}abh_2\varepsilon_{0x}^2C_{11}[1 + 2(C_{12}/C_{11})(\varepsilon_{0y}/\varepsilon_{0x}) + (C_{22}/C_{11})(\varepsilon_{0y}/\varepsilon_{0x})^2]$$

(6.87)

因此，带有 PCLD 和 ACLD 的板的损耗因子（η_{pa}，η_p）将为

$$\eta_{pa} = \Delta W_{pa}/W_n \qquad (6.88)$$

$$\eta_a = \Delta W_a/W_n \qquad (6.89)$$

将式（6.77）~式（6.89）代入之后，就可以确定带 PCLD 和 ACLD 的板的损耗因子了，即

$$\eta_{pa} = \frac{4\pi}{1 + 2(C_{12}/C_{11})(\varepsilon_{0y}/\varepsilon_{0x}) + (C_{22}/C_{11})(\varepsilon_{0y}/\varepsilon_{0x})^2} \times$$
$$\left[\frac{D\sinh(Cw_x) - C\sin(Dw_x)}{w_x[\cosh(Cw_x) - \cos(Dw_x)]} + \frac{C_{22}}{C_{11}}\left(\frac{\varepsilon_{0y}}{\varepsilon_{0x}}\right)^2\frac{D\sinh(Cw_y) - C\sin(Dw_y)}{w_y[\cosh(Cw_y) - \cos(Dw_y)]}\right]$$

(6.90)

$$\eta_a = \frac{8\pi[1 + (d_{32}/d_{31})(C_{12}/C_{11})]}{1 + 2(C_{12}/C_{11})(\varepsilon_{0y}/\varepsilon_{0x}) + (C_{22}/C_{11})(\varepsilon_{0y}/\varepsilon_{0x})^2} \times$$
$$\left[\frac{K_x\omega B_x^* b[\tanh A - A + (a/b)(\varepsilon_{0y}/\varepsilon_{0x})(K_y/K_x)(B_y^*/B_x^*)(\tanh B - B)]}{w_x[1 + 2K_x\omega B_x^* b[\tanh A + (a/b)(K_y/K_x)(B_y^*/B_x^*)(d_{32}/d_{31})\tanh B]]}\right]$$
$$\times [(\varepsilon_{0y}/\varepsilon_{0x} - 1)\tanh A - A + (a/b)(\varepsilon_{0y}/\varepsilon_{0x})(K_y/K_x)$$
$$(B_y^*/B_x^*)[(\varepsilon_{py}/\varepsilon_{px} - 1)\tanh B + B]] \qquad (6.91)$$

式中：$w_x = a/B_x$；$w_y = b/B_y$；$C = \cos(\theta/2)$；$D = \sin(\theta/2)$；$\theta = \arctan(\eta_g)$；B_x 和 B_y 分别为 B_x^* 和 B_y^* 的幅值。

例 6.11　针对一块带有 PCLD 的方板（$a/b = 1$），在不同的黏弹性材料损耗因子 η_g 情况下，试确定其损耗因子 η_{pa} 随无量纲长度 $w_x = w_y$ 的变化情况。此处假定：$C_{22}/C_{11} = 1$，$C_{12}/C_{11} = 0.33$（泊松比），$\varepsilon_{0x}/\varepsilon_{0y} = 1$。

[分析]

可以利用式(6.90)计算方板/PCLD 这一系统的损耗因子 η_{pa}，从而得到它跟无量纲长度 $w_x = w_y$ 的关系(针对所考虑的 C_{22}/C_{11}、C_{12}/C_{11} 和 $\varepsilon_{0x}/\varepsilon_{0y}$)，图 6.23 所示为所得到的结果，对应的黏弹性材料损耗因子 $\eta_g = 1, 0.5, 0.1$。

可以看出，带有 PCLD 的板的最大损耗因子出现在最优的无量纲长度($w_x = a/B_x$)值 3.26 处。这个值跟 6.6.2 节针对杆的情况得到的值是相同的。

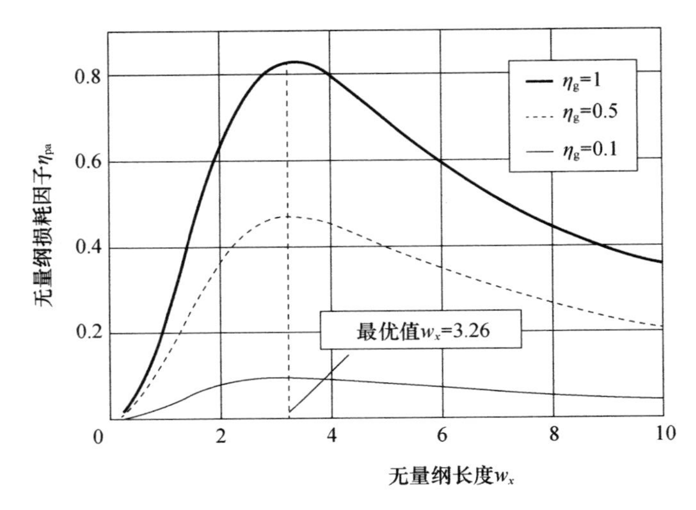

图 6.23　不同的黏弹性材料损耗因子(η_g)情况下长度(w_x)对被动式损耗因子的影响

例 6.12　针对带有 ACLD 的方板($a/b = 1$)，试确定损耗因子 η_{pa} 随无量纲控制参量($K_x \omega B_x b$)的变化情况(考虑黏弹性材料损耗因子 η_g 为不同值的情形)，此处假定：$w_x = w_y = 3.26$，$C_{22}/C_{11} = 1$，$C_{12}/C_{11} = 0.33$(泊松比)，$\varepsilon_{0x}/\varepsilon_{0y} = 1$，此外约束层是压电陶瓷材料，$d_{31}/d_{32} = 1$。

[分析]

可以利用式(6.91)计算方板/ACLD 这一系统的损耗因子 η_{pa}，从而得到它跟无量纲控制参量 $K_x \omega B_x b$ 的关系(针对所考虑的 d_{31}/d_{32}、w_x、C_{22}/C_{11}、C_{12}/C_{11} 和 $\varepsilon_{0x}/\varepsilon_{0y}$)，图 6.24 所示为所得到的结果，对应的黏弹性材料损耗因子为 $\eta_g = 1, 0.1$。

结果表明，引入了主动式控制之后，ACLD 处理方式对损耗因子产生了显著的增强效果(跟图 6.23 所示的 PCLD 处理方式下的损耗因子相比)。

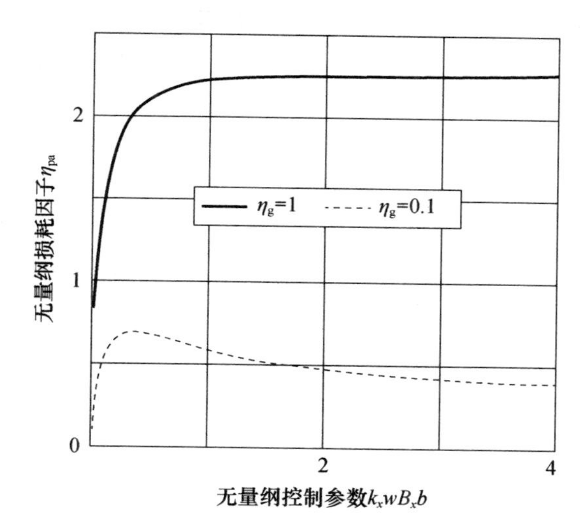

图 6. 24　不同的黏弹性材料损耗因子（ η_g ）情况下控制参数（ $K_x\omega B_x b$ ）对主动式损耗因子的影响

6.7　轴对称壳的被动式和主动式约束层阻尼处理

本节将针对完全进行 ACLD 处理的薄圆柱壳阐述其分布参数建模问题，主要借助哈密尔顿原理来推导壳/ACLD 系统的数学模型及其边界条件。针对这个壳/ACLD 系统，将建立全局稳定的边界控制策略来抑制其振动，所设计的边界控制器跟 ACLD 处理方式的工作机制是相容的，主动约束层中诱发的应变会产生一个作用到壳边界上的控制力。由于该边界控制策略是建立在分布参数模型基础之上的，因此也就消除了源自于“截断”有限元模型的经典溢出问题。此外，借助这一方法，边界控制器还能够控制壳/ACLD 系统的所有振动模式，并能够保证系统的总能量范数随时间连续减小。我们将给出一些数值算例来证实 ACLD 在圆柱壳振动抑制方面的有效性，其中考虑了不同的控制增益，并跟传统的 PCLD 的性能进行了对比。根据所得到的结果，可以认识到该边界控制器是能够在宽频范围内产生强阻尼特性的。

6.7.1　相关背景

对于圆柱壳的振动控制问题，人们已经进行过相当广泛的研究，其中包括了被动式和主动式控制手段。例如，Markus（1976，1979）就曾采用无约束被动阻尼层来抑制薄圆柱壳的轴对称振动。为了获得更强的阻尼特性,人们又提出了 PCLD,并成功地应用于各种类型的圆柱壳的振动抑制中,例如 Jones 和 Salerno(1966)、Pan(1969)、DiTaranto(1972)、Lu 等人(1973)、Leissa 和 Iyer(1981)、Alma 和 Asnani(1984)、Ramesh 和 Ganesan(1994,1995)。近年来,一些研究人员利用离散形式的压电作动器对壳的振动进行主动控制,其中包括了 Forward(1981)、Lester 和 Lefebvre(1993)、Zhou 等人(1993)、Chaudhry 等人(1994)、Banks 等人(1995)以及 Sonti 和 Jones(1996),这些压电作动器一般是粘贴到壳表面,不过也有人将分布式的压电作动器植入到构成壳的复合材料中(Tzou,1993)。

在以往的这些研究中,主要是单独地考察被动式或主动式振动控制作用,而在 6.6 节中已经给出了一种更为合理的方法,即将被动式和主动式控制策略组合起来使用。这种混合式构型能够在被动式阻尼的简单性与主动式控制的有效性之间取得最优平衡效果,ACLD 处理方式就是一个很好的体现,人们已经认识到它是抑制梁和板的振动水平的有效手段(Baz,1996,1997a,b,c;Baz 和 Ro,1994,1995,1996)。对于 ACLD 处理方式,人们已经采用简单的比例控制和(或)微分反馈(针对横向变形或变形线的斜率)进行过研究,控制增益一般是任意选择的,通常应尽可能地小,从而避免产生失稳问题。Shen(1994)曾经针对完全的 ACLD 处理方式给出过稳定边界,Baz 和 Ro(1995)则针对增益选择问题设计了最优控制策略。1996 年 Baz 利用鲁棒控制理论选择控制增益,从而在存在参数不确定性时仍然能够保证稳定性,可用于消除外部扰动的影响(Baz,1998)。

本节重点介绍利用 ACLD 处理方式来控制圆柱壳的振动,其中将采用哈密尔顿原理来建立一个分布参数模型,用于描述经完全 ACLD 处理的壳的轴对称振动。这种基于能量的变分描述要比基于力平衡的剪切模型(Pan,1969)简单得多,后者是用于分析带有 PCLD 的三明治壳的动力学问题的,不仅如此,这一描述还能够直接给出与 ACLD 相关的边界条件。本节所将给出的这个模型是对 Deng(1995)给出的边界控制模型(针对的是不带任何阻尼层处理的壳)的进一步拓展。我们将利用这个变分模型设计一个具有全局稳定性的边界控制策略,该策略跟 ACLD 处理方式的工作机制是相容的。借助这一途径,由简单的比例控制器或微分控制器所带来的不稳定问题也就彻底得到了回避。进一步,由于所提出的控制策略是建立在分布参数模型基础上的,因此经典溢出问题(源自于有限元模型的截断)也得以消除了。显然,所设计的边界控制器将可对带有 ACLD 的结构的所有振动模式进行控制。

6.7.2　主动式约束阻尼层概念

所谓的 ACLD 处理，是在传统的 PCLD 基础上，引入有效的主动控制手段来控制约束层的应变（根据壳的振动情况），如图 6.25 所示。黏弹性阻尼层的剪切变形是通过一个主动式压电约束层（控制电压为 V_c）进行控制的，而这里的控制电压则是基于所设计的边界控制策略产生的。正是通过这一方式，当将该 ACLD 粘贴到壳上后，它将变成一个智能的约束阻尼层，也就是内置了作动性能。只需采用合适的应变控制（通过选择正确的控制电压 V_c），所有的结构振动模式都可以得到抑制。

进一步，对于大型结构物的振动控制而言，ACLD 处理也是一种非常实用的手段，只需借助现有的压电作动器（不需要过大的作动电压）即可。之所以如此，是因为 ACLD 采用压电作动器的目的是控制较软的黏弹性夹心中的剪切变形，而这恰好跟现有压电材料的控制能力较弱这一现状相容。

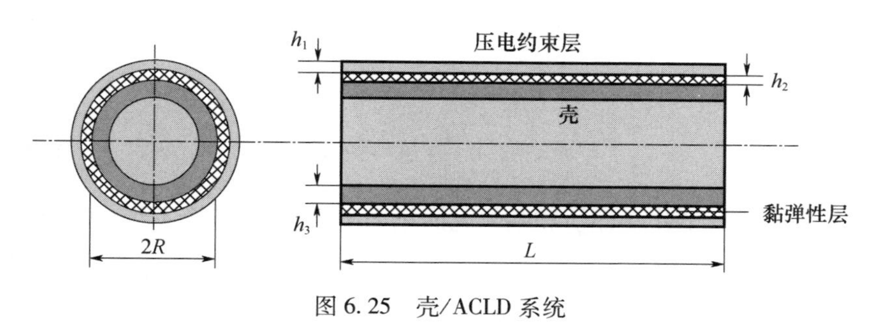

图 6.25　壳/ACLD 系统

6.7.3　壳/ACLD 系统的变分模型构建

6.7.3.1　建模中的主要假设

图 6.26 中示出了针对一个三明治型圆柱壳的 ACLD 处理。这里假定了压电作动器层和基体壳内的剪应变可以忽略不计，同时黏弹性夹心中的纵向和切向应力也可忽略。此外，我们还假定三明治壳的任意截面上所有点处的横向位移 w 均是相同的，压电作动器层和基体壳均为弹性体，不存在能量耗散，而夹心则是线性黏弹性的。最后，压电作动器层的厚度和弹性模量是远小于基体壳的，因而可以忽略不计。

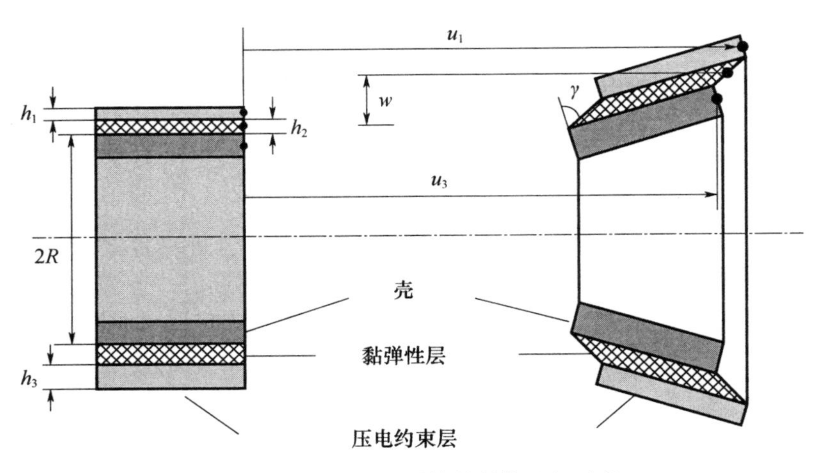

图 6.26　壳/ACLD 系统的结构几何示意

6.7.3.2　运动学关系

根据图 6.26 所示的几何，可以将黏弹性夹心中的剪应变 γ 表示为

$$\gamma = \frac{hw_{,x} + (u_1 - u_3)}{h_2} \tag{6.92}$$

式中：

$$h = h_2 + \frac{1}{2}(h_1 + h_3) \tag{6.93}$$

u_1 和 u_3 分别为压电作动器层和基体壳的纵向变形；w 为整个系统的横向变形；下标 x 为对 x 的偏微分；h_1、h_2 和 h_3 分别为压电作动器层、黏弹性层和基体壳的厚度。

6.7.3.3　应力应变关系

1）圆柱壳

利用薄圆柱壳的 Donnell-Mushtari 理论（Leissa，1973），可以将第 i 层中的纵向应变 ε_{ix} 和切向应变 $\varepsilon_{i\theta}$ 表示为

$$\varepsilon_{1x} = u_{1,x}^0 - \left[z + \frac{1}{2}(h_1 + h_2)\right] w_{,xx}, \varepsilon_{3x} = u_{3,x}^0 - \left[z + \frac{1}{2}(h_2 + h_3)\right] w_{,xx} \tag{6.94}$$

$$\varepsilon_\theta = -\frac{w}{R} \tag{6.95}$$

式中：$u_{i,x}^0$、w 和 R 分别为第 i 层中面上的纵向应变、横向位移以及夹心层中曲

面的半径;下标 i 为 1 时代表基体壳,为 3 时代表压电约束层。

于是,第 i 层中对应的纵向应力 σ_{ix} 和切向应力 $\sigma_{i\theta}$ 就可以写为

$$\sigma_{ix}=\frac{E_i}{1-\nu_i^2}(\varepsilon_{ix}+\nu_i\varepsilon_{i\theta}) \tag{6.96}$$

$$\sigma_{i\theta}=\frac{E_i}{1-\nu_i^2}(\varepsilon_{i\theta}+\nu_i\varepsilon_{ix}) \tag{6.97}$$

式中: E_i 和 ν_i 分别为第 i 层材料的杨氏模量和泊松比。

通过对第 i 层横截面上的应力进行积分,不难得到作用到该层上的纵向力 N_{ix} 和切向力 $N_{i\theta}$, 即

$$N_{ix}=\int_{b_i}^{a_i}\sigma_{ix}\mathrm{d}z,N_{i\theta}=\int_{b_i}^{a_i}\sigma_{i\theta}\mathrm{d}z \tag{6.98}$$

需要注意的是,当 $i=1$ 时, $a_i=-h_2/2,b_i=-(h_2/2+h_1)$, 而当 $i=3$ 时, $a_i=h_2/2+h_3,b_i=h_2/2$。

将式(6.94)~式(6.98)代入,可得

$$N_x=N_{1x}+N_{3x},N_\theta=N_{1\theta}+N_{3\theta} \tag{6.99}$$

式中:

$$N_{ix}=K_i(\varepsilon_{ix}^0+\nu_i\varepsilon_\theta)\ ,N_{i\theta}=K_i(\varepsilon_\theta+\nu_i\varepsilon_{ix}^0) \tag{6.100}$$

$K_i=\dfrac{E_ih_i}{1-\nu_i^2}$, $i=1$ 和 3。

2)压电约束层

由于控制电压 V_c 的作用,压电层产生的应变 $\boldsymbol{\varepsilon}_p$ 为

$$\boldsymbol{\varepsilon}_p=[d_{31}\quad d_{32}\quad 0]^{\mathrm{T}}\frac{V_c}{h_1} \tag{6.101}$$

式中: d_{31} 和 d_{32} 为压电应变常数。

于是,与之对应的应力 $\boldsymbol{\sigma}_p$ 就可以表示为

$$\boldsymbol{\sigma}_p=\frac{E_p}{1-\nu_p^2}\begin{bmatrix}1 & \nu_p & 0\\ \nu_p & 1 & 0\\ 0 & 0 & \dfrac{1-\nu_p}{2}\end{bmatrix}\boldsymbol{\varepsilon}_p \tag{6.102}$$

式中: E_p 和 ν_p 分别为压电作动器层的杨氏模量和泊松比。

通过在作动器层横截面上对压电应力进行积分,我们就能够得到该层产生的控制力和控制力矩。这里需要特别注意的是,由于壳振动的轴对称性,因此

沿着切向的控制力 $N_{p\theta}$ 和相关的控制力矩都应为零，而只存在着沿 x 轴方向的纵向控制力 N_{px}，可以表示为

$$N_{px} = \int_{b_p}^{a_p} \sigma_{px} \mathrm{d}z \tag{6.103}$$

式中：$a_p = -h_2/2$；$b_p = -(h_2/2 + h_1)$；σ_{px} 为压电应力 $\boldsymbol{\sigma}_p$ 的 x 方向分量。

由式(6.101)~式(6.103)不难导得控制力 N_{px} 的表达式为

$$N_{px} = K_1(d_{31} + \nu_p d_{32})\frac{V_c}{h_1} \tag{6.104}$$

利用式(6.100)所给出的作用在壳的不同层上的纵向力 N_{ix} 和切向力 $N_{i\theta}$，以及式(6.103)给出的压电作动器控制力，就能够计算这个壳/ACLD 系统的势能和控制能了。

6.7.3.4 壳/ACLD 系统的能量

1)势能

对于壳/ACLD 系统来说，跟各层的拉压变形、弯曲变形以及剪切变形相关的势能(分别记为 U_1、U_2 和 U_3)可以分别表示为

$$U_1 = \frac{1}{2}\pi R \sum_{i=1,3}\left[\int_0^L K_i(\varepsilon_{ix}^0 + \nu_i \varepsilon_\theta)\,\varepsilon_{ix}^0 \mathrm{d}x + \int_0^L K_i(\nu_i \varepsilon_{ix}^0 + \varepsilon_\theta)\,\varepsilon_\theta \mathrm{d}x\right] \tag{6.105}$$

$$U_2 = \frac{1}{2}\pi R D_t \int_0^L w_{,xx}^2 \mathrm{d}x \tag{6.106}$$

$$U_3 = \frac{1}{2}\pi R G_2' h_2 \int_0^L \gamma^2 \mathrm{d}x \tag{6.107}$$

式中：$D_t = \sum_{i=1}^{3} E_i h_i^3/(1-\nu_i^2)$；$E_i h_i^3$ 为第 i 层的弯曲刚度；G_2' 为黏弹性层的储能剪切模量。

2)动能

对于壳/ACLD 系统，动能仅跟横向位移 w 相关，可以表示为

$$\mathrm{K.E} = \frac{1}{2} m \int_0^L \dot{w}^2 \mathrm{d}x \tag{6.108}$$

式中：m 为这个三明治壳系统单位长度的质量。

3)对壳/ACLD 系统所做的功

作用在壳/ACLD 系统上的外部横向载荷 q(单位周长上)所做的功 W_1 可以

写为

$$W_1 = \pi R\int_0^L qw\mathrm{d}x \tag{6.109}$$

压电控制力所做的功 W_2 为

$$W_2 = \pi R\int_0^L N_{px}\varepsilon_{1x}^0\mathrm{d}x \tag{6.110}$$

在这里的分析中，为简洁起见，同时也为了突出 ACLD 处理方式的实用性，假定 N_{px} 在约束层的整个长度上都是保持不变的。

黏弹性夹心中耗散掉的功 W_3 可以写为

$$W_3 = -\pi Rh_2\int_0^L \tau_{\mathrm{d}}\gamma\mathrm{d}x \tag{6.111}$$

式中：τ_{d} 为黏弹性夹心中的耗散剪应力，即

$$\tau_{\mathrm{d}} = \left(\frac{G'_2\eta_{\mathrm{v}}}{\omega}\right)\gamma_{\mathrm{t}} = G'_2\eta_{\mathrm{v}}\gamma\mathrm{i} \tag{6.112}$$

η_{v}、ω 和 i 分别为黏弹性夹心材料的损耗因子、频率和 $\sqrt{-1}$。

在式(6.112)中，黏弹性夹心的行为特性是通过常用的复模量方法来建模的，这是一种基于频域的方法(Nashif 等人，1985)。借助这一方法不难得到 ACLD 的变分模型，如果将其中的压电应变设定为零，那么它将退化为 Pan (1969)所给出的经典模型。

6.7.3.5　数学模型

针对壳/ACLD 系统，利用哈密尔顿原理可以导得运动方程和边界条件，即(Meirovitch，1967)

$$\int_{t_1}^{t_2}\delta\left(\mathrm{K.E} - \sum_{i=1}^{3}U_i\right)\mathrm{d}t + \int_{t_1}^{t_2}\delta\left(\sum_{i=1}^{3}W_i\right)\mathrm{d}t \tag{6.113}$$

式中：$\delta(\cdot)$ 为括号内的参量的一阶变分；t 为时间变量；t_1 和 t_2 为所考察的时间区间端点。

由此得到的壳/ACLD 系统的方程为

$$-K_1u_{1_{,xx}} + \nu_1K_1\frac{w_{,x}}{R} + \frac{G_2^*}{h_2}[hw_{,x} + (u_1 - u_3)] = 0 \tag{6.114}$$

$$-K_3u_{3_{,xx}} + \nu_3K_3\frac{w_{,x}}{R} - \frac{G_2^*}{h_2}[hw_{,x} + (u_1 - u_3)] = 0 \tag{6.115}$$

$$
\begin{aligned}
&\frac{m}{\pi R}w_{,tt} + D_t w_{,xxxx} + (K_1 + K_3)\frac{w}{R^2} - \frac{1}{R}(\nu_1 K_1 u_{1_{,x}} + \nu_3 K_3 u_{3_{,x}}) \\
&- \frac{G_2^* h}{h_2}[hw_{,xx} + (u_{1_{,x}} - u_{3_{,x}})] = 0
\end{aligned}
\tag{6.116}
$$

式中：$G_2^* = G_2'(1 + \eta_v i)$ 为黏弹性材料的复模量。

式(6.114)~式(6.116)还应满足如下边界条件：

$$
K_1\left[u_{1_{,x}} - \nu_1 \frac{w}{R}\right]\delta u_1\bigg|_0^L = (d_{31} + \nu_1 d_{32})\frac{V_c}{h_1}\bigg|_0^L \tag{6.117}
$$

$$
K_3\left[u_{3_{,x}} - \nu_3 \frac{w}{R}\right]\delta u_3\bigg|_0^L = 0 \tag{6.118}
$$

$$
D_t w_{,xx}\delta w_x\big|_0^L = 0 \tag{6.119}
$$

$$
\left[D_t w_{,xxx} + \frac{G_2^* h}{h_2}(hw_{,x} + u_1 - u_3)\right]\delta w\bigg|_0^L = 0 \tag{6.120}
$$

从式(6.114)~式(6.116)中消去 u_1 和 u_3，不难导出关于壳/ACLD 系统的横向位移 w 的六阶偏微分方程，即

$$
\begin{aligned}
&D_t w_{,xxxxxx} - D_t g(1 + Y)w_{,xxxx} + \left[\frac{1 - \nu_1^2}{R^2}K_1 + \frac{1 - \nu_3^2}{R^2}K_3 - \frac{2(\nu_1 - \nu_3)}{Rh_2}G_2^* h\right]w_{,xx} \\
&- \left[g\left(\frac{1 - \nu_1^2}{R^2}K_1 + \frac{1 - \nu_3^2}{R^2}K_3\right) - \frac{(\nu_1 - \nu_3)^2}{R^2}G_2^* h\right]w - \frac{m}{\pi R}g w_{,\mathrm{tt}} + \frac{m}{\pi R}w_{,xx\mathrm{tt}} = 0
\end{aligned}
\tag{6.121}
$$

式中：

$$
g = \frac{G_2^*}{h_2}\frac{K_1 + K_3}{K_1 K_3}, Y = \frac{h^2}{D_t}\frac{K_1 K_3}{K_1 + K_3} \tag{6.122}
$$

对于一个处于简支边界状态下的壳/ACLD 系统，由式(6.117)和式(6.120)所给出的这 8 个边界条件式将可简化成如下 6 个。

在 $x = 0, L$ 处：

$$
\frac{m}{\pi R}w_{,tt} + D_t w_{,xxxx} + \left(\frac{K_1\nu_1}{R} - \frac{G_2^* h}{h_2}\right)\left(1 + \frac{d_{32}}{d_{31}}\right)\frac{d_{31}V_c}{h_1} = q \tag{6.123}
$$

$$
w = 0 \tag{6.124}
$$

$$
w_{,xx} = 0 \tag{6.125}
$$

对于其他类型的边界条件，也很容易导出类似的表达式。

值得注意的是，上面这个描述壳/ACLD 系统的六阶偏微分方程（式

(6.121))跟Pan(1969)针对带有传统PCLD的壳所得到的方程是相同的,不过式(6.123)给出的边界条件是不同的,此处进行了修正,从而可以将施加到主动约束层上的控制电压所产生的控制作用(作用于壳的自由端,即 $x=0,L$ 处)考虑进来。因此,这个壳/ACLD系统的工作机制实际上也就体现在 $x=0,L$ 处的边界控制作用上了。在6.7.4节中,将设计一种边界控制策略来利用这一工作机制,使得该系统所有的振动模式均能具备全局稳定性。

6.7.4　边界控制策略

6.7.4.1　概述

为了确保这个壳/ACLD系统的所有振动模式均是全局稳定的,我们可以采用分布参数控制理论来设计边界控制策略,从而产生合适的边界控制作用。这一控制策略的主要思想在于保证系统的总能量是严格非递增的时间函数。

6.7.4.2　控制策略

利用式(6.105)~式(6.108)可以得到壳/ACLD系统的总能量 E_n,即

$$E_n = U_1 + U_2 + U_3 + T \tag{6.126}$$

或写为

$$E_n = \frac{1}{2}\pi R \sum_{i=1,3}\left[\int_0^L K_i\left(\varepsilon_{ix}^0 - \nu_i \frac{w}{R}\right)\varepsilon_{ix}^0 \mathrm{d}x - \int_0^L K_i\left(\nu_i \varepsilon_{ix}^0 - \frac{w}{R}\right)\frac{w}{R}\mathrm{d}x\right] + \frac{1}{2}\pi R D_t \int_0^L w_{,xx}^2 \mathrm{d}x + \frac{1}{2}\pi R G_2' h_2 \int_0^L \gamma^2 \mathrm{d}x + \frac{1}{2} m \int_0^L \dot{w}^2 \mathrm{d}x \tag{6.127}$$

式(6.127)给出的是壳/ACLD这一系统的能量范数,它是二次的、严格正定的。当且仅当 u_1、u_3、w 、w_x 、w_{xx} 和 w_t 同时为零时(对于位于[0,L]范围内的所有点),该范数为零,这一状态仅当该系统处于其初始未变形的平衡位置时才会出现。

将式(6.127)中各个成分对时间进行微分,然后分部积分,并施加边界条件,可以导得

$$\dot{E}_n = N_{px}[\dot{u}_1(L) - \dot{u}_1(0)] - \frac{G_2' \eta_v h_2}{\omega}\int_0^L \dot{\gamma}^2 \mathrm{d}x \tag{6.128}$$

由于第二项是严格负的,因此为了得到一个全局稳定的边界控制器,也就是使能量范数连续下降($\dot{E}_n < 0$),应当将控制作用 N_{px} 设定为

$$N_{px} = -K_g[\dot{u}_1(L) - \dot{u}_1(0)] \tag{6.129}$$

式中：K_g 为该边界控制器的增益。式(6.129)表明，这个控制作用应为压电约束层纵向位移的速度反馈。

需要着重指出的是，当主动控制作用 N_{px} 因为某种原因失效时，例如控制电压 $V_c=0$(参见式(6.123))，这个壳系统仍然是全局稳定的，参见式(6.128)。这种内在的稳定性主要归因于式(6.123)中的第二项，即 PCLD 的贡献。由此不难发现，式(6.128)中的这两项实际上定量地描述了 ACLD 和 PCLD 对整个系统总能量耗散率的贡献。

6.7.4.3 边界控制策略的实现

利用式(6.104)和式(6.129)可以实现上述全局稳定的边界控制器，由此产生的控制电压 V_c 为

$$V_c=\left[\frac{h_1}{K_1(d_{31}+\nu_1 d_{32})}\right]N_{px}=-\left(K_g\left[\frac{h_1}{K_1(d_{31}+\nu_1 d_{32})}\right]\right)[\dot{u}_1(L)-\dot{u}_1(0)]$$

$$=K_G[\dot{u}_1(L)-\dot{u}_1(0)] \tag{6.130}$$

式中：K_G 为边界控制器的等效增益；$K_G=-K_g h_1/[K_1(d_{31}+\nu_1 d_{32})]$。这个等效增益包含了控制增益 K_g 和压电作动器参数($h_1,K_1,d_{31},d_{32},\nu_1$)，这些一般是未知常数。

在实现这一控制策略时，需要将作动器设计成带有自感知能力的形式，为此可以借助 Dosch 等人(1992)给出的方法对 u_1 进行测量。应当注意的是，u_1 的时间导数是可以通过检测压电传感器的电流来确定的，而不必检测其电压，这一点可参阅 Miller 和 Hubbard(1987)的文献。

对于式(6.130)所给出的边界控制器，例 6.14 将针对它在带 ACLD 的壳的振动抑制方面的有效性进行计算分析，其中的壳系统受到的是轴对称形式的正弦横向载荷作用，该载荷均匀分布在该壳的整个表面上。

6.7.4.4 横向柔度和纵向变形

通过求解壳/ACLD 系统的偏微分方程式(6.121)，可以得到横向柔度，这里主要借助的是经典的分离变量方法。在这一方法中，横向位移 w 可以表示为

$$w=W(x)T(t) \tag{6.131}$$

式中：$W(x)$ 为空间坐标 x 的函数；$T(t)$ 为时间坐标 t 的函数，且有 $\ddot{T}/T=-\omega^2$。根据式(6.131)和式(6.121)，不难导得如下特征方程：

$$\lambda^6-\alpha_1\lambda^4+\alpha_2\lambda^2+\alpha_3=0 \tag{6.132}$$

式中：

$$\begin{cases}\alpha_1 = g(1+Y)\\ \alpha_2 = \dfrac{1}{D_t}\left[\dfrac{1-\nu_1^2}{R^2}K_1 + \dfrac{1-\nu_3^2}{R^2}K_3 - \dfrac{2(\nu_1-\nu_3)}{Rh_2}G_2^* h\right] - \dfrac{m}{\pi RD_t}\omega^2\\ \alpha_3 = -\dfrac{1}{D_t}\left[g\left(\dfrac{1-\nu_1^2}{R^2}K_1 + \dfrac{1-\nu_3^2}{R^2}K_3\right) - \dfrac{(\nu_1-\nu_3)^2}{R^2}G_2^* h\right] + \dfrac{mg}{\pi RD_t}\omega^2\end{cases} \tag{6.133}$$

式(6.132)中的 λ 是针对 x 的微分算子,该特征方程的根为：$\pm\delta_1$，$\pm\delta_2$，$\pm\delta_3$。

于是,空间函数 $W(x)$ 就可以表示为

$$W(x) = \sum_{i=1}^{3} C_i e^{\delta_i x} + \sum_{j=4}^{6} C_j e^{-\delta_{j-3} x} \tag{6.134}$$

式(6.134)中的6个系数(C_i 和 C_j)应当根据6个边界条件(式(6.123)~式(6.125))确定,即

$$\begin{bmatrix} R_1 & R_2 & R_3 & R_4 & R_5 & R_6\\ 1 & 1 & 1 & 1 & 1 & 1\\ \delta_1^2 & \delta_2^2 & \delta_3^2 & \delta_1^2 & \delta_2^2 & \delta_3^2\\ S_1 & S_2 & S_3 & S_4 & S_5 & S_6\\ e^{\delta_1 L} & e^{\delta_2 L} & e^{\delta_3 L} & e^{-\delta_1 L} & e^{-\delta_2 L} & e^{-\delta_3 L}\\ \delta_1^2 e^{\delta_1 L} & \delta_2^2 e^{\delta_2 L} & \delta_3^2 e^{\delta_3 L} & \delta_1^2 e^{-\delta_1 L} & \delta_2^2 e^{-\delta_2 L} & \delta_3^2 e^{-\delta_3 L}\end{bmatrix}\begin{Bmatrix} C_1\\ C_2\\ C_3\\ C_4\\ C_5\\ C_6\end{Bmatrix} = \begin{Bmatrix} q\\ 0\\ 0\\ q\\ 0\\ 0\end{Bmatrix} \tag{6.135}$$

式中：

$$\begin{aligned} R_i &= \delta_i^4 D_t - \frac{m}{\pi R}\omega^2 + K_G \Delta\dot{u}_i, i = 1,2,3\\ &= \delta_{i-3}^4 D_t - \frac{m}{\pi R}\omega^2 + K_G \Delta\dot{u}_i, i = 4,5,6 \end{aligned} \tag{6.136}$$

$$K_G = \left(\frac{K_1\nu_1}{R} - \frac{G_2^* h}{h_2}\right)\left(1 + \frac{d_{32}}{d_{31}}\right)\frac{d_{31}K_g}{h_1} \tag{6.137}$$

$$\Delta\dot{u}_i = i\omega g\begin{bmatrix}\dfrac{Ag-B}{2g(\sqrt{g}+\delta_i)}(1-e^{-\sqrt{g}L}) + \\ \dfrac{Ag-B}{2g(\sqrt{g}-\delta_i)}(e^{\sqrt{g}L}-1) + \dfrac{A\delta_i^2 - B}{\delta_i(\delta_i^2 - g)}(e^{\delta_i L}-1)\end{bmatrix}, i = 1,2,3$$

$$\Delta\dot{u}_i = \mathrm{i}\omega g\left[\begin{array}{l}\dfrac{Ag-B}{2g(\sqrt{g}-\delta_i)}(1-\mathrm{e}^{-\sqrt{g}L})+\dfrac{Ag-B}{2g(\sqrt{g}+\delta_i)}(\mathrm{e}^{\sqrt{g}L}-1)\\+\dfrac{A\delta_i^2-B}{\delta_i(\delta_i^2-g)}(\mathrm{e}^{-\delta_iL}-1)\end{array}\right],i=4,5,6$$

(6.138)

$$A=\frac{\nu_1}{gL^2\dfrac{R}{L}}-\frac{1}{\dfrac{K_1}{K_3}+1}\frac{h}{L},B=\frac{\nu_1}{\left(\dfrac{K_3}{K_1}+1\right)\dfrac{R}{L}}-\frac{\nu_3}{\left(\dfrac{K_1}{K_3}+1\right)\dfrac{R}{L}},$$

$$S_i=\left(\delta_i^4D_\mathrm{t}-\frac{m}{\pi R}\omega^2\right)\mathrm{e}^{\delta_iL}+K_\mathrm{G}\Delta\dot{u}_i,i=1,2,3$$

$$=\left(\delta_{i-3}^4D_\mathrm{t}-\frac{m}{\pi R}\omega^2\right)\mathrm{e}^{-\delta_{i-3}L}+K_\mathrm{G}\Delta\dot{u}_i,i=4,5,6$$

显然，根据式(6.131)和式(6.134)，就可以确定出任意 x 和 t 处的横向位移 w 了。对于单位横向载荷 q，所得到的位移就是壳的柔度。

例 6.13 若约束层和基体壳都是采用同种材料制备的，且黏弹性层的厚度 h_2 为零，即壳是无阻尼的，试说明式(6.121)将退化为描述轴对称均匀壳(厚度为 h_1+h_3)的运动方程。

[**分析**]

令 $E_1=E_3=E,\nu_1=\nu_3=\nu$，于是有 $K_1=\dfrac{Eh_1}{1-\nu^2},K_3=\dfrac{Eh_3}{1-\nu^2}$。将式(6.121)除以 g 可得

$$\frac{1}{g}D_\mathrm{t}w_{,xxxxxx}-D_\mathrm{t}(1+Y)w_{,xxxx}+\frac{1}{g}\frac{E(h_1+h_3)}{R^2}w_{,xx}$$

$$-g\frac{E(h_1+h_3)}{R^2}w-\frac{m}{\pi R}w_{,tt}+\frac{1}{g}\frac{m}{\pi R}w_{,xxtt}=0$$

由于当 $h_2=0$ 时 g 趋于无穷，于是有

$$D_\mathrm{t}(1+Y)w_{,xxxx}+\frac{E(h_1+h_3)}{R^2}w+\frac{m}{\pi R}w_{,tt}=0\qquad(6.139)$$

此外，当 $h_2=0$ 时还有 $Y=\dfrac{K_1K_3}{K_1+K_3}\dfrac{h^2}{D_\mathrm{t}},D_\mathrm{t}=\dfrac{E(h_1^3+h_3^3)}{12(1-\nu^2)}$，因此：

$$D_\mathrm{t}(1+Y)=D_\mathrm{t}\left(1+\frac{Eh_1h_3}{(1-\nu^2)(h_1+h_3)}\frac{(h_1+h_3)^2}{4D_\mathrm{t}}\right)$$

$$
\begin{aligned}
&= \frac{E(h_1^3 + h_3^3)}{12(1 - \nu^2)} + \frac{E h_1 h_3}{(1 - \nu^2)(h_1 + h_3)} \frac{(h_1 + h_3)^2}{4} \\
&= \frac{E(h_1 + h_3)^3}{12(1 - \nu^2)}
\end{aligned}
$$

由此式(6.139)也就变成了:

$$
\frac{E(h_1 + h_3)^3}{12(1 - \nu^2)} w_{,xxxx} + \frac{E(h_1 + h_3)}{R^2} w + \frac{m}{\pi R} w_{,tt} = 0 \tag{6.140}
$$

式(6.140)为描述轴对称均匀壳(厚度为 $h_1 + h_3$)的运动方程。

例6.14　考虑对一个简支铝壳进行完全的ACLD处理,该铝壳的长度为0.3048m,厚度为0.005m,外半径是0.60m,阻尼材料选用的是丙烯酸基黏弹性材料,阻尼层的厚度为0.005m,复剪切模量为 $G_2 = 20(1 + 0.5i)\,\mathrm{MNm^{-2}}$。假定黏弹性夹心受到了一个主动式聚合物压电薄膜(PVDF膜)的约束,后者的厚度 h_1 和杨氏模量 E_1 分别为0.005m和2.25GNm^{-2}。压电应变常数 d_{31} 和 d_{32} 分别为 $2.3 \times 10^{-11}\,\mathrm{mV^{-1}}$ 和 $3 \times 10^{-12}\,\mathrm{mV^{-1}}$,压电薄膜的密度为1800kgm^{-3}。若采用6.7.4节所述的边界控制方法对ACLD进行控制(控制增益 K_g 取 $10^6\,\mathrm{N(m \cdot s)^{-1}}$),试利用柔度法确定中跨处的柔度,并将其跟PCLD处理方式(即,K_g 为零)下的结果进行对比。

需要注意的是,此处的铝壳受到的是正弦型横向载荷作用,该载荷均匀分布在整个结构上。

[分析]

图6.27(a)所示为这个壳/ACLD系统(边界控制的增益 K_g 设定为 $10^6\,\mathrm{N(m \cdot s)^{-1}}$)的柔度,同时也给出了PCLD处理方式下(即,不施加控制作用的系统)的柔度。在后一种情况中,调节压电传感器和压电作动器之间的相互作用的控制回路始终保持断开,即 K_g 为零。很明显,跟传统的PCLD处理方式相比,ACLD处理方式能够更加有效地抑制壳的振动(在所考察的整个频率范围内)。

在图6.27(b)中针对不同水平的控制增益值,示出了用于作动压电约束层的控制电压。可以注意到,通过所设计的边界控制策略在实现有效的振动抑制时无须过高的控制电压,例如将振幅从 1.42×10^{-9}m 减小到 1.79×10^{-11}m(即,衰减量为98.74%)所需的最高电压为1.81V。

进一步,从图6.27中还可观察到所考察的频率范围内的主要振动模态,前三个模态分别发生在5377Hz、8585Hz和12740Hz处,与之对应的振型如图6.28

所示，这些结果是通过商用有限元软件 ANSYS 计算得到的。ANSYS 计算所给出的这三个频率值分别为 5667Hz、8912Hz 和 12985Hz。显然，有限元计算和 6.7.4.4 节的柔度法给出的结果是非常吻合的，这三个模态频率的误差分别为 5.1%、3.67%和 1.88%。

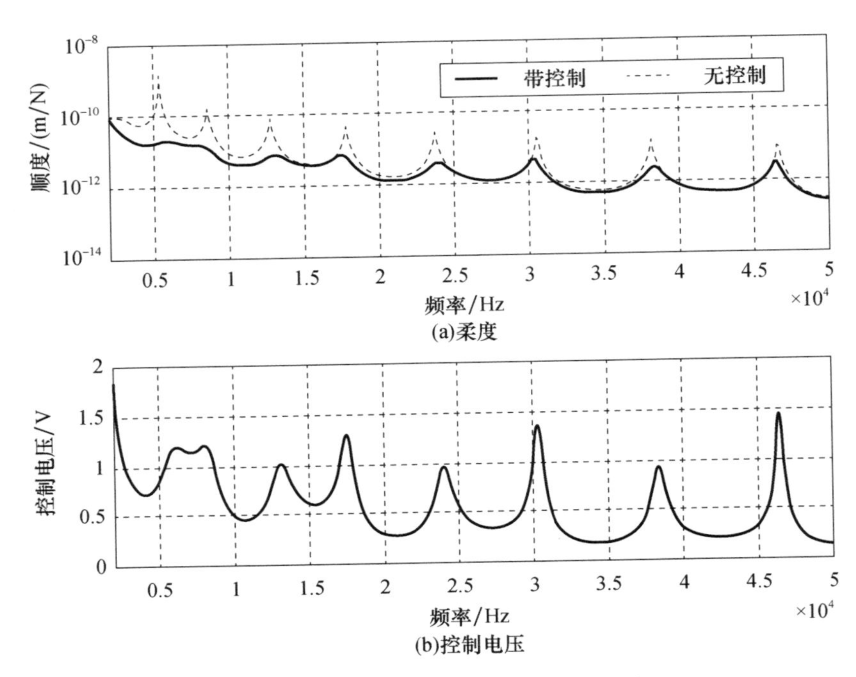

图 6.27　带有边界控制器的 ACLD 的性能

6.7.5　轴对称壳的 ACLD 处理所产生的能量耗散

在对壳进行了 ACLD 处理之后，它所耗散掉的能量可以根据式(6.111)和式(6.112)确定，由此不难得到如下结果：

$$E_{\mathrm{D}} = \pi R h_2 G'_2 \eta_{\mathrm{v}} \int_0^L \gamma^2 \mathrm{d}x \tag{6.141}$$

为了确定剪应变 γ，可以将式(6.114)除以 K_1，将式(6.115)除以 K_3，然后将所得到的这两个式子相减，有

$$z_{,xx} - gz = \left(\frac{\nu_1 - \nu_3}{R} + gh\right) w_{,x} \tag{6.142}$$

式中：$z = u_1 - u_3$。将式(6.134)对 x 微分，然后代入式(6.142)中，即可得到 $z(x,t)$ 的空间部分 $Z(x)$ 的相关方程，即

$$Z_{,xx}-gZ=\left(\frac{\nu_1-\nu_3}{R}+gh\right)\left(\sum_{i=1}^{3}\delta_i C_i \mathrm{e}^{\delta_i x}-\sum_{j=4}^{6}\delta_{j-3}C_j \mathrm{e}^{-\delta_{j-3}x}\right)=f(x)\tag{6.143}$$

进一步,利用卷积分对上面这个方程求解,就能够获得 z 的空间分布了(沿着壳的纵轴方向),即

$$Z(x)=\int_0^x \bar{h}(x-y)f(y)\mathrm{d}y\tag{6.144}$$

式中:$\bar{h}(x)$ 为系统 $(Z_{,xx}-gZ)$ 的单位脉冲响应,可由下式给出:

$$\bar{h}(x)=\sinh(\sqrt{g}x)/\sqrt{g}\tag{6.145}$$

当 $z(x)$ 的空间分布(沿着壳的纵轴)得以确定后,那么剪应变的空间分布也就可以根据下式给出了,即

$$\gamma=hW_{,x}+Z\tag{6.146}$$

利用式(6.146)就能够计算出 ACLD 处理方式所耗散掉的能量。

例 6.15　考虑例 6.14 中所述的经 ACLD 处理的简支铝壳,当采用控制增益 K_g 为 10^6N(m·s)$^{-1}$ 的边界控制器进行控制时,试确定振动形态和所耗散掉的能量,并将结果跟 PCLD 处理方式(即,K_g 为零)进行比较。此处假定这个壳/ACLD 系统受到的是频率为 5377Hz 的正弦激励,它对应于图 6.28 中的模态(4,0)。

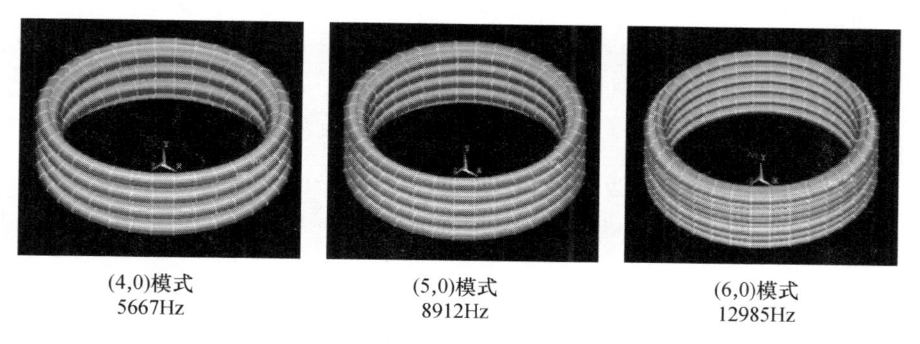

图 6.28　壳/ACLD 系统的主要振动模态形状(见彩插)

[分析]

当采用控制增益 K_g 为 10^6N(m·s)$^{-1}$ 的边界控制器进行控制时,经过该 ACLD 处理后的系统的振动形态和所耗散掉的能量如图 6.29 所示。可以看出,所预测的形态(图 6.29(a))跟基于 ANSYS 计算得到的结果是相符的。由主动控制产生的能量耗散情况可参见图 6.29(b)。

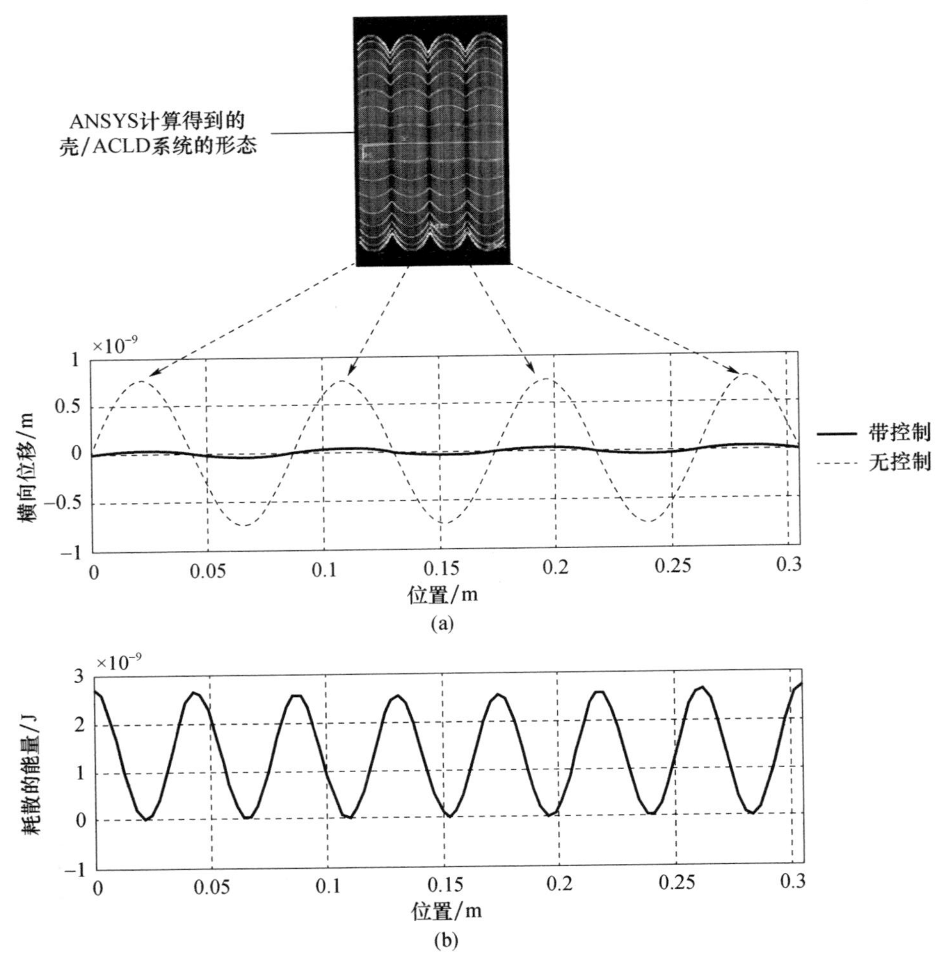

图 6.29 激励频率为 5377Hz 时(对应于(4,0)模式)
壳/ACLD 系统的振动形态和能量耗散情况

6.8 本章小结

本章主要阐述了针对振动杆、梁、板和壳所采用的各种类型黏弹性阻尼处理方式的能量耗散特性。在被动式阻尼处理方式中,我们同时考虑了约束和无约束两种构型,推导了这两种构型下的能量耗散指标,并指出了采用约束黏弹性材料构型能够获得显著的阻尼性能改善(与无约束构型相比)。进一步,本章还考察了主动式阻尼处理方式,即 ACLD 处理,它是由受到主动压电层约束的黏弹性夹心构成的。ACLD 是一种提升阻尼特性和补偿被动式处理的性能退化的有效手段。我们建立了一种边界控制策略,它能够保证 ACLD 处理的全局稳定性。此外,我们还将 ACLD 中被动式和主动式部分的贡献区分开,并指出了主动部分的失效并不会导致该阻尼处理方式出现工作失稳。

参考文献

Alam,N. and Asnani,N. T. (1984). Vibration and damping analysis of a multi-layered cylindrical shell,part I:theoretical analysis. AIAA Journal 22(6):803-810.

Alberts,T. E. and Xia,H. C. (1995). Design and analysis of fiber enhanced viscoelastic damping polymers. Journal of Vibration and Acoustics 117(4):398-404.

Banks,H. T. ,Smith,R. C. ,and Wang,Y. (1995). The modeling of piezoceramic patch interactions with shells,plates,and beams. Quarterly of Applied Mathematics LIII(2):353-381.

Baz A. ,Active Constrained Layer Damping,US Patent 5,485,053,filed October 15 1993 and issued January 16 1996.

Baz,A. (1997a). Boundary control of beams using active constrained layer damping. ASME Journal of Vibration and Acoustics 119(2):166-172.

Baz,A. (1997b). Dynamic boundary control of beams using active constrained layer damping. Journal of Mechanical Systems & Signal Processing 11(6):811-825.

Baz,A. (1997c). Optimization of energy dissipation characteristics of active constrained layer damping. Journal of Smart Materials & Structures 6:360-368.

Baz,A. (1998). Robust control of active constrained layer damping. Journal of Sound & Vibration 211(3):467-480.

Baz,A. and Ro,J. (1994). Actively-controlled constrained layer damping. Sound and Vibration Magazine 28(3):18-21.

Baz,A. and Ro,J. (1995). Optimum design and control of active constrained layer damping. ASME Journal of Vibration and Acoustics 117:135-144.

Baz,A. and Ro,J. (1996). Vibration control of plates with active constrained layer damping. Journal of Smart Materials and Structures 5:261-271.

Butkovskiy, A. G. (1969). Distributed Control Systems. New York, NY: Elsevier Publishing Co. ,Inc.

Chaudhry Z. ,Lalande F. and Rogers C. A. ,"Special considerations in the modeling of induced strain actuator patches bonded to shell structures",Proceedings of the SPIE Conference on Smart Structures,Vol. 2190,Orlando,FL,pp. 563-570,1994.

Demoret K. and Torvik P. ,"Optimal length of constrained layers on a substrate with linearly varying strains",Proceedings of the ASME Design Engineering Technology Conference,DE-Vol. 84-3, Boston,MA,pp. 719-726,1995.

Deng,Y. (1995). Boundary stabilization of a thin circular cylindrical shell subject to axisymmetric deformation. Dynamics and Control 5:205-218.

DiTaranto,R. A. (1972). Free and forced response of a laminated ring. The Journal of the Acoustical Society of America 53(3):748-757.

Dosch,J. J. ,Inman,D. J. ,and Garcia,E. (1992). A self-sensing piezoelectric actuator for collocated control. Journal of Intelligent Material Systems and Structures 3:166-184.

Forward,R. L. (1981). Electronic damping of orthogonal bending modes in a cylindrical mast experiment. Journal of Spacecraft 18:11-17.

ANSI/IEEE Std. 176-1987. IEEE Standard on Piezoelectricity,IEEE Standards Organization,Piscataway,NJ,1987.

Jones,I. W. and Salerno,V. L. (1966). The effect of structural damping on the forced vibration of cylindrical sandwich shells", Transactions of the American Society of Mechanical Engineers. Journal of Engineering for Industry 88:318-324.

Kerwin,E. M. (1959). Damping of flexural waves by a constrained viscoelastic layer. The Journal of the Acoustical Society of America 31(7):952-962.

Leissa,A. W. (1973). Vibration of Shells(NASA SP-288). Washington,DC:Government Printing Office.

Leissa,A. W. and Iyer,K. M. (1981). Modal response of circular cylindrical shells with structural damping. Journal of Sound and Vibration 77(1):1-10.

Lester,H. C. and Lefebvre,S. (1993). Piezoelectric actuator model for active sound and vibration control cylinders. Journal of Intelligent Material System and Structures 4:295-306.

Lu,Y. P. ,Douglas,B. E. ,and Thomas,E. V. (1973). Mechanical impedance of damped three-layered sandwich rings. AIAA Journal 11(3).

Mandal,N. K. and Biswas,S. (2005). Vibration power flow:a critical review. The Shock and Vibration Digest 37(1):3-11.

Markus,S. (1976). Damping properties of layered cylindrical shells vibrating in axially symmetric modes. Journal of Sound and Vibration 48(4):511-524.

Markus,S. (1979). Refined theory of damped axisymmetric vibration of double-layered cylindrical shells. Journal of Mechanical Engineering Science 21(1):33-37.

Meirovitch,L. (1967). Analytical Methods in Vibrations. New York, NY: Macmillan Publishing Co. ,Inc.

Miller S. and Hubbard Jr. J. ,"Observability of a bernoulli-euler beam using pvf2 as a distributed sensor",Seventh Conference on Dynamics & Control of Large Structures,VPI & SU,Blacksburg,

VA, pp. 375-930, 1987.

Nashif, A., Jones, D. I., and Henderson, J. P. (1985). Vibration Damping. New York, NY: John Wiley & Sons, Inc.

Pan, H. H. (1969). Axisymmetric vibrations of a circular sandwich shell with a viscoelastic core layer. Journal of Sound and Vibration 9(2): 338-348.

Plunkett, R. and Lee, C. T. (1970). Length optimization for constrained viscoelastic layer damping. Journal of Acoustical Society of America 48(1(Part 2)): 150-161.

Ramesh, T. C. and Ganesan, N. (1994). Finite element analysis of cylindrical shells with a constrained viscoelastic layer. Journal of Sound and Vibration 172(3): 359-370.

Ramesh, T. C. and Ganesan, N. (1995). Vibration and damping analysis of cylindrical shells with constrained damping treatment - a comparison of three theories. Journal of Vibration and Acoustics 117: 213-219.

Ray, M. C. and Baz, A. (1997). Optimization of energy dissipation of active constrained layer damping treatments of plates. Journal of Sound and Vibration 208(3): 391-406.

Shen, I. Y. (1994). Hybrid damping through intelligent constrained layer treatments. ASME Journal of Vibration and Acoustic 116(3): 341-348.

Sonti, V. R. and Jones, J. D. (1996). Curved piezo-actuator model for active vibration control of cylindrical shells. AIAA Journal 34(5): 1034-1040.

Tzou, H. S. (1993). Piezoelectric Shells: Distributed Sensing and Control of Continua. Dordrecht, The Netherlands: Kluwer Academic Publishers.

Zhou, S., Liang, C., and Rogers, C. A. (1993). Impedance modeling of two-dimensional piezoelectric actuators bonded on a cylinder. Adaptive Structures and Material Systems ASME 35: 247-255.

本章附录

附录 6. A　一些基本关系式

若令 $G^* = G(\cos\theta + \mathrm{i}\sin\theta) = G\cos\theta(1 + \mathrm{i}\tan\theta) = G'(1 + \mathrm{i}\eta_g)$，那么有

$$G' = G\cos\theta, \eta_g = \tan\theta \tag{6.A.1}$$

$$B^* = \sqrt{\frac{h_1 h_2 E_2}{G^*}} = \sqrt{\frac{h_1 h_2 E_2}{G(\cos\theta + \mathrm{i}\sin\theta)}} = \sqrt{\frac{h_1 h_2 E_2}{G}(\cos\theta - \mathrm{i}\sin\theta)}$$

$$= \sqrt{\frac{h_1 h_2 E_2}{G}\mathrm{e}^{-\mathrm{i}\theta}} = B_0 \mathrm{e}^{-\mathrm{i}\frac{\theta}{2}}$$

或可写为

$$B^* = B_0[c(\theta/2) - \mathrm{i}s(\theta/2)], B_0 = \sqrt{\frac{h_1 h_2 E_2}{G}} \tag{6.A.2}$$

式中：$c(\theta/2) = \cos(\theta/2)$；$s(\theta/2) = \sin(\theta/2)$。

$$\frac{x}{B^*} = \frac{x}{B_0[c(\theta/2) - \mathrm{i}s(\theta/2)]} = \frac{x}{B_0}[c(\theta/2) + \mathrm{i}s(\theta/2)] = u + \mathrm{i}v \tag{6.A.3}$$

$$\frac{L}{B^*} = \frac{L}{B_0}[c(\theta/2) + \mathrm{i}s(\theta/2)] \tag{6.A.4}$$

$$\sinh(x/B^*) = \sinh(u + \mathrm{i}v) = \sinh u\cos v + \mathrm{i}\cosh u\sin v \tag{6.A.5}$$

$$\sinh^2(x/B^*) = \sinh^2 u\cos^2 v + \cosh^2 u\sin^2 v$$

$$= \sinh^2 u + \sin^2 v = \sinh^2\left[\frac{x}{B_0}c(\theta/2)\right] + \sin^2\left[\frac{x}{B_0}s(\theta/2)\right] \tag{6.A.6}$$

$$\int_0^{L/2} \sinh^2(x/B^*)\,\mathrm{d}x = \frac{B_0}{2c(\theta/2)\,s(\theta/2)}\left\{\sinh\left[\frac{L}{B_0}c(\theta/2)\right]s(\theta/2) - \sin\left[\frac{L}{B_0}s(\theta/2)\right]c(\theta/2)\right\} \tag{6.A.7}$$

$$
\begin{aligned}
\cosh^2\left(\frac{L}{2B^*}\right) &= \cosh^2\left[\frac{L}{2B_0}c(\theta/2)\right]\cos^2\left[\frac{L}{2B_0}s(\theta/2)\right] \\
&\quad + \sinh^2\left[\frac{L}{2B_0}c(\theta/2)\right]\sin^2\left[\frac{L}{2B_0}s(\theta/2)\right] \\
&= \frac{1}{2}\left\{\cosh\left[\frac{L}{2B_0}c(\theta/2)\right] + \cos\left[\frac{L}{2B_0}s(\theta/2)\right]\right\}
\end{aligned}
\tag{6. A. 8}
$$

附录6. B　压电性[①]

6. B. 1　压电效应

图6. B. 1中示出了两种压电效应,即正压电效应和逆压电效应。在正压电效应中,当受到应力作用时压电膜会产生一个电压输出,参见图6. B. 1(a);在逆压电效应中,当在压电膜表面之间施加电压时它将产生一个力学变形,参见图6. B. 1(b)。显然,利用正压电效应就可以将这个压电膜作为传感器使用,而利用逆压电效应则可构成作动器。

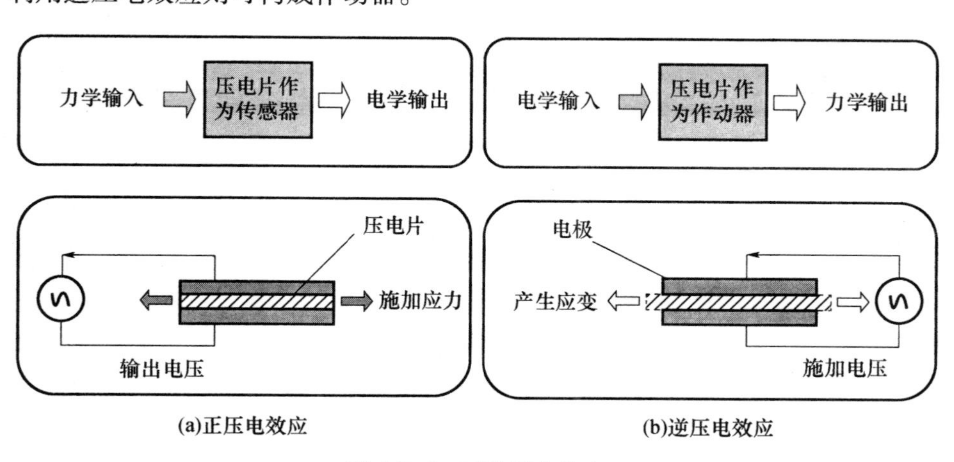

(a)正压电效应　(b)逆压电效应

图6. B. 1　两种压电效应

① 压电性的英文为 piezoelectricity,其中的"piezo"源自于希腊语单词"press",压电现象最早是由Pierre和Jacque Curie于1880年发现的。

6. B. 2 基本的本构方程

压电膜的力学和电学特性之间的关系可以通过本构方程来描述，在一维情况下，这些方程为（参见 IEEE 压电性标准（1987））

$$S_1 = s_{11}^E T_1 + d_{31} E_3 \quad (6.B.1)$$

$$D_3 = d_{31} T_1 + \mathrm{e}_{33}^{\mathrm{T}} E_3 \quad (6.B.2)$$

式（6. B. 1）给出的是由机械应力 T_1（方向 1 上）和电场 E_3（方向 3 上）所产生的机械应变 S_1（方向 1 上）。式（6. B. 2）给出的是由机械应力 T_1 和电场 E_3 所产生的电位移 D_3（方向 3 上）。这些本构方程中涉及的方向可以参见图 6. B. 2 中的定义，它们跟压电膜的极化轴 P 相关。

进一步，表 6. B. 1 中还列出了式（6. B. 1）和式（6. B. 2）中各项的定义与单位，各种类型压电材料的典型压电常数值则可参见表 6. B. 2。

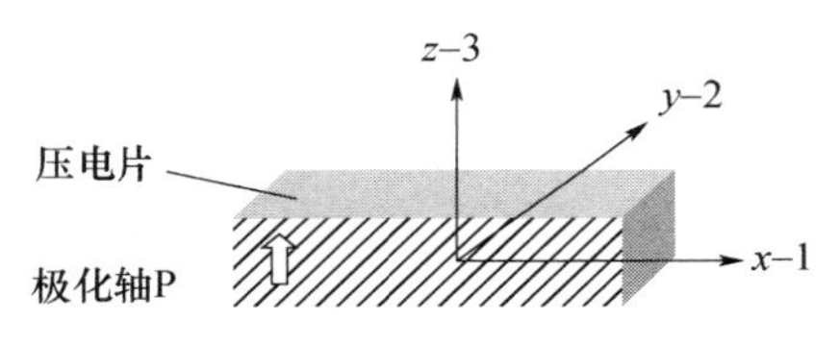

图 6. B. 2 描述压电片的坐标系统

表 6. B. 1 压电变量的定义与单位

符号	定义	单位
S_1	1 方向上的应变	无量纲
T_1	1 方向上的应力	Nm^{-2}
s_{11}^E	1 方向上的顺度（常电场强度 E 下）	m^2N^{-1}
d_{31}	由 3 方向上施加的电场导致的 1 方向上的压电应变常数	$m \cdot V^{-1}$ 或CN^{-1}
E_3	电场强度（单位厚度压电片上的电压）	Vm^{-1}
D_3	电位移（单位面积上的电荷或电通量密度）	Cm^{-2}
$\varepsilon_{33}^{\mathrm{T}}$ ①	3 方向上的介电常数	Fm^{-1}
注：① $\varepsilon_{33}^{\mathrm{T}} = \varepsilon_r \varepsilon_0$，$\varepsilon_r$ 为相对介电常数，$\varepsilon_0 = 8.85 \times 10^{-12}$F/m 为真空介电常数		

表 6. B. 2 典型压电材料的物理参数

材料	s_{11}^3 (m^2N^{-1})	d_{31} ($m \cdot V^{-1}$)	$\varepsilon_{33}^{\mathrm{T}}$ (Fm^{-1})	密度（kgm^{-3}）
PZT-4	1.59×10^{-11}	-1.80×10^{-10}	1.5×10^{-8}	7600

续表

材料	s_{11}^{3} (m^2N^{-1})	d_{31} ($m \cdot V^{-1}$)	ε_{33}^{T} (Fm^{-1})	密度(kgm^{-3})
PZT-5H	1.65×10^{-11}	-2.74×10^{-10}	2.49×10^{-8}	7300
PVDF	5.00×10^{-10}	2.3×10^{-11}	1.10×10^{-10}	1780
注:PZT 为锆钛酸铅(陶瓷); PVDF 为聚偏氟乙烯(聚合物)				

思考题

6.1　考虑图 6.1 所示的 PCLD 处理,如果黏弹性材料是由功能梯度材料(FGM)制备而成的,其剪切模量 G^* 呈线性变化(参见图 P6.1),即

$$\begin{cases} G^* = G(1+\eta_g \mathrm{i})[1+\alpha x/(L/2)],0 \leqslant x \leqslant L/2 \\ G^* = G(1+\eta_g \mathrm{i})[1-\alpha x/(L/2)],-L/2 \leqslant x \leqslant 0 \end{cases}\quad (\alpha\ 为常数)$$

试推导系统的运动方程和边界条件,并确定:

(1)纵向位移 u 和剪应变 γ;

(2)每个周期耗散掉的能量;

(3)损耗因子。

最后,试将这一 PCLD/FGM 的性能跟传统的黏弹性材料 PCLD(剪切模量为常数)进行对比,此处假定 $\alpha = 1$ 和 10。

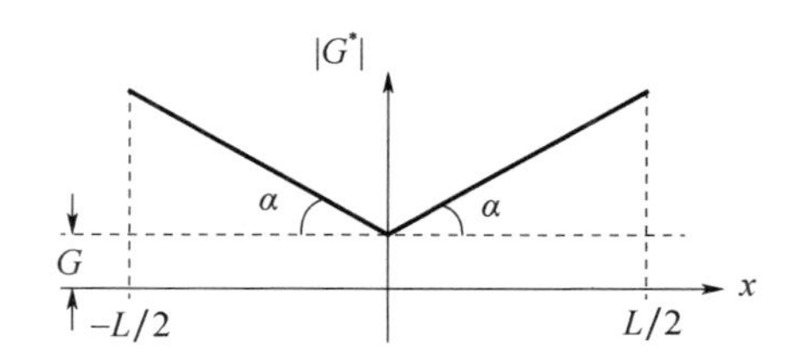

图 P6.1　黏弹性材料层上的剪切模量分布

6.2　考虑图 6.1 所示的 PCLD 处理,如果基体结构受到的是线性变化的应变作用(参见图 P6.2),即

$$\begin{cases} \varepsilon = \varepsilon_0[1+\alpha x/(L/2)],0 \leqslant x \leqslant L/2 \\ \varepsilon = \varepsilon_0[1-\alpha x/(L/2)],-L/2 \leqslant x \leqslant 0 \end{cases}\quad (\alpha\ 为常数)$$

试推导系统的运动方程和边界条件,并确定(Demoret 和 Torvik,1995):

(1)纵向位移 u 和剪应变 γ;

(2)每个周期耗散掉的能量;

(3)损耗因子。

最后,试将此处的结果跟基体结构受到的是常应变 ε_0 的情况进行对比,此处假定 $\alpha = 1$ 和 10。

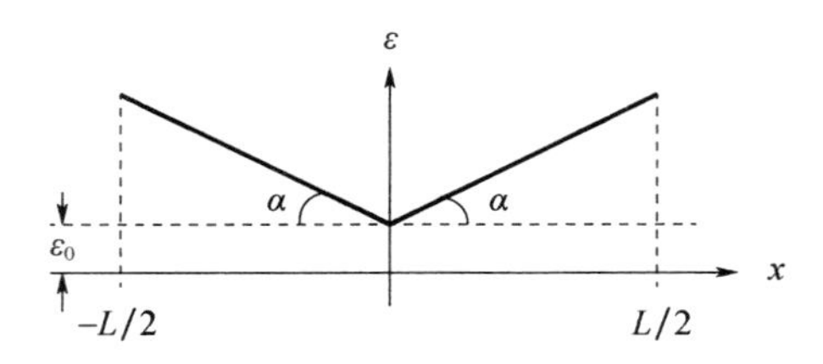

图 P6.2　黏弹性材料层上的应变分布

6.3　考虑图 6.7 所示的 ACLD 处理,如果黏弹性材料是由功能梯度材料(FGM)制备而成的,其剪切模量 G^* 呈线性变化(参见图 P6.3),即

$$\begin{cases} G^* = G(1+\eta_g \mathrm{i})[1+\alpha x/(L/2)], 0 \leqslant x \leqslant L/2 \\ G^* = G(1+\eta_g \mathrm{i})[1-\alpha x/(L/2)], -L/2 \leqslant x \leqslant 0 \end{cases} \quad (\alpha \text{ 为常数})$$

试推导系统的运动方程和边界条件,并确定:

(1)纵向位移 u 和剪应变 γ;

(2)每个周期耗散掉的能量;

(3)损耗因子。

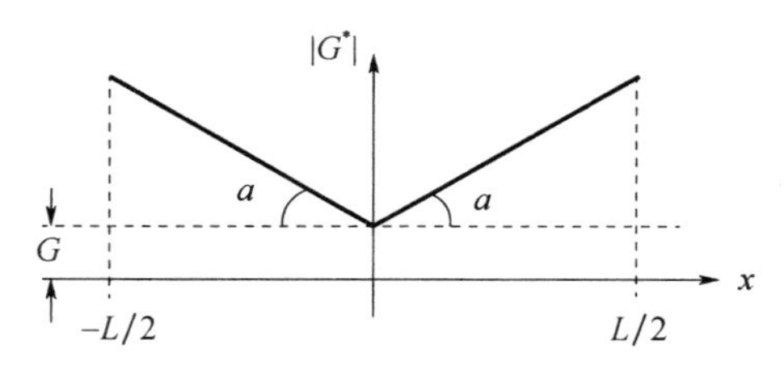

图 P6.3　黏弹性材料层上的剪切模量分布

最后,试将这一 ACLD/FGM 的性能跟传统的黏弹性材料 ACLD(剪切模量为常数)进行对比,此处假定 $\alpha = 1$ 和 10。

6.4　考虑图 P6.4 所示的纤维增强黏弹性材料,其代表性单元体参见图 P6.5。试推导这一单位体积元的准静态平衡方程(以纤维和黏弹性材料的几何与物理参数来表达),并确定纤维的纵向位移和黏弹性材料的剪应变。最后,利用上述信息证明平均正应力 σ_a 和平均应变 ε_a 可以表示为(Alberts 和 Xia,

1995)：

$$\sigma_a = \frac{\sigma}{2}\frac{d_f^2}{(t_v + d_f)^2}$$

$$\varepsilon_a = u(L_f/4, t_v/2) / (L_f/4) = \frac{\sigma}{2E_f}\left(1 + \frac{1}{\beta}\coth\beta\right)$$

式中：$\beta = \frac{L_f\sqrt{G_v}}{\sqrt{2t_v d_f E_f}}$；$E_f$ 和 G_v 分别为纤维的弹性模量和黏弹性材料的剪切模量。

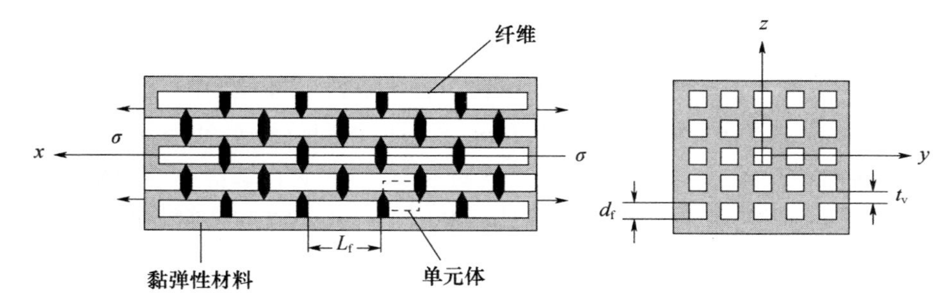

图 P6.4　纤维增强黏弹性材料

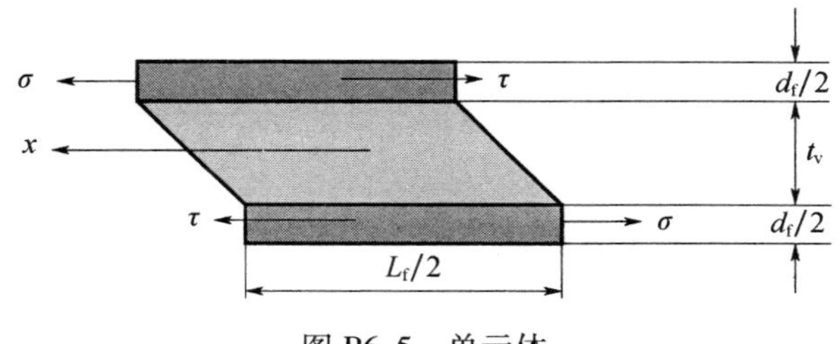

图 P6.5　单元体

6.5　考虑图 P6.6 所示的自由-自由边界条件下的杆/黏弹性材料系统，铝杆的宽度为 0.025m，厚度为 0.0025m，长为 1m，黏弹性材料层的宽度为 0.025m，厚度为 0.0025m，材料密度为 1100kgm^{-3}，储能模量和损耗因子分别是 15.3MPa 和 1。该黏弹性材料层受到了一个铝制约束层的约束，后者宽度为 0.025m，厚度为 0.0025m。

试确定黏弹性材料层上的剪应变 γ 和能量耗散 E_d 的分布(即绘出 $\gamma - x$ 和 $E_d - x$ 图像)。这里假定该杆/黏弹性材料系统可以通过一个包含十个单元的有限元模型(即，N=10)来描述，且杆的两端(节点 1 和 11)受到的是正弦型激励，频率为 1000Hz，幅值分别为 10KN 和-10KN。

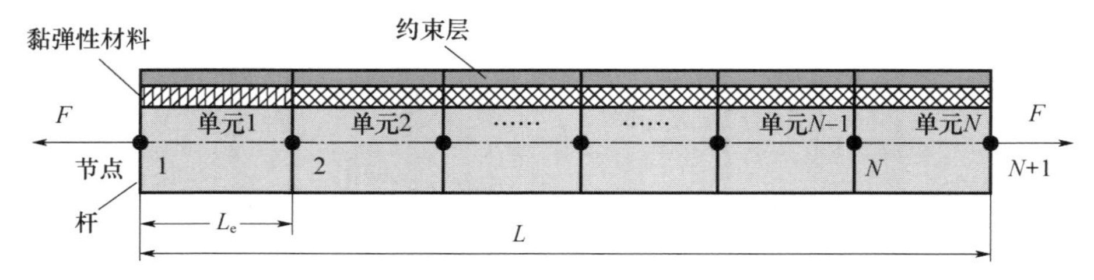

图 P6.6 自由-自由边界条件下的杆/黏弹性材料系统
(经过约束黏弹性材料阻尼处理)

6.6 考虑图 P6.7 所示的自由-自由边界条件下的杆/黏弹性材料系统,杆、黏弹性材料层以及约束层的几何和物理特性跟思考题 6.5 中相同。试利用哈密尔顿原理,针对约束层的纵向位移 u_1 和杆的纵向位移 u_3 推导出分布参数式运动控制方程,以及相关的边界条件(对应于自由-自由边界下的约束层,且杆的两端受到的是正弦型激励,频率为 1000Hz,幅值分别为 10KN 和-10KN)。进一步,确定黏弹性材料层上的剪应变 γ 和能量耗散 E_d 的分布(即绘出 $\gamma - x$ 和 $E_d - x$ 图像),可以利用 MATLAB 软件中的子程序 bvp4c。最后,试将分布参数模型的预测结果跟思考题 6.5 中的有限元模型计算结果进行比较。

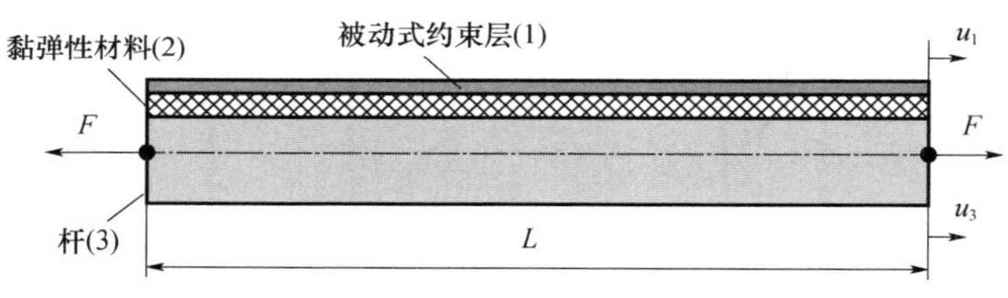

图 P6.7 自由-自由边界条件下的杆/黏弹性材料系统
(经过被动式约束黏弹性材料阻尼处理)

6.7 考虑图 P6.8 中所示的自由-自由边界条件下的杆/黏弹性材料系统,杆和黏弹性材料层的几何和物理特性均跟思考题 6.5 中所述相同。假定此处的约束层是主动式的,由压电材料制备而成,其宽度为 0.025m,厚度为 0.0025m,压电材料的杨氏模量为 60GPa,密度为 7800kgm^{-3}。试利用哈密尔顿原理,针对主动约束层的纵向位移 u_1 和杆的纵向位移 u_3 推导出分布参数式运动控制方程,以及相关的边界条件(对应于自由-自由边界下的主动约束层,且杆的两端受到的是正弦型激励,频率为 1000Hz,幅值分别为 10KN 和-10KN)。进一步,试推导控制律表达式,用于给出压电应变 ε_p,它应能确保这个杆/黏弹性材料/约束层系统的动能和势能的时间变化率为严格负。最后,针对不同的控制增益值(K_g),确定黏弹性材料层上的剪应变 γ 和能量耗散 E_d 的分布(即绘出 $\gamma-x$ 和 E_d-x 图像),并针对 $K_g=0$ 时的分布参数模型的预测结果进行比较分析。

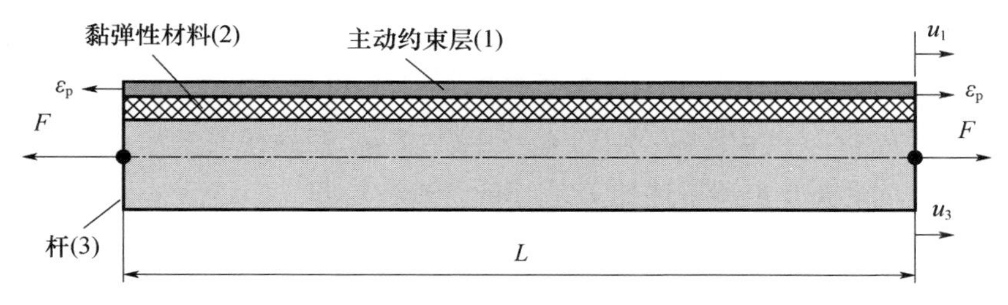

图 P6.8 自由-自由边界条件下的杆/黏弹性材料系统
(经过主动式约束黏弹性材料阻尼处理)

6.8 考虑图 6.7 所示的理想的 ACLD 系统,它可由式(6.23)和式(6.24)描述,试证明该系统的传递函数可以表示为

$$\frac{\bar{u}}{\varepsilon_p}=\frac{\sinh(\lambda\bar{x})}{2\lambda\cosh(\lambda/2)}$$

式中:$\bar{u}=u/L$;$\bar{x}=x/L$;$\lambda^2=\bar{\omega}^{*2}(\alpha\bar{s}^2+1)$,$\bar{\omega}^*=L/B^*$,$\alpha=mh_1\omega_0^2/G^*$,$\bar{s}=s/\omega_0$,$\omega_0$ 为特征频率。

如果压电控制应变 ε_p 是根据全局稳定控制策略(式(6.27))产生的,试证明该系统的传递函数可表示为

$$\frac{\bar{s}[\bar{u}(1/2)-\bar{u}(-1/2)]}{\varepsilon_p}=\frac{\bar{s}\sinh(\lambda/2)}{\lambda\cosh(\lambda/2)}$$

由此,该闭环 ACLD 系统的方框图可通过图 P6.9 表达。

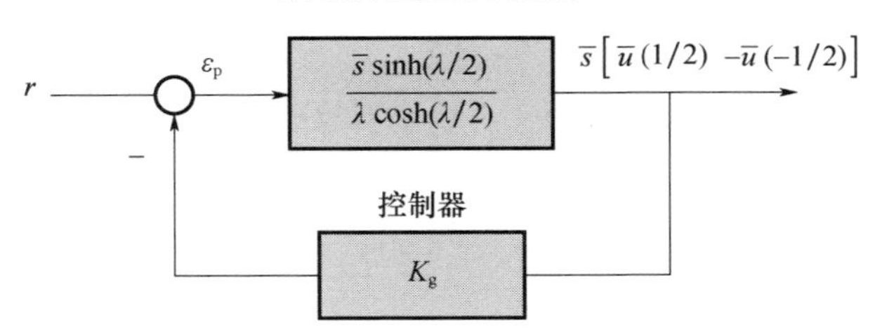

图 P6.9 闭环 ACLD 系统的方框图

6.9 针对图 6.7 所示的理想 ACLD 系统(由思考题 6.8 中给出的开环传递函数描述),试绘制出根轨迹,并讨论闭环系统的稳定性(针对不同的控制增益

值 K_g)。进一步,试分析参数 $\bar{\omega}^*$ 和 α 对系统稳定性的影响。

6.10　考虑图 6.7 所示的理想 ACLD 系统,假定控制作用 ε_p 是由如下动态控制器产生的,即

$$\dot{\boldsymbol{v}} = \boldsymbol{a}\boldsymbol{v} + b\boldsymbol{F}$$
$$\boldsymbol{\varepsilon}_p = -K_g \boldsymbol{c}\boldsymbol{v}$$

式中:$\boldsymbol{F} = [\dot{\boldsymbol{u}}(L/2) - \dot{\boldsymbol{u}}(-L/2)]$;K_g 为控制增益,控制律的参数 $\boldsymbol{a}$、b 和 $\boldsymbol{c}$ 满足 Kalman-Yakubovitch 引理所述的关系(Baz,1997a),即

$$\boldsymbol{a}^T\boldsymbol{P} + \boldsymbol{P}\boldsymbol{a} = -\boldsymbol{Q}$$
$$\boldsymbol{P}b = \boldsymbol{c}^T$$

上述关系中的 $\boldsymbol{P}$ 和 $\boldsymbol{Q}$ 为对称正定矩阵。如果将系统的总能量 E_n/b (参见式(6.25))进行修正,从而把动态控制器的能量 $\boldsymbol{v}^T\boldsymbol{P}\boldsymbol{v}$ 考虑进来,即

$$E_n/b = \frac{1}{2}\left(E_2h_2\int_{-L/2}^{L/2} u_x^2 \mathrm{d}x + G'h_1\int_{-L/2}^{L/2} \gamma^2 \mathrm{d}x + m\int_{-L/2}^{L/2} \dot{u}^2 \mathrm{d}x\right) + \boldsymbol{v}^T\boldsymbol{P}\boldsymbol{v}$$

试说明如果压电应变 $\boldsymbol{\varepsilon}_p$ 是根据该动态边界控制策略产生的,那么这一系统将具有全局稳定性,即 $\dot{E}_n/b \leqslant 0$。

第Ⅱ部分

先进的阻尼处理技术

第7章　基于主动式约束阻尼层的结构振动抑制

7.1 引　言

首先简要阐明主动式约束层阻尼(ACLD)处理方式的一些性能特征。ACLD包含一个黏弹性阻尼层,该层的上、下侧分别带有压电传感层和压电作动层,从而构成了三明治形式。当把ACLD粘贴到振动结构物上时,也就得到了一类智能型的阻尼处理方式,此时结构的剪切变形会受到ACLD的控制和调节(根据结构响应),从而能够增强系统的能量耗散,进而提升振动抑制性能。

研究ACLD处理方式的性能是十分重要的,特别是在压电传感层具有各种不同的空间分布形态时更是如此。我们将针对梁、板和壳等重要结构物,考察控制增益和工作温度对ACLD处理方式的性能所产生的影响,并将把ACLD的性能跟传统的被动式约束层阻尼(PCLD)的性能加以对比。

7.2 被动式和主动式约束层阻尼处理的主要目的

本节将从控制理论层面阐述在结构振动控制中为什么要引入ACLD处理。为了说明这一处理方式的有效性,图7.1所示为若干结构构型,其中包括了无阻尼结构、带有无约束阻尼层的结构、带有约束阻尼层的结构,以及一个带有ACLD的结构。为突出这些构型的基本特征,不失一般性,此处假定基体结构均为做纵向振动的杆。

不妨假设所考察的杆结构处于固支-自由边界状态,材料为铝,宽度为0.025m,厚度为0.025m,长度为1m。此外,还假定黏弹性材料处理是完全的(而不是对基体结构作部分敷设处理),即黏弹性层的宽度为0.025m,厚度为0.025m,材料密度为1100kgm^{-3}。黏弹性材料的储能模量和损耗因子可以借助Golla-Hughes-McTavish(GHM)模型(含单个振荡项)描述,其参数设定为$E_0=15.3\text{MPa}$、$\alpha_1=39$、$\zeta_1=1$、$\omega_1=19058\text{rad/s}$。进一步,这个黏弹性材料层还受到一个铝制约束层的约束,后者宽度为0.025m,厚度为0.0025m。为简洁起见,假定此处的结构系统可以通过仅包含一个单元的有限元模型来描述。

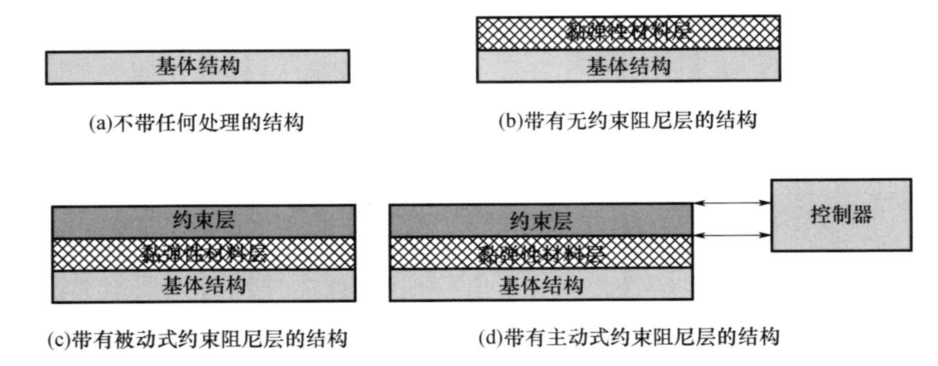

图7.1　经过各种被动式和主动式约束层阻尼处理的结构构型

7.2.1　基体结构

考虑图7.2所示的无阻尼杆,对于仅包含一个单元的无阻尼杆而言,其运动方程可以表示为

$$M_{\mathrm{T}}\ddot{u}_1 + K_{\mathrm{T}}u_1 = F_{\mathrm{T}} \tag{7.1}$$

式中:$M_{\mathrm{T}} = \dfrac{\rho_{\mathrm{s}}A_{\mathrm{s}}L}{3}$;$K_{\mathrm{T}} = \dfrac{E_{\mathrm{s}}A_{\mathrm{s}}}{L}$;$F_{\mathrm{T}} = F$;$\rho_{\mathrm{s}}$、$A_{\mathrm{s}}$、$L$和$E_{\mathrm{s}}$分别为杆的密度、截面积、长度和杨氏模量。

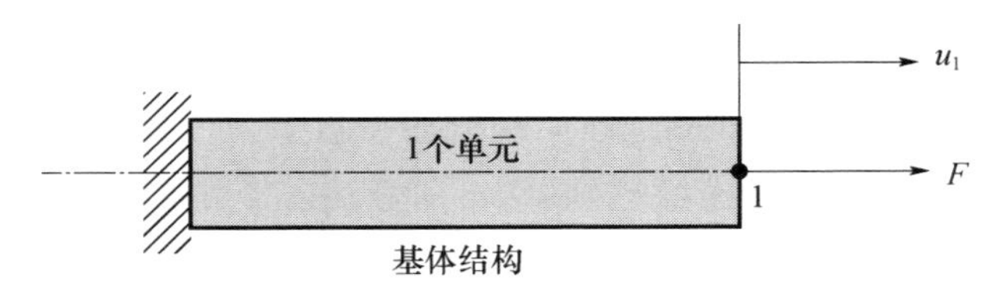

图7.2　无阻尼杆

在拉普拉斯域中,根据式(7.1)可以得到位移u_1和力F之间的传递函数,即

$$\frac{u_1}{F} = \frac{1}{\left(\dfrac{\rho_{\mathrm{s}}A_{\mathrm{s}}L}{3}\right)s^2 + \dfrac{E_{\mathrm{s}}A_{\mathrm{s}}}{L}} \tag{7.2}$$

这个传递函数没有零点,不过存在着两个极点,即分母的根,它们为

$$s = \pm\sqrt{\left(\frac{3E_s}{\rho_s L^2}\right)}\,\mathrm{i} \tag{7.3}$$

式中：s 为拉普拉斯复变量。

图 7.3 所示为该无阻尼杆的极点-零点图，极点是用×表示的，它们位于虚轴上，因而阻尼比为零。

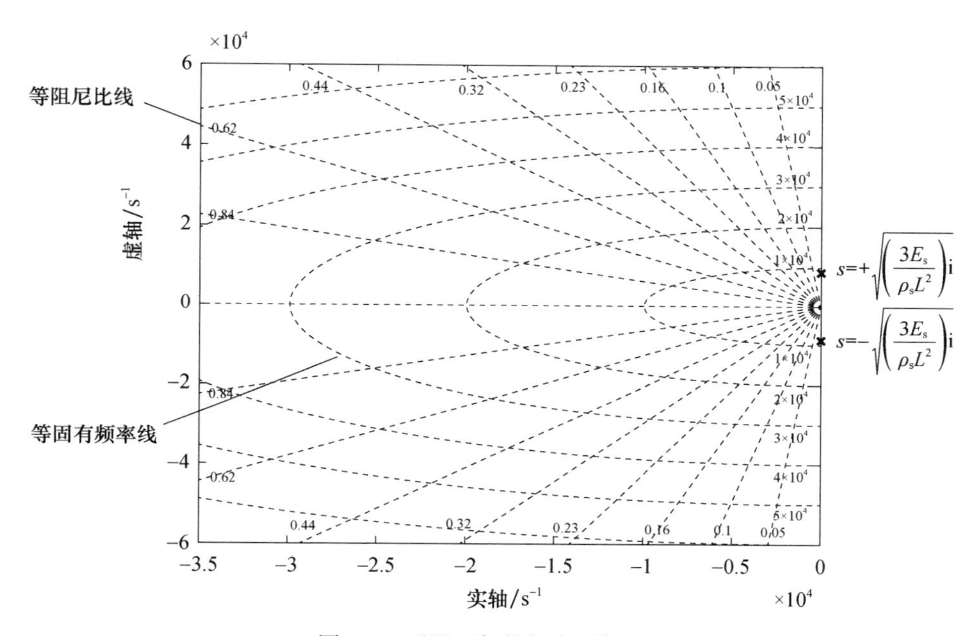

图 7.3　无阻尼杆的极点-零点图

对于这个无阻尼杆来说，其频率响应和时间响应特性可以参见图 7.4。

7.2.2　带有被动式无约束阻尼层的结构

考虑图 7.5 所示的一个带有无约束阻尼层的杆，在第 4 章中已经针对杆单元给出了运动方程，即

$$\boldsymbol{M}_{\mathrm{T}}\ddot{\boldsymbol{X}} + \boldsymbol{C}_{\mathrm{T}}\dot{\boldsymbol{X}} + \boldsymbol{K}_{\mathrm{T}}\boldsymbol{X} = \boldsymbol{F}_{\mathrm{T}} \tag{7.4}$$

$$\boldsymbol{K}_{\mathrm{T}} = \begin{bmatrix} K_{s_0} + E_{v_0}(1+\alpha_1)\bar{K}_{v_0} & -E_{v_0}\alpha_1\bar{K}_{v_0} \\ -E_{v_0}\alpha_1\bar{K}_{v_0} & E_{v_0}\alpha_1\bar{K}_{v_0} \end{bmatrix},\boldsymbol{X} = \begin{Bmatrix} u_1 \\ z \end{Bmatrix},\boldsymbol{F}_{\mathrm{T}} = \begin{Bmatrix} F \\ 0 \end{Bmatrix} \tag{7.5}$$

式中：相关矩阵所涉及的主要参数为 $M_0 = \dfrac{(\rho_s A_s + \rho_v A_v)\,L}{3}$；$K_{s_0} = \dfrac{E_s A_s}{L}$；$K_v =$

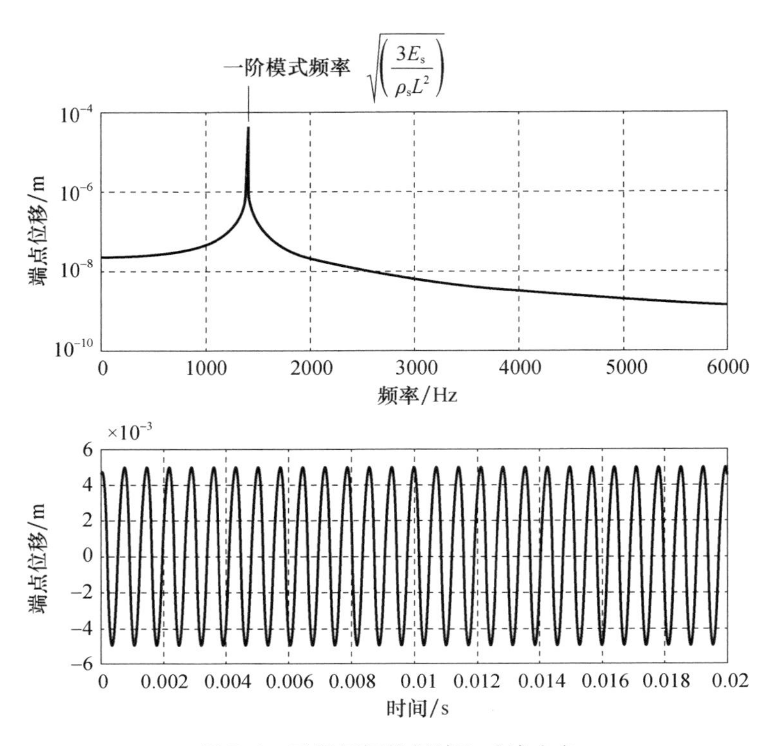

图 7.4　无阻尼杆的频域和时域响应

$\frac{E_v A_v}{L}$（参见第 4 章）；u_1 和 z 分别为杆的位移和黏弹性材料的内部自由度；ρ_i、A_i、L 和 E_i 分别为杆（i=s）或黏弹性材料（i=v）的密度、截面积、长度和杨氏模量，且有 $K_v = E_{v_0}\bar{K}_{v_0}$。黏弹性材料的 GHM 模型如下：

$$K_{v_0} = E_{v_0}\left(1 + \alpha_1 \frac{s^2 + 2\zeta_1\omega_1 s}{s^2 + 2\zeta_1\omega_1 s + \omega_1^2}\right)\bar{K}_{v_0} \tag{7.6}$$

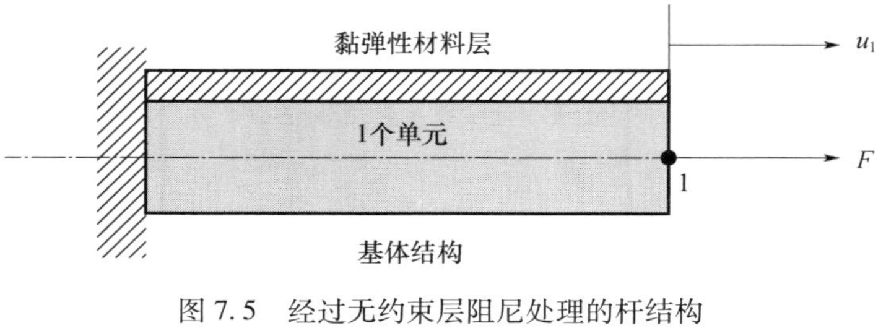

黏弹性材料层

1个单元

基体结构

u_1

F

1

图 7.5　经过无约束层阻尼处理的杆结构

于是，在拉氏域中，就可以得到位移 u_1 和力 F 之间的传递函数，即

$$\frac{u_1}{F} = (s^2 + 2\zeta\omega_1 s + \omega_1^2)(M_0 s^4 + 2\zeta\omega_1 M_0 s^3 + [M_0\omega_1^2 + (K_{s_0} + K_v)]s^2 + 2\zeta\omega_1(K_{s_0} + K_v)s + (K_{s_0} + K_v)\omega_1^2)^{-1} \tag{7.7}$$

式(7.7)具有两个零点,即分子的零点,它们仅依赖于黏弹性材料的 GHM 模型参数。不过,这个传递函数存在着 4 个极点,即分母的零点,这些极点的位置依赖于杆和黏弹性材料的参数。

图 7.6(a)所示为无约束层阻尼处理的杆的极点-零点图,极点标记为×,零点标记为○。从中可以清晰地观察到两组极点对,第一组极点出现在虚轴上,它确定了结构的极点,而第二组极点则是负实数,它们给出的是黏弹性材料的极点。这些黏弹性材料的极点将其两个零点包围了起来。

需要注意的是,如果将 GHM 模型(含单个振荡项)的阻尼比设定为 1,即 $\zeta = 1$(临界阻尼),那么黏弹性材料的极点和零点将出现在实数轴上。

仔细观察杆的两个极点(图 7.6(b))可以发现,它们实际上并不位于虚轴上,而是在极点-零点图中的左侧,之所以会偏离虚轴,是因为杆和黏弹性材料的参数之间存在相互作用。不过,这一偏离非常有限,最终得到的阻尼比 $\zeta = 0.00251$,这么低的阻尼比意味着无约束阻尼层在提升结构阻尼特性方面是没有什么效果的。这一结果也再次佐证了第 4 章和第 6 章所给出的相关结论。另外,极点处的固有频率为 7450rad/s(或 1186.3Hz),该值跟频率响应特性所给出的结果也是一致的,如图 7.7 所示。

对于这个带有无约束阻尼层的杆构型,图 7.7 中示出了对应的频域和时域响应特性。从中不难看出,利用这种无约束层阻尼处理方式只能获得不太明显的振动抑制效果(跟无阻尼杆情况相比而言,如图 7.4 所示)。

7.2.3 带有被动式约束阻尼层的结构

考虑图 7.8 所示的带有约束阻尼层的杆,第 4 章中已经给出了此类杆单元的运动方程(式(4.50)),即

$$\boldsymbol{M}_t\ddot{\boldsymbol{X}}_t + \boldsymbol{C}_t\dot{\boldsymbol{X}}_t + \boldsymbol{K}_t\boldsymbol{X}_t = \boldsymbol{F}_t \tag{7.8}$$

式中:$\boldsymbol{X}_t = \{u_1 \quad u_3 \quad \bar{z}\}^T$;$\boldsymbol{F}_t = \{0 \quad F \quad 0\}^T$;$u_1$、$u_3$ 和 $\bar{z}$ 分别为约束层的位移、杆的位移以及黏弹性材料层的内部自由度;矩阵 $\boldsymbol{M}_t$、$\boldsymbol{C}_t$ 和 $\boldsymbol{K}_t$ 可参见 4.2.4.2 节。

式(7.8)也可以表示为状态空间形式,即

$$\dot{\boldsymbol{X}} = \boldsymbol{A}\boldsymbol{X} + \boldsymbol{B}u \tag{7.9}$$

式中：$\boldsymbol{A}=\begin{bmatrix}\boldsymbol{0} & \boldsymbol{I}\\ -\boldsymbol{M}_{\mathrm{t}}^{-1}\boldsymbol{K}_{\mathrm{t}} & -\boldsymbol{M}_{\mathrm{t}}^{-1}\boldsymbol{C}_{\mathrm{t}}\end{bmatrix}$；$\boldsymbol{B}=\begin{Bmatrix}0\\ \boldsymbol{M}_{\mathrm{t}}^{-1}\{0\quad 1\quad 0\}^{\mathrm{T}}\end{Bmatrix}$；$u=F$。

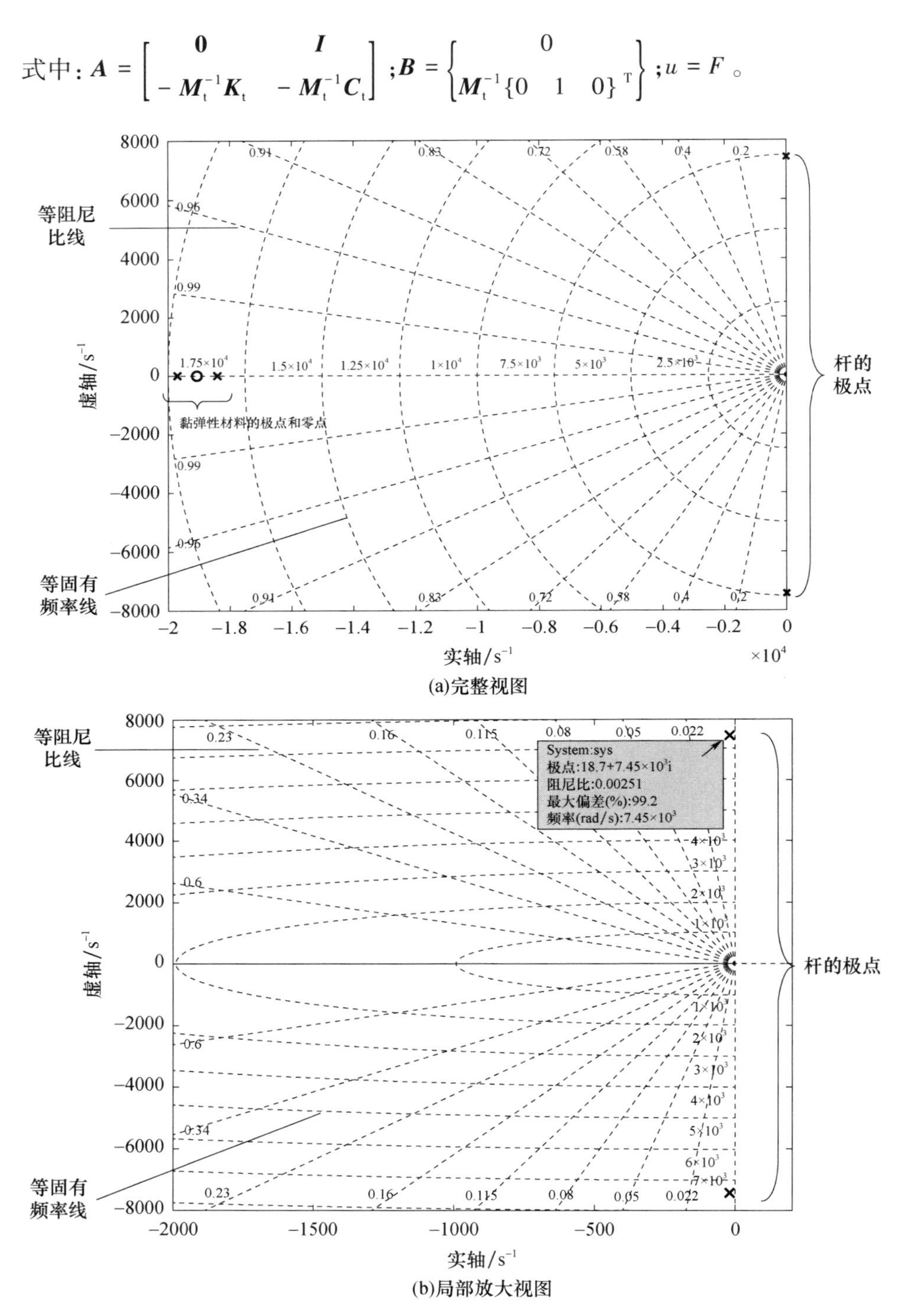

(a)完整视图

(b)局部放大视图

图 7.6　经过无约束层阻尼处理的杆的极点-零点图

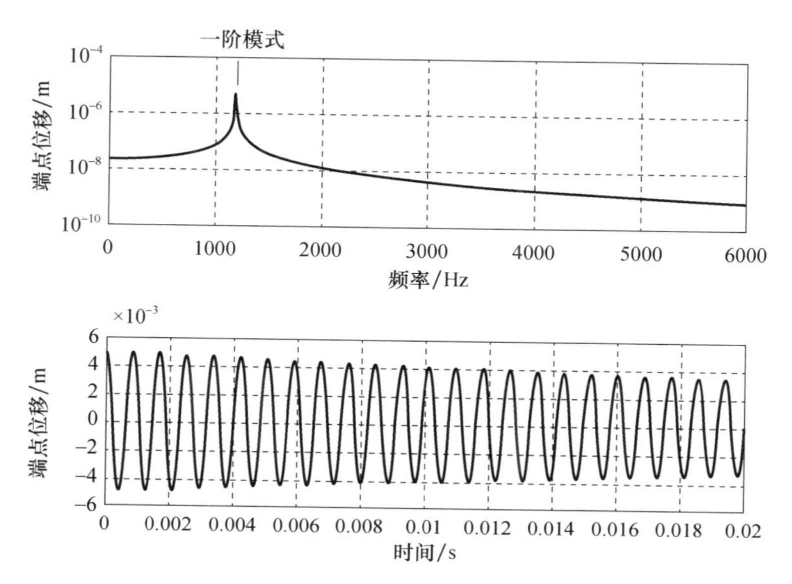

图 7.7 经过无约束层阻尼处理的杆的频域和时域响应

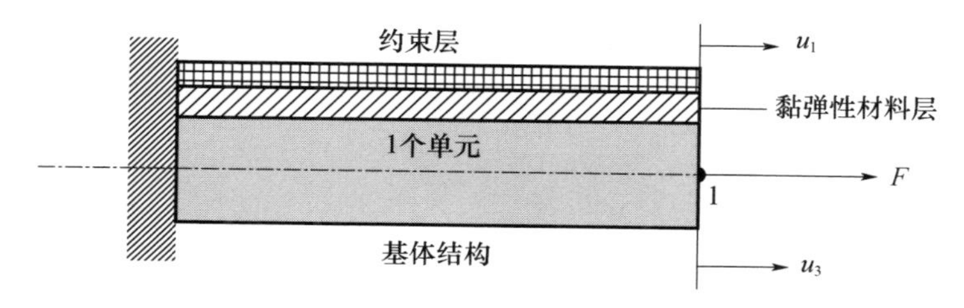

图 7.8 经过被动式约束层阻尼处理的杆结构

在拉氏域中,式(7.9)可以化为

$$\boldsymbol{X}=(s\boldsymbol{I}-\boldsymbol{A})^{-1}\boldsymbol{B}u \tag{7.10}$$

于是,杆的位移 u_3 与作用力 F 之间的传递函数为

$$\frac{u_3}{F}=\boldsymbol{C}(s\boldsymbol{I}-\boldsymbol{A})^{-1}\boldsymbol{B}=\frac{N(s)}{D(s)} \tag{7.11}$$

式中:$\boldsymbol{C}=[0 \quad 1 \quad 0]$ 。

图 7.9 所示为经过被动式约束层阻尼处理的杆结构的极点-零点图,类似地,此处的极点和零点也分别采用“×”和“○”做了标记。从图中可以清晰地观察到两组零点和极点,第一组包括了 4 个复极点,它们位于虚轴附近,并包围了两个靠得较近的复零点;第二组包括了负实极点,且包围了 2 个负实零点。第一组极点-零点跟杆结构系统相关,而第二组极点-零点则反映的是黏弹性材料

(包括其内部自由度)的动特性。

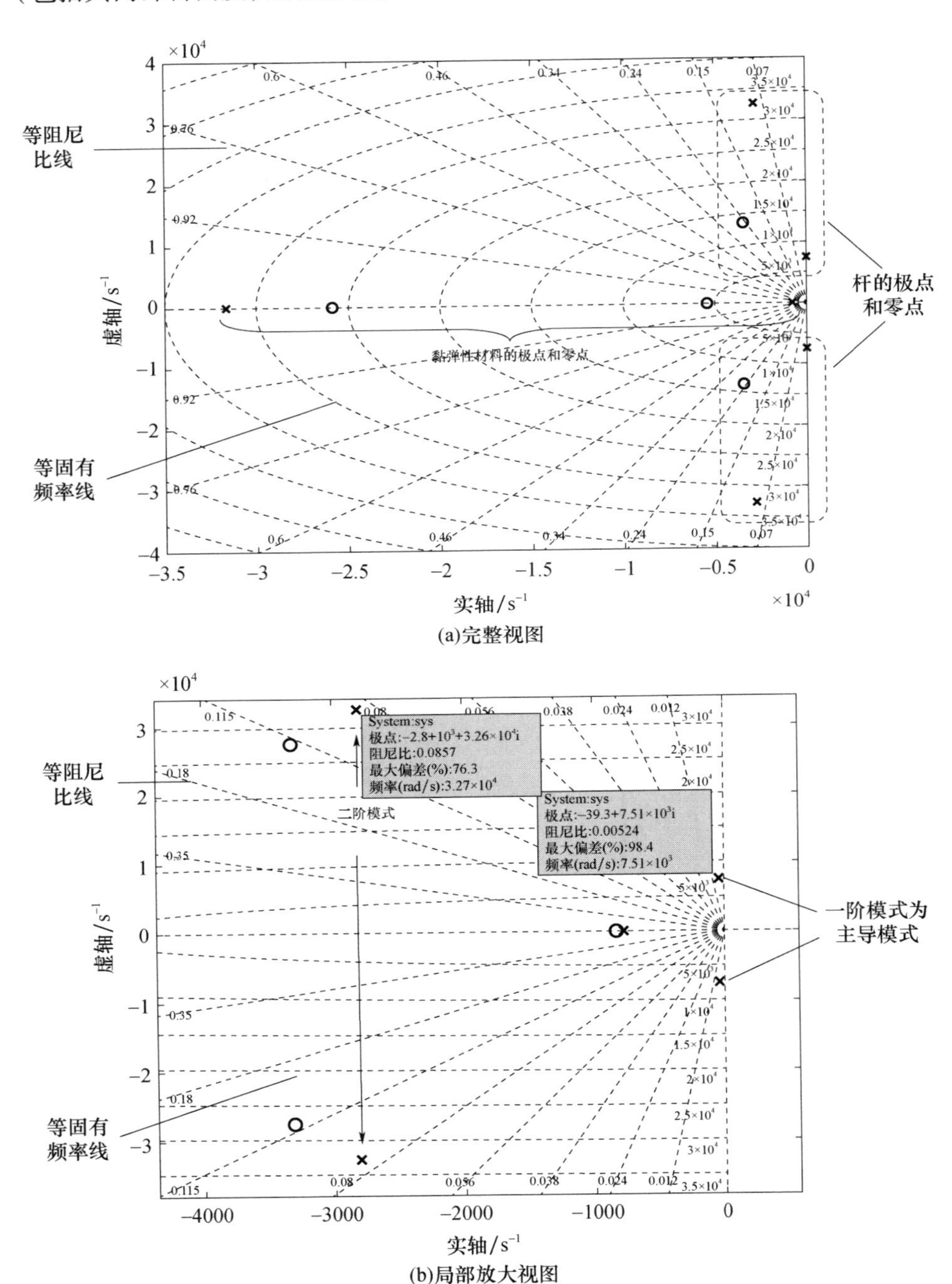

(a)完整视图

(b)局部放大视图

图 7.9　经过被动式约束层阻尼处理的杆结构的极点-零点图

图7.9(b)对极点-零点图进行局布放大,从中可以看出这个杆系统的主要极点位于阻尼比$\zeta=0.00524$处,固有频率为7510rad/s(或1196Hz)。这个极点对应了杆系统的一阶固有频率,这一点可以从图7.10所示的频率和时间响应特性中得到证实。

进一步,图7.9(b)还示出了位于s平面内的复极点,对应的阻尼比为$\zeta=0.0857$,固有频率为32700rad/s(或5220Hz)。这些极点跟杆系统的二阶固有频率对应,这一点也可从图7.10所示的频域和时域响应特性中得到证实。

需要特别注意的是,此处一阶模式的阻尼比是较小的($\zeta=0.00524$),因此频率响应曲线中的共振峰是比较陡峭的,同时在时间响应曲线中振动的衰减也就比较慢,如图7.10所示。此外,二阶模式的阻尼比是较大的($\zeta=0.0857$),因而频率响应中该处的共振峰就比较平坦,并且时间响应图中的振动衰减也就比较迅速,这些都可以从图7.10中观察到。

将带有无约束阻尼层和带有约束阻尼层的杆的性能进行对比,不难发现对黏弹性材料层进行约束是能够显著提高阻尼比的。就所考察的实例而言,一阶模式的阻尼比从0.00251(无约束阻尼层情况)增大到了0.00524(约束阻尼层情况)。此外,当采用约束阻尼层进行处理时,也会得到较大的高阶模式阻尼比,例如此处的二阶模式对应的阻尼比达到了0.0857,大约是一阶模式的20倍。

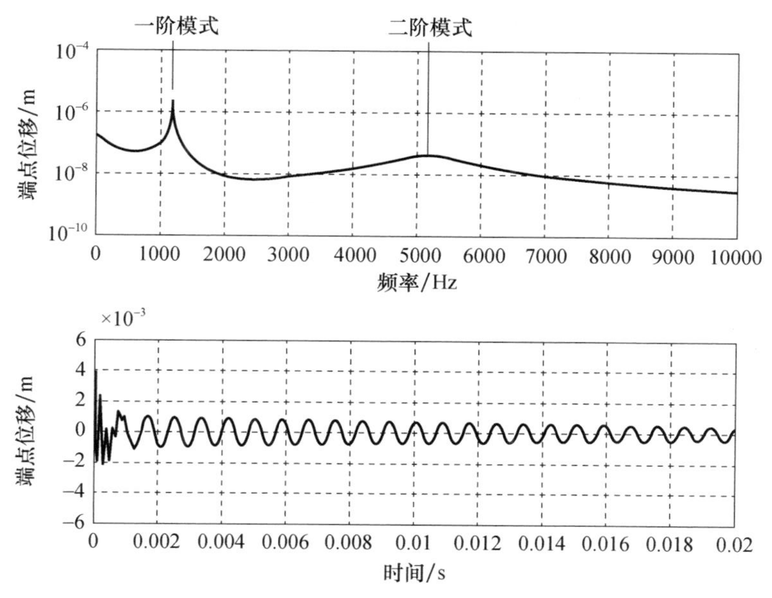

图7.10 经过被动式约束层阻尼处理的杆结构的频域和时域响应

7.2.4 带有主动式约束阻尼层的结构

本节考察图7.11所示的经过主动式约束层阻尼处理的杆结构，第4章曾经给出过此类杆单元的运动方程，即

$$\boldsymbol{M}_t\ddot{\boldsymbol{X}}_t + \boldsymbol{C}_t\dot{\boldsymbol{X}}_t + \boldsymbol{K}_t\boldsymbol{X}_t = \boldsymbol{C}_e F_e + \boldsymbol{C}_c F_c \tag{7.12}$$

式中：$\boldsymbol{X}_t = \{u_1 \quad u_3 \quad \bar{z}\}^T$；$\boldsymbol{C}_e = [0 \quad 1 \quad 0]^T$；$\boldsymbol{C}_c = [1 \quad 0 \quad 0]^T$；$F_e$ 和 F_c 分别为外部力和控制力；$\boldsymbol{M}_t$、$\boldsymbol{C}_t$ 和 $\boldsymbol{K}_t$ 可参见第4章4.2.4.2节。

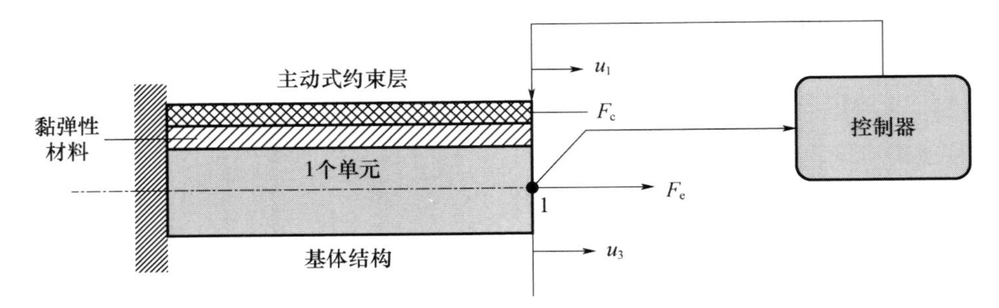

图7.11 经过主动式约束层阻尼处理的杆结构

控制力 F_c 可以采用如下控制律生成，即

$$F_c = -K_G \boldsymbol{C}_e^T \boldsymbol{X}_t - K_G k_r \boldsymbol{C}_e^T \dot{\boldsymbol{X}}_t \tag{7.13}$$

式中：K_G 为比例控制增益；$K_G k_r$ 为微分控制增益；k_r 为微分和比例控制增益之间的比率。

可以将式(7.12)转化成如下所示的状态空间形式，即

$$\dot{\boldsymbol{X}} = \boldsymbol{A}\boldsymbol{X} + \boldsymbol{B}F_c + \boldsymbol{B}_e F_e \tag{7.14}$$

式中：

$$\boldsymbol{A} = \begin{bmatrix} \boldsymbol{0} & \boldsymbol{I} \\ -\boldsymbol{M}_t^{-1}\boldsymbol{K}_t & -\boldsymbol{M}_t^{-1}\boldsymbol{C}_t \end{bmatrix}, \boldsymbol{B} = \begin{Bmatrix} \boldsymbol{0} \\ \boldsymbol{M}_t^{-1}\boldsymbol{C}_c \end{Bmatrix}, \boldsymbol{B}_e = \begin{Bmatrix} \boldsymbol{0} \\ \boldsymbol{M}_t^{-1}\boldsymbol{C}_e \end{Bmatrix}$$

这个状态空间方程在拉氏域中可以化为

$$\boldsymbol{X} = (s\boldsymbol{I} - \boldsymbol{A})^{-1}(\boldsymbol{B}F_c + \boldsymbol{B}_e F_e) \tag{7.15}$$

图7.12所示为ACLD/杆系统的方框图，该图体现了式(7.12)和式(7.15)之间的联系。于是，杆的位移 u_3 和作用力 F_e 之间的传递函数就可以写为

$$\frac{u_3}{F_e} = \frac{N_c(s)}{D_c(s)} \tag{7.16}$$

式中：$N_c(s)$ 和 $D_c(s)$ 分别为这个闭环系统传递函数的分子和分母。此外，

图 7.12 中的 $\overline{\boldsymbol{C}}_e=\boldsymbol{C}_e\boldsymbol{0}_{1\times3}$。

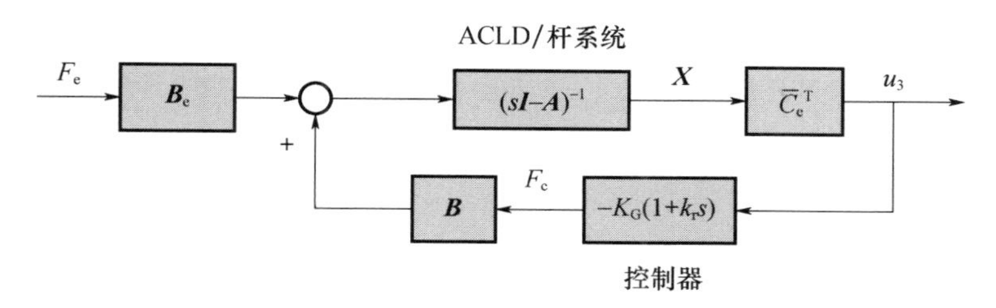

图 7.12　ACLD/杆系统的方框图

这个闭环系统的性能是由传递函数 u_3/F 的分母所决定的，也就是由如下特征方程的根所决定，即

$$D_c(s)=0 \tag{7.17}$$

对于给定的 k_r 值，式(7.17)可以化为

$$D_c(s)=1+\text{Gain}\frac{N}{D}=0 \tag{7.18}$$

式中：N/D 为开环传递函数。

为考察增益为零和无穷的情况，可以将式(7.18)改写为如下两种形式：

(1)第一种：

$$D+\text{Gain}N=0 \tag{7.19}$$

显然，当 Gain = 0 时，特征方程的根也就跟 $D=0$ 这个方程的根相同了，也就是说这些根是开环传递函数的极点了。

(2)第二种：

$$\frac{1}{\text{Gain}}D+N=0 \tag{7.20}$$

显然，当 Gain = ∞时，特征方程将与 $N=0$ 这个方程同根，也就是开环传递函数的零点。

因此，当我们将增益从 0 向 ∞改变时，闭环系统特征方程的根就将从开环传递函数的极点逐渐向其零点变化。一般地，将闭环系统特征方程根的这种变化图像称为根轨迹图。图 7.13 所示为上述 ACLD/杆这个闭环系统特征方程的根轨迹。

需要注意的是，当 Gain = 0 时，这个 ACLD/杆系统闭环特征方程的根是跟带 PCLD 的杆情况(图 7.9)相同的。

根轨迹图的意义在于它反映了杆/ACLD 这个闭环系统所有根的分布情况(对于不同的增益值)，因此通过改变增益，就能够使得系统的根处于所期望的位置(能够表现出较好阻尼特性的位置)。这些位置是可以不同于杆/PCLD 系统的极点位置的,事实上,它们可以位于杆/PCLD 系统的极点与零点之间这一较宽范围内。这也就使得杆/ACLD 系统的特征方程根能够处于阻尼更强且闭环系统保持稳定的位置。显然,通过这一方式,杆/ACLD 系统的性能也就可以显著优于杆/PCLD 系统了。

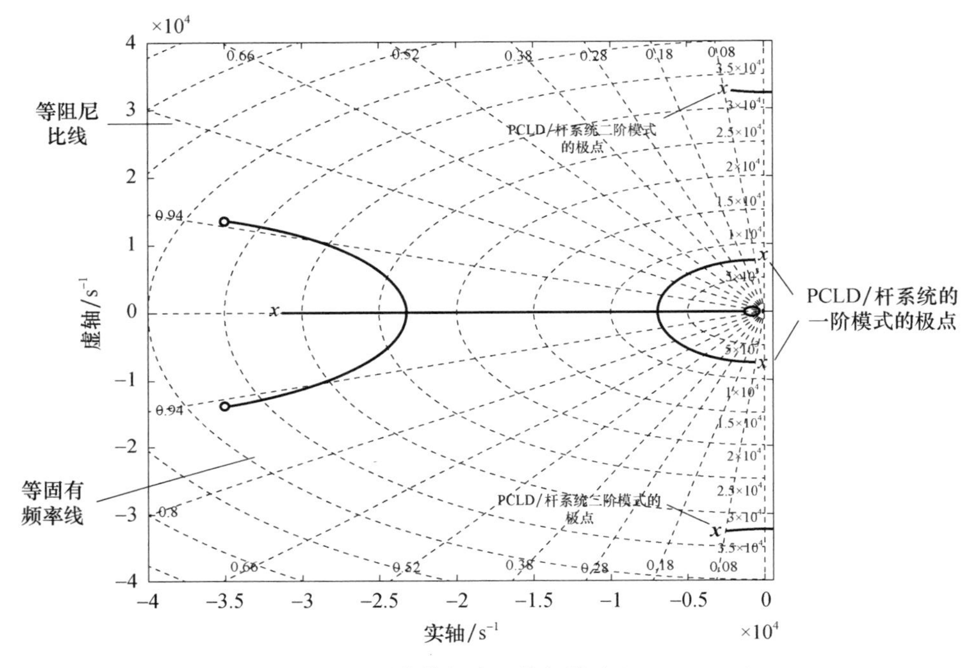

图 7.13　闭环系统特征方程的根轨迹(k_r = 0.01)

例如,对于带有 PCLD 的杆,如图 7.14 中的根轨迹所揭示的,若选择增益为 $9.5\times10^4\text{Nm}^{-1}$,那么该系统的一阶模态阻尼比将会从 ζ = 0.00524 提高到 0.0841。进一步增大增益值,仍然会获得更好的性能,不过当增益值超过 $2.85\times10^5\text{Nm}^{-1}$ 后,二阶振动模态将会变得不稳定(因为根轨迹会穿过虚轴,进入到 s 平面的正侧)。

图 7.15 给出了频域和时域内的性能,其中将杆/ACLD 系统和对应的杆/PCLD 系统以及不带任何处理的杆结构进行了比较。图 7.15 表明,采用 ACLD 处理能够显著改善一阶模态的阻尼特性,不过对二阶模态没有什么影响。这一点在频域中反映得很清晰,ACLD 方式下的行为跟 PCLD 方式下的行为是一致的。此外,在时域内,两种方式中的高频成分在 0~0.75ms 这个区间内高低互

现，而 ACLD 方式下的低频成分却衰减得非常迅速，这也反映了由于引入主动控制而导致了阻尼比的显著增大。

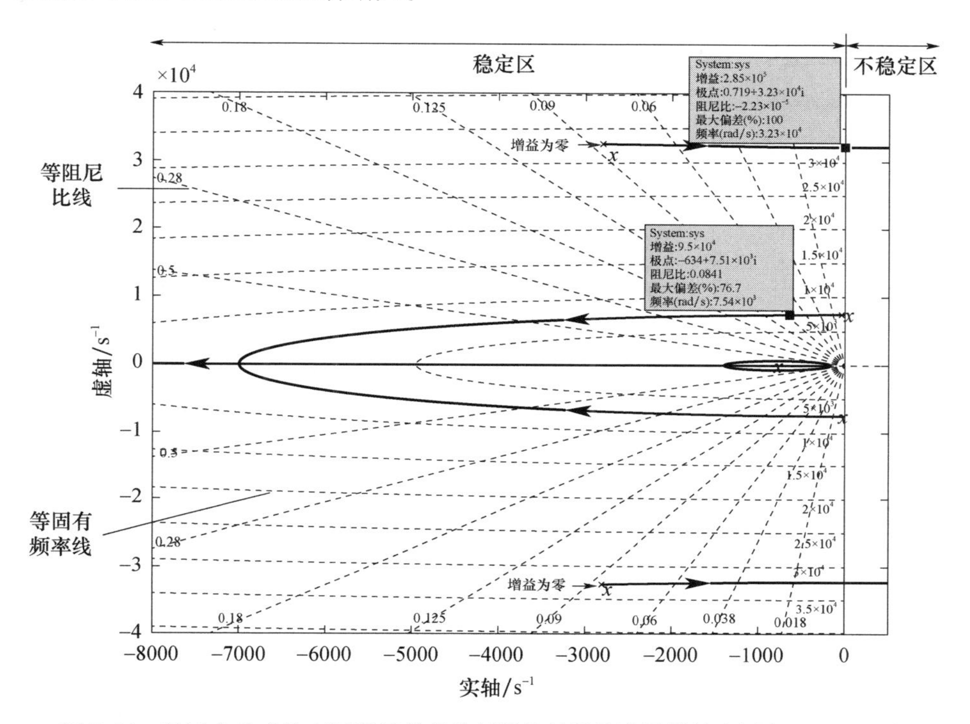

图 7.14　经过主动式约束层阻尼处理的杆结构的根轨迹局部放大图（ $k_r = 0.01$ ）

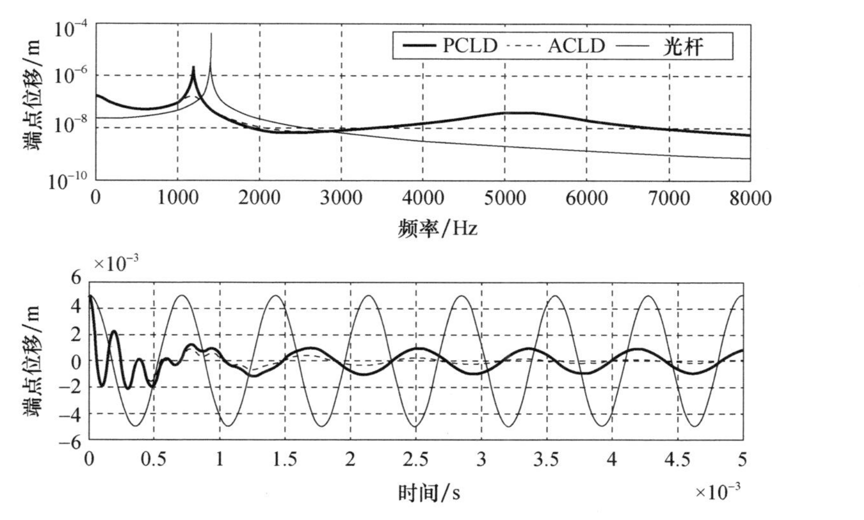

图 7.15　经过主动式约束层阻尼处理的杆结构的频域和时域响应（增益为 $9.5\times10^4\mathrm{Nm}^{-1}$，$k_r = 0.01$ ）

表 7.1 对所考察的基本构型的主要特征做了总结,其中包括了光杆(即无阻尼结构)、经无约束层阻尼处理的杆、带有约束阻尼层的杆(即杆/PCLD)以及杆/ACLD 结构等。

表 7.1　阻尼构型的特征

特征	光杆	经无约束层阻尼处理的杆	杆/PCLD	杆/ACLD
极点	虚数	复数(小的实部)	复数(较大的实部)	复数(更大的实部)
零点	—	位于极点之间	位于极点之间	位于极点之间
阻尼比	零	非常小	较大	更大
稳定性	—	总是稳定的	总是稳定的	控制增益高时可能不稳定

7.3　针对梁的主动式约束层阻尼处理

7.3.1　概述

作为一种简单可靠的技术手段,在相当多的柔性结构的振动抑制场合中,PCLD 处理已经得到了成功而广泛的应用(Cremer 等人,1988)。然而,为了能够在较宽温度范围和频率范围内获得有效的振动抑制性能,PCLD 的重量问题往往却给我们带来了很大的限制,特别是在对重量要求很严格的场合更是如此。

正是从这一限制出发,本节对 7.2 节所述的概念做进一步的讨论,主要涉及的是 ACLD 处理技术(Baz,1993,1996;Baz 和 Ro,1993a,b,1994),它是替换 PCLD 的一种可行途径。ACLD 将被动式和主动式阻尼控制的优良特性综合了起来,可以实现最优的振动抑制功能。尤为重要的是,这一技术不仅保留了被动式阻尼减振的简单性和可靠性,而且只需引入较小的附加质量,同时还能够通过主动控制在较宽频带内获得高阻尼特性。这些特点特别适合于重要结构物的振动抑制应用,例如旋翼机叶片就是如此,它对阻尼处理所需增加的重量有着严格的要求。

本章的重点是建立分布参数模型和有限元模型,用于描述带有 ACLD 处理的结构的行为特性。有限元模型的分析主要是为了进一步增强结构行为预测的实用性,我们将针对梁、板和壳等结构物进行研究,这些结构物可以带有各种各样的边界条件要求,并且可以是通过多片 ACLD 进行部分敷设处理的。此外,借助本章所述的模型,当针对特定目标模态进行传感层的合理空间布置时,还能够预测出 ACLD 的性能。

7.3.2　主动式约束阻尼层概念

如图 7.16 所示，ACLD 包含了一个传统的 PCLD，同时还引入了主动控制手段来对约束层的应变进行控制（根据结构振动情况）。黏弹性阻尼层位于两个压电层中间，从而构成了三层的三明治形式，当将其粘贴到梁上时，也就构成了一种"智能"约束阻尼层（带有内置的传感和作动能力）了。传感层和作动层之间的相互作用对 ACLD 的工作性能存在影响，通过考察一个振动周期内梁的运动，就能够很好地加以认识和理解。

在图 7.16(a)中，当梁在外部力矩 M_e 的作用下向下运动时，传感层将表现为拉应力状态，从而产生一个正值电压 V_s（源于正压电效应），对该电压进行放大后并改变其极性，然后将所得到的电压 V_c 反馈回来，从而去作动压电约束层，使之发生收缩（由于逆压电效应）。这种收缩会在黏弹性层中产生一个剪切变形角 γ_a，它要大于传统被动约束层所产生的剪切角 γ_p。

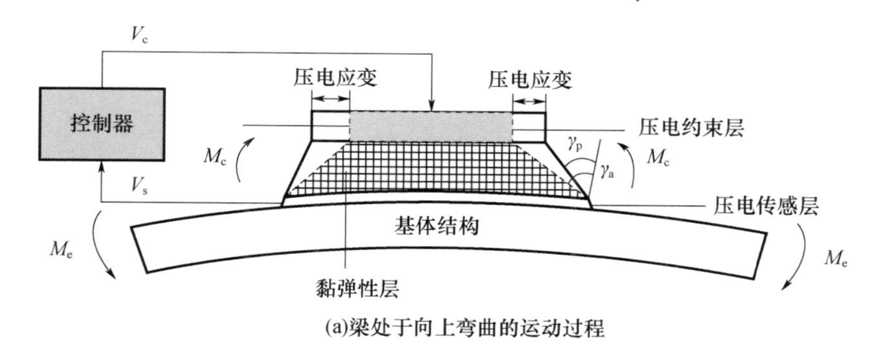

(a)梁处于向上弯曲的运动过程

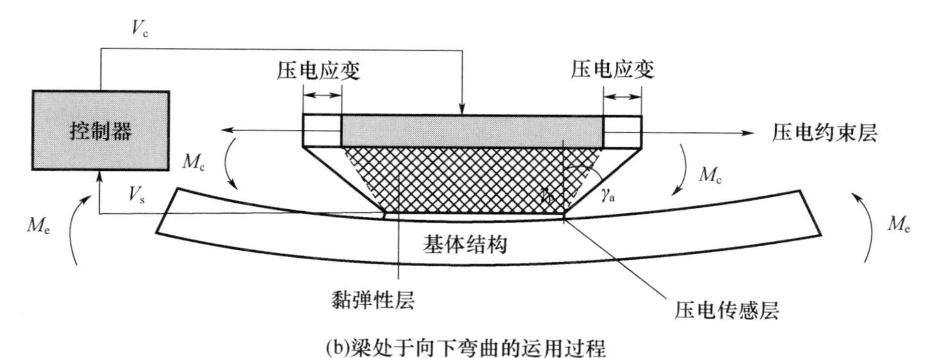

(b)梁处于向下弯曲的运用过程

图 7.16　主动式约束层阻尼处理的基本原理

类似地，图7.16(b)描述了梁在向上运动过程中ACLD的工作原理。在振动周期的这一部分内，梁的上部和压电传感层将承受压应力，进而传感层会生成负值电压，将这一信号直接反馈用于作动主动约束层时，将使得该层发生拉伸，从而增大了剪切变形角γ_a(相对于传统约束层的γ_p而言)。显然，在整个振动周期内，由于黏弹性层剪切变形的增大，因而能量耗散也将随之增强。

进一步，在向上运动(或向下运动)的过程中，压电层的收缩(或扩张)将会生成一个弯矩M_c作用于梁上，该弯矩趋于使梁恢复到其平衡位置，也就是对外力矩M_e形成了抵消效果。因此，在增强的能量耗散作用和附加的恢复弯矩的双重作用下，这个梁的振动就会迅速地衰减掉。这种双重作用在传统约束阻尼层中是不存在的，这也正是智能ACLD之所以具有优良阻尼性能的主要原因。在这一处理方式中，传统的PCLD通过上述双重效应得到了增强，也就是以主动方式对约束层的应变进行了控制。当选择了恰当的应变控制策略后，黏弹性阻尼层的剪切变形将得以增强，进而导致了更强的能量耗散行为，振动也因此得到了有效的抑制。一种可行的控制策略是将传感层电压直接反馈用于作动主动约束层，另一策略则是将传感层电压及其导数都反馈回来，以实施比例和微分控制作用。当采用此类策略后，我们也就在振动梁系统中引入了附加阻尼，并可借助各种主动控制方法来显著改善ACLD的阻尼性能。

可以看出，ACLD为我们提供了一种实用的控制大型结构振动的手段，只需借助压电作动器，且无须过大的作动电压。之所以如此，是因为这种ACLD处理方式是利用了压电作动器来控制较软的黏弹性夹心内的剪切变形，而这也正好与当前压电材料的控制性能相适应。

图7.17所示为ACLD处理方式的不同构型，它们的主要区别体现在传感层的布置上。第一种构型(图7.17(a))是一种经典的三层ACLD处理方式，即由黏弹性材料层、压电约束层和压电传感层构成的三明治形式。

图7.17(b)所示为一种两层的ACLD处理，压电约束层同时作为作动层和传感层使用，因而也称为“自传感压电层”，可以实现传感和作动的同时应用，当施加正确的控制时，可以保证系统的全局稳定性(参见第6章的讨论，Ro和Baz，2002)。

在图7.17(c)所示为第三种构型中，两层ACLD上又附加了一个离散的传感器，在此基础上即可构建控制回路。这个离散的传感器可以是一个加速度传感器或一个应变计，一般应尽可能放置于所处理的位置，这主要是为了更好地近似上面的传感/作动联用的构型。

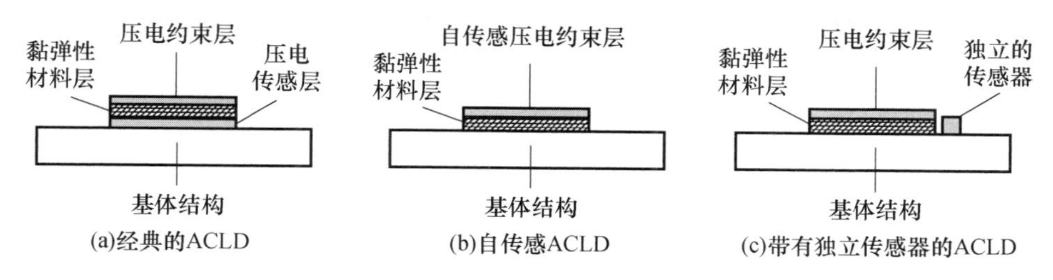

图 7.17 主动式约束层阻尼处理的不同构型

7.3.3 梁/ACLD 系统的有限元建模

这里将建立一个有限元模型来描述带有 ACLD 处理的梁的行为,该模型是对 Trompette 等人(1978)和 Rao(1976)研究工作(针对 PCLD 处理方式的分析)的进一步拓展,其中考虑了分布式和特殊形状的压电传感层(Miller 和 Hubbard,1987)和分布式压电作动层(Crawley 和 de Luis,1987)的行为特性。我们将分析一些用于控制压电传感层和作动层相互作用的控制律,目的是增强振动控制性能。

本节的重点是针对带有多片 ACLD 层的欧拉伯努利梁进行建模,进而揭示出 ACLD 概念的可行性和优点。为了阐明通过特定形状的传感层来控制特定的目标模态的可行性,下面考察带有均匀的和特殊形状的传感层的 ACLD 处理方式。

7.3.3.1 模型

图 7.18 给出了一个三明治梁的 ACLD 处理的原理示意,该梁可以划分成 N 个有限单元。此处假定压电传感层和压电作动层以及基体梁中的剪应变可以忽略不计,并认为在三明治梁的任意横截面上,所有点处的横向位移 w 都是相同的。进一步,还假设压电传感层和作动层以及基体梁都是弹性的,不会耗散能量,不过夹心层是线性黏弹性的。压电传感层和基体梁的结合也假定是理想的,因此可以将它们视为一个等效层,相应地,原四层三明治梁也就可以简化为一个等效的三层梁了。根据这些假定,4.3 节中针对带有 PCLD 的梁的建模过程也就可以拓展用于此处,其中应将压电传感和作动的效应包括进来。

此处的压电传感层可以具有多种形状,例如一般外形、均匀外形或线性外形,分别如图 7.19(a)~(c)所示。

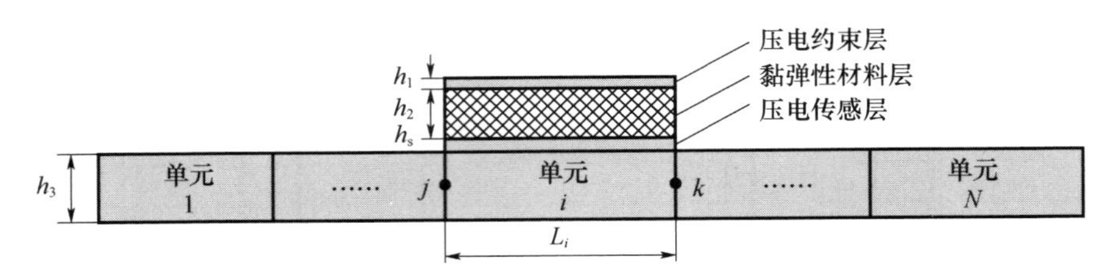

图 7.18　经过 ACLD 处理的梁结构

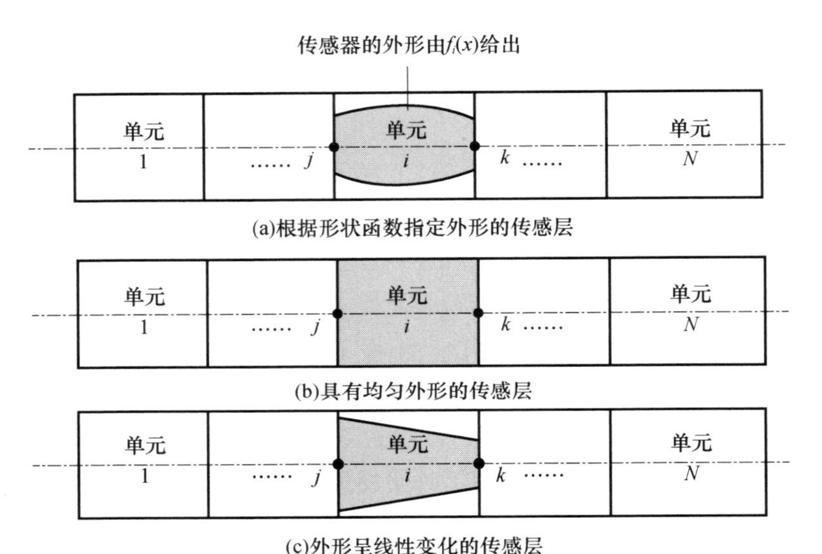

图 7.19　压电传感层

为建立这个梁/ACLD 系统的模型,应当考虑如下方面。

1)势能

该系统的势能与前面的式(4.60)仍然是一致的,即

$$\mathrm{P.E} = \frac{1}{2}\int_0^L \left[\sum_{i=1}^{3} E_i A_i u_{i,x}^2 + (E_1 I_1 + E_3 I_3)\, w_{,xx}^2 + G_2 A_2 \gamma^2 \right] \mathrm{d}x \qquad (7.21)$$

式中:u_1、u_3、w 和 w_x 分别为约束层的轴向位移、梁的轴向位移以及梁的横向位移和转角;γ 为黏弹性材料的剪应变,由式(4.58)给出;E_iA_i 和 E_iI_i 为第 i 层的纵向刚度和横向刚度;G_2A_2 为黏弹性材料的剪切刚度;G_2 为剪切模量。

2)动能

该系统的动能表达式跟式(4.62)也是相同的,即

$$\mathrm{K.E} = \frac{1}{2}\int_0^L \left[\sum_{i=1}^{3} \rho_i A_i \dot{u}_i^2 + \sum_{i=1}^{3} \rho_i A_i \dot{w}^2 \right] \mathrm{d}x \qquad (7.22)$$

式中：ρ_i 为第 i 层材料的密度。

3）压电控制力和力矩

（1）压电作动层。

压电作动层中的应变 ε_{p} 可以表示为（Crawley 和 de Luis，1987）：

$$\varepsilon_{\mathrm{p}}=\left(\frac{d_{31}}{h_1}\right)V_{\mathrm{c}} \tag{7.23}$$

式中：d_{31} 为压电应变常数。这个应变源于作用在压电作动层上的电压 V_{c}，此处假定了该电压在整个梁单元的长度上为常数，一般是通过对压电传感层电压 V_{s} 进行合理的处理之后产生的。

（2）压电传感层。

压电传感层中的应变 ε_{s} 与梁的曲率 $w_{,xx}$ 成比例关系可以表示为

$$\varepsilon_{\mathrm{s}}=-hw_{,xx} \tag{7.24}$$

式中：h 为从梁的中性轴到传感层表面的距离。

将这个应变在传感层的整个长度上进行积分，即可得到输出电压 V_{s}，即（参见附录 7. A）

$$V_{\mathrm{s}}=-\frac{k_{31}^2hb}{g_{31}C}\sum_{i=i_s}^{i_f}\int_0^{L_i}f_i(x)w_{,xx}\mathrm{d}x \tag{7.25}$$

式中：$f_i(x)$ 为空间分布函数，它描述的是第 i 个单元上的传感层形状。对于均匀外形的传感层有 $f_i(x)=1$，对于线性外形有 $f_i(x)=1-x/L$（图 7.19(c)）。在式(7.25)中已经假定了传感层位于单元 i_s 和 i_f 之间。此外，k_{31}^2 为机电耦合系数，g_{31} 为压电电压常数，C 为传感层的电容，可以表示为

$$C=8.854\times10^{-12}\times AK_{3\mathrm{t}}/h_{\mathrm{s}} \tag{7.26}$$

式中：$\boldsymbol{A}$ 为传感层的表面积；$K_{3\mathrm{t}}$ 为无量纲介电常数。

（3）控制律。

通过对压电传感层电压 V_{s} 进行处理，即可产生作动电压 V_{c}。一般地，可以采用如下所示的比例和微分控制律，即

$$V_{\mathrm{c}}=-\left(K_{\mathrm{p}}V_{\mathrm{s}}+K_{\mathrm{d}}\frac{dV_{\mathrm{s}}}{\mathrm{d}t}\right) \tag{7.27}$$

式中：K_{p} 和 K_{d} 分别为比例控制增益和微分控制增益。

（4）控制力和力矩。

对于经过阻尼层处理的梁单元来说，压电约束层产生的控制力和力矩矢量 $\boldsymbol{F}_{\mathrm{c}}$ 可以表示为如下的矩阵形式：

$$\boldsymbol{F}_{\mathrm{c}}=\{F_{\mathrm{p}j},0,0,M_{\mathrm{p}j},F_{\mathrm{p}k},0,0,M_{\mathrm{p}k}\}^{\mathrm{T}} \tag{7.28}$$

式中：$F_{\mathrm{p}j}$，$F_{\mathrm{p}k}$，$M_{\mathrm{p}j}$ 和 $M_{\mathrm{p}k}$ 分别为在节点 j 和 k 上产生的控制力和力矩，下面给出它们的表达式。

对于均匀外形的传感层：

$$\begin{cases}F_{\mathrm{p}j}=-F_{\mathrm{p}k}=\dfrac{-g}{2}G_{\mathrm{c}}(w_{,x_{i_s}}-w_{,x_{i_{f+1}}})\\ F_{\mathrm{w}j}=F_{\mathrm{w}k}=0\\ M_{\mathrm{p}j}=-M_{\mathrm{p}k}=-gG_{\mathrm{c}}\left[\dfrac{1}{2}(u_{1i_s}-u_{1i_f+1})-D_{\mathrm{a}}(w_{,x_{i_s}}-w_{,x_{i_{f+1}}})\right]\end{cases} \tag{7.29}$$

对于特殊形状的传感层：

$$\begin{cases}F_{\mathrm{p}j}=-F_{\mathrm{p}k}=\dfrac{-g}{2L}G_{\mathrm{c}}[(w_{i_s}-w_{i_f+1})+Lw_{,x_{i_s}}],\\ F_{\mathrm{w}j}=F_{\mathrm{w}k}=\dfrac{-g}{2L}G_{\mathrm{c}}[(u_{1i_s}-u_{1i_f+1})-D_{\mathrm{a}}(w_{,x_{i_s}}-w_{,x_{i_{f+1}}})]\\ M_{\mathrm{p}j}=\dfrac{-g}{2}G_{\mathrm{c}}\left[(u_{1i_s}-u_{1i_f+1})-D_{\mathrm{a}}(w_{,x_{i_s}}-w_{,x_{i_{f+1}}})-\dfrac{D_{\mathrm{a}}}{L}(w_{i_s}-w_{i_{f+1}})\right]\\ M_{\mathrm{p}k}=\dfrac{-D_{\mathrm{a}}g}{2}G_{\mathrm{c}}\left[w_{,x_{i_s}}+\dfrac{1}{L}(w_{i_s}-w_{i_{f+1}})\right]\end{cases} \tag{7.30}$$

式中：$g=E_1b^2d_{31}(k_{31}^2D_s/g_{31}C)$；$D_{\mathrm{a}}=\dfrac{h_1+h_3}{2}+h_2$ 为整个三明治梁的中性轴和压电作动层之间的距离；p 为算子 $\mathrm{d}/\mathrm{d}t$；$G_{\mathrm{c}}=(K_{\mathrm{p}}+K_{\mathrm{d}}p)$ 为控制器的增益。

7.3.3.2 运动方程

利用刚度矩阵 $\boldsymbol{K}_i$、质量矩阵 $\boldsymbol{M}_i$ 和控制力矢量 $\boldsymbol{F}_{\mathrm{c}}$，不难建立这一带有 ACLD 的梁单元的动力学方程，即

$$\boldsymbol{M}_i\ddot{\boldsymbol{\Delta}}_i+\boldsymbol{K}_i\boldsymbol{\Delta}_i=\boldsymbol{F}_{\mathrm{c}} \tag{7.31}$$

为了确定比例微分控制作用对该闭环系统的影响，可以对该系统的特征值（即固有频率和阻尼比）进行计算，并将它们与开环系统的特征值加以对比即可。式（7.31）中的 $\boldsymbol{\Delta}_i$ 代表的是第 i 个单元（节点为 j 和 k）的节点位移矢量，即

$$\boldsymbol{\Delta}_i=\{u_{1j},u_{3j},w_j,w_{,x_j},u_{1k},u_{3k},w_k,w_{,x_k}\}^{\mathrm{T}} \tag{7.32}$$

刚度矩阵 $\boldsymbol{K}_i$ 和质量矩阵 $\boldsymbol{M}_i$ 可以从势能和动能的表达式中提取出来，即

$$\mathrm{P.E}=\frac{1}{2}\boldsymbol{\Delta}_i^{\mathrm{T}}\boldsymbol{K}_i\boldsymbol{\Delta}_i,\ \mathrm{K.E}=\frac{1}{2}\dot{\boldsymbol{\Delta}}_i^{\mathrm{T}}\boldsymbol{M}_i\dot{\boldsymbol{\Delta}}_i \tag{7.33}$$

例 7.1　考虑一根悬臂形式的梁/ACLD 系统,其中的黏弹性材料的剪切模量为 $G' = 20\text{MPa}$,损耗因子为 $\eta = 1$,厚度为 $h_2 = 0.0025\text{m}$。各个层的物理参数和几何参数参见表 7.2 和表 7.3。试设计一个速度反馈控制器来控制梁的振动(利用根轨迹法),确定梁自由端的频率响应和系统的控制电压特性,并将这些结果跟梁/PCLD 系统进行比较。假定此处的梁受到的是正弦力作用(1N,位于自由端)。

表 7.2　基体梁和黏弹性材料的物理特性

材料	长度/m	厚度/m	宽度/mm	密度/(kgm^{-3})	杨氏模量/MPa
钢	0.5	0.0125	0.05	7800	210000
黏弹性材料	0.5	0.00625	0.05	1104	60

表 7.3　压电约束层的物理特性

长度/m	厚度/m	宽度/m	密度/(kgm^{-3})	杨氏模量/GPa	d_{31}/(m·V^{-1})	k_{31}	g_{31}/(mVN^{-1})	k_{3t}
0.5	0.0025	0.05	7600	63	1.86×10^{-10}	0.34	1.16	1950

[分析]

梁/ACLD 系统(划分为 N 个有限单元)的运动方程已经在 4.3 节和 7.3.3 节中给出,即

$$\boldsymbol{M}_{\text{t}}\ddot{\boldsymbol{X}}_{\text{t}} + \boldsymbol{C}_{\text{t}}\dot{\boldsymbol{X}}_{\text{t}} + \boldsymbol{K}_{\text{t}}\boldsymbol{X}_{\text{t}} = \boldsymbol{C}_{\text{e}}F_{\text{e}} + \boldsymbol{C}_{\text{c}}F_{\text{c}} \tag{7.34}$$

式中:$\boldsymbol{X}_{\text{t}} = \{u_{1_1}, u_{3_1}, w_1, w_{,x_1}, \cdots, u_{1_N}, u_{3_N}, w_N, w_{,x_N}\}^{\text{T}}_{1\times4N}$;$\boldsymbol{C}_{\text{e}} = [0,0,\cdots,0,1,0]^{\text{T}}_{1\times4N}$;$\boldsymbol{C}_{\text{c}} = [0,0,\cdots,0,1]^{\text{T}}_{1\times4N}$;$F_{\text{e}}$ 和 F_{c} 分别为外部力和控制力;矩阵 $\boldsymbol{M}_{\text{t}}$、$\boldsymbol{C}_{\text{t}}$ 和 $\boldsymbol{K}_{\text{t}}$ 可以参见 4.3.3 节内容。

表 7.4 中列出了开环梁/ACLD 系统的一阶固有频率,并跟基于 ANSYS 得到的预测值进行了对比,可以看出有限元结果跟 ANSYS 结果是非常吻合的。

表 7.4　基于 FEM 和 ANSYS 计算得到的梁/ACLD 系统的固有频率的比较

模态	1	2	3
基于 FEM 得到的固有频率/Hz	48.88	248.4	668.78
基于 ANSYS 得到的固有频率/Hz	46.35	253.52	677.49

采用如下所示的速度反馈控制律来生成控制力 F_c ：

$$F_c = -K_v \boldsymbol{C}_e^{\mathrm{T}} \dot{\boldsymbol{X}}_t \tag{7.35}$$

式中：K_v 为微分控制增益。

联立式(7.34)和式(7.35)可以给出状态空间描述如下，状态方程为

$$\dot{\boldsymbol{X}} = \boldsymbol{A}\boldsymbol{X} + \boldsymbol{B}u \tag{7.36}$$

输出方程为

$$y = \boldsymbol{C}\boldsymbol{X} + Du$$

式中：$\boldsymbol{A} = \begin{bmatrix} 0 & \boldsymbol{I} \\ -\boldsymbol{M}_t^{-1}\boldsymbol{K}_t & -\boldsymbol{M}_t^{-1}\boldsymbol{C}_t \end{bmatrix}$ ；$\boldsymbol{B} = \begin{Bmatrix} 0 \\ \boldsymbol{M}_t^{-1}\boldsymbol{C}_e \end{Bmatrix}$ ；$\boldsymbol{C} = [0_{1\times 4N} \quad 0_{1\times 4(N-1)} \quad 1]$ ；$D = 0$；$u = F_c$ 。

该系统的根轨迹可以借助 MATLAB 软件中的命令“rlocus(A,B,C,D)”来生成。图 7.20 所示为该系统的根轨迹情况，从中不难观察到前 3 个极点的位置，它们跟有限元方法的预测结果是一致的。

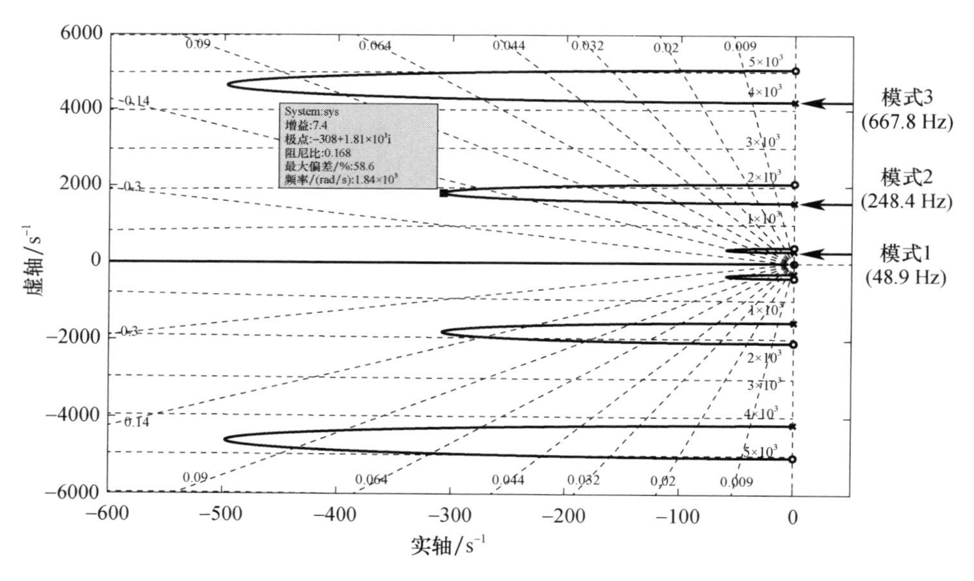

图 7.20 梁/ACLD 系统的根轨迹图

为了获得最大的闭环阻尼，将速度反馈增益设定为 7.4，参见图 7.20。图 7.21(a)给出了梁/ACLD 系统的频率响应，对应的控制电压如图 7.21(b)所示。可以看出，一阶模态处的振幅从控制前的 3.22×10^{-5}m 降低到了控制后(38.15V 控制电压)的 9.93×10^{-6}m 。

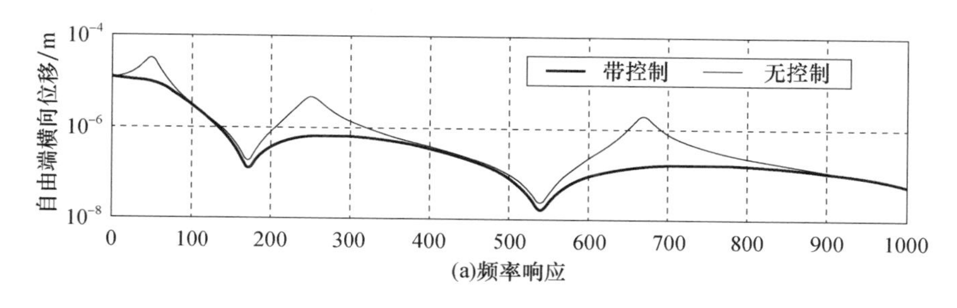

(a)频率响应

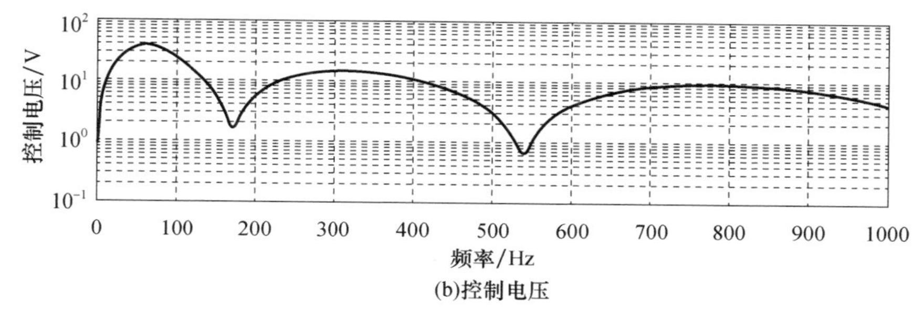

(b)控制电压

图 7.21 梁/ACLD 系统的频率响应和控制电压

例 7.2 考虑图 7.22 所示的梁结构,梁和 ACLD 的主要几何参数和物理参数已经列于表 7.5 和表 7.6 中。若设该梁可以划分为 10 个有限单元,且受到的是横向上的作用力 F,试针对下列情形确定:

(1)频域响应,假定 $F = 0.1\sin(\omega t)$, ω 为激励频率;

(2)时域响应,假定当 $t \leqslant 2\mu s$ 时 $F = 0.1N$, $t > 2\mu s$ 时 $F = 0$。

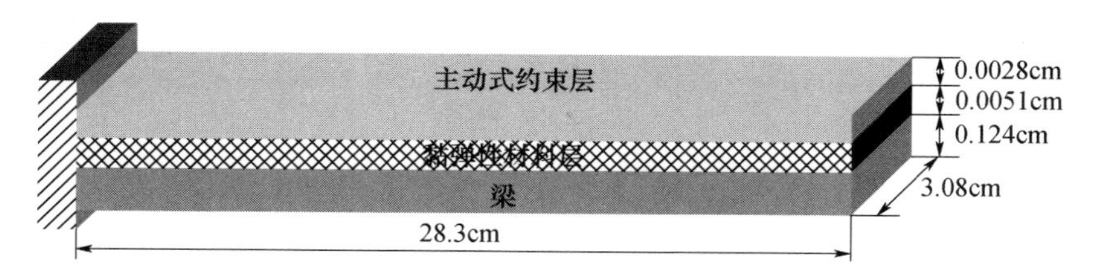

图 7.22 经过 ACLD 处理的梁结构

进一步,将这些结果与不带任何处理的杆的情况进行对比。此处假定黏弹性材料的复剪切模量 G_2 可以通过带有 4 个振荡项的 GHM 模型来描述,其特性参见表 4.5。

最后,将不带控制的梁的响应与施加比例微分控制后的响应进行比较,可以考虑均匀或线性形状的传感层情形。

表 7.5 梁系统的参数

参数	长度/cm	厚度/m	宽度/m	密度/(kgm^{-3})	杨氏模量/MPa
梁	28.4	0.0025	3.08	2700	70000
黏弹性材料	28.4	0.0025	3.08	1100	①
压电片	28.4	2.8×10^{-5}	3.08	1780	4780
注:①由描述 Dyad 606 的包含 4 个振荡项的 GHM 模型给出					

表 7.6 压电约束层(PVDF)

参数	d_{31}/($m\cdot V^{-1}$)	k_{31}	g_{31}/(mVN^{-1})	k_{3t}
值	2.3×10^{-11}	0.15	0.216	12

[分析]

图 7.23(a)示出了这个梁/ACLD 系统的有限元网格,而图 7.23(b)~(d)则给出了前 3 阶模态。表 7.7 列出了该系统的固有频率,其中对比了基于有限元模型和 ANSYS 的结果。

(a)有限元网格

(b)模态1(22.85Hz)

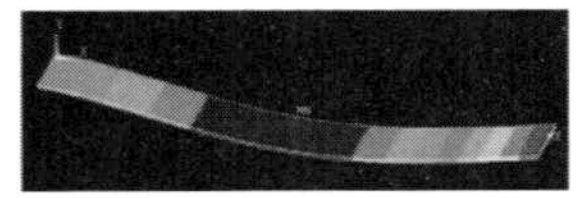

(c)模态2(143.10Hz)

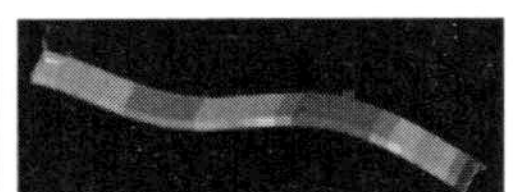

(d)模态3(400.53Hz)

图 7.23 梁/ACLD 系统的有限元模型和模态形状(见彩插)

表 7.7 基于有限元模型和 ANSYS 得到的梁/ACLD 系统的固有频率的比较

方法	模态 1	模态 2	模态 3	模态 4
ANSYS	22.85Hz	143.10Hz	400.53Hz	784.70Hz
MATLAB	21.80Hz	136.50Hz	383.30Hz	754.90Hz

针对带有均匀形状传感层的梁/ACLD 系统,图 7.24 示出了其频域响应,所采用的比例和微分控制增益分别为 $K_p=700Nm^{-1}$ 和 $k_r=0.15$($k_r=K_d/K_p$)。为便于比较,该图中同时还给出了梁/PCLD 的响应。根据这些结果不难看出,采

用了 ACLD 处理之后一阶模态的振幅从 0.0724m 降低到了 0.00242m,所需的控制电压为 78.87V。

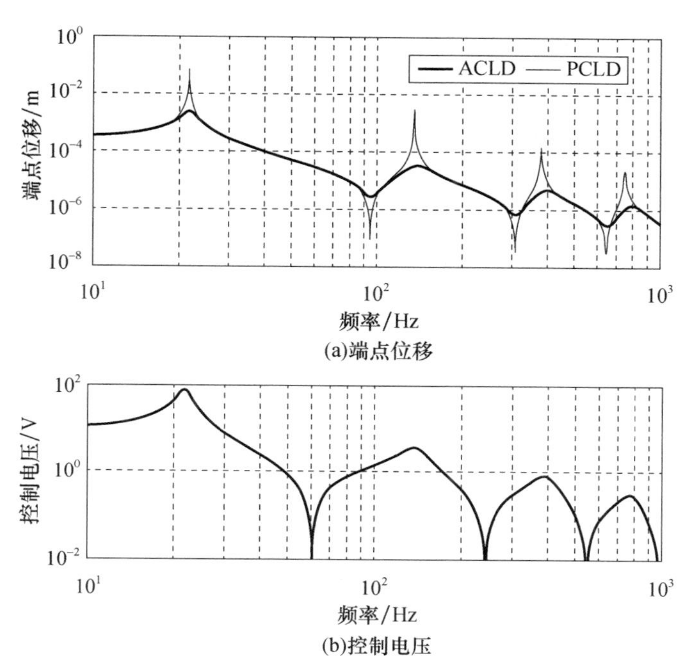

(a)端点位移

(b)控制电压

图 7.24　梁/ACLD 系统(带有均匀外形的传感层)的频域响应

对于带有均匀外形传感层的梁/ACLD 系统,其时域响应特性如图 7.25 所示,采用的比例微分控制增益为 $K_p = 700\text{Nm}^{-1}$ 和 $k_r = 0.15(k_r = K_d/K_p)$,同时该图中也给出了梁/PCLD 系统的响应以供对比。可以发现,采用了 ACLD 之后最大振幅在大约 0.1s 内降低到了 0.0298μm,实现这一快速衰减所需的最大控制电压仅为 0.5V。

图 7.26 和图 7.27 针对带有线性外形传感层的梁/ACLD 系统,示出了频域响应和时域响应特性,所采用的比例和微分控制增益与前面是相同的,同时这些图中也给出了梁/PCLD 系统的结果。从所示的频率响应中我们能够观察到,利用了 ACLD 之后一阶模态处这个最大振幅降低到了 0.0178m,所需控制电压为 336.3V;而从所示的时域响应中则可以注意到,经过 ACLD 处理后,最大振幅在大约 0.1s 内衰减到了 0.476μm,所需的最大控制电压仅为 1.0V。

表 7.8 将均匀外形和线性外形传感层条件下的 ACLD 的特性进行了总结比较,针对的是一阶振动模态。从中不难认识到,带有特殊外形传感层的 ACLD 处理方式能够产生显著的振幅衰减效果,并且所需的控制电压要比均匀外形传感层情况更低一些。

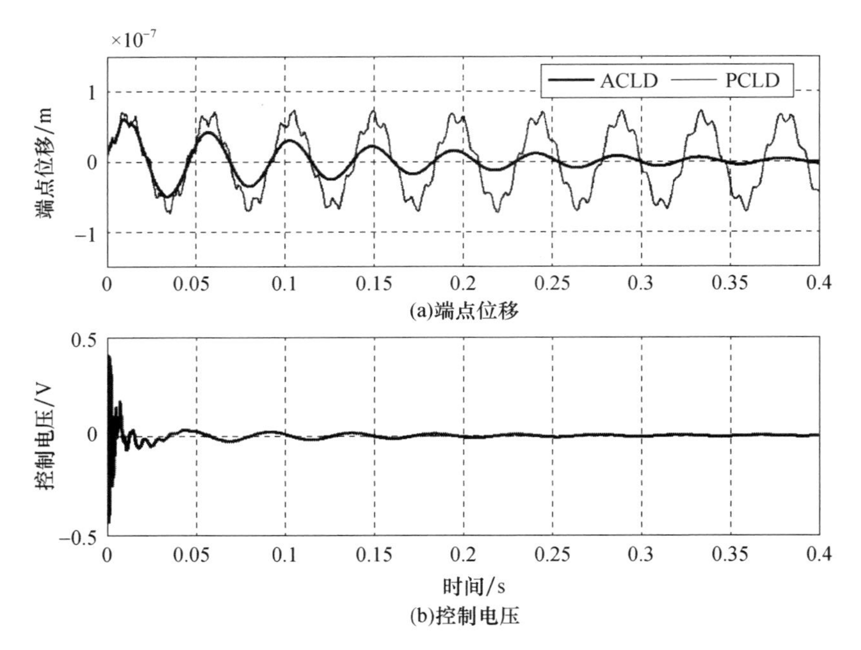

图 7.25　梁/ACLD 系统(带有均匀外形的传感层)的时域响应

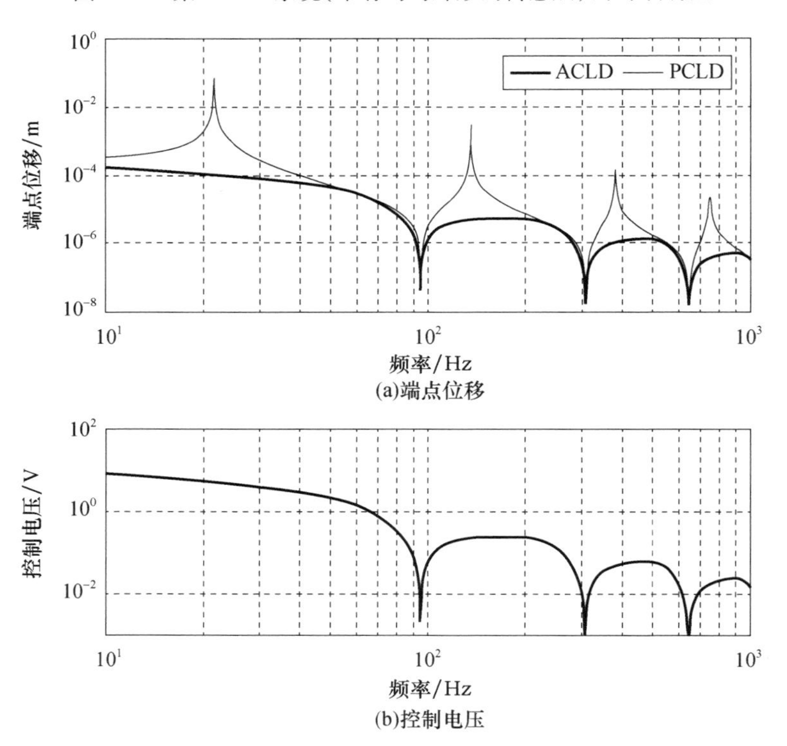

图 7.26　梁/ACLD 系统(带有线性外形的传感层)的频域响应

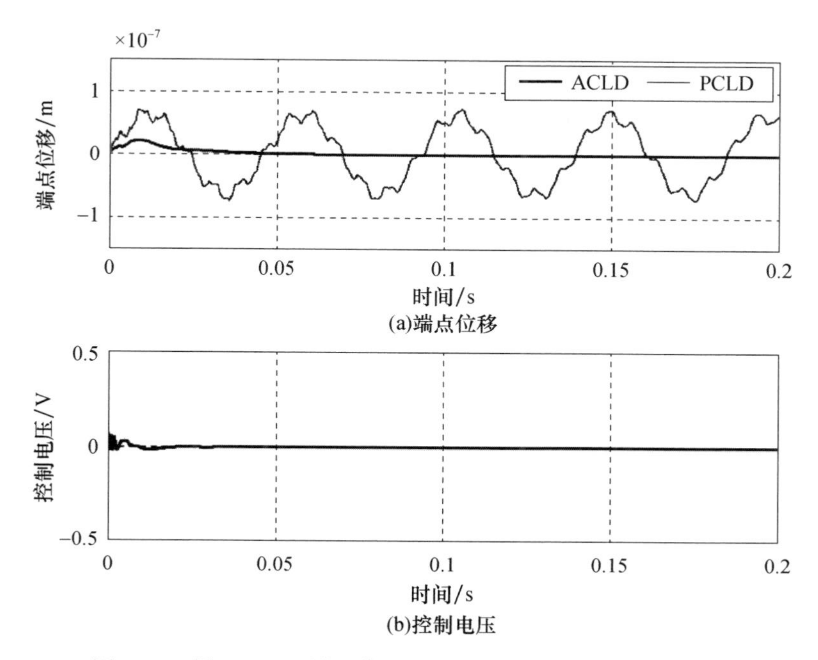

图 7.27　梁/ACLD 系统(带有线性外形的传感层)的时域响应

表 7.8　均匀外形和线性外形传感层条件下的 ACLD 的特性对比

传感层类型	传感层形状	测量参数	频率响应		时域响应	
			最大幅值/m	最大电压/V	最大幅值/μm	最大电压/V
均匀外形	L	$w_{,x}(L)$	0.00242	78.873	0.0585	0.5
外形线性变化	L	$w(L)/L$	1×10^{-6}	4.76	0.0217	0.5

7.3.4　梁/ACLD 系统的分布参数式建模

7.3.4.1　概述

本节主要致力于通过哈密尔顿原理构建一个分布参数式模型(DPM)描述经完全 ACLD 处理的梁的动力学过程(Baz,1997a,b)。基于能量的变分描述要比经典的基于力平衡的剪切模型(Mead 和 Markus,1969;DiTaranto,1965)更为简单,不仅如此,变分描述还能够直接给出与 ACLD 处理有关的边界条件。此外,从主动控制角度来看,变分模型还为我们提供了一种用于全局稳定边界控制策略(与 ACLD 处理方式的工作机制相容)设计的直接手段。借助这一途径,就能够彻底消除跟简单的比例和(或)微分控制有关的失稳问题。更为重要的一点是,由于控制策略是建立在分布参数式模型基础上的,因而经典的溢出问题(源于截断有限元模型)也就不存在了。相应地,利用所设计的边界控制器,就能够对经过 ACLD 处理的结构的所有振动模态进行有效的控制。

7.3.4.2 梁/ACLD 系统中的能量和功

类似于 7.2.3 节所述,先给出势能、动能以及压电作动层和外力所做的功。

1)势能

这里需要对前面的式(7.21)进行修正,从而使之仅包含与黏弹性材料相关的能量中的保守部分,即

$$\text{P. E} = \frac{1}{2}\int_0^L [(K_1 u_{,x1}^2 + K_3 u_{,x3}^2) + D_t w_{,xx}^2 + G_2' A_2 \gamma^2]\,dx \tag{7.37}$$

式中:G_2' 为黏弹性材料的储能剪切模量;$K_1 = E_1 A_1$;$K_3 = E_3 A_3$;$D_t = E_1 I_1 + E_3 I_3$。

2)动能

这里也需要对前式(7.22)进行修正,使之仅包含横向运动对动能的贡献,这是因为此处的纵向运动相关成分是可以忽略不计的。于是有

$$\text{K. E} = \frac{1}{2}\int_0^L m_t \dot{w}^2 dx \tag{7.38}$$

式中:$m_t = \sum_{i=1}^{3} \rho_i A_i$。

3)外力的功

非保守载荷所做的功包括了若干不同成分,分别如下。

(1)压电控制力所做的功 W_1 为

$$W_1 = K_1 \int_0^L \varepsilon_p u_{,x1} dx \tag{7.39}$$

式中:ε_p 为压电作动层中的压电应变,由式(7.23)给出。为了简洁起见,同时也为了突出 ACLD 处理方式的实用性,假定了这个应变在约束层整个长度上都是相同的。

(2)黏弹性夹心内耗散的功 W_2 为

$$W_2 = -A_1 \int_0^L \tau_d \gamma dx \tag{7.40}$$

式中：τ_d 为黏弹性夹心中起到耗散作用的剪应力，可以表示为

$$\tau_d = (G'_2\eta/\omega)\dot{\gamma} = G'_2\eta\gamma i \tag{7.41}$$

式中：η 、ω 和 i 分别为黏弹性夹心的损耗因子、频率和 $\sqrt{-1}$ 。在式(7.41)中，黏弹性夹心的行为是基于常用的复模量方法建模的，这是一种频域方法。

7.3.4.3　分布参数式模型

针对梁/ACLD 系统，利用哈密尔顿原理可以建立其运动方程和边界条件，根据这一原理，有(Meirovitch,2010)

$$\int_{t_1}^{t_2}\left(\delta(\mathrm{K.E}-\mathrm{P.E})+\delta\sum_{i=1}^{2}W_i\right)\mathrm{d}t=0 \tag{7.42}$$

式中：$\delta(\cdot)$ 为括号内参量的一次变分。

于是由此可导出该系统的运动方程如下：

$$-K_1u_{,xx1}+G_2/h_2(u_1-u_3+hw_{,x})=0 \tag{7.43}$$

$$-K_3u_{,xx3}-G_2/h_2(u_1-u_3+hw_{,x})=0 \tag{7.44}$$

$$D_tw_{,xxxx}+m_tw_{,tt}-G_2h/h_2(u_{,x1}-u_{,x3}+hw_{,xx})=0 \tag{7.45}$$

式中：$G_2=G'_2(1+\eta i)$ 为黏弹性材料的复模量。

对于悬臂梁，利用哈密尔顿原理还能够导出如下边界条件：

在 $x=0$ 处：

$$u_1=0, u_3=0, w=0, w_{,x}=0 \tag{7.46}$$

在 $x=L$ 处：

$$u_{,x1}=\varepsilon_p, u_{,x3}=0, w_{,xx}=0, D_tw_{,xxx}-G_2h/h_2(u_1-u_3+hw_{,x})=0 \tag{7.47}$$

由式(7.43)和式(7.44)可得

$$K_1u_{,xx1}+K_3u_{,xx3}=0 \tag{7.48}$$

$$z_{,xx}=g(z+hw_{,x}) \tag{7.49}$$

式中：$z=u_1-u_3$；$g=G_2/h_2[(K_1+K_3)/(K_1K_3)]$ 。

联立式(7.45)和式(7.49)可得

$$z_{,xx}=h\left(\frac{1}{gY}w_{,xxxxx}-w_{,xxx}+\frac{m_t}{gYD_t}w_{,xtt}\right)=gz+ghw_{,x} \tag{7.50}$$

或

$$z=-hw_{,x}+\frac{h}{g}\left(\frac{1}{gY}w_{,xxxxx}-w_{,xxx}+\frac{m}{gYD_t}w_{,xtt}\right) \tag{7.51}$$

式中：$g=\dfrac{G_2}{h_2}\dfrac{K_1+K_3}{K_1K_3}$；$Y=\dfrac{h^2}{D_t}\dfrac{K_1K_3}{K_1+K_3}$；$g$ 和 Y 分别为剪切参数和几何因子，参见

DiTaranto(1973)。

将式(7.51)对 x 求偏导,然后代入式(7.22),整理后就可以得到一个六阶偏微分方程,它描述了梁/ACLD 这个系统的动力学过程,即

$$w_{,xxxxxx} - g(1 + Y)w_{,xxxx} + \frac{m}{D_t}w_{,xxtt} - \frac{gm}{D_t}w_{,tt} = 0 \tag{7.52}$$

相应地,由式(7.46)和式(7.47)给出的边界条件将简化为如下形式。

在 $x = 0$ 处:

$$z = u_1 - u_3 = 0, w = 0, w_{,x} = 0 \tag{7.53}$$

在 $x = L$ 处:

$$z_{,x} = u_{,x1} - u_{,x3} = \varepsilon_p, w_{,xx} = 0, D_t w_{,xxx} - G_2 h/h_2(u_1 - u_3 + hw_{,x}) = 0 \tag{7.54}$$

利用式(7.51)及其对 x 的空间导数,可以进一步将边界条件简化为如下形式。

在 $x = 0$ 处:

$$w_{,xxxxx} - gYw_{,xxx} = 0, w = 0, w_{,x} = 0 \tag{7.55}$$

在 $x = L$ 处:

$$\begin{cases} \dfrac{D_t}{mg}w_{,xxxx} + \dfrac{1}{g}w_{,tt} - \dfrac{YD_t}{mh}\varepsilon_p = 0, w_{,xx} = 0 \\ \dfrac{D_t}{mg}w_{,xxxxx} - \dfrac{D_t}{m}(1 + Y)w_{,xxx} + \dfrac{1}{g}w_{,xtt} = 0 \end{cases} \tag{7.56}$$

值得重视的是,这个描述梁/ACLD 系统的六阶偏微分方程跟 Mead 和 Markus(1969)得到的用于描述带有传统 PCLD 的梁系统的方程是一致的。不过,由式(7.56)给出的边界条件有所不同,其中考虑了由应变 ε_p 产生的控制作用,这个应变是由主动约束层诱发的,该控制作用体现在梁的自由端,即 $x = L$ 处。因此可以说,这个梁/ACLD 系统的工作机制的特殊性就体现在边界控制作用上。

7.3.4.4 全局稳定的边界控制策略

本节将给出具有全局稳定性的控制策略,它主要致力于确保梁/ACLD 系统的总能量(E_n = P. E + K. E)始终是时间的严格非增函数。

这一总能量可以表示为

$$E_n = \frac{1}{2}\int_0^L [(K_1 u_{,x1}^2 + K_3 u_{,x3}^2) + D_t w_{,xx}^2 + G_2' A_2 \gamma^2]\,\mathrm{d}x + \frac{1}{2}\int_0^L m_t \dot{w}^2 \mathrm{d}x \tag{7.57}$$

将式(7.57)对时间求导,并利用式(7.52)~式(7.54),可得

$$\dot{E}_{\mathrm{n}}=K_1u_{,t1}(L)\varepsilon_{\mathrm{p}}-(G_2'\eta A_2/\omega)\int_0^L\gamma_{,t}^2\mathrm{d}x \tag{7.58}$$

式(7.58)中的第二项是严格负的,因此,为了获得全局稳定的边界控制器(即能量范数连续下降,或者 $\dot{E}_{\mathrm{n}}<0$),控制作用 ε_{p} 应取如下形式:

$$\varepsilon_{\mathrm{p}}=-K_{\mathrm{g}}u_{,t1}(L) \tag{7.59}$$

式中:K_{g} 为该边界控制器的增益。显然,这种形式的控制器能够使得总能量的变化率始终是严格负的。

从式(7.59)可以看出,这一控制作用实际上是对压电约束层纵向位移的速度反馈,此外还可注意到,当这个控制作用由于某种原因停止或者失效时(即 $\varepsilon_{\mathrm{p}}=0$ 时),这个系统仍然是全局稳定的,参见式(7.58)。这种固有的稳定性主要源于该式中的第二项,它定量描述了被动式约束阻尼层的贡献。

7.3.4.5 全局稳定边界控制策略的实现

上述的具有全局稳定性的边界控制策略可以通过如下两种方式来实现。

(1)基于式(7.57),以压电作动层的纵向位移 u_1 的形式来实现,即

$$\varepsilon_{\mathrm{p}}=-K_{\mathrm{g}}su_1(L) \tag{7.60}$$

式中:s 为拉普拉斯复变量。

(2)基于式(7.47)和式(7.48),以基体梁纵向位移 u_3 的形式来实现,即

$$u_3(L)=-\frac{K_1}{K_3}u_1(L)+\frac{K_1}{K_3s}\varepsilon_{\mathrm{p}} \tag{7.61}$$

利用式(7.60),消去式(7.61)中的 u_1,也就得到了以 u_3 形式表达的控制作用了,即

$$\varepsilon_{\mathrm{p}}=\frac{K_{\mathrm{g}}K_3s}{K_1(1+K_{\mathrm{g}})}u_3(L) \tag{7.62}$$

7.3.4.6 梁/ACLD 系统的响应

对于这个梁/ACLD 系统来说,其响应 w 可以通过求解式(7.52)得到,此处需要采用经典的分离变量方法,即令

$$w=W(x)T(t) \tag{7.63}$$

式中:$W(x)$ 和 $T(t)$ 分别为空间函数和时间函数部分。将式(7.63)代入式(7.52)中,并考虑到 $\ddot{T}/T=-\omega^2$,可以得到如下特征方程:

$$\lambda^6-g(1+Y)\lambda^4-\left(\frac{\omega^2m_{\mathrm{t}}}{D_{\mathrm{t}}}\right)\lambda^2+\left(\frac{\omega^2m_{\mathrm{t}}g}{D_{\mathrm{t}}}\right)=0 \tag{7.64}$$

式中：λ 为关于 x 的微分算子。若设 $\pm\delta_i$ ($i=1,2,3$)为该特征方程的根,那么空间函数 $W(x)$ 就可以表示为如下形式：

$$W(x)=C_1\mathrm{e}^{\delta_1 x}+C_2\mathrm{e}^{-\delta_1 x}+C_3\mathrm{e}^{\delta_2 x}+C_4\mathrm{e}^{-\delta_2 x}+C_5\mathrm{e}^{\delta_3 x}+C_6\mathrm{e}^{-\delta_3 x} \quad (7.65)$$

式(7.65)中的系数 C_i 应当根据边界条件(式(7.55)和式(7.56))确定。

例 7.3 考虑例 7.1 中所述的悬臂梁/ACLD 系统(带有黏弹性材料),若采用速度反馈控制器进行控制,且控制增益取 $K_D=7.4$,试确定该系统的柔度和控制电压特性,并将这些特性跟基于分布参数式模型方法(参见 7.3.4 节)得到的梁/PCLD 系统的情况进行对比。进一步,如果假定该梁受到的是自由端处的单位正弦载荷作用,试将分布参数式模型方法的预测结果跟有限元模型预测结果进行比较。最后,试确定梁/ACLD 系统的能量耗散特性,并跟梁/PCLD 系统进行对比。

[分析]

需要注意的是,当这个梁/ACLD 系统受到端部的横向载荷 F 作用时,$x=L$ 处的边界条件(7.56)必须做如下修正,即

$$\frac{D_{\mathrm{t}}}{mg}w_{,xxxxx}-\frac{D_{\mathrm{t}}}{m}(1+Y)w_{,xxx}+\frac{1}{g}w_{,xtt}=F/(bm) \quad (7.66)$$

于是,利用式(7.65)和式(7.55)、式(7.56),在考虑了式(7.66)这一修正之后,就可以确定出梁的横向位移 $W(x)$ 。

针对开环梁/ACLD 系统($K_D=0$),图 7.28 将基于有限元和分布参数式模型方法得到的频域响应特性进行了对比。不难看出,这两种方法得到的结果是非常吻合的。

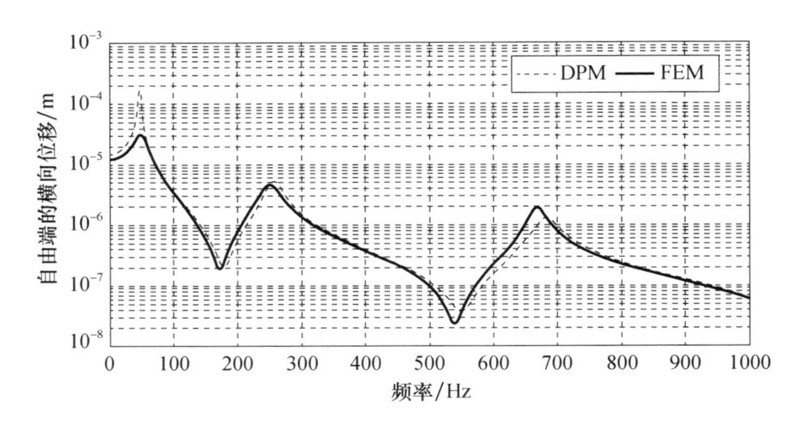

图 7.28 经过 PCLD 处理的梁结构的频率响应和控制电压($K_{\mathrm{D}}=0$)

表7.9中进一步将梁/ACLD系统的前三阶固有频率进行了比较,其中包括了基于有限元方法、ANSYS和分布参数式模型方法得到的结果,针对的也是 $K_D = 0$ 的情况。很明显,分布参数式模型方法的预测结果是非常接近于ANSYS计算结果的。

表7.9 基于FEM、ANSYS和DPM得到的梁/ACLD系统的固有频率的比较

模态	1	2	3
FEM得到的固有频率/Hz	48.88	248.4	668.78
ANSYS得到的固有频率/Hz	46.35	253.52	677.49
DPM得到的固有频率/Hz	47.00	256.00	683.00

图7.29所示为梁/ACLD系统在控制增益为 $K_D = 7.4$ 时的柔度和控制电压特性,同时还跟梁/PCLD系统(即,$K_D = 0$)的特性进行了比较。可以注意到,对于梁/ACLD系统的闭环响应特性,分布参数式模型方法和有限元方法所预测的结果之间存在一定的偏差,主要是因为在分布参数式模型方法中,控制作用是线性力(因为应变 ε_p 作用在约束层上),而在有限元方法中,控制作用是一个力矩(因为压电应变作用在整个系统上)。

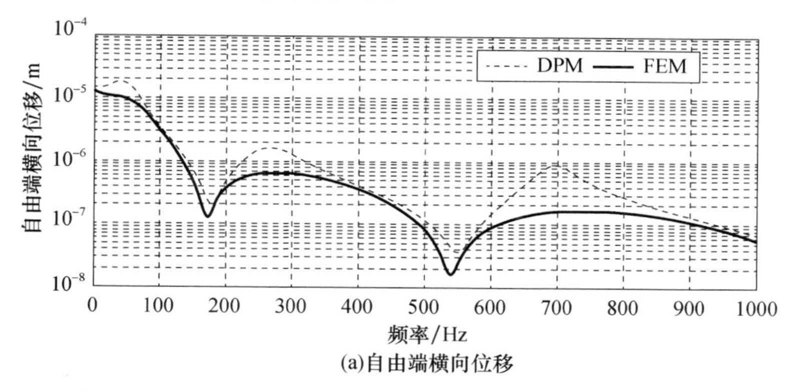

(a)自由端横向位移

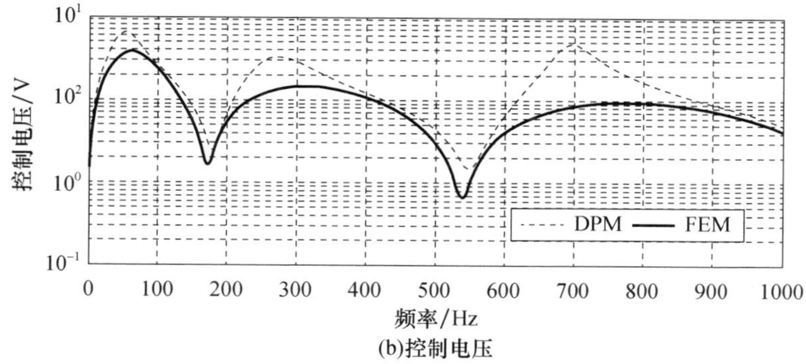

(b)控制电压

图7.29 经过ACLD处理的梁结构的频率响应和控制电压($K_D = 7.4$)

梁/ACLD 系统所耗散的能量由式(7.40)和式(7.41)给出,即

$$D = G_2'\eta(bh_2)\int_0^L \gamma^2 \mathrm{d}x \tag{7.67}$$

式(7.67)中的剪应变 γ 可以根据式(7.51)确定,即

$$\gamma = \frac{1}{h_2}(z + hw_{,x}) = \frac{h}{h_2 g}\left(\frac{1}{gY}w_{,xxxxx} - w_{,xxx} + \frac{m}{gYD_\mathrm{t}}w_{,xtt}\right) \tag{7.68}$$

图 7.30 所示为梁/ACLD 系统的能量耗散特性,并跟梁/PCLD 系统进行了比较。显然,经过 ACLD 处理后,能量耗散要比 PCLD 处理更为显著,特别是在高频处。

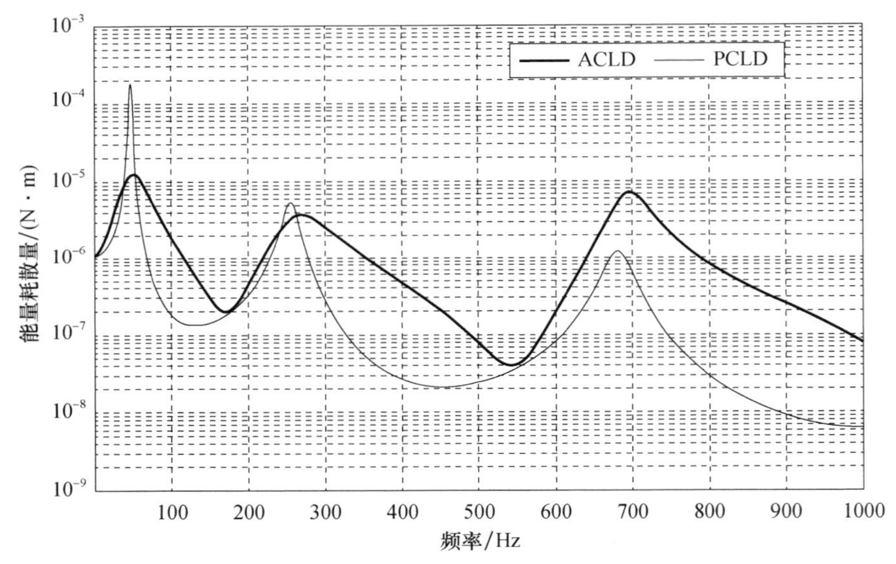

图 7.30　梁/ACLD 系统的能量耗散特性(K_D = 7.4)

最后,表 7.10 中将梁/ACLD 系统和梁/PCLD 系统的性能特性做了进一步的总结和比较。

表 7.10　不同控制增益条件下梁/ACLD 系统的性能

模态阶次	无控制情形			K_D = 7.4			
	频率/Hz	幅值/μm	能量耗散/μJ	频率/Hz	幅值/μm	能量耗散/μJ	电压/V
1	47	187.4	187.8	42	0.1823	0.124	64.28
2	256	5.366	5.231	262	1.626	3.729	32.98
3	683	1.181	1.121	702	0.903	7.030	47.21

7.4 针对板的主动式约束层阻尼处理

在 4.7 节中已经给出了一个用于描述带有 PCLD 的板的行为特性的有限元模型，本节将针对由主动约束层产生的控制力和力矩的效应做进一步的分析。

7.4.1 主动约束层产生的控制力和力矩

7.4.1.1 面内压电力

第 j 个节点处的面内力($\boldsymbol{F}_{px}, \boldsymbol{F}_{py}, \boldsymbol{F}_{pxy}$)可以表示为

$$\begin{Bmatrix} F_{px_j} \\ F_{py_j} \\ F_{pxy_j} \end{Bmatrix} = (K_p + K_d p)\ V_s \iint_{a_i b_i} \left(\boldsymbol{B}_{1p}^{T} \boldsymbol{D}_{1p} \begin{Bmatrix} d_{31} \\ d_{32} \\ 0 \end{Bmatrix} \right) \mathrm{d}x\mathrm{d}y \quad j=1\sim 4 \tag{7.69}$$

式中：K_p 和 K_d 分别为比例和微分控制增益；p 和 V_s 分别为算子 $\mathrm{d}/\mathrm{d}t$ 和传感层电压；常数 d_{31} 和 d_{32} 分别为 x 和 y 方向上的压电应变常数；$\boldsymbol{B}_{1p}$ 和 $\boldsymbol{D}_{1p}$ 为(参见 4.8 节)

$$\boldsymbol{B}_{1p} = \begin{bmatrix} \boldsymbol{N}_{u1,x} \\ \boldsymbol{N}_{v1,x} \\ \boldsymbol{N}_{u1,y} + \boldsymbol{N}_{v1,x} \end{bmatrix}, \boldsymbol{D}_{1p} = \frac{E_1}{1-\nu_1^2} \begin{bmatrix} 1 & v_1 & 0 \\ v_1 & 1 & 0 \\ 0 & 0 & \frac{1}{2}(1-v_1) \end{bmatrix} \tag{7.70}$$

式中：$\boldsymbol{N}_{u1}$ 和 $\boldsymbol{N}_{v1}$ 为轴向形函数；E_1 和 ν_1 分别为压电约束层的杨氏模量和泊松比。

7.4.1.2 压电力矩

由于压电约束层的弯曲导致的压电力矩 $\boldsymbol{M}_{pi}$ 可以表示为

$$\begin{Bmatrix} M_{px_j} \\ M_{py_j} \\ M_{pxy_j} \end{Bmatrix} = (K_p + K_d p)\ V_s h \iint_{a_i b_i} \left(\boldsymbol{B}_{1b}^{T} \boldsymbol{D}_{1b} \begin{Bmatrix} d_{31} \\ d_{32} \\ 0 \end{Bmatrix} \right) \mathrm{d}x\mathrm{d}y \quad (j = 1 \sim 4) \tag{7.71}$$

式中：$h = h_2 + \frac{1}{2}(h_1 + h_3)$ 。

7.4.1.3 压电传感层

压电传感层产生的电压 V_s 可以根据式(7.72)得到(参见附录 7.A, Lee, 1987):

$$V_s = \frac{k_{31}^2 b}{g_{31} C} \sum_{i_{sx}}^{i_{fx}} \sum_{i_{sy}}^{i_{fy}} \iint_{a_i b_i} b(x,y)[(u_{1,x} + v_{1,y}) - h(w_{,xx} + w_{,yy})]\,\mathrm{d}x\mathrm{d}y = \boldsymbol{B}_s \boldsymbol{\Delta}_i \tag{7.72}$$

式中:

$$\boldsymbol{B}_s = \frac{k_{31}^2 b}{g_{31} C} \sum_{i_{sx}}^{i_{fx}} \sum_{i_{sy}}^{i_{fy}} \iint_{a_i b_i} b(x,y)[([\boldsymbol{N}_{u_1}]_{,x} + [\boldsymbol{N}_{v_1}]_{,y}) - h([\boldsymbol{N}_w]_{,xx} + [\boldsymbol{N}_w]_{,yy})]\,\mathrm{d}x\mathrm{d}y \tag{7.73}$$

h 为从板的中性平面到传感层表面的距离;$b(x,y)$ 为传感层的形状函数($b(x,y)=1$ 代表均匀外形)。此处已经假定了传感层在 x 方向上位于单元 i_{sx} 和 i_{fx} 之间,在 y 方向上处于单元 i_{sy} 和 i_{fy} 之间。k_{31}^2 为机电耦合系数,g_{31} 为压电电压常数,$\boldsymbol{C}$ 为传感层的电容,可以表示为

$$C = 8.854 \times 10^{-12} A k_{3t} / h_1 \tag{7.74}$$

式中:$\boldsymbol{A}$ 为传感层的表面积;k_{3t} 为介电常数。

此外,$\boldsymbol{N}_{u_1}$、$\boldsymbol{N}_{v_1}$ 和 $\boldsymbol{N}_w$ 分别为面内和横向上的形函数,可以参阅 4.8 节。

7.4.1.4 作用于压电约束层的控制电压

作用在压电约束层上的电压 V_A 可以表示为

$$V_A = (K_p + K_d p)\, V_s \tag{7.75}$$

7.4.2 运动方程

对于经过 ACLD 处理的板单元,其动力学特性一般可以通过式(7.76)刻画:

$$\boldsymbol{M}_i \ddot{\boldsymbol{\Delta}}_i + \boldsymbol{K}_i \boldsymbol{\Delta}_i = \boldsymbol{F}_c \tag{7.76}$$

式中:$\boldsymbol{M}_i$ 和 $\boldsymbol{K}_i$ 分别为这个板/ACLD 单元的质量矩阵和刚度矩阵(参见附录 7.A);矢量 $\boldsymbol{F}_c$ 为(由压电约束层产生的)作用在板单元上的控制力和力矩所构成的矢量,即

$$\boldsymbol{F}_c = \{\boldsymbol{F}_1, \boldsymbol{F}_2, \boldsymbol{F}_3, \boldsymbol{F}_4\}^{\mathrm{T}} \tag{7.77}$$

式中：

$$\boldsymbol{F}_i=\{F_{\mathrm{p}xi},F_{\mathrm{p}yi},0,0,-F_{\mathrm{p}xi},-F_{\mathrm{p}yi},0,M_{\mathrm{p}xi},M_{\mathrm{p}yi}\}^{\mathrm{T}}\quad(i=1,2,3\cdots,4)\tag{7.78}$$

例7.4 考虑如图7.31所示的采用两块ACLD片进行处理的悬臂铝板,ACLD片放置于板的固支端,板的尺寸和ACLD片的尺寸如图所示,$h_1=h_2=h_3=0.005\mathrm{m}$。黏弹性材料可以通过带有3个振荡项的GHM模型来描述,即

$$G_2(s)=G_0\left(1+\sum_{i=1}^{3}\alpha_i\frac{s^2+2\zeta_i\omega_i s}{s^2+2\zeta_i\omega_i s+\omega_i^2}\right),\ G_0=0.5\mathrm{MPa}$$

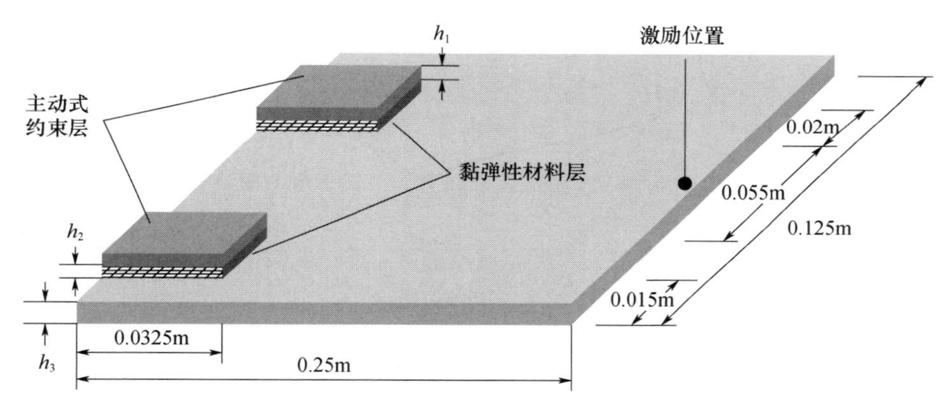

图7.31 采用两块ACLD片进行处理的悬臂板结构

参数α_i、ζ_i和ω_i见表4.7。假定此处的约束层是由压电材料(PZT-4)制备而成的,$d_{31}=d_{32}=-1.23\times10^{-10}\mathrm{mV}^{-1}$,$C_{31}^E=C_{32}^E=78.3\mathrm{GPa}$。试确定当板的自由端中部受到单位力作用时,在不同控制增益条件下系统的时域和频域响应。

[分析]

图7.32所示为这个板/ACLD系统的振动模态。图7.33所示为板自由端的频域响应和对应的控制电压,此处的ACLD片是采用速度反馈来进行控制的,增益为$K=10\mathrm{Nsm}^{-1}$。为了便于比较,图3.3中同时还给出了开环状态下(即,$K=0$)板的响应情况,可以看出此时控制器仅对高阶模态是有效的。当控制增益增大到$K=1000\mathrm{Nsm}^{-1}$时,所得到的板的频率响应和控制电压如图7.34所示。这种情况下控制器在较宽频率范围内都对振动产生了明显的抑制效应,包括低频振动模态。需要注意的是,此时所需的最大控制电压仅为13.37V。

进一步，表 7.11 将不同控制增益下板/ACLD 系统在一阶振动模态处的性能特性做了归纳。

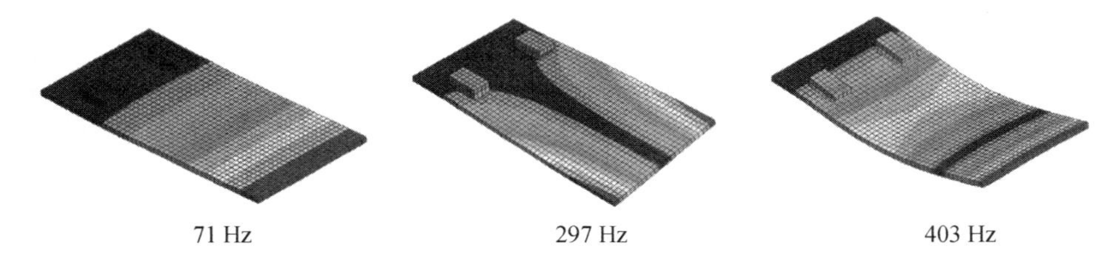

图 7.32　带有两块 ACLD 片的悬臂板结构的振动模态(见彩插)

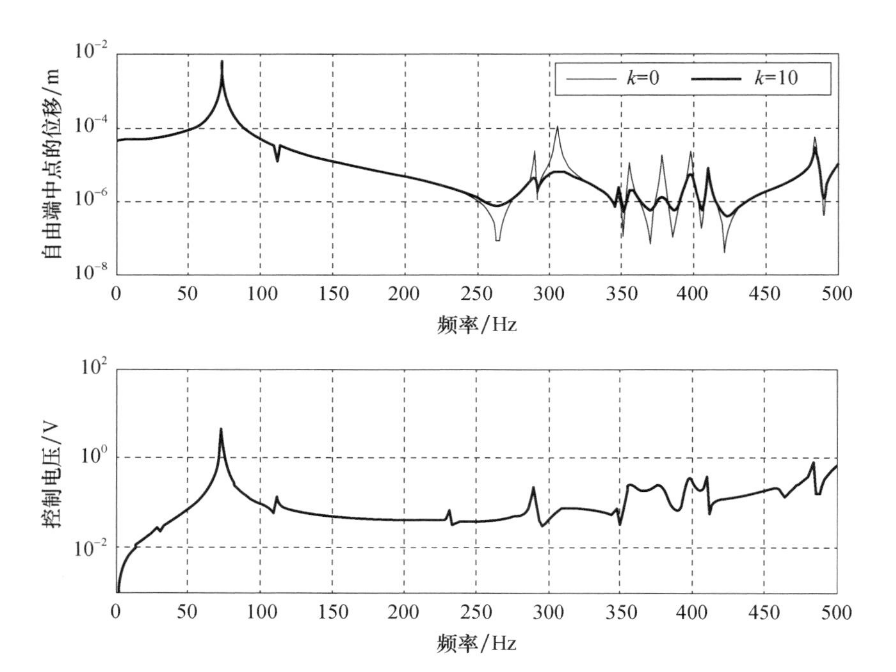

图 7.33　带有两块 ACLD 片的悬臂板结构的频率响应和控制电压
（ $K = 0$（开环）和 $K = 10\text{Nsm}^{-1}$（闭环）两种情形）

表 7.11　不同控制增益条件下板/ACLD 系统在频域内的性能

控制增益	最大位移/m	最大控制电压/V
0	0. 00747	0
10	0. 00327	4. 047
1000	0. 00054	13. 37

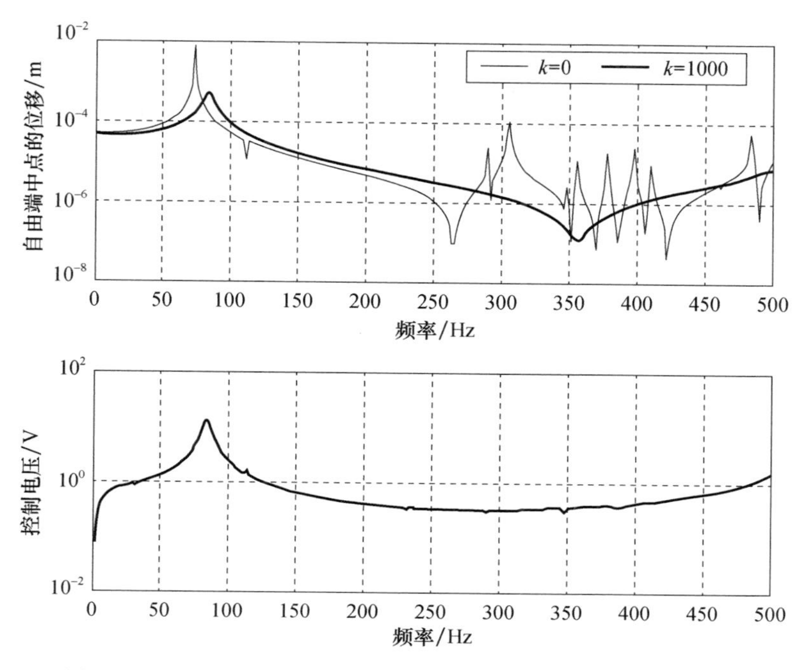

图 7.34　带有两块 ACLD 片的悬臂板结构的频率响应和控制电压
（K = 0（开环）和 K = 1000Nsm^{-1}（闭环）两种情形）

图 7.35 所示为当采用速度反馈对该 ACLD 片进行控制时（增益为 K = 10Nsm^{-1}），板末端的时域响应和对应的控制电压，此处的板受到的是作用在末端中点处的瞬态力（1N，持续时间 0.01s）。图 7.35 中还将闭环响应跟开环响应（即，$K=0$ 的情况）做了比较。由此不难看出，阻尼比从开环条件下的 0.00196 增大到了闭环情况下的 0.00710，并且值得注意的是，阻尼比的这一增大（3.5 倍）仅需 0.158V 的电压。

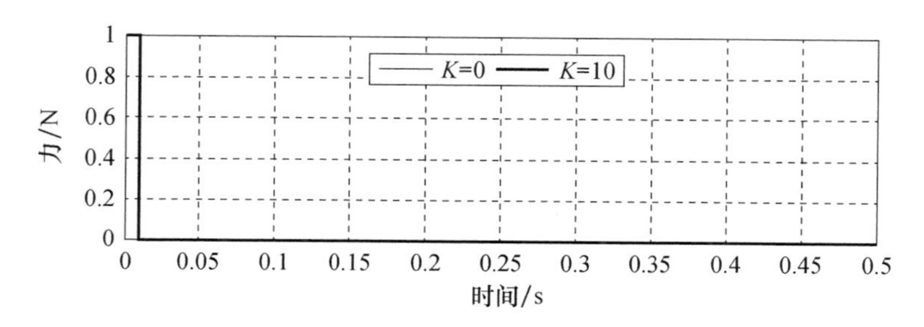

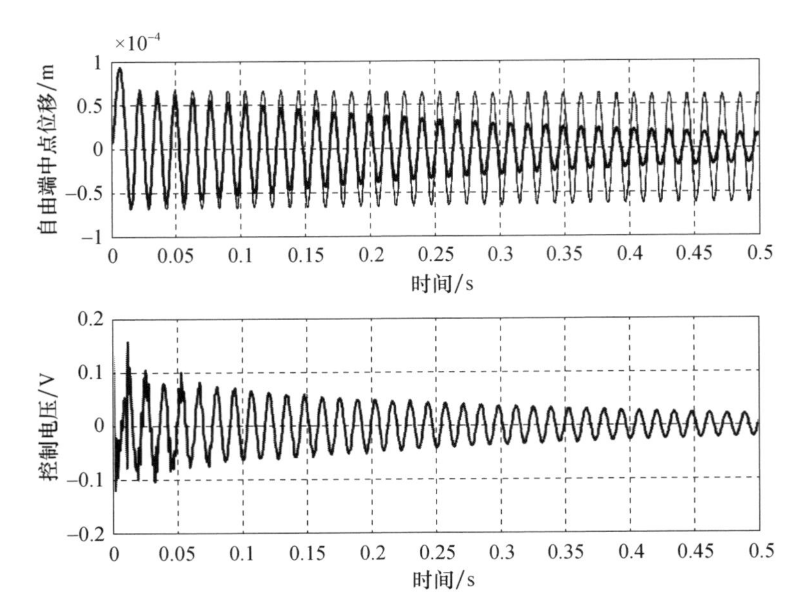

图 7.35 带有两块 ACLD 片的悬臂板结构的时域响应和控制电压
（$K=0$（开环）和 $K=10\text{Nsm}^{-1}$（闭环）两种情形）

当控制增益增大到 $K=1000\text{Nsm}^{-1}$ 时，板的时域响应和控制电压如图 7.36 所示。可以发现，控制增益的增大使得阻尼比从开环状态下的 0.00196 增大到了闭环状态下的 0.051，而获得这一 25 倍的增大仅需 1.424V 的电压。

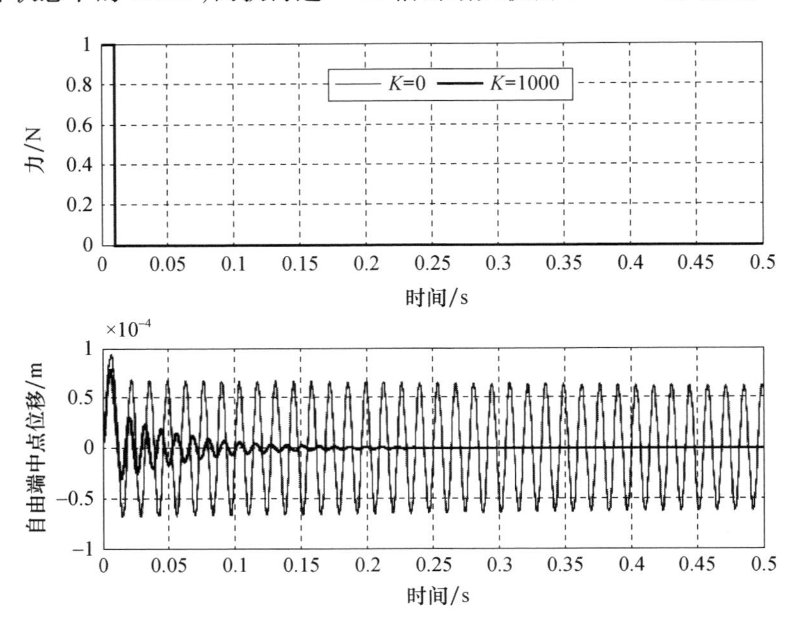

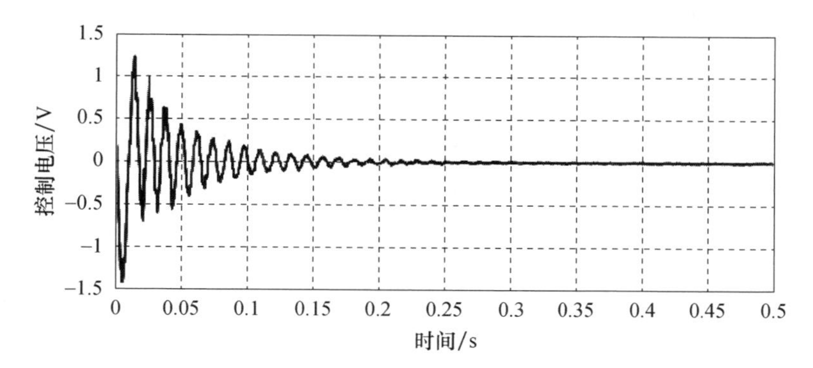

图 7.36　带有两块 ACLD 片的悬臂板结构的时域响应和控制电压

（$K = 0$（开环）和 $K = 1000\mathrm{Nsm}^{-1}$（闭环）两种情形）

表 7.12 将不同控制增益下板/ACLD 系统的闭环阻尼比和控制电压进行了归纳，其中也跟开环系统的特性做了对比。

表 7.12　不同控制增益下板/ACLD 系统在时域内的性能

控制增益	闭环阻尼比/ζ	最大控制电压/V
0	0.00196	0
10	0.00710	0.158
1000	0.05100	1.424

7.5　针对壳的主动式约束层阻尼处理

4.8 节中已经针对带有 PCLD 的壳的行为描述建立了有限元模型，本节将进一步讨论采用主动式约束层之后控制力和力矩所带来的影响。

7.5.1　主动式约束层产生的控制力和力矩

图 7.37 中给出了一个经过 ACLD 处理的圆柱壳上的四边形单元。由于压电约束层的弯曲带来的面内压电力（F_{px}，F_{py}，F_{pxy}）和控制力矩（M_{px}，M_{py}，M_{pxy}）可以分别通过式(7.69)和式(7.71)给出，跟 7.4 节所讨论的四边形单元情况类似。

此外，压电传感层产生的电压和作用到压电约束层上的电压也可分别通过式(7.72)和式(7.75)给出。

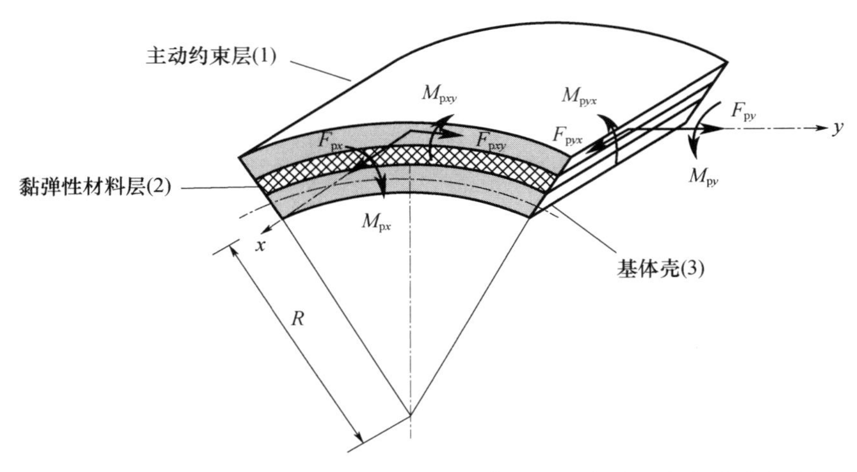

图 7.37　作用在圆柱壳单元(经过主动式约束层阻尼处理)上的压电力和力矩

7.5.2　运动方程

对于这个经过 ACLD 处理的壳单元,其动力学特性可以通过如下运动方程刻画:

$$\boldsymbol{M}_i\ddot{\boldsymbol{\Delta}}_i + \boldsymbol{K}_i\boldsymbol{\Delta}_i = \boldsymbol{F}_c \tag{7.79}$$

式中:$\boldsymbol{M}_i$ 和 $\boldsymbol{K}_i$ 分别为这个壳/ACLD 单元的质量矩阵和刚度矩阵(参见附录 7.A),矢量 $\boldsymbol{F}_c$ 为(由压电约束层产生的)作用在壳单元上的控制力和力矩所构成的矢量,参见式(7.77)和式(7.78)。

例 7.5　考虑固支-自由边界状态下的壳/ACLD 系统,如图 7.38(a)所示,主要的物理参数和几何参数已经列于表 7.13 中。壳的内半径 $R=0.1016\text{m}$,ACLD 包括了两片,如图 7.38(b)所示,它们粘贴在圆柱外表面上(相位相差 180°),每片相对于壳中心的张角为 90°。

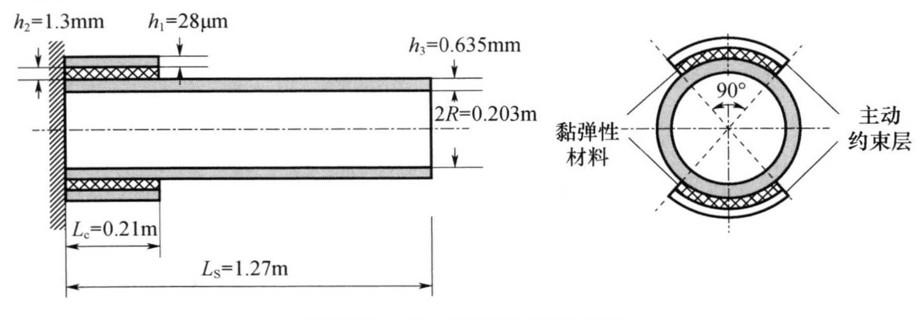

图 7.38　壳/ACLD 系统的构型

若该系统的自由端处受到了单位力的激励作用,试确定其频率响应;若系统的自由端受到的是单位脉冲力(持续时间0.10ms),试确定其时域响应;进一步,针对ANSYS和有限元方法(参见4.7节和7.5节),将所得到的响应结果进行对比。

表7.13 壳/ACLD系统的参数

参数	长度/m	厚度/mm	密度/(kgm^{-3})	杨氏模量/GPa
壳	1.270	0.635	7800	210
黏弹性材料层	0.212	1.300	1140	a
PZT约束层	0.212	0.028	7600	66

(a:由包含五项的GMM模型给出(参见例4.6和表4.6),且G_∞ = 292.01MPa,β_∞ = 0.007。)

[分析]

图7.39(a)所示为这个壳/ACLD系统的频率响应,利用的是4.7节和7.5节所述的有限元方法,其中采用的比例控制增益为$K_P = 1.5 \times 10^6 \mathrm{Nm \cdot m^{-1}}$,与之对应的控制电压如图7.39(b)所示。可以看出,在一阶和二阶模态(60Hz和62Hz)处,该控制器的效果是非常有限的,不过在125Hz处的模态以及更高阶模态处,该控制器的效果还是比较明显的。这些模态可以参见表4.12。在一阶模态(60Hz)处,控制电压达到了11V,而在119Hz这一模态处则达到了最大值(24V)。

当将控制增益K_p增大到$3 \times 10^6 \mathrm{Nm \cdot m^{-1}}$时,从图7.40(a)所示的频率响应中可以看出该控制器的效果有了显著改善,在62Hz这一模态处的效果也变得跟高阶模态处一样明显了。在这种情况下,对于一阶模态(60Hz),控制电压增大到了30V,而在119Hz处则达到了最大值(120V)。

图7.41给出了这个壳/ACLD系统的ANSYS有限元模型,利用这个模型可以预测出不同控制增益条件下的时域响应特性。当比例控制增益为$K_p = 1.5 \times 10^6 \mathrm{Nm \cdot m^{-1}}$时,壳/ACLD系统的时域响应如图7.42(a)所示,对应的控制电压如图7.42(b)所示。不难发现,这个控制器的效果是有限的,因为它仅能抑制一阶和二阶模态(60Hz和62Hz),而119Hz和120Hz处的模态仍然主导了时域响应。在所选择的这一控制增益下,控制电压峰值为18V。

图7.43(a)进一步针对比例控制增益增大到$3 \times 10^6 \mathrm{Nm \cdot m^{-1}}$的情况,给出了壳/ACLD系统的时域响应,与之对应的控制电压如图7.43(b)所示。可以看出,此时控制器的效果有了明显改善,这一点体现在119Hz和120Hz处的

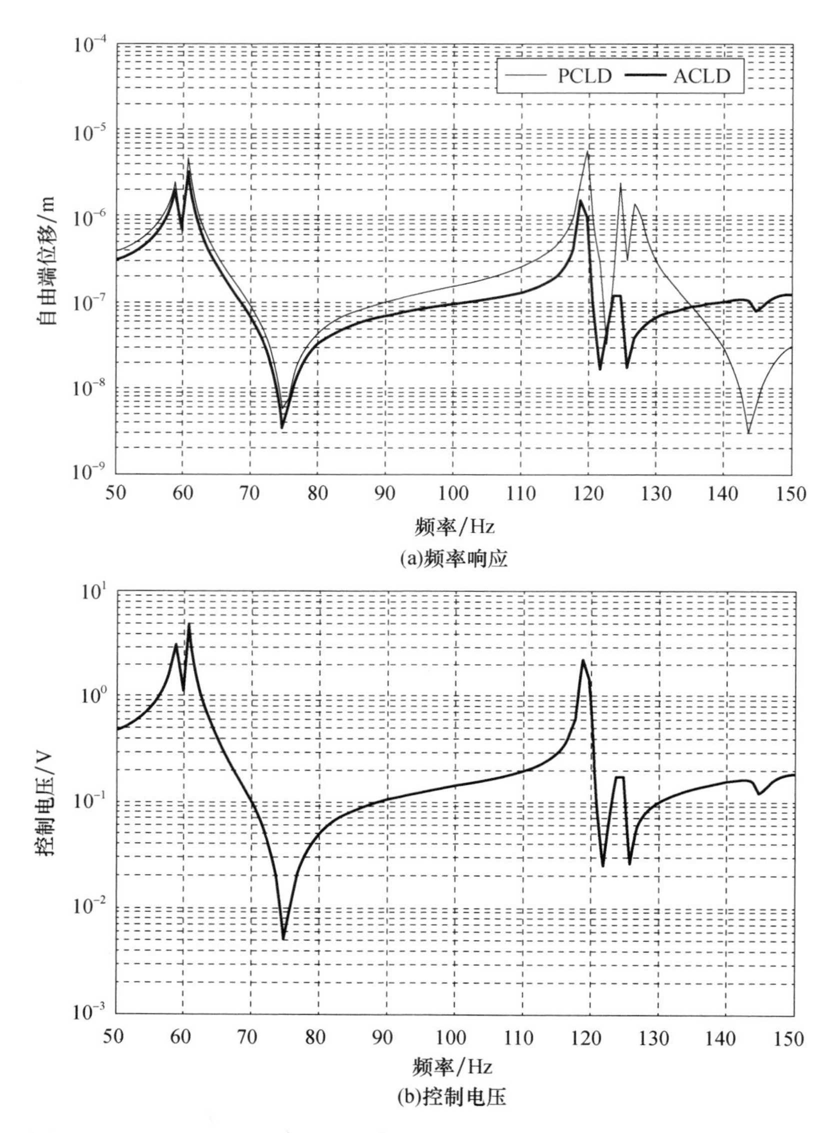

(a)频率响应

(b)控制电压

图 7.39 $K_P = 1.5 \times 10^6 Nm \cdot m^{-1}$ 时壳/ACLD 系统的频率响应和控制电压

振动模态受到了显著的抑制。此外,这一情况下所需的控制电压峰值达到了 40V。

表 7.14 将不同控制增益下这个壳/ACLD 系统的性能做了总结,并跟壳/PCLD 系统进行了比较,所给出的性能包括不同振动模态处的最大位移和控制电压。

表 7.14 不同控制增益条件下壳/ACLD 系统在频域内的性能

模态频率/Hz	最大位移/μm				最大控制电压/V			
	60	62	120	125	60	62	120	125
控制增益为 0	2.51	4.66	5.86	2.44	0	0	0	0
控制增益为 1.5×10^6	2.11	3.29	1.51	0.12	3.16	4.95	2.27	0.18
控制增益为 3×10^6	1.85	2.45	2.00	0.11	5.55	7.34	6.01	0.32

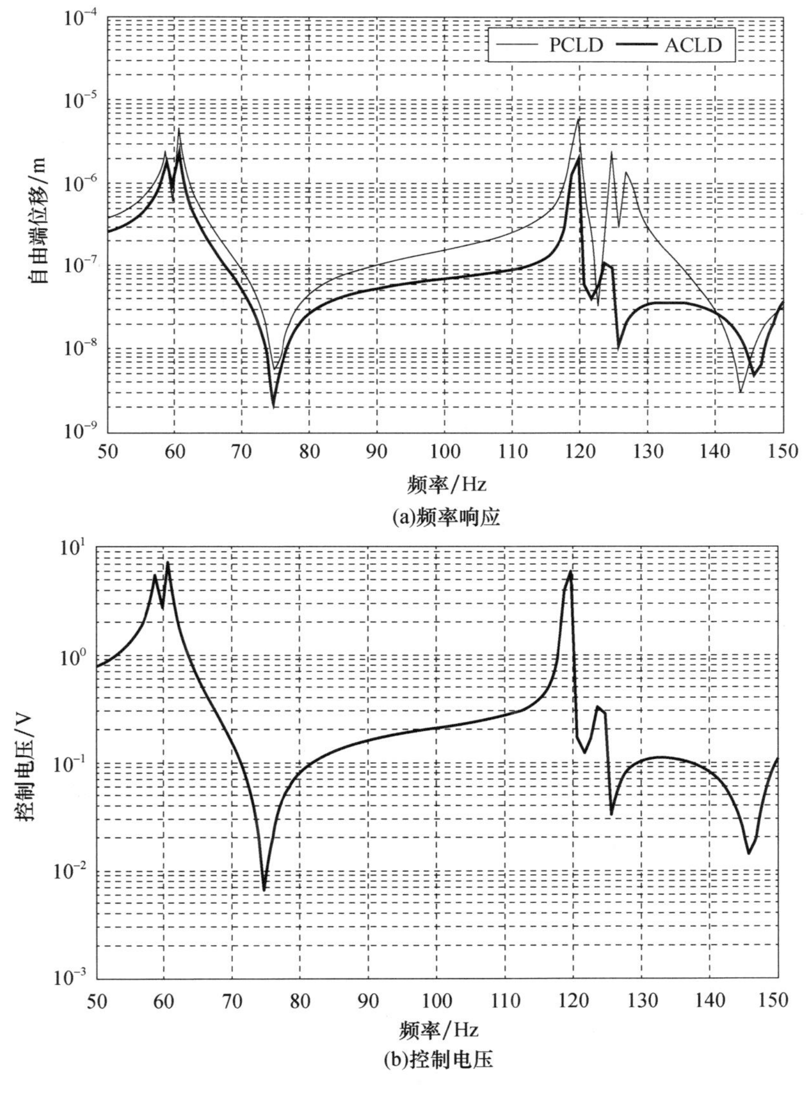

图 7.40 $K_p = 3\times10^6\text{Nm}\cdot\text{m}^{-1}$ 时壳/ACLD 系统的频率响应和控制电压

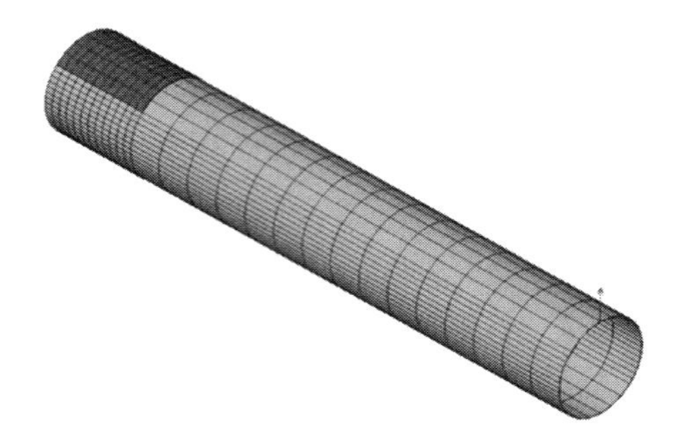

图 7.41　壳/ACLD 系统的 ANSYS 有限元模型

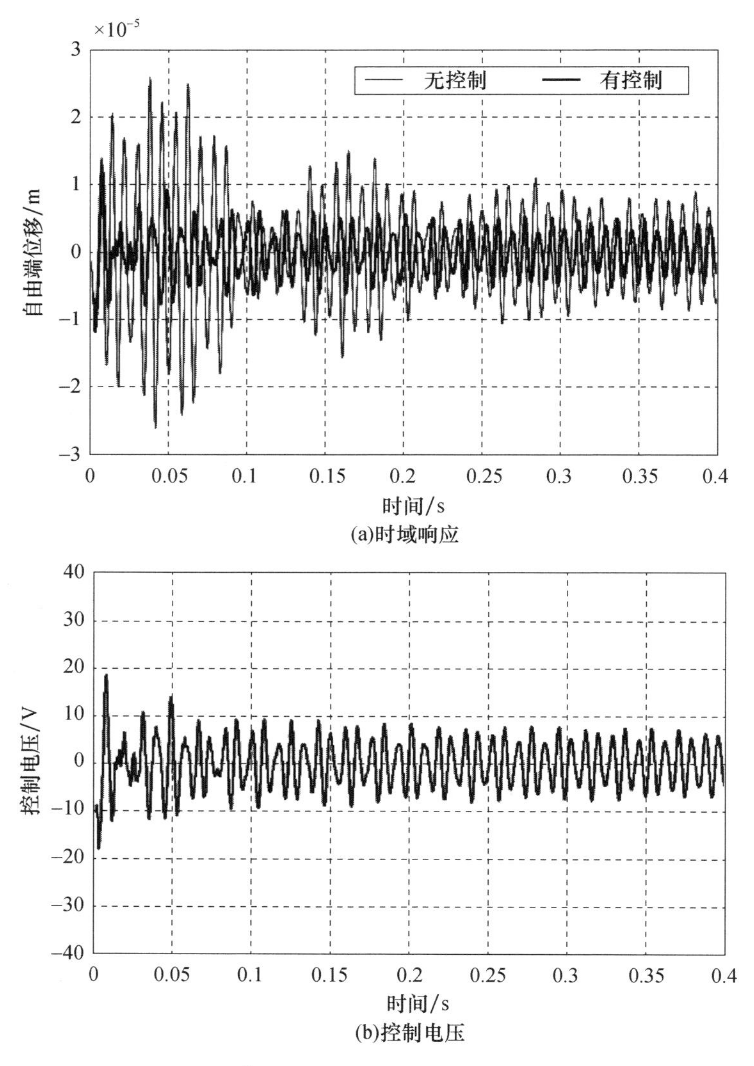

图 7.42　$K_p = 1.5 \times 10^6 \text{Nm} \cdot \text{m}^{-1}$ 时壳/ACLD 系统的时域响应和控制电压

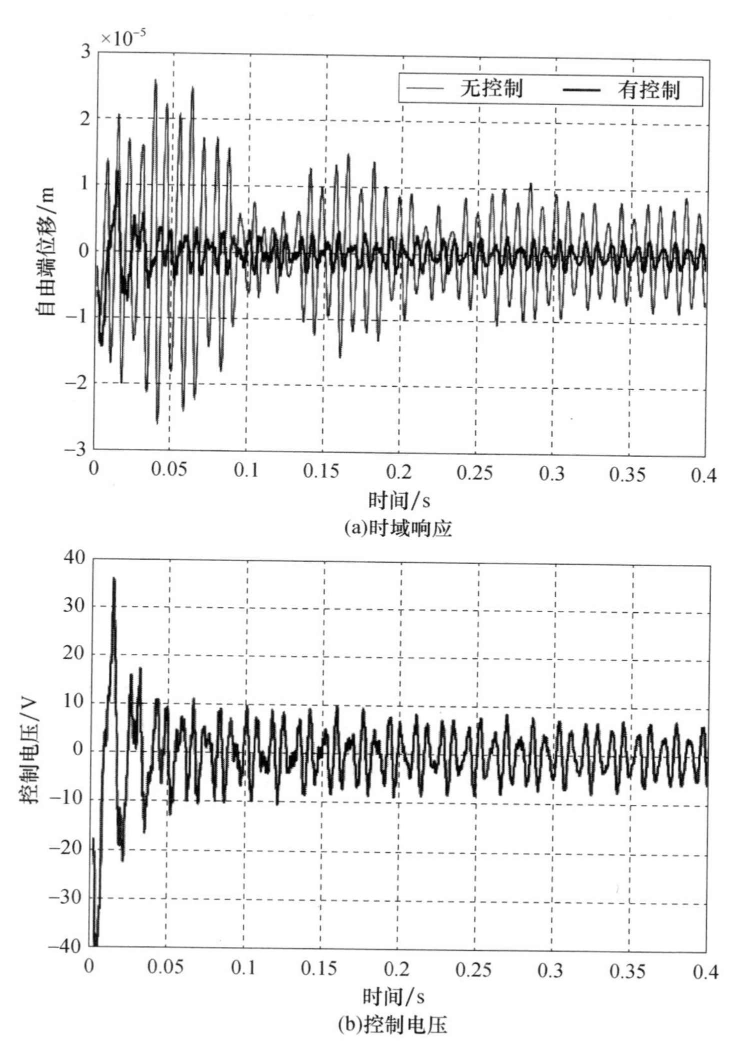

图 7.43　$K_p = 3 \times 10^6 \mathrm{Nm} \cdot \mathrm{m}^{-1}$ 时壳/ACLD 系统的时域响应和控制电压

7.6　本章小结

本章主要讨论了如何利用主动控制来改善传统的 PCLD 处理方式的阻尼特性,针对多种结构件(杆、梁、板和壳)分析了 ACLD 处理所带来的振动抑制作用。在第 4 章和第 6 章给出的有限元模型基础上,通过引入恰当的压电传感层和控制作动层相关的方程,对 ACLD 处理方式的性能进行了预测分析。最后,本章还针对所得到的这些预测结果,将其与基于商用有限元软件 ANSYS 的计算结果进行了对比验证。

参考文献

Baz A. ,"Active constrained laer damping",Proceedings of DAMPING '93 Conference,San Francisco,CA,Wright Laboratory Document no. WL-TR-93-3105,pp. IBB 1-23,1993.

Baz A. ,Active Constrained Layer Damping,US Patent 5,485,053,filed October 15 1993 and issued January 16 1996.

Baz,A. (1997a). Dynamic boundary control of beams using active constrained layer damping. Mechanical Systems and Signal Processing 88(6):811-825.

Baz,A. (1997b). Boundary control of beams using active constrained layer damping. ASME Journal of Vibration and Acoustics 119(2):166-172.

Baz A. and Ro J. ,"Partial treatment of flexible beams with active constrained layer damping",Proceedings of the American Society of Mechanical Engineers, No. AMD - Vol. 167, pp. 61 - 80,1993a.

Baz A. and Ro J. ,"Finite element modeling and performance of active constrained layer damping" (ed. L. Meirovitch),Proceedings of the Ninth VPI & SU Conference on Dynamics & Control of Large Structures,Blacksburg,VA,pp. 345-358,1993b.

Baz,A. and Ro,J. (1994). Actively-controlled constrained layer damping. Sound & Vibration Magazine 26(3):18-21.

Crawley,E. and De Luis,J. (1987). Use of piezoelectric actuators as elements in intelligent structures. Journal of AIAA 25:1373-1385.

Cremer,L. ,Heckel,M. ,and Ungar,E. (1988). Structure-Borne Sound:Structural Vibrations and Sound Radiation at Audio Frequencies,2e. Berlin:Springer-Verlag.

DiTaranto,R. A. (1965). Theory of vibratory bending for elastic and viscoelastic layered finite length beams. ASME Journal of Applied Mechanics 87:881-886.

DiTaranto,R. A. (1973). Static analysis of a laminated beam. Journal of Engineering For Industry, Transactions on ASME,Series B 95(3):755-761.

Lee C. K. ,"Piezoelectric laminates for torsional and bending modal control: theory and experiment," Ph. D. dissertation,Cornell University,Ithaca,NY,1987.

Mead,D. and Markus,S. (1969). The forced vibration of a three layer damped sandwich beam with arbitrary boundary conditions. Journal of Sound and Vibration 10:163-175.

Meirovitch,L. (2010). Fundamentals of Vibrations,1e. Long Grove,IL:Waveland Press Inc.

Miller S. and Hubbard J. Jr. ,"Observability of a Bernoulli-Euler Beam using PVF2 as a distributed sensor" (ed. L. Meirovitch) , Proceedings of the Seventh Conference on Dynamics & Control of Large Structures, VPI & SU, Blacksburg, VA, pp. 375-390, 1987.

Rao, D. K. (1976). Static response of stiff-cored Unsymmetric sandwich beams. ASME Journal of Engineering for Industry 98:391-396.

Ro, J. and Baz, A. (2002). Vibration control of plates using self-sensing active constrained layer damping networks. Journal of Vibration and Control 8(8):833-845.

Trompette, P. , Boillot, D. , and Ravanel, M. A. (1978). The effect of boundary conditions on the vibration of a Viscoelastically damped cantilever beam. Journal of Sound and Vibration 60 (3):345-350.

本章附录

附录 7. A 压电传感层的基本方程

7. A. 1 基本方程

为了监控结构的振动情况，一般可以在结构上粘贴压电膜，图 7. A. 1 所示为一个典型的构型，即在一根梁上粘贴了传感层。压电传感层的本构方程可以写为

$$S_1 = s_{11}^{E} T_1 + d_{31} E_3 \tag{7. A. 1}$$

$$D_3 = d_{31} T_1 + \varepsilon_{33}^{T} E_3 \tag{7. A. 2}$$

式中：S_1、T_1、E_3 和 D_3 分别为机械应变、机械应力、电场和电位移；s_{11}^{E}、d_{31} 和 ε_{33}^{T} 分别为顺度、压电应变常数和介电常数。

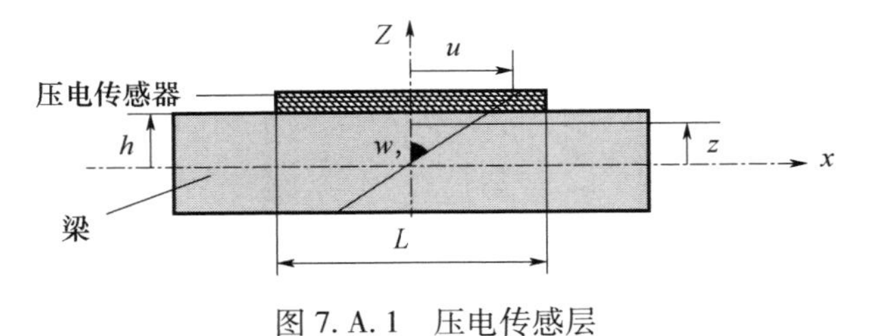

图 7. A. 1 压电传感层

从式(7. A. 1)和式(7. A. 2)中消去应力 T_1 之后可得

$$D_3 = \frac{d_{31}}{s_{11}^{E}} S_1 + \varepsilon_{33}^{T}(1 - k_{31}^{2})\, E_3 \tag{7. A. 3}$$

式中：$k_{31}^{2} = \dfrac{d_{31}^{2}}{s_{11}^{E}\varepsilon_{33}^{T}}$ 为机电耦合因子。

对于短路状态(即 $E_3 = 0$)，则

$$D_3 = \frac{d_{31}}{s_{11}^{E}} S_1 = e_{31} S_1 \tag{7. A. 4}$$

式中：e_{31} 为压电应力常数，S_1 为

$$S_1 = zw_{,xx} \tag{7.A.5}$$

根据式(7.A.4)和式(7.A.5),传感层/梁的界面处($z = h$)的电位移 D_3 应为

$$D_3 = e_{31}hw_{,xx} \tag{7.A.6}$$

而与此相关的电荷应为

$$Q = \int_0^L D_3 b(x)\,\mathrm{d}x = e_{31}h\int_0^L w_{,xx}b(x)\,\mathrm{d}x \tag{7.A.7}$$

7.A.2　传感层的基本构型

此处考虑两种构型,即均匀外形和线性外形,如图 7.A.2 所示。

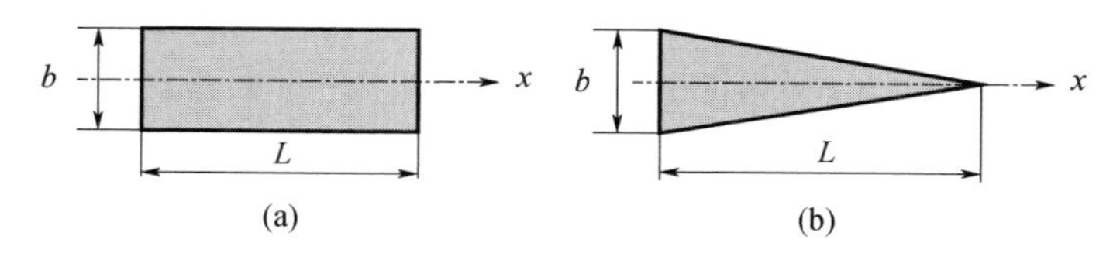

图 7.A.2　两种构型

(a)均匀外形的传感层;(b)线性外形变化的传感层

对于均匀外形的传感层,其宽度 $b(x) = b$ 为常数,所产生的电荷 Q 为

$$Q = e_{31}hb[w_{,x}(L) - w_{,x}(0)] \tag{7.A.8}$$

对于线性外形的传感层,其宽度为 $b(x) = b(1 - x/L)$,所产生的电荷 Q 为

$$Q = e_{31}hb/L[w(L) - w(0) - w_{,x}(0)L] \tag{7.A.9}$$

当所考察的梁为悬臂构型时,那么有 $w(0) = 0$ 和 $w_{,x}(0) = 0$,于是:

$$Q_{均匀} = e_{31}hbw_{,x}(L),Q_{线性} = e_{31}hbw(L)/L \tag{7.A.10}$$

可以看出,均匀外形的传感层能够监控梁自由端的转角,而线性外形的传感层则能够产生跟自由端横向位移成比例的电荷。

7.A.3　传感层的输出电压

传感层的输出电压 V 可以按照下式计算,即

$$V = \frac{1}{C}Q \tag{7.A.11}$$

式中:C 为传感层的电容,可以表示为

$$C = \frac{\varepsilon_{33}A_s}{h_s} \tag{7.A.12}$$

式中：ε_{33}、A_s 和 h_s 分别为介电常数、传感层表面积和厚度。

联立式(7. A. 7)、式(7. A. 11)和式(7. A. 12)，可得

$$V_s = -\frac{k_{31}^2 hb}{g_{31} C}\int_0^L b(x) w_{,xx} \mathrm{d}x \tag{7. A. 13}$$

式中：$g_{31} = d_{31}/\varepsilon_{33}$ 为压电电压常数；$b(x)$ 为空间分布函数，它描述了传感层在梁上的宽度分布形式，对于均匀外形情况，$b(x) = 1$，而对于线性外形情况，$b(x) = 1 - x/L$。

思考题

7.1 如图 P7.1 所示，考虑一个支撑在黏弹性材料上的质量块(100kg)，该黏弹性材料可以采用包含单个振荡项的 GHM 模型来描述，其刚度为 $K = 100\left(1 + 7\dfrac{s^2 + 2000s}{s^2 + 2000s + 10^6}\right)$，即 $K_0 = 100, \alpha_1 = 7, \zeta_1 = 1, \omega_1 = 1000$(参见思考题 4.1)。试给出这一系统的状态空间描述，并针对如下两种控制律情况绘制出系统的根轨迹。

(1)基于位置传感器，$F_c = -k_g y$，$y = [1 \quad 0 \quad 0 \quad 0]\boldsymbol{\Delta}$；

(2)基于速度传感器，$F_c = -k_g y$，$y = [0 \quad 0 \quad 1 \quad 0]\boldsymbol{\Delta}$。

式中：k_g 代表控制增益；$\boldsymbol{\Delta} = \{x \quad z \quad \dot{x} \quad \dot{z}\}^{\mathrm{T}}$，其中的 x 和 z 分别为质量块的自由度和黏弹性材料的内部自由度。此外，F_c 为控制力。

进一步，试确定结构的和黏弹性材料的极点与零点。最后，针对基于位置传感或速度传感形式的控制器，确定闭环系统的最大阻尼比。

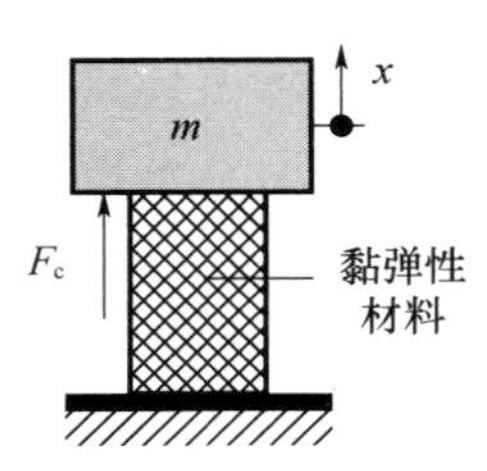

图 P7.1 支撑在黏弹性材料上的质量块

7.2 考虑如图 P7.2 所示的系统，其中的三层复合杆以悬臂形式安装。杆由基体结构和一个黏弹性材料层构成，同时后者还带有一个主动式的压电约束层。整个系统在 x 方向上做纵向振动。

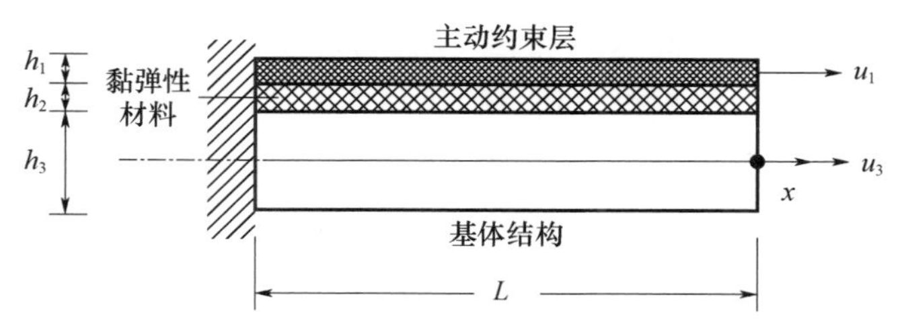

图 P7.2　经过 ACLD 处理的悬臂杆结构

试推导具有全局稳定性的边界控制器的表达式，使得生成的压电应变 ε_{p} 能够确保系统总能量的变化率 $\dot{E}_{\mathrm{n}}$ 为严格负。这里的 E_{n} 可以表示为 $E_{\mathrm{n}}=T+U$，其中的 T 和 U 分别代表的是系统的动能和势能，即 $T=\dfrac{1}{2}b\int_0^L(m_1\dot{u}_1^2+m_3\dot{u}_3^2)\,\mathrm{d}x$，$U=\dfrac{1}{2}b\int_0^L(E_1h_1u_{1,x}^2+E_3h_3u_{3,x}^2+G'h_2\gamma^2)\,\mathrm{d}x$。$h_i,E_i,m_i$ 和 u_i 分别对应的是第 i 层的厚度、杨氏模量、单位长度的质量以及位移（此处的 $i=1,2,3$，且 1 代表压电层，2 代表黏弹性材料层，3 代表基体结构层）。此外，b 和 L 分别为杆的宽度和长度。黏弹性材料的储能剪切模量和剪应变分别为 G' 和 γ，$\gamma=(u_1-u_3)/h_2$。

进一步，借助哈密尔顿原理，试说明这一系统的运动方程和边界条件可以表示为

$$m_1u_{1_{,tt}}=E_1h_1u_{1_{,xx}}-G^*/h_2(u_1-u_3)=0$$

$$m_3u_{3_{,tt}}=E_3h_3u_{3_{,xx}}+G^*/h_2(u_1-u_3)=0$$

$$u_{1,x}=\varepsilon_{\mathrm{p}},u_{3,x}=0\quad(x=0)$$

$$u_1=0,u_3=0\quad(x=L)$$

式中：$G^*=G'(1+\eta\mathrm{i})$；η 为黏弹性材料的损耗因子。

最后，利用上述运动方程和边界条件证明：

$$\dot{E}_{\mathrm{n}}=b\int_0^L(E_1h_1\varepsilon_{\mathrm{p}}u_{1,t}-(G'\eta/h_2\omega)\gamma_{,t}^2)\,\mathrm{d}x$$

并指出，为了保证 $\dot{E}_{\mathrm{n}}<0$，具有全局稳定性的边界控制律应当为

$$\varepsilon_{\mathrm{p}}=-K_{\mathrm{G}}u_{1.t}\text{（控制增益 }K_{\mathrm{G}}>0\text{）}$$

7.3　针对图 P7.2 所示的悬臂形式的三层复合杆系统，试推导一个单元的有限元模型，使之可以表示为

$$\boldsymbol{M}_{\mathrm{T}}\ddot{\boldsymbol{\Delta}}_{\mathrm{T}}+\boldsymbol{C}_{\mathrm{T}}\dot{\boldsymbol{\Delta}}_{\mathrm{T}}+\boldsymbol{K}_{\mathrm{T}}\boldsymbol{\Delta}_{\mathrm{T}}=\boldsymbol{F}_{\mathrm{T}}$$

此处假定该黏弹性材料可以通过包含单个振荡项的 GHM 模型来描述，试利用式(7.5)给出的建模方法指出上式中的各项应为 $\boldsymbol{M}_{\mathrm{T}}=\begin{bmatrix}\boldsymbol{M}_0 & 0\\ 0 & \dfrac{\alpha_1 E_{\mathrm{v}_0}\overline{\boldsymbol{K}}_{\mathrm{v}_0}}{\omega_1^2}\end{bmatrix}$，$\boldsymbol{C}_{\mathrm{T}}=\begin{bmatrix}0 & 0\\ 0 & \dfrac{2\zeta_1\alpha_1 E_{\mathrm{v}_0}\overline{\boldsymbol{K}}_{\mathrm{v}_0}}{\omega_1}\end{bmatrix}$，$\boldsymbol{K}_{\mathrm{T}}=\begin{bmatrix}\boldsymbol{K}_{\mathrm{s}_0}+E_{\mathrm{v}_0}(1+\alpha_1)\overline{\boldsymbol{K}}_{\mathrm{v}_0} & -E_{\mathrm{v}_0}\alpha_1\overline{\boldsymbol{K}}_{\mathrm{v}_0}\\ -E_{\mathrm{v}_0}\alpha_1\overline{\boldsymbol{K}}_{\mathrm{v}_0} & E_{\mathrm{v}_0}\alpha_1\overline{\boldsymbol{K}}_{\mathrm{v}_0}\end{bmatrix}$，$\boldsymbol{\Delta}_{\mathrm{T}}=\begin{Bmatrix}u_1\\u_3\\z_1\\z_3\end{Bmatrix}$，$\boldsymbol{F}_{\mathrm{T}}=\begin{Bmatrix}0\\F\\0\\0\end{Bmatrix}$，且其中的 $\boldsymbol{M}_0$ 和 $\boldsymbol{K}_{\mathrm{s}_0}$ 由下式给出：

$$T=\frac{1}{2}b\int_0^L(m_1\dot{u}_1^2+m_3\dot{u}_3^2)\,\mathrm{d}x=\frac{1}{2}\dot{\boldsymbol{\Delta}}^{\mathrm{T}}\boldsymbol{M}_0\dot{\boldsymbol{\Delta}}$$

$$U=\frac{1}{2}b\int_0^L(E_1h_1u_{1,x}^2+E_3h_3u_{3,x}^2+G'h_2\gamma^2)\,\mathrm{d}x=\frac{1}{2}\boldsymbol{\Delta}^{\mathrm{T}}\boldsymbol{K}_{\mathrm{s}_0}\boldsymbol{\Delta}$$

式中：$\boldsymbol{\Delta}=\begin{Bmatrix}u_1\\u_3\end{Bmatrix}$ 为节点位移矢量；$u_1(x)$ 和 $u_3(x)$ 的空间分布，可以假定为 $u_1(x)=a_1\mathrm{e}^{-\mathrm{i}k_1x}+a_2\mathrm{e}^{\mathrm{i}k_1x}$（$k_1=\omega/\sqrt{E_1/\rho_1}$ 是压电层的波数），$u_3(x)=b_1\mathrm{e}^{-\mathrm{i}k_3x}+b_2\mathrm{e}^{\mathrm{i}k_3x}$（$k_3=\omega/\sqrt{E_3/\rho_3}$ 是基体结构层的波数）；ω 和 ρ_i 分别为激励频率和第 i 层的材料密度。

若假定杆是铝制的，宽度为 0.025m，厚度为 0.025m，长度为 1m，其上的约束阻尼层宽度为 0.025m，厚度为 0.025m，密度为 $1100\mathrm{kgm}^{-3}$，黏弹性材料的储能模量和损耗因子可以通过包含单个振荡项的 GHM 模型来描述（$E_0=15.3\mathrm{MPa}$，$\alpha_1=39$，$\zeta_1=1$，$\omega_1=19058\mathrm{rad/s}$），压电约束层的物理和几何特性见表 P7.1，试确定当该杆的自由端受到纵向力 $F=10\mathrm{N}$ 作用时，系统的频率响应，并跟基于经典的线性形函数所得到的有限元分析结果进行比较。

表 P7.1　压电约束层的物理和几何参数

长度/m	厚度/m	宽度/m	密度/(kgm^{-3})	杨氏模量/GPa	d_{31}/(m·V^{-1})	k_{31}	g_{31}/(mVN^{-1})	k_{3t}
1.0	0.0025	0.025	7600	63	1.86×10^{-10}	0.34	1.16	1950

7.4　考虑如图 P7.3 所示的固支-自由边界状态下的梁构型，该铝制梁的宽度为 0.025m，厚度为 0.025m，长度为 1m，其上带有无约束的阻尼层，宽度和厚度也都是 0.025m，材料密度为 1100kgm^{-3}，黏弹性材料的储能模量和损耗因子可以通过包含单个振荡项的 GHM 模型描述（$E_0=15.3\text{MPa}$，$\alpha_1=39$，$\zeta_1=1$，$\omega_1=19058\text{rad/s}$）。为简洁起见，此处假定该结构系统可以通过仅包含一个单元的有限元模型来表示。

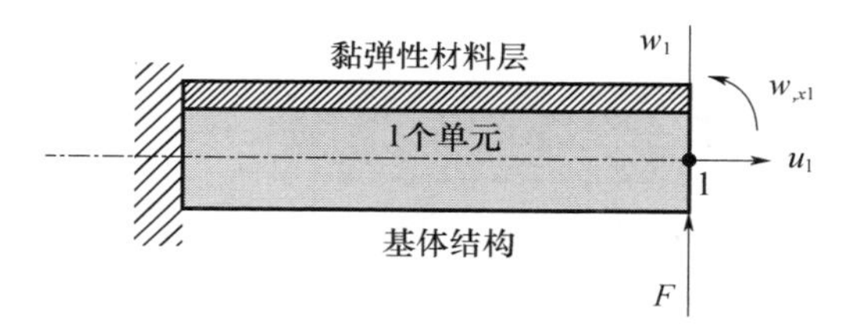

图 P7.3　经过无约束黏弹性材料阻尼处理的悬臂梁结构

试绘制出该系统的极点-零点图，从而确定结构模态和黏弹性材料模态，并跟不带任何处理的梁的极点-零点图进行比较。

进一步，当自由端受到一个横向力 $F=10\text{N}$（持续时间为 0.01s）作用时，试确定该系统的频率响应，并将结果跟不带任何处理的梁的情况对比。

7.5　考虑思考题 7.3 所述的梁，假定黏弹性材料层受到了一个宽度为 0.025m、厚度为 0.0025m 的铝制约束层的约束，参见图 P7.4。试绘制出该梁的极点-零点图，从而确定出结构模态和黏弹性材料模态，并将结果跟不带任何处理的梁的极点-零点图进行对比。

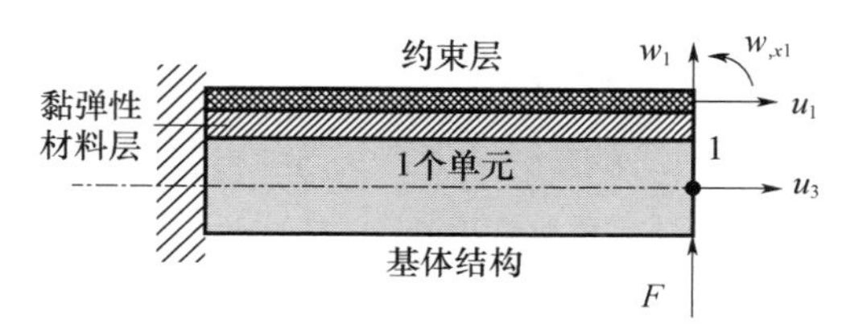

图 P7.4　经过约束黏弹性材料阻尼处理的悬臂梁结构

进一步，当自由端受到一个横向力 $F=10\mathrm{N}$（持续时间为 0.01s）作用时，试确定该系统的时域响应，并将结果跟不带任何处理的梁的情况对比。

7.6 考虑例 7.1 所述的梁，其物理参数和几何参数参见表 7.2 和表 7.3。设该梁可以通过仅包含单个单元的有限元模型描述，参见图 P7.5，并且采用了一个比例-微分控制器（$K_G(1+0.01s)$，K_G 为控制增益，s 为拉普拉斯复变量）进行控制，控制器的输入为梁自由端的横向位移 w_1，试绘制出这个采用了主动约束层阻尼处理的梁的根轨迹图，从而确定结构模态和黏弹性材料模态（针对不同的控制增益 K_G），并选择合适的控制增益以获得最大的闭环阻尼比。

进一步，如果该受控梁的自由端受到了一个横向力 $F=10\mathrm{N}$（持续时间为 0.01s）的作用，试确定该系统的时域响应，并将结果跟不带控制的梁的情况进行对比。最后，绘制出控制作用的时间历程。

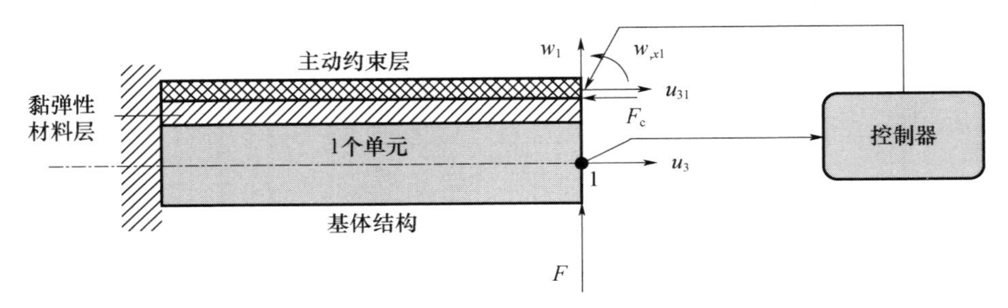

图 P7.5 经过 ACLD 处理的悬臂梁结构（带有一个控制器）

7.7 考虑 7.3.4 节所述的梁/ACLD 系统的分布参数式建模，如果该梁的两端以简支方式支撑，且此处的物理参数和几何参数跟例 7.1 中相同，试建立具有全局稳定性的边界控制策略。如果采用速度反馈控制器（控制增益为 $K_D=7.4$）进行控制，试确定梁/ACLD 系统的柔度和控制电压特性，并将这些结果与梁/PCLD 系统的结果（利用 7.3.4 节给出的分布参数式建模方法）进行比较。进一步，如果梁的自由端受到的是单位正弦载荷的激励，试将分布参数式建模方法的结果与有限元模型的分析结果加以对比。最后，试将梁/ACLD 系统和梁/PCLD 系统的能量耗散特性进行比较。

7.8 考虑如图 P7.6 所示的经 ACLD 完全处理的铝制悬臂板，板和 ACLD 片的尺寸如图所示，$h_1=h_2=h_3=0.005\mathrm{m}$，黏弹性材料可以通过包含三个振荡项的 GHM 模型来描述，即

$$G_2(s)=G_0\left(1+\sum_{i=1}^{3}\alpha_i\frac{s^2+2\zeta_i\omega_i s}{s^2+2\zeta_i\omega_i s+\omega_i^2}\right),G_0=0.5\mathrm{MPa}$$

式中:参数 α_i、ζ_i 和 ω_i 见表 4.7。若假定约束层为压电材料 PZT-4, $d_{31} = d_{32} = -1.23 \times 10^{-10}\mathrm{mV}^{-1}$, $C_{31}^{\mathrm{E}} = C_{32}^{\mathrm{E}} = 78.3\mathrm{GPa}$, 试确定当在自由端中部受到单位力作用时,不同控制增益情况下该板的频率响应以及控制特性,这里采用的是比例控制器,它将自由端横向位移反馈回来用于控制压电约束层。

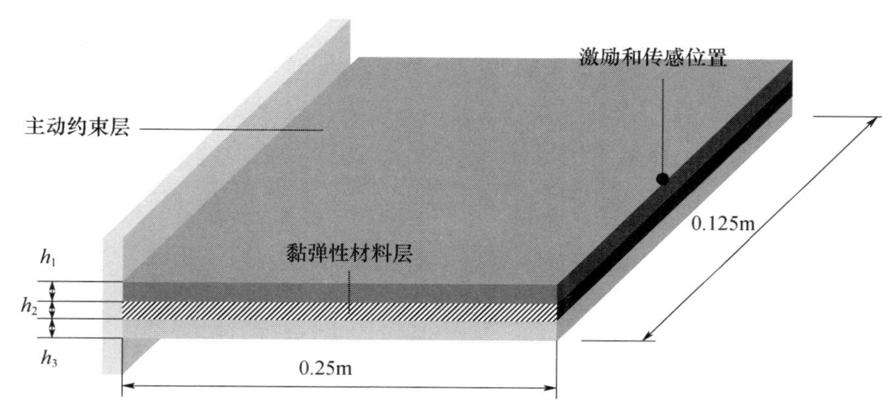

图 P7.6 完全经过约束黏弹性材料阻尼处理的悬臂板结构

7.9 考虑如图 P7.7 所示的部分带有 ACLD 片的铝制悬臂板,板和 ACLD 片的尺寸如图所示, $h_1 = h_2 = h_3 = 0.005\mathrm{m}$, 黏弹性材料的物理参数和压电约束层的物理参数均跟思考题 7.6 中的相同。试确定当在自由端中部受到单位力作用时,不同控制增益情况下该板的频率响应以及控制特性,这里采用的是比例控制器,它将自由端横向位移反馈回来用于控制压电约束层。进一步,将此处的结果跟思考题 7.8 中的结果(板经过完全的 ACLD 处理)加以比较。

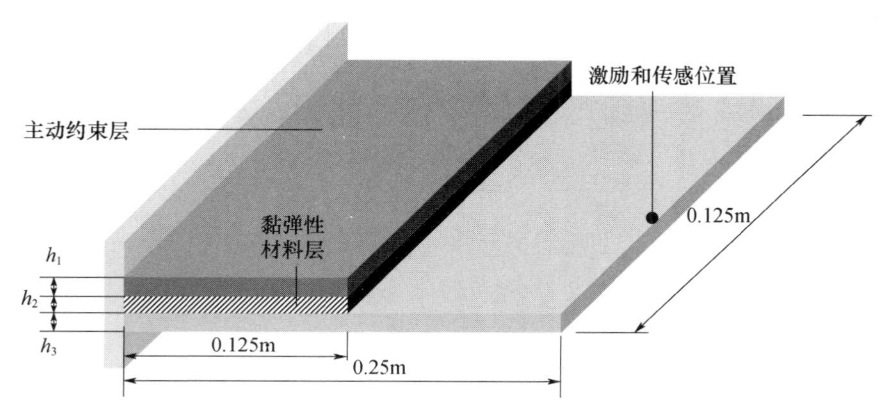

图 P7.7 部分经过约束黏弹性材料阻尼处理的悬臂板结构

7.10　考虑如图 P7.8(a)所示的固支-自由边界状态下的壳/ACLD 系统，壳和 ACLD 的主要物理参数和几何参数已经列于表 7.13，壳的内半径 $R=0.1016$m。ACLD 处理中包含了两片，如图 P7.8(b)所示，这两片粘贴在圆柱壳的外表面上，相位差为 180°，每片相对于壳中心的张角为 90°。如果该系统的自由端受到单位力的激励，试确定其频率响应；如果自由端受到的是持续时间为 0.10ms 的单位脉冲力，试确定系统的时域响应。进一步，将基于 ANSYS 和有限元方法(参见 4.7 节和 7.5 节)所得到的预测结果加以对比。最后，将此处的分析结果与例 7.5 中(针对的是部分进行处理的壳/ACLD 系统)的结果进行比较。

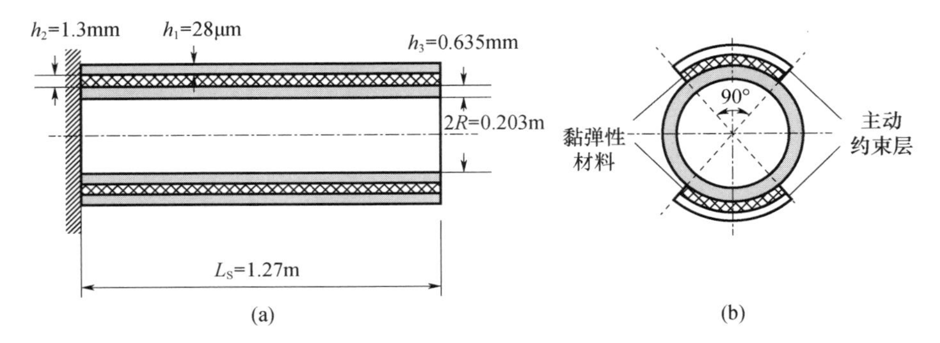

图 P7.8　部分经过约束黏弹性材料阻尼处理的悬臂壳结构

第8章　先进的阻尼处理技术

8.1　引　　言

本章将针对一些重要而先进的阻尼处理技术简要总结和介绍其基本特性，对于增强结构振动抑制来说（无论是被动式还是主动式），它们都有望成为非常有效的技术措施。

在这些技术方法中，比较突出的包括：垫高阻尼处理、功能梯度阻尼处理、主动式压电阻尼复合结构（APDC）、被动式磁复合结构（PMC），以及负刚度复合结构（NSC）等。这5种阻尼处理类型的研究都致力于给出新颖的、能够改善阻尼性能（与传统的约束阻尼层方法相比）的技术手段。

垫高阻尼处理技术将在8.2节进行讨论，这一技术采用了一个垫高层（SOL），使得黏弹性材料层远离基体结构的中性轴，从而能够增大黏弹性材料层中的剪应变，其能量耗散水平也随之得以增强（Whittier，1959），显然这是一种被动式的处理方式。

功能梯度阻尼处理技术将在8.3节加以介绍，该技术是通过对剪切模量分布的最优处理来实现阻尼特性的增强的。这种最优处理的目的是将刚度较大的阻尼层放置于剪应变较大的区域，而将较软的阻尼层敷设于剪应变较小的区域，这样有利于实现整个长度上的总能量耗散达到最大（Venkataraman 和 Sankar，2001）。

8.4节将讨论APDC，这一技术将压电杆阵列倾斜地置入黏弹性材料层中，目的是在传统的剪切阻尼效应基础上引入压缩效应。借助这一方式，剪切和压缩产生的组合阻尼效应将有效提升整个系统的总阻尼水平（Baz 和 Tempia，2004）。

PMC技术（8.5节）属于一类约束阻尼处理技术，不过此处的黏弹性夹心受到的是一个磁约束层的约束，后者跟相邻层之间产生的相互作用可以增强黏弹性材料的阻尼水平（Baz 和 Poh，2000；Omer 和 Baz，2000；Oh 等人，1999，2000a，b；Ruzzene 等人，2000）。

8.6 节将介绍 NSC 技术,该技术以其能够增强振动抑制性能而受到了人们的广泛关注,这主要是由于引入了负刚度单元,在载荷作用下此类单元不再是抵抗,而是增强结构的变形,正因如此,增强的形变也就能够显著提升 NSC 内部所储存的能量了。有关 NSC 方面的先驱性研究工作可以参阅 Lakes(2001)、Lakes 等人(2001)、Wang 和 Lakes(2004),以及 Platus(1999)等的文献。

8.2 垫高阻尼处理技术

垫高阻尼处理技术已经得到了人们的广泛认可,它是一种能够替代传统的被动式约束层阻尼(PCLD)处理技术的方法。这一点是不难理解的,因为垫高阻尼层处理实际上就是在黏弹性材料层和基体结构之间插入了一个开槽的间隔层,因此能够起到应变放大作用,从而可以增强黏弹性材料层内的剪应变(进而增强能量耗散水平)。显然,利用垫高阻尼层代替传统的 PCLD 是能够更加有效实现振动抑制的。

本节将建立垫高型约束阻尼层的有限元模型,它能够体现槽状垫高层、黏弹性层、约束层,以及基体结构的几何参数和物理参数。我们将把该模型的预测结果与分布式传递函数(DTF)模型以及基于商用有限元软件 ANSYS 的模型所得到的结果放到一起进行对比验证。

8.2.1 垫高阻尼处理技术的相关背景

垫高阻尼层这一概念最早是由 Whittier(1959)提出的,他建议在黏弹性层和振动结构之间引入一个间隔层,该层使得黏弹性层到基体结构中性轴的距离变得更远,于是黏弹性层中的剪应变也就得到了放大。

关于被动式垫高层(PSOL)阻尼处理的研究大多假定其为理想状态,即垫高层具有无限大的剪切刚度,因而可以将剪应力直接传递到黏弹性层,不仅如此,人们还经常假设垫高层的弯曲刚度为零,从而不会对基体结构(如梁)的横向刚度带来影响。一些较为突出的研究可以参阅如下学者的工作:Rogers 和 Parin(1995)、Falugi(1991)、Falugi 等人(1989)和 Parin 等人(1989)。他们针对飞机上的应用问题考察了槽状垫高阻尼处理技术。此外,还有一些解析和有限元建模方面的工作也是值得关注的,例如 Yellin 等人(2000)、Tao 等人(1999)、Mead(1998)以及 Garrison 等人(1994)。

本节将给出一个有限元模型,进而分析垫高层开槽几何对其性能的影响。

在这个有限元模型中,已经将垫高层的弯曲刚度和剪切强度考虑了进来。最后,我们还将针对该有限元模型的预测结果加以验证,主要是跟基于 DTF 方法所建立的模型以及 ANSYS 中建立的模型进行比较。

8.2.2 垫高阻尼处理

垫高层之所以能够增强传统的约束阻尼层的性能水平,主要是因为它使得黏弹性层与基体结构中性轴之间的距离变得更大了。为此,垫高层应位于基体结构和黏弹性层之间,从而构成一种四层的复合结构,如图 8.1 所示。正确设计垫高层,就能够实现黏弹性层的剪应变放大这一目的,从而增强整个复合结构的能量耗散水平。

为了获得更有效的工作性能,垫高层必须具有较高的剪切刚度,同时还应尽可能小地影响复合梁结构的弯曲刚度。如果垫高层的弯曲刚度很高,那么除了增大这个约束阻尼梁的横向刚度之外不会有任何其他效果,因而也就不利于阻尼性能的改善。

解决这一问题(复合梁的横向刚度增大)的一个有效手段就是采用开槽形式的垫高层,与黏弹性层相比,它具有非常高的剪切强度,如图 8.2 所示。

在开槽垫高层处理中,槽的几何应当使得垫高层不会显著影响到基体结构的横向刚度,同时还应具有足够的剪切强度,从而不会吸收我们希望传递到黏弹性层的剪切变形。换言之,它应能将剪应力传递到黏弹性层上。

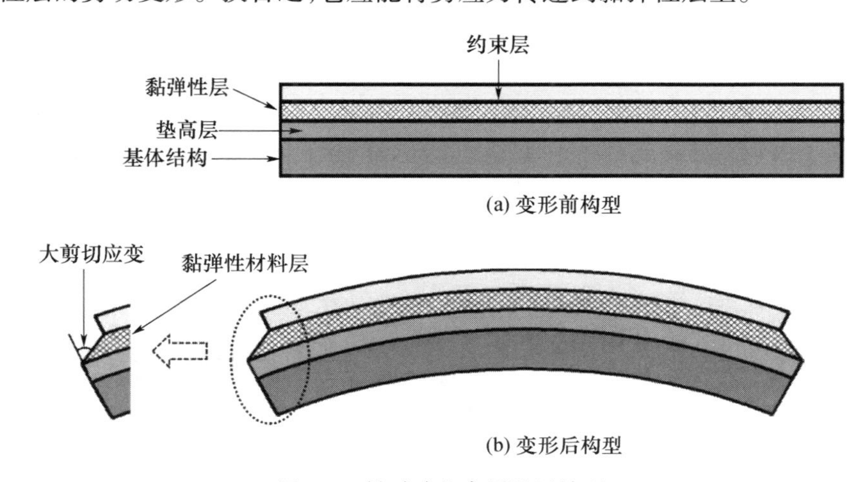

图 8.1 被动式垫高层阻尼处理

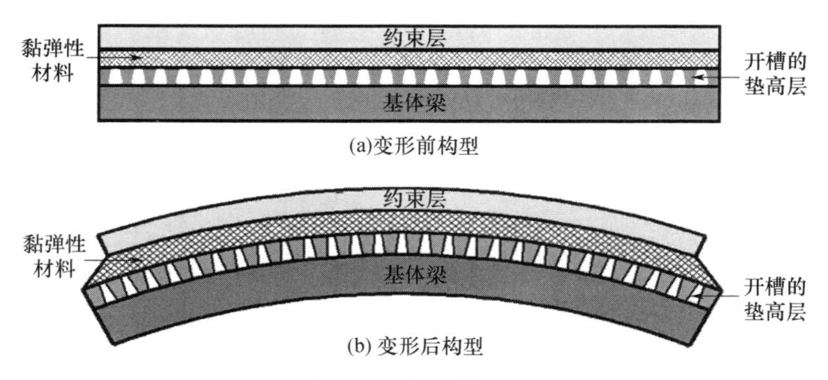

(a)变形前构型

(b) 变形后构型

图 8.2 被动式开槽垫高层阻尼处理

8.2.3 垫高层阻尼处理的分布参数建模

本节所给出的模型主要建立在 Yellin 等人(2000)的工作基础上,利用这一模型可以进一步建立 PSOL 的有限元模型,这一内容将在 8.2.4 节中再进行阐述。

在此处的建模中,假定了所有层的横向变形都是相等的,并且是小位移情形,同时还假设基体梁和约束层都不发生剪切变形。进一步,此处的黏弹性层可以视为无弯曲刚度,因而只能发生纯剪切变形。对于 PSOL 来说,我们将其视为一个带有 SOL 的连续实体层。这个梁系统可以模化为一个非对称复合结构,在弯曲载荷和轴向载荷的组合作用下平面仍然保持为平面形态。此外,SOL 具有有限的剪切刚度,并且 SOL 的弯曲和剪切组合刚度小于基体梁和约束层的组合刚度,由此也就使得剪切变形仅出现在 SOL 和黏弹性材料层。最后,还假定系统处于稳态简谐激励的作用下,由此就可以采用复模量来描述黏弹性材料的本构关系。

8.2.3.1 运动学方程

垫高层和黏弹性层的变形是由基体梁和约束层的轴向变形以及梁的横向变形所导致的,因此,如图 8.3 所示,总的轴向变形 δ 就可以表示为

$$\delta = (u_c - u_b) + \frac{\partial w}{\partial x}\left(\frac{1}{2}h_c + h_s + h_v + \frac{1}{2}h_b\right) \tag{8.1}$$

式中:u_b 和 u_c 分别为梁和约束层的轴向变形;w 和 x 分别为复合梁的横向位移与梁的轴向坐标;h_i 为第 i 层的厚度,下标 $i=c$ 代表约束层,$i=v$ 代表黏弹性层,$i=s$ 代表垫高层,$i=b$ 代表基体梁。

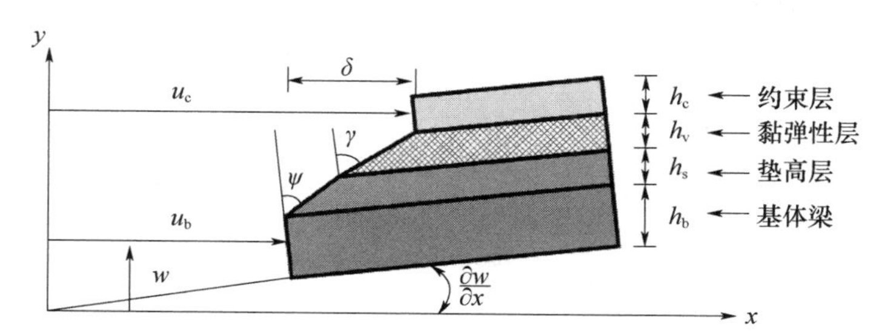

图 8.3　垫高阻尼处理方式下的变形几何

对于较小的位移,上述变形 δ 也可以以黏弹性层的剪应变 γ 和 SOL 中的剪应变 ψ 来表达,即

$$\delta = h_s\psi + h_v\gamma \tag{8.2}$$

由式(8.1)和式(8.2)可得

$$\psi = \frac{u_c - u_b}{h_s} + \left(\frac{2h_s + h_c + 2h_v + h_b}{2h_s}\right)\frac{\partial w}{\partial x} - \frac{h_v}{h_2}\gamma \tag{8.3}$$

8.2.3.2　本构方程

1. 梁和 SOL

基体梁的中性轴上的轴向应变 ε_0 及其曲率 κ 可以表示为

$$\varepsilon_0 = \frac{\partial u_b}{\partial x}, \kappa = \frac{\partial^2 w}{\partial x^2} \tag{8.4}$$

于是,复合梁(即基体梁和 SOL)截面上的轴向应变应为

$$\varepsilon_x = \varepsilon_0 - y\kappa \tag{8.5}$$

因此,基体梁和 SOL 在轴向上的应力就可以写为

$$\sigma_{x_b} = E_b(\varepsilon_0 - y\kappa)\ , \sigma_{x_s} = E_s(\varepsilon_0 - y\kappa) \tag{8.6}$$

与此对应地,基体梁和 SOL 截面上的总轴向力 T_{bs} 则为

$$T_{bs} = \int_{b,s}\sigma_x \mathrm{d}A = (EA)_{bs}\varepsilon_0 - (EQ)_{bs}\kappa \tag{8.7}$$

式中:$(EA)_{bs}$ 为基体梁和 SOL 这一复合结构的轴向刚度;$(EQ)_{bs}$ 为每层的弹性模量与其一阶面积矩的乘积,它们分别为

$$(EA)_{bs} = E_bA_b + E_sA_s, (EQ)_{bs} = E_bQ_b + E_sQ_s \tag{8.8}$$

类似地,作用在基体梁/SOL 上的总力矩(相对于梁的中性轴)可以表示为

$$M_{b,s} = -\int_{b,s}\sigma_x y\mathrm{d}A = -(EA)_{bs}\varepsilon_0 + (EI)_{bs}\kappa \tag{8.9}$$

式中：$(EI)_{bs}=E_bI_b+E_sI_s$ 为横向刚度。

此外，SOL 中关于剪切的本构关系可以写为

$$\tau_s=G_s\psi \tag{8.10}$$

式中：G_s 为剪切模量；ψ 为 SOL 中的剪应变。

2. 约束层

作用在约束层上的内部轴向拉力 T_c 和弯矩 M_c 可以表示为

$$T_c=E_ch_cb\frac{\partial u_c}{\partial x},M_c=\frac{E_cbh_c^3}{12}\frac{\partial^2 w}{\partial x^2} \tag{8.11}$$

3. 黏弹性层

黏弹性层的本构关系可以写为

$$\tau_v=G_v\gamma \tag{8.12}$$

式中：G_v 为黏弹性层的剪切模量。

4. 运动方程

针对经过被动式垫高层（PSOL）处理的复合梁结构，图 8.4 给出了受力分析图，据此可以建立相关的平衡方程。

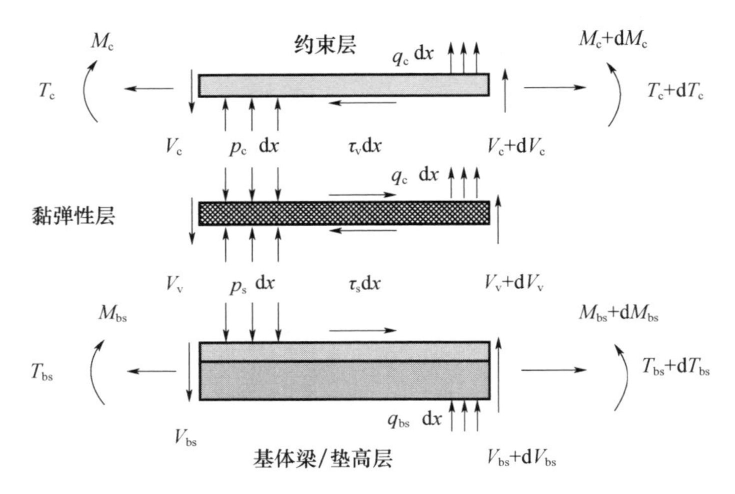

图 8.4　梁/被动式垫高层系统的受力分析图

1）轴向上的力平衡

（1）基体梁和垫高层（SOL）：

$$\frac{\mathrm{d}T_{bs}}{\mathrm{d}x}+\tau_sb+f_{bs}=(\rho_b+\rho_s)\ddot{u}_b \tag{8.13}$$

(2)约束层：

$$\frac{\mathrm{d}T_{\mathrm{c}}}{\mathrm{d}x}+\tau_{\mathrm{v}}b+f_{\mathrm{c}}=\rho_{\mathrm{c}}\ddot{u}_{\mathrm{c}} \tag{8.14}$$

2)横向上的力平衡

(1)基体梁和 SOL：

$$\frac{\mathrm{d}V_{\mathrm{bs}}}{\mathrm{d}x}-p_{\mathrm{s}}+q_{\mathrm{bs}}=(\rho_{\mathrm{b}}+\rho_{\mathrm{s}})\ddot{w} \tag{8.15}$$

(2)黏弹性层：

$$\frac{\mathrm{d}V_{\mathrm{v}}}{\mathrm{d}x}-p_{\mathrm{c}}+p_{\mathrm{s}}+q_{\mathrm{v}}=\rho_{\mathrm{v}}\ddot{w} \tag{8.16}$$

(3)约束层：

$$\frac{\mathrm{d}V_{\mathrm{c}}}{\mathrm{d}x}+p_{\mathrm{c}}+q_{\mathrm{c}}=\rho_{\mathrm{c}}\ddot{w} \tag{8.17}$$

3)力矩平衡

(1)基体梁和 SOL：

$$\frac{\mathrm{d}M_{\mathrm{bs}}}{\mathrm{d}x}+V_{\mathrm{bs}}-\tau_{\mathrm{s}}b\left(h_{\mathrm{s}}+\frac{1}{2}h_{\mathrm{b}}\right)=0 \tag{8.18}$$

(2)黏弹性层：

$$V_{\mathrm{v}}=\tau_{\mathrm{v}}bh_{\mathrm{v}} \tag{8.19}$$

(3)约束层：

$$\frac{\mathrm{d}M_{\mathrm{c}}}{\mathrm{d}x}+V_{\mathrm{c}}+\tau_{\mathrm{v}}b\frac{h_{\mathrm{c}}}{2}=0 \tag{8.20}$$

式(8.13)~式(8.20)中：b 为梁的宽度；τ_i 为剪应力；p_i 为单位长度上的法向内力；q_i 为单位长度上的外部作用力；V_i 和 M_i 分别为作用在第 i 层上的剪力和力矩；ρ_i 为第 i 层材料的密度。此处，$i=\mathrm{c,v,s,b}$。

这里需要注意的是，轴向平衡中黏弹性层满足 $\tau_{\mathrm{v}}=\tau_{\mathrm{s}}$，于是根据式(8.10)和式(8.12)应有：

$$\psi=\frac{G_{\mathrm{v}}}{G_{\mathrm{s}}}\gamma \tag{8.21}$$

联立式(8.3)和式(8.21)可得

$$\psi=\left(\frac{G_{\mathrm{v}}}{h_{\mathrm{s}}G_{\mathrm{v}}+h_{\mathrm{v}}G_{\mathrm{s}}}\right)(u_{\mathrm{c}}-u_{\mathrm{b}})+\left(\frac{G_{\mathrm{v}}}{h_{\mathrm{s}}G_{\mathrm{v}}+h_{\mathrm{v}}G_{\mathrm{s}}}\right)\left(\frac{2h_{\mathrm{s}}+h_{\mathrm{c}}+2h_{\mathrm{v}}+h_{\mathrm{b}}}{2}\right)\frac{\partial w}{\partial x} \tag{8.22}$$

令 $\alpha \equiv \dfrac{h_c}{2} + h_v + h_s + \dfrac{h_b}{2}, \rho = \rho_b + \rho_s + \rho_v + \rho_c, q = q_{bs} + q_v + q_c$，以及

$$D_t = (EI)_{bs} + (EI)_c \tag{8.23}$$

式中：ρ_i 和 h_i 分别为第 i 层的密度和厚度。

进一步，定义如下归一化参量：

$$\bar{w}(\bar{x},\bar{s}) \equiv \frac{w(x,s)}{h_b}, \bar{u}_c(\bar{x},\bar{s}) \equiv \frac{u_c(x,s)}{h_b}, \bar{u}_b(\bar{x},\bar{s}) \equiv \frac{u_b(x,s)}{h_b}, \bar{x} = \frac{x}{l}, \bar{s} = \sqrt{\frac{\rho l^4}{D_t}}s,$$

$$\bar{q} \equiv \frac{ql^4}{D_t h_b}, \bar{f}_c \equiv \frac{f_c l^4}{D_t h_b}, \bar{f}_{bs} \equiv \frac{f_{bs} l^4}{D_t h_b}, \varepsilon(\bar{s}) \equiv \frac{b\alpha^2 G_v G_s l^2}{D_t(G_v h_s + G_s h_v)}, c_1^2 \equiv \frac{\rho_c}{\rho},$$

$$c_2^2 \equiv \frac{\rho_b + \rho_s}{\rho}, \beta \equiv \frac{l}{\alpha}, a_1 = \frac{EQ_{bs} l}{D_t}, a_2 \equiv \frac{E_c A_c l^2}{D_t}, a_3 \equiv \frac{(EA)_{bs} l^2}{D_t} \tag{8.24}$$

于是，通过消去式（8.13）~式（8.20）中的 T、V、M、p、τ_v 和 τ_s，并利用式（8.23）和式（8.24），就可以得到如下归一化形式的运动方程：

$$\left\{\begin{bmatrix} D_t \dfrac{\partial^4}{\partial\bar{x}^4} - \dfrac{b\alpha^2 G_v G_s}{G_v h_s + G_s h_v}\dfrac{\partial^2}{\partial\bar{x}^2} & -\dfrac{b\alpha G_v G_s}{G_v h_s + G_s h_v}\dfrac{\partial}{\partial\bar{x}} & -(EQ)_{bs}\dfrac{\partial^3}{\partial\bar{x}^3} + \dfrac{b\alpha G_v G_s}{G_v h_s + G_s h_v}\dfrac{\partial}{\partial\bar{x}} \\ \dfrac{b\alpha G_v G_s}{G_v h_s + G_s h_v}\dfrac{\partial}{\partial\bar{x}} & -E_c A_c\dfrac{\partial^2}{\partial\bar{x}^2} + \dfrac{bG_v G_s}{G_v h_s + G_s h_v} & -\dfrac{bG_v G_s}{G_v h_s + G_s h_v} \\ (EQ)_{bs}\dfrac{\partial^3}{\partial\bar{x}^3} - \dfrac{b\alpha G_v G_s}{G_v h_s + G_s h_v}\dfrac{\partial}{\partial\bar{x}} & -\dfrac{bG_v G_s}{G_v h_s + G_s h_v} & -(EA)_{bs}\dfrac{\partial^2}{\partial\bar{x}^2} + \dfrac{bG_v G_s}{G_v h_s + G_s h_v} \end{bmatrix} + \bar{s}^2\begin{bmatrix} \rho & 0 & 0 \\ 0 & \rho_c & 0 \\ 0 & 0 & \rho_b + \rho_s \end{bmatrix}\right\} \tag{8.25}$$

$$\begin{pmatrix} \bar{w}(\bar{x},\bar{s}) \\ \bar{u}_c(\bar{x},\bar{s}) \\ \bar{u}_b(\bar{x},\bar{s}) \end{pmatrix} = -\begin{Bmatrix} \bar{q} \\ \bar{f}_c \\ \bar{f}_{bs} \end{Bmatrix}$$

5. 边界条件

对于悬臂形式的梁来说，当在根部（即 $\bar{x} = 0$ 处）进行激励时，归一化的边界条件可以表示为如下形式。

（1）固支端：

$$\bar{w}(0,\bar{s}) = P(\bar{s}), \frac{d\bar{w}(0,\bar{s})}{d\bar{x}} = \bar{u}_b(0,\bar{s}) = \frac{d\bar{u}_c(0,\bar{s})}{d\bar{x}} = 0$$

(2) 自由端:

$$\begin{cases} \dfrac{\mathrm{d}^2\bar{w}(1,\bar{s})}{\mathrm{d}\bar{x}^2} = 0, \dfrac{\mathrm{d}\bar{u}_c(1,\bar{s})}{\mathrm{d}\bar{x}} = \dfrac{\mathrm{d}\bar{u}_b(1,\bar{s})}{\mathrm{d}\bar{x}} = 0 \\ -\dfrac{\mathrm{d}^3\bar{w}(1,\bar{s})}{\mathrm{d}\bar{x}^3} + a_1 \dfrac{\mathrm{d}^2\bar{u}_b(1,\bar{s})}{\mathrm{d}\bar{x}^2} + \varepsilon(\bar{s}) \left\{ \dfrac{\mathrm{d}\bar{w}(1,\bar{s})}{\mathrm{d}\bar{x}} + \beta\bar{u}_c(1,\bar{s}) - \beta\bar{u}_b(1,\bar{s}) \right\} = 0 \end{cases} \tag{8.26}$$

针对上述的运动方程和边界条件,我们将在 8.2.4 节中利用"分布传递函数"(DTF)方法,在 8.2.5 节中利用有限元方法分别进行求解,并将这两种方法的计算结果加以比较。

8.2.4　分布传递函数方法

对于 PSOL/梁系统,Yang 和 Tan(1992)利用 DTF 方法对其频率响应进行了解析分析。为简便起见,当假定所有边界条件均为零时,式(8.25)和式(8.26)就可以简化为

$$\left\{ \begin{bmatrix} \left(1-\dfrac{a_1^2}{a_3}\right)\dfrac{\partial^4}{\partial\bar{x}^4}+\bar{s}^2 & 0 & -\dfrac{a_1}{a_3}c_2^2\bar{s}^2\dfrac{\partial}{\partial\bar{x}} \\ 0 & -a_2\dfrac{\partial^2}{\partial\bar{x}^2}+c_1^2\bar{s}^2 & 0 \\ a_1\dfrac{\partial^3}{\partial\bar{x}^3} & 0 & -a_3\dfrac{\partial^2}{\partial\bar{x}^2}+c_1^2\bar{s}^2 \end{bmatrix} + \varepsilon(\bar{s})\,\bar{x} \begin{bmatrix} \left(\beta\dfrac{a_1}{a_3}-1\right)\dfrac{\partial^2}{\partial\bar{x}^2} & \left(\dfrac{\beta^2 a_1}{a_3}-\beta\right)\dfrac{\partial}{\partial\bar{x}} & \left(\beta-\dfrac{\beta^2 a_1}{a_3}\right)\dfrac{\partial}{\partial\bar{x}} \\ \beta\dfrac{\partial}{\partial\bar{x}} & \beta^2 & -\beta^2 \\ -\beta\dfrac{\partial}{\partial\bar{x}} & -\beta^2 & \beta^2 \end{bmatrix} \right\}$$

$$\begin{pmatrix} \bar{w}(\bar{x},\bar{s}) \\ \bar{u}_c(\bar{x},\bar{s}) \\ \bar{u}_b(\bar{x},\bar{s}) \end{pmatrix} = \begin{pmatrix} -\bar{q}+\dfrac{\partial\bar{f}_{bs}}{\partial\bar{x}} \\ -\bar{f}_c \\ -\bar{f}_{bs} \end{pmatrix} \tag{8.27}$$

在状态空间中,可以把运动方程表示为

$$\frac{\partial}{\partial \bar{x}}\bar{\boldsymbol{y}}(\bar{x},\bar{s}) = \boldsymbol{F}(\bar{s})\,\bar{\boldsymbol{y}}(\bar{x},\bar{s}) + \bar{\boldsymbol{q}}(\bar{x},\bar{s}),\bar{x} \in (0,1) \tag{8.28}$$

式中：

$$\bar{\boldsymbol{y}}(\bar{x},\bar{s}) = \begin{bmatrix} \bar{w} & \dfrac{\partial \bar{w}}{\partial \bar{x}} & \dfrac{\partial^2 \bar{w}}{\partial \bar{x}^2} & \dfrac{\partial^3 \bar{w}}{\partial \bar{x}^3} & \bar{u}_c & \dfrac{\partial \bar{u}_c}{\partial \bar{x}} & \bar{u}_b & \dfrac{\partial \bar{u}_b}{\partial \bar{x}} \end{bmatrix}^{\mathrm{T}}$$

$$\bar{\boldsymbol{q}}(\bar{x},\bar{s}) = \{1 \quad 0 \quad 0 \quad 0 \quad 0 \quad 0 \quad 0 \quad 0\}^{\mathrm{T}}$$

此外，$\boldsymbol{F}(s)$ 已经在附录 8. A 中给出，而边界条件可以表示为

$$\boldsymbol{M}(\bar{s})\,\bar{\boldsymbol{y}}(0,\bar{s}) + \boldsymbol{N}(\bar{s})\,\bar{\boldsymbol{y}}(1,\bar{s}) = \boldsymbol{\gamma}(\bar{s}) \tag{8.29}$$

式中：$\boldsymbol{M}(s)$、$\boldsymbol{N}(s)$ 和 $\boldsymbol{\gamma}(s)$ 可以参见附录 8. A。

式(8. 28)和式(8. 29)的解为

$$\bar{\boldsymbol{y}}(\bar{x},\bar{s}) = \int_0^1 \boldsymbol{G}(\bar{x},\varepsilon,\bar{s})\,\bar{\boldsymbol{q}}(\varepsilon,\bar{s})\,\mathrm{d}\varepsilon + \boldsymbol{H}(\bar{x},\bar{s})\,\boldsymbol{\gamma}(\bar{s}),\bar{x} \in (0,1)$$

式中：

$$\boldsymbol{G}(\bar{x},\varepsilon,\bar{s}) = \begin{cases} \mathrm{e}^{\boldsymbol{F}(\bar{s})\bar{x}}[\boldsymbol{M}(\bar{s}) + \boldsymbol{N}(\bar{s})\,\mathrm{e}^{\boldsymbol{F}(\bar{s})}]^{-1}\boldsymbol{M}(\bar{s})\,\mathrm{e}^{-\boldsymbol{F}(\bar{s})\varepsilon}, \varepsilon < \bar{x} \\ -\mathrm{e}^{\boldsymbol{F}(\bar{s})\bar{x}}[\boldsymbol{M}(\bar{s}) + \boldsymbol{N}(\bar{s})\,\mathrm{e}^{\boldsymbol{F}(\bar{s})}]^{-1}\boldsymbol{N}(\bar{s})\,\mathrm{e}^{\boldsymbol{F}(\bar{s})(1-\varepsilon)}, \varepsilon > \bar{x} \end{cases}$$

$$\boldsymbol{H}(\bar{x},\bar{s}) = \mathrm{e}^{\boldsymbol{F}(\bar{s})\bar{x}}[\boldsymbol{M}(\bar{s}) + \boldsymbol{N}(\bar{s})\,\mathrm{e}^{\boldsymbol{F}(\bar{s})}]^{-1}$$

当所有外力等于零时，解也就变为

$$\bar{\boldsymbol{y}}(\bar{x},\bar{s}) = \boldsymbol{H}(\bar{x},\bar{s})\,\boldsymbol{\gamma}(\bar{s}),\bar{x} \in (0,1) \text{ 或 } \bar{w}(\bar{x},\bar{s}) = \sum_{j=1}^{n} h_{1j}(\bar{x},\bar{s})\,\gamma_j(\bar{s}) \tag{8.30}$$

8.2.5 有限元模型

针对由式(8. 25)和式(8. 26)给出的偏微分方程组，利用经典的假设模态方法或 Galerkin 方法(Meirovitch,2010)，是可以建立 PSOL 的有限元描述的。不过，本节中将采用第 4~6 章所给出的方法来建模。

图 8. 5(a)中示出了 PSOL 的有限元模型，它包含了两种单元，如图 8. 5(b)所示。第一种类型的单元是第 i 个单元，它是实心的 SOL，而第二种类型的单元是第 i+1 个单元，它是带槽的 SOL。对于这两种单元的处理方式是类似的，通过对动能和势能的合理修正，可以将它们集成到梁/PSOL 系统的有限元框架中。

每个单元的势能 P. E 包括了梁、SOL、黏弹性材料以及约束层等部分的势能，即

$$\mathrm{P.E} = \frac{1}{2}\int_0^L \Big(\sum_{j=\mathrm{b,s,v,c}} E_j A_j u_{j,x}^2 + \sum_{j=\mathrm{b,s,c}} E_j I_j w_{,xx}^2 + G_{\mathrm{v}} A_{\mathrm{v}} \gamma^2 \Big)\,\mathrm{d}x = \frac{1}{2}\boldsymbol{\Delta}_{\mathrm{e}}^{\mathrm{T}}\boldsymbol{K}_{\mathrm{e}}\boldsymbol{\Delta}_{\mathrm{e}} \tag{8.31}$$

式中：E_jA_j 和 E_jI_j 分别为第 j 层的纵向刚度和横向刚度；G_vA_v 为黏弹性材料的剪切刚度；G_v 为其剪切模量；$\boldsymbol{\Delta}_e$ 为节点位移矢量。在式(8.31)中，对于实心 SOL 单元，应将 E_s 设定为 SOL 材料的杨氏模量，而对于带槽的 SOL 单元应设定为零，这样即可得到单元正确的刚度矩阵 $\boldsymbol{K}_e$ 。

类似地，这个梁/PSOL 系统中任何单元的动能可以表示为

$$\mathrm{K.E} = \frac{1}{2}\int_0^L\Big(\sum_{j=\mathrm{b,s,v,c}}\rho_jA_j\dot{u}_j^2 + \sum_{j=\mathrm{b,s,v,c}}\rho_jA_j\dot{w}^2\Big)\,\mathrm{d}x = \frac{1}{2}\dot{\boldsymbol{\Delta}}_e^{\mathrm{T}}\boldsymbol{M}_e\dot{\boldsymbol{\Delta}}_e \tag{8.32}$$

式中：A_j 和 ρ_j 分别为第 j 层的面积和材料密度。对于实心 SOL 单元应当将式(8.32)中的 ρ_s 设定为 SOL 材料的密度，而对于带槽的 SOL 单元则应设定为零，由此可以建立正确的质量矩阵 $\boldsymbol{M}_e$ 。

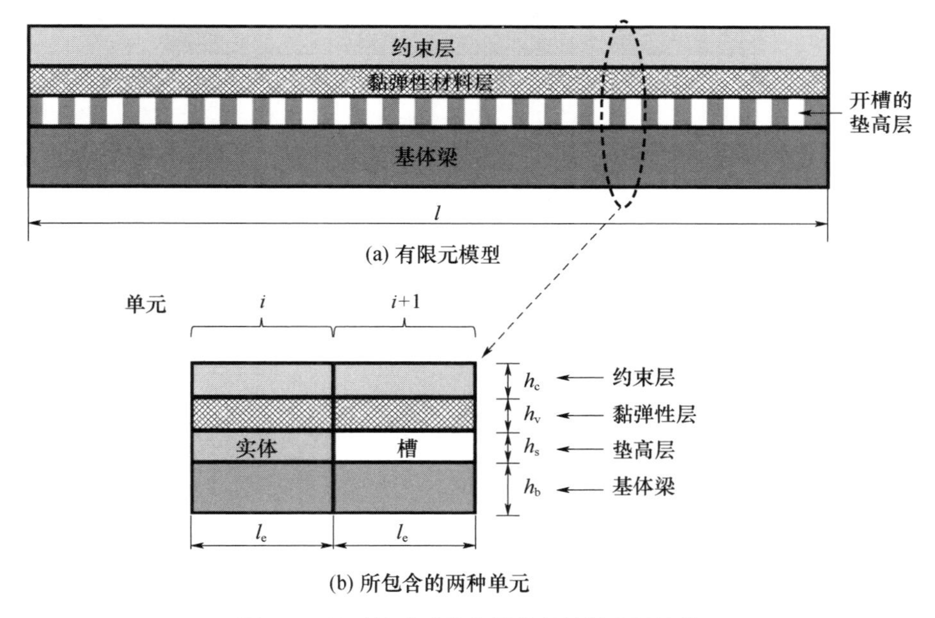

(a) 有限元模型

(b) 所包含的两种单元

图 8.5　经过被动式垫高层处理的复合梁结构

根据式(8.31)和式(8.32)，每个单元的运动方程就可以借助拉格朗日动力学分析方法建立起来，即

$$\boldsymbol{M}_e\ddot{\boldsymbol{\Delta}}_e + \boldsymbol{K}_e\boldsymbol{\Delta}_e = \boldsymbol{F}_e \tag{8.33}$$

式中：$\boldsymbol{M}_e$ 和 $\boldsymbol{K}_e$ 分别为单元的质量矩阵和刚度矩阵；$\boldsymbol{\Delta}_e$ 和 $\boldsymbol{F}_e$ 分别为这个梁/PSOL 单元的节点位移矢量和载荷矢量。

进一步，对于整个梁/PSOL 系统，只需将各个单元矩阵组装起来（利用 4.2.4 节中针对杆结构所采用的分析过程）就能够建立其运动方程了。然后，通过施加

边界条件,即可对系统的固有频率、模态形状以及响应等特性进行计算。

例 8.1 考虑图 8.6 所示的梁/PSOL 系统,主要的几何参数和物理参数已经列于表 8.1 中。该系统以悬臂形式安装(A 端为悬臂根部),且受到自由端 B 处的一个正弦激励作用(横向上,幅值为 1mm)。试确定:

(1)该系统的固有频率和模态形状;

(2)自由端 B 处的频率响应,分别利用 DTF 方法、有限元方法和商用软件包 ANSYS 来分析。

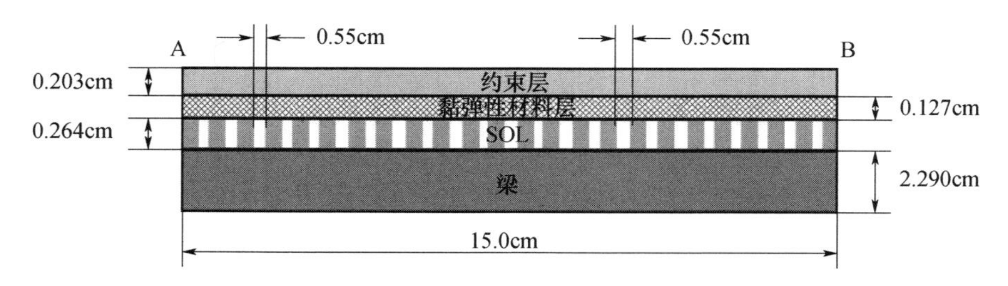

图 8.6 经过被动式垫高层处理的复合梁结构

表 8.1 梁/PSOL 系统的主要参数

参数	值
梁的材料	铝
SOL 材料	$E_s = 0.5\text{GPa}, \rho_s = 1100\text{kgm}^{-3}$
黏弹性材料	$G_v = 1 \times 10^5(1+i)\text{Pa}, \rho_v = 1100\text{kgm}^{-3}$
约束层材料	铝
梁的厚度(h_b)	2.290mm
SOL 的厚度(h_s)	0.264mm
黏弹性材料层的厚度(h_v)	0.127mm
约束层的厚度(h_c)	0.203mm
宽度(b)	11.75mm
长度(l)	150mm

[分析]

针对这个梁/PSOL 系统的自由端频率响应,图 8.7 将基于 FEM 方法和 DTF 方法所得到的结果进行了对比,可以看出两种结果是非常吻合的。基于 DTF 方法和基于 ANSYS 的结果对比可以参见图 8.8,很明显它们之间也是非常一致的。

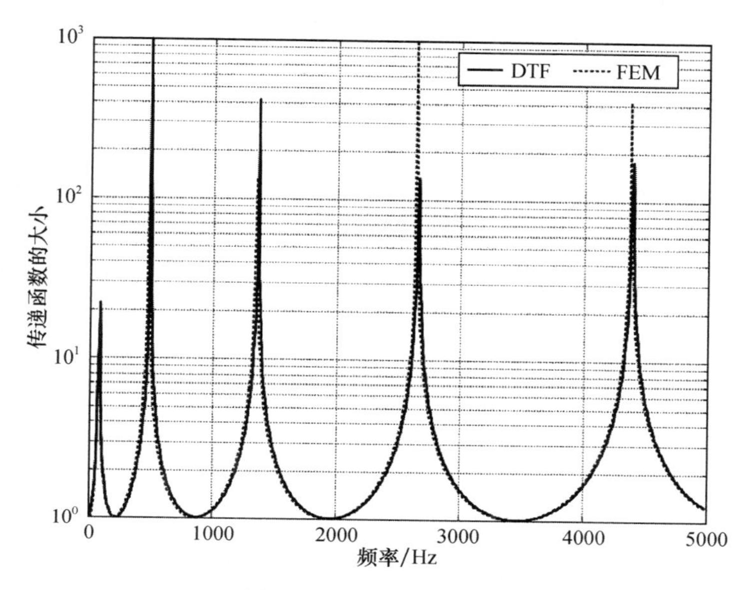

图 8.7　基于 DTF 和 FEM 方法得到的梁/PSOL 系统的频率响应的比较

该系统的前四阶振动模态参见图 8.9,它们所对应的固有频率分别为 70.99Hz、440.9Hz、1248.8Hz 和 2491.5Hz。

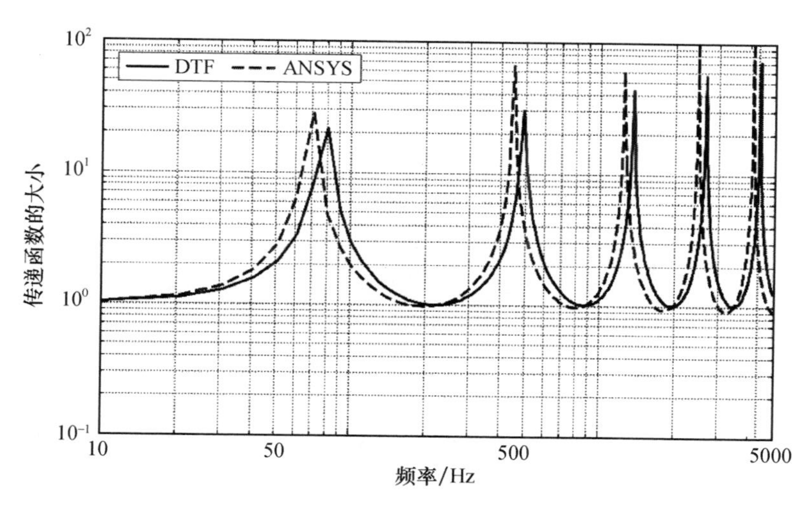

图 8.8　基于 DTF 方法和 ANSYS 得到的梁/PSOL 系统的频率响应的比较

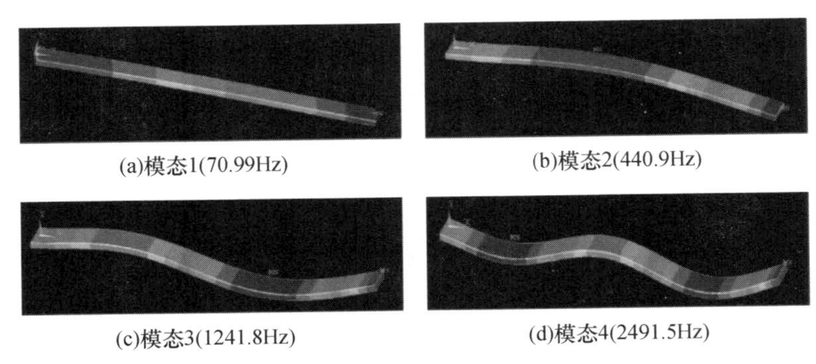

图 8.9 梁/PSOL 系统的前四阶振动模态(见彩插)

例 8.2 考虑图 8.6 所示的梁/PSOL 系统,其中的 SOL 带有 25 个槽,表 8.1 中列出了主要的几何参数和物理参数。

(1)试确定系统的固有频率和模态形状;

(2)试确定自由端 B 处的频率响应,分别采用 DTF 方法、有限元方法以及 ANSYS 软件进行分析。

[分析]

图 8.10 所示为基于 ANSYS 得到的梁/PSOL 系统的有限元模型。基于该有限元模型、DTF 和 ANSYS 等方法,图 8.11 将所得到的自由端频率响应进行了比较,可以看出这些结果是相当一致的。同时,在图 8.11 中还给出了无阻尼梁/PSOL 系统($G_v = 1\times10^5(1+0i)$ Pa)的频率响应,以方便对比。

图 8.12 进一步给出了该系统的前四阶振动模态形状,它们所对应的固有频率值分别为 81.0Hz、501Hz、1398Hz 和 2724Hz。

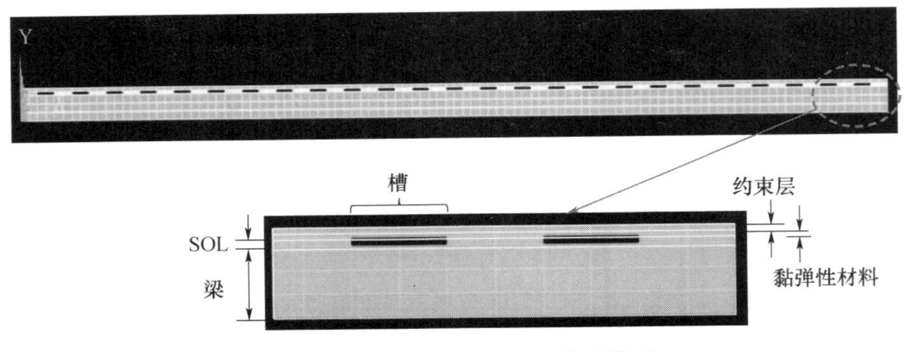

图 8.10 梁/PSOL 系统的有限元模型

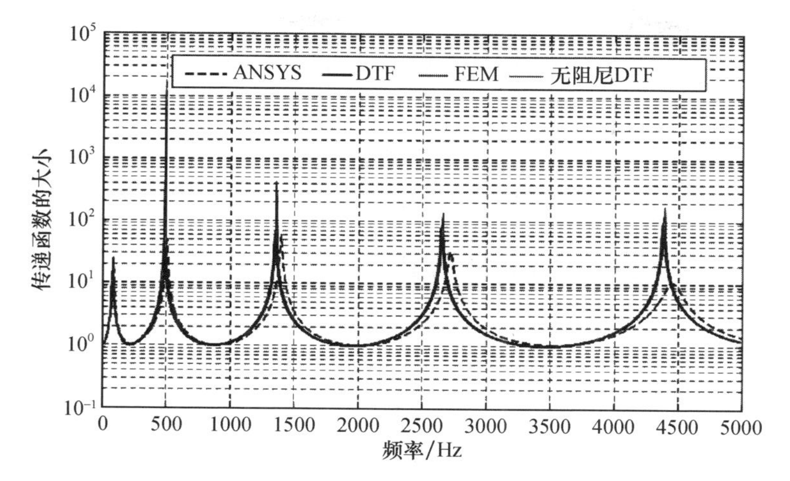

图 8.11 基于不同方法得到的铝梁/PSOL 系统的频率响应的对比

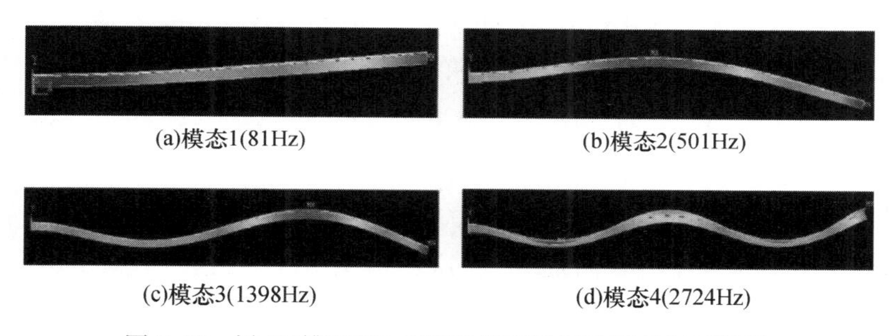

图 8.12 梁/开槽 PSOL 系统的前四阶振动模态(见彩插)

8.2.6 本节小结

本节主要针对 PSOL 阻尼处理进行了有限元建模,并将该模型的预测结果跟 DTF 模型以及 ANSYS 软件所建立的模型的结果做了对比验证。作为一种有效而简单的方式,PSOL 处理能够增强传统的约束阻尼层的阻尼性能,本节所给出的理论方法可为 PSOL 处理的设计工作提供非常有益的参考。

8.3 功能梯度型阻尼处理

一般来说,PCLD 处理方式中的黏弹性夹心材料具有均匀的剪切模量,人们已经认识到这种处理方式仅在边界附近(剪切应变为最大值)才是最有效的。为了增强 PCLD 的阻尼性能,可以将这些夹心设计成功能梯度型黏弹性材料

(FGVEM),其剪切模量在整个长度方向上具有最优的梯度分布。正是由于剪切模量的分布是经过优化的,因此也就能够有效地增强剪应变,进而使得能量耗散达到最大化。

在本节中,我们将利用有限元方法对带有 PCLD 的梁的振动进行理论分析,这里的 PCLD 的特点是带有功能梯度型黏弹性夹心。

8.3.1 功能梯度型约束层阻尼处理技术的背景

由于 PCLD 处理方式十分简单、可靠而且有效,因而这一技术在各种减振应用场合中已经得到了广泛的运用。针对各类振动结构,为了设计最优的 PCLD 处理方式,人们也付出了巨大的努力。此类研究工作主要致力于 PCLD 处理长度的优化(例如 Punkett 和 Lee,1970;Hajela 和 Lin,1991;Mantena 等人,1991;Demoret 和 Torvik,1995)、形状的优化(例如 Lin 和 Scott,1987;Lumsdaine 和 Scott,1996)、位置的优化(例如 Spalding 和 Mann,1995;Kruger 等人,1997;Ro 和 Baz,2002)、材料组分的优化(例如 Alberts 和 Xia,1995;Koratkara 等人,2003),以及拓扑优化(例如 Oh 等人,2000a;Lumsdaine,2002;Kim 和 Kim,2004;Pai,2004)等多个方面。

在大多数的相关研究中,人们主要关注的是黏弹性夹心的剪切模量为均匀分布的约束阻尼层构型。众所周知,在这种构型情况下,这一处理方式仅在边界附近(剪切应变为最大值)才是十分有效的。相应地,为了克服这一缺陷,人们又进行了进一步的研究,试图通过在黏弹性夹心中引入局部不连续性来增强阻尼性能。一般的设计方式包括在夹心中置入不同类型的纤维(例如 Alberts 和 Xia,1995;Koratkara 等人,2003),或者改变夹心自身的拓扑和基本单元结构(例如 Yi 等人,2000;Oh 等人,2000a;Lumsdaine,2002;Kim 和 Kim,2004;Pai,2004)。

本节将要介绍的是另一种比较合理的处理方式,该方式主要是将黏弹性夹心制备成功能梯度形式,其剪切模量在整个处理长度上的分布是经过最优设计的。应当注意的是,这一方法跟 Venkataraman 和 Sankar(2001)所提出的处理方法是有所不同的,他们所给出的黏弹性处理方式的特点是在厚度方向上呈现出功能梯度分布形式,而这对于较薄的阻尼层而言显然是较为困难的。与此不同的是,利用这里所给出的纵向功能梯度分布形式,阻尼层却可以非常薄。当剪切模量的分布经过优化之后,剪应变将会得到显著增大,进而能量耗散也会随之达到最大化。不仅如此,采用这一处理方式还可使得阻尼层的长度和厚度都得到显著的减小。

8.3.2　基于功能梯度黏弹性夹心的约束阻尼层概念

关于带有功能梯度黏弹性材料(FGVEM)的 PCLD 这一概念,只需考察其中的黏弹性夹心即可很好地加以理解,参见图 8.13。在该图中,黏弹性材料的剪切模量在长度方向上呈现出对称形式的梯度分布,其中的黑色区域代表的是高剪切模量区,较亮区域则代表了较低的剪切模量。当然,其他形式的梯度分布也可能是有用的,并不限于这里所给出的形式。这种处理方式所耗散的总能量 $W_{d_{FGVEM}}$ 可以表示为

$$W_{d_{FGVEM}} = \int AG'(x)\ \eta_v \gamma^2 dx \tag{8.34}$$

显然,由于总能量是剪切模量和剪切角的乘积在处理长度 L 上的积分,因此当经过正确的剪切模量分布优化之后,这一总能量将会得以增强,参见图 8.14。这里的 A 和 η_v 分别代表的是黏弹性材料的横截面面积和损耗因子,此处的分析中这两个参数均已视为常数(在整个处理长度上)。

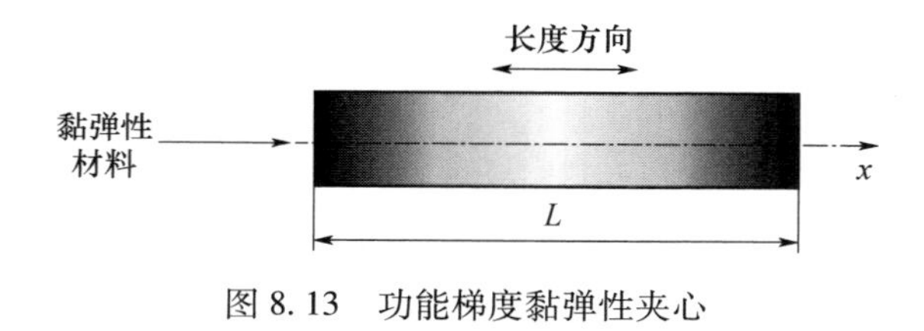

图 8.13　功能梯度黏弹性夹心

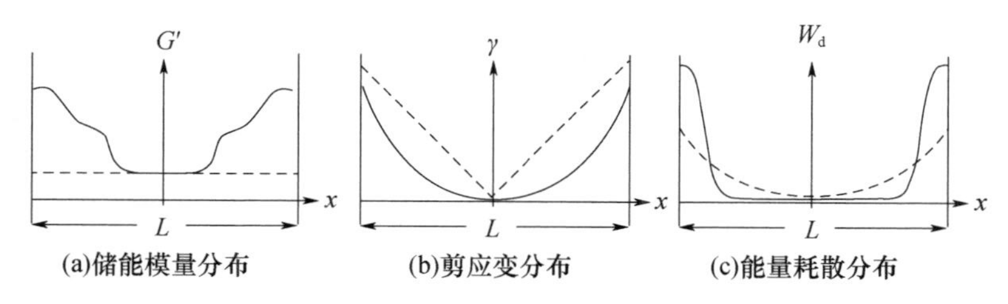

图 8.14　功能梯度阻尼处理的特性(实线为传统的 PCLD 处理方式,虚线为 PCLD/FGVEM 处理方式)

8.3.3　有限元模型

8.3.3.1　被动式约束阻尼层的准静态模型(Plunkett 和 Lee,1970)

在 6.2.1.1 节中,已经介绍了传统 PCLD 处理方式的准静态模型,在本节中

将进一步把该模型拓展用于描述带有功能梯度黏弹性夹心的 PCLD,主要借助的是有限元理论方法。图 8.15 中示出了该模型的原理图,我们需要对式(6.2)~式(6.5)进行修正,以便把黏弹性材料的剪切模量变化考虑进来,由此不难得到如下结果。

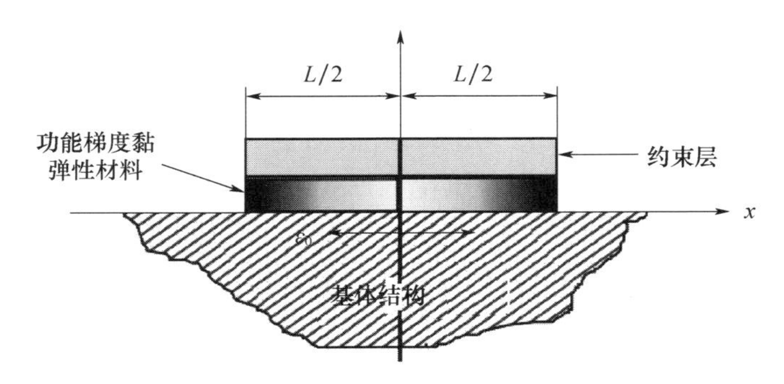

图 8.15　带有约束 FGVEM(功能梯度黏弹性材料)的结构系统

(1)势能:

$$\text{P.E} = \frac{1}{2}E_2h_2b\int_{-L/2}^{L/2}u_{,x}^2\mathrm{d}x + \frac{1}{2}h_1b\int_{-L/2}^{L/2}G'(x)\gamma^2\mathrm{d}x \tag{8.35}$$

(2)动能:

$$\text{K.E} = \frac{1}{2}mb\int_{-L/2}^{L/2}\dot{u}^2\mathrm{d}x \tag{8.36}$$

(3)耗散的能量:

$$W_{\mathrm{d}} = -h_1b\int_{-L/2}^{L/2}\tau_{\mathrm{d}}\gamma\mathrm{d}x = -h_1b\eta_{\mathrm{g}}\mathrm{i}\int_{-L/2}^{L/2}G'(x)\gamma^2\mathrm{d}x \tag{8.37}$$

式(8.35)~式(8.37)中:E_2、h_2 和 b 分别为约束层的杨氏模量、厚度和宽度;$G'(x)$ 为储能剪切模量(沿着黏弹性层的长度方向变化);η_{g} 为损耗因子;$\mathrm{i} = \sqrt{-1}$;m 为单位宽度和长度的约束层的质量;τ_{d} 为黏弹性夹心的耗能剪应力。此外,剪应变可由 $\gamma = (u - u_0)/h_1 = (u - \varepsilon_0 x)/h_1$ 给出。

利用传统的插值方程(参见杆结构的情况,式(4.25),$u = \boldsymbol{N}\boldsymbol{\Delta}_{\mathrm{e}}$)和拉格朗日方程,根据式(8.35)~式(8.37)就可以导出这个 PCLD/FGM 系统的第 e 个单元的运动方程,即

$$\boldsymbol{M}_e\ddot{\boldsymbol{\Delta}}_e + (\boldsymbol{K}_{ce} + \boldsymbol{K}_{ve})\boldsymbol{\Delta}_e = \boldsymbol{C}_e\varepsilon_0 \tag{8.38}$$

式中:

$$\begin{cases} \boldsymbol{M}_e = \dfrac{mh_1}{E_2h_2}\int_0^{L_e}\boldsymbol{N}^{\mathrm{T}}\boldsymbol{N}\mathrm{d}x, \boldsymbol{K}_{ce} = \int_0^{L_e}\boldsymbol{N}^{\mathrm{T}}_{,x}\boldsymbol{N}_{,x}\mathrm{d}x \\ \boldsymbol{K}_{ve} = \int_0^{L_e}B^{*-2}(x)\boldsymbol{N}^{\mathrm{T}}\boldsymbol{N}\mathrm{d}x, \boldsymbol{C}_e = \int_0^{L_e}B^{*-2}(x)\boldsymbol{N}x[1 + L_e(e - N_{\mathrm{elements}}/2 - 1)]\mathrm{d}x \end{cases} \tag{8.39}$$

其中,x 为第 e 个单元的局部坐标,N_{elements} 为单元数量。

在准静态情况下,式(8.38)将退化为如下形式:

$$(\boldsymbol{K}_{ce} + \boldsymbol{K}_{ve})\boldsymbol{\Delta}_e = \boldsymbol{C}_e\boldsymbol{\varepsilon}_0 \tag{8.40}$$

对于给定的输入激励 $\boldsymbol{\varepsilon}_0$,变形 $\boldsymbol{\Delta}_e$ 也就可以由下式确定:

$$\boldsymbol{\Delta}_e = (\boldsymbol{K}_{ce} + \boldsymbol{K}_{ve})^{-1}\boldsymbol{C}_e\boldsymbol{\varepsilon}_0 \tag{8.41}$$

进而,任意位置处的剪应变将可借助式(6.1)来确定,即

$$\boldsymbol{\gamma}_e = (\boldsymbol{\Delta}_e - \boldsymbol{\varepsilon}_0 x)/h_1 \tag{8.42}$$

而通过黏弹性材料的剪切变形耗散掉的能量则为

$$W_{\mathrm{d_{FGVEM}}} = \int AG'(x)\boldsymbol{\eta}_{\mathrm{v}}\boldsymbol{\gamma}^2\mathrm{d}x \tag{8.43}$$

例 8.3　试针对如下情况,利用 8.3.3.1 节给出的有限元方法确定黏弹性材料层长度方向上的归一化剪应变($\gamma h_1/\varepsilon_0 L$)分布与耗散掉的归一化能量($W_{\mathrm{d_{FGVEM}}}/(ALG_0\varepsilon_0^2)$):

(1)黏弹性夹心具有均匀剪切模量(G_0)的 PCLD;

(2)带有功能梯度黏弹性夹心的 PCLD。

相关参数为 $L/B_0 = 1$,$B_0 = \sqrt{h_1h_2E_2/G}$,$G = G_0\left[1 + a\left(\dfrac{x}{L/2}\right)^2\right]$,$a = 10$,$G_0 = 1$。进一步,将有限元分析结果与基于边值问题(BVP)求解方法(参见例 6.1)所得到的结果加以比较。

[**分析**]

图 8.16 中将传统 PCLD 处理方式和带有 FGM 黏弹性夹心的 PCLD 处理方式的性能进行了对比,其中的图 8.16(a)所示为这两种方式下的剪应变分布情况对比。不难看出,传统 PCLD 处理方式中的剪应变要更大一些,不过从图 8.16(b)所示的能量耗散情况可以认识到,带有 FGM 的 PCLD 处理方式所耗散掉的能量却要显著高于传统的 PCLD 处理方式。PCLD/FGM 处理方式中的剪应变要小一些,主要是因为梯度分布形式的剪切模量要大于传统的 PCLD 处理方式。然而,实际上最重要的参数不是剪应变或者剪切模量,而是剪应变的平

方与剪切模量的乘积,因为正是这个乘积在整个黏弹性材料层长度方向上的积分才对应了所耗散的能量。显然,剪切模量的梯度分布形式及其逐渐增大的特性有效地弥补了剪应变的降低。

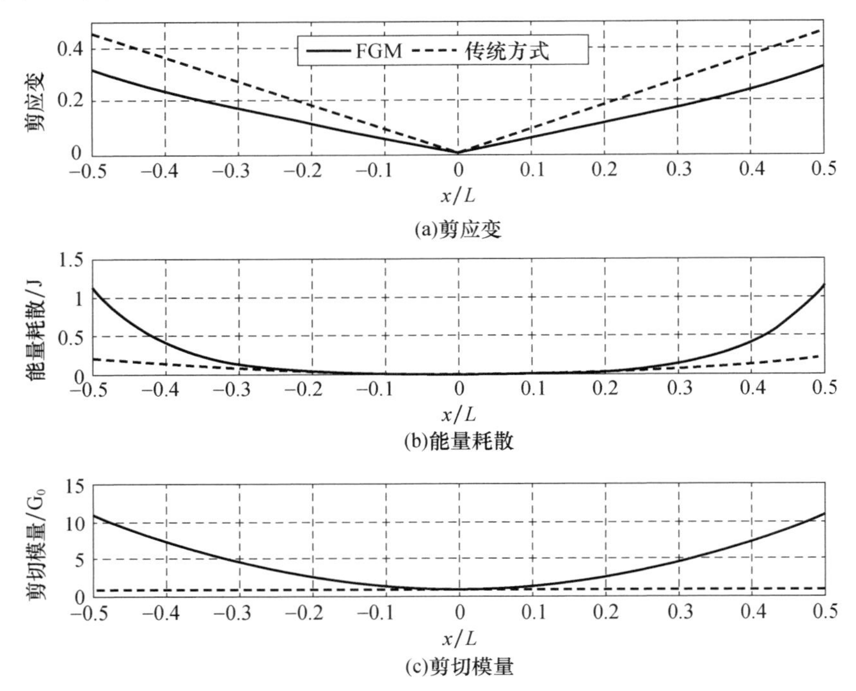

图 8.16　传统的 PCLD 和带有 FGM 黏弹性夹心的 PCLD 的特性比较

图 8.17 针对传统的 PCLD 和带有 FGM 黏弹性夹心的 PCLD 这两种处理方式,将基于有限元方法和 BVP 求解方法得到的性能结果做了对比,不难看出,这两种方法的分析结果是相当一致的。不过需要指出的是,对于更加复杂的 FGM 构型的性能预测来说,有限元方法是一个更为有力的分析工具。

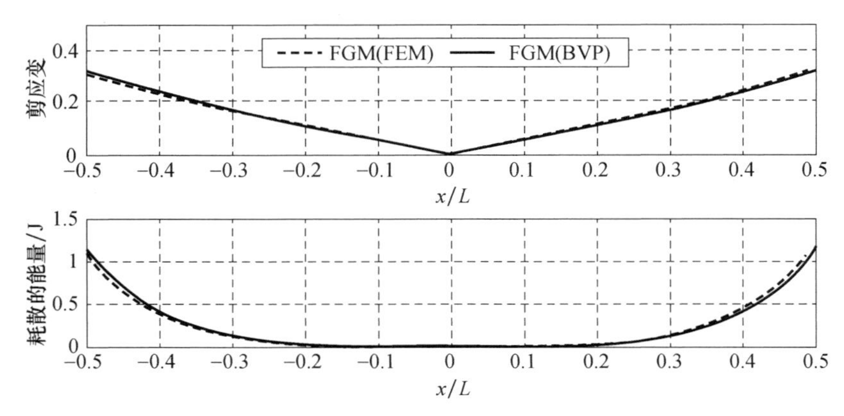

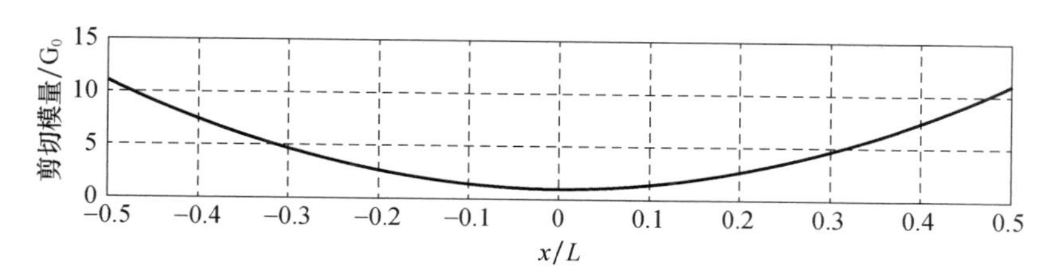

图 8.17　传统的 PCLD 和带有 FGM 黏弹性夹心的 PCLD 的特性比较：
基于 FEM 方法与基于 BVP(边值问题)求解方法

例 8.4　针对带有 FGM 黏弹性夹心的 PCLD 处理方式，考虑两种情况，第一种情况中黏弹性夹心的剪切模量是以连续方式作梯度分布的，即：$L/B_0 = 1$，$B_0 = \sqrt{h_1 h_2 E_2/G}$，$G = G_0\left[1 + a\left(\dfrac{x}{L/2}\right)^2\right]$，$a = 10$，$G_0 = 1\text{Nm}^{-2}$。第二种情况中采用的是两种不同的材料，它们的剪切模量分布如图 8.18 所示，且有 $G_1 = 10\text{Nm}^{-2}$，$G_2 = 1\text{Nm}^{-2}$。

试将这两种情况的性能进行比较。

[分析]

图 8.19 将上述这两种带有 FGM 黏弹性夹心的 PCLD 处理方式的特性做了对比，由此不难发现这两种形式的行为特性是非常类似的，它们表现出了相似的能量耗散特性。不过，需要引起特别注意的是，采用以离散函数形式进行梯度分布的黏弹性材料层要更为有利一些，这主要是从制备和敷设的方便性角度来考虑的，也就是说这一类型更具实际操作性。

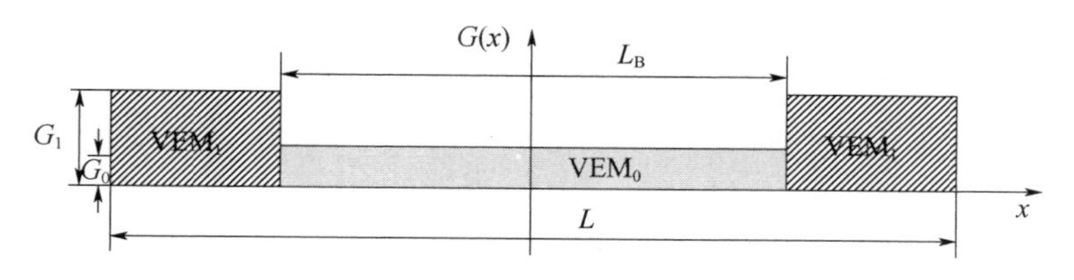

图 8.18　离散型 PCLD/FGM 处理方式下的剪切模量分布

图 8.20(a)和(b)在 L/β_0 和 剪切模量 $/G_0$ 所构成的平面内，给出了归一化能量耗散的等值面分布情况。从中不难观察到，FGVEM 能够产生跟最优的剪切模量均匀分布的黏弹性材料相同的能量耗散值，不过其长度却要小得多。例如，根据 Plunkett 和 Lee(1970)所给出的结果，最优的黏弹性材料在 $L/\beta_0 = 3.26$ 时所产生的能量耗散为 200，而最优的 FGVEM(剪切模量比为 $G_1/G_0 = 10$，$L/L_B = 2$)在 $L/\beta_0 = 2.12$ 时就可以产生同等大小的能量耗散。这一结果告诉我

们,跟传统的黏弹性材料相比,FGVEM 处理是一种能够提升(单位体积黏弹性材料的)能量耗散量的有效手段。对于此处所考察的实例,为获得同等的能量耗散,当采用 FGVEM 处理方式时,其长度要比传统的黏弹性材料处理方式(即剪切模量均匀分布)缩短 35%左右。

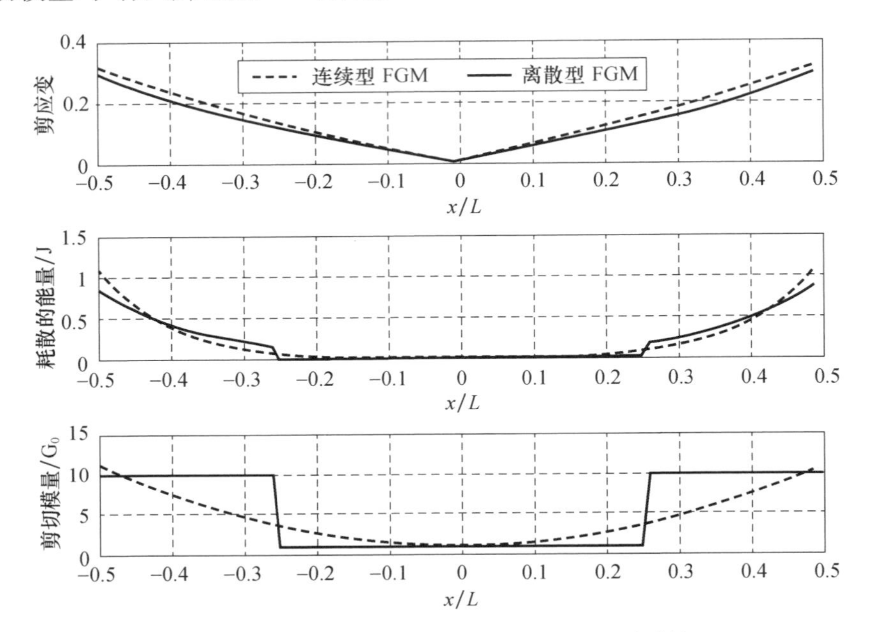

图 8.19 基于 FEM 方法得到的带有 FGM 黏弹性夹心的 PCLD(连续型和离散型)的特性比较

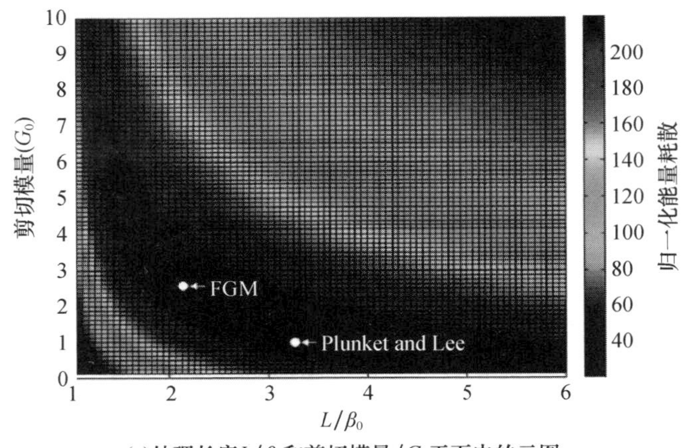

(a)处理长度L/β_0和剪切模量/G_0平面内的云图

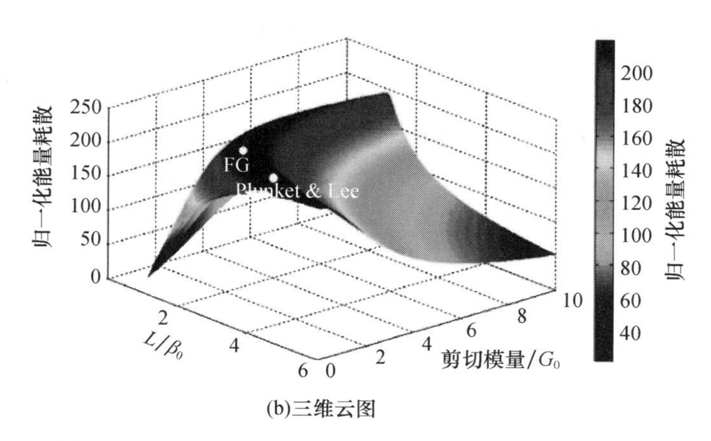

(b)三维云图

图 8.20 FGVEM 的归一化能量耗散特性随处理长度 L/β_0 和剪切模量/ G_0 的变化情况(见彩插)

8.3.3.2 均匀夹心和功能梯度夹心情况下被动式约束阻尼层的频散特性

频散特性是指频率和波数之间的关系,它定量描述了阻尼处理结构的波传播行为。利用频散特性可以有效地分析预测扰动的传播和能量的传输,并可给出相速度、群速度、衰减因子、实波数以及入射角等一系列重要参量(Manconi 和 Mace,2008;Pavlakovic 等人,1997)。

1. 带有均匀夹心的被动式约束阻尼层

对于未受激励(即 $u_0 = 0$)的 PCLD 系统来说,其动力学方程(式(6.8))可以简化为如下表示形式:

$$mh_1/G^*\ddot{u} = B^{*2}u_{,xx} - u \tag{8.44}$$

式中:m 为单位宽度和长度的约束层质量;h_1 为黏弹性层的厚度;$B^* = \sqrt{h_1h_2E_2/G^*}$ 为被动式处理方式的一个特征长度(复数),h_2 和 E_2 分别为约束层的厚度和杨氏模量;G^* 为黏弹性材料的复模量;u 为约束层的纵向变形。

假定 PCLD 结构受到的是一个频率为 ω 的时谐扰动,即

$$u = U\mathrm{e}^{\mathrm{i}(kx-\omega t)} \tag{8.45}$$

式中:k 为波数;U 为波幅。将式(8.45)代入式(8.44)中可得

$$(mh_1/G^*)\,\omega^2 = B^{*2}k^2 + 1 \tag{8.46}$$

G^* 和 B^* 可以写为如下形式(参见式(6.A.1)和式(6.A.2)):

$$G^* = G\mathrm{e}^{\mathrm{i}\theta}, B^* = B_0\mathrm{e}^{-\mathrm{i}\frac{\theta}{2}} \tag{8.47}$$

式中：$B_0 = \sqrt{\dfrac{h_1 h_2 E_2}{G}}$；$\theta = \tan^{-1}(\eta_g)$，$\eta_g$ 为黏弹性材料的损耗因子。

将式(8.47)代入式(8.46)可得

$$\bar{k}e^{-i\theta} = \sqrt{e^{-i\theta}\Omega^2 - 1} \tag{8.48}$$

式中：$\bar{k} = B_0 k$；$\Omega^2 = (mh_1/G)\omega^2$。

式(8.48)给出的就是带有均匀黏弹性夹心的 PCLD 结构的频散特性。由此不难看出这一特性是非线性的，因而可以说这一处理方式本质上是频散的，这一点不同于非频散材料的特性，后者中的波传播速度（$c = \omega/k$ 或者 $\Omega/\bar{k}$）跟 ω（或 Ω）和 k（或 $\bar{k}$）都是无关的，或者说波速 c 为常数。

例 8.5 试分析黏弹性材料的损耗因子 η_g 对带有均匀黏弹性夹心的 PCLD 结构的频散特性的影响。

［分析］

这里在平面 $\Omega - \bar{k}$ 上绘制了式(8.48)所给出的频散方程，其中考虑了黏弹性材料的多个损耗因子值 η_g，也就是考虑了多个不同的 $\theta = \tan^{-1}(\eta_g)$ 值。图 8.21 所示为波数的实部 k_r 和虚部 k_i 随频率 Ω 的变化情况，针对的是 $\eta_g = 0$ 的情况。此处的波数 k 可以表示为

$$k = k_r + ik_i \tag{8.49}$$

于是，式(8.45)也就可以改写为

$$u = Ue^{i(k_r x - \omega t)}\ e^{-k_i x} \tag{8.50}$$

由此不难看出，波数的实部分量 k_r 描述的是波在空间中的无衰减传播行为，而虚部分量 k_i 则反映的是波在空间中的传播衰减。

图 8.21 表明，当 $\Omega > 1$ 时，波数是纯实数，这意味着波可以在 x 和 $-x$ 方向上传播；而当 $\Omega < 1$ 时，波数变成了纯虚数，这说明此时的波在 x 轴两个方向上都会发生传播衰减。

值得指出的是，式(8.44)跟弹性基础上的杆以及弦的方程是非常类似的（Mace 和 Manconi，2012）。为了方便比较，图 8.21 中还给出了光杆的频散特性曲线，可以看出该曲线是线性的，波数是纯实数，因此光杆是一种无频散结构。

对于带有均匀黏弹性材料的 PCLD 结构，当 η_g 从 0.05 变化到 1 时，图 8.22～图 8.24 给出了对应的频散特性。可以注意到，所有这 3 种情况下的频散特性中波数都带有很大的虚部分量，这将导致在整个频率范围内出现波的传播衰减（图 8.23）。

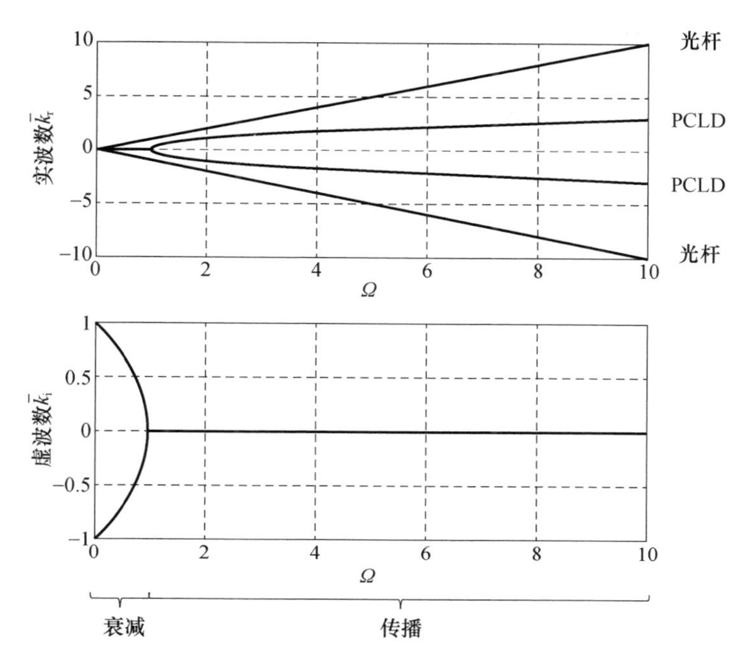

图8.21　带有均匀黏弹性材料夹心的PCLD处理方式下的结构频散特性(η_g = 0)

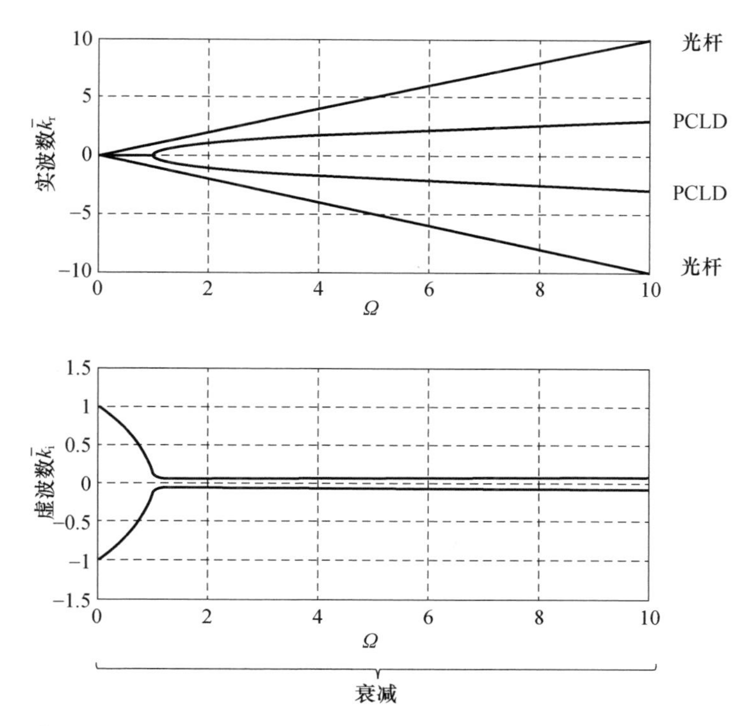

图8.22　带有均匀黏弹性材料夹心的PCLD处理方式下的结构频散特性(η_g = 0.05)

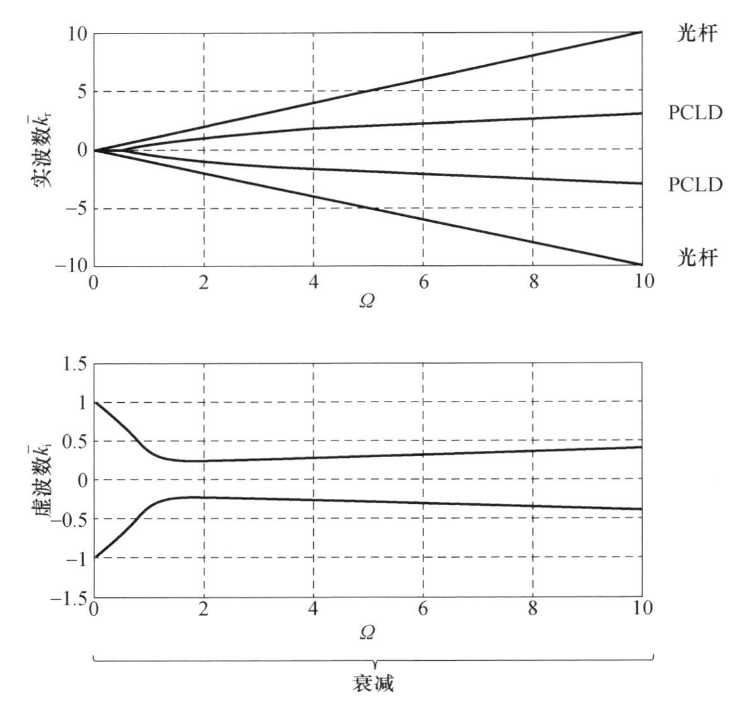

图 8.23　带有均匀黏弹性材料夹心的 PCLD 处理方式下的结构频散特性(η_g = 0.25)

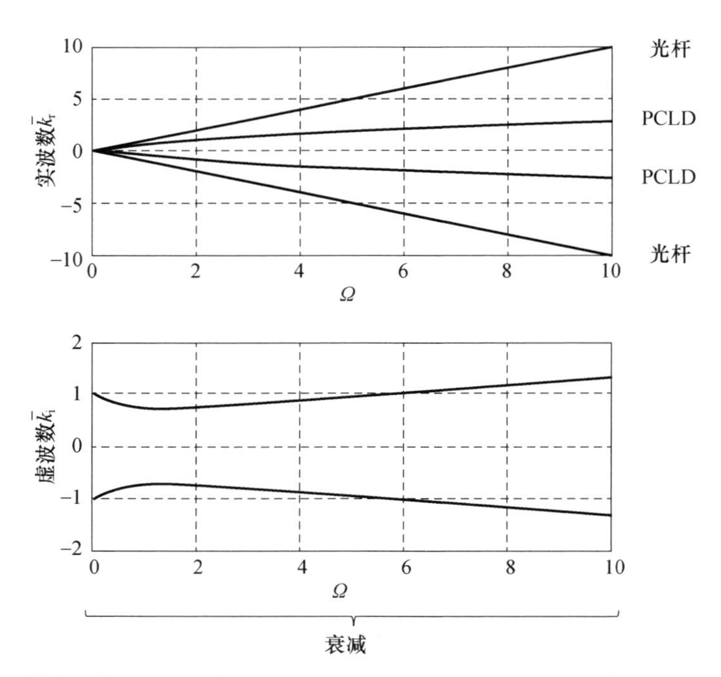

图 8.24　带有均匀黏弹性材料夹心的 PCLD 处理方式下的结构频散特性(η_g = 1.0)

2. 带有功能梯度夹心的被动式约束阻尼层

对于带有功能梯度夹心的被动式约束阻尼层(PCLD/FGM),在未受激励(即 $\varepsilon_0 = 0$)的情况下,由式(8.38)所描述的运动方程可以简化为

$$\boldsymbol{M}_e\ddot{\boldsymbol{\Delta}}_e + (\boldsymbol{K}_{ce} + \boldsymbol{K}_{ve})\boldsymbol{\Delta}_e = \boldsymbol{0} \tag{8.51}$$

式中:$\boldsymbol{M}_e$ 为质量矩阵;$\boldsymbol{K}_{ce}$ 为弹性刚度矩阵;$\boldsymbol{K}_{ve}$ 为黏弹性材料的刚度矩阵(考虑了功能梯度特性);$\boldsymbol{\Delta}_e$ 为节点位移矢量。这些矩阵可以参见式(8.39)。

对于 PCLD/FGM 来说,其频散特性可以利用半解析有限元(SAFE)方法导得,关于这一方法建议读者去参阅 Shorter(2004)和 Bartoli 等人(2006)的文献。该方法中将约束层的纵向变形 u 表示为

$$u = U\mathrm{e}^{\mathrm{i}(kx-\omega t)} = \boldsymbol{N}\boldsymbol{\Delta}^e\mathrm{e}^{\mathrm{i}(kx-\omega t)} \tag{8.52}$$

式中:k 和 ω 分别为波数和频率;$\boldsymbol{N}$ 和 $\boldsymbol{\Delta}^e$ 分别为插值函数和节点位移矢量。

于是,对于 PCLD/FGM 系统,式(8.35)~式(8.37)所给出的动能和势能就可以改写为

$$\begin{cases} T = \dfrac{1}{2}\boldsymbol{\Delta}^{e\mathrm{T}}\mathrm{e}^{-\mathrm{i}(kx-\omega t)}\ mb\omega^2\displaystyle\int_{-L/2}^{L/2}\boldsymbol{N}^{\mathrm{T}}\boldsymbol{N}\mathrm{d}x\boldsymbol{\Delta}^e\mathrm{e}^{\mathrm{i}(kx-\omega t)} \\ U = \dfrac{1}{2}\boldsymbol{\Delta}^{e\mathrm{T}}\mathrm{e}^{-\mathrm{i}(kx-\omega t)}\left(E_2h_2bk^2\displaystyle\int_{-L/2}^{L/2}\boldsymbol{N}_{,x}^{\mathrm{T}}\boldsymbol{N}_{,x}\mathrm{d}x\right)\boldsymbol{\Delta}^e\mathrm{e}^{\mathrm{i}(kx-\omega t)} \\ \qquad + \dfrac{1}{2}\boldsymbol{\Delta}^{e\mathrm{T}}\mathrm{e}^{-\mathrm{i}(kx-\omega t)}\left(\dfrac{b}{h_1}\displaystyle\int_{-L/2}^{L/2}G^*(x)\boldsymbol{N}^{\mathrm{T}}\boldsymbol{N}\mathrm{d}x\right)\boldsymbol{\Delta}^e\mathrm{e}^{\mathrm{i}(kx-\omega t)} \end{cases} \tag{8.53}$$

进一步,根据拉格朗日运动方程即可导得

$$(\omega^2\boldsymbol{M} - \boldsymbol{K}_{ve})\boldsymbol{\Delta}^e = k^2\boldsymbol{K}_{ce}\boldsymbol{\Delta}^e \tag{8.54}$$

式中:$\boldsymbol{M}$、$\boldsymbol{K}_{ve}$ 和 $\boldsymbol{K}_{ce}$ 分别为黏弹性材料的质量矩阵、刚度矩阵以及弹性刚度矩阵,它们由下式给出。

$$\begin{cases} \boldsymbol{M} = \dfrac{m}{E_2h_2}\displaystyle\int_{-L/2}^{L/2}\boldsymbol{N}^{\mathrm{T}}\boldsymbol{N}\mathrm{d}x, \boldsymbol{K}_{ve} = \displaystyle\int_{-L/2}^{L/2}B^{*2}(x)\boldsymbol{N}^{\mathrm{T}}\boldsymbol{N}\mathrm{d}x \\ \boldsymbol{K}_{ce} = \displaystyle\int_{-L/2}^{L/2}\boldsymbol{N}_{,x}^{\mathrm{T}}\boldsymbol{N}_{,x}\mathrm{d}x \end{cases} \tag{8.55}$$

对于给定的频率值 ω,根据式(8.54)不难建立如下所示的特征值问题:

$$(\omega^2\boldsymbol{M} - \boldsymbol{K}_{ve})^{-1}\boldsymbol{K}_{ce}\boldsymbol{\Delta}^e = \frac{1}{k^2}\boldsymbol{\Delta}^e$$

或者可以表示为

$$A\Delta^e = \lambda^2 \boldsymbol{\Delta}^e \tag{8.56}$$

式中：$\boldsymbol{A} = (\omega^2 \boldsymbol{M} - \boldsymbol{K}_{ve})^{-1} \boldsymbol{K}_{ce}$；$\lambda^2 = \dfrac{1}{k^2}$。

于是，对于给定的频率 ω，就能够通过求解特征值问题式(8.56)得到特征值 λ 或波数 k，进而也就可以绘制出频散曲线 $\omega - k$ 了。

例 8.6 针对带有功能梯度黏弹性材料夹心的 PCLD，试分析黏弹性材料的损耗因子 η_g 对频散特性的影响。进一步，将 PCLD/FGM 和带有均匀黏弹性材料夹心的 PCLD 的结构频散特性进行比较，在此处的 PCLD/FGM 中，假定 $L/B_0 = 1$，$B_0 = \sqrt{h_1 h_2 E_2 / G}$，$G = G_0\left[1 + a\left(\dfrac{x}{L/2}\right)^2\right]$，$a = 10$，$G_0 = 1\text{Nm}^{-2}$。

[分析]

图 8.25～图 8.28 针对带有 FGM 黏弹性材料夹心的 PCLD，示出了 η_g 在 0～1 变化时对应的频散特性。从中可以看出，PCLD/FGM 的频散曲线中的波数带有更大的虚部分量(与对应的带有均匀黏弹性材料夹心的 PCLD 相比)，这表明 PCLD/FGM 能够在较宽的激励频率范围内表现出更强的空间上的能量衰减。由此我们也就认识到，PCLD/FGM 处理方式对于结构系统中波传播的空间衰减是非常有效的。

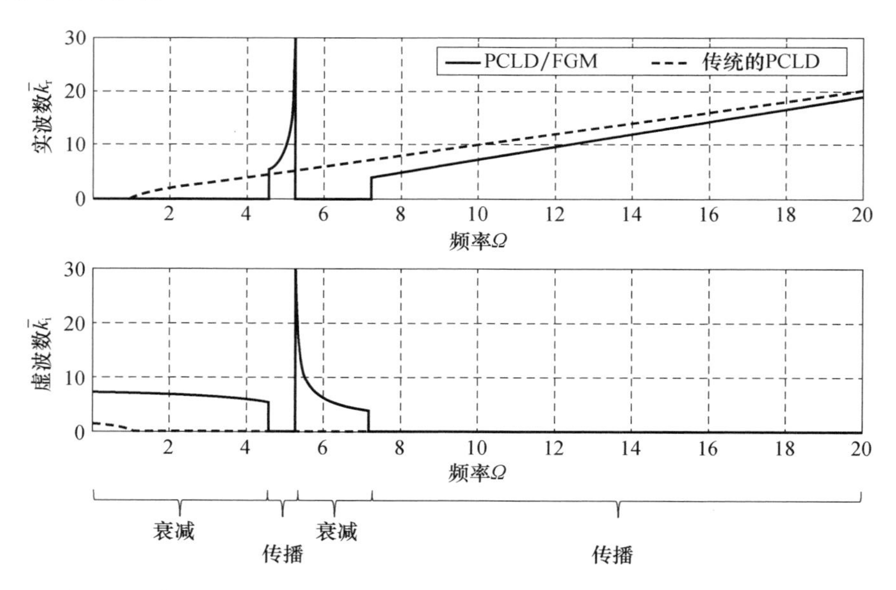

图 8.25 带有 FGM 黏弹性材料夹心的 PCLD 处理方式的频散特性($\eta_g = 0$)

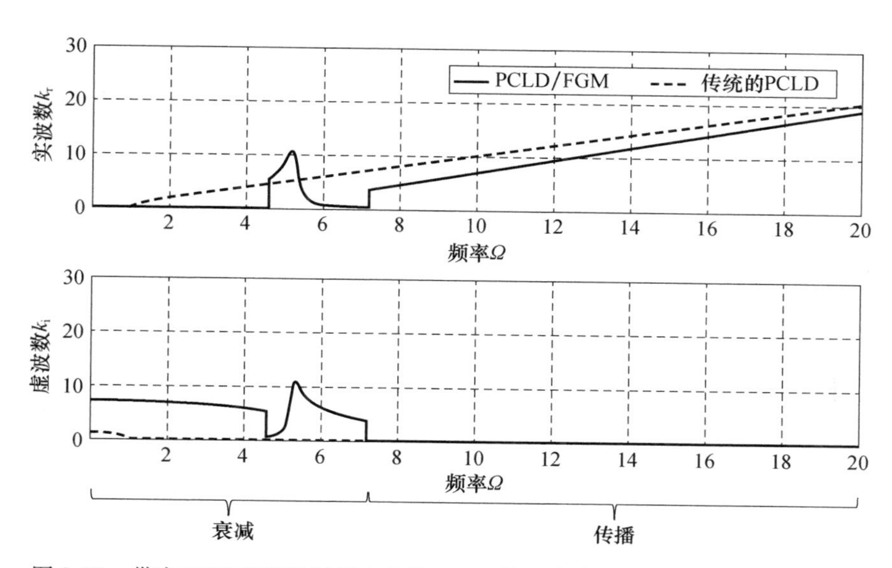

图8.26 带有FGM黏弹性材料夹心的PCLD处理方式的频散特性(η_g = 0.05)

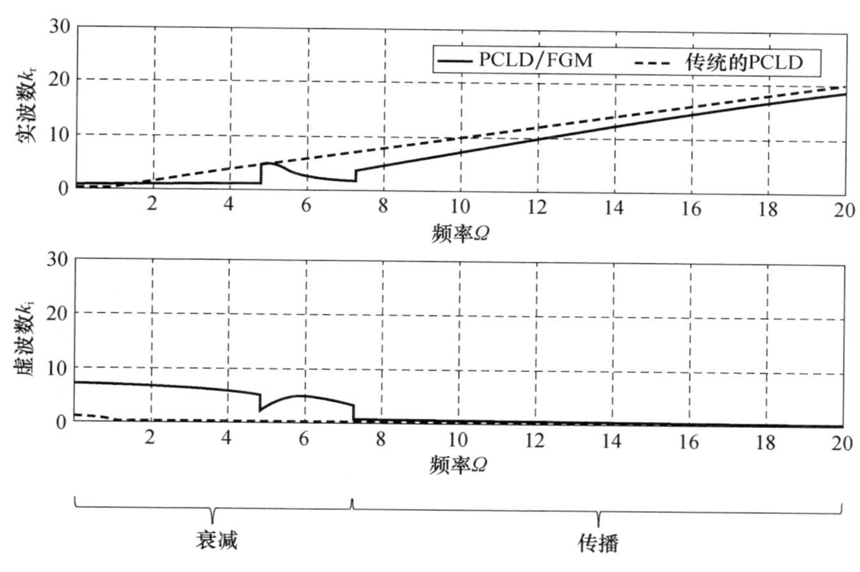

图8.27 带有FGM黏弹性材料夹心的PCLD处理方式的频散特性(η_g = 0.25)

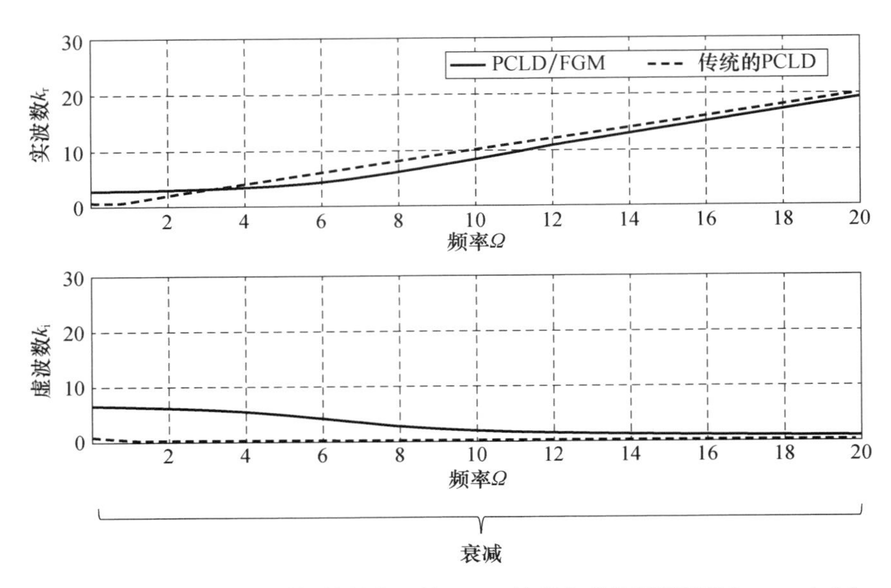

图 8.28　带有 FGM 黏弹性材料夹心的 PCLD 处理方式的频散特性（$\eta_g = 1.0$）

8.3.4　本节小结

本节主要介绍了带有纵向梯度分布特性的约束黏弹性层这一概念，这种阻尼层中的黏弹性材料的储能剪切模量在长度方向上是变化的。黏弹性夹心位于基体金属层和约束层之间，构成了一种三明治形式，通过引入剪切模量的梯度分布，可以使黏弹性层中耗散掉的能量达到最大。我们针对杆/PCLD/FGVEM 系统，为描述其特性，分别建立了连续和离散形式的理论模型，并据此确定了该系统的最优能量耗散和频散特性。分析结果表明了，PCLD/FGVEM 处理方式能够产生跟传统 PCLD（带有均匀的黏弹性材料）类似的能量耗散水平，不过其处理长度可以更短。此外，PCLD/FGVEM 处理方式还可使得频散特性中的波数虚部更大（与传统的 PCLD 处理方式相比），因而空间上的能量耗散性能也更为显著。

8.4　被动式和主动式阻尼复合结构

8.4.1　被动式阻尼复合结构

一般的黏弹性材料通常在较低的刚度情况下才会表现出较高的阻尼性能，

正因如此，在结构应用方面它们往往是不太合适的。反过来，结构材料、合金和陶瓷等往往具有很高的刚度，但是损耗因子却比较小，因而难以对结构的振动产生有效的阻尼作用。根据图3.5所示的损耗因子-储能模量关系，我们不难认识和理解上述这种相互矛盾的现象。

本节中，我们将把结构材料和黏弹性材料的有利特性组合起来，构建出一种刚度高且损耗因子大的复合结构，它们既能承受结构上的载荷，同时还具有较强的振动抑制性能。

图8.29中示出了两种可行的复合结构形式。第一种构型称为Voigt复合结构，其中的载荷是由不同的层共同承受的，如图8.29(a)所示。图8.29(b)给出的是第二种构型，可称为Reuss复合结构，其中的每个层都将承受相同的载荷。下面分别针对这两种构型加以阐述。

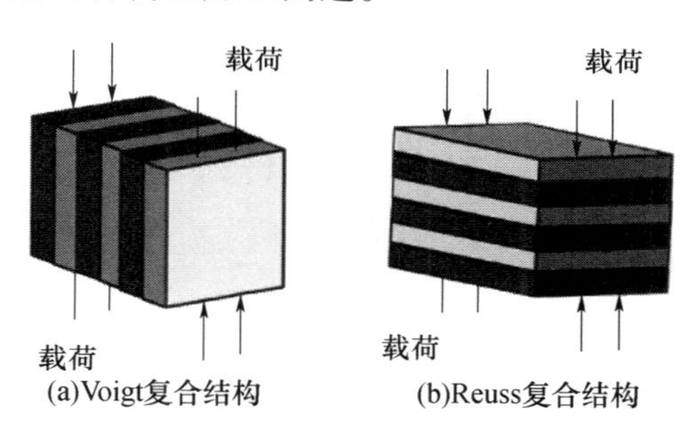

图8.29 阻尼复合结构的构型(深色为组分相1,浅色为组分相2)

1. Voigt复合结构

对于这种构型，复合结构的弹性模量 E_c 可以通过组分材料的弹性模量(E_1 和 E_2)来确定，计算时主要依据的是“混合物定律”，其形式可以表示为

$$E_c = E_1 V_1 + E_2 V_2 \tag{8.57}$$

式中：V_1 和 V_2 分别为组分1和组分2的体积百分数，且有 $V_1 + V_2 = 1$。

利用对应原理(Christensen,1982)，可以将式(8.57)所示的这一弹性关系转换成一种稳态简谐形式的黏弹性关系，只需把式(8.57)中的杨氏模量 $E_i(i = c,1,2)$ 替换为复模量 $E_i^*(\mathrm{i}\omega)$ 即可，其中的 ω 代表的是简谐载荷的角频率。由此可得

$$E_c^* = E_1^* V_1 + E_2^* V_2 \tag{8.58}$$

式中：$E_i^* = E_i' + \mathrm{i}E''_i = E_i'(1 + \mathrm{i}\eta_i)$，$i = c,1,2$；$E_i'$ 为储能模量；E''_i 为耗能模量；$\eta_i = E''_i/E_i'$ 为损耗因子。

式(8.58)还可以做进一步的展开，从而表示为

$$E'_c(1+i\eta_c)=E'_1(1+i\eta_1)V_1+E'_2(1+i\eta_2)V_2 \tag{8.59}$$

令式(8.59)两端的实部和虚部分别相等,可得

$$E'_c=E'_1V_1+E'_2V_2 \tag{8.60}$$

$$E'_c\eta_c=E'_1\eta_1V_1+E'_2\eta_2V_2 \tag{8.61}$$

联立式(8.60)和式(8.61),得

$$\eta_c=E'_1\eta_1V_1+\frac{E'_2\eta_2V_2}{E'_1V_1+E'_2V_2} \tag{8.62}$$

式(8.62)也可以表示为无量纲形式,即

$$\frac{\eta_c}{\eta_1}=\frac{1+(E'_2/E'_1)(\eta_2/\eta_1)(V_2/V_1)}{1+(E'_2/E'_1)(V_2/V_1)} \tag{8.63}$$

2. Reuss 复合结构

对于这种构型,复合结构的弹性模量 E_c 也可以通过组分材料的弹性模量(E_1 和 E_2)来表示,根据“混合物定律”,有如下表达式:

$$\frac{1}{E_c^*}=\frac{V_1}{E_1^*}+\frac{V_2}{E_2^*}$$

或

$$\frac{1}{E'_c(1+i\eta_c)}=\frac{V_1}{E'_1(1+i\eta_1)}+\frac{V_2}{E'_2(1+i\eta_2)} \tag{8.64}$$

令式(8.64)两端的实部和虚部分别相等,可得

$$E'_c=E'_1\bar{E}'_2\left[\frac{(1-\eta_1\eta_2)(\bar{E}'_2V_1+V_2)+(\eta_1+\eta_2)(\bar{E}'_2V_1\eta_2+V_2\eta_1)}{(\bar{E}'_2V_1+V_2)^2+(\bar{E}'_2V_1\eta_2+V_2\eta_1)^2}\right] \tag{8.65}$$

$$\eta_c=\frac{-(1-\eta_1\eta_2)(\bar{E}'_2V_1\eta_2+V_2\eta_1)+(\eta_1+\eta_2)(\bar{E}'_2V_1+V_2)}{(1-\eta_1\eta_2)(\bar{E}'_2V_1+V_2)+(\eta_1+\eta_2)(\bar{E}'_2V_1\eta_2+V_2\eta_1)} \tag{8.66}$$

式中: $\bar{E}'_2=\dfrac{E'_2}{E'_1}$。

例 8.7 假定 Voigt 复合结构和 Reuss 复合结构中的组分分别为钢($E'_1=200\text{GPa},\eta_1=0.001$)和黏弹性材料($E'_2=0.02\text{GPa},\eta_2=1.0$),试分析其特性。

[**分析**]

Voigt 复合结构的特性可由式(8.60)和式(8.62)确定,而 Reuss 复合结构的特性可由式(8.65)和式(8.66)确定。如图 8.30 所示,这两种复合结构的复模量幅值-损耗因子图形成了一个封闭区域,上边界为 Reuss 复合结构的特性

曲线,而下边界是 Voigt 复合结构的特性曲线。实际上可以发现,Roscoe(1969)已经从数学上建立了此类复合结构的储能模量 E' 和耗能模量 E'' 的边界范围,并且指出了这些边界跟 Voigt 特性和 Reuss 特性是等价的。

图 8.31 针对 Voigt 和 Reuss 复合结构,示出了体积百分数 V_1 对其复模量幅值的影响。从中不难发现,Reuss 复合结构可以获得更高的复模量。此外,根据图 8.32 还可以观察到,Reuss 复合结构也能获得更大的损耗因子,不过这种构型的强度不如 Voigt 构型。

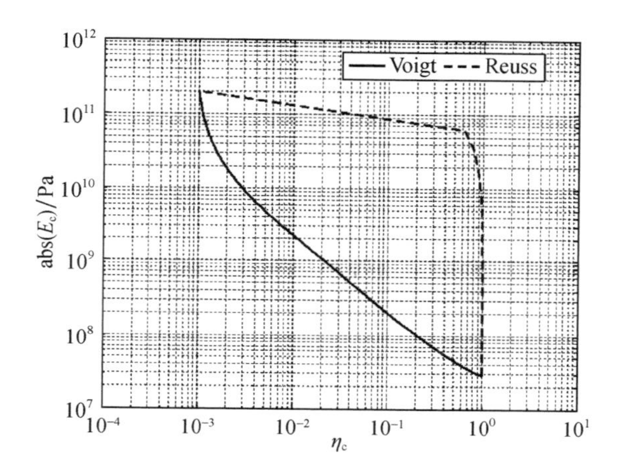

图 8.30 Voigt 和 Reuss 复合结构的复模量幅值-损耗因子关系图

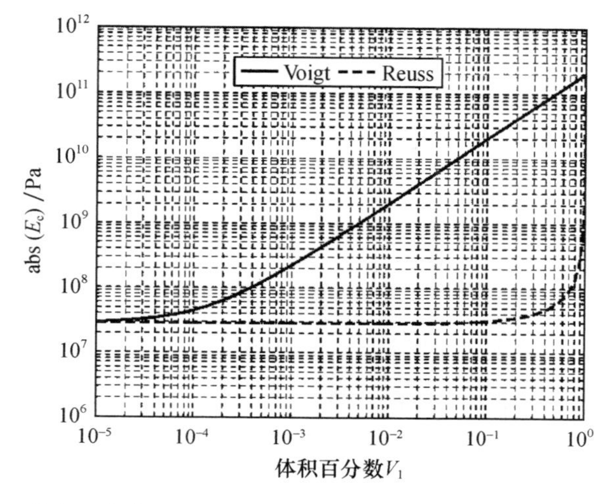

图 8.31 体积百分数 V_1 对 Voigt 和 Reuss 复合结构的复模量幅值的影响

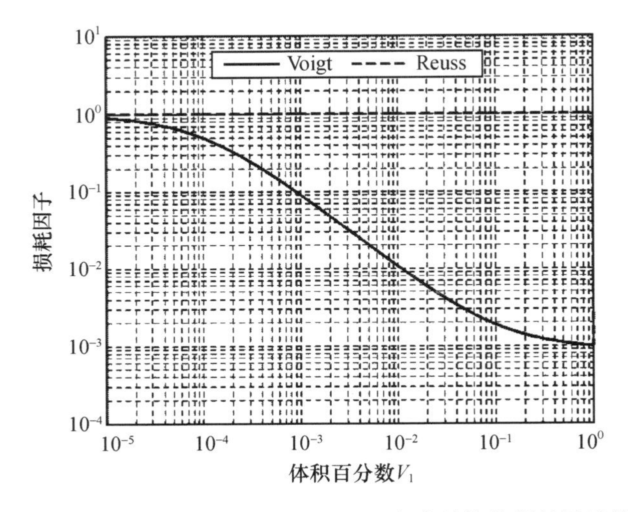

图 8.32　体积百分数 V_1 对 Voigt 和 Reuss 复合结构的损耗因子的影响

8.4.2　主动式压电阻尼复合结构(APDC)

本节主要阐述的是一类 APDC,其中包含了一组压电杆,这些杆以一定的倾斜角 θ 插入黏弹性材料整个厚度方向上,如图 8.33 所示。压电杆是沿着长度方向极化的,极化方向跟局域坐标轴 3 是一致的。人们已经对这种 APDC 做过研究,例如 Smith 和 Auld(1991)、Chan 和 Unsworth(1989)、Hayward 和 Hossack(1990)、Shields(1997)、Shields 等人(1998)、Baz 和 Tempia(2004),以及 Arafa 和 Baz(2000)。

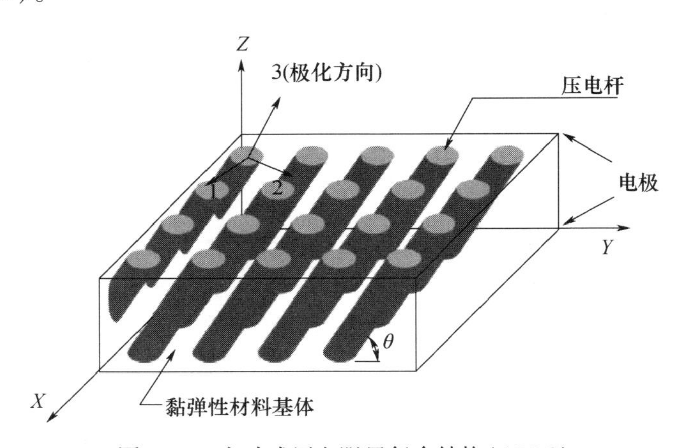

图 8.33　主动式压电阻尼复合结构(APDC)

此处的局部坐标系统(1,2,3)与全局坐标系统(x,y,z)之间的夹角为θ，就所考察的APDC而言，压电杆是通过在z方向上的电极两端施加控制电压来进行激励的，如图8.33所示，这里的电极是平行于$x-y$平面的。通过这一方式，这些压电杆就能够在黏弹性材料中同时诱发剪切应变和拉压应变，参见图8.34，正因如此，这个复合结构的总阻尼性能也就得到了提升。APDC可以粘贴到结构的表面，也可以内置到一个分层复合结构中，从而对结构的振动提供控制作用。不难理解，这种复合结构的阻尼特性会受到压电杆的调控，我们可以根据结构振动情况对其纵向应变进行调节，进而增强其能量耗散和改善系统的动力学行为。

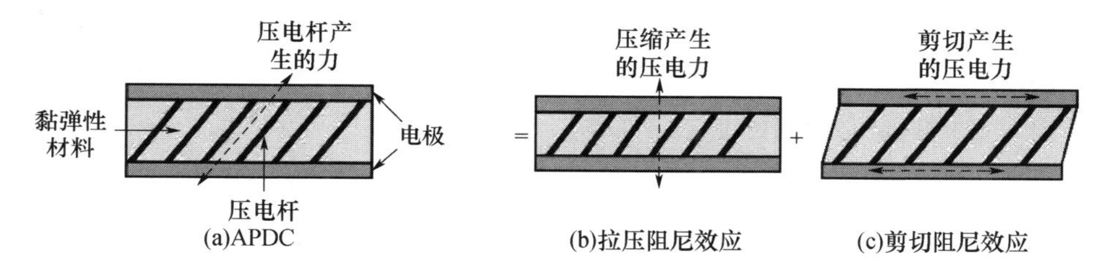

图8.34　主动式压电阻尼复合结构(APDC)的拉压和剪切成分

对于上述带有斜置压电杆的APDC来说，其主要的优点可以借助两种机电耦合因子来做定量描述，分别对应于压缩的k_{33}^2和剪切的k_{15}^2，可由下式给出：

$$k_{33}^2 = 1 - \frac{s_{33}^{\mathrm{D}}}{s_{33}^{\mathrm{E}}} = \frac{\text{压缩能}}{\text{电能}} \tag{8.67}$$

$$k_{15}^2 = 1 - \frac{s_{44}^{\mathrm{D}}}{s_{44}^{\mathrm{E}}} = \frac{\text{剪切能}}{\text{电能}} \tag{8.68}$$

式中：s_{ii}^{E}和s_{ii}^{D}分别为短路和开路状态下的顺度系数，此处的$ii=33$代表了压缩加载情况，而$ii=44$代表了剪切加载。

于是，总的耦合因子k^2应为

$$k^2 = k_{33}^2 + k_{15}^2 = \frac{\text{压缩能} + \text{剪切能}}{\text{电能}} \tag{8.69}$$

关于式(8.67)的证明可以参见附录部分，采用类似的方法也可对式(8.68)加以证明。

针对一种由PZT-5H杆置入软聚氨酯基体(体积百分数为15%)所构成的构型，图8.35示出了这些PZT杆的倾斜角对压缩、剪切和总耦合因子的影响情况。非常明显,当倾斜角为零时,剪切耦合因子达到了最大值,而当倾斜角为90°时该因子为零;对于压缩耦合因子来说,情况恰好相反。因此,它们的组合效应将使得总耦合因子在倾斜角约为28°时达到最大。在这一最优倾斜角条件下,该 APDC 的总耦合因子要比压缩型 APDC 高出 16%。这里必须强调指出的是,此处的 APDC 的耦合因子(88%)要比陶瓷(参见 Reader 和 Sauter,1993)高出近 98%。由此也不难认识到这一 APDC 处理方式的重要价值。此外,从表 8.1 中还可以注意到,PZT-5 和 PZT-5H 的压缩耦合因子 k_{33}^2 分别为 0.306 和 0.443,而如果将它们用于压缩型 APDC 中,该耦合因子可以分别达到 0.715 和 0.77,这与现有文献中的结果也是相符的。

在这里,我们将着重讨论如何利用带有倾斜压电杆的 APDC 来控制梁(带有离散形式的 APDC 片)的动力学行为,显然这就需要深入考察 APDC 的设计参数对系统响应的影响情况。

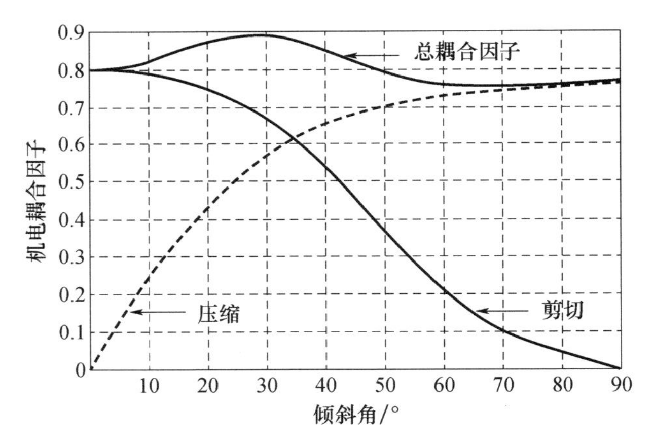

图 8.35 压电杆的倾斜角对 APDC 机电耦合因子的影响

(PZT-5H 体积百分数为 15%,基体为软聚氨酯)

8.4.3 带有 APDC 的梁的有限元建模

8.4.3.1 模型和主要假设

本节将针对带有 APDC 片的弹性梁,简要介绍描述其行为特性的有限元模型。如图 8.36 所示,其中给出了带有单片 APDC 的梁,梁的长度为 L,可以划分为 n 个有限单元。APDC 片粘贴在第 i 个单元上,并且位于基体梁和一个弹性约束层之间。图 8.37 示出了这个梁/APDC 系统的几何和变形情况。

这里假定在任意横截面上,约束层和基体梁的横向位移都是不相等的,同时 APDC 中的黏弹性材料内的纵向应力可以忽略不计，约束层、基体梁以及压电杆都是纯弹性的，不会耗散能量，而黏弹性材料是线性黏弹性的。此外，我们还假设聚合物基体是非压电性的，并且所有层之间都是理想黏合的。

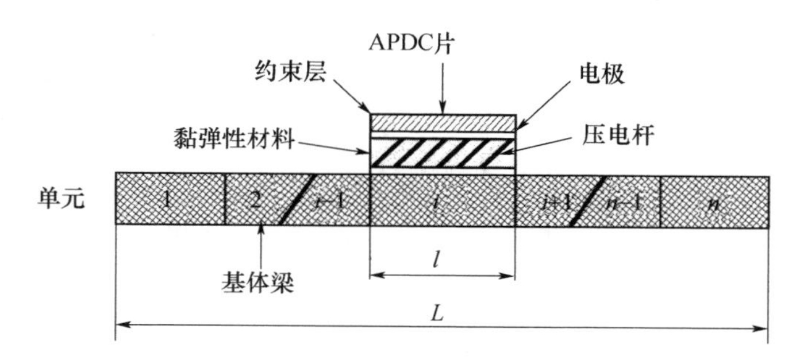

图 8.36　梁/APDC 复合结构的有限元模型

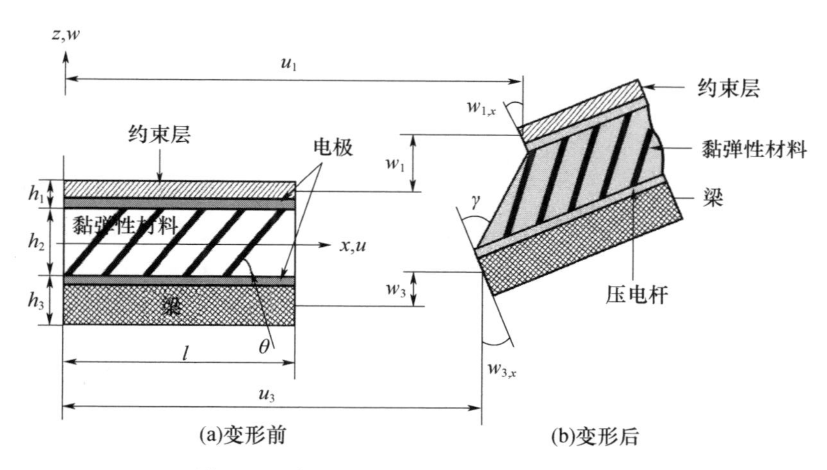

图 8.37　梁/APDC 系统的几何和变形情况

8.4.3.2　运动学分析

梁/APDC 系统的基本运动学变量包括了上下梁部分的纵向位移、横向位移和角位移。根据图 8.36 所示的几何图形，黏弹性夹心的中面处的剪应变可以表示为梁的位移的形式，即

$$\gamma = \frac{1}{h_2}\left[(u_1 - u_3) + \left(\frac{h_1 + h_2}{2}\right) w_{1,x} + \left(\frac{h_2 + h_3}{2}\right) w_{3,x}\right] \tag{8.70}$$

式中：u_i 和 h_i 分别为第 i 层的纵向位移和厚度，此处的 $i=1$ 代表约束层，$i=2$ 代表黏弹性材料层，$i=3$ 代表梁。下标 x 代表的是求偏导，此外，这里我们假定了黏弹性夹心的横向位移 w_2 在厚度方向上呈线性变化，即

$$w_2 = \frac{w_1 + w_3}{2} + \frac{w_1 - w_3}{h_2} z \tag{8.71}$$

式中：w_i 为第 i 层的横向位移；z 为到中性轴的距离。

8.4.3.3 自由度和形函数

这里所考察的梁/APDC 单元是一个包含两个节点的一维单元，该单元中的 APDC 片夹在两个弹性梁单元之间，形成了三明治形式。每个节点具有六个自由度，分别描述的是上下梁部分的纵向位移、横向位移和角位移。假定任意单元上的纵向位移 u_1、u_3 和横向位移 w_1、w_3 的空间分布可以表示为

$$\begin{cases} u_1 = a_1 + a_2 x, u_3 = a_3 + a_4 x, w_1 = a_5 + a_6 x + a_7 x^2 + a_8 x^3, \\ w_3 = a_9 + a_{10} x + a_{11} x^2 + a_{12} x^3 \end{cases} \tag{8.72}$$

式中：常数 $\{a_1, a_2, \cdots, a_{12}\}$ 可以根据单元（带有节点 i 和节点 j）的节点自由度矢量 $\boldsymbol{\delta}_e$ 的 12 个分量来确定，即

$$\boldsymbol{\delta}_e = \{u_{1i}, u_{3i}, w_{1i}, w_{1,xi}, w_{3i}, w_{3,xi}, u_{1j}, u_{3j}, w_{1j}, w_{1,xj}, w_{3j}, w_{3,xj}\}^{\mathrm{T}} \tag{8.73}$$

于是，单元上任意点处的变形矢量 $\boldsymbol{\delta} = \{u_1, u_3, w_1, w_{1,x}, w_3, w_{3,x}\}^{\mathrm{T}}$ 就可以通过节点自由度矢量来表示了，即

$$\boldsymbol{\delta} = \{\boldsymbol{A}_1, \boldsymbol{A}_2, \boldsymbol{A}_3, \boldsymbol{A}_4, \boldsymbol{A}_5, \boldsymbol{A}_6\}^{\mathrm{T}} \boldsymbol{\delta}_e \tag{8.74}$$

式中：$\boldsymbol{A}_1$、$\boldsymbol{A}_2$、$\boldsymbol{A}_3$、$\boldsymbol{A}_4$、$\boldsymbol{A}_5$ 和 $\boldsymbol{A}_6$ 分别为跟 u_1、u_3、w_1、$w_{1,x}$ 、w_3 和 $w_{3,x}$ 对应的空间插值矢量。

在该 APDC 中，正应变可以表示为

$$\gamma = \frac{1}{h_2}\left[(\boldsymbol{A}_1 - \boldsymbol{A}_3) + \left(\frac{h_1 + h_2}{2}\right)\boldsymbol{A}_4 + \left(\frac{h_2 + h_3}{2}\right)\boldsymbol{A}_6\right]\boldsymbol{\delta}_e = \boldsymbol{B}_2 \boldsymbol{\delta}_e \tag{8.75}$$

联立式（8.74）和式（8.75）即可得到 APDC 的应变矢量 $\boldsymbol{S}$，即

$$\boldsymbol{S} = \begin{Bmatrix} \varepsilon_{zz} \\ \gamma \end{Bmatrix} = \begin{Bmatrix} \boldsymbol{B}_1 \\ \boldsymbol{B}_2 \end{Bmatrix} \boldsymbol{\delta}_e = \boldsymbol{B} \boldsymbol{\delta}_e \tag{8.76}$$

对于未经处理的梁截面来说，只需采用一维、两节点的梁单元（每个节点两个自由度）即可进行描述。

8.4.3.4 系统的能量

1. 应变能（PE）

梁/APDC 系统的总应变能是由多个部分组成的，下面分别加以分析。

2. 与梁的拉压对应的能量 U_{ext}

$$U_{\mathrm{ext}} = \frac{1}{2} \sum_{i=1,3} E_i h_i b_i \int_0^l \left(\frac{\partial u_i}{\partial x}\right)^2 \mathrm{d}x \tag{8.77}$$

式中：E_i 和 b_i 分别为第 i 层的杨氏模量和宽度。

3. 与梁的弯曲对应的能量 U_{ben}

$$U_{\text{ben}} = \frac{1}{2}\sum_{i=1,3} E_i I_i \int_0^l \left(\frac{\partial^2 w_i}{\partial x^2}\right)^2 \mathrm{d}x \tag{8.78}$$

式中：I_i 为第 i 层的横向刚度。

4. APDC 的能量 U_{p}

$$U_{\text{p}} = \frac{1}{2}\int_0^l \boldsymbol{T}^{\text{T}}\boldsymbol{Y}^{-1}\boldsymbol{T}\mathrm{d}V \tag{8.79}$$

式中：$\boldsymbol{T}$ 、$\boldsymbol{Y}$ 和 V 分别为 APDC 的应力、弹性张量和体积。

关于 APDC 处理方式下的本构关系，附录中给出了详细的推导过程（Baz 和 Tempia，2004），该关系可以表示为

$$\boldsymbol{T} = \boldsymbol{YS} - \boldsymbol{d}E_z \tag{8.80}$$

式中：E_z 为 APDC 上的电场。

进一步，联立式（8.79）和式（8.80）可得

$$U_{\text{p}} = \frac{1}{2}\int_0^l (\boldsymbol{YS} - \boldsymbol{d}E_z)^{\text{T}}\boldsymbol{Y}^{-1}(\boldsymbol{YS} - \boldsymbol{d}E_z)\,\mathrm{d}V \tag{8.81}$$

根据式（8.77）、式（8.78）和式（8.81），也就得到了这个梁/APDC 系统的总应变能表达式，即

$$\begin{aligned} \text{P. E} &= U_{\text{ext}} + U_{\text{ben}} + U_{\text{p}} \\ &= \frac{1}{2}\boldsymbol{\delta}_{\text{e}}^{\text{T}}\boldsymbol{K}_{\text{e}}\boldsymbol{\delta}_{\text{e}} + E_z^2\int_0^L \boldsymbol{d}^{\text{T}}\boldsymbol{Y}^{-1}\boldsymbol{d}\mathrm{d}x - h_2 b E_2\int_0^L \boldsymbol{d}^{\text{T}}\boldsymbol{B}\mathrm{d}x\boldsymbol{\delta}_{\text{e}} \end{aligned} \tag{8.82}$$

式中：$\boldsymbol{K}_{\text{e}}$ 为单元的拉压和弯曲刚度矩阵。

5. 动能 K. E

梁/APDC 系统的动能可由下式给出：

$$\begin{aligned} \text{K. E} &= \frac{1}{2}\sum_{i=1,3} m_i b_i \int_0^l \left[\left(\frac{\partial u_i}{\partial t}\right)^2 + \left(\frac{\partial w_i}{\partial t}\right)^2\right]\mathrm{d}x + \frac{1}{2}m_2 b\int_0^l \left[\left(\frac{\partial w_2}{\partial t}\right)^2\right]\mathrm{d}x \\ &= \frac{1}{2}\dot{\boldsymbol{\delta}}_{\text{e}}^{\text{T}}\boldsymbol{M}_{\text{e}}\dot{\boldsymbol{\delta}}_{\text{e}} \end{aligned} \tag{8.83}$$

式中：m_i 为第 i 层单位长度的质量；$\boldsymbol{M}_{\text{e}}$ 为梁/APDC 系统的质量矩阵。

8.4.3.5　运动方程

利用拉格朗日方程，不难导出梁/APDC 系统的运动方程为

$$\boldsymbol{M}_0\ddot{\boldsymbol{\delta}}_0 + \boldsymbol{K}_0\boldsymbol{\delta}_0 = \boldsymbol{F}_0 \tag{8.84}$$

式中：$\boldsymbol{M}_0$、$\boldsymbol{K}_0$ 和 $\boldsymbol{\delta}_0$ 分别为总体质量矩阵、刚度矩阵和节点位移矢量；$\boldsymbol{F}_0$ 为 APDC 产生的控制力和力矩矢量，即

$$\boldsymbol{F}_0 = h_2 b\int_0^L \boldsymbol{B}^{\mathrm{T}}\boldsymbol{d}E_z \mathrm{d}x \tag{8.85}$$

式(8.84)描述的是梁/APDC 系统的一个单元的动力学过程(包含控制)，将不同单元的方程组装起来，并附上恰当的边界条件，就能够得到整个系统的运动方程了。根据这些方程，也就不难确定开环系统和闭环系统的动力学响应了。

8.4.3.6　控制律

考虑比例微分控制器，在所生成的电场下可得

$$\boldsymbol{F}_0 = -\boldsymbol{K}_{\mathrm{g}}\boldsymbol{\delta}_0 \tag{8.86}$$

式中：$\boldsymbol{K}_{\mathrm{g}}$ 为控制增益，其形式为

$$\boldsymbol{K}_{\mathrm{g}} = (g_{\mathrm{p}} + g_{\mathrm{d}}s)\,\overline{\boldsymbol{C}} \tag{8.87}$$

式中：g_{p} 和 g_{d} 分别为比例增益和微分增益；s 为拉普拉斯复变量；$\overline{\boldsymbol{C}}$ 中的元素代表的是自由度，控制作用是建立在这些自由度基础上的。

根据式(8.84)~式(8.87)不难导得

$$\begin{aligned}\boldsymbol{M}_0\ddot{\boldsymbol{\delta}}_0 + \boldsymbol{K}_0\boldsymbol{\delta}_0 &= -h_2 b\int_0^L \boldsymbol{B}^{\mathrm{T}}\boldsymbol{d}\left(g_{\mathrm{p}} + g_{\mathrm{d}}\frac{\mathrm{d}}{\mathrm{d}t}\right)\overline{\boldsymbol{C}}\mathrm{d}x\boldsymbol{\delta}_0 \\ &= -\boldsymbol{K}_{\mathrm{p}}\boldsymbol{\delta}_0 - \boldsymbol{C}\dot{\boldsymbol{\delta}}_0\end{aligned} \tag{8.88}$$

式中：$\boldsymbol{K}_{\mathrm{p}}$ 和 $\boldsymbol{C}$ 分别为由反馈控制作用产生的增广的等效刚度矩阵和阻尼矩阵，这些矩阵可由下式给出。

$$\boldsymbol{K}_{\mathrm{p}} = h_2 b\int_0^L \boldsymbol{B}^{\mathrm{T}}\boldsymbol{d}\mathrm{d}x g_{\mathrm{p}}\overline{\boldsymbol{C}} \tag{8.89}$$

$$\boldsymbol{C} = h_2 b\int_0^L \boldsymbol{B}^{\mathrm{T}}\boldsymbol{d}\mathrm{d}x g_{\mathrm{d}}\overline{\boldsymbol{C}} \tag{8.90}$$

例 8.8　考虑图 8.38 所示的铝制悬臂梁，宽度(b)为 25.4mm，厚度(h_3)为 2.0mm。该梁的根部粘贴了一块 APDC 片，其中的压电杆的体积百分数为 30%，APDC 中的聚合物基体厚度(h_2)为 3.175mm，铝制约束层的厚度(h_1)为 2.0mm。APDC 的长度 l 为 0.254m。压电杆的物理特性可以参见表 8.2 和表 8.3。试针对 $K_{\mathrm{g}}=0$ 和 $K_{\mathrm{g}}=4\times10^8\,\mathrm{Vm}^{-1}$ 这两种情况下的梁的性能进行比较。

表8.2　APDC处理中压电杆(PZT-5H)的物理特性

特性参数	C_{11}^{E}/(GNm^{-2})	C_{12}^{E}/(GNm^{-2})	C_{13}^{E}/(GNm^{-2})	C_{33}^{E}/(GNm^{-2})	C_{23}^{E}/(GNm^{-2})	C_{22}^{E}/(GNm^{-2})	e_{33}/(Cm^{-2})	e_{15}/(Cm^{-2})	e_{13}/(Cm^{-2})	$\frac{\varepsilon_{33}^{s}}{\varepsilon_0}$	$\frac{\varepsilon_{11}^{s}}{\varepsilon_0}$
值	151	98	96	124	14	26.5	27	20	25.1	1500	1700
数据源自于 Smith 和 Auld(1991)											

表8.3　聚合物基体的物理特性

特性参数	硬聚氨酯	软聚氨酯
C_{11}/(GNm^{-2})	3.0	0.01667
C_{12}/(GNm^{-2})	2.9	0.01664
数据源自于 Smith 和 Auld(1991)		

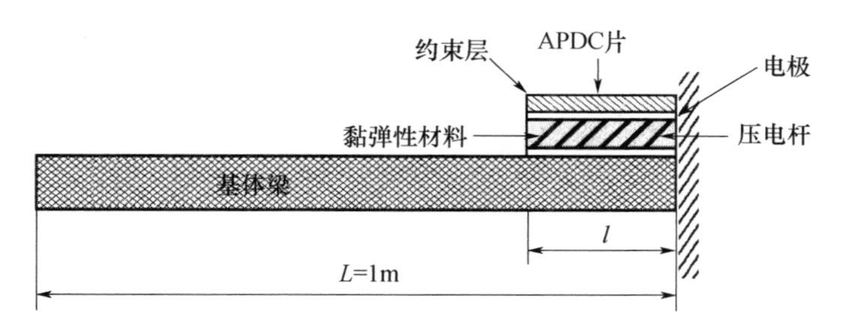

图8.38　悬臂梁/APDC复合结构的示意图

［分析］

图8.39所示为这个悬臂梁/APDC复合结构的振动模态,图8.40则针对不同的压电杆倾斜角度情况给出了该结构的频率响应和对应的控制电压。关于这一复合结构的性能特征,图8.41做了总结和归纳,其中的图8.41(a)体现了梁自由端的位移峰值受压电杆方位角的影响情况(针对的是一阶和二阶模态),对应的控制电压可以参见图8.41(b)。

从图8.39和图8.40可以清晰地观察到,当APDC中的压电杆以30°倾斜布置时,将可获得最佳的控制作用(振幅和控制电压最小)。这一结论跟图8.35中给出的特性是一致的,在图8.35中,APDC的总机电耦合因子是在压电杆的方位角为28°左右时达到最大值的。在这一方位角条件下,拉压和剪切效应共同导致的能量耗散将达到最大。

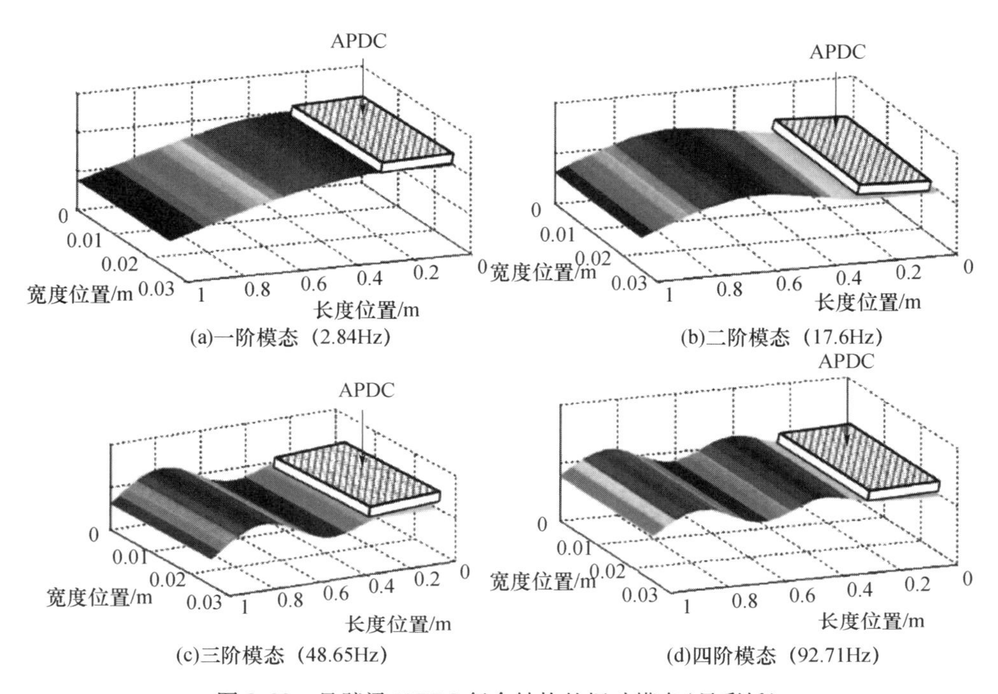

图 8.39　悬臂梁/APDC 复合结构的振动模态(见彩插)

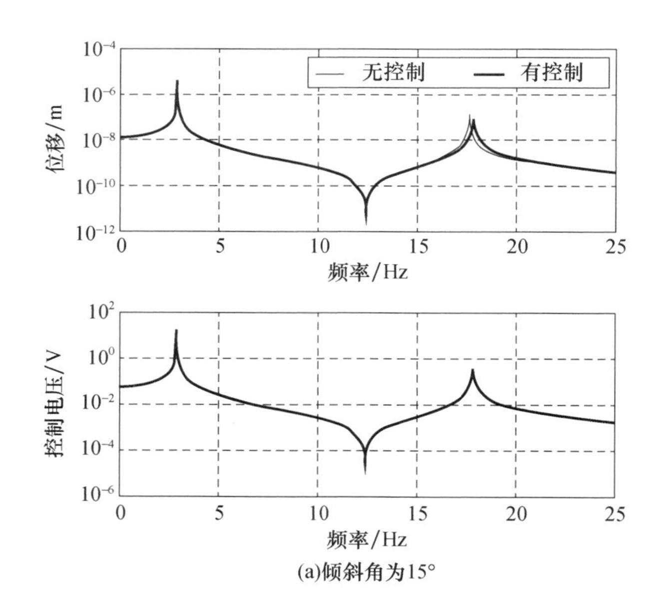

(a)倾斜角为15°

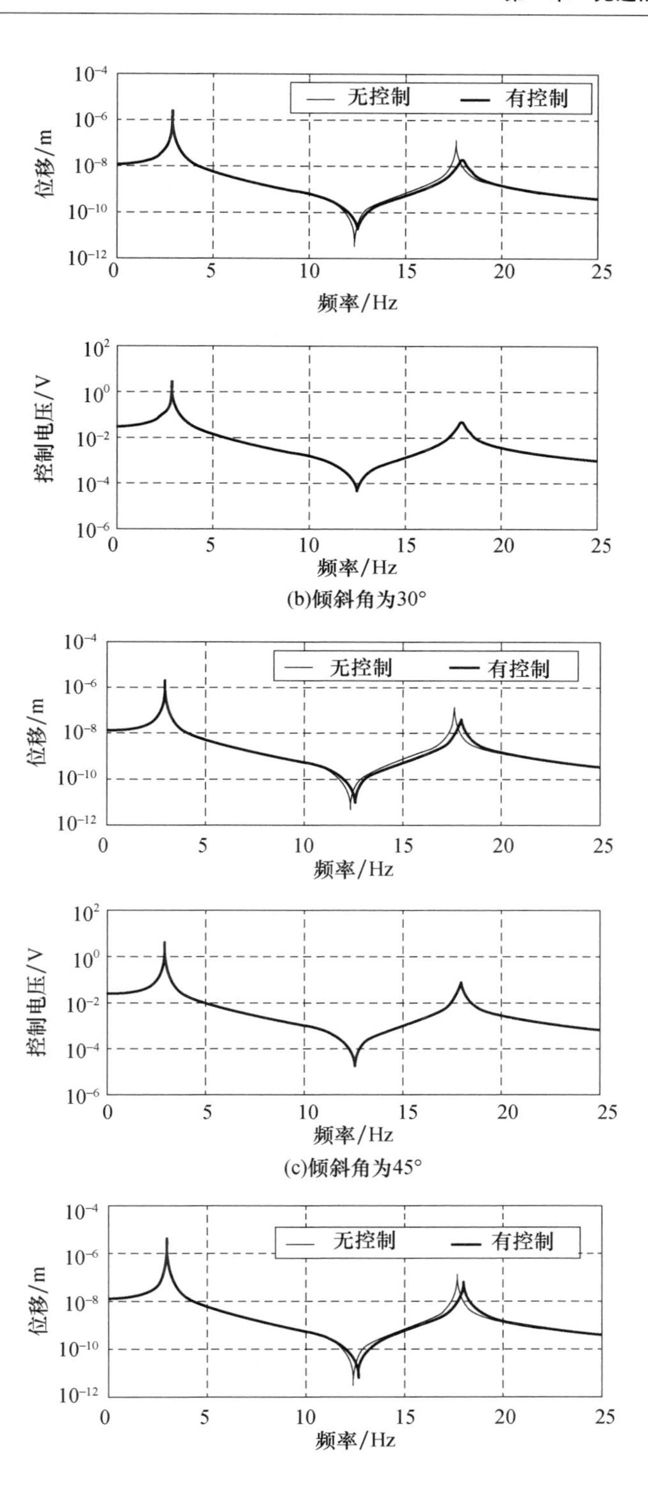

无控制
有控制
位移/m
频率/Hz
控制电压/V
(b)倾斜角为30°
无控制
有控制
位移/m
频率/Hz
控制电压/V
(c)倾斜角为45°
无控制
有控制
位移/m
频率/Hz

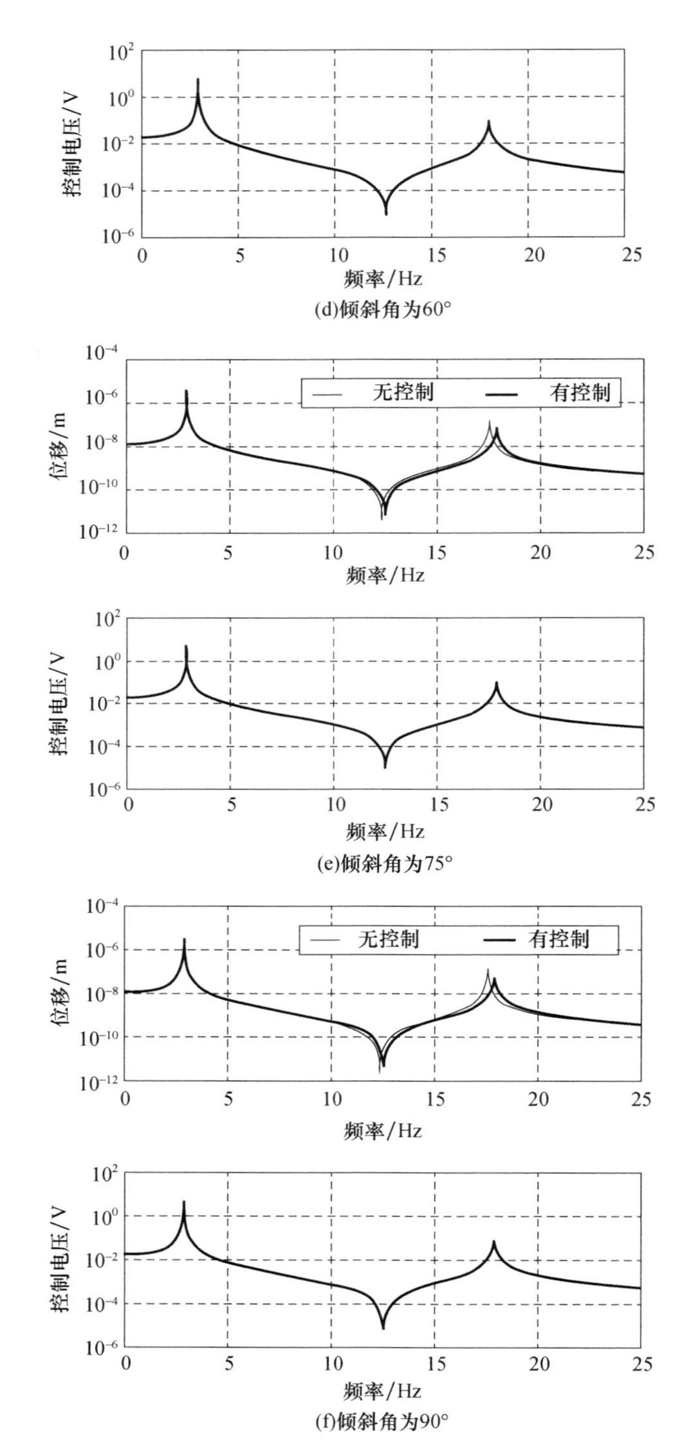

图 8.40 不同压电杆倾斜角度情况下梁/APDC 复合结构的频率响应和控制电压

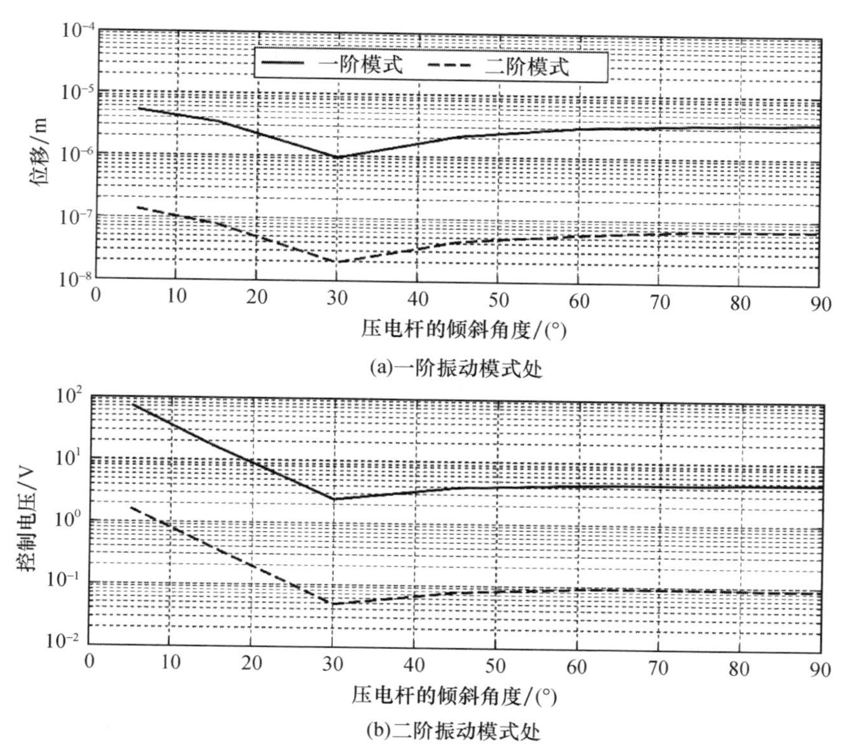

图 8.41　压电杆倾斜角度对梁/APDC 复合结构的振幅和控制电压的影响情况

例 8.9　试分析压电杆的方位角对 APDC 的能量耗散性能的影响。这里假定压电杆的体积百分数为 30%，聚合物基体的厚度（h_2）为 3.175mm，APDC 的长度 l 为 0.254m，压电杆的物理特性可以参见表 8.2 和表 8.3。

［分析］

该 APDC 片的有限元模型如图 8.42 所示，它的底部固定，并且在厚度方向上受到了一个频率为 1000Hz 的正弦电压的激励。在这一正弦电压的激励作用下，图 8.43 示出了 APDC 片在一个完整周期内的时间历程，从中可以看出，在半个电压周期内这个 APDC 片表现出了由剪切-压缩到剪切-拉伸的变形过程，

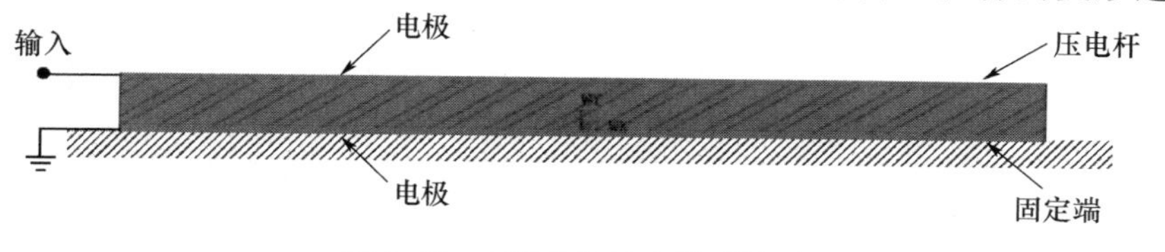

图 8.42　APDC 片的有限元模型

随后在另外半个周期内则表现为先剪切-拉伸再剪切-压缩的变形过程。这种协调一致的变形过程正是 APDC 处理方式能够增强能量耗散特性的主要原因。

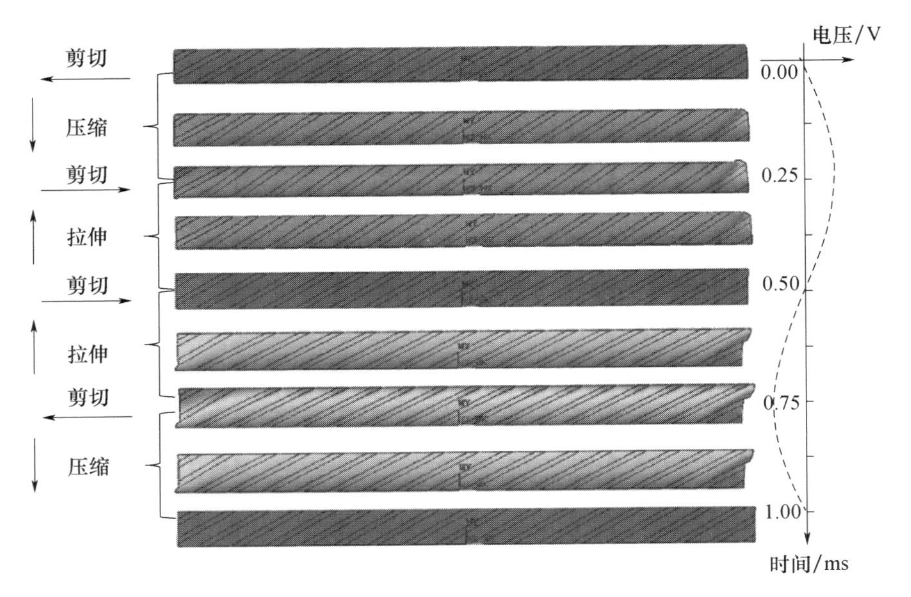

图 8.43　正弦电压输入时 APDC 片的时域响应(见彩插)

图 8.44 给出了 APDC 片的一些振动模态,从中不难观察到各种剪切模式和拉压模式。图 8.45 进一步示出了压电杆倾斜角对 APDC 片的滞回特性的影响,据此可以发现存在着最优的倾斜角(30°),在这一角度条件下剪切阻尼和拉压阻尼效应形成了最优的组合,此时的总机电耦合因子达到了最大值。

APDC 片的能量耗散特性可以通过滞回曲线所包围的面积定量描述,如图 8.46 所示。从这一特性可以进一步认识到上述的结论,即存在最优倾斜角(30°),在这一角度条件下剪切阻尼和拉压阻尼效应将达到最优组合。

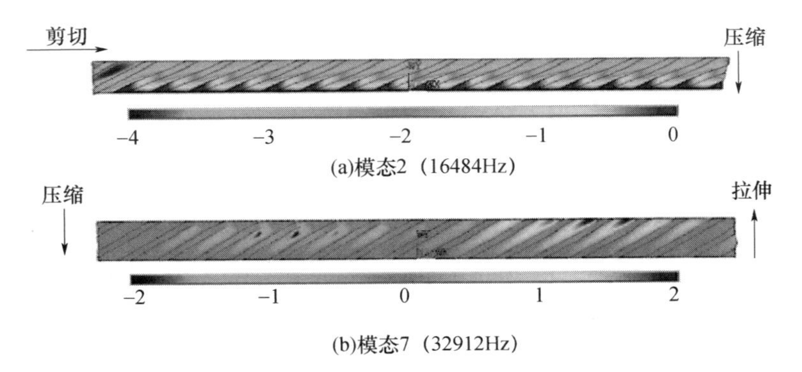

(a)模态2 (16484Hz)

(b)模态7 (32912Hz)

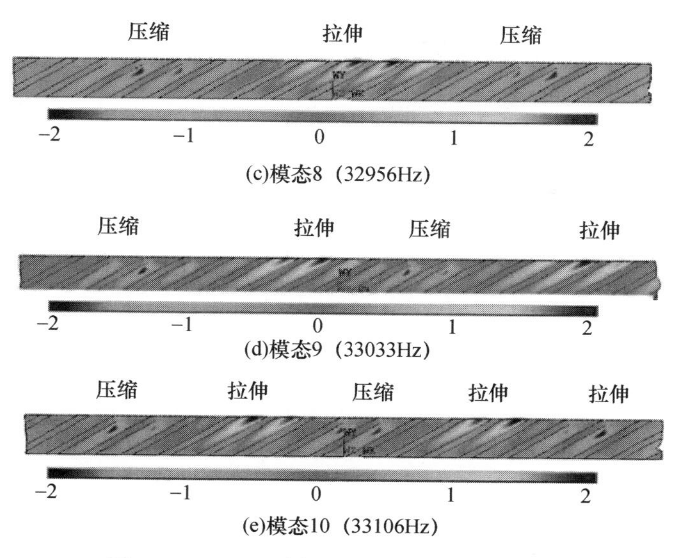

(c)模态8（32956Hz）

(d)模态9（33033Hz）

(e)模态10（33106Hz）

图 8.44　APDC 片的一些振动模态(见彩插)

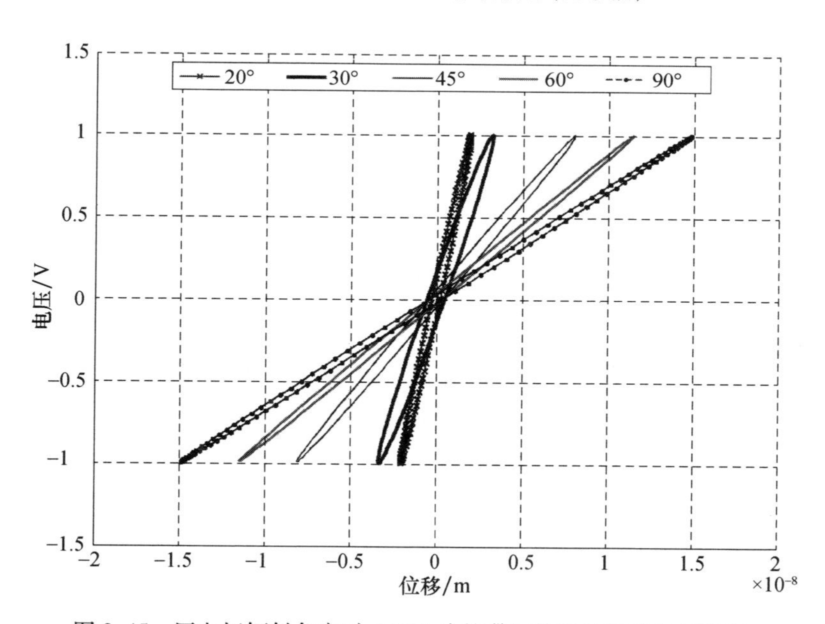

图 8.45　压电杆倾斜角度对 APDC 片的滞回特性的影响(见彩插)

8.4.4　本节小结

本节主要针对弹性梁的动力学控制问题进行了有限元分析,此处的梁上带有离散形式的 APDC 片。我们研究了 APDC 对弹性梁的横向振动的抑制性能,其中考虑了 APDC 片中的压电杆的不同方位角情况。分析表明,当压电杆的倾

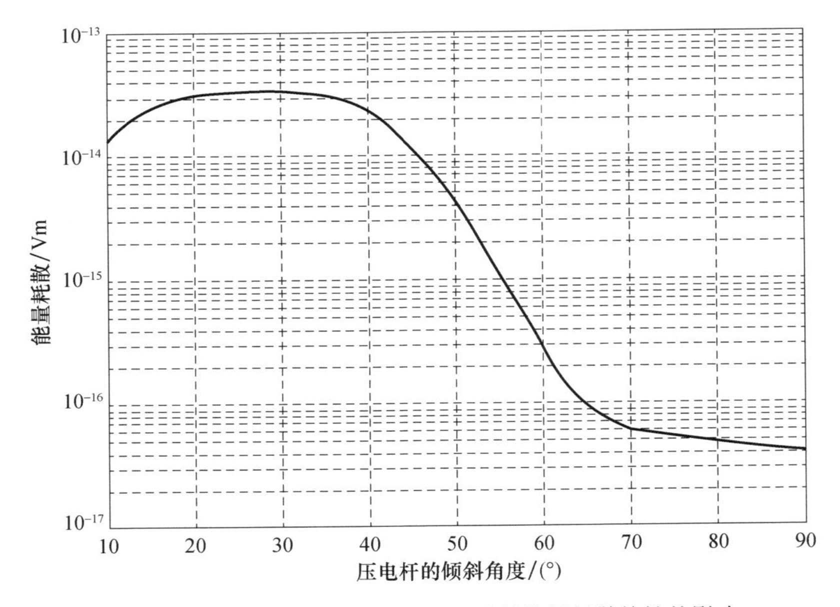

图 8.46　压电杆倾斜角度对 APDC 片的能量耗散特性的影响

斜角位于 30°附近时,振动幅值的衰减将达到最大,同时控制电压将达到最小。在这一角度条件下,剪切阻尼和拉压阻尼效应可以达到最优的匹配,此时 APDC 片的总机电耦合因子将达到最优,进而使得 APDC 的能量耗散水平能够达到最大。

8.5　磁阻尼处理技术

本节将讨论一种带有新型 PMC 的梁,介绍其振动控制的基本原理。这种 PMC 属于约束阻尼处理技术,即由两层刚度较大的介质层和一个黏弹性夹心层构成的三明治构型,其中的约束层是由永久磁铁制备的,由此引入的磁作用力可以增强黏弹性层的阻尼特性。

8.5.1　磁约束层阻尼处理

通过考察图 8.47 所示的多段式 PCLD 处理,可以深入地认识和理解磁约束层阻尼(MCLD)这一概念。图 8.47(a)中给出的是结构/PCLD 系统的变形前构型,在外部弯矩 M_e 的作用下所形成的变形后的构型如图 8.47(b)所示。在外部载荷的作用下,上下黏弹性层中产生的剪应变分别为 γ_T 和 γ_B 。显然,为了提升阻尼处理的能量耗散水平,应当考虑如何增大这些剪应变。一种较好的方式就是将传统的约束层替换为磁约束层,并对其进行合理的布置和设计。

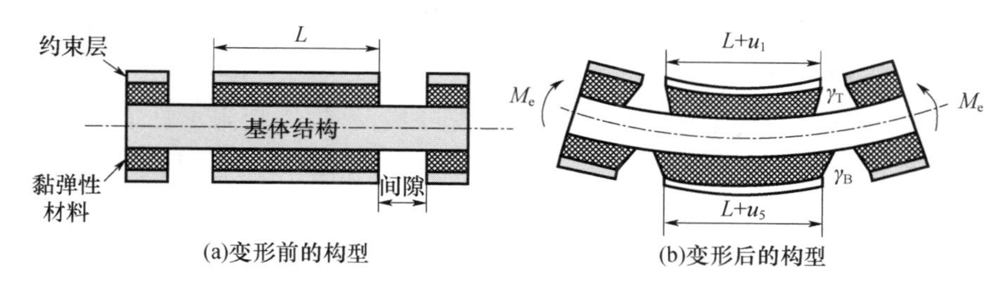

图 8.47　传统的多段式 PCLD 处理

如图 8.48 所示，其中给出了磁约束层两种可能的布置方式。上、下层之间的相互作用既可以是相斥的（图 8.48(a)），也可以是相吸的（图 8.48(b)）。对于图 8.48(a)所示的 MCLD，上、下层之间的相互作用力表现为斥力，其应变 γ_{Tr} 和 γ_{Br} 要比传统 PCLD 的应变 γ_T 和 γ_B 小一些，因此这种构型是不利于增强能量耗散性能的。当然，这种 MCLD 构型能够在基体结构中产生面内拉伸载荷，从而可以提高其刚度。

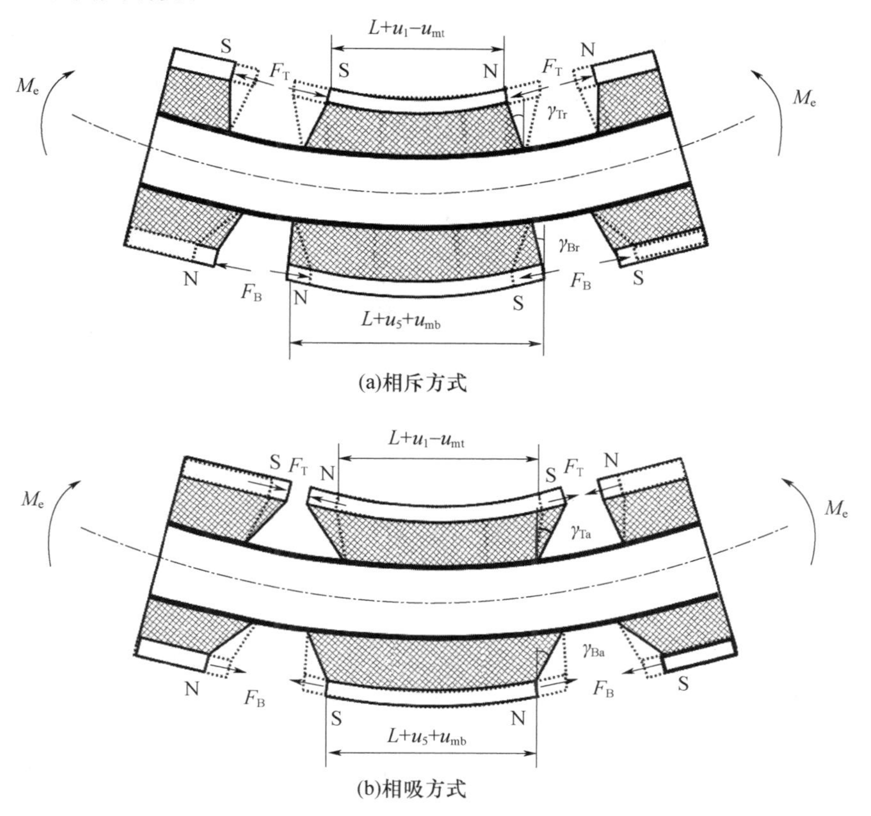

图 8.48　磁约束层阻尼处理的可能布置方式（虚线为 PCLD，实线为 MCLD）

很明显,当上、下磁约束层以相吸构型布置时,所得到的剪应变 γ_{Ta} 和 γ_{Ba} 将显著大于相斥构型的 γ_{Tr} 和 γ_{Br},同时它们也要比传统的 PCLD 的应变 γ_T 和 γ_B 大。因此,采用这种相吸构型的 MCLD 处理方式,有望实现阻尼性能的显著改善。实际上这一点可以直接从黏弹性夹心的能量耗散(W_d)表达式看出,即

$$W_d = - G'\eta A\int_0^L \gamma^2 \mathrm{d}x \tag{8.91}$$

式中: G' 为储能剪切模量; η 为损耗因子;A 为表面面积;L 为黏弹性夹心的长度。显然,增大剪应变 γ 将会使得黏弹性夹心中耗散掉的能量出现显著增大。当然,这种阻尼特性的改善也可以通过 ACLD 和 APDC 处理方式得到,不过这些方式往往比较复杂,涉及压电传感器、压电作动器、控制电路,以及外部能源等诸多问题。与此相比,利用 MCLD 提升传统 PCLD 的阻尼特性是更为简单和有效的。

8.5.2 磁约束层阻尼处理的分析

关于 MCLD 的概念和工作机制,可以通过对图 8.49 所给出的简化构型的分析加以理解。这个简化构型实际上是对 Plunkett 和 Lee 的构型的进一步拓展,后者曾在第 6 章分析 PCLD 时介绍过。

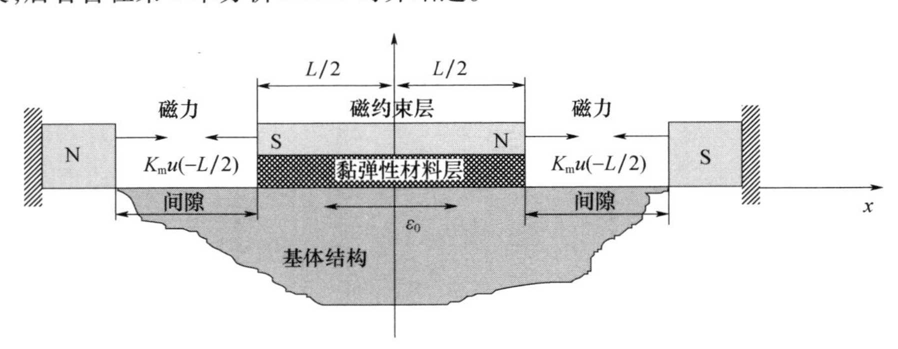

图 8.49 经过磁约束层阻尼处理的结构

下面将针对该构型建立其运动方程和相关的边界条件。

8.5.2.1 运动方程

根据图 8.49 所示的几何,黏弹性夹心中的剪应变 γ 可以表示为

$$\gamma = (u - u_0) / h_1 \tag{8.92}$$

式中:u 和 u_0 分别为约束层和基体结构的纵向位移; h_1 为黏弹性层的厚度。

势能 P. E 主要包括了约束层的拉压、黏弹性层的剪切,以及磁约束层之间

的相互作用所产生的能量,可由下式给出:

$$\mathrm{P.E}=\frac{1}{2}E_2h_2b\int_{-L/2}^{L/2}u_{,x}^2\mathrm{d}x+\frac{1}{2}G'h_1b\int_{-L/2}^{L/2}\gamma^2\mathrm{d}x+\frac{1}{2}K_\mathrm{m}u(L/2)^2+\frac{1}{2}K_\mathrm{m}u(-L/2)^2 \tag{8.93}$$

式中:E_2、h_2 和 b 分别为约束层的杨氏模量、厚度和宽度;下标 x 是指求偏导。在式(8.93)中,已经假定了黏弹性层的行为是线性的,可以通过复模量 $G^*=G'(1+\mathrm{i}\eta_\mathrm{g})$ 描述,这里的 G'、η_g 和 i 分别为储能剪切模量、损耗因子和 $\sqrt{-1}$。此外,上面的 K_m 代表的是等效磁刚度,它定量反映了磁约束层之间的相互作用。应当注意的是,磁能仅出现在约束层的边界上。

跟纵向位移 u 相关的动能 K.E 可以表示为

$$\mathrm{K.E}=\frac{1}{2}mb\int_{-L/2}^{L/2}\dot{u}^2\mathrm{d}x \tag{8.94}$$

式中:m 为单位长度和宽度的约束层质量。在式(8.94)中,我们已经忽略了黏弹性层的转动惯量,也不考虑基体结构的惯性。

黏弹性夹心内耗散掉的功 W_d 可以写为

$$W_\mathrm{d}=-h_1b\int_{-L/2}^{L/2}\tau_\mathrm{d}\gamma\mathrm{d}x \tag{8.95}$$

式中:τ_d 为黏弹性夹心中的耗散剪应力,即

$$\tau_\mathrm{d}=(G'\eta_\mathrm{g}/\omega)\dot{\gamma}=(G'\eta_\mathrm{g})\gamma\mathrm{i} \tag{8.96}$$

式中:ω 为基体结构的激励频率;$(G'\eta_\mathrm{g}/\omega)$ 为黏弹性材料的等效黏性阻尼(Nashif 等人,1985)。

现在可以借助哈密尔顿原理(Meirovitch,1967)建立 MCLD 系统的运动方程和边界条件,即

$$\int_{t_1}^{t_2}\delta(\mathrm{K.E}-\mathrm{P.E})\,\mathrm{d}t+\int_{t_1}^{t_2}\delta(W_\mathrm{d})\,\mathrm{d}t=0 \tag{8.97}$$

式中:$\delta(\cdot)$ 为括号内参量的一次变分;t 为时间变量;t_1 和 t_2 为时间积分限。

根据式(8.92)~式(8.97),有

$$\int_{t_1}^{t_2}\left[-mb\int_{-L/2}^{L/2}\ddot{u}\delta u\mathrm{d}x-E_2h_2b[u_{,x}\delta u]_{-L/2}^{L/2}+E_2h_2b\int_{-L/2}^{L/2}u_{,xx}\delta u\mathrm{d}x\right]\mathrm{d}t$$

$$+\int_{t_1}^{t_2}[-K_\mathrm{m}u(L/2)\delta u(L/2)-K_\mathrm{m}u(-L/2)\delta u(-L/2)]\,\mathrm{d}t$$

$$-\int_{t_1}^{t_2}\left[G'b/h_1\int_{-L/2}^{L/2}(u-u_0)\delta u\mathrm{d}x+G'b/h_1\eta_g\mathrm{i}\int_{-L/2}^{L/2}(u-u_0)\delta u\mathrm{d}x\right]\mathrm{d}t=0$$

(8.98)

由此不难得到,最终的运动方程为

$$mh_1/G^*\ddot{u}=B^{*2}u_{,xx}-(u-u_0) \tag{8.99}$$

而边界条件为

$$u_{,x}=\mp\bar{K}u(x)\quad(\text{在 } x=\pm L/2\text{ 处}) \tag{8.100}$$

式(8.99)、式(8.100)中:$\bar{K}=K_m/(E_2h_2b)$ 为无量纲形式的磁刚度;$B^*=\sqrt{h_1h_2E_2/G^*}$ 为该被动式处理方式的特征长度(复数)。这里应当注意的是,如果将约束层的惯性项设定为零,那么描述这个 PCLD 系统的二阶偏微分方程(式(8.99))跟 Plunkett 和 Lee(1970)所得到的方程是一致的。

在略去了式(8.99)中的惯性项之后,可以得到如下所示的准静态平衡方程:

$$B^{*2}u_{,xx}-u=-u_0\text{ 或 }B^{*2}u_{,xx}-u=-\varepsilon_0x \tag{8.101}$$

且应满足式(8.100)给出的边界条件要求。

8.5.2.2 MCLD 处理方式的响应

式(8.101)具有如下形式的通解:

$$u=a_1\mathrm{e}^{-x/B^*}+a_2\mathrm{e}^{x/B^*}+\varepsilon_0x \tag{8.102}$$

式中的 a_1 和 a_2 可以根据边界条件来确定,据此不难得到:

$$a_1=-a_2=\frac{1}{2}\varepsilon_0\left(\frac{\bar{K}L}{2}+1\right)\Big/\left[\bar{K}\sinh\left(\frac{L}{2B^*}\right)+\frac{1}{B^*}\cosh\left(\frac{L}{2B^*}\right)\right] \tag{8.103}$$

于是,u 和 γ 就可以表示为

$$u=\varepsilon_0\left[x-\sinh\left(\frac{x}{B^*}\right)\left(\frac{\bar{K}L}{2}+1\right)\Big/\left(\bar{K}\sinh\left(\frac{L}{2B^*}\right)+\frac{1}{B^*}\cosh\left(\frac{L}{2B^*}\right)\right)\right]$$

(8.104)

$$\gamma=-\frac{\varepsilon_0L}{h_1}\sinh\left(\frac{x/L}{B^*/L}\right)\left(\frac{\bar{K}L}{2}+1\right)\Big/\left(\bar{K}L\sinh\left(\frac{L}{2B^*}\right)+\frac{L}{B^*}\cosh\left(\frac{L}{2B^*}\right)\right)$$

(8.105)

需要注意的是,当 $\bar{K}=0$ 时,磁约束层将退化成传统的约束层,因而式(8.105)也就将转化为式(6.11)。

例 8.10　试确定 MCLD 的等效损耗因子随参数 $\bar{K}$ 和 L/B_0 的变化情况，并绘制出 $\bar{K}-L/B_0$ 平面内等效损耗因子的等值线。

［分析］

图 8.50 在等效损耗因子 $-L/B_0$ 这一平面内示出了 MCLD 的阻尼特性，其中图 8.50(a)给出的是 $\bar{K}$ 值为 -4、0 和 4 的情况。应当注意的是，当 $\bar{K}=-4$ 时，这个 MCLD 中的磁体是以相吸方式布置的，当 $\bar{K}=4$ 时，则是以相斥方式布置的，而当 $\bar{K}=0$ 时这个 MCLD 实际上就是一个传统的 PCLD。

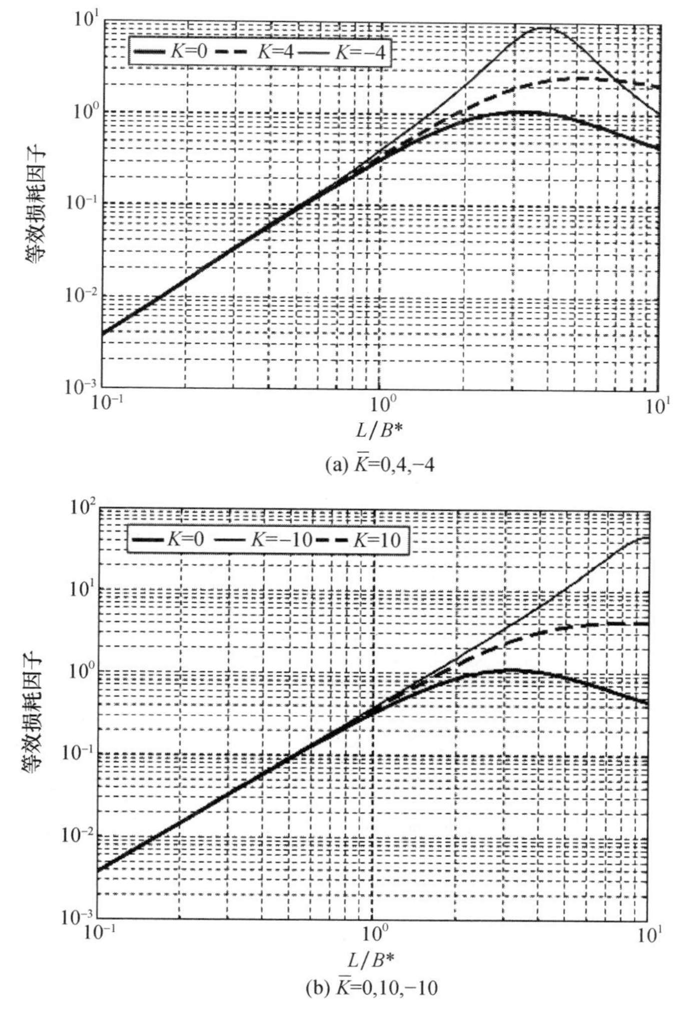

(a) $\bar{K}$=0,4,−4

(b) $\bar{K}$=0,10,−10

图 8.50　磁约束层阻尼处理的等效损耗因子与 L/B_0 和 $\bar{K}$ 的关系

根据该图可以清晰地观察到，当磁体以相吸方式布置时，等效损耗因子是最大的。特别地，当 L/B_0 = 3.8 时，相吸方式下可以得到最大损耗因子 9，而当 L/B_0 = 5 时相斥方式下可以得到最大损耗因子 2.5。这两个损耗因子都要比传统 PCLD 方式下得到的最优值 1.09（对应于 L/B_0 = 3.26）大得多。

由此不难看出，无论是以相吸方式还是以相斥方式来布置，MCLD 处理都要比 PCLD 处理更加有效。不过，为了获得最大损耗因子，MCLD 处理方式所需的长度也要更大一些。

如果将处理长度设定成最优的 PCLD 处理长度，那么以相吸方式布置的 MCLD 仍然要比 PCLD 更加优越，所产生的损耗因子为 7.32，大约是 PCLD 情况下得到的损耗因子的 8 倍。此外，当 L/B_0 = 3.26 时，以相斥方式布置的 MCLD 所产生的损耗因子仍然是最优 PCLD 的对应值的 2.1 倍。

当所考虑的 $\bar{K}$ 值为−10、0 和 10 时，也可以观察到类似的特性，不过阻尼因子的差异要更为显著一些而已。事实上，当 $\bar{K}$ =− 10 时，最优损耗因子达到了 48，而当 $\bar{K}$ = 10 时，为 4。

图 8.51 进一步在 $\bar{K}$ − L/B_0 平面内示出了 MCLD 的损耗因子等值线，从中不难发现以相吸方式布置的 MCLD 要比以相斥方式布置或者 PCLD 方式更加有效。

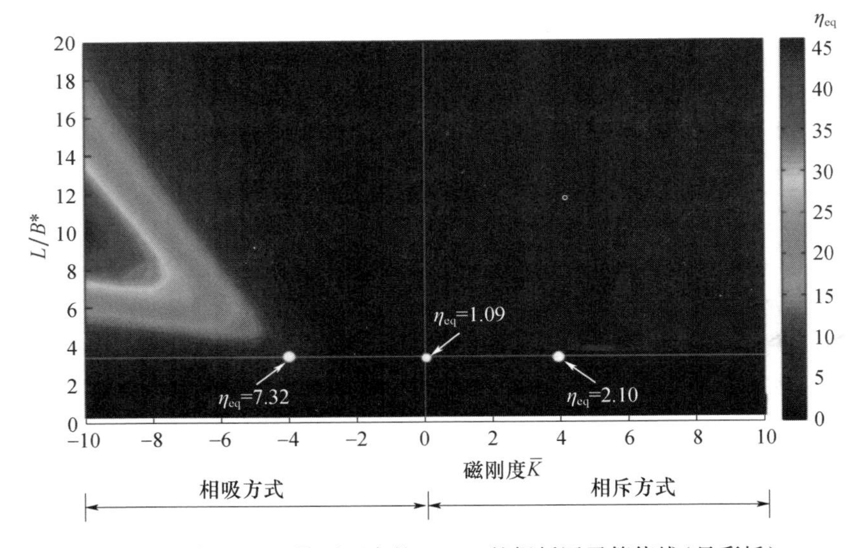

图 8.51　在 L/B_0 − $\bar{K}$ 平面内的 MCLD 的损耗因子等值线（见彩插）

8.5.3 被动式磁复合结构

本节将介绍一种PMC处理方式，这种方式在增强阻尼特性时无须采用传感器、作动器、相应的电路系统以及任何外部能源。

这种PMC处理方式是基于约束层的，这些约束层是由带有磁性的条状物制备而成的，借助磁性作用可以增强黏弹性夹心内的拉压和剪切变形。这一系统类似于Den Hartog吸振器，可以抑制多种振动模式。这里我们将详细考察这一PMC处理方式在抑制基础结构振动方面的有效性，并通过若干数值实例加以例证。

8.5.3.1 被动式磁复合结构处理的基本概念

为了更好地理解PMC这一概念，可以考察图8.52所示的简化描述。图8.52(a)中示出了梁/PMC系统在变形前的构型，这一结构可以视为一个简单的Den Hartog吸振器，它包括了一个质量、弹簧和一个黏性阻尼器，并安装在基础结构上，如图8.52(b)所示。该PMC处理方式构成了一个三明治形式的阻尼减振系统，阻尼来自于黏弹性层的拉压和剪切变形的组合效应。显然，为了

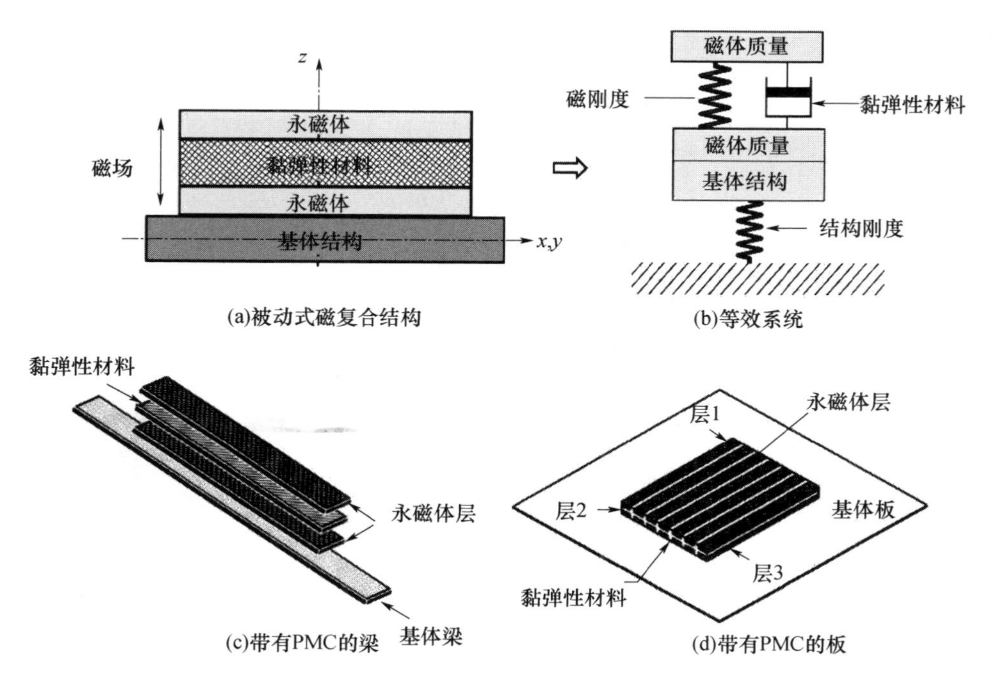

图8.52 针对梁和板的被动式磁复合(PMC)结构处理概念

提升这一阻尼处理方式的能量耗散水平,有必要增大这些变形量。这里正是通过将传统的约束层替换为磁约束层(以相吸方式布置)来实现这一目的的,参见图 8.52(a)。借助这一 PMC 处理方式可以有效地控制梁和板的振动,如图 8.52(c)和图 8.52(d)所示。

8.5.3.2 带有 PMC 的梁的有限元建模

1. 约束层附近区域的磁特性计算

通过磁矢量势的数值计算(Moon,1984),能够获得约束层附近区域的磁特性。

1)数学描述

在静磁场问题中,磁场强度 $\boldsymbol{H}$、磁感应强度 $\boldsymbol{B}$、电流密度 $\boldsymbol{I}$ 和磁化强度 $\boldsymbol{M}$ 之间的关系是由麦克斯韦方程给出的(Brown,1966;Griffith,1995),即

$$\mathrm{curl}\,\boldsymbol{H} = \boldsymbol{I} \tag{8.106}$$

$$\mathrm{div}\boldsymbol{B} = 0 \tag{8.107}$$

$$\boldsymbol{B} = \mu_0(\boldsymbol{H} + \boldsymbol{M}) \tag{8.108}$$

式中:μ_0 为真空中的磁导率。在各向同性介质区域中,$\boldsymbol{M}$ 和 $\boldsymbol{H}$ 之间的关系可以表示为

$$\boldsymbol{M} = (\mu_r - 1)\,\boldsymbol{H} \tag{8.109}$$

式中:μ_r 为介质的相对磁导率。一般而言,永磁体是由各向异性介质制成的,因此磁化强度 $\boldsymbol{M}$ 可以写为

$$\boldsymbol{M} = M(B_m)\cdot\boldsymbol{m} \tag{8.110}$$

式中:$\boldsymbol{m}$ 为磁化方向;B_m 为该方向上的磁感应强度。

为了确定某个区域的磁特性,可以考察磁能的最小化问题(Kamminga,1975)。磁能的一般定义为

$$W = \int_V\left(\int_0^{\boldsymbol{B}}\boldsymbol{H}\cdot\mathrm{d}\boldsymbol{B}\right)\mathrm{d}V \tag{8.111}$$

式中:V 为所考虑的区域的体积。式(8.111)也可以以磁矢量势 $\boldsymbol{A}$ 来表示,后者定义如下:

$$\boldsymbol{B} = \mathrm{curl}\,\boldsymbol{A} \tag{8.112}$$

对于平面 x-y 内的梁来说,假定矢量势 $\boldsymbol{A}$ 垂直于该平面,即

$$\boldsymbol{A} = A(x,y)\cdot\boldsymbol{k} \tag{8.113}$$

式中:$\boldsymbol{k}$ 为 z 方向上的单位矢量。根据式(8.112)和式(8.113)可得磁感应强度 $\boldsymbol{B}$ 为

$$
\begin{aligned}
\boldsymbol{B} &= B_x(x,y)\cdot\boldsymbol{i} + B_y(x,y)\cdot\boldsymbol{j} \\
&= -\frac{\partial}{\partial y}(A(x,y))\cdot\boldsymbol{i} + \frac{\partial}{\partial x}(A(x,y))\cdot\boldsymbol{j}
\end{aligned}
\tag{8.114}
$$

而磁化强度 $\boldsymbol{M}$ 为

$$
\boldsymbol{M}(B_{\mathrm{m}}) = M(B_x\cos\alpha_{\mathrm{m}} + B_y\sin\alpha_{\mathrm{m}})\cdot\boldsymbol{m} \tag{8.115}
$$

式中：α_{m} 为磁化方向 m 与 x 轴的夹角。

由于没有电流绕组，因而式(8.106)中的电流密度 $\boldsymbol{I}$ 应当等于零，磁场仅由永磁体产生。于是，总磁能也就等于各向异性介质（即永磁体）在所考察的区域内产生的能量 W_{an} 和各向同性非磁介质（即铝、黏弹性材料和空气）产生的能量 W_{is} 之和。W_{an} 和 W_{is} 可由如下关系式表示：

$$
\begin{aligned}
W_{\mathrm{an}} &= b\iint_G\left(\frac{1}{\mu_0}\int_0^{\boldsymbol{B}}\boldsymbol{B}\cdot\mathrm{d}\boldsymbol{B} - \int_0^{\boldsymbol{B}}\boldsymbol{M}\cdot\mathrm{d}\boldsymbol{B}\right)\mathrm{d}x\mathrm{d}y \\
&= b\iint_G\left(\frac{1}{2\mu_0}\left[\left(\frac{\partial A}{\partial x}\right)^2 + \left(\frac{\partial A}{\partial y}\right)^2\right] - \int_0^{\boldsymbol{B}_{\mathrm{m}}}\boldsymbol{M}(\xi)\cdot\mathrm{d}\boldsymbol{\xi}\right)\mathrm{d}x\mathrm{d}y
\end{aligned}
\tag{8.116}
$$

$$
W_{\mathrm{is}} = b\iint_G\left(\int_0^{\boldsymbol{B}}\frac{\boldsymbol{\xi}}{\mu_0\mu_{\mathrm{r}}(\boldsymbol{\xi})}\cdot\mathrm{d}\boldsymbol{\xi}\right)\mathrm{d}x\mathrm{d}y \tag{8.117}
$$

式中：b 为离面区域宽度；G 为所考察的区域的面积。相对磁导率 μ_{r} 可近似视为常值，对于该区域中的所有非磁性介质，它等于 1。

显然，该区域中的总磁能将为

$$
W = W_{\mathrm{is}} + W_{\mathrm{an}} \tag{8.118}
$$

2）有限元描述

式(8.116)和式(8.117)以磁势 $\boldsymbol{A}$（或磁感应强度 $\boldsymbol{B}$）的函数形式给出了磁能的表达式。只需寻求能够使得 W 取驻值的 $\boldsymbol{A}$ 即可确定区域 G 的磁特性（Kamminga，1975）。为此，可以将该区域划分为三角形有限单元，使得每个单元内的磁势 $\boldsymbol{A}$ 可以假定为线性分布形式，即

$$
\tilde{\boldsymbol{A}}^e = \boldsymbol{a}^e + \boldsymbol{b}^e u + \boldsymbol{c}^e v \tag{8.119}
$$

式中：u 和 v 为第 e 个单元的局部坐标。全局坐标 x 和 y 可以以局部坐标的形式表示，同时也是节点坐标 x_i 和 y_i 的函数，即

$$
[x,y] = \sum_{i=1}^{3}\beta_i(u,v)[x_i,y_i] \tag{8.120}
$$

式中：$\beta_i(u,v)$ 为等参变换函数（Bathe，1996）。

利用式(8.120)中的等参变换也可以将势 $\tilde{\boldsymbol{A}}^e$ 以顶点势 $\boldsymbol{A}_i^e(i=1,2,3)$ 的形

式来表示，即

$$\tilde{\boldsymbol{A}}^e = \sum_{i=1}^{3} \beta_i(u,v) A_i = \{\beta_1 \quad \beta_2 \quad \beta_3\} \begin{Bmatrix} A_1^e \\ A_2^e \\ A_3^e \end{Bmatrix} = \boldsymbol{\beta} \boldsymbol{A}^e \tag{8.121}$$

根据式(8.121)给出的矢量势 $\boldsymbol{A}$ 的定义，利用等参变换我们就能够将每个单元中的磁感应强度 $\boldsymbol{B}$ 表示为节点势的函数形式(Silvester 和 Ferrari，1996)，即

$$\boldsymbol{B}^e = \sum_{i=1}^{3} \mathrm{grad}\beta_i \cdot A_i = \boldsymbol{J}^{-1}\boldsymbol{D} \begin{bmatrix} A_1^e \\ A_2^e \\ A_3^e \end{bmatrix} = \boldsymbol{J}^{-1}\boldsymbol{D}\boldsymbol{A}^e \tag{8.122}$$

式中：$\boldsymbol{J}$ 为该变换的雅可比矩阵，在二维笛卡儿坐标系中其形式为

$$\boldsymbol{J} = \begin{bmatrix} \dfrac{\partial x}{\partial u} & \dfrac{\partial y}{\partial u} \\ \dfrac{\partial x}{\partial v} & \dfrac{\partial y}{\partial v} \end{bmatrix} \tag{8.123}$$

矩阵 $\boldsymbol{D}$ 为

$$\boldsymbol{D} = \begin{bmatrix} \dfrac{\partial \beta_1}{\partial u} & \dfrac{\partial \beta_2}{\partial u} & \dfrac{\partial \beta_3}{\partial u} \\ \dfrac{\partial \beta_1}{\partial v} & \dfrac{\partial \beta_2}{\partial v} & \dfrac{\partial \beta_3}{\partial v} \end{bmatrix} \tag{8.124}$$

利用式(8.118)可以将磁能 W 表示成网格化区域中节点处的磁势的函数形式，特别地，各向异性介质的第 e 个单元对磁能的贡献应为

$$\Delta W_{\mathrm{an}}^e = \frac{1}{2}\boldsymbol{A}^{e\mathrm{T}}\boldsymbol{S}_{\mathrm{an}}^e\boldsymbol{A}^e - (\boldsymbol{Mg})^{e\mathrm{T}}\boldsymbol{A}^e \tag{8.125}$$

式中：

$$\boldsymbol{S}_{\mathrm{an}}^e = \frac{1}{\mu_0} b\Delta^e \boldsymbol{D}^{\mathrm{T}} {\boldsymbol{J}^{-1}}^{\mathrm{T}} \boldsymbol{J}^{-1}\boldsymbol{D} \tag{8.126}$$

通过跟结构有限元分析进行类比可知，式(8.126)可以视为该单元的磁刚度矩阵。

单元的总体磁化矢量 $\boldsymbol{Mg}^e$ 可以按照下式来定义，即

$$\boldsymbol{Mg}^e = b\Delta^e M(B_{\mathrm{m}}) \, [\cos\alpha_{\mathrm{m}} \quad \sin\alpha_{\mathrm{m}}] \, \boldsymbol{J}^{-1}\boldsymbol{D} \tag{8.127}$$

在式(8.126)和式(8.127)中，Δ^e 代表的是第 e 个单元的面积，B_{m} 为

$$B_{\mathrm{m}} = [\cos\alpha_{\mathrm{m}} \quad \sin\alpha_{\mathrm{m}}] \, \boldsymbol{J}^{-1}\boldsymbol{D}\boldsymbol{A}^e \tag{8.128}$$

各向同性非磁性介质单元对磁能 W 的贡献也可以通过类似的方式表达。

将各向异性介质和各向同性介质单元的所有贡献相加,即可得到区域 G 上磁能的近似值,即

$$W \approx \sum_{k} \Delta W_{\mathrm{is}}^{k} + \sum_{l} \Delta W_{\mathrm{an}}^{l} \tag{8.129}$$

式中:k 和 l 分别为各向同性介质单元和各向异性介质单元的数量。式(8.129)中的求和运算需要将所有单元磁刚度矩阵和节点矢量势组装起来,其过程类似于有限元分析中的典型处理。最终得到的能量表达式(矩阵形式)应为

$$W = \frac{1}{2}\boldsymbol{A}^{\mathrm{T}}(\boldsymbol{S}_{\mathrm{an}} + \boldsymbol{S}_{\mathrm{is}})\boldsymbol{A} - (\boldsymbol{Mg})^{\mathrm{T}}\boldsymbol{A} \tag{8.130}$$

式中: $\boldsymbol{S}_{\mathrm{an}}$ 和 $\boldsymbol{S}_{\mathrm{is}}$ 分别为各向异性介质和各向同性介质的总体磁刚度矩阵;对于非磁性介质单元, $\boldsymbol{Mg}$ 中与之对应的位置的元素应为零。

将式(8.130)相对顶点势求偏导并令其为零,就可以确定能够使得磁能为最小值的磁势值,即

$$\frac{\partial W}{\partial \boldsymbol{A}} = \boldsymbol{0} \tag{8.131}$$

由此也就得到了如下所示的一组代数方程:

$$(\boldsymbol{S}_{\mathrm{an}} + \boldsymbol{S}_{\mathrm{is}})\boldsymbol{A} - \boldsymbol{Mg} = \boldsymbol{0} \tag{8.132}$$

一般而言,式(8.132)关于磁势 $\boldsymbol{A}$ 是非线性的,这主要源自于永磁体的非线性磁化特性和各向同性介质相对磁导率的非线性(参见式(8.126)和式(8.127))。如果磁化强度和相对磁导率取近似的常数值,那么这个方程组也就变成线性的了,很容易确定其近似解。

3)磁力的确定

当所考察区域中的节点上的磁势确定了之后,就可以利用式(8.122)来计算出每个单元中的磁感应强度值了。

利用网格化区域中的节点上的磁势,也能够确定作用于所分析区域中的磁体上的磁力。磁力的计算可以建立在虚功原理这一基础上,由此可知,作用于所考察区域中一个运动部分上的磁力(s 方向上)应等于磁能对 s 的导数(Coulomb 和 Meunir,1984),即

$$F_s = -\frac{\partial W}{\partial s} = -\frac{\partial}{\partial s}\left(\int_V \left(\int_0^{\boldsymbol{B}} \boldsymbol{H} \cdot \mathrm{d}\boldsymbol{B}\right) \mathrm{d}V\right) \tag{8.133}$$

式中:s 为运动部分的虚位移(s 方向上),在这一虚位移上假定了磁势为常数。关于磁力是磁能的偏导数这一问题的分析,可以参阅附录 8.B。

2. PMC 处理方式的有限元模型

这里考虑的梁系统是由一根基体梁、两个磁约束层和一个黏弹性夹心构成的，如图 8.52(c)所示。我们将建立一个有限元模型来描述基体梁、黏弹性层以及约束层之间的动力学相互作用，其中特别考虑了黏弹性层的拉压和剪切所导致的耗散效应。此外，这里不仅分析完全阻尼处理情况，也将考察部分处理的情况。

需要注意的是，这里和后面所给出的结构有限元模型是跟(约束层周围区域的)磁有限元模型耦合起来的。

1)结构几何和运动学基本假设

这里假定约束层和基体梁中的剪应变以及黏弹性夹心中的纵向应力可以忽略不计，且黏弹性夹心具有线性黏弹性行为特征，而约束层与基体梁都是纯弹性的。进一步，还假设磁体层 3 和基体梁是理想黏合的，可以视为一个单一的等效层，因而原始的四层梁/PMC 系统也就可以作为一个三层梁来看待了。此外，这里假定约束层 1(磁体层)的横向位移跟基体梁/磁体层的横向位移是不同的，因此黏弹性夹心的拉压效应是需要考虑的。最后，对于黏弹性夹心内的横向位移和纵向位移，此处均假定它们是沿着厚度方向呈线性变化的。

根据图 8.53 所给出的几何构型，可以将黏弹性层中的剪应变表示为

$$\gamma = \frac{1}{h_2}\left[u_1 - u_3 + \frac{d}{2}(w_{,x1} + w_{,x3})\right] \tag{8.134}$$

式中：下标“ ,$x1$”和“ ,$x3$”代表的是空间导数，u_1 和 u_3 分别为约束层和基体梁的纵向位移。

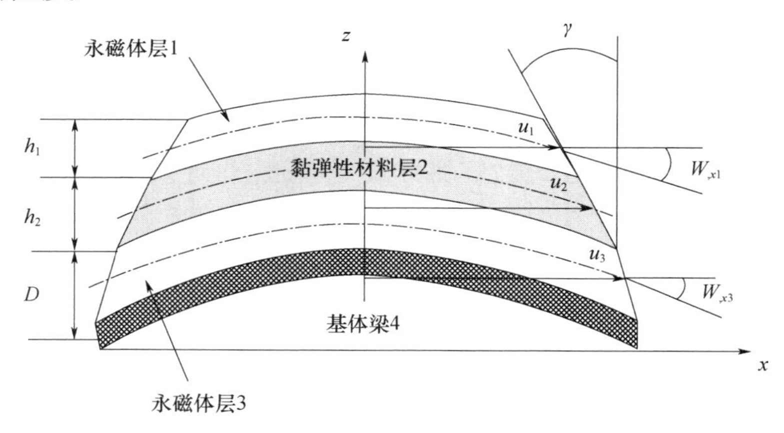

图 8.53　针对梁进行被动式磁复合(PMC)处理：
u_1、u_2 和 u_3 分别代表的是约束层、黏弹性材料层和基体梁的位移

式(8.134)中已经将黏弹性夹心的变形线的斜率表示成约束层斜率($w_{,x1}$ 和 $w_{,x3}$)的平均值。参数 d 由下式给出:

$$d = h_2 + \frac{1}{2}h_1 + D \tag{8.135}$$

式中:D 为基体梁/磁体层的中性轴到黏弹性层界面的距离;h_1 为约束层的厚度;h_2 为黏弹性层的厚度。

黏弹性夹心的纵向位移 u_2 可以通过纵向位移 u_1 和 u_3 以及约束层变形线的斜率($w_{,x1}$ 和 $w_{,x3}$)来表达,即

$$u_2 = \frac{1}{2}\left[u_1 + u_3 + \left(\frac{h_1}{2} - D\right)\cdot\left(\frac{w_{,x1} + w_{,x3}}{2}\right)\right] \tag{8.136}$$

2)自由度和形函数

此处的 PMC 单元是一维单元,包含了两个节点,每个节点具有六个自由度,分别代表了磁约束层 1 的纵向位移 u_1、垂向位移 w_1、斜率 $w_{,x1}$ 和基体梁/磁层的纵向位移 u_3、垂向位移 w_3 以及斜率 $w_{,x3}$。于是,每个 PMC 单元的自由度可以表示成如下形式:

$$\boldsymbol{\delta}^{\mathrm{e}} = \{u_{1i} \quad w_{1i} \quad w_{,x1i} \quad u_{3i} \quad w_{3i} \quad w_{,x3i} \quad u_{1j} \quad w_{1j} \quad w_{,x1j} \quad u_{3j} \quad w_{3j} \quad w_{,x3j}\}^{\mathrm{T}} \tag{8.137}$$

式中:i 和 j 分别代表的是该单元的左节点和右节点。

为了描述单元内的位移分布,此处引入了如下形式的形函数:

$$\begin{cases} u_1 = a_1x + a_2, w_1 = a_3x^3 + a_4x^2 + a_5x + a_6 \\ u_3 = a_7x + a_8, w_3 = a_9x^3 + a_{10}x^2 + a_{11}x + a_{12} \end{cases} \tag{8.138}$$

式(8.138)也可以表示为如下更为紧凑的形式:

$$\begin{gathered} \{u_1 \quad w_1 \quad w_{,x1} \quad u_3 \quad w_3 \quad w_{,x3}\}^{\mathrm{T}} = \\ [\boldsymbol{N}_1 \quad \boldsymbol{N}_2 \quad \boldsymbol{N}_3 \quad \boldsymbol{N}_4 \quad \boldsymbol{N}_5 \quad \boldsymbol{N}_6]^{\mathrm{T}}\{a_1, a_2, \cdots, a_{12}\}^{\mathrm{T}} \end{gathered} \tag{8.139}$$

上面的每个常数 a_i 都可以以节点位移的形式来表达,即

$$\boldsymbol{\delta}^{\mathrm{e}} = \boldsymbol{T}\{a_1, a_2, \cdots, a_{12}\}^{\mathrm{T}} \tag{8.140}$$

式中:$\boldsymbol{T}$ 为变换矩阵,可根据单元边界处的形函数值得到。于是,该单元中任意位置处的位移就可以通过矩阵 $\boldsymbol{N}$ 和 $\boldsymbol{T}$ 表示成节点位移的函数形式了,即

$$\boldsymbol{u} = \boldsymbol{N}\boldsymbol{T}^{-1}\boldsymbol{\delta}^{\mathrm{e}} \tag{8.141}$$

式中:

$$\boldsymbol{N} = [\boldsymbol{N}_1 \quad \boldsymbol{N}_2 \quad \boldsymbol{N}_3 \quad \boldsymbol{N}_4 \quad \boldsymbol{N}_5 \quad \boldsymbol{N}_6]^{\mathrm{T}} \tag{8.142}$$

3)磁力对结构的影响

利用式(8.133)和附录8.B所给出的磁力,也就不难确定两个永磁体约束层之间的相互作用了。这些力带有轴向(x方向)和横向(z方向)上的分量。在有限元模型中需要将这些力包含进来,并施加到适当的自由度上,从而体现出它们对该梁/PMC系统的动力学行为的影响。

x方向上的磁力分量仅对磁体层的拉压(纵向上)形成影响,我们可以通过引入该梁的几何刚度矩阵(参见附录8.B)来反映这个磁力分量的作用。z方向上的磁力分量一般是磁体之间的距离的非线性函数(Brown,1966;Griffith,1995),需要注意的是这个距离是指z方向上的,它等于初始的黏弹性夹心厚度与两个磁体层的垂向相对位移之和。由于这种位移是比较小的量,因而我们可以在黏弹性夹心的初始厚度值$(w_1-w_3)_0$附近对磁力$\boldsymbol{F}_{\mathrm{m}}$做比较精确的线性化处理,即

$$\boldsymbol{F}_{\mathrm{m}}=\boldsymbol{F}_{\mathrm{m0}}+\left.\frac{\partial \boldsymbol{F}_{\mathrm{m}}}{\partial(w_1-w_3)}\right|_0\cdot(w_1-w_3) \tag{8.143}$$

式(8.143)实际上将磁力$\boldsymbol{F}_{\mathrm{m}}$表示成了一个初始静态力$\boldsymbol{F}_{\mathrm{m0}}$与一个线性动态力之和的形式,这个线性动态力跟相对位移(w_1-w_3)成比例,比例常数$\left.\frac{\partial \boldsymbol{F}_{\mathrm{m}}}{\partial(w_1-w_3)}\right|_0$代表了线性化的磁刚度,它定量反映了磁体层间的相互作用。

这里值得注意的一点是,静态力$\boldsymbol{F}_{\mathrm{m0}}$一般是根据对约束层周围区域的有限元分析直接计算得到的,随后就可以将其用于计算最终的位移了。进一步,根据磁力随相对位移所发生的变化,我们将不难确定出上述的线性化磁刚度以及相关的动态磁力。

4)运动方程

对于这个经过PMC处理的梁,其运动方程可以根据哈密尔顿原理(Meirovitch,1967)来导出,即

$$\int_{t_1}^{t_2}\delta(T-U)\,\mathrm{d}t+\int_{t_1}^{t_2}\delta W_{\mathrm{m}}\,\mathrm{d}t=0 \tag{8.144}$$

式中:$\delta(\cdot)$为一阶变分;t_1和t_2分别为初始时刻和终止时刻;T和U分别为单元的总动能和总应变能;W_{m}为磁力所做的功。关于总动能和总势能的推导及其表达式,读者可以参阅附录8.E,而磁力所做的功可以表示为

$$W_{\mathrm{m}}=\int_0^L\frac{F_{\mathrm{m}_z}}{L}(w_1-w_3)\,\mathrm{d}x \tag{8.145}$$

式中：F_{m_z}为式(8.143)所给出的磁力的z分量。将式(8.143)(z分量)代入式(8.145)中，有

$$W_m = \int_0^L \frac{F_{m0_z}}{L}(w_1 - w_3)\,dx + \int_0^L \frac{1}{L}\frac{\partial F_{m_z}}{\partial(w_1 - w_3)}(w_1 - w_3)^2 dx \quad (8.146)$$

将有限元记法引入式(8.144)中，利用哈密尔顿原理，不难导得该PMC单元的运动方程如下：

$$\boldsymbol{M}^e \ddot{\boldsymbol{\delta}}^{eT} + (\boldsymbol{K}^e + \boldsymbol{K}_{geo}^e - \boldsymbol{K}_m^e)\boldsymbol{\delta}^e = F_{m0_z}^e \boldsymbol{b}^e \quad (8.147)$$

式中：$\boldsymbol{M}^e$和$\boldsymbol{K}^e$分别为单元质量矩阵和刚度矩阵(参见附录8.B)；$\boldsymbol{K}_{geo}^e$为单元的几何矩阵，它体现了磁力的轴向分量所产生的影响；$\boldsymbol{K}_m^e$为附加的磁刚度矩阵；$F_{m0_z}^e$为静态磁力；$\boldsymbol{b}^e$为受到载荷作用的自由度矢量。

通过将所有的单元矩阵组装起来，就能够得到总体质量矩阵$\boldsymbol{M}_{ov}$和总体刚度矩阵$\boldsymbol{K}_{ov}$，在施加了指定的边界条件之后，即可建立整个梁的总运动方程。如果所考虑的是简谐型基础激励情况，那么这个梁的运动方程将具有如下形式；

$$(\boldsymbol{K} + \boldsymbol{K}_{geo} - \boldsymbol{K}_m - \omega^2 \boldsymbol{M})\boldsymbol{\delta} = -\begin{Bmatrix} \cdots \\ \boldsymbol{K}_{ov}(j,1) - \omega^2 \boldsymbol{M}_{ov}(j,1) \\ \cdots \end{Bmatrix} w_0, j = 2,3\cdots,n \quad (8.148)$$

式中：$\boldsymbol{M}$和$\boldsymbol{K}$分别为施加了边界条件之后的总体质量矩阵和刚度矩阵；$\boldsymbol{\delta}$为总体节点位移矢量；w_0为基体梁的垂向振动幅值；ω为振动频率；n为不受约束的自由度数量。

例8.11　试确定图8.54所示的梁/PMC系统的特性。该梁是铝制悬臂梁，厚度为5.08mm，宽度为25.4mm，长度为254mm；黏弹性夹心材料的厚度为1.524mm，储能模量为$E' = 0.5\text{MNm}^{-2}$，损耗因子为$\eta = 0.27$，密度为$\rho = 150\text{kgm}^{-3}$；磁体层是厚度为12.2mm的磁条，杨氏模量是$E = 0.6\text{GNm}^{-2}$，密度为$\rho = 3543\text{kgm}^{-3}$，剩余磁感应强度$B_r = 0.19\text{T}$，矫顽力$H_c = 151197.5\text{Am}^{-1}$。另外，黏弹性层和磁体层的长度均为228.6mm。

［分析］

图8.55示出了这个梁/PMC系统的前两阶振动模态，从中可以看出一阶模态(41.27Hz)表现为黏弹性层的剪切运动，而二阶模态(45.2Hz)则表现为基体梁的横向弯曲运动。图8.56给出了这一系统(磁体层是以相吸方式布置的)的频率响应，为了便于对比，该图也同时给出了不带任何阻尼处理的梁以及带有非磁性PMC的梁所具有的特性。不难发现，采用了PMC处理方式之后，该梁

原有的一阶模式分裂成了两个新模式，这一行为非常类似于经典的动力吸振器（在离散振动系统中）所产生的效应。需要注意的是，这两个新模式中的第一个表现为黏弹性层的剪切运动，而第二个表现为梁的横向弯曲运动。此外，我们还能够观察到，采用相吸方式布置将使得该系统趋于变软（跟非磁性 PMC 方式相比），例如在相吸方式布置的情形下，前两阶模式频率分别从非磁性 PMC 方式情形下的 42.22Hz 和 45.41Hz 下降到了 41.27Hz 和 45.20Hz。图 8.57 对这一梁/PMC 系统的特性曲线图（即图 8.56）进行了局部放大，从中可以非常清晰地观察到黏弹性层和基体梁的这两个模式（针对非磁性 PMC 情形和以相吸方式布置的 PMC 情形）。

通过分析上述结果，我们能够认识到，在采用了以相吸方式布置的 PMC 之后，系统的阻尼比要比非磁性 PMC 处理情况下的阻尼比更大，前者为 0.0664%，后者为 0.0551%。黏弹性材料的模式对阻尼比的影响是可以忽略不计的。进一步，图 8.58 示出了 PMC 处理位置附近区域的磁场强度矢量 $\boldsymbol{H}$ 的分布情况。

图 8.59 也给出了这个梁/PMC 系统的特性，其中针对的是磁体层以相斥方式布置的 PMC 处理方式和非磁性 PMC 处理方式，从中可以清晰地识别出黏弹性材料和基体梁的两个模式。根据这些结果不难认识到，采用相斥布置方式将导致系统趋于硬化（跟非磁性 PMC 方式相比），例如，跟非磁性 PMC 方式中的前两阶模式频率（分别为 42.22Hz 和 45.41Hz）相比，经过相斥布置方式的 PMC 处理后，这些频率分别增大到了 44.58Hz 和 48.26Hz。此外，通过对上述结果的分析还可发现，采用相斥布置方式的 PMC 处理之后，系统的阻尼比将从相吸方式下的 0.0664%减小到 0.0212%。最后，图 8.60 还示出了 PMC 处理位置附近区域的磁场强度矢量 $\boldsymbol{H}$ 分布情况。

针对磁体层的相吸布置方式或相斥布置方式，表 8.4 中总结了这个梁/PMC 系统的振动模式和模态阻尼比情况，并将这些特性跟非磁性 PMC 处理方式下的结果进行了比较。

表 8.4　磁体层以相吸方式和相斥方式布置的梁/PMC 系统的特性及其与非磁性 PMC 处理方式的比较

构型	非磁性		相吸方式		相斥方式	
参数	频率/Hz	阻尼比/ζ	频率/Hz	阻尼比/ζ	频率/Hz	阻尼比/ζ
模态 1	42.22	0.000237	41.27	0.000242	44.58	0.000669
模态 2	45.41	0.000551	45.20	0.000664	48.26	0.000212

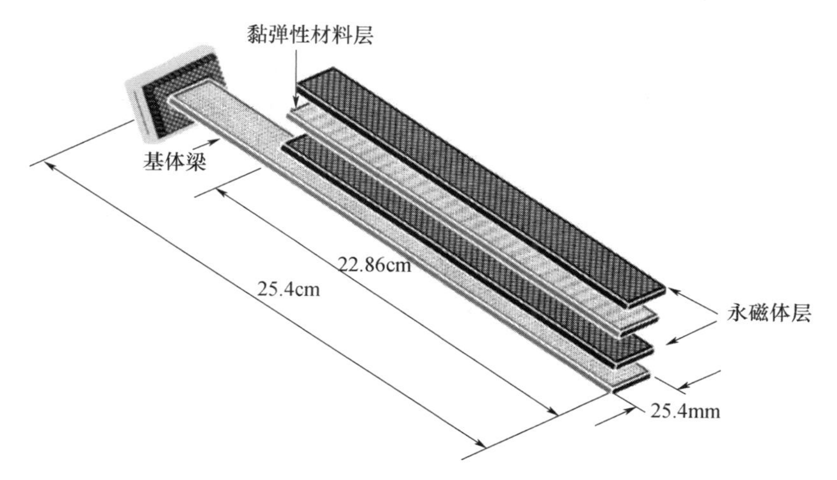

图 8.54　针对梁进行被动式磁复合(PMC)处理

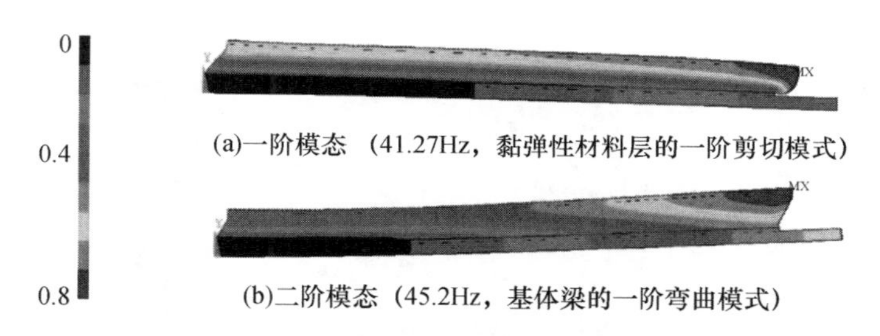

图 8.55　梁/PMC 系统的前两阶振动模态(见彩插)

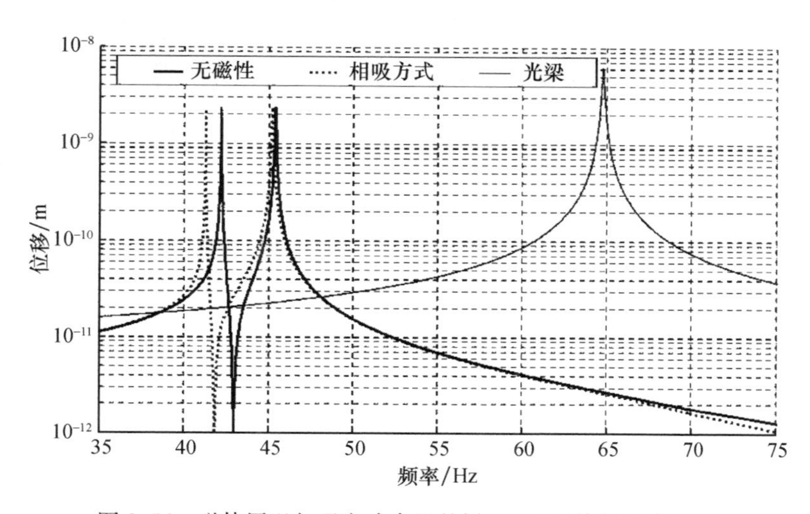

图 8.56　磁体层以相吸方式布置的梁/PMC 系统的频率响应

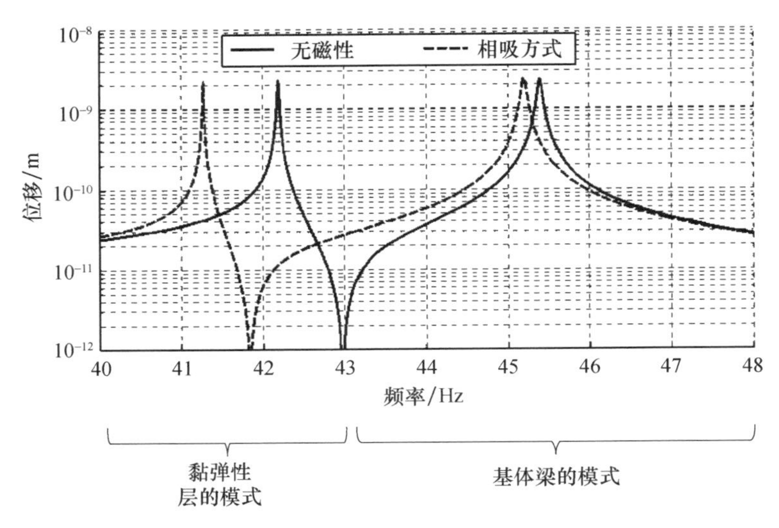

图 8.57　磁体层以相吸方式布置的梁/PMC 系统的频率响应(局部放大)

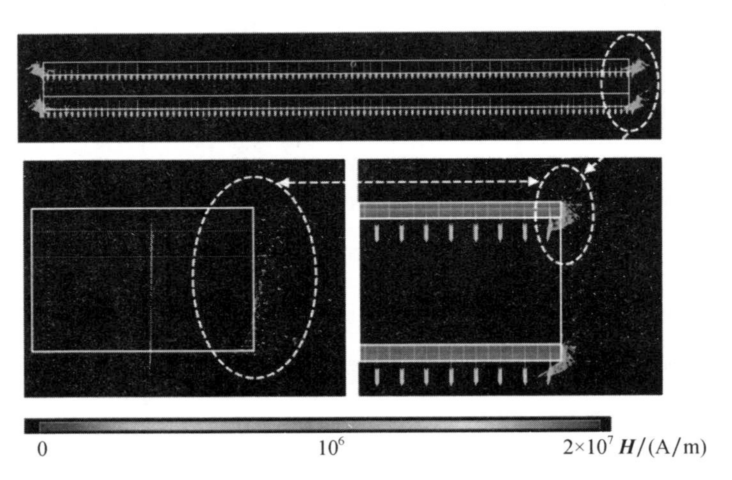

图 8.58　磁体层以相吸方式布置的梁/
PMC 系统的磁场强度矢量 $\boldsymbol{H}$ 分布情况(见彩插)

8.5.4　本节小结

本节主要阐述了利用 PMC 处理方式对振动进行控制这一问题,分析了磁体层以相吸方式和相斥方式进行布置这两种构型下的阻尼特性。这种振动控制技术的一个重要优点在于,它不需要借助传感器、作动器、电路,以及任何外部能源。

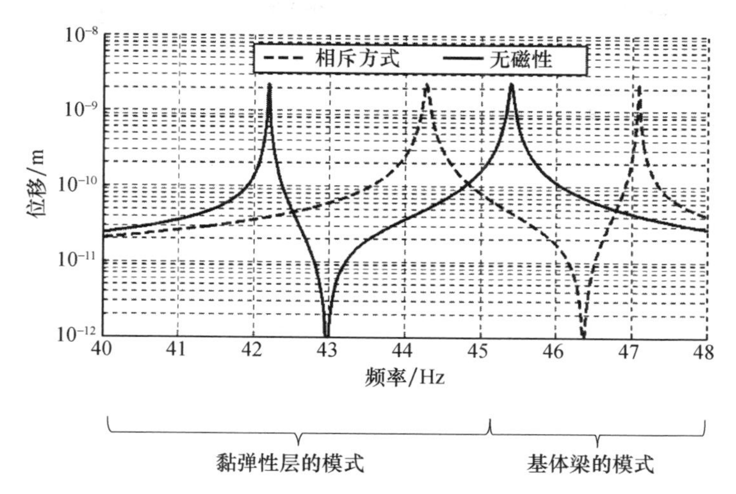

图 8.59　磁体层以相斥方式布置的梁/PMC 系统的频率响应

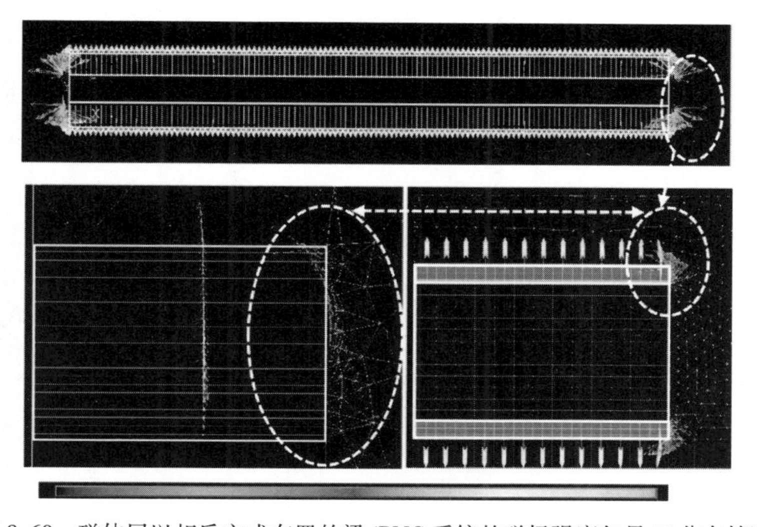

图 8.60　磁体层以相斥方式布置的梁/PMC 系统的磁场强度矢量 $\boldsymbol{H}$ 分布情况

我们建立了有限元模型来描述这种磁复合结构的动力学行为。通过梁/PMC 系统的分析表明，磁体层以相吸方式布置的构型要比相斥方式布置的构型更加有利，可以获得更显著的振动抑制效应。

8.6　负刚度复合结构

在过去的 10 年中，负刚度复合结构（NSC）受到了人们的广泛关注，主要原因在于此类复合结构能够增强减振性能。之所以能够产生更强的减振性能，主要是因为结构中存在着负刚度元件，当复合结构受到载荷作用产生位移（或变形）时，这些元件不是抵抗这种位移，而起到的是促进作用。显然，这种增强的位移（或变形）将会使得 NSC 中储存的能量得以增大。

正是由于上述原因，众多学者都进行了此类复合结构的研究，提出了多种构型并分析了动力学行为。这一方面较为突出的研究工作包括了 Lakes（2001）、Lakes 等人（2001）以及 Wang 和 Lakes（2004）的先驱性研究，他们提出并分析了带有负刚度相的高阻尼复合结构。在这些研究工作的指引下，人们将负刚度机制引入各种隔振系统中，进行了大量的探索性研究和分析。这里应当提及的是 Platus（1999）的工作，他从“Minus K（负刚度）”技术理念出发，将负刚度元件引入隔振台中，实现了低频振动的抑制。此外，负刚度这一概念也已经延伸到周期性的超材料构型中，例如 Nadkarni 等人（2014）的工作就是如此，他们试图借助这一技术抑制孤立波的传播。有必要指出的是，在上述应用问题中，负刚度元件主要是通过不稳定的跳跃单元来实现的。

本节将重点介绍如何利用磁复合结构（相吸方式布置）产生必需的负刚度单元。在这里，8.5 节中的相关概念可为我们理解负刚度磁复合结构的行为特性提供必要的基础。

8.6.1 负刚度复合结构的工作机理

通过考察图 8.61 所示的 NSC 的简化模型（具有单个自由度），我们可以很好地理解 NSC 这一概念。

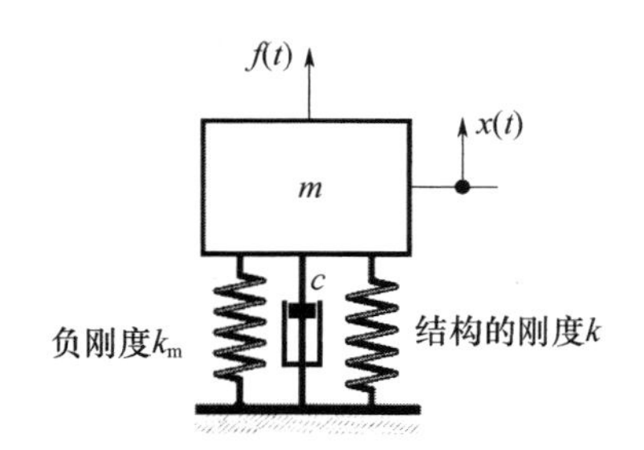

图 8.61 NSC 的简化模型

8.6.1.1 正弦激励情况

对于正弦激励情况，该系统的运动方程可以表示为

$$m\ddot{x} + c\dot{x} + (k - k_m)x = f_0\sin(\omega t) \tag{8.149}$$

于是,系统的稳态响应应为

$$\frac{X_0}{f_0}=\frac{1}{\sqrt{[(k-k_{\mathrm{m}})-m\omega^2]^2+(c\omega)^2}} \tag{8.150}$$

这里假定质量为 m,阻尼系数为 c,结构刚度为 k,它们都是正值常数,只有 k_{m} 为可变的负刚度,可以根据需要来调节。

相应地,在一个完整的振动周期内,黏性阻尼所耗散掉的能量应为(参见表 2.14)

$$E_{\mathrm{v}}=\pi c\omega X_0^2 \tag{8.151}$$

将式(8.150)代入式(8.151)可得

$$E_{\mathrm{v}}=\frac{\pi c\omega f_0^2}{[(k-k_{\mathrm{m}})-m\omega^2]^2+(c\omega)^2}=\frac{\pi\left(\dfrac{c\omega}{m}\right)\dfrac{f_0^2}{m}}{(\omega_{\mathrm{n}}^2-\omega^2)^2+\left(\dfrac{c\omega}{m}\right)^2} \tag{8.152}$$

式中:$\omega_{\mathrm{n}}=\sqrt{\dfrac{k-k_{\mathrm{m}}}{m}}$ 为带负刚度元件的系统的固有频率。

如果引入如下参数:

$$\bar{C}=\frac{c}{m\omega_{\max}},\bar{\omega}=\frac{\omega}{\omega_{\max}},\bar{\omega}_{\mathrm{n}}=\frac{\omega_{\mathrm{n}}}{\omega_{\max}} \tag{8.153}$$

式中:$\omega_{\max}$ 为预先选定的一个最大频率值,并考虑到式(8.152)可以改写为

$$\frac{\dfrac{E_{\mathrm{v}}}{\dfrac{\pi f_0^2}{m\omega_{\max}^2}}}{}=\frac{\dfrac{c}{m\omega_{\max}}\dfrac{\omega}{\omega_{\max}}}{\left(\dfrac{\omega_{\mathrm{n}}}{\omega_{\max}}\right)^2-\left(\dfrac{\omega}{\omega_{\max}}\right)^2+\left[\left(\dfrac{c}{m\omega_{\max}}\right)\left(\dfrac{\omega}{\omega_{\max}}\right)\right]^2} \tag{8.154}$$

那么将式(8.153)代入式(8.154),并记 $\bar{E}_{\mathrm{v}}=\dfrac{E_{\mathrm{v}}}{\dfrac{\pi f_0^2}{m\omega_{\max}^2}}$,可得

$$\bar{E}_{\mathrm{v}}=\frac{\bar{C}\bar{\omega}}{(\bar{\omega}_{\mathrm{n}}^2-\bar{\omega}^2)^2+(\bar{C}\bar{\omega})^2} \tag{8.155}$$

例 8.12　针对不同的 $\bar{\omega}_{\mathrm{n}}$ ($0<\bar{\omega}_{\mathrm{n}}\leqslant 1$),试确定激励频率 $\bar{\omega}$ 对 NSC 的能量耗散特性 $\bar{E}_{\mathrm{v}}$ 的影响,此处的 $\bar{C}=1$。

[分析]

激励频率 $\bar{\omega}$ 对 NSC 的能量耗散特性 $\bar{E}_{\mathrm{v}}$ 的影响如图 8.62 所示,这里所考虑

的等效固有频率 $\bar{\omega}_n$ 在 0.05~1 之间，且 $\bar{C}=1$。从该图可以看出，当减小 NSC 系统的等效固有频率时，能量耗散特性将呈现出显著的提升。例如，当 $\bar{\omega}_n$ 从 1 减小到 0.05 时，能量耗散峰值 $\bar{E}_{v_{max}}$ 增大了两个数量级，从 1.066 变成了 197.6。

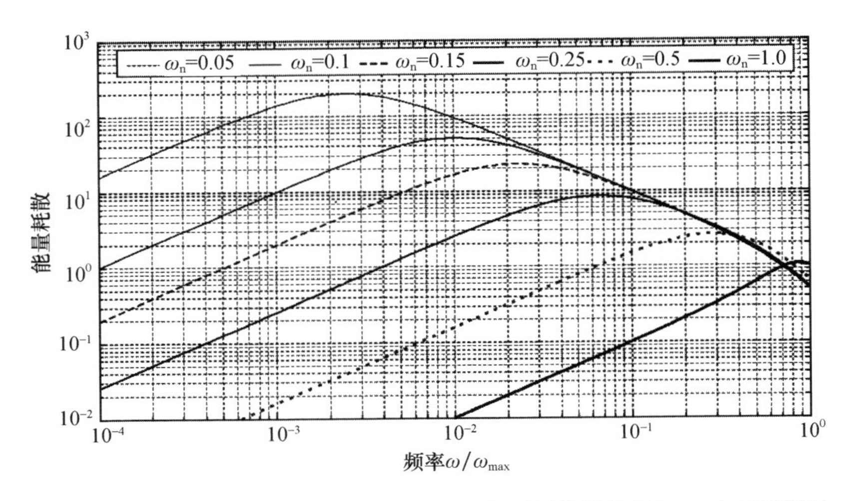

图 8.62　带有负刚度元件的单自由度系统的能量耗散特性（$\bar{C}=1$）（见彩插）

进一步，图 8.63 将等效固有频率 $\bar{\omega}_n$ 对能量耗散峰值 $\bar{E}_{v_{max}}$ 的影响做了归纳。应当注意的是，能量耗散的峰值出现在 $d\bar{E}_v/d\bar{\omega}=0$ 处，由此可得

$$\bar{\omega}^4-\frac{1}{3}(-\bar{C}^2+2\bar{\omega}_n^2)\bar{\omega}^2-\frac{1}{3}\bar{\omega}_n^4=0 \tag{8.156}$$

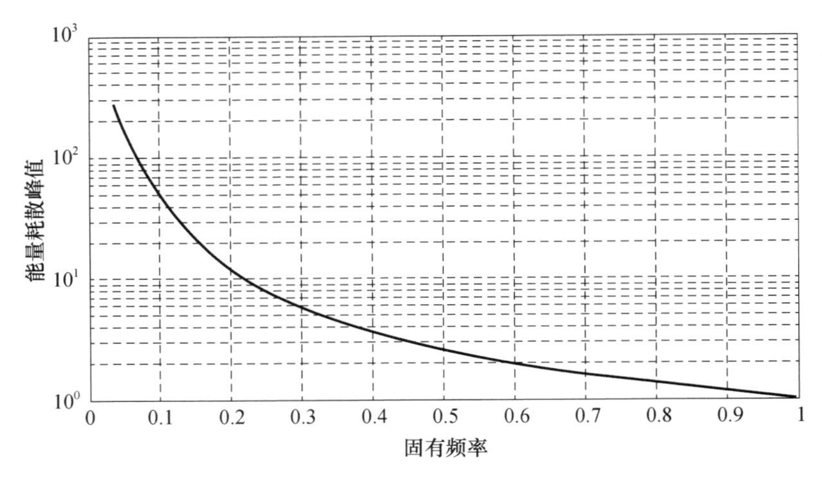

图 8.63　等效固有频率 $\bar{\omega}_n$ 对 NSC 系统（带有一个负刚度元件）能量耗散峰值的影响（$\bar{C}=1$）

式(8.156)存在一个正实数解 $\overline{\omega}_*^2$：

$$\overline{\omega}_*^2 = \frac{1}{6}(-\overline{C}^2 + 2\overline{\omega}_n^2) + \sqrt{\left[\frac{1}{6}(-\overline{C}^2 + 2\overline{\omega}_n^2)\right]^2 + \frac{1}{3}\overline{\omega}_n^4} \tag{8.157}$$

于是，能量耗散峰值 $\overline{E}_{v_{max}}$ 可由下式给出：

$$\overline{E}_{v_{max}} = \frac{\overline{C}\overline{\omega}_*}{(\overline{\omega}_n^2 - \overline{\omega}_*^2)^2 + (\overline{C}\overline{\omega}_*)^2} \tag{8.158}$$

例 8.13　试针对不同的等效固有频率 $\overline{\omega}_n$ 值，绘制出 NSC 系统的极点-零点图，假定此处的 $\overline{C} = 1$。

[分析]

系统的运动方程为 $m\ddot{x} + c\dot{x} + (k - k_m)x = f_0$，利用拉普拉斯变换，并引入式(8.153)给出的无量纲参量，可以把这个方程转化为如下无量纲形式：

$$\frac{X_0}{f_0/(m\omega_{max}^2)} = \frac{1}{\overline{s}^2 + \overline{C}\overline{s} + \overline{\omega}_n^2}$$

式中：$\overline{s} = s/\omega_{max}$。

针对不同的等效固有频率 $\overline{\omega}_n$ 值，图 8.64 示出了这个系统特性方程的极点情况。从该图可以看出，极点是从虚轴（当 $\overline{\omega}_n = 1$ 时）逐渐向实轴（当 $\overline{\omega}_n \leqslant 0.5$ 时）移动的，阻尼比则从 0.5 向临界阻尼比 1 变化。

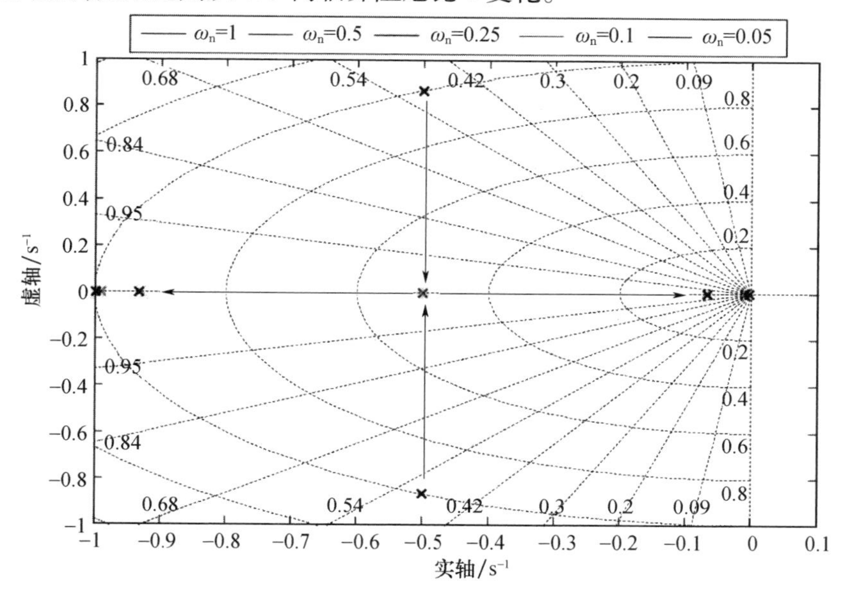

图 8.64　等效固有频率 $\overline{\omega}_n$ 对 NSC 系统极点的影响（$\overline{C} = 1$）（见彩插）

例 8.14 试针对不同的等效固有频率 $\bar{\omega}_n$ 值，确定 NSC 系统的滞回特性，假定此处的 $\bar{\omega} = 0.1$，$\bar{C} = 1$。

[分析]

利用式(8.153)定义的无量纲参数，式(8.149)可以化为

$$\ddot{\bar{x}} + \bar{C}\dot{\bar{x}} + \bar{\omega}_n^2 \bar{x} = \sin(\bar{\omega}\tau) \tag{8.159}$$

式中：$\ddot{\bar{x}} = \dfrac{\ddot{x}}{x_0\omega_{\max}^2}$；$\dot{\bar{x}} = \dfrac{\dot{x}}{x_0\omega_{\max}}$；$\bar{x} = \dfrac{x}{x_0}$，$x_0 = \dfrac{f_0}{m\omega_{\max}^2}$；$\tau = \bar{\omega}t$。

该方程的稳态解 $\bar{x}_0$ 为

$$\bar{x}_0 = \bar{X}_0 \sin(\bar{\omega}\tau - \varphi) \tag{8.160}$$

式中：$\bar{X}_0 = X_0/x_0$，相角 φ 为

$$\varphi = \arctan\left(\frac{\bar{C}\bar{\omega}}{\bar{\omega}_n^2 - \bar{\omega}^2}\right) \tag{8.161}$$

图 8.65 针对不同的 $\bar{\omega}_n$ 值示出了力 $\bar{f} = \sin(\bar{\omega}\tau)$ 与 $\bar{x}_0 = \bar{X}_0\sin(\bar{\omega}\tau - \varphi)$ 之间的关系，此处的 $\bar{\omega} = 0.1$，$\bar{C} = 1$。该图进一步佐证了例 8.12 中得到的结果，即，当 NSC 系统的等效固有频率减小时，能量耗散（滞回曲线所包围的面积）将显著提升。应当注意的是，这种能量耗散性能的改善是以 NSC 系统的“变软”为代价的，这一点可以从 $\bar{\omega}_n = 0.25$ 时的刚度来体现，如图 8.65 所示，此时的刚度明显要比 $\bar{\omega}_n = 0.75$ 时的刚度低得多。显然，我们有必要在能量耗散性能的改善与刚度的降低这二者之间进行折中考虑，一般可以借助合适的优化分析技术来实现。

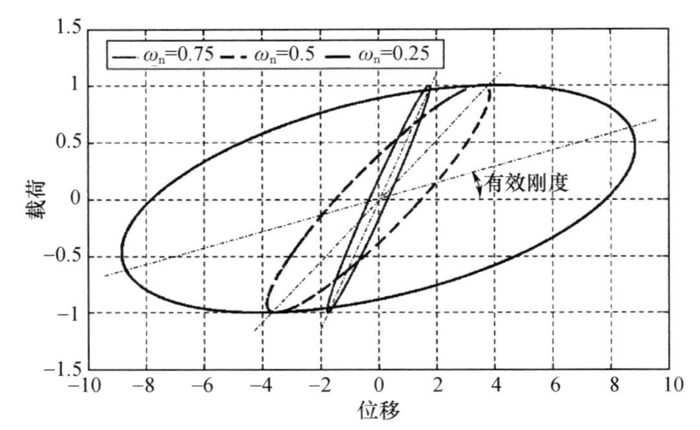

图 8.65 带有一个负刚度元件的 NSC 系统的滞回特性（$\bar{\omega} = 0.1$，$\bar{C} = 1$）（见彩插）

例 8.15　针对单自由度的 NSC 系统，试确定不同 $\bar{C}$ 值条件下的最优等效固有频率 $\bar{\omega}_n^*$，使得如下性能指标达到最大：

$$I = \left(\int_0^1 \bar{E}_v \mathrm{d}\bar{\omega}\right) \bar{\omega}_n \tag{8.162}$$

［分析］

我们可以注意到这个性能指标是由两个部分构成的，第一个部分为 $\int_0^1 \bar{E}_v \mathrm{d}\bar{\omega}$，它定量描述了 $0 < \bar{\omega} = \omega/\omega_{max} < 1$ 这一频率范围内的总能量耗散，实际上这一部分等于 $\bar{E}_v - \bar{\omega}$ 特性曲线（对于任意给定的 $\bar{\omega}_n$）下方的面积。第二个部分是等效固有频率 $\bar{\omega}_n$。

由此不难认识到，当这个性能指标 I 达到最大时，也就保证了总能量耗散和刚度的同步最大化。图 8.66 针对 $\bar{C}$ = 0.1，1，10 这三种情形示出了这个 NSC 系统的最优特性，表 8.5 则将等效固有频率最优值 $\bar{\omega}_n^*$ 进行了归纳（针对不同的 $\bar{C}$ 值），其中同时还给出了最优性能指标。

表 8.5　不同的 $\bar{C}$ 值条件下 NSC 系统的最优特性

$\bar{C}$	0.1	1	2	5	10
$\bar{\omega}_n^*$	0.5819	0.5846	0.702	0.8983	1.2
最优性能指标	1.447	0.805	0.5626	0.344	0.239

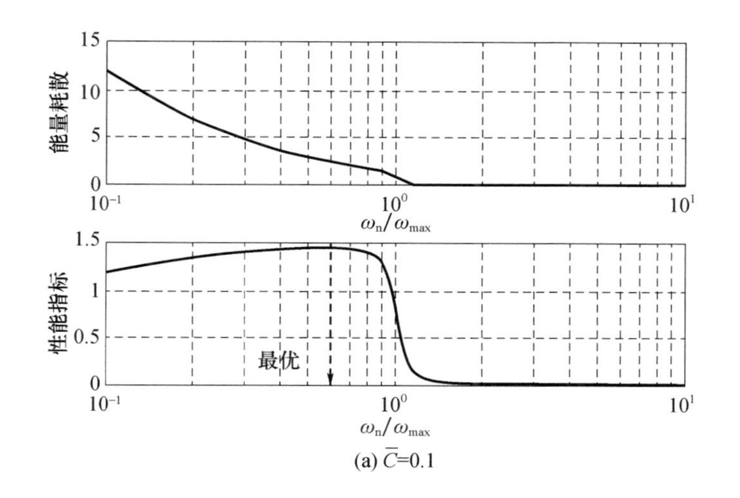

(a) $\bar{C}$=0.1

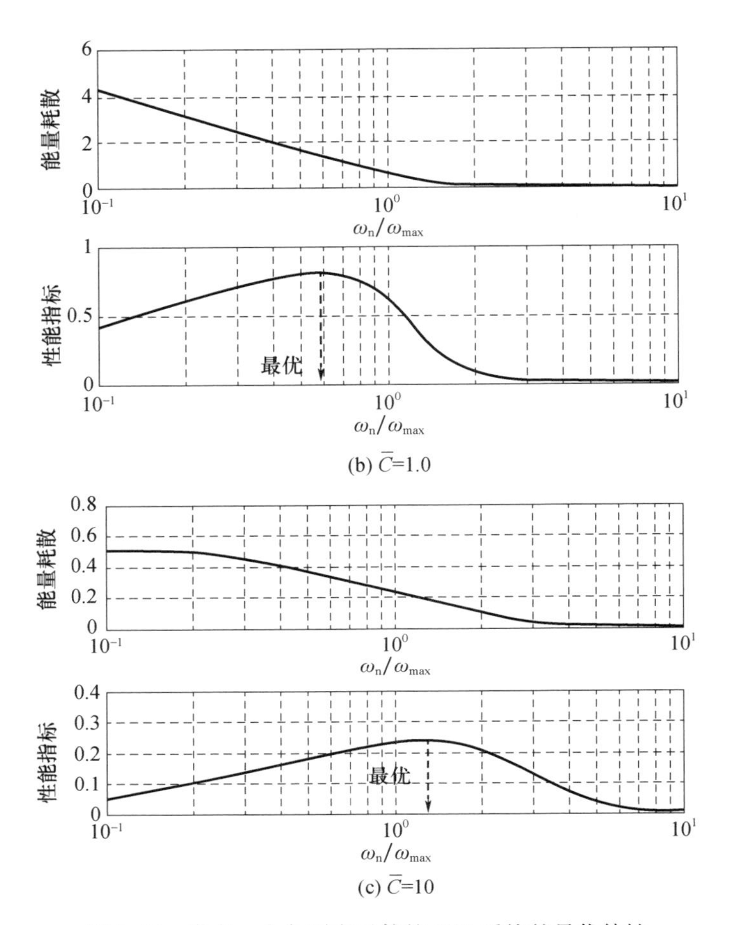

(b) $\bar{C}$=1.0

(c) $\bar{C}$=10

图 8.66　带有一个负刚度元件的 NSC 系统的最优特性

8.6.1.2　冲击载荷情况

在单位脉冲载荷作用下,系统的运动方程可以根据式(8.159)修改得到,即

$$\ddot{\bar{x}} + \bar{C}\dot{\bar{x}} + \bar{\omega}_n^2\bar{x} = \delta(\tau) \tag{8.163}$$

式中:$\delta(\tau)$ 为单位脉冲载荷。

式(8.163)的单位脉冲响应 h 可由下式给出:

$$h = \frac{e^{-\frac{1}{2}\bar{C}\tau}}{\sqrt{\left(\frac{1}{2}\bar{C}\right)^2 - (\bar{\omega}_n)^2}}\sinh\left(\tau\sqrt{\left(\frac{1}{2}\bar{C}\right)^2 - (\bar{\omega}_n)^2}\right) \tag{8.164}$$

例 8.16　针对单自由度 NSC 系统,试确定不同的 $\bar{\omega}_n$ 值情况下的单位脉冲响应,此处假定 $\bar{C} = 1$。

[分析]

利用式(8.164)可以计算出该系统的单位脉冲响应,图8.67针对不同的$\overline{\omega}_n$值情况给出了这一计算结果。从中可以看出,当$\overline{\omega}_n = 1$时系统表现为振荡响应行为,而当$\overline{\omega}_n \leqslant 0.5$时则表现为临界阻尼形态。不过,由于当固有频率降低后NSC变得"更软",因而单位脉冲响应的峰值会变大。这一变化趋势跟正弦激励情况中NSC系统的行为也是类似的,可以参见例8.12和例8.13。

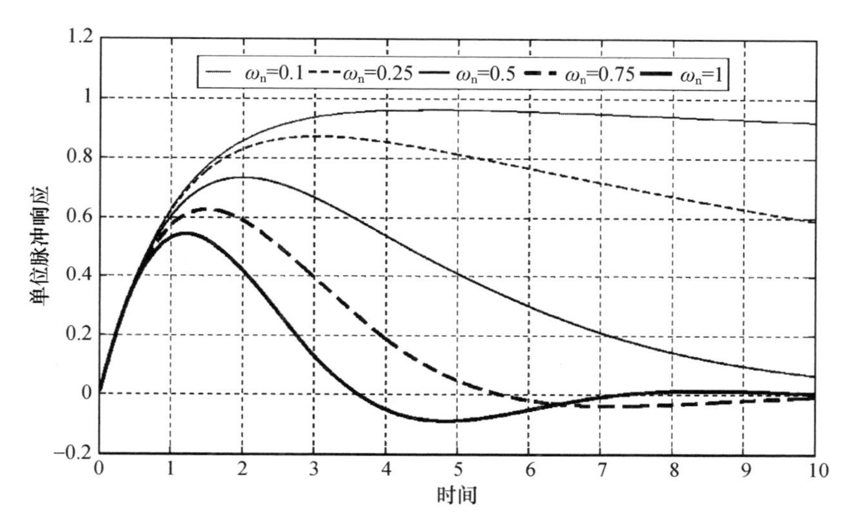

图8.67 带有一个负刚度元件的NSC系统的单位脉冲响应
(针对不同的$\overline{\omega}_n$值,且$\overline{C} = 1.0$)(见彩插)

8.6.1.3 带有负刚度单元的磁复合结构

这里通过一个此类复合结构的简化模型来阐述,该简化模型中带有负刚度弹簧单元,其形式为一组永磁体阵列(以相吸方式布置),如图8.68所示。

1. 两个条形磁体间的相互作用力

对于两个条形磁体间的相互作用力,可以利用Gilbert模型来计算,该模型假定了这些力是由磁极附近的磁荷所产生的。即便是对于靠得很近的磁体,虽然磁场相当复杂,但是借助这一模型仍然能够计算出足够准确的相互作用力。值得提及的是,Vokoun等人(2009)曾经针对两个圆柱状磁体(半径为R,面积为A,长度为L,且假定为均匀磁化)之间的相互作用力建立了一个解析形式的计算式。

对于两个完全相同且平行对齐的条形磁体来说,相互作用力可以表示为如下形式:

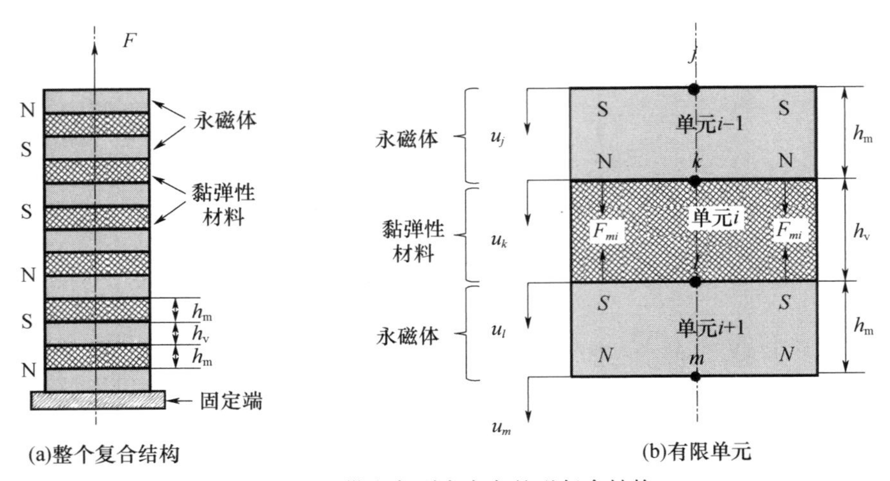

图 8.68 带有负刚度夹杂的磁复合结构

$$\bar{F} = F\Big/\left[\frac{B_0^2 A^2(L^2 + R^2)}{\pi\mu_0}\right] = \frac{1}{\bar{x}^2} + \frac{1}{(\bar{x} + 2)^2} - \frac{2}{(\bar{x} + 1)^2} \tag{8.165}$$

式中：$\bar{x} = x/L$，x 为磁体间距；$B_0 = \dfrac{1}{2}\mu_0 M$ 为磁通密度，M 为磁化强度（单位：A/m）；$\mu_0 = 4\pi \times 10^{-7}\text{T}\cdot\text{m}\cdot\text{A}^{-1}$ 为真空磁导率。

图 8.69 示出了 $\bar{F}$ 与 $\bar{x}$ 的关系，同时还给出了小间距和大间距情况下的渐近线。很明显，对于小的间距，磁力 $\bar{F}$ 与 $\bar{x}^2$ 是成反比关系的，而对于大的间距，$\bar{F}$ 与 $\bar{x}^4$ 成反比关系。

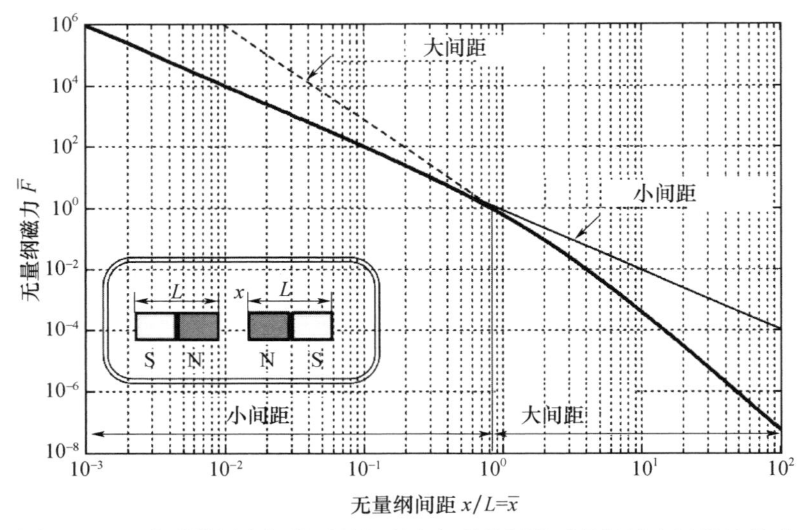

图 8.69 两个磁体层之间的无量纲磁力与磁体层的无量纲轴向间距的关系

在 $\bar{x}=1$ 附近对 $\bar{F}$ 进行线性化处理可得

$$\bar{F}=\bar{F}_0+\left.\frac{\partial \bar{F}}{\partial \bar{x}}\right|_{\bar{x}=1}(\bar{x}-1)=\frac{1}{54}[33-85(\bar{x}-1)] \tag{8.166}$$

或者表示为

$$F=\frac{87}{54}\left[\frac{B_0^2A^2(L^2+R^2)}{\pi\mu_0}\right]-\frac{85}{54}\left[\frac{B_0^2A^2(L^2+R^2)}{\pi\mu_0}\right]\bar{x}=F_s+K_m\bar{x} \tag{8.167}$$

于是,由磁力所产生的负刚度 K_m 就可以表示为

$$K_m=-\frac{85}{54}\left[\frac{B_0^2A^2(L^2+R^2)}{\pi\mu_0}\right] \tag{8.168}$$

2. 有限元模型

NSC 复合结构的有限元描述可以利用包含单个振荡项的 GHM 模型来表达(例如式(4.10)),即

$$\begin{bmatrix} M & 0 \\ 0 & \dfrac{K_N\alpha_n}{\omega_n^2} \end{bmatrix}\begin{Bmatrix}\ddot{x}\\ \ddot{z}\end{Bmatrix}+\begin{bmatrix} 0 & 0 \\ 0 & \dfrac{2\zeta_n K_N\alpha_n}{\omega_n} \end{bmatrix}\begin{Bmatrix}\dot{x}\\ \dot{z}\end{Bmatrix}+\begin{bmatrix} K_N+K_N\alpha_n & -K_N\alpha_n \\ -K_N\alpha_n & K_N\alpha_n \end{bmatrix}\begin{Bmatrix}x\\ z\end{Bmatrix}=\begin{Bmatrix}f\\ 0\end{Bmatrix} \tag{8.169}$$

式中:$K_N=K-K_m$ 为净刚度,K 为结构刚度。

例 8.17　考虑图 8.68 所示的 NSC 复合结构,当它受到一个频率为 1Hz 的正弦力 F 激励时,试确定其滞回特性。该复合结构的物理特性和几何特性见表 8.6,有限元模型包含了 $N_T=17$ 个等长度单元,其中 8 个单元为黏弹性材料单元($N_V=8$),9 个为磁层单元($N_M=9$)。另外,这里假定黏弹性材料可以通过包含单个振荡项的 GHM 模型来描述,且参数为 $E_0=9\text{GPa}$,$\alpha_1=10$,$\zeta_1=5$,$\omega_1=8000\text{rad/s}$。

表 8.6　NSC 复合结构的物理特性和几何特性

参数	R/m	单元长度 L/m	B_0/T	μ_0/(TmA^{-1})	N_T	N_V	N_M
值	0.00625	0.00625	3×10^6	$4\pi\times10^{-7}$	17	8	9

[分析]

图 8.70 针对不同的磁通密度 B_0 值(即不同的刚度比 K_m/K 值),给出了该 NSC 的滞回特性。结果表明,当 K_m/K 值增大时,NSC 的滞回特性变得更加显著,这一趋势跟单质量系统中所观测到的行为(图 8.65)是一致的。

例 8.18　考虑图 8.68 所示的 NSC 复合结构,试利用 ANSYS 分别计算磁体以相吸和相斥方式布置时的静变形。此处的 NSC 复合结构是以悬臂形式安装

的，底端固定在刚性基础上。几何参数和物理特性可参见例8.17。

［分析］

图8.71(a)给出了这个NSC复合结构的有限元网格模型以及磁体层和黏弹性材料层的布置情况。图8.71(b)示出的是磁体层以相斥方式布置时的位移分布，相吸方式布置时的位移分布如图8.71(c)所示。

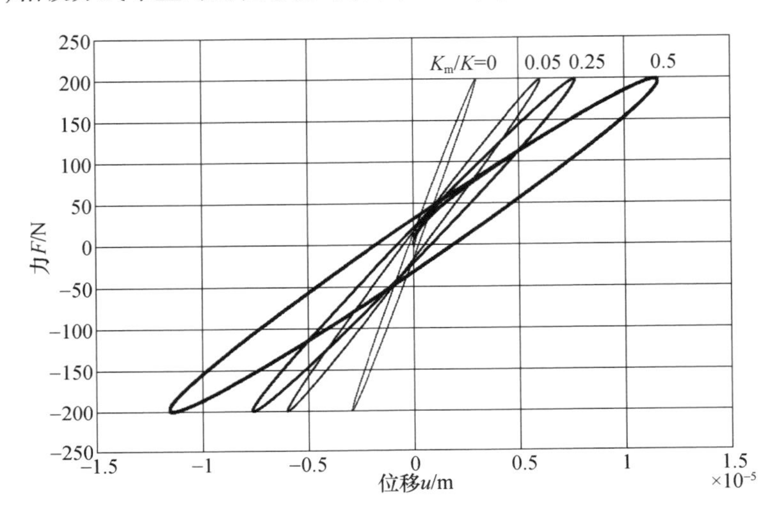

图8.70　带有一个负刚度元件的NSC系统的滞回特性（针对不同的B_0）

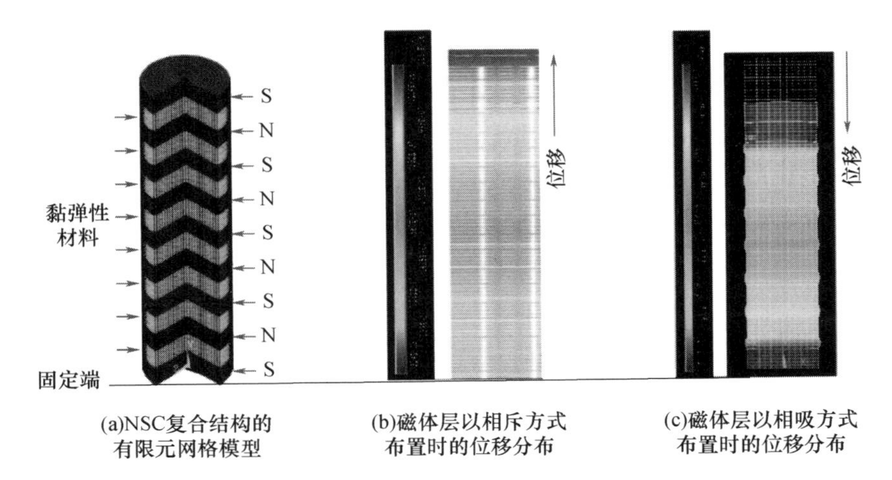

图8.71　磁体层以相吸和相斥方式布置时磁复合结构的有限元模型以及位移分布情况（见彩插）

例8.19　针对图8.68所示的NSC复合结构，试利用ANSYS计算磁体层的布置方式（相吸和相斥）对振动模态的影响。此处的NSC复合结构是以悬臂形式安装的,底端固定在刚性基础上。几何参数和物理特性参见例8.17。进一步,当该复合结构的自由端受到 $F=200\mathrm{N}$ 的力激励时,试确定其频率响应。

[分析]

图8.72示出了这个NSC复合结构的前5阶模态情况,表8.7则列出了当磁体层以相吸或相斥方式布置时该复合结构的固有频率,并跟所有层均为非磁性层的情况进行了比较。根据这些结果可以看出,跟非磁性复合结构相比,当磁体层以相斥方式布置时,复合结构的固有频率将会增大,而相吸方式会导致固有频率减小。

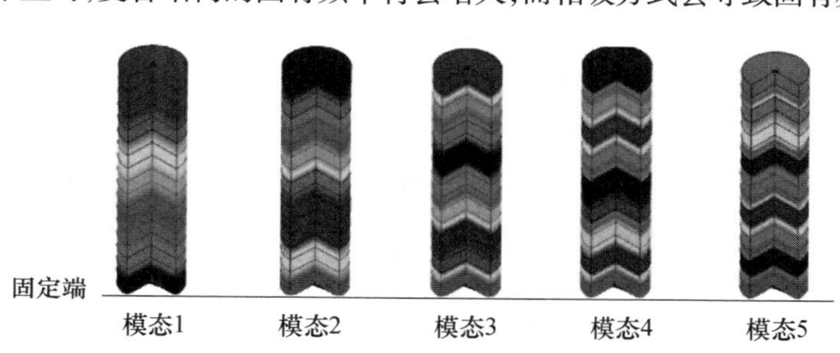

图8.72 NSC复合结构的前5阶模态形状(见彩插)

表8.7 磁体层以相吸或相斥方式布置的复合结构的固有频率及其与非磁性层情况的比较

模态阶次	固有频率/Hz		
	非磁性层情形	相斥方式布置 ($M=3\times10^6\mathrm{Am}^{-1}$)	相吸方式布置 ($M=3\times10^6\mathrm{Am}^{-1}$)
1	566.56	574.48	369.99
2	1670.3	1693.9	1105.5
3	2690.1	2729.4	1774.0
4	3583.1	3638.0	2348.0
5	4321.8	4388.3	2805.0
6	4893.7	4965.9	3124.0
7	5297.1	5373.9	3393.0

图8.73进一步给出了磁体层以相吸方式和相斥方式布置时这个磁复合结构的频率响应,并跟所有层均为非磁性层的情况进行了比较。

磁体层的布置方式对复合结构模态阻尼比的影响见表8.8,其中包括了相吸方式布置、相斥方式布置和非磁性层情形。很明显,当磁体层以相吸方式布置时(负刚度效应显著),模态阻尼比出现了显著的增大。

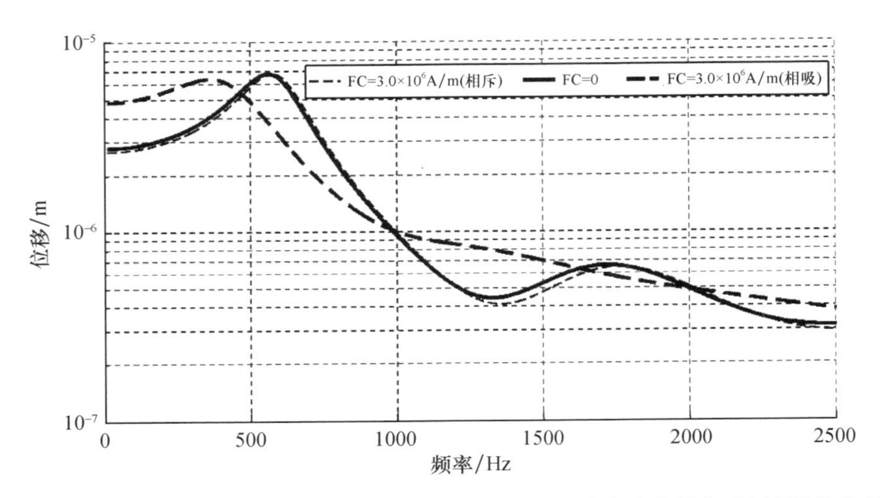

图 8.73　非磁性复合结构与磁复合结构(相吸方式和相斥方式布置方式)的频率响应

表 8.8　磁体层以相吸方式和相斥方式布置的复合结构的阻尼特性及其与非磁性层情形的比较

构型	非磁性层情形		相吸方式布置		相斥方式布置	
参数	频率/Hz	阻尼比/ζ	频率/Hz	阻尼比/ζ	频率/Hz	阻尼比/ζ
模态 1	561	0.211	363	0.505	580	0.205
模态 2	1712	0.185	1220	1.000	1773	0.166

图 8.74 示出了这个磁复合结构中的磁场分布情况,其中的图 8.74(a)针对的是相吸方式布置,而图 8.74(b)对应的是相斥方式布置。

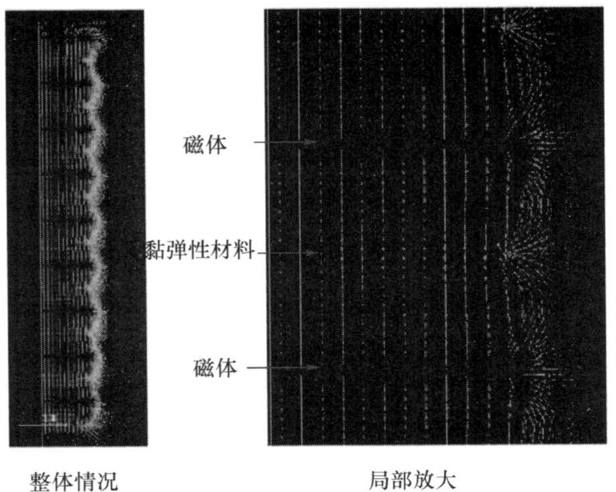

(a)磁体层以相吸方式布置

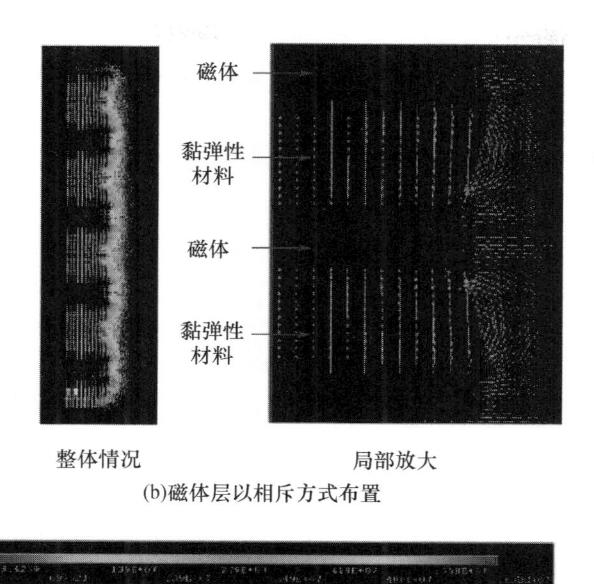

(b)磁体层以相斥方式布置

图 8.74　磁复合结构(相吸和相斥布置方式)中的磁场情况(见彩插)

8.7　本章小结

本章主要阐述了 5 种先进的阻尼处理技术,它们分别为垫高阻尼处理、功能梯度阻尼处理、APDC、PMC 和 NSC。所有这 5 种阻尼处理技术都致力于增强阻尼性能(跟传统的约束层阻尼处理技术相比),从而为我们提供全新的减振手段。

本章详尽地阐述了这些处理技术的理论模型,通过一些数值算例揭示了它们的重要特性,并针对它们的性能进行了优化分析。此外,我们还借助商用有限元软件 ANSYS 对所建立的理论模型做了验证。

参考文献

Alberts,T. E. and Xia,H. C. (1995). Design and analysis of fiber enhanced viscoelastic damping polymers. Journal of Vibration and Acoustics 117(4):398-404.

Arafa,M. and Baz, A. (2000). Dynamics of active piezoelectric damping composites. Journal of Composites Eng. :Part B 31:255-264.

Bartoli,I. , Marzania, A. , di Scale, F. L. , and Viola, E. (2006). Modeling wave propagation in damped waveguides of arbitrary cross-section. Journal of Sound and Vibration 295:685-707.

Bathe, K. J. (1996). Finite Element Procedures in Engineering Analysis. Englewood Cliffs, New York: Prentice Hall.

Baz, A. and Poh, S. (2000). Performance characteristics of magnetic constrained layer damping. Journal of Shock & Vibration 7(2):18-90.

Baz, A. and Tempia, A. (2004). Active piezoelectric damping composites. Journal of Sensors and Actuators: A. Physical 112(2-3):340-350.

Brown, W. F. (1966). Magnetoelastic Interactions. New York: Springer-Verlag.

Chan, H. L. W. and Unsworth, J. (1989). Simple model for piezoelectric ceramic/polymer 1-3 composites used in ultrasonic transducer applications. IEEE Transactions on Ultrasonics, Ferroelectrics, and Frequency Control 36(4):434-441.

Christensen, R. M. (1982). Theory of Viscoelasticity: An Introduction, 2e. New York: Academic Press.

Coulomb, J. L. and Meunier, G. (1984). Finite element implementation of virtual work principle for magnetic or electric force and torque computation. IEEE Transactions on Magnetics 20(5): 1894-1896.

Demoret K. and Torvik P., "Optimal length of constrained layers on a substrate with linearly varying strains", Proceedings of the ASME Design Engineering Technology Conference, Boston, MA, ASME DE, Vol. 84, No. 3, pp. 719-926, 1995.

Falugi M., "Analysis of five layer viscoelastic constrained layer beam", Proceedings of Damping '91, San Diego, CA, Vol. II, Paper No. CCB, 1991.

FalugiM., MoonY., and ArnoldR., "Investigation of a four layer viscoelastic constrained layer damping system," USAF/WL/FIBA/ASIAC, Report No. 189. 1A, 1989.

Garrison, M. R., Miles, R. N., Sun, J., and Bao, W. (1994). Random response of a plate partially covered by a constrained layer damper. Journal of Sound and Vibration 172:231-245.

Griffith, D. J. (1995). Introduction to Electrodynamics. New Delhi: Prentice-Hall of India.

Hajela, P. and Lin, C. -Y. (1991). Optimal design of viscoelastically damped beam structures. Applied Mechanics Reviews 44(11S):S96-S106.

Hayward, G. and Hossack, J. A. (August 1990). Unidimensional Modeling of 1-3 composite transducers. Journal of the Acoustical Society of America 88(2):599-608.

IEEE STANDARD, ANSI/IEEE 176-1987 - IEEE Standard on Piezoelectricity, The Institute of Electrical and Electronics Engineers, Inc., New York, NY, March 1987.

Kamminga, W. (1975). Finite-element solution for devices with permanent magnets. Journal of Applied Physics 8:841-855.

Kim T. W. and Kim J. H., "Eigenvalue sensitivity based topological optimization for passive constrained layer damping", Proceedings of the 45th AIAA/ASME/ASCE/AHS/ASC Structures, Structural Dynamics and Materials Conference, Palm Springs, CA, Paper No. AIAA-2004-1904, 19-22 April, 2004.

Koratkar, N., Wei, B., and Ajayan, P. (2003). Multifunctional structural reinforcement featuring carbon nanotube films. Composites Science and Technology 63(11):1525-1531.

Kruger, D. H., Mann, A. J. III, and Wiegandt, T. (1997). Placing constrained layer damping patches using reactive shearing structural intensity measurements. Journal of the Acoustical Society of America 101(4):2075-2082.

Lakes, R. S. (2001). Extreme damping in compliant composites with a negative - stiffness phase. Philosophical Magazine Letters 81(2):95-100.

Lakes, R. S., Lee, T., Bersie, A., and Wang, Y. C. (2001). Extreme damping in composite materials with negative-stiffness inclusions. Nature 410(6828):565-567.

Lin, T. -C. and Scott, R. A. (1987). Shape optimization of damping layers. Proceedings of the 58th Shock and Vibration Symposium, Huntsville, AL 1:395-409.

Lumsdaine A., "Topology optimization of constrained damping layer treatments", Proceedings of the ASME International Mechanical Engineering Congress & Exposition Conference, New Orleans, LA, Paper No.:IMECE2002-39021, pp. 149-156, 2002.

Lumsdaine A. and Scott R. A., "Optimal design of constrained plate damping layers using continuum finite elements", Proceedings of the ASME Noise Control and Acoustics Division, 1996 ASME International Mechanical Engineering Congress and Exposition Conference, Atlanta, GA, pp. 159-168, 1996.

Mace, B. R. and Manconi, E. (2012). Wave motion and dispersion phenomena: veering, locking and strong coupling effects. Journal of the Acoustical Society of America 131(2):1015-1028.

Manconi E. and Mace B. R., "Wave propagation in viscoelastic laminated composite plates using a wave/finite element method", Paper E139, Proceedings of the 7th European Conference on Structural Dynamics, EURODYN 2008, Southampton. UK, 7-8 July 2008.

Mantena, P. R., Gibson, R., and Hwang, S. (1991). Optimal constrained viscoelastic tape lengths for maximizing damping in laminated composites. Journal of AIAA 29(10):1678-1685.

Mead, D. J. (1998). Passive Vibration Control. London: Wiley.

Meirovitch, L. (1967). Analytical Methods in Vibrations. New York, NY: Macmillan Publishing Co., Inc.

Meirovitch, L. (2010). Fundamentals of Vibration. Long Grove, IL: Waveland.

Moon, F. (1984). Magneto-Solid Mechanics. New York, NY: Wiley.

Nadkarni, N., Daraio, C., and Kochmann, D. M. (2014). Dynamics of periodic mechanical structures containing Bistable elastic elements: from elastic to solitary wave propagation. Physical Review E 90:023204.

Nashif, A. D., Jones, D. I. G., and Henderson, J. P. (1985). Vibration Damping. Wiley.

Oh, J., Ruzzene, M., and Baz, A. (1999). Control of the dynamic characteristics of passive magnetic composites. Composites Engineering, Part B 30(7):739-751.

Oh, J., Poh, S., Ruzzene, M., and Baz, A. (2000a). Vibration control of beams using electromagnetic compressional damping treatment. ASME Journal of Vibration & Acoustics 122(3):235-243.

Oh, J., Ruzzene, M., and Baz, A. (2000b). An analysis of passive magnetic composites for suppressing the vibration of beams. International Journal of Applied Electromagnetics and Mechanics 11:95-116.

Omer, A. and Baz, A. (2000). Vibration control of plates using electromagnetic damping treatment. Journal of Intelligent Material Systems and Structures 11(10):791-797.

Pai R., Lumsdaine A., and Parsons M. J., "Design and fabrication of optimal constrained layer damping topologies", Proceedings of the SPIE Vol. 5386, SPIE, Bellingham, WA, Smart Structures and Materials 2004: Damping and Isolation (eds K. -W. Wang and W. W. Clark), 2004.

Parin, M., Rogers, L., Moon, Y. I., and Falugi, M. (1989). Practical stand-off damping treatment for sheet metal. Proceeding of Damping '89 II, Paper No. IBA.

Pavlakovic, B., Lowe, M., Alleyne, O., and Cawley, P. (1997). DISPERSE: a general purpose program for creating dispersion curves. In: Review of Progress in Quantitative and Nondestructive Evaluation (ed. D. O. Thompson and D. E. Chimenti). New York: Plenum Press.

Platus D. L., "Negative-stiffness-mechanism vibration isolation systems", Proceedings of SPIE, Vol. 3786, p. 98, 1999.

Plunkett, R. and Lee, C. T. (1970). Length optimization for constrained viscoelastic layer damping. The Journal of the Acoustical Society of America 48(1):150-161.

Reader, W. T. and Sauter, D. F. (1993). Piezoelectric composites of the 1-3 type used as underwater sound sources. The Journal of the Acoustical Society of America 93(4):2305. and Proceedings of DAMPING '93 Conference, San Francisco, CA, pp. 1-18, 1993.

Ro, J. and Baz, A. (2002). Vibration control of plates using self-sensing active constrained layer damping networks. Journal of Vibration and Control 8(8):833-845.

Rogers, L. and Parin, M. (1995). Experimental results for stand-off passive vibration damping treatment. Passive Damping and Isolation, Proceedings SPIE Smart Structures and Materials 2445:374-383.

Roscoe, R. (1969). Bounds for the real and imaginary parts of the dynamic moduli of composite viscoelastic systems. Journal of the Mechanics and Physics of Solids 17:17-22.

Ruzzene, M., Oh, J., and Baz, A. (2000). Finite element Modeling of magnetic constrained layer damping. Journal of Sound and Vibration 236(4):657-682.

Shields W. H. , "Active control of plates using compressional constrained layer damping", Ph. D. Thesis, The Catholic University of America, March 1997.

Shields, W. , Ro, J. , and Baz, A. (1998). Control of sound radiation from a plate into an acoustic cavity using active piezoelectric-damping composites. Smart Materials and Structures 7:1-11.

Shorter, P. J. (2004). Wave propagation and damping in linear viscoelastic laminates. Journal of the Acoustical Society of America 115(5):1917-1925.

Silvester, P. P. and Ferrari, R. L. (1996). Finite Elements for Electrical Engineers. Cambridge University Press.

Smith, W. A. and Auld, B. A. (1991). Modeling 1-3 composite piezoelectrics: thickness-mode oscillations. IEEE Transactions on Ultrasonics, Ferroelectrics, and Frequency Control38 (1): 40-47.

Spalding, A. B. and Mann, J. A. III (1995). Placing small constrained layer damping patches on a plate to attaing lobal or local velocity changes. Journal of the Acoustical Society of America 97: 3617-3624.

Tao, Y. , Morris, D. G. , Spann, F. , and Haugse, E. (1999). Low frequency noise reducing structures using passive and active damping methods. Passive Damping and Isolation, Proceedings of SPIE Smart Structures and Materials 3672.

Venkataraman S. and Sankar B. , "Analysis of sandwich beams with functionally graded core", Proceedings of the 42nd AIAA/ASME/ASCE/AHS/ASC Structures, Structural Dynamics, and Materials Conference and Exhibition, Seattle, WA, April 16-19 2001, Paper No: AIAA-2001-1281, Anaheim, CA, 2001.

Vokoun, D. , Beleggia, M. , Heller, L. , and Sittner, P. (2009). Magnetostatic interactions and forces between cylindrical permanent magnets. Journal of Magnetism and Magnetic Materials 321:3758-3763.

Wang, Y. C. and Lakes, R. S. (2004). Extreme stiffness systems due to negative stiffness elements. American Journal of Physics 72:40.

Whittier J. S. , "The effect of configurational additions using viscoelastic interfaces on the damping of a cantilever beam", Wright Air Development Center, WADC Technical. Report 58-568, 1959.

Yang, B. and Tan, C. A. (1992). Transfer functions of one-dimensional distributed parameter systems. Journal of Applied Mechanics 59:1009-1014.

Yellin, J. M. , Shen, I. Y. , Reinhall, P. G. , and Huang, P. (2000). An analytical and experimental analysis for a one-dimensional passive stand-off layer damping treatment. ASME Journalof Vibration and Acoustics 122:440-447.

Yi, Y. , Park, S. , and Youn, S. (2000). Design of microstructures of viscoelastic composites for optimal damping characteristics. International Journal of Solids & Structures 37:4791-4810.

本章附录

附录 8. A　被动式垫高层模型中的相关矩阵

8. A. 1　分布传递函数模型

$$
\boldsymbol{F}(s)=\begin{bmatrix}
0 & 1 & 0 & 0 & 0 & 0 & 0 & 0 \\
0 & 0 & 1 & 0 & 0 & 0 & 0 & 0 \\
0 & 0 & 0 & 1 & 0 & 0 & 0 & 0 \\
-s^2\left(\dfrac{a_3}{a_3-a_1^2}\right) & 0 & \dfrac{a_3}{a_3-a_1^2}\left(\varepsilon-\dfrac{\beta\varepsilon a_1}{a_3}\right) & 0 & 0 & \dfrac{a_3}{a_3-a_1^2}\left(\varepsilon\beta-\dfrac{\beta^2\varepsilon a_1}{a_3}\right) & 0 & \dfrac{a_3}{a_3-a_1^2}\left(\dfrac{c_2^2s^2a_1}{a_3}+\dfrac{\beta^2\varepsilon a_1}{a_3}-\varepsilon\beta\right) \\
0 & 0 & 0 & 0 & 0 & 1 & 0 & 0 \\
0 & \dfrac{\varepsilon\beta}{a_2} & 0 & 0 & \dfrac{c_1^2s^2+\varepsilon\beta^2}{a_2} & 0 & \dfrac{-\varepsilon\beta^2}{a_2} & 0 \\
0 & 0 & 0 & 0 & 0 & 0 & 0 & 1 \\
0 & \dfrac{-\varepsilon\beta}{a_3} & 0 & \dfrac{a_1}{a_3} & \dfrac{-\varepsilon\beta^2}{a_3} & 0 & \dfrac{c_2^2s^2+\varepsilon\beta^2}{a_3} & 0
\end{bmatrix}
$$

$$
\boldsymbol{M}(s)=\begin{bmatrix}
1&0&0&0&0&0&0&0\\
0&1&0&0&0&0&0&0\\
0&0&0&0&0&1&0&0\\
0&0&0&0&0&0&1&0\\
0&0&0&0&0&0&0&0\\
0&0&0&0&0&0&0&0\\
0&0&0&0&0&0&0&0\\
0&0&0&0&0&0&0&0
\end{bmatrix}
$$

$$
\boldsymbol{N}(s)=\begin{bmatrix}
0&0&0&0&0&0&0&0\\
0&0&0&0&0&0&0&0\\
0&0&0&0&0&0&0&0\\
0&0&0&0&0&0&0&0\\
0&0&1&0&0&0&0&0\\
0&0&0&0&1&0&0&0\\
0&0&0&0&0&0&0&1\\
0&\varepsilon\left(1-\dfrac{\beta a_1}{a_3}\right)&0&-\dfrac{1}{K}&\varepsilon\left(\beta-\dfrac{\beta^2 a_1}{a_3}\right)&0&\varepsilon\left(\dfrac{\beta^2 a_1}{a_3}-\beta\right)&0
\end{bmatrix}
$$

$$
\boldsymbol{\gamma}(s)=\{P(s)\quad 0\quad 0\quad 0\quad 0\quad 0\quad 0\quad 0\}^{\mathrm{T}}
$$

8.A.2　有限元模型

刚度矩阵可以表示为 $\boldsymbol{K}=[\boldsymbol{K}_1\quad \boldsymbol{K}_2\quad \boldsymbol{K}_3\quad \boldsymbol{K}_4\quad \boldsymbol{K}_5\quad \boldsymbol{K}_6\quad \boldsymbol{K}_7\quad \boldsymbol{K}_8]$，其中的 $\boldsymbol{K}_i$ 如下：

$$
\boldsymbol{K}_1=\begin{bmatrix}
K_1\dfrac{\mathrm{d}^2v_1}{\mathrm{d}x^2}\dfrac{\mathrm{d}^2v_1}{\mathrm{d}x^2}+K_2\dfrac{\mathrm{d}v_2}{\mathrm{d}x}\dfrac{\mathrm{d}v_1}{\mathrm{d}x}+s^2v_1v_1\\
K_1\dfrac{\mathrm{d}^2v_1}{\mathrm{d}x^2}\dfrac{\mathrm{d}^2v_2}{\mathrm{d}x^2}+K_2\dfrac{\mathrm{d}v_2}{\mathrm{d}x}\dfrac{\mathrm{d}v_2}{\mathrm{d}x}+s^2v_1v_2\\
-K_8\dfrac{\mathrm{d}v_1}{\mathrm{d}x}\theta_1\\
a_1\dfrac{\mathrm{d}^3v_1}{\mathrm{d}x^3}\phi_1+K_8\dfrac{\mathrm{d}v_1}{\mathrm{d}x}\phi_1\\
K_1\dfrac{\mathrm{d}^2v_1}{\mathrm{d}x^2}\dfrac{\mathrm{d}^2v_3}{\mathrm{d}x^2}+K_2\dfrac{\mathrm{d}v_2}{\mathrm{d}x}\dfrac{\mathrm{d}v_3}{\mathrm{d}x}+s^2v_1v_3\\
K_1\dfrac{\mathrm{d}^2v_1}{\mathrm{d}x^2}\dfrac{\mathrm{d}^2v_4}{\mathrm{d}x^2}+K_2\dfrac{\mathrm{d}v_2}{\mathrm{d}x}\dfrac{\mathrm{d}v_4}{\mathrm{d}x}+s^2v_1v_4\\
-K_8\dfrac{\mathrm{d}v_1}{\mathrm{d}x}\theta_2\\
a_1\dfrac{\mathrm{d}^3v_1}{\mathrm{d}x^3}\phi_2+K_8\dfrac{\mathrm{d}v_1}{\mathrm{d}x}\phi_2
\end{bmatrix},
$$

$$\boldsymbol{K}_2 = \begin{bmatrix} K_1 \dfrac{\mathrm{d}^2 v_2}{\mathrm{d}x^2} \dfrac{\mathrm{d}^2 v_1}{\mathrm{d}x^2} + K_2 \dfrac{\mathrm{d}v_2}{\mathrm{d}x} \dfrac{\mathrm{d}v_1}{\mathrm{d}x} + s^2 v_2 v_1 \\ K_1 \dfrac{\mathrm{d}^2 v_2}{\mathrm{d}x^2} \dfrac{\mathrm{d}^2 v_2}{\mathrm{d}x^2} + K_2 \dfrac{\mathrm{d}v_2}{\mathrm{d}x} \dfrac{\mathrm{d}v_2}{\mathrm{d}x} + s^2 v_2 v_2 \\ -K_8 \dfrac{\mathrm{d}v_2}{\mathrm{d}x} \theta_1 \\ a_1 \dfrac{\mathrm{d}^3 v_2}{\mathrm{d}x^3} \phi_1 + K_8 \dfrac{\mathrm{d}v_2}{\mathrm{d}x} \phi_1 \\ K_1 \dfrac{\mathrm{d}^2 v_2}{\mathrm{d}x^2} \dfrac{\mathrm{d}^2 v_3}{\mathrm{d}x^2} + K_2 \dfrac{\mathrm{d}v_2}{\mathrm{d}x} \dfrac{\mathrm{d}v_3}{\mathrm{d}x} + s^2 v_2 v_3 \\ K_1 \dfrac{\mathrm{d}^2 v_2}{\mathrm{d}x^2} \dfrac{\mathrm{d}^2 v_4}{\mathrm{d}x^2} + K_2 \dfrac{\mathrm{d}v_2}{\mathrm{d}x} \dfrac{\mathrm{d}v_4}{\mathrm{d}x} + s^2 v_2 v_4 \\ -K_8 \dfrac{\mathrm{d}v_2}{\mathrm{d}x} \theta_2 \\ a_1 \dfrac{\mathrm{d}^3 v_2}{\mathrm{d}x^3} \phi_2 + K_8 \dfrac{\mathrm{d}v_2}{\mathrm{d}x} \phi_2 \end{bmatrix}$$

$$\boldsymbol{K}_3 = \begin{bmatrix} K_3 \dfrac{\mathrm{d}\theta_1}{\mathrm{d}x} v_1 \\ K_3 \dfrac{\mathrm{d}\theta_1}{\mathrm{d}x} v_2 \\ a_2 \dfrac{\mathrm{d}\theta_1}{\mathrm{d}x} \dfrac{\mathrm{d}\theta_1}{\mathrm{d}x} + K_5 \theta_1 \theta_1 \\ K_6 \theta_1 \phi_1 \\ K_3 \dfrac{\mathrm{d}\theta_1}{\mathrm{d}x} v_3 \\ K_3 \dfrac{\mathrm{d}\theta_1}{\mathrm{d}x} v_4 \\ a_2 \dfrac{\mathrm{d}\theta_1}{\mathrm{d}x} \dfrac{\mathrm{d}\theta_2}{\mathrm{d}x} + K_5 \theta_1 \theta_1 \\ K_6 \theta_1 \phi_2 \end{bmatrix}, \boldsymbol{K}_4 = \begin{bmatrix} K_4 \dfrac{\mathrm{d}\phi_1}{\mathrm{d}x} v_1 \\ K_4 \dfrac{\mathrm{d}\phi_1}{\mathrm{d}x} v_2 \\ K_6 \phi_1 \theta_1 \\ a_3 \dfrac{\mathrm{d}\phi_1}{\mathrm{d}x} \dfrac{\mathrm{d}\phi_1}{\mathrm{d}x} + K_7 \phi_1 \phi_1 \\ K_4 \dfrac{\mathrm{d}\phi_1}{\mathrm{d}x} v_3 \\ K_4 \dfrac{\mathrm{d}\phi_1}{\mathrm{d}x} v_4 \\ K_6 \phi_1 \theta_2 \\ a_3 \dfrac{\mathrm{d}\phi_1}{\mathrm{d}x} \dfrac{\mathrm{d}\phi_2}{\mathrm{d}x} + K_7 \phi_2 \phi_1 \end{bmatrix}$$

$$
\boldsymbol{K}_5 = \begin{bmatrix}
K_1 \dfrac{\mathrm{d}^2 v_3}{\mathrm{d}x^2} \dfrac{\mathrm{d}^2 v_1}{\mathrm{d}x^2} + K_2 \dfrac{\mathrm{d}v_4}{\mathrm{d}x} \dfrac{\mathrm{d}v_1}{\mathrm{d}x} + s^2 v_3 v_1 \\
K_1 \dfrac{\mathrm{d}^2 v_3}{\mathrm{d}x^2} \dfrac{\mathrm{d}^2 v_2}{\mathrm{d}x^2} + K_2 \dfrac{\mathrm{d}v_4}{\mathrm{d}x} \dfrac{\mathrm{d}v_2}{\mathrm{d}x} + s^2 v_3 v_2 \\
- K_8 \dfrac{\mathrm{d}v_3}{\mathrm{d}x} \theta_1 \\
a_1^3 \dfrac{\mathrm{d}^3 v_3}{\mathrm{d}x^3} \phi_1 + K_8 \dfrac{\mathrm{d}v_3}{\mathrm{d}x} \phi_1 \\
K_1 \dfrac{\mathrm{d}^2 v_3}{\mathrm{d}x^2} \dfrac{\mathrm{d}^2 v_3}{\mathrm{d}x^2} + K_2 \dfrac{\mathrm{d}v_4}{\mathrm{d}x} \dfrac{\mathrm{d}v_3}{\mathrm{d}x} + s^2 v_3 v_3 \\
K_1 \dfrac{\mathrm{d}^2 v_3}{\mathrm{d}x^2} \dfrac{\mathrm{d}^2 v_4}{\mathrm{d}x^2} + K_2 \dfrac{\mathrm{d}v_4}{\mathrm{d}x} \dfrac{\mathrm{d}v_4}{\mathrm{d}x} + s^2 v_3 v_4 \\
- K_8 \dfrac{\mathrm{d}v_3}{\mathrm{d}x} \theta_2 \\
a_1^3 \dfrac{\mathrm{d}^3 v_3}{\mathrm{d}x^3} \phi_2 + K_8 \dfrac{\mathrm{d}v_3}{\mathrm{d}x} \phi_2
\end{bmatrix},
$$

$$
\boldsymbol{K}_6 = \begin{bmatrix}
K_1 \dfrac{\mathrm{d}^2 v_4}{\mathrm{d}x^2} \dfrac{\mathrm{d}^2 v_1}{\mathrm{d}x^2} + K_2 \dfrac{\mathrm{d}v_4}{\mathrm{d}x} \dfrac{\mathrm{d}v_1}{\mathrm{d}x} + s^2 v_4 v_1 \\
K_1 \dfrac{\mathrm{d}^2 v_4}{\mathrm{d}x^2} \dfrac{\mathrm{d}^2 v_2}{\mathrm{d}x^2} + K_2 \dfrac{\mathrm{d}v_4}{\mathrm{d}x} \dfrac{\mathrm{d}v_2}{\mathrm{d}x} + s^2 v_4 v_2 \\
- K_8 \dfrac{\mathrm{d}v_4}{\mathrm{d}x} \theta_1 \\
a_1^3 \dfrac{\mathrm{d}^3 v_4}{\mathrm{d}x^3} \phi_1 + K_8 \dfrac{\mathrm{d}v_4}{\mathrm{d}x} \phi_1 \\
K_1 \dfrac{\mathrm{d}^2 v_4}{\mathrm{d}x^2} \dfrac{\mathrm{d}^2 v_3}{\mathrm{d}x^2} + K_2 \dfrac{\mathrm{d}v_4}{\mathrm{d}x} \dfrac{\mathrm{d}v_3}{\mathrm{d}x} + s^2 v_4 v_3 \\
K_1 \dfrac{\mathrm{d}^2 v_4}{\mathrm{d}x^2} \dfrac{\mathrm{d}^2 v_4}{\mathrm{d}x^2} + K_2 \dfrac{\mathrm{d}v_4}{\mathrm{d}x} \dfrac{\mathrm{d}v_4}{\mathrm{d}x} + s^2 v_4 v_4 \\
- K_8 \dfrac{\mathrm{d}v_4}{\mathrm{d}x} \theta_2 \\
a_1^3 \dfrac{\mathrm{d}^3 v_4}{\mathrm{d}x^3} \phi_2 + K_8 \dfrac{\mathrm{d}v_4}{\mathrm{d}x} \phi_2
\end{bmatrix}
$$

$$\boldsymbol{K}_7=\begin{bmatrix} K_3\dfrac{\mathrm{d}\theta_2}{\mathrm{d}x}v_1 \\ K_3\dfrac{\mathrm{d}\theta_2}{\mathrm{d}x}v_2 \\ a_2\dfrac{\mathrm{d}\theta_2}{\mathrm{d}x}\dfrac{\mathrm{d}\theta_1}{\mathrm{d}x}+K_5\theta_2\theta_1 \\ K_6\theta_2\phi_1 \\ K_3\dfrac{\mathrm{d}\theta_2}{\mathrm{d}x}v_3 \\ K_3\dfrac{\mathrm{d}\theta_2}{\mathrm{d}x}v_4 \\ a_2\dfrac{\mathrm{d}\theta_2}{\mathrm{d}x}\dfrac{\mathrm{d}\theta_2}{\mathrm{d}x}+K_5\theta_2\theta_2 \\ K_6\theta_2\phi_2 \end{bmatrix},\boldsymbol{K}_8=\begin{bmatrix} K_4\dfrac{\mathrm{d}\phi_2}{\mathrm{d}x}v_1 \\ K_4\dfrac{\mathrm{d}\phi_2}{\mathrm{d}x}v_2 \\ K_6\phi_2\theta_1 \\ a_3\dfrac{\mathrm{d}\phi_2}{\mathrm{d}x}\dfrac{\mathrm{d}\phi_1}{\mathrm{d}x}+K_7\phi_2\phi_1 \\ K_4\dfrac{\mathrm{d}\phi_2}{\mathrm{d}x}v_3 \\ K_4\dfrac{\mathrm{d}\phi_2}{\mathrm{d}x}v_4 \\ K_6\phi_2\theta_2 \\ a_3\dfrac{\mathrm{d}\phi_2}{\mathrm{d}x}\dfrac{\mathrm{d}\phi_2}{\mathrm{d}x}+K_7\phi_2\phi_2 \end{bmatrix}$$

附录 8. B　压电杆的机电耦合因子

一维情况下的压电方程可以表示为(参见 IEEE 压电性标准(1987))

$$S_3=s_{33}^{\mathrm{E}}T_3+d_{33}E_3 \tag{8. B. 1}$$

$$D_3=d_{33}T_3+\varepsilon_{33}^{\mathrm{T}}E_3 \tag{8. B. 2}$$

式(8. B. 1)给出的是由方向 3 上的机械应力 T_3 和电场 E_3 所产生的方向 3 上的机械应变 S_3。式(8. B. 2)则给出的是由方向 3 上的机械应力 T_3 和电场 E_3 所产生的方向 3 上的电位移 D_3。图 8. B. 1 中标出了这些本构方程中所涉及的方向跟压电片的极化轴 P 的关系。

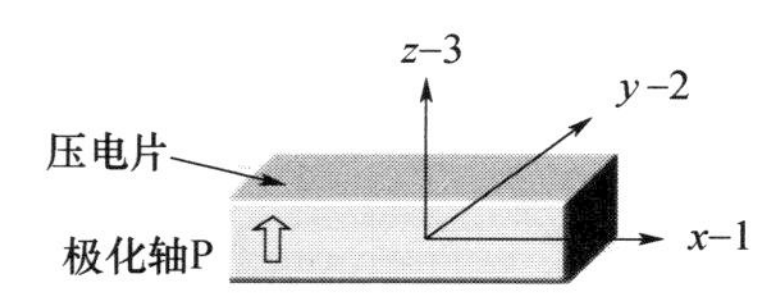

图 8. B. 1　描述压电片的坐标系统

根据式(8. B. 2)可以将电场强度 E_3 表示为如下形式:

$$E_3=\frac{1}{\varepsilon_{33}^{\mathrm{T}}}D_3-\frac{d_{33}}{\varepsilon_{33}^{\mathrm{T}}T_3} \tag{8. B. 3}$$

由此可以消去式(8. B. 1)中的 E_3，于是有

$$S_3 = s_{33}^{\mathrm{E}}(1 - k_{33}^2)\, T_3 + g_{33}D_3$$

或者也可以写为

$$S_3 = s_{33}^{\mathrm{D}}T_3 + g_{33}D_3 \tag{8. B. 4}$$

式中：$s_{33}^{\mathrm{D}} = s_{33}^{\mathrm{E}}(1 - k_{33}^2)$ 为开路顺度，$k_{33}^2 = d_{33}^2/(s_{33}^{\mathrm{E}}\boldsymbol{\varepsilon}_{33}^{\mathrm{T}})$ 为机电耦合因子(EMCF)；$g_{33} = d_{33}/\boldsymbol{\varepsilon}_{33}^{\mathrm{T}}$ 为压电常数。

可以注意到这个 EMCF 的表达式为

$$k_{33}^2 = 1 - s_{33}^{\mathrm{D}}/s_{33}^{\mathrm{E}} = d_{33}^2/(s_{33}^{\mathrm{E}}\boldsymbol{\varepsilon}_{33}^{\mathrm{T}}) \tag{8. B. 5}$$

在应力自由状态下，$T_3 = 0$，因而式(8. B. 1)和式(8. B. 2)将简化为如下形式：

$$S_3 = d_{33}E_3, D_3 = \boldsymbol{\varepsilon}_{33}^{\mathrm{T}}E_3 \tag{8. B. 6}$$

于是,压缩能 $U_{\mathrm{compression}}$ 就可以表示为

$$U_{\mathrm{compression}} = \frac{1}{2}bt\int_0^L \frac{1}{s_{33}^{\mathrm{E}}}S_3^2\mathrm{d}x = \frac{btd_{33}^2E_3^2L}{2s_{33}^{\mathrm{E}}} \tag{8. B. 7}$$

电能 $U_{\mathrm{electrical}}$ 为

$$\begin{aligned} U_{\mathrm{electrical}} &= \frac{1}{2}bt\int_0^L D_3E_3\mathrm{d}x \\ &= \frac{1}{2}bt\int_0^L \boldsymbol{\varepsilon}_{33}^{\mathrm{T}}E_3^2\mathrm{d}x = \frac{1}{2}btL\boldsymbol{\varepsilon}_{33}^{\mathrm{T}}E_3^2 \end{aligned} \tag{8. B. 8}$$

根据式(8. B. 5)、式(8. B. 7)和式(8. B. 8)可得

$$k_{31}^2 = \frac{d_{31}^2}{s_{11}^{\mathrm{E}}\boldsymbol{\varepsilon}_{33}^{\mathrm{T}}} = \frac{\text{压缩能}}{\text{电能}} \tag{8. B. 9}$$

附录 8. C　APDC 的本构方程

根据 Baz 和 Tempia(1998)的工作给出 APDC 的本构方程推导过程。压电杆的局部坐标分别记为 1、2 和 3,而整体坐标分别记为 x、y 和 z。各个组分相的本构方程给出的是该组分的应力和电位移跟应变和电场强度的函数关系。对于聚合物相(假定为各向同性且均匀的组分),有

$$\boldsymbol{T}_{\mathrm{g}}^{\mathrm{m}} = \boldsymbol{c}_{\mathrm{g}}^{\mathrm{m}}\boldsymbol{S}_{\mathrm{g}}^{\mathrm{m}} \tag{8. C. 1}$$

式中:上标 m 代表聚合物基体;下标 g 代表整体坐标系；$\boldsymbol{c}$ 为弹性刚度矩阵。对于压电杆,局部坐标系下的本构方程可以表示为

$$\boldsymbol{T}_1^{\mathrm{p}} = \boldsymbol{c}_1^{\mathrm{p}}\boldsymbol{S}_1^{\mathrm{p}} - \boldsymbol{e}_1^{\mathrm{p}}\boldsymbol{E}_1 \tag{8.C.2}$$

式中;上标 p 代表压电相;下标 l 代表局部坐标系。局部坐标系和整体坐标系可以通过恰当的旋转矩阵关联起来,于是有

$$\boldsymbol{T}_{\mathrm{g}}^{\mathrm{p}} = \boldsymbol{c}\boldsymbol{S}_{\mathrm{g}}^{\mathrm{p}} - \boldsymbol{e}_{\mathrm{g}}^{\mathrm{p}}\boldsymbol{E}_{\mathrm{g}} \tag{8.C.3}$$

如果采用 Baz 和 Tempia(1998)给出的假设,那么就可以得到聚合物相内的横向应变为

$$S_x^{\mathrm{m}} = AS_z + BS_{yz} - CE_z \tag{8.C.4}$$

$$S_y^{\mathrm{m}} = LS_z + MS_{yz} - OE_z \tag{8.C.5}$$

式中:A、B、C、L、M 和 O 为常系数,它们的表达式为

$$A = \frac{(c_{13}^{\mathrm{p}} - c_{13}^{\mathrm{m}})(c_{22}^{\mathrm{m}} + fc_{22}^{\mathrm{p}}) - (c_{12}^{\mathrm{m}} + fc_{12}^{\mathrm{p}})(c_{22}^{\mathrm{p}} - c_{23}^{\mathrm{m}})}{(c_{22}^{\mathrm{m}} + fc_{22}^{\mathrm{p}})(c_{11}^{\mathrm{m}} + fc_{11}^{\mathrm{p}}) - (c_{12}^{\mathrm{m}} + fc_{12}^{\mathrm{p}})^2} \tag{8.C.6}$$

$$B = c_{14}^{\mathrm{p}}(c_{22}^{\mathrm{m}} + fc_{22}^{\mathrm{p}}) - (c_{12}^{\mathrm{m}} + fc_{12}^{\mathrm{p}})\frac{c_{24}^{\mathrm{p}}}{(c_{22}^{\mathrm{m}} + fc_{22}^{\mathrm{p}})(c_{11}^{\mathrm{m}} + fc_{11}^{\mathrm{p}}) - (c_{12}^{\mathrm{m}} + fc_{12}^{\mathrm{p}})^2} \tag{8.C.7}$$

$$C = \frac{c_{19}^{\mathrm{p}}(c_{22}^{\mathrm{m}} + fc_{22}^{\mathrm{p}}) - (c_{12}^{\mathrm{m}} + fc_{12}^{\mathrm{p}})c_{29}^{\mathrm{p}}}{(c_{22}^{\mathrm{m}} + fc_{22}^{\mathrm{p}})(c_{11}^{\mathrm{m}} + fc_{11}^{\mathrm{p}}) - (c_{12}^{\mathrm{m}} + fc_{12}^{\mathrm{p}})^2} \tag{8.C.8}$$

$$L = \frac{(c_{23}^{\mathrm{p}} - c_{23}^{\mathrm{m}})(c_{11}^{\mathrm{m}} + fc_{11}^{\mathrm{p}}) - (c_{12}^{\mathrm{m}} + fc_{12}^{\mathrm{p}})(c_{13}^{\mathrm{p}} - c_{13}^{\mathrm{m}})}{(c_{22}^{\mathrm{m}} + fc_{22}^{\mathrm{p}})(c_{11}^{\mathrm{m}} + fc_{11}^{\mathrm{p}}) - (c_{12}^{\mathrm{m}} + fc_{12}^{\mathrm{p}})^2} \tag{8.C.9}$$

$$M = \frac{c_{24}^{\mathrm{p}}(c_{11}^{\mathrm{m}} + fc_{11}^{\mathrm{p}}) - (c_{12}^{\mathrm{m}} + fc_{12}^{\mathrm{p}})c_{14}^{\mathrm{p}}}{(c_{22}^{\mathrm{m}} + fc_{22}^{\mathrm{p}})(c_{11}^{\mathrm{m}} + fc_{11}^{\mathrm{p}}) - (c_{12}^{\mathrm{m}} + fc_{12}^{\mathrm{p}})^2} \tag{8.C.10}$$

$$O = \frac{c_{29}^{\mathrm{p}}(c_{11}^{\mathrm{m}} + fc_{11}^{\mathrm{p}}) - (c_{12}^{\mathrm{m}} + fc_{12}^{\mathrm{p}})c_{19}^{\mathrm{p}}}{(c_{22}^{\mathrm{m}} + fc_{22}^{\mathrm{p}})(c_{11}^{\mathrm{m}} + fc_{11}^{\mathrm{p}}) - (c_{12}^{\mathrm{m}} + fc_{12}^{\mathrm{p}})^2} \tag{8.C.11}$$

上面的常数 c_{ij} 都是式(8.C.3)中的刚度矩阵 $\boldsymbol{c}$ 的系数,均以刚度矩阵和旋转矩阵的元素形式给出。

当一种组分相中的应变确定了之后,另一组分相中的应变就可以根据下式得到:

$$S_{x,y}^{\mathrm{p}} = -fS_{x,y}^{\mathrm{m}} \tag{8.C.12}$$

式中:

$$f = \frac{1-\mu}{\mu} \tag{8.C.13}$$

式中:μ 为压电杆的体积百分数。借助上述过程,能够得到 z 方向上的应力和电场强度以及 x-z 平面内的剪应变,它们是以相关的应变和所施加的电场强度这

一形式来表示的。显然,由此也就给出了 APDC 的整个本构关系。

附录 8. D　被动式磁复合结构中的磁力

磁能的表达式是对所有有限单元进行积分求和(参见式(8. 129)),每个积分都依赖于节点坐标。通过计算节点坐标的导数可以确定每个单元积分的导数,为了得到磁力的 x 分量,需要计算出节点坐标 (x_i, y_i) 对 x 的导数,即

$$\frac{\partial x_i}{\partial x} = p, \frac{\partial y_i}{\partial x} = 0 \tag{8. D. 1}$$

式中:$p = 1$ 针对的是可动部分的节点;$p = 0$ 针对的是所有其他单元的节点。第 e 个单元对磁能的贡献可以表示为

$$\Delta W^e = V^e \int_0^{\boldsymbol{B}} \frac{1}{\mu_0} \boldsymbol{B} \mathrm{d} \boldsymbol{B} \tag{8. D. 2}$$

式中:V^e 为单元的体积,在二维情形中可以表示为网格区域的离面宽度 b 与其面积 Δ^e 的乘积。对式(8. D. 2)积分,并引入有限元记法,有

$$\Delta W^e = \frac{1}{2\mu_0} b \Delta^e \boldsymbol{B}^{e^{\mathrm{T}}} \boldsymbol{B}^e \tag{8. D. 3}$$

若将磁感应强度表示为磁势的函数形式(通过式(8. 122)),那么式(8. D. 3)将变为

$$\Delta W^e = \frac{b\Delta^e}{2\mu_0} \boldsymbol{A}^{e^{\mathrm{T}}} (\boldsymbol{D}^{\mathrm{T}} \boldsymbol{J}^{-1^{\mathrm{T}}} \boldsymbol{J}^{-1} \boldsymbol{D}) \boldsymbol{A}^e \tag{8. D. 4}$$

于是,单元 e 对整体力的贡献就可以根据式(8. 133)和式(8. D. 4)得到,即

$$F^e = -\frac{\partial \Delta W^e}{\partial s} = -\frac{b}{2\mu_0} \boldsymbol{A}^{e^{\mathrm{T}}} \frac{\partial}{\partial s} (\boldsymbol{D}^{\mathrm{T}} \boldsymbol{J}^{-1^{\mathrm{T}}} \boldsymbol{J}^{-1} \boldsymbol{D} \Delta^e) \boldsymbol{A}^e \tag{8. D. 5}$$

式(8. D. 5)可以简化为

$$F^e = -\frac{b}{2\mu_0} \boldsymbol{A}^{e^{\mathrm{T}}} \boldsymbol{D}^{\mathrm{T}} \boldsymbol{J}^{-1^{\mathrm{T}}} \left[\left(\boldsymbol{J}^{-1} \frac{\partial \boldsymbol{J}}{\partial s} + \frac{\partial \boldsymbol{J}^{\mathrm{T}}}{\partial s} \boldsymbol{J}^{-1} \right) \Delta^e + \frac{\partial \Delta^e}{\partial s} \right] \boldsymbol{J}^{-1} \boldsymbol{D} \boldsymbol{A}^e \tag{8. D. 6}$$

从式(8. D. 6)不难看出(Coulomb 和 Meunier,1984):

$$\frac{\partial \boldsymbol{J}}{\partial s} = \boldsymbol{D} \begin{bmatrix} \frac{\partial x_1}{\partial s} & \frac{\partial y_1}{\partial s} \\ \frac{\partial x_2}{\partial s} & \frac{\partial y_2}{\partial s} \\ \frac{\partial x_3}{\partial s} & \frac{\partial y_3}{\partial s} \end{bmatrix} \tag{8. D. 7}$$

$$\frac{\partial \boldsymbol{\Delta}^{e}}{\partial s}=-|\boldsymbol{J}|^{-1} \frac{\partial|\boldsymbol{J}|}{\partial s} \Delta^{e} \tag{8. D. 8}$$

对于作用在区域内可动部分的整体力而言,第 e 个单元的贡献最终就可以表示为如下形式:

$$F^{e}=-\frac{b}{2 \mu_{0}} \boldsymbol{A}^{e^{\mathrm{T}}} \boldsymbol{D}^{\mathrm{T}} \boldsymbol{J}^{-1^{\mathrm{T}}}\left[\left(\boldsymbol{J}^{-1} \frac{\partial \boldsymbol{J}}{\partial s}+\frac{\partial \boldsymbol{J}^{\mathrm{T}}}{\partial s} \boldsymbol{J}^{-1}\right)-|\boldsymbol{J}|^{-1} \frac{\partial|\boldsymbol{J}|}{\partial s}\right] \boldsymbol{J}^{-1} \boldsymbol{D} \boldsymbol{A}^{e} \Delta^{e} \tag{8. D. 9}$$

附录 8. E　被动式磁复合结构(PMC)的刚度矩阵和质量矩阵

对于梁/PMC 系统的单元质量矩阵和刚度矩阵,我们可以通过总应变能和动能的分析来得到。

8. E. 1　应变能

针对 PMC 处理方式中的各个层,相关应变能的表达式分别如下。

1)约束层 1 的拉压应变能

$$U_{1}=\frac{1}{2} E_{1} A_{1} \boldsymbol{\delta}^{e^{\mathrm{T}}} \boldsymbol{T}^{-1^{\mathrm{T}}}\left(\int_{0}^{L} \boldsymbol{N}_{1}^{\prime \mathrm{T}} \boldsymbol{N}_{1}^{\prime} \mathrm{d} x\right) \boldsymbol{T}^{-1} \boldsymbol{\delta}^{e} \tag{8. E. 1}$$

式中:E_1 和 A_1 分别为约束层的杨氏模量和横截面面积;L 为单元长度。

2)基体梁/磁体层的拉压应变能

$$U_{2}=\frac{1}{2}\left(E_{3} A_{3}+E_{1} A_{1}\right) \boldsymbol{\delta}^{e^{\mathrm{T}}} \boldsymbol{T}^{-1^{\mathrm{T}}}\left(\int_{0}^{L} \boldsymbol{N}_{4}^{\prime \mathrm{T}} \boldsymbol{N}_{4}^{\prime} \mathrm{d} x\right) \boldsymbol{T}^{-1} \boldsymbol{\delta}^{e} \tag{8. E. 2}$$

式中:E_3 和 A_3 分别为基体梁的杨氏模量和横截面面积,并且假定了此处的约束层跟约束层 1 是完全相同的。

3)黏弹性层的拉伸应变能

$$U_{3}=\frac{1}{2} E_{2} A_{2} \boldsymbol{\delta}^{e^{\mathrm{T}}} \mathrm{T}^{-1^{\mathrm{T}}}\left(\int_{0}^{L} \boldsymbol{N}_{7}^{\prime \mathrm{T}} \boldsymbol{N}_{7}^{\prime} \mathrm{d} x\right) \boldsymbol{T}^{-1} \boldsymbol{\delta}^{e} \tag{8. E. 3}$$

式中:E_2 和 A_2 分别为黏弹性层 2 的杨氏模量和横截面面积;$\boldsymbol{N}_7$ 为根据式(8. 134)得到的插值矢量。

4)黏弹性层的剪切应变能

$$U_{4}=\frac{1}{2} G_{2} A_{2} \boldsymbol{\delta}^{e^{\mathrm{T}}} \boldsymbol{T}^{-1^{\mathrm{T}}}\left(\int_{0}^{L} \boldsymbol{N}_{8}^{\prime \mathrm{T}} \boldsymbol{N}_{8}^{\prime} \mathrm{d} x\right) \boldsymbol{T}^{-1} \boldsymbol{\delta}^{e} \tag{8. E. 4}$$

式中：G_2 为黏弹性材料的剪切模量；$\boldsymbol{N}_8$ 为根据式(8.134)得到的插值矢量。

5)黏弹性层的压缩应变能

$$U_5 = \frac{1}{2}\frac{E_2 b}{h_2}\boldsymbol{\delta}^{e^{\mathrm{T}}}\boldsymbol{T}^{-1^{\mathrm{T}}}\left(\int_0^L \boldsymbol{N}_9^{\mathrm{T}}\boldsymbol{N}_9\mathrm{d}x\right)\boldsymbol{T}^{-1}\boldsymbol{\delta}^e \tag{8.E.5}$$

式中：$\boldsymbol{N}_9$ 为通过考察约束层 1 与基体梁/磁体层的横向位移之差得到的矢量，即

$$\boldsymbol{N}_9 = \boldsymbol{N}_5 - \boldsymbol{N}_2 \tag{8.E.6}$$

6)约束层的弯曲应变能

$$U_6 = \frac{1}{2}E_1 I_1\boldsymbol{\delta}^{e^{\mathrm{T}}}\boldsymbol{T}^{-1^{\mathrm{T}}}\left(\int_0^L \boldsymbol{N}''^{\mathrm{T}}_2\boldsymbol{N}''_2\mathrm{d}x\right)\boldsymbol{T}^{-1}\boldsymbol{\delta}^e \tag{8.E.7}$$

式中：$E_1 I_1$ 为层 1 的弯曲刚度。

7)基体梁/磁体层的弯曲应变能

$$U_7 = \frac{1}{2}(E_1 I_1 + E_3 I_3)\boldsymbol{\delta}^{e^{\mathrm{T}}}\boldsymbol{T}^{-1^{\mathrm{T}}}\left(\int_0^L \boldsymbol{N}''^{\mathrm{T}}_5\boldsymbol{N}''_5\mathrm{d}x\right)\boldsymbol{T}^{-1}\boldsymbol{\delta}^e \tag{8.E.8}$$

式中：$E_3 I_3$ 为基体梁的弯曲刚度。

8)黏弹性层的弯曲应变能

$$U_8 = \frac{1}{2}E_2 I_2\boldsymbol{\delta}^{e^{\mathrm{T}}}\boldsymbol{T}^{-1^{\mathrm{T}}}\left(\int_0^L \boldsymbol{N}''^{\mathrm{T}}_{10}\boldsymbol{N}''_{10}\mathrm{d}x\right)\boldsymbol{T}^{-1}\boldsymbol{\delta}^e \tag{8.E.9}$$

式中：$E_3 I_3$ 为黏弹性夹心的弯曲刚度；$\boldsymbol{N}''_{10}$ 为插值矢量，即

$$\boldsymbol{N}''_{10} = \frac{1}{h_2}\left[\boldsymbol{N}'_1 - \boldsymbol{N}'_2 + \left(\frac{h_1}{2} + D\right)\left(\frac{\boldsymbol{N}''_2 + \boldsymbol{N}''_5}{2}\right)\right] \tag{8.E.10}$$

将所有这些贡献相加，就得到了总的应变能，即

$$U = \sum_{i=1}^{8} U_i = \frac{1}{2}\boldsymbol{\delta}^{e^{\mathrm{T}}}\boldsymbol{K}^e\boldsymbol{\delta}^e \tag{8.E.11}$$

式中：$\boldsymbol{K}^e$ 为单元的刚度矩阵。

8.E.2　动能

单元的总动能包括了如下几个部分。

1)约束层 1

$$T_1 = \frac{1}{2}\rho_1 A_1\dot{\boldsymbol{\delta}}^{e^{\mathrm{T}}}\boldsymbol{T}^{-1^{\mathrm{T}}}\left(\int_0^L (\boldsymbol{N}_1^{\mathrm{T}}\boldsymbol{N}_1 + \boldsymbol{N}_2^{\mathrm{T}}\boldsymbol{N}_2)\,\mathrm{d}x\right)\boldsymbol{T}^{-1}\dot{\boldsymbol{\delta}}^e \tag{8.E.12}$$

式中：ρ_1 为约束层 1 的密度。

2)基体梁/磁体层

$$T_3 = \frac{1}{2}(\rho_3 A_3 + \rho_1 A_1)\, \dot{\boldsymbol{\delta}}^{e^{\mathrm{T}}} \boldsymbol{T}^{-1^{\mathrm{T}}} \left(\int_0^L (\boldsymbol{N}_4^{\mathrm{T}} \boldsymbol{N}_4 + \boldsymbol{N}_5^{\mathrm{T}} \boldsymbol{N}_5)\, \mathrm{d}x \right) \boldsymbol{T}^{-1} \dot{\boldsymbol{\delta}}^{e} \quad (8.\mathrm{E}.13)$$

式中：ρ_3 为基体梁的密度。

3)黏弹性层 2

$$T_4 = \frac{1}{2}\rho_2 A_2 \dot{\boldsymbol{\delta}}^{e^{\mathrm{T}}} \boldsymbol{T}^{-1^{\mathrm{T}}} \left(\int_0^L (\boldsymbol{N}_{11}^{\mathrm{T}} \boldsymbol{N}_{11} + \boldsymbol{N}_{12}^{\mathrm{T}} \boldsymbol{N}_{12})\, \mathrm{d}x \right) \boldsymbol{T}^{-1} \dot{\boldsymbol{\delta}}^{e} \quad (8.\mathrm{E}.14)$$

式中：ρ_2 为黏弹性层 2 的密度；$\boldsymbol{N}_{11}$ 和 $\boldsymbol{N}_{12}$ 为插值矢量，即

$$\boldsymbol{N}_{11} = \frac{1}{2}\left[\boldsymbol{N}_1 + \boldsymbol{N}_4 + \left(\frac{h_1}{2} - D \right) \left(\frac{\boldsymbol{N}_2' + \boldsymbol{N}_5'}{2} \right) \right] \quad (8.\mathrm{E}.15)$$

$$\boldsymbol{N}_{12} = \frac{\boldsymbol{N}_2 + \boldsymbol{N}_5}{2} \quad (8.\mathrm{E}.16)$$

于是，通过对上面各个部分的求和，也就得到了总动能，即

$$T = \sum_{i=1}^{5} T_i = \frac{1}{2} \dot{\boldsymbol{\delta}}^{e^{\mathrm{T}}} \boldsymbol{M}^e \dot{\boldsymbol{\delta}}^{e} \quad (8.\mathrm{E}.17)$$

式中：$\boldsymbol{M}^e$ 为单元的质量矩阵。

8.E.3 磁力做的功

根据式(8.146)，并引入形函数，有

$$\begin{aligned} W_{\mathrm{m}} = & \frac{F^e_{\mathrm{m0}_z}}{L} \int_0^L \boldsymbol{N}_9^{\mathrm{T}} \mathrm{d}x \boldsymbol{T}^{-1} \boldsymbol{\delta}^e \\ & + \frac{1}{L} \frac{\partial F^e_{\mathrm{m}_z}}{\partial(w_1 - w_3)} \boldsymbol{\delta}^{e^{\mathrm{T}}} \boldsymbol{T}^{-1^{\mathrm{T}}} \int_0^L \boldsymbol{N}_9{}^{\mathrm{T}} \boldsymbol{N}_9 \mathrm{d}x \boldsymbol{T}^{-1} \boldsymbol{\delta}^e \end{aligned} \quad (8.\mathrm{E}.18)$$

式(8.E.18)也可以表示为如下更为紧凑的形式，即

$$\begin{aligned} W_{\mathrm{m}} = & \frac{F^e_{\mathrm{m0}_z}}{L} \int_0^L \boldsymbol{N}_9{}^{\mathrm{T}} \mathrm{d}x \boldsymbol{T}^{-1} \boldsymbol{\delta}^e \\ & + \frac{1}{L} \frac{\partial F^e_{\mathrm{m}_z}}{\partial(w_1 - w_3)} \boldsymbol{\delta}^{e^{\mathrm{T}}} \boldsymbol{T}^{-1^{\mathrm{T}}} \boldsymbol{K}_{\mathrm{m}} \boldsymbol{T}^{-1} \boldsymbol{\delta}^e \end{aligned} \quad (8.\mathrm{E}.19)$$

8.E.4 几何刚度矩阵

如果梁单元在受到横向力作用的同时还受到轴向力的作用，那么有必要对它的刚度矩阵进行修正，从而将轴向载荷对弯曲行为的影响考虑进来。跟这一

影响相关的应变能为

$$U_a = \frac{1}{2}P\int_0^L \left(\frac{\partial w}{\partial x}\right)^2 \mathrm{d}x \tag{8. E. 20}$$

式中:P 为作用在单元上的轴向载荷。若引入有限元描述,那么有

$$U_a = \frac{1}{2}P\boldsymbol{\delta}^{e^{\mathrm{T}}}\boldsymbol{T}^{-1^{\mathrm{T}}}\int_0^L \boldsymbol{N}_4'^{\mathrm{T}}\boldsymbol{N}_4'\mathrm{d}x\boldsymbol{T}^{-1}\boldsymbol{\delta}^e = \frac{1}{2}\boldsymbol{\delta}^{e^{\mathrm{T}}}\boldsymbol{K}_{\mathrm{geo}}\boldsymbol{\delta}^e \tag{8. E. 21}$$

式中:$\boldsymbol{K}_{\mathrm{geo}}$ 为单元的几何刚度矩阵。

思考题

8.1　考虑图 8.6 所示的梁/PSOL 系统(参见例 8.1),主要的几何参数和物理参数已经列于表 8.1 中。这一系统的端点 A 和 B 处均采用简支方式支撑,并且在中点处受到了一个横向上的正弦型激励,幅值为 1mm。

(1)试分析系统的固有频率和模态形状;

(2)试利用 DTF 方法确定中点处的频率响应。

8.2　试针对图 8.6 所述的自由–自由边界条件下的梁,建立 ANSYS 分析程序,将分析结果跟思考题 8.1 中的梁/PSOL 系统的分析结果进行比较。进一步:

(1)将基于 ANSYS 得到的固有频率和模态形状跟思考题 8.1 中通过 DTF 得到的结果进行对比;

(2)将基于 ANSYS 得到的频率响应结果跟思考题 8.1 中通过 DTF 得到的结果进行对比。

8.3　考虑图 P8.1 所示的自由–自由边界条件下的梁(经过了功能梯度约束层阻尼处理),梁和约束层之间设置了两种不同的黏弹性材料。利用这些黏弹性材料对该梁做了局部的对称敷设,该梁包括 5 段,第 1 段和第 5 段未经处理,第 3 段带有第 1 种黏弹性材料,而第 2 段和第 4 段带有第 2 种黏弹性材料。另外,基体梁是铝制的,长度为 12″,宽度为 1″,厚度为 0.040″,约束层也是铝制的,厚度为 0.020″。所有的黏弹性材料段总长均为 5″,厚度为 0.020″,且两种黏弹性材料的复剪切模量分别为 $G_1 = 6(1+i)\mathrm{MNm}^{-2}$ 和 $G_2 = G_2'(1+i)\mathrm{MNm}^{-2}$。试利用 4.3 节阐述的相关概念建立该系统的有限元模型。若假定该梁在一端受到了单位正弦扫频激励(0~500Hz),试确定整个黏弹性夹心内的能量耗散(D)并绘制出等值分布图(作为无量纲比值 L_1/L_{v} 和 G_2'/G_1' 的函数)。进一步,试确

定这些比值的最优值,使得能量耗散为最大。这里的能量耗散 D 可以表示为

$$D = \eta \int_0^L A_2 G_2' \gamma^2 \mathrm{d}x$$

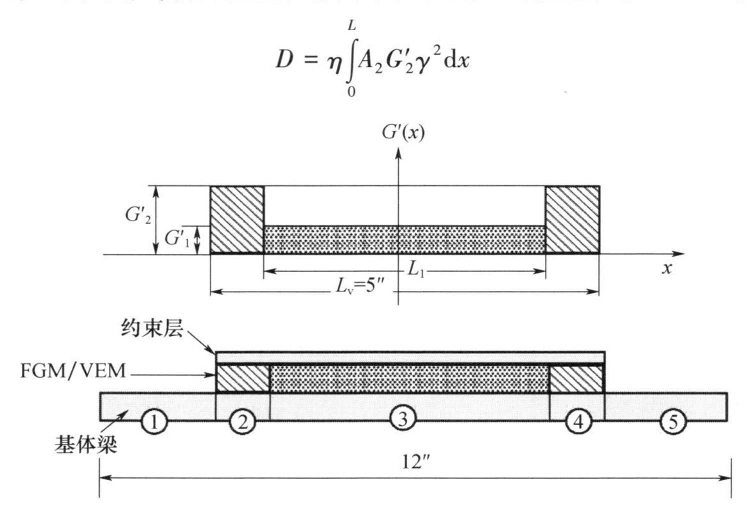

图 P8.1 针对自由-自由边界条件下的梁进行功能梯度约束层阻尼处理

8.4 针对图 P8.1 所示的自由-自由边界条件下的(经过了功能梯度约束层阻尼处理的)梁结构,试建立 ANSYS 有限元分析程序来验证思考题 8.3 中所得到的结果。进一步,将基于 ANSYS 得到的梁/PCLD 系统的模态结果跟思考题 8.3 中得到的结果进行比较,并将基于 ANSYS 得到的能量耗散等值分布图与思考题 8.3 中的结果加以对比。

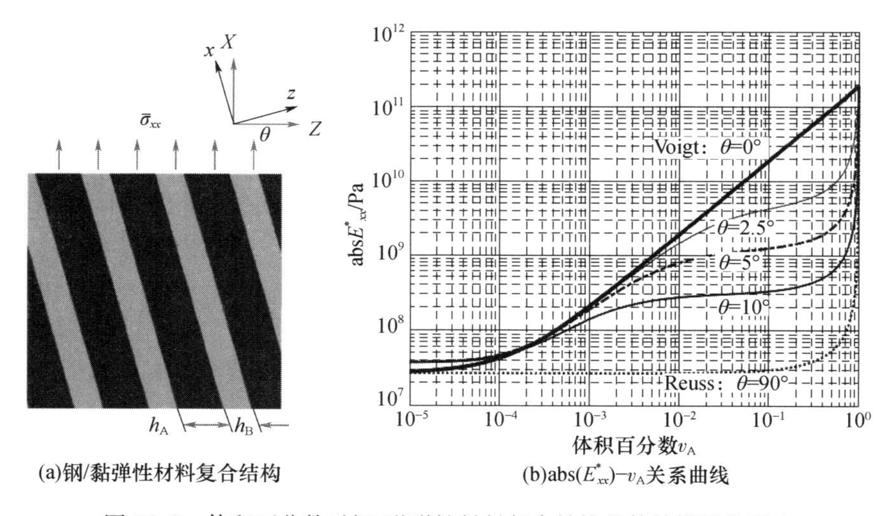

图 P8.2 体积百分数对钢/黏弹性材料复合结构的等效模量的影响

8.5　针对图 P8.2(a)所示的复合结构,试分析不同方位角 θ 情况下的特性。该复合结构包括了钢(A)和黏弹性高聚物(B)两种介质相,且有 $E'_{\mathrm{A}}=200\mathrm{GPa}$, $\eta_{\mathrm{A}}=0.001$, $E'_{\mathrm{B}}=0.020\mathrm{GPa}$, $\eta_{\mathrm{B}}=1.0$。试证明:

$$E_{xx}^{*}=\frac{1}{s_{11}^{*}}=\left[\frac{\cos^{4}\theta}{E_{\mathrm{Voigt}}^{*}}+\frac{\sin^{4}\theta}{E_{\mathrm{Reuss}}^{*}}+\cos^{2}\theta\sin^{2}\theta\left(\frac{1}{G_{xz}^{*}}+2s_{13}^{*}\right)\right]^{-1}$$

式中: $G_{xz}^{*}=1\Big/\left(\dfrac{v_{\mathrm{A}}}{G_{\mathrm{A}}^{*}}+\dfrac{1-v_{\mathrm{A}}}{G_{\mathrm{B}}^{*}}\right)$; $s_{13}^{*}=\dfrac{v_{\mathrm{A}}\boldsymbol{v}_{\mathrm{A}}+v_{\mathrm{B}}\boldsymbol{v}_{\mathrm{B}}-\boldsymbol{v}_{\mathrm{A}}\boldsymbol{v}_{\mathrm{B}}}{v_{\mathrm{A}}\boldsymbol{v}_{\mathrm{B}}E_{\mathrm{A}}^{*}+v_{\mathrm{B}}\boldsymbol{v}_{\mathrm{A}}E_{\mathrm{B}}^{*}-v_{\mathrm{A}}E_{\mathrm{A}}^{*}-v_{\mathrm{B}}E_{\mathrm{B}}^{*}}$。

注意这里的 $E_i^{*}=E_i'(1+\mathrm{i}\eta_i)$ 和 $G_i^{*}=G_i'(1+\mathrm{i}\eta_i)$ 分别为第 i($i=\mathrm{A,B}$)层的复模量和剪切模量, v_{A} 为第 A 层的体积百分数, $\boldsymbol{v}_i$ 为第 i 层的泊松比。

进一步,试绘制出所得到的特性曲线,并将 Voigt 和 Reuss 复合材料性能极限叠加到图中,类似于图 P8.2(b)所给出的 abs(E_{xx}^{*}) − v_{A} 面内的图像(可以参考:Harris B. ,Engineering Composite Materials,Appendix 1,pp. 184−187,The Institute of Materials, London, 1999; Liu, B. , Feng, X. , Zhang, S. M. ,"The effective Young's modulus of composites beyond the Voigt estimation dueto the Poisson effect," Composites Science and Technology,Vol. 69,2198−2204,2009)。

8.6　针对图 P8.2(a)所示的复合结构,试确定(并绘制出)方位角 θ 对特性的影响(在损耗因子 η −体积百分数 v_{A} 面内,参见图 P8.3)。进一步,在这些图像中把 Voigt 和 Reuss 复合材料性能极限叠加上(类似于图 8.32)。

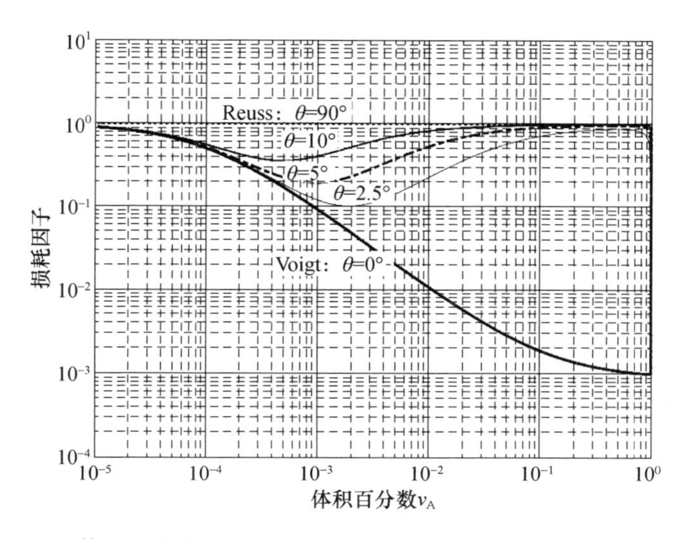

图 P8.3　体积百分数对钢/黏弹性材料复合结构的等效损耗因子的影响

8.7　考虑图 P8.4 所示的简支梁结构，梁的宽度(b)为 25.4mm，厚度(h_3)为 2.0mm，梁的根部粘贴了一个 APDC 片，压电杆的体积百分数为 30%，APDC 的聚合物基体的厚度(h_2)为 3.175mm，铝约束层的厚度(h_1)为 2.0mm。APDC 的长度是 0.254m。压电杆的物理特性见表 8.2 和表 8.3。试针对 $K_g = 0$ 和 $K_g = 4 \times 10^8 \mathrm{Vm}^{-1}$ 这两种情况对比这个带有 APDC 的梁的性能。

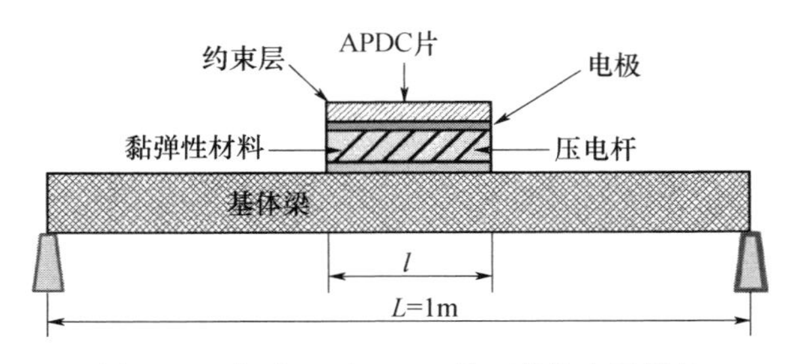

图 P8.4　部分经过 APDC 处理的简支梁结构

8.8　图 P8.5(a)给出了一种两弹簧组合系统，该系统主要用于产生正刚度或负刚度(依赖于图 P8.5(b)中的位移 x)。试说明由连接点 A 处的运动(运动距离为 x)所导致的弹簧变形量 d 可以表示为

$$\bar{d} = \frac{d}{L} = \frac{\mathrm{OA} - \mathrm{OB}}{L} = \sqrt{1 + \bar{\delta}^2} - \sqrt{(1 - \bar{x})^2 + \bar{\delta}^2}$$

式中：$\bar{x} = x/L$；$\bar{\delta} = \dfrac{1}{2}(\delta/L)$，$\delta$ 和 L 分别为距离 OD 和 AC。此外，此处假定这些弹簧的初始自由长度为 $L\sqrt{1 + \bar{\delta}^2} = \mathrm{OA}$。

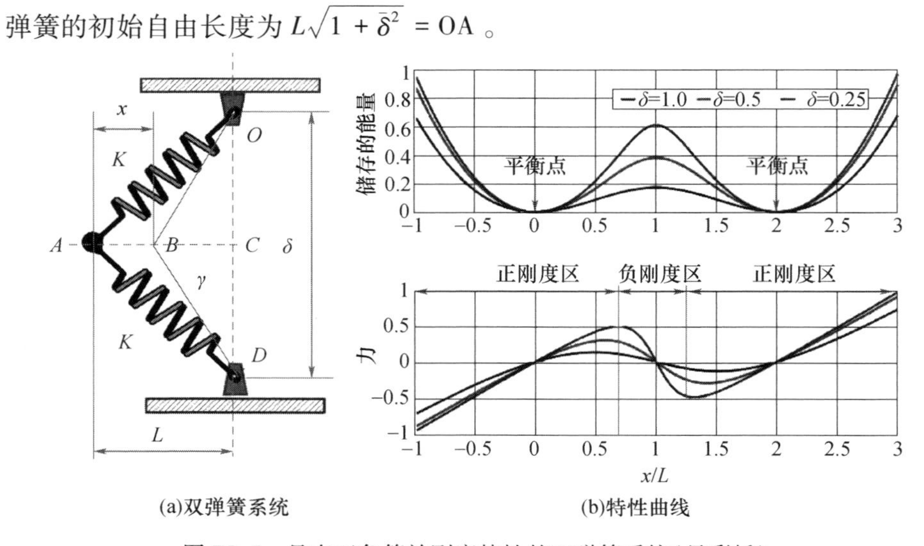

(a)双弹簧系统　　(b)特性曲线

图 P8.5　具有正负等效刚度特性的双弹簧系统(见彩插)

进一步,试确定并绘出(如图 P8.5(b)所示)每根弹簧储存的能量($E/KL^2=\frac{1}{2}\bar{d}^2$)和产生的力($F/KL=\bar{d}\sin\gamma$, x 方向)跟无量纲位移 $\bar{x}$ 之间的关系(针对不同的间距 $\bar{\delta}$)。此处的 K 为弹簧的刚度。

另外,试指出 $\bar{\delta}$ 对负刚度区域宽度的影响,并证明该系统的稳定平衡点位于 $\bar{x}=x/L=0,2$ 处,跟 $\bar{\delta}$ 值无关。

8.9　图 P8.6(a)示出了一个三弹簧系统,该系统的主要目的是增强正刚度元件(跟图 P8.5(a)所示的两弹簧系统相比),从而便于应用到隔振器中(提升其承载能力)。

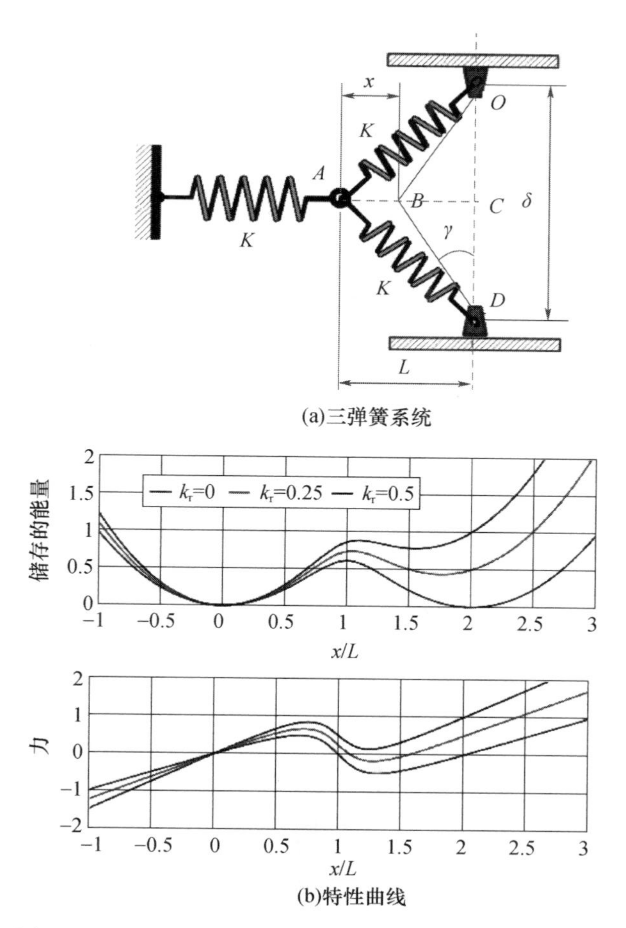

图 P8.6　具有正负等效刚度特性的三弹簧系统(见彩插)

试确定并绘出(如图 P8.6(b)所示)这 3 根弹簧储存的能量($E/KL^2 = \bar{d}^2 + \frac{1}{2}k_r\bar{x}^2$)和产生的 x 方向力($F/KL = \bar{d}\sin\gamma + k_r\bar{x}$)跟无量纲位移 $\bar{x}$ 之间的关系(间距 $\bar{\delta} = 0.25$),此处的 K 为倾斜弹簧的刚度，K_s 为另一根弹簧的刚度，$k_r = K_s/K$ 。

试说明 k_r 对三弹簧系统稳定平衡位置的影响见表 8.9(其中也跟两弹簧系统做了比较，$\bar{\delta} = 0.25$)。

试说明三弹簧系统的等效刚度 K_{eq} 可由下式给出：

$$K_{eq}/K = 1 + k_r - \frac{\bar{\delta}^2\sqrt{1+\bar{\delta}^2}}{[(1-\bar{x})^2 + \bar{\delta}^2]^{3/2}}$$

表 8.9　k_r 对稳定平衡点的影响

k_r	0	0.25	0.5
稳定平衡点#1	0	0	0
稳定平衡点#2	2	1.76	1.54

8.10　现在在图 P8.6 所示的三弹簧系统基础上增加一个阻尼器 C_s，从而构成了隔振系统的主要部分，如图 P8.7 所示。这一系统可以用于抑制质量 M 由于基础激励($\bar{y} = A\sin(\omega t - \varphi)$, $\bar{y} = y/L$)而产生的振动。

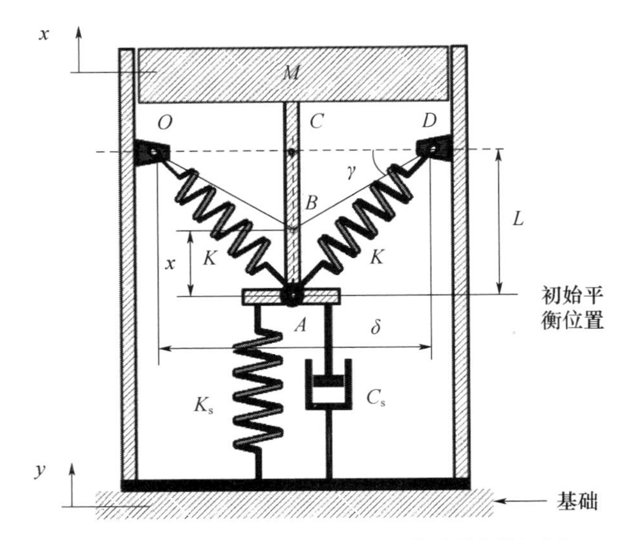

图 P8.7　由三弹簧系统和阻尼器构成的隔振系统

试证明等效刚度 $K_{eq_{Approx}}$ 在 $\bar{x}=1$ 附近的二阶泰勒级数展开为

$$K_{eq_{Approx}}/K = 1 + k_r - \sqrt{1+\bar{\delta}^2}\,\bar{\delta} + \frac{3}{2}\frac{\sqrt{1+\bar{\delta}^2}}{\bar{\delta}^3}(\bar{x}-1)^2$$

并说明当 $k_r=0,\bar{\delta}=3$ 时，$(K_{eq_{Approx}}/K)$ 和 (K_{eq}/K) 的关系应当表现为图 P8.8 的形式。

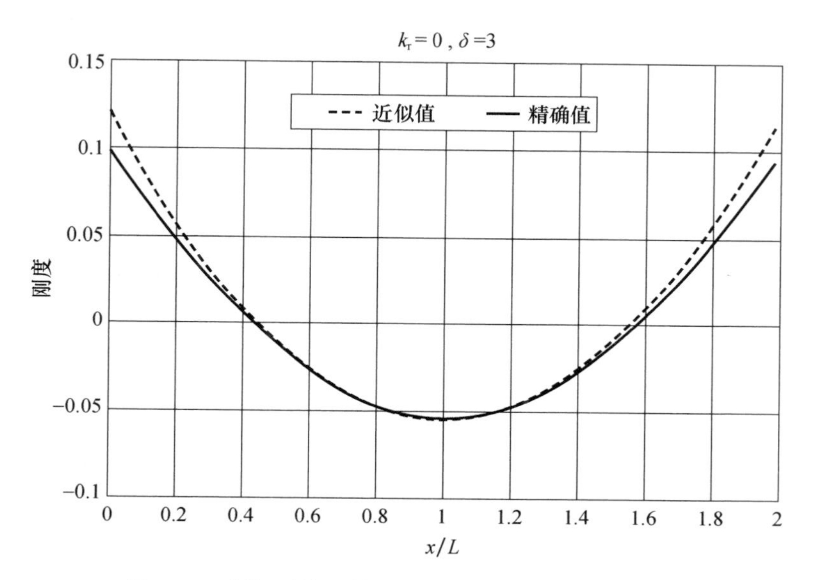

图 P8.8　隔振系统的等效刚度近似值与精确值的比较

进一步，试说明质量 M 的运动方程可以表示为

$$M\ddot{z} + C_s\dot{z} + \alpha z + \beta z^3 = -A\omega^2\sin(\omega t-\varphi)$$

式中：$z=\bar{x}-1-\bar{y}z=x-1-y$；$\alpha = K\left[1+k_r-\sqrt{1+\bar{\delta}^2}/\bar{\delta}\right]$；$\beta = (3K/2)\sqrt{1+\bar{\delta}^2}/\bar{\delta}^3$。

如果该方程的解可以假定为 $z=Z\sin(\omega t)$，试指出该方程能够简化为如下形式：

$$-\omega^2 MZ\sin(\omega t) + \omega C_s Z\cos(\omega t) + \alpha Z\sin(\omega t) + \beta Z^3\sin^3(\omega t) = -A\omega^2 M\sin(\omega t-\varphi)$$

令 $\sin^3(\omega t)\approx\frac{3}{4}\sin(\omega t)$，并引入展开式 $\sin(\omega t-\varphi)=\sin(\omega t)\cos(\varphi)-\cos(\omega t)\sin(\varphi)$，代入上述方程后再令等式两边 $\sin(\omega t)$ 和 $\cos(\omega t)$ 的系数分别相等，可以得到两个方程，进而消去其中的 φ，试说明由此将可得到如下

方程：

$$\left[(\alpha-\omega^2 M)Z+\frac{3}{4}\beta Z^3\right]^2+(\omega C_s Z)^2=(A\omega^2 M)^2$$

并指出传递率 T_{NS}（无量纲形式）应为

$$T_{NS}=\frac{Z}{A}=\frac{\Omega^2}{\sqrt{\left[(\bar{\alpha}-\Omega^2)+\frac{3}{4}\bar{\beta}Z^2\right]^2+(2\zeta\Omega)^2}}$$

式中：$\bar{\alpha}=1+k_r-\sqrt{1+\bar{\delta}^2}/\bar{\delta}$；$\bar{\beta}=\frac{3}{2}\sqrt{1+\bar{\delta}^2}/\bar{\delta}^3$；$2\zeta\Omega=C_s/M$；$\Omega=\omega/\sqrt{K/M}$。

最后，试说明当 $k_r=0.2$，$\bar{\delta}=5$ 时，这个隔振器的传递率 T_{NS} 应当表现为图 P8.9 的形式。需要注意的是，由于这个传递率跟 Z 有关，因此最好利用迭代算法来准确确定。为此，试分析该传递率的计算误差，并将预测结果跟线性隔振器的性能进行比较，后者的传递率 T_L 为

$$T_L=\frac{\Omega^2}{\sqrt{(1-\Omega^2)^2+(2\zeta\Omega)^2}}$$

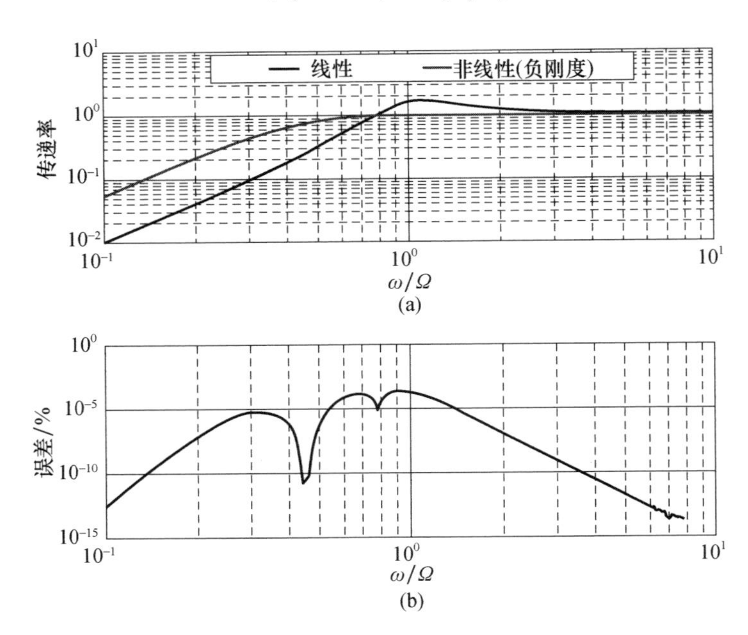

图 P8.9　当 $k_r=0.2$ 和 $\bar{\delta}=5$ 时隔振器的传递率 T_{NS}（见彩插）

第9章 基于分流压电网络的振动抑制

9.1 引 言

分流压电网络已经广泛用于结构振动及其辐射噪声的抑制,是一种十分有效的技术措施。它们的行为特性类似于传统的黏弹性材料,并且还具有质量小、易使用,以及可调性等多方面的优点。本章将阐述分流压电网络的基本工作原理,并将借助有限元理论对单个振动模式和多个振动模式的控制(基于分流压电网络)进行讨论。

关于分流压电网络的工作原理,人们已经做了大量的研究,例如 Hagood 等人(1990)、Hagood 和 von Flotow(1991)、Edberg 等人(1991)、Law 等人(1995)、Lesieutre 和 Davis(1997)、Park 和 Inman(1999)、Tsai 和 Wang(1999),以及 Moheimani 等人(2001)。关于分流压电网络这一领域的相关内容,读者还可以参阅 Gripp 和 Rad(2018)以及 Yan 等人(2017)所给出的比较全面的综述。

9.2 分流压电片

一般地,可以将压电片粘贴到振动结构上,从而把振动能量转换为电能,随后这些电能可以在分流电路中耗散,如图 9.1 所示,通过合理调节相关参数,这种能量耗散性能就可以达到最大化(Lesieutre,1998)。通常来说,这种分流电路是电阻、电感或电容性的。

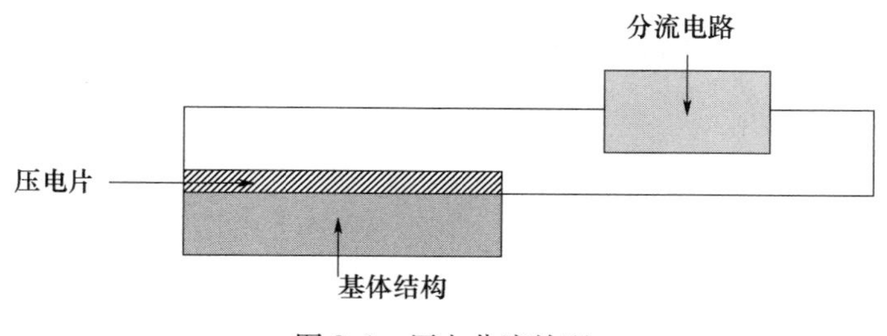

图 9.1 压电分流处理

9.2.1 压电效应方面的基础知识

在第 6 章的附录 6.B 中,已经给出了一维压电片的本构方程,即

$$\begin{Bmatrix} S_1 \\ D_3 \end{Bmatrix} = \begin{bmatrix} s_{11}^{E} & d_{31} \\ d_{31} & \varepsilon_{33}^{T} \end{bmatrix} \begin{Bmatrix} T_1 \\ E_3 \end{Bmatrix} \tag{9.1}$$

这个本构方程给出了由方向 1 上的机械应力 T_1 和方向 3 上的电场 E_3 所产生的方向 1 上的机械应变 S_1,同时,机械应力 T_1 和电场 E_3 还将产生方向 3 上的电位移 D_3。式(9.1)中涉及的方向及其与压电片的极化轴 P 的关系(根据 IEEE STD 176(1987))如图 9.2 所示。

现在考虑图 9.3 所示的压电片,根据该图有

$$D_3 = \frac{1}{A}Q = \frac{1}{A}\int I\mathrm{d}s \tag{9.2}$$

式中:Q、A、I 和 s 分别为电荷、压电片表面积、电流和拉普拉斯复变量。

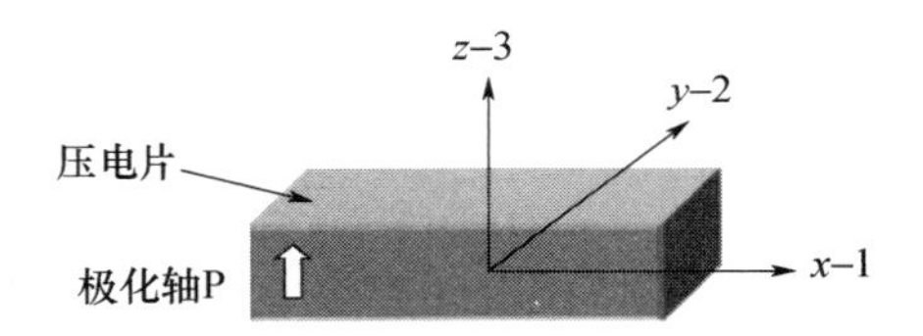

图 9.2 描述压电片的坐标系统

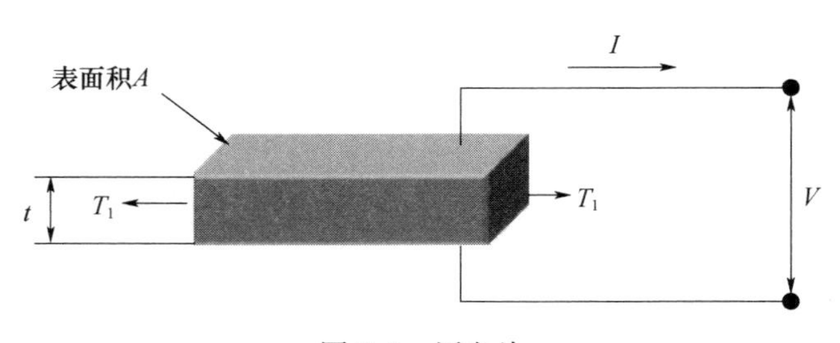

图 9.3 压电片

在拉氏域中,式(9.2)将变换为

$$D_3 = \frac{I}{As} \tag{9.3}$$

此外还有

$$E_3 = \frac{V}{t}\ (\text{电场强度}) \tag{9.4}$$

式中:t 和 V 分别为压电片的厚度和压电片上的电压。

将式(9.3)和式(9.4)代入式(9.1),可得

$$\begin{Bmatrix} S_1 \\ I \end{Bmatrix} = \begin{bmatrix} s_{11}^{\mathrm{E}} & \dfrac{d_{31}}{t} \\ Ad_{31}s & \dfrac{\varepsilon_{33}^{\mathrm{T}}As}{t} \end{bmatrix} \begin{Bmatrix} T_1 \\ V \end{Bmatrix} = \begin{bmatrix} s_{11}^{\mathrm{E}} & \dfrac{d_{31}}{t} \\ Ad_{31}s & Y^{\mathrm{D}} \end{bmatrix} \begin{Bmatrix} T_1 \\ V \end{Bmatrix} \tag{9.5}$$

式中:$Y^{\mathrm{D}} = \dfrac{A\varepsilon_{33}^{\mathrm{T}}}{t}s$ 为导纳,它是阻抗 Z^{D} 的倒数。

下面考虑两类不同的边界状态。

9.2.1.1　电学边界状态的影响

1)短路压电片

在这种电学边界下,$V=0$,由此可以将式(9.5)中的第一行简化为

$$S_1 = s_{11}^{\mathrm{E}} T_1$$

即,该压电片的短路顺度为 s_{11}^{E}。

2)开路压电片

在这种电学边界下,$I=0$,由此可以将式(9.5)中的第二行简化为

$$-d_{31}T_1 = \frac{\varepsilon_{33}^{\mathrm{T}}}{t}V \tag{9.6}$$

根据式(9.6)和式(9.5)中的第一行,消去 V 之后可得

$$S_1 = s_{11}^{\mathrm{E}}\left(1 - \frac{d_{31}^2}{s_{11}^{\mathrm{E}}\varepsilon_{33}^{\mathrm{T}}}\right)T_1 = s_{11}^{\mathrm{E}}(1-k_{31}^2)T_1 = s_{11}^{\mathrm{D}}T_1 \tag{9.7}$$

即,该压电片具有开路顺度 s_{11}^{D}。式(9.7)中的 k_{31}^2 为压电片的机电耦合因子,它反映的是电能转换成机械能的效率(参见附录)。这个因子总是小于 1 的,对于一般的压电陶瓷材料,通常位于 0.3~0.5 之间。

根据上述介绍可以发现,开路顺度 s_{11}^{D} 要比短路顺度 s_{11}^{E} 小得多,这意味着开路状态下的杨氏模量要比短路状态下大得多。由此可知,通过改变压电片的电学边界状态,就能够显著改变它的机械特性,图 9.4 对此做了归纳。

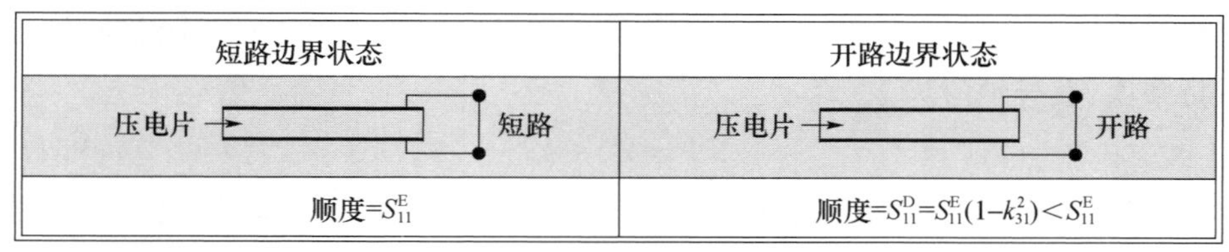

图 9.4　压电片的电学边界条件对机械特性的影响

9.2.1.2　力学边界状态的影响

1)应力自由的压电片

在应力自由状态下，$T_1 = 0$，由此可以将式(9.5)中的第二行简化为

$$I = \frac{A\varepsilon_{33}^{\mathrm{T}}}{t}sV = C^{\mathrm{T}}sV = Y^{\mathrm{D}}V \tag{9.8}$$

即,该压电片在应力自由状态下的电容为 $C^{\mathrm{T}} = \frac{A\varepsilon_{33}^{\mathrm{T}}}{t}$ 。式(9.8)中的 Y^{D} 代表了导纳,是阻抗 Z^{D} 的倒数。

2)应变自由的压电片

在应变自由状态下，$S_1 = 0$，由此可以将式(9.5)中的第一行简化为

$$-s_{11}^{\mathrm{E}}T_1 = \frac{d_{31}}{t}V \tag{9.9}$$

根据式(9.9)和式(9.5)中的第二行,消去 T_1 之后可得

$$I = C^{\mathrm{T}}(1 - k_{31}^2)V = C^{\mathrm{S}}V \tag{9.10}$$

即,该压电片在应变自由状态下的电容为 C^{S}，它要比应力自由状态下的电容 C^{T} 小得多。显然,通过改变压电片上的力学边界状态,就可以显著改变压电片的电学特性,图 9.5 对此做了总结。

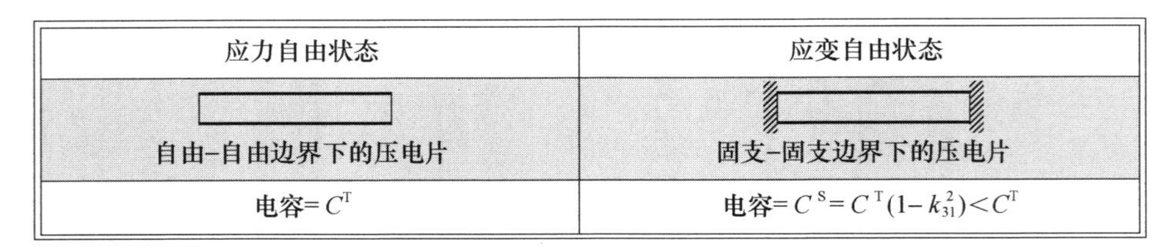

图 9.5　压电片的力学边界状态对电学特性的影响

9.2.2　分流压电网络方面的基础知识

如图 9.6 所示,其中给出了一个带有分流电路的压电片,该分流电路的导纳为 Y^{SH} 。显然,对于这个压电片和分流电路的并联组合构型(即分流网络,下同)来说,其导纳应为

$$Y^{\mathrm{EL}} = Y^{\mathrm{D}} + Y^{\mathrm{SH}} \tag{9.11}$$

相应地,为了反映出压电片和分流电路之间的相互作用,需要对式(9.5)进行修改,即

$$\begin{Bmatrix} S_1 \\ I \end{Bmatrix} = \begin{bmatrix} s_{11}^{E} & \dfrac{d_{31}}{t} \\ Ad_{31}s & Y^{EL} \end{bmatrix} \begin{Bmatrix} T_1 \\ V \end{Bmatrix} \tag{9.12}$$

根据式(9.12)即可考察分流电路对压电分流网络本构关系的影响,考虑 $I=0$(开路),那么式(9.12)中的第二行可化为

$$Ad_{31}sT_1 = -Y^{EL}V \tag{9.13}$$

于是,根据式(9.13)和式(9.12)中的第一行,消去 V 之后可得

$$S_1 = s_{11}^{E}T_1 - \frac{d_{31}}{t}\frac{Ad_{31}s}{Y^{D}}\frac{Y^{D}}{Y^{EL}}T_1 = s_{11}^{E}\left[1 - \frac{d_{31}^2}{\varepsilon_{33}^{T}s_{11}^{E}}\frac{Y^{D}}{Y^{EL}}\right]T_1 = s^{SH}T_1$$

式中:s^{SH} 为分流网络的顺度,即

$$s^{SH} = s_{11}^{E}(1 - k_{31}^2\bar{Z}^{EL}) \tag{9.14}$$

式中:$\bar{Z}^{EL} = \dfrac{Y^{D}}{Y^{EL}}$;$k_{31}^2 = \dfrac{d_{31}^2}{\varepsilon_{33}^{T}s_{11}^{E}}$。

通过对比式(9.7)和式(9.14)可以发现,压电片的顺度是实数,而分流网络的顺度可以是复数(取决于分流电路的构型)。与此相应地,压电片的弹性模量为 $1/s_{11}^{D}$,而压电分流网络则具有复模量 $1/s^{SH}$。因此,压电分流网络将带有一个储能模量和一个损耗因子,其行为跟传统的黏弹性阻尼材料是类似的。

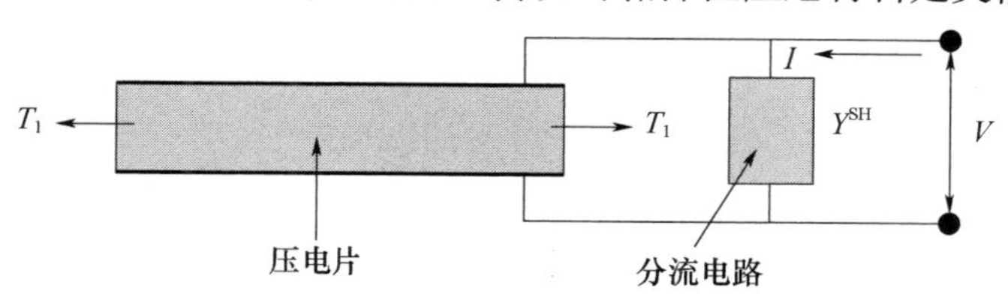

图9.6 带有分流电路的压电片

实际上,还可以通过另一方式更好地定量描述分流对压电片力学特性的影响,即"机械阻抗" Z^{ME},其定义为

$$Z^{ME} = F\dot{x} = \frac{力}{速度} \text{或} Z^{ME}(s) = \frac{F}{sx} = \frac{刚度}{s} \tag{9.15}$$

对于一维压电片来说,它的刚度可以表示为 $\dfrac{A_{cs}}{s^{P}L}$,其中的 A_{cs}、L 和 s^{P} 分别代表的是压电片的横截面积、长度和顺度。于是,压电片的机械阻抗为

$$Z^{ME} = \frac{A_{cs}}{s^{P}Ls} \tag{9.16}$$

若令 $\bar{Z}^{ME} = (Z^{ME})^{SH}/(Z^{ME})^{D}$,它代表了分流网络的机械阻抗 $(Z^{ME})^{SH}$ 与开

路状态下压电片的机械阻抗 $(Z^{ME})^{D}$ 的比值，于是根据式(9.7)、式(9.14)和式(9.16)就可以将 $\bar{Z}^{ME}$ 表示为

$$\bar{Z}^{ME} = \frac{(Z^{ME})^{SH}}{(Z^{ME})^{D}} = \frac{\dfrac{A_{cs}}{s^{SH}Ls}}{\dfrac{A_{cs}}{s^{D}Ls}} = \frac{s^{D}}{s^{SH}} = \frac{s_{11}^{E}(1-k_{31}^{2})}{s_{11}^{E}(1-k_{31}^{2}\bar{Z}^{EL})} \tag{9.17}$$

下面将针对3种不同类型的分流网络，确定机械阻抗和复模量特性。

9.2.2.1 电阻分流网络

图9.7给出了一个带有分流电阻 R(导纳为 $Y^{SH}=1/R$)的压电片，对于压电片和分流电路的并联构型来说，其导纳可以表示为

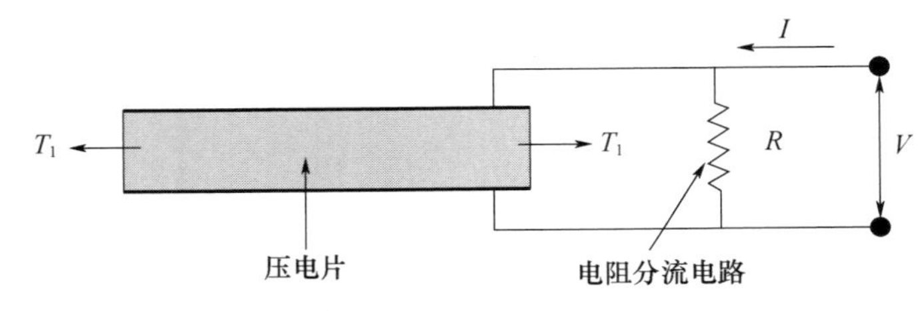

图9.7 带有电阻分流电阻的压电片

$$Y^{EL} = C^{T}s + \frac{1}{R}$$

由此可得

$$Z^{EL} = \frac{R}{RC^{T}s+1} \tag{9.18}$$

若引入 $\bar{Z}^{EL} = \dfrac{Z^{EL}}{Z^{D}}$(代表了分流网络的阻抗与压电片的阻抗之比)，那么有

$$\bar{Z}^{EL} = Z^{EL}Y^{D} = \frac{R}{RC^{T}s+1}Y^{D} = \frac{RC^{T}s}{RC^{T}s+1} \tag{9.19}$$

将式(9.19)代入式(9.17)，并利用式(9.10)，有

$$\bar{Z}^{ME} = \frac{1-k_{31}^{2}}{1-k_{31}^{2}\dfrac{RC^{T}s}{RC^{T}s+1}} = \frac{1-k_{31}^{2}+(1-k_{31}^{2})RC^{T}s}{1+(1-k_{31}^{2})RC^{T}s} = \frac{1-k_{31}^{2}+RC^{S}s}{1+RC^{S}s} \tag{9.20}$$

只需在式(9.20)中将 s 替换为 $i\omega$，即可得到频域内的 $\bar{Z}^{ME}$：

$$\bar{Z}^{\mathrm{ME}}=\frac{1-k_{31}^{2}+RC^{\mathrm{S}}\omega\mathrm{i}}{1+RC^{\mathrm{S}}\omega\mathrm{i}}$$

如果引入无量纲频率 $\Omega=RC^{\mathrm{S}}\omega$，那么上式还可以写为

$$\bar{Z}^{\mathrm{ME}}=\frac{1-k_{31}^{2}+\Omega\mathrm{i}}{1+\Omega\mathrm{i}}=\left(1-\frac{k_{31}^{2}}{1+\Omega\mathrm{i}}\right)\left(1+\frac{k_{31}^{2}\Omega}{1-k_{31}^{2}+\Omega^{2}}\mathrm{i}\right)=E'(1+\eta\mathrm{i}) \tag{9.21}$$

式中：$E'=1-\frac{k_{31}^{2}}{1+\Omega^{2}}$ 为无量纲储能模量；$\eta=\frac{k_{31}^{2}\Omega}{1-k_{31}^{2}+\Omega^{2}}$ 为损耗因子。

当 $\frac{\partial\eta}{\partial\Omega}=0$ 时，这个损耗因子将达到最大值，此时对应的频率 Ω^{*} 可由下式给出：

$$\Omega^{*}=\sqrt{1-k_{31}^{2}}$$

而对应的损耗因子最大值为 $\eta_{\max}=\frac{k_{31}^{2}}{2\sqrt{1-k_{31}^{2}}}$。

根据上述分析不难看出，为了获得最大的损耗因子，应当采用带有较高机电耦合因子的压电片。

9.2.2.2 电阻和电感分流网络

图9.8中示出了一个带有分流电阻 R 和电感 L 的压电片，分流电路的导纳为 $Y^{\mathrm{SH}}=1/(R+Ls)$，而这个压电片和分流电路的并联构型的导纳应为

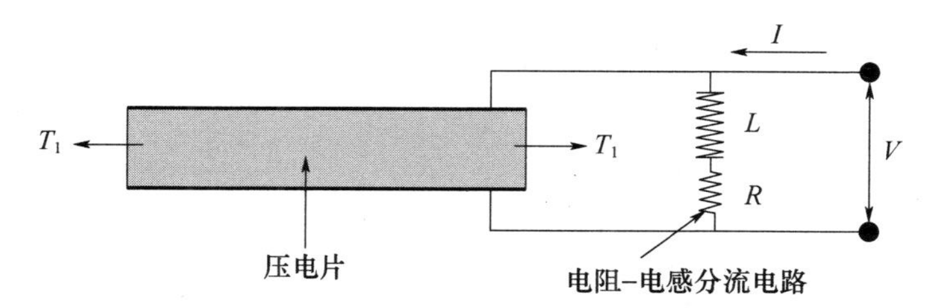

图9.8 带有电阻-电感分流电路的压电片

$$Y^{\mathrm{EL}}=C^{\mathrm{T}}s+\frac{1}{R+Ls}\ \text{或}\ \bar{Z}^{\mathrm{EL}}=\frac{C^{\mathrm{T}}s(R+Ls)}{C^{\mathrm{T}}s(R+Ls)+1} \tag{9.22}$$

将式(9.22)代入式(9.17)，并用 $\mathrm{i}\omega$ 替换 s，则

$$\bar{Z}^{\mathrm{ME}}=\left[1-\frac{k_{31}^{2}(1-\bar{L}\Omega^{2})}{(1-\bar{L}\Omega^{2})^{2}+\Omega^{2}}\right]\left[1+\frac{k_{31}^{2}\Omega}{(1-\bar{L}\Omega^{2})^{2}+\Omega^{2}-k_{31}^{2}(1-\bar{L}\Omega^{2})}\mathrm{i}\right]=E'(1+\eta\mathrm{i}) \tag{9.23}$$

式中：$\bar{L}=\dfrac{L}{R^2C^S}$；$E'=1-\dfrac{k_{31}^2(1-\bar{L}\Omega^2)}{(1-\bar{L}\Omega^2)^2+\Omega^2}$；$\eta=\dfrac{k_{31}^2\Omega}{(1-\bar{L}\Omega^2)^2+\Omega^2-k_{31}^2(1-\bar{L}\Omega^2)}$。

可以看出，当 $1-\bar{L}\Omega^2=0$（或 $L=\dfrac{1}{C^S\omega^2}$）时，也就对应了共振状态，此时的损耗因子将达到最大，即 $\eta_{\max}=\dfrac{k_{31}^2}{\Omega}=k_{31}^2\sqrt{\bar{L}}$。

例 9.1 试分别针对电阻分流网络和电阻-电感分流网络，确定它们的储能模量 E' 和损耗因子 η 随频率 Ω 的变化情况。这里假定 $k_{31}^2=0.5$ 和 $\bar{L}=1$。

[**分析**]

图 9.9 示出了电阻分流网络和电阻-电感分流网络的储能模量与损耗因子，这些结果是根据式(9.21)和式(9.23)得到的。很明显，图 9.9 所示的特性与第 2~4 章给出的传统黏弹性材料的特性是类似的。此外，该图还表明了，在分流电路中引入电感能够增大高频处的储能模量和低频处的损耗因子。

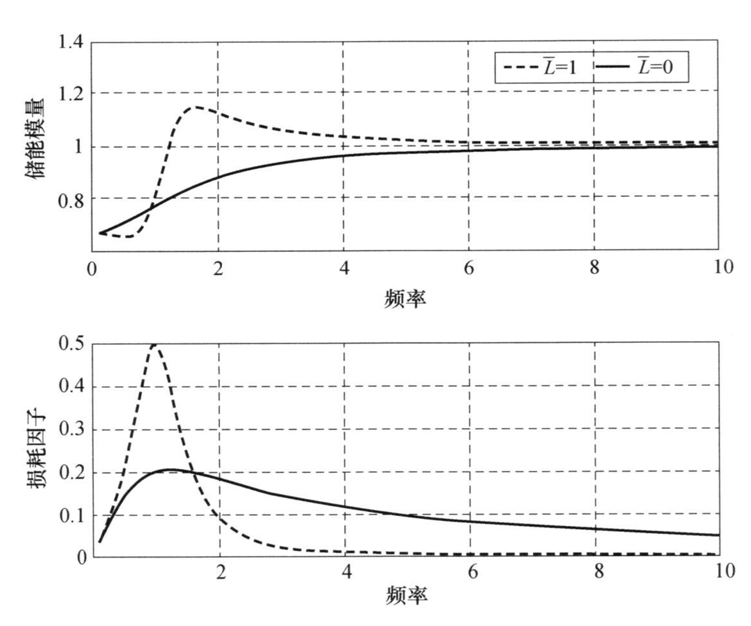

图 9.9 电阻分流网络与电阻-电感分流网络的储能模量和损耗因子

例 9.2 针对 R-L 分流网络，考虑不同频率，试确定与共振状态对应的电感 L。此处假定压电片的 $\varepsilon_{33}^T=1.3054\times10^{-8}\ \mathrm{Fm}^{-1}$，$A=0.00125\mathrm{m}^2$，$t=0.0001875\mathrm{m}$，$k_{31}^2=0.38$。

［分析］

由于 $C^{S}=\frac{\varepsilon_{33}^{T}A}{t}(1-k_{31}^{2})=5.3956\times10^{-8}\mathrm{F}$，$L=\frac{1}{C^{S}(2\pi f)^{2}}$（$f$ 为频率），因此有 $L=\frac{1}{C^{S}(2\pi f)^{2}}=\frac{4.6947\times10^{5}}{f^{2}}\mathrm{H}$。表 9.1 列出了共振频率对电感的影响，从中可以清晰地看出，如果频率 f 较小，那么 L 会很大，过大的电感一般是难以实际制备的，此时往往需要采用电子合成方法来实现。

表 9.1　共振频率 f 对电感 L 的影响

f/Hz	1000	100	10	1
L/H	0.469	46.95	4694	469470

9.2.2.3　电阻-电容-电感分流网络

图 9.10　给出了一个带有电阻 R-电容 C_e -电感 L 分流电路的压电片，该分流电路的导纳为 $Y^{SH}=\frac{C_e s}{C_e s(Ls+R)+1}$，而压电片和分流电路的并联构型的导纳则可以表示为

$$Y^{EL}=\frac{C^{T}s[C_e s(Ls+R)+1]+C_e s}{C_e s(Ls+R)+1}\text{ 或 }\bar{Z}^{EL}=\frac{C^{T}s[C_e s(Ls+R)+1]}{C^{T}s[C_e s(Ls+R)+1]+C_e s}\tag{9.24}$$

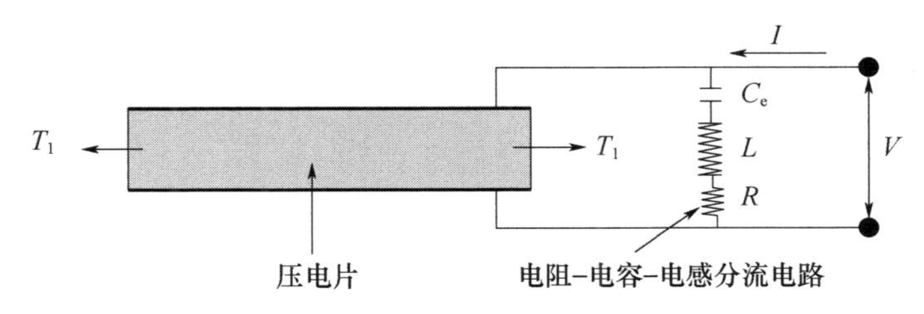

图 9.10　带有电阻-电容-电感分流电路的压电片

将式(9.24)代入式(9.17)中，并用 iω 替换掉 s，有

$$\bar{Z}^{ME}=E'(1+\eta\mathrm{i})\tag{9.25}$$

式中：$\bar{L}=\frac{L}{R^{2}C^{S}}$；$C_r=\frac{C^{T}}{C_e}$；$E'=1-\frac{k_{31}^{2}(C_r+1-k_{31}^{2}C_r-\bar{L}\Omega^{2})}{(C_r+1-k_{31}^{2}C_r-\bar{L}\Omega^{2})^{2}+\Omega^{2}}$；$\eta=\frac{k_{31}^{2}\Omega}{(C_r+1-k_{31}^{2}C_r-\bar{L}\Omega^{2})^{2}+\Omega^{2}-k_{31}^{2}(C_r+1-k_{31}^{2}C_r-\bar{L}\Omega^{2})}$。

可以注意到，当 $C_{\mathrm{r}}=0$ 时，这些式子也就变成了电阻-电感分流网络的情形了，而如果再令 $\bar{L}=0$，那么它们将进一步退化为电阻分流网络的情形。

例 9.3 试确定电阻-电容分流网络对压电片的储能模量和损耗因子的影响，其中考虑分流电容为正负值两种情况，并假定 $k_{31}^{2}=0.5$。

[分析]

图 9.11 示出了正的分流电容对该分流网络的储能模量和损耗因子的影响情况，这些结果是根据式(9.25)得到的，其中的 C_{r} 和 $\bar{L}$ 分别设定为 1 和 0。

根据图 9.11 所示结果可以看出，采用正的分流电容不会影响高频处的储能模量，不过会增大低频处的储能模量。此外，正的分流电容会导致损耗因子显著变差。

图 9.12 反映了负值分流电容对该分流网络的储能模量和损耗因子的影响情况，也是根据式(9.25)得到的，其中的 C_{r} 和 $\bar{L}$ 分别设定为-1 和 0。

根据图示结果可以看出，采用负值分流电容不会影响高频处的储能模量，不过会降低低频处的储能模量。此外，负值分流电容会导致损耗因子显著增大，特别是在低频处。这一结果对于振动控制应用而言是极为重要的，因为实际应用中主要振动模式通常发生在低频段。需要指出的是，为了实现此类负值电容，往往需要借助电子合成方法。

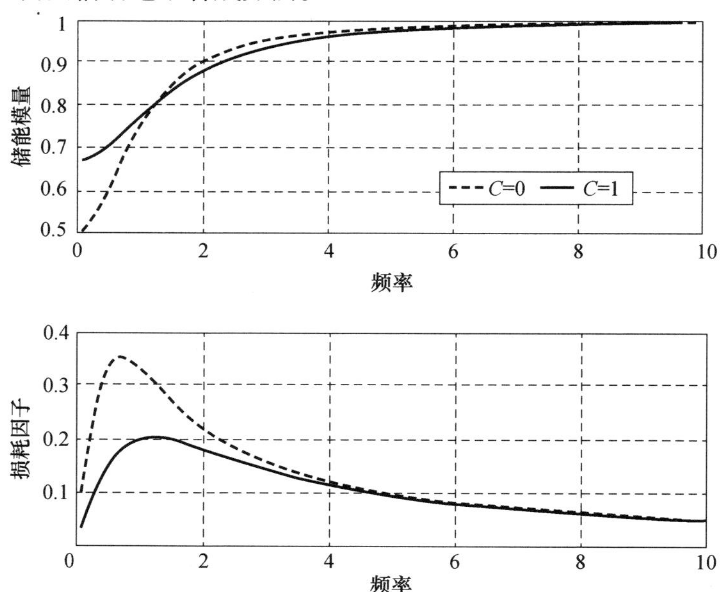

图 9.11 电阻分流网络与电阻-电容分流网络($C_{\mathrm{r}}=1$)的储能模量和损耗因子

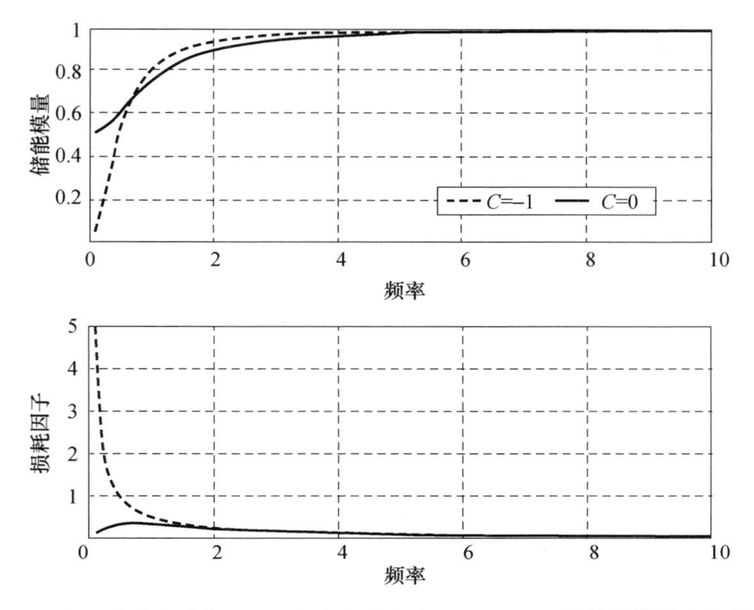

图 9.12　电阻分流电路与电阻-电容分流电路($C_r = -1$)的储能模量和损耗因子

9.2.3　大电感和负值电容的电子合成

9.2.3.1　大电感的电子合成

正如例 9.2 中所指出的,为了构造出紧凑的分流网络以抑制低频振动,需要通过电子合成手段设计出所需的大电感。图 9.13 给出了一种合成此类电感的方法(Deliyannis 等人,1999)。从图 9.13 所示的电路图可以看出,其中存在着:

1)回路 1

$$\frac{V_i - V_o}{R} = i_i$$

2)回路 2

$$(V_m - V_i)\, Cs = \frac{V_i}{R}$$

3)回路 3

$$\frac{V_m - V_i}{R} + \frac{V_o - V_i}{R} = 0$$

从上述方程中消去 V_o 和 V_m 可得 $V_i = (R^2Cs)\, i_i$ 或 $V_i = Lsi_i$,即

$$L = R^2 C \tag{9.26}$$

由此可以看出,利用图 9.13 所示的电路就可以合成电感了,只需将电阻 R、电容 C 和两个运算放大器组合起来即可。所合成的电感值 L 取决于 R 和 C 的值,可由式(9.26)给出。

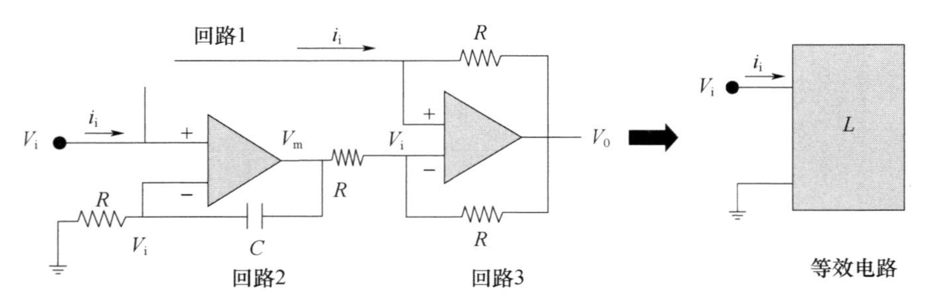

图 9.13　电子合成电感

9.2.3.2　负电容的合成

在例 9.3 中已经注意到,为了增强低频振动抑制性能,必须通过电子合成方法来构造出负电容。如图 9.14 所示,其中给出了一种负电容的合成方式(Deliyannis 等人,1999)。

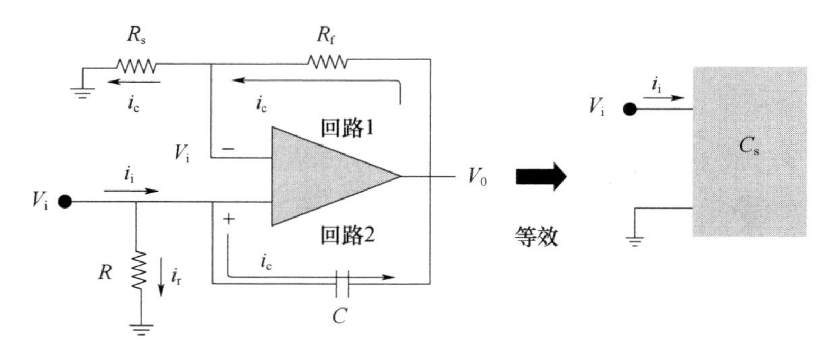

图 9.14　电子合成负电容

在图 9.14 这个电路图中存在如下回路。

1)回路 1

$$\frac{V_o - V_i}{R_f} = i_c = \frac{V_i}{R_c}$$

2)回路 2

$$i_i = i_r + i_c = \frac{V_i}{R} + (V_i - V_o)\,Cs$$

从上面两个式子中消去 V_o 之后可得 $i_i = -1/[(R_f/R_s)Cs]V_i$，于是有

$$C_s = -(R_f/R_s)C \tag{9.27}$$

显然,这就意味着可以根据图 9.14,利用电阻 R_f 和 R_s、电容 C 以及一个运算放大器的组合来合成一个负电容 C_s。这个负电容值取决于 R_f、R_s 和 C 值,可由式(9.27)给出。

9.2.4　负电容有效性的原因

这里不妨考虑一个带有分流电路的压电片的等效电路,如图 9.15 所示。这个压电片的电阻抗 Z_p 和分流电路的电阻抗 Z_{SH} 可以表示为

$$\begin{aligned} Z_p &= R_p + iX_p \\ Z_{SH} &= R_{SH} + iX_{SH} \end{aligned} \tag{9.28}$$

式中:R 和 X 分别为电阻和电抗;下标 p 和 SH 分别指代压电片和分流电路。

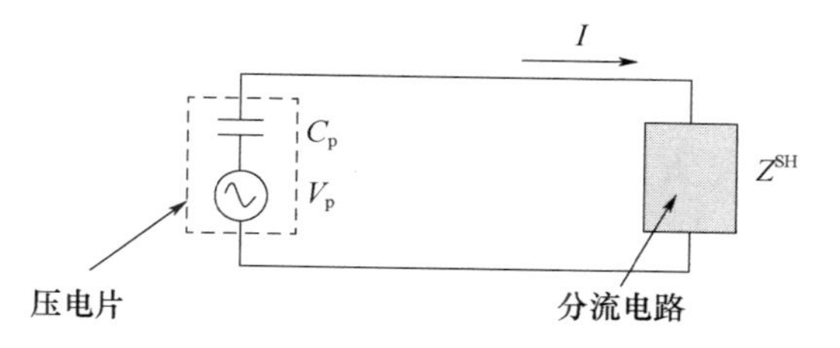

图 9.15　带有分流电路的压电片

于是有 $Z_{total} = R_p + R_{SH} + i(X_p + X_{SH})$ 和 $I = \dfrac{V_p}{Z_{total}}$。相应地,耗散的功率 P 应为

$$P = R_{SH}I^2 = R_{SH}\frac{V_p^2}{(R_p + R_{SH})^2 + (X_p + X_{SH})^2} \tag{9.29}$$

下面考虑 P 的最大值问题。首先考察如下条件:

$$\frac{\partial P}{\partial X_{SH}} = 0 \text{ 或 } \frac{2R_{SH}V_p^2(X_p + X_{SH})}{[(R_p + R_{SH})^2 + (X_p + X_{SH})^2]^2} = 0,\ \text{即 } X_p = -X_{SH}$$

此时的功率耗散最大值为

$$P^o = R_{SH}\frac{V_p^2}{(R_p + R_{SH})^2} \tag{9.30}$$

其次再来考察如下条件:

$$\frac{\partial P}{\partial R_{SH}}=0 \text{ 或 } 2R_{SH}(R_p+R_{SH})-(R_p+R_{SH})^2=0\text{，也即 } R_p=R_{SH}$$

此时的最大功率值应为

$$P^{oo}=\frac{V_p^2}{4R_{SH}} \tag{9.31}$$

如果压电片的阻抗为 $Z_p=R_p-iX_p=R_p-i\frac{1}{C_p\omega}$，那么为了使得这个分流网络实现最大功率耗散，该电路就必须具有如下所示的阻抗：

$$Z_{SH}=R_{SH}+iX_{SH}=R_p+i\frac{1}{C_p\omega}$$

即 $Z_{SH}=Z_p^*$，它意味着这个分流电路必须带有一个跟压电片的电容恰好相反的负值电容。这一最大能量耗散所对应的条件也称为压电片和分流电路之间的“阻抗匹配”条件。

这里还可以注意到，为了使分流电路中耗散的功率 P^{oo} 为最大，我们是不需要借助很大的分流电阻的。相反，电阻越小，该最大功率耗散值会越大，可以参见式(9.31)。一些研究人员已经利用这一点有效实现了结构振动抑制(Forward，1979；Browning 和 Wynn，1966；Wu，1998，2000)。

9.2.5 从控制系统层面来理解负电容的有效性

如图 9.16 所示，其中给出了 3 种支撑在压电片上的单自由度系统构型。在图 9.16(a)中，压电片采用了电阻分流(电阻为 R)，而在图 9.16(b)和(c)中则通过电容元件(C_e)进行分流，分别采用了串联和并联连接形式。

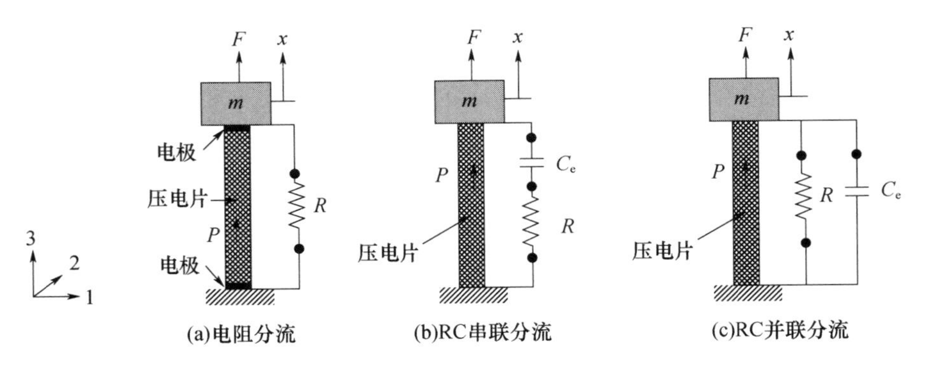

图 9.16　带有不同分流构型的单自由度系统

在所考察的这 3 种构型中，压电片均一端固支，另一端则连接了一个质量块(质量为 m)。此处假定该压电片工作在33模式(参见图中的坐标轴),极化轴 P 沿着方向3。

根据9.2.1~9.2.3节所述的内容,这些单自由度系统的运动方程就可以表示为(拉氏域内)如下形式:

$$ms^2X + Z^{ME}sX = F \tag{9.32}$$

式中:X 为 x 的拉普拉斯变换;s 为拉普拉斯复变量;$Z^{ME}s = \dfrac{A}{s^{SH}L}$;$s^{SH}$ 可以通过修改式(9.14)得到,即

$$s^{SH} = s_{33}^{E}(1 - k_{33}^2\bar{Z}^{EL}) \tag{9.33}$$

另外,上述的 A 和 L 分别为压电片的横截面面积和长度,$\bar{Z}^{EL} = \dfrac{Z^{EL}}{Z^{D}}$ 为分流网络的阻抗与压电片自身的阻抗之比,k_{33}^2 为机电耦合因子(EMCF)。

如果记 $K^{SC} = \dfrac{A}{s_{33}^{E}L}$,它代表的是短路条件下压电片的刚度,那么联立式(9.32)和式(9.33),可得

$$X = \frac{F}{ms^2 + \dfrac{K^{SC}}{1 - k_{33}^2\bar{Z}^{EL}}} \tag{9.34}$$

可以将式(9.34)表示成无量纲的传递函数形式,即

$$\frac{X}{X_{ST}} = \frac{1 - k_{33}^2\bar{Z}^{EL}}{\bar{s}^2(1 - k_{33}^2\bar{Z}^{EL}) + 1} \tag{9.35}$$

式中:$X_{ST} = F/K^{SC}$ 为静变形;$\bar{s} = s/\omega_n$,$\omega_n = \sqrt{K^{SC}/m}$ 为压电片/质量这个系统的短路固有频率。

表9.2中列出了图9.16所示的这3种分流构型的 $\bar{Z}^{EL}$、对应的传递函数 X/X_{ST},以及特征方程。此外,表中还列出了为便于绘制根轨迹图而做了形式变换的特征方程。

表9.2　3种分流构型的动力学特性

分流构型	R	R-C 串联	R-C 并联
$\bar{Z}^{EL}$	$\dfrac{\Omega\bar{s}}{\Omega\bar{s}+1}$	$\dfrac{\alpha\Omega\bar{s}}{\alpha\Omega\bar{s}+1+\alpha}$	$\dfrac{\Omega\bar{s}}{\Omega(1+\alpha)\bar{s}+1}$
X/X_{ST}	$\dfrac{(1-k_{33}^2)\Omega\bar{s}+1}{(1-k_{33}^2)\Omega\bar{s}^3+\bar{s}^2+\Omega\bar{s}+1}$	$\dfrac{(1-k_{33}^2)(\alpha\Omega\bar{s}+1)+\alpha}{\bar{s}^2[(1-k_{33}^2)(\alpha\Omega\bar{s}+1)+\alpha]+\alpha\Omega\bar{s}+1+\alpha}$	$\dfrac{(1+\alpha-k_{33}^2)\Omega\bar{s}+1}{(1+\alpha-k_{33}^2)\Omega\bar{s}^3+\bar{s}^2+\Omega(1+\alpha)\bar{s}+1}$

续表

分流构型	R	R−C 串联	R−C 并联
特性方程	$(1-k_{33}^2)\Omega\bar{s}^3+\bar{s}^2+\Omega\bar{s}+1=0$	$\bar{s}^2[(1-k_{33}^2)(\alpha\Omega\bar{s}+1)+\alpha]+\alpha\Omega\bar{s}+1+\alpha=0$	$(1+\alpha-k_{33}^2)\Omega\bar{s}^3+\bar{s}^2+\Omega(1+\alpha)\bar{s}+1=0$
针对根轨迹的特性方程	$1+\frac{1}{\Omega}\frac{\bar{s}^2+1}{\bar{s}[(1-k_{33}^2)\bar{s}^2+1]}=0$	$1+\frac{1}{\Omega}\frac{[(1-k_{33}^2)+\alpha]\bar{s}^2+1+\alpha}{\alpha\bar{s}[(1-k_{33}^2)\bar{s}^2+1]}=0$	$1+\frac{1}{\Omega}\frac{\bar{s}^2+1}{\bar{s}[(1+\alpha-k_{33}^2)\bar{s}^2+1+\alpha]}=0$
注：$\Omega=RC^{\mathrm{T}}\omega_n$；$\bar{s}=s/\omega_n$；$\alpha=C_e/C^{\mathrm{T}}$			

例 9.4 试针对上述 3 种构型，分别确定采用 R、$R-C$ 串联和 $R-C$ 并联分流电路对特征方程根轨迹图的影响，其中考虑 $0 < r < \infty$ 范围内的值，且 $\alpha = -1$，即分流电容 C_e 为负值且跟压电片的电容相匹配（$C_e = -C^{\mathrm{T}}$）。另外，这里还假定 $k_{33}^2 = 0.5$。进一步，试确定每种构型情况中所能达到的最大阻尼比。

[**分析**]

为了绘制根轨迹图，可以把每种构型的特征方程表示为

$$1 + K\frac{N(s)}{D(s)} = 0$$

式中：$K = 1/r$。关于这个特征方程的根，有：

(1) 当 $K = 0$ 时，应为 $D(s)$ 的零点；

(2) 当 $K = \infty$ 时，应为 $N(s)$ 的零点。

$D(s)$ 的零点称为极点，而 $N(s)$ 的零点称为零点。针对这 3 种构型，当 $\alpha = -1$ 和 $k_{33}^2 = 0.5$ 时，它们的极点和零点已经列于表 9.3 中。

表 9.3 分流构型的动力学特性

分流构型	R	R−C 串联	R−C 并联
极点	$\bar{s}=0,\ \pm 1/\sqrt{1-k_{33}^2}\,\mathrm{j}$ $=0,\ \pm 1.404\mathrm{j}$	$\bar{s}=0,\ \pm 1/\sqrt{1-k_{33}^2}\,\mathrm{j}$ $=0,\ \pm 1.404\mathrm{j}$	$\bar{s}=0,0,0$
零点	$\bar{s}=\pm\mathrm{j}$	$\bar{s}=0,0$	$\bar{s}=\pm\mathrm{j}$

利用 MATLAB 中的命令“rlocus(N,D)”，就可以绘制出这 3 种构型的根轨迹图，如图 9.17 所示，这个命令中的 N 和 D 分别代表的是分子和分母多项式的系数向量（按照 s 的降阶顺序布置）。例如，对于电阻分流构型来说，这个 MATLAB 命令应为

```
>> N=[1 0 1];
>> D=[0.5 0 1 0];
>>rlocus (N,D)
```

表 9.4 中列出了这些分流构型所能达到的最大阻尼比。

表 9.4　分流构型能达到的最大阻尼比

分流构型	R	R-C 串联	R-C 并联
最大的阻尼比/ζ	0.21	1	0.46

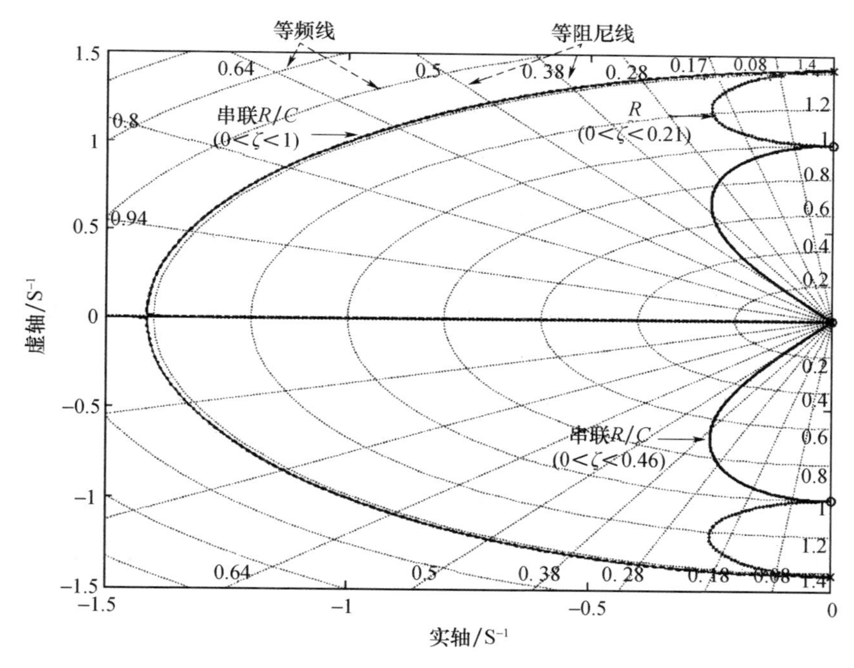

图 9.17　3 种分流构型的根轨迹图(虚线为电阻分流情形，点画线为 RC 串联分流情形，实线为 RC 并联分流情形)

9.2.6　压电分流网络的电学类比

从电学类比角度来分析与振动结构耦合起来的压电分流网络，对于此类多物理场系统(力学场和电学场耦合)的建模来说是一种非常便利的可行途径。如图 9.18 所示，其中针对一个耦合的杆/分流压电网络给出了对应的电学类比，并标出了力学部分和电学部分。

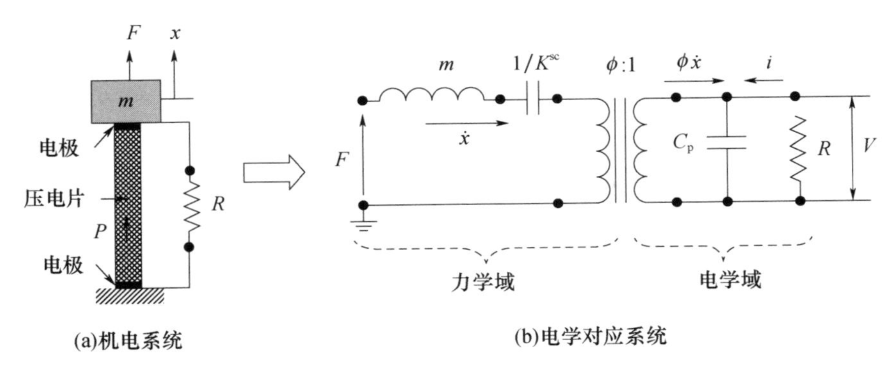

(a)机电系统
(b)电学对应系统

图 9. 18　杆/分流压电网络的电学类比

为了进行等效的电学类比,需要将式(9. 5)改写为如下形式:

$$\begin{Bmatrix} x \\ I \end{Bmatrix} = \begin{bmatrix} \dfrac{s_{11}^{\mathrm{E}} L}{A} & d_{31} \\ d_{31} s & \dfrac{\varepsilon_{33}^{\mathrm{T}} A s}{L} \end{bmatrix} \begin{Bmatrix} F \\ V \end{Bmatrix} \tag{9.36}$$

实际上就是将 S_1 和 T_1 分别替换为 x/L 和 F/A, 其中的 L 和 A 分别为压电单元的长度和横截面面积。

将式(9. 36)进一步展开可得

$$x = C^{\mathrm{sc}} F + d_{31} V \tag{9.37}$$

$$I = d_{31} s F + C_{\mathrm{p}}^{\mathrm{T}} s V \tag{9.38}$$

式中: $C^{\mathrm{sc}} = \dfrac{s_{11}^{\mathrm{E}} L}{A} = \dfrac{1}{K^{\mathrm{sc}}}$ 为压电单元的顺度; $C_{\mathrm{p}}^{\mathrm{T}} = \dfrac{\varepsilon_{33}^{\mathrm{T}} A}{L}$ 为压电单元的电容。

在自由应变条件下, $x = 0$, 由式(9. 37)可得

$$F = -(d_{31}/C^{\mathrm{sc}}) V = \phi V \tag{9.39}$$

式中: ϕ 为将电压转换为力的比值(转换比),可由下式给出。

$$\phi = -\frac{d_{31} A}{s_{11}^{\mathrm{E}} L} \tag{9.40}$$

若取式(9. 37)的时间导数,并利用式(9. 38)和式(9. 39),那么有

$$i + \dot{x}\phi = C_{\mathrm{p}}^{\mathrm{s}} \dot{v} \tag{9.41}$$

式中: $C_{\mathrm{p}}^{\mathrm{s}} = (1 - k_{31}^2)\, C_{\mathrm{p}}^{\mathrm{T}}$ 。利用式(9. 41)可以简化等效的电学类比电路,使之变成图 9. 19 所示的形式。

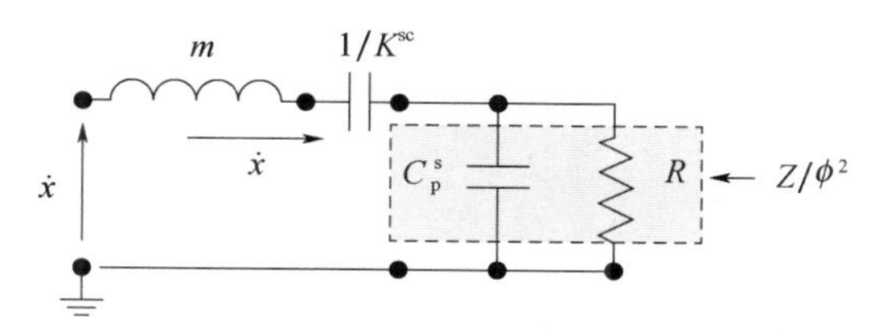

图 9.19　杆/分流压电网络的简化电学类比

通过分析这个简化电路,将得到如下动力学方程:

$$\left(ms^2 + K^{SC} + \phi^2 \frac{Rs}{RC_p^s + 1}\right) X = F \tag{9.42}$$

如果将式(9.42)通除 K^{SC},并表示成无量纲形式,那么有

$$\frac{X}{X_{ST}} = \frac{(1 - k_{33}^2)\, r\bar{s} + 1}{(1 - k_{33}^2)\, r\bar{s}^3 + \bar{s}^2 + r\bar{s} + 1} \tag{9.43}$$

式中:$r = RC^T\omega_n$;$\bar{s} = s/\omega_n$,$\omega_n = \sqrt{K^{SC}/m}$。可以发现,式(9.43)跟表 9.2 中的第二列是相同的。

9.3　经过分流压电网络处理的结构的有限元建模

本节将给出两种有限元方法来描述分流压电网络与基体结构之间的相互作用。

9.3.1　分流压电网络的等效复模量方法

在这一方法中,分流压电网络的动力学行为是利用 9.2.2 节(针对不同类型的分流电路)所导出的等效复模量来描述的。为此,这里只需考虑结构的自由度即可,因为在生成分流压电网络的等效复模量时电学自由度已经被缩聚了。下面来考察一根杆的第 i 个单元(带有分流压电网络),如图 9.20 所示。

这个杆/压电分流网络系统的单元只有两个结构自由度,即 $\boldsymbol{\Delta}_i = \{u_j, u_k\}^T$。任意位置 x 处的纵向位移 $u(x)$ 可以通过形函数来表示,即

$$u(x) = \boldsymbol{N}\boldsymbol{\Delta}_i \tag{9.44}$$

式中:$\boldsymbol{N} = \{1 - x/L_e \quad x/L_e\}$,$L_e$ 为单元的长度。

该单元的势能可由下式给出:

$$\text{P. E} = \frac{1}{2}(E_r t_r + E_p t_p)\, b\int_0^{L_e} u_x^2 \mathrm{d}x = \frac{1}{2}\boldsymbol{\Delta}_i^T (E_r t_r + E_p t_p)\, b\int_0^{L_e} \{\boldsymbol{N}\}_x^T \{\boldsymbol{N}\}_x \mathrm{d}x \boldsymbol{\Delta}_i$$

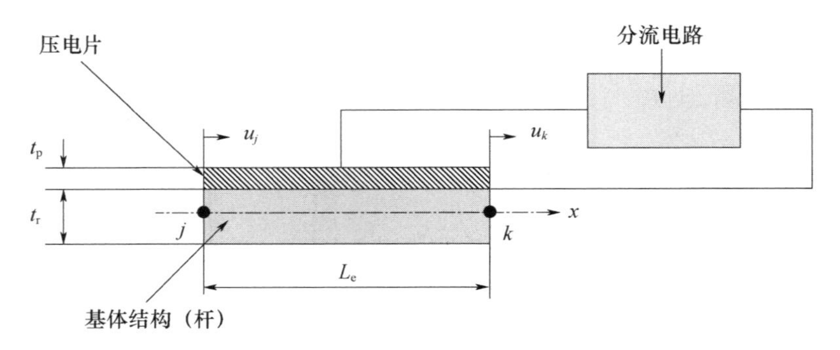

图 9.20　杆/分流压电网络的有限单元

$$= \frac{1}{2}\boldsymbol{\Delta}_i^{\mathrm{T}}(\boldsymbol{K}_{\mathrm{r}} + \boldsymbol{K}_{\mathrm{p}})\boldsymbol{\Delta}_i \tag{9.45}$$

式中：$\boldsymbol{K}_{\mathrm{r}} = (E_{\mathrm{r}}t_{\mathrm{r}})\ b\int_0^{L_e}\{\boldsymbol{N}\}_x^{\mathrm{T}}\{\boldsymbol{N}\}_x\mathrm{d}x$；$\boldsymbol{K}_{\mathrm{p}} = (E_{\mathrm{p}}t_{\mathrm{p}})\ b\int_0^{L_e}\{\boldsymbol{N}\}_x^{\mathrm{T}}\{\boldsymbol{N}\}_x\mathrm{d}x$ 。

应当注意的是，$E_{\mathrm{p}} = E'(1 + \mathrm{i}\eta)$ 代表的是分流网络的等效复模量，并且 9.1.2 节已经针对不同形式的分流网络给出了其中的 E' 和 η 。此外，这里的 t_{r} 和 t_{p} 分别为杆和压电片的厚度。

类似地，单元的动能可以写为

$$\mathrm{K.E} = \frac{1}{2}(\rho_{\mathrm{r}}t_{\mathrm{r}} + \rho_{\mathrm{p}}t_{\mathrm{p}})\ b\int_0^{L_e}\dot{u}^2\mathrm{d}x = \frac{1}{2}\dot{\boldsymbol{\Delta}}_i^{\mathrm{T}}(\rho_{\mathrm{r}}t_{\mathrm{r}} + \rho_{\mathrm{p}}t_{\mathrm{p}})\ b\int_0^{L_e}\boldsymbol{N}^{\mathrm{T}}\boldsymbol{N}\mathrm{d}x\dot{\boldsymbol{\Delta}}_i$$

$$= \frac{1}{2}\dot{\boldsymbol{\Delta}}_i^{\mathrm{T}}(\boldsymbol{M}_{\mathrm{r}} + \boldsymbol{M}_{\mathrm{p}})\dot{\boldsymbol{\Delta}}_i \tag{9.46}$$

式中：$\boldsymbol{M}_{\mathrm{r}} = (\rho_{\mathrm{r}}t_{\mathrm{r}})\ b\int_0^{L_e}\boldsymbol{N}^{\mathrm{T}}\boldsymbol{N}\mathrm{d}x$；$\boldsymbol{M}_{\mathrm{p}} = (\rho_{\mathrm{p}}t_{\mathrm{p}})\ b\int_0^{L_e}\boldsymbol{N}^{\mathrm{T}}\boldsymbol{N}\mathrm{d}x$ ；ρ_{r} 和 ρ_{p} 分别为杆和压电片的材料密度。

于是，第 i 个单元的运动方程也就可以表示为

$$(\boldsymbol{M}_{\mathrm{r}} + \boldsymbol{M}_{\mathrm{p}})\ddot{\boldsymbol{\Delta}}_i + (\boldsymbol{K}_{\mathrm{r}} + \boldsymbol{K}_{\mathrm{p}})\boldsymbol{\Delta}_i = \boldsymbol{F}_i \tag{9.47}$$

式中：$\boldsymbol{F}_i$ 为作用到该单元上的力矢量。

在这一基础上，可以通过把每个单元的质量矩阵和刚度矩阵分别组装起来，从而建立整个杆/分流压电网络系统的运动方程，由此不难得到：

$$\boldsymbol{M}_{\mathrm{o}}s^2\boldsymbol{\Delta} + (\boldsymbol{K}_{\mathrm{r_o}} + \boldsymbol{K}_{\mathrm{p_o}})\boldsymbol{\Delta} = \boldsymbol{F}_{\mathrm{o}} \tag{9.48}$$

式中：$\boldsymbol{M}_{\mathrm{o}}$ 、$\boldsymbol{K}_{\mathrm{r_o}}$ 和 $\boldsymbol{K}_{\mathrm{p_o}}$ 分别为总体质量矩阵、总体结构刚度矩阵和总体压电网络刚度矩阵；$\boldsymbol{\Delta}$ 和 $\boldsymbol{F}_{\mathrm{o}}$ 分别为整个系统的位移矢量和载荷矢量。

进一步将结构的边界条件引入之后，就能够消去刚体运动模式，进而可以针对所得到的系统方程利用精确的复特征值问题求解器、Golla-Hughes-McTavish(GHM)方法(参见第4章)或者模态应变能(MSE)方法(参见第5章)进行求解了。

需要指出的是，对于采用分流压电网络来对梁、板或壳等结构进行振动控制的情形，也可以借助类似的过程来进行分析。

例9.5　考虑如图9.21所示的固支-自由边界条件下的杆结构，它的自由端受到了单位正弦载荷的激励，这里分析其纵向响应。

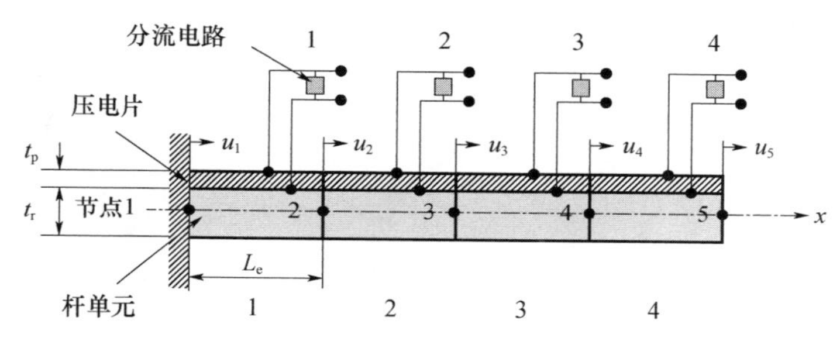

图9.21　四单元的杆/压电片系统

此处的杆是铝制的，长度为1m，宽度为0.025m，厚度为0.025m。杆上粘贴了一层PZT-5H压电片，其长宽厚分别为1m、0.025m和0.0025m。压电片的物理参数如下表所列。如果假定该杆可以划分成4个单元，单元长度$L_e=0.25$m，试针对如下情形确定自由端(节点5)的响应：

材料	$s_{11}^{E}/(m^2N^{-1})$	$d_{31}/(m\cdot V^{-1})$	$\varepsilon_{33}^{T}/(Fm^{-1})$	密度/(kgm^{-3})
PZT-5H	1.65×10^{-11}	-2.74×10^{-10}	2.49×10^{-8}	7300
注：PZT为锆钛酸铅(陶瓷)				

(1)压电片为短路状态；

(2)压电片采用电阻分流，电阻为$R=744\Omega$；

(3)压电片采用R-L电路进行分流，$R=744\Omega$，$\bar{L}=1.224$；

(4)压电片采用R-C电路进行分流，$R=744\Omega$，$C_e=-C^T$。

[分析]

图9.22中针对不同的分流情况示出了这个杆的自由端响应。需要注意的是，此处的电阻R已经调节到744Ω，从而对应于二阶模态(3800Hz)，即$R=\sqrt{1-k_{31}^2}/[C^S(2\pi\times3800)]=744\Omega$，其中的$C^S=0.05087\mu F$，$k_{31}^2=0.1827$。此

外，$\bar{L}$ 也被调节到了 1.224，从而跟二阶模态对应，即 $L=1/[C^{S}(2\pi\times3800)^{2}]=0.0345\mathrm{H}$ 或 $\bar{L}=L/(R^{2}C^{S})=0.0345/(744^{2}\times5.087\times10^{-8})=1.224$。

从图 9.22 可以看出，R 分流电路和 $R-L$ 分流电路对于高频振动模式的抑制而言都是有效的，不过对于带有阻抗匹配的负电容（即 $C_{e}=-C^{T}$）的 R-C 分流电路来说，它能够更有效地抑制振动，减振频带更宽，特别是在低频段。

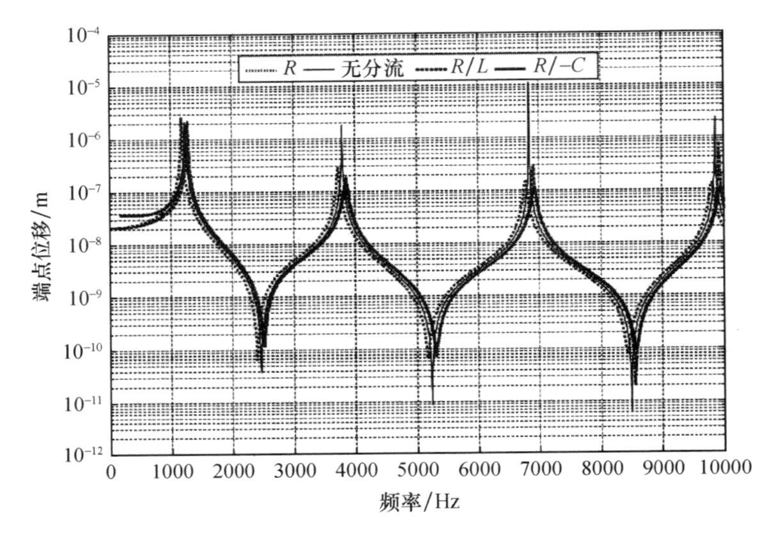

图 9.22 不同分流构型下杆/压电片系统的响应

9.3.2 分流压电网络的机电耦合场方法

在这一方法中，为了描述分流压电网络和振动结构之间的动力相互作用，需要同时考虑结构自由度和电学自由度。刻画这种相互作用的方程建立在压电片的本构方程（式(9.1)）基础上，其形式如下：

$$\begin{Bmatrix}T_{1}\\E_{3}\end{Bmatrix}=\begin{bmatrix}\dfrac{1}{s_{11}^{E}(1-k_{31}^{2})} & -\dfrac{d_{31}}{s_{11}^{E}(1-k_{31}^{2})\varepsilon_{33}^{T}}\\ -\dfrac{d_{31}}{s_{11}^{E}(1-k_{31}^{2})\varepsilon_{33}^{T}} & \dfrac{1}{(1-k_{31}^{2})\varepsilon_{33}^{T}}\end{bmatrix}\begin{Bmatrix}S_{1}\\D_{3}\end{Bmatrix}=\begin{bmatrix}c_{11}^{D} & -h_{31}\\ -h_{31} & \dfrac{1}{\varepsilon_{33}^{S}}\end{bmatrix}\begin{Bmatrix}S_{1}\\D_{3}\end{Bmatrix}\tag{9.49}$$

式中：$k_{31}^{2}=\dfrac{d_{31}^{2}}{s_{11}^{E}\varepsilon_{33}^{T}}$；$h_{31}=\dfrac{d_{31}}{s_{11}^{E}(1-k_{31}^{2})\varepsilon_{33}^{T}}$；$\varepsilon_{33}^{S}=\varepsilon_{33}^{T}(1-k_{31}^{2})$；$c_{11}^{D}=1/s_{11}^{D}=1/s_{11}^{E}(1-k_{31}^{2})$。

可以借助这种形式的本构关系导出杆/分流压电网络系统单元的势能和动能表达式,它们是以结构自由度 $\boldsymbol{\Delta}=\{u_j \quad u_k\}^{\mathrm{T}}$ 和电学自由度 Q_i(第 i 个单元的电荷)的形式表示的。考虑到此处的纵向位移 $u(x)$ 也可以采用形函数来给出,即

$$u(x)=\boldsymbol{N}\boldsymbol{\Delta}_i \tag{9.50}$$

式中:$\boldsymbol{N}=\{1-x/L_{\mathrm{e}} \quad x/L_{\mathrm{e}}\}$,$L_{\mathrm{e}}$ 为单元的长度,于是单元的动能就可以表示为

$$\mathrm{K.E}=\frac{1}{2}(\rho_{\mathrm{r}}t_{\mathrm{r}}+\rho_{\mathrm{p}}t_{\mathrm{p}})\,b\int_0^{L_{\mathrm{e}}}\dot{u}^2\mathrm{d}x=\frac{1}{2}\dot{\boldsymbol{\Delta}}_i^{\mathrm{T}}(\boldsymbol{M}_{\mathrm{r}}+\boldsymbol{M}_{\mathrm{p}})\,\dot{\boldsymbol{\Delta}}_i=\frac{1}{2}\dot{\boldsymbol{\Delta}}_i^{\mathrm{T}}\boldsymbol{M}\dot{\boldsymbol{\Delta}}_i \tag{9.51}$$

式中:$\boldsymbol{M}_{\mathrm{r}}=(\rho_{\mathrm{r}}t_{\mathrm{r}})\,b\int_0^{L_{\mathrm{e}}}\boldsymbol{N}^{\mathrm{T}}\boldsymbol{N}\mathrm{d}x$ 为杆的质量矩阵;$\boldsymbol{M}_{\mathrm{p}}=(\rho_{\mathrm{p}}t_{\mathrm{p}})\,b\int_0^{L_{\mathrm{e}}}\boldsymbol{N}^{\mathrm{T}}\boldsymbol{N}\mathrm{d}x$ 为压电片的质量矩阵;$\boldsymbol{M}=\boldsymbol{M}_{\mathrm{r}}+\boldsymbol{M}_{\mathrm{p}}$;$\rho_{\mathrm{r}}$ 和 ρ_{p} 分别为杆和压电片的材料密度。

此外,单元的势能可以表示为

$$\mathrm{P.E}=\frac{1}{2}\int_V S_1(T_{1_{\mathrm{p}}}+T_{1_{\mathrm{r}}})\,\mathrm{d}v+\frac{1}{2}\int_V D_3E_3\mathrm{d}v \tag{9.52}$$

式中:$T_{1_{\mathrm{p}}}=\frac{1}{s_{11}^{\mathrm{D}}}S_1-h_{31}D_3$ 为压电片上的应力;$T_{1_{\mathrm{r}}}=E_{\mathrm{r}}S_1$ 为杆上的应力,E_{r} 为杆的杨氏模量。

将式(9.49)代入式(9.52)可得

$$\begin{aligned}\mathrm{P.E}=&\frac{1}{2}bt_{\mathrm{r}}\int_0^{L_{\mathrm{e}}}S_1E_{\mathrm{r}}S_1\mathrm{d}x+\frac{1}{2}bt_{\mathrm{p}}\int_0^{L_{\mathrm{e}}}S_1(c_{11}^{\mathrm{D}}S_1-h_{31}D_3)\,\mathrm{d}x\\&+\frac{1}{2}bt_{\mathrm{p}}\int_0^{L_{\mathrm{e}}}D_3\left(-h_{31}S_1+\frac{1}{\varepsilon_{33}^{\mathrm{s}}}D_3\right)\mathrm{d}x\end{aligned} \tag{9.53}$$

这里应当注意的是 $S_1=u_x=\boldsymbol{N}_x\boldsymbol{\Delta}_i$,而 $D_3=Q_i/(bL_{\mathrm{e}})$ 在单元上为常数,于是式(9.53)就可以简化为

$$\mathrm{P.E}=\frac{1}{2}\boldsymbol{\Delta}_i^{\mathrm{T}}\boldsymbol{K}_{\mathrm{s}}\boldsymbol{\Delta}_i-\frac{t_{\mathrm{p}}}{L_{\mathrm{e}}}h_{31}Q_i\{1 \quad -1\}\boldsymbol{\Delta}_i+\frac{1}{2}\frac{Q_i^2t_{\mathrm{p}}}{bL_{\mathrm{e}}\varepsilon_{33}^{\mathrm{s}}} \tag{9.54}$$

式中:$\boldsymbol{K}_{\mathrm{s}}=b(t_{\mathrm{r}}E_{\mathrm{r}}+t_{\mathrm{p}}c_{11}^{\mathrm{D}})\int_0^{L_{\mathrm{e}}}\boldsymbol{N}_x^{\mathrm{T}}\boldsymbol{N}_x\mathrm{d}x$ 为杆/压电片系统的刚度矩阵。

进一步,跟分流网络和外载荷 $\boldsymbol{F}_i$ 相关的虚功 δW 可由下式确定:

$$\delta W=-\left(L\dot{I}+RI+\frac{1}{C_{\mathrm{e}}}\int I\mathrm{d}t\right)\delta Q_i=-\left(L\ddot{Q}_i+R\dot{Q}_i+\frac{1}{C_{\mathrm{e}}}Q_i\right)\delta Q_i+\boldsymbol{F}_i\boldsymbol{\Delta}_i \tag{9.55}$$

根据上述分析，现在就可以利用拉格朗日原理来建立这个杆/压电片系统单元的动力学方程了，即

$$\frac{\mathrm{d}}{\mathrm{d}t}\frac{\partial KE}{\partial \dot{\boldsymbol{\Delta}}_i}+\frac{\partial PE}{\partial \boldsymbol{\Delta}_i}=\boldsymbol{F}_i,\ \frac{\mathrm{d}}{\mathrm{d}t}\frac{\partial KE}{\partial \dot{Q}_i}+\frac{\partial PE}{\partial Q_i}=-\left(L\ddot{Q}_i+R\dot{Q}_i+\frac{1}{C_{\mathrm{e}}}Q_i\right)$$

这些方程也可以通过矩阵形式来表达，即

$$\begin{bmatrix}\boldsymbol{M} & 0\\ 0 & L\end{bmatrix}\begin{Bmatrix}\ddot{\boldsymbol{\Delta}}_i\\ \ddot{Q}_i\end{Bmatrix}+\begin{bmatrix}0 & 0\\ 0 & R\end{bmatrix}\begin{Bmatrix}\dot{\boldsymbol{\Delta}}_i\\ \dot{Q}_i\end{Bmatrix}+$$

$$\begin{bmatrix}\boldsymbol{K}_{\mathrm{s}} & -\frac{t_{\mathrm{p}}}{L_{\mathrm{e}}}h_{31}\begin{Bmatrix}1\\ -1\end{Bmatrix}\\ -\frac{t_{\mathrm{p}}}{L_{\mathrm{e}}}h_{31}\begin{Bmatrix}1\\ -1\end{Bmatrix}^{\mathrm{T}} & \frac{1}{C_{\mathrm{e}}}+\frac{1}{C^{\mathrm{s}}}\end{bmatrix}\begin{Bmatrix}\boldsymbol{\Delta}_i\\ Q_i\end{Bmatrix}=\begin{Bmatrix}\boldsymbol{F}_i\\ 0\end{Bmatrix}\tag{9.56}$$

或写为

$$\boldsymbol{M}_i\ddot{\boldsymbol{X}}_i+\boldsymbol{C}_i\dot{\boldsymbol{X}}_i+\boldsymbol{K}_i\boldsymbol{X}_i=\boldsymbol{f}_i\tag{9.57}$$

式中：

$$\boldsymbol{M}_i=\begin{bmatrix}\boldsymbol{M} & 0\\ 0 & L\end{bmatrix};\boldsymbol{C}_i=\begin{bmatrix}0 & 0\\ 0 & R\end{bmatrix};\boldsymbol{K}_i=\begin{bmatrix}\boldsymbol{K}_{\mathrm{s}} & -\frac{t_{\mathrm{p}}}{L_{\mathrm{e}}}h_{31}\begin{Bmatrix}1\\ -1\end{Bmatrix}\\ -\frac{t_{\mathrm{p}}}{L_{\mathrm{e}}}h_{31}\begin{Bmatrix}1\\ -1\end{Bmatrix}^{\mathrm{T}} & \frac{1}{C_{\mathrm{e}}}+\frac{1}{C^{\mathrm{s}}}\end{bmatrix};$$

$$\boldsymbol{X}_i=\begin{Bmatrix}\boldsymbol{\Delta}_i\\ Q_i\end{Bmatrix};\boldsymbol{f}_i=\begin{Bmatrix}\boldsymbol{F}_i\\ 0\end{Bmatrix}$$

显然，现在只需将每个单元的刚度矩阵和质量矩阵分别组装起来，也就能够建立起整个杆/分流压电网络系统的运动方程了，其形式如下：

$$\boldsymbol{M}_{\mathrm{o}}\ddot{\boldsymbol{X}}+\boldsymbol{C}_{\mathrm{o}}\dot{\boldsymbol{X}}+\boldsymbol{K}_{\mathrm{o}}\boldsymbol{X}=\boldsymbol{F}_{\mathrm{o}}\tag{9.58}$$

式中：$\boldsymbol{M}_{\mathrm{o}}$、$\boldsymbol{C}_{\mathrm{o}}$ 和 $\boldsymbol{K}_{\mathrm{o}}$ 分别为该系统的总体质量矩阵、总体阻尼矩阵和总体刚度矩阵；$\boldsymbol{X}$ 和 $\boldsymbol{F}_{\mathrm{o}}$ 分别为整个系统的自由度矢量（结构自由度和电学自由度）和载荷矢量。

不难发现，当将分流压电片粘贴到杆上之后，杆的阻尼性能得到了提升（通过阻尼矩阵 $\boldsymbol{C}_{\mathrm{o}}$ 体现），同时这也会影响到刚度矩阵和质量矩阵。

最后，当引入结构的边界条件并消除掉刚体运动模式之后，就能够针对所得到的系统方程利用实特征值问题求解器直接进行求解了，因为此处的质量矩

阵、阻尼矩阵和刚度矩阵都是实对称阵。

附带指出的是,为了更有效地求解式(9.58),可能需要对电学自由度进行缩聚处理,从而使之仅保留结构的自由度。

例 9.6　考虑图 9.21 所示的固支-自由边界条件下的杆结构,试利用机电耦合场方法确定其纵向响应,并将结果跟基于复模量方法得到的结果加以对比。这里仅考虑该压电片采用 R-L 电路进行分流的情况,其中 $R = 744\Omega$, $\bar{L} = 1.224$。

[**分析**]

基于复模量方法和机电耦合场方法,图 9.23 给出了这个杆结构的自由端的响应情况,可以发现这两种方法所得到的分析结果是类似的。

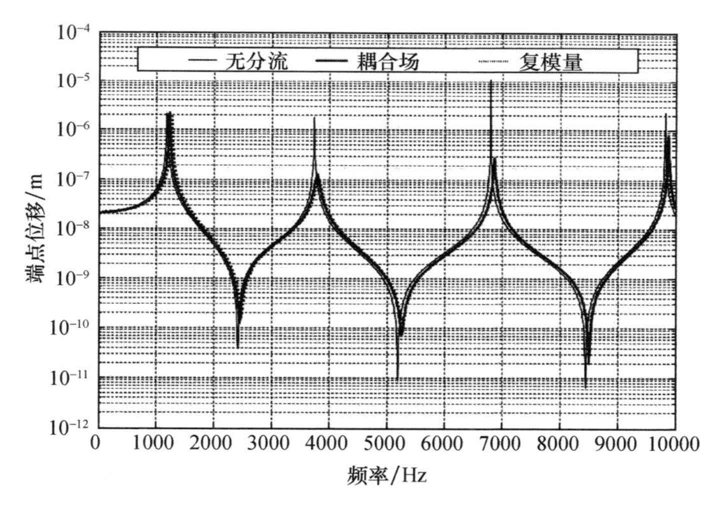

图 9.23　基于复模量和耦合场方法得到的杆/压电片系统的响应(见彩插)

例 9.7　考虑图 9.24 所示的悬臂板结构,在该结构的固定端附近加装了两组分流压电片来控制该板的一阶振动模式,这些压电片均采用的是电阻-电感分流电路,且对称布置。铝板和 PZT-4 压电片的尺寸参见图 9.24,第 1 组和第 2 组压电片的分流电阻值均进行了调整,从而跟一阶模式对应,即

$$R_n = \sqrt{(1 - k_{31}^2)/(C^s \omega_n)},n = 1 \tag{9.59}$$

此外,还有:

$$L_n = 1/(C^s \omega_n^2),n = 1 \tag{9.60}$$

试利用有限元软件 ANSYS 确定:

(1)压电片无分流情况下板的频率响应,即 $R_n = 0, L_n = 0$;

(2)压电片经过调谐后板的频率响应,其中 R_n 由式(9.59)给出,且 $L_n = 0$;

(3)压电片经过调谐后板的频率响应,其中 R_n 由式(9.59)给出,而 L_n 由式(9.60)给出。

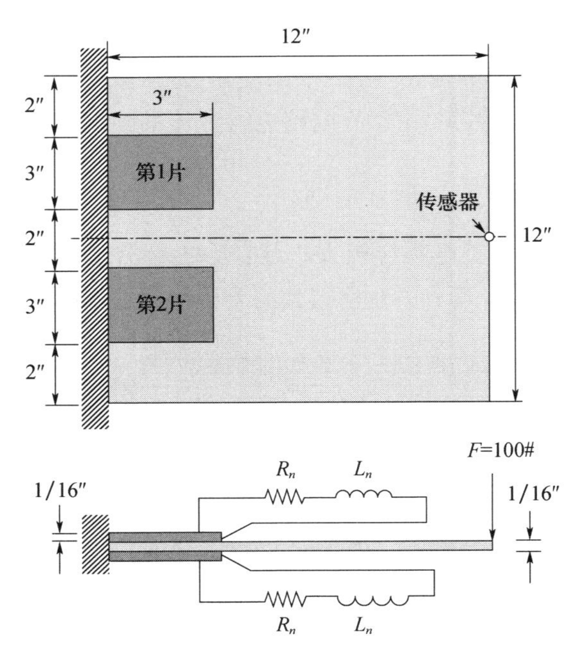

图 9.24　利用两组电阻-电感分流压电片对板的一阶振动模态进行控制

[分析]

利用 ANSYS 软件可以建立这个板/压电片系统的模型,进而能够计算出前四阶固有频率以及与之对应的模态,结果如图 9.25 所示。前 4 阶固有频率分别为 24.14Hz、47.49Hz、117.64Hz 和 142.53Hz。根据所得到的模态形状可以看出,这些固有频率依次对应于一阶弯曲、一阶扭转、双轴弯曲以及二阶弯曲模式。

根据这些结果,不难认识到这些压电片对于一阶和四阶模态的振动是能够产生抑制效果的,而对二阶和三阶模态则效果不明显。

当所有 4 个压电片的分流电路都采用调谐后(针对一阶模式)的电阻时,把该板的频率响应与不带控制情况下的响应做了对比,如图 9.26 所示,从中不难发现施加这一分流控制之后一阶模式的衰减是明显的(控制前后的幅值比约为 3.5)。另外可以注意到,在所得到的响应曲线中没有体现出二阶模式,这是因为传感器的位置恰好位于该模式的节线上,参见图 9.24 和图 9.25(b)。

图 9.27 进一步考察了所有 4 个压电片的分流电路均采用调谐后(针对一阶模式)的电阻和电感的情形,将该板的频率响应与不带控制情况下的响应做了对比,从中不难发现施加这一分流控制之后一阶模式的衰减量(控制前后的幅值比)约为 5。

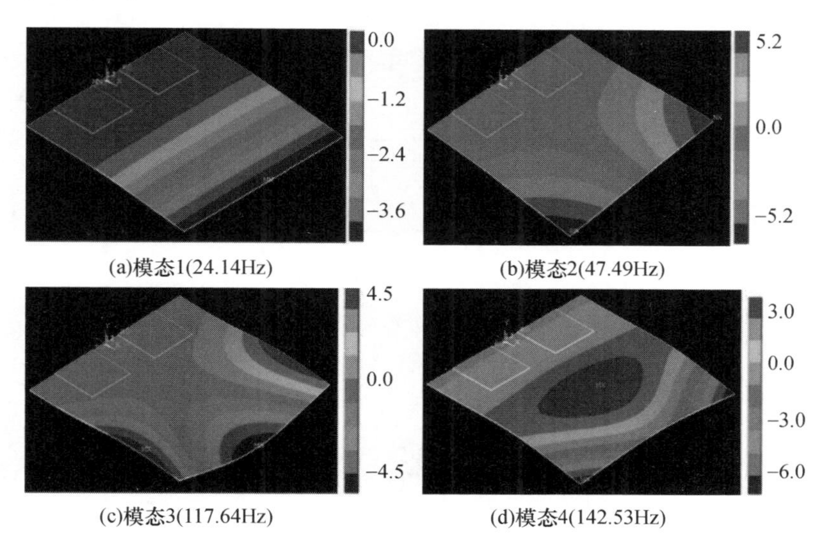

图 9.25　带有两组电阻-电感分流压电片的板结构的模态形状(见彩插)

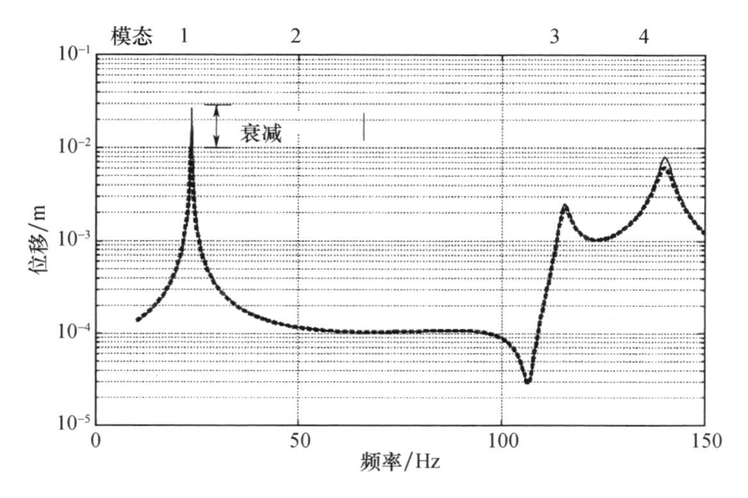

图 9.26　带有两组电阻分流压电片的板结构的频率响应
(实线为无控制情形,虚线为施加控制的情形)

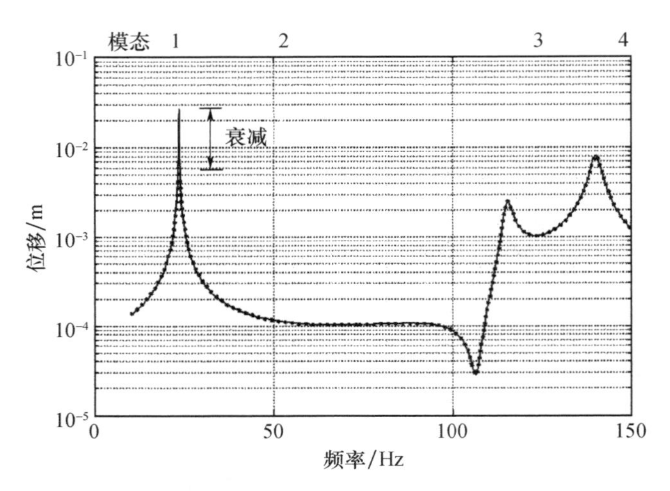

图 9.27 带有两组电阻-电感分流压电片的板结构的频率响应
（实线为无控制情形，虚线为施加控制的情形）

9.4 主动式分流压电网络

9.4.1 基本构型

本节主要考察 3 种基本的分流电路。第一种构型如图 9.28(a)所示，该分流电路可以在开路和短路状态之间进行切换，称其为“OC-SC”(即“开路-短路”)构型，并将它的性能作为一个基准跟另外两种构型进行对比。图 9.28(b)示出的是电阻分流构型(即 RS 构型)，该构型已经在 9.2.2.1 节、9.2.5 节和 9.2.6 节做过介绍。第三种构型如图 9.28(c)所示，它在 RS 构型基础上进一步引入了主动控制的切换功能，目的是增强其阻尼性能(Clark，2000；Corr 和 Clark，2002；Itoh 等人，2011；Mokrani 等人，2012；Neubauer 等人，2013)。在这种构型中，能够实现开路(OC)状态和电阻分流(RS)状态之间的切换，因而可以记为“OC-RS”(即“开路-电阻分流”)构型。

对于所考察的 3 种分流构型，这里均假定压电片一端固定，另一端连接到一个质量块(m)上。该压电片工作在 33 模式，且极化轴 P 是沿着 3 方向的，相关的坐标轴方向可参见图 9.28。

这 3 种构型下的动力学方程可以通过表 9.5 给出的相关性质来推导建立，这些性质是根据图 9.4、式(9.7)以及式(9.20)得到的。我们的最终目的是利用所得到的方程来比较这 3 种构型的能量耗散特性。

表 9.5　不同分流构型的顺度和刚度比

电路构型	短路(SC)	开路(OC)	电阻分流(RS)
顺度(s)	$s = s_{33}^{E}$	$s = s_{33}^{E}(1 - k_{33}^{2})$	$s = s_{33}^{E}\left[1 - \dfrac{k_{33}^{2}RC_{p}^{T}s}{RC_{p}^{T}s + 1}\right]$
K/K^{SC}	1	$1\Big/(1 - k_{33}^{2})$	$1\Big/\left(1 - \dfrac{k_{33}^{2}RC_{p}^{T}s}{RC_{p}^{T}s + 1}\right)$

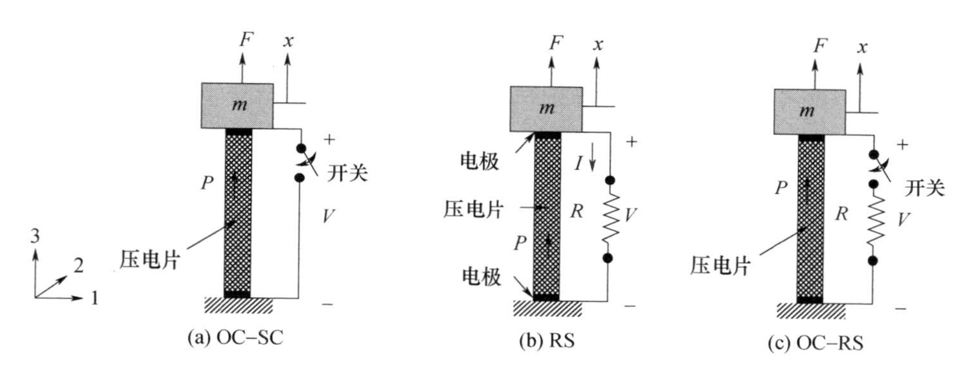

图 9.28　3 种分流构型

9.4.2　动力学方程

9.4.2.1　短路构型

在这种构型中，质量块 m 的运动方程可以表示为如下形式：

$$(ms^{2} + K^{SC})X = F \tag{9.61}$$

将式(9.61)两边同时除以 K^{SC}，那么也就得到了无量纲形式的方程：

$$(\bar{s}^{2} + 1)X = X_{ST} \tag{9.62}$$

式中：$\bar{s} = s/\omega_{n}$，s 为拉普拉斯复变量，$\omega_{n} = \sqrt{K^{SC}/m}$；$X_{ST} = F/K^{SC}$。

9.4.2.2　开路构型

利用式(9.7)，很容易将开路构型下的运动方程表示为如下无量纲形式，即

$$\left(\bar{s}^{2} + \frac{1}{1 - k_{33}^{2}}\right)X = X_{ST} \tag{9.63}$$

9.4.2.3　电阻分流构型

利用式(9.20)，电阻分流构型下的运动方程可以写为

$$\left[\bar{s}^2 + 1 + k_{33}^2 \frac{r\bar{s}}{(1 - k_{33}^2)\Omega\bar{s} + 1}\right] X = X_{ST} \tag{9.64}$$

式中：$\Omega = RC^{T}\omega_n$。

9.4.3 关于电阻分流构型的进一步讨论

式(9.64)代表的是一个二阶动力学系统，其无量纲质量为1，无量纲刚度也为1，并且其阻尼系数为

$$C(\bar{s}) = k_{33}^2 \frac{\Omega}{(1 - k_{33}^2)\Omega\bar{s} + 1} \tag{9.65}$$

于是，就可以把方程(9.64)表示为

$$[\bar{s}^2 + C(\bar{s})\bar{s} + 1] X = X_{ST} \tag{9.66}$$

图9.29将电阻分流的阻尼效应 $C(\bar{s})\bar{s}$ 与直接的阻尼效应 $k_{33}^2\Omega\bar{s}$ 做了比较，此处的 Ω 取其最优值1.414，而 $k_{33}^2 = 0.5$。很明显，这种电阻分流起到了延迟阻尼效应，跟直接的阻尼效应相比而言，它将会导致伯德图中的幅值和相位分别产生3dB和45°的变化。

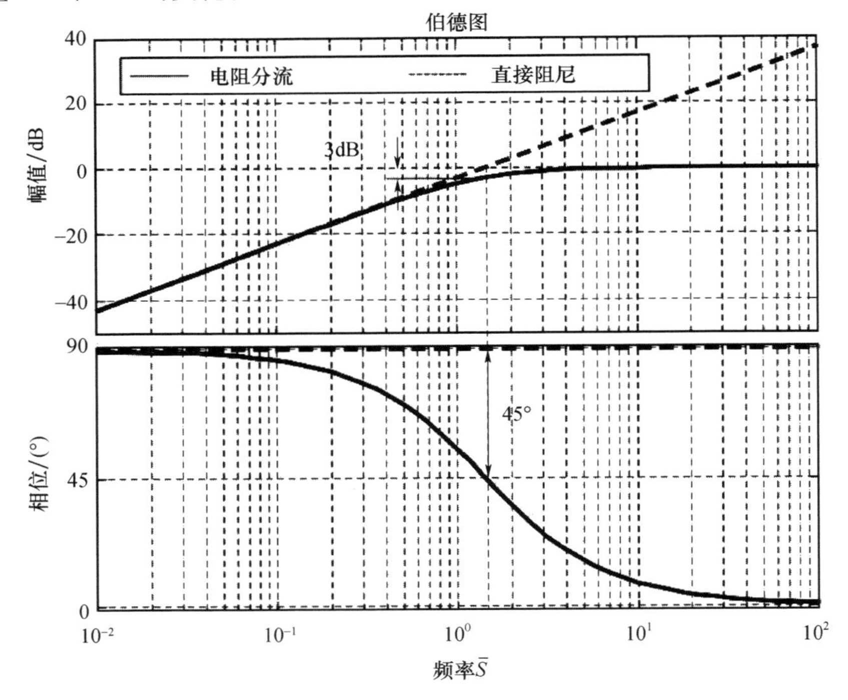

图9.29 电阻分流的阻尼效应与直接阻尼的对比

应当注意的是,对于此处同时出现的幅值和相位的变动来说,其原因在于 $C(\bar{s})\ \bar{s}$ 不是一个纯虚数,而是一个复数,即

$$C(\bar{s})\ \bar{s}\big|_{\bar{s}=\mathrm{i}\bar{\omega}} = K'(1+\eta\mathrm{i}) \tag{9.67}$$

式中:$\bar{\omega}=\omega/\omega_n$, ω 为激励频率;$K'=\dfrac{k_{33}^2(1-k_{33}^2)\ (\Omega\bar{\omega})^2}{1+(1-k_{33}^2)^2(\Omega\bar{\omega})^2}$;$\eta=\dfrac{1}{(1-k_{33}^2)\ \Omega\bar{\omega}}$。

显然,可以把式(9.66)改写为

$$(\bar{s}^2+\bar{C}\bar{s}+1+K')\ X = X_{\mathrm{ST}} \tag{9.68}$$

式中:$\bar{C}=\dfrac{k_{33}^2\Omega}{1+(1-k_{33}^2)^2(\Omega\bar{\omega})^2}$。

式(9.68)表明,电阻分流引入了阻尼并增大了结构刚度(跟短路状态下的刚度相比)。

例 9.8　试证明,对于任意的 k_{33}^2 和 $r\bar{\omega}$ 值,开路状态下的刚度 $K^{\mathrm{OC}}=\dfrac{1}{1-k_{33}^2}$ 总是大于电阻分流状态下的刚度 $K^{\mathrm{RS}}=1+K'$。

[**分析**]

开路状态下的刚度 K^{OC} 可以写为

$$K^{\mathrm{OC}}=\frac{1}{1-k_{33}^2}=1+\frac{k_{33}^2}{1-k_{33}^2}$$

而电阻分流状态下的刚度 $K^{\mathrm{RS}}=1+K'$ 则可以写为

$$\begin{aligned}K^{\mathrm{RS}}=1+K'&=1+\frac{k_{33}^2(1-k_{33}^2)\ (\Omega\bar{\omega})^2}{1+(1-k_{33}^2)^2(\Omega\bar{\omega})^2}\\&=1+\frac{k_{33}^2}{(1-k_{33}^2)+\dfrac{1}{(1-k_{33}^2)\ (\Omega\bar{\omega})^2}}\end{aligned}$$

因此可得

$$K^{\mathrm{RS}}=1+\frac{k_{33}^2}{(1-k_{33}^2)+\dfrac{1}{(1-k_{33}^2)\ (\Omega\bar{\omega})^2}}<K^{\mathrm{OC}}=1+\frac{k_{33}^2}{1-k_{33}^2}$$

9.4.4　OC-RS 构型

由于 OC-RS 构型只是 OC 构型和 RS 构型的简单组合,因此它的特性也就很容易根据式(9.63)和式(9.68)得到了。

9.4.4.1 动力学方程

OC-RS 构型的动力学方程在时域中可以表示为

$$\ddot{x} + K^{OC}x = x_{ST}（当工作在 OC 模式下） \tag{9.69}$$

式中：$K^{OC} = \dfrac{1}{1 - k_{33}^2}$。

或者：

$$\ddot{x} + \bar{C}\dot{x} + K^{RS}x = x_{ST}（当工作在 RS 模式下） \tag{9.70}$$

式中：$K^{RS} = 1 + \dfrac{k_{33}^2}{(1 - k_{33}^2) + \dfrac{1}{(1 - k_{33}^2)(\Omega\bar{\omega})^2}}$。

9.4.4.2 OC 模式和 RS 模式之间的切换

OC 模式和 RS 模式的切换应当保证系统的总能量单调减小，即保证系统的稳定性。为了建立具有全局稳定性的切换策略，可以定义一个李雅普诺夫函数 V 如下：

$$V = \frac{1}{2}\{x \quad \dot{x}\}\begin{bmatrix} K^{RS} & 0 \\ 0 & 1 \end{bmatrix}\begin{Bmatrix} x \\ \dot{x} \end{Bmatrix} = \frac{1}{2}K^{RS}x^2 + \frac{1}{2}\dot{x}^2 \tag{9.71}$$

上面所定义的李雅普诺夫函数实际上等于该系统在 RS 模式下的势能与动能的和。通过将式(9.71)对时间求导，并把 OC 模式所对应的式(9.69)与 RS 模式所对应的式(9.70)代入求导的结果中，就能够确定出这个李雅普诺夫函数的变化率。不失一般性，假定 $x_{st} = 0$，那么函数 V 的时间导数将变为如下形式，首先有：

$$\dot{V} = (K^{RS}x + \ddot{x})\dot{x} = (K^{RS} - K^{OC})x\dot{x}（当工作在 OC 模式下） \tag{9.72}$$

显然，由于 $(K^{RS} - K^{OC}) < 0$，那么当 $x\dot{x} > 0$ 时，则有 $\dot{V} < 0$。

其次有：

$$\dot{V} = (K^{RS}x + \ddot{x})\dot{x} = (K^{RS} - K^{RS})x\dot{x} - \bar{C}\dot{x}^2 = -\bar{C}\dot{x}^2 \tag{9.73}$$

于是，当 $x\dot{x} < 0$ 时，为了保证 $\dot{V} < 0$，就应当切换到 RS 模式下。通过总结上述分析不难发现，当系统处于远离平衡位置的运动过程中时（即 $x\dot{x} > 0$ 时），分流网络应当切换至高刚度状态（开路状态）；而当系统向平衡位置运动时（即 $x\dot{x} < 0$ 时），分流网络应当切换至低刚度状态或耗能状态（电阻分流状态）。在这一切换策略下，每个完整的振动周期内将发生 4 次切换，或者说每 1/4 个振动周期切换一次。

例 9.9 考虑一个支撑在压电单元上的质量块，现在对该压电片分别采用

RS 和 OC-RS 分流电路构型进行分流，试对比该系统的相轨迹。此处的 rϖ 值分别取 0.5 和 1.414，而 $k_{33}^2 = 0.5$，且该质量块的初始条件为 $x_0 = 1, \dot{x}_0 = 1$。

［分析］

RS 分流情况下的系统特性可以通过对式(9.68)进行积分得到，而 OC-RS 分流情况下则可以通过对式(9.63)和式(9.68)的积分得到(其中利用 9.4.4.2 节给出的具有全局稳定性的切换策略)。

图 9.30(a)和(b)分别给出了 rϖ 值为 0.5 和 1.414 时的相轨迹，其中将 RS 分流和 OC-RS 分流两种情形下的系统性能做了对比。很明显，RS 分流情形下

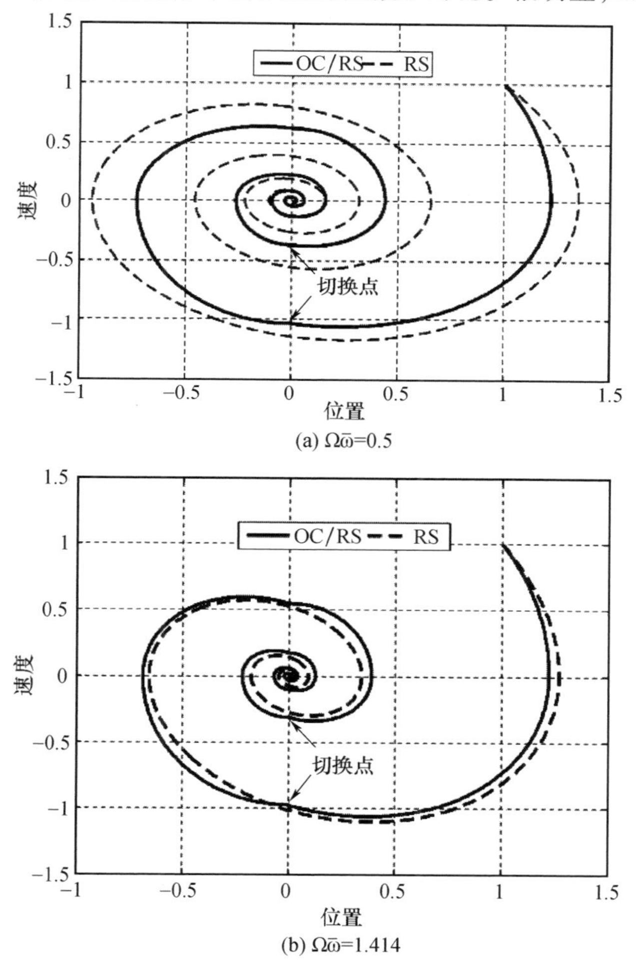

图 9.30 电阻分流和开关型电阻分流的相平面图对比

(在不同的无量纲频率 $\Omega\varpi$ 条件下)

的特性曲线是较为平滑的，而在 OC-RS 分流情形下，在两种工作模式的切换点处出现了不连续现象。进一步，根据图 9.30(a) 可以发现，在 $\Omega\bar{\omega}=0.5$ 处，利用 OC-RS 分流要比采用 RS 分流能够更快速地抑制振动，而在 $\Omega\bar{\omega}=1.414$ 处情况则恰好相反。对于这两种分流情形下所呈现出的截然不同的现象，只需通过考察它们的能量耗散特性就能够得到很好的理解，这些将在 9.4.5 节中加以阐述。

9.4.5 不同分流构型下的能量耗散

为了确定这些分流构型的有效的和最优的工作区域，有必要对它们的能量耗散特性进行计算。

9.4.5.1 电阻分流情况下的能量耗散

对于采用电阻分流的情形，当系统受到正弦激励时，每个周期内耗散掉的能量 W_D^{RS} 可以通过式(9.70)确定，该式代表了一个二阶系统，其阻尼系数为 $\bar{C}$，而刚度为 $K^{RS}=1+K'$。根据第 2 章中的表 2.14 可知，此时的能量耗散可以表示为

$$W_D^{RS}=\pi\bar{C}\bar{\omega}X_0^2 \tag{9.74}$$

式中：X_0 为振幅。

将式(9.70)代入式(9.74)可得

$$W_D^{RS}=\frac{\pi k_{33}^2\Omega\bar{\omega}}{1+(1-k_{33}^2)^2(\Omega\bar{\omega})^2}X_0^2 \tag{9.75}$$

通过将所耗散的能量 W_D^{RS} 相对弹性能 W_e^{RS} 进行归一化处理，就能够计算出 RS 构型下的等效损耗因子 η^{RS}。这里的弹性能 W_e^{RS} 可由下式给出：

$$W_e^{RS}=2K^{RS}X_0^2 \tag{9.76}$$

于是，根据式(9.62)、式(9.75)和式(9.76)，损耗因子 η^{RS} 应为

$$\eta^{RS}=\frac{\pi k_{33}^2\Omega\bar{\omega}}{2K^{RS}[1+(1-k_{33}^2)^2(\Omega\bar{\omega})^2]} \tag{9.77}$$

9.4.5.2 OC-RS 切换分流情形下的能量耗散

当采用 OC-RS 分流构型时，每个正弦振动周期内耗散掉的能量 $W_D^{OC/RS}$ 可以根据式(9.69)和式(9.70)，以及全局稳定的切换策略(图 9.31)确定，于是有：

$$W_{\mathrm{D}}^{\mathrm{OC/RS}} = \int_{0}^{\tau/4} K^{\mathrm{OS}} x\dot{x}\mathrm{d}t + \int_{\tau/4}^{\tau/2} (\bar{C}\dot{x}^2 + K^{\mathrm{RS}} x\dot{x})\ \mathrm{d}t + \int_{\tau/2}^{3\tau/4} K^{\mathrm{OS}} x\dot{x}\mathrm{d}t + \int_{3\tau/4}^{\tau} (\bar{C}\dot{x}^2 + K^{\mathrm{RS}} x\dot{x})\ \mathrm{d}t \tag{9.78}$$

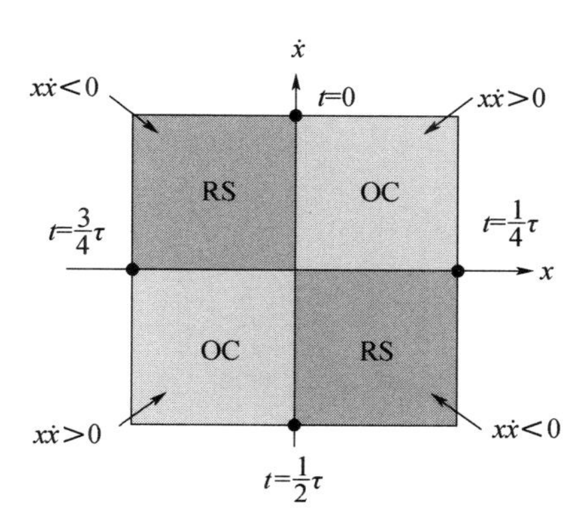

图 9.31　OC-RS 构型的切换策略

若令 $x = X_0\sin\bar{\omega}t$，那么式(9.78)可以化为

$$W_{\mathrm{D}}^{\mathrm{OC/RS}} = (K^{\mathrm{OC}} - K^{\mathrm{RS}})\ X_0^2 + \frac{\pi}{2}\frac{k_{33}^2\Omega\bar{\omega}}{1+(1-k_{33}^2)^2(\Omega\bar{\omega})^2}X_0^2 \tag{9.79}$$

类似地，为了确定 OC-RS 分流构型下的等效损耗因子 $\eta^{\mathrm{OC/RS}}$，也可以将所耗散的能量 $W_{\mathrm{D}}^{\mathrm{OC/RS}}$ 相对弹性能 $W_{\mathrm{e}}^{\mathrm{OC/RS}}$ 进行归一化处理，此处的名义弹性能 $W_{\mathrm{e}}^{\mathrm{OC/RS}}$ 为

$$W_{\mathrm{e}}^{\mathrm{OC/RS}} = K^{\mathrm{OC}}X_0^2 + K^{\mathrm{RS}}X_0^2 \tag{9.80a}$$

于是有

$$\eta^{\mathrm{OC/RS}} = \frac{1}{K^{\mathrm{OC}} + K^{\mathrm{RS}}}\left[\left(\frac{1}{1-k_{33}^2} - K^{\mathrm{RS}}\right) + \frac{\pi}{2}\frac{k_{33}^2\Omega\bar{\omega}}{1+(1-k_{33}^2)^2(\Omega\bar{\omega})^2}\right] \tag{9.80b}$$

例 9.10　试比较 RS 分流和 OC-RS 分流这两种构型下的损耗因子随 $\Omega\bar{\omega}$ 的变化情况，此处假定 $k_{33}^2 = 0.5$。

[分析]

RS 分流构型和 OC-RS 分流构型下的损耗因子可以分别根据式(9.77)和式(9.80b)计算，图 9.32 将结果进行了比较。不难发现，在较低的无量纲频率 $\Omega\bar{\omega}$ 处(直到 0.707)，OC-RS 分流构型比 RS 分流构型更为优越。不过，在较高的频率段内，对于结构的振动抑制而言 RS 分流构型却要显著强于 OC-RS 分流构型。

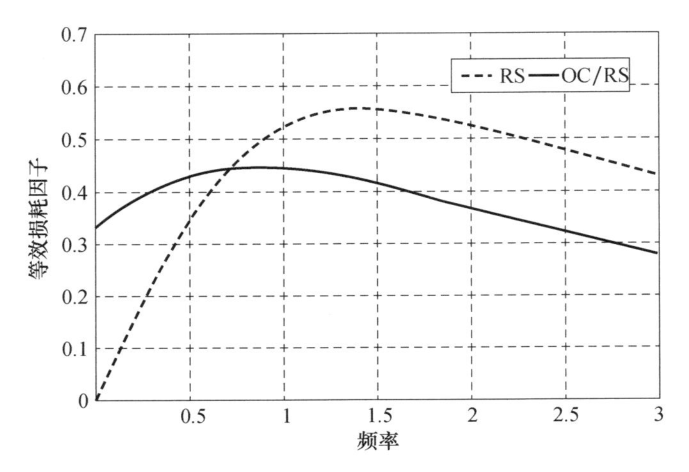

图 9.32　RS 分流构型和 OC-RS 分流构型的等效损耗因子

9.5　利用分流压电网络实现多模式振动控制

9.5.1　多模式分流方法

本节将采用分流压电网络对柔性结构的振动进行多模式控制。在这一方面,人们已经开展了大量的研究工作,例如 Hollkamp(1994)就曾采用单个压电单元与一个电感-电阻-电容(R-L-C)分流电路的耦合结构来抑制多模式的结构振动,参见图 9.33(a)。在 Hollkamp 所给出的构型中,主要设计思想是使压电单元和电路发生耦合,从而获得跟需要抑制的多个结构振动模式相对应的多个共振点。不过,该构型中的 R-L-C 电路的调节是比较困难的,因为当调节某个电学共振点(用于抑制某个特定的结构振动模式)时往往就会导致其他的共振点解调(即与结构的其他振动模式不再对应)。正因如此,人们主要通过数值优化方法来确定该电路的设计参数,优化目标一般设定为加权的振动能量最小值。1998 年和 1999 年,Wu 提出了一种可实现多模式振动抑制的全新方法,其中采用了单个分流压电单元,如图 9.33(b)所示。这一方法将“电路阻塞型”电路(由并联的 L-C 分支构成)以串联方式与每个分流 R-L 并联分支电路连接起来,从而可以实现特定振动模式的控制。显然,借助这一方式能够避免各个并联分流电路之间发生耦合。此外,我们还可以导出封闭形式的解析表达式去确定相关的设计参数。虽然这一方法在单独调节每个模式这一方面是有效的,不过它需要采用大量的元器件，特别是当需要加以控制的振动模式数量很多时更是如此，这一点在图 9. 33(b) 中也已经得到了体现，即“电路阻塞型”分支电路非常多。

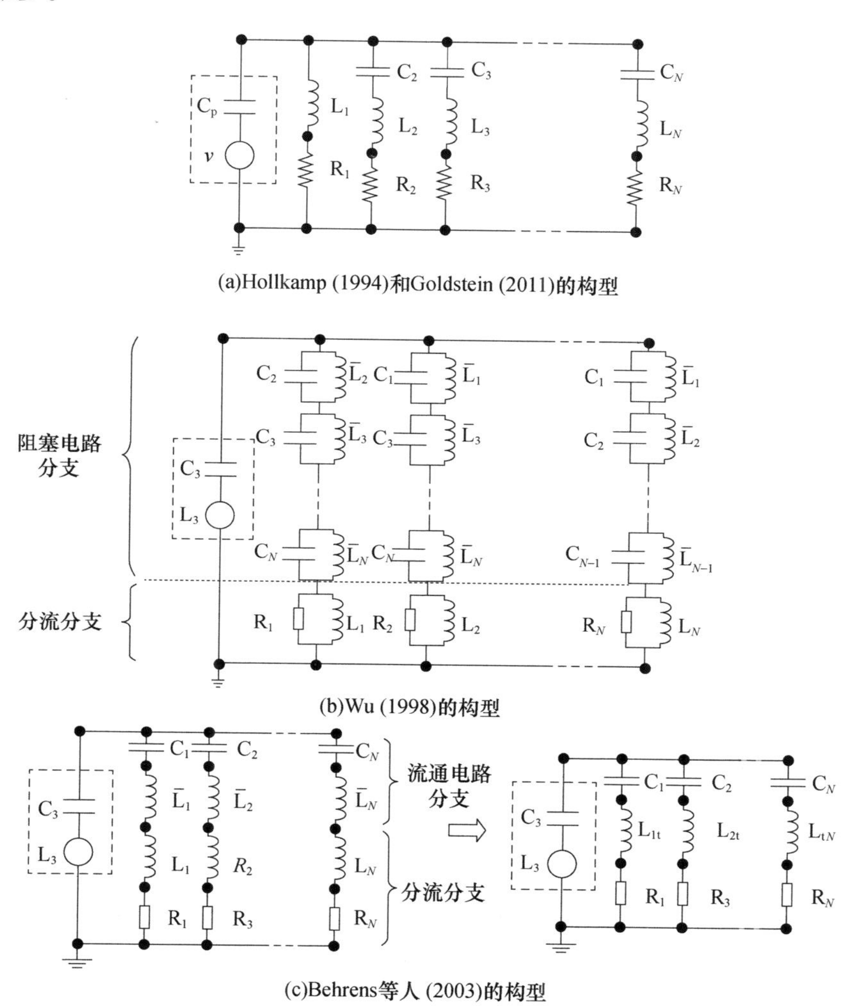

(a)Hollkamp (1994)和Goldstein (2011)的构型

(b)Wu (1998)的构型

(c)Behrens等人 (2003)的构型

图 9. 33　多模态振动控制中典型的分流构型

2003 年，Behrens 等人给出了另一种可用于多模式压电分流网络设计的实用方法，一般称为“电路流通”方法，以区别于 Wu(1998,2000) 所给出的“电路阻塞”方法。该方法引入了额外的 L-C 串联分支电路，并跟每个 L-R 分流电路分支串联连接，如图 9. 33(c) 所示。可以看出，跟“电路阻塞”方法相比，这种“电路流通”型的分流方式只需要较少的元器件，并且不需要采用浮地电感。

“电路流通”型分流方式的基本思想是让压电单元所产生的电流中的单频成分 ω_i 可以在对应的分支中流通，显然这与 Wu 的构型是完全不同的，Wu 的构型是阻塞其他的 $N-1$ 个成分（N 代表的是需要抑制的模态数量）。这种简单的过滤方式是通过采用串联的电容-电感电路（$C_i - \bar{L}_i$）来实现的，参见图 9.33（c）。只需对这个串联 $C_i - \bar{L}_i$ 电路进行调节，使得只有结构共振频率 ω_i 的成分通过，而阻断所有其他的频率成分。最后，为了抑制共振频率为 ω_i 的结构振动，可以调整分流电路的分支 $C_p - L_i$ 和 $L_i - R_i$，使之与 ω_i 对应即可，这些在 9.2 节中已经做过介绍。

需要特别注意的是，如果把滤波电感 $\bar{L}_i$ 和分流电感 L_i 组合起来，使得 $L_{ti} = \bar{L}_i + L_i$，那么 Behrens 等人的构型也就基本上退化成 Hollkamp 的构型了。不过，在 Behrens 等人的构型中，每个元件的物理含义是跟一个特定模态相关的，可以分别加以调节。这一点跟 Hollkamp 的构型是不同的，因为后者中的元件是高度耦合的（对于所考察的所有模态）。此外还存在另一区别，即 Hollkamp 所给出的分流电路中在考虑一阶模态时仅包含一个电阻-电感电路，而在 Behrens 等人的方法中，每个模态的分流都采用了一个电阻-电感-电容电路。

9.5.2 Behrens 等人的多模态分流网络的参数

由于 Behrens 等人给出的分流网络十分简洁，因而本节我们将着重对此加以讨论，针对各种元件参数的设计给出必需的关系式。

9.5.2.1 电路流通分支中的元件

对于柔性结构/压电单元这个系统，需要对电感 $\bar{L}_i$ 和电容 C_i 进行调节，使得系统的第 i 个固有频率 ω_i 处的电流能够正常通过，由此可得

$$\bar{L}_i = 1/(\omega_i^2 C_i) \ , i = 1,2,\cdots,N \tag{9.81}$$

为简便起见，可以指定电容 C_i 的值，而根据式（9.81）去确定电感 $\bar{L}_i$。

9.5.2.2 分流电路分支中的元件

根据 9.2.2.2 节给出的关系式，就可以对电感 L_i 和电容 C_p 进行调谐，即

$$L_i = 1/(\omega_i^2 C_p^S) \ , i = 1,2,\cdots,N \tag{9.82}$$

于是有

$$L_{ti} = (C_i + C_p^S)/(\omega_i^2 C_i C_p^S) \ , i = 1,2,\cdots,N \tag{9.83}$$

在电阻 R_i 的选择上，可以考虑如下方式。

1)通过优化 RS 的损耗因子确定

这就要求 $\Omega^* = \sqrt{1-k_{31}^2} = R_i(1-k_{31}^2)C^{\mathrm{T}}\omega_i$，即

$$R_i = \sqrt{1-k_{31}^2}C^{\mathrm{T}}\omega_i \tag{9.84}$$

2)通过优化被控系统的 H_2 范数确定

Behrens 等人(2003)提出可以采用这样的优化过程来确定电阻值,其目标是使得被控系统的 H_2 范数为最小。

例 9.11　考虑图 9.34 所示的悬臂梁结构,该梁上安装了两块对称布置的压电片用于振动控制,并采用了 Behrens 等人给出的“电路流通”型分流网络,如图 9.35 所示。梁和压电片的基本几何参数和物理特性已经列于下表中。如果该梁可以描述为包含两个单元的模型,参见图 9.34,试设计该分流网络,分别实现对该系统的一阶振动模态和前四阶振动模态的控制,绘制出这两种情况下的频率响应,并与不带控制的梁的响应加以比较。

梁系统					
参数	长度/cm	厚度/cm	宽度/cm	密度/(kgm^{-3})	杨氏模量/GPa
梁	30.0	1.00	2.50	7800	210.00
压电片	12.0	0.25	2.50	1800	118.34

压电片				
参数	d_{31}/(m·V^{-1})	k_{31}^2	$\varepsilon_{33}^{\mathrm{T}}$/(CmV^{-1})	C^{T}/nF
值	2.74×10^{-10}	0.3041	2.92×10^{-8}	70.12

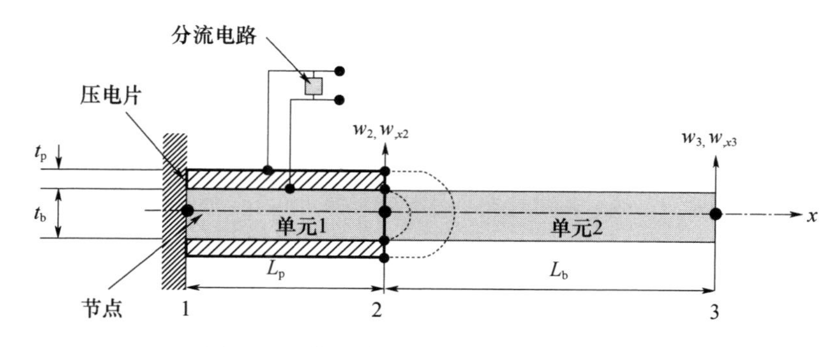

图 9.34　带有单个分流压电单元的梁结构

[分析]

利用有限元方法对这个系统进行建模和分析,不难得到如下所示的 4 个固

有频率值：132Hz、657Hz、2293Hz 和 4877.3Hz。这里可以选择分流电容值 $C_i(i=1,2,3,4)$ 为 50nF，然后利用式(9.83)和式(9.84)即可计算出分流总电感 L_{ti} 和电阻 R_i，这些参数值如下表所列。

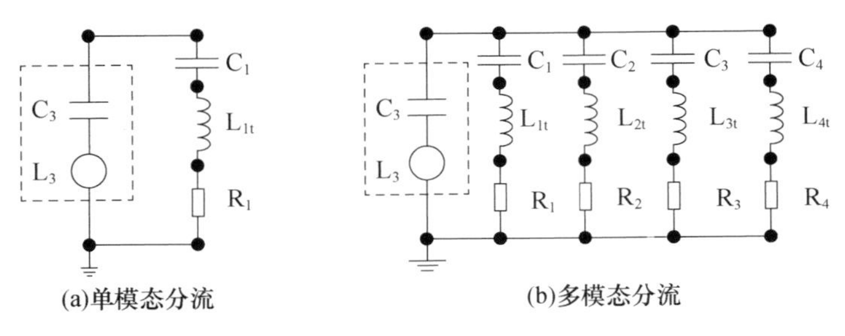

图 9.35 单模态和多模态分流网络

模态	1	2	3	4
C_i /nF	50	50	50	50
L_{ti} /H	58.86	2.38	0.195	0.0431
R_i /Ω	20611	4411	1186.3	557.8

当对系统的一阶振动模态进行控制时，图 9.36 示出了这个梁/压电片系统的频率响应情况，这里采用的是图 9.35(a)所示的分流网络。很明显，所考察的分流网络是非常有效的，能够抑制一阶振动模态，不过对其他几个模态没有影响。

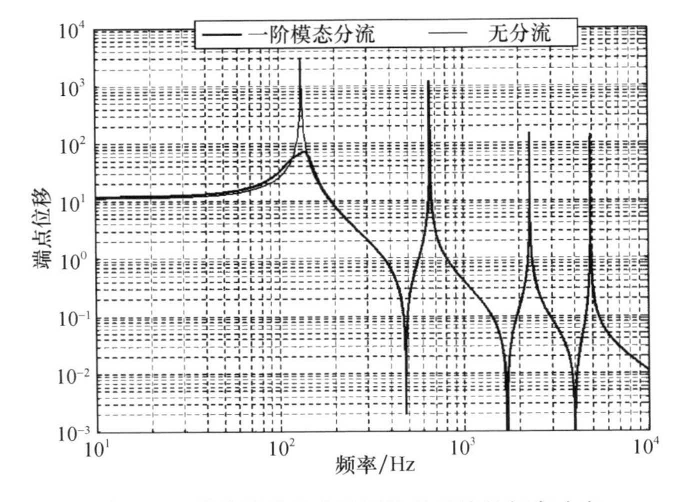

图 9.36 带有单模态分流网络的系统的频率响应

当采用图 9.35(b)所示的分流网络来控制所有 4 个振动模态时,这个系统的频率响应如图 9.37 所示。从中不难发现,所考察的分流网络有效地抑制了这 4 个振动模态。然而,需要注意的是,此处对于一阶模态的抑制效果没有前面(单独对一阶模态进行控制)的效果好。

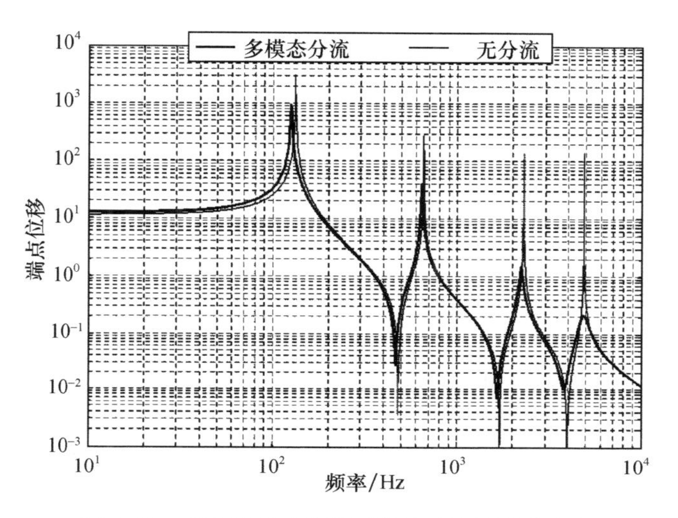

图 9.37　带有四模态分流网络的系统的频率响应

9.6　本章小结

本章介绍了利用压电片进行结构振动控制方面的一些基本知识,针对不同类型的分流电路给出了分流压电片的性能表达式,并指出了分流压电片的行为是类似于传统的黏弹性材料的。我们考虑了 3 种形式的分流电路,推导建立了与之对应的分流压电片的复模量表达式,并揭示出当分流电路具有匹配的电容元件时,将会产生最大的能量耗散效应,特别是在低频振动情况中。此外,本章也讨论了与负分流电容和大电感元件的实现相关的一些实际问题。

进一步,我们利用复模量方法将分流压电片的特性与结构的行为集成到了一起,通过有限元手段建立了完整的动力学模型。同时,本章也给出了基于机电耦合场描述的另一有限元方法,并针对做纵向振动的杆结构对比了这两种方法的分析结果。

本章所阐述的相关概念和方法,可以轻松地拓展到更为复杂的结构分析中,例如梁、板和壳等结构物。

参考文献

Baz, A. (2009). The structure of an active acoustic metamaterial with tunable effective density. New Journal of Physics 11, 123010.

Baz, A. (2010). An active acoustic metamaterial with tunable effective density. ASME Journal of Vibration & Acoustics 132(4, 041011 1-9).

Behrens, S., Moheimani, S. O. R., and Fleming, A. J. (2003). Multiple mode current flowing passive piezoelectric shunt controller. Journal of Sound and Vibration 266(5): 929-942.

Browning D. and Wynn W., Vibration damping system using active negative capacitive shunt circuit with piezoelectric reaction mass actuator", United States Patent, No. 5,558,477, filed December 4 1994 and issued September 24 1996.

Clark, W. W. (2000). Vibration control with state-switched piezoelectric materials. Journal of Intelligent Material Systems and Structures 11(4): 263-271.

Corr, L. R. and Clark, W. W. (2002). Comparison of low-frequency piezoceramic shunt techniques for structural damping. Smart Materials and Structures 11(3): 370-376.

Deliyannis, T., Sun, Y., and Fidler, J. K. (1999). Continuous Time Active Filter Design. Boca Raton, FL: CRC Press.

Edberg D. L., Bicos A. S., and Fechter J. S., "On piezoelectric energy conversion for electronic passive damping enhancement", Proceedings of Damping '91, San Diego, CA, WL-TR-91-3078, Vol. 2, pp. GBA1-10, 1991.

Forward R. L., "Electromechanical transducer-coupled mechanical structure with negative capacitance compensation circuit, United States Patent, No. 4,158,787, filed May 1 1998, and issued June 19 1979.

Goldstein, A. (2011). Self-tuning multimodal piezoelectric shunt damping. Journal of the Brazilian Society of Mechanical Sciences and Engineering 33(4): 428-436.

Gripp, J. A. B. and Rade, D. A. (2018). Vibration and noise control using shunted piezoelectric transducers: A review. Mechanical Systems and Signal Processing 112: 359-383.

Hagood, N. W. and von Flotow, A. (1991). Damping of structural vibrations with piezoelectric materials and passive electrical networks. Journal of Sound and Vibration 146(2): 243-268.

Hagood, N. W., Chung, W. H., and von Flotow, A. (1990). Modeling of piezoelectric actuator dynamics for active structural control. Journal of Intelligent Material Systems and Structures 1: 327-354.

Hollkamp, J. J. (1994). Multimodal passive vibration suppression with piezoelectric materials and resonant shunts. Journal of Intelligent Material Systems and Structures 5: 49-57.

IEEE STD 176(1987). IEEE Standard on Piezoelectricity. New York, NY: The Institute of Electrical and Electronics Engineers.

Itoh, T., Shimomura, T., and Okubo, H. (2011). Semi-active vibration control of smart structures with sliding mode control. Journal of System Design and Dynamics 5(5):716-726.

Law, H., Rossiter, P., Koss, L., and Simon, G. (1995). Mechanisms in damping of mechanical vibration by piezoelectric ceramic-polymer composite materials. Journal of Materials Science 30: 2648-2655.

Lesieutre, G. A. (1998). Vibration damping and control using shunted piezoelectric materials. The Shock and Vibration Digest 30(3):187-195.

Lesieutre G. and Davis C., "Can a coupling coefficient of a piezoelectric device be higher than those of its active material?", in Proceedings of SPIE, Smart Structures and Integrated Systems (ed. M. Regelburgge), Vol. 30417, pp. 281-292, 1997.

Moheimani, S. O. R., Fleming, A. J., and Behrens, S. (2001). Highly resonant controller for multimode piezoelectric shunt damping. Electronics Letters 37(25):1505-1506.

Mokrani, B., Rodrigues, G., Ioan, B., Bastaits, R., and Preumont, A. (2012). Synchronized switch damping on inductor and negative capacitance. Journal of Intelligent Material Systems and Structures 23(18):2065-2075.

Neubauer, M., Han, X., and Wallaschek, J. (2013). On the maximum damping performance of piezoelectric switching techniques. Journal of Intelligent Material Systems and Structures 24(6):717-728.

Park C. H. and Inman D. J., "A uniform model for series R-L and Parallel R-L shunt circuits and power consumption", Proceedings of SPIE, Smart Structures and Integrated Systems (ed. N. Wereley), Vol. 3668, pp. 797-804, 1999.

Tsai, M. S. and Wang, K. W. (1999). On the structural damping characteristics of active piezoelectric actuators with passive shunt. Journal of Sound and Vibration 221(1):1-22.

Velazquez, C. A. (1995). Electromechanical surface damping combining constrained layer and shunted piezoelectric materials with passive electrical networks of second order. New York: Masters Thesis, Department of Mechanical Engineering, Rochester Institute of Technology, Rochester.

Wu, S. (1998). Method for multiple mode piezoelectric shunting with single PZT transducer for vibration control. Journal of Intelligent Material Systems and Structures 9(12):991-998.

Wu S., "Broadband piezoelectric shunts for structural vibration control," United States Patent, No. 6,075,309, filed July 18 and issued April 11 2000.

Yan, B., Wang, K., Hu, Z. et al. (2017). Shunt damping vibration control technology: a review. Applied Sciences 7:494. doi:10.3390/app7050494.

本章附录

9.A 机电耦合因子

输入的电能与输出的机械能之间的耦合关系一般是通过机电耦合因子(EMCF)来定量描述的。电能向机械能的转换效率 Eff 可以根据下式来确定:

$$\mathrm{Eff} = \frac{U_{\mathrm{elastic}}}{U_{\mathrm{electrical}}} \tag{9.A.1}$$

式中:U_{elastic} 为弹性能,即

$$U_{\mathrm{elastic}} = \frac{1}{2}\int 应力 \times 应变\ \mathrm{d}v \tag{9.A.2}$$

若 $T_1 = 0$,那么根据式(9.1)中的第一行可知应变应为 $d_{31}E_3$,对应的应力则为 $\frac{d_{31}E_3}{s_{11}^{\mathrm{E}}}$。另外,考虑到 d$v$ 代表的是无限小体积,于是式(9.A.2)就可以化为如下形式:

$$U_{\mathrm{elastic}} = \frac{1}{2}\left(\frac{d_{31}E_3}{s_{11}^{\mathrm{E}}}\right)(d_{31}E_3)At = \frac{1}{2}\frac{\mathrm{d}_{31}^2}{s_{11}^{\mathrm{E}}}AtE_3^2 \tag{9.A.3}$$

电能 $U_{\mathrm{electrical}}$ 可由下式给出:

$$U_{\mathrm{electrical}} = \frac{1}{2}QV = \frac{1}{2}\int D_3\mathrm{d}AE_3t \tag{9.A.4}$$

式中:Q、V 和 D_3 分别为电荷、电压和电位移。

另一方面,对于应力自由的压电片(即 $T_1 = 0$)来说,根据式(9.1)的第二行,有

$$D_3 = \varepsilon_{33}^{\mathrm{T}}E_3 \tag{9.A.5}$$

将式(9.A.5)代入式(9.A.4)中,可得

$$U_{\mathrm{electrical}} = \frac{1}{2}\varepsilon_{33}^{\mathrm{T}}E_3^2At \tag{9.A.6}$$

于是,根据式(9.A.2)和式(9.A.6)不难得到:

$$\mathrm{Eff}=\frac{\frac{1}{2}\frac{d_{31}^2}{s_{11}^{\mathrm{E}}}E_3^2At}{\frac{1}{2}\varepsilon_{33}^{\mathrm{T}}E_3^2At}=\frac{d_{31}^2}{s_{11}^{\mathrm{E}}\varepsilon_{33}^{\mathrm{T}}}=k_{31}^2 \tag{9.A.7}$$

由此可见,EMCF(k_{31}^2)是等于电能转化为弹性能的转换效率的。

表9.A.1中列出了一些压电材料的物理特性,与之对应的EMCF值可以参见表9.A.2。

表9.A.1　典型压电材料的物理参数

材料	s_{11}^{E} /($\mathrm{m^2N^{-1}}$)	d_{31} /($\mathrm{m\cdot V^{-1}}$)	$\varepsilon_{33}^{\mathrm{T}}$ /($\mathrm{Fm^{-1}}$)	密度/($\mathrm{kgm^{-3}}$)
PZT-4	1.59×10^{-11}	-1.80×10^{-10}	1.50×10^{-8}	7600
PZT-5H	1.65×10^{-11}	-2.74×10^{-10}	2.49×10^{-8}	7300
PVDF	5.00×10^{-10}	2.3×10^{-11}	1.10×10^{-10}	1780
注:PZT—锆钛酸铅(陶瓷); PVDF—聚偏氟乙烯(聚合物)				

表9.A.2　典型压电材料的EMCF(k_{31}^2)值

PZT-4	PZT-5H	PVDF
0.137	0.185	0.0096
注:PZT—锆钛酸铅(陶瓷); PVDF—聚偏氟乙烯(聚合物)		

思考题

9.1　考虑图P9.1所示的两个分流网络,试确定无量纲机械阻抗 $\bar{Z}^{\mathrm{ME}}$ 。注意此处的 $\bar{Z}^{\mathrm{ME}}$ 由下式给出: $\bar{Z}^{\mathrm{ME}}=Z^{\mathrm{ME-分流}}/Z^{\mathrm{ME-开路}}$ 。进一步,试推导出相应的等效储能模量和损耗因子的表达式,并证明与损耗因子达到最大相对应的调谐频率 ω^* 应为

(1) $\omega_{串联}^*=1/\sqrt{LC^{\mathrm{S}}}$;

(2) $\omega_{并联}^*=\sqrt{R^2/(R^2LC^{\mathrm{S}}-L^2)}$ 。

这里的 $C^{\mathrm{S}}=C^{\mathrm{T}}(1-k^2)$, k 为EMCF。

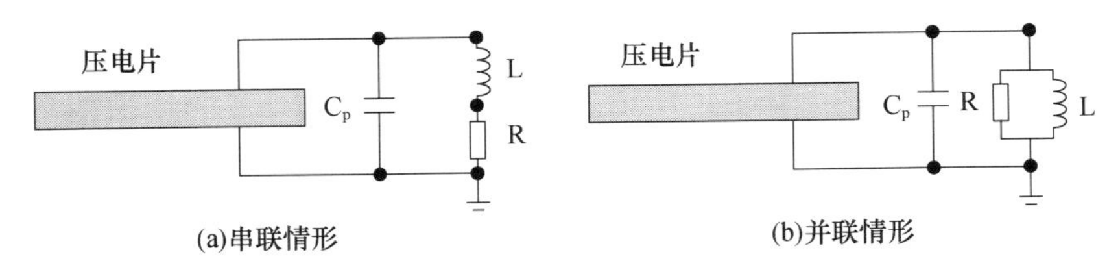

图 P9.1　串联 R-L 和并联 R-L 分流电路

9.2　考虑如图 P9.2 所示的弹簧质量系统，现在利用分流压电网络来抑制其振动。试针对如下情况考察质量块 m 的无量纲位移 X/X_{st}：①分流网络采用的是一个串联的 L-R 电路；②分流网络采用的是一个并联的 L-R 电路。此处的 $X_{st}=F/(K_s+K_{sn})$，其中的 F 为作用力，K_s 为弹簧刚度，K_{sn} 为分流网络的等效刚度。

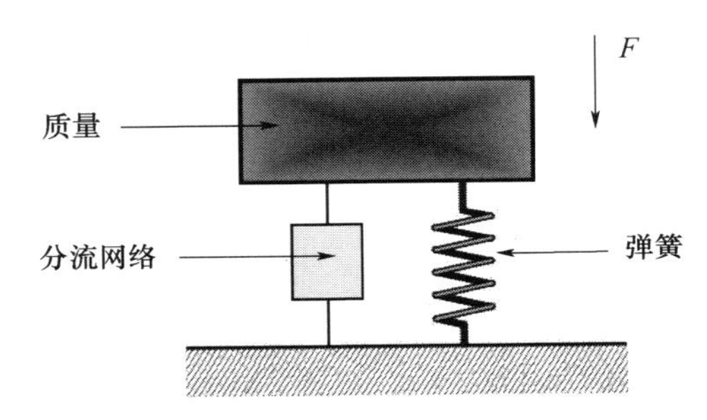

图 P9.2　通过分流压电网络提供阻尼的弹簧质量系统

如果 $K_{耦合}^2=\dfrac{K_{sn}}{K_s+K_{sn}}\left(\dfrac{k^2}{1-k^2}\right)$（$k$ 为 EMCF），试证明：

$$(1)\ \left(\frac{X}{X_{st}}\right)_{串联}=\frac{\gamma^2+\delta^2\Omega\gamma+\delta^2}{(1+\gamma^2)(\gamma^2+\delta^2\Omega\gamma+\delta^2)+K_{耦合}^2(\gamma^2+\delta^2\Omega\gamma)};$$

$$(2)\ \left(\frac{X}{X_{st}}\right)_{并联}=\frac{\Omega\gamma^2+\gamma+\delta^2\Omega}{(1+\gamma^2)(\gamma+\Omega\gamma^2+\delta^2\Omega)+K_{耦合}^2(\Omega\gamma^2)}$$

式中：$\Omega=RC^S\omega_n$，$C^S=C^T(1-k^2)$，$\omega_n=\sqrt{\dfrac{K_s+K_{sn}}{M}}$；$\gamma=\dfrac{s}{\omega_n}$，$s$ 为拉普拉斯复变量；

$\delta=\dfrac{\omega_e}{\omega_n}$，$\omega_e=\dfrac{1}{\sqrt{LC^S}}$。

9.3　对于思考题 9.2 中的分流网络来说，当传递函数 X/X_{st} 的极点一致时也就实现了最优调谐。若令极点为 $\gamma_{1,2}=a+bi$ 和 $\gamma_{3,4}=a-bi$，试说明对于 L-R 串联电路，有

$$\delta^2\Omega = -4a$$
$$1 + \delta^2 + K_{耦合}^2 = 6a^2 + 2b^2$$
$$\delta^2\Omega(1 + K_{耦合}^2) = -4a(a^2 + b^2)$$
$$\delta = a^2 + b^2$$

从这些方程中消去 a 和 b 可得

$$\delta^* = 1 + K_{耦合}^2, \Omega^* = 2\sqrt{\frac{K_{耦合}^2}{(1 + K_{耦合}^2)^3}}$$

进一步,试针对 L-R 并联电路情形推导出类似的表达式。

9.4　考虑图 P9.3 所示的电路,试说明它的输入阻抗 Z 可以表示为: $Z = V_i/i_i = -1/Cs$ 。

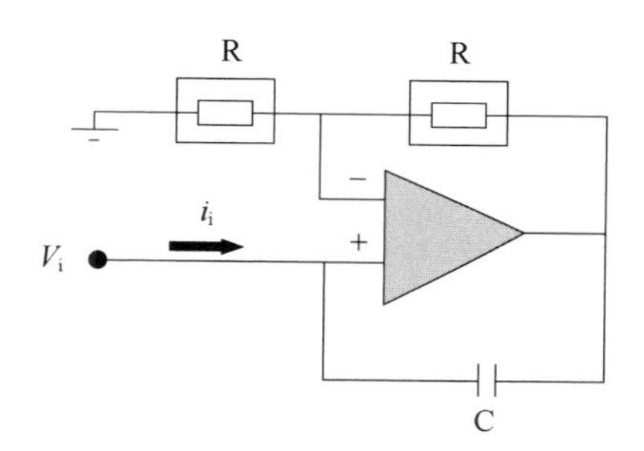

图 P9.3　通过电路合成来实现负电容

9.5　考虑如图 P9.4 所示的系统,该复合阻尼处理方式包括了一个聚合物层和一个平行于加载方向布置的压电层。假定该聚合物层在跟压电层联合使用时其行为类似于一个分流电阻 R,同时它的复模量为 $E_1^* = E_1(1 + i\eta_1)$, E_1 和 η_1 分别是储能模量和损耗因子($\eta_1 = 2\zeta_1$)。压电层的复模量为 $E_2^* = E_2(1 + i\eta_2)$, E_2 和 η_2 分别是对应的储能模量和损耗因子($\eta_2 = 2\zeta_2$),可以由式(9.21)确定,即

$$E_2 s_{11}^{D} = 1 - \frac{k_{31}^2}{1 + \Omega^2}, \eta_2 = \frac{k_{31}^2\Omega}{1 - k_{31}^2 + \Omega^2}, \Omega = RC^{T}\omega$$

式中: s_{11}^{D} 和 k_{31}^2 分别为顺度和 EMCF; $C^{T}(= bc\varepsilon_{33}^{T}/d)$ 为压电层在应力自由状态下的电容, ε_{33}^{T} 为介电常数; ω 为激励频率,下标 1 和 3 的方向可以参见图 P9.4 所示的坐标系统。需要注意的是,对于所考虑的复合结构来说,聚合物层和压电层的位移满足 $x_t = x$, 总刚度为 $k_t = k_1 + k_2$, 耗散的总能量为 $U_t = U_1 + U_2 = 2\pi\zeta_t k_t x^2$, 聚合物层耗散的能量为 $U_1 = 2\pi\zeta_1 k_1 x^2$, 压电层耗散的能量为 $U_2 =$

$2\pi\zeta_2 k_2 x^2$。此外,聚合物层和压电层的刚度(k_1, k_2)分别为 $k_1 = \dfrac{E_1 A_1}{c}$ 和 $k_2 = \dfrac{E_2 A_2}{c}$,其中 $A_1 = b(a-d), A_2 = bd$。

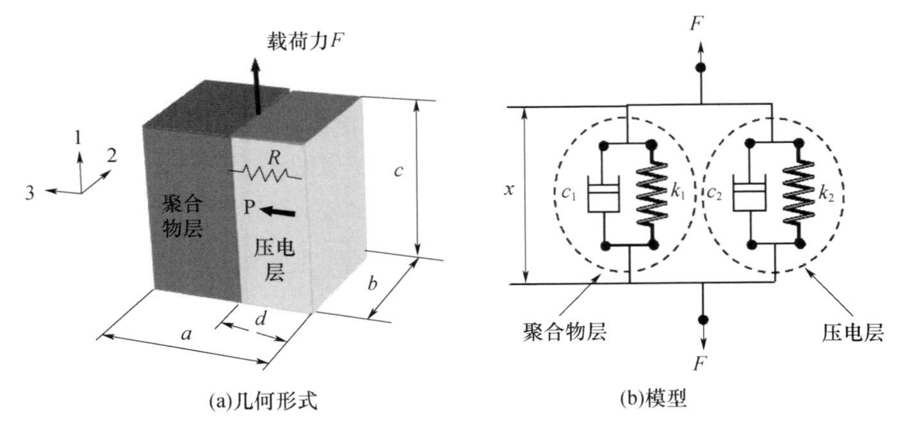

图 P9.4 由聚合物层和压电质(平行于加载方向)构成的复合阻尼处理

试说明该复合结构的总阻尼比 ζ_t 可以根据下式确定:

$$\zeta_t = \frac{1}{1+q}(q\zeta_1 + \zeta_2)$$

式中:$q = \dfrac{k_1}{k_2} = p\left(\dfrac{1}{v} - 1\right)$,$p = \dfrac{E_1}{E_2}$,$v = \dfrac{V_2}{V_1 + V_2} = \dfrac{d}{a}$ 为压电层的体积百分数(V_1 和 V_2 分别为聚合物层和压电层的体积)。

进一步,试针对不同的电阻值 R 计算并绘制出总阻尼比 ζ_t 随频率 Ω 的变化情况(此处设体积百分数为 $v = 0.5$),该复合结构的几何与物理参数可以参考表 P9.1。

表 P9.1 平行布置的复合层的几何和物理参数

s_{11}^{E} /(m^2N^{-1})	k_{31}^2	ε_{33}^{T} /(Fm^{-1})	E_1 /(Nm^{-2})	ζ_1	a/m	b/m	c/m
1.2×10^{-11}	0.12	1.50×10^{-8}	2.0×10^{7}	0.5	0.005	0.025	0.05

9.6 考虑如图 P9.5 所示的系统,该复合阻尼处理方式包括了一个聚合物层和一个垂直于加载方向布置的压电层。假定该导电聚合物层在跟压电陶瓷层联合使用时其行为类似于一个分流电阻 R,同时它的复模量为 $E_1^* = E_1(1 + i\eta_1)$,E_1 和 η_1 分别是储能模量和损耗因子($\eta_1 = 2\zeta_1$)。压电层的复模

量为 $E_2^* = E_2(1 + \mathrm{i}\eta_2)$，$E_2$ 和 η_2 分别是对应的储能模量和损耗因子（$\eta_2 = 2\zeta_2$），可以由式(9.21)确定，即

$$E_2 s_{33}^{\mathrm{D}} = 1 - \frac{k_{33}^2}{1 + \Omega^2}, \eta_2 = \frac{1}{2}\frac{k_{33}^2 \Omega}{1 - k_{33}^2 + \Omega^2}, \Omega = RC^{\mathrm{T}}\omega$$

式中：s_{33}^{D} 和 k_{33}^2 分别为顺度和 EMCF；$C^{\mathrm{T}}(= ab\varepsilon_{33}^{\mathrm{T}}/d)$ 为压电层在应力自由状态下的电容；ω 为激励频率。需要注意的是，对于所考虑的复合结构来说，聚合物层和压电层的位移满足 $x_t = x_1 + x_2$，总刚度为 $1/k_t = 1/k_1 + 1/k_2$，耗散的总能量为 $U_t = U_1 + U_2 = 2\pi\zeta_t F^2/k_t$，聚合物层耗散的能量为 $U_1 = 2\pi\zeta_1 F^2/k_1$，压电层耗散的能量为 $U_2 = 2\pi\zeta_2 F^2/k_2$。此外，聚合物层和压电层的刚度（$k_1, k_2$）分别为 $k_1 = \dfrac{E_1 A_1}{c - d}$ 和 $k_2 = \dfrac{E_2 A_2}{d}$，其中 $A_1 = ab = A_2$。

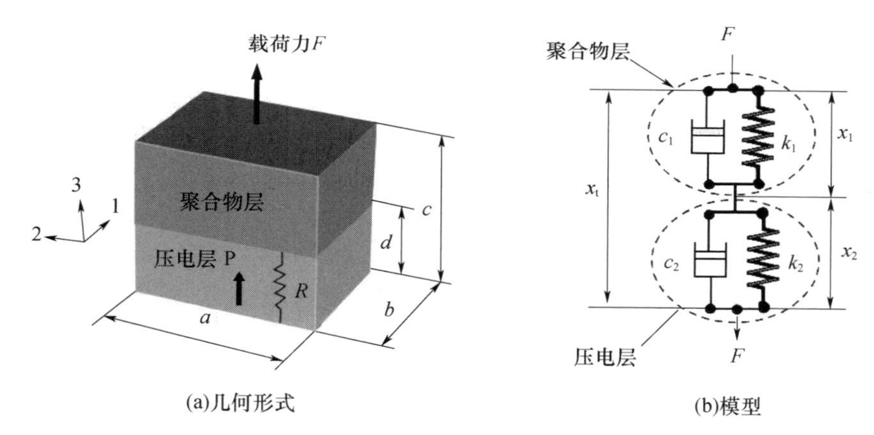

(a)几何形式　　(b)模型

图 P9.5　由聚合物层和压电层（垂直于加载方向）构成的复合阻尼处理

试说明该复合结构的总阻尼比 ζ_t 可以根据下式确定：

$$\zeta_t = \frac{1}{1 + q}(\zeta_1 + q\zeta_2)$$

式中：$q = \dfrac{k_1}{k_2} = p\dfrac{v}{1 - v}$，$p = \dfrac{E_1}{E_2}$，$v = \dfrac{V_2}{V_1 + V_2} = \dfrac{d}{c}$ 为压电层的体积百分数（V_1 和 V_2 分别为聚合物层和压电层的体积）。

进一步，试针对不同的电阻值 R 计算并绘制出总阻尼比 ζ_t 随频率 Ω 的变化情况（此处设体积百分数为 $v = 0.5$），该复合结构的几何与物理参数可以参考表 P9.2。

表 P9.2 垂直布置的复合层的几何和物理参数

$s_{11}^{E}/(m^2N^{-1})$	k_{33}^2	$\varepsilon_{33}^{T}/(Fm^{-1})$	$E_1/(Nm^{-2})$	ζ_1	a/m	b/m	c/m
1.6×10^{-11}	0.49	1.50×10^{-8}	2.0×10^{7}	0.5	0.05	0.025	0.005

9.7 考虑图 P9.6(a)所示的结构系统,它包含了一个弹簧-阻尼器(E,c)结构,试确定其等效机械阻抗 Z^{ME} ($Z^{ME}=\dfrac{\sigma}{\dot{\varepsilon}}$)。

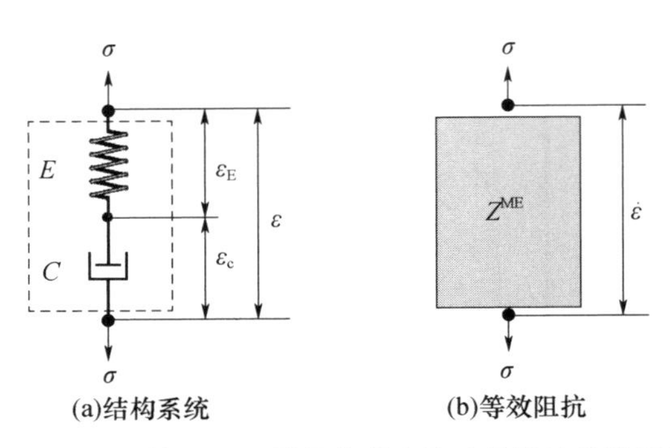

图 P9.6 弹簧和阻尼器的串联连接及其等效机械阻抗

若将这一系统与一个阻抗匹配的分流网络连接起来,如图 P9.7 所示,试说明为了获得最大能量耗散性能,这一系统应当包含一个弹簧-阻尼器组合($-E$,c),即应当具有一个负刚度弹簧元件(类似于带有一个负电容分流的压电片)。分析中可以将力和速度分别视为电压与电流的力学对应物,进而弹簧和阻尼器可以类比为电容和电阻。

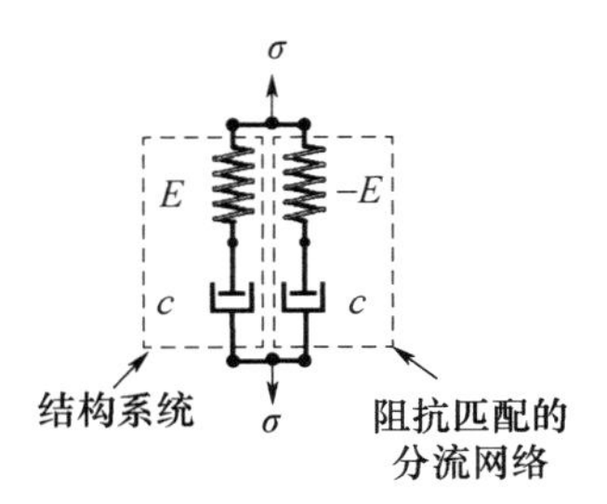

图 P9.7 连接到一个阻抗匹配的分流网络上的弹簧和阻尼器

进一步,试说明这一系统的复模量可以表示为

$$E^{*}=\frac{2E^{2}Cs}{E^{2}-C^{2}s^{2}}$$

最后,试计算和绘制出该系统的等效储能模量和损耗因子随频率 ω 的变化情况,并对所得到的结果加以讨论。

9.8　考虑一个粘贴压电片的声腔的等效电路,该空腔的模型可以表示成电容 C_S 和电感 L_S,而压电片则可以描述为电容 C_D 和电感 L_D,参见图 P9.8 (Baz,2009;2010)。图中的电阻抗 Z_P 是由压电片的电容 C_P 和分流电阻 R 构成的,如图 P9.9 所示。结构和压电片的参数见表 P9.3。

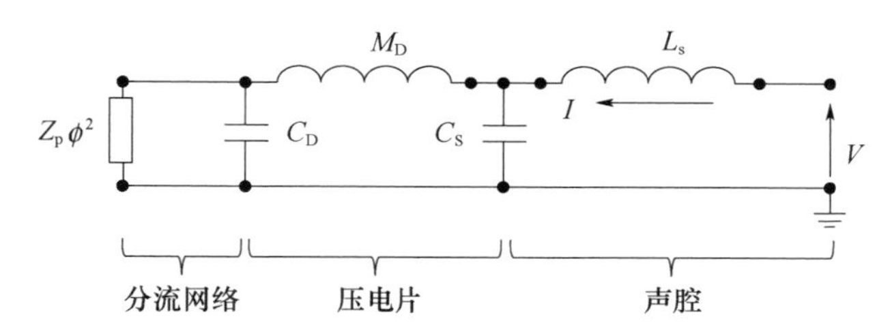

图 P9.8　粘贴压电片的声腔的等效电路

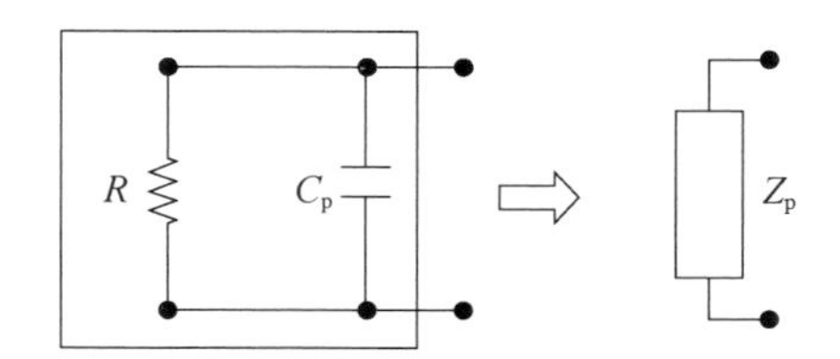

图 P9.9　电阻分流压电片的电阻抗

表 P9.3　结构和压电片系统的参数

参数	C_P	C_C	L_C	A
值	18.24nF	$1.85\times10^{-15}\mathrm{m^4s^2kg^{-1}}$	$24069\mathrm{kgm^{-4}}$	$1\mathrm{m^2}$
参数	φ	C_D	M_D	l
值	$138.3\mathrm{PaV^{-1}}$	$1.52\times10^{-13}\mathrm{m^4s^2kg^{-1}}$	$13456\mathrm{kgm^{-4}}$	1m

试确定当受到正弦型电压 V 的激励时该系统的响应,这里的响应可以表示为传递函数 $T=\dfrac{V/l}{sI}$ (s 为拉普拉斯复变量)的幅值,即声腔的等效密度。进一步,试说明对于分流电阻值($R=0,1\times10^4,1\times10^6\Omega$), Re(T) - ω 特性应当如图 P9.10 所示。应当注意的是,在 Re(T) 为负的频率范围内,波将不能在该空腔中传播,这一频带称为“禁带”。

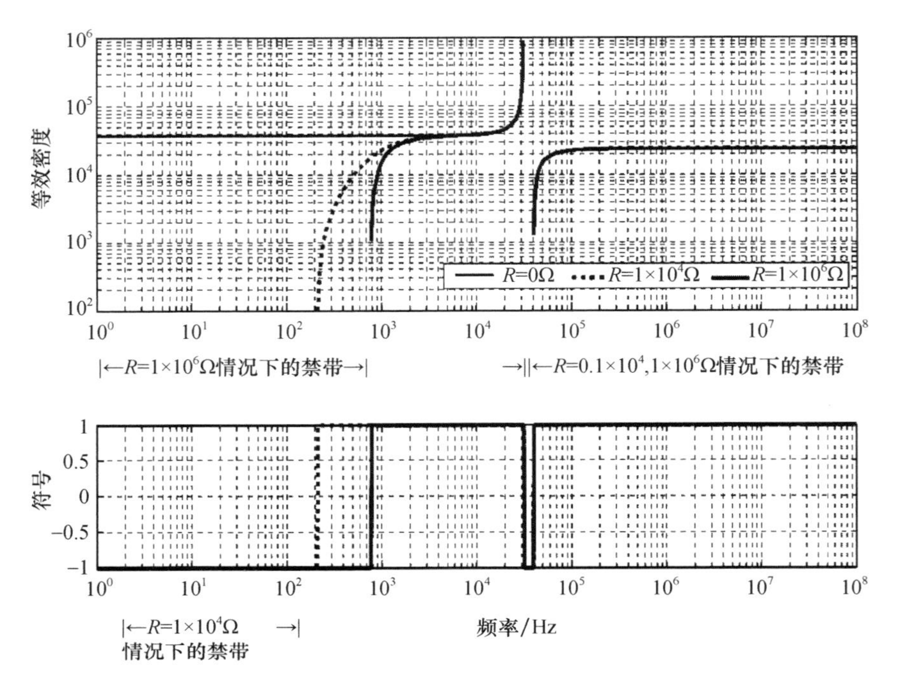

图 P9.10　声腔的等效密度随频率的变化情况(当采用电阻分流时)

9.9　对于图 P9.8 所示的动力学系统,这里假定其中的电阻抗 Z_P 是由压电片的电容 C_P 和 R-C 分流电路构成的,如图 P9.11 所示。试确定当受到正弦型电压 V 的激励时该系统的响应,这里的响应可以表示为传递函数 $T = \dfrac{V/l}{sI}$ (s 为拉普拉斯复变量)的幅值,即声腔的等效密度。进一步,试计算如下分流网络情况下的 $\mathrm{Re}(T) - \omega$ 特性:

(1) $R = 0\Omega, C = -20\mathrm{nF}$;

(2) $R = 0\Omega, C = 20\mathrm{nF}$;

(3) $R = 1\times10^6\Omega, C = 20\mathrm{nF}$。

并说明这些特性应当如图 P9.12 所示。

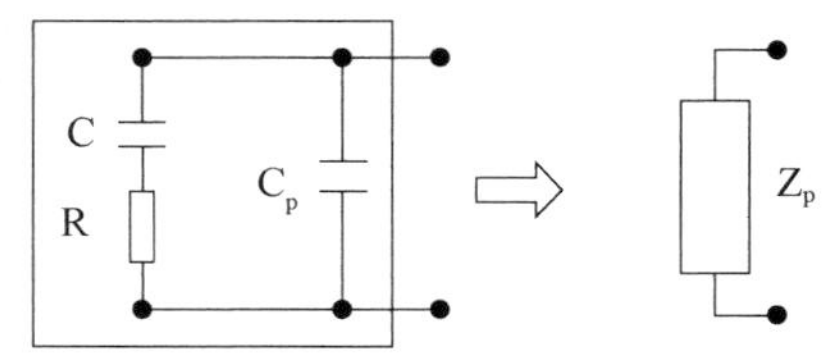

图 P9.11　电阻-电容分流压电片的电阻抗

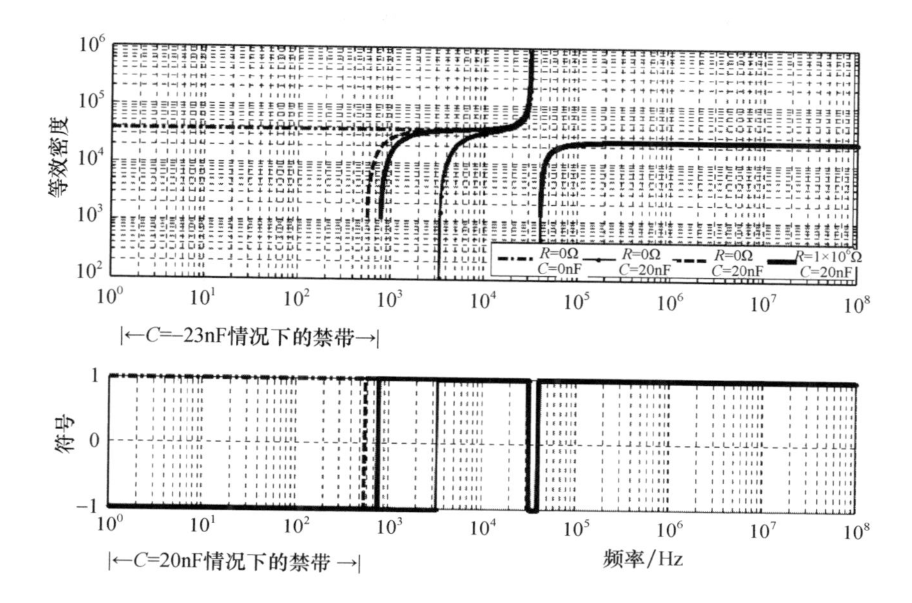

图 P9.12　当采用电阻-电容分流时声腔的等效密度随频率的变化情况

9.10　考虑图 P9.13 所示的两模态分流网络，试说明它的无量纲电阻抗可以表示为（Velazquez，1995）

$$\overline{Z}^{\mathrm{EL}}=\frac{Ns}{\Delta}$$

式中：$N=s^3+\left(\frac{R_2}{L_2}+\frac{R_1}{L_1}\right)s^2+\left(\frac{R_2}{L_2}\frac{R_1}{L_1}+\frac{1}{CL_2}+\frac{1}{CL_1}\right)s+\frac{R_1+R_2}{CL_1L_2}$；

$$\Delta=s^4+\left(\frac{R_2}{L_2}+\frac{R_1}{L_1}\right)s^3+\left(\frac{R_2}{L_2}\frac{R_1}{L_1}+\frac{1}{CL_2}+\frac{1}{CL_1+\frac{1}{C_\mathrm{p}L_1}}\right)s^2+\left(\frac{R_1+R_2}{CL_1L_2}+\frac{R_2}{C_\mathrm{p}L_1L_2}\right)s+\frac{1}{CC_\mathrm{p}L_1L_2}$$

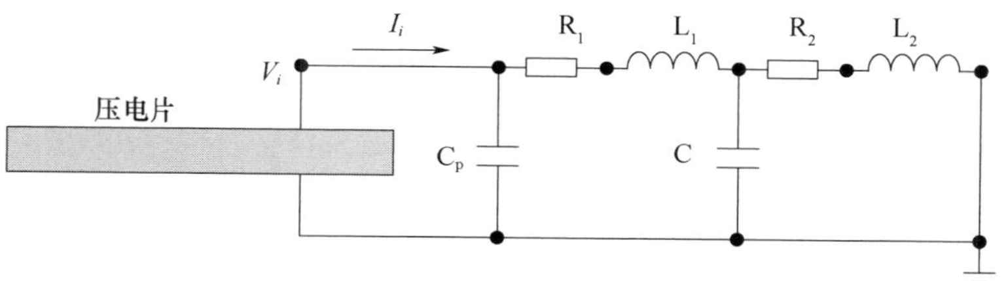

图 P9.13　两模态分流网络

进一步，试指出两模态分流下的无量纲机械阻抗应为

$$\bar{Z}^{\mathrm{ME}} = 1 + \frac{k_{ij}^2(Ns - \Delta)}{\Delta - k_{ij}^2 Ns}$$

最后，试证明压电片的无量纲等效复模量 E^* 的表达式可以表示为

$$E^* = \frac{k_{31}^2\delta_1^2(\gamma^2 + \gamma\delta_2^2\Omega_2 + \delta_2^2)}{\gamma^4 + \gamma^3(\delta_2^2\Omega_2 + \delta_1^2\Omega_1) + \gamma^2(\delta_2^2\Omega_2\delta_1^2\Omega_1 + \delta_1^2(1+\mu) + \delta_2^2) + \gamma\delta_2^2\delta_1^2(\Omega_1 + \Omega_2(1+\mu)) + \delta_2^2\delta_1^2}$$

式中：$\gamma = \beta\mathrm{i}$，$\beta = \omega/\omega_{\mathrm{o}}$，$\bar{\omega}_i^2 = 1/(\bar{C}_i L_i)$，$\delta_i^2 = (\omega_i/\omega_{\mathrm{o}})^2$，$\bar{C}_1 = (1 - k_{31}^2)C_{\mathrm{p}}^{\mathrm{T}}$，$\bar{C}_2 = C$，$\Omega_i = \bar{C}_i R^i \omega_{\mathrm{o}}$，$\mu = \bar{C}_1/C_2 = \frac{L_2}{L_1}\left(\frac{\delta_2}{\delta_1}\right)^2$。

第10章 基于周期结构的振动控制

10.1 引 言

周期结构,无论是被动式还是主动式,它们都是由完全相同的子结构单元以完全相同的方式连接而成的,如图10.1和图10.2所示。由于此类结构具有周期性这一特征,因而它们能够表现出独特的动力学特性,可以作为机械滤波器来控制波的传播行为。实际上,对于周期结构物来说,只有在特定的频率范围内波才能正常地进行传播,这些频带一般称为通带,而在其他频率范围内波将会受到彻底地阻断,这些频带则称为禁带,参见图10.3(a)。就被动式的周期结构物而言,这些频带的宽度和位置都是固定不变的,而在主动式周期结构物中,它们是可以根据结构的振动情况来进行调节的,如图10.3(b)(Baz,2001)所示。

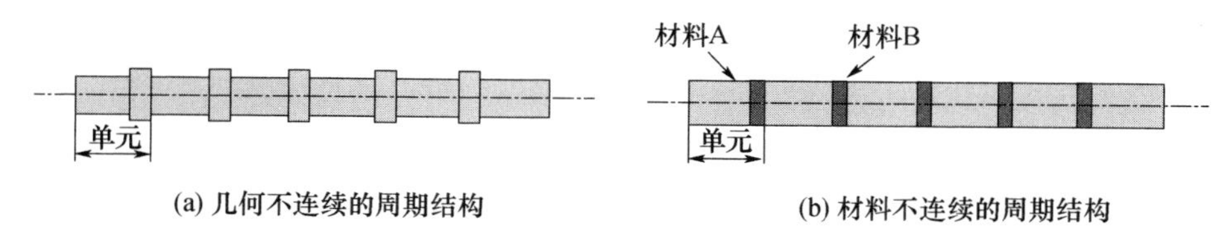

图10.1 被动式周期结构的典型实例

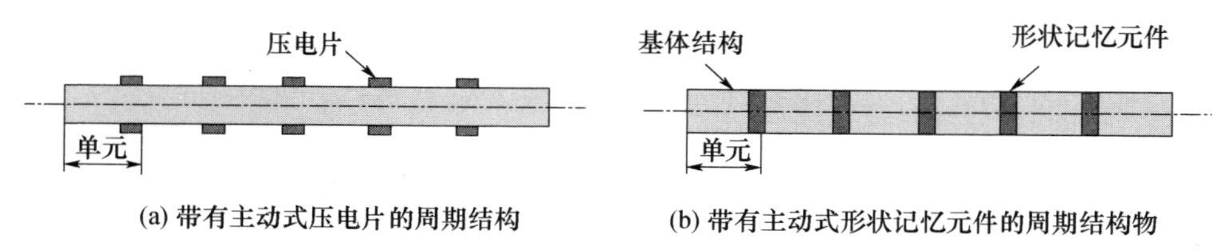

图10.2 主动式周期结构的典型实例

周期结构理论最早是针对固态物理学领域(Brillouin,1946)而建立起来的,20世纪70年代早期这一理论进一步拓展到机械结构的设计领域(Mead,1970;Cremer等人,1973)。自此,人们开始将周期结构理论大量应用于各种各样的结

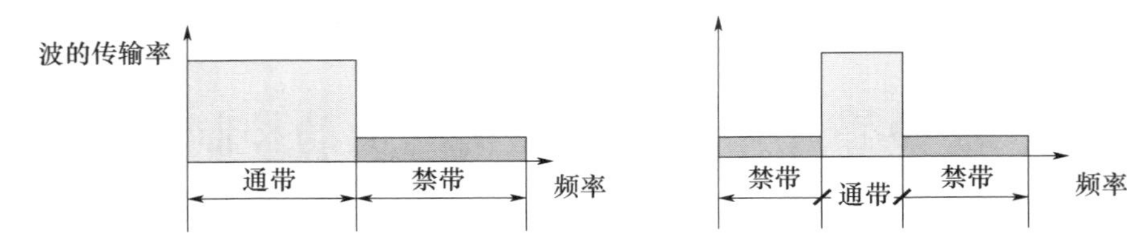

(a) 被动式周期结构的通带和禁带是固定的　　(b) 主动式周期结构的通带和禁带是可调的

图 10.3　主动和被动式周期结构的通带和禁带

构场合之中，例如弹簧质量系统(Faulkner 和 Hong,1985)、周期杆结构(Ruzzene 和 Baz,2000)、周期梁结构(Mead,1970;Mead 和 Markus,1983;Roy 和 Plunkett,1986;Faulkner 和 Hong,1985)、加筋板结构(Sen Gupta,1970;Mead,1971,1986;Mead 和 Yaman,1991)、加筋壳结构(Mead 和 Bardell,1987;Ruzzene 和 Baz,2001)以及空间结构等。

除了具有独特的滤波特性之外，通过引入失谐性(即破坏原有的理想的周期性)，还能够利用周期结构显著地抑制通带频率范围内的波传播过程(Hodges,1982;Hodges 和 Woodhouse,1983)，由此可以构造出众所周知的“局域化”现象，即外部扰动的影响将被局域在失谐位置附近。

在被动式周期结构情况中，失谐性可以是由材料、几何和制造等方面的偏差所导致的(Cai 和 Lin,1991)，不过在主动式周期结构情况下，人们还能够有意识地引入其他形式的失谐，例如通过对每个子结构单元的控制器进行调节就可以实现这一目的(Baz,2001;Chen 等人,2000)。

图 10.4 中对周期结构或失谐周期结构的独特的滤波或局域化特性做了总结，根据这些特性，我们有希望以被动或主动的方式来控制波的传播，特别是使我们所不希望的扰动的传播受到阻止或局域在特定位置。

本章将主要考察一维周期结构和失谐周期结构(包括被动式和主动式两种工作模式)的动力学行为，揭示其独特的滤波和局域化特性。

图 10.4　周期结构和失谐周期结构的基本特性

10.2　周期结构的基础知识

10.2.1　概述

一维周期结构的动力学行为可以利用传递矩阵方法分析和确定。这里将对周期结构的传递矩阵的基本特性进行阐述，并将其跟此类结构中的波传播这一物理过程联系起来。我们还将阐明如何去确定周期结构的通带、禁带、固有频率、模式形状，以及频率响应等，并会给出一些实例来介绍相关方法是怎样应用于各种周期结构物上的，例如弹簧质量系统、杆和梁等。

10.2.2　传递矩阵方法

10.2.2.1　传递矩阵

这里考虑如图 10.5 所示的具有一般性的一维周期结构，对于其中的第 k 个单元，其无阻尼运动可以根据如下有限元表达式来确定，即

$$\begin{bmatrix} \boldsymbol{M}_{\mathrm{LL}} & \boldsymbol{M}_{\mathrm{LR}} \\ \boldsymbol{M}_{\mathrm{RL}} & \boldsymbol{M}_{\mathrm{RR}} \end{bmatrix} \begin{Bmatrix} \ddot{u}_{\mathrm{L}_k} \\ \ddot{u}_{\mathrm{R}_k} \end{Bmatrix} + \begin{bmatrix} \boldsymbol{K}_{\mathrm{LL}} & \boldsymbol{K}_{\mathrm{LR}} \\ \boldsymbol{K}_{\mathrm{RL}} & \boldsymbol{K}_{\mathrm{RR}} \end{bmatrix} \begin{Bmatrix} u_{\mathrm{L}_k} \\ u_{\mathrm{R}_k} \end{Bmatrix} = \begin{Bmatrix} F_{\mathrm{L}_k} \\ F_{\mathrm{R}_k} \end{Bmatrix} \tag{10.1}$$

式中：$\boldsymbol{M}_{ij}$ 和 $\boldsymbol{K}_{ij}$ 分别为分块形式的质量矩阵和刚度矩阵；$\boldsymbol{u}$ 和 $\boldsymbol{F}$ 分别为位移矢量和力矢量；下标 L_k 和 R_k 分别表示的是第 k 个单元的左侧和右侧。

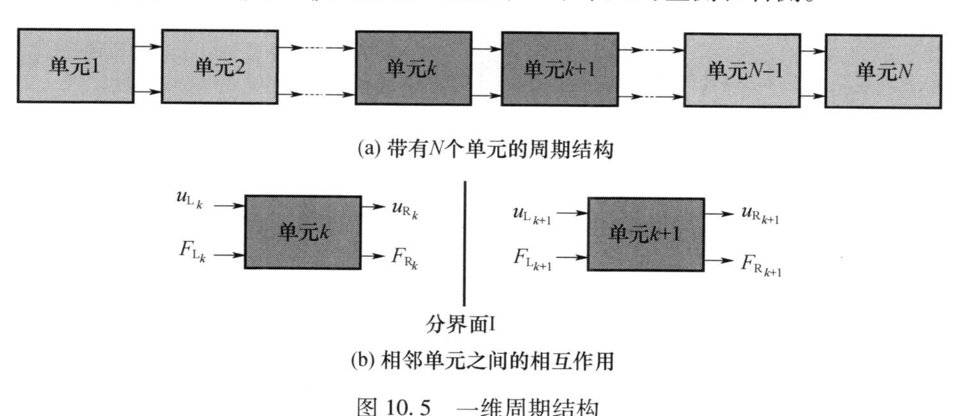

图 10.5　一维周期结构

当结构受到的是频率为 ω 的正弦激励时，式(10.1)可以化为如下形式：

$$\begin{bmatrix} \boldsymbol{K}_{\mathrm{LL}} - \boldsymbol{M}_{\mathrm{LL}}\omega^2 & \boldsymbol{K}_{\mathrm{LR}} - \boldsymbol{M}_{\mathrm{LR}}\omega^2 \\ \boldsymbol{K}_{\mathrm{RL}} - \boldsymbol{M}_{\mathrm{RL}}\omega^2 & \boldsymbol{K}_{\mathrm{RR}} - \boldsymbol{M}_{\mathrm{RR}}\omega^2 \end{bmatrix} \begin{Bmatrix} u_{\mathrm{L}_k} \\ u_{\mathrm{R}_k} \end{Bmatrix} = \begin{Bmatrix} F_{\mathrm{L}_k} \\ F_{\mathrm{R}_k} \end{Bmatrix}$$

或者写为

$$\begin{bmatrix} \boldsymbol{K}_{\mathrm{d_{LL}}} & \boldsymbol{K}_{\mathrm{d_{LR}}} \\ \boldsymbol{K}_{\mathrm{d_{RL}}} & \boldsymbol{K}_{\mathrm{d_{RR}}} \end{bmatrix} \begin{Bmatrix} u_{\mathrm{L}_k} \\ u_{\mathrm{R}_k} \end{Bmatrix} = \begin{Bmatrix} F_{\mathrm{L}_k} \\ F_{\mathrm{R}_k} \end{Bmatrix} \tag{10.2}$$

式中：$\boldsymbol{K}_{\mathrm{d}}$ 为第 k 个单元的动刚度矩阵。

重新整理式(10.2)，有

$$\begin{Bmatrix} u_{\mathrm{R}_k} \\ F_{\mathrm{R}_k} \end{Bmatrix} = \begin{bmatrix} -\boldsymbol{K}_{\mathrm{d_{LR}}}^{-1}\boldsymbol{K}_{\mathrm{d_{LL}}} & \boldsymbol{K}_{\mathrm{d_{LR}}}^{-1} \\ -\boldsymbol{K}_{\mathrm{d_{RR}}}\boldsymbol{K}_{\mathrm{d_{LR}}}^{-1}\boldsymbol{K}_{\mathrm{d_{LL}}} + \boldsymbol{K}_{\mathrm{d_{RL}}} & \boldsymbol{K}_{\mathrm{d_{RR}}}\boldsymbol{K}_{\mathrm{d_{LR}}}^{-1} \end{bmatrix} \begin{Bmatrix} u_{\mathrm{L}_k} \\ F_{\mathrm{L}_k} \end{Bmatrix} \tag{10.3}$$

进一步，根据第 k 个单元和第 k+1 个单元的分界面处的协调条件和平衡要求，不难建立如下关系式：

$$u_{\mathrm{R}_k} = u_{\mathrm{L}_{k+1}},\ F_{\mathrm{R}_k} = -F_{\mathrm{L}_{k+1}} \tag{10.4}$$

将这些关系式代入式(10.3)可得

$$\begin{Bmatrix} u_{\mathrm{L}_{k+1}} \\ F_{\mathrm{L}_{k+1}} \end{Bmatrix} = \begin{bmatrix} -\boldsymbol{K}_{\mathrm{d_{LR}}}^{-1}\boldsymbol{K}_{\mathrm{d_{LL}}} & \boldsymbol{K}_{\mathrm{d_{LR}}}^{-1} \\ \boldsymbol{K}_{\mathrm{d_{RR}}}\boldsymbol{K}_{\mathrm{d_{LR}}}^{-1}\boldsymbol{K}_{\mathrm{d_{LL}}} - \boldsymbol{K}_{\mathrm{d_{RL}}} & -\boldsymbol{K}_{\mathrm{d_{RR}}}\boldsymbol{K}_{\mathrm{d_{LR}}}^{-1} \end{bmatrix} \begin{Bmatrix} u_{\mathrm{L}_k} \\ F_{\mathrm{L}_k} \end{Bmatrix} \tag{10.5}$$

式(10.5)还可以表示成更加紧凑的形式，即

$$\begin{Bmatrix} u_{\mathrm{L}} \\ F_{\mathrm{L}} \end{Bmatrix}_{k+1} = \begin{bmatrix} t_{11} & t_{12} \\ t_{21} & t_{22} \end{bmatrix} \begin{Bmatrix} u_{\mathrm{L}} \\ F_{\mathrm{L}} \end{Bmatrix}_k \text{ 或 } \boldsymbol{Y}_{k+1} = \boldsymbol{T}_k \boldsymbol{Y}_k \tag{10.6}$$

式中：$\boldsymbol{Y}_{k+1}$ 和 $\boldsymbol{T}_k$ 分别为状态矢量$\{u_{\mathrm{L}} \quad F_{\mathrm{L}}\}^{\mathrm{T}}$ 和第 k 个单元的传递矩阵。可以看出，此处的传递矩阵将第 k+1 个单元的左端的状态矢量跟第 k 个单元左端的状态矢量联系了起来。对于理想的周期结构来说，所有单元的 $\boldsymbol{T}_k$ 都是相同的，因此式(10.6)可以表示为

$$\boldsymbol{Y}_{k+1} = \boldsymbol{T}\boldsymbol{Y}_k \tag{10.7}$$

不过，如果是非理想的周期结构，那么每个单元的 $\boldsymbol{T}_k$ 是不同的，由此也反映了非周期性这一特征。

10.2.2.2 传递矩阵的基本性质

传递矩阵 $\boldsymbol{T}$ 具有一些非常有趣的性质，可以称为“辛矩阵”，下面介绍该矩阵的一些特性。

1) $\boldsymbol{T}$ 的行列式为 1

证明

根据式(10.5),并注意到动刚度矩阵的对称性,有

$$
\begin{aligned}
\det\boldsymbol{T} &= \det\left(\begin{bmatrix} -\boldsymbol{K}_{\mathrm{d}_{\mathrm{LR}}}^{-1}\boldsymbol{K}_{\mathrm{d}_{\mathrm{LL}}} & \boldsymbol{K}_{\mathrm{d}_{\mathrm{LR}}}^{-1} \\ \boldsymbol{K}_{\mathrm{d}_{\mathrm{RR}}}\boldsymbol{K}_{\mathrm{d}_{\mathrm{LR}}}^{-1}\boldsymbol{K}_{\mathrm{d}_{\mathrm{LL}}} - \boldsymbol{K}_{\mathrm{d}_{\mathrm{RL}}} & -\boldsymbol{K}_{\mathrm{d}_{\mathrm{RR}}}\boldsymbol{K}_{\mathrm{d}_{\mathrm{LR}}}^{-1} \end{bmatrix}\right) \\
&= \det\left(\left[\boldsymbol{K}_{\mathrm{d}_{\mathrm{LR}}}^{-1}\boldsymbol{K}_{\mathrm{d}_{\mathrm{LL}}}(\boldsymbol{K}_{\mathrm{d}_{\mathrm{RR}}}\boldsymbol{K}_{\mathrm{d}_{\mathrm{LR}}}^{-1})^{\mathrm{T}} - \boldsymbol{K}_{\mathrm{d}_{\mathrm{LR}}}^{-1}(\boldsymbol{K}_{\mathrm{d}_{\mathrm{RR}}}\boldsymbol{K}_{\mathrm{d}_{\mathrm{LR}}}^{-1}\boldsymbol{K}_{\mathrm{d}_{\mathrm{LL}}})^{\mathrm{T}} + \boldsymbol{K}_{\mathrm{d}_{\mathrm{LR}}}^{-1}(\boldsymbol{K}_{\mathrm{d}_{\mathrm{RL}}})^{\mathrm{T}}\right]\right) \\
&= \det(\boldsymbol{I}) = 1
\end{aligned}
\tag{10.8}
$$

证毕。

2) $\boldsymbol{T}^{-\mathrm{T}} = \boldsymbol{J}\boldsymbol{T}\boldsymbol{J}^{-1}$,其中 $\boldsymbol{J} = \begin{bmatrix} \boldsymbol{0} & \boldsymbol{I} \\ -\boldsymbol{I} & \boldsymbol{0} \end{bmatrix}$

证明

根据式(10.6)可知,由于 $\boldsymbol{T} = \begin{bmatrix} t_{11} & t_{12} \\ t_{21} & t_{22} \end{bmatrix}$,所以有

$$
\boldsymbol{T}^{-1} = \begin{bmatrix} t_{22} & -t_{12} \\ -t_{21} & t_{11} \end{bmatrix}
$$

另外有

$$
\boldsymbol{J}\boldsymbol{T}\boldsymbol{J}^{-1} = [\boldsymbol{0}\quad \boldsymbol{I};\quad -\boldsymbol{I}\quad \boldsymbol{0}]\begin{bmatrix} t_{11} & t_{12} \\ t_{21} & t_{22} \end{bmatrix}[\boldsymbol{0}\quad -\boldsymbol{I};\quad \boldsymbol{I}\quad \boldsymbol{0}]
$$

因此,可得

$$
\boldsymbol{T}^{-\mathrm{T}} = \boldsymbol{J}\boldsymbol{T}\boldsymbol{J}^{-1} \tag{10.9}
$$

证毕。

3) $\boldsymbol{T}$ 的特征值为 λ 和 λ^{-1}

证明

$\boldsymbol{T}$ 的特征值问题可以表示为

$$
\boldsymbol{T}\boldsymbol{Y}_k = \lambda \boldsymbol{Y}_k \tag{10.10}
$$

可以把式(10.10)改写为

$$
\boldsymbol{J}\boldsymbol{T}\boldsymbol{J}^{-1}\boldsymbol{J}\boldsymbol{Y}_k = \lambda \boldsymbol{J}\boldsymbol{Y}_k \tag{10.11}
$$

式中:$\boldsymbol{J} = \begin{bmatrix} \boldsymbol{0} & \boldsymbol{I} \\ -\boldsymbol{I} & \boldsymbol{0} \end{bmatrix}$。利用式(10.9),并记 $\boldsymbol{X}_k = \boldsymbol{J}\boldsymbol{Y}_k$,那么式(10.11)将化为

$$\boldsymbol{T}^{-\mathrm{T}}\boldsymbol{X}_k = \lambda\boldsymbol{X}_k$$

或

$$\boldsymbol{T}^{\mathrm{T}}\boldsymbol{X}_k = \lambda^{-1}\boldsymbol{X}_k \tag{10.12}$$

式(10.12)表明了 λ^{-1} 是矩阵 $\boldsymbol{T}^{\mathrm{T}}$ 的一个特征值,这意味着它也是矩阵 $\boldsymbol{T}$ 的一个特征值,同时还表明了 $\boldsymbol{X}_k$ 是对应的特征矢量。相应地,如果 λ 和 $\boldsymbol{Y}_k$ 是矩阵 $\boldsymbol{T}$ 的特征值及其对应的特征矢量,那么 λ^{-1} 和 $\boldsymbol{X}_k$ 也将是该矩阵的特征值和对应的特征矢量了。

4)矩阵 $\boldsymbol{T}$ 的特征值 λ 的数学含义

联立式(10.7)和式(10.10)可得:

$$\boldsymbol{Y}_{k+1} = \lambda\boldsymbol{Y}_k \tag{10.13}$$

式(10.13)表明了矩阵 $\boldsymbol{T}$ 的特征值 λ 实际上就是两个相邻单元的状态矢量的比值。

由此不难得到如下结论。

(1)如果 $|\lambda|=1$,那么有 $\boldsymbol{Y}_{k+1}=\boldsymbol{Y}_k$,即该结构中传播的状态矢量是完全相同的,这也就对应了“通带”。

(2)如果 $|\lambda|<1$,则有 $\boldsymbol{Y}_{k+1}<\boldsymbol{Y}_k$,因此状态矢量的传播是逐渐衰减的,显然这也就对应了“禁带”的条件。

为了进一步揭示特征值 λ 的物理含义,不妨将它表示为如下形式:

$$\lambda = \mathrm{e}^{\mu} = \mathrm{e}^{\alpha+\mathrm{i}\beta} \tag{10.14}$$

式(10.14)中的 μ 一般称为“传播常数”,它是一个复数,其实部 α 代表的是状态矢量的对数衰减,而其虚部 β 给出的是相邻单元之间的相位差。

例如,可以把式(10.13)改写为如下形式:

$$\{\boldsymbol{u}_{\mathrm{L}} \quad \boldsymbol{F}_{\mathrm{L}}\}_{k+1}^{\mathrm{T}} = \mathrm{e}^{\alpha+\mathrm{i}\beta}\{\boldsymbol{u}_{\mathrm{L}} \quad \boldsymbol{F}_{\mathrm{L}}\}_{k}^{\mathrm{T}} \tag{10.15}$$

并仅考虑位移矢量 $\boldsymbol{u}_{\mathrm{L}}$ 的第 j 个分量 u_{L_j},那么第 k 个单元和第 $k+1$ 个单元的这个分量应为

$$u_{\mathrm{L}_{j_{k+1}}} = U_{\mathrm{L}_{j_{k+1}}}\mathrm{e}^{\mathrm{i}\varphi_{j_{k+1}}}, u_{\mathrm{L}_{j_k}} = U_{\mathrm{L}_{j_k}}\mathrm{e}^{\mathrm{i}\varphi_{j_k}} \tag{10.16}$$

式中:$U_{\mathrm{L}_{j_n}}$ 和 φ_{j_n} 分别为第 n 个单元的第 j 个位移分量 u_{L_j} 的幅值和相位。

根据式(10.15)和式(10.16),有

$$\ln\frac{u_{\mathrm{L}_{j_{k+1}}}}{u_{\mathrm{L}_{j_k}}} = \ln\frac{U_{\mathrm{L}_{j_{k+1}}}}{U_{\mathrm{L}_{j_k}}} + \mathrm{i}(\varphi_{j_{k+1}} - \varphi_{j_k}) = \alpha + \mathrm{i}\beta \tag{10.17}$$

式(10.17)表明：$\alpha=\ln\dfrac{U_{\mathrm{L}_{j_{k+1}}}}{U_{\mathrm{L}_{j_k}}}$代表了幅值的对数衰减，而$\beta=(\varphi_{j_{k+1}}-\varphi_{j_k})$为相邻单元之间的相位差。

根据上述分析可知，我们可以利用传播常数(α 和 β)来给出通带和禁带的存在条件，即

(1)如果 $\alpha=0$(即 μ 为虚数)，那么将对应于“通带”，因为不会出现幅值上的衰减；

(2)如果 $\alpha\neq0$(即 μ 为实数或复数)，那么将对应于“禁带”，因为存在着幅值上的衰减(由 α 值表征)。

(注：在这种情况中，一个纯弹性的周期结构将表现为阻尼结构的行为特点，不过不是使结构振动受到衰减，而是阻止结构振动的传递，由于这一独特性质，对于阻断所不希望的波的传播而言周期结构是非常有效的。)

5)$\boldsymbol{T}$ 的特征值 λ 和 λ^{-1} 的物理意义

为了深入地认识和理解特征值 λ 和 λ^{-1} 的物理意义，可以来考察如下的变换(即从波动模式成分这一角度来看待单元的动力学问题)：

$$\boldsymbol{Y}_k=\begin{Bmatrix}\boldsymbol{u}_L\\\boldsymbol{F}_L\end{Bmatrix}_k=\boldsymbol{\Phi}\boldsymbol{W}_k=\boldsymbol{\Phi}\begin{Bmatrix}w_{\mathrm{L}}^{\mathrm{r}}\\w_{\mathrm{L}}^{\mathrm{L}}\end{Bmatrix}_k,\boldsymbol{Y}_{k+1}=\begin{Bmatrix}\boldsymbol{u}_{\mathrm{L}}\\\boldsymbol{F}_{\mathrm{L}}\end{Bmatrix}_{k+1}=\boldsymbol{\Phi}\boldsymbol{W}_{k+1}=\boldsymbol{\Phi}\begin{Bmatrix}w_{\mathrm{L}}^{\mathrm{r}}\\w_{\mathrm{L}}^{\mathrm{L}}\end{Bmatrix}_{k+1}\tag{10.18}$$

式中：$\boldsymbol{\Phi}$ 为传递矩阵 $\boldsymbol{T}$ 的特征矢量矩阵；$\boldsymbol{W}_k$ 为波动成分构成的矢量，包含了右行波成分 $\boldsymbol{w}^{\mathrm{r}}$ 和左行波成分 $\boldsymbol{w}^{\mathrm{L}}$。

将式(10.18)代入式(10.7)，可得

$$\boldsymbol{Y}_{k+1}=\boldsymbol{\Phi}\begin{Bmatrix}\boldsymbol{w}_{\mathrm{L}}^{\mathrm{r}}\\\boldsymbol{w}_{\mathrm{L}}^{\mathrm{L}}\end{Bmatrix}_{k+1}=\boldsymbol{T}\boldsymbol{Y}_k=\boldsymbol{T}\boldsymbol{\Phi}\begin{Bmatrix}\boldsymbol{w}_{\mathrm{L}}^{\mathrm{r}}\\\boldsymbol{w}_{\mathrm{L}}^{\mathrm{L}}\end{Bmatrix}_k$$

或

$$\begin{Bmatrix}\boldsymbol{w}_{\mathrm{L}}^{\mathrm{r}}\\\boldsymbol{w}_{\mathrm{L}}^{\mathrm{L}}\end{Bmatrix}_{k+1}=\boldsymbol{\Phi}^{-1}\boldsymbol{T}\boldsymbol{\Phi}\begin{Bmatrix}\boldsymbol{w}_{\mathrm{L}}^{\mathrm{r}}\\\boldsymbol{w}_{\mathrm{L}}^{\mathrm{L}}\end{Bmatrix}_k\tag{10.19}$$

由于矩阵 $\boldsymbol{\Phi}^{-1}\boldsymbol{T}\boldsymbol{\Phi}$ 代表了矩阵 $\boldsymbol{T}$ 的特征值矩阵，于是有：

$$\begin{Bmatrix}\boldsymbol{w}_{\mathrm{L}}^{\mathrm{r}}\\\boldsymbol{w}_{\mathrm{L}}^{\mathrm{L}}\end{Bmatrix}_{k+1}=\mathrm{diag}(\lambda_1,\lambda_2,\cdots,\lambda_{2n-1},\lambda_{2n})\begin{Bmatrix}\boldsymbol{w}_{\mathrm{L}}^{\mathrm{r}}\\\boldsymbol{w}_{\mathrm{L}}^{\mathrm{L}}\end{Bmatrix}_k$$

考虑到矩阵 $\boldsymbol{T}$ 的特征值是成对出现的(即(λ,λ^{-1}))，因此上式可以化为

$$\begin{Bmatrix}\boldsymbol{w}_{\mathrm{L}}^{\mathrm{r}}\\\boldsymbol{w}_{\mathrm{L}}^{\mathrm{L}}\end{Bmatrix}_{k+1}=\begin{bmatrix}\boldsymbol{\Lambda}&\boldsymbol{0}\\\boldsymbol{0}&\boldsymbol{\Lambda}^{-1}\end{bmatrix}\begin{Bmatrix}\boldsymbol{w}_{\mathrm{L}}^{\mathrm{r}}\\\boldsymbol{w}_{\mathrm{L}}^{\mathrm{L}}\end{Bmatrix}_k\tag{10.20}$$

式中：

$$\boldsymbol{\Lambda} = \mathrm{diag}[\lambda_1, \lambda_2, \cdots],\boldsymbol{\Lambda}^{-1} = \mathrm{diag}[\lambda_1^{-1}, \lambda_2^{-1}, \cdots]$$

将式(10.20)展开可得

$$\boldsymbol{w}_{\mathrm{L}_{k+1}}^{\mathrm{r}} = \boldsymbol{\Lambda}\boldsymbol{w}_{\mathrm{L}_k}^{\mathrm{r}},\boldsymbol{w}_{\mathrm{L}_{k+1}}^{\mathrm{L}} = \boldsymbol{\Lambda}^{-1}\boldsymbol{w}_{\mathrm{L}_k}^{\mathrm{L}} \tag{10.21}$$

对于 $\boldsymbol{w}$ 的第 j 个分量，有

$$w_{\mathrm{L}_{j_{k+1}}}^{\mathrm{r}} = \lambda_j w_{\mathrm{L}_{j_k}}^{\mathrm{r}},w_{\mathrm{L}_{j_{k+1}}}^{\mathrm{L}} = \lambda_j^{-1} w_{\mathrm{L}_{j_k}}^{\mathrm{L}} \tag{10.22}$$

即特征值 λ_j 实际上是右行波的幅值之比，而 λ_j^{-1} 为左行波的幅值之比，参见图 10.6。

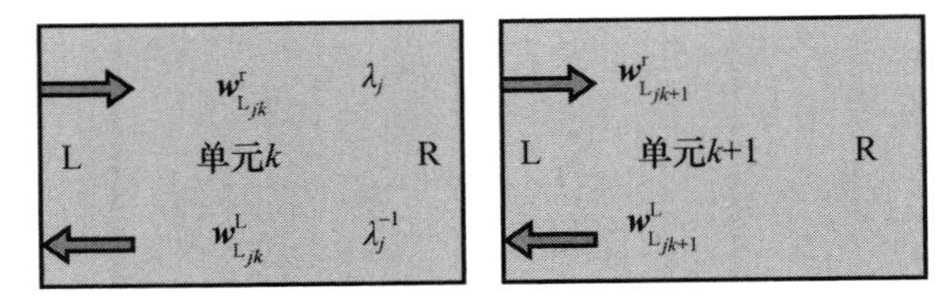

图 10.6　右行波和左行波的传播

由此可见，如果 $|\lambda_j|<1$，那么特征值对$(\lambda_j,\lambda_j^{-1})$也就体现了从单元 k 到单元 $k+1$ 传播的波的衰减，即对应了禁带；而如果 $|\lambda_j|=1$，那么这个特征值对将对应于通带，波可以无衰减地传播过去。

这里还需要回答的一个问题是：为什么特征矢量矩阵 $\boldsymbol{\Phi}$ 能够把状态矢量 $\boldsymbol{Y}_k=\{\boldsymbol{u}_{\mathrm{L}}\quad \boldsymbol{F}_{\mathrm{L}}\}^{\mathrm{T}}$ 变换成波动分量构成的矢量 $\boldsymbol{W}_k=\{\boldsymbol{w}_{\mathrm{L}}^{\mathrm{r}}\quad \boldsymbol{w}_{\mathrm{L}}^{\mathrm{L}}\}^{\mathrm{T}}$，即式(10.18)？下面通过分析一个作纵向振动的杆(例 10.1)来回答这一问题。

例 10.1　考虑图 10.7 所示的杆结构，试说明利用传递矩阵 $\boldsymbol{T}$ 的特征矢量矩阵 $\boldsymbol{\Phi}$ 能够把状态矢量 $\boldsymbol{Y}_k=\{\boldsymbol{u}_{\mathrm{L}}\quad \boldsymbol{F}_{\mathrm{L}}\}^{\mathrm{T}}$ 变换成波动分量构成的矢量 $\boldsymbol{W}_k=\{\boldsymbol{w}_{\mathrm{L}}^{\mathrm{r}}\quad \boldsymbol{w}_{\mathrm{L}}^{\mathrm{L}}\}^{\mathrm{T}}$，其形式为式(10.18)。

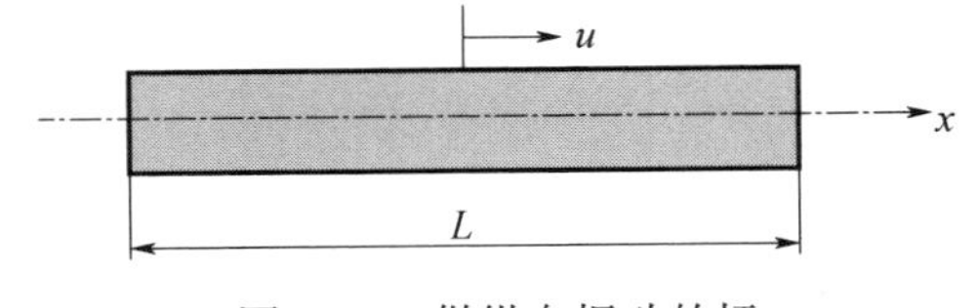

图 10.7　做纵向振动的杆

[分析]

杆的运动方程可以写为 $u_{xx}=(\rho/E)\,u_{tt}$，其中的 u 为纵向位移，ρ 为密度，而 E 为杨氏模量。若假定形式解为 $u=U(x)\mathrm{e}^{\mathrm{i}\omega t}$，那么方程可以化为 $U_{xx}+(\rho/E)\,\omega^2 U=0$ 或者写为如下形式：

$$U_{xx}+k^2U=0 \tag{10.23}$$

式中：$k=\sqrt{\rho/E}\omega$ 为波数。式(10.23)也可以表示为如下所示的状态空间形式，即

$$\frac{\mathrm{d}}{\mathrm{d}x}\begin{Bmatrix}U\\U_x\end{Bmatrix}=\begin{bmatrix}0&1\\-k^2&0\end{bmatrix}\begin{Bmatrix}U\\U_x\end{Bmatrix}=A\begin{Bmatrix}U\\U_x\end{Bmatrix}$$

这个方程的解应为

$$\begin{Bmatrix}U\\U_x\end{Bmatrix}_x=\mathrm{e}^{Ax}\begin{Bmatrix}U\\U_x\end{Bmatrix}_0$$

令 $U_x=F/EA$，并利用符号运算软件(如 Mathematica)提取出 e^{Ax}，那么这个解可以表示为传递矩阵形式，即

$$\begin{Bmatrix}U\\F/EA\end{Bmatrix}_x=\begin{bmatrix}\dfrac{1+\mathrm{e}^{-2\mathrm{i}kx}}{2\mathrm{e}^{-\mathrm{i}kx}}&\dfrac{1-\mathrm{e}^{-2\mathrm{i}kx}}{2\mathrm{i}k\mathrm{e}^{-\mathrm{i}kx}}\\\dfrac{\mathrm{i}k(1-\mathrm{e}^{-2\mathrm{i}kx})}{2\mathrm{e}^{-\mathrm{i}kx}}&\dfrac{1+\mathrm{e}^{-2\mathrm{i}kx}}{2\mathrm{e}^{-\mathrm{i}kx}}\end{bmatrix}\begin{Bmatrix}U\\F/EA\end{Bmatrix}_0$$

或

$$\begin{Bmatrix}U\\F\end{Bmatrix}_x=\begin{bmatrix}\dfrac{1+\mathrm{e}^{-2\mathrm{i}kx}}{2\mathrm{e}^{-\mathrm{i}kx}}&\dfrac{1}{EA}\dfrac{1-\mathrm{e}^{-2\mathrm{i}kx}}{2\mathrm{i}k\mathrm{e}^{-\mathrm{i}kx}}\\EA\,\dfrac{\mathrm{i}k(1-\mathrm{e}^{-2\mathrm{i}kx})}{2\mathrm{e}^{-\mathrm{i}kx}}&\dfrac{1+\mathrm{e}^{-2\mathrm{i}kx}}{2\mathrm{e}^{-\mathrm{i}kx}}\end{bmatrix}\begin{Bmatrix}U\\F\end{Bmatrix}_0=\boldsymbol{T}\begin{Bmatrix}U\\F\end{Bmatrix}_0 \tag{10.24}$$

与此对应地，传递矩阵 $\boldsymbol{T}$ 也可写为如下更加紧凑的形式：

$$\boldsymbol{T}=\begin{bmatrix}\cos(kx)&\dfrac{1}{Z\omega}\sin(kx)\\-Z\omega\sin(kx)&\cos(kx)\end{bmatrix} \tag{10.25}$$

式中：$Z=A\sqrt{E\rho}$ 称为杆的阻抗。

利用符号运算软件进行分析不难发现，$\boldsymbol{T}$ 存在如下两个特征值：

$$\lambda_1=\mathrm{e}^{-\mathrm{i}kx},\lambda_2=\mathrm{e}^{\mathrm{i}kx}=\lambda^{-1}$$

由于 $\lambda_{1,2}=\mathrm{e}^{\mp\mathrm{i}kx}=\cos(kx)\mp\mathrm{i}\sin(kx)$，因此有 $|\lambda_{1,2}|=1$，即对应了通带。这表明了，均匀杆能够把任何入射波无衰减地传播过去。此外可以注意到，λ_2 是 λ_1 的倒数，这也验证了 10.2.2.2 节所给出的传递矩阵的特性ⅲ。

根据符号运算软件的处理结果可知，$\boldsymbol{T}$ 的两个特征矢量(与 λ_1 和 λ_2 对应)分别为

$$\boldsymbol{v}_1=\{1\quad -EAk\mathrm{i}\}^{\mathrm{T}},\boldsymbol{v}_2=\{1\quad EAk\mathrm{i}\}^{\mathrm{T}}$$

因而它们构成的矩阵就是 $\boldsymbol{\Phi}=\begin{bmatrix}1&1\\-EAk\mathrm{i}&EAk\mathrm{i}\end{bmatrix}$。现在就可以利用这个矩阵

来建立如下变换了，即

$$\begin{Bmatrix} u \\ F \end{Bmatrix}_x = \begin{bmatrix} 1 & 1 \\ -EAk\mathrm{i} & EAk\mathrm{i} \end{bmatrix} \begin{Bmatrix} w_1 \\ w_2 \end{Bmatrix}_x, \begin{Bmatrix} u \\ F \end{Bmatrix}_0 = \begin{bmatrix} 1 & 1 \\ -EAk\mathrm{i} & EAk\mathrm{i} \end{bmatrix} \begin{Bmatrix} w_1 \\ w_2 \end{Bmatrix}_0 \quad (10.26)$$

上面的矢量$\{w_1 \quad w_2\}_x^{\mathrm{T}}$和$\{w_1 \quad w_2\}_0^{\mathrm{T}}$的物理含义稍后会变得很清晰。根据式(10.26)的第一部分有：

$$u(x)=w_1(x)+w_2(x) \quad (10.27)$$

另外，联立式(10.24)和式(10.26)可得：

$$\begin{Bmatrix} w_1 \\ w_2 \end{Bmatrix}_x = \begin{bmatrix} \mathrm{e}^{-\mathrm{i}kx} & 0 \\ 0 & \mathrm{e}^{\mathrm{i}kx} \end{bmatrix} \begin{Bmatrix} w_1 \\ w_2 \end{Bmatrix}_0 \quad (10.28)$$

因而：

$$w_1(x)=\mathrm{e}^{-\mathrm{i}kx}w_1(0), w_2(x)=\mathrm{e}^{\mathrm{i}kx}w_2(0) \quad (10.29)$$

于是，将式(10.29)代入式(10.27)，可得

$$u(x)=\mathrm{e}^{-\mathrm{i}kx}w_1(0)+\mathrm{e}^{\mathrm{i}kx}w_2(0) \quad (10.30)$$

式(10.30)表明，纵向振动位移$u(x)$包括了两种波动成分，一个是向右传播的行波，即$w_1(x)=\mathrm{e}^{-\mathrm{i}kx}w_1(0)$，另一个是向左传播的行波，即$w_2(x)=\mathrm{e}^{\mathrm{i}kx}w_2(0)$。由此不难理解，矢量$\{w_1 \quad w_2\}_x^{\mathrm{T}}$在物理上代表的是矢量$\{w^{\mathrm{r}} \quad w^{\mathrm{L}}\}_x^{\mathrm{T}}$，其中的$w^{\mathrm{r}}(x)$和$w^{\mathrm{L}}(x)$分别是位置$x$处的右行波和左行波。

需要注意的是，矢量$\{w^{\mathrm{r}} \quad w^{\mathrm{L}}\}_x^{\mathrm{T}}=\{w_1 \quad w_2\}_x^{\mathrm{T}}$是由$\{w_1 \quad w_2\}_0^{\mathrm{T}}$得到的，其中利用了式(10.29)，$\{w_1 \quad w_2\}_0^{\mathrm{T}}$实际上定义了矢量$\{w^{\mathrm{r}} \quad w^{\mathrm{L}}\}_0^{\mathrm{T}}$，$w^{\mathrm{r}}(0)$和$w^{\mathrm{L}}(0)$分别代表的是位置0处的右行波和左行波。

为便于理解，图10.8进一步对式(10.29)做了图形描述。

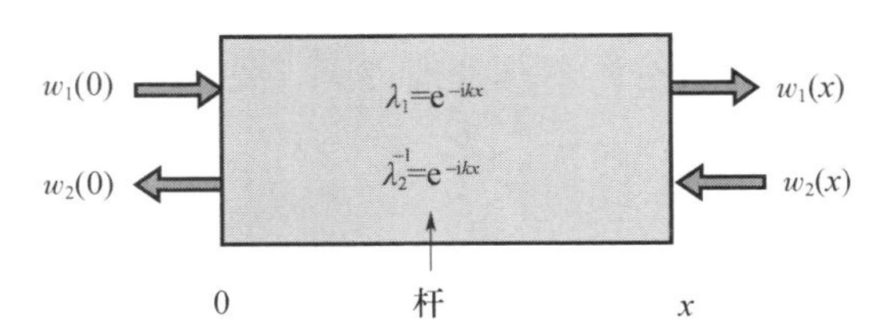

图10.8 杆中的左行波和右行波

总之，通过这个实例证明了，利用传递矩阵$\boldsymbol{T}$的特征矢量矩阵$\boldsymbol{\Phi}$能够把状态矢量$\boldsymbol{Y}=\{u \quad F\}^{\mathrm{T}}$变换成波动分量构成的矢量$\boldsymbol{W}=\{w^{\mathrm{r}} \quad w^{\mathrm{L}}\}^{\mathrm{T}}$，即式(10.26)，它等价于式(10.18)。

例 10.2　考虑一个一维周期结构，其传递矩阵为 $\boldsymbol{T}=\begin{bmatrix} t_{11} & t_{12} \\ t_{21} & t_{22} \end{bmatrix}$，试说明这个传递矩阵的特征值之和应为：$\lambda_1+\lambda_2=\lambda+\lambda^{-1}=t_{11}+t_{22}=2\cosh(\mu)$。

［分析］

矩阵 $\boldsymbol{T}$ 的特征值可以通过下式来确定：$\det(\lambda\boldsymbol{I}-\boldsymbol{T})=0$，展开可得：

$$\lambda^2-(t_{11}+t_{22})\lambda-t_{12}t_{21}+t_{11}t_{22}=0$$

由于 $\det(\boldsymbol{T})=1$（参见 10.2.2.2 节的 i），因此上式可以化为 $\lambda^2-(t_{11}+t_{22})\lambda+1=0$。于是，根据二次方程的相关理论可知，根 λ_1 和 λ_2 应当满足如下关系：$\lambda_1+\lambda_2=t_{11}+t_{22}$，$\lambda_1\lambda_2=1$。然而根据 10.2.2.2 节中的 3)，又有 $\lambda_1=1/\lambda_2=\lambda$，且 $\lambda=\mathrm{e}^{\mu}$（参见式(10.14)），于是可得

$$\lambda_1+\lambda_2=t_{11}+t_{22}=\mathrm{e}^{\mu}+\mathrm{e}^{-\mu}=2\cosh(\mu) \tag{10.31}$$

例 10.3　考虑一个一维周期结构，其传递矩阵为 $\boldsymbol{T}=\begin{bmatrix} t_{11} & t_{12} \\ t_{21} & t_{22} \end{bmatrix}$，试证明：$\boldsymbol{T}^N=c_1(\boldsymbol{T}+\boldsymbol{T}^{-1})+c_2(\boldsymbol{T}-\boldsymbol{T}^{-1})$，其中 $c_1=\dfrac{\cosh(N\mu)}{2\cosh(\mu)}$，$c_2=\dfrac{\sinh(N\mu)}{2\sinh(\mu)}$。

［分析］

由于 $\boldsymbol{T}+\boldsymbol{T}^{-1}=(\mathrm{e}^{\mu}+\mathrm{e}^{-\mu})\boldsymbol{I}=2\cosh(\mu)\boldsymbol{I}$，$\boldsymbol{T}-\boldsymbol{T}^{-1}=(\mathrm{e}^{\mu}-\mathrm{e}^{-\mu})\boldsymbol{I}=2\sinh(\mu)\boldsymbol{I}$，于是有

$$c_1(\boldsymbol{T}+\boldsymbol{T}^{-1})=\cosh(N\mu)\boldsymbol{I},\ c_2(\boldsymbol{T}-\boldsymbol{T}^{-1})=\sinh(N\mu)\boldsymbol{I}$$

或

$$\begin{aligned} c_1(\boldsymbol{T}+\boldsymbol{T}^{-1})+c_2(\boldsymbol{T}-\boldsymbol{T}^{-1}) &= [\cosh(N\mu)+\sinh(N\mu)]\boldsymbol{I} \\ &= \frac{1}{2}[(\mathrm{e}^{N\mu}+\mathrm{e}^{-N\mu})+(\mathrm{e}^{N\mu}-\mathrm{e}^{-N\mu})]\boldsymbol{I}=\mathrm{e}^{N\mu}\boldsymbol{I}=\boldsymbol{T}^N \end{aligned} \tag{10.32}$$

10.3　被动式周期结构的滤波特性

10.3.1　概述

本节将介绍被动式周期结构的通带与禁带的确定方法，并通过一些实例来阐明这些方法的应用，主要针对的是杆结构（作为一维周期结构的代表）。

10.3.2　作纵向振动的周期杆结构

考虑周期杆结构的纵向振动问题，如图 10.9 所示。这些杆都是由周期单

元组合而成的,参见图 10.10(a)和(b)。每个单元都包含了两个子结构,这些子结构可以是材料相同而横截面不同的形式(图 10.10(a)),也可以是材料不同而横截面相同的形式(图 10.10(b))。

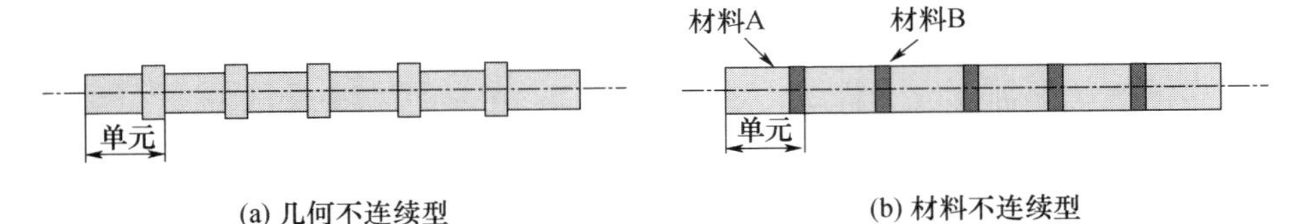

图 10.9 被动式的周期杆结构

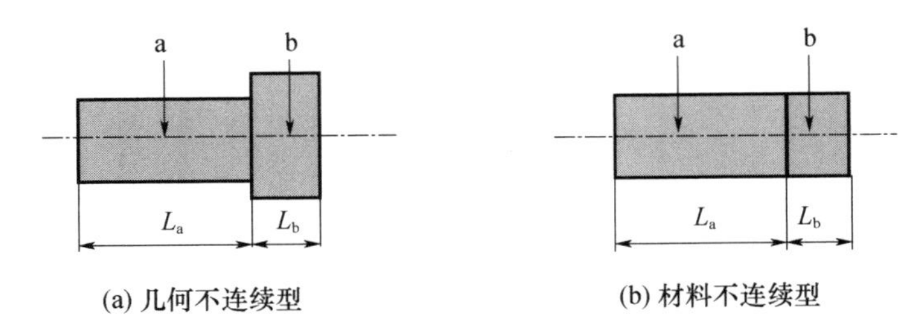

图 10.10 被动式周期杆结构的单元

每个子结构的动力学特性都可以通过其传递矩阵 $\boldsymbol{T}_s$(参见式(10.25))来刻画,即

$$\boldsymbol{T}_s=\begin{bmatrix}\cos(k_sL_s) & \dfrac{1}{Z_s\omega}\sin(k_sL_s)\\ -Z_s\omega\sin(k_sL_s) & \cos(k_sL_s)\end{bmatrix},s=\mathrm{a},\mathrm{b} \tag{10.33}$$

将子结构 a 和 b 的传递矩阵联立起来,不难得到单元的传递矩阵 $\boldsymbol{T}$,即

$$\boldsymbol{T}=\boldsymbol{T}_\mathrm{b}\boldsymbol{T}_\mathrm{a} \tag{10.34}$$

只需考察单元的传递矩阵 $\boldsymbol{T}$ 的特征值(针对纵向刚度 E_sA_s 和无量纲频率 k_sL_s 的不同组合),就可以确定周期杆的通带和禁带特性了。

例 10.4 考虑图 10.11 所示的周期杆结构,其几何和物理特性如下表所列,试确定其通带和禁带特性。

材料	$E/(\mathrm{GNm^{-2}})$	$\rho/(\mathrm{kgm^{-3}})$	A/m^2	情形 1 中的 L/m	情形 2 中的 L/m
a	210	7800	0.000625	0.025	0.04
b	0.025	1200	0.000625	0.025	0.01

[分析]

图 10.12(a)和(b)中示出了传递矩阵 $\boldsymbol{T}=\boldsymbol{T}_\mathrm{b}\boldsymbol{T}_\mathrm{a}$ 的特征值随频率的变化情

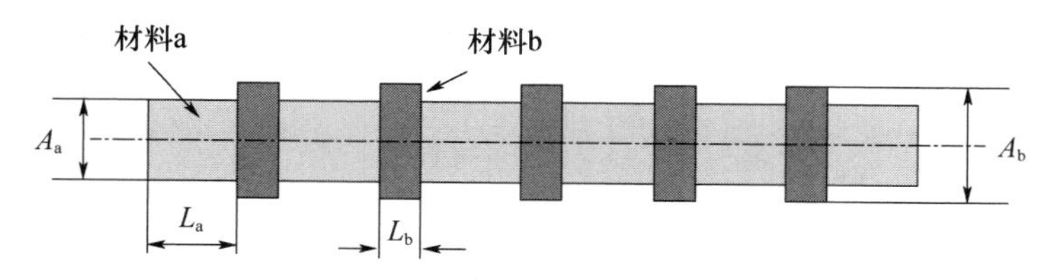

图 10.11　材料和几何都不连续的周期杆结构

况,并揭示了两种情形下的通带和禁带,这些通带和禁带的位置与宽度主要依赖于周期杆的物理参数和几何参数情况。

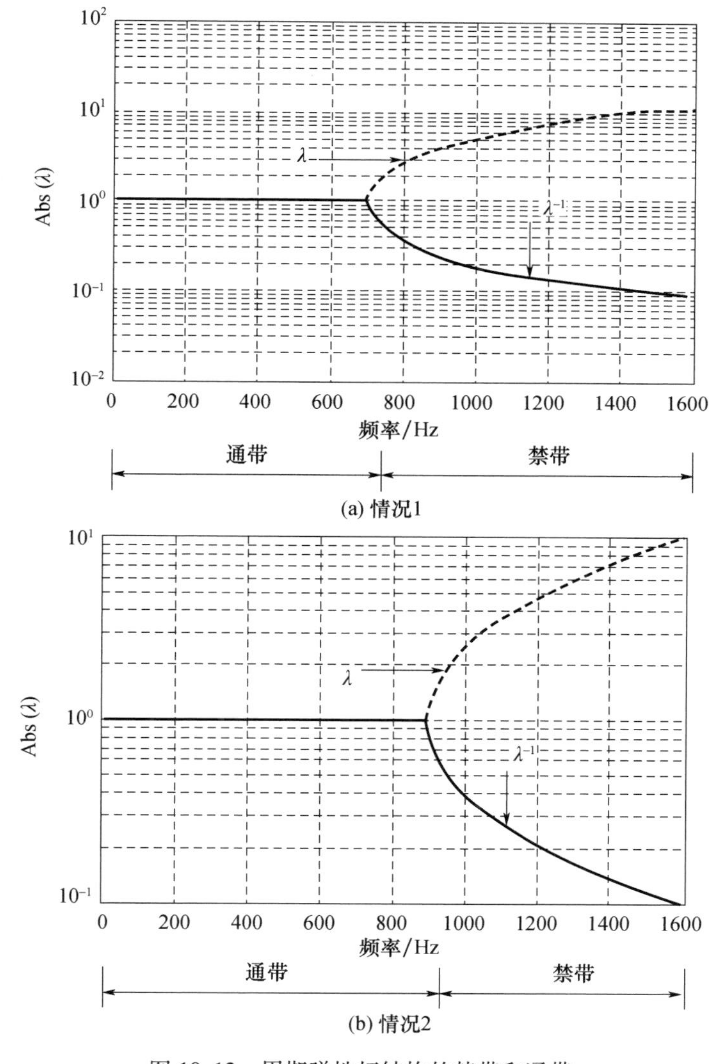

图 10.12　周期弹性杆结构的禁带和通带

例 10.5 考虑图 10.11 所示的周期杆结构,其几何和物理特性如下表所列(其中的 $E'(1+\eta\mathrm{i}) = 0.025\times10^9\left(1+\alpha_1\dfrac{-\Omega^2+2\mathrm{i}\Omega}{1-\Omega^2+2\mathrm{i}\Omega}\right)$, $\Omega=\omega/\omega_1$, $\alpha_1=39$, $\omega_1=19058\mathrm{rad/s}$),试确定其通带和禁带特性。

材料	$E/(\mathrm{GNm^{-2}})$	$\rho/(\mathrm{kgm^{-3}})$	A/m^2	L/m
a(弹性材料)	210	7800	0.000625	0.025
b(黏弹性材料)	$E'(1+\eta\mathrm{i})$	1200	0.000625	0.025

[分析]

图 10.13 示出了传递矩阵 $\boldsymbol{T}=\boldsymbol{T}_\mathrm{b}\boldsymbol{T}_\mathrm{a}$ 的特征值随频率的变化情况,该图表明了由于这个周期杆存在阻尼,因而通带彻底消失了,而禁带则覆盖了整个频率范围。

在这个实例中,周期结构的单元是由弹性子结构与一个黏弹性子结构构成的,后者可以由传统的黏弹性材料制备而成,也可以是一个分流压电网络(Thorp 等人,2001)。

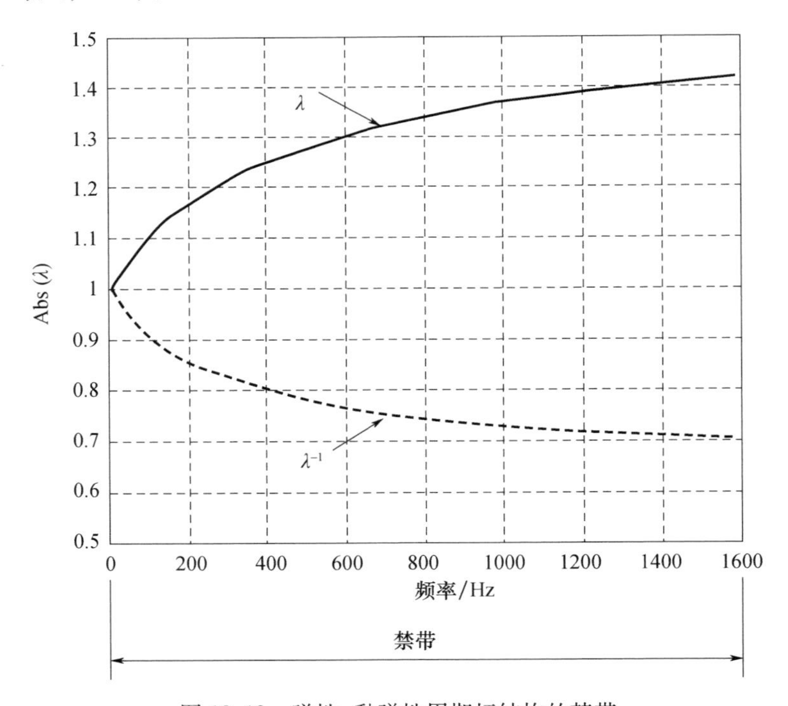

图 10.13 弹性-黏弹性周期杆结构的禁带

10.4　周期结构的固有频率、模态形状与响应

10.4.1　固有频率和响应

利用 10.3 节所介绍的传递矩阵方法,可以确定出周期结构的模态参数和响应。周期结构的始末端处的状态矢量是由系统的传递矩阵 $\boldsymbol{T}_{\mathrm{N}}$ 关联起来的,即

$$\boldsymbol{Y}_{\mathrm{N}}=\boldsymbol{T}_{\mathrm{N}}\boldsymbol{Y}_0 \text{ 或 } \begin{Bmatrix} x_{\mathrm{N}} \\ F_{\mathrm{N}} \end{Bmatrix}=\begin{bmatrix} T_{\mathrm{N}11} & T_{\mathrm{N}12} \\ T_{\mathrm{N}21} & T_{\mathrm{N}22} \end{bmatrix}\begin{Bmatrix} x_0 \\ F_0 \end{Bmatrix} \tag{10.35}$$

式中:下标“0”和“N”分别代表了结构的起始端和终止端。

将式(10.35)展开可得

$$x_{\mathrm{N}}=T_{\mathrm{N}11}x_0+T_{\mathrm{N}12}F_0,\ F_{\mathrm{N}}=T_{\mathrm{N}21}x_0+T_{\mathrm{N}22}F_0 \tag{10.36}$$

式中:$\{x_0,x_{\mathrm{N}}\}$ 和 $\{F_0,F_{\mathrm{N}}\}$ 分别为结构起始端和终止端的位移幅值与力幅值。

借助式(10.36),在施加了表 10.1 所列的边界条件之后,即可确定周期结构的固有频率了。例如,对于在“N”端固支而在“0”端(自由端)受到简谐激励力(f_0)作用的周期结构来说,根据式(10.36),不难得到自由端处的位移 x_0 和固支端处的力 F_{N} 如下:

$$x_0=-T_{\mathrm{N}11}^{-1}T_{\mathrm{N}12}f_0,\ F_{\mathrm{N}}=(-T_{\mathrm{N}21}T_{\mathrm{N}11}^{-1}T_{\mathrm{N}12}+T_{\mathrm{N}22})f_0 \tag{10.37}$$

利用式(10.37)就可以计算出结构两端的未知位移和力(针对所考虑的边界条件),而任何中间位置处的状态矢量则可以根据各个单元的传递矩阵(式(10.13))做进一步的确定。

表 10.1　不同边界条件下周期结构固有频率的计算式

序号	0 端	N 端	边界条件	计算式
1	自由	自由	$F_0=0,F_{\mathrm{N}}=0$	$T_{\mathrm{N}21}=0$
2	自由	固支	$F_0=0,x_{\mathrm{N}}=0$	$T_{\mathrm{N}11}=0$
3	固支	自由	$x_0=0,F_{\mathrm{N}}=0$	$T_{\mathrm{N}22}=0$
4	固支	固支	$x_0=0,x_{\mathrm{N}}=0$	$T_{\mathrm{N}12}=0$

例 10.6　考虑一根固支-自由边界条件下的周期杆结构(由 10 个单元构成,单元可参见图 10.11),其几何和物理特性如下表所列,试确定该结构的固有频率。

材料	$E/(\mathrm{GNm^{-2}})$	$\rho/(\mathrm{kgm^{-3}})$	$A/\mathrm{m^2}$	L/m
A	210	7800	0.000625	0.025
B	0.025	1200	0.000625	0.025

[分析]

根据式(10.33),子结构 a 和 b 的传递矩阵可由下式给出:

$$\boldsymbol{T}_{\mathrm{a}}=\begin{bmatrix}\cos(a\omega) & \dfrac{1}{Z_{\mathrm{a}}\omega}\sin(a\omega)\\ -Z_{\mathrm{a}}a\sin(a\omega) & \cos(a\omega)\end{bmatrix}=\begin{bmatrix}t_{11_{\mathrm{a}}} & t_{12_{\mathrm{a}}}\\ t_{21_{\mathrm{a}}} & t_{22_{\mathrm{a}}}\end{bmatrix}$$

$$\boldsymbol{T}_{\mathrm{b}}=\begin{bmatrix}\cos(b\omega) & \dfrac{1}{Z_{\mathrm{b}}\omega}\sin(b\omega)\\ -Z_{\mathrm{b}}b\sin(b\omega) & \cos(b\omega)\end{bmatrix}=\begin{bmatrix}t_{11_{\mathrm{b}}} & t_{12_{\mathrm{b}}}\\ t_{21_{\mathrm{b}}} & t_{22_{\mathrm{b}}}\end{bmatrix}$$

式中:$a=4.818\times10^{-6}$;$b=1.732\times10^{-4}$。

于是,每个单元的传递矩阵 $\boldsymbol{T}$ 应为

$$\boldsymbol{T}=\boldsymbol{T}_{\mathrm{b}}\boldsymbol{T}_{\mathrm{a}}=\begin{bmatrix}t_{11} & t_{12}\\ t_{21} & t_{22}\end{bmatrix}=\begin{bmatrix}t_{11_{\mathrm{b}}}t_{11_{\mathrm{a}}}+t_{12_{\mathrm{b}}}t_{21_{\mathrm{a}}} & t_{12}\\ t_{21} & t_{21_{\mathrm{b}}}t_{12_{\mathrm{a}}}+t_{22_{\mathrm{b}}}t_{22_{\mathrm{a}}}\end{bmatrix}$$

即

$$t_{11}=\cos(a\omega)\cos(b\omega)-\frac{Z_{\mathrm{a}}}{Z_{\mathrm{b}}}\sin(a\omega)\sin(b\omega)\tag{10.38}$$

$$t_{22}=\cos(a\omega)\cos(b\omega)-\frac{Z_{\mathrm{b}}}{Z_{\mathrm{a}}}\sin(a\omega)\sin(b\omega)\tag{10.39}$$

显然,利用式(10.9)和式(10.32)就能够建立整根杆的传递矩阵 $\boldsymbol{T}_{\mathrm{N}}$ 了,即

$\boldsymbol{T}_{\mathrm{N}}=(\boldsymbol{T}_{\mathrm{b}}\boldsymbol{T}_{\mathrm{a}})^{N}\begin{bmatrix}t_{\mathrm{N11}} & t_{\mathrm{N12}}\\ t_{\mathrm{N21}} & t_{\mathrm{N22}}\end{bmatrix}$,其中 $t_{\mathrm{N22}}=\cosh(N\mu)+\dfrac{\sinh(N\mu)}{2\sinh(\mu)}(t_{22}-t_{11})$。

根据表 10.1,这个周期杆的固有频率可以根据下式确定:

$$t_{\mathrm{N22}}=\cosh(N\mu)+\frac{\sinh(N\mu)}{2\sinh(\mu)}(t_{22}-t_{11})=0\tag{10.40}$$

式(10.40)中的 t_{11} 和 t_{22} 分别由式(10.38)和式(10.39)给出。

式(10.40)是关于频率 ω 的方程,为了求出它的解(即,周期杆的固有频率),需要寻找满足该方程的频率,这些频率同时还应满足附加的约束条件,即它们必须位于周期杆的通带范围内。图 10.14 给出了确定这些固有频率的流程图。

图 10.15(a)中示出了传播常数 μ 的实部 α 随频率的变化情况，进而给出了该周期杆的通带。在通带内，式(10.40)给出的边界条件随频率的变化情况可以参见图 10.15(b)，该图中标出了满足式(10.40)的固有频率值。

进一步，表 10.2 将基于周期结构理论和有限元理论得到的固有频率做了比较，不难看出这两种结果是相当吻合的。

表 10.2　周期杆的固有频率

模态	1	2	3	4	5	6	7	8
周期结构理论的分析结果/Hz	55	164	269.5	370	462	542.5	609.6	657
有限元理论的计算结果/Hz	55.04	164.07	269.85	370.04	462.08	543.16	610.39	692.3

为了分析得更为透彻，图 10.16 还针对均匀杆(仅由材料 a 制备而成)给出了传播常数 μ 的实部 α 以及式(10.40)所给出的边界条件。很明显，此时的杆只存在一个通带(如同例 10.1 所示)。此外，该图还示出了满足式(10.40)的固有频率。在所考察的频率范围内，由周期结构理论得到的前两阶模态频率分别为 2594.25Hz 和 7783.2Hz，而由有限元理论得到的结果分别为 2595.04Hz 和 7801.13Hz。

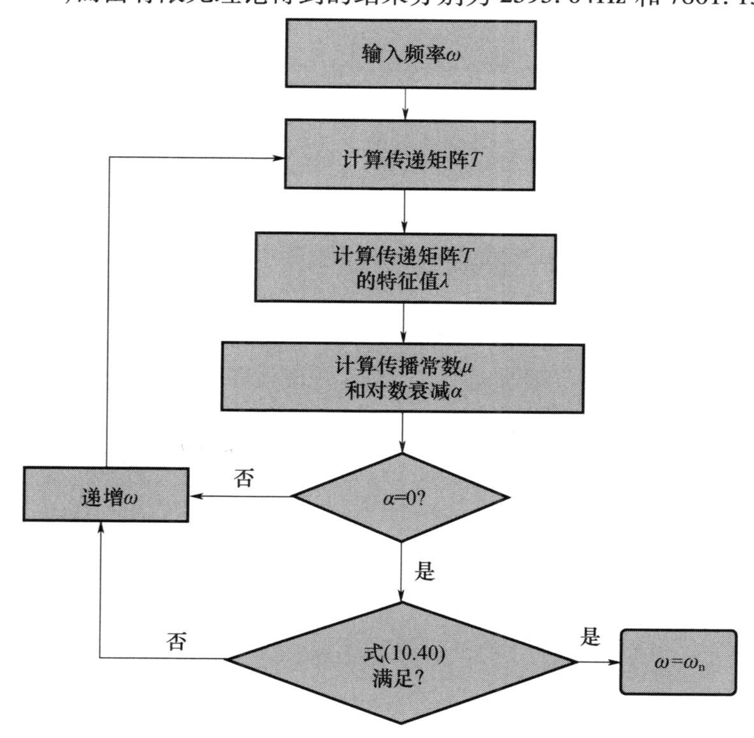

图 10.14　周期杆结构的固有频率确定

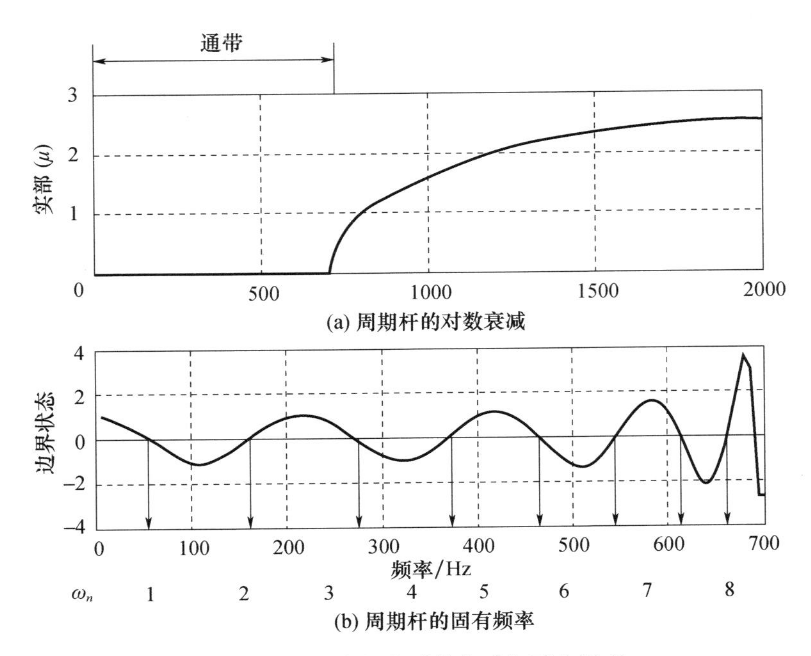

图 10.15 周期杆的对数衰减与固有频率

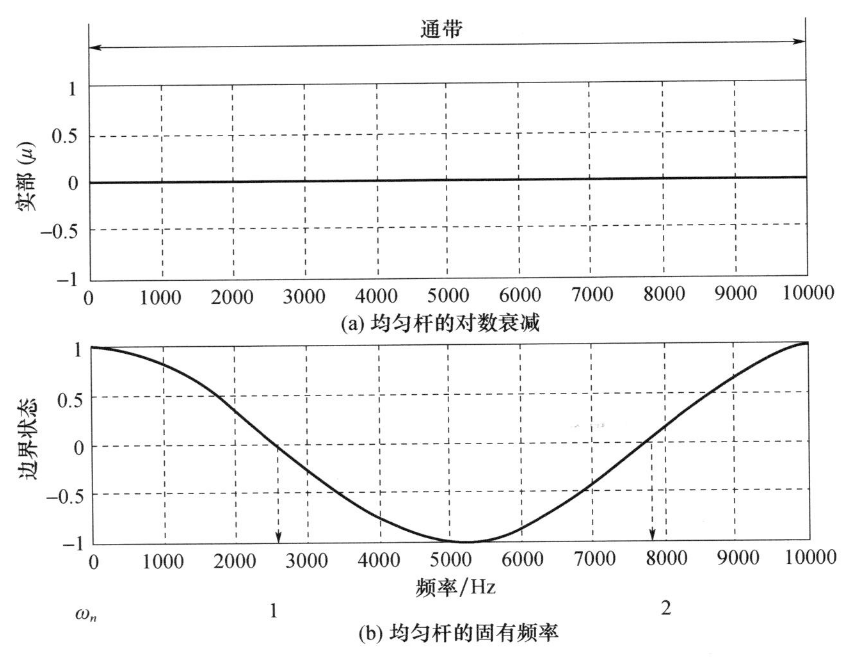

图 10.16 均匀杆的对数衰减与固有频率

10.4.2　模态形状

10.4.1 节中已经得到了周期结构的固有频率,跟这些固有频率对应的模态形状可以利用式(10.36)来计算。对于固支-自由边界条件下的周期杆而言,令 $x_0=0,F_0=1$ 可得 $x_N=\boldsymbol{T}_{N12}(\omega_n)F_0$,其中的 $T_{N12}(\omega_n)$ 是固有频率 ω_n 处的分块传递矩阵 $\boldsymbol{T}_{N12}$。

进一步,利用每个单元的传递矩阵(式(10.32))就可以确定出任何中间位置处的状态矢量了,即

$$\begin{Bmatrix} x_{\mathrm{L}} \\ F_{\mathrm{L}} \end{Bmatrix}_k = \boldsymbol{T}(\omega_n)^{-1} \begin{Bmatrix} x_{\mathrm{L}} \\ F_{\mathrm{L}} \end{Bmatrix}_{k+1}$$

式中:$k=N-1,N-2,\cdots,1$。

由此,也就得到了跟固有频率 ω_n 对应的模态形状 $\{x_0,x_1,\cdots,x_N\}$ 了。

例 10.7　考虑例 10.6 所述的固支-自由边界条件下的周期杆结构,试利用 10.4.2 节给出的周期结构理论确定和绘制出跟前四阶固有频率对应的模态形状,并将此处的结果与基于杆的有限元模型所得到的分析结果加以对比。

[分析]

根据周期结构理论和有限元理论,分别得到了图 10.17 所示的结果,即,跟周期杆结构的前四阶固有频率对应的模态形状。根据图 10.17 可以发现,这两种方法的计算结果是非常一致的。此处需要注意的是,该图中表现出了分段线性行为,这主要是因为此处的位移计算是只针对单元边界位置进行的。

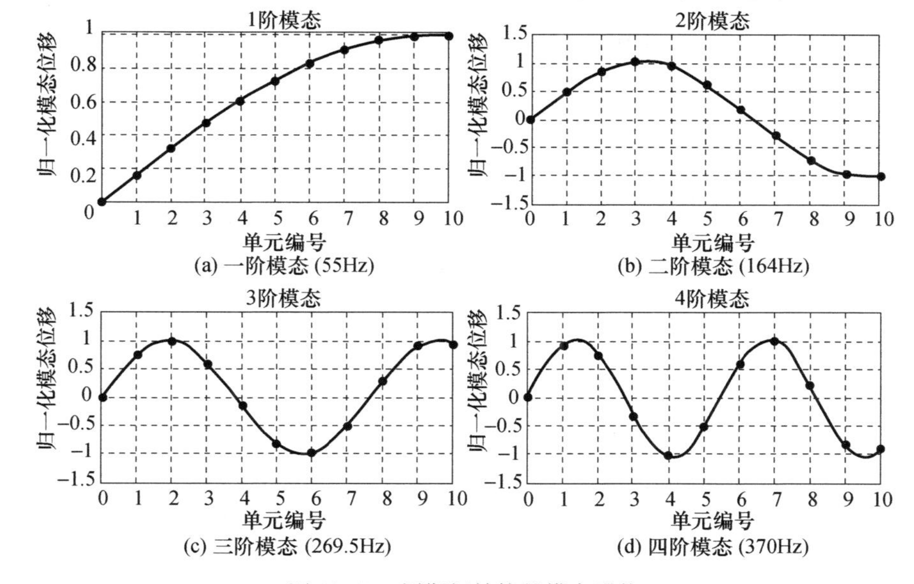

图 10.17　周期杆结构的模态形状

10.5 主动式周期结构

本节将介绍主动式周期结构的工作原理,并通过一些数值算例来阐明它们的可调的滤波和局域化特性(Baz,2001)。此处所考察的算例包括周期和失谐周期形式的弹簧质量系统,它们都受到了压电作动器的控制。

我们将通过这些实例着重突出此类主动式周期结构在时域和频域中所具有的独特的波传播控制能力,借助这一性能可以抑制所不希望出现的扰动的传播。

10.5.1 主动式周期结构的建模

如图 10.18(a)所示,其中给出了一根由阶梯状基础结构和周期布置的主动式压电嵌入物所构成的周期杆结构。我们可以将这一系统等效为图 10.18(b)所示的弹簧质量系统,它是由完全相同的单元构成的,每个单元包括了被动式子单元和主动式子单元。每个单元由 3 个质量连接而成,这些质量通过一个被动式的弹簧元件以及一个主动式的压电弹簧元件分隔开,参见图 10.18(c)和(d)。

我们可以利用 10.2~10.4 节给出的经典的传递矩阵方法来确定此类一维周期系统的动力学行为。在建立了传递矩阵之后,此类系统在不同的控制增益和不同的失谐水平(通过对每个单元的控制增益作随机分配即可实现)条件下的相关特性也就不难导出了,例如通带、禁带、固有频率、模态形状以及频率响应等。

10.5.2 单个单元的动力学行为

考虑图 10.18(c)所示的周期弹簧质量系统的一个单元,通过分析其受力情况,不难建立被动式子单元和主动式子单元的动力学描述,下面分别加以阐述。

10.5.2.1 被动式子单元的动力学描述

被动式子单元的运动方程可以表示为如下形式:

$$\begin{bmatrix} m & 0 \\ 0 & m \end{bmatrix} \begin{Bmatrix} \ddot{x}_{\mathrm{L}} \\ \ddot{x}_{\mathrm{I}} \end{Bmatrix} + \begin{bmatrix} k_s & -k_s \\ -k_s & k_s \end{bmatrix} \begin{Bmatrix} x_{\mathrm{L}} \\ x_{\mathrm{I}} \end{Bmatrix} = \begin{Bmatrix} F_{\mathrm{L}} \\ F_{\mathrm{Is}} \end{Bmatrix}$$

式中:m 和 k_s 分别为阶梯杆段的质量的一半和被动式弹簧元件的刚度,可以表

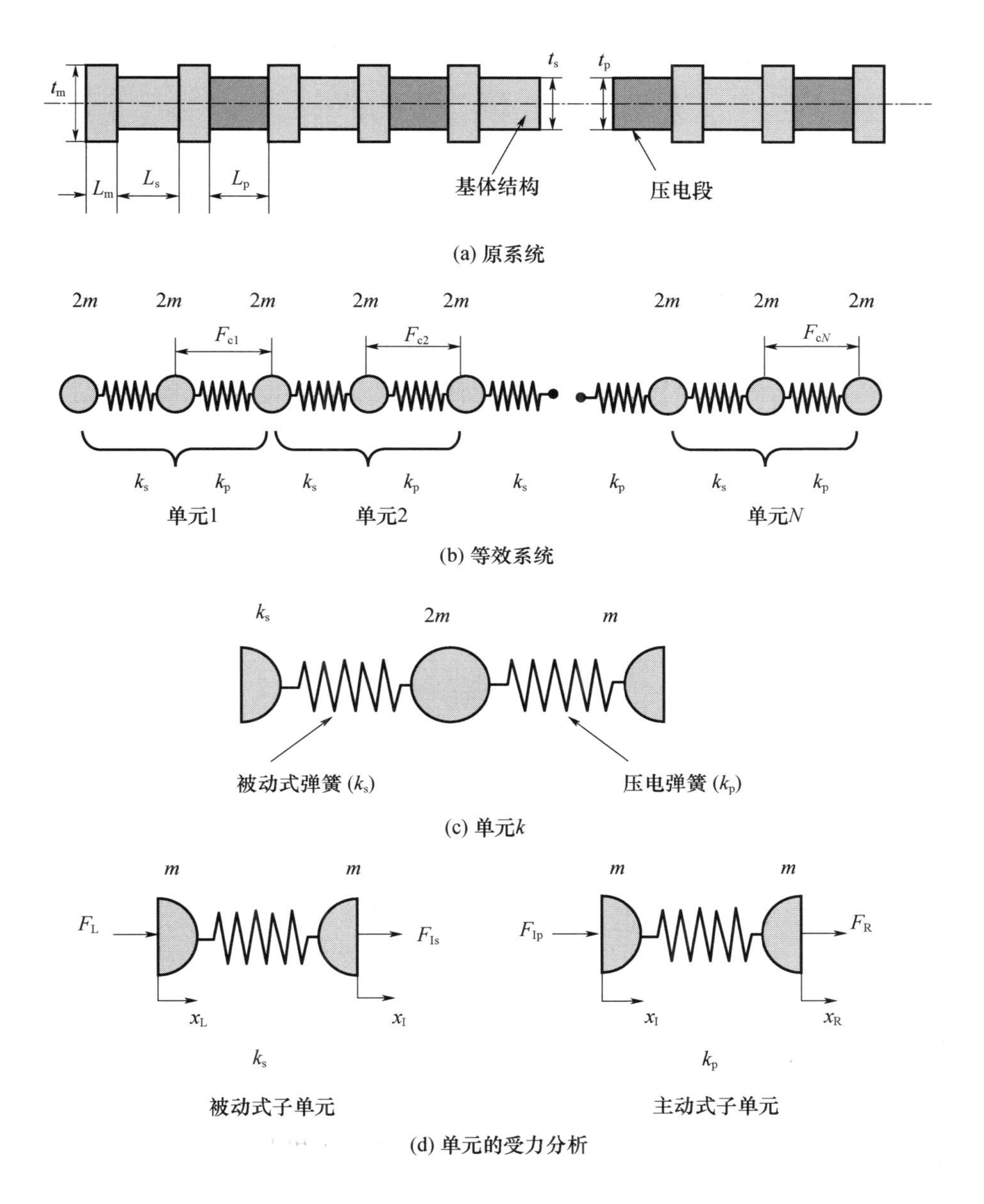

图 10.18　主动式的周期弹簧质量系统

示为 $m=\frac{1}{2}t_m bL_m$ 和 $k_s=t_s bE_s/L_s$；t、b 和 L 分别为厚度、宽度和长度，其下标 m 和 s 分别代表质量和基础结构。此外，x 和 F 分别为位移和力，其下标 L 和 Is 分别指代被动式子单元的左端面和分界面位置。

对于正弦运动情况(频率为 ω),这个运动方程将化为

$$\begin{bmatrix} k_s-m\omega^2 & -k_s \\ -k_s & k_s-m\omega^2 \end{bmatrix}\begin{Bmatrix} x_L \\ x_I \end{Bmatrix}=\begin{Bmatrix} F_L \\ F_{Is} \end{Bmatrix} \tag{10.41}$$

10.5.2.2 主动式子单元的动力学描述

主动式压电弹簧元件的本构方程可以写为(Agnes,1999)

$$\begin{Bmatrix} E_p \\ T_p \end{Bmatrix}=\begin{bmatrix} 1/\varepsilon^s & -h_p \\ -h_p & C^D \end{bmatrix}\begin{Bmatrix} D_p \\ S_p \end{Bmatrix} \tag{10.42}$$

式中:E_p、D_p、T_p 和 S_p 分别为压电弹簧元件的电场强度、电位移、应力和应变;ε^s、h_p 和 C^D 分别为介电常数、压电耦合常数和弹性模量。

式(10.42)也可以以作用电压 V、压电力 F_p、电荷 Q_p 和净位移(x_R-x_I)来表达,即

$$\begin{Bmatrix} V/t_p \\ F_p/bt_p \end{Bmatrix}=\begin{bmatrix} 1/\varepsilon^s & -h_p \\ -h_p & C^D \end{bmatrix}\begin{Bmatrix} Q_p/bL_p \\ (x_R-x_I)/L_p \end{Bmatrix} \tag{10.43}$$

从式(10.43)中消去电荷 Q_p 可得

$$F_p=-h_p\varepsilon^s bV_p+[bt_p(C^D-h_p^2\varepsilon^s)/L_p](x_R-x_I) \tag{10.44}$$

如果假定压电电压 V_p 是根据如下控制律产生的,即

$$V_p=-K_g(x_R-x_L) \tag{10.45}$$

那么,式(10.44)将化为

$$\begin{aligned} F_p &= \{h_p\varepsilon^s bK_g + [bt_p(C^D - h_p^2\varepsilon^s)/L_p]\}(x_R - x_I) \\ &= (k_{pc} + k_{ps})\{-1 \quad 1\}\begin{Bmatrix} x_I \\ x_R \end{Bmatrix} \end{aligned} \tag{10.46}$$

式中:$k_{pc}=h_p\varepsilon^s bK_g$;$k_{ps}=bt_p(C^D-h_p^2\varepsilon^s)/L_p$。它们分别为由控制增益导致的主动式压电刚度和结构的压电刚度。

利用式(10.46),可以把作用在压电弹簧元件上的力矢量$\{F_{Ip} \quad F_R\}^T$ 表示为如下形式:

$$\begin{Bmatrix} F_{Ip} \\ F_R \end{Bmatrix}=(k_{pc}+k_{ps})\begin{Bmatrix} -1 \\ 1 \end{Bmatrix}\{-1 \quad 1\}\begin{Bmatrix} x_I \\ x_R \end{Bmatrix}=\begin{bmatrix} k_p & -k_p \\ -k_p & k_p \end{bmatrix}\begin{Bmatrix} x_I \\ x_R \end{Bmatrix} \tag{10.47}$$

式中:$k_p=k_{pc}+k_{ps}$ 为压电弹簧元件的总刚度。

于是,这个主动式子单元的正弦运动方程就可以写为

$$\begin{bmatrix} k_p-m\omega^2 & -k_p \\ -k_p & k_p-m\omega^2 \end{bmatrix}\begin{Bmatrix} x_I \\ x_R \end{Bmatrix}=\begin{Bmatrix} F_{Ip} \\ F_R \end{Bmatrix} \tag{10.48}$$

10.5.2.3　整个单元的动力学描述

通过将被动式和主动式子单元的动力学方程(式(10.41)和(10.48))组合起来,就能够得到整个单元的动力学方程,即

$$\begin{Bmatrix} F_L \\ F_I \\ F_R \end{Bmatrix} = \begin{bmatrix} k_s - m\omega^2 & -k_s & 0 \\ -k_s & k_s + k_p - 2m\omega^2 & -k_p \\ 0 & -k_p & k_p - m\omega^2 \end{bmatrix} \begin{Bmatrix} x_L \\ x_I \\ x_R \end{Bmatrix} \tag{10.49}$$

式中:$F_I = F_{Is} + F_{Ip}$ 为总的界面力。

利用 Guyan 缩聚法消去界面自由度 x_I,即可得到如下缩聚的动力学方程:

$$\begin{bmatrix} K_{d_{LL}} & K_{d_{LR}} \\ K_{d_{RL}} & K_{d_{RR}} \end{bmatrix} \begin{Bmatrix} x_{L_k} \\ x_{R_k} \end{Bmatrix} = \begin{Bmatrix} F_{L_k} \\ F_{R_k} \end{Bmatrix} \tag{10.50}$$

式中:

$$K_{d_{LL}} = k_s[-1/(1 + r_k - 2R^2) + 1 - R^2]$$

$$K_{d_{LR}} = -k_s r_k/(1 + r_k - 2R^2) = K_{d_{RL}}$$

$$K_{d_{RR}} = k_s[-r_k^2/(1 + r_k - 2R^2) + r_k - R^2]$$

$r_k = k_p/k_s$ 为刚度比,$R = \omega/\sqrt{k_s/m}$ 为频率比。这里的刚度比可以写为

$$r_k = k_{ps}/k_s + k_{pc}/k_s = r_{ks} + r_{kc} \tag{10.51}$$

式中:r_{ks} 和 r_{kc} 分别为结构刚度比和控制刚度比,下标 k 指代的是第 k 个单元。

10.5.2.4　整个周期结构的动力学描述

为了描述整个周期结构的动力学行为,可以将式(10.50)改写为如下形式:

$$\begin{Bmatrix} x_{R_k} \\ F_{R_k} \end{Bmatrix} = \begin{bmatrix} -K_{d_{LR}}^{-1} K_{d_{LL}} & K_{d_{LR}}^{-1} \\ -K_{d_{RR}} K_{d_{LR}}^{-1} K_{d_{LL}} + K_{d_{LR}} & K_{d_{RR}} K_{d_{LR}}^{-1} \end{bmatrix} = \begin{Bmatrix} x_{L_k} \\ F_{L_k} \end{Bmatrix} \tag{10.52}$$

在第 k 个单元和第 $k+1$ 个单元的分界面处,应当满足协调条件和平衡条件,即

$$x_{R_k} = x_{L_{k+1}}, F_{R_k} = -F_{L_{k+1}} \tag{10.53}$$

将这些条件代入到式(10.52)可得

$$\begin{Bmatrix} x_{L_{k+1}} \\ F_{L_{k+1}} \end{Bmatrix} = \begin{bmatrix} -K_{d_{LR}}^{-1} K_{d_{LL}} & K_{d_{LR}}^{-1} \\ K_{d_{RR}} K_{d_{LR}}^{-1} K_{d_{LL}} - K_{d_{LR}} & -K_{d_{RR}} K_{d_{LR}}^{-1} \end{bmatrix} = \begin{Bmatrix} x_{L_k} \\ F_{L_k} \end{Bmatrix} \tag{10.54}$$

若以更为紧凑的形式来表达,那么式(10.54)还可改写为

$$\begin{Bmatrix} x_{\mathrm{L}} \\ F_{\mathrm{L}} \end{Bmatrix}_{k+1} = \begin{bmatrix} t_{11} & t_{12} \\ t_{21} & t_{22} \end{bmatrix} \begin{Bmatrix} x_{\mathrm{L}} \\ F_{\mathrm{L}} \end{Bmatrix}_{k} \text{ 或 } \boldsymbol{Y}_{k+1} = \boldsymbol{T}_k \boldsymbol{Y}_k \tag{10.55}$$

式中：$\boldsymbol{Y}$ 和 $\boldsymbol{T}_k$ 分别为第 k 个单元的状态矢量$\{x_{\mathrm{L}} \quad F_{\mathrm{L}}\}^{\mathrm{T}}$ 和传递矩阵。此处的传递矩阵将第 $k+1$ 个单元左端的状态矢量与第 k 个单元的左端的状态矢量联系了起来。对于严格的周期结构来说，所有单元都具有相同的 $\boldsymbol{T}_k$，因而式(10.55)就可以表示为

$$\boldsymbol{Y}_{k+1} = \boldsymbol{T}\boldsymbol{Y}_k \tag{10.56}$$

然而，对于非周期结构（失谐周期结构）来说，不同的单元将具有不同的 $\boldsymbol{T}_k$，这实际上也是非周期性的体现。在这一节中，这种非周期性是通过引入控制增益 K_{g} 的变化来实现的，即在周期结构上施加主动控制。

对于主动式周期结构，它们的通带、禁带特性以及波传播特性也可以通过考察传递矩阵的特征值（参见 10.2～10.4 节）进行分析。

例 10.8　考虑图 10.18 所示的被动式周期弹簧质量系统，若 $k_{\mathrm{s}}=1$，$r_{k\mathrm{s}}=1$，$r_{k\mathrm{c}}=0$（即 $K_{\mathrm{g}}=0$），试确定其滤波特性。

[分析]

我们可以利用式(10.50)、式(10.54)～式(10.56)计算传递矩阵 $\boldsymbol{T}$，进而能够确定其特征值 λ，并绘制出它与无量纲频率参数 R 的关系曲线。进一步，利用式(10.14)即可计算出衰减参数 α 和相位移动参数 β，从而得到它们跟 R 之间的关系曲线。这些结果已经在图 10.19 中给出。图 10.19(a)示出了传递矩阵 $\boldsymbol{T}$ 的特征值的绝对值（$|\lambda|$）随无量纲频率 R 的变化情况，可以看出，当 $R<1.4$ 时，$|\lambda|=1$，而当 $R>1.4$ 时，$|\lambda|\neq 1$，因此 $R<1.4$ 这一频率范围就对应了通带，而 $R>1.4$ 则对应了禁带。换言之，这个系统的行为类似于一个低通滤波器，截止频率为 1.4。

图 10.19(b)和(c)进一步给出了传播常数 μ 的实部 α 和虚部 β，很明显，当 $R<1.4$ 时，衰减常数 $\alpha=0$，即该系统不存在传播衰减，从而对应了波的传播“通带”。然而，在 $R>1.4$ 的范围内，衰减常数 $\alpha\neq 0$，即此时的系统存在着传播衰减，类似于系统中存在着阻尼的情形，由此称这个很宽的频率范围为“禁带”。

例 10.9　考虑图 10.18 所示的主动式周期弹簧质量系统，若 $k_{\mathrm{s}}=1$，$r_{k\mathrm{s}}=1$，试针对如下 $r_{k\mathrm{c}}$ 值确定系统的滤波特性：①$r_{k\mathrm{c}}=2$；②$r_{k\mathrm{c}}=5$；③$r_{k\mathrm{c}}=-0.75$；④$r_{k\mathrm{c}}=\mathrm{i}R$。

[分析]

图 10.20(a)～(d)给出了这一主动式周期结构在不同的控制增益 K_{g} 条件下（对应于 $r_{k\mathrm{c}}=2$、$r_{k\mathrm{c}}=5$、$r_{k\mathrm{c}}=-0.75$ 和 $r_{k\mathrm{c}}=\mathrm{i}R$）的滤波特性。根据图 10.20(a)

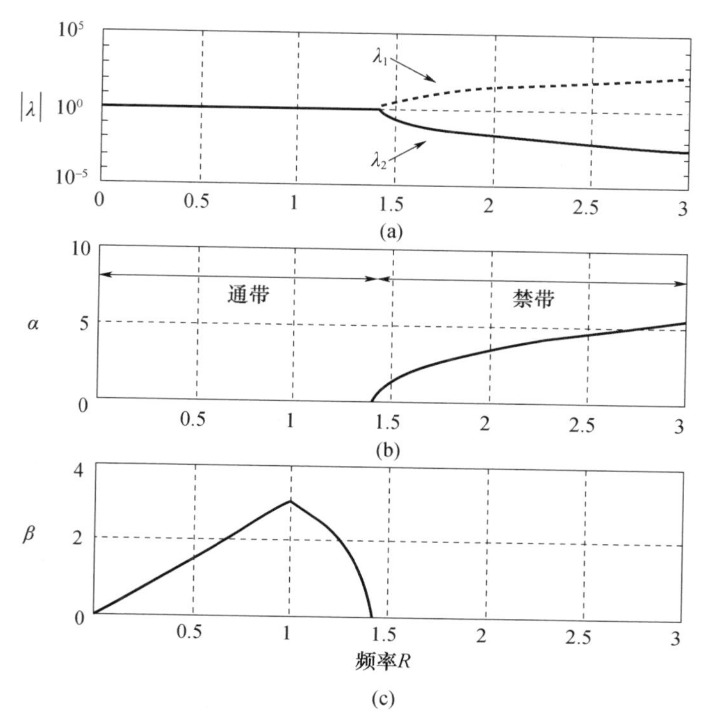

图 10.19　被动式周期弹簧质量系统的滤波特性($r_{ks}=1, r_{kc}=0$)

和(b)可以看出,该结构存在着两个通带和两个禁带,例如当 $r_{kc}=5$ 时,通带出现在 $0<R<1$ 和 $2.4<R<2.65$ 这两个区间,而禁带则出现在 $1<R<2.4$ 和 $2.65<R<\infty$ 这两个范围。值得注意的是,当控制增益 K_g 增大时,陷波滤波宽度也随之增大,同时最高的截止频率也会增大。当所选择的 K_g 使得 $r_{kc}=-0.75$ 时(意味着正的比例反馈控制),滤波特性如图 10.20(c)所示,可以看出滤波宽度降低了,同时最高的截止频率也会降低。

由此不难认识到,只需对控制增益 K_g 进行这样简单的调节,就能够根据外部激励的情况来调控结构的滤波特性,从而可以有针对性地抑制这些激励在结构中的传播。

需要指出的是,被动式周期结构的截止频率一般是较高的,因而它们只限于抑制高频激励的传播。然而,当引入了主动控制作用之后,将可以显著地降低这些截止频率,从而也能够利用此类周期结构抑制低频激励的传播。

最后,当 $r_{kc}=\mathrm{i}R$ 时(意味着负的微分反馈控制),主动式周期结构的滤波特性如图 10.20(d)所示,从中可以看出,该结构将在整个频率范围内都表现出禁带特性。

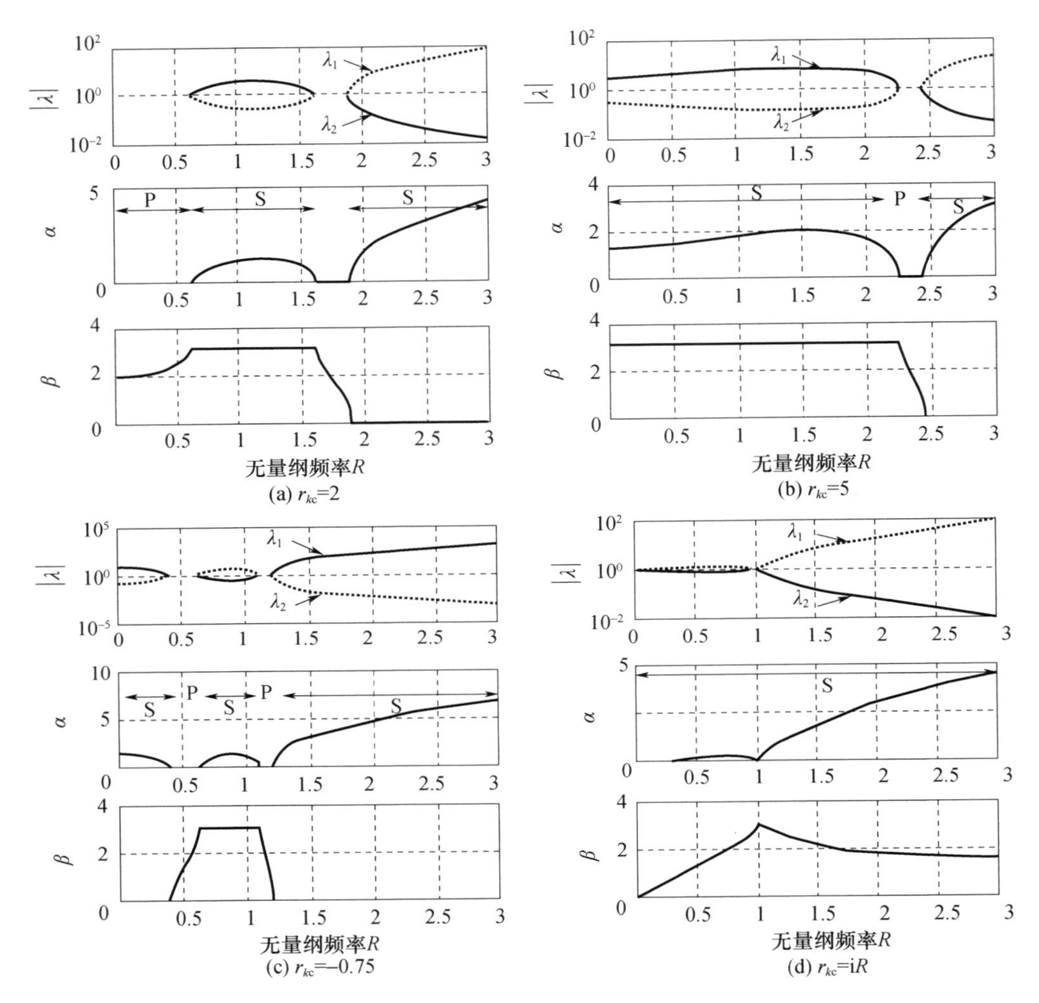

图 10.20　主动式周期弹簧质量系统的滤波特性

($r_{ks}=1$, r_{kc} 取不同的值)

P—通带；S—禁带。

10.6　被动式和主动式失谐周期结构的局域化特性

10.6.1　概述

周期结构的几何参数可能会出现一些偏差，一般称为失谐，由此会表现出波传播的局域化特性，本节将对此加以阐述，重点是考察失谐度和激励频率对结构响应以及局域化程度的影响。

在这一方面，一些学者已经给出了相关的研究背景介绍，并进行了一些先驱性研究工作，例如 Mead 和 Lee（1984）、Pierre（1988）、Luongo（1992）、Langley（1994）、Mester 和 Benaroya（1995），以及 Mead（1996）等。

10.6.2　局域化因子

失谐周期结构的性能可以利用“局域化因子 γ”进行定量描述。为更好地认识和理解局域化因子，这里考虑图 10.6，并将式（10.20）改写为如下形式，即

$$\begin{Bmatrix} w_{\mathrm{L}_k}^{\mathrm{L}} \\ w_{\mathrm{L}_{k+1}}^{\mathrm{r}} \end{Bmatrix} = \begin{bmatrix} 0 & \Lambda \\ \Lambda & 0 \end{bmatrix} \begin{Bmatrix} w_{\mathrm{L}_k}^{\mathrm{r}} \\ w_{\mathrm{L}_{k+1}}^{\mathrm{L}} \end{Bmatrix} = \begin{bmatrix} 0 & t^{\mathrm{L}} \\ t^{\mathrm{r}} & 0 \end{bmatrix} \begin{Bmatrix} w_{\mathrm{L}_k}^{\mathrm{r}} \\ w_{\mathrm{L}_{k+1}}^{\mathrm{L}} \end{Bmatrix} = \boldsymbol{S} \begin{Bmatrix} w_{\mathrm{L}_k}^{\mathrm{r}} \\ w_{\mathrm{L}_{k+1}}^{\mathrm{L}} \end{Bmatrix} \tag{10.57}$$

或

$$w_{\mathrm{L}_k}^{\mathrm{L}} = t^{\mathrm{L}} w_{\mathrm{L}_{k+1}}^{\mathrm{L}},\ w_{\mathrm{L}_{k+1}}^{\mathrm{r}} = t^{\mathrm{r}} w_{\mathrm{L}_k}^{\mathrm{r}} \tag{10.58}$$

式中：t^{L} 和 t^{r} 为传递系数，它们跟向左和向右传播的波以及传递矩阵 $\boldsymbol{T}$ 的特征值相关。矩阵 $\boldsymbol{S}$ 一般称为“散射矩阵”。

对于由 N 个单元构成的周期结构而言，式（10.57）和式（10.58）将变为

$$\begin{Bmatrix} w_{\mathrm{L}_1}^{\mathrm{L}} \\ w_{\mathrm{L}_N}^{\mathrm{r}} \end{Bmatrix} = \begin{bmatrix} 0 & t^{\mathrm{L}^N} \\ t^{\mathrm{r}^N} & 0 \end{bmatrix} \begin{Bmatrix} w_{\mathrm{L}_1}^{\mathrm{r}} \\ w_{\mathrm{L}_N}^{\mathrm{L}} \end{Bmatrix} \tag{10.59}$$

$$w_{\mathrm{L}_1}^{\mathrm{L}} = t^{\mathrm{L}^N} w_{\mathrm{L}_N}^{\mathrm{L}} = \boldsymbol{\lambda}^N w_{\mathrm{L}_N}^{\mathrm{L}},\ w_{\mathrm{L}_N}^{\mathrm{r}} = t^{\mathrm{r}^N} w_{\mathrm{L}_1}^{\mathrm{r}} = \boldsymbol{\lambda}^N w_{\mathrm{L}_1}^{\mathrm{r}} \tag{10.60}$$

可以把式（10.60）改写为

$$\frac{w_{\mathrm{L}_N}^{\mathrm{r}}}{w_{\mathrm{L}_1}^{\mathrm{r}}} = \boldsymbol{\lambda}^N$$

或

$$\ln\left(\left|\frac{w_{\mathrm{L}_N}^{\mathrm{r}}}{w_{\mathrm{L}_1}^{\mathrm{r}}}\right|\right) = N\ln|\boldsymbol{\lambda}| = N\alpha$$

由此也就得到了：

$$\alpha = \frac{1}{N}\sum \ln|\boldsymbol{\lambda}| = \text{对数衰减} \tag{10.61}$$

式（10.61）表明了，由 N 个单元构成的周期结构的“平均对数衰减”跟每个单元的对数衰减是相同的。

可以注意到，在严格的周期结构情况下，散射矩阵的对角项都是零，不过在失谐周期结构情况下，这些项是非零的，因为每个单元的传递矩阵不再是完全

相同的了。于是，对于失谐情况下的传递矩阵来说，原先用于传递矩阵对角化处理的矩阵 $\boldsymbol{\Phi}$ 也就不一定能够起到对角化的作用了，进而式(10.59)将表现为如下形式：

$$\begin{Bmatrix} w_{\mathrm{L}_1}^{\mathrm{L}} \\ w_{\mathrm{L}_N}^{\mathrm{r}} \end{Bmatrix} = \begin{bmatrix} r_N^{\mathrm{r}} & t_N^{\mathrm{L}} \\ t_N^{\mathrm{r}} & r_N^{\mathrm{L}} \end{bmatrix} \begin{Bmatrix} w_{\mathrm{L}_1}^{\mathrm{r}} \\ w_{\mathrm{L}_N}^{\mathrm{L}} \end{Bmatrix} \tag{10.62}$$

式中：r_N^{L} 和 r_N^{r} 为反射系数，分别跟左行波和右行波相关。

由于两个特性不同的单元的分界面处存在着反射，因此，即便是激励频率位于通带内（且系统无阻尼），失谐周期结构中的波也会表现出传播衰减。这一点跟周期结构的情形（散射矩阵仅包含了传递矩阵）形成了鲜明的对比。

关于失谐周期结构中的波传播衰减现象，最早是由 Anderson(1958)指出的（针对原子晶格），后来 Hodges(1982)针对工程动力学系统也揭示了这一行为的存在。

主动式失谐周期结构的特性可以利用局域化因子 γ 定量刻画，根据 Cai 和 Lin(1991)的定义，这个因子一般表示为如下形式：

$$\gamma = \frac{1}{N}\sum_{k=1}^{N} \log(|\boldsymbol{\lambda}_k|) \tag{10.63}$$

式中：$\boldsymbol{\lambda}_k$ 为第 k 个单元的特征值。根据式(10.63)不难看出，这个局域化因子实际上反映的是 N 个单元所产生的平均指数衰减。对于理想的周期结构而言，每个单元的 $|\boldsymbol{\lambda}_k|$ 都是相同的，通带内它等于 1，因而局域化因子将等于 0。

利用式(10.36)可以确定结构两端的未知位移和未知力（对于给定的边界条件），每个中间位置处的状态矢量则可借助各个单元的传递矩阵（式(10.33)）导出。

失谐周期结构的构造可以通过在结构的一个或多个几何参数上引入偏差来实现，例如可以在某个子单元的长度上增加一个附加的失谐量，即

$$L_{ka_t} = L_{ka_0} + d_k \tag{10.64}$$

式中：L_{ka_t} 和 L_{ka_0} 分别为第 k 个子单元的总长度和名义长度；d_k 为一个随机失谐量，可以设定为正态分布（均值为零，方差为 σ）。

此外，我们也可以通过在某个或多个子单元的控制增益 K_{g} 上引入失谐量来构造失谐周期结构，即

$$K_{gk} = K_{gk_0} + \delta K_{gk} \tag{10.65}$$

式中：K_{gk} 和 K_{gk_0} 分别为第 k 个子单元的总控制增益和名义控制增益；δK_{gk} 为一个随机失谐量，也可以设定为正态分布（均值为零，失谐度为 σ）。

例 10.10　考虑图 10.21 所示的理想的周期杆模型，当在子单元的控制增益上引入不同的失谐度时，试确定局域化因子 γ。此处的失谐量可以假定为高斯分布，均值为 $r_{kc_0}=2$，失谐度 σ 分别为 0.25、1 和 3。

［分析］

我们可以利用式（10.63）计算失谐周期结构的局域化因子 γ，即 $\gamma=\frac{1}{N}\sum_{k=1}^{N}\log(|\lambda_k|)$，其中的 λ_k 为第 k 个单元的特征值。计算结果如图 10.22 所示，它表明了这个局域化因子在通带范围内是非零的，而且在边界处还会变得比较显著，这意味着失谐使得纵波衰减频带变得更宽了。随着失谐量的增大，这些衰减频带的宽度以及局域化因子的值都将增大。特别地，图 10.22（c）还说明了，对于较大的失谐（$\sigma=3$）来说，第一通带和第二通带都彻底消失不见了。

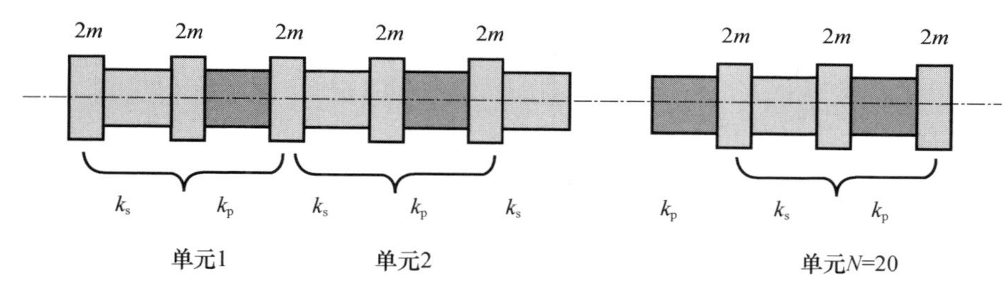

图 10.21　主动式周期杆结构

例 10.11　考虑图 10.23 所示的固支-自由边界下的理想周期杆模型，当它的自由端受到纵向正弦单位力的作用时，试确定其响应。进一步，如果在子单元的控制增益中引入不同的失谐度，试分析杆的响应以及局域化程度所受到的影响。这里假定名义控制增益为 $r_{kc_0}=2$，$k_s=1$，$\omega_n=1$，正弦激励频率分别设定为 $R=0.9$，1.75，1.95。此处所选择的激励频率都比较靠近通带的边界（图 10.20（a）），对于无失谐的周期结构来说，这些频率处的波能够沿着结构正常传播。

［分析］

根据式（10.36），并考虑到 $x_0=0$，有：$x_N=T_{N12}F_0$，$F_N=T_{N22}F_0$。消去 F_0 之后可得 $x_N=T_{N12}T_{N22}^{-1}F_N$。这个关系式将杆自由端的位移 x_N 表示成了激励力幅值 F_N 的形式，利用每个单元的传递矩阵（式（10.33））即可确定出任何中间位置处的状态矢量。

图 10.24 表明了，对于周期结构而言，振动能量是分布在整个结构中的，而对于失谐周期结构来说，这些能量却会局域在激励端附近区域。只需引入随机分布的控制增益 r_{kc}，就能够实现这种振动能量的局域化。类似地，如果在被动

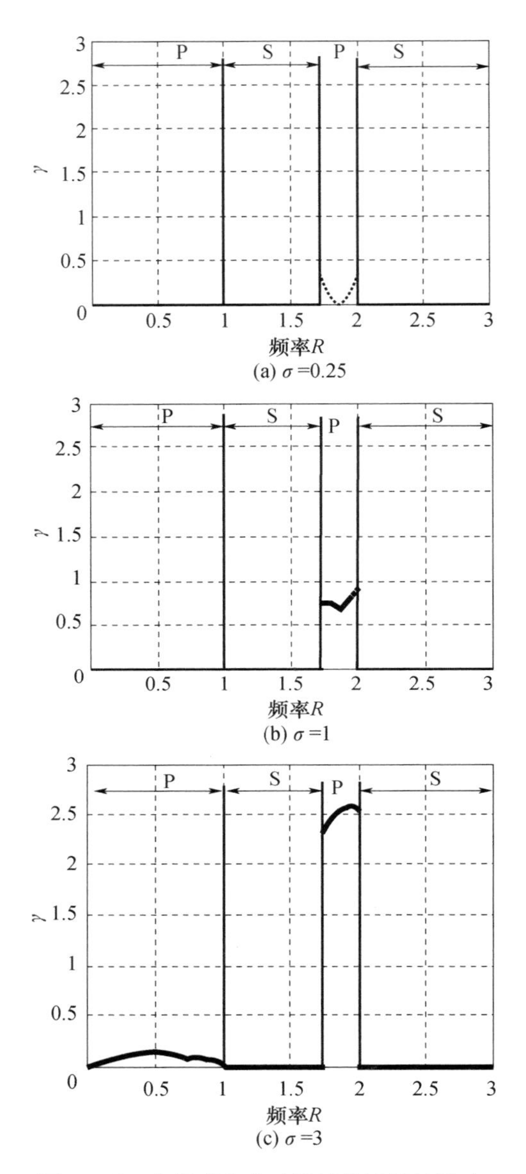

图 10.22　失谐度(σ)对局域化因子的影响

P—通带;S—禁带。

式周期结构中随机改变不同单元的几何参数,那么我们也能够观察到这种局域化现象,不过这一做法在实际场合中实现起来是比较麻烦的。

图 10.25(a)和(b)针对激励频率 $R=1.75$ 和 1.95 这两种情形分别示出了振动的局域化行为,在这些情形中只需引入较小的失谐度($\sigma=0.25$)就能够抑

制波的传播。这也再一次说明了在结构中引入主动控制作用的意义,即借助这一方式可以有效地调节失谐度以适应不同的外部激励特性。

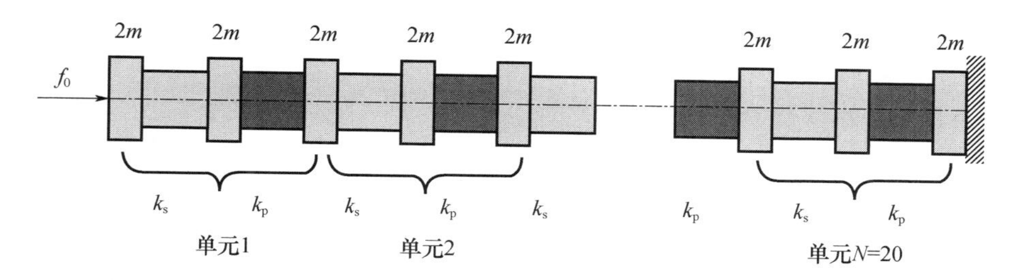

图 10.23　自由-固支边界条件下端部受到正弦激励的主动式周期杆结构

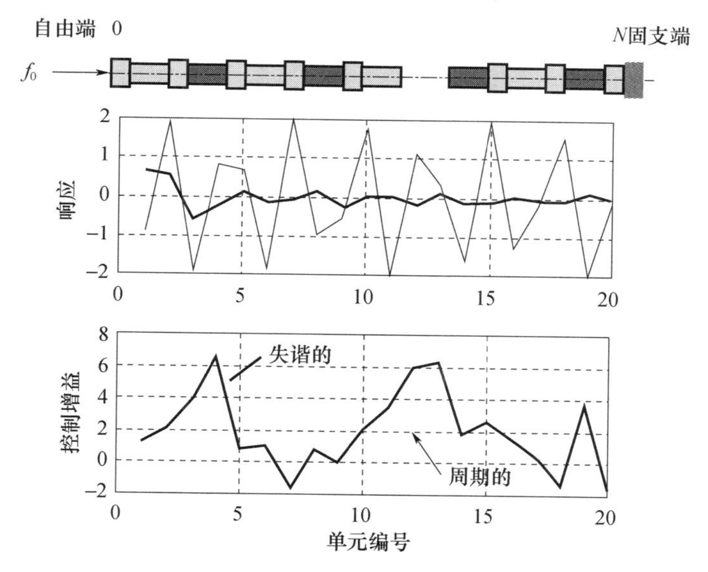

图 10.24　失谐度 $\sigma=2.5$ 时频率 $R=0.9$ 处的振动局域化

（细实线为周期情形,粗实线为失谐情形）

例 10.12　考虑图 10.26 所示的固支-自由边界条件下的理想周期杆模型,当它的自由端受到纵向单位脉冲力作用时,试确定其时域响应和频域响应。进一步,试利用 Morlet 小波分析(参见附录 10.A)阐明该周期杆在控制增益取不同值的情况下($r_{kc}=0$ 和 5)所具有的禁带和通带特性,并对结果加以讨论。此处假定 $k_s=1,\omega_n=1$。

[分析]

对于一般载荷来说,式(10.49)可以改写为如下形式:

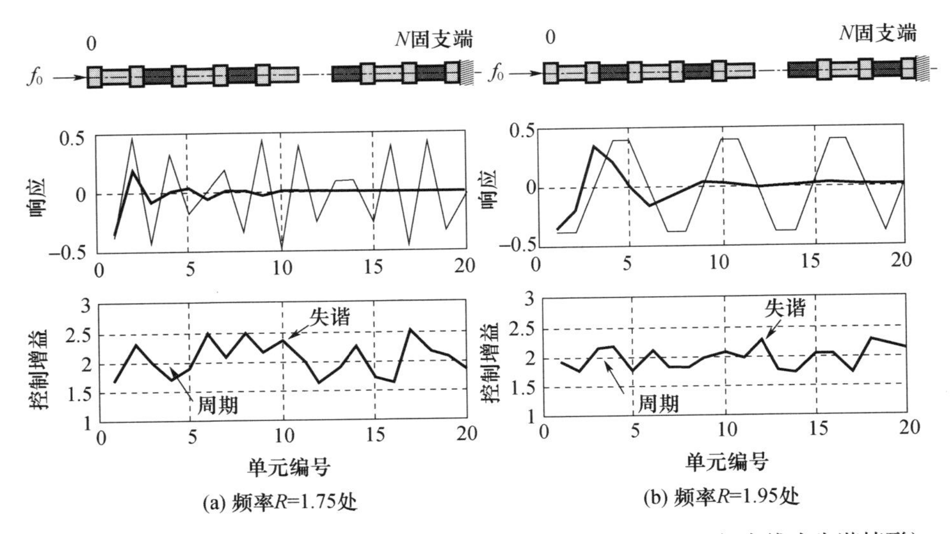

图 10.25　失谐度 $\sigma=0.25$ 时的振动局域化(细实线为周期情形,粗实线为失谐情形)

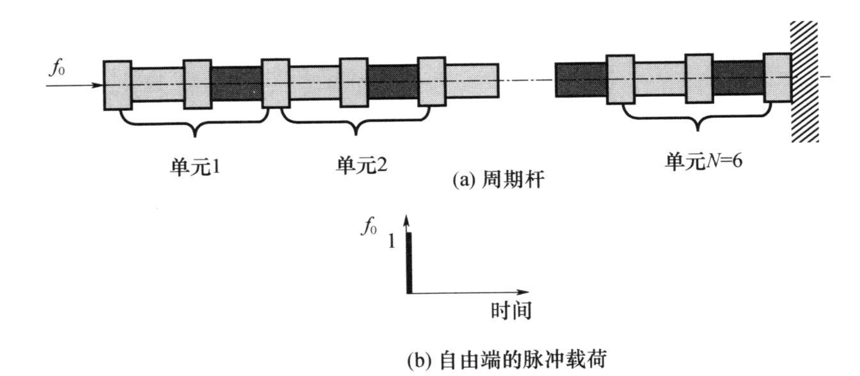

图 10.26　受到脉冲载荷作用的主动式周期杆结构(自由-固支边界条件下)

$$
\begin{bmatrix} m & 0 & 0 \\ 0 & 2m & 0 \\ 0 & 0 & m \end{bmatrix} \begin{Bmatrix} \ddot{x}_{\mathrm{L}} \\ \ddot{x}_{\mathrm{I}} \\ \ddot{x}_{\mathrm{R}} \end{Bmatrix} + \begin{bmatrix} k_{\mathrm{s}} & -k_{\mathrm{s}} & 0 \\ -k_{\mathrm{s}} & k_{\mathrm{s}}+k_{\mathrm{p}} & -k_{\mathrm{p}} \\ 0 & -k_{\mathrm{p}} & k_{\mathrm{p}} \end{bmatrix} \begin{Bmatrix} x_{\mathrm{L}} \\ x_{\mathrm{I}} \\ x_{\mathrm{R}} \end{Bmatrix} = \begin{Bmatrix} F_{\mathrm{L}} \\ F_{\mathrm{I}} \\ F_{\mathrm{R}} \end{Bmatrix}
$$

通除 k_{s} 之后可得

$$
\frac{1}{\omega_n^2} \begin{bmatrix} 1 & 0 & 0 \\ 0 & 2 & 0 \\ 0 & 0 & 1 \end{bmatrix} \begin{Bmatrix} \ddot{x}_{\mathrm{L}} \\ \ddot{x}_{\mathrm{I}} \\ \ddot{x}_{\mathrm{R}} \end{Bmatrix} + k_{\mathrm{s}} \begin{bmatrix} 1 & -1 & 0 \\ -1 & 1+r_k & -r_k \\ 0 & -r_k & r_k \end{bmatrix} \begin{Bmatrix} x_{\mathrm{L}} \\ x_{\mathrm{I}} \\ x_{\mathrm{R}} \end{Bmatrix} = \frac{1}{k_{\mathrm{s}}} \begin{Bmatrix} F_{\mathrm{L}} \\ F_{\mathrm{I}} \\ F_{\mathrm{R}} \end{Bmatrix}
$$

或

$$\boldsymbol{M}\begin{Bmatrix}\ddot{x}_{\mathrm{L}}\\ \ddot{x}_{\mathrm{I}}\\ \ddot{x}_{\mathrm{R}}\end{Bmatrix}+\boldsymbol{K}\begin{Bmatrix}x_{\mathrm{L}}\\ x_{\mathrm{I}}\\ x_{\mathrm{R}}\end{Bmatrix}=\frac{1}{k_{\mathrm{s}}}\begin{Bmatrix}F_{\mathrm{L}}\\ F_{\mathrm{I}}\\ F_{\mathrm{R}}\end{Bmatrix}$$

式中：

$$\boldsymbol{M}=\frac{1}{\omega_n^2}\begin{bmatrix}1&0&0\\0&2&0\\0&0&1\end{bmatrix},\boldsymbol{K}=k_{\mathrm{s}}\begin{bmatrix}1&-1&0\\-1&1+r_k&-r_k\\0&-r_k&r_k\end{bmatrix}$$

进一步,利用有限元理论可以组装得到总体质量矩阵 $\boldsymbol{M}_{\mathrm{o}}$ 和总体刚度矩阵 $\boldsymbol{K}_{\mathrm{o}}$,进而也就能够建立该周期杆的总运动方程了。在施加了边界条件之后,可以把这些方程表示为

$$\boldsymbol{M}_{\mathrm{o}}\ddot{\boldsymbol{X}}+\boldsymbol{K}_{\mathrm{o}}\boldsymbol{X}=\frac{1}{k_{\mathrm{s}}}\boldsymbol{F}$$

式中：

$$\boldsymbol{X}=\{x_{\mathrm{L}_1}\quad x_{\mathrm{L}_2}\quad\cdots\quad x_{\mathrm{L}_N}\}^{\mathrm{T}},\boldsymbol{F}=\{F_{\mathrm{L}_1}\quad F_{\mathrm{L}_2}\quad\cdots\quad F_{\mathrm{L}_N}\}^{\mathrm{T}}$$

图 10.27 和图 10.28 分别示出了被动式和主动式周期杆结构的特性计算结果。图 10.27(a)给出的是杆自由端的时域响应,而图 10.27(b)反映的是对应的快速傅里叶变换(FFT)结果,可以看出当频率 $R>1.4$ 时,响应曲线表现出了显著的下降,这就意味着 $R>1.4$ 这一范围是一个禁带。这一结果跟传递矩阵的特征值分析结果也是吻合的,参见图 10.27(c)。

进一步,利用附录 10.A 中给出的连续 Morlet 小波变换(WT)方法,还可以得到如图 10.27(d)所示的频谱,其中体现了杆自由端响应的频率成分随时间的变化情况。从该图中能够清晰地观察到杆的振动模式,它们跟基于 FFT 得到的结果是一致的,参见图 10.27(c)。

当引入了控制作用($r_{kc}=5$)之后,所得到的特性如图 10.28 所示。图 10.28(a)和(b)表明,杆的响应幅值在时域和频域内都出现了降低。对于 $R<1$ 这一频率范围,这一幅值的下降是由于禁带(基于传递矩阵的特征值分析得到,参见图 10.28(c))导致的,这种衰减可以通过图 10.20(b)给出的“衰减参数”α 来定量刻画。对于 $1<R<2$ 这一范围,“衰减参数”α 呈现出平坦的峰值形态,显然这将对波的传播产生显著的抑制效果。

值得关注的是,图 10.28(b)还表明了,在 $R=2.4$ 附近出现了高频模式,在这些位置处主动式周期杆表现为通带特性,传递矩阵的特征值分析结果也可清

晰地验证这一点,参见图 10. 28(c)。

最后,图 10. 28(d)也给出了小波分析的频谱结果,从中也不难识别出杆的振动模式,它们跟 FFT 的结果也是一致的,参见图 10. 28(c)。

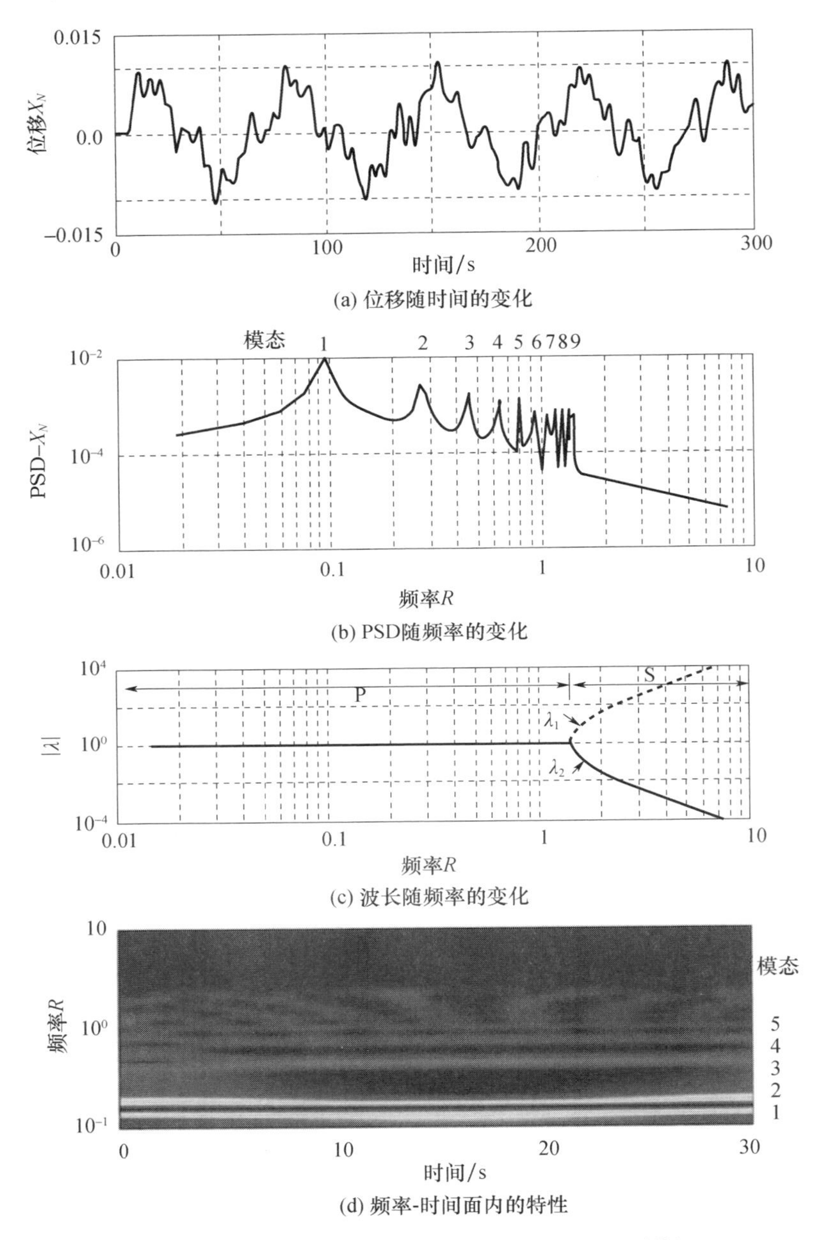

(a) 位移随时间的变化

(b) PSD随频率的变化

(c) 波长随频率的变化

(d) 频率-时间面内的特性

图 10. 27　被动式周期杆结构($r_{kc}=0$)的特性(见彩插)

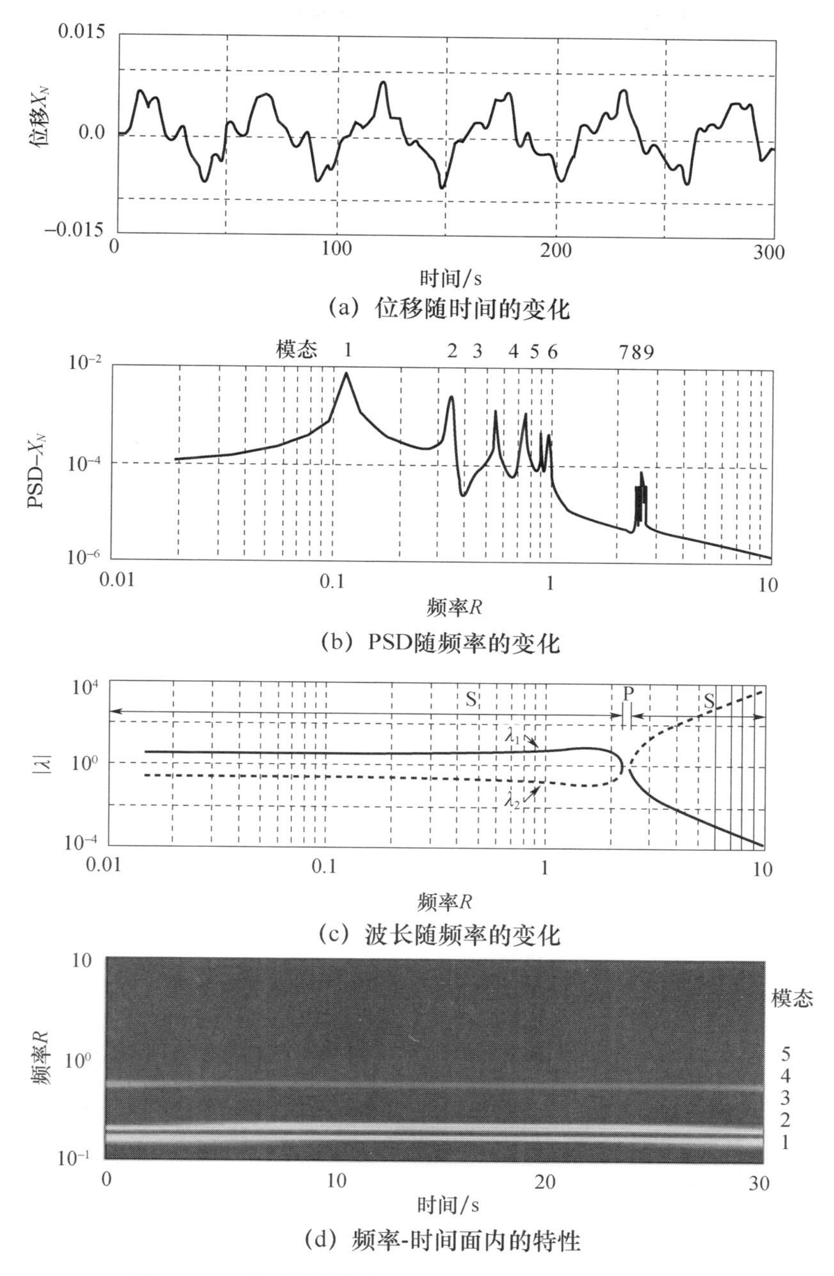

图 10.28　主动式周期杆结构($r_{kc}=5$)的特性(见彩插)

10.7 带有周期性分流压电片的周期杆结构

本节将分流压电片周期性地放置在杆上,用于控制结构的纵向波传播,如图10.29所示。利用这种周期结构,我们可以实现指定频带(即禁带)内的滤波功能,这些禁带的位置和宽度都可以通过压电材料的分流功能加以调节,从而能够更好地适应外部激励或补偿结构不确定性所产生的影响。

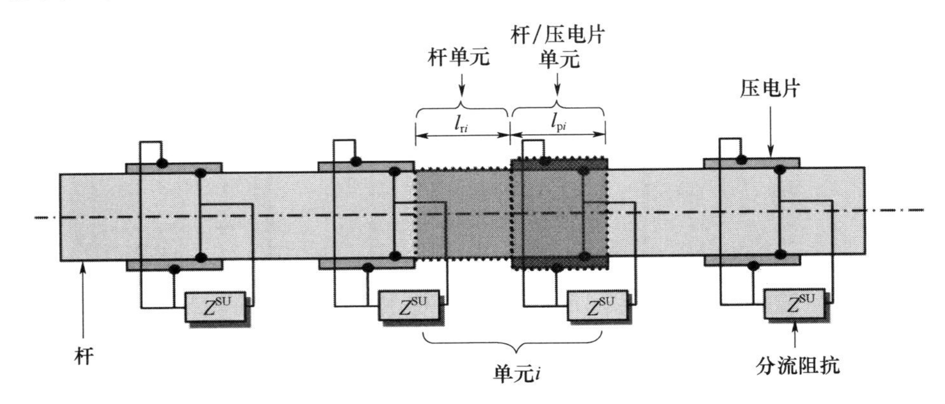

图10.29 带有周期布置的分流压电片的杆结构

10.7.1 光杆单元的传递矩阵

对于第i个单元中的杆单元部分,其传递矩阵可由式(10.25)给出,即

$$\boldsymbol{T}_{ri}=\begin{bmatrix}\cos(k_{ri}l_{ri}) & \dfrac{1}{Z_{ri}\omega}\sin(k_{ri}l_{ri})\\ -Z_{ri}\omega\sin(k_{ri}l_{ri}) & \cos(k_{ri}l_{ri})\end{bmatrix} \tag{10.66}$$

式中:$Z_{ri}=A_{ri}\sqrt{E_{ri}\rho_{ri}}$为杆单元的阻抗。

从式(10.66)可以看出,当在杆的长度方向上改变材料特性(E_{ri},ρ_{ri})或者改变几何参数(A_{ri})时,将可使得杆的阻抗表现出不连续性。显然,这样也就实现了周期结构的阻抗调节,据此我们就能够改变杆中的波传播特性。

10.7.2 杆/压电片单元的传递矩阵

对于第i个单元中的杆/压电片单元部分,其传递矩阵的构建方式类似于光杆情形,不过需要采用该复合单元的波数(k_{ci})和阻抗(Z_{ci})表达式,据此对式(10.66)加以修正之后,将有如下形式:

$$T_{ci}=\begin{bmatrix}\cos(k_{ci}l_{ci}) & \frac{1}{Z_{ci}\omega}\sin(k_{ci}l_{ci})\\ -Z_{ci}\omega\sin(k_{ci}l_{ci}) & \cos(k_{ci}l_{ci})\end{bmatrix} \tag{10.67}$$

式中：$Z_{ci}=A_{ci}\sqrt{E_{ci}\rho_{ci}}$ 为杆/压电片单元的阻抗。

复合单元的波数 k_{ci} 和阻抗 Z_{ci} 可以借助复合材料的“混合物定律”来确定，即

$$Z_{ci}=\sqrt{(\rho_{ri}A_{ri}+\rho_{pi}A_{pi})(E_{ri}A_{ri}+E_{pi}^{SU}A_{pi})} \tag{10.68}$$

$$k_{ci}=\omega\sqrt{(\rho_{ri}A_{ri}+\rho_{pi}A_{pi})/(E_{ri}A_{ri}+E_{pi}^{SU}A_{pi})} \tag{10.69}$$

式中：A_{ri} 和 A_{pi} 分别为杆和压电片的横截面面积；ρ_{ri} 和 ρ_{pi} 分别为杆和压电片的密度；E_{ri} 为杆材料的杨氏模量；E_{pi}^{SU} 为分流压电片的复模量，可通过联立式(9.7)和式(9.14)得到，即

$$E_{pi}^{SU}=\bar{E}_{pi}^{SU}(1+\eta j)=E_{pi}^{D}\left(1-\frac{k_{ii}^{2}}{1+sC_{pi}^{s}Z_{i}^{SU}}\right) \tag{10.70}$$

式中：η 为损耗因子；$\bar{E}_{pi}^{SU}$ 为储能模量；E_{pi}^{D} 为无分流的压电片的杨氏模量(开路状态下)；k_{ii}^{2} 为机电耦合因子；$C_{pi}^{S}=C_{pi}^{T}(1-k_{ii}^{2})$ 为零应变条件下的电容；s 为拉普拉斯复变量；Z_{i}^{SU} 为分流阻抗。对于电感-电阻分流情形来说，Z_{i}^{SU} 可以表示为

$$Z_{i}^{SU}=Ls+R \tag{10.71}$$

根据最优阻尼特性的实现条件，即可确定出分流元件 L 和 R 的值，参见表 10.3，以及 9.2.2.1 节和 9.2.2.2 节的内容。

表 10.3　最优分流参数

分流电路	电阻分流	电阻-电感分流
调谐频率	$\omega_{\text{tuning}}=\sqrt{1-k_{ii}^{2}}/(RC_{pi}^{S})$	$\omega_{\text{tuning}}=1/\sqrt{LC_{pi}^{S}}$

10.7.3　单元的传递矩阵

对于带有周期分布的压电片的杆结构来说，其组成单元的传递矩阵可以通过联立式(10.66)和式(10.67)得到，即

$$T_{i}=T_{ci}T_{ri} \tag{10.72}$$

通过计算这个传递矩阵 T_{i} 的特征值，就能够获得该周期杆结构中的波传播特性。

例 10.13 考虑一根长为 57.9cm 的悬臂杆,该杆是注塑件,截面为矩形,宽为 7.24cm,厚为 1.2cm。现在在杆上以对称形式周期布置四对压电片(在长度方向上),如图 10.29 所示。压电片的长、宽和厚分别为 7.24cm、7.24cm 和 0.0267cm,机电耦合因子为 $k_{31}=0.44$,开路状态下的电容为 $C_{pi}^{S}=390\text{nF}$。杆和压电片的材料特性与几何参数已经分别列于表 10.4 和表 10.5 中。试针对压电片无分流和有分流(采用电感-电阻分流电路)两种情形确定该杆的波传播特性。

表 10.4 杆的几何和物理特性

杨氏模量/(N/m^2)	密度/(kgm^{-3})	长度/cm	宽度/cm	厚度/cm
3.6×10^9	1726	57.9	7.24	1.2

表 10.5 压电片的几何和物理特性

杨氏模量/(N/m^2)	密度/(kgm^{-3})	长度/cm	宽度/cm	厚度/cm	耦合因子 k_{31}	电容 C_{pi}^{S}/nF
6.2×10^{10}	7800	7.24	7.24	0.0267	0.44	390

[分析]

对于带有压电片(采用不同的分流策略)的周期杆,单元的传递矩阵计算可以利用式(10.66)~式(10.72)进行,进而不难得到对应的特征值,而利用式(10.14)又可以确定出衰减参数(α)和相位移动参数(β)。

图 10.30 示出了分流策略对衰减参数 α 的影响,其中的图 10.30(a)揭示了分流电阻 R 对 α 的影响情况(分流电感 $L=0$)。从中可以发现,当增大 R 时(超过 25Ω),α 将出现不太明显的增大。分流电感 L 对衰减参数 α 的影响(分流电阻 R 维持在 25Ω)如图 10.30(b)所示,我们可以观察到当 $L=0.4\text{mH}$ 时,衰减参数值达到了最大。

当压电片的分流参数设定为 $R=25\Omega$、$L=0\text{H}$ 时,α 和 β 如图 10.31 所示,为便于比较,该图中同时也给出了无分流情形下的结果。可以看出,当压电片无分流时,周期杆结构具有 3 个禁带,参见图 10.31,然而当对压电片进行电阻分流后,在所考察的整个频带上波的传播都将得到抑制,因为此时的衰减参数都是大于零的(即 $\alpha>0$)。

当采用电感-电阻分流电路时($R=25\Omega$、$L=0.4\text{mH}$),可以观察到,在所考察的整个频带上衰减参数都有了增大,参见图 10.32。

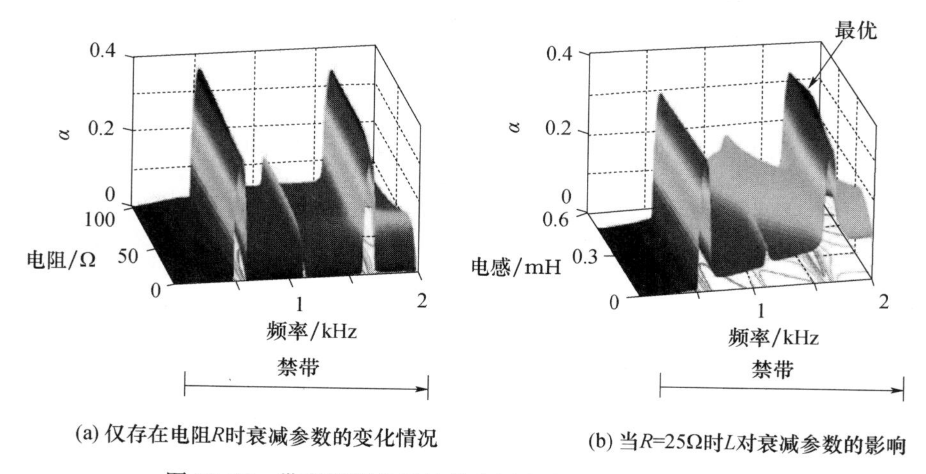

图 10.30　带有周期布置的分流压电片的杆结构(见彩插)

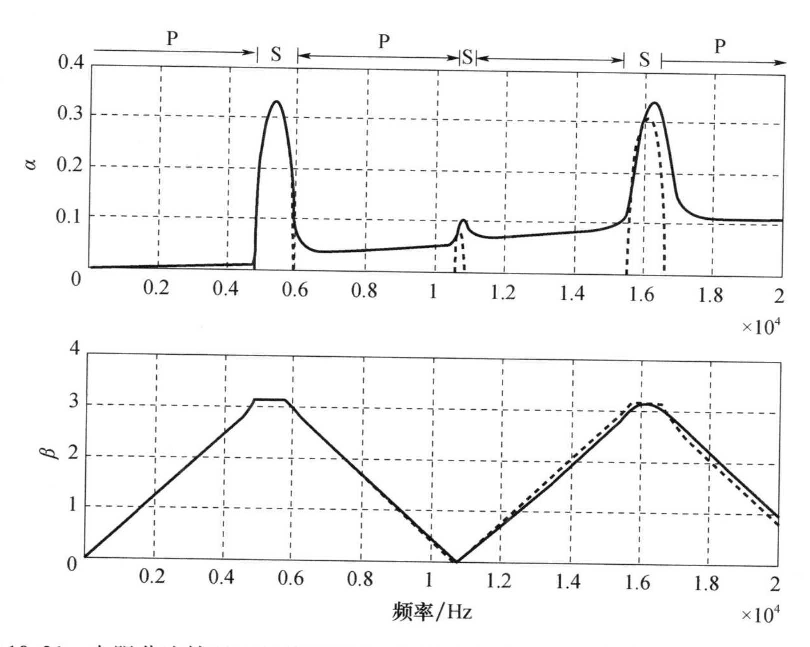

图 10.31　电阻分流情况下的传播常数(虚线对应于 $R=0\Omega$,实线对应于 $R=25\Omega$)

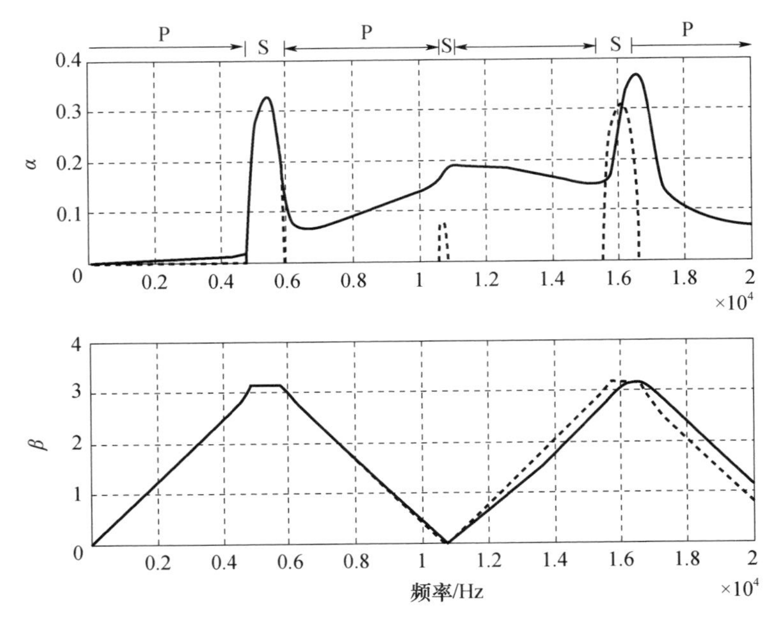

图 10.32　电阻-电感分流情况下的传播常数

（虚线对应于 $R=0\Omega, L=0\text{mH}$，实线对应于 $R=25\Omega, L=0.4\text{mH}$）

10.8　二维主动式周期结构

10.8.1　单元的动力学描述

图 10.33 和图 10.34 示出了一个理想的二维主动式周期结构，该结构是一个弹簧质量系统，由一系列质量块以二维阵列的形式构造而成，这些质量块之间则通过一组主动式和被动式弹簧相连接，并且此处的主动式弹簧元件是沿着 x 轴方向周期性布置的。我们将利用这一模型阐明二维周期结构的特性，对于其他形式的周期布置方式，按照此处的分析过程也不难获得类似的特性。

就所考察的这个弹簧质量系统而言，位于第 i 行和第 j 列的质量块具有单个自由度，即垂直于 x-y 平面的位移 w_{ij}。若考虑频率为 ω 的运动，那么该质量块的运动方程可以表示为如下形式：

$$-\omega^2 m w_{ij}+(3k_s+k_p)w_{ij}-k_s(w_{i-1,j}+w_{i+1,j}+w_{i,j-1})-k_p w_{i,j+1}=F_{ij} \tag{10.73}$$

对于结构单元中其他几个节点，也可以建立类似的运动方程。

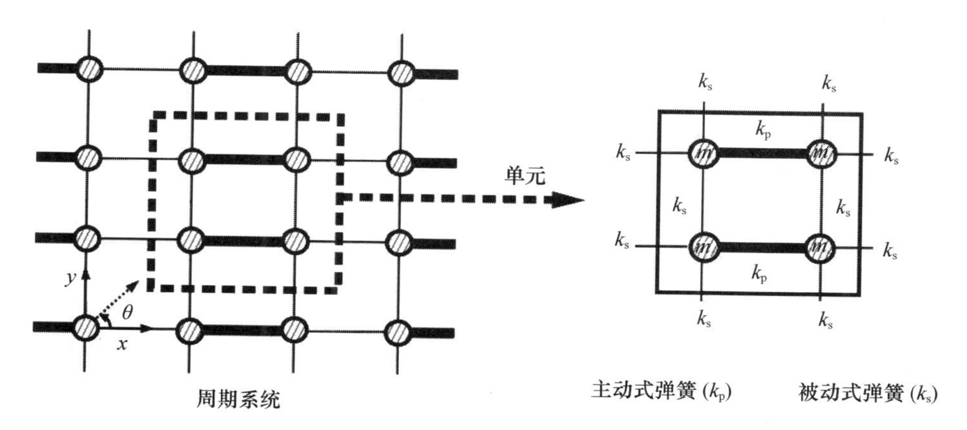

图 10.33　二维周期弹簧质量系统

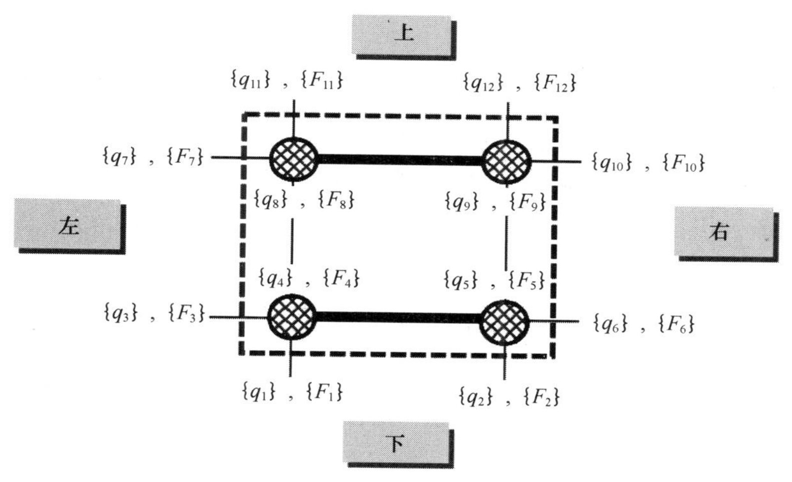

图 10.34　作用在单元上的力和位移

在式(10.73)中，k_s 和 k_p 分别代表的是被动式和主动式弹簧元件的刚度，需要注意的是，这里的 k_p 的定义是主动式弹簧元件的各个刚度成分之和，它包括了结构刚度 k_{ps} 和控制刚度 k_{pc}，于是有：

$$k_p = k_{ps} + k_{pc} \tag{10.74}$$

这实际上意味着该主动式弹簧元件会通过反馈弹簧的位移而产生如下的力 $F_{p_{ij}}$：

$$F_{p_{ij}} = -k_{pc}(w_{ij} - w_{ij+1}) \tag{10.75}$$

因此，k_{pc} 反映的是控制器增益的效应。

如果将主动刚度和被动刚度的比值记为 r_k,那么有:

$$r_k = k_p / k_s = k_{ps} / k_s + k_{pc} / k_s = r_{ks} + r_{kc} \tag{10.76}$$

式中:r_{ks} 和 r_{kc} 分别为结构刚度比和控制刚度比。

利用式(10.73)~式(10.76),就能够建立起整个单元的运动方程了,以矩阵形式来描述可以写为

$$(-\omega^2 \boldsymbol{M} + \boldsymbol{K})\, \boldsymbol{q} = \boldsymbol{F} \tag{10.77}$$

式中:

$$\boldsymbol{K} = \begin{bmatrix} k_s & 0 & 0 & -k_s & 0 & 0 & 0 & 0 & 0 & 0 & 0 & 0 \\ 0 & k_s & 0 & 0 & -k_s & 0 & 0 & 0 & 0 & 0 & 0 & 0 \\ 0 & 0 & k_s & -k_s & 0 & 0 & 0 & 0 & 0 & 0 & 0 & 0 \\ -k_s & 0 & -k_s & 3k_s + k_p & -k_p & 0 & 0 & -k_s & 0 & 0 & 0 & 0 \\ 0 & -k_s & 0 & -k_p & 3k_s + k_p & -k_s & 0 & 0 & -k_s & 0 & 0 & 0 \\ 0 & 0 & 0 & 0 & -k_s & k_s & 0 & 0 & 0 & 0 & 0 & 0 \\ 0 & 0 & 0 & 0 & 0 & 0 & k_s & -k_s & 0 & 0 & 0 & 0 \\ 0 & 0 & 0 & -k_s & 0 & 0 & -k_s & 3k_s + k_p & -k_p & 0 & -k_s & 0 \\ 0 & 0 & 0 & 0 & -k_s & 0 & 0 & -k_p & 3k_s + k_p & -k_s & 0 & -k_s \\ 0 & 0 & 0 & 0 & 0 & 0 & 0 & 0 & -k_s & k_s & 0 & 0 \\ 0 & 0 & 0 & 0 & 0 & 0 & 0 & -k_s & 0 & 0 & k_s & 0 \\ 0 & 0 & 0 & 0 & 0 & 0 & 0 & 0 & -k_s & 0 & 0 & k_s \end{bmatrix}$$

$$\boldsymbol{M} = \begin{bmatrix} 0 & 0 & 0 & 0 & 0 & 0 & 0 & 0 & 0 & 0 & 0 & 0 \\ 0 & 0 & 0 & 0 & 0 & 0 & 0 & 0 & 0 & 0 & 0 & 0 \\ 0 & 0 & 0 & 0 & 0 & 0 & 0 & 0 & 0 & 0 & 0 & 0 \\ 0 & 0 & 0 & m & 0 & 0 & 0 & 0 & 0 & 0 & 0 & 0 \\ 0 & 0 & 0 & 0 & m & 0 & 0 & 0 & 0 & 0 & 0 & 0 \\ 0 & 0 & 0 & 0 & 0 & 0 & 0 & 0 & 0 & 0 & 0 & 0 \\ 0 & 0 & 0 & 0 & 0 & 0 & 0 & 0 & 0 & 0 & 0 & 0 \\ 0 & 0 & 0 & 0 & 0 & 0 & 0 & m & 0 & 0 & 0 & 0 \\ 0 & 0 & 0 & 0 & 0 & 0 & 0 & 0 & m & 0 & 0 & 0 \\ 0 & 0 & 0 & 0 & 0 & 0 & 0 & 0 & 0 & 0 & 0 & 0 \\ 0 & 0 & 0 & 0 & 0 & 0 & 0 & 0 & 0 & 0 & 0 & 0 \\ 0 & 0 & 0 & 0 & 0 & 0 & 0 & 0 & 0 & 0 & 0 & 0 \end{bmatrix} \tag{10.78}$$

$\boldsymbol{q}$ 和 $\boldsymbol{F}$ 分别为位移矢量和力矢量,参见图 10.34,可由下式给出。

$$\begin{aligned}\boldsymbol{q} &= \{q_1, q_2, \cdots, q_{12}\}^{\mathrm{T}} \\ &= \{w_{i+2,j}, w_{i+2,j+1}, w_{i+1,j-1}, w_{i+1,j}, w_{i+1,j+1}, w_{i+1,j+2}, w_{i,j-1}, w_{i,j}, w_{i,j+1}, w_{i,j+2}, w_{i-1,j}, w_{i-1,j+1}\}^{\mathrm{T}} \\ \boldsymbol{F} &= \{F_1, F_2, \cdots, F_{12}\}^{\mathrm{T}} \\ &= \{F_{i+2,j}, F_{i+2,j+1}, F_{i+1,j-1}, F_{i+1,j}, F_{i+1,j+1}, F_{i+1,j+2}, F_{i,j-1}, F_{i,j}, F_{i,j+1}, F_{i,j+2}, F_{i-1,j}, F_{i-1,j+1}\}^{\mathrm{T}}\end{aligned} \tag{10.79}$$

10.8.2　常数相位面描述

二维周期结构中的平面波传播可以通过 Bloch 定理(Hussein,2009;Hussein 等人,2014)描述,即

$$w(n,x) = W(x)\mathrm{e}^{\mu_x n_x + \mu_y n_y} \tag{10.80}$$

式中:μ_x 和 μ_y 为传播常数;n_x 和 n_y 为整数,代表的是结构单元内的位置,参见图 10.35。

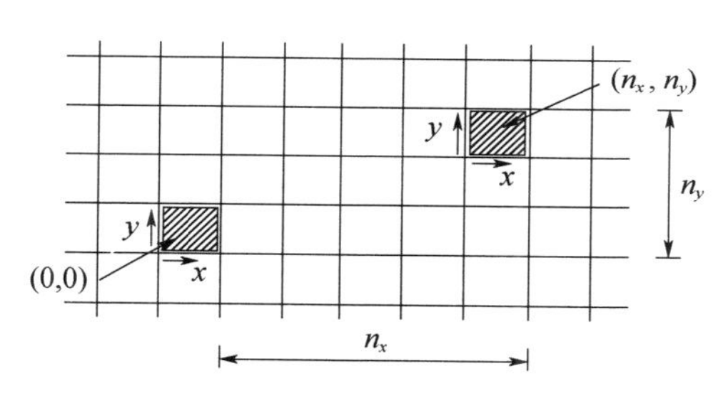

图 10.35　二维周期性描述

我们可以把传播常数 μ 写成 $\mu_j=\alpha_j+j\beta_j$ 的形式,其中的 α_j 和 β_j 分别为衰减常数和相位常数。跟一维周期结构情形不同的是,我们很难针对全部可能的频率范围以图形方式来反映 μ_x 和 μ_y 随频率的变化情况。为此,人们一般仅针对结构的通带给出相关的结果,这可以通过“常数相位面”的形式来呈现,在常数相位面上 μ_x 和 μ_y 都是纯虚数(即 $\alpha_x=\alpha_y=0$)。通常的分析过程是,指定相位常数 β_x 和 β_y,然后求解波的传播频率 ω。由于在 β_x 和 β_y 的每种组合情形下都存在着多个 ω,因此通过这个求解过程将可得到一系列“常数相位面”。

在二维周期结构情况中,我们可以通过观察两个相邻的常数相位面之间是否存在频率间断(带隙)来识别禁带的存在与否。由此可见,常数相位面的构建和分析也就为我们提供了一个有用的工具,据此,可以全面地考察二维周期结构中的波传播行为,并可借此探索机械滤波器在(结构中的)波传播抑制或波的

局域化等方面的应用。

为了生成多个常数相位面,需要借助 Bloch 原理来刻画周期结构中的波运动,该原理实际上是将一个单元边界处的位移和力与相邻单元边界处的对应的位移和力关联起来,其形式可以表示为

$$\begin{cases} q_6 = e^{\mu_x} q_3, q_{10} = e^{\mu_x} q_7, q_{11} = e^{\mu_x} q_1, q_{12} = e^{\mu_x} q_2, \\ F_6 = e^{\mu_x} F_3, F_{10} = e^{\mu_x} F_7, F_{11} = e^{\mu_x} F_1, F_{12} = e^{\mu_x} F_2 \end{cases} \tag{10.81}$$

借助式(10.81),原来的位移和力矢量(即 $\boldsymbol{q}$ 和 $\boldsymbol{F}$)将可缩聚为如下所示的缩减的 $\boldsymbol{q}_{\mathrm{r}}$ 和 $\boldsymbol{F}_{\mathrm{r}}$:

$$\boldsymbol{q} = \boldsymbol{A}\boldsymbol{q}_{\mathrm{r}}, \boldsymbol{F} = \boldsymbol{A}\boldsymbol{F}_{\mathrm{r}} \tag{10.82}$$

式中:$\boldsymbol{q}_{\mathrm{r}} = \{q_1 \ \ q_2 \ \ q_3 \ \ q_4 \ \ q_5 \ \ q_7 \ \ q_8 \ \ q_9\}^{\mathrm{T}}$;$\boldsymbol{F}_{\mathrm{r}} = \{F_1 \ \ F_2 \ \ F_3 \ \ F_4 \ \ F_5 \ \ F_7 \ \ F_8 \ \ F_9\}^{\mathrm{T}}$;矩阵 A 为

$$\boldsymbol{A} = \begin{bmatrix} 1 & 0 & 0 & 0 & 0 & 0 & 0 & 0 \\ 0 & 1 & 0 & 0 & 0 & 0 & 0 & 0 \\ 0 & 0 & 1 & 0 & 0 & 0 & 0 & 0 \\ 0 & 0 & 0 & 1 & 0 & 0 & 0 & 0 \\ 0 & 0 & 0 & 0 & 1 & 0 & 0 & 0 \\ 0 & 0 & e^{\mu_x} & 0 & 0 & 0 & 0 & 0 \\ 0 & 0 & 0 & 0 & 0 & 1 & 0 & 0 \\ 0 & 0 & 0 & 0 & 0 & 0 & 1 & 0 \\ 0 & 0 & 0 & 0 & 0 & 0 & 0 & 1 \\ 0 & 0 & 0 & 0 & 0 & e^{\mu_x} & 0 & 0 \\ e^{\mu_y} & 0 & 0 & 0 & 0 & 0 & 0 & 0 \\ 0 & e^{\mu_y} & 0 & 0 & 0 & 0 & 0 & 0 \end{bmatrix} \tag{10.83}$$

于是,式(10.77)也就变成为

$$(-\omega^2 [\boldsymbol{M}_{\mathrm{r}}(\mu_x, \mu_y)] + [\boldsymbol{K}_{\mathrm{r}}(\mu_x, \mu_y)])\boldsymbol{q}_{\mathrm{r}} = \boldsymbol{A}^{*\mathrm{T}}\boldsymbol{A}\boldsymbol{F}_{\mathrm{r}} \tag{10.84}$$

其中,单元的缩减质量矩阵和缩减刚度矩阵是以传播常数 μ_x 和 μ_y 的形式给出的,即 $\boldsymbol{M}_{\mathrm{r}} = \boldsymbol{A}^{*\mathrm{T}}\boldsymbol{M}\boldsymbol{A}$,$\boldsymbol{K}_{\mathrm{r}} = \boldsymbol{A}^{*\mathrm{T}}\boldsymbol{K}\boldsymbol{A}$。对于给定的一组传播常数,对应的频率值不难通过求解如下特征值问题得到,即

$$|-\omega^2 \boldsymbol{M}_{\mathrm{r}}(\mu_x, \mu_y) + \boldsymbol{K}_{\mathrm{r}}(\mu_x, \mu_y)| = 0 \tag{10.85}$$

随后,我们就可以把上面这个特征值问题的解以“常数相位面”的形式来呈现了。

10.8.3　滤波特性

针对不同的纯虚传播常数值(在 0~π 之间)情况,通过求解式(10.85)这一特征值问题,我们就能够获得二维周期结构的滤波特性。利用该特征值问题的解不难生成“常数相位面”,它反映了跟波的自由传播相对应的频率,并可给出该二维周期结构的禁带和通带。

例 10.14　考虑图 10.33 所示的二维被动式周期弹簧质量系统($r_{ks}=1,r_{kc}=0$),试确定其滤波特性。

[分析]

图 10.36 所示为得到的滤波特性,是通过常数相位面和指向性来体现的。根据图 10.36(a)所示的传播相位面可以观察到这些常数相位面之间存在着带隙,它们代表了禁带。图 10.36(b)以带点的区域标出了通带,而相邻通带之间的白色区域则代表了禁带。

可以看出,禁带和通带的位置跟波的传播方向($\theta=\arctan(\beta_x/\beta_y)$)是有关的,这也表明了此类二维周期结构可以用来实现具有定向滤波功能的机械滤波器。

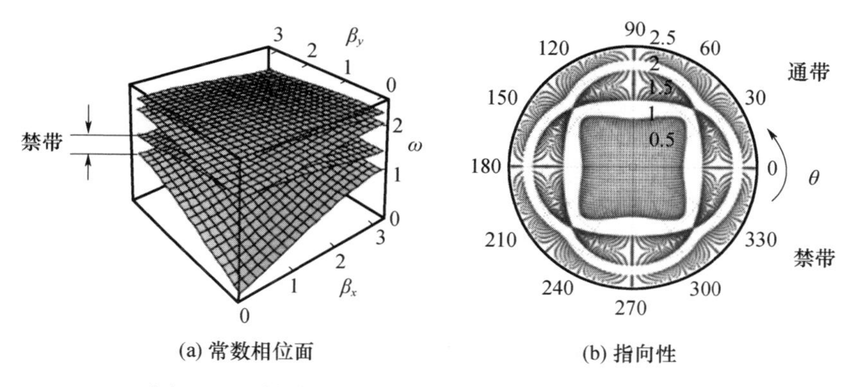

(a) 常数相位面　　(b) 指向性

图 10.36　被动式周期结构的滤波特性($r_{ks}=1,r_{kc}=0$)

例 10.15　考虑图 10.33 所示的带有主动控制的二维周期弹簧质量系统($r_{kc}=2$ 或 5),试确定其滤波特性。

[分析]

针对 $r_{kc}=2$ 和 5 这两种情形(负的比例反馈控制作用),该主动式周期结构的滤波特性分别如图 10.37 和图 10.38 所示,这些特性是以禁带宽度和指向性的形式来刻画的,通过合理选择控制增益 r_{kc} 即可实现对它们的调控。不难发现，当增大 r_{kc} 后，禁带的宽度将会显著增大（在所有的波传播方向上）。

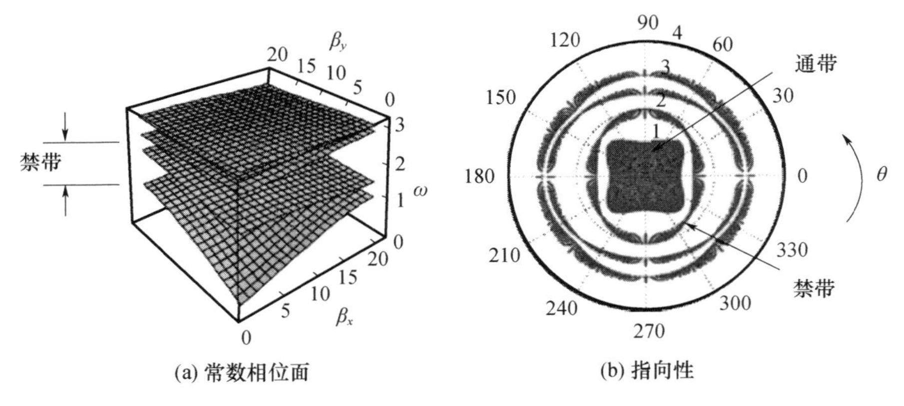

(a) 常数相位面　　(b) 指向性

图 10.37　主动式周期结构的滤波特性（$r_{ks}=1, r_{kc}=2$）

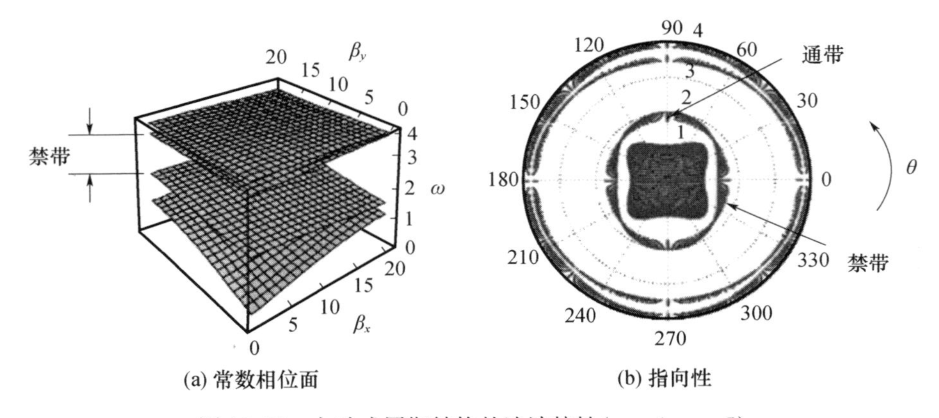

(a) 常数相位面　　(b) 指向性

图 10.38　主动式周期结构的滤波特性（$r_{ks}=1, r_{kc}=5$）

10.9　带有内部共振子的周期结构

本节将讨论一类特殊的周期结构物，它们对于弹性波的传播能够表现出相当独特的响应，这些结果是人们在近期研究工作中得到的，例如 Liu 等人（2005）、Milton 和 Willis（2007）、Huang 和 Sun（2011）、Zhou 和 Hu（2013），以及 Hussein 和 Frazier（2013）。此类结构一般是由带有空腔的刚性基体结构以及置入其中的共振质量（通过弹簧与空腔壁面相连）所组成的。这种周期结构的宏观动力学特性通常是依赖于内置的子结构的共振特性的，这些内置的共振子能够为我们带来一些有趣的效应，例如使禁带变得更宽等。

图 10.39 中给出了一个典型的传统周期结构和一个带有内部共振子的周期结构。对于引入局域共振子之后的周期结构来说,通过考察单元(图 10.40)的传递矩阵的特征值即可很好地认识其动力学特性的变化,其过程可参考 10.2~10.4 节的内容。

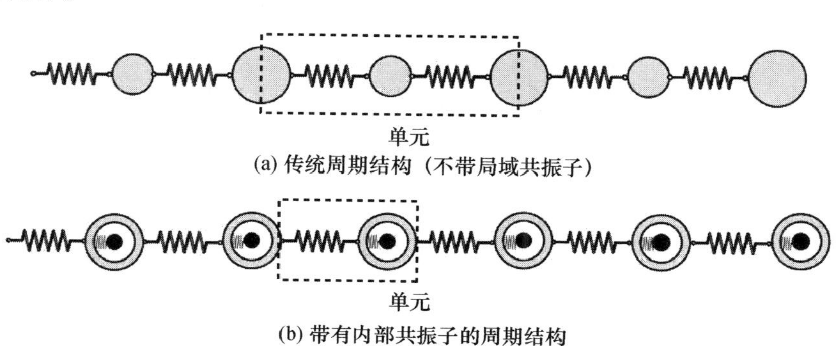

(a) 传统周期结构（不带局域共振子）

(b) 带有内部共振子的周期结构

图 10.39　有无局域共振子的周期结构

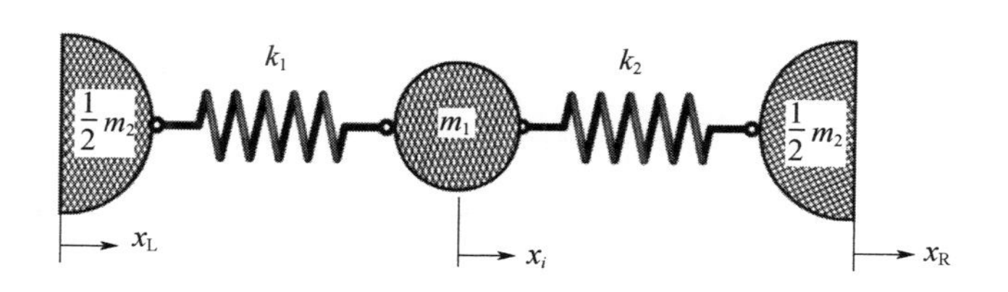

(a) 传统周期结构单元

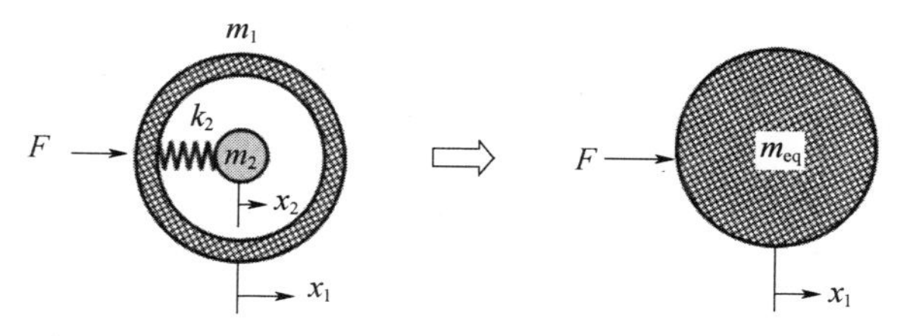

(b) 质量嵌套（mass-in-mass）系统单元及其等效质量

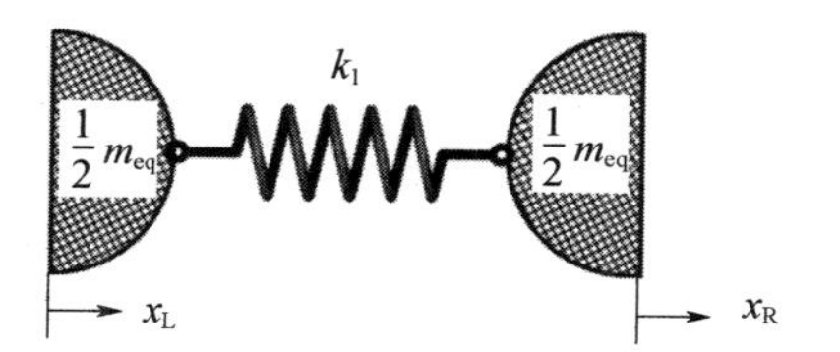

(c) 带有内部共振子的周期结构（等效后）

图 10.40　有无局域共振子的周期结构单元

10.9.1 传统周期结构的动力学描述

以图 10.39(a)为例,这个传统周期结构的运动方程可以表示为

$$\begin{bmatrix} m_1 & 0 & 0 \\ 0 & \frac{1}{2}m_2 & 0 \\ 0 & 0 & \frac{1}{2}m_2 \end{bmatrix}\begin{Bmatrix} \ddot{x}_i \\ \ddot{x}_L \\ \ddot{x}_R \end{Bmatrix} + \begin{bmatrix} k_1+k_2 & -k_1 & -k_2 \\ -k_1 & k_1 & 0 \\ -k_2 & 0 & k_2 \end{bmatrix}\begin{Bmatrix} x_i \\ x_L \\ x_R \end{Bmatrix} = \begin{Bmatrix} 0 \\ F_L \\ F_R \end{Bmatrix}$$

或

$$\boldsymbol{M}\ddot{\boldsymbol{X}}+\boldsymbol{K}\boldsymbol{X}=\boldsymbol{F} \tag{10.86}$$

式中:m_1 和 m_2 分别为图 10.40(a)中的周期质量;k_1 和 k_2 为连接这些质量的周期弹簧的刚度;$\boldsymbol{X}=\{x_L,x_i,x_R\}^T$,参见图 10.40(a);$\boldsymbol{M}$、$\boldsymbol{K}$ 和 $\boldsymbol{F}$ 分别为单元的总质量矩阵、总刚度矩阵和载荷矢量。

利用静力缩聚法可以消去内部自由度 x_i,即

$$x_i=\boldsymbol{R}\begin{Bmatrix} x_L \\ x_R \end{Bmatrix},\boldsymbol{R}=\frac{1}{k_1+k_2}[k_1 \quad k_2] \tag{10.87}$$

于是,由该系统所有的独立自由度所构成的矢量就能够以边界处的自由度 $\{x_L \quad x_R\}^T$ 来表达了,即

$$\begin{Bmatrix} x_i \\ x_L \\ x_R \end{Bmatrix}=\begin{bmatrix} \boldsymbol{R} \\ \boldsymbol{I} \end{bmatrix}\begin{Bmatrix} x_L \\ x_R \end{Bmatrix}=\boldsymbol{T}_R\begin{Bmatrix} x_L \\ x_R \end{Bmatrix} \tag{10.88}$$

借助式(10.88)所给出的转换矩阵 $\boldsymbol{T}_R$,这个传统周期结构的动力学方程(当受到频率为 ω 的正弦激励时)将可缩减为如下形式:

$$\begin{bmatrix} K_{d_{LL_c}} & K_{d_{LR_c}} \\ K_{d_{RL_c}} & K_{d_{RR_c}} \end{bmatrix}\begin{Bmatrix} x_L \\ x_R \end{Bmatrix}=\begin{Bmatrix} F_L \\ F_R \end{Bmatrix}$$

或可写为

$$(\boldsymbol{K}_R-\omega^2\boldsymbol{M}_R)\begin{Bmatrix} x_L \\ x_R \end{Bmatrix}=\begin{Bmatrix} F_L \\ F_R \end{Bmatrix} \tag{10.89}$$

式中:$\boldsymbol{K}_R=\boldsymbol{K}_R^T\boldsymbol{K}\boldsymbol{T}_R$;$\boldsymbol{M}_R=\boldsymbol{T}_R^T\boldsymbol{M}\boldsymbol{T}_R$。

由此,也就得到了这个传统周期结构的传递矩阵 $\boldsymbol{T}_c$,即

$$\boldsymbol{T}_c=\begin{bmatrix}-K_{d_{LR_c}}^{-1}K_{d_{LL_c}} & K_{d_{LR_c}}^{-1}\\ K_{d_{RR_c}}K_{d_{LR_c}}^{-1}K_{d_{LL_c}} & -K_{d_{RR_c}}K_{d_{LR_c}}^{-1}\end{bmatrix}\tag{10.90}$$

10.9.2　带有内部共振子的周期结构的动力学描述

10.9.2.1　质量嵌套(mass-in-mass)布置方式的等效质量

为了建立带有内部共振子的周期结构的运动方程,需要得到等效质量,这里针对的是图 10.40(b)所示的质量嵌套这种布置方式。

在质量嵌套布置方式下,运动方程可以表示为

$$\begin{cases}m_1\ddot{x}_1+k_2(x_1-x_2)=F\\ m_2\ddot{x}_2+k_2(x_2-x_1)=0\end{cases}\tag{10.91}$$

如果假定所考察的是正弦型运动情况,即 $F=F_0\sin\omega t$, $x_1=X_1\sin\omega t$, $x_2=X_2\sin\omega t$,那么消去内部自由度 x_2 之后可得

$$\left(m_1+\frac{k_2}{k_2/m_2-\omega^2}\right)\ddot{x}_1=F$$

上式意味着,这个两自由度的嵌套质量的行为类似于一个带有等效质量 m_{eq} 的单自由度系统,该等效质量可以表示为

$$m_{eq}=m_1+\frac{k_2}{k_2/m_2-\omega^2}\tag{10.92}$$

10.9.2.2　质量嵌套布置方式下的传递矩阵

针对图 10.40(c)所示的单元,利用等效质量能够将其运动方程写为

$$\begin{bmatrix}\frac{1}{2}m_{eq} & 0\\ 0 & \frac{1}{2}m_{eq}\end{bmatrix}\begin{Bmatrix}\ddot{x}_L\\ \ddot{x}_R\end{Bmatrix}+\begin{bmatrix}k_1 & -k_1\\ -k_1 & k_1\end{bmatrix}\begin{Bmatrix}x_L\\ x_R\end{Bmatrix}=\begin{Bmatrix}F_L\\ F_R\end{Bmatrix}\tag{10.93}$$

对于频率为 ω 的激励情况,上面这个方程可化为

$$\begin{bmatrix}k_1-\frac{1}{2}m_{eq}\omega^2 & -k_1\\ -k_1 & k_1-\frac{1}{2}m_{eq}\omega^2\end{bmatrix}\begin{Bmatrix}x_L\\ x_R\end{Bmatrix}=\begin{Bmatrix}F_L\\ F_R\end{Bmatrix}\tag{10.94}$$

若以更加紧凑的形式来表达,那么式(10.94)还可以写为

$$\begin{bmatrix} K_{d_{LL_i}} & K_{d_{LR_i}} \\ K_{d_{RL_i}} & K_{d_{RR_i}} \end{bmatrix} \begin{Bmatrix} x_L \\ x_R \end{Bmatrix} = \begin{Bmatrix} F_L \\ F_R \end{Bmatrix} \tag{10.95}$$

于是，对于这个带有内部共振子的周期结构来说，其传递矩阵 $\boldsymbol{T}_i$ 将为

$$\boldsymbol{T}_i = \begin{bmatrix} -K_{d_{LR_i}}^{-1} K_{d_{LL_i}} & K_{d_{LR_i}}^{-1} \\ K_{d_{RR_i}} K_{d_{LR_i}}^{-1} K_{d_{LL_i}} - K_{d_{LR_i}} & -K_{d_{RR_i}} K_{d_{LR_i}}^{-1} \end{bmatrix} \tag{10.96}$$

例 10.16　考虑图 10.39(a)所示的传统周期结构，其中 $k_1 = 1\text{N/m}$，$k_2 = 1\text{N/m}$，$m_1 = 1\text{kg}$，试针对 m_2 分别为 0.025kg 和 0.1kg 这两种情况确定系统的滤波特性，并将这些结果与带有内部共振子的周期结构（图 10.39(a)）的滤波特性进行比较。

［分析］

利用式(10.90)和式(10.96)所给出的传递矩阵 $\boldsymbol{T}_c$ 和 $\boldsymbol{T}_i$，可以针对不同的激励频率值计算出对应的特征值。图 10.41(a)和(b)针对传统周期结构和带有内部共振子的周期结构给出了这些特征值的情况，并识别出了通带与禁带。根据这些分析结果不难发现，跟传统周期结构相比而言，借助带有内部共振子的周期结构能够获得更好的禁带特性。

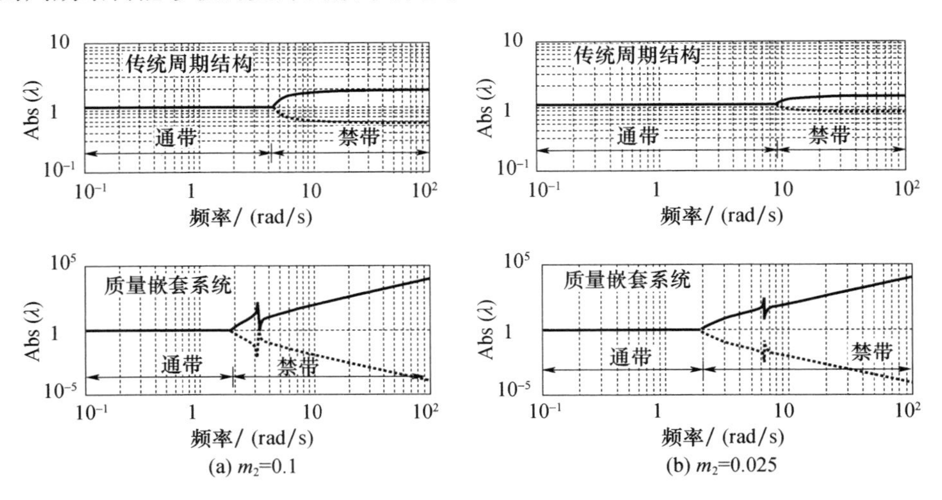

图 10.41　有、无局域共振子的周期结构的滤波特性

例 10.17　考虑图 10.42 所示的超材料板构型，该板是铝制的，由带有内置局域共振结构的周期单元构成。每个周期单元中包括了一个基体板（带有空腔），板的空腔内填充了黏弹性材料用于支撑一个小的质量，从而构成了内部共

振子(Nouh 等人,2015)。表 10.6 中列出了铝板和内部共振子的主要几何参数。试确定普通的铝板(不带任何处理的光板)和该超材料板的常数相位面和指向性。此处假定该黏弹性材料填充物的储能模量为 10Mpa,损耗因子为 0.4。

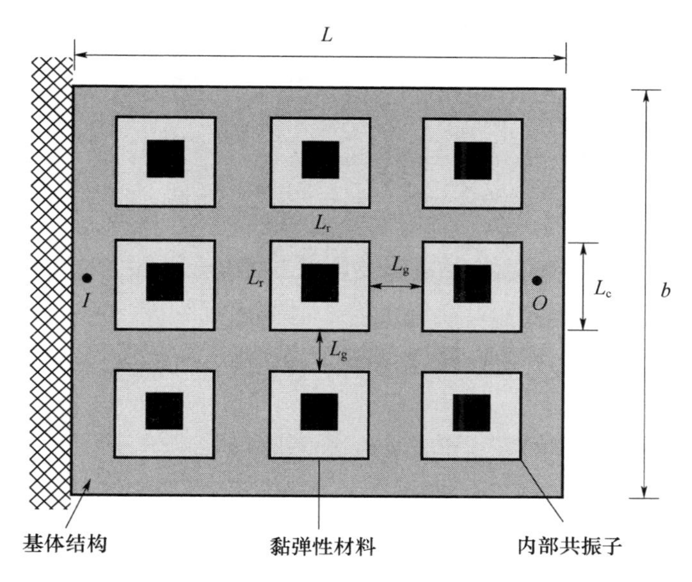

图 10.42　带有周期性布置的内部共振子的超材料板结构

表 10.6　周期超材料板的主要几何参数

长度	b	L_c	L_r	L_g	L	板和质量的厚度(t)
值/cm	15.2	5.1	1.3	1.3	20.3	0.1524

[分析]

图 10.43 给出了这个(带有内置局域共振结构的)超材料板单元的有限元模型,它主要是由四边形方板单元构成的,尺寸为 $L_e \times L_e \times t$。此类板结构的建模原理已经在 4.7 节中做过介绍,4.7 节中考虑的是一般情况,且带有约束黏弹性材料层。

图 10.44 中示出了一个单元以及与之相邻的 8 个单元,据此可以计算出光板和超材料板的常数相位面和指向性图(借助 10.8.2 节所述的分析过程)。对于图 10.43 所给出的单元(由基体铝板、黏弹性材料填充物以及小质量构成),在 0~8kHz 范围内计算得到的常数相位面如图 10.45(a)所示,图 10.45(b)还给出了对应的二维图。从这些结果不难观察到,在 1.5~5.9kHz 范围内存在着一个很宽的禁带。

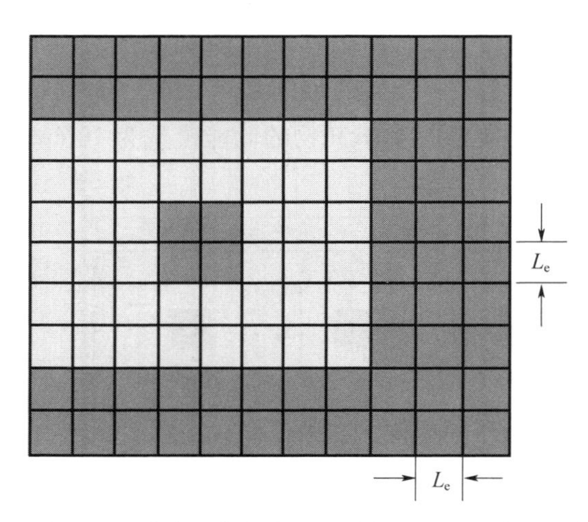

图 10.43　超材料板(带有周期性布置的内部共振子)单元的有限元模型

图 10.46 进一步对该常数相位面情况做了低频范围内的放大处理,可以注意到在 0~1kHz 范围内这些相位面之间的带隙,分别位于 200~215Hz,390~450Hz,610~720Hz,以及 790~900Hz。

对于光板单元,其常数相位面如图 10.47 所示,据此不难认识到,任何频率的波在传统的金属板中都是能够在两个方向上自由传播的。事实上,在所考察的整个频率范围内,所有的常数相位面(β_x 和 β_y 在 0~2π 范围内)都是连续分布的,不存在任何带隙,由此也可验证这一结论。

当受到外部激励(频率为 395~460Hz,z 方向,即横向)的作用时,这个超材料板的振动模式如图 10.48 所示。上述的激励频率范围实际上对应的是第一禁带(参见图 10.45)。可以发现,该频率范围跟内部共振子的一阶固有频率是基本一致的,因此,振动能量中的绝大部分将直接传递到这些内部共振质量上,由此这些内部共振结构也就起到了吸振器的作用,从而能够抑制基体结构的振动水平。

对于此类结构而言,波传播的指向性也是跟频率有关的,这一点可以通过极坐标图(即指向性图)来观察,例如图 10.49(a)和(b)。这些图反映的是振动频率与 θ 的关系,θ 是衡量波传播方向的指标,即 $\arctan(\beta_x/\beta_y)$。在这些图中,通过半径为常数的圆来标注频率,因而当某个圆的整个周长上均不存在 θ 的解时,那么也就对应了一个禁带频率值,参见图 10.49(a)。为便于比较,图 10.49(b)还示出了一个光板单元的波传播指向性图,正如所预期的,对于任何给定的频率值(即任意半径的圆)来说,频率圆上至少都存在一个 θ 解。

需要指出的是，如果能够对每个单元的物理特性进行调节，那么此类超材料结构就可以用来限制或阻止指定禁带频率范围内的波动，另外，也可用于实现通带频率范围内的行波方向操控（借助该结构的具有指向性的滤波特性）。

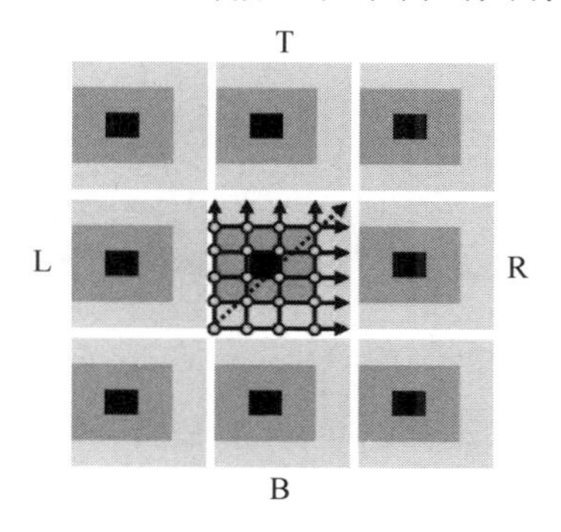

图 10.44 超材料板的周期单元和映射关系

L—左；R—右；T—上；B—下。

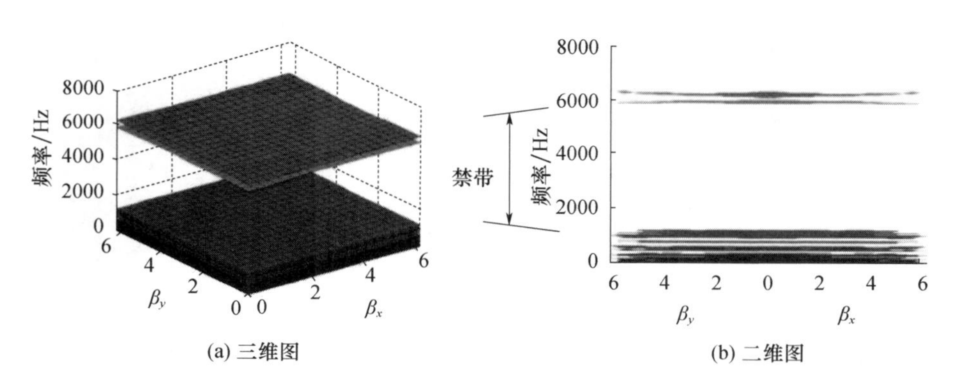

图 10.45 超材料板（带有周期布置的内部共振子）在 0~8kHz 范围内的常数相位面

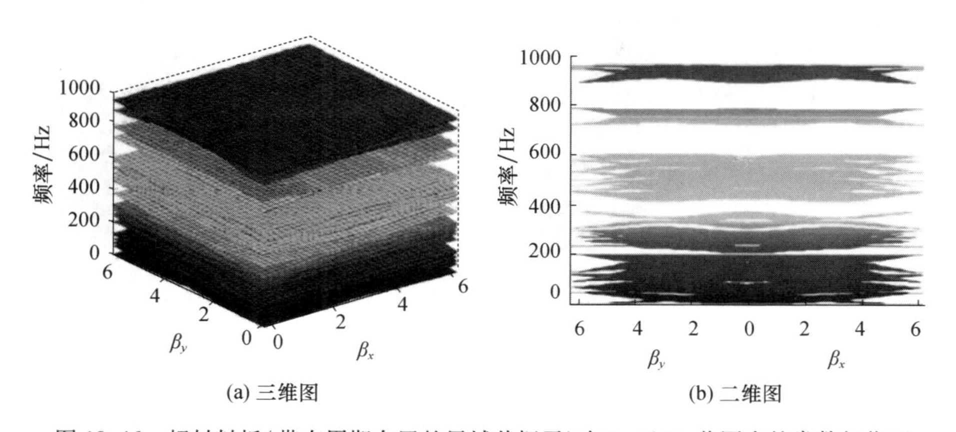

图 10.46 超材料板（带有周期布置的局域共振子）在 0~1kHz 范围内的常数相位面

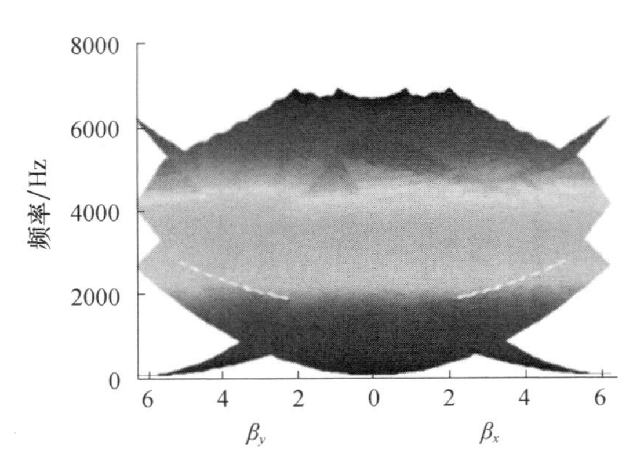

图 10.47 铝板(不带任何处理)在 0~8kHz 范围内的常数相位面:不存在禁带

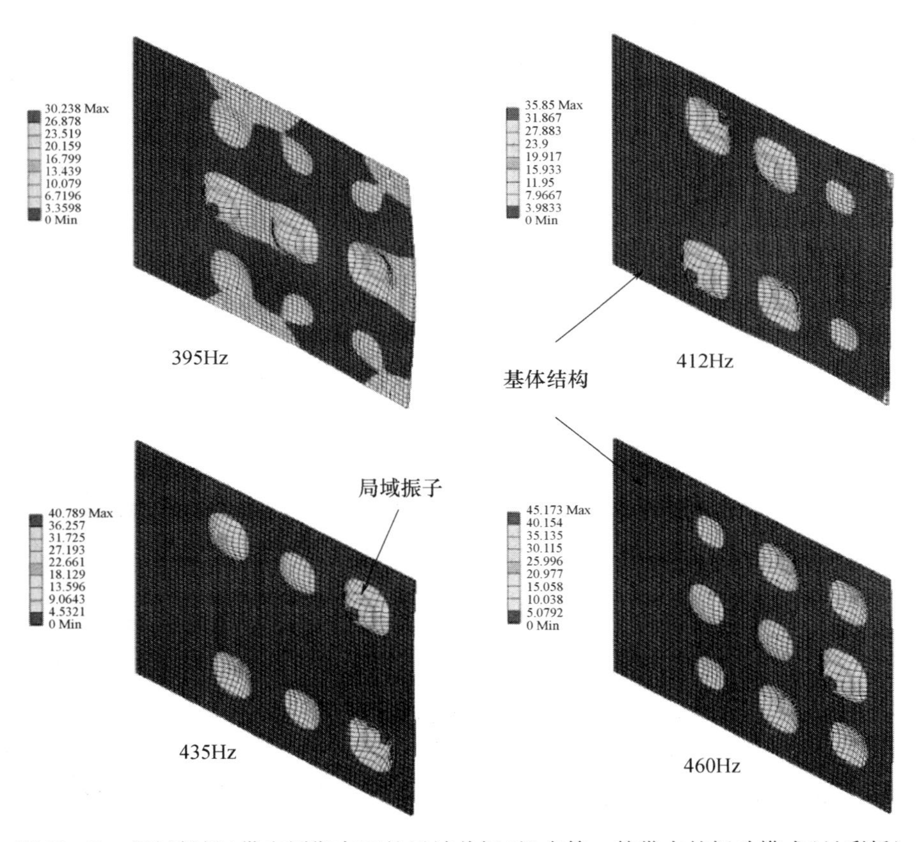

图 10.48 超材料板(带有周期布置的局域共振子)在第一禁带内的振动模式(见彩插)

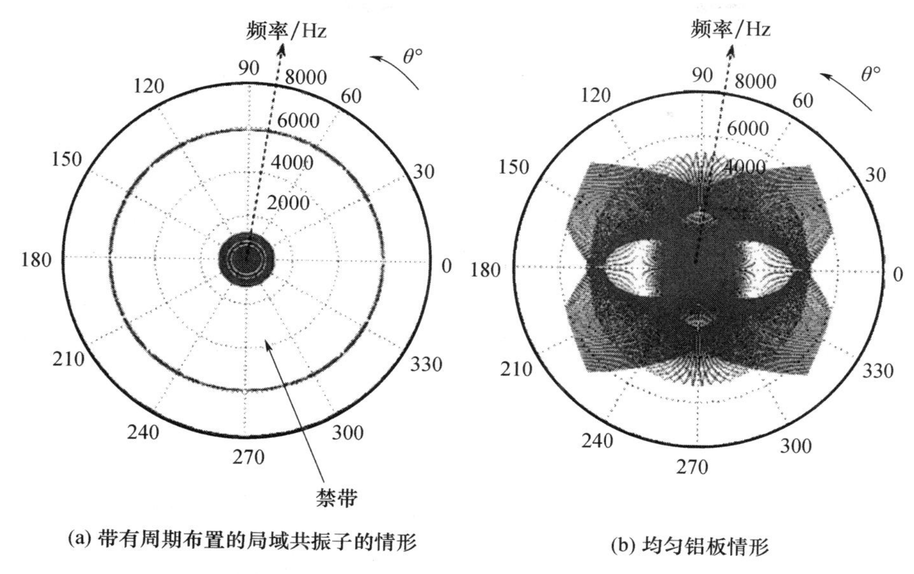

(a) 带有周期布置的局域共振子的情形

(b) 均匀铝板情形

图 10.49　板的指向性图(0~8kHz 范围内)

10.10　本章小结

本章借助传递矩阵方法对被动式和主动式周期结构的动力学特性进行了分析和阐述,介绍了此类结构物的动力学相关理论,揭示了它们所具备的独特的滤波特性。分析表明,周期结构中的波只能在特定频率范围内才能正常传播,这些频率范围可称为通带,而在其他频率范围内波将会被彻底阻断,这些频率范围一般称为禁带。对于被动式周期结构来说,通带和禁带的宽度与位置是固定的,而对于主动式周期结构而言,可以根据结构振动情况来对这些特性进行调节。

参考文献

Agnes G. ,"Piezoelectric coupling of bladed-disk assemblies",Proceedings of the Smart Structures and Materials Conference on Passive Damping(ed. T. Tupper Hyde),Newport Beach,CA,SPIE-Vol. 3672,pp. 94-103,1999.

Anderson,P. W. (1958). Absence of diffusion in certain random lattices. Physical Review 109: 1492-1505.

Baz, A. (2001). Active control of periodic structures. ASME Journal of Vibration and Acoustics 123:472–479.

Brillouin, L. (1946). Wave Propagation in Periodic Structures, 2e. Dover.

Cai, G. and Lin, Y. (1991). Localization of wave propagation indisordered periodic structures. AIAA Journal 29(3):450–456.

Chen, T., Ruzzene, M., and Baz, A. (2000). Control of wave propagation in composite rods using shape memory inserts: theory and experiments. Journal of Vibration and Control 6(7):1065–1081.

Chui, C. K. (1992). An Introduction to Wavelets. In: Wavelets Analysis and Applications, vol. 1. Academic Press Inc.

Cremer, L., Heckel, M., and Ungar, E. (1973). Structure–Borne Sound. New York: Springer–Verlag.

Faulkner, M. and Hong, D. (1985). Free vibrations of a mono–coupled periodic system. Journal of Sound and Vibration 99(1):29–42.

Gopalakrishnan, S. and Mitra, M. (2010). Wavelet Methods for Dynamical Problems: With Application to Metallic, Composite, and Nano–Composite Structures. CRC Press.

Hodges, C. H. (1982). Confinement of vibration by structural irregularity. Journal of Sound and Vibration 82(3):441–444.

Hodges, C. H. and Woodhouse, J. (1983). Vibration isolation from irregularity in a nearly periodic structure: theory and measurements. Journal of Acoustical Society of America 74(3):894–905.

Huang, H. H. and Sun, C. T. (2011). A study of band–gap phenomena of two locally resonant acoustic metamaterials", Proceedings of IMechE Part N. Journal Nanoengineering and Nanosystems 224: doi: 10.1177/1740349911409981.

Hussein, M. I. (2009). Theory of damped Bloch waves in elastic media. Physical Review B 80:212301.

Hussein, M. I. and Frazier, M. J. (2013). Metadamping: an emergent phenomenon in dissipative Metamaterials. Journal of Sound and Vibration 332:4767–4774.

Hussein, M. I., Leamy, M. J., and Ruzzene, M. (2014). Dynamics of Phononic materials and structures: historical origins, recent progress, and future outlook. Applied Mechanics Reviews 66(4): 040802–(1–38).

Langley, R. S. (1994). On the forced response of one–dimensional periodic structures: vibration localization by damping. Journal of Sound and Vibration 178(3):411–428.

Liu, Z., Chan, C. T., and Sheng, P. (2005). Analytic model of phononic crystals with local resonances. Physical Review B 71:014103.

Luongo, A. (1992). Mode localization by structural imperfections in one–dimensional continuous systems. Journal of Sound and Vibration 155(2):249–271.

Mead, D. J. (1970). Free wave propagation in periodically supported, infinite beams. Journal of Sound and Vibration 11(2):181–197.

Mead, D. J. (1971). Vibration response and wave propagation in periodic structures. ASME Journal of Engineering for Industry 93:783–792.

Mead, D. J. (1986). A new method of analyzing wave propagation in periodic structures; applications to periodic Timoshenko beams and stiffened plates. Journal of Sound and Vibration 114(1):9–27.

Mead, D. J. (1996). Wave propagation in continuous periodic structures: research contributions from Southampton. Journal of Sound and Vibration 190(3):495–524.

Mead, D. J. and Bardell, N. S. (1987). Free vibration of a thin cylindrical shell with periodic circumferential stiffeners. Journal of Sound and Vibration 115(3):499–521.

Mead, D. J. and Lee, S. M. (1984). Receptance methods and the dynamics of disordered one-dimensional lattices. Journal of Sound and Vibration 92(3):427–445.

Mead, D. J. and Markus, S. (1983). Coupled flexural-longitudinal wave motion in a periodic beam. Journal of Sound and Vibration 90(1):1–24.

Mead, D. J. and Yaman, Y. (1991). The harmonic response of rectangulars and wichplates with multiple stiffening: a flexural wave analysis. Journal of Sound and Vibration 145(3):409–428.

Mester, S. and Benaroya, H. (1995). Periodic and near periodic structures: review. Shock and Vibration 2(1):69–95.

Milton, G. W. and Willis, J. R. (2007). On modifications of Newton's second law and linear continuum elasto dynamics. Proceedings of the Royal Society of London Series A 463:855–880.

Nouh, M., Aldraihem, O., and Baz, A. (2015). Wave propagation in metamaterial plates with periodic local resonances. Journal of Sound and Vibration 341:53–73.

Pierre, C. (1988). Mode localization and eigenvalue loci veering phenomena in disordered structures. Journal of Sound and Vibration 126(3):485–502.

Roy, A. and Plunkett, R. (1986). Wave attenuation in periodic structures. Journal of Sound and Vibration 114(3):395–411.

Ruzzene, M. and Baz, A. (2000). Control of wave propagation in periodic composite rods using shape memory inserts. ASME Journal of Vibration and Acoustics 122:151–159.

Ruzzene, M. and Baz, A. (2001). Active control of wave propagation in periodic fluid-loaded shells. Smart Materials and Structures 10(5):893–906.

SenGupta, G. (1970). Natural flexural waves and the normal modes of periodically-supported beams and plates. Journal of Sound and Vibration 13:89–111.

Thorp, O., Ruzzene, M., and Baz, A. (2001). Attenuation and localization of wave propagation in rods with periodic shunted piezoelectric patches. Journal of Smart Materials &Structures 10:979-989.

Zhou, X. and Hu, G. (2013). Dynamic effective models of two-dimensional acoustic metamaterials with cylindrical inclusions. Acta Mechanica 224:1233-1241.

本章附录

附录 10. A　小波变换

信号 $x(t)$ 的小波变换(WT)是一种时间尺度上的分解,这种分解主要是通过针对给定的分析函数(小波)进行时间轴上的伸缩和平移而得到的(Chui,1992;Gopalakrishnan 和 Mitra,2010)。相对基本的小波函数 $\psi(t)$ 所进行的连续WT 一般定义为如下形式:

$$W_{\psi}(a,b)=\frac{1}{\sqrt{a}}\int_{-\infty}^{\infty}x(t)\psi^{*}\left(\frac{t-b}{a}\right)\mathrm{d}t \tag{10.A.1}$$

式中:b 为平移参数,用于在时域内定位函数 $\psi(t)$;整数 a 为尺度参数,用于对函数 $\psi(t)$ 进行伸缩处理。WT 提供了一个灵活的时间-频率窗,在考察高频现象时可以自动地变窄,而在处理低频成分时又可以自动地变宽(Chui,1992)。本书所采用的小波函数是 Morlet 小波,其时域内的定义为

$$\psi(t)=\mathrm{e}^{-\frac{t^2}{2}}\mathrm{e}^{i\omega_{\mathrm{w}}t} \tag{10.A.2}$$

Morlet 小波函数是一个受到高斯包络(单位方差)调制的正弦函数,频率为 ω_{w}。由于它是一个经过调制的正弦函数,因此在很多应用场合中都是非常适合于信号的重生成与分析的。

作为一种信号分解方法,WT 不是直接以时频描述的方式来进行的,不过,WT 中的 b 实际上代表了时间参数,而尺度参数 a 则跟频率密切相关。在频域内,Morlet 小波将变为

$$\psi(\omega)=\sqrt{2\pi}\,\mathrm{e}^{-\frac{1}{2}(\omega-\omega_{\mathrm{w}})^{2}} \tag{10.A.3}$$

式(10.A.3)表明了,Morlet 小波函数在频域内实际上是位于 $\omega=\omega_{\mathrm{w}}$ 的高斯函数。如果对其进行伸缩处理,那么将变为

$$\psi(a\omega)=\sqrt{2\pi}\,\mathrm{e}^{-\frac{1}{2}(a\omega-\omega_{\mathrm{w}})^{2}} \tag{10.A.4}$$

式(10.A.4)的最大值将位于 $a\omega=\omega_{\mathrm{w}}$ 处。由于 $\omega_{\mathrm{w}}=1.875\pi$ 是一个固定参数(用于定义该小波函数),因而高斯曲线的中心(进而分析频率的中心)就可以

通过改变伸缩参数来定位了,即

$$\omega=\frac{\omega_{\mathrm{w}}}{a} \tag{10.A.5}$$

于是,这个尺度参数就可以视为频率参数的倒数了,进而也就可以将 WT 归为一种时频变换。

如果同时对信号 $x(t)$ 和小波函数 $\psi(t)$ 进行频域内的变换,那么还能够得到连续 WT 的另一种描述,即

$$W_{\mathrm{g}}(a,b)=\sqrt{a}\int_{-\infty}^{\infty}X(\omega)\,\psi^{*}(a\omega)\,\mathrm{e}^{\mathrm{i}b\omega}\mathrm{d}\omega \tag{10.A.6}$$

式中:$X(\omega)$ 和 $\psi^{*}(a\omega)\,\mathrm{e}^{ib\omega}$ 分别为 $x(t)$ 和 $\psi^{*}\left(\frac{t-b}{a}\right)$ 的傅里叶变换。

上面这种形式的 WT 描述也可以表示为如下离散形式,即

$$W(m,bn)=\sqrt{m\Delta a}\sum_{n}X(f_n)\,\psi^{*}(m\Delta af_n)\,\mathrm{e}^{\mathrm{i}\Delta b2\pi nf_n} \tag{10.A.7}$$

式中:f_n 为离散频率;Δa 和 Δb 分别为离散的伸缩增量和平移增量参数。显然,利用式(10.A.7)就可以轻松地实现 WT 了。当所需分析的信号是频域内的信号时,那么采用 WT 的频域描述将是非常方便的。

思考题

10.1　考虑图 P10.1(a)所示的周期弹簧质量系统,试针对对称构型和不对称构型(参见图 P10.1(b)和(c))分别确定该系统在固支-自由边界下和自由-自由边界下的前三阶固有频率,并对比这两种构型的分析结果。进一步,如果假定该系统包含了 50 个单元(即,$N=50$),试确定各阶模态形状,并针对对称构型和不对称构型这两种情形下的系统传递矩阵进行讨论。

10.2　考虑思考题 10.1 中的弹簧质量系统,试确定并绘制出纵向位移分布情况。这里假定该系统处于固支-自由边界状态,且受到的是单位正弦激励力的作用(位于自由端),激励频率分别等于前三阶固有频率。

10.3　考虑图 P10.2 所示的周期弹簧质量系统,试说明,如果第 n 个质量块的运动方程为 $m\ddot{u}_n=K(u_{n+1}+u_{n-1}-2u_n)$,位移 $u_n=u_0\mathrm{e}^{\mathrm{i}(nka-\omega t)}$($k$ 为波数,a 为质量块间距,ω 为频率,t 为时间),那么该系统的频散关系可以表示为 $\omega(k)=\sqrt{\frac{4K}{m}}\left|\sin\left(\frac{ka}{2}\right)\right|$,即图 P10.3。进一步,试说明对于波数较小的情况,系统中的波传播过

程是无频散的,频率和波数之间为如下线性关系(参见图 P10.3):$\omega(k)=\sqrt{\frac{Ka^2}{m}}k$。

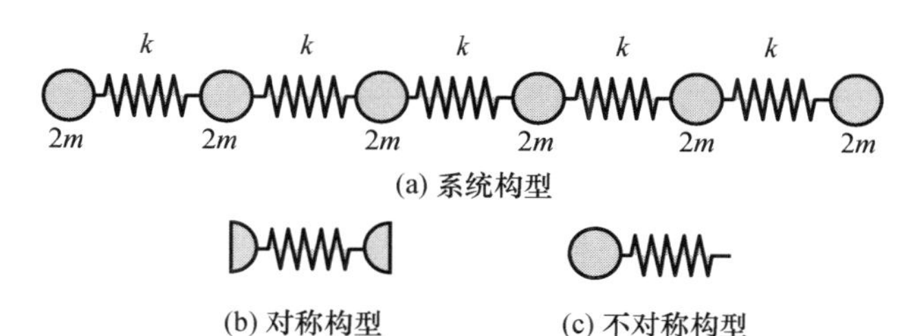

图 P10.1　周期弹簧质量系统

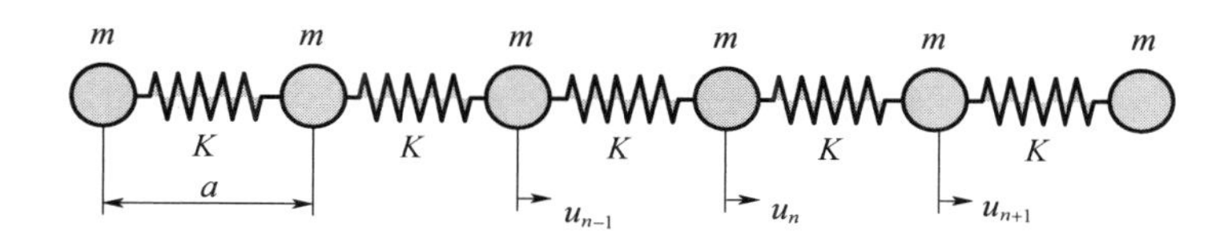

图 P10.2　单原子链形式的周期弹簧质量系统

10.4　考虑图 P10.4 所示的双原子型周期弹簧质量系统,试说明,如果质量 m_A 和 m_B 的运动方程分别为 $m_A\ddot{u}_{2n}=K(u_{2n+1}+u_{2n-1}-2u_{2n})$ 和 $m_B\ddot{u}_{2n+1}=K(u_{2n+2}+u_{2n}-2u_{2n+1})$,且位移分别为 $u_{2n}=u_1e^{i(2nka-\omega t)}$,$u_{2n+1}=u_1e^{i((2n+1)ka-\omega t)}$($k$ 为波数,a 为质量间距,ω 为频率,t 为时间),那么该系统的频散关系可以表示为 $\omega^2(k)=\frac{K}{\mu}[1\pm\sqrt{1-4\mu\sin^2(ka)}]$(两个根,$\omega_{1,2}$,如图 P10.5 所示)。这里的 $\mu=\frac{m_Am_B}{m_A+m_B}$ 为等效质量,高频解 ω_1 一般称为“光学模式”,低频解 ω_2 一般称为“声学模式”。

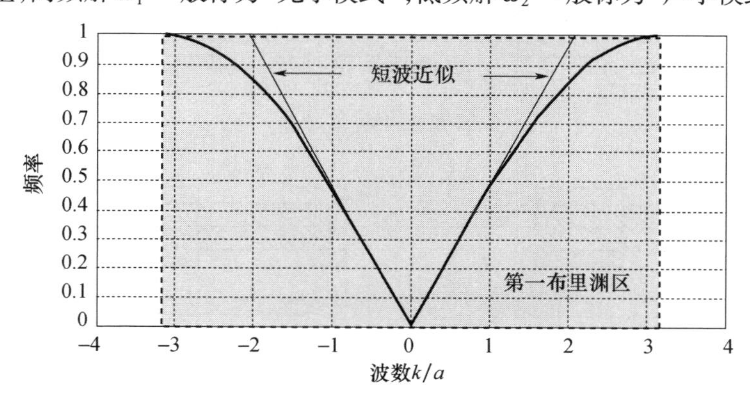

图 P10.3　单原子链形式的周期弹簧质量系统的频散关系

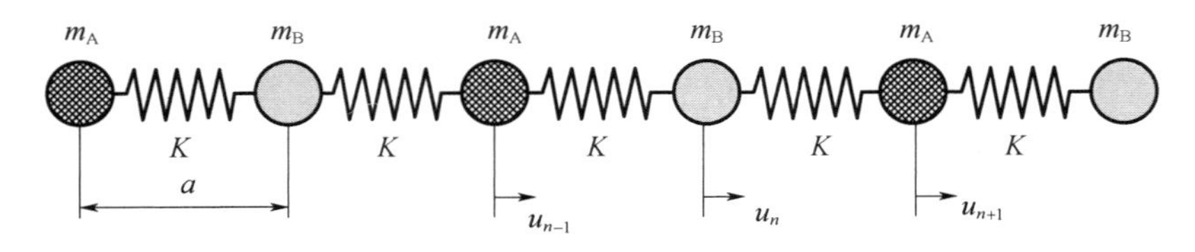

图 P10.4 双原子型周期弹簧质量系统

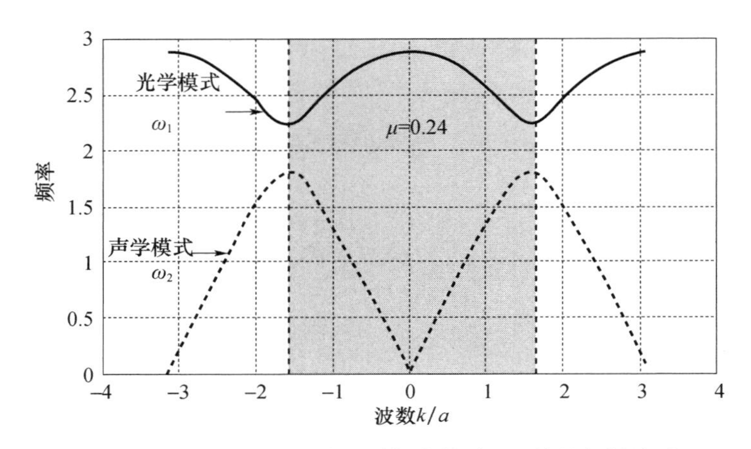

图 P10.5 双原子链形式的周期弹簧质量系统的频散关系

10.5 考虑图 P10.6(a)所示的周期杆结构,如果该杆处于固支-自由边界条件下,且包含了 50 个单元(即,$N=50$),试针对图 P10.6(b)和(c)所示的不对称构型和对称构型分别确定系统的固有频率。进一步,确定并绘制出系统的纵向位移分布情况。此处假定该系统的自由端受到的是一个单位正弦激励力的作用,激励频率分别为系统的前三阶固有频率。

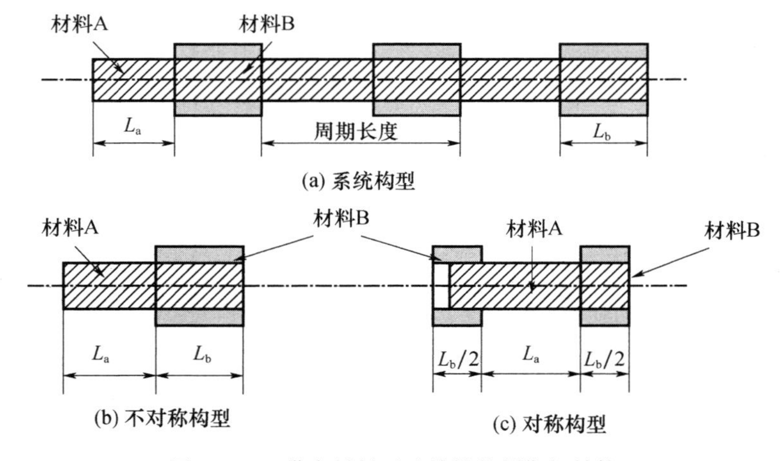

图 P10.6 带有材料不连续性的周期杆结构

10.6　对于图 P10.6 所示的周期杆结构,假定阻抗比 Z_a/Z_b 是正态随机分布的(均值为零,标准差为 σ),试确定并绘制出纵向位移的分布情况。此处假定该系统的自由端受到的是一个单位正弦激励力的作用,分别考虑激励频率为系统的前三阶固有频率,且 σ 为不同取值的情况,并给出衰减参数 γ 与 σ 的函数关系。

10.7　如图 P10.7(a)所示,其中给出了一个剪切模式的周期支撑座,它是由完全相同的单元在纵向上组装而成的,每个单元可以划分为 4 个部分,自右向左分别记为 1~4,参见图 P10.7(b)。当该支撑座受到纵向载荷 F 的作用时,它会发生变形而形成图 P10.7(c)所示的形态。黏弹性材料中的剪应变 γ 可通过 u_1(铝夹心的纵向位移)、u_3(外铝层的纵向位移)以及 h_2(位于铝夹心和外铝层之间的黏弹性层的厚度)的形式给出。试利用有限元理论推导出各个部分的运动方程,并确定单元的传递矩阵。

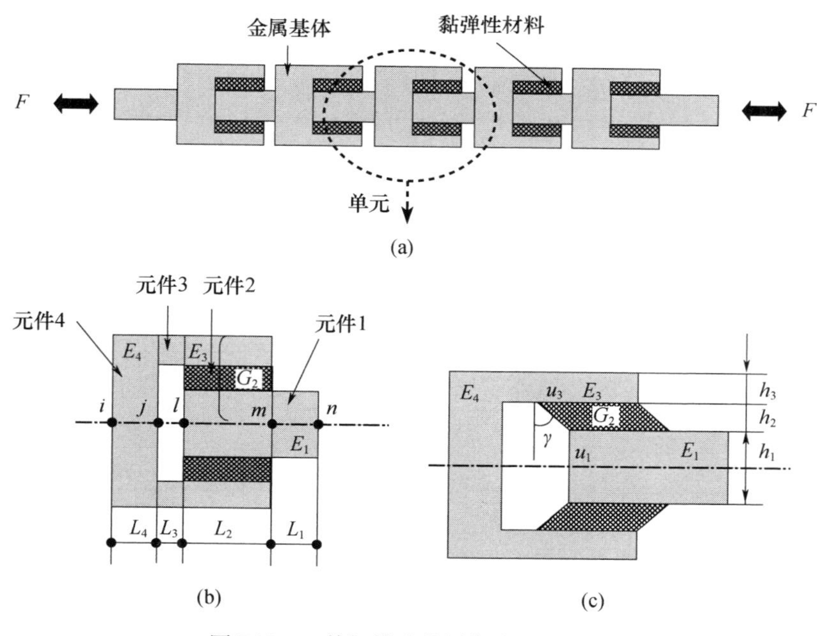

图 P10.7　剪切模式的周期支座示意图

10.8　考虑图 P10.8 所示的周期剪切支座,现将其用于隔离上方平台负载的振动,使之尽量少地传递到基础上。该周期支座采用了铝基体和一个黏弹性夹心,它们的几何参数和物理特性已经列于表 P10.1 和表 P10.2 中。试利用思考题 10.7 中所建立的传递矩阵去确定衰减参数 α 随激励频率的变化情况,并给出该支座的通带和禁带特性。

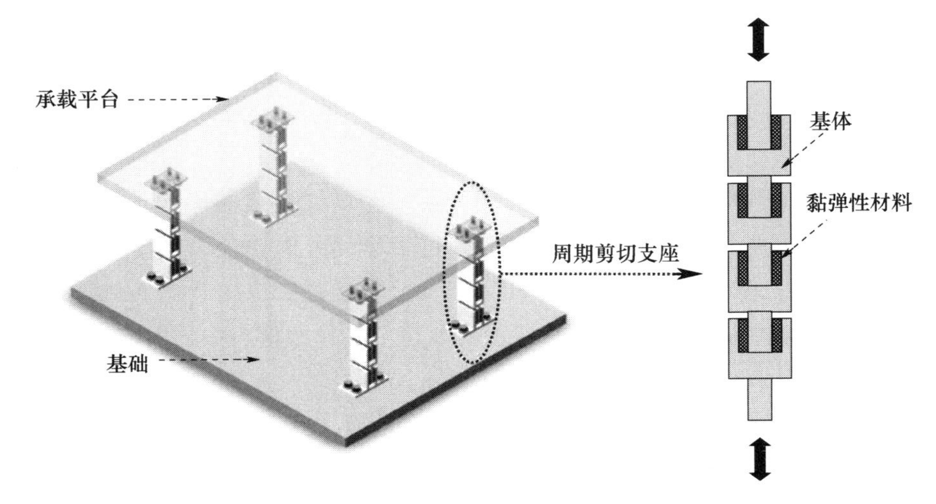

图 P10.8　利用周期剪切支座作为隔振器

表 P10.1　几何参数

长度/mm		厚度/mm	
L_1	4.76	h_1	3.17
L_2	17.46	h_2	3.18
L_3	4.76	h_3	3.18
L_4	3.18	b	25.4

表 P10.2　物理特性

材料	密度/(kgm^{-3})	模量/MPa
铝	2700	70000①
黏弹性材料层	1201.4	9.193+4.596i②
注:①杨氏模量;②复剪切模量,$G(1+\eta i)$,$\eta=0.5$		

10.9　如图 P10.9 所示,一个周期梁单元包括了两个不同的子段,每个子段都可由一个有限单元来描述,它们的物理和几何参数为

$$m_a=1\text{kg/m}, EI_a=1\text{Nm}^2, L_a=0.025\text{m}, m_b=1\text{kg/m}, EI_b=2\text{Nm}^2, L_b=0.025\text{m}$$

如果这两个子段的动刚度矩阵分别为 $\boldsymbol{K}_{Da}=\boldsymbol{K}_a-\omega^2\boldsymbol{M}_a$, $\boldsymbol{K}_{Db}=\boldsymbol{K}_b-\omega^2\boldsymbol{M}_b$,其中:

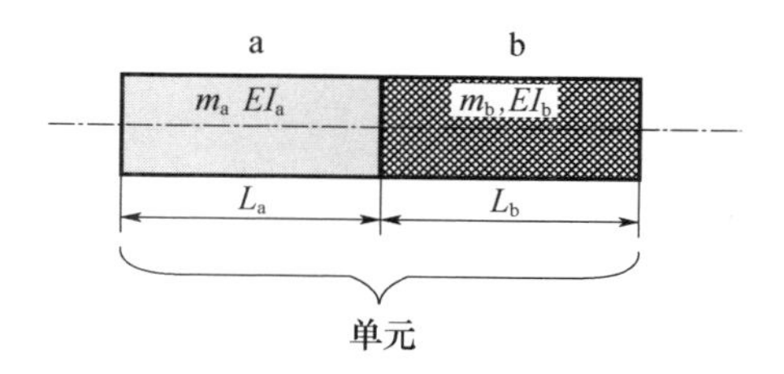

图 P10.9　周期梁单元

$$\boldsymbol{K}_i=\frac{EI_i}{L_i^3}\begin{bmatrix}12 & 6L_i & -12 & 6L_i\\ 6L_i & 4L_i^2 & -6L_i & 2L_i^2\\ -12 & -6L_i & 12 & -6L_i\\ 6L_i & 2L_i^2 & -6L_i & 4L_i^2\end{bmatrix},\boldsymbol{M}_i=\frac{m_iL_i}{420}\begin{bmatrix}156 & 22L_i & 54 & -13L_i\\ 22L_i & 4L_i^2 & 13L_i & -3L_i^2\\ 54 & 13L_i & 156 & -22L_i\\ -13L_i & -3L_i^2 & -22L_i & 4L_i^2\end{bmatrix}\ (i=\mathrm{a,b})$$

试建立每个子段的传递矩阵($\boldsymbol{T}_a$ 和 $\boldsymbol{T}_b$)和单元的传递矩阵($\boldsymbol{T}=\boldsymbol{T}_b\boldsymbol{T}_a$),并说明 $\boldsymbol{T}$ 的特征值的绝对值与频率 ω 之间的关系应当如图 P10.10 所示。

10.10 如图 P10.9 所示,一个周期梁单元包括了两个不同的子段(a 和 b),每个子段均可通过如下分布参数模型来描述:$W_{,xxxx}-\beta_i^4W=0$($i=\mathrm{a,b}$),其中 $\beta_i^4=m_i\omega^2/EI_i$。可以将这个分布参数模型表示为如下所示的状态空间形式,即

$$\frac{\mathrm{d}}{\mathrm{d}x}\begin{Bmatrix}W\\ W_{,x}\\ W_{,xx}\\ W_{,xxx}\end{Bmatrix}=\begin{bmatrix}0 & 1 & 0 & 0\\ 0 & 0 & 1 & 0\\ 0 & 0 & 0 & 1\\ \beta_i^4 & 0 & 0 & 0\end{bmatrix}\begin{Bmatrix}W\\ W_{,x}\\ W_{,xx}\\ W_{,xxx}\end{Bmatrix}$$

试说明这个状态空间模型可以简化为传递矩阵形式,即 $\boldsymbol{Y}_x=\boldsymbol{T}_i\boldsymbol{Y}_0$,其中的 $\boldsymbol{T}_i=\mathrm{e}^{A_ix}$,且有

$$\boldsymbol{A}_i=\begin{bmatrix}0 & 1 & 0 & 0\\ 0 & 0 & \dfrac{1}{EI_i} & 0\\ 0 & 0 & 0 & 1\\ EI_i\beta_i^4 & 0 & 0 & 0\end{bmatrix}$$

而 $\boldsymbol{Y}_x$ 和 $\boldsymbol{Y}_0$ 为如下状态矢量:$\boldsymbol{Y}_x=\{W\ \ W_{,x}\ \ M\ \ V\}_x^{\mathrm{T}}$,$\boldsymbol{Y}_0=\{W\ \ W_{,x}\ \ M\ \ V\}_0^{\mathrm{T}}$,$M$ 和 V 分别为弯矩和剪力,即:$M=EIW_{,xx}$,$V=EIW_{,xxx}$。

进一步,试确定每个子段的传递矩阵($\boldsymbol{T}_a$ 和 $\boldsymbol{T}_b$)和单元的传递矩阵($\boldsymbol{T}=$

$\boldsymbol{T}_{\mathrm{b}}\boldsymbol{T}_{\mathrm{a}}$),并说明 $\boldsymbol{T}$ 的特征值的绝对值与频率 ω 之间的关系应当如图 P10.10 所示。

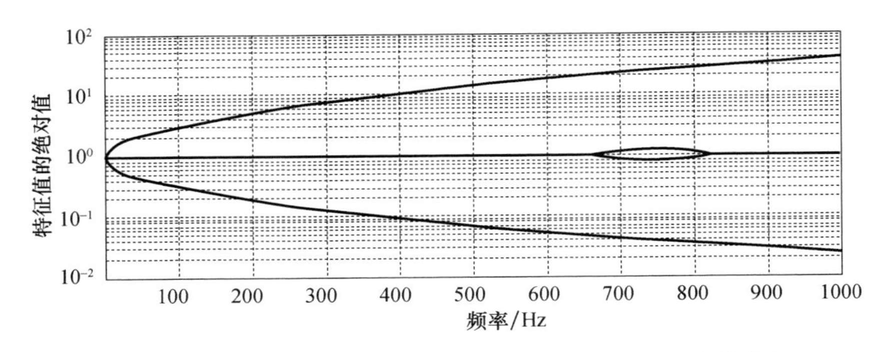

图 P10.10　梁单元的传递矩阵特征值(绝对值)随频率的变化情况

第 11 章　纳米粒子阻尼复合物

11.1　引　　言

本章主要讨论一类纳米粒子阻尼复合物,它是通过在聚合物基体中填充纳米材料而构成的。为了能够有效预测此类复合物在组分介质的不同体积百分数和不同物理特性等情况下的行为,通常需要对其黏弹性特性进行建模分析。可以采用的纳米材料有很多,例如纳米管和纳米粒子,如图 11.1 所示。已有研究表明,碳纳米管、炭黑(CB)颗粒和压电颗粒是这些纳米材料中十分重要的类型,它们能够显著改变高分子复合物的阻尼特性(Aldraihem,2011;Aldraihem 等人,2007)。

针对高分子复合物的黏弹性特性的建模技术主要致力于将异质复合介质简化为等效的匀质、各向异性的连续介质,如图 11.2 所示。事实上,根据微结构的组分介质的几何和物理特性来建立匀质介质的等效特性这一过程,隶属于“微观力学”和“匀质化”理论这些较为成熟的研究领域。

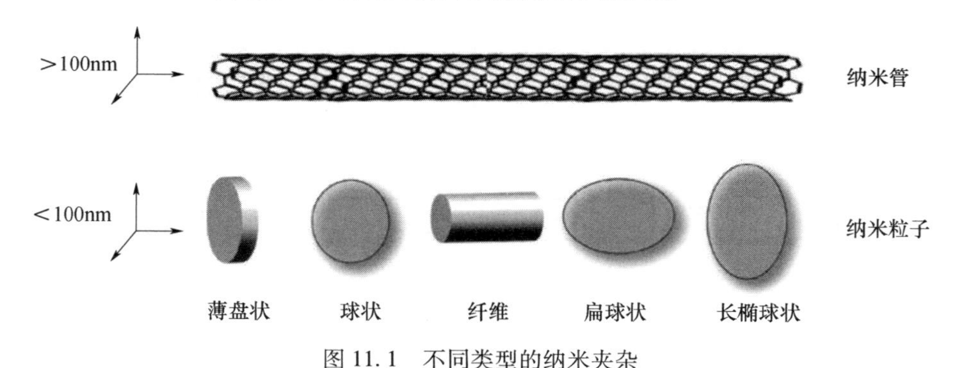

图 11.1　不同类型的纳米夹杂

微观力学和匀质化理论中最为常用的手段一般可以分为解析方法和数值方法,图 11.3 对此做了简要描述。解析方法通常包括了 Halpin-Tsai 方法、自洽方法、Mori-Tanaka 方法等;数值方法则包括了有限元方法、广义单元法以及单胞均匀化的变分渐近方法(VAMUCH)(Sejnoha 和 Zeman,2013;Nemat-Nasser

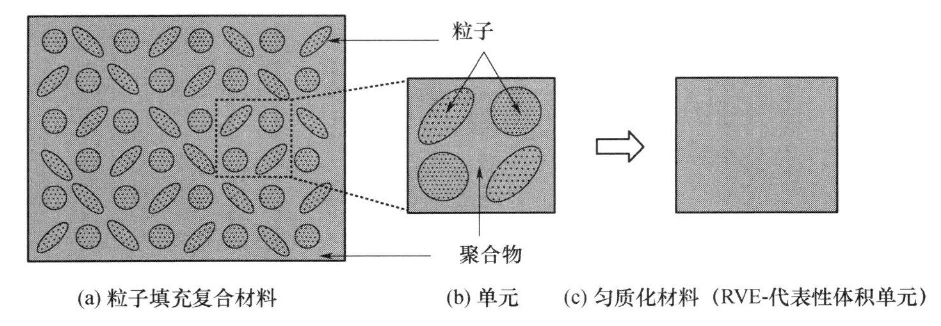

图 11.2　异质粒子填充复合材料的等效的均匀、各向异性的连续介质

和 Hori,1999)等,这些方法已经得到了广泛的应用。关于上述这些解析方法和数值方法,Tucker 和 Liang(1999)、Nemat-Nasser 和 Hori(1999)以及 Torquato(2001)等人已经进行过相当充分的回顾和总结。

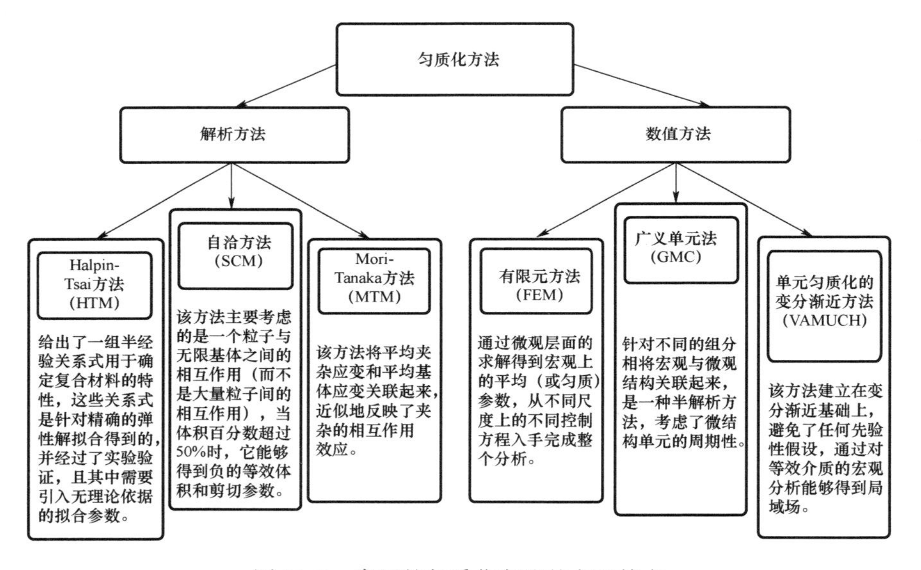

图 11.3　常用的匀质化方法的主要特点

除了这些匀质化方法以外,一些学者还针对复合物的刚度分析提出了界限技术(bounding techniques),例如 Voigt(1887)、Reuss(1929)、Hashin 和 Shtrikman(1962)等。

本章我们将重点介绍 Mori-Tanaka 方法(MTM,1973),该方法主要建立在 Eshelby 的等效夹杂技术(1957)的基础之上,它假定了单个夹杂物中的平均应变是跟基体中的平均应变成比例的,可以通过 Eshelby 的应变集中张量来体现,该张量也将夹杂物中的应变与所施加的应变关联了起来。

需要特别注意的是，带有粒子填充物的复合材料本质上是多尺度的，这些粒子的尺度要比整个复合结构的尺度低若干个数量级。由此不难认识到，前面提及的这些致力于建立等效匀质介质的匀质化方法显然可以帮助我们简化计算工作，因为其核心内容不再是分析每种组分的微观尺度问题（非常耗时），而是对整个复合结构进行宏观尺度上的考察。

11.2 纳米粒子填充的高分子复合材料

如图 11.4 所示，本节所要考察的纳米粒子填充的高分子复合材料包括了一个聚合物基体，以及嵌入其中的 N 种纳米粒子。这里假定不同组分之间是理想结合的，同时这些纳米粒子夹杂是椭球形的，在基体中可以处于任意方位。

需要注意的是，本节中所考虑的这些纳米粒子都是被动形式的，关于主动形式的情形将在 11.3 节进行介绍，其中的部分粒子可以是主动式的（例如压电纳米粒子），其他粒子则用于使基体具备导电性。在主动式情形中，基体可以提供电流通道与电阻负载，从而能够传输和耗散压电夹杂物产生的电能。换言之，这种纳米粒子填充的复合物将类似于分流压电网络，跟第 9 章所讨论过的相似。

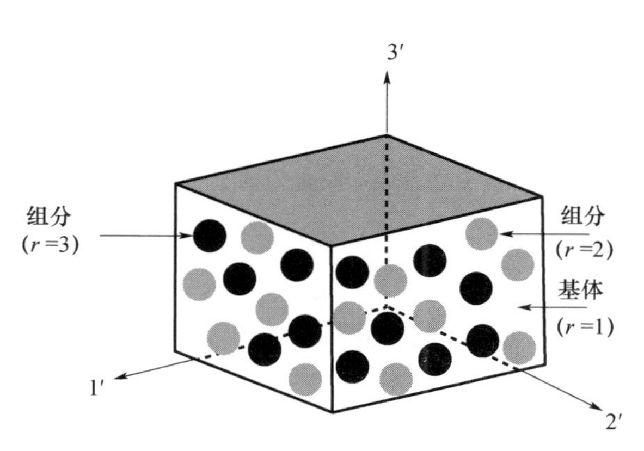

图 11.4 粒子填充聚合物复合材料的组分和整体坐标系统（3 种组分）

11.2.1 带有单向夹杂的复合结构

本节将针对纳米粒子填充的复合结构，简要介绍其基本特性分析方面的相关理论。这里假定此类复合结构是遵从传统的一些假设的，这些假设在微观力学分析中也是十分常见的，此外还假定该复合结构在宏观上是均匀的。

此处采用 Dvorak 和 Benveniste(1992)所给出的方法以及对应性原理，对等效黏弹性特性进行分析推导。针对宏观均匀的复合结构，一般可以选取一个代表性体积单元(RVE)进行考察，该单元包含了 N 个理想结合起来的组分相。对于这种混合型的复合结构单元，其体积平均场可以表示为

$$\bar{\boldsymbol{\varepsilon}} = \sum_{r=1}^{N} f_r \bar{\boldsymbol{\varepsilon}}_r \tag{11.1}$$

$$[\bar{\boldsymbol{\sigma}}] = \sum_{r=1}^{N} f_r \bar{\boldsymbol{\sigma}}_r \tag{11.2}$$

式中：$\bar{\boldsymbol{\sigma}}$ 和 $\bar{\boldsymbol{\varepsilon}}$ 分别为总体平均应力和总体平均应变；f_r 为组分相 r 的体积百分数；$\bar{\boldsymbol{\sigma}}_r$ 和 $\bar{\boldsymbol{\varepsilon}}_r$ 分别为组分相 r 内的平均应力和平均应变。

于是，整个复合结构的本构方程可以表示为

$$\bar{\boldsymbol{\sigma}} = \boldsymbol{c}^{*} \bar{\boldsymbol{\varepsilon}} \tag{11.3}$$

式中：$\boldsymbol{c}^{*}$ 为主材料坐标系中(1-2-3)的总体复刚度矩阵。

类似地，每种组分相中的本构方程也可以表示为

$$\bar{\boldsymbol{\sigma}}_r = \boldsymbol{c}_r^{*} \bar{\boldsymbol{\varepsilon}}_r \tag{11.4}$$

式中：$\boldsymbol{c}_r^{*}$ 为主材料坐标系中组分相 r 的黏弹性复刚度矩阵。

研究表明，此类复合结构的总体平均应力可以由 $\bar{\boldsymbol{\sigma}} = \boldsymbol{\sigma}^0$ 给出(Dvorak 和 Benveniste，1992)，类似地，总体平均应变可由 $\bar{\boldsymbol{\varepsilon}} = \boldsymbol{\varepsilon}^0$ 给出。因此，在均匀的远场($\boldsymbol{\sigma}^0$ 或 $\boldsymbol{\varepsilon}^0$)条件下，组分相 r 内的体积平均场就能够描述为如下形式：

$$\bar{\boldsymbol{\varepsilon}}_r = \boldsymbol{A}_r^{*} \bar{\boldsymbol{\varepsilon}} \tag{11.5}$$

$$\bar{\boldsymbol{\sigma}}_r = \boldsymbol{B}_r^{*} \bar{\boldsymbol{\sigma}} \tag{11.6}$$

式中：$\boldsymbol{A}_r^{*}$ 和 $\boldsymbol{B}_r^{*}$ 为跟组分相 r 对应的集中因子。

将式(11.1)代入式(11.5)，将式(11.2)代入式(11.6)，有

$$\bar{\boldsymbol{\varepsilon}} = \sum_{r=1}^{N} f_r \boldsymbol{A}_r^{*} \bar{\boldsymbol{\varepsilon}} \rightarrow \boldsymbol{I} = \sum_{r=1}^{N} f_r \boldsymbol{A}_r^{*} \tag{11.7}$$

$$\bar{\boldsymbol{\sigma}} = \sum_{r=1}^{N} f_r \boldsymbol{B}_r^{*} \bar{\boldsymbol{\sigma}} \rightarrow \boldsymbol{I} = \sum_{r=1}^{N} f_r \boldsymbol{B}_r^{*} \tag{11.8}$$

于是，根据式(11.7)和式(11.8)就可以得到如下表达式：

$$\sum_{r=1}^{N} f_r \boldsymbol{A}_r^{*} = \sum_{r=1}^{N} f_r \boldsymbol{B}_r^{*} = \boldsymbol{I} \tag{11.9}$$

式中：$\boldsymbol{I}$ 为单位矩阵。

联立式(11.4)和式(11.5)可得

$$\bar{\boldsymbol{\sigma}}_r = \boldsymbol{c}_r^* \boldsymbol{A}_r^* \bar{\boldsymbol{\varepsilon}} \tag{11.10}$$

将式(11.10)代入式(11.2)，有

$$\bar{\boldsymbol{\sigma}} = \left(\sum_{r=1}^{N} f_r \boldsymbol{c}_r^* \boldsymbol{A}_r^* \right) \bar{\boldsymbol{\varepsilon}} \tag{11.11}$$

通过对比式(11.3)与式(11.11)可以看出：

$$\boldsymbol{c}^* = \sum_{r=1}^{N} f_r \boldsymbol{c}_r^* \boldsymbol{A}_r^*$$

或

$$\boldsymbol{c}^* = f_1 \boldsymbol{c}_1^* \boldsymbol{A}_1^* + \sum_{r=2}^{N} f_r \boldsymbol{c}_r^* \boldsymbol{A}_r^* \tag{11.12}$$

利用式(11.9)，不难得到：

$$\sum_{r=1}^{N} f_r \boldsymbol{A}_r^* = f_1 \boldsymbol{A}_1^* + \sum_{r=2}^{N} f_r \boldsymbol{A}_r^* = \boldsymbol{I}$$

或

$$f_1 \boldsymbol{A}_1^* = \boldsymbol{I} - \sum_{r=2}^{N} f_r \boldsymbol{A}_r^*$$

即

$$f_1 \boldsymbol{c}_1^* \boldsymbol{A}_1^* = \boldsymbol{c}_1^* - \sum_{r=2}^{N} f_r \boldsymbol{c}_1^* \boldsymbol{A}_r^* \tag{11.13}$$

若将式(11.13)代入式(11.12)中，那么也就可以得到总体黏弹性刚度了，在主材料坐标系中其表达式为

$$\boldsymbol{c}^* = \boldsymbol{c}_1^* + \sum_{r=2}^{N} f_r (\boldsymbol{c}_r^* - \boldsymbol{c}_1^*) \boldsymbol{A}_r^* \tag{11.14}$$

通过类似的方式，还可以得到总体黏弹性顺度的表达式(在主材料坐标系中)，即

$$\boldsymbol{s}^* = \boldsymbol{s}_1^* + \sum_{r=2}^{N} f_r (\boldsymbol{s}_r^* - \boldsymbol{s}_1^*) \boldsymbol{B}_r^* \tag{11.15}$$

式(11.14)、式(11.15)中：$\boldsymbol{c}_1^*$ 和 $\boldsymbol{s}_1^*$ 分别为基体的复刚度和复顺度。可以注意到，式(11.14)和式(11.15)是满足内在的一致性要求的，即等效刚度 $\boldsymbol{c}^*$ 和等效顺度 $\boldsymbol{s}^*$ 是互逆的。

上面的集中因子 $\boldsymbol{A}_r^*$ 和 $\boldsymbol{B}_r^*$ 可以根据各种微观力学方法加以确定，例如 Eshelby 方法、自洽方法以及 Mori-Tanaka 方法等。在所有此类方法中，Mori-Tanaka 方法是最为简洁和准确的方法之一，可以用于分析预测短纤维（整齐排列或随机排列）复合材料的总体弹性特性（Tucker Ⅲ和 Liang，1999；Tandon 和 Weng，1986）。不仅如此，对于在复合结构边界上指定均匀弹性应变场 $\boldsymbol{\varepsilon}^0$ 或均匀应力场 $\boldsymbol{\sigma}^0$ 这两种情况，这一方法还能够获得一致的结果。

定理 11.1 根据 Mori-Tanaka 方法（Dvorak 和 Benveniste，1992；Tucker Ⅲ和 Liang，1999），集中因子 $\boldsymbol{A}_s^*$ 和 $\boldsymbol{B}_s^*$ 可以通过下式来确定：

$$\boldsymbol{A}_s^* = \boldsymbol{T}_s^* \left(\sum_{r=1}^{N} f_r \boldsymbol{T}_r^* \right)^{-1} \tag{11.16}$$

$$\boldsymbol{B}_s^* = \boldsymbol{W}_s^* \left(\sum_{r=1}^{N} f_r \boldsymbol{W}_r^* \right)^{-1} \tag{11.17}$$

式中：

$$\boldsymbol{T}_r^* = [\boldsymbol{I} + \boldsymbol{S}^* (\boldsymbol{c}_1^*)^{-1} (\boldsymbol{c}_r^* - \boldsymbol{c}_1^*)]^{-1} \tag{11.18}$$

$$\boldsymbol{W}_r^* = \boldsymbol{c}_r^* \boldsymbol{T}_r^* \boldsymbol{s}_1^* \tag{11.19}$$

其中，$\boldsymbol{S}^*$ 为“Eshelby 张量”，它是基体泊松比以及夹杂物几何形状的函数。

证明：

如图 11.5（a）所示，考虑刚度为 $\boldsymbol{c}_1^*$ 的应力自由物体。假定虚线框内的部分作为一个单独的对象物受到了一个均匀的应变 $\boldsymbol{\varepsilon}^{\mathrm{T}}$（参见图 11.5（b）），将这个应变区域重新插入该物体中，将会诱发一个应变场 $\boldsymbol{\varepsilon}^{\mathrm{C}}$。该物体的剩余部分可称为“基体”，而这个单独的部分则可称为“夹杂物”。对这一系列事件的分析通常称为“Eshelby 夹杂问题”（Eshelby，1957）。

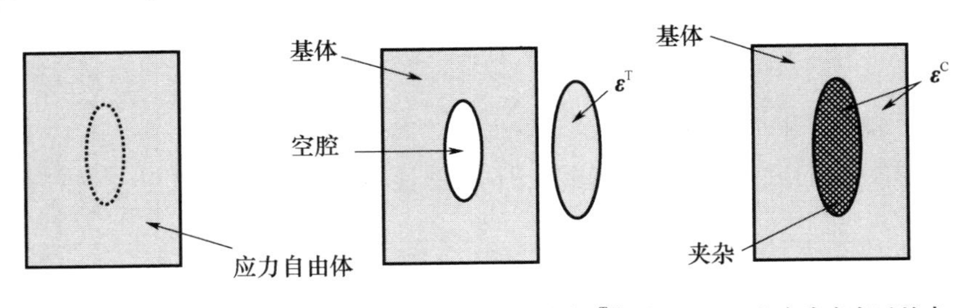

图 11.5 Eshelby 夹杂问题

基体中的应力 $\boldsymbol{\sigma}_1$ 可以表示为

$$\boldsymbol{\sigma}_1 = \boldsymbol{c}_1^* \boldsymbol{\varepsilon}^{\mathrm{C}} \tag{11.20}$$

夹杂物内的应力 $\boldsymbol{\sigma}_\mathrm{r}$ 可以表示为

$$\boldsymbol{\sigma}_\mathrm{r}=\boldsymbol{c}_1^*(\boldsymbol{\varepsilon}^\mathrm{C}-\boldsymbol{\varepsilon}^\mathrm{T}) \tag{11.21}$$

借助 Eshelby 的方法，应变场 $\boldsymbol{\varepsilon}^\mathrm{C}$ 跟应变 $\boldsymbol{\varepsilon}^\mathrm{T}$ 可以通过如下方式关联起来，即

$$\boldsymbol{\varepsilon}^\mathrm{C}=\boldsymbol{S}^*\boldsymbol{\varepsilon}^\mathrm{T} \tag{11.22}$$

式中：$\boldsymbol{S}^*$ 为“Eshelby 张量”，它是基体泊松比以及夹杂物几何形状的函数。

进一步，Eshelby 针对匀质夹杂物问题和非匀质夹杂物（形状相同）问题建立了等效定理，通过考察图 11.6(a) 和 (b) 所示的物体（分别针对的是均匀夹杂物和非均匀夹杂物情形），可以很好地理解这一等效。这些夹杂物的刚度分别为 $\boldsymbol{c}_1^*$ 和 $\boldsymbol{c}_\mathrm{r}^*$。

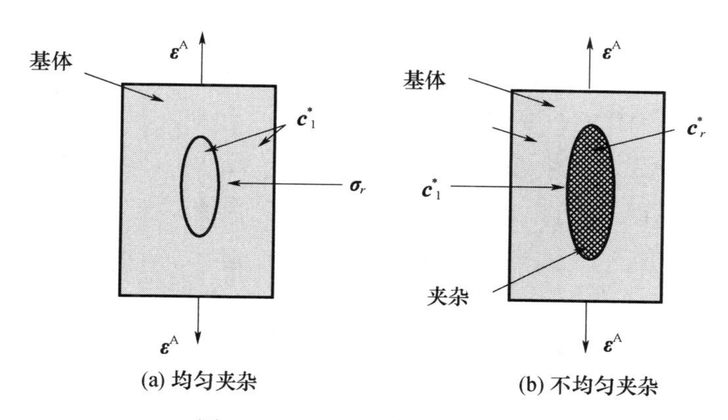

图 11.6　Eshelby 等效夹杂问题

在图 11.6(a) 中，均匀夹杂物受到的应变是 $\boldsymbol{\varepsilon}^\mathrm{T}$，而图 11.6(b) 中的不均匀夹杂物不受应变作用。此外，图 11.6 中的这两个物体同时都受到了一个均匀的外部应变作用，即 $\boldsymbol{\varepsilon}^\mathrm{A}$。Eshelby 针对应变 $\boldsymbol{\varepsilon}^\mathrm{T}$ 建立了一个表达式，使得在这两个问题中能够表现出相同的应力和应变分布。为了把外部应变作用 $\boldsymbol{\varepsilon}^\mathrm{A}$ 计入进来，需要将式(11.21)所示的本构关系（针对的是均匀夹杂物问题）加以修改，即

$$\boldsymbol{\sigma}_r=\boldsymbol{c}_1^*(\boldsymbol{\varepsilon}^\mathrm{A}+\boldsymbol{\varepsilon}^\mathrm{C}-\boldsymbol{\varepsilon}^\mathrm{T})\text{（针对均匀夹杂物问题）} \tag{11.23}$$

相应地，对于非均匀夹杂物情形，也需要将其本构关系做一修正，即

$$\boldsymbol{\sigma}_r=\boldsymbol{c}_r^*(\boldsymbol{\varepsilon}^\mathrm{A}+\boldsymbol{\varepsilon}^\mathrm{C})\text{（针对非均匀夹杂物问题）} \tag{11.24}$$

这两个问题的应力等效是指：

$$\boldsymbol{c}_1^*(\boldsymbol{\varepsilon}^\mathrm{A}+\boldsymbol{\varepsilon}^\mathrm{C}-\boldsymbol{\varepsilon}^\mathrm{T})=\boldsymbol{c}_r^*(\boldsymbol{\varepsilon}^\mathrm{A}+\boldsymbol{\varepsilon}^\mathrm{C}) \tag{11.25}$$

将式(11.22)代入上式，不难导出如下表达式：

$$-[\boldsymbol{c}_1^*+(\boldsymbol{c}_r^*-\boldsymbol{c}_1^*)\boldsymbol{S}^*]\boldsymbol{\varepsilon}^\mathrm{T}=(\boldsymbol{c}_r^*-\boldsymbol{c}_1^*)\boldsymbol{\varepsilon}^\mathrm{A} \tag{11.26}$$

式(11.26)通过外部作用的应变 $\boldsymbol{\varepsilon}^{A}$ 给出了应变 $\boldsymbol{\varepsilon}^{T}$ 的表达,对于等效来说该应变是必需的。

应当注意,远场处基体中的和第 r 个夹杂物内的平均应变可以写为

$$\bar{\boldsymbol{\varepsilon}}_1=\boldsymbol{\varepsilon}^{A} \tag{11.27}$$

$$\bar{\boldsymbol{\varepsilon}}_r=\boldsymbol{\varepsilon}^{A}+\boldsymbol{\varepsilon}^{C} \tag{11.28}$$

于是,将式(11.28)代入式(11.25)之后就可以得:

$$\boldsymbol{c}_1^*(\bar{\boldsymbol{\varepsilon}}_r-\boldsymbol{\varepsilon}^{T})=\boldsymbol{c}_r^*\bar{\boldsymbol{\varepsilon}}_r$$

或

$$-\boldsymbol{\varepsilon}^{T}=(\boldsymbol{c}_1^*)^{-1}(\boldsymbol{c}_r^*-\boldsymbol{c}_1^*)\bar{\boldsymbol{\varepsilon}}_r$$

由此也就有

$$-\boldsymbol{S}^*\boldsymbol{\varepsilon}^{T}=\boldsymbol{S}^*(\boldsymbol{c}_1^*)^{-1}(\boldsymbol{c}_r^*-\boldsymbol{c}_1^*)\bar{\boldsymbol{\varepsilon}}_r \tag{11.29}$$

联立式(11.22)与式(11.29)可得

$$-\boldsymbol{\varepsilon}^{C}=\boldsymbol{S}^*(\boldsymbol{c}_1^*)^{-1}(\boldsymbol{c}_r^*-\boldsymbol{c}_1^*)\bar{\boldsymbol{\varepsilon}}_r \tag{11.30}$$

将式(11.27)和式(11.28)代入式(11.30)中,将有

$$\bar{\boldsymbol{\varepsilon}}_1=[\boldsymbol{I}+\boldsymbol{S}^*(\boldsymbol{c}_1^*)^{-1}(\boldsymbol{c}_r^*-\boldsymbol{c}_1^*)]\bar{\boldsymbol{\varepsilon}}_r$$

或者

$$\bar{\boldsymbol{\varepsilon}}_r=[\boldsymbol{I}+\boldsymbol{S}^*(\boldsymbol{c}_1^*)^{-1}(\boldsymbol{c}_r^*-\boldsymbol{c}_1^*)]^{-1}\bar{\boldsymbol{\varepsilon}}_1 \tag{11.31}$$

Mori-Tanaka 方法中假定,当复合结构中置入了大量相同的粒子(夹杂物)时,其平均粒子应变可以表示为

$$\bar{\boldsymbol{\varepsilon}}_r=\boldsymbol{T}_r^*\bar{\boldsymbol{\varepsilon}}_1 \tag{11.32}$$

也就是说,每个粒子都经受了一个跟基体的平均应变相等的远场应变。将式(11.31)和式(11.32)直接进行比较,就不难得到应变集中因子的表达式为

$$\boldsymbol{T}_r^*=[\boldsymbol{I}+\boldsymbol{S}^*(\boldsymbol{c}_1^*)^{-1}(\boldsymbol{c}_r^*-\boldsymbol{c}_1^*)]^{-1} \tag{11.33}$$

显然,这样也就完成了式(11.18)的证明。

进一步,证明式(11.16),这里可以采用如下两种方法来进行。

1)第一种方法

这种方法比较简单,主要是证明式子两端是相等的。首先将式子两端同时乘以 f_s,并根据组分相的数量($s=1,2,\cdots,N$)进行求和处理,从而可得

$$\sum_{s=1}^{N}f_s\boldsymbol{A}_s^*=\sum_{s=1}^{N}f_s\boldsymbol{T}_s^*\left(\sum_{r=1}^{N}f_r\boldsymbol{T}_r^*\right)^{-1}=\left[\sum_{s=1}^{N}f_s\boldsymbol{T}_s^*\right]\left[\sum_{r=1}^{N}f_r\boldsymbol{T}_r^*\right]^{-1}=\boldsymbol{I} \tag{11.34}$$

也就是说,式(11.34)的右端等于单位矩阵 $\boldsymbol{I}$。

此外，根据式(11.9)可以看出，式(11.34)的左端也是等于单位矩阵的，因此也就证明了式(11.16)。

2)第二种方法

针对式(11.1)，即 $\bar{\boldsymbol{\varepsilon}} = \sum_{r=1}^{N} f_r \bar{\boldsymbol{\varepsilon}}_r$，将式(11.32)代入式(11.1)，可得

$$\bar{\boldsymbol{\varepsilon}} = \left(\sum_{r=1}^{N} f_r \boldsymbol{T}_r^*\right) \bar{\boldsymbol{\varepsilon}}_1 \text{ 或 } \bar{\boldsymbol{\varepsilon}}_1 = \left(\sum_{r=1}^{N} f_r \boldsymbol{T}_r^*\right)^{-1} \bar{\boldsymbol{\varepsilon}} \tag{11.35}$$

两边同时乘以 $\boldsymbol{T}_s^*$，可得

$$\boldsymbol{T}_s^* \bar{\boldsymbol{\varepsilon}}_1 = \boldsymbol{T}_s^* \left(\sum_{r=1}^{N} f_r \boldsymbol{T}_r^*\right)^{-1} \bar{\boldsymbol{\varepsilon}} \tag{11.36}$$

根据式(11.32)和式(11.5)，式(11.36)就可以化为

$$\boldsymbol{T}_s^* \bar{\boldsymbol{\varepsilon}}_1 = \bar{\boldsymbol{\varepsilon}}_s = \boldsymbol{T}_s^* \left(\sum_{r=1}^{N} f_r \boldsymbol{T}_r^*\right)^{-1} \bar{\boldsymbol{\varepsilon}}$$

也即

$$\bar{\boldsymbol{\varepsilon}}_s = \boldsymbol{T}_s^* \left(\sum_{r=1}^{N} f_r \boldsymbol{T}_r^*\right)^{-1} \bar{\boldsymbol{\varepsilon}} = \boldsymbol{A}_s^* \bar{\boldsymbol{\varepsilon}}, \boldsymbol{A}_s^* = \boldsymbol{T}_s^* \left(\sum_{r=1}^{N} f_r \boldsymbol{T}_r^*\right)^{-1}$$

证明完毕。

这里需要指出的是，对于各向同性基体中的椭球形夹杂物来说，Eshelby 张量可以表示为如下形式(Nemat-Nasser 和 Hori，1999)：

$$\boldsymbol{S} = \begin{bmatrix} S_{1111} & S_{1122} & S_{1133} & 0 & 0 & 0 \\ S_{1122} & S_{1111} & S_{1133} & 0 & 0 & 0 \\ S_{3311} & S_{3311} & S_{3333} & 0 & 0 & 0 \\ 0 & 0 & 0 & S_{1313} & 0 & 0 \\ 0 & 0 & 0 & 0 & S_{1313} & 0 \\ 0 & 0 & 0 & 0 & 0 & S_{1212} \end{bmatrix} \tag{11.37}$$

上面这个张量的元素是夹杂物尺寸比 $\alpha = a_3/a_1$ 和基体介质泊松比 ν_{m} 的函数，参见表 11.1，其中的 g_1 和 g_2 分别定义为

$$g_1 = \frac{\alpha}{(1-\alpha^2)^{3/2}}\left(\arccos \alpha - \alpha(1-\alpha^2)^{1/2}\right) \tag{11.38}$$

$$g_2 = \frac{\alpha}{(\alpha^2-1)^{3/2}}\left(-\operatorname{arccosh} \alpha + \alpha(\alpha^2-1)^{1/2}\right) \tag{11.39}$$

表 11.1 常见夹杂物形状所对应的 Eshelby 张量的元素(Aldraihem,2011)(经 Elsevier 许可使用)

形状	薄盘状 ($\alpha = 0$)	球状 ($\alpha = 1$)	纤维状 ($\alpha \to 1$)	扁球状($0 < \alpha < 1, g = g_1$)和长椭球状($0 < \alpha < 1, g = g_2$)
S_{1111}	0	$\dfrac{7-5v_m}{15(1-v_m)}$	$\dfrac{5-4v_m}{8(1-v_m)}$	$\dfrac{3\alpha^2}{8(1-v_m)(\alpha^2-1)}+\dfrac{g}{4(1-v_m)}\left(1-2v_m-\dfrac{9}{4(\alpha^2-1)}\right)$
S_{1122}	0	$\dfrac{5v_m^{-1}}{15(1-v_m)}$	$\dfrac{4v_m^{-1}}{8(1-v_m)}$	$\dfrac{\alpha^2}{8(1-v_m)(\alpha^2-1)}-\dfrac{g}{4(1-v_m)}\left(1-2v_m+\dfrac{3}{4(\alpha^2-1)}\right)$
S_{1133}	0	$\dfrac{5v_m^{-1}}{15(1-v_m)}$	$\dfrac{v_m}{2(1-v_m)}$	$\dfrac{-\alpha^2}{2(1-v_m)(\alpha^2-1)}+\dfrac{g}{4(1-v_m)}\left(-1+2v_m+\dfrac{3\alpha^2}{(\alpha^2-1)}\right)$
S_{3311}	$\dfrac{v_m}{1-v_m}$	$\dfrac{5v_m^{-1}}{15(1-v_m)}$	0	$\dfrac{2v_m^{-1}}{2(1-v_m)}-\dfrac{1}{2(1-v_m)(\alpha^2-1)}+\dfrac{g}{2(1-v_m)}\left(1-2v_m+\dfrac{3}{2(\alpha^2-1)}\right)$
S_{3333}	1	$\dfrac{7-5v_m}{15(1-v_m)}$	0	$\dfrac{1-2v_m}{2(1-v_m)}+\dfrac{3\alpha^2-1}{2(1-v_m)(\alpha^2-1)}-\dfrac{g}{2(1-v_m)}\left(1-2v_m+\dfrac{3\alpha^2}{(\alpha^2-1)}\right)$
S_{1313}	1/2	$\dfrac{4-5v_m}{15(1-v_m)}$	1/4	$\dfrac{1-2v_m}{4(1-v_m)}-\dfrac{\alpha^2+1}{4(1-v_m)(\alpha^2-1)}-\dfrac{g}{8(1-v_m)}\left(1-2v_m-\dfrac{3(\alpha^2+1)}{(\alpha^2-1)}\right)$
S_{1212}	0	$\dfrac{4-5v_m}{15(1-v_m)}$	$\dfrac{3-4v_m}{8(1-v_m)}$	$\dfrac{\alpha^2}{8(1-v_m)(\alpha^2-1)}+\dfrac{g}{4(1-v_m)}\left(1-2v_m-\dfrac{3}{4(\alpha^2-1)}\right)$

11.2.2　夹杂物具有任意方位的复合结构

对于带有任意方位分布的夹杂物的复合结构，确定其等效特性一般需要分为两步来处理。第一步是针对带有单向整齐排列的夹杂物的复合结构，考察其等效特性，这一步已经在前一节中做过介绍。第二步的主要工作是将上一步得到的等效特性根据方位分布情况进行平均化处理。Advani 和 Tucker Ⅲ(1987)曾针对短纤维复合材料给出过一种可用于方位平均处理的简单方案，后来该方法在热弹性特性的分析中也体现出了可靠性和准确性(Gusev 等人，2002)。

根据 Advani 和 Tucker Ⅲ(1987)的方法，可以将 $\boldsymbol{\Gamma}(\theta,\phi)$ 的方位平均表示为 $\langle\boldsymbol{\Gamma}\rangle$，其定义为

$$\langle\boldsymbol{\Gamma}\rangle = \int_{\theta_i}^{\theta_f}\int_{\varphi_i}^{\varphi_f}\boldsymbol{\Gamma}(\theta,\phi)\ \Psi(\theta,\phi)\ \sin\phi\,\mathrm{d}\varphi\,\mathrm{d}\theta \tag{11.40}$$

式中：ϕ 和 θ 为两个欧拉角，常用于描述夹杂物的空间方位，如图 11.7 所示；(θ_i,ϕ_i) 和 (θ_f,ϕ_f) 分别为这些角度的下限和上限。

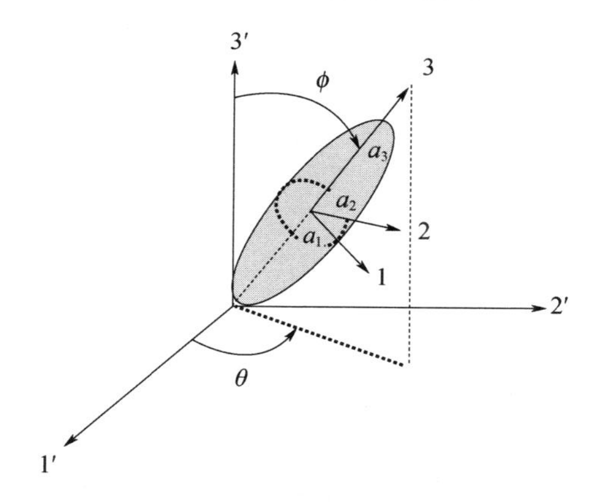

图 11.7　椭球状夹杂物的几何与坐标系统

夹杂物的分布区域可用 $(-\theta_0=\theta_i)\leqslant\theta\leqslant(\theta_f=\theta_0)$ 和 $(\pi/2-\phi_0=\phi_i)\leqslant\phi\leqslant(\phi_f=\pi/2+\phi_0)$ 表示，其中的 θ_0 和 ϕ_0 均为指定的角度。符号 $\Psi(\theta,\phi)$ 代表的是概率分布函数，为满足问题的条件，应取

$$\Psi(\theta,\phi)=\frac{1}{4\theta_0\sin\phi_0} \tag{11.41}$$

将式(11.41)代入式(11.40)，可以得到方位平均的如下表达式：

$$\langle \boldsymbol{\Gamma} \rangle = \frac{1}{4\theta_0 \sin\phi_0} \int_{-\theta_0}^{\theta_0} \int_{\pi/2-\phi_0}^{\pi/2+\phi_0} \Gamma(\theta,\phi) \sin\phi \mathrm{d}\phi \mathrm{d}\theta \tag{11.42}$$

式(11.42)中的函数 $\boldsymbol{\Gamma}(\theta,\phi)$ 可以代表变换后的黏弹性刚度、顺度或者任何其他的特性张量(在全局坐标系统 $1'-2'-3'$ 中)。借助如下变换(Wetherhold,1988),可以得到变换后的黏弹性刚度 $\bar{\boldsymbol{c}}^*$,即

$$\bar{\boldsymbol{c}}^* = \boldsymbol{R}_1 \boldsymbol{c}^* \boldsymbol{R}_1^{\mathrm{T}} \tag{11.43}$$

类似地,变换后的黏弹性顺度可由下式确定:

$$\bar{\boldsymbol{s}}^* = \boldsymbol{R}_2 \boldsymbol{s}^* \boldsymbol{R}_2^{\mathrm{T}} \tag{11.44}$$

上述的变换矩阵 $\boldsymbol{R}_1$ 和 $\boldsymbol{R}_2$ 可以参见附录 11. A,上标 T 代表的是转置运算。

于是,将式(11.43)和式(11.44)代入式(11.42),就不难得到黏弹性刚度和黏弹性顺度的方位平均分别为

$$\langle \bar{\boldsymbol{c}}^* \rangle = \frac{1}{4\theta_0 \sin\phi_0} \int_{-\theta_0}^{\theta_0} \int_{\pi/2-\phi_0}^{\pi/2+\phi_0} \boldsymbol{R}_1 \boldsymbol{c}^* \boldsymbol{R}_1^{\mathrm{T}} \sin\phi \mathrm{d}\phi \mathrm{d}\theta \tag{11.45}$$

$$\langle \bar{\boldsymbol{s}}^* \rangle = \frac{1}{4\theta_0 \sin\phi_0} \int_{-\theta_0}^{\theta_0} \int_{\pi/2-\phi_0}^{\pi/2+\phi_0} \boldsymbol{R}_2 \boldsymbol{s}^* \boldsymbol{R}_2^{\mathrm{T}} \sin\phi \mathrm{d}\phi \mathrm{d}\theta \tag{11.46}$$

需要注意的是,式(11.45)和式(11.46)并不一定能保证满足内在一致性关系,换言之,方位平均刚度和方位平均顺度不一定是互逆的(对于所有形式的方位分布情况而言)。

Hine 等人(2002,2004)曾经指出,对于短纤维复合材料的热弹性特性而言,方位平均刚度和顺度的表达式(类似于式(11.45)和式(11.46))会给出显著不同的结果。不仅如此,Hine 及其合作研究者们还证实了,刚度表达式能够给出方位平均特性的准确预测(通过与他们的数值仿真结果相比较)。

基于上述原因,我们将采用式(11.45)分析和预测复合结构的方位平均黏弹性特性。此外,这里还将针对 θ_0 和 ϕ_0 趋于特定值的情况,通过考察式(11.45)的极限确定黏弹性特性。分析中主要考虑 3 种一般性方位情形。在一致取向情形中,所有的夹杂物都平行于 $1'$ 轴,因此 θ_0 和 ϕ_0 均应设定为接近于零的数值;在二维随机取向情形中,夹杂物的方位在 $1'-2'$ 平面内随机分布,此时 θ_0 和 ϕ_0 的值应分别设定为接近于 π 和零的数值;在三维随机取向情形中,夹杂物可以处于任意方位,θ_0 和 ϕ_0 的值应分别设定为接近于 π 和 $\pi/2$ 的数值。对于上述这 3 种方位情形,黏弹性刚度张量可以表示为

$$\langle \bar{c}^* \rangle = \begin{bmatrix} c^*_{1'1'} & c^*_{1'2'} & c^*_{1'3'} & 0 & 0 & 0 \\ c^*_{1'2'} & c^*_{2'2'} & c^*_{2'3'} & 0 & 0 & 0 \\ c^*_{1'3'} & c^*_{2'3'} & c^*_{3'3'} & 0 & 0 & 0 \\ 0 & 0 & 0 & c^*_{4'4'} & 0 & 0 \\ 0 & 0 & 0 & 0 & c^*_{5'5'} & 0 \\ 0 & 0 & 0 & 0 & 0 & c^*_{6'6'} \end{bmatrix} \tag{11.47}$$

式中的元素已经列于表11.2中。

表11.2 不同取向条件下复模量$\langle \bar{c}^* \rangle$的元素(Aldraihem,2011)
(经Elsevier许可使用)

$c^*_{i'j'}$	取向对齐 ($\theta_0 \to 0, \phi_0 \to 0$)	二维随机取向 ($\theta_0 \to \pi, \phi_0 \to 0$)	三维随机取向 ($\theta_0 \to \pi, \phi_0 \to \pi/2$)
$c^*_{1'1'} =$	c^*_{33}	$\frac{1}{8}(3c^*_{11} + 3c^*_{33} + 4c^*_{44} + 2c^*_{13})$	$\frac{1}{15}(8c^*_{11} + 3c^*_{33} + 8c^*_{44} + 4c^*_{13})$
$c^*_{1'2'} =$	c^*_{13}	$\frac{1}{8}(c^*_{11} + c^*_{33} - 4c^*_{44} + 6c^*_{13})$	$\frac{1}{15}(c^*_{11} + c^*_{33} - 4c^*_{44} + 5c^*_{12} + 8c^*_{13})$
$c^*_{2'2'} =$	c^*_{11}	$\frac{1}{8}(3c^*_{11} + 3c^*_{33} + 4c^*_{44} + 2c^*_{13})$	$\frac{1}{15}(8c^*_{11} + 3c^*_{33} + 8c^*_{44} + 4c^*_{13})$
$c^*_{1'3'} =$	c^*_{13}	$\frac{1}{2}(c^*_{12} + c^*_{13})$	$\frac{1}{15}(c^*_{11} + c^*_{33} - 4c^*_{44} + 5c^*_{12} + 8c^*_{13})$
$c^*_{2'3'} =$	c^*_{12}	$\frac{1}{2}(c^*_{12} + c^*_{13})$	$\frac{1}{15}(c^*_{11} + c^*_{33} - 4c^*_{44} + 5c^*_{12} + 8c^*_{13})$
$c^*_{3'3'} =$	c^*_{11}	c^*_{11}	$\frac{1}{15}(8c^*_{11} + 3c^*_{33} + 8c^*_{44} + 4c^*_{13})$
$c^*_{4'4'} =$	c^*_{66}	$\frac{1}{4}(c^*_{11} - c^*_{12} + 2c^*_{44})$	$\frac{1}{30}(7c^*_{11} + 2c^*_{33} + 12c^*_{44} - 5c^*_{12} - 4c^*_{13})$
$c^*_{5'5'} =$	c^*_{44}	$\frac{1}{4}(c^*_{11} - c^*_{12} + 2c^*_{44})$	$\frac{1}{30}(7c^*_{11} + 2c^*_{33} + 12c^*_{44} - 5c^*_{12} - 4c^*_{13})$
$c^*_{6'6'} =$	c^*_{44}	$\frac{1}{8}(c^*_{11} + c^*_{33} + 4c^*_{44} - 2c^*_{13})$	$\frac{1}{30}(7c^*_{11} + 2c^*_{33} + 12c^*_{44} - 5c^*_{12} - 4c^*_{13})$

从复合结构的三维模量表达式(11.47)中我们可以提取出若干特性,例如,全局坐标系统中的复模量就可以表示为

$$\bar{c}^*_q = \bar{c}'_q + i\bar{c}''_q, q = 1', 2', \cdots, 6' \tag{11.48}$$

而相应的损耗因子可由下式给出：

$$\eta_q = \frac{\bar{c}''_q}{\bar{c}'_q} \tag{11.49}$$

此外，与顺度相关联的模量还可以写为

$$\begin{cases} c_q^* = 1 \Big/ \overline{\overline{s_q^*}} & (11.50) \\ \overline{\overline{\boldsymbol{s}^*}} = \langle \bar{\boldsymbol{c}}^* \rangle^{-1} & (11.51) \end{cases}$$

式中：c'_q 为储能模量；c''_q 为耗能模量；下标 q 代表的是缩并指标。

在 11.2 节给出的理论基础上，可以根据图 11.8 所示的流程图来计算粒子填充的高分子复合材料的黏弹性特性。表 11.3 列出了一些典型纳米粒子的材料特性，它们经常用于纳米粒子高分子复合材料的制备中。

表 11.3　混合型复合结构的组分材料特性(Aldraihem,2011)
(经 Elsevier 许可使用)

特性参数	粒子					
	PZT-5H①	PCM51②	MWCNT③	CB④	DGEBA-DDM⑤	Hercules 3501-6⑥
$c_{11}^{E} = c_{22}^{E}$ /GPa	127.2	129.22	999.66	9.2885	2.4409	7.4879
c_{12}^{E} /GPa	80.2	86.4	369.74	3.9808	1.6962	4.5894
$c_{13}^{E} = c_{23}^{E}$ /GPa	84.67	83.06	369.74	3.9808	1.6962	4.5894
c_{33}^{E} /GPa	117.44	116.9	999.66	9.2885	2.4409	7.4879
$c_{44}^{E} = c_{55}^{E}$ /GPa	23	28.83	314.96	2.6538	0.3723	1.4493
c_{66}^{E} /GPa	23.5	21.41	314.96	2.6538	0.3723	1.4493
k_{31}	0.388	0.37	—	—	—	—
k_{33}	0.752	0.72	—	—	—	—
k_{15}	0.675	0.72	—	—	—	—
η_m	—	—	—	—	0.047	0.03

注：①Bedford,OH,Morgan Matroc 公司,电瓷事业部；
②Noliac,http://www.noliac.com(PCM51 也称为 NCE51)；
③Tian 和 Wang(2008)；
④Aldraihem 等人(2007)；
⑤Pascault 等人(2002)；
⑥Lesieutre 等人(1993)

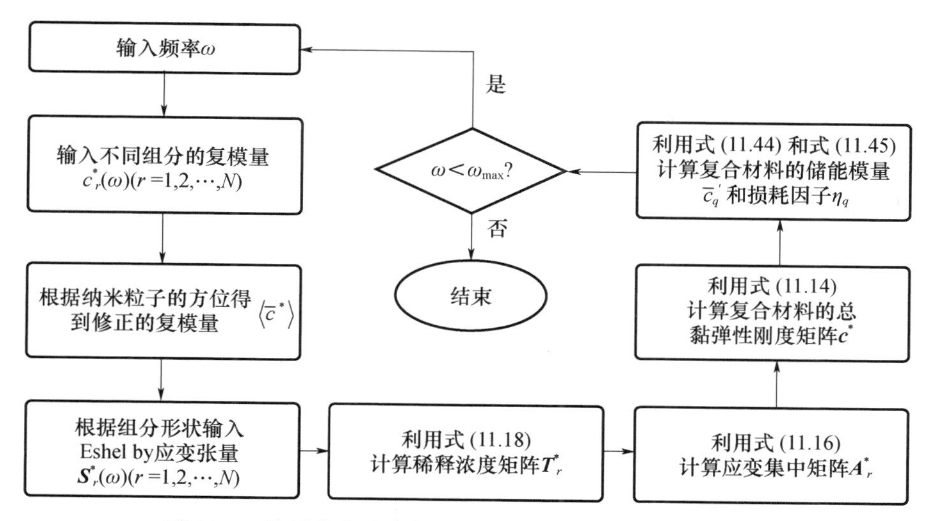

图 11.8　粒子填充聚合物复合材料的黏弹性特性计算流程

例 11.1　考虑一个由炭黑和高密度聚乙烯(CB/HDPE)构成的复合材料，HDPE 聚合物的储能模量和损耗因子如图 11.9 所示(Zhang 和 Yi,2002),CB 纳米粒子的特性可参见表 11.3。试确定 CB 纳米粒子的体积百分比f_r对复合材料的黏弹性特性的影响,此处假定 $0 < f_r < 0.2$。

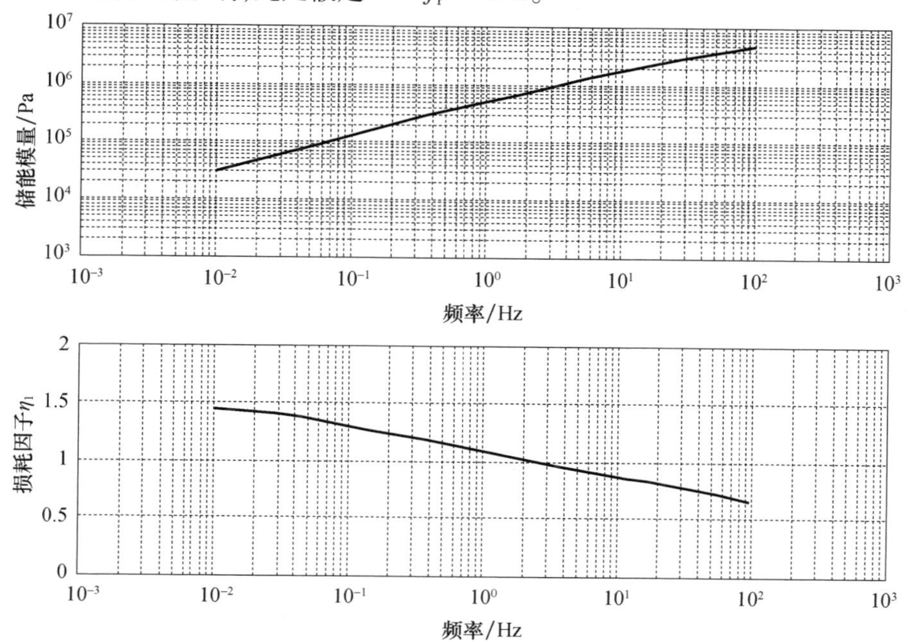

图 11.9　高密度聚乙烯(HDPE)聚合物的复模量

[分析]

HDPE 聚合物的各向同性刚度矩阵由下式给出：

$$\bar{\boldsymbol{c}}_1^* = \begin{bmatrix} c_{11}^* & c_{12}^* & c_{13}^* & & & \\ c_{12}^* & c_{22}^* & c_{23}^* & & & \\ c_{13}^* & c_{23}^* & c_{33}^* & & & \\ & & & c_{44}^* & & \\ & & & & c_{55}^* & \\ & & & & & c_{66}^* \end{bmatrix}$$

式中：$c_{11}^* = \dfrac{E^*(1-\nu)}{(1+\nu)(1-2\nu)}$，$E^* = E_1'(1+\mathrm{i}\eta_1)$ 为 HDPE 的复模量，E_1'为储能模量，η_1 为损耗因子；$c_{12}^* = \dfrac{\nu E^*}{(1+\nu)(1-2\nu)}$；$c_{22}^* = c_{11}^*$，$c_{33}^* = c_{11}^*$，$c_{13}^* = c_{12}^*$；$c_{44}^* = \dfrac{E^*}{2(1+\nu)}$；$c_{55}^* = c_{44}^*$；$c_{66}^* = c_{44}^*$。图 11.9 中示出了 E_1'和 η_1 随频率 ω 的变化情况。

类似地，作为复合结构的第二种组分相，CB 纳米粒子的刚度矩阵 $\bar{\boldsymbol{c}}_2^*$ 由下式给出：

$$\bar{\boldsymbol{c}}_2^* = \begin{bmatrix} 9.2885 & 3.9808 & 3.9808 & 0 & 0 & 0 \\ 3.9808 & 9.2885 & 3.9808 & 0 & 0 & 0 \\ 3.9808 & 3.9808 & 9.2885 & 0 & 0 & 0 \\ 0 & 0 & 0 & 2.6538 & 0 & 0 \\ 0 & 0 & 0 & 0 & 2.6538 & 0 \\ 0 & 0 & 0 & 0 & 0 & 2.6538 \end{bmatrix} \text{GPa}$$

这里可以注意到该矩阵的元素都是实数。

图 11.10 中给出了这个炭黑填充的高密度聚乙烯聚合物复合材料的复模量值，计算中采用的是 11.2 节给出的微观力学方法，其中所考虑的 CB 的体积百分比位于 0~20%这一变化范围。不难看出，这些预测值跟图 11.11 所示的实验结果是十分相符的。

此处需要特别注意的是，若将储能模量与耗能模量之间的关系绘制成图，那么可以得到一条主曲线(直线)。在该直线上，对于所考察的这些 CB 体积百分比而言，这个 CB/HDPE 复合材料的特性值几乎是重叠的，无论是实验结果还是微观力学方法的预测结果均是如此。该直线的方程可以表示为 $E'' \approx E'$MPa，由此也表明了损耗因子 $\eta \approx 1$。此外，根据这些结果还可以看出，当增大 CB 的浓度时，该复合材料会变得更刚硬一些，不过其阻尼性能却会下降，这一点体现在其损耗因子的变化上。

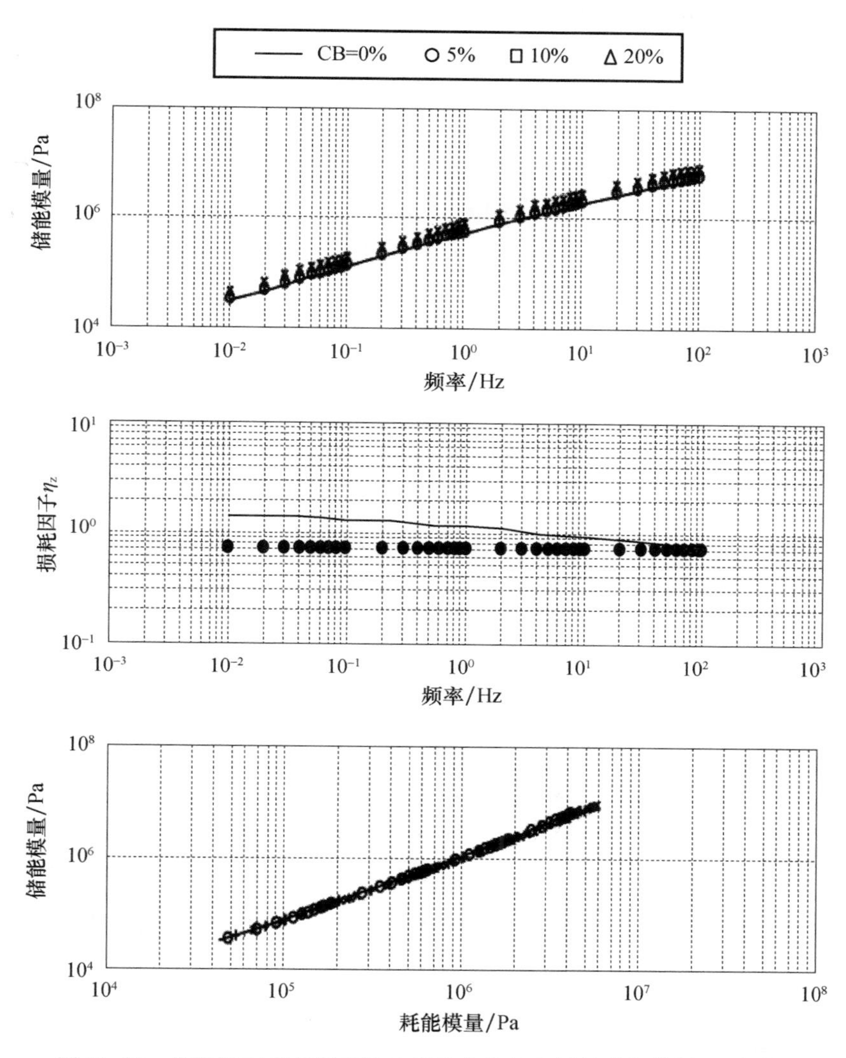

图 11.10　炭黑填充的高密度聚乙烯聚合物复合材料的复模量预测结果

例 11.2　针对 CB 粒子填充的高密度聚乙烯(CB/HDPE)这种高分子复合材料,试分析它的黏弹性特性与(8.4.1 节所述的)Voigt 和 Reuss 模型的对应极限特性之间的关系,并利用绝对模量-CB 体积百分数关系图和损耗因子-CB 体积百分数关系图来考察 0.01Hz、1Hz 和 100Hz 频率处的特性。

[分析]

考虑如图 11.12 所示的 Voigt 和 Reuss 复合物,分别令 $\boldsymbol{c}_1^*$ 和 $\boldsymbol{c}_2^*$ 表示 HDPE 与 CB 的刚度张量,这些张量可以参见例 11.1。

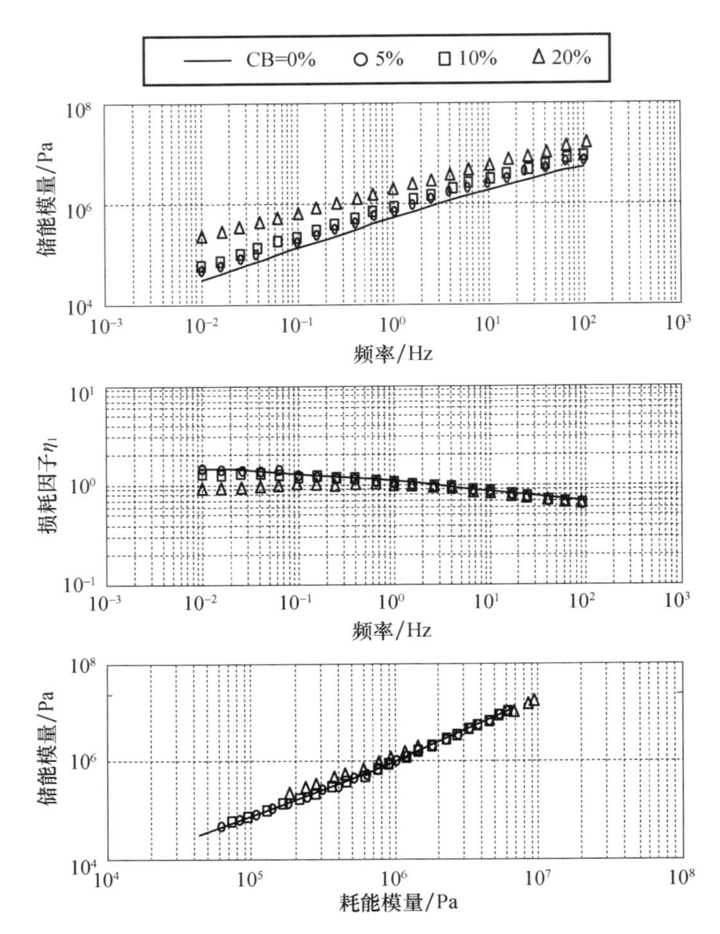

图 11.11 炭黑填充的高密度聚乙烯聚合物复合材料的复模量实验结果

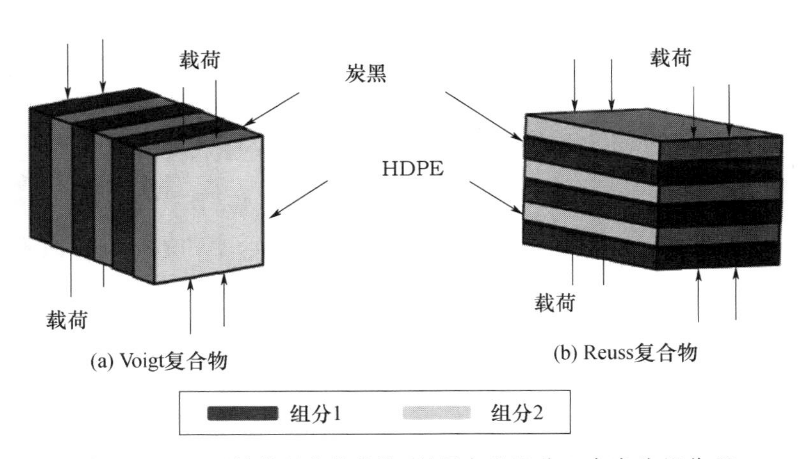

图 11.12 阻尼结构复合物的构型(黑色为组分 1,灰色为组分 2)

于是,Voigt 模型(应变是均匀的)的等效刚度张量 $\boldsymbol{c}_{\mathrm{V}}^{*}$ 可以表示为

$$\boldsymbol{c}_{\mathrm{V}}^{*}=f_1\boldsymbol{c}_1^{*}+f_2\boldsymbol{c}_2^{*} \tag{11.52}$$

式中:f_1 和 f_2 分别为 HDPE 和 CB 的体积百分数,且有 $f_1+f_2=1$。

类似地,Reuss 模型(应力是均匀的)的等效顺度张量 $\boldsymbol{s}_{\mathrm{R}}^{*}$ 可以表示为

$$\boldsymbol{s}_{\mathrm{R}}^{*}=f_1\boldsymbol{s}_1^{*}+f_2\boldsymbol{s}_2^{*} \tag{11.53}$$

式中:$\boldsymbol{s}_1^{*}$ 和 $\boldsymbol{s}_2^{*}$ 分别为 HDPE 和 CB 的顺度。

于是,Reuss 模型的等效刚度张量 $\boldsymbol{c}_{\mathrm{R}}^{*}$ 应为

$$\boldsymbol{c}_{\mathrm{R}}^{*}=(\boldsymbol{s}_{\mathrm{R}}^{*})^{-1} \tag{11.54}$$

根据式(11.52)~式(11.54),不难得到如图 11.13 所示的特性,此处针对的是频率为 0.01Hz、1Hz 和 100Hz 的情况。从中可以观察到,CB/HDPE 复合结构的黏弹性特性是位于 Voigt 和 Reuss 这两个边界之内的。

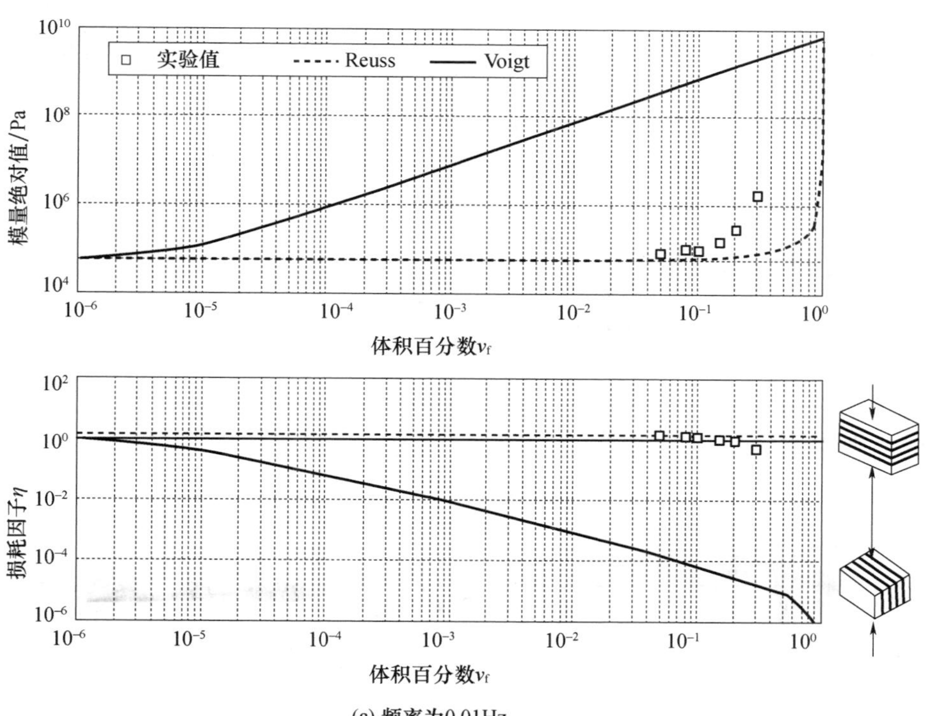

(a) 频率为0.01Hz

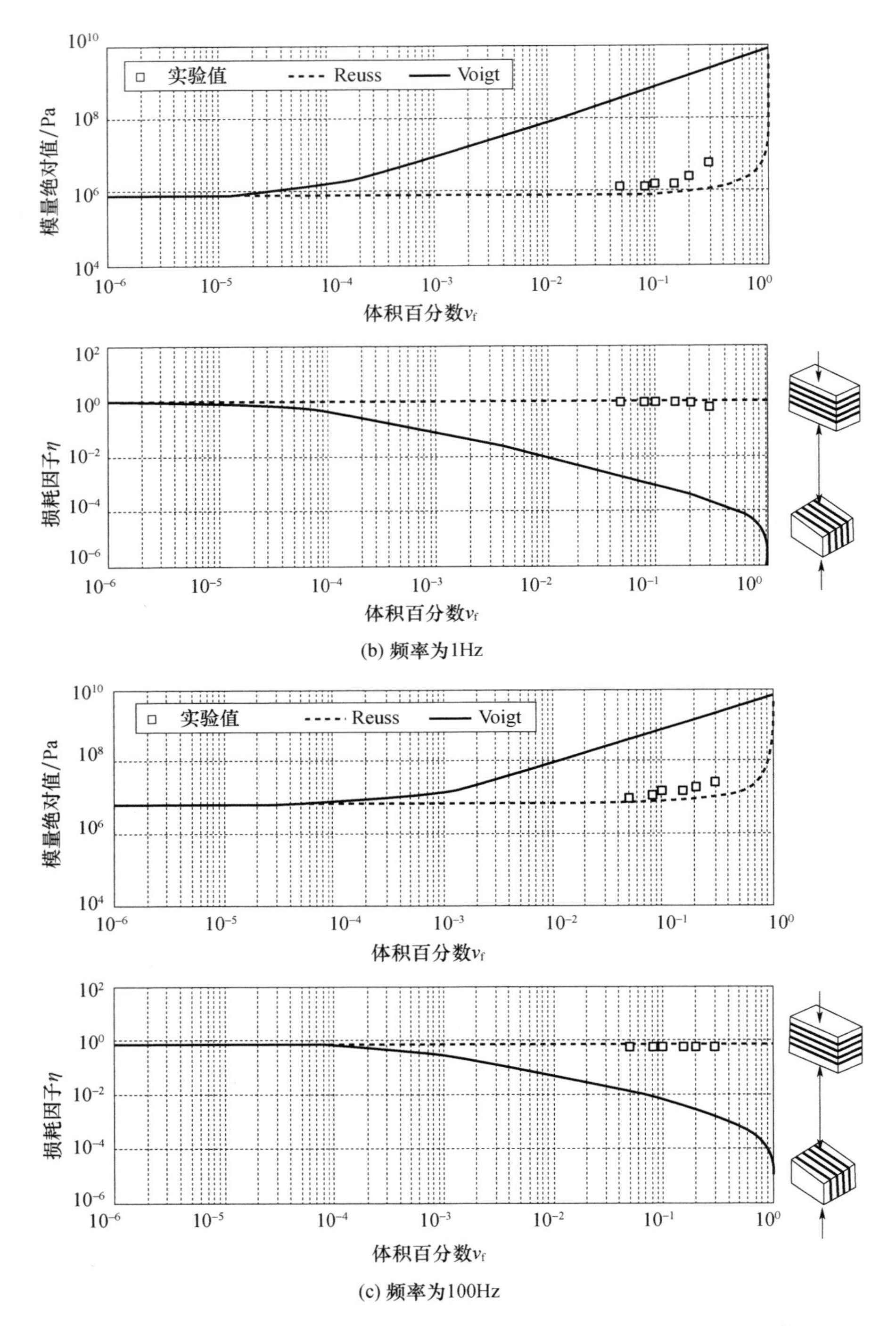

(b) 频率为1Hz

(c) 频率为100Hz

图 11.13　CB 填充 HDPE 复合材料的特性与 Voigt 和 Reuss 边界的比较

11.3 与经典的填料增强方法的比较

本节将利用经典的填料增强方法来确定 CB/聚合物复合材料的复模量,此类方法要么是解析的,要么是建立在 RVE(代表性体积单元)的有限元建模基础上的,进一步我们还将把由此得到的预测结果与基于 Eshelby 应变张量方法(参见 11.2 节)得到的结果加以对比。

这里所给出的解析方法主要建立在 Smallwood(1944)和 Guth(1945)等人所提出的填料增强理论基础之上。该理论只适用于纳米粒子填料的直径不超过 100nm 的情形,人们经常采用的 CB 粒子直径大约在 40nm(如图 11.14 所示),因而这一理论在此处是可以应用的。

我们可以通过 Smallwood-Guth 模型对 CB 粒子和聚合物基体之间的相互作用做定量的分析,对于实心的球状粒子而言,该模型指出:

$$E_v/E_0 = 1 + 2.5v + 14.1v^2 \tag{11.55}$$

式中:E_0 为聚合物基体的模量;E_v 为 CB/聚合物复合材料的模量;v 为复合材料中填料的体积百分数。这个式子对于聚合物的储能模量和耗能模量都是适用的。关于式(11.55)的详细推导过程,读者可以参阅附录 11.B。

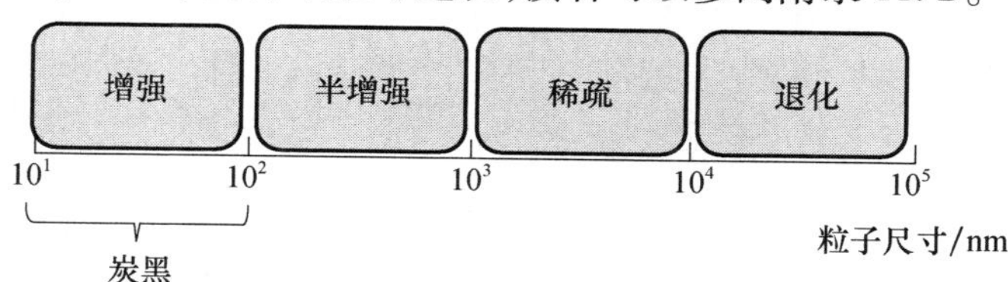

图 11.14 填料和聚合物之间的相互作用的特征(Leblanc,2002)(经 Elsevier 许可使用)

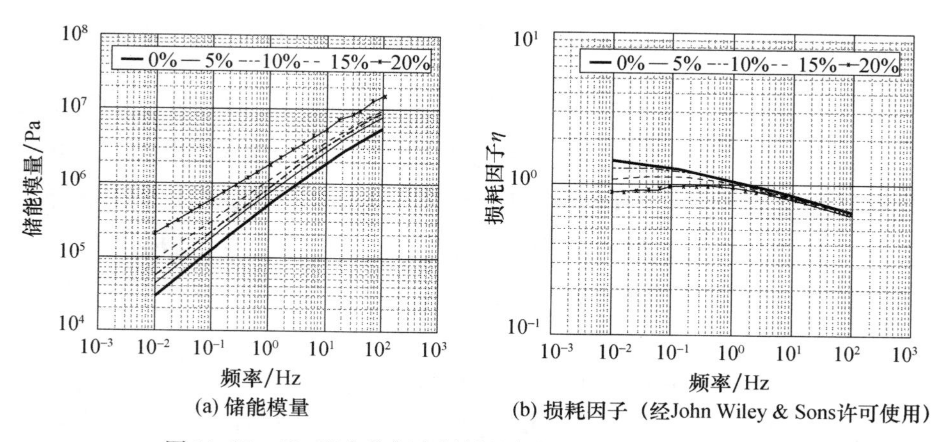

图 11.15 CB/聚合物复合材料的复模量(Zhang 和 Yi,2002)

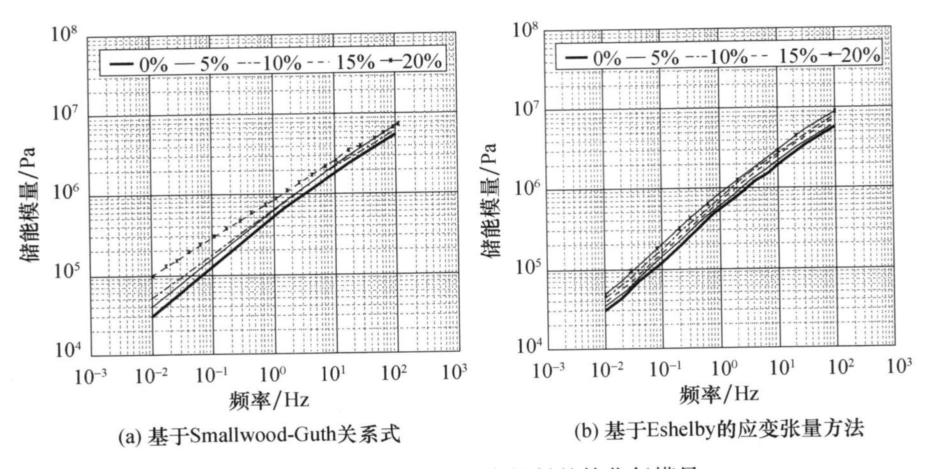

(a) 基于Smallwood-Guth关系式

(b) 基于Eshelby的应变张量方法

图 11.16　CB/聚合物复合材料的简化复模量

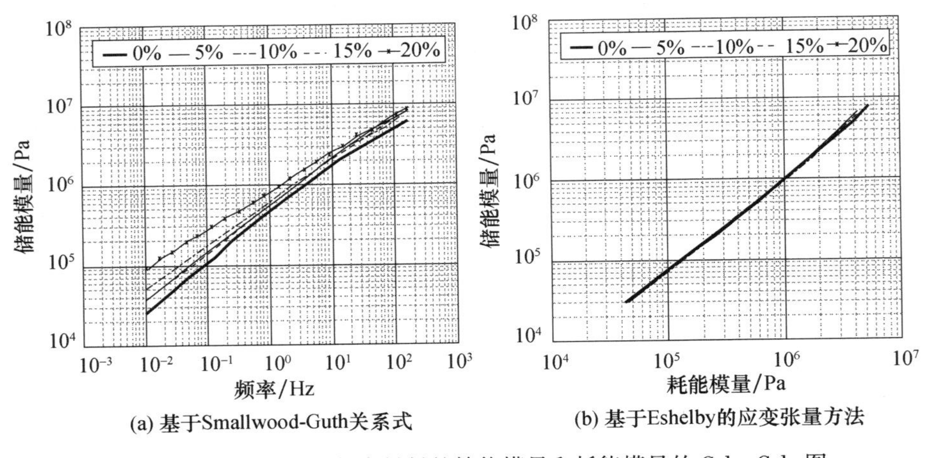

(a) 基于Smallwood-Guth关系式

(b) 基于Eshelby的应变张量方法

图 11.17　CB/聚合物复合材料的储能模量和耗能模量的 Cole-Cole 图

例 11.3　图 11.15(a)和(b)分别给出了由 HDPE 和 CB 所构成的复合材料的储能模量 E' 和损耗因子 η，其中考虑了 CB 填料的体积百分数 v 在 0 到 20%这一范围内的变化。试利用 Smallwood 和 Guth 的模型(式(11.55))构建出 $E'-v$ 特性曲线，使之近似为一条单一直线。进一步，绘制出储能模量 E' 与耗能模量 $E''=\eta E'$ 之间的 Cole-Cole 图，并讨论所得到的结果。

［分析］

利用 Smallwood 和 Guth 的模型(式(11.55))，图 11.16 和图 11.17 分别示出了所要求的 $E'-v$ 特性图和 Cole-Cole 图。可以观察到，借助式(11.55)，

$E' - v$ 和 $E' - E''$ 曲线都近似表现为单一的直线，特别是对于 CB 的体积百分数不超过 15%的情况更是如此。

这些图中同时也将此处的结果跟基于 Eshelby 应变张量方法的预测结果做了对比，很明显，这两种方法的结果是相当一致的，尤其是体积百分数小于 15%时。

例 11.4　针对图 11.18 所示的 CB/聚合物复合材料（方形阵列布置），试通过 RVE 的有限元建模，确定在 HDPE 中以不同的体积百分数置入 CB 粒子时所产生的增强效应。进一步，将分析结果与基于 Eshelby 应变张量方法（参见 11.2 节）以及基于 Smallwood-Gush 关系式（参见附录 11.B）得到的预测结果加以比较。

［**分析**］

图 11.19(a)给出了 RVE 的有限元模型，该模型是在 ANSYS 软件环境中通过 SOLID186 单元构建的。为简化计算，这里所采用的单元和边界状态如图 11.19(b)所示（Brinson 和 Lin，1998）。图 11.20 将基于 Smallwood（1944）增强理论和基于 ANSYS 的 RVE 有限元分析所得到的 z 方向位移 w 做了对比，所针对的 CB/聚合物复合材料中 CB 的体积百分数为 20%。Smallwood 预测结果主要是建立在附录 11.B 中所给出的式（11.B.9）基础上的。从该图中可以发现，Smallwood 模型所预测出的位移（云图）跟 ANSYS 模型得到的结果是相当吻合的。

图 11.21 进一步给出了 y 方向上的应变和应力云图，这些结果是在 ANSYS 环境中通过 RVE 有限元建模分析得到的，所考察的 CB/聚合物复合材料中 CB 的体积百分数为 20%。图 11.22 则示出了基于同一方法得到的 y 方向上的变形云图，不过其中的 CB 体积百分数是在 0~16.6%这一范围内变化的。

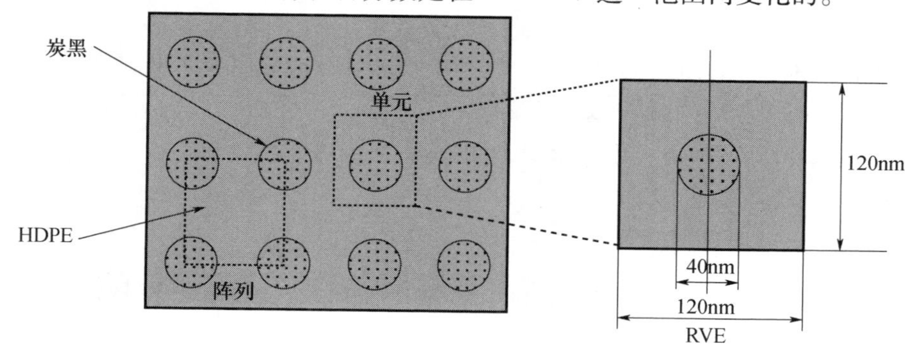

图 11.18　CB/聚合物复合材料的代表性体积单元（RVE）

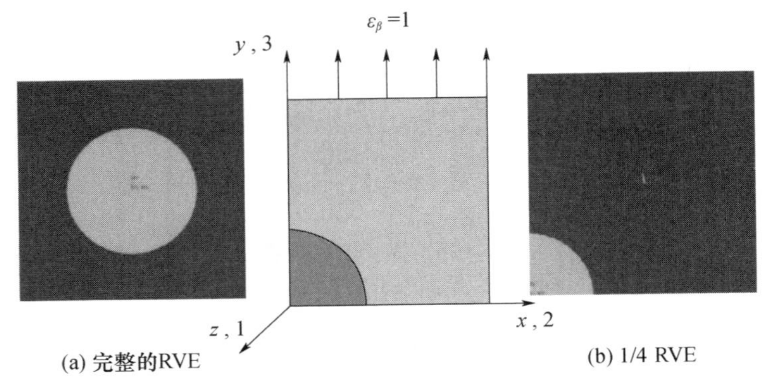

图 11.19　CB/聚合物复合材料的代表性体积单元(RVE)的有限元网格

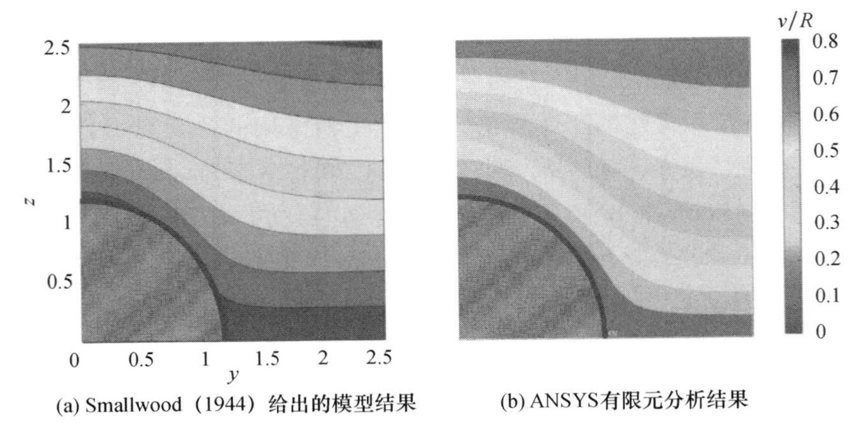

图 11.20　CB/聚合物复合材料的代表性体积单元(RVE)的 y 方向位移对比(见彩插)

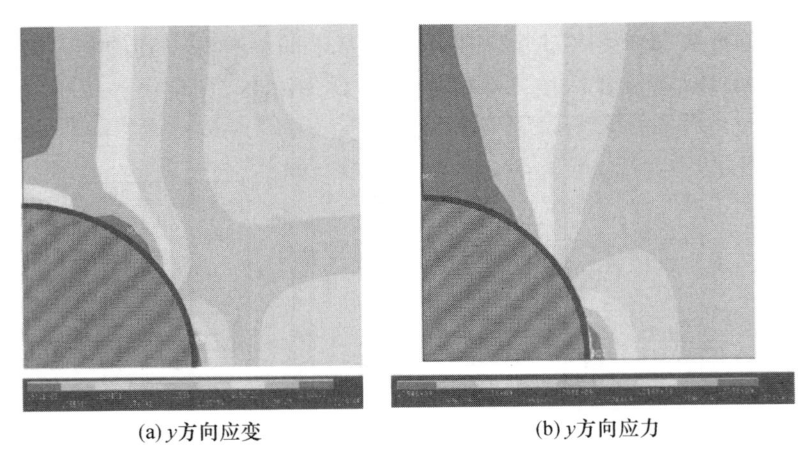

图 11.21　CB/聚合物复合材料的代表性体积单元(RVE)的 y 方向应力和应变云图(ANSYS 有限元计算结果)(见彩插)

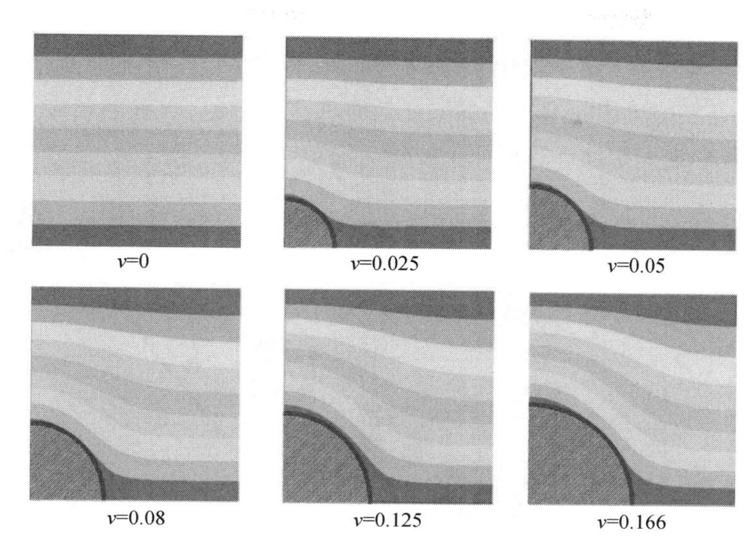

图 11.22　CB/聚合物复合材料的代表性体积单元(RVE)的 z 方向位移云图
(ANSYS 有限元计算结果)(见彩插)

对于 CB/聚合物复合材料而言,填料的体积百分数对力学性能的影响可以借助 Barbero(2013)给出的方法来确定。在这一方法中,可以利用平均应力 $\bar{\sigma}_\alpha$ 和平均应变 $\bar{\varepsilon}_\beta$ 来计算刚度矩阵的元素 $c_{\alpha\beta}$,即

$$\bar{\sigma}_\alpha = c_{\alpha\beta}\bar{\varepsilon}_\beta \tag{11.56}$$

式中:α 和 β 取值为 1~6。

在式(11.56)中,平均应力 $\bar{\sigma}_\alpha$ 一般是通过计算整个 RVE 上的应力场得到的(假定在 β 方向上施加了一个单位应变 ε_β)。于是,得到如下关系式:

$$c_{\alpha\beta} = \bar{\sigma}_\alpha = \frac{1}{V}\int_V \sigma_\alpha(x,y,z)\,\mathrm{d}V \quad (\varepsilon_\beta = 1) \tag{11.57}$$

式中:V 为 RVE 的体积。

横向上(y 和 z 方向)的弹性模量 E_T 与泊松比 v_T 可以按照下式来构建(Barbero,2013):

$$E_\mathrm{T} = c_{11}(c_{22} + c_{23}) - 2c_{12}c_{12} - (c_{22} - c_{23})/(c_{11}c_{22} - c_{12}c_{21}) \tag{11.58}$$

$$v_\mathrm{T} = (c_{11}c_{23} - c_{12}c_{21})/(c_{11}c_{22} - c_{12}c_{21}) \tag{11.59}$$

图 11.23 针对填料体积百分数对增强效应(z 方向)的影响情况,将 ANSYS 有限元方法、Smallwood-Guth 模型以及 Eshelby 方法的预测结果做了比较。此处的增强效应是通过无量纲的比值形式来定量描述的,即 E_z/E_o ,其中的 E_z 是

CB/聚合物复合材料在 z 方向上的弹性模量,而 E_0 是聚合物原有的储能模量。根据该图不难发现,对于实用范围内的填料体积百分数情况来说,Smallwood-Guth 模型是能够给出足够准确的增强效应预测结果的,与有限元方法和 Eshelby 方法相比,该模型在计算层面上要更为简单而有效一些。

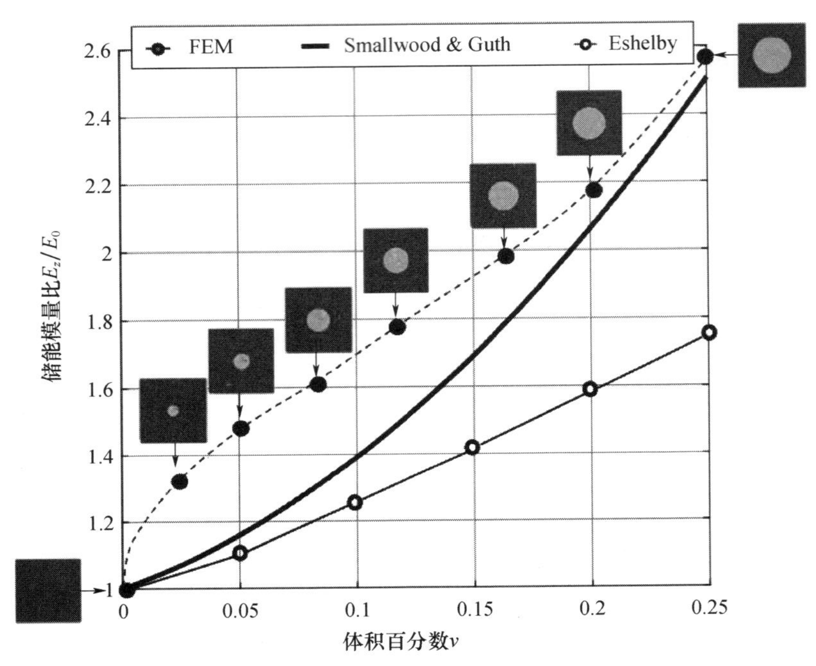

图 11.23 z 方向上的填料增强效果对比

(分别基于 ANSYS 有限元、Smallwood-Guth 模型和 Eshelby 方法)

11.4 炭黑/聚合物复合材料的应用

11.4.1 基本物理特性

近几十年来,CB/聚合物复合材料已经受到了人们的广泛关注,这主要是因为它们在汽车轮胎制造中有着十分重要的应用。与此不同的是,本节我们将重点关注它们在振动抑制场合中的全新应用,此类材料之所以能够具有这一方面的应用潜力,是因为在聚合物基体中置入 CB 之后可以使得该复合材料具有导电性。这种导电性的程度一般取决于 CB 填料的体积百分数。

“渗滤阈值”是用于定量描述聚合物的导电性的一个重要指标,这个阈值定义了能够使得聚合物具有导电性的填料浓度。一般来说,当 CB 浓度增大时,复合材料的导电性将随之增强,或者说电阻率随之降低,如图 11.24 所示。该图表明,在低浓度条件下电导率的增加或电阻率的降低是较为缓慢的,参见图 11.24 中的区域 A;而当 CB 浓度增大(进入区域 B)时,电阻率会快速地降低,变化率将增大十多个数量级;若进一步增大 CB 的浓度(在区域 C 中),电阻率的下降将趋于平缓。

从物理层面理解,上述现象是十分重要的,在较低的 CB 浓度下,CB 粒子之间的空隙非常大(这些空隙也正是电子输运的通道),因而复合材料的电阻率也就近似于聚合物基体的电阻率。当 CB 浓度增大,达到渗滤阈值时,电阻率将开始迅速下降,在这一区域 B 中,CB 粒子之间的空隙很小,不过这并不会导致各个粒子之间发生接触,因此电子必须克服势垒以通过这些空隙。当 CB 粒子浓度进一步增大到区域 C 后,这些粒子将形成链状结构,其作用类似于可导电的纯电阻导管,如图 11.25 所示。图 11.25(a)示出的是 CB/聚合物复合材料的微观结构原理示意图,而图 11.25(b)则给出了该微观结构的一幅扫描电镜照片,从中可以观察到 CB 链的存在。

Ding 等人(2013)和 Wang 等人(2005)曾经指出,CB/聚合物复合材料的等效电路一般是由 CB 的体积百分数和图 11.26 所示的渗滤特性决定的。在图 11.26 中, R_a 、R_c 、C_c 和 L 分别代表的是 CB 的聚合电阻、接触电阻、接触电容以及电感。

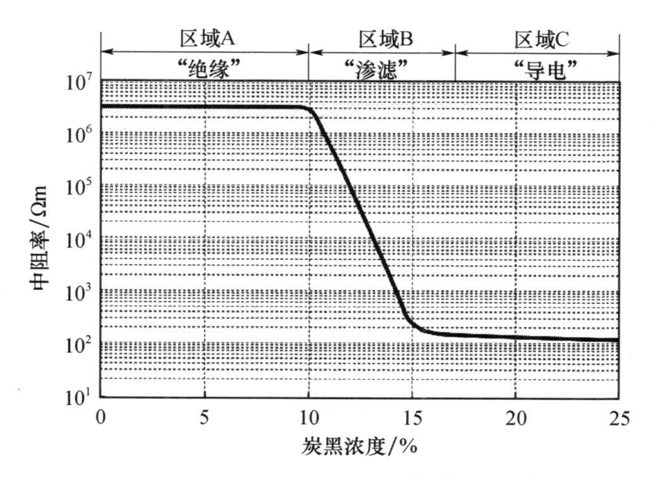

图 11.24　炭黑浓度对 CB/聚合物复合材料的电阻率的影响

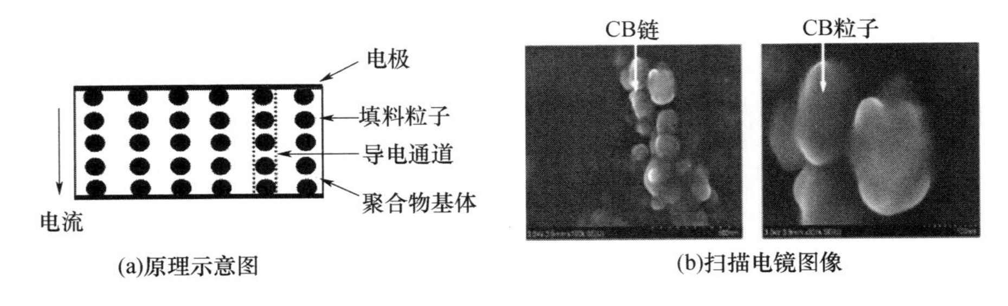

图 11.25 CB/聚合物复合材料的微观结构

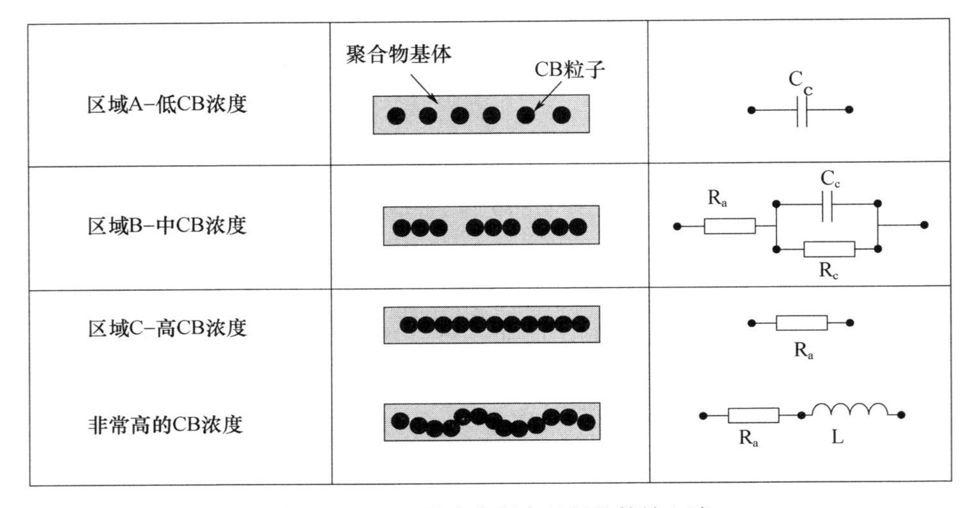

图 11.26 CB/聚合物复合材料的等效电路

在实际应用中,CB/聚合物复合材料通常是工作在区域 C 中的前半部分,其导电性主要由欧姆机制(R_a)决定。进一步增大 CB 的浓度往往会导致均匀 CB 复合材料的搅拌和制备过程变得比较困难。更重要的是,此时所得到的等效电路十分复杂,因而其工作过程也会变得比较复杂。

从实际应用角度来看,接触电容和电感一般是比较小的(Wang 等人,2005),因此这里将 CB/聚合物复合材料视为一种电阻元件进行建模分析。

11.4.2 CB/聚合物复合材料压电电阻的建模

对于 CB/聚合物复合材料来说,在无载荷状态下,电阻 R 可以根据下式确定:

$$\rho_s = RA/l_c \tag{11.60}$$

式中：ρ_s、A 和 l_c 分别为复合材料的电阻率、横截面面积和厚度。

需要特别引起重视的是，复合材料的电阻通常也称为“压电电阻”，它反映的是由于载荷作用而导致的 CB/聚合物复合材料的电阻变化。通常来说，压电电阻依赖于聚合物基体的特性、填料的特性和浓度以及所施加的载荷。关于这些参数之间的相互关系及其对导电聚合物复合材料压电电阻率的影响，Zhang 等人（2000，2001）已经给出过相当透彻的解释。这些研究人员从物理层面建立了一个数学模型，对带有 11 种不同填料的聚合物的压电电阻率进行了分析和预测。

一条导电通道上的总电阻 R 可以表示为

$$R = L(R_c + R_a)/S \tag{11.61}$$

式中：R_c 为两个相邻填料粒子之间的电阻；R_a 为穿越填料粒子的电阻；L 为形成该通道的粒子数量；S 为导电通道的数量。

如果粒子间的距离非常大，那么不会有电流通过。然而，如果这一距离变得足够小时，由于电压 V 的作用，就会形成一个隧穿电流 I，且有（Simmons，1963）

$$I = \frac{3\sqrt{2m\phi}}{2s}\left(\frac{\mathrm{e}}{h_P}\right)^2 V\mathrm{e}^{\left(-\frac{4\pi s}{h_P}\sqrt{2m\phi}\right)} \tag{11.62}$$

式中：m 为电子质量；e 为电子电荷；h_P 为普朗克常数；s 为相邻两个粒子的间距；ϕ 为相邻粒子之间的势垒高度。

若令 a^2 代表导电粒子的横截面面积，那么电阻 R_c 就可以根据下式给出：

$$R_c = \frac{V}{a^2 I} = \frac{8\pi h_P s}{3a^2\gamma \mathrm{e}^2}\mathrm{e}^{\gamma s} \tag{11.63}$$

式中：

$$\gamma = \frac{4\pi}{h_P}\sqrt{2m\phi} \tag{11.64}$$

与相邻两个粒子之间的电导率相比，粒子的电导率非常大，因此 $R_a \approx 0$，进而可以将式（11.61）简化为如下形式：

$$R = \frac{L}{S}\frac{8\pi h_P s}{3a^2\gamma \mathrm{e}^2}\mathrm{e}^{\gamma s} \tag{11.65}$$

利用式（11.65）能够预测出导电聚合物复合材料的电阻，很明显，随着粒子间距 s（是复合材料的外载荷或应变的函数）的增大，它是呈指数变化的。现在假定在应力作用下粒子间距从 s_0 向 s 改变，那么相对电阻变化量（$-\Delta R/R_0$）就可以根据下式给出：

$$-\Delta R/R_0 = 1 - \frac{s}{s_0}e^{-\gamma(s_0-s)} \tag{11.66}$$

式中：R_0 为原电阻。

可以注意到，s 和 s_0 能够跟应变 ε 和应力 σ 通过下式关联起来，即

$$s = s_0(1-\varepsilon) = s_0\left(1-\frac{\sigma}{E}\right) \tag{11.67}$$

式中：E 为聚合物基体的弹性模量。

根据 Han 和 Choi(1998)的工作，初始的间距 s_0 可由下式确定：

$$s_0 = D\left[\left(\frac{\pi}{6}\right)^{\frac{1}{3}} v_f^{-\frac{1}{3}} - 1\right] \tag{11.68}$$

式中：D 为粒子直径；v_f 为填料的体积百分数。

于是，式(11.66)也就变为

$$-\Delta R/R_0 = 1 - \left(1-\frac{\sigma}{E}\right)e^{-\gamma D\left[\left(\frac{\pi}{6}\right)^{1/3} v_f^{-1/3}-1\right]\frac{\sigma}{E}} \tag{11.69}$$

式(11.69)所给出的导电聚合物复合材料的压电电阻变化量是所施加的应力 σ、聚合物基体的弹性模量 E、填料粒子直径 D、填料的体积百分数 v 以及参数 γ 的函数。实际上这一关系式也可以改写为如下形式：

$$\frac{1+\Delta R/R_0}{1-\frac{\sigma}{E}} = e^{-\bar{\gamma}\frac{\sigma}{E}} \tag{11.70}$$

式中：

$$\bar{\gamma} = \gamma D\left[\left(\frac{\pi}{6}\right)^{1/3} v_f^{-1/3} - 1\right] \tag{11.71}$$

当 $\sigma/E < 0.01$ 时，式(11.71)还可以简化为

$$1 + \Delta R/R_0 \approx e^{-\bar{\gamma}\frac{\sigma}{E}} \tag{11.72}$$

将式(11.72)中的指数项展开之后，不难得到：

$$\Delta R/R_0 \approx -\bar{\gamma}\frac{\sigma}{E} = -\bar{\gamma}\varepsilon$$

或表示为

$$R_\varepsilon = R_0(1-\bar{\gamma}\varepsilon) \tag{11.73}$$

这里的 R_ε 代表的是 CB/聚合物复合材料的电阻(在应变 ε 的作用下)。式

(11.73)表明，R_ε/R_0 与 σ/E（或 ε）之间的关系曲线是一条直线，斜率为 $\bar{\gamma}$，如图 11.27 所示。针对 CB 粒子填充的聚合物，这个 $\bar{\gamma}$ 的值可以利用如下参数来确定：电子质量 $m = 9.180938 \times 10^{-31}\mathrm{kg}$，普朗克常数 $h_\mathrm{P} = 6.626 \times 10^{-34}\mathrm{m^2kgs^{-1}}$，$\phi = 0.05\mathrm{eV}$。由此得到的这个压电电阻特性曲线的斜率 $\bar{\gamma} = 54.97$。

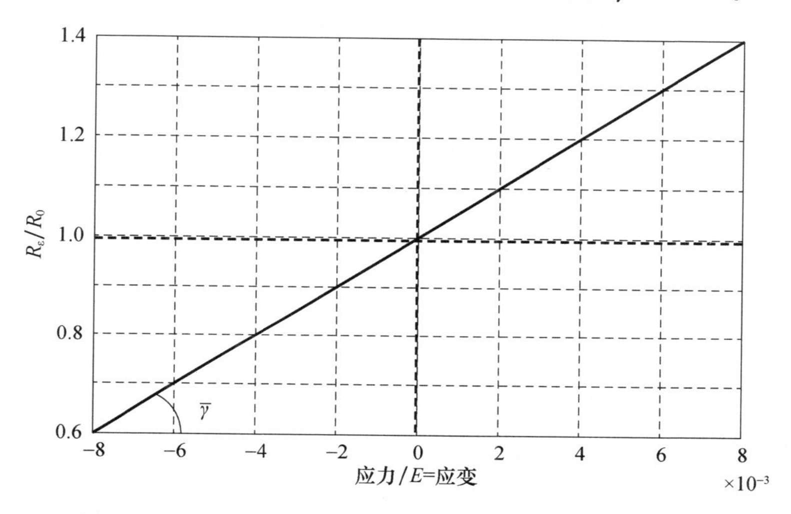

图 11.27　CB/聚合物复合材料的压电电阻与应变的关系曲线

11.4.3　CB/聚合物复合材料的压电电阻率

根据式(11.65)，得到 CB/聚合物复合材料的电阻率 ρ_s 为

$$\rho_\mathrm{s} = \frac{R(Sa^2)}{LD} = \frac{8}{3}\frac{\pi h_\mathrm{P} s}{3D\gamma e^2}\mathrm{e}^{\gamma s} \tag{11.74}$$

式(11.74)中已经假定了 Sa^2 和 LD 分别为导电通道的面积和长度。根据式(11.74)，图 11.28 示出了 CB/聚合物复合材料的电阻率曲线，所考察的 CB 粒子平均尺寸为 30nm(Kaiser，1993)，同时这里也跟 Schwartz 等人(2000)得到的结果做了对比。在 Schwartz 等人的工作中，他们针对的是由 CB 和绝缘基体构成的复合材料，根据 CB 的体积百分数和聚集体尺寸与分布确定了电阻率，分析中假定了不同聚集体之间的随机晶格复合介质的电阻是随着间距呈指数变化的。

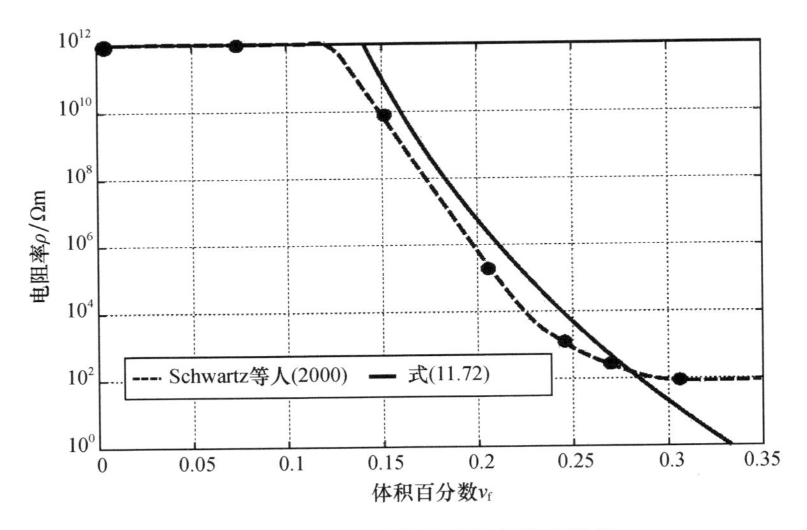

图 11.28　CB/聚合物复合材料的电阻率

11.5　基于 CB/聚合物复合材料的压电层分流电阻

11.5.1　有限元模型

这里将 CB/聚合物复合材料用于振动抑制场合。考虑一根由 CB/聚合物复合材料层和压电层以周期布置方式构成的组合杆结构,如图 11.29 所示。对于受到 CB/聚合物层的分流作用的压电层,可以利用第 9 章中给出的压电层本构方程来描述其动力学行为,即

$$\begin{Bmatrix} T_3 \\ E_3 \end{Bmatrix} = \begin{bmatrix} c_{33}^{\mathrm{D}} & -h_{33} \\ -h_{33} & \dfrac{1}{\varepsilon_{33}^{\mathrm{S}}} \end{bmatrix} \begin{Bmatrix} S_{3\mathrm{p}} \\ D_3 \end{Bmatrix} \tag{11.75}$$

式中:T_3 和 $S_{3\mathrm{p}}$ 分别为这个复合材料杆上的应力与应变;E_3 和 D_3 分别为电场和电位移;$\varepsilon_{33}^{\mathrm{S}} = \varepsilon_{33}^{\mathrm{T}}(1-k_{33}^2)$,$k_{33}^2 = d_{33}^2/(s_{33}^{\mathrm{E}}\varepsilon_{33}^{\mathrm{T}})$;$h_{33} = d_{33}/[s_{33}^{\mathrm{E}}(1-k_{33}^2)\varepsilon_{33}^{\mathrm{T}}]$;$c_{33}^{\mathrm{D}} = 1/s_{33}^{\mathrm{D}} = 1/s_{33}^{\mathrm{E}}(1-k_{33}^2)$ 。

针对 CB/聚合物复合材料与压电分流网络所构成的一个单元,可以借助上述形式的本构关系导出其势能和动能,它们是以力学自由度 $\boldsymbol{\Delta}^e = \{u_i \quad u_j \quad u_k\}^{\mathrm{T}}$ 和电学自由度 Q^e(第 e 个单元的电荷)的形式来表达的。这里不难注意到,复

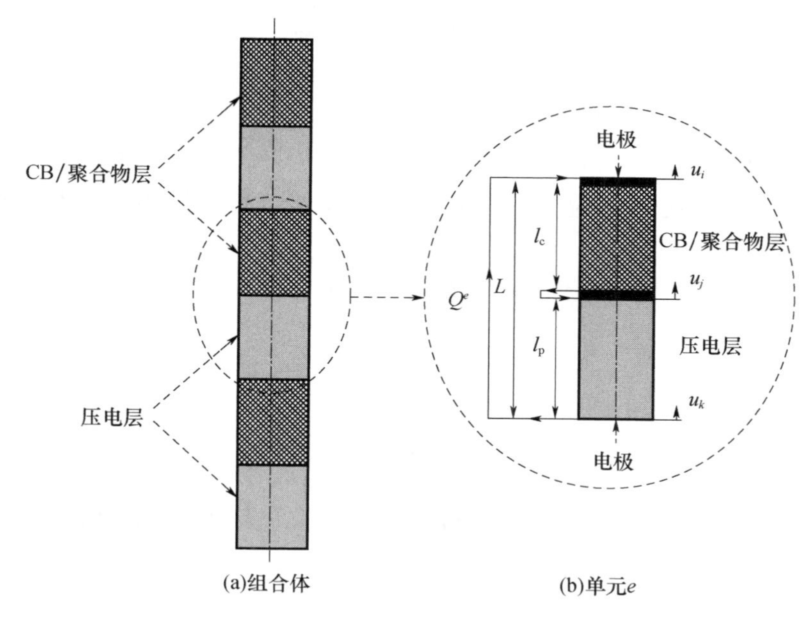

图 11.29　杆/分流压电网络的有限单元

合材料和压电层的纵向位移 $u_c(x)$ 与 $u_p(x)$ 可以通过引入形函数来给出，即

$$u_c(x) = \boldsymbol{N}_c\boldsymbol{\Delta}^e, u_p(x) = \boldsymbol{N}_p\boldsymbol{\Delta}^e \tag{11.76}$$

式中：$\boldsymbol{N}_c = \{1-x/l_c \quad x/l_c \quad 0\}$，$l_c$ 为复合材料层的长度；$\boldsymbol{N}_p = \{0 \quad 1-x/l_p \quad x/l_p\}$，$l_p$ 为压电层的长度。

于是，第 e 个单元的动能 KE 就可以表示为

$$\begin{aligned} \mathrm{K.E} &= \frac{1}{2}A_p\rho_p\int_0^{l_p}\dot{u}_p^2\mathrm{d}x + \frac{1}{2}A_c\rho_c\int_0^{l_c}\dot{u}_c^2\mathrm{d}x \\ &= \frac{1}{2}(\boldsymbol{\Delta}^e)^{\mathrm{T}}(\boldsymbol{M}_p + \boldsymbol{M}_c)\boldsymbol{\Delta}^e \\ &= \frac{1}{2}(\boldsymbol{\Delta}^e)^{\mathrm{T}}\boldsymbol{M}^e\boldsymbol{\Delta}^e \end{aligned} \tag{11.77}$$

式中：$\boldsymbol{M}_p = \rho_p A_p\int_0^{l_p}\boldsymbol{N}_p^{\mathrm{T}}\boldsymbol{N}_p\mathrm{d}x$ 为压电层的质量矩阵；$\boldsymbol{M}_c = \rho_c A_c\int_0^{l_c}\boldsymbol{N}_c^{\mathrm{T}}\boldsymbol{N}_c\mathrm{d}x$ 为 CB/聚合物复合材料层的质量矩阵；$\boldsymbol{M}^e = \boldsymbol{M}_p + \boldsymbol{M}_c$ 为第 e 个单元的总质量矩阵；ρ_l 和 A_l 分别为第 l 层的材料密度和横截面面积（$l = \mathrm{p}$ 代表压电层，$l = \mathrm{c}$ 代表 CB/聚合物复合材料层）。

第 e 个单元的势能 P. E 可以表示为

$$\mathrm{P.E}=\frac{1}{2}\int_V (S_{3\mathrm{p}}+S_{3\mathrm{c}})\,T_3\mathrm{d}v+\frac{1}{2}\int_V D_3E_3\mathrm{d}v \tag{11.78}$$

式中：$S_{3\mathrm{p}}=u_{,x\mathrm{p}}$ 为压电层中的应变；$T_3=S_{3\mathrm{p}}/s_{33}^{\mathrm{D}}-h_{33}D_3$ 为压电层上的应力；$S_{3\mathrm{c}}=u_{,x\mathrm{c}}$ 为 CB/聚合物层中的应变；$T_3=E_{\mathrm{c}}^{*}S_{3\mathrm{c}}$ 为 CB/聚合物层上的应力，E_{c}^{*} 为该复合材料层的复模量。

将式(11.75)代入式(11.78)，可得

$$\mathrm{P.E}=\frac{1}{2}A_{\mathrm{p}}\int_0^{l_{\mathrm{p}}} S_{3\mathrm{p}}(c_{33}^{\mathrm{D}}S_{3\mathrm{p}}-h_{33}D_3)\,\mathrm{d}x+\frac{1}{2}A_{\mathrm{c}}\int_0^{l_{\mathrm{c}}} S_{3\mathrm{c}}E_{\mathrm{c}}^{*}S_{3\mathrm{c}}\mathrm{d}x+\frac{1}{2}A_{\mathrm{p}}\int_0^{l_{\mathrm{p}}} D_3\left(-h_{33}S_{3\mathrm{p}}+\frac{1}{\varepsilon_{33}^{\mathrm{S}}}D_3\right)\mathrm{d}x \tag{11.79}$$

考虑到 $S_{3\mathrm{p}}=u_{,x\mathrm{p}}=\boldsymbol{N}_{,x\mathrm{p}}\boldsymbol{\Delta}^e$，$S_{3\mathrm{c}}=u_{,x\mathrm{c}}=\boldsymbol{N}_{,x\mathrm{c}}\boldsymbol{\Delta}^e$，且压电层上的 $D_3=Q^e/A_{\mathrm{p}}$ 为常数，于是式(11.79)就可以化为如下形式：

$$\mathrm{P.E}=\frac{1}{2}(\boldsymbol{\Delta}^e)^{\mathrm{T}}\boldsymbol{K}^e\boldsymbol{\Delta}^e-h_{33}Q^e\{0\quad 1\quad -1\}\boldsymbol{\Delta}^e+\frac{1}{2}\frac{(Q^e)^2l_{\mathrm{p}}}{A_{\mathrm{p}}\varepsilon_{33}^{\mathrm{s}}} \tag{11.80}$$

式中：$\boldsymbol{K}^e=A_{\mathrm{p}}c_{33}^{\mathrm{D}}\int_0^{l_{\mathrm{p}}}\boldsymbol{N}_{,x\mathrm{p}}{}^{\mathrm{T}}\boldsymbol{N}_{,x\mathrm{p}}\mathrm{d}x+A_{\mathrm{c}}E_{\mathrm{c}}^{*}\int_0^{l_{\mathrm{c}}}\boldsymbol{N}_{,x\mathrm{c}}{}^{\mathrm{T}}\boldsymbol{N}_{,x\mathrm{c}}\mathrm{d}x$ 为压电层和 CB/聚合物层的总刚度矩阵。

跟 CB/聚合物复合材料的电感-电阻-电容分流网络以及外载荷相关的虚功 δW 可以表示为

$$\delta W=-\left(L_e\ddot{Q}^e+R_e\dot{Q}^e+\frac{1}{C_e}Q^e\right)\delta Q^e+\boldsymbol{F}^e\delta\boldsymbol{\Delta}^e \tag{11.81}$$

现在就可以借助拉格朗日方程导出对应的动力学方程了，即

$$\begin{cases}\dfrac{\mathrm{d}}{\mathrm{d}t}\dfrac{\partial KE}{\partial\dot{\boldsymbol{\Delta}}^e}+\dfrac{\partial PE}{\partial\boldsymbol{\Delta}^e}=\boldsymbol{F}^e\\[2ex]\dfrac{\mathrm{d}}{\mathrm{d}t}\dfrac{\partial KE}{\partial\dot{Q}^e}+\dfrac{\partial PE}{\partial Q^e}=-\left(L_e\ddot{Q}^e+R_e\dot{Q}^e+\dfrac{1}{C_e}Q^e\right)\end{cases} \tag{11.82}$$

式(11.82)中的 L_e、R_e 和 C_e 为 CB/聚合物复合材料的电感-电阻-电容分流网络的元件参数。需要注意的是这里有 $R_e=R_\varepsilon$，此处假定了应变对 CB/聚合物复合材料的电阻所产生的影响可以忽略不计，也就是说有 $R_e=R_\varepsilon\approx R_0$。之所以引入这一假定，仅仅是为了简化分析，使得有限元模型为线性模型，从而能够直接进行求解。不过，当 $R_\varepsilon\neq R_0$ 时，就需要进行迭代分析，并且还要在每个

时间步或频率步对收敛性加以检查。

上面这些方程也可以表示为矩阵形式,即

$$\begin{bmatrix} \boldsymbol{M}^e & 0 \\ 0 & L_e \end{bmatrix} \begin{Bmatrix} \ddot{\boldsymbol{\Delta}}^e \\ \ddot{Q}^e \end{Bmatrix} + \begin{bmatrix} 0 & 0 \\ 0 & R_e \end{bmatrix} \begin{Bmatrix} \dot{\boldsymbol{\Delta}}^e \\ \dot{Q}^e \end{Bmatrix} + \begin{bmatrix} \boldsymbol{K}^e & -h_{33}\begin{Bmatrix} 0 \\ 1 \\ -1 \end{Bmatrix} \\ -h_{33}\begin{Bmatrix} 0 \\ 1 \\ -1 \end{Bmatrix}^{\mathrm{T}} & \dfrac{1}{C_e} + \dfrac{1}{C^{\mathrm{s}}} \end{bmatrix} \begin{Bmatrix} \boldsymbol{\Delta}^e \\ Q^e \end{Bmatrix} = \begin{Bmatrix} \boldsymbol{F}^e \\ 0 \end{Bmatrix} \tag{11.83}$$

或者写为

$$\boldsymbol{M}\ddot{\boldsymbol{X}} + \boldsymbol{C}\dot{\boldsymbol{X}} + \boldsymbol{K}\boldsymbol{X} = \boldsymbol{F} \tag{11.84}$$

式中:

$$\boldsymbol{M} = \begin{bmatrix} \boldsymbol{M}^e & 0 \\ 0 & L_e \end{bmatrix};\boldsymbol{C} = \begin{bmatrix} 0 & 0 \\ 0 & R_e \end{bmatrix};\boldsymbol{K} = \begin{bmatrix} \boldsymbol{K}^e & -h_{33}\begin{Bmatrix} 0 \\ 1 \\ -1 \end{Bmatrix} \\ -h_{33}\begin{Bmatrix} 0 \\ 1 \\ -1 \end{Bmatrix}^{\mathrm{T}} & \dfrac{1}{C_e} + \dfrac{1}{C^{s}} \end{bmatrix};$$

$$\boldsymbol{X} = \begin{Bmatrix} \boldsymbol{\Delta}^e \\ Q^e \end{Bmatrix};\boldsymbol{F} = \begin{Bmatrix} \boldsymbol{F}^e \\ 0 \end{Bmatrix};C^{\mathrm{s}} = A_{\mathrm{p}}\boldsymbol{\varepsilon}_{33}^{\mathrm{s}}/l_{\mathrm{p}} \tag{11.85}$$

进一步,对于整个系统(CB 复合材料和压电分流网络),通过将每个单元的质量矩阵和刚度矩阵分别组装起来,就能够得到系统的运动方程了,即

$$\boldsymbol{M}_0\ddot{\boldsymbol{X}} + \boldsymbol{C}_0\dot{\boldsymbol{X}} + \boldsymbol{K}_0\boldsymbol{X} = \boldsymbol{F}_0 \tag{11.86}$$

式中:$\boldsymbol{M}_0$、$\boldsymbol{C}_0$ 和 $\boldsymbol{K}_0$ 分别为整个系统的总质量矩阵、总阻尼矩阵和总刚度矩阵;$\boldsymbol{X}$ 和 $\boldsymbol{F}_0$ 分别为结构和电学自由度构成的矢量,以及系统受到的载荷矢量。

需要指出的是,将压电分流层跟 CB 复合材料层组装起来之后,整体的阻尼会变大(体现在阻尼矩阵 $\boldsymbol{C}_0$ 上),同时质量矩阵和刚度矩阵也会有所改变。

11.5.2 单元的缩聚模型

由于CB/聚合物复合材料在电学上可以视为一个电阻元件，因此在式(11.81)中可以将 L_e 和 C_e 设定为零。进一步，利用静力缩聚方法对电荷 Q^e 进行缩聚，可得

$$Q^e = C^s h_{33} \begin{Bmatrix} 0 \\ 1 \\ -1 \end{Bmatrix}^{\mathrm{T}} \boldsymbol{\Delta}^e = \boldsymbol{T}\boldsymbol{\Delta}^e \tag{11.87}$$

由此也就有

$$\begin{Bmatrix} \boldsymbol{\Delta}^e \\ Q^e \end{Bmatrix} = \begin{Bmatrix} \boldsymbol{I} \\ \boldsymbol{T} \end{Bmatrix} \boldsymbol{\Delta}^e = \bar{\boldsymbol{T}}\boldsymbol{\Delta}^e \tag{11.88}$$

若令 $\boldsymbol{e} = \{0 \quad 1 \quad -1\}$，那么 $\bar{\boldsymbol{T}}$ 可以表示为

$$\bar{\boldsymbol{T}} = \begin{bmatrix} \boldsymbol{I} \\ C^s h_{33}\boldsymbol{e} \end{bmatrix} \tag{11.89}$$

将式(11.88)代入式(11.83)，并乘以 $\bar{\boldsymbol{T}}^{\mathrm{T}}$，可得

$$\boldsymbol{M}^e\ddot{\boldsymbol{\Delta}}^e + [R_e(C^s h_{33})^2 \boldsymbol{e}^{\mathrm{T}}\boldsymbol{e}]\dot{\boldsymbol{\Delta}}^e + (\boldsymbol{K}^e - C^s h_{33}^2 \boldsymbol{e}^{\mathrm{T}}\boldsymbol{e})\boldsymbol{\Delta}^e = \boldsymbol{F}^e$$

或可写为

$$\overline{\boldsymbol{M}}^e\ddot{\boldsymbol{\Delta}}^e + \bar{\boldsymbol{C}}^e\dot{\boldsymbol{\Delta}}^e + \bar{\boldsymbol{K}}^e\boldsymbol{\Delta}^e = F^e \tag{11.90}$$

式中：$\overline{\boldsymbol{M}}^e = \boldsymbol{M}^e$；$\bar{\boldsymbol{C}}^e = R_e(C^s h_{33})^2 \boldsymbol{e}^{\mathrm{T}}\boldsymbol{e}$；$\bar{\boldsymbol{K}}^e = \boldsymbol{K}^e - C^s h_{33}^2 \boldsymbol{e}^{\mathrm{T}}\boldsymbol{e}$。

对于图11.29所示的单元来说，节点位移矢量 $\boldsymbol{\Delta}^e$ 应为

$$\boldsymbol{\Delta}^e = \{u_k \quad u_j \quad u_i\}^{\mathrm{T}} \tag{11.91}$$

式中：u_k、u_j 和 u_i 分别为底部、内部和顶部位移，参见图11.29(b)。

可以对这些位移参量进行缩聚处理，从而体现出Bloch波的传播原理(Hussein,2009)。根据该原理，边界处的位移应当满足如下关系：

$$u_i = \mathrm{e}^{-\mathrm{i}kL} u_k \tag{11.92}$$

式中：k 和 L 分别为波数和单元的长度。

于是，可以定义一个独立的节点位移矢量 $\bar{\boldsymbol{\Delta}}^e$，即

$$\bar{\boldsymbol{\Delta}}^e = \{u_k \quad u_j\}^{\mathrm{T}} \tag{11.93}$$

位移矢量 $\boldsymbol{\Delta}^e$ 和 $\bar{\boldsymbol{\Delta}}^e$ 之间的关系如下：

$$\boldsymbol{\Delta}^e = \widetilde{\boldsymbol{T}}\bar{\boldsymbol{\Delta}}^e \tag{11.94}$$

式中：$\widetilde{\boldsymbol{T}}$ 为转换矩阵，即

$$\widetilde{\boldsymbol{T}}=\begin{bmatrix}1 & 0 & \mathrm{e}^{-ikL}\\0 & 1 & 0\end{bmatrix}^{\mathrm{T}} \tag{11.95}$$

将式(11.94)和式(11.95)代入式(11.90)，可得

$$\widetilde{\boldsymbol{M}}^{e}\ddot{\overline{\boldsymbol{\Delta}}}^{e}+\widetilde{\boldsymbol{C}}^{e}\dot{\overline{\boldsymbol{\Delta}}}^{e}+\widetilde{\boldsymbol{K}}^{e}\overline{\boldsymbol{\Delta}}^{e}=\widetilde{\boldsymbol{F}}^{e} \tag{11.96}$$

式中：$\widetilde{\boldsymbol{M}}^{e}=\widetilde{\boldsymbol{T}}^{*}\overline{\boldsymbol{M}}^{e}\widetilde{\boldsymbol{T}}$；$\widetilde{\boldsymbol{C}}^{e}=\widetilde{\boldsymbol{T}}^{*}\overline{\boldsymbol{C}}^{e}\widetilde{\boldsymbol{T}}$；$\widetilde{\boldsymbol{K}}^{e}=\widetilde{\boldsymbol{T}}^{*}\overline{\boldsymbol{K}}^{e}\widetilde{\boldsymbol{T}}$；$\widetilde{\boldsymbol{F}}^{e}=\widetilde{\boldsymbol{T}}^{*}\boldsymbol{F}^{e}$。

也可以将式(11.96)改写为如下所示的状态空间形式(Meirovitch，2010)：

$$\begin{bmatrix}\widetilde{\boldsymbol{K}}^{e} & \boldsymbol{0}\\\boldsymbol{0} & \widetilde{\boldsymbol{M}}^{e}\end{bmatrix}\dot{\boldsymbol{Y}}+\begin{bmatrix}\boldsymbol{0} & -\widetilde{\boldsymbol{K}}^{e}\\\widetilde{\boldsymbol{K}}^{e} & \widetilde{\boldsymbol{C}}^{e}\end{bmatrix}\boldsymbol{Y}=\begin{Bmatrix}\boldsymbol{0}\\\widetilde{\boldsymbol{F}}^{e}\end{Bmatrix} \tag{11.97}$$

式中：$\boldsymbol{Y}=\left\{\overline{\boldsymbol{\Delta}}^{e}\quad\dot{\overline{\boldsymbol{\Delta}}}^{e}\right\}^{\mathrm{T}}$。

如果假定状态空间解的形式如下：

$$\boldsymbol{Y}=\mathrm{e}^{\lambda t}\boldsymbol{Y}^{\mathrm{c}} \tag{11.98}$$

式中：$\boldsymbol{Y}^{c}=(\boldsymbol{x}+\mathrm{i}\boldsymbol{z})^{\mathrm{c}}$；$\lambda=\mathrm{i}\omega$。那么将其代入式(11.97)之后将得到一个特征值问题，即

$$\left\{\mathrm{i}\omega\begin{bmatrix}\widetilde{\boldsymbol{K}}^{e} & \boldsymbol{0}\\\boldsymbol{0} & \widetilde{\boldsymbol{M}}^{e}\end{bmatrix}+\begin{bmatrix}\boldsymbol{0} & -\widetilde{\boldsymbol{K}}^{e}\\\widetilde{\boldsymbol{K}}^{e} & \widetilde{\boldsymbol{C}}^{e}\end{bmatrix}\right\}(\boldsymbol{x}+\mathrm{i}\boldsymbol{z})^{\mathrm{c}}=\boldsymbol{0} \tag{11.99}$$

式(11.99)也可以表示为如下所示的紧凑形式：

$$[\mathrm{i}\omega(\boldsymbol{M}^{*})^{\mathrm{c}}+(\boldsymbol{D}^{*})^{\mathrm{c}}](\boldsymbol{x}+\mathrm{i}\boldsymbol{z})^{\mathrm{c}}=\boldsymbol{0} \tag{11.100}$$

式中：

$$(\boldsymbol{M}^{*})^{\mathrm{c}}=\begin{bmatrix}\widetilde{\boldsymbol{K}}^{e} & \boldsymbol{0}\\\boldsymbol{0} & \widetilde{\boldsymbol{M}}^{e}\end{bmatrix},(\boldsymbol{D}^{*})^{\mathrm{c}}=\begin{bmatrix}\boldsymbol{0} & -\widetilde{\boldsymbol{K}}^{e}\\\widetilde{\boldsymbol{K}}^{e} & \widetilde{\boldsymbol{C}}^{e}\end{bmatrix} \tag{11.101}$$

进一步，令式(11.100)两端的实部和虚部分别相等，可得

$$(\boldsymbol{D}^{*})^{\mathrm{c}}\boldsymbol{x}^{\mathrm{c}}=\omega(\boldsymbol{M}^{*})^{\mathrm{c}}\boldsymbol{z}^{\mathrm{c}} \tag{11.102}$$

$$-(\boldsymbol{D}^{*})^{\mathrm{c}}\boldsymbol{z}^{\mathrm{c}}=\omega(\boldsymbol{M}^{*})^{\mathrm{c}}\boldsymbol{x}^{\mathrm{c}} \tag{11.103}$$

能够把式(11.102)和式(11.103)改写成更为紧凑的标准特征值问题的形式，即

$$\boldsymbol{A}^{c}\boldsymbol{z}^{c} = \omega^{2}\boldsymbol{z}^{c} \tag{11.104}$$

式中：$\boldsymbol{A}^{c} = (\boldsymbol{M}^{*})^{c^{-1}}[(\boldsymbol{D}^{*})^{c^{T}}(\boldsymbol{M}^{*})^{c^{-1}}(\boldsymbol{D}^{*})^{c}]$ 。

应当注意的是，矩阵 $\boldsymbol{A}^{c}$ 的所有元素都是无量纲波数 kL 的函数，因此，针对不同的波数值即可计算出该矩阵的特征值。为此，可以将特征值 $\boldsymbol{\lambda}_{s}$ 表示为如下形式：

$$\boldsymbol{\lambda}_{s}(kL) = \omega_{s} \tag{11.105}$$

式中：s 为 $1 \sim n$。

通过绘制共振频率 ω_{s} 与波数 kL 之间的关系图，就得到了单元的频散特性，根据频散曲线即可进一步确定出第 10 章所述的禁带和通带的频率范围。

例 11.5 考虑 11.5.1 节所描述的压电－CB/聚合物复合材料，参见图 11.29，假定其物理特性和几何特性见表 11.4，该表中的 E_{v}、α、ω_{n} 和 ζ 是包含单个振荡项的 GHM 模型（用于描述黏弹性层的动力学行为）的参数。试针对如下情形分别确定该复合材料单元的频散特性：

（1）当黏弹性层不导电时（$R_{e} = 0\Omega$）；

（2）当黏弹性层导电，且 CB 的体积百分数为 $v = 0.25$，$R_{e} = 10\text{k}\Omega$ 时；

（3）当黏弹性层导电，且 CB 的体积百分数为 $v = 0.25$，$R_{e} = 1\text{M}\Omega$ 时。

进一步，如果假定该复合结构（由 10 个压电/CB 导电聚合物单元组成）以悬臂形式布置，且自由端受到的是单位载荷的作用，试确定其频率响应，并将结果跟由 10 个压电/非导电聚合物单元所构成的复合结构情况加以比较。

表 11.4　复合结构的物理和几何特性

特性参数	几何特性		压电层				黏弹性层				
	$l_{c}=l_{p}$ /m	$A_{c}=A_{p}$ /m^{2}	s^{E} /($\text{m}^{2}\text{N}^{-1}$)	d_{33} /($\text{m} \cdot \text{V}^{-1}$)	k_{33}	ρ_{P} /(kgm^{-3})	E_{v} /(Nm^{-2})	α	ω_{n} /(rads^{-1})	ζ	ρ_{v} /(kgm^{-3})
值	0.1	0.01	1.6×10^{-11}	2.96×10^{-10}	0.37	7600	1×10^{4}	5	25000	10	1100

［分析］

图 11.30(a)～(c) 分别示出了非导电黏弹性层、导电黏弹性层（$R_{e} = 10\text{k}\Omega$），以及导电黏弹性层（$R_{e} = 1\text{M}\Omega$）这 3 种情形下的频散特性。将图 11.30(a) 和 (b) 进行比较可以看出，在利用 CB 填料使黏弹性层导电后（等效电阻为 $R_{e} = 10\text{k}\Omega$），禁带得到了增强，特别是在高频侧。进一步增大等效电阻到 $R_{e} = 1\text{M}\Omega$ 后，禁带也将得到进一步拓宽，从图 11.30(c) 可以观察到它延伸到了 1MHz。在该复合结构的频率响应中，如图 11.31(a) 和 (b) 所示，能够更为清晰地认识到禁带特性的这一增强现象。图 11.31(a) 表明，在原始黏弹性层中置入

了 CB 填料后（等效电阻 $R_e = 10k\Omega$），将带来两个重要影响。第一个影响体现为对聚合物的增强作用，如同 Smallwood（1944）增强理论所预测的，此时将使得黏弹性材料的刚度增大，从共振频率向更高频率方向移动这一点即可证实这一刚化效应，由此也就导致了振动传递的显著下降。第二个影响表现在高频段的振动衰减上，特别是在 12.93kHz 处，这主要是由于导电黏弹性材料/CB 层的压电电阻产生了压电层分流，从而实现了能量的耗散。

当进一步增大等效分流电阻到 $R_e = 1M\Omega$ 时，如图 11.31（b）所示，高频振动（12kHz 附近）将被彻底阻止，其原因在于禁带特性得到了增强，参见图 11.30（c）。

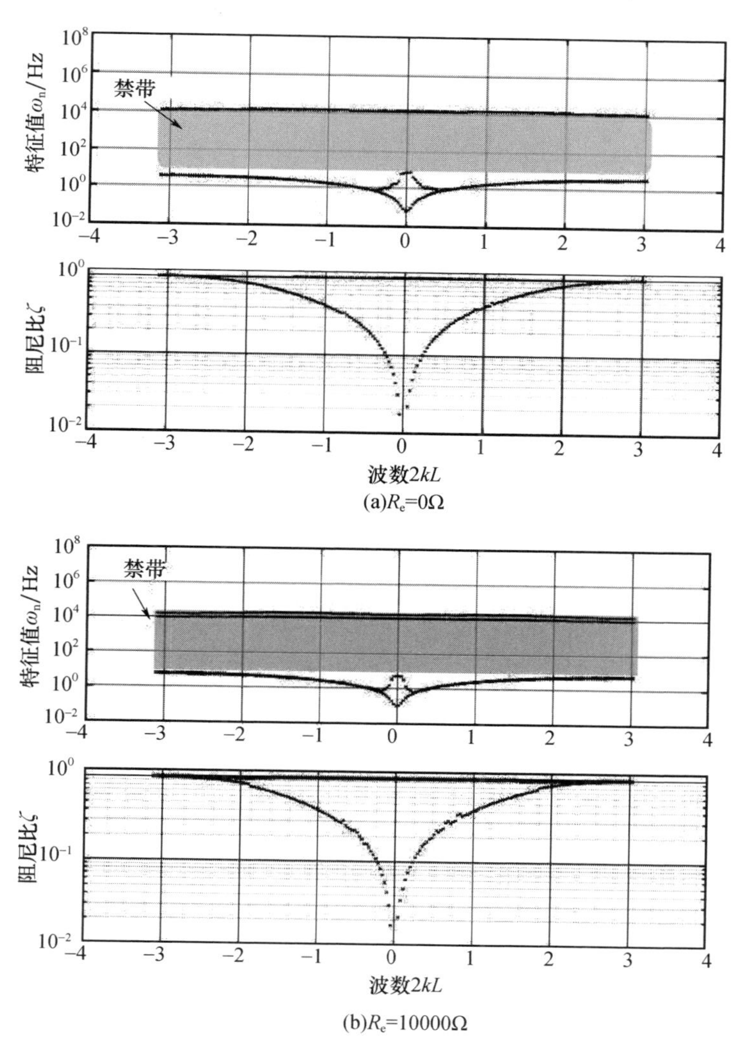

(a)R_e=0Ω

(b)R_e=10000Ω

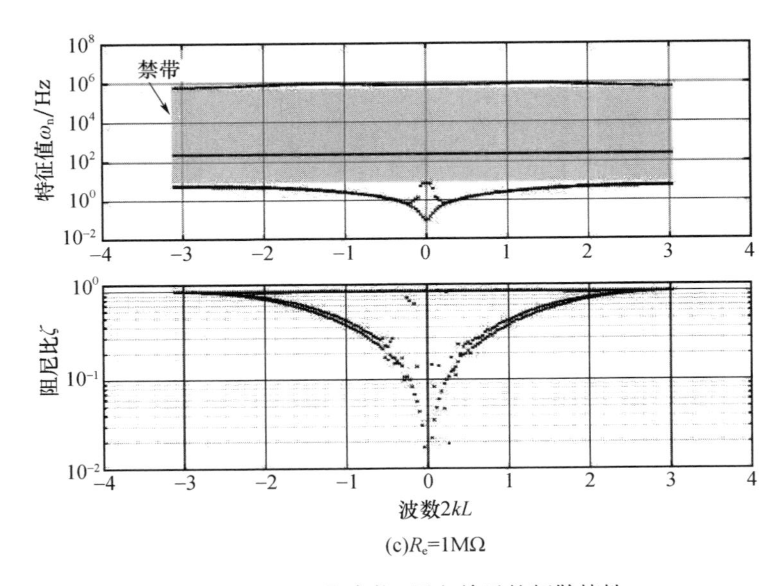

(c)R_e=1MΩ

图 11.30 CB/聚合物-压电单元的频散特性

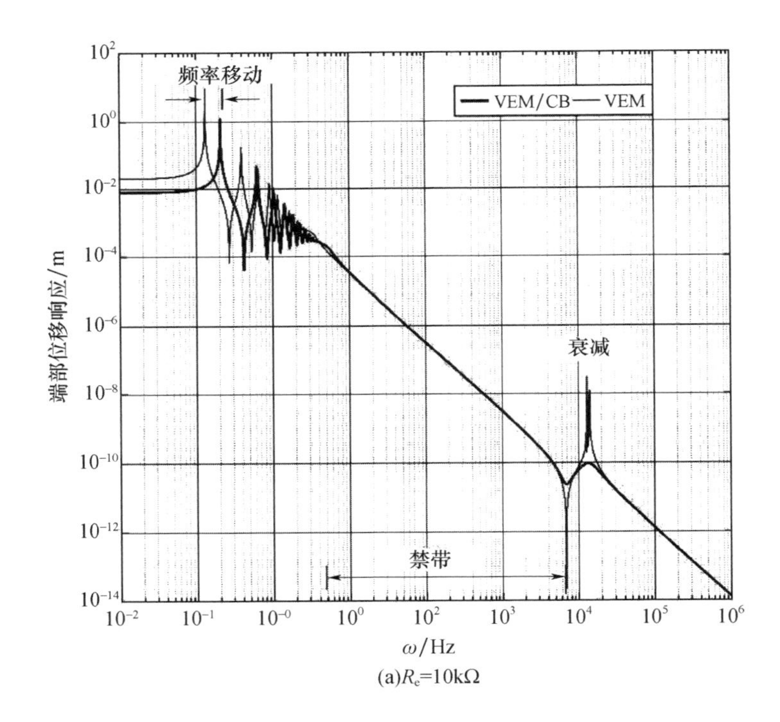

(a)R_e=10kΩ

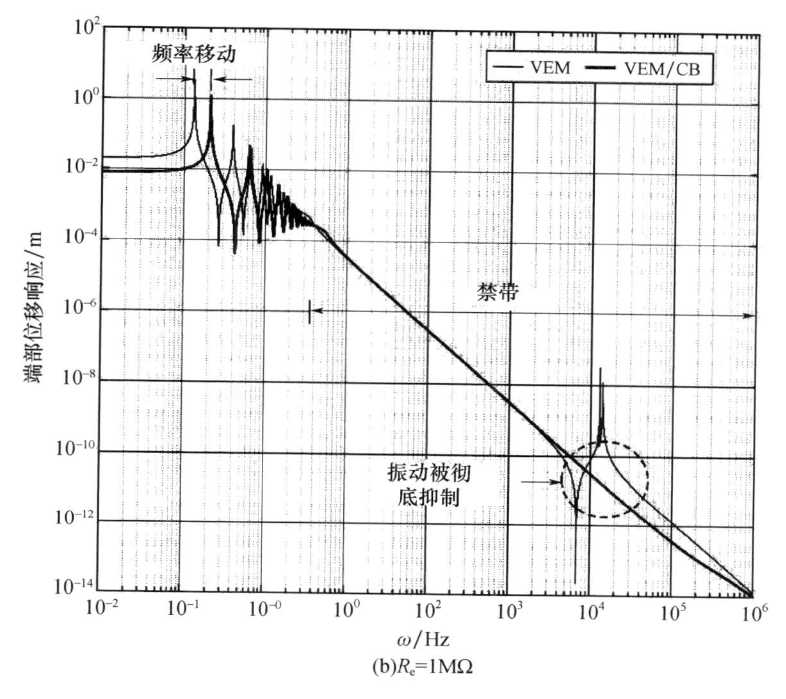

图 11.31 分流电阻对 CB/聚合物-压电复合材料的频率响应特性的影响

11.6 带有分流压电粒子的混合型复合结构

11.6.1 复合结构的描述和假设

本节所讨论的混合型复合结构是由聚合物基体、导电粒子以及压电夹杂物所组成的,如图 11.32 所示。这里假定所有这些组分都是理想结合在一起的,压电夹杂物是椭球形的,在基体中可以处于任意方位,同时我们还将这些压电夹杂物视为横观各向同性介质,且极化方向和电极位于 3 个方向上,它们的应力状态和电极分布都可视为均匀一致的。此外,这里还假定导电粒子和基体可以构成电阻电路通道($\boldsymbol{R}$),它为压电夹杂物提供了足够的负载(Aldraihem,2011;Aldraihem 等人,2007),如图 11.32(b)所示。最后,我们假定了这个复合结构在宏观上是均匀的,且满足微观力学分析中的基本假设。

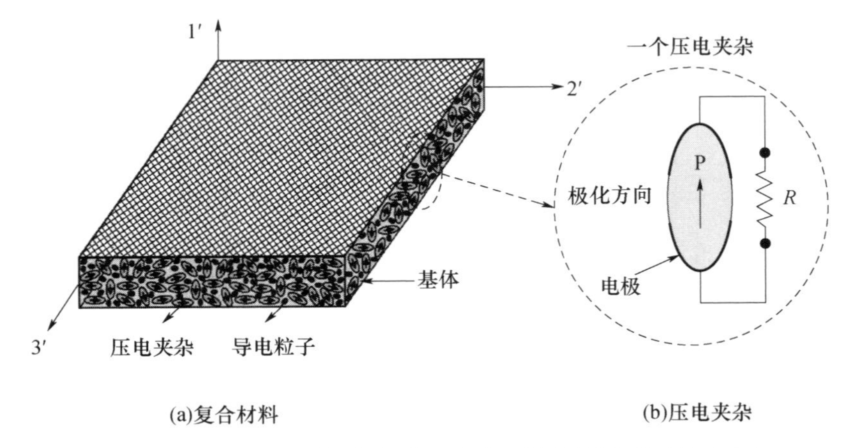

图 11.32　混合型复合材料的结构与整体坐标系(椭圆代表压电夹杂，黑圆点代表导电粒子,灰色矩形代表基体)

11.6.2　分流压电夹杂物

在全局坐标系(1′-2′-3′)下来考虑混合型复合结构受到远场应力作用的情形。每个内置的压电夹杂物都会产生电能,这些电能可以通过周围的导电聚合物基体的电阻耗散。如同第 9 章曾经指出的,一个电阻性分流压电单元的行为类似于具有非零顺度的黏弹性材料,在主材料坐标系(1-2-3)中,这一行为特性可以表示为如下形式:

$$s_{11}^{*}=s_{11}^{\mathrm{E}}(1-k_{31}^{2}Z_{3}^{\mathrm{EL}})\;,s_{22}^{*}=s_{11}^{*} \tag{11.106a}$$

$$s_{12}^{*}=s_{12}^{\mathrm{E}}-s_{11}^{\mathrm{E}}k_{31}^{2}Z_{3}^{\mathrm{EL}} \tag{11.106b}$$

$$s_{13}^{*}=s_{13}^{\mathrm{E}}-\sqrt{s_{11}^{\mathrm{E}}s_{33}^{\mathrm{E}}}k_{31}k_{33}Z_{3}^{\mathrm{EL}},s_{23}^{*}=s_{13}^{*} \tag{11.106c}$$

$$s_{33}^{*}=s_{33}^{\mathrm{E}}(1-k_{33}^{2}Z_{3}^{\mathrm{EL}}) \tag{11.106d}$$

$$s_{44}^{*}=s_{44}^{\mathrm{E}}(1-k_{15}^{2})\;,s_{55}^{*}=s_{44}^{*} \tag{11.106e}$$

$$s_{66}^{*}=s_{66}^{\mathrm{E}} \tag{11.106f}$$

$$Z_{2}^{\mathrm{EL}}=\left(\frac{\Omega}{\Omega^{2}+1}\right)(\Omega+\mathrm{i})\;,\mathrm{i}=\sqrt{-1}\,,\Omega=RC^{\mathrm{T}}\omega\,,C^{\mathrm{T}}=\frac{A}{2a_{3}}\varepsilon_{33}^{\sigma} \tag{11.107}$$

式中:s_{ij}^{E} 为常值电场条件下的弹性柔量矩阵的元素;k_{31}、k_{33} 和 k_{15} 为压电耦合因子;$\varepsilon_{33}^{\sigma}$ 为常值应力条件下的介电常数;R 为分流电阻;ω 为频率;a_3 为夹杂物的长轴长度的 1/2;A 为电极面积(法线位于 3 轴方向),参见图 11.7。

对于所考察的分流情况来说,式(11.106a)~式(11.106f)表明了,面外剪切弹性柔量表现为开路状态，面内剪切弹性柔量则表现为短路状态，剩余的柔量处于分流电路状态。因此，剪切柔量主要是以弹性方式呈现出来的，其阻尼性能是有限的。

将式(11.107)代入式(11.106a)~式(11.106f)中，可以得到复柔量矩阵，若将其表示为实部和虚部的形式，则有

$$\boldsymbol{s}^{*}=\boldsymbol{s}'+\mathrm{i}\boldsymbol{s}'' \tag{11.108}$$

式中：$\boldsymbol{s}'$ 和 $\boldsymbol{s}''$ 分别为该柔量的实部和虚部。

值得注意的是，式(11.106a)~式(11.106f)或式(11.107)描述的是主材料坐标系(1-2-3)中的柔量，据此可以通过求逆运算提取出刚度，即 $\boldsymbol{c}^{*}=(\boldsymbol{s}^{*})^{-1}$，$\boldsymbol{c}^{\mathrm{E}}=(\boldsymbol{s}^{\mathrm{E}})^{-1}$。

11.6.3　混合型复合结构的典型性能特征

本节将利用11.6.2节中给出的微观力学模型分析和预测一种由树脂基体(Hercules 3501-6)(Lesieutre 等人，1993)、CB 粒子以及压电粒子(Noliac-PCM51)所构成的混合型复合结构的力学特性。表11.3中已经列出了这3种组分介质的物理特性，树脂的泊松比 $v=0.38$，CB 粒子的体积百分数为0.20，这里还假定了压电粒子具有整齐的方位排列。

必须指出的是，此处这些夹杂物的形状和分流特性都是未知的，因此在模型预测中需要考察它们的纵横比 α 和分流频率 Ω。

图11.33(a)给出了该复合结构在方向1和方向2上的阻尼比随分流频率 $\Omega=RC^{\mathrm{T}}\omega$ 的变化情况，其中考虑了压电粒子的不同体积百分数(v_{p})情形，而纵横比设定为 $\alpha=100$。根据该图可以看出，对于每种体积百分数 v_{p} 而言，存在着最优的分流电阻值，与之对应的损耗因子将达到最大。当体积百分数 v_{p} 分别为0.15、0.35和0.55时，最优分流电阻分别为1.68Ω、1.54Ω和1.43Ω，而对应的最大损耗因子则分别是9.67、11.45和11.99。此处的这些损耗因子值已经针对树脂基体的损耗因子做了归一化处理。显然，这就说明了，利用压电粒子的分流效应是能够增强阻尼性能的，在方向1和方向2上几乎提升了一个数量级(如果混合型复合结构是横观各向同性的)。

在方向3上，即压缩载荷方向上，当体积百分数 v_{p} 分别为0.15、0.35和0.55时，对应的最大损耗因子分别为0.81、0.68和0.67，如图11.33(b)所示。与此相应的最优分流电阻值则分别为1.28Ω、1.17Ω和1.035Ω。

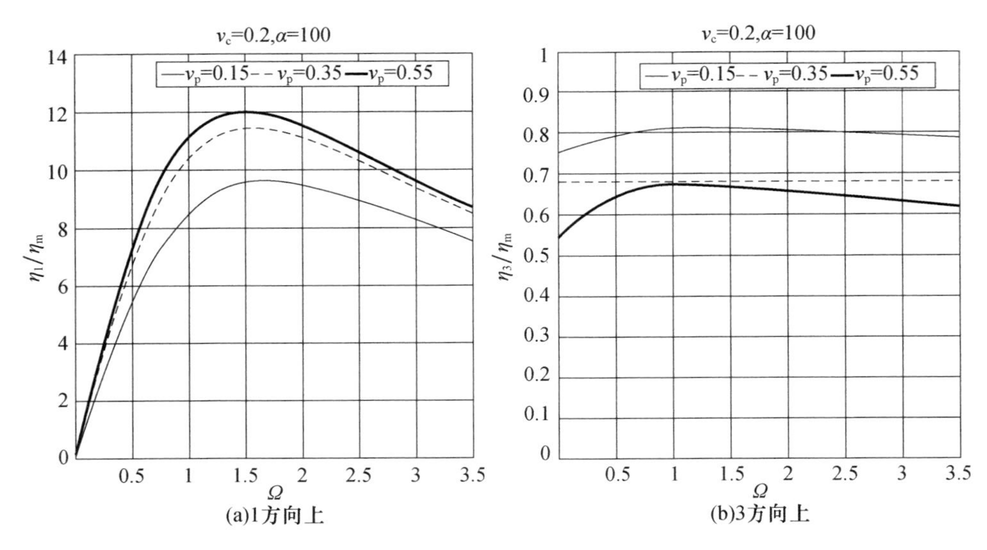

图 11.33　分流频率对混合型复合材料的损耗因子的影响

图 11.34 和图 11.35 分别示出了压电粒子的体积百分数 v_p 和纵横比 α 的影响情况,从中不难观察到,当增大这个体积百分数和纵横比时,横向损耗因子将表现出显著的增大,而压缩方向上的损耗因子则逐渐减小。

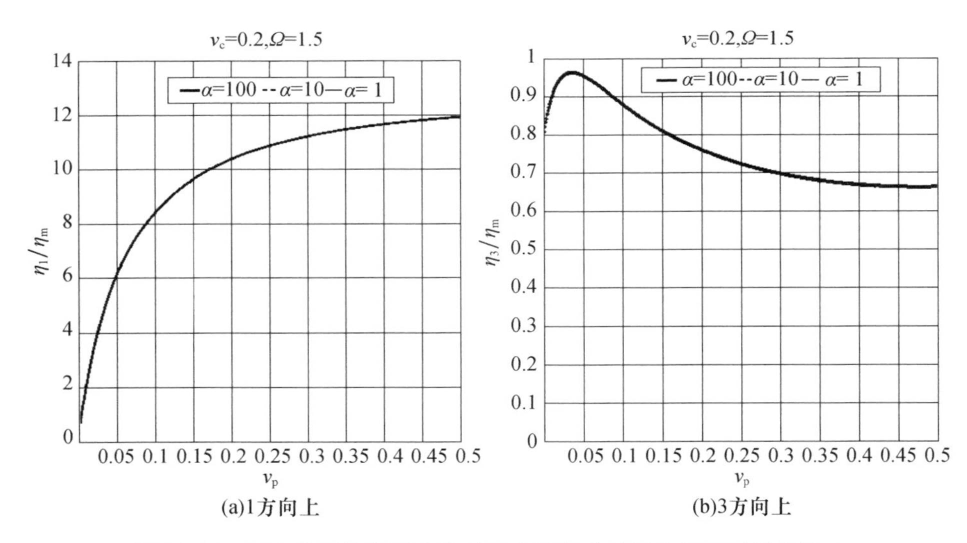

图 11.34　压电粒子体积百分数对混合型复合材料的损耗因子的影响

根据图 11.33~图 11.35 所示的结果可以认识到,该混合型复合结构的损耗因子主要取决于体积百分数、方位分布、纵横比(即形状)以及分流频率-电阻参数等因素。表 11.5 中针对不同的方位分布和各种纵横比情况，列出了损耗因子比值(η/η_m)达到最大值时所对应的分流频率参数。所给出的结果针对的是压电粒子 PCM51 的体积百分数为 35%和 CB 粒子的体积百分数为 25%的情形。

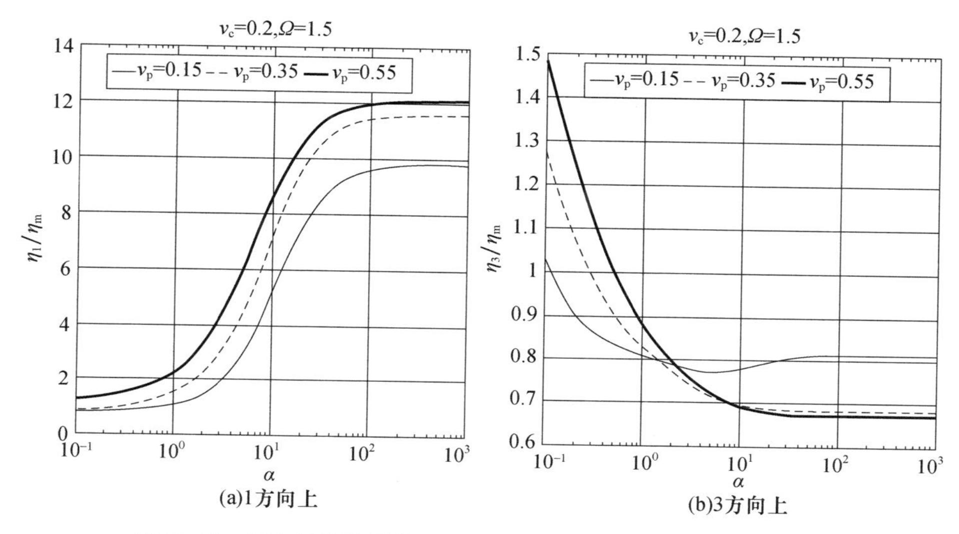

图 11.35　压电粒子的纵横比对混合型复合材料的损耗因子的影响

进一步，图 11.36~图 11.38 还分别示出了分流频率、压电粒子的体积百分数及其纵横比对该混合型复合材料的顺度系数的影响情况。

表 11.5　不同取向和纵横比条件下的 Ω_{max} 和 η_{max}

(当 $v_c=0.20, v_p=0.35$ 时)

夹杂的纵横比 α	取向对齐 ($\theta_0\to0,\phi_0\to0$)				二维随机取向 ($\theta_0\to\pi,\phi_0\to0$)						三维随机取向 ($\theta_0\to\pi,\phi_0\to\pi/2$)			
	Ω_{max}	η_{1max}	Ω_{max}	η_{3max}	Ω_{max}	η_{1max}	Ω_{max}	η_{3max}	Ω_{max}	η_{6max}	Ω_{max}	η_{1max}	Ω_{max}	η_{6max}
0.0	1.16	0.62	1.13	2.36	1.75	3.71	1.16	2.42	2.03	4.41	1.78	3.71	2.02	4.42
0.5	1.07	1.18	1.06	0.92	1.03	1.23	1.08	0.92	1.16	0.71	1.01	1.10	1.10	0.71
1.0	1.07	1.53	1.07	0.84	1.11	1.37	1.07	0.84	1.34	0.75	1.06	1.23	1.28	0.75
100	1.58	11.45	1.13	0.68	2.12	8.45	1.16	0.68	2.43	7.52	2.05	8.47	2.44	7.52
1000	1.59	11.61	1.19	0.68	2.15	8.60	1.16	0.68	2.49	7.68	2.02	8.47	2.51	7.68

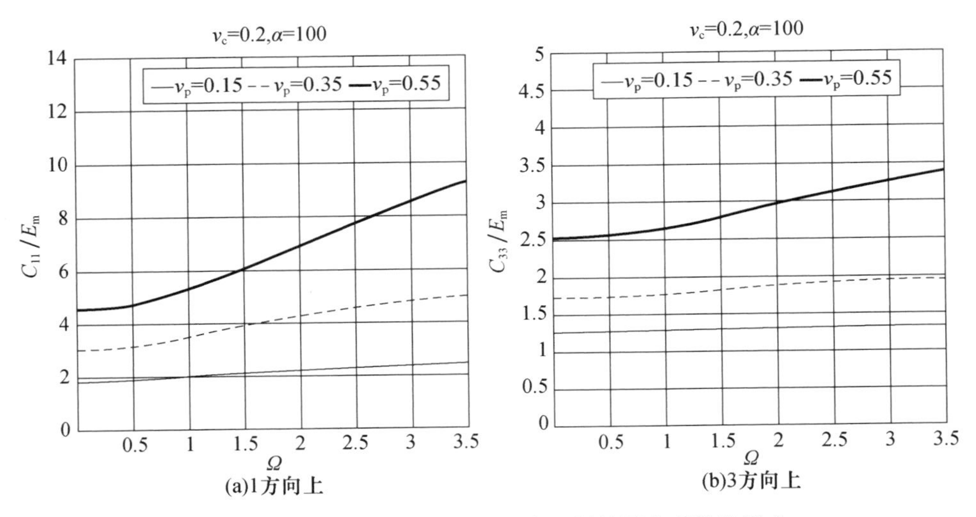

图 11.36　分流频率对混合型复合材料的顺度系数的影响

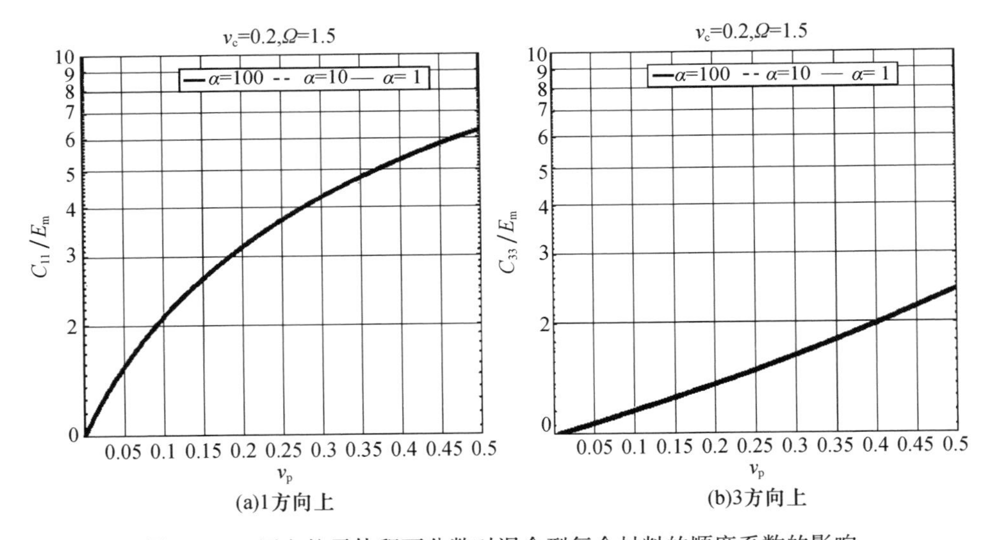

图 11.37　压电粒子体积百分数对混合型复合材料的顺度系数的影响

11.7　本章小结

本章主要针对由聚合物基体和纳米粒子填料构成的复合结构(或材料),分析了力学性能随组分相的体积百分比和物理特性的变化情况。所采用的分析方法建立在 MTM 基础上,该方法源自于 Eshelby 的等效夹杂技术方法和经典填

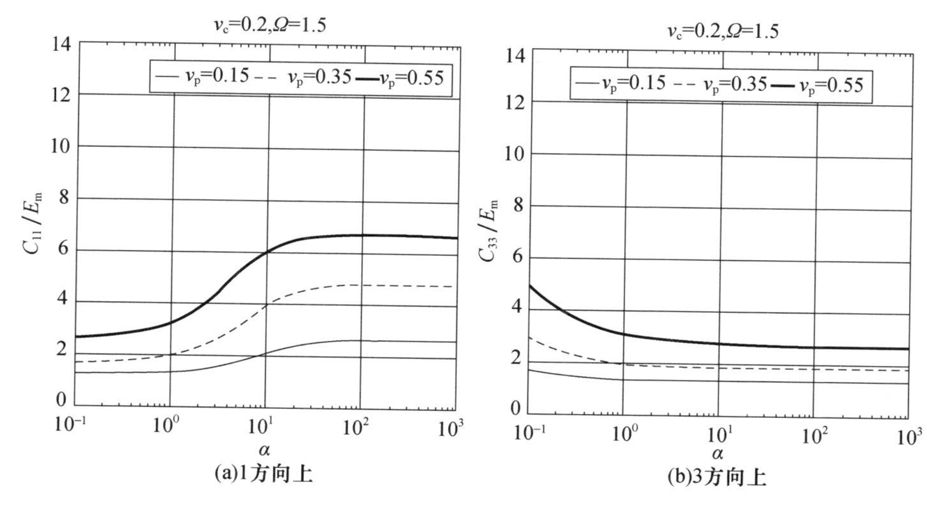

(a)1方向上　(b)3方向上

图 11.38　压电粒子的纵横比对混合型复合材料的顺度系数的影响

料增强方法，它们可以是解析的，也可以是有限元类型的（基于 RVE 的建模分析）。

本章还重点讨论了导电复合结构，例如 CB/聚合物复合结构，通过将压电粒子或单元置入此类结构物中，能够借助恰当的电学分流设计来增强其阻尼性能。

参考文献

Advani, S. G. and Tucker, C. L. III(1987). The use of tensors to describe and predict fiber orientation in short fiber composites. Journal of Rheology 31:751-784.

Aldraihem, O. J. (2011). Micromechanics modeling of viscoelastic properties of hybrid composites with shunted and arbitrarily oriented piezoelectric inclusions. Mechanics of Materials 43:740-753.

Aldraihem, O. J., Baz, A., and Al-Saud, T. S. (2007). Hybrid composites with shunted piezoelectric particles for vibration damping. Mechanics of Advanced Materials and Structures 14:413-426.

ANSI/IEEE Std176-1987(1987)., Standards Committee of the IEEE Ultrasonic, Ferroelectrics, and Frequency Control Society, American National Standard IEEE Standard on Piezoelectricity, Institute of Electrical and Electronics Engineers, Inc., New York, USA, 1987.

Barber, J. R. (2010). Solid Mechanics and Its Applications, 3rd ed. Springer.

Barbero, E. J. (2013). Finite Element Analysis of Composite Materials Using ANSYS ®, 2e. CRC Press.

Brinson, L. C. and Lin, W. S. (1998). Comparison of micromechanics methods for effective properties of multiphase viscoelastic composites. Composite Structures 41:353–367.

Ding, N., Wang, L., Zuo, P. et al. (2013). Study on electrical properties of activated carbon black filled polypropylene composites using impedance analyser. Advanced Materials Research 712–715:175–181.

Dvorak, G. J. and Benveniste, Y. (1992). On transformation strains and uniform fields in multiphase elastic media. Proceedings of the Royal Society: Mathematical and Physical Sciences 437:291–310.

Electro Ceramic Division. (n. d.) "Data for designers," Morgan Matroc Inc., 232 Forbes Road, Bedford, OH 44146.

Eshelby, J. D. (1957). The determination of elastic field of an ellipsoidal inclusion and related problems. Proceedings of Royal Society of London 276–396.

Gonella, S. and Ruzzene, M. (2008). Homogenization of vibrating periodic lattice structures. Applied Mathematical Modelling 32(4):459–482.

Gusev, A., Heggli, M., Lusti, H. R., and Hine, P. J. (2002). Orientation averaging for stiffness and thermal expansion of short fiber composites. Advanced Engineering Materials 4:931–933.

Guth, E. J. (1945). Theory of filler reinforcement. Journal of Applied of Physics 16:20–25.

Han, D. G. and Choi, G. M. (1998). Computer simulation of the electrical conductivity of composites: the effect of geometrical arrangement. Solid State Ionics 106:71–87.

Hashin, Z. and Shtrikman, S. (1962). On some variational principles in anisotropic and nonhomogeneous elasticity. Journal of the Mechanics and Physics of Solids 10:335–342.

Hine, P. J., Lusti, H. R., and Gusev, A. (2004). On the possibility of reduced variable predictions for the thermoelastic properties of short fiber composites. Composites Science and Technology 64:1081–1088.

Hine, P. J., Lusti, H. R., and Gusev, A. A. (2002). Numerical simulation of the effects of volume fraction, aspect ratio and fiber length distribution on the elastic and thermoelastic properties of short fiber composites. Composites Science and Technology 62:1445–1453.

Hussein, M. I. (2009). Theory of damped bloch waves in elastic media. Physical Reviews B 80:212301.

Kaiser, J. H. (1993). Microwave evaluation of the conductive filler particles of carbon black–rubber composites. Applied Physics A 56:299–302.

Leblanc, J. L. (2002). Rubber–filler interactions and rheological properties in filled compounds. Progress in Polymer Science 27(4):627–687.

Lesieutre, G. A., Yarlagadda, S., Yoshikawa, S. et al. (1993). Passively damped structural composite materials using resistively shunted piezoceramic fibers. Journal of Materials Engineering and Performance 2:887–892.

Marenić E. ,Brancherie D. ,and Bonnet M. ,"Multiscale asymptotic-based modeling of local material inhomogeneities" ,Proceedings of the 8th International Congress of Croatian Society of Mechanics,29 September-2 October 2015,Opatija,Croatia,2015.

Meirovitch,L. (2010). Fundamentals of Vibration. Long Grove,IL:Waveland.

Mori,T. and Tanaka,K. (1973). Average stress in matrix and average elastic energy of materials with misfitting inclusion. Acta Metallurgica 21:571-574.

Nemat-Nasser,S. and Hori,M. (1999). Micromechanics:Overall Properties of Heterogeneous Materials,Second Revised Edition. Amsterdam:Elsevier.

Noliac,Piezoelectric Particles:(2018) Available online at http://www. noliac. com(accessed June 2018).

Pascault, J. P. , Sauterau, H. , Verdu, J. , and Williams, R. J. J. (2002) . Thermosetting Polymers. New York,NY:Marcel Dekker.

Prasad J. and Diaz A. R. " A concept for a material that softens with frequency ", Paper No. DETC2007-34299,pp. 761-768,Proceedings of the ASME 2007 International Design Engineering Technical Conferences and Computers and Information in Engineering Conference, Vol. 6,33rd Design Automation Conference,Las Vegas,NV,USA,September 4-7,2007.

Reddy,J. N. (2013). An Introduction to Continuum Mechanics. Cambridge University Press.

Reuss,A. (1929). Berechnung der Fließgrenze von Mischkristallen auf Grund der Plastizitatsbedingung für Einkristalle. Zeitschrift für Angewandte Mathematik und Mechanik 9:49-58.

Schwartz,G. ,Cerveny,S. ,and Marzocca,A. J. (2000). A numerical simulation of the electrical resistivity of carbon black filled rubber. Polymer 41:6589-6595.

Sejnoha,M. and Zeman,J. (2013). Micromechanics in Practice. Southampton,UK:WITPress.

Simmons,J. G. (1963). Generalized formula for the electric tunnel effect between similar electrodes separated by a thin insulating film. Journal of Applied Physics 34(6):1793-1803.

Smallwood,H. M. (1944). Limiting law of the reinforcement of rubber. Journal of Applied Physics 15:758-766.

Song,Y. and Zheng,Q. (2016). Concepts and conflicts in nanoparticles reinforcement to polymers beyond hydrodynamics. Progress in Materials Science 84:1-58.

Tandon,G. P. and Weng,G. J. (1986). Average stress in the matrix and effective moduli of randomly oriented composites. Composites Science and Technology 27:111-132.

Tian,S. and Wang,X. (2008). Fabrication and performances of epoxy/multi-walled carbon nanotubes/piezoelectric ceramic composites as rigid piezo-damping materials. Journal of Materials Science 43:4979-4987.

Torquato,S. (2001). Random Heterogeneous Materials: Microstructure and Macroscopic Properties. New York,NY:Springer.

Tucker, C. L. Ⅲ and Liang, E. (1999). Stiffness predictions for unidirectional short-fiber composites: review and evaluation. Composites Science and Technology 59:655-671.

Voigt, W. (1887). Theorie des Lichts für bewegte Medien. Göttinger Nachrichten 8:177-238.

Wang, Y. -J., Pan, Y., Zhang, X. -W., and Tan, K. (2005). Impedance spectra of carbon black filled high-density polyethylene composites. Journal of Applied Polymer Science 98:1344-1350.

Wetherhold, R. C. (1988). Elastic Plates Theory and Application, Riesmann, H. NewYork, NY: Wiley, Chapter 10.

Zhang, J. F. and Yi, X. S. (2002). Dynamic rheological behavior of high-density polyethylene filled with carbon black. Journal of Applied Polymer Science 86:3527-3531.

Zhang, X. W., Pan, Y., Zheng, Q., and Yi, X. S. (2000). Time dependence of piezoresistance for conductor-filled polymer composites. Journal of Applied Polymer Science Part B: Polymer Physics 38:2739-2749.

Zhang, X. W., Pan, Y., Zheng, Q., and Yi, X. S. (2001). Piezo resistance of conductor filled insulator composites. Polymer International 50:229-236.

本章附录

11. A　转换矩阵

式(11. 43)和式(11. 44)中的转换矩阵可以定义为如下形式(Wetherhold, 1988):

$$\boldsymbol{R}_1=\begin{bmatrix} m_1^2 & n_1^2 & p_1^2 & 2n_1p_1 & 2m_1p_1 & 2m_1n_1 \\ m_2^2 & n_2^2 & p_2^2 & 2n_2p_2 & 2m_2p_2 & 2m_2n_2 \\ m_3^2 & n_3^2 & p_3^2 & 2n_3p_3 & 2m_3p_3 & 2m_3n_3 \\ m_2m_3 & n_2n_3 & p_2p_3 & n_2p_3+p_2n_3 & m_2p_3+p_2m_3 & m_2n_3+n_2m_3 \\ m_1m_3 & n_1n_3 & p_1p_3 & n_1p_3+p_1n_3 & m_1p_3+p_1m_3 & m_1n_3+n_1m_3 \\ m_1m_2 & n_1n_2 & p_1p_2 & n_1p_2+p_1n_2 & m_1p_2+p_1m_2 & m_1n_2+n_1m_2 \end{bmatrix} \tag{11. A. 1}$$

且有

$$\begin{bmatrix} m_1 & n_1 & p_1 \\ m_2 & n_2 & p_2 \\ m_3 & n_3 & p_3 \end{bmatrix}=\begin{bmatrix} \cos\theta\cos\phi & -\sin\theta & \cos\theta\sin\phi \\ \sin\theta\cos\phi & \cos\theta & \sin\theta\sin\phi \\ -\sin\phi & 0 & \cos\phi \end{bmatrix} \tag{11. A. 2}$$

式中: θ 和 ϕ 为图 11. 3 中所定义的欧拉角。

另外,式(11. 43)和式(11. 44)中的转换矩阵 $\boldsymbol{R}_2$ 可以根据如下关系式得到:

$$\boldsymbol{R}_1^{-1}=\boldsymbol{R}_2^{\mathrm{T}},\boldsymbol{R}_2^{-1}=\boldsymbol{R}_1^{\mathrm{T}} \tag{11. A. 3}$$

11. B　粒子填充聚合物的增强效应分析

11. B. 1　基础知识

这里利用 Smallwood(1944)给出的方法分析带有实体粒子填充物的聚合物复合材料的增强效应,目的是确定粒子尺寸和体积百分比对复合材料的模量的影响。

不妨考虑在一种各向同性聚合物基体中置入半径为 R 的刚性球状粒子填料,且基体的储能模量是已知的,如图 11. B. 1 所示。当该复合材料受到 y 方向上的单向拉力 T 作用时,可以确定粒子附近的变形和应力情况。根据弹性理论给出的平衡方程(例如 Barber,2010),有

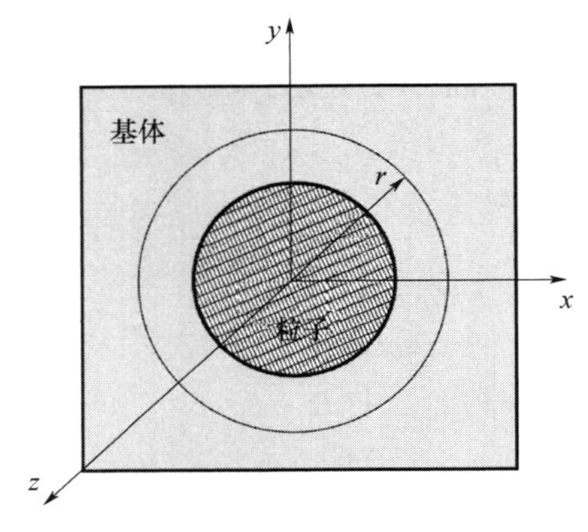

图 11. B. 1 带有填料粒子的聚合物

$$\frac{\lambda+\mu}{\mu}\frac{\partial\Delta}{\partial x}+\nabla^2 u=0,\frac{\lambda+\mu}{\mu}\frac{\partial\Delta}{\partial y}+\nabla^2 v=0,\frac{\lambda+\mu}{\mu}\frac{\partial\Delta}{\partial z}+\nabla^2 w=0 \tag{11. B. 1}$$

式中:u、v 和 w 分别为 x、y 和 z 方向上的变形; Δ 为体积应变($\Delta=\varepsilon_{xx}+\varepsilon_{yy}+\varepsilon_{zz}$); ∇为拉普拉斯算子。可以注意到,式(11. B. 1)是以拉梅常数 λ 和 μ 的形式表示的,这些拉梅常数跟杨氏模量 E 与泊松比 ν 之间具有如下关系(Reddy,2013):

$$E=\mu(3\lambda+2\mu)/(\lambda+\mu),\nu=\lambda/[2(\lambda+\mu)] \tag{11. B. 2}$$

此外,拉梅常数也可以表示为如下形式:

$$\lambda=\frac{E}{(1+\nu)(1-2\nu)},\mu=G \tag{11. B. 3}$$

式中:G 为剪切模量。

式(11. B. 1)还应满足如下边界条件的要求。

在 $r=R$ 处有:

$$u=v=w=0\ (\text{因为粒子是刚性的}) \tag{11. B. 4}$$

在 $r=\infty$处有:

$$u=-\frac{\lambda T}{2\mu(3\lambda+2\mu)}=-Cx \tag{11.B.5}$$

$$v=\frac{(\lambda+\mu)T}{\mu(3\lambda+2\mu)}y=Ay \tag{11.B.6}$$

$$w=-\frac{\lambda T}{2\mu(3\lambda+2\mu)}z=-Cz \tag{11.B.7}$$

$r=\infty$处的边界要求是指，在远离粒子的位置处，变形(u,v,w)仅仅是由拉力T所导致的。

针对上述边界条件求解式(11.B.1)，不难得到如下解：

$$u=-[C(1-\bar{r}^{-3})-B\bar{r}^{-3}(1-\bar{r}^{-2})(1-5\bar{y}^2/\bar{r}^2)]x \tag{11.B.8}$$

$$v=[A(1-\bar{r}^{-3})-B\bar{r}^{-3}(1-\bar{r}^{-2})(3-5\bar{y}^2/\bar{r}^2)]y \tag{11.B.9}$$

$$w=-[C(1-\bar{r}^{-3})-B\bar{r}^{-3}(1-\bar{r}^{-2})(1-5\bar{y}^2/\bar{r}^2)]z \tag{11.B.10}$$

式中：$\bar{r}=r/R, r^2=x^2+y^2+z^2; \bar{y}=y/R; B=\frac{3}{4}\frac{T}{\mu}\frac{\lambda+\mu}{3\lambda+8\mu}$。

若假定复合结构的泊松比接近于聚合物的泊松比(约为0.5)，那么式(11.B.2)可以改写为

$$\nu=1/[2(1+\mu/\lambda)]\rightarrow\nu\approx1/2\ (若\mu/\lambda\approx0) \tag{11.B.11}$$

对于这一极限情形($\mu/\lambda\approx0$)，参数A、B和C可以简化为

$$A=\frac{1}{3}\frac{T}{\mu}, B=\frac{1}{4}\frac{T}{\mu}, C=\frac{1}{6}\frac{T}{\mu} \tag{11.B.12}$$

为了定量刻画粒子填充物的影响，需要先确定出应变能函数W_T，它可由下式给出：

$$W_T=\int_V W\mathrm{d}V=\frac{T^2}{2\mu}\left[\frac{1}{3}\left(V-\frac{4}{3}\pi R^3N\right)+\frac{1}{2}\frac{4}{3}\pi R^3N\right] \tag{11.B.13}$$

式中：N为粒子数量；V为聚合物和粒子的总体积。

于是，单位体积的应变能应为

$$\overline{W}_T=\frac{T^2}{2}\frac{1}{3\mu}\left(1+\frac{1}{2}v\right) \tag{11.B.14}$$

式中：v为粒子的体积百分数。

将式(11.B.3)和式(11.B.12)代入式(11.B.14)可得

$$\overline{W}_T=\frac{T^2}{2}\frac{1}{3\mu}\left(1+\frac{1}{2}v\right)=\frac{AT}{2}\left(1+\frac{1}{2}v\right)=\frac{A^2(T/A)}{2}\left(1+\frac{1}{2}v\right)$$

$$= \frac{A^2 3\mu}{2}\left(1 + \frac{1}{2}v\right) = \frac{A^2 3G}{2}\left(1 + \frac{1}{2}v\right) = \frac{A^2 E}{2}\left(1 + \frac{1}{2}v\right) \qquad (11.B.15)$$

考虑到填料粒子的影响,需要通过对式(11. B. 7)进行修正来得到任意点处的变形 w,其形式如下:

$$w = \bar{A}z \qquad (11.B.16)$$

式(11. B. 16)中的 $\bar{A}$ 计入了粒子的影响,可以表示为(Smallwood,1944)

$$\bar{A} = A(1 - v) \qquad (11.B.17)$$

因此,相关的单位体积应变能也就可以写为

$$\overline{W}_{\mathrm{T}}^{\mathrm{c}} = \frac{\bar{A}^2 E_{\mathrm{c}}}{2} = \frac{A^2(1 - v)^2 E_{\mathrm{c}}}{2} \qquad (11.B.18)$$

令式(11. B. 15)和式(11. B. 18)等效,有

$$\frac{A^2 E}{2}(1 + v) = \frac{A^2(1 - v)^2 E_{\mathrm{c}}}{2}$$

即

$$E_{\mathrm{c}} = \frac{E(1 + v)}{(1 - v)^2} \qquad (11.B.19)$$

将式(11. B. 19)展开成一阶泰勒级数形式,不难得到:

$$E_{\mathrm{c}} = E(1 + 2.5v) \qquad (11.B.20)$$

Song 和 Zheng(2016)对其他数学模型进行了归纳总结,它们都是致力于改进 Smallwood 所给出的式(11. B. 20)的近似精度,主要是通过增加高阶项这一途径来进行的,所构建的二阶泰勒级数展开式中的二阶系数从 2. 5~15. 6 不等。这里仅介绍一种常用的情形(用于反映增强效应),即

$$E_{\mathrm{c}} = E(1 + 2.5v + 14.1v^2) \qquad (11.B.21)$$

这一关系式最早是由 Smallwood(1944)给出的,后来 Guth(1945)对其进行过修正。

思考题

11. 1　考虑图 P11. 1 所示的电路,该电路是对 CB/聚合物复合材料在渗滤区域中(图 11. 28)的动态响应的模拟。试说明该电路的电阻抗 Z 可以表示为 $Z = Z_1 + \mathrm{i}Z_2$,其中的 Z_1 和 Z_2 分别代表了阻抗的实部和虚部,且有 $Z_1 = R_{\mathrm{a}} +$

$\frac{R_c}{1+\omega^2 R_c^2 C_s^2}$，$Z_2 = -\omega \frac{R_c^2 C_s}{1+\omega^2 R_c^2 C_s^2}$。进一步，通过消去 Z_1 和 Z_2 中的频率参数 ω，试说明图 P11.2 所示的 Cole-Cole 图所对应的关系式可以写为：$(\bar{Z}_1 - r_0)^2 + (\bar{Z}_2)^2 = 1$，其中的 $\bar{Z}_1 = \frac{Z_1}{R_c/2}$，$\bar{Z}_2 = \frac{Z_2}{R_c/2}$，$r_0 = 2\bar{R} + 1$，$\bar{R} = \frac{R_a}{R_c}$。

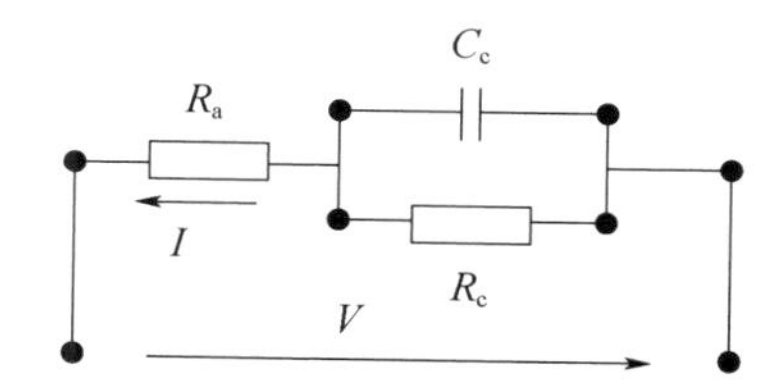

图 P11.1　炭黑/聚合物复合材料在渗滤区的电路模拟

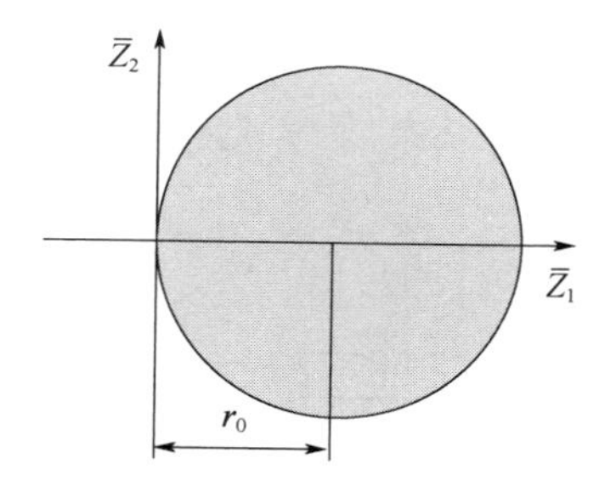

图 P11.2　CB/聚合物复合材料电阻抗特性的 Cole-Cole 图

11.2　考虑图 P11.3(a)所示的复合结构，该结构是由两种组分 A 和 B 以方形阵列形式组成的，组分 A 是聚合物基体，其中置入了组分 B(粒子)。图 P11.3(b)示出了这些粒子的结构，可以将它们视为正弹簧(k_{21}，k_{22})、负弹簧(k_{31}，k_{32})，以及阻尼器(c_{21}，c_{22})的组合(Prasad 和 Diaz，2007b)。聚合物基体 A 的刚度矩阵 $\boldsymbol{C}_A$ 可以表示为如下形式(二维平面应变状态)：

$$\boldsymbol{C}_A = \frac{E_A^*}{(1+\upsilon_A)(1-2\upsilon_A)} \begin{bmatrix} 1-\upsilon_A & \upsilon_A & 0 \\ \upsilon_A & 1-\upsilon_A & 0 \\ 0 & 0 & \frac{1}{2}(1-2\upsilon_A) \end{bmatrix}$$

式中：E_A^* 和 υ_A 分别为聚合物的复模量和泊松比。此处可以假定 $E_A^* = E_A(1+\mathrm{i})$，$E_A$ 可为任意值，而 $\upsilon_A = 0.4995$。

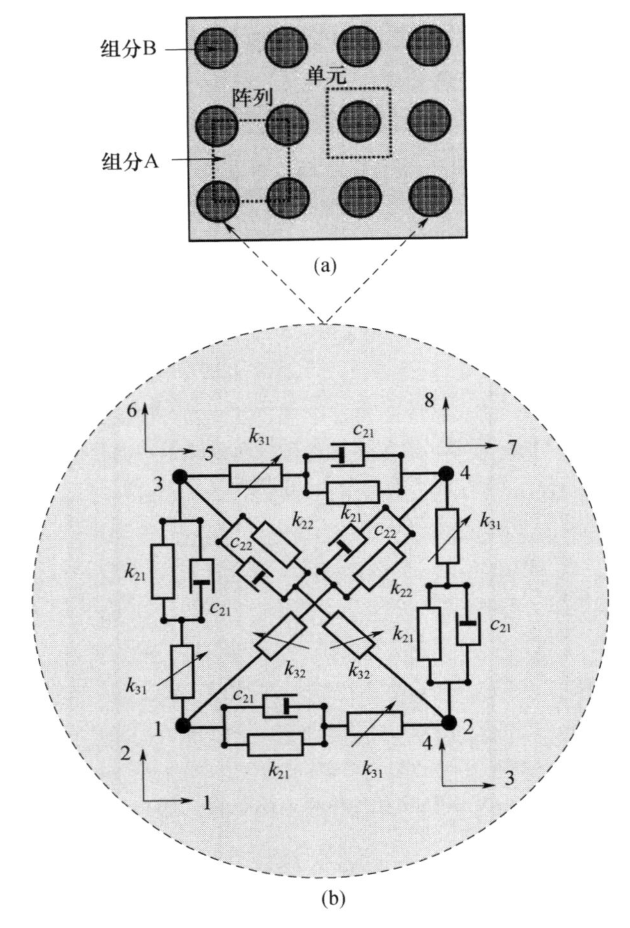

图 P11.3　具有正负刚度元件和阻尼元件的复合结构

试说明对于图 P11.3 所示的布置形式，组分 B 的复模量刚度矩阵（$\boldsymbol{C}_{\mathrm{B}}$）可以表示为

$$\boldsymbol{C}_{\mathrm{B}}=\begin{bmatrix} f_{11} & f_{12} & 0 \\ f_{21} & f_{22} & 0 \\ 0 & 0 & f_{33} \end{bmatrix}$$

式中：分量 f_{11} 为方向 6 和方向 8 上的反作用力，可以通过限制自由度 1~5 和 7 而在自由度 6 和 8 上施加单位位移这一方式来确定，由此可得 $f_{11}=2s_1+s_2=f_{22}$；f_{12} 为自由度 1 和 5 上的反作用力，可以通过限制自由度 2~4、6~8 并在自由度 1 和 5 上施加单位位移来确定，由此可得 $f_{12}=s_2=f_{21}$；f_{33} 为自由度 5 和 7 上的反作

用力,可以通过限制自由度 1~4 和 6~8 并在自由度 5 和 7 上施加单位位移来确定,由此可得 $f_{33}=s_2$。这里的 $s_1=\dfrac{k_{31}(k_{21}+\mathrm{i}\omega c_{21})}{k_{31}+k_{21}+\mathrm{i}\omega c_{21}}, s_2=\dfrac{k_{32}(k_{22}+\mathrm{i}\omega c_{22})}{k_{32}+k_{22}+\mathrm{i}\omega c_{22}}$。

进一步,若假定组分 B 的刚度矩阵代表的是一种各向同性介质,试说明此时应有 $\boldsymbol{v}_{\mathrm{B}}=\dfrac{1}{4}, E_{\mathrm{B}}^{*}=\dfrac{5}{2}s_1=\dfrac{5}{2}s_2, s_1=s_2$。如果设定 $k_{22}=k_{21}$、$k_{32}=k_{31}$、$c_{21}=c_{22}$ 以使 $s_1=s_2$,且令 $c_{21}/k_{21}=2\times10^{-4}$,试说明当 $k_{21}=8.45E_{\mathrm{A}}$ 和 $k_{31}=-0.304k_{21}$ 时,组分 B 的复模量可由下式给出:

$$E_{\mathrm{B}}^{*}/E_{\mathrm{A}}=-6.42\frac{1+0.0002\omega\mathrm{i}}{0.696+0.0002\omega\mathrm{i}}$$

11.3　考虑图 P11.3(a)所示的复合结构,其中的两种组分 A 和 B 的特性由刚度矩阵 $\boldsymbol{C}_{\mathrm{A}}$ 和 $\boldsymbol{C}_{\mathrm{B}}$ 描述。试确定等效的无量纲储能模量 E^{*}/E_{A} 和损耗因子 η/η_{A} 随频率的变化情况,此处的组分 B 的体积百分数设定为 $v_{\mathrm{B}}=0.15$;将所得到的结果跟与正值 $k_{31}=0.304k_{21}$ 对应的结果进行比较;试说明 11、12 和 33 方向上的储能模量和损耗因子可以分别表示为图 P11.4(a)~(c)的形式,且带有负值 k_{31} 的复合结构的储能模量要低于带有正值 k_{31} 的情况,而前者中的损耗因子更大一些。

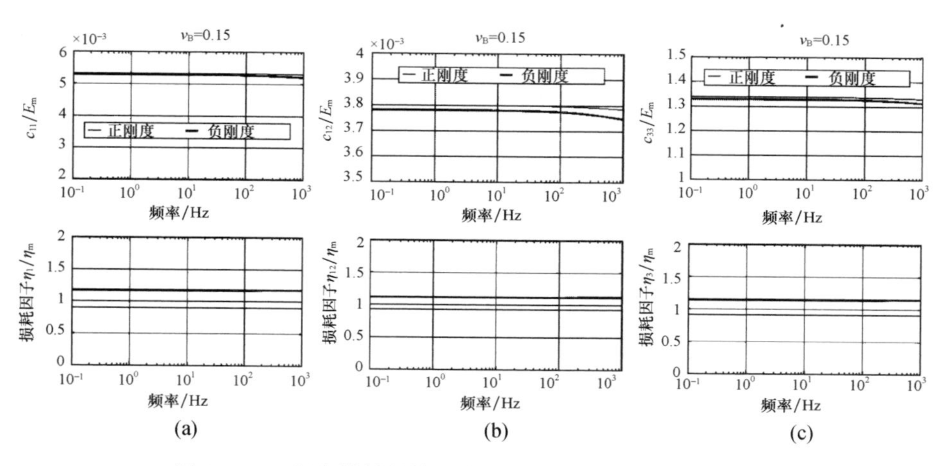

图 P11.4　复合材料的储能模量和损耗因子随频率的变化

这里需要注意的是,对于这种二维复合结构来说,相关的 Eshelby 应变张量可以表示为(Marenic 等人,2015)

$$\boldsymbol{S}=\begin{bmatrix} S_{1111} & S_{1122} & \\ S_{2211} & S_{2222} & \\ & & 2S_{1212} \end{bmatrix}$$

式中：$S_{1111}=A(3+\gamma)=S_{2222}$；$S_{1122}=A(1-\gamma)=S_{2211}$；$S_{1212}=A(1+\gamma)$，$A=1/[8(1-v)]$，$\gamma=2(1-2v)$。

11.4 考虑在 HDPE 中置入 CB 粒子所形成的一种复合材料，试针对不同的体积百分数情形确定其增强效应。这里可以利用 CB/聚合物复合材料的 RVE 有限元模型，图 P11.5(a)中给出了该复合材料(六边形阵列形式)的一个单元情况。聚合物和 CB 的特性可以参见例 11.4，RVE 的几何参数如图 P11.5(b)所示。

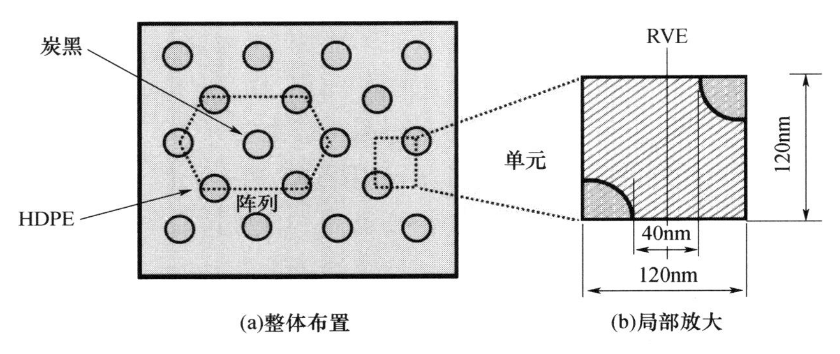

图 P11.5 六边形阵列布置的聚合物复合材料

11.5 考虑图 P11.6 所示的聚合物/六边形夹杂物这一复合结构，它是以方形阵列形式构造而成的，参见图 P11.6(a)，图 P11.6(b)中示出了 RVE 的几何参数情况。根据 Gonella 和 Ruzzene(2008)的工作，这些夹杂物的力学特性可由下式给出：

$$\frac{E_1}{E_B}=\beta^3\frac{\cos\theta}{(\alpha+\sin\theta)\sin^2\theta},\frac{E_2}{E_B}=\beta^3\frac{\alpha+\sin\theta}{\cos^3\theta}$$

$$\frac{G_{12}}{E_B}=\beta^3\frac{\alpha+\sin\theta}{\alpha^2(1+2\alpha)\cos\theta},\boldsymbol{v}_{12}=\frac{\cos^2\theta}{(\alpha+\sin\theta)\sin\theta}$$

式中：$\alpha=H/L$；$\beta=h/L$。

这里假定聚合物的杨氏模量 E_A 和泊松比 $\boldsymbol{v}_A$ 分别为 10MPa 和 0.49，而夹杂物的杨氏模量 E_B 和泊松比 $\boldsymbol{v}_B$ 分别为 210GPa 和 0.30。如果 $\alpha=1$、$\beta=1/15$ 且 $\theta=30°$，试基于图 P11.7 所示的方形阵列的有限元网格，说明该复合结构的等

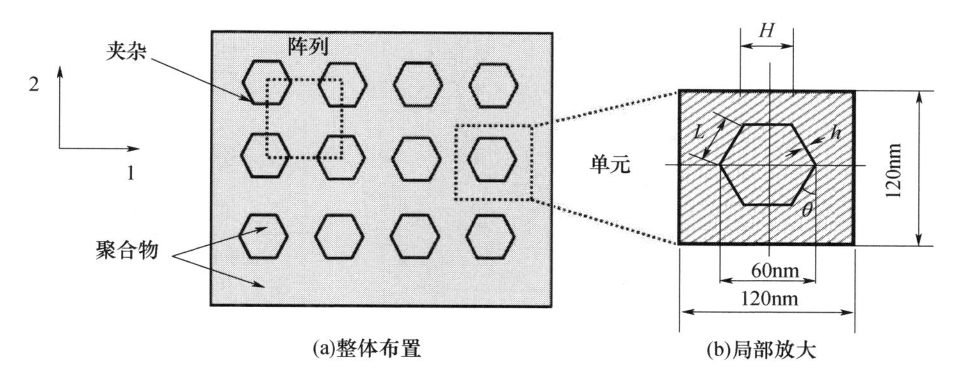

图 P11.6　方形阵列布置的聚合物复合材料

效无量纲模量 c_{ij}/E_A 应为

$c_{11}/E_A = 604.69, c_{21}/E_A = 96.35, c_{31}/E_A = 81.09, c_{12}/E_A = 5.36,$

$c_{22}/E_A = 5.66, c_{32}/E_A = 5.39, c_{13}/E_A = 5.03, c_{23}/E_A = 4.98, c_{33}/E_A = 5.40$

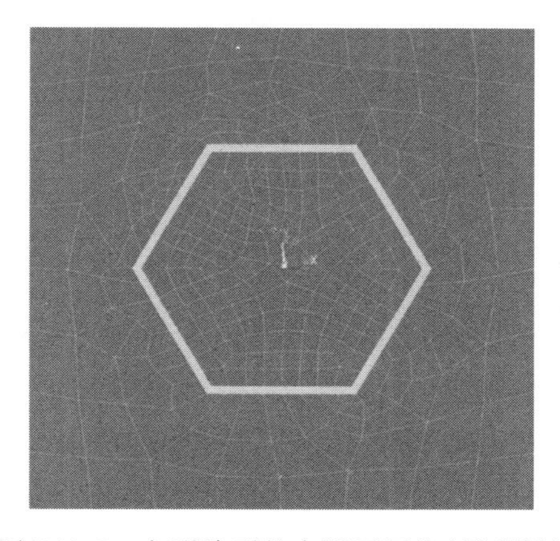

图 P11.7　方形阵列的有限元网格(见彩插)

11.6　考虑图 P11.8 所示的带有六边形夹杂物(内部带有嵌入式质量)的聚合物复合结构(方形阵列),RVE 的几何参数可以参见图 P11.8(b)。假定聚合物的杨氏模量 E_A 和泊松比 υ_A 分别为 10MPa 和 0.49,而夹杂物的杨氏模量 E_B 和泊松比 υ_B 分别为 210GPa 和 0.30。此外,嵌入式质量是直径为 20nm 的钢柱。如果 $\alpha = 1, \beta = 1/15, \theta = 30°$,试说明该复合结构的等效无量纲模量 c_{ij}/E_A(利用 ANSYS 对图 P11.9 所示的 RVE 进行分析)应为

$c_{11}/E_A = 1294.24, c_{21}/E_A = 335.84, c_{31}/E_A = 190.57, c_{12}/E_A = 5.36,$

$c_{22}/E_A = 5.66, c_{32}/E_A = 5.39, c_{13}/E_A = 5.03, c_{23}/E_A = 4.98, c_{33}/E_A = 5.40$

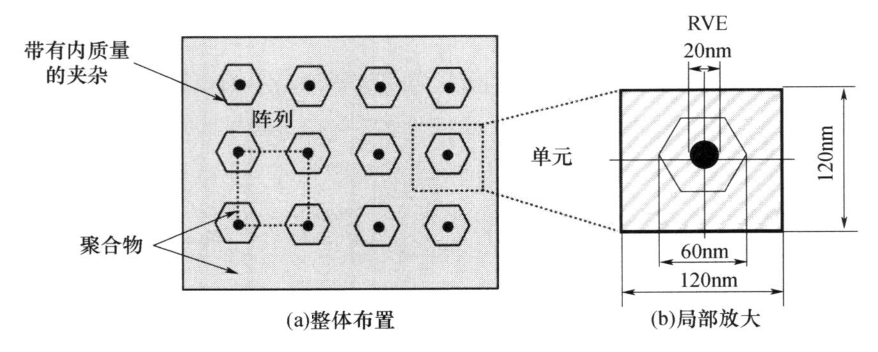

图 P11.8　带有六边形夹杂(含嵌入式质量)的聚合物复合材料

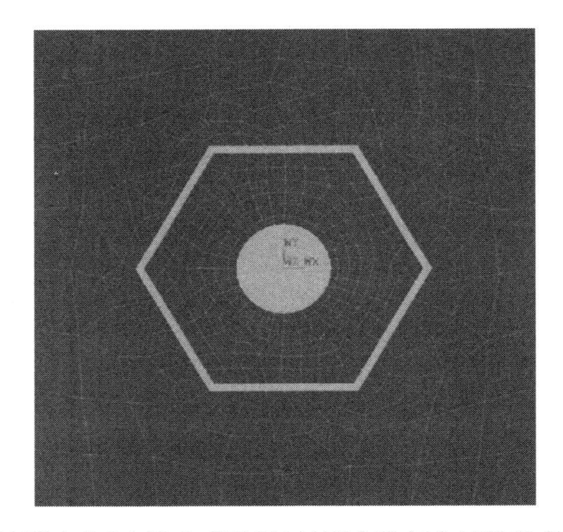

图 P11.9　带有六边形夹杂(含嵌入式质量)的聚合物复合材料的有限元网格(见彩插)

11.7　考虑图 P11.10 所示的由凹六边形夹杂物和聚合物构成的复合结构(方形阵列),RVE 的几何参数可以参见图 P11.10(b)。

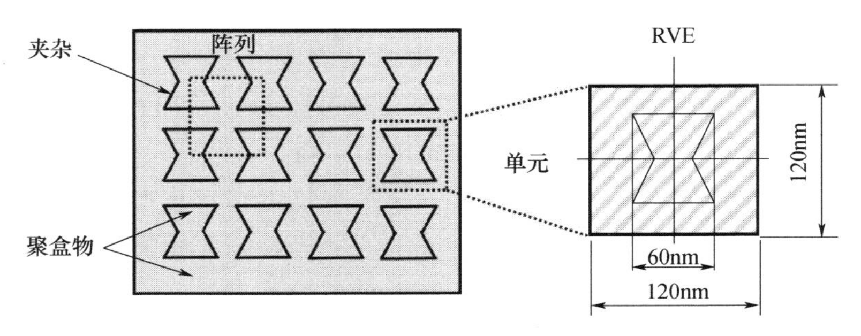

图 P11.10　带有凹六边形夹杂的聚合物复合材料

假定聚合物的杨氏模量 E_A 和泊松比 υ_A 分别为 10MPa 和 0.49，而夹杂物的杨氏模量 E_B 和泊松比 υ_B 分别为 210GPa 和 0.30。如果 $\alpha=1,\beta=1/15,\theta=30°$，试说明该复合结构的等效无量纲模量 c_{ij}/E_A（利用 ANSYS 对图 P11.11 所示的 RVE 进行分析）应为

$c_{11}/E_A = 555.94, c_{21}/E_A = 84.01, c_{31}/E_A = 93.15, c_{12}/E_A = 5.35$,

$c_{22}/E_A = 5.66, c_{32}/E_A = 5.39, c_{13}/E_A = 5.05, c_{23}/E_A = 4.97, c_{33}/E_A = 5.44$

11.8 考虑图 P11.12 所示的带有凹六边形夹杂(带有嵌入式质量)的聚合物复合结构(方形阵列)，RVE 的几何参数可以参见图 P11.12(b)。

假定聚合物的杨氏模量 E_A 和泊松比 υ_A 分别为 10MPa 和 0.49，而夹杂物的杨氏模量 E_B 和泊松比 υ_B 分别为 210GPa 和 0.30。此外，嵌入式质量是直径为 20nm 的钢柱。如果 $\alpha=1,\beta=1/15,\theta=30°$，试说明该复合结构的等效无量纲模量 c_{ij}/E_A（利用 ANSYS 对图 P11.13 所示的 RVE 进行分析）应为

$c_{11}/E_A = 630.04, c_{21}/E_A = 102.78, c_{31}/E_A = 85.15, c_{12}/E_A = 5.33$,

$c_{22}/E_A = 5.64, c_{32}/E_A = 5.25, c_{13}/E_A = 5.01, c_{23}/E_A = 4.93, c_{33}/E_A = 5.38$

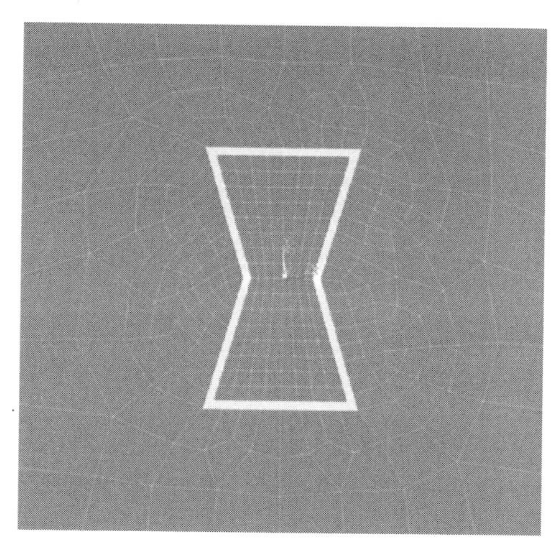

图 P11.11 带有凹六边形夹杂的聚合物复合材料的有限元网格(见彩插)

11.9 针对一种由树脂基体(Hercules 3501-6)(Lesieutre 等人，1993)、多壁碳纳米管(MWCNT)粒子，以及压电粒子(Noliac-PCM51)所构成的混合型复合结构，分析其力学特性。这 3 种组分介质的物理特性见表 11.3。树脂的泊松比为 0.38，MWCNT 粒子的体积百分数为 0.20。这里假定压电粒子是整齐排列的。试考察 PCM51 的体积百分数、纵横比和分流频率对该混合型复合结构的

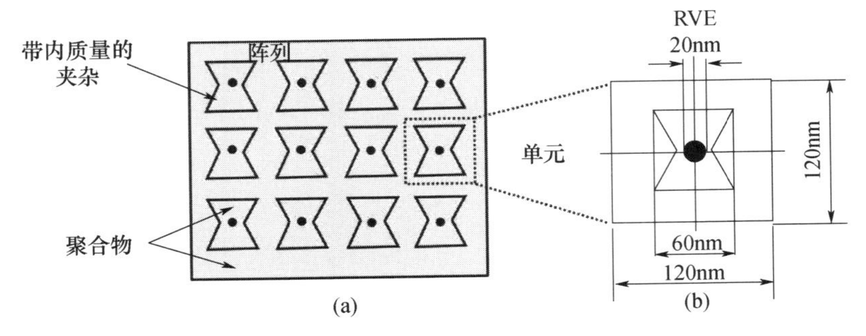

图 P11.12 带有凹六边形夹杂(含嵌入式质量)的聚合物复合材料

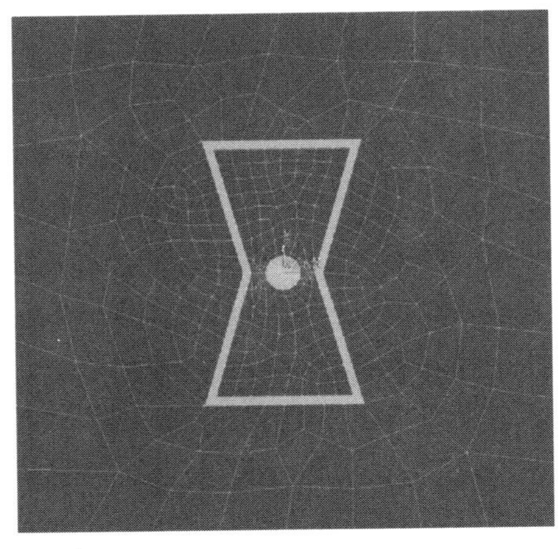

图 P11.13 带有凹六边形夹杂(含嵌入式质量)的聚合物复合材料的有限元网格(见彩插)

弹性模量与损耗因子的影响(参考 11.6.3 节),并讨论采用 CB 替代 MWCNT 作为导电粒子时会产生何种区别。

11.10 针对一种由树脂基体(Hercules 3501-6)(Lesieutre 等人,1993)、多壁碳纳米管(MWCNT)粒子,以及压电粒子(PZT5H)所构成的混合型复合结构,分析其力学特性。这 3 种组分介质的物理特性见表 11.3。树脂的泊松比为 0.38,MWCNT 粒子的体积百分数为 0.20。这里假定压电粒子是整齐排列的。试考察 PZT5H 的体积百分数、纵横比和分流频率对该混合型复合结构的弹性模量与损耗因子的影响(参考 11.6.3 节),并讨论采用 PCM51 替代 PZT5H 作为压电粒子时会产生何种区别。

第 12 章 阻尼结构中的功率流

12.1 引 言

近年来,人们针对振动结构内的功率流和能量传输路径进行了大量的定量分析,这些研究工作对于为相关结构设计恰当的被动式或主动式振动控制系统来说是十分必要的。一般而言,此类振动控制系统主要致力于调整能量的传输路径,使之位于振动结构的非关键区域,或者将重点放在如何使得从扰动区域辐射出的功率流达到最小化。

在振动结构的功率流分析方面,目前已经存在若干种方法,其中比较突出的包括:统计能量分析(SEA)方法(Lyons,1975)、有限元方法(FEM)(Garvic 和 Pavic,1993;Pavic,1987,1990,2005;Alfredsson,1997;Alfredsson 等人,1996)、热传导模拟有限元方法(Nefske 和 Sung,1987;Wohlever 和 Bernhard,1992;Bouthier 和 Bernhard,1995),以及各种各样的实验方法(Noiseux,1970;Pavic,1976;Williams 等人,1985;Williams,1991;Linjama 和 Lahti,1992;Gibbs 等人,1993;Halkyard 和 Mace,1995)。关于结构的功率流问题,Mandal 等人(2003)、Mandal 和 Biswas(2005)曾经做过相当全面而重要的回顾,感兴趣的读者可以参阅。

这里需要指出的是,对于高频范围内的空间平均功率流计算来说,SEA 方法是特别合适的,而经典的 FEM 更加适用于低频段功率流空间分布的计算。对于中等频率情况,热传导模拟有限元方法则要更准确一些,这一点已经在梁、膜和板等结构物的功率流分析中得到了体现。

我们将重点讨论经典的 FEM,将其作为一个基本的计算工具来考察结构中的功率流情况,并将把这一方法的预测精度跟经典的分布参数方法(Wohlever 和 Bernhard,1992)所给出的结果加以对比验证。此外,我们也将特别关注阻尼结构中的功率流控制问题。

12.2 振动功率

12.2.1 基本定义

考虑由如下动力学方程所描述的一个振动结构：

$$\boldsymbol{M}\ddot{\boldsymbol{X}} + \boldsymbol{C}\dot{\boldsymbol{X}} + \boldsymbol{K}\boldsymbol{X} = \boldsymbol{F} \tag{12.1}$$

式中：$\boldsymbol{M}$、$\boldsymbol{C}$ 和 $\boldsymbol{K}$ 分别为质量矩阵、阻尼矩阵和刚度矩阵；$\boldsymbol{X}$ 和 $\boldsymbol{F}$ 分别为节点位移矢量和外载荷矢量。

在正弦型激励作用下，该结构的导纳 $\boldsymbol{Y}_F$ 可以表示为如下形式：

$$\boldsymbol{Y}_F = \dot{\boldsymbol{X}}/\boldsymbol{F} = \mathrm{i}\omega(\boldsymbol{K} + \mathrm{i}\omega\boldsymbol{C} - \omega^2\boldsymbol{M})^{-1} = \boldsymbol{G}_F + \mathrm{i}\boldsymbol{B}_F \tag{12.2}$$

式中：$\boldsymbol{G}_F$ 和 $\boldsymbol{B}_F$ 分别称为“电导”矩阵和“电纳”矩阵。

外载荷 $\boldsymbol{F}$ 提供的复数形式的振动功率 S_P 为

$$S_\mathrm{P} = \frac{1}{2}\boldsymbol{F}^*\dot{\boldsymbol{X}} = \frac{1}{2}\boldsymbol{F}\dot{\boldsymbol{X}}^* \tag{12.3}$$

式中：* 号代表的是埃尔米特转置运算，也就是同时进行转置和取复共轭。

根据式(12.2)可以将 $\dot{\boldsymbol{X}}$ 表示为

$$\dot{\boldsymbol{X}} = \boldsymbol{G}_F\boldsymbol{F} + \mathrm{i}\boldsymbol{B}_F\boldsymbol{F} \tag{12.4}$$

将式(12.4)代入式(12.3)可得

$$S_\mathrm{P} = \frac{1}{2}\boldsymbol{F}^*\boldsymbol{G}_F\boldsymbol{F} + \mathrm{i}\,\frac{1}{2}\boldsymbol{F}^*\boldsymbol{B}_F\boldsymbol{F} = P_F + \mathrm{i}Q_F \tag{12.5}$$

式中：

$$\begin{cases} P_F = \mathrm{real}(S_\mathrm{P}) = \dfrac{1}{2}\boldsymbol{F}^*\boldsymbol{G}_F\boldsymbol{F} \\ Q_F = \mathrm{imag}(S_\mathrm{P}) = \dfrac{1}{2}\boldsymbol{F}^*\boldsymbol{B}_F\boldsymbol{F} \end{cases} \tag{12.6}$$

式中：P_F 和 Q_F 分别为有功功率和无功功率。

12.2.2 与系统能量之间的关系

可以将式(12.2)改写为如下形式：

$$\boldsymbol{F} = \frac{1}{\mathrm{i}\omega}(\boldsymbol{K} + \mathrm{i}\omega\boldsymbol{C} - \omega^2\boldsymbol{M})\dot{\boldsymbol{X}}$$

于是有

$$\boldsymbol{F}^{*} = \frac{\mathrm{i}}{\omega}\dot{\boldsymbol{X}}^{*}(\boldsymbol{K} - \mathrm{i}\omega\boldsymbol{C} - \omega^{2}\boldsymbol{M})^{*} \tag{12.7}$$

由于 $\boldsymbol{M}$ 、$\boldsymbol{C}$ 和 $\boldsymbol{K}$ 这些矩阵都是实对称的,因而又有:

$$\boldsymbol{F}^{*} = \frac{\mathrm{i}}{\omega}\dot{\boldsymbol{X}}^{*}(\boldsymbol{K} - \mathrm{i}\omega\boldsymbol{C} - \omega^{2}\boldsymbol{M}) \tag{12.8}$$

根据式(12.3)和式(12.8),功率 S 就可以按照下式来确定了,即

$$\begin{aligned} S_{\mathrm{P}} &= \frac{1}{2}\boldsymbol{F}^{*}\dot{\boldsymbol{X}} \\ &= \frac{1}{2}\frac{\mathrm{i}}{\omega}\dot{\boldsymbol{X}}^{*}(\boldsymbol{K} - \mathrm{i}\omega\boldsymbol{C} - \omega^{2}\boldsymbol{M})\dot{\boldsymbol{X}} \\ &= \frac{1}{2}\dot{\boldsymbol{X}}^{*}\boldsymbol{C}\dot{\boldsymbol{X}} + \frac{1}{2}\omega(\boldsymbol{X}^{*}\boldsymbol{K}\boldsymbol{X} - \dot{\boldsymbol{X}}^{*}\boldsymbol{M}\dot{\boldsymbol{X}})\mathrm{i} \\ &= P_{F} + \mathrm{i}Q_{F} \end{aligned} \tag{12.9}$$

进而有

$$\begin{cases} P_{F} = \dfrac{1}{2}\dot{\boldsymbol{X}}^{*}\boldsymbol{C}\dot{\boldsymbol{X}} \\ Q_{F} = \dfrac{1}{2}\omega(\boldsymbol{X}^{*}\boldsymbol{K}\boldsymbol{X} - \dot{\boldsymbol{X}}^{*}\boldsymbol{M}\dot{\boldsymbol{X}}) = \omega(\mathrm{P.E} - \mathrm{K.E}) \end{cases} \tag{12.10}$$

式中:$\mathrm{P.E} = \frac{1}{2}\boldsymbol{X}^{*}\boldsymbol{K}\boldsymbol{X}$ 为势能;$\mathrm{K.E} = \frac{1}{2}\dot{\boldsymbol{X}}^{*}\boldsymbol{M}\dot{\boldsymbol{X}}$ 为动能。

从式(12.10)不难观察到,有功功率 P_F 取决于阻尼矩阵 $\boldsymbol{C}$,因而它描述了结构中耗散掉的功率;无功功率 Q_F 是跟势能与动能之差成比例的。

12.2.3　功率流的基本性质

性质 1:在系统的固有频率处,无功功率 Q_F 为零。

证明:式(12.10)可以改写为如下形式:

$$\begin{aligned} Q_{F} &= \frac{1}{2}\omega(\boldsymbol{X}^{*}\boldsymbol{K}\boldsymbol{X} - \dot{\boldsymbol{X}}^{*}\boldsymbol{M}\dot{\boldsymbol{X}}) \\ &= \frac{1}{2}\omega\boldsymbol{X}^{*}(\boldsymbol{K}\boldsymbol{X} - \omega^{2}\boldsymbol{M}\boldsymbol{X}) \end{aligned} \tag{12.11}$$

由此不难看出, $Q_F = 0$ 意味着 $\boldsymbol{K}\boldsymbol{X} = \omega^{2}\boldsymbol{M}\boldsymbol{X}$,即

$$\boldsymbol{M}^{-1}\boldsymbol{K}\boldsymbol{X} = \omega^{2}\boldsymbol{X} \tag{12.12}$$

式(12.12)实际上也就表明了 ω^2 是 $\boldsymbol{M}^{-1}\boldsymbol{K}$ 的特征值, $\boldsymbol{X}$ 是对应的特征

矢量。

根据这一结论可知,在共振频率处的总功率流就将只包含有功功率流成分 P_F 了,即

$$S_P = P_F = \frac{1}{2}\dot{\boldsymbol{X}}^* \boldsymbol{C}\dot{\boldsymbol{X}} \tag{12.13}$$

例 12.1 考虑由如下方程描述的弹簧-阻尼器-质量系统:

$$m\ddot{x} + c\dot{x} + kx = F$$

式中:m、c 和 k 分别为质量、阻尼系数和刚度系数。如果假定 F 为一个正弦型作用力,试确定这一系统的有功功率和无功功率。

[**分析**]

该系统的响应 x 可以表示为

$$\frac{x}{F} = \frac{1}{m(\omega_n^2 - \omega^2 + i2\zeta\omega\omega_n)}$$

式中:ω、ω_n 和 ζ 分别为激励频率、固有频率($\omega_n = \sqrt{k/m}$)和阻尼比($\zeta = c/(2m)\omega_n$)。

于是有

$$\frac{\dot{x}}{F} = \frac{i\omega}{m(\omega_n^2 - \omega^2 + i2\zeta\omega\omega_n)}$$

或者可以表示为

$$\dot{x} = \frac{F}{m\omega_n}\frac{i\Omega}{m(1 - \Omega^2 + i2\zeta\Omega)}$$

式中:$\Omega = \omega/\omega_n$。

进一步,可以得到功率的表达式为

$$S_P = \frac{F^2}{2m\omega_n}\left[\frac{2\zeta\Omega^2}{(1 - \Omega^2)^2 + (2\zeta\Omega)^2} + \frac{\Omega(1 - \Omega^2)}{(1 - \Omega^2)^2 + (2\zeta\Omega)^2}i\right] \tag{12.14}$$

由此可得

$$\begin{cases} P_F = \dfrac{F^2}{2m\omega_n}\dfrac{2\zeta\Omega^2}{(1 - \Omega^2)^2 + (2\zeta\Omega)^2} \\ Q_F = \dfrac{F^2}{2m\omega_n}\dfrac{\Omega(1 - \Omega^2)}{(1 - \Omega^2)^2 + (2\zeta\Omega)^2} \end{cases} \tag{12.15}$$

图 12.1 中示出了有功功率和无功功率随频率比 Ω 的变化情况,其中的相关参数分别设定为 $\zeta = 1$、$\omega_n = 1$、$m = 1$ 和 $F = 1$。不难观察到,当 $\Omega = 1$ 时(即系统处于共振状态),无功功率是等于零的,并且此时的有功功率达到了最

大值：

$$P_F = \frac{F^2}{4m\omega_n\zeta} \tag{12.16}$$

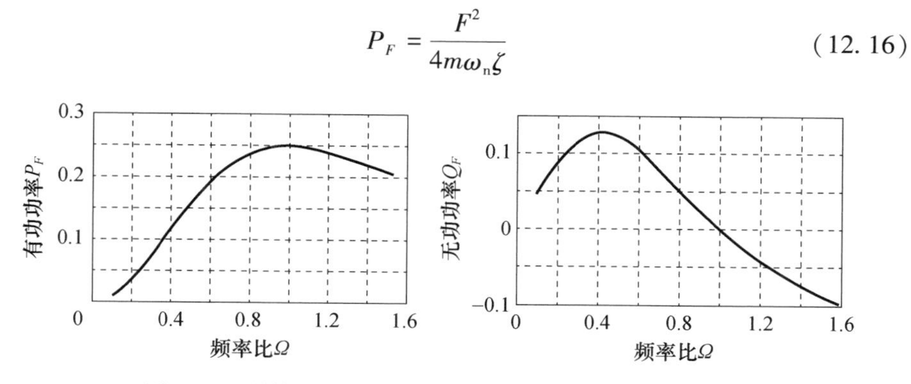

图 12.1　弹簧-阻尼器-质量系统的有功功率和无功功率

根据式(12.16)可以看出,对于给定的输入激励 F,当阻尼比 ζ 增大时,有功功率 P_F 是逐渐减小的。

例 12.2　考虑图 12.2 所示的多弹簧-阻尼器-质量系统,如果假定 $k=1$、$m=1$ 且阻尼矩阵是刚度矩阵的 0.1 倍,试确定当该系统中的第一个质量受到单位正弦力激励时,系统的有功功率和无功功率。

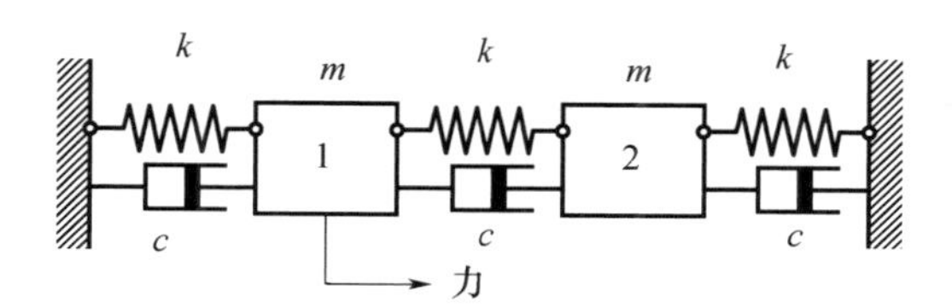

图 12.2　多弹簧-阻尼器-质量系统

［分析］

对于所给出的系统,其质量矩阵、刚度矩阵和阻尼矩阵分别可以表示为

$$\boldsymbol{M} = \begin{bmatrix} 1 & 0 \\ 0 & 1 \end{bmatrix}, \boldsymbol{K} = \begin{bmatrix} 2 & -1 \\ -1 & 2 \end{bmatrix}, \boldsymbol{C} = 0.1\begin{bmatrix} 2 & -1 \\ -1 & 2 \end{bmatrix}$$

此外,系统的响应 $\boldsymbol{X}$ 和 $\dot{\boldsymbol{X}}$ 可由下式给出:

$$\begin{cases} \boldsymbol{X} = \{x_1 \quad x_2\}^{\mathrm{T}} = (\boldsymbol{K} + \mathrm{i}\omega\boldsymbol{C} - \omega^2\boldsymbol{M})^{-1}\{1 \quad 0\}^{\mathrm{T}} \\ \dot{\boldsymbol{X}} = \{\dot{x}_1 \quad \dot{x}_2\}^{\mathrm{T}} = \mathrm{i}\omega(\boldsymbol{K} + \mathrm{i}\omega\boldsymbol{C} - \omega^2\boldsymbol{M})^{-1}\{1 \quad 0\}^{\mathrm{T}} \end{cases}$$

式中:x_1 和 x_2 分别为质量 1 和质量 2 的位移。

于是,有功功率和无功功率就可以根据下式来计算了,即

$$
\begin{cases}
P_F = \dfrac{1}{2}\dot{\boldsymbol{X}}^* \boldsymbol{C}\dot{\boldsymbol{X}} \\
Q_F = \dfrac{1}{2}\omega \boldsymbol{X}^* (\boldsymbol{K}\boldsymbol{X} - \omega^2 \boldsymbol{M}\boldsymbol{X})
\end{cases}
$$

图 12.3 示出了该系统的有功功率和无功功率随激励频率 ω 的变化情况。可以看出,该系统有两个特征值(1 和 3),与之对应的固有频率分别为 $1\mathrm{rad}\cdot\mathrm{s}^{-1}$ 和 $1.732\mathrm{rad}\cdot\mathrm{s}^{-1}$,在这两个固有频率处,无功功率都为零。

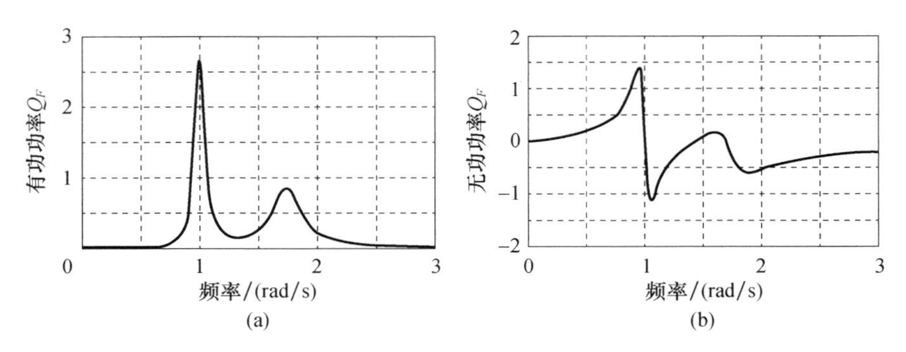

图 12.3　多弹簧-阻尼器-质量系统的有功功率和无功功率

12.3　梁中的振动功率流

对于梁来说,可以在全局坐标系下建立其有限元模型,在计入给定的边界条件之后将可得到总刚度矩阵 $\boldsymbol{K}$ 、总质量矩阵 $\boldsymbol{M}$ 和总阻尼矩阵 $\boldsymbol{C}$,进而不难计算出功率流情况。

利用所构建的有限元模型,结合施加的载荷矢量 $\boldsymbol{F}$,能够获得节点位移矢量 $\boldsymbol{X}$,即

$$
\boldsymbol{X} = (\boldsymbol{K} + \mathrm{i}\omega\boldsymbol{C} - \omega^2\boldsymbol{M})^{-1}\boldsymbol{F} \tag{12.17}
$$

式中: ω 为作用在梁上的正弦激励力频率。

根据这个节点位移矢量 $\boldsymbol{X}$,不难提取出每个单元的位移矢量 $\boldsymbol{X}^e$ ($e = 1,2,\cdots,N$,N 为单元总的数量)。这里的 $\boldsymbol{X}^e = \{w_i \quad w_{i,x} \quad w_j \quad w_{j,x}\}^{\mathrm{T}}$,其中的 w 和 $w_{,x}$ 分别为横向位移和转角,i 和 j 分别代表的是第 e 个单元中的节点编号,如图 12.4 所示。

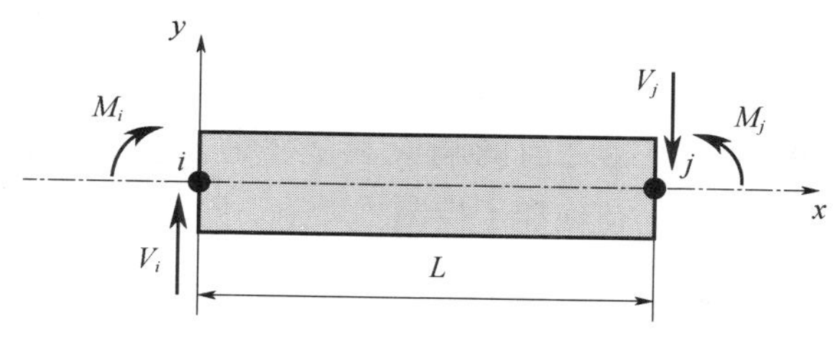

图 12.4　梁的有限单元

现在,可以确定出作用在第 e 个梁单元上的局部力矢量 $\boldsymbol{F}^e$,其表达式为

$$\boldsymbol{F}^e = (\boldsymbol{K}^e + \mathrm{i}\omega\boldsymbol{C}^e - \omega^2\boldsymbol{M}^e)\boldsymbol{X}^e \tag{12.18}$$

式中:$\boldsymbol{K}^e$、$\boldsymbol{C}^e$ 和 $\boldsymbol{M}^e$ 分别为第 e 个梁单元的刚度矩阵、阻尼矩阵和质量矩阵,其中的刚度矩阵和质量矩阵已经在第 4 章中给出。这里需要注意的是,$\boldsymbol{F}^e = \{V_i \quad M_i \quad V_j \quad M_j\}^{\mathrm{T}}$,其中的 V_i 和 M_i 分别为节点 i 上的剪力和弯矩,而 V_j 和 M_j 分别为节点 j 上的剪力和弯矩,如图 12.4 所示。

于是,第 e 个单元的功率流 S_{P}^e 也就可以表示为

$$S_{\mathrm{P}}^e = \frac{1}{2}\mathrm{i}\omega(V_i^* w_i + M_i^* w_{i,x}) = P_F^e + Q_F^e\mathrm{i} \tag{12.19}$$

式中:P_F^e 和 Q_F^e 分别为第 e 个单元的有功功率和无功功率。

例 12.3　如图 12.5 所示,考虑一根经过完全阻尼层(主动式约束层阻尼,ACLD)处理的钢制悬臂梁结构,基体梁和黏弹性材料以及压电约束层的物理特性与几何特性可以参见表 12.1 和表 12.2,黏弹性材料的剪切模量为 $G = 20(1+\mathrm{i})$ MPa。试确定该梁上的有功功率流分布情况(Alghamdi 和 Baz,2002)。

表 12.1　基体梁和黏弹性材料的物理参数

材料	长度/m	厚度/m	宽度/m	密度/(kgm^{-3})	杨氏模量/(MPa)
梁	0.5	0.0125	0.05	7800	210000
黏弹性材料	0.5	0.00625	0.05	1104	60

表 12.2　压电约束层的物理参数

长度/m	厚度/m	宽度/m	密度/(kgm^{-3})	杨氏模量/(MPa)	d_{31}/(m·V^{-1})	k_{31}	g_{31}/(VmN^{-1})	k_{3t}
0.5	0.0025	0.05	7600	63	1.86×10^{-10}	0.34	1.16	1950

[分析]

可以将该梁/ACLD 复合结构划分为 32 个有限单元,经过计算可知,未施加

控制之前的系统的固有频率(前 3 阶)分别为 48.9Hz、248.4Hz 和 667.8Hz。当系统受到单位横向载荷的作用时,其频率响应如图 12.6 所示,为了便于对比,该图中同时给出了施加控制之前的响应和基于速度反馈控制(增益为 K_D = 7.4)的响应结果。很明显,在施加了控制之后前 3 阶振动模式表现出了显著的衰减。

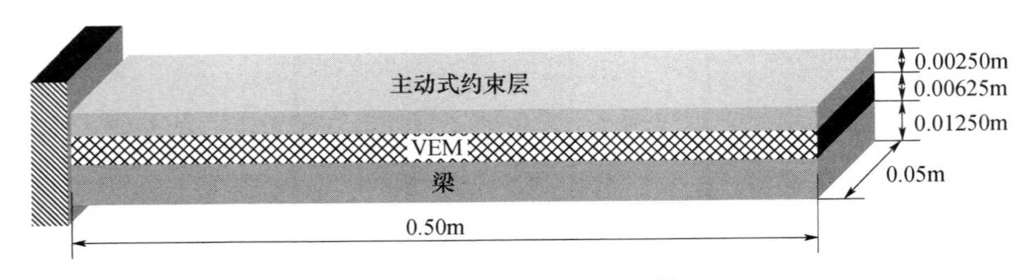

图 12.5 经过 ACLD 处理的梁结构

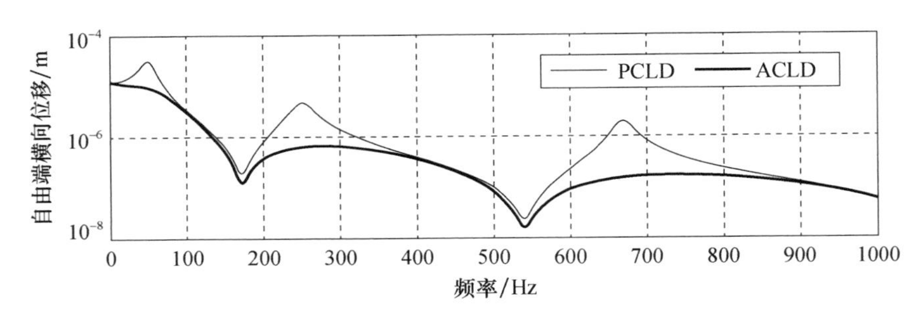

图 12.6 经过完全处理的梁结构的开环和闭环频率响应函数

图 12.7 进一步给出了有功功率流随激励频率的变化情况,从中不难发现,在共振频率点处该功率流将达到最大值。不仅如此,还可清晰地观察到,当采用了速度反馈控制之后,这一功率流出现了显著的降低,这主要是因为梁的振动发生了衰减。

针对 3 个不同的激励频率值(48.9Hz,248.4Hz 和 667.8Hz,对应于该复合结构的前 3 阶固有频率),图 12.8~图 12.10 分别给出了梁上的功率流情况。此外,在该图中我们还将开环(K_D = 0.0)特性和闭环(K_D = 7.4)特性进行了对比。值得特别注意的是,非常明显,任何振动模式处的功率流空间形态在一定程度上都是与该梁的对应的模态形状类似的。不仅如此,我们还可发现由于 ACLD 的控制作用(K_D = 7.4),净功率流出现了显著的降低。

另外,也可看出,所计算出的功率流分布结果跟基于 ANSYS 软件包得到的分析结果是相当吻合的。顺便提及的是,对于梁/被动式约束层阻尼(PCLD)系

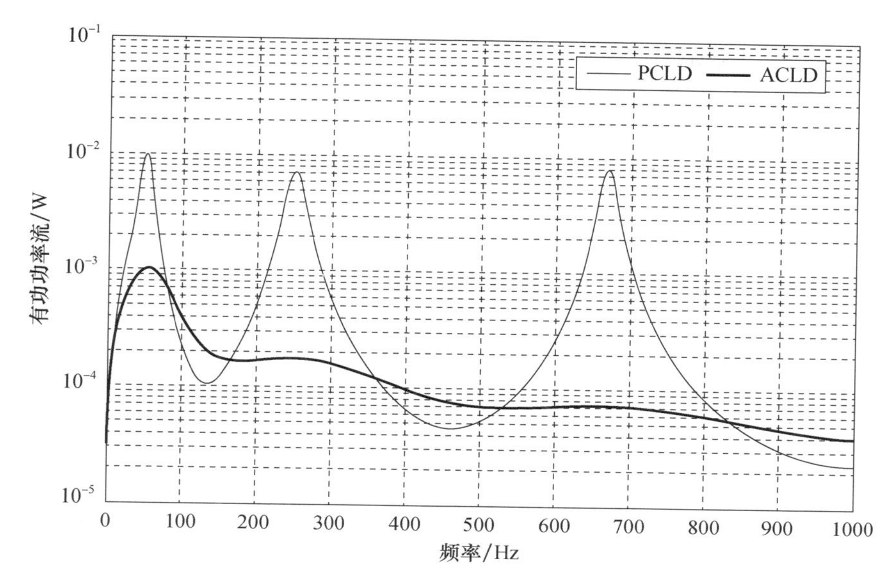

图 12.7　经过完全处理的梁结构的开环和闭环有功功率流

统的功率流计算,这里是根据附录 12.A 中给出的过程来进行的。

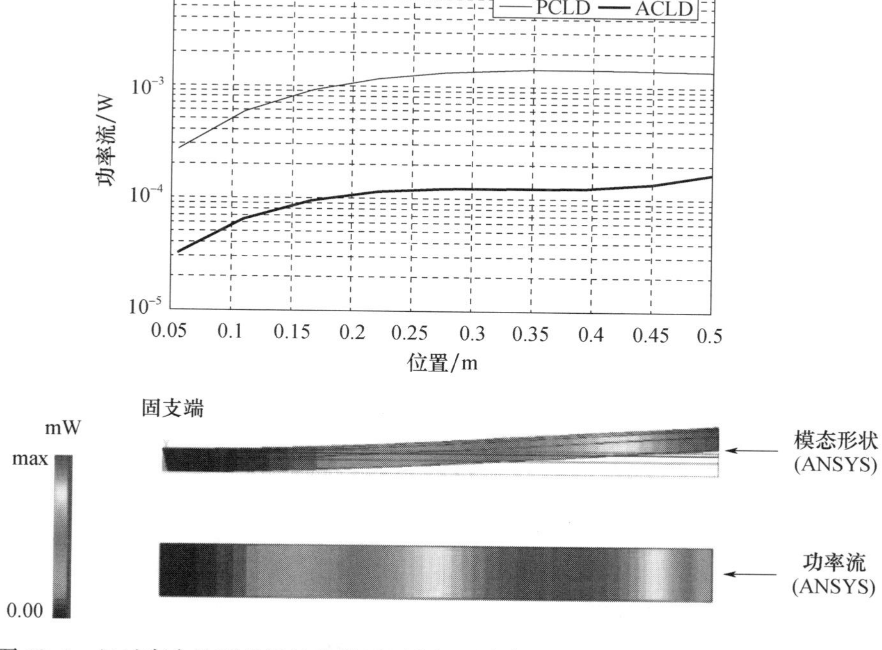

图 12.8　经过完全处理的梁结构的开环和闭环功率流(一阶模态处,48.9Hz)(见彩插)

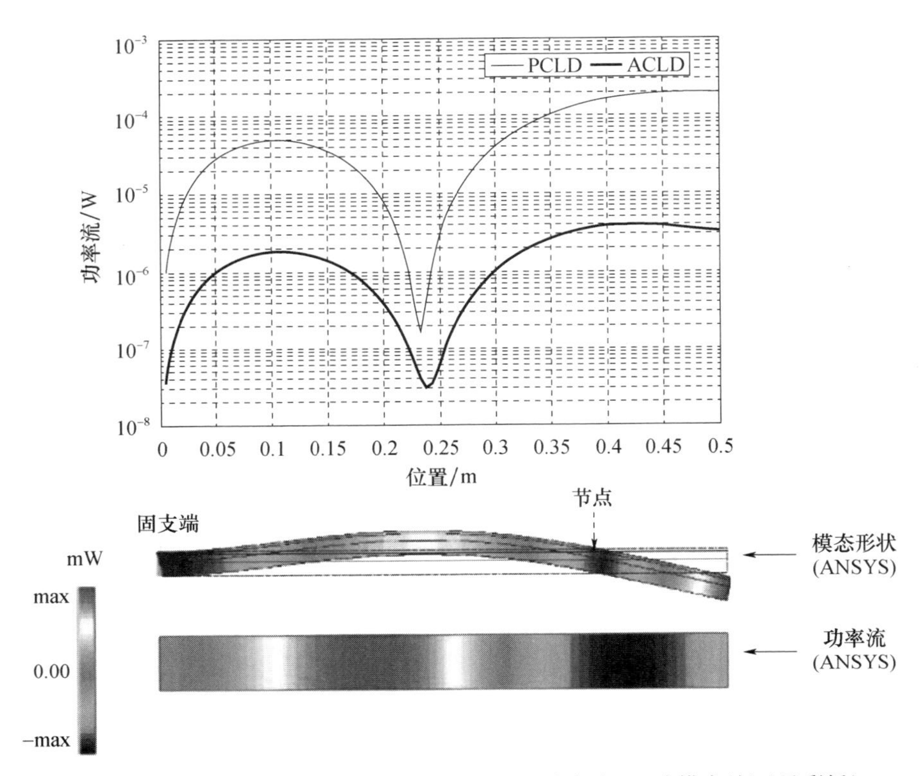

图 12.9 经过完全处理的梁结构的开环和闭环功率流(二阶模态处)(见彩插)

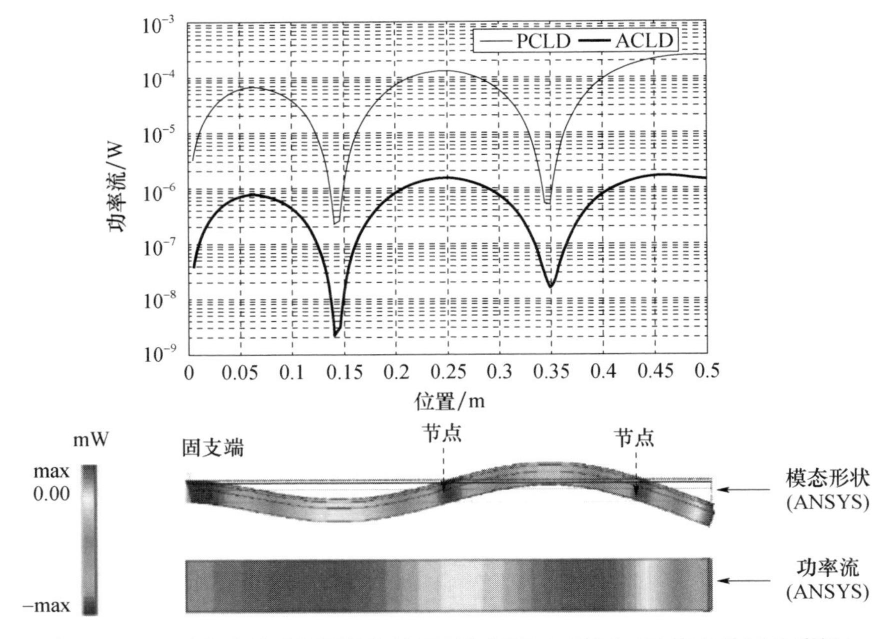

图 12.10 经过完全处理的梁结构的开环和闭环功率流(三阶模态处)(见彩插)

12.4 板的振动功率

12.4.1 振动板的基本方程

本节将主要介绍跟薄平板相关的一些基本振动方程,这些方程是建立在经典的 Kirchhoff 假设基础之上的(Rao,2007)。在这些假设中,板的厚度 h 是远小于板的长度(a)和宽度(b)的,而横向位移 w 则是跟 h 可比拟的。此外,这里还假定了该板的厚度是均匀的,并且关于中面是对称的,因而三维应力效应可以忽略不计。

图 12.11 给出了一块 Kirchhoff 板的原理简图,其中还示出了面内法向力 N_i 、面内剪力 N_{ij} 、弯矩 M_i 、扭矩 M_{ij} ,以及横向剪力 Q_i 。这些力和力矩的表达式分别如下(Rao,2007)。

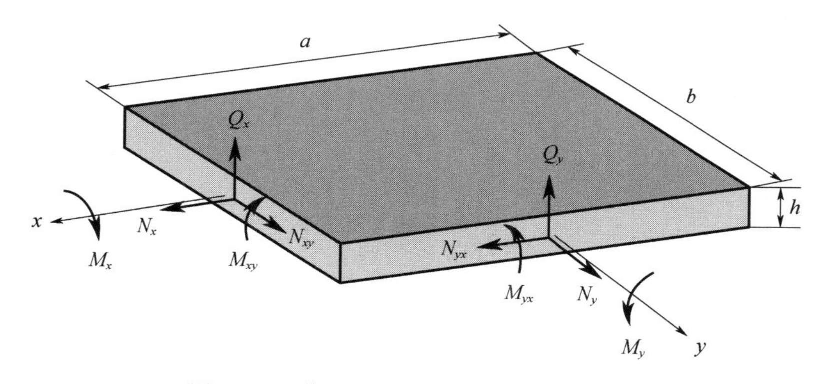

图 12.11　作用在 Kirchhoff 板上的力和力矩

1)面内法向力 N_i

$$\begin{cases} N_x = -\dfrac{1}{2}\dfrac{E}{1-\nu^2}zw_{,x}^2 - \dfrac{1}{2}\dfrac{\nu E}{1-\nu^2}zw_{,y}^2 \\ N_y = -\dfrac{1}{2}\dfrac{E}{1-\nu^2}zw_{,y}^2 - \dfrac{\nu E}{1-\nu^2}zw_{,x}^2 \end{cases} \tag{12.20}$$

式中:E 为板的杨氏模量;ν 为泊松比;z 为到中面的距离;$w_{,i}$ 为位移对坐标 $i(i=x,y)$ 的一阶偏导数。

2)面内剪力 N_{ij}

$$N_{xy} = N_{yx} = -2zGw_{,xy} \tag{12.21}$$

式中:G 为板的剪切模量;$w_{,xy}$ 为位移对 x 和 y 坐标的二阶偏导数。

3)弯矩 M_i

$$M_x = -D(w_{,xx} + \nu w_{,yy}),\ M_y = -D(w_{,yy} + \nu w_{,xx}) \tag{12.22}$$

式中:D 为板的横向刚度,即 $D = Eh^3/[12(1-\nu^2)]$ 。

4)扭矩 M_{ij}

$$M_{xy} = M_{yx} = -(1-\nu)Dw_{,xy} \tag{12.23}$$

5)横向剪力 Q_i

$$\begin{aligned} Q_x &= -D\frac{\partial}{\partial x}(w_{,xx} + w_{,yy}) \\ Q_y &= -D\frac{\partial}{\partial y}(w_{,yy} + w_{,xx}) \end{aligned} \tag{12.24}$$

这里应当注意的是,这些力和力矩都是横向位移 w 及其空间导数(关于 x 和 y)的函数。在有限元分析中,可以利用经典的插值表达式 $w = \boldsymbol{N\Delta}^e$ 来替换这里的横向位移 w,其中的 $\boldsymbol{N}$ 为插值函数,$\boldsymbol{\Delta}^e$ 为节点位移矢量。

12.4.2 功率流和结构声强

结构声强(I)是指在受到动载荷作用下,弹性结构物(此处为弹性板)的单位横截面上的振动功率流(S_P)。对于作稳态振动的二维板状结构来说,净功率流或有功声强可以表示为(Xu 等人,2005)

$$\begin{cases} I_x(\omega) = -\dfrac{1}{2}\mathrm{Re}(\sigma_{xk}(\omega)\, V_k^*(\omega)) \\ I_y(\omega) = -\dfrac{1}{2}\mathrm{Re}(\sigma_{yk}(\omega)\, V_k^*(\omega)) \\ k = x, y, z \end{cases} \tag{12.25}$$

式中:$I_i(\omega)$ 、$\sigma_{ik}(\omega)$ 和 $V_k^*(\omega)$ 分别为 i 方向上的结构声强、ik 方向上的应力以及 k 方向上速度的复共轭。

对于四边形板单元,结构声强可以通过单位宽度上的功率流来表示,它的 x 方向和 y 方向上的分量如下所示:

$$\begin{cases} I_x(\omega) = -\dfrac{\omega}{2}\mathrm{Im}(N_x u^* + N_{xy} v^* + Q_x w^* + M_x w_{,y}^* - M_{xy} w_{,x}^*) \\ I_y(\omega) = -\dfrac{\omega}{2}\mathrm{Im}(N_y v^* + N_{yx} u^* + Q_y w^* - M_y w_{,x}^* + M_{yx} w_{,y}^*) \end{cases} \tag{12.26}$$

式中:N_i 、M_i 、M_{ij} 和 Q_i 分别为单位宽度上的面内法向力、弯矩、扭矩和横向剪力；u^*、v^* 和 w^* 分别为 x、y 和 z 方向上的速度复共轭；$w_{,i}^*$ 为关于 i 方向的角位移的复共轭。

根据式(12.26)，可以针对特定的板状结构计算出结构声强的分量(I_x 和 I_y)，进而可绘制出结构声强的等值分布图。

"流线图"也是一种重要的分析工具，它反映的是速度场中的声强流线情况，流线之间的相对间距体现的是声强流的速度。在数学上，结构声强流线可以表示为(Xu 等人，2005)：

$$
\mathrm{d}\boldsymbol{r} \times \boldsymbol{I}(\boldsymbol{r},t) = \begin{vmatrix} \boldsymbol{i} & \boldsymbol{j} & \boldsymbol{k} \\ \mathrm{d}x & \mathrm{d}y & \mathrm{d}z \\ I_x & I_y & I_z \end{vmatrix} = 0 \tag{12.27}
$$

式中：$\boldsymbol{r}$ 为能量流粒子位置矢量。

于是，对于二维板状结构来说，在垂直于 k 方向的平面内我们可以通过如下微分方程来描述流线，即

$$
(I_y \mathrm{d}x - I_x \mathrm{d}y)\,\boldsymbol{k} = 0 \text{ 或者 } \frac{\mathrm{d}x}{I_x} = \frac{\mathrm{d}y}{I_y} \tag{12.28}
$$

可以看出，根据式(12.28)即可导得 $\frac{\mathrm{d}y}{\mathrm{d}x} = \frac{I_y}{I_x}$ 这个刻画流线的微分方程。

例 12.4　考虑如图 12.12 所示的悬臂型铝制有阻尼板结构，在板上的两个位置处安装了黏性阻尼器，其阻尼系数分别为 C_1 和 C_2。现在在板的固支端附近施加一个横向单位正弦激励力(见图 12.12)，频率设定为板的一阶固有频率。试针对如下情形确定该结构的结构声强和流线图：

(1) $C_1 = 2000\mathrm{Nsm}^{-1}$, $C_2 = 2000\mathrm{Nsm}^{-1}$；

(2) $C_1 = 2000\mathrm{Nsm}^{-1}$, $C_2 = 20000\mathrm{Nsm}^{-1}$；

(3) $C_1 = 20000\mathrm{Nsm}^{-1}$, $C_2 = 2000\mathrm{Nsm}^{-1}$。

[**分析**]

对于所考虑的这个悬臂板，通过有限元方法可以确定其一阶固有频率值为 28.73Hz，对应的模态形状如图 12.13 所示。

1) 当 $C_1 = 2000\mathrm{Nsm}^{-1}$, $C_2 = 2000\mathrm{Nsm}^{-1}$ 时

这种情况下，板的横向位移分布如图 12.14 所示，从中可以看出最大变形局限于激励位置附近区域，而两个阻尼器位置附近区域中该变形达到了最小值。图 12.15 和图 12.16 进一步给出了对应的结构声强和流线情况，振动能量流是从激励源位置出发流向阻尼器位置的，后者表现为能量阱。可以注意到，

由于此处的 C_1 和 C_2 是相等的，因此从源到阱的能量流分布呈现为对称形态，这一点在图 12.15 和图 12.16 中体现得是非常清晰的。

2）当 $C_1 = 2000\mathrm{Nsm}^{-1}$，$C_2 = 20000\mathrm{Nsm}^{-1}$ 时

图 12.17 和图 12.18 分别示出了这一情况下的功率流和流线图。功率流图（图 12.17）表明，从激励源发出的振动能量主要流向阻尼系数较小的阻尼器（C_1），而在阻尼系数较大的阻尼器（C_2）处，结构声强几乎完全被抑制了，这一结果跟由式（12.16）得到的结论是一致的。流线图（图 12.18）清晰地指出了，结构声强确实转向了阻尼系数较小的阻尼器（C_1）。因此，如果在阻尼器 C_2 位置附近放置了一个重要物体（例如负载或仪器），那么通过增大该阻尼器的阻尼系数，就能够使得振动能量流远离这一区域，从而避免激励源对此类重要物体产生不利影响。

3）当 $C_1 = 20000\mathrm{Nsm}^{-1}$，$C_2 = 2000\mathrm{Nsm}^{-1}$ 时

图 12.19 和图 12.20 分别给出了这一情况下的结构声强和流线图，据此不难观察到，在增大 C_1 值和减小 C_2 值之后，将会导致能量传输路径发生变化，此时的路径跟本例 2）中是相反的。

根据上述分析可以认识到，通过对阻尼系数的合理调节，能够对振动能量的传播方向实施调控，并使之按照我们所需的形态来流动。更为重要的是，通过监控特定位置处的瞬时功率流，我们还可以调节阻尼器的阻尼系数，使之具有适应性，从而能够迫使该位置处的功率流趋于最小化，例如借助最小二乘法（LMS）控制策略就可以实现这一目的。

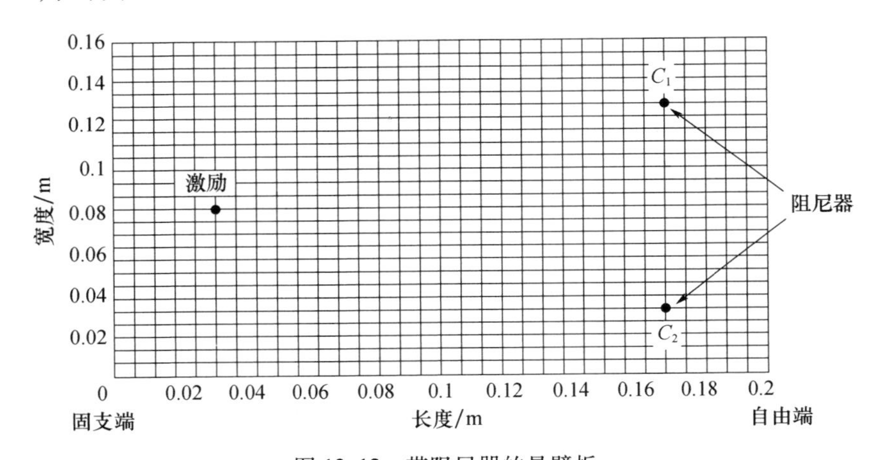

图 12.12　带阻尼器的悬臂板

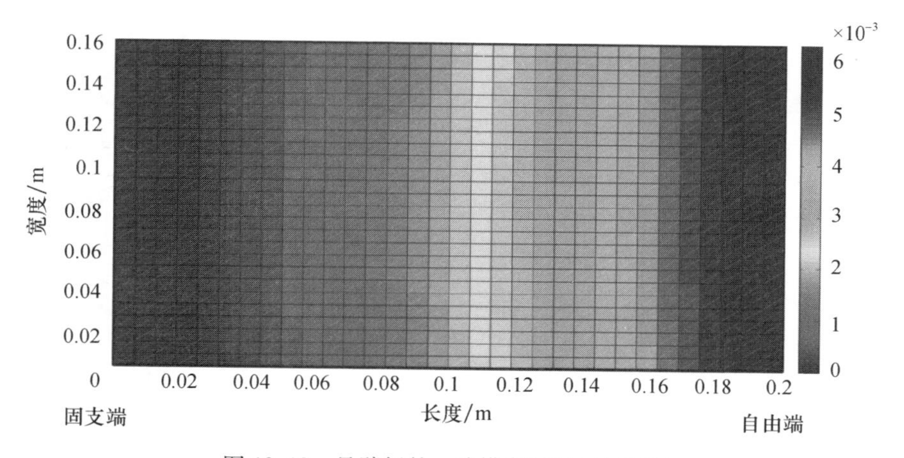

图 12.13　悬臂板的一阶模态形状(见彩插)

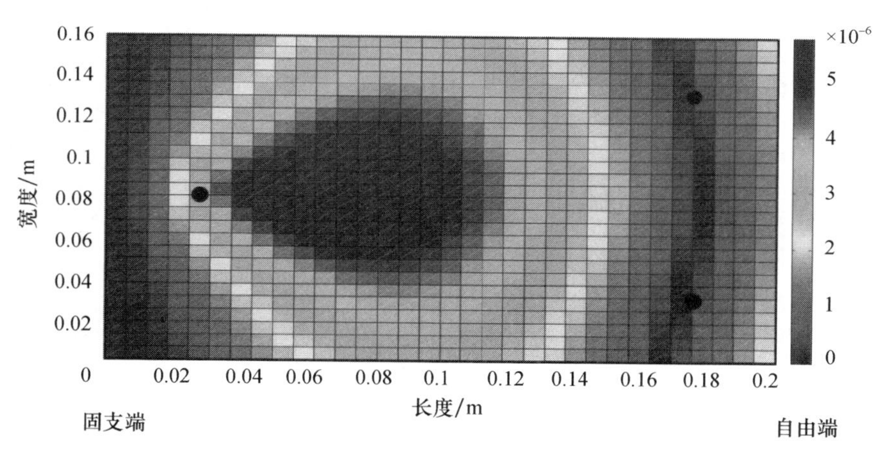

图 12.14　悬臂板在一阶固有频率处的横向位移云图(见彩插)

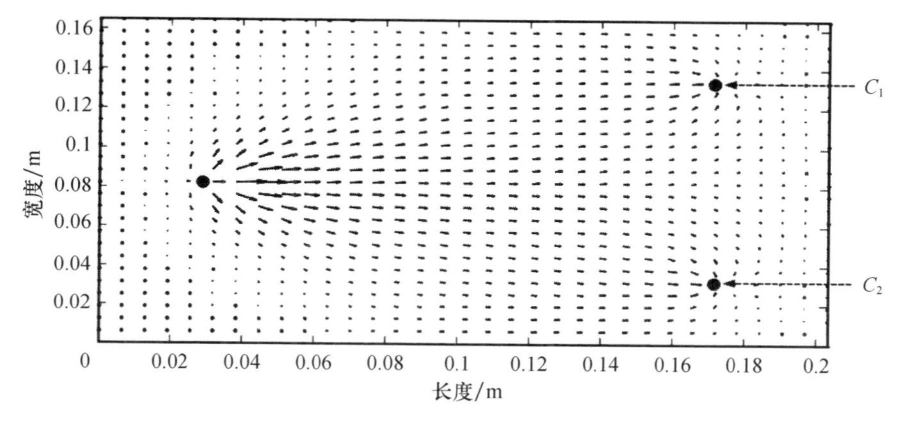

图 12.15　悬臂板在一阶固有频率处的结构声强分布(C_1 = 2000Nsm^{-1}, C_2 = 2000Nsm^{-1})

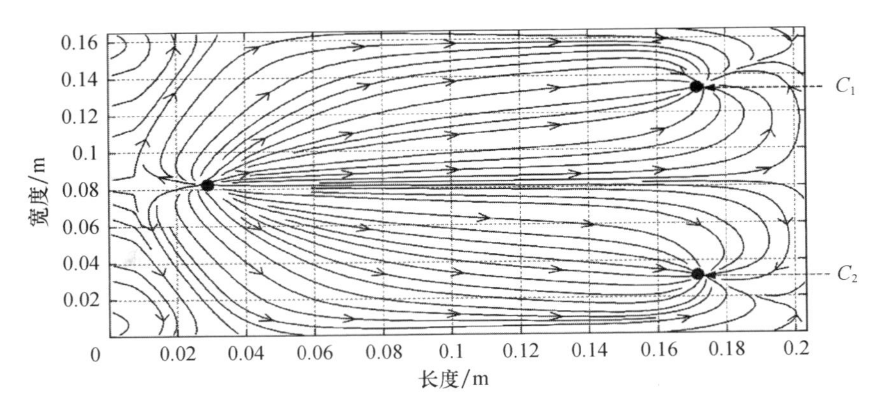

图 12.16　悬臂板在一阶固有频率处的结构声强流线分布(C_1 = 2000Nsm^{-1},C_2 = 2000Nsm^{-1})

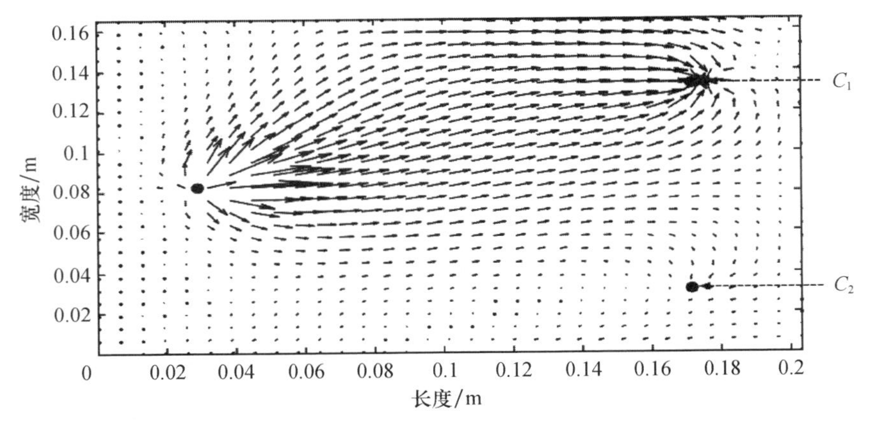

图 12.17　悬臂板在一阶固有频率处的结构声强分布(C_1 = 2000Nsm^{-1},C_2 = 20000Nsm^{-1})

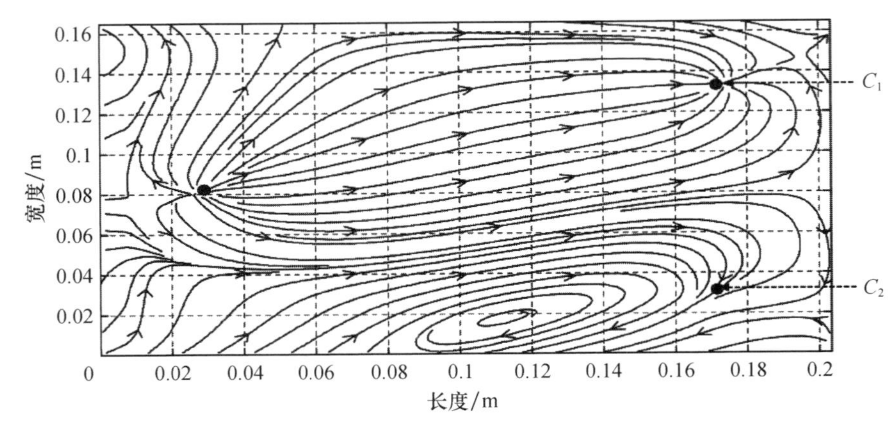

图 12.18　悬臂板在一阶固有频率处的结构声强流线分布(C_1 = 2000Nsm^{-1},C_2 = 20000Nsm^{-1})

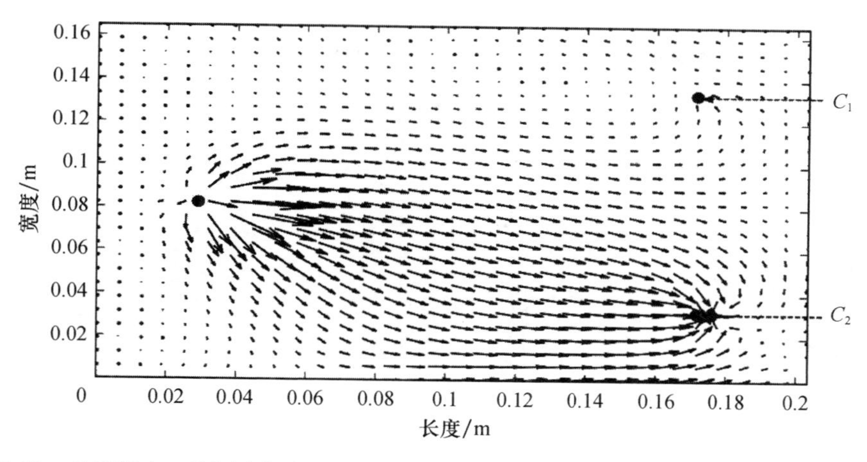

图 12.19　悬臂板在一阶固有频率处的结构声强分布(C_1 = 20000Nsm^{-1},C_2 = 2000Nsm^{-1})

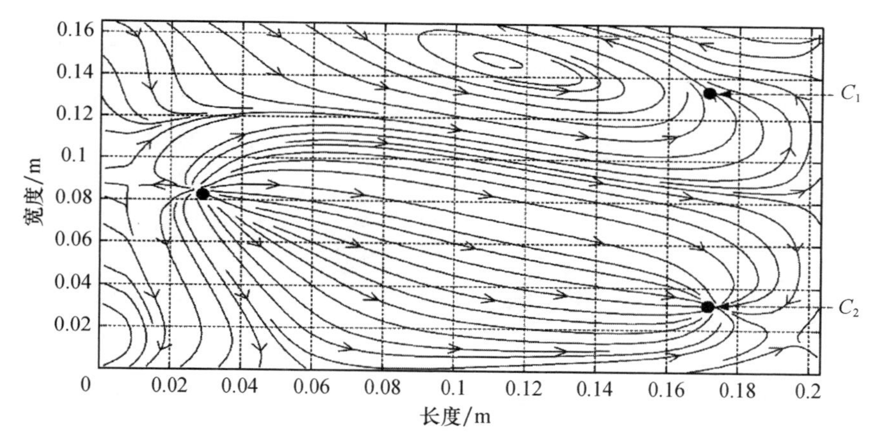

图 12.20　悬臂板在一阶固有频率处的结构声强流线分布(C_1 = 20000Nsm^{-1},C_2 = 2000Nsm^{-1})

例 12.5　针对例 12.4 所示的板结构的功率流分布,试将基于 MATLAB 的有限元计算结果(参见 12.4.1 节和 12.4.2 节)与基于 ANSYS 软件包的分析结果加以对比。

[**分析**]

图 12.21(a)和(b)分别示出了基于 MATLAB 的有限元计算结果与基于 ANSYS 软件包的计算结果,其中的阻尼系数设定为 $C_1 = 5$ Nsm^{-1} 和 $C_2 = 5$ Nsm^{-1}。可以看出,这两种计算结果是相当吻合的。

当阻尼系数设定为 C_1 = 1Nsm^{-1} 和 C_2 = 5Nsm^{-1} 时,结果如图 12.22(a)和(b)所示,分别对应的是基于 MATLAB 的有限元计算结果与基于 ANSYS 软件包的计算结果,不难发现这二者也是十分一致的。

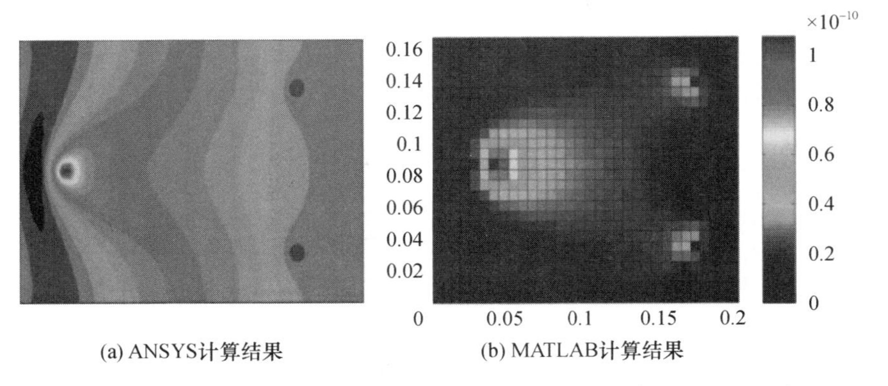

(a) ANSYS计算结果　(b) MATLAB计算结果

图 12.21　悬臂板在一阶固有频率处的功率流分布($C_1 = 5\text{Nsm}^{-1}$, $C_2 = 5\text{Nsm}^{-1}$)(见彩插)

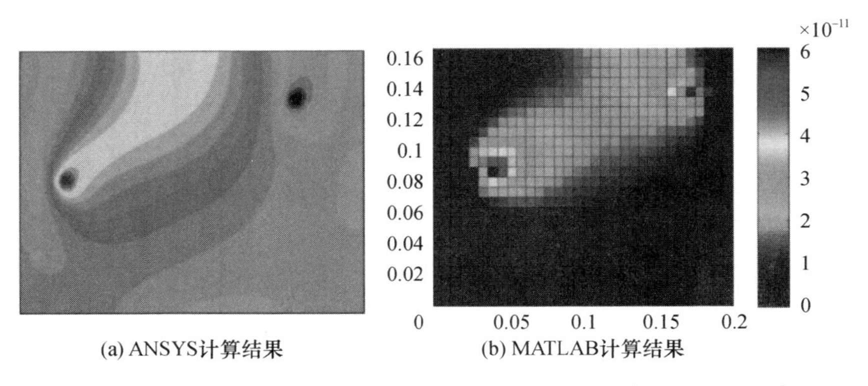

(a) ANSYS计算结果　(b) MATLAB计算结果

图 12.22　悬臂板在一阶固有频率处的功率流分布($C_1 = 1\text{Nsm}^{-1}$, $C_2 = 5\text{Nsm}^{-1}$)(见彩插)

12.4.3　功率流和结构声强的控制

前面已经指出,通过对阻尼器阻尼系数的适应性调节,能够控制特定位置处的有功功率流(P),从而使得该位置处的功率流达到最小值,如图 12.23 所示。为实现这一目的,LMS 控制算法是可行的。

为了建立这一控制算法,不妨考虑一个受到激励作用(激励频率为某个固有频率值)的振动系统,可以将其运动方程(式(12.8))化为如下形式:

$$\boldsymbol{F}^* = \dot{\boldsymbol{X}}^* \boldsymbol{C} \text{ 或者 } \dot{\boldsymbol{X}}^* = \boldsymbol{F}^* \boldsymbol{C}^{-1} \tag{12.29}$$

将式(12.19)代入式(12.13),不难导得有功功率流 P_{Fi} 的表达式为

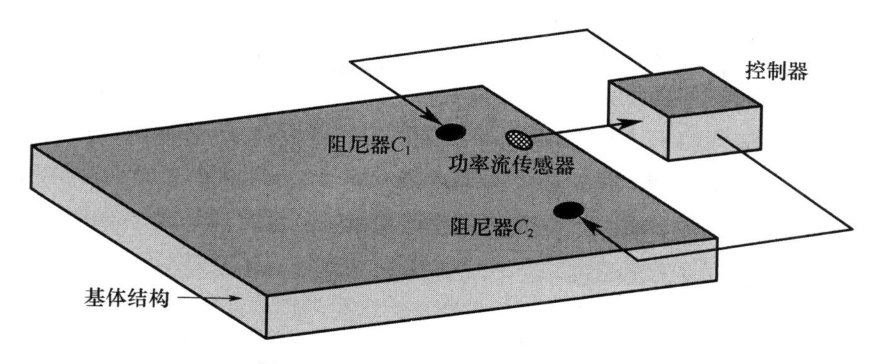

图 12.23　阻尼板结构的功率流控制

$$P_{Fi} = \frac{1}{2}\dot{X}^{*}C\dot{X} = \frac{1}{2}F^{*}C^{-1}CC^{-1}F = \frac{1}{2}F^{*}C^{-1}F \tag{12.30}$$

于是,对于一个给定的激励 $\boldsymbol{F}$,有功功率流显然是跟阻尼矩阵 $\boldsymbol{C}$ 成反比关系的。这一结果与例 12.1 中的结论(参见式(12.16))也是一致的。

对于安装了 N 个离散的阻尼器的板结构来说,阻尼矩阵 $\boldsymbol{C}$ 是一个对角阵,因此式(12.30)可以化为

$$P_{Fi} = \sum_{j=1}^{N} \frac{a_j}{C_j} \tag{12.31}$$

式中:C_j 为第 j 个阻尼器的阻尼系数;系数 $a_j = \frac{1}{2}f_j^2 > 0$;$f_j$ 为激励力矢量 $\boldsymbol{F}$ 的系数。

为了设计功率流控制器,有必要定义一个性能指标 J,可以表示为

$$J = e^2 = (P_{Fr} - P_{Fi})^2 \tag{12.32}$$

式中:e 为功率流误差;P_{Fr} 为所期望的功率流值。

我们需要选择阻尼器的阻尼系数值,使得该性能指标为最小,由此来建立 LMS 控制动作。这里采用的是自适应信号处理领域中常用的梯度算法(Widrow 和 Stearns,1985),这个 LMS 控制器以迭代的方式更新阻尼器的阻尼系数值,迭代过程是向着 J 的负梯度 ∇J 方向移动的,因而第(k+1)步中的阻尼系数可以通过第 k 步中的阻尼系数来确定,即

$$C_{i_{k+1}} = C_{i_k} - \alpha \nabla J \tag{12.33}$$

式中:α 为步长,且 $\alpha > 0$。根据式(12.31)和式(12.32),式(12.33)可化为

$$C_{i_{k+1}} = C_{i_k} + 2\alpha(P_{Fr} - P_{Fi})\frac{\partial P_{Fi}}{\partial C_i} = C_{i_k} - \frac{A_i}{C_{i_k}^2}(P_{Fr} - P_{Fi}) = C_{i_k} - \frac{A_i}{C_{i_k}^2}e_i \tag{12.34}$$

式中：$A_i = 2\alpha a_i$ 为正常数。

根据式(12.34)，可以给出这个功率流控制系统的方框图，如图 12.24 所示。

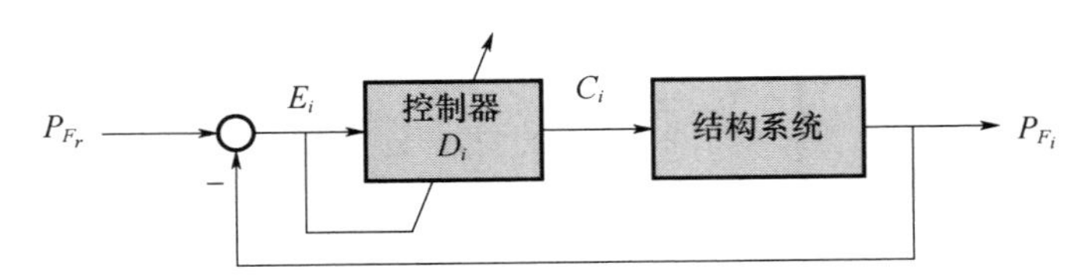

图 12.24　针对阻尼板结构的功率流控制系统的方框图

例 12.6　考虑例 12.3 给出的有阻尼悬臂铝板结构，试设计一个功率流控制器，使得传感器位置处（$x_s = 0.19\text{m}, y_s = 0.12\text{m}$）的功率流达到最小，如图 12.25 所示。

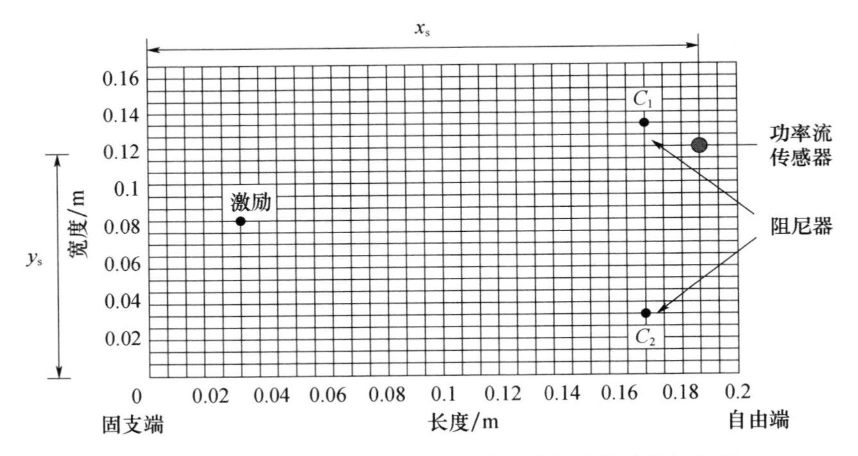

图 12.25　阻尼悬臂板结构的阻尼器和功率流传感器的布置

[分析]

这里采用的是 12.4.3 节给出的 LMS 控制器，相关的参数值分别设定为 $A_i = 5\times10^{19}$，$P_{Fr} = 5\times10^{-14}\text{Nms}^{-1}$，$C_1 = 100\text{Nsm}^{-1}$，$C_2 = 1000\text{Nsm}^{-1}$。

图 12.26 示出了迭代次数 k 对该控制器的适应性（即阻尼系数值 C_1 和目标函数值 J）的影响，不难看出，随着迭代次数的增加，目标函数值是不断减小的，而阻尼系数值 C_1 则不断增大。更重要的是，随着 k 的增大，功率流的方向发生了变化，从流向阻尼器 C_1（当 $k = 0$，$C_1 = 100\text{Nsm}^{-1}$ 时）逐渐转变为流向阻尼器 C_2（当 $k = 5000$，$C_1 = 6000\text{Nsm}^{-1}$ 时）。正是通过这种设计，传感器位置处的功率

流不仅方向发生了改变,而且它的值也达到了最小,即 $(1 - P_{Fi}/P_{Fr})^2 = 0.5$。

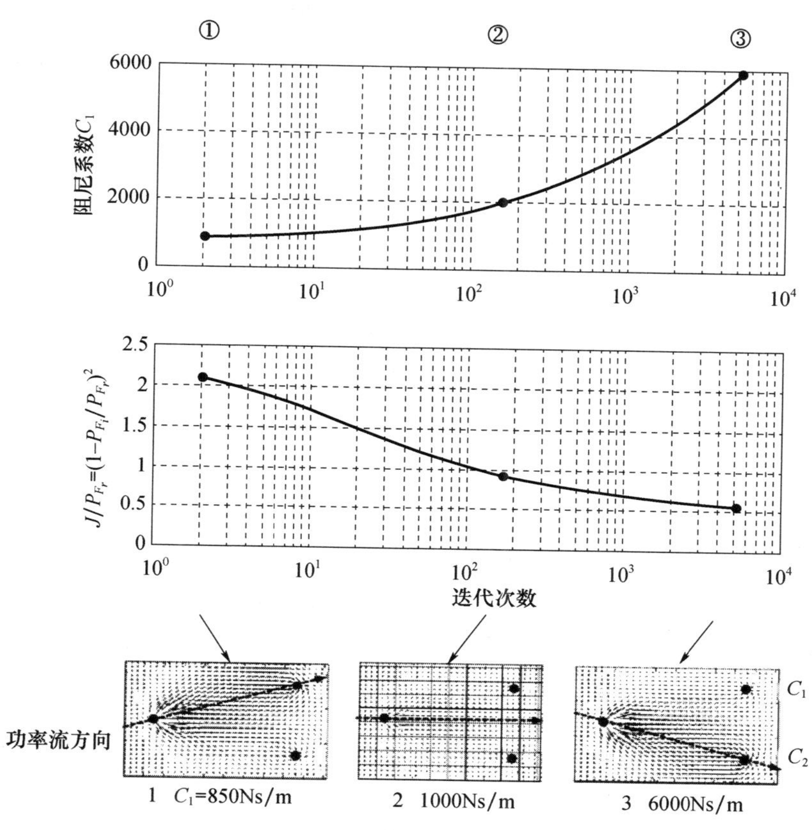

图 12.26　迭代次数 k 对控制器适应性的影响

(由阻尼系数 C_1 值和所得到的目标函数 J 定量描述)

12.4.4　经被动式和主动式约束层阻尼处理的板的功率流和结构声强

本节将在 12.4.2 节所述的功率流分析基础上做进一步的拓展,将这一分析应用于带有不同阻尼处理构型(PCLD 和 ACLD)的板结构。借助这一分析,可以对阻尼处理的最优布局和控制策略等进行有效的设计,从而使振动能量和波以我们所期望的方式来传播,进而避免板结构上的关键位置处受到激励源的有害影响。

此处所阐述的分析过程参考了 Castel 等人(2012)以及 Alghamdi 和 Baz(2002)的研究工作,其中 Castel 等人主要考察的是带有 PCLD 的结构物,而 Alghamdi 和 Baz 则分析的是带有 ACLD 的结构。

我们将通过3个实例来阐明,在带有PCLD和ACLD的结构的动力学问题中,功率流分析是可行的,也是非常有价值的。第一个实例讨论的是带有单块PCLD的板结构,第二个实例考察的是带有两块PCLD的情况,而第三个则分析了带有两块受控ACLD的板结构。

例12.7 考虑图12.27所示的一块悬臂板,其上带有一块PCLD层(位于板的固支端),板和PCLD层的尺寸如图所示,$h_1 = h_2 = h_3 = 0.005\text{m}$,黏弹性材料可以通过GHM模型(包含三个振荡项)来描述,即

$$G_2(s) = G_0\left(1 + \sum_{i=1}^{3} \alpha_i \frac{s^2 + 2\zeta_i\omega_i s}{s^2 + 2\zeta_i\omega_i s + \omega_i^2}\right),\ G_0 = 0.5\text{MPa}$$

且参数α_i、ζ_i和ω_i已经列于表4.7中。如果假定约束层是铝材料,且板的自由端中部受到了一个单位力(激励频率为一阶固有频率)的作用,试给出功率流线图。

[分析]

图12.28示出了这个板/PCLD系统的前三阶振动模态情况,图12.29则给出了功率流线图,其中的板所受到的激励频率为其一阶固有频率(72Hz)。可以观察到,有功功率流向PCLD片的前端,然后在该片的前缘附近停止,随后转向到该片的侧边。

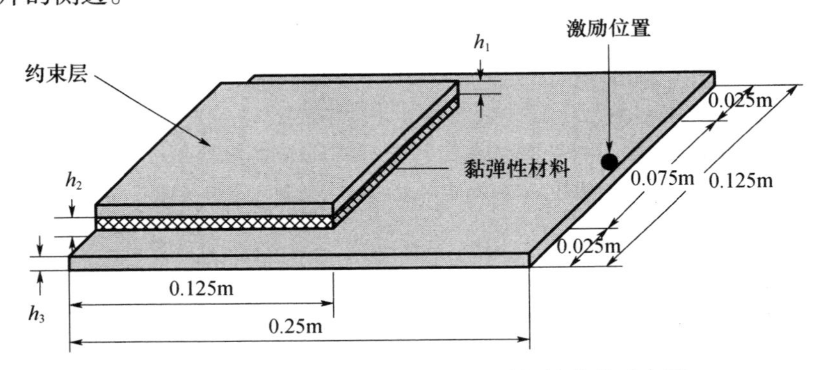

图12.27 带有一块PCLD片的悬臂板结构的示意图

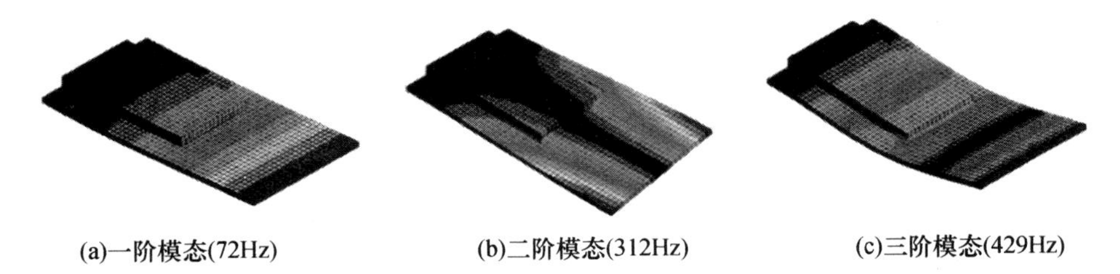

图12.28 带有一块PCLD片的悬臂板结构的前三阶振动模态情况(见彩插)

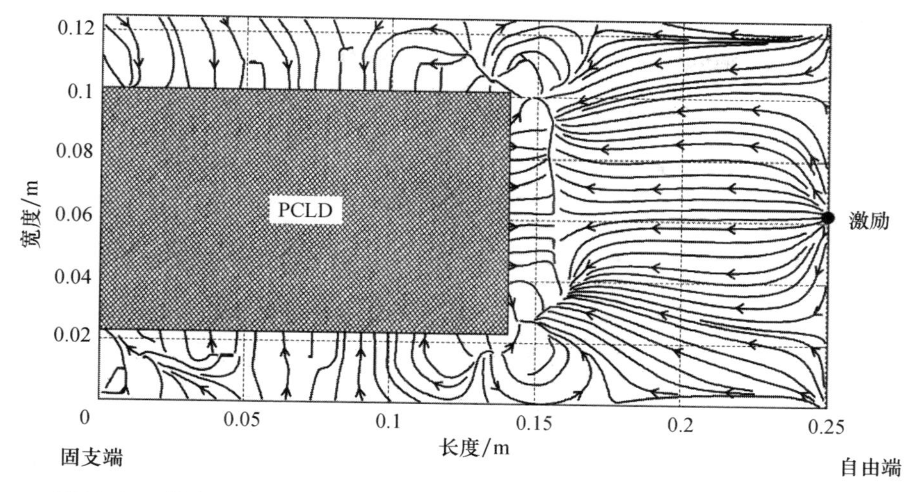

图 12.29　带有一块 PCLD 片的悬臂板结构的声强流线分布(一阶模态频率处)

例 12.8　考虑一块带有两片 PCLD 的悬臂铝板结构,PCLD 片放置于板的固支端,如图 12.30 所示。板和 PCLD 片的尺寸已在图中给出, $h_1 = h_2 = h_3 = 0.005\mathrm{m}$,黏弹性材料可以通过 GHM 模型(包含三个振荡项)来描述,即

$$G_2(s) = G_0\left(1 + \sum_{i=1}^{3} \alpha_i \frac{s^2 + 2\zeta_i\omega_i s}{s^2 + 2\zeta_i\omega_i s + \omega_i^2}\right), G_0 = 0.5\mathrm{MPa}$$

且参数 α_i 、ζ_i 和 ω_i 已经列于表 4.7 中。如果假定约束层是铝材料,且板的自由端中部受到了一个单位力(激励频率为一阶固有频率)的作用,试给出功率流线图。

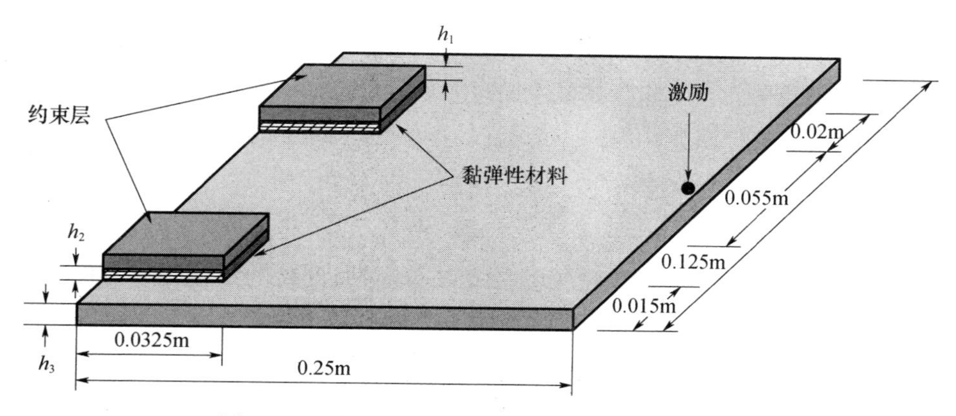

图 12.30　带有两块 PCLD 片的悬臂板结构示意图

[分析]

图 12.31 示出了声强流线分布情况,这里的激励频率是板的一阶固有频率(72Hz)。可以看出,在采用了两块 PCLD 片之后,流线图是对称的,功率流从激励源指向 PCLD 片。

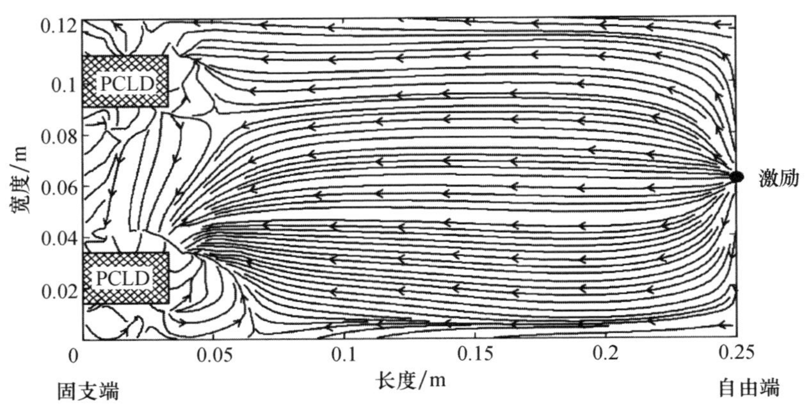

图 12.31　带有两块 PCLD 片的悬臂板结构的声强流线分布(一阶模态频率处)

例 12.9　考虑图 12.30 所示的悬臂铝板结构,这里不再采用 PCLD 处理方式,而换成了 ACLD, $h_1 = h_2 = h_3 = 0.005\text{m}$,约束层的材料为压电材料(PZT-4), $d_{31} = d_{32} = -1.23 \times 10^{-10}\text{mV}^{-1}$, $1/s_{31}^{\text{E}} = 1/s_{32}^{\text{E}} = 78.3\text{GPa}$ 。黏弹性材料可以通过 GHM 模型(包含 3 个振荡项)描述,即

$$G_2(s) = G_0\left(1 + \sum_{i=1}^{3} \alpha_i \frac{s^2 + 2\zeta_i\omega_i s}{s^2 + 2\zeta_i\omega_i s + \omega_i^2}\right), G_0 = 0.5\text{MPa}$$

且参数 α_i 、ζ_i 和 ω_i 已经列于表 4.7 中。如果板的自由端中部受到了一个单位力(激励频率为一阶固有频率)的作用,试针对不同的压电控制电压确定功率流线图。这里的控制电压 V_c 是通过速度反馈控制策略产生的,即 $V_c = -K_g \dot{w}_{\text{ACLD}}$,其中的 K_g 为控制增益,$\dot{w}_{\text{ACLD}}$ 代表的是 ACLD 片中点处的横向速度。

[分析]

图 12.32 示出了功率流分布和声强流线分布图,此处的激励频率为板的一阶固有频率(72Hz),且两个 ACLD 片的控制增益均设定为 $K_1 = K_2 = 500\text{Vsm}^{-1}$。在这一控制策略下,流线也是对称分布的,跟例 12.6 中类似,振动能量也是从激励源直接流向 ACLD 片的。

针对 $K_1 = 0$、$K_2 = 500\text{Vsm}^{-1}$ 这一情况(激励频率仍为 72Hz),图 12.33 给出了对应的功率流分布和声强流线分布图。在这一控制方式下,功率流和流线都是从激励源直接指向底部的 ACLD 片的。

当控制增益交换时，即 $K_1 = 500\text{Vsm}^{-1}$、$K_2 = 0$ 时，如图 12.34 所示，情况恰好相反，功率流和流线都将从激励源直接指向顶部的 ACLD 片。

由此不难认识到，如果对 ACLD 片施加合理的控制，那么波的传播(由功率流和流线来表征)也就可以在板表面上以我们所期望的方式来进行了。

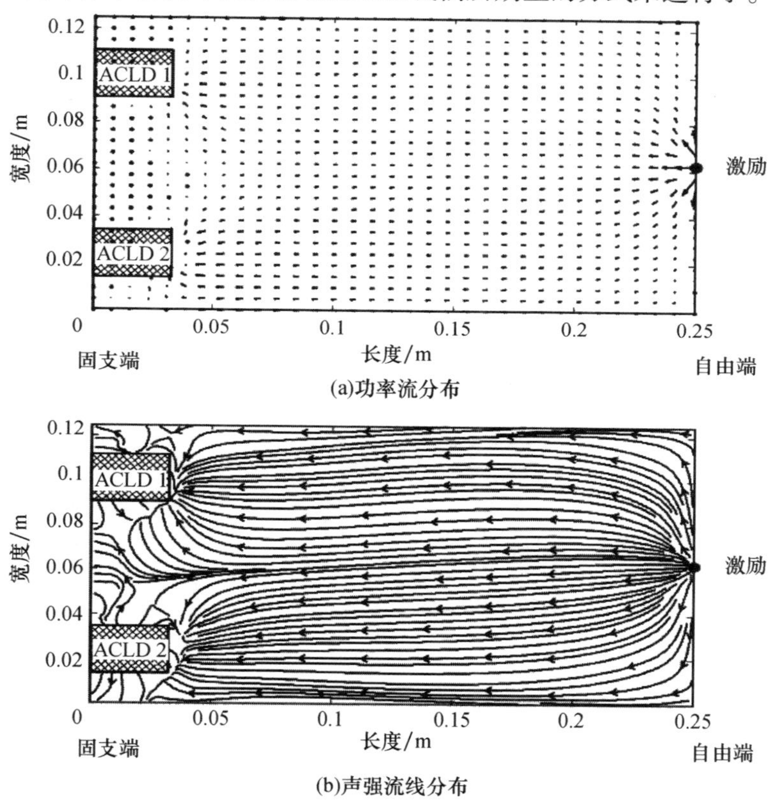

(a)功率流分布

(b)声强流线分布

图 12.32　带有两块 ACLD 片的悬臂板结构在一阶模态频率处的特性($K_1 = K_2 = 500\text{Vsm}^{-1}$)

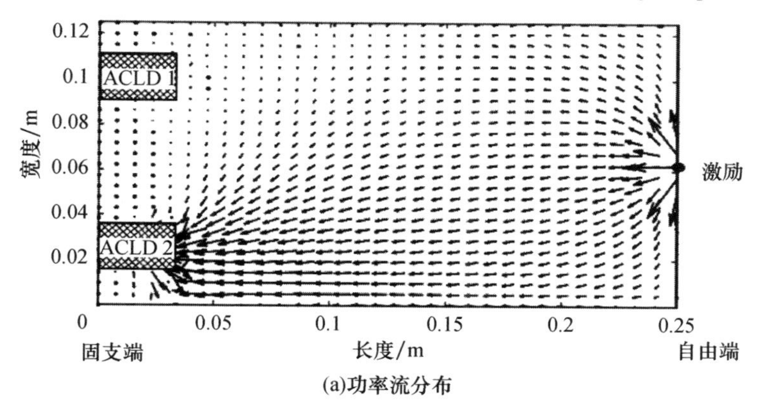

(a)功率流分布

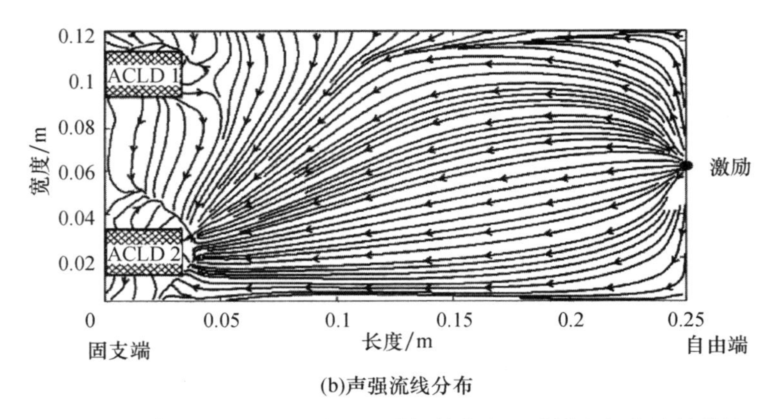

(b)声强流线分布

图 12.33　带有两块 ACLD 片的悬臂板结构在一阶模态频率处的特性

$(K_1 = 0, K_2 = 500\mathrm{Vsm}^{-1})$

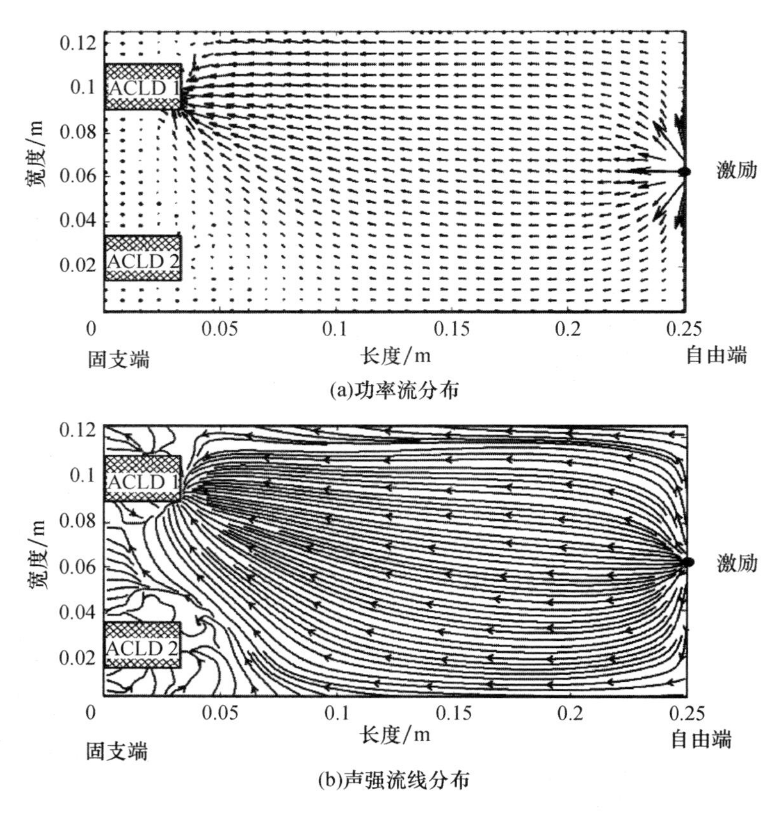

(b)声强流线分布

图 12.34　带有两块 ACLD 片的悬臂板结构在一阶模态频率处的特性

$(K_1 = 500\mathrm{Vsm}^{-1}, K_2 = 0)$

例 12.10　考虑图 9.24 所示的悬臂板(参见例 9.7 中的描述),在该板上粘贴了两组电阻分流压电片(对称布置在固支端附近),用于控制该板的一阶振动模态。如果该板受到了一个正弦激励(频率为一阶固有频率 24.14Hz,单位横向力,位于对称轴上,且距离固支端 8″,参见图 12.35),试采用 ANSYS 软件包针对不同的电阻分流策略考察其功率流的分布情况。

[**分析**]

根据 ANSYS 的分析,图 12.36 示出了 3 种不同的分流电阻组合情况下的功率流分布。当 $R_1 = \infty\Omega$ (即开路)而 R_2 取最优值 $R_{\text{optimum}} = \sqrt{1 - k_{31}^2}/(C^S\omega)$ (该最优值可以使得一阶模态的阻尼比达到最大)时,板面上的功率流分布如图 12.36(a)所示。从中不难发现,底部压电片(分流电阻为 R_2)附近的功率流分布达到了最小水平,很明显,功率是从激励源流向这个经过优化得到的能量阱的。

当顶部的压电片采用最优分流电阻值,而底部压电片的分流电阻设置为无穷大时,结果恰好相反,参见图 12.36(c)。

最后,当两个压电片均采用最优电阻值时,整个板面上的功率流分布将达到最小化水平,如图 12.36(b)所示。

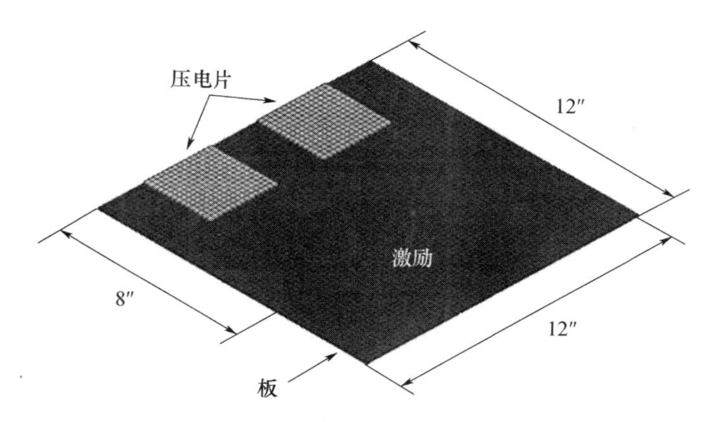

图 12.35　带有分流压电片的板及其激励位置

12.5　壳的功率流和结构声强

本节将对 12.4.2 节给出的功率流分析内容进行拓展,将其用于考察带有 PCLD 片的壳的功率流分布情况。

很多学者都对结构功率流的计算做过分析,例如 Pavic(1990)、Gavric 和 Pavic

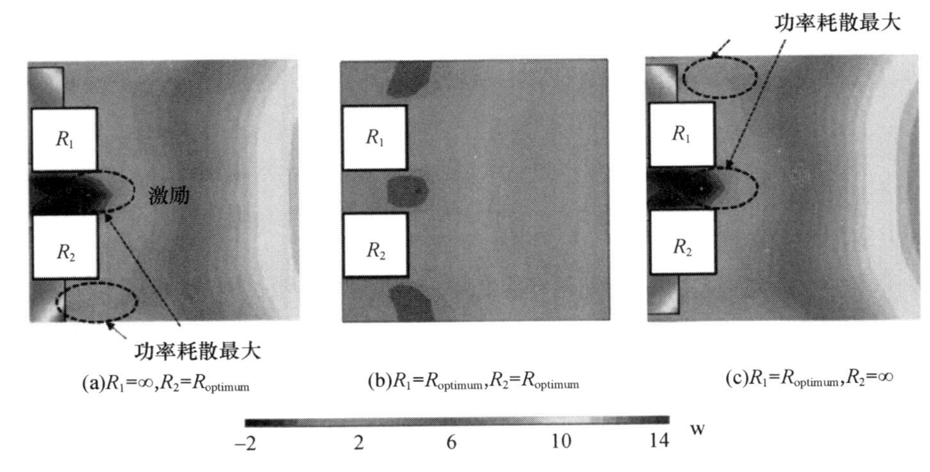

图 12.36 带有两块压电片(不同的分流策略)的悬臂板结构的功率流分布(见彩插)

(1993)、Williams(1991),以及 Ruzzene 和 Baz(2000)等。根据他们所采用的计算方法,对于一个四边形的壳单元来说,如图 4.32 和图 7.37 所示,其结构声强可以通过单位宽度上的功率流来表示。由此不难把结构声强的 x 和 y 分量写为

$$\begin{cases} I_x(\omega) = -\dfrac{\omega}{2}\mathrm{Im}(N_x u^* + N_{xy} v^* + Q_x w^* + M_x w_{,y}^* - M_{xy} w_{,x}^* + M_x u^*/R + M_{xy} v^*/R) \\ I_y(\omega) = -\dfrac{\omega}{2}\mathrm{Im}(N_y v^* + N_{yx} u^* + Q_y w^* - M_y w_{,x}^* + M_{yx} w_{,y}^* + M_y v^*/R + M_{yx} u^*/R) \end{cases} \tag{12.35}$$

式中:N_i 、M_i 、M_{ij} 和 Q_i 分别为单位宽度上的面内法向力、弯矩、扭矩和横向剪力; u^* 、v^* 和 w^* 分别为 x、y 和 z 方向上的速度复共轭; $w_{,i}^*$ 为关于 i 方向的角位移的复共轭。

此外,功率流 S_P 也可以直接根据有限元模型计算(利用式(12.9)),即

$$S_P = \frac{1}{2}\boldsymbol{F}^*\dot{\boldsymbol{X}} = \frac{1}{2}\dot{\boldsymbol{X}}^*\boldsymbol{C}\dot{\boldsymbol{X}} + \frac{1}{2}\omega(\boldsymbol{X}^*\boldsymbol{K}\boldsymbol{X} - \dot{\boldsymbol{X}}^*\boldsymbol{M}\dot{\boldsymbol{X}})\,\mathrm{j} = P_F + \mathrm{j}Q_F \tag{12.36}$$

需要注意的是,如果激励的频率等于某个振动模态频率,那么无功功率 Q_F 将等于零,此时的有功功率 P_F 也就描述了结构的总功率。

这一分析过程既可以采用 4.8 节和 7.5 节给出的有限元方法进行,也可以借助附录 12.A 中的 ANSYS 有限元建模手段完成。

例 12.11 考虑图 12.37 所示的固支-自由边界状态下的壳/PCLD 系统,壳

和 PCLD 的主要物理参数和几何参数可以参见表 4.10。壳的内半径 $R=0.1016\text{m}$,PCLD 处理中设置了两个 PCLD 片,二者粘贴在壳的外表面上(180°反相位粘贴),每片相对于壳中心点的张角均为 90°。试利用 4.8 节和 7.5 节给出的有限元方法确定壳表面上的功率流分布情况,此处假定该系统受到的是正弦型单位力激励,频率为系统的一阶固有频率,加载位置为 $L_1=0.9\text{m}$。进一步,将所得到的结果与基于 ANSYS 的分析结果进行比较。

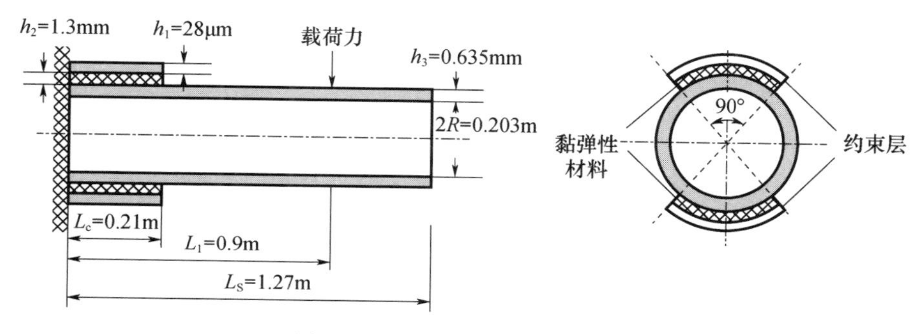

图 12.37　壳/PCLD 系统的构型

[分析]

图 12.38(a)给出了这个壳/PCLD 系统的功率流分布情况,是利用 4.8 节和 7.5 节给出的有限元方法得到的。图 12.38(b)示出了一阶振动模式(60Hz)处的壳的模态形状,很明显,功率流分布和壳的模态形状之间是密切对应的。

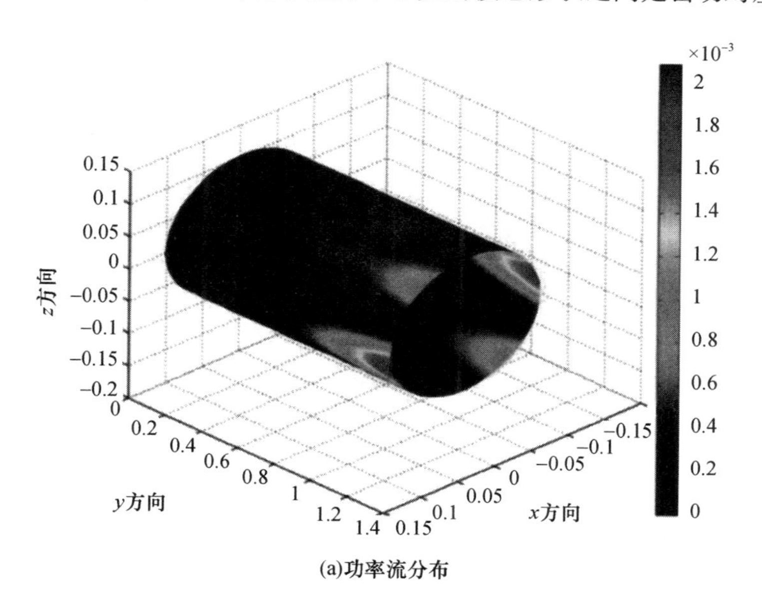

(a)功率流分布

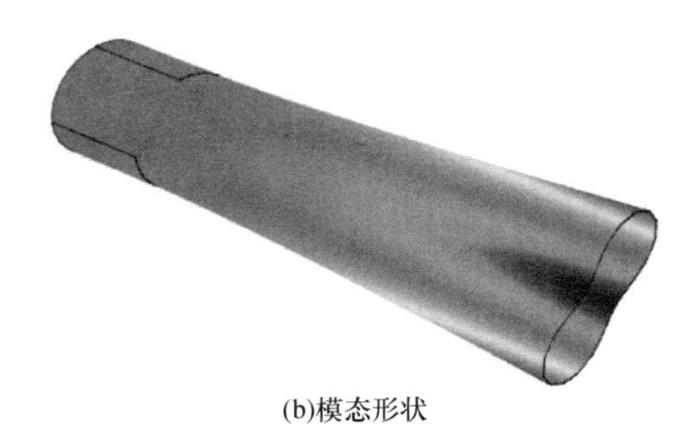

(b)模态形状

图 12.38　带有两块 PCLD 片的悬臂壳结构的功率流分布
(在 MATLAB 环境下基于有限元方法得到的结果)和模态形状(见彩插)

图 12.39 为有限元网格模型,是在 ANSYS 软件环境中构建的,从该图中可以观察到壳、PCLD 片以及外部激励位置等要素。基于 ANSYS 软件分析得到的功率流分布情况如图 12.40 所示,可以看出,MATLAB 的分析结果(图 12.38(a))与 ANSYS 的计算结果(图 12.40)是相当吻合的。

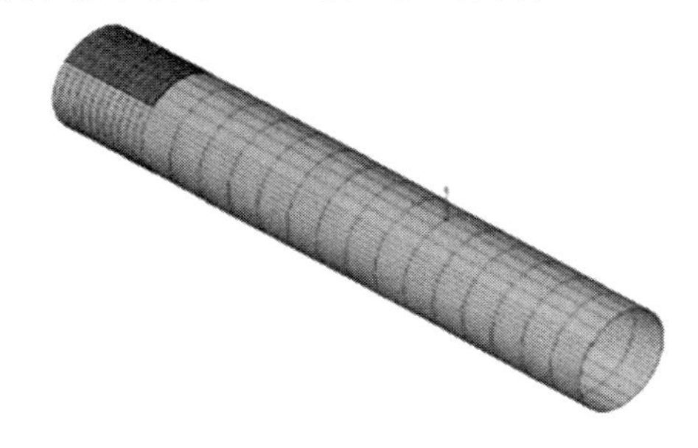

图 12.39　壳/PCLD 系统的有限元网格(基于 ANSYS 软件得到)

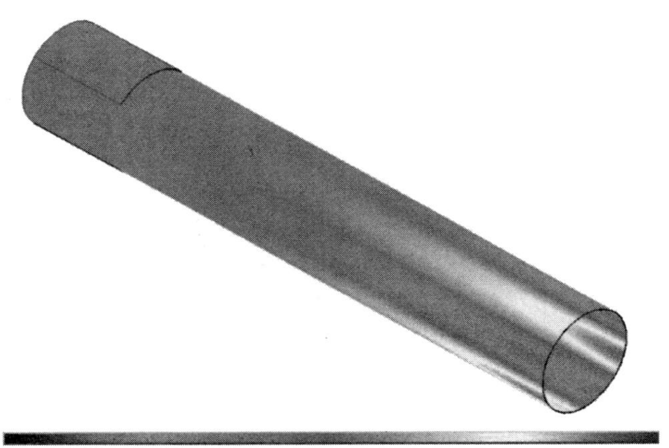

图 12.40　带有两块 PCLD 片的悬臂壳结构的功率流分布
(基于 ANSYS 软件得到的计算结果)(见彩插)

12.6 本章小结

本章主要针对各种类型的阻尼处理技术分析了振动结构物上的功率流问题,所考察的阻尼处理构型包括了经典黏性阻尼和黏弹性材料约束构型(被动式、主动式和分流压电片等)。除此之外,本章还阐述了利用减振单元来操控结构上的功率流这一思想,与此相关的技术措施可以是被动式的,也可以是主动式的(借助具有适应性的控制算法)。

参考文献

Alfredsson,K. (1997). Active and reactive structural energy flow. ASME Journal of Vibration and Acoustics 119:70-79.

Alfredsson,K. ,Josefson,B. ,and Wilson,M. (1996). Use of the energy flow concept in vibration design. AIAA Journal 34(6):750-755.

Alghamdi A. A. A. and Baz A. ,"Power flow in beams treated with active constrained layer damping," Proceedings of the 6th Saudi Engineering Conference,KFUPM,Dhahran,Vol. 5,pp. 445-460,2002.

Bouthier,O. and Bernhard,R. (1995). Simple models of energy flow in vibrating membranes. Journal of Sound and Vibration 182(1):79-147.

Castel,A. ,Loredo,A. ,El Hafidi,A. ,and Martin,B. (2012). Complex power distribution analysis in plates covered with passive constrained layer damping patches. Journal of Sound and Vibration 331(11):2485-2498.

Gavric,L. and Pavic,G. (1993). A finite element method for computation of structural intensity by the normal mode approach. Journal of Sound and Vibration 164(1):29-43.

Gibbs,G. ,Fuller,C. ,and Silcox R. (1993). Active Control of Flexural and Extensional Power Flow in Beams Using Real Time Wave Vector Sensors. Second Conference on Recent Advances in Active Control of Sound and Vibration,April 28-30.

Halkyard,C. and Mace,B. (1995). Structural intensity in beams - waves,transducer systems and the conditioning problem. Journal of Sound and Vibration 185(2):279-298.

Linjama,J. and Lahti,T. (1992). Estimation of bending wave intensity in beams using the frequency response technique. Journal of Sound and Vibration 153(1):21-36.

Lyons,R. (1975). Statistical Energy Analysis of Dynamical Systems:Theory and Applications. Cambridge,MA:MIT Press.

Mandal, N. K. and Biswas, S. (2005). Vibration power flow: a critical review. The Shock and Vibration Digest 37(1): 3–11.

Mandal, N. K., Rahman, R. A., and Leong, M. S. (2003). Structure–borne power transmission in thin naturally orthotropic plates: general case. Journal of Vibration and Control 9: 1189–1199.

Nefske, D. J. and Sung, S. H. (1987). Power flow finite element analysis of dynamic systems: Basic theory and applications to beams. Statistical Energy Analysis 3: 47–54.

Noiseux, D. (1970). Measurement of power flow in uniform beams and plates. The Journal of The Acoustical Society of America 47(1): 238–247.

Nouh, M., Aldraihem, O., and Baz, A. (2015). Wave propagation in metamaterial plates with periodic local resonances. Journal of Sound and Vibration 341: 53–73.

Pavic, G. (1976). Measurements of structure borne wave intensity, part I: formulation of the methods. Journal of Sound and Vibration 49(2): 221–230.

Pavic, G. (1987). Structural surface intensity: an alternative approach in vibration analysis and diagnosis. Journal of Sound and Vibration 115(3): 405–422.

Pavic, G. (1990). Vibrational energy flow in elastic circular cylindrical shells. Journal of Sound and Vibration 142(2): 293–310.

Pavic, G. (2005). The role of damping on energy and power in vibrating systems. Journal of Sound and Vibration 281(1–2): 45–71.

Rao, S. S. (2007). Vibration of Continuous Systems. New Hoboken, NJ: Wiley.

Ruzzene, M. and Baz, A. (2000). Active control of power flow in ribbed and fluid–loaded shells. Journal of Thin Walled–Structures 38(1): 17–42.

Widrow, B. and Stearns, S. (1985). Adaptive Signal Processing. Englewood Cliffs, NJ: Prentice–Hall, Inc.

Williams, E. (1991). Structural intensity in thin cylindrical shells. The Journal of The Acoustical Society of America 89(4): 1615–1622.

Williams, E., Dardy, H., and Fink, R. (1985). A technique for measurements of structure–borne intensity in plates. The Journal of the Acoustical Society of America 78(6): 2061–2068.

Wohlever, J. and Bernhard, R. (1992). Mechanical energy flow models of rods and beams. Journal of Sound and Vibration 153(1): 1–19.

Xua, X. D., Lee, H. P., Lu, C., and Guo, J. Y. (2005). Streamline representation for structural intensity fields. Journal of Sound and Vibration 280(1–2): 449–454.

本章附录

12.A　在ANSYS软件中计算功率流

为了计算结构中的功率流 S_P，首先需要计算出外部激励作用下各个有限元节点处的内力和位移（变形），然后将它们代入下式中：

$$S_P = \boldsymbol{F}^* \cdot \dot{\boldsymbol{\delta}} \tag{12.A.1}$$

式中：$\boldsymbol{F}$ 为力；$\boldsymbol{\delta}$ 为位移矢量。

在简谐激励情况中，若假定其频率为 ω，那么就可以通过下式来计算 S_P，即

$$S_P = \mathrm{i}\omega\boldsymbol{\delta}^* \boldsymbol{K}^* \cdot \boldsymbol{\delta} \tag{12.A.2}$$

也就是将式（12.A.1）中的力 $\boldsymbol{F}$ 替换成了 $\boldsymbol{K\delta}$，此处的 $\boldsymbol{K}$ 代表的是刚度矩阵。

这里考虑一根复合梁（带有ACLD）的有限元模型，假定该结构受到了激励频率为一阶固有频率的简谐力作用，为计算其功率流分布情况，下面给出基于ANSYS APDL（ANSYS参数化设计语言）的计算过程和具体程序。

整个分析过程包括了如下几个步骤。

第1步：定义所有模型参数。

第2步：进入建模预处理环境（/prep7）。

第3步：进入求解器（/solu）。

（1）执行“Modal Analysis”，计算固有频率值；

（2）执行“Harmonic Analysis”，需要定义激励载荷的位置、幅值和频率（此处需要根据步骤中得到的固有频率计算结果来设定）。

第4步：进入数据后处理环境

（1）选择需要进行后处理的载荷步；

（2）计算整个模型的单元结果（应力和位移）；

（3）利用“Element Table”功能对所得到的应力和位移结果进行相关的数学计算；

（4）绘制出整个结构上的功率流分布。

具体计算程序如下。

第1步:预处理器/求解器/后处理器的设置。

```
/title,Power Flow in PCLD beam
/UNITS,SI ! Specifies the unit system to be used in the model
/SHOW,WIN32C ! Specifies the device and other parameters for graph-
ics displays
/CONT,1,32,AUTO ! Specifies the uniform contour values on stress dis-
plays.
/page,15000,,15000,,0,! Defines number of lines per page
```

第2步:启动预处理器,在该环境下建立模型、定义材料、选择单元类型。

```
/PREP7
! * * * Define variables to be used in the FE model later
! * * * * * * * * * * * * * * * * * * * * * * * * * * * * * * * * * * *
* * * * * * * * * * * * * * * * * * * * *
! Geometrical parameters
! * * * * * * * * * * * * * * * * * * * * * * * *
inch=25.4e-3
Lp=0.5 ! length of base beam
Wp=0.05 ! width of base beam
Tp=0.0125 ! thickness of base beam
Lpz=Lp ! length of PZT constraining layer
Wpz=Wp ! width of PZT constraining layer
Tpz=0.0025 ! thickness of PZT constraining layer
Lv=Lp ! length of Viscoelastic(VEM)layer
Wv=Wp ! width of Viscoelastic(VEM)layer
Tv=0.00625 ! thickness of Viscoelastic(VEM)layer
! Material properties parameters
! * * * * * * * * * * * * * * * * * * * * * * * * * * * * * * *
rho_p=7800 ! Density of base beam
rho_pz=7600 ! Density of PZT layer
rho_v=1104 ! Density of VEM layer
E_p=210e9 ! Young's Modulus of base beam
E_v=60e6 ! Young's Modulus of VEM layer
damp_p=0 ! Damping ratio for base beam material
```

```
damp_pz = 0 ! Damping ratio for PZT material
damp_v = 0.5 ! Damping ratio for VEM material characterized with loss factor = 1
! * * * Element Type and Material Definition
! * * * * * * * * * * * * * * * * * * * * * * * * * * * * * * * * * * * * * * *
! Element Types
! * * * * * * * * * * * * * *
et,1,solid226,1001 ! Piezoelectric element
et,2,solid186 ! Solid Element for beam and VEM
! * * * * * * * * * * * * * * * * * * * * * * * * * * * * * * * * * * * * * * * * * * * * * * * * * * * * * * * * *
! Material Definitions
! * * * * * * * * * * * * * * * * * * * * * *
! Due to the anisotropic nature and coupling effect of
piezoelectric materials,they have specific way in defining
thestructural/electrical material properties matrices.This
is done using tabular data for the different matrix entries
! * * * * * * * * * * * * * * * * * * * * * * * * * * * * * * * * * * * * * * * * * * * * * * * * * * * * * * * * *
/COM,MATERIAL PROPERTIES OF LEAD ZIRCONATE TITANATE(PZT-5A)
/COM,
/COM,-MATERIAL MATRICES(POLAR AXIS ALONG Y-AXIS):IEEE INPUT
/COM,
/COM,[s11 s13 s12 0 0 0 ] [ 0 d31 0 ] [ep11 0 0 ]
/COM,[s13 s33 s13 0 0 0 ] [ 0 d33 0 ] [ 0 ep33 0 ]
/COM,[s12 s13 s11 0 0 0 ] [ 0 d31 0 ] [ 0 0 ep11]
/COM,[ 0 0 0 s44 0 0 ] [ 0 0 d15]
/COM,[ 0 0 0 0 s66 0 ] [ 0 0 0 ]
/COM,[ 0 0 0 0 0 s44] [d15 0 0 ]
/COM,
! * * * * * * * * * * * * * * * * * * * * * * * * * * * * * * * * * * * * * * * * * * * * * * * * * * * * * * * * *
S11 = 15.874E-12
S12 = -4.25E-12
```

```
S13=-9.49E-12
S33=15.87E-11
S44=48.9E-12
S66=47.3E-12
D15=6.67E-10
D31=-1.86E-10
D33=7.5E-10
EP11=4140
EP33=4500
! ************************************
*********************
! Piezoelectric layers material properties
! ************************************
*****
TB,ANEL,1,,,1 ! ANISOTROPIC ELASTIC COMPLIANCE MATRIX
TBDA,1,S11,S13,S12
TBDA,7,S33,S13
TBDA,12,S11
TBDA,16,S44
TBDA,19,S44
TBDA,21,S66
TB,PIEZ,1,,,1 ! PIEZOELECTRIC STRAIN MATRIX
TBDA,2,D31
TBDA,5,D33
TBDA,8,D31
TBDA,10,D15
TB,DPER,1,,,1 ! DIELECTRIC PERMITTIVITY AT CONSTANT STRESS
TBDA,1,EP11,EP33,EP11
MP,DENS,1,rho_pz ! DENSITY of PZT layer
MP,DMPRAT,1,damp_pz
! ************************************
*******************
! Base Beam Material Definition
! ******************************
MP,DENS,2,rho_p
```

```
MP,EX,2,E_p
MP,PRXY,2,0.3
MP,DMPRAT,2,damp_p
! VEM layer Material Definition
! * * * * * * * * * * * * * * * * * * * * * * * * * * * * * *
MP,DENS,3,rho_v
MP,EX,3,E_v
MP,PRXY,3,0.499
MP,DMPRAT,3,damp_v
! * * * * * * * * * * * * * * * * * * * * * * * * * * * * * * * * * * * *
* * * * * * * * * *
! * * * * * * * * * * * * * * * * * * * * * * * * * * * * * * * * * * * *
* * * * * * * * * *
! * * * MODELING
! * * * * * * * * * * * *
! Base Beam
! * * * * * * * * * * *
BLOCK,0,Lp,0,Tp,-Wp/2,Wp/2
! VEM Layer
! * * * * * * * * * *
BLOCK,0,Lp,Tp,Tp+Tv,-Wv/2,Wv/2
! PZT Layer
! * * * * * * * * * *
BLOCK,0,Lp,Tp+Tv,Tp+Tv+Tpz,-Wv/2,Wv/2
allsel,all
vglue,all
nummrg,KP
numcmp,all
! * * * * * * * * * * * * * * * * * * * * * * * * * * * * * * * * * * * *
* * * * * * * * *
! * * * MESHING
! * * * * * * * * * * *
! Define number of FE divisions for the model lines
! * * * * * * * * * * * * * * * * * * * * * * * * * * * * * * * * * * * *
* * * * * * * * * * *
```

```
lsel,s,,,all
lsel,u,loc,x,0
lsel,u,loc,x,Lp
lesize,all,,,48
lsel,s,loc,x,0
lsel,a,loc,x,Lp
lsel,u,loc,z,Wp/2
lsel,u,loc,z,-Wp/2
lesize,all,,,1
lsel,s,loc,x,0
lsel,a,loc,x,Lp
lsel,r,loc,z,Wp/2
lesize,all,,,1
lsel,s,loc,x,0
lsel,a,loc,x,Lp
lsel,r,loc,z,-Wp/2
lesize,all,,,1
allsel,all
! ****************************************************
! Meshing Beam
! *************
allsel,all
vsel,s,,,1
VATT,2,,2,,
vsweep,all ! Mesh Volume #1 (Beam)
allsel,all
! Meshing VEM
! ************
allsel,all
vsel,s,,,2
VATT,3,,2,,
vsweep,all ! Mesh Volume #2 (VEM)
allsel,all
! Meshing PZT
```

```
! * * * * * * * * * * * * *
allsel,all
vsel,s,,,3
VATT,1,,1,11,
vsweep,all ! Mesh Volume # 3 (PZT)
allsel,all
! * * * * * * * * * * * * * * * * * * * * * * * * * * * * * * * * * * * *
* * * * * * * * * * * * * * 
! * * * Apply Boundary Conditions
! * * * * * * * * * * * * * * * * * * * * * * * * * * * * *
! Structural Boundary Conditions
! * * * * * * * * * * * * * * * * * * * * * * * * * * * * * * *
nsel,s,loc,x,0
D,all,ux,0
D,all,uy,0
D,all,uz,0
allsel,all
! Electrical Boundary Conditions for the PZT layer
! * * * * * * * * * * * * * * * * * * * * * * * * * * * * * * * * * * * *
* * * * * * * * * * * * *
vsel,s,,,3
aslv
asel,r,loc,y,Tp+Tv
nsla,s,1
cp,1,volt,all
allsel,all
vsel,s,,,3
aslv
asel,r,loc,y,Tp+Tv+Tpz
nsla,s,1
cp,2,volt,all
allsel,all
finish
! * * * * * * * * * * * * * * * * * * * * * * * * * * * * * * * * * * * * *
* * * * * * * * * * * * *
```

第 3 步:定义求解参数和分析类型,并进行求解。

```
/SOLU
! Modal Analysis
! * * * * * * * * * * * * * * * *
ANTYPE,2 ! Modal analysis
MODOPT,LANB,10
EQSLV,SPAR
MXPAND,10,,,1
OUTPR,ALL,ALL,
OUTRES,ALL,ALL
SOLVE
*GET,Mode1_Freq,MODE,1,FREQ,REAL
*GET,Mode2_Freq,MODE,2,FREQ,REAL
*GET,Mode3_Freq,MODE,3,FREQ,REAL
*GET,Mode4_Freq,MODE,4,FREQ,REAL
*GET,Mode5_Freq,MODE,5,FREQ,REAL
*GET,Mode6_Freq,MODE,6,FREQ,REAL
*GET,Mode7_Freq,MODE,7,FREQ,REAL
*GET,Mode8_Freq,MODE,8,FREQ,REAL
*GET,Mode9_Freq,MODE,9,FREQ,REAL
FINISH
! * * * * * * * * * * * * * * * * * * * * * * * * * * * * * * * * * * * *
* * * * * * * * * * * * * * *
! Harmonic Analysis
! * * * * * * * * * * * * * * * * * *
/SOLU
antype,3 ! Harmonic Analysis
HARFREQ,Mode1_Freq,Mode1_Freq,
NSUBSET,1
KBC,1
outres,all,all
! Apply Force Excitation
! * * * * * * * * * * * * * * * * * * * * * * * *
esel,s,mat,,2
nsle,s,1
```

```
nsel,r,loc,x,Lp
F,all,Fy,1
allsel,all
solve
FINISH
! ******************************************************
```

第 4 步:对计算结果进行后处理。

```
/post1
SET,FIRST
! Calculate the deflection in the x-direction for the structure ele-
ments
! *********************************
AVPRIN,0,,
ETABLE,disp_x,U,X
! Calculate the deflection in the y-direction for the structure ele-
ments
! *********************************
AVPRIN,0,,
ETABLE,disp_y,U,Y
! Calculate the deflection in the z-direction for the structure ele-
ments
! *********************************
AVPRIN,0,,
ETABLE,disp_z,U,Z
! Calculate F x
! *************
AVPRIN,0,,
ETABLE,f_xx,F,X
! Calculate F y
! *************
AVPRIN,0,,
ETABLE,f_yy,F,Y
! Calculate F z
```

```
! * * * * * * * * * * * * *
AVPRIN,0,,
ETABLE,f_zz,F,Z
! Carry out arithmetic operations
! * * * * * * * * * * * * * * * * * * * * * * * * * * * * * * * *
SMULT,en_xx,F_XX,DISP_X,1,1,! F x u x
SMULT,en_yy,F_YY,DISP_Y,1,1,! F y u y
SMULT,en_zz,F_ZZ,DISP_Z,1,1,! F z u z
! Calculate I x=SQRT[(F x u x ) 2 + (F y u y ) 2 + (F z u z ) 2 ]
! * * * * * * * * * * * * * * * * * * * * * * * * * * * * *
SEXP,Ixd2,EN_XX,,2,,
SEXP,Iyd2,EN_YY,,2,,
SEXP,Izd2,EN_ZZ,,2,,
SADD,II1,IXD2,IYD2,1,1,,
SADD,II,II1,IZD2,1,1,,
SEXP,IISQR,II,,0.5,,
! * * * * * * * * * * * * * * * * * * * * * * * * * * * * * * * * * * * *
* * * * * * * * * * * *
! Plot the power flow distribution
! * * * * * * * * * * * * * * * * * * * * * * * * * * * * * * * *
PLETAB,IISQR,AVG
! * * * * * * * * * * * * * * * *
! Bottom View
! * * * * * * * * * * * *
/VIEW,1,,-1
/ANG,1
/REP,FAST
```

思考题

12.1 考虑图 P12.1 所示的多弹簧-阻尼器-质量系统,如果 $k = 1$, $m = 1$,且阻尼矩阵是刚度矩阵的 0.1 倍,并假定第一个质量受到了正弦激励(单位力,频率为系统的一阶固有频率),试确定 4 个质量上的有功功率和无功功率分布情况。

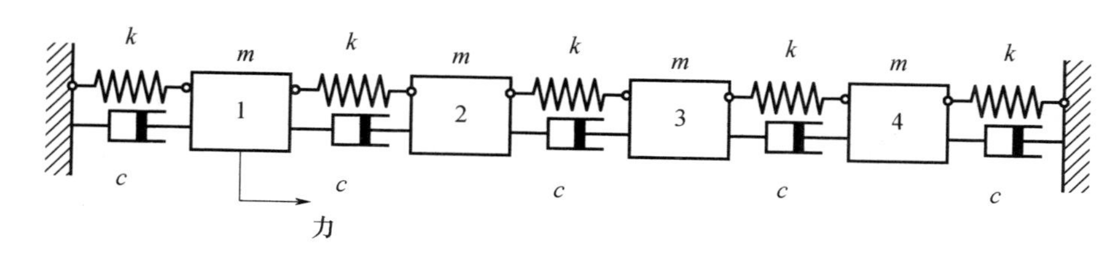

图 P12.1　多弹簧-阻尼器-质量系统

12.2　考虑图 P12.2 所示的固支-自由边界条件下的杆/黏弹性材料系统，铝杆的宽度和厚度均为 0.025m，长度为 1m。黏弹性材料层的宽度和厚度也都是 0.025m，密度为 1100kgm^{-3}，其储能模量和损耗因子可以通过包含单个振荡项的 GHM 模型描述（参数为 E_0 = 15.3MPa，α_1 = 39，ζ_1 = 1，ω_1 = 19058rad/s）。如果假定该系统受到了一个单位正弦激励力（作用于节点 3 处，频率为系统的一阶固有频率）的作用，试确定杆上的功率流。

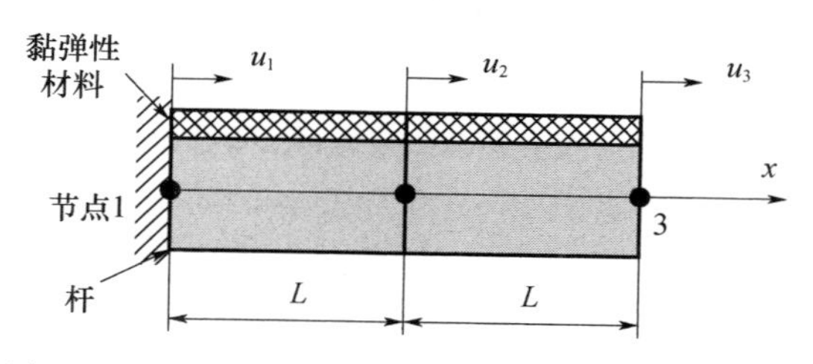

图 P12.2　杆/无约束黏弹性材料系统的两单元模型

12.3　考虑图 4.11 所示的固支-自由边界条件下的杆/黏弹性材料系统，铝杆的宽度和厚度均为 0.025m，长度为 1m。黏弹性材料层的宽度和厚度也都是 0.025m，密度为 1100kgm^{-3}，其储能模量和损耗因子可以参见例 4.2。这个黏弹性材料层受到了一个铝制约束层的约束，该约束层的宽度为 0.025m，厚度为 0.0025m。此外，该黏弹性材料的特性可以通过包含单个振荡项的 GHM 模型描述（参数为 E_0 = 15.3MPa，α_1 = 39，ζ_1 = 1，ω_1 = 19058rad/s）。如图 P12.3 所示，如果假定该系统受到了一个单位正弦激励力（作用于节点 3 处，频率为系统的一阶固有频率）的作用，试确定杆上的功率流。

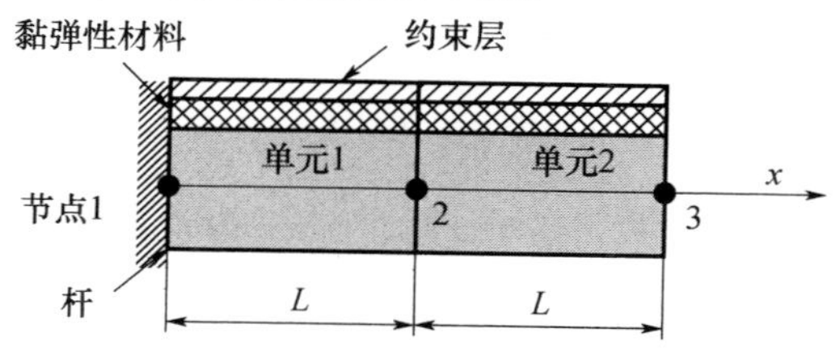

图 P12.3　杆/约束黏弹性材料系统的两单元模型

12.4 考虑图 P12.4 所示的固支-自由边界条件下的梁/黏弹性材料系统，物理参数和几何参数可以参见表 4.4。该梁可以划分为 10 个有限单元，并且受到了横向上的激励力 F 的作用。如果假定该系统受到的是一个单位正弦力的激励(作用于节点 11 处，频率为系统的一阶固有频率)，试确定梁上的功率流。这里可以假定黏弹性材料的复剪切模量 G_2 能够通过包含 4 个振荡项的 GHM 模型描述，即 $G_2(s) = G_0\left(1 + \sum_{i=1}^{4} \alpha_i \frac{s^2 + 2\omega_i s}{s^2 + 2\omega_i s + \omega_i^2}\right)$ ($G_0 = 2.72\text{MPa}$)，模型参数参见表 4.5。

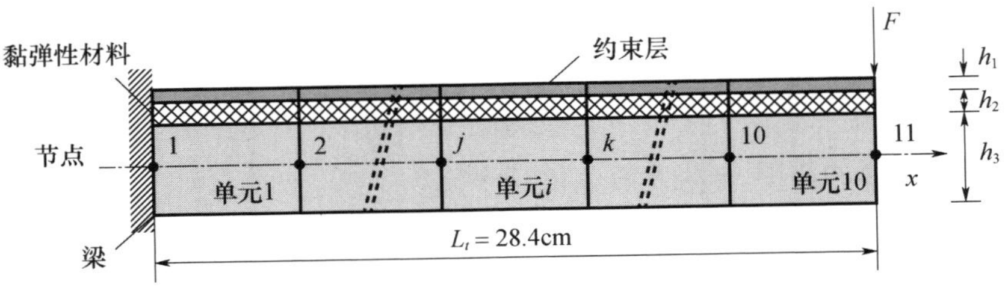

图 P12.4 经约束黏弹性材料阻尼处理的悬臂梁的十单元模型

进一步，考虑分别对该梁的 2 个、4 个、6 个和 8 个单元进行约束黏弹性材料处理，试针对这些情况进行功率流对比。

12.5 考虑思考题 12.4 中给出的固支-自由边界下的梁/黏弹性材料系统(图 P12.4)，梁、黏弹性材料和主动式压电约束层的特性参见表 P12.1 和表 P12.2，假定此处梁的前 5 个单元上经过了 ACLD 处理，且受到了一个单位正弦激励力的作用(作用于节点 11 处，频率为系统的一阶固有频率)，试确定在开环 ACLD 条件下该梁的功率流情况。

表 P12.1 梁/黏弹性材料系统的物理和几何特性

层	厚度/m	宽度/m	杨氏模量/GPa	密度/(kgm^{-3})	泊松比
PZT 约束层	$h_1 = 0.0025$	0.025	63	7600	0.3
黏弹性材料	$h_2 = 0.0025$	0.025	GHM	1100	0.5
梁	$h_3 = 0.0025$	0.025	70	2700	0.3

表 P12.2 压电(PZT)约束层参数

参数	d_{31}/($\text{m}\cdot\text{V}^{-1}$)	k_{31}	g_{31}/(VmN^{-1})	k_{3t}
值	1.86×10^{-10}	0.34	1.16	1950

进一步,如果该 ACLD 是通过微分反馈控制(针对节点 6 的位置)的,试确定这种情形下的功率流,并考察不同控制增益值的影响,对结果加以评述。

12.6　考虑图 P12.5 所示的悬臂平板结构,在板上安装了 8 个黏性阻尼器,阻尼系数为 $C_1 \sim C_8$。假定该板的固支端附近受到了一个单位正弦型横向载荷的作用,其频率为板的一阶固有频率,试针对表 P12.3 中列出的 3 种阻尼器设置方案,确定该系统的结构声强和流线图。

表 P12.3　阻尼器的设置

阻尼器设置方案	C_1	C_2	C_3	C_4	C_5	C_6	C_7	C_8
1	2000	2000	2000	2000	0	0	0	0
2	2000	2000	2000	2000	2000	2000	0	0
3	2000	2000	2000	2000	2000	2000	2000	2000

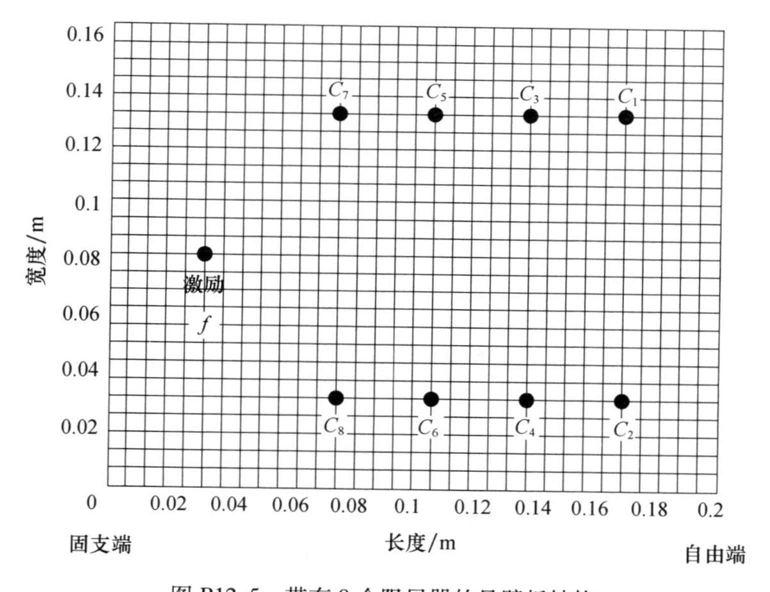

图 P12.5　带有 8 个阻尼器的悬臂板结构

12.7　考虑图 P12.6 所示的悬臂梁,其中带有 6 个周期布置的共振单元,这些共振单元是由黏弹性材料包覆层和小质量构成的,因而可以形成局域共振。表 P12.4 和表 P12.5 分别列出了组分相的几何特性与物理参数。如果假定该梁的自由端附近受到了一个横向上的单位正弦载荷作用(频率为系统的一阶固有频率),试确定系统的功率流分布及其流线图。

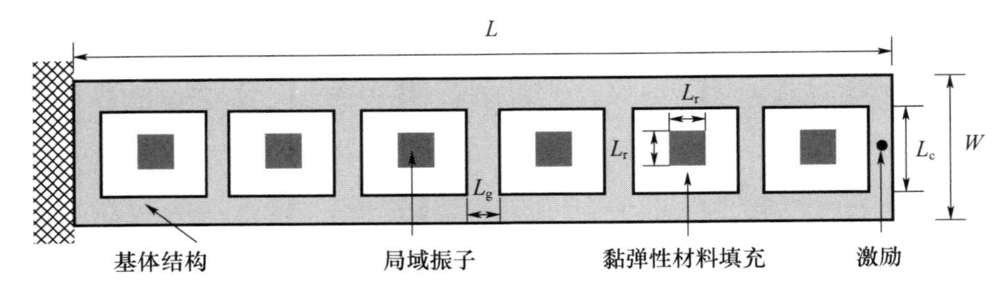

图 P12.6　带有周期布置的内部局域振子的悬臂梁结构

表 P12.4　带有周期布置的内部共振单元的梁的几何参数

长度	L	w	h	L_c	L_r	L_g
值/m	0.3556	0.0635	0.0015	0.0381	0.0127	0.0181

表 P12.5　梁和阻尼填充物的物理特性

材料	杨氏模量/GPa	泊松比/v	密度/(kgm^{-3})
铝	70	0.30	2700
黏弹性材料(聚脲基脂)	0.02(1+0.4i)	0.49	1018

12.8　考虑图 P12.7 所示的二维超材料板构型,该板是铝制的,其中带有周期布置的单元,这些单元能够表现出局域共振行为。每个单元都是板状结构,通过黏弹性材料包覆层支撑了一个小质量,从而可以形成局域共振(Nouh 等人,2015)。表 10.6 中列出了铝板和局域共振质量的主要几何参数。如果假定该板的固支端附近受到了一个横向上的单位正弦激励载荷作用(频率为系统的一阶固有频率),试确定功率流分布及其流线图。

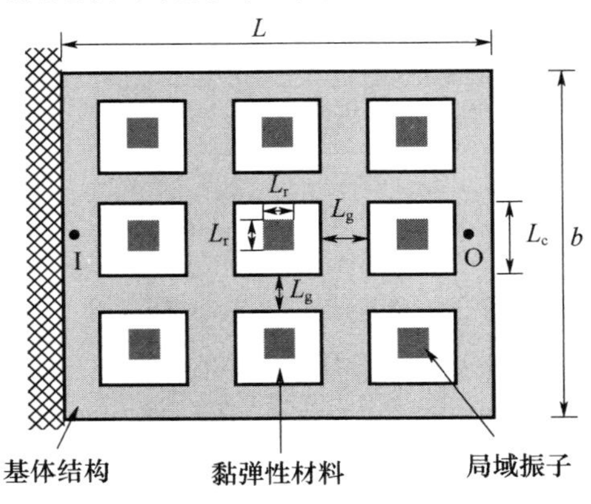

图 P12.7　带有周期布置的内部局域振子的悬臂板结构

12.9　如图 P12.8 所示,其中给出了一个二维超材料板结构,它是图 P12.7 的一个特例。该板仅带有两个共振单元。铝板和共振单元的主要几何特性参见表 10.6。如果假定该板的固支端附近受到了一个横向上的单位正弦激励载荷作用(频率为系统的一阶固有频率),试确定功率流分布及其流线图。

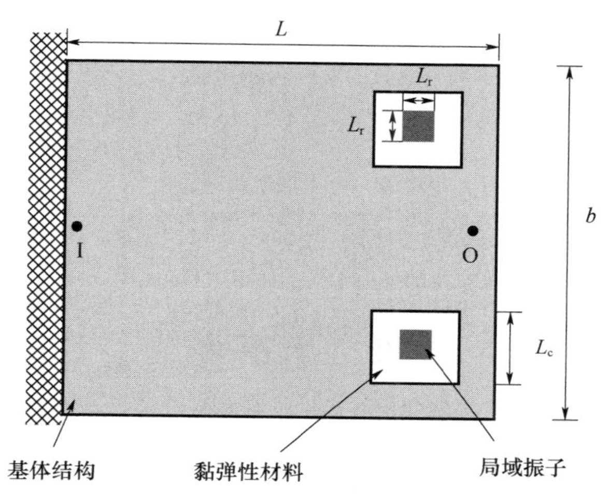

图 P12.8　带有两个内部局域振子的悬臂板结构

12.10　考虑图 P12.9 所示的固支-自由边界条件下的壳/PCLD 构型,壳和 PCLD 的主要物理参数和几何参数已经列于表 P12.6 中。该壳的内半径 R 为 0.1016m,PCLD 处理中设置了两个 PCLD 片,二者粘贴在壳的外表面上(180°反相位粘贴),每片相对于壳中心点的张角均为 90°。试利用 4.8 节和 7.5 节给出的有限元方法确定壳表面上的功率流分布情况,此处假定该系统受到的是正弦型单位力激励,频率为系统的一阶固有频率,加载位置为 $L_1 = 0.9\text{m}$。

表 P12.6　壳/PCLD 系统的参数

参数	长度/m	厚度/m	密度/(kgm^{-3})	杨氏模量/GPa
壳	1.270	0.635	7800	210
黏弹性材料	0.600	1.300	1140	a
PZT 约束层	0.600	0.028	7600	66

(a:由包含五项的 GMM 模型给出,且 $G_\infty = 292.01\text{MPa}$,$\beta_\infty = 0.007$,参见例 4.6 和表 4.6。)

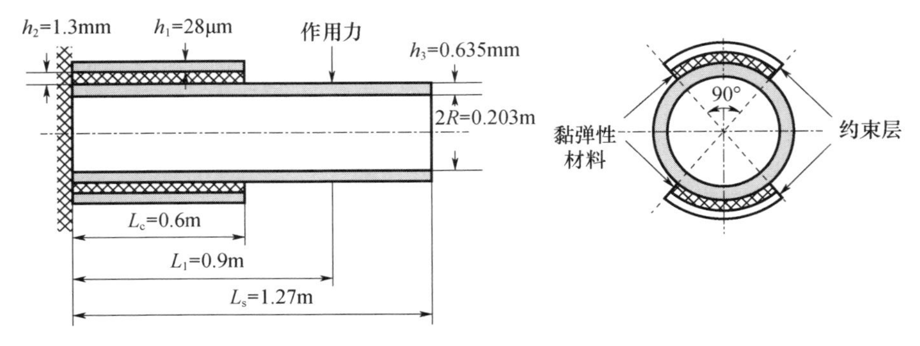

图 P12.9 壳/PCLD 系统的构型

部分术语表

主动式约束层阻尼(ACLD):ACLD 是一种阻尼处理方式,它包括了一个黏弹性层和两个压电层,黏弹性层位于压电层之间,构成了一种三明治形式。下方的压电层附着在结构上,作为传感器使用,上方的压电层作为作动器使用,在结构振动过程中实现剪应变的增大效应。

主动式压电阻尼复合结构(APDC):APDC 是一种阻尼处理技术,主要由黏弹性材料层和内置其中的压电纤维阵列构成。这些压电纤维可以垂直地置入黏弹性材料层中,目的是增强压缩阻尼效应,也可以倾斜地布置,从而能够同时增强压缩和剪切阻尼效应,工作过程中需要对这些压电纤维进行电学激励。

衰减参数(α):该参数是传播参数(μ)的实部,代表了当波在相邻两个单元之间传播时状态矢量的对数衰减程度。

增强温度场(ATF):ATF 方法是一种物理层面上的方法,在黏弹性材料建模中,它引入了温度场,并使之与结构场发生相互作用。所引入的场可以通过关于黏弹性材料的内部自由度的一阶微分方程描述。

Burgers 模型:该模型是由麦克斯韦黏弹性材料模型和 Kelvin-Voigt 黏弹性材料模型以串联方式构成的。

约束层阻尼(CLD):CLD 是一种阻尼处理技术,其中的黏弹性材料层位于基体结构和约束层之间,构成了三明治构型,可以诱发黏弹性材料中发生剪切变形。这个剪切变形能够显著增强能量耗散。

Cole-Cole 图:该图是指储能模量(E' 或 G')与耗能模量(E'' 或 G'')或者损耗因子(η 或 $\tan\delta$)之间的关系图,也被称为“Wicket 图”。

复模量(E^* ,G^*):复模量是对黏弹性材料的弹性和黏弹性特性的复数形式描述,即 $E^* = E'(1 + \eta i)$,其中的 E' 和 η 分别代表的是储能模量和损耗因子,i 为虚数单位。当考虑正弦激励和温度的作用时,复模量是黏弹性材料的经典表达方式。

蠕变:蠕变是一种物理现象,即当黏弹性材料受到不变的应力载荷作用时,可以观测到其应变会连续不断地减小。人们一般根据这一应变的时间历程确定时变的“蠕变柔量”。

蠕变柔量:蠕变柔量 $J(t)$ 是通过测量应变的时间历程 $\varepsilon(t)$ (当黏弹性材料受到阶跃应力 σ_0 作用时)来确定的,即 $J(t) = \varepsilon(t)/\sigma_0$。

阻尼:阻尼是振动结构的一种耗能机制,可以是黏性的、黏弹性的或者结构阻尼类型。

阻尼复合材料(结构):阻尼复合材料(结构)是一种阻尼处理技术,它是由黏弹性材料与多种组分相构成的组合体,这些组分相可以是层、粒子填充物或者纤维等,加入这些组分相的目的是获得所期望的阻尼特性。

阻尼因子:阻尼因子是衡量黏弹性材料的能量耗散特性的一个定量指标。

动态热机械分析仪(DMTA):DMTA 是一种测试仪器,主要用于测量黏弹性材料在不同温度和频率下的储能模量和损耗因子,一般需要采用弯曲、剪切或拉压形式的正弦激励。

高弹体:高弹体是一种阻尼材料,在室温条件下以橡胶态存在。

衰退记忆现象:如果某种作用对材料响应的影响随着时间不断弱化,那么称该材料表现出衰退记忆现象。

分数阶导数:分数阶微积分是 Leibniz 于 1695 年引入的,据此可以将整数阶导数拓展到非整数阶导数领域。

自由体积(v_f):自由体积给出的是黏弹性材料分子间的空间体积。

Golla-Hughes-McTavish 模型(GHM):这一模型是通过二阶微分表达式来描述黏弹性材料的剪切模量的,而不是像 Maxwell、Kelvin-Voigt、Poynting-Thomas 和 Zener 模型那样采用一阶微分表达式。这一区别使得我们能够很容易地把黏弹性材料的动力学特性纳入振动结构的有限元模型中。

玻璃化转变温度(T_g):玻璃化转变温度是黏弹性材料的一个重要物理特性,在这一温度处,黏弹性材料的力学性能将出现显著的变化。当低于该温度时,黏弹性材料将以玻璃态存在,而在该温度以上则以橡胶态存在。

Jeffery 模型:该模型是由 Kelvin-Voigt 模型与一个阻尼单元串联构成的。

Kelvin-Voigt 模型:该模型是黏弹性材料的一个经典模型,由一根弹簧和一个黏性阻尼器通过并联方式构成。

耗能模量(E'' 或 G''):耗能模量代表的是黏弹性材料的复模量的耗能部分,通常也称为异相模量或虚模量。

损耗因子(或 $\tan\delta$):损耗因子是黏弹性材料的耗能模量与储能模量的比值,它定量描述了黏弹性材料的能量耗散特性。

主曲线:主曲线是指高聚物的储能模量 E' (或 G')和损耗因子 η 随简化频率 $\alpha_T\omega$ 和温度而变的统一曲线,是采用“温度-频率”叠加原理得到的。

Maxwell 模型:该模型是黏弹性材料的一种经典模型,它是由一根弹簧和一个黏性阻尼器以串联方式布置而成的。

Morlet 小波:Morlet 小波是一个受到单位方差的高斯包络调制的正弦函数(频率为 ω_w)。

通带:通带是一个特定的频率范围,在这一范围内波可以在周期结构中正常传播。

渗滤区:在这一区域中,置入绝缘基体中的导电粒子簇足以在基体内形成连续的导电网络,复合材料的导电性将增大若干个数量级。

周期结构:周期结构可以是被动式的,也可以是主动式的,它们都是由完全相同的子结构(或单元)所组成的,这些单元以周期性方式阵列(一维、二维或三维),并以相同的方式连接起来。

相位参数(β):相位参数是传播参数(μ)的虚部,它反映的是相邻单元之间的相位差。

泊松比(ν):泊松比是横向应变与轴向应变的比值,黏弹性材料的泊松比一般等于 0.5。

Poynting-Thomson 模型:这个模型是由 Kelvin-Voigt 黏弹性材料模型与一个弹性元件(弹簧)以串联方式构成的。

传播参数(μ):传播参数是一个复数,其实部(α)代表的是状态矢量的对数衰减,而其虚部代表的是相邻单元之间的相位差。

松弛:松弛是一种物理现象,当黏弹性材料受到常值应变作用时,可以发现其应力呈现出连续下降的行为,这一现象称为松弛。人们一般通过测量应力的时间历程来确定时变的“松弛模量”。

松弛模量：松弛模量 $E(t)$ 是通过测量黏弹性材料在阶跃应变 ε_0 的作用下所表现出的应力的时间历程 $\sigma(t)$ 来确定的，即 $E(t)=\sigma(t)/\varepsilon_0$。

瑞利阻尼模型：瑞利阻尼模型将阻尼材料的等效黏性阻尼系数表示成质量和刚度的线性组合形式，其中需引入合适的质量和刚度项系数。

静力缩聚方法（Guyan 缩聚）：这种方法将系统的自由度进行了缩聚，使之仅包含主要的自由度集合。

禁带：禁带是一个频率范围，在这一频率范围内，波的传播将受到彻底的阻断。

应变能：应变能是指当结构在外载荷作用下发生变形时，储存在结构中的能量。

储能模量（杨氏模量 E'，剪切模量 G'）：杨氏储能模量和剪切储能模量分别是指黏弹性材料受到正弦拉压载荷和正弦剪切载荷作用时，复模量中的弹性储能部分，也可称为同相模量或实模量。

黏弹性材料（VEM）：这种材料即便是在受到不变的载荷作用下，其响应也是时变的。大多数的高聚物和生物组织都会表现出这种行为特性。人们经常采用线性黏弹性来近似实际黏弹性材料的特性，在这一近似中，应力与应变及其时间导数呈线性关系。

黏性阻尼：黏性阻尼是这样一种阻尼类型，它所产生的阻尼力跟变形速度呈线性关系。

Zener 模型：这种模型是由一个麦克斯韦黏弹性模型和一个阻尼单元以并联方式组合而成的。

附录 A　典型阻尼处理方式的复模量

这里将针对 3 种广为使用的黏弹性材料,简要总结工作温度和工作频率对它们的复模量的影响。这 3 种黏弹性材料分别是由 3M(联系方式:Bonding Systems Division, 3M Center, Building 220 - 7E - 01, St. Paul, MN 55144 - 1000)、E. A. R.(联系方式:Aearo E. A. R. SpecialtyComposites,7911 Zionsville Road Indianapolis,IN 46268)和 Soundcoat(联系方式:Soundcoat,1 Burt Drive,Deer Park, NY 11729)等公司生产的。

A.1　3M 生产的黏弹性阻尼聚合物

3M 的黏弹性材料中的 ISC 系列(110,112,113)的主要特性可以参见表 A.1 和图 A.1~图 A.3。

表 A.1　3M 的黏弹性材料(ISD110,112,113)的工作温度范围、最大损耗因子以及对应的储能模量

聚合物①②③	工作温度范围/℃	最大损耗因子 η_{max}	在 η_{max} 处的储能剪切模量 G' /MPa
ISD 110	40~105(高)	1.2(在 55℃处)	0.12
ISD 112	-20~65(标准)	1.1(在 30℃处)	0.15
ISD 113	-40~20(低)	1.2(在-20℃处)	0.40

注:①3M 中心,黏合系统事业部,Building 220-7E-01,St. Paul,MN 55144-1000;
②110、112 和 113 型号的黏弹性阻尼聚合物的泊松比近似为 0.49;
③110、112 和 113 型号的黏弹性阻尼聚合物的密度近似为 0.9~1.0gcm^{-3}

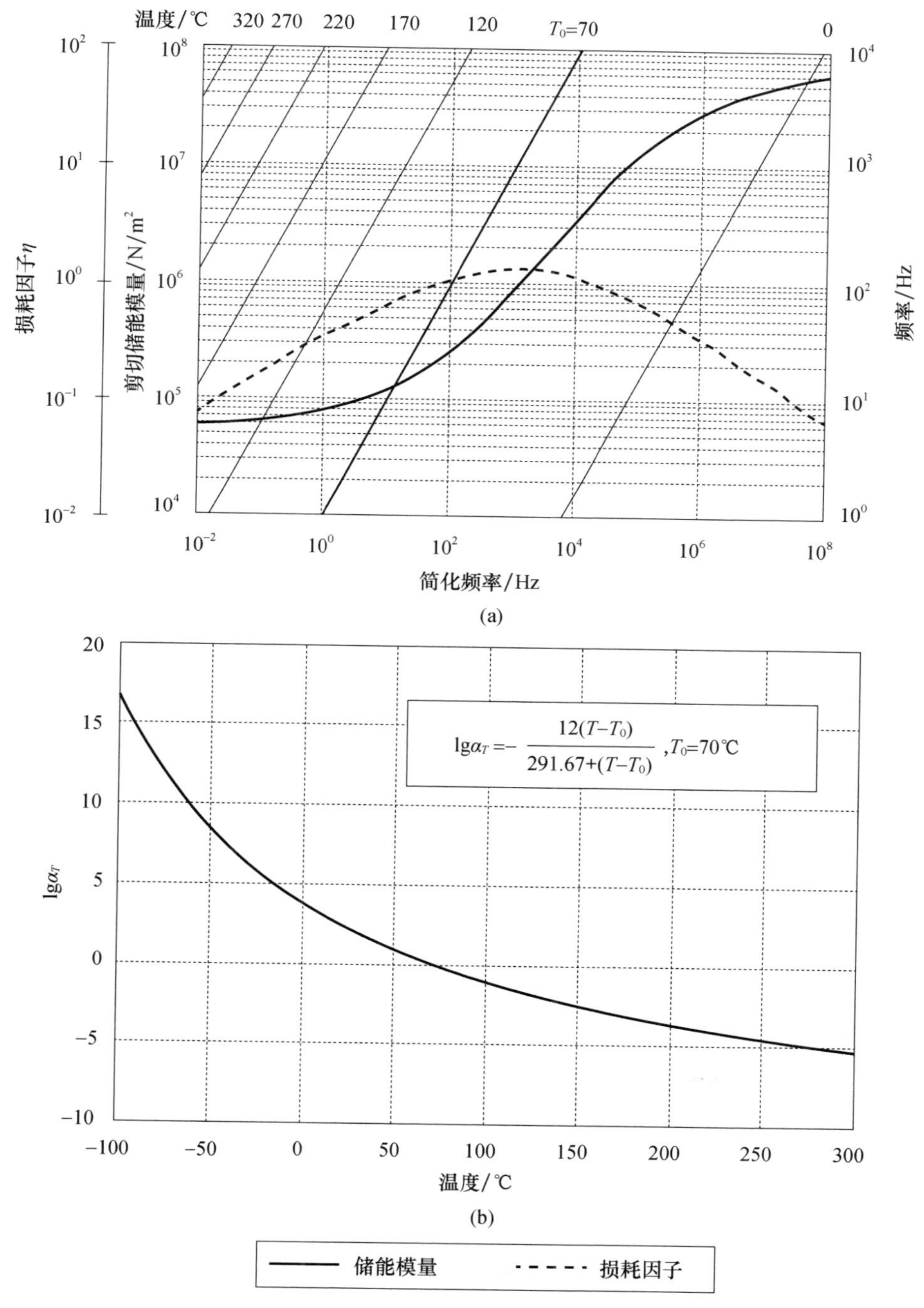

图 A.1　ISD-110 的复模量(T_0 = 70℃)

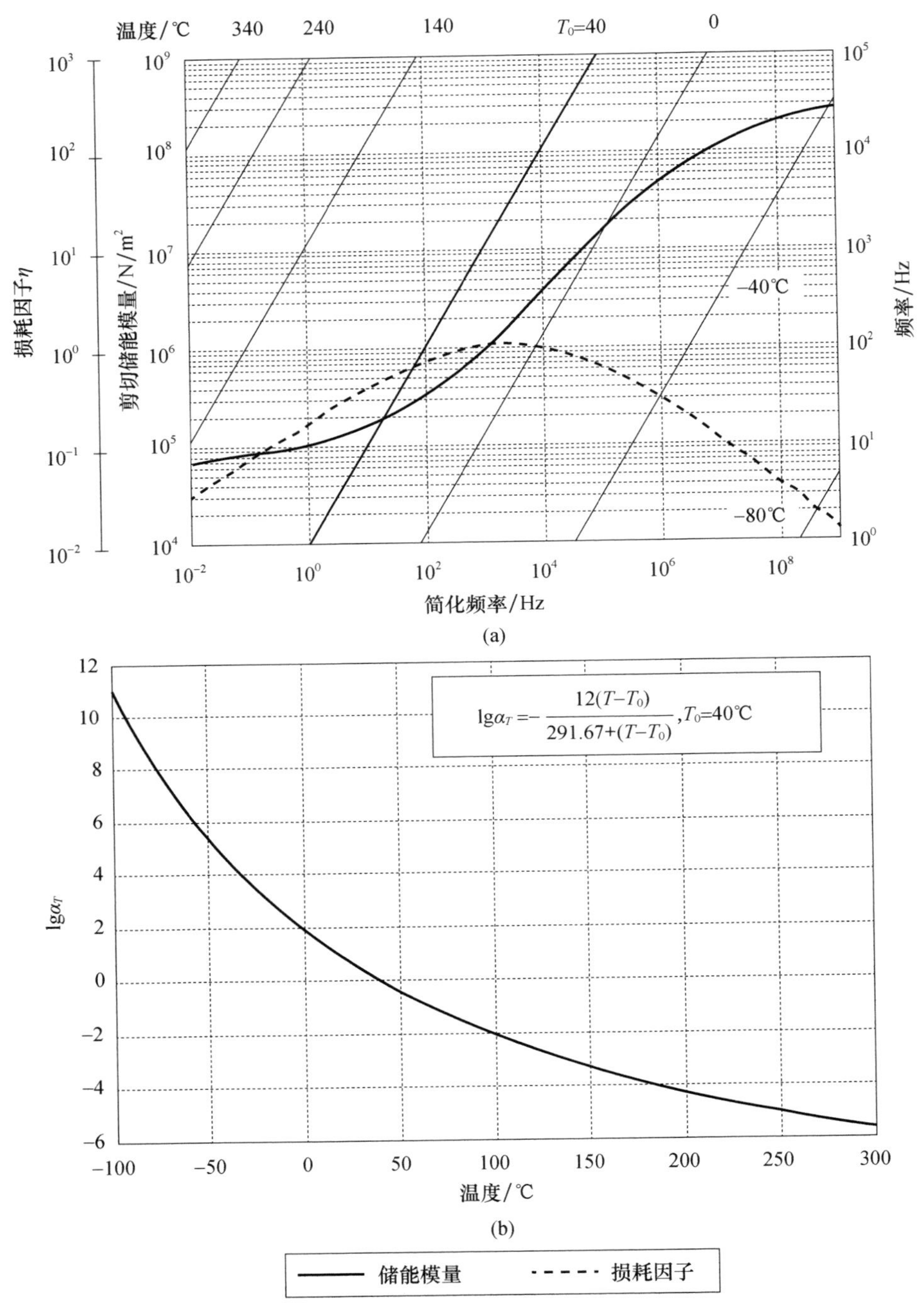

图 A.2　ISD-112 的复模量（T_0 = 40℃）

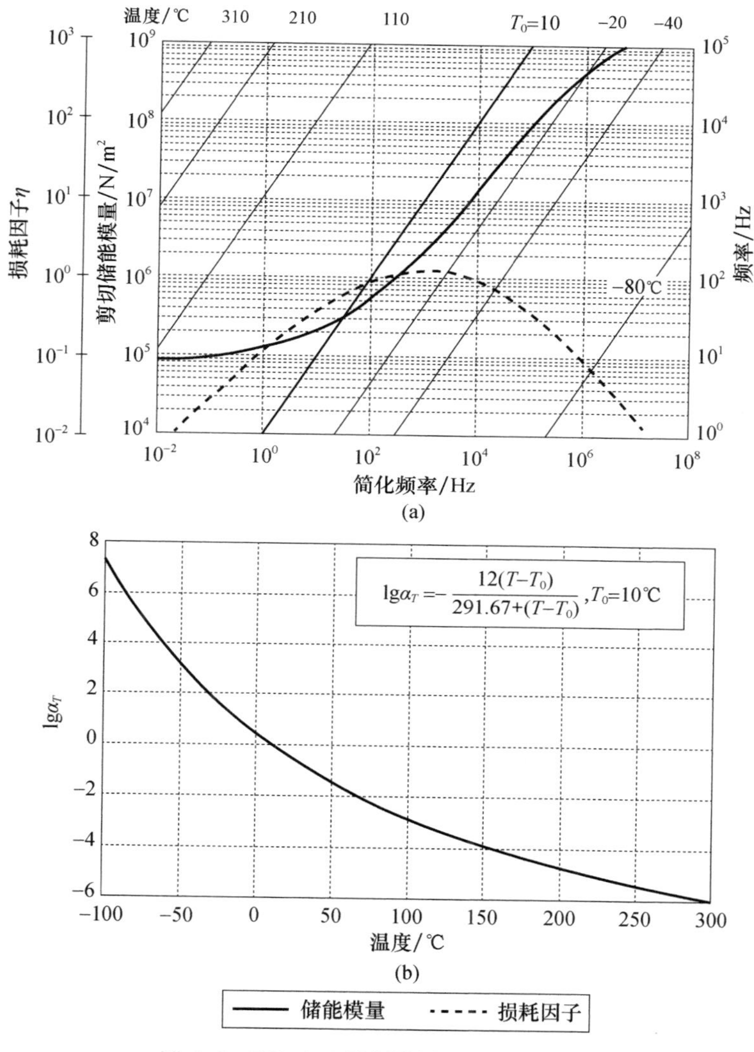

图 A.3 ISD-113 的复模量(T_0 =10℃)

A.2 E.A.R. 的黏弹性阻尼聚合物

对于 E.A.R. 所生产的黏弹性材料中的 C-1002 和 C-2003,其主要特性可以参见表 A.2 和图 A.4~图 A.5。

表 A.2　E. A. R. 的黏弹性材料(C-1002,C-2003)的工作温度范围、最大损耗因子以及对应的储能模量

聚合物①②③	工作温度范围/℃	最大损耗因子 η_{max}	在 η_{max} 处的储能剪切模量 G' /MPa
C-1002	13~41(低)	1.02(在15℃处)	20.00
C-2003	27~54(标准)	1.00(在45℃处)	150.00

注:①Aearo E. A. R. Specialty Composites,7911 Zionsville Road Indianapolis,IN 46268;

②E. A. R. 的黏弹性阻尼聚合物的泊松比近似为 0.49;

③EAR C-1002,1105 和 1100 型号的黏弹性阻尼聚合物的密度近似为 1.289-1.282gcm^{-3}

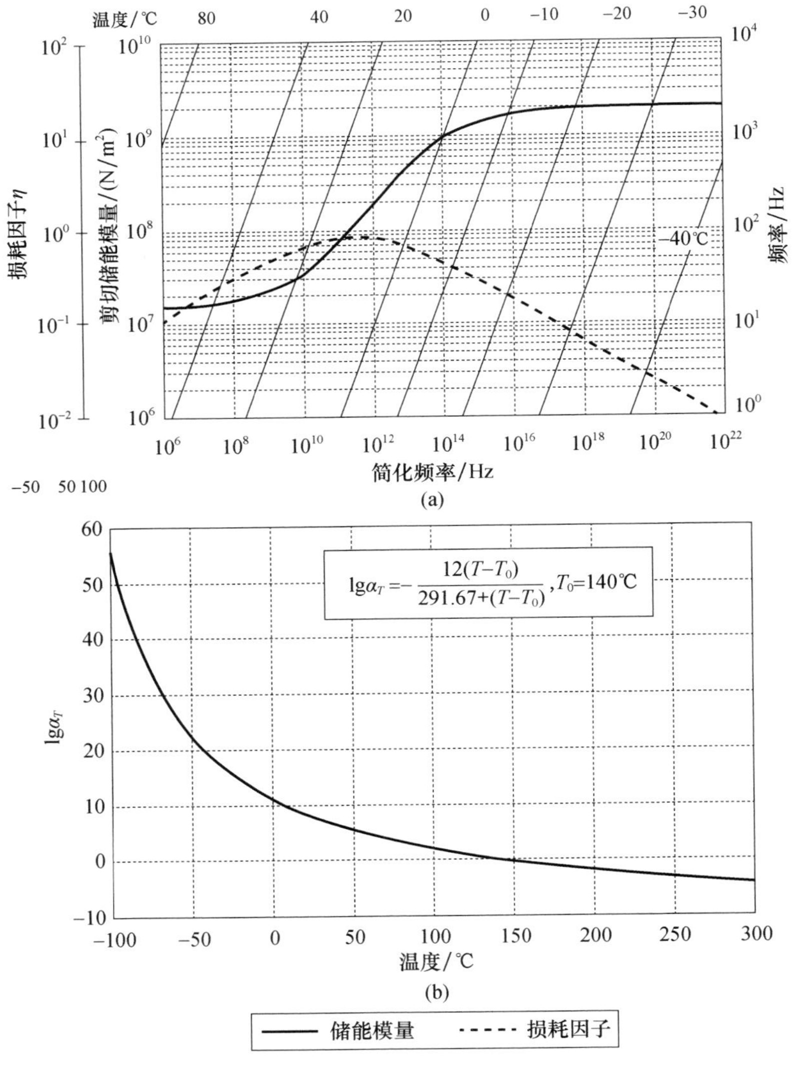

图 A.4　EAR-C-1002 的复模量(T_0 = 140℃)

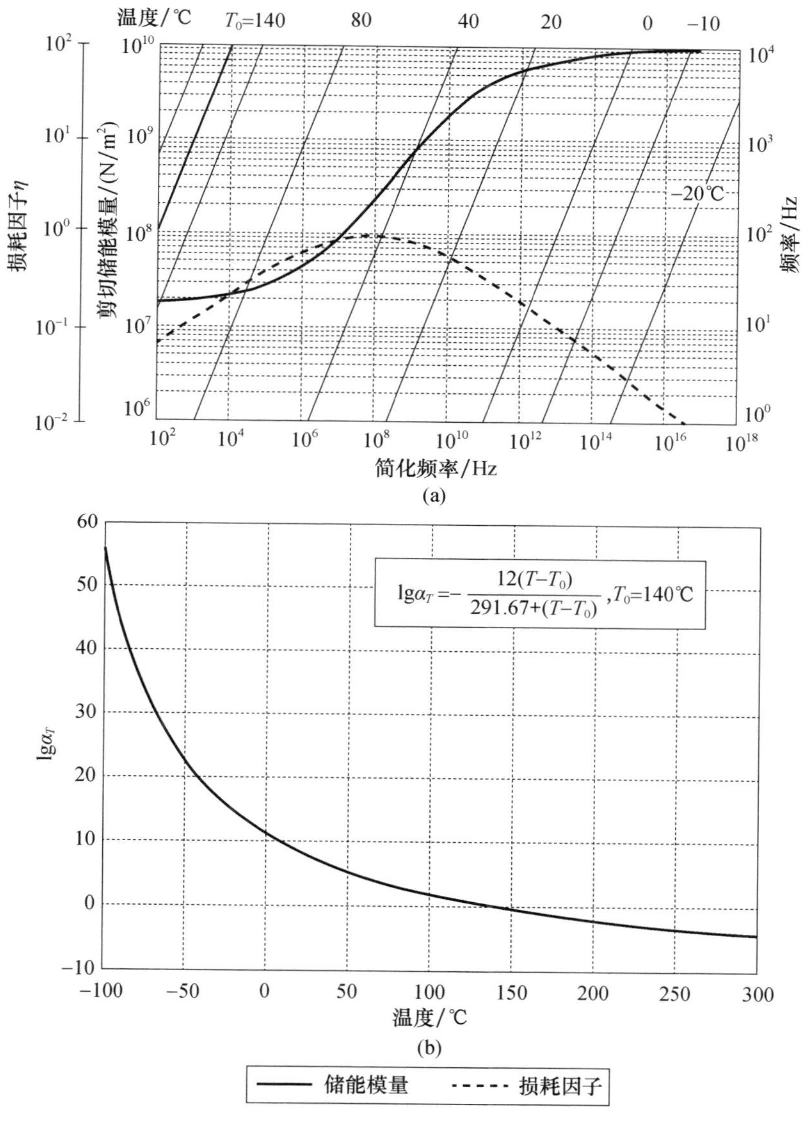

图 A.5　EAR-C-2003 的复模量(T_0 = 140℃)

A.3　Soundcoat 生产的黏弹性阻尼聚合物

Soundcoat 生产的黏弹性材料中的 DYAD 系列(601,606,609)的主要特性可以参见表 A.3 和图 A.6~图 A.8。

表 A.3 Soundcoat 的黏弹性材料(DYAD-601,606,609)的工作温度范围、最大损耗因子以及对应的储能模量

聚合物[a,b,c]	工作温度范围/℃	最大损耗因子 η_{max}	在 η_{max} 处的储能剪切模量 G' /MPa
DYAD-601	-10~40(低)	1.00(在 20℃处)	5
DYAD-606	10~80(标准)	1.05(在 40℃处)	10.00
DYAD-609	0~50(高)	0.60(在 20℃处)	20.00
注:①Soundcoat,1 Burt Drive,Deer Park,NY 11729; ②SOUNDCOAT 的黏弹性阻尼聚合物的泊松比近似为 0.49; ③DYAD-601,606,609 型号的黏弹性阻尼聚合物的密度近似为 1.12-1.3gcm^{-3}			

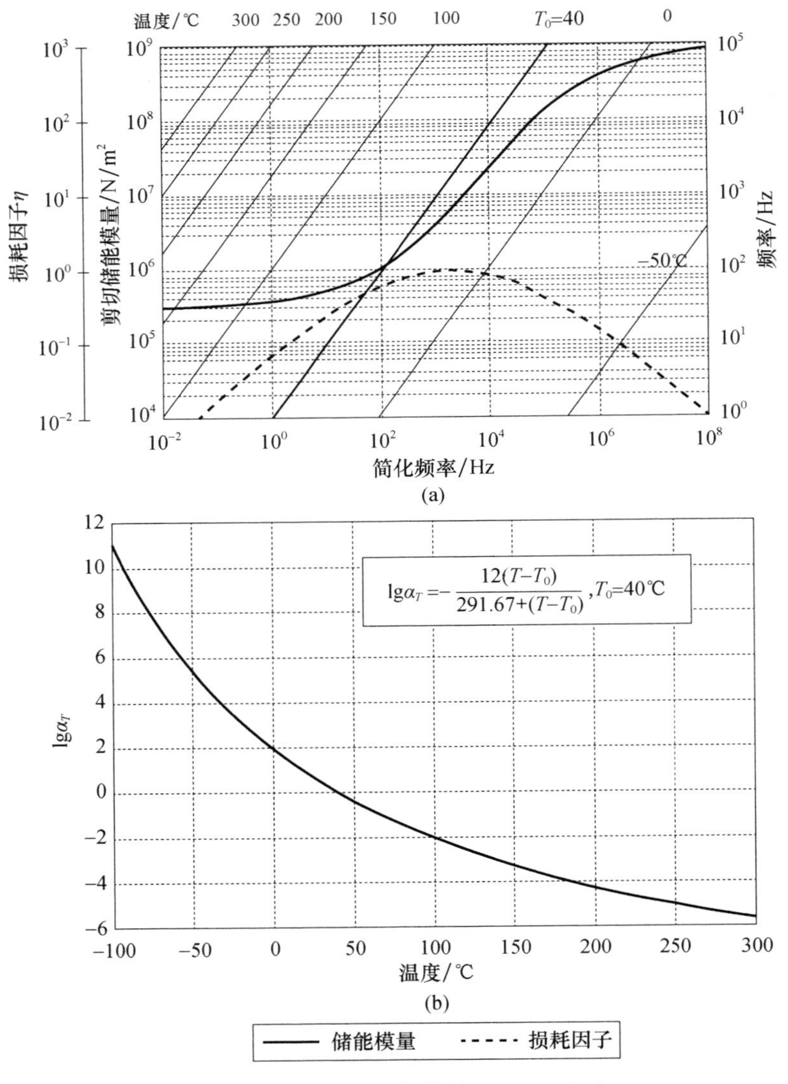

图 A.6 Dyad601 的复模量(T_0 =40℃)

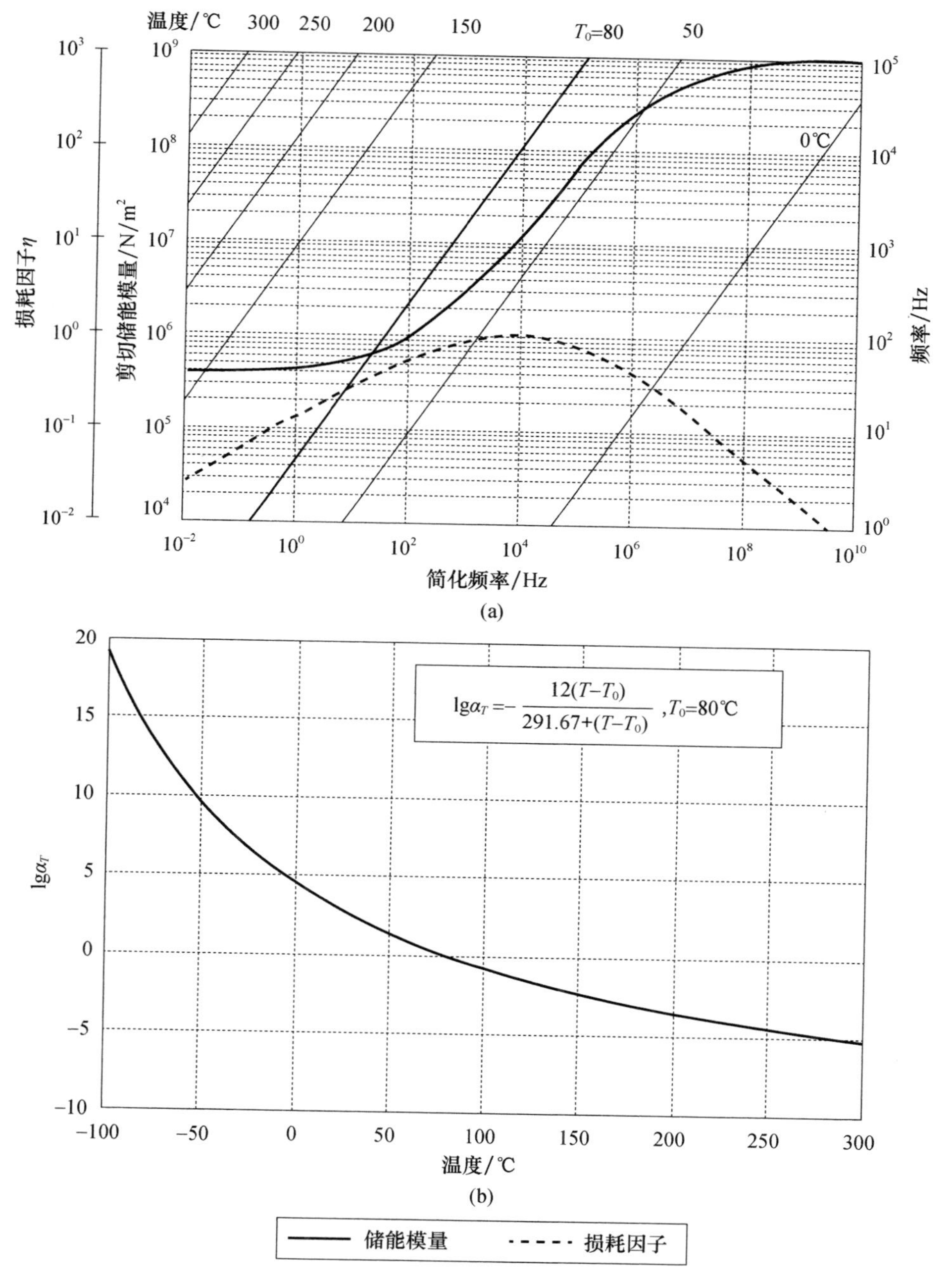

图 A.7　Dyad606 的复模量(T_0 = 80℃)

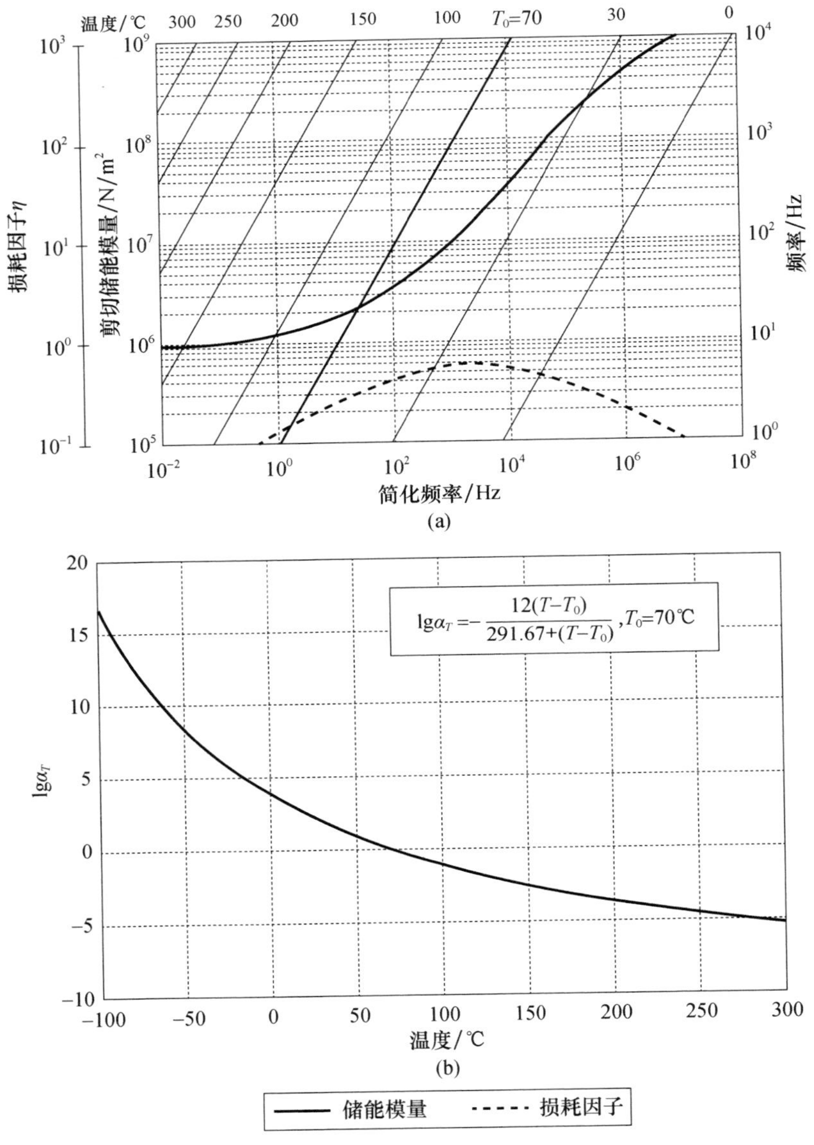

图 A.8　Dyad609 的复模量(T_0 =70℃)

需要注意的是,这 3 种类型的黏弹性材料的损耗因子都大约为 1,不过 3M ISD 系列要比 E. A. R. C-1002 软一些,后者则要比 Soundcoat DYAD 系列更软。在这些产品中,E. A. R. C-2003 是最硬的。因此,对于需要高阻尼和中等刚度的应用场合来说,Soundcoat DYAD 系列应当是最为恰当的选择。

为方便起见,这里附上一些主要的黏弹性材料制造商的信息。

1)Soundcoat

Burt Drive, Deer Park, NY 11729

1-800-394-8913 or 631-242-2200

Fax:631-242-2246

www. soundcoat. com/products. htm

2)E. A. R. Specialty Composites

650 Dawson Drive Newark, DE 19713

Phone(302)738-6800 Fax(302)738-6811

www. earsc. com

3)3M Industrial Business

Bonding Systems Division

3M Center Bldg. 220-7E-01

St. Paul, MN 55144-1000

1-800-362-3550

www. 3m. com/bonding

4)Roush Anatrol Industries

12447 Levan

Livonia, Michigan 48150

Main Line:734-779-7006

Toll-Free:1-800-215-9658

www. roush. com

5)Damping Technologies, Inc.

12970 McKinley Hwy,

Unit IX

Mishawaka, IN 46545-7518

Tel:574. 258. 7916

www. damping. com

最后,这里再列出一些供进一步阅读的文献资料:

Adhikari S. ,Structural Dynamic Analysis with Generalized Damping Models:Analysis, ISTE, Ltd/Wiley:London/Hoboken, NJ, 2014.

Beards C. , Structural Vibration, Analysis and Damping, Butterworth - Heinemann;1996.

Braun S. G. , Ewins D. J. , and Rao S. S. , Encyclopedia of Vibration, Volumes Ⅰ－Ⅲ, AcademicPress, 2001.

Brown, R. , and B. Read, Measurement Techniques for Polymers Solids, Elsevier Applied Science Publishers, New York, 1984.

Chen G. and Zhou J. , Vibration and Damping in Distributed Systems, Volume I and II, CRC Press; 1993.

Christensen R. M. , Theory of Viscoelasticity: An Introduction, 2, Academic Press Inc. , New York, 1982.

Drake M. L. and Terborg G. E. , Polymeric Material Testing Procedures to Determine Damping Properties and the Results of Selected Commercial Material, Technical Report AFWAL-TR-80-4093, July 1980.

Drozdov A. D. , Mechanics of Viscoelastic Solids, Wiley, 1998.

Ferry J. D. , Viscoelastic Properties of Polymers (3), Wiley, 1980.

Findley W. N. , Lai J. S. , and Onaran K. , Creep and Relaxation of Nonlinear Viscoelastic Materials, Dover Publications, 1989.

Flugge W. , Viscoelasticity, Blaisdell Publishing Company, Waltham, MA, 1967.

Garibaldi L. and Onah H. N. , Viscoelastic Material Damping Technology, Becchis Osiride, Turin, 1996.

Haddad Y. M. , Viscoelasticity of Engineering Materials, Chapman & Hall, New York, 1995.

Jones D. , Handbook of Viscoelastic Vibration Damping, Wiley; 2001.

Lakes R. , Viscoelastic Solids, CRC Press, Boca Raton, FL, 1999.

Lakes R. , Viscoelastic Materials, Cambridge Press, 2009.

Mead D. , Passive Vibration Control, Wiley; 1999.

Menard K. P. , Dynamic Mechanical Analysis, CRC Press, Boca Raton, FL, 1999.

Nashif A. , Jones D. and Henderson J. , Vibration Damping. Wiley, New York, 1985.

Osinski Z. , Damping of Vibrations, Taylor & Francis; 1998.

Phan-Thien N. , Understanding Viscoelasticity: Basics of Rheology, Springer Verlag, 2002.

Rivin E. I. , Stiffness and Damping in Mechanical Design, Marcel Dekker; 1999.

Rivin E. I. , Passive Vibration Isolation, American Society of Mechanical Engineers; 2003.

Sun C. and Lu Y. P. , Vibration Damping of Structural Elements, Prentice Hall, Englewood Cliffs, NJ, 1995.

Tschoegl N. W. , The Phenomenological Theory of Linear Viscoelastic Behavior: An Introduction, Springer Verlag, 1989.

Wineman A. S. and Rajagopal K. R. , Mechanical Response of Polymers: An Introduction, Cambridge University Press, 2000.

Zener C. M. , Elasticity and Anelasticity of Metals, University of Chicago Press, Chicago, 1948.

译者简介

舒海生，男，汉族，1976 年出生，工学博士，博士后，中共党员，现任池州职业技术学院机电与汽车系教授，主要从事振动分析与噪声控制、声子晶体与超材料、机械装备系统设计等方面的教学与科研工作，近年来发表科研论文 30 余篇，主持国家自然科学基金、黑龙江省自然科学基金、博士后基金等多个项目，并参研多项国家级和省部级项目，出版译著 5 部。

黄国权，男，汉族，1965 年出生，硕士，中共党员，现任哈尔滨工程大学机电工程学院教授、硕士生导师，主要从事机械 CAD/CAM 技术和数字化制造与智能制造方面的教学与科研工作。历年来发表学术论文 30 余篇，出版著作 5 部。

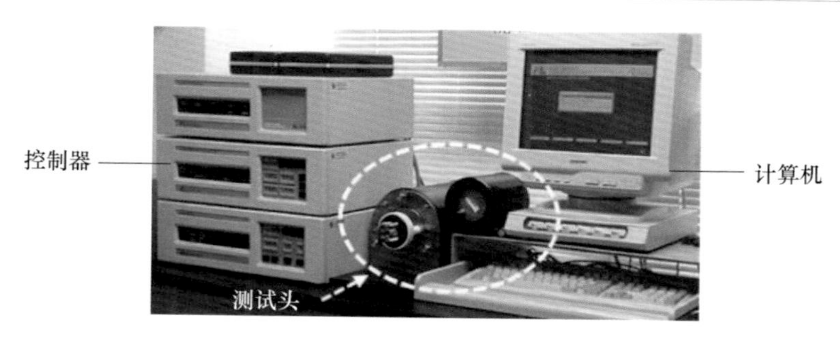

(a)DMTA系统

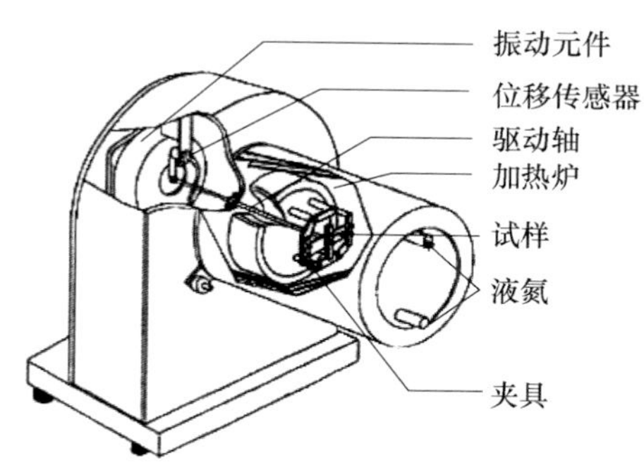

(b)DMTA的主要部件

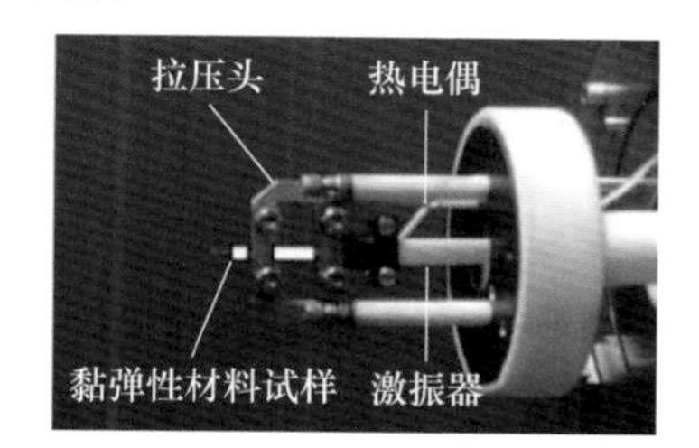

(c)不同类型的DMTA测试头

图 3.7 动态机械热分析仪(DMTA)

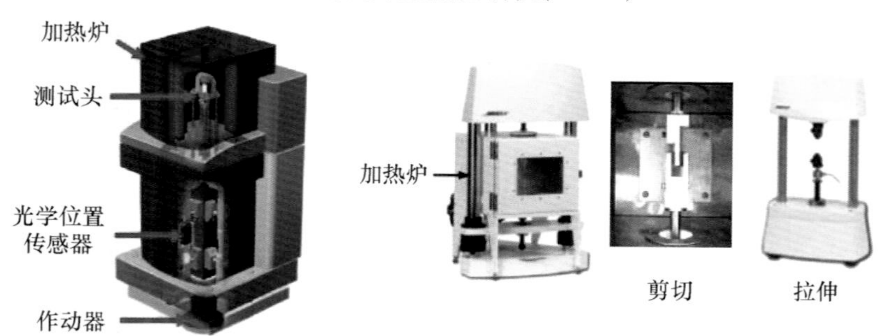

(a)TA仪器公司
(DMA-QM800，New Castle，DE)

(b)BOSE，电力系统公司
(ELF3200，Eden Prairie，MN)

图 3.21 典型的蠕变和松弛测试装置

(a)一阶模态(72Hz)

(b)二阶模态(392Hz)

图 4.19　梁/PCLD 系统在前两阶固有频率处的模态形状(ANSYS 计算结果)

(a)一阶弯曲模态(81.1Hz)

(b)一阶扭转模态(451.4Hz)

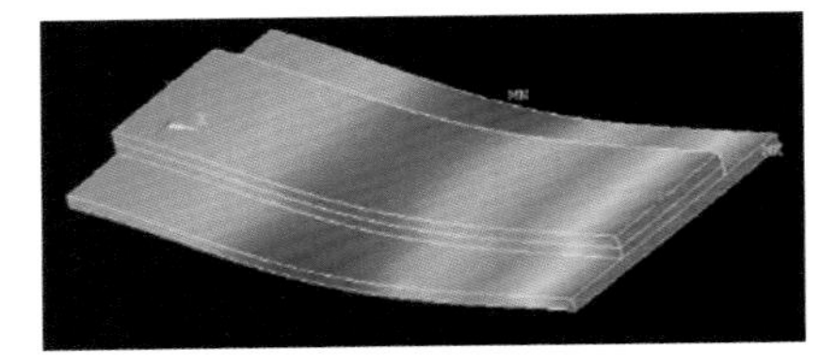

(c)二阶弯曲模态(1272Hz)

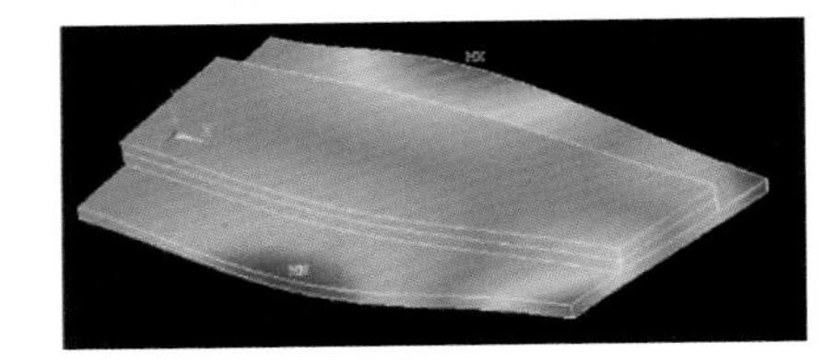

(d)二阶扭转模态(1931Hz)

图 4.30　前 4 阶固有频率处的系统模态形状

表 4.11　不带任何处理的壳的固有频率和模态形状

有限元计算结果	ANSYS
58Hz	58Hz
59Hz	58Hz
119Hz	118Hz

续表

有限元计算结果	ANSYS
119Hz 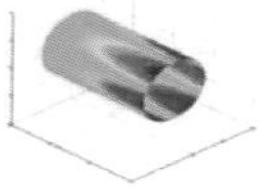	118Hz 
124Hz 	124Hz 
124Hz 	124Hz 

表 4.12 壳/PCLD 系统的固有频率和模态形状

有限元计算结果	ANSYS
60Hz 	60Hz 
62Hz 	60Hz 
119Hz 	118Hz 
120Hz 	118Hz 

续表

有限元计算结果	ANSYS
125Hz	128Hz
129Hz	138Hz

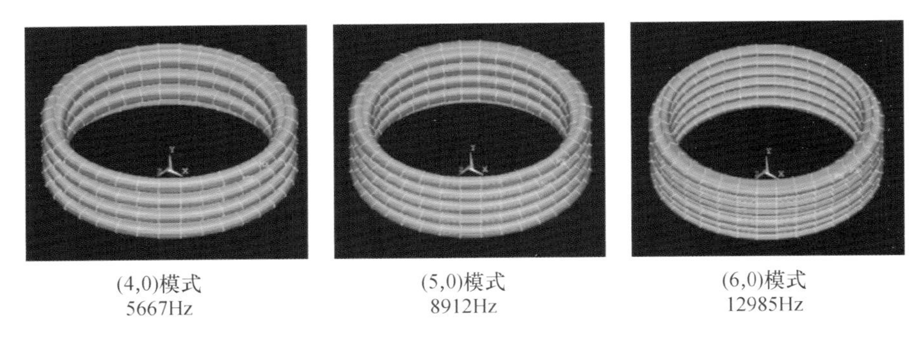

(4,0)模式 5667Hz　　(5,0)模式 8912Hz　　(6,0)模式 12985Hz

图 6. 28　壳/ACLD 系统的主要振动模态形状

(a)有限元网格

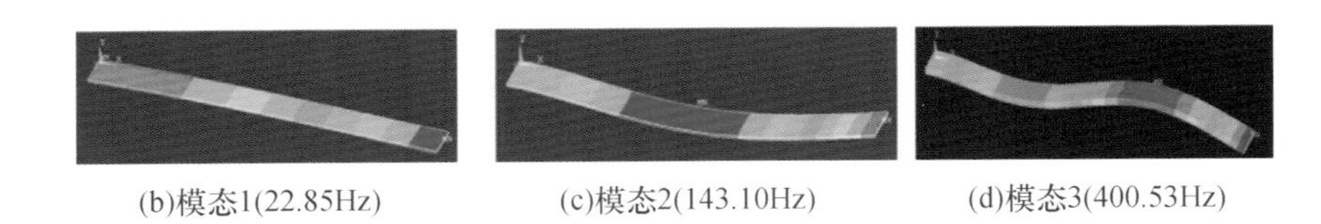

(b)模态1(22.85Hz)　　(c)模态2(143.10Hz)　　(d)模态3(400.53Hz)

图 7. 23　梁/ACLD 系统的有限元模型和模态形状

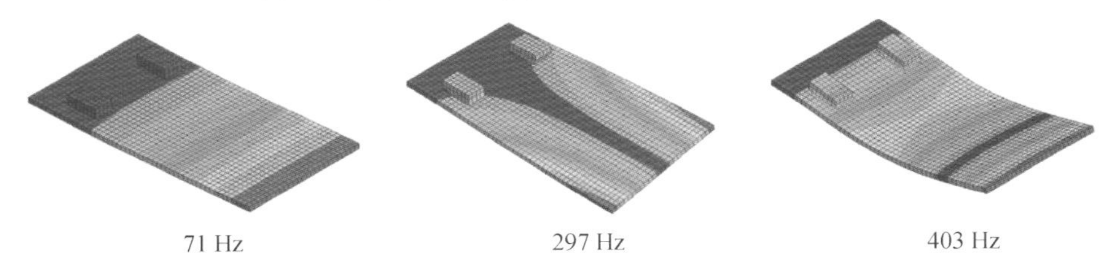

71 Hz　　297 Hz　　403 Hz

图 7. 32　带有两块 ACLD 片的悬臂板结构的振动模态

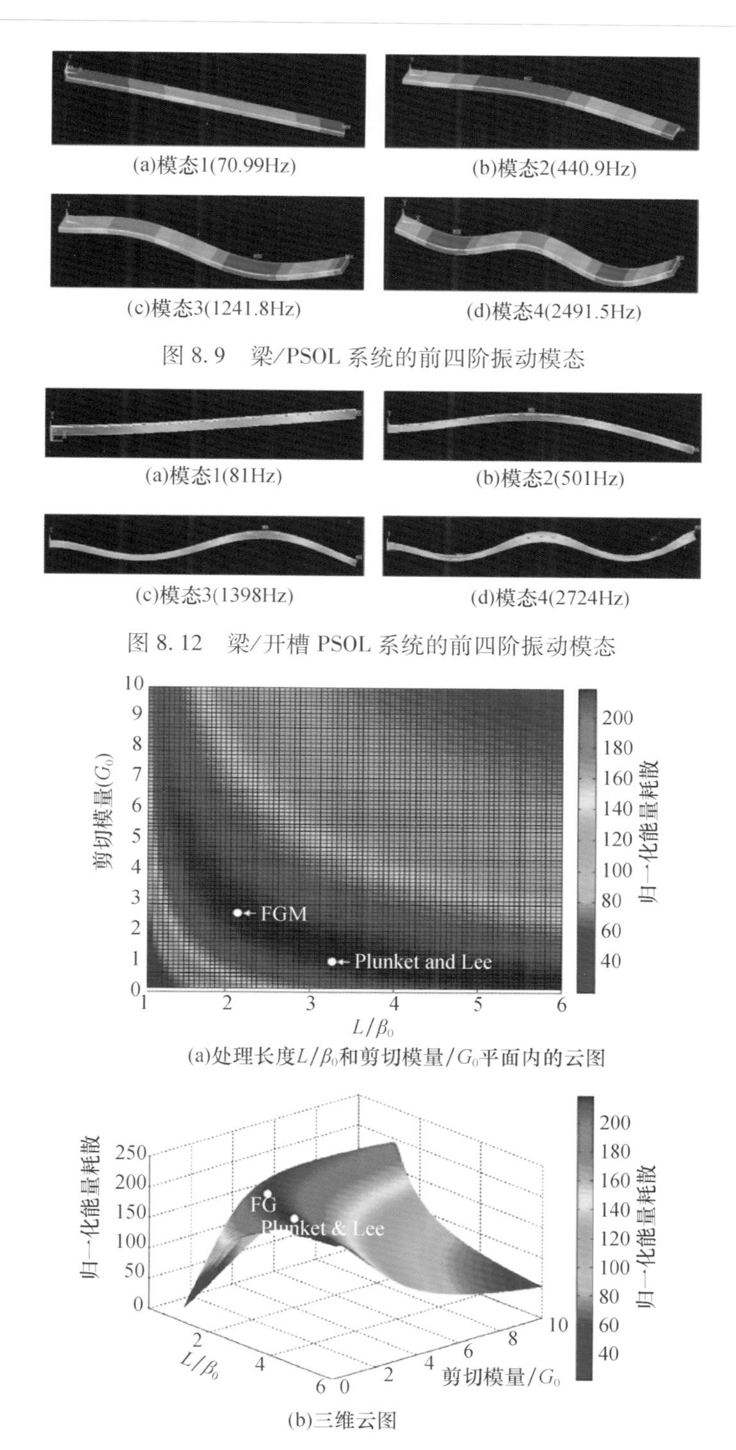

图 8.9 梁/PSOL 系统的前四阶振动模态

图 8.12 梁/开槽 PSOL 系统的前四阶振动模态

图 8.20 FGVEM 的归一化能量耗散特性随处理长度 L/β_0 和剪切模量/ G_0 的变化情况

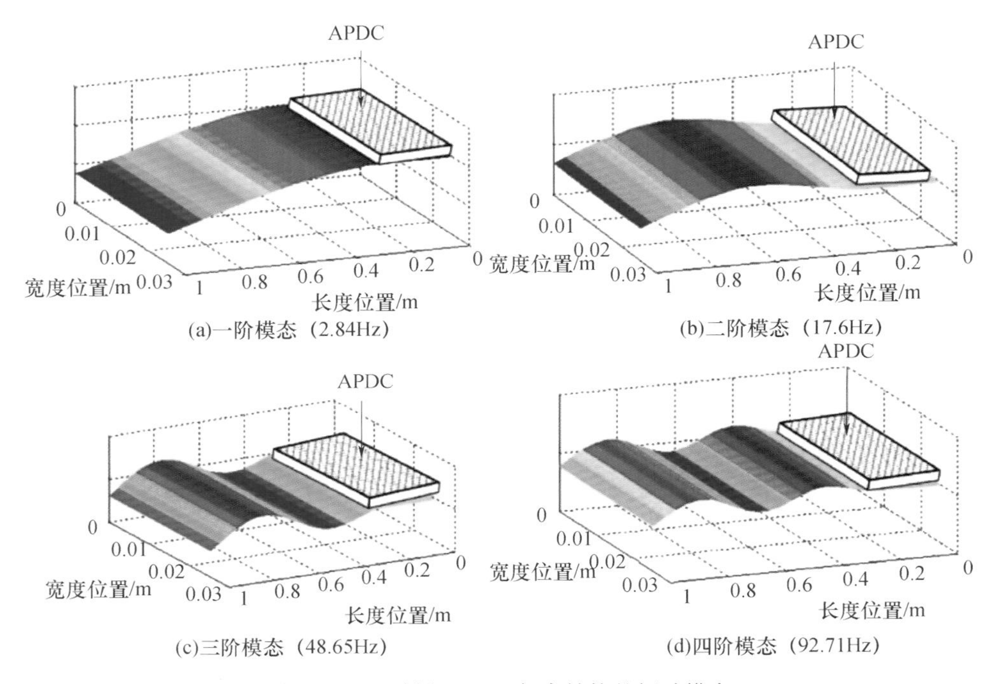

图 8.39 悬臂梁/APDC 复合结构的振动模态

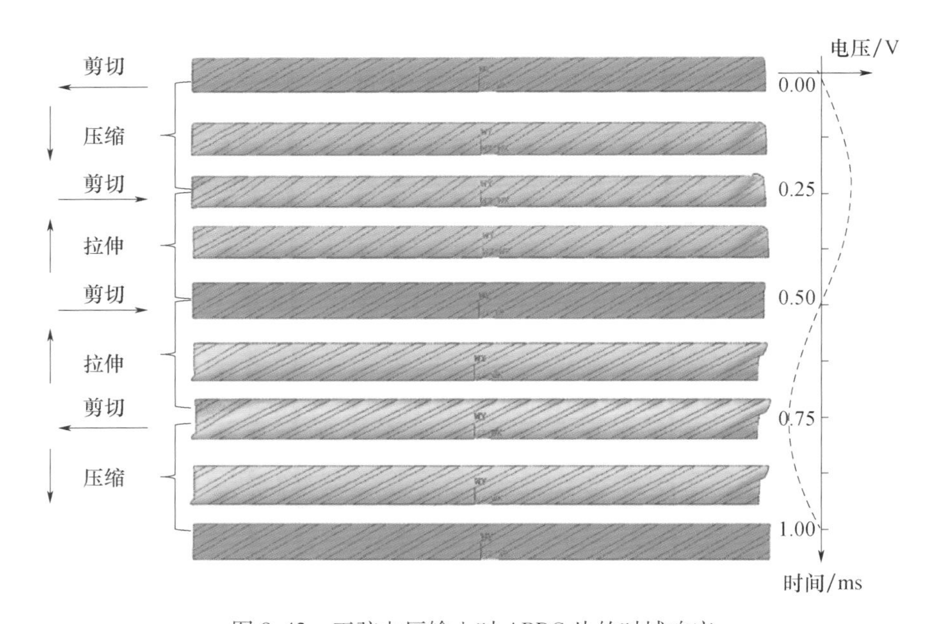

图 8.43 正弦电压输入时 APDC 片的时域响应

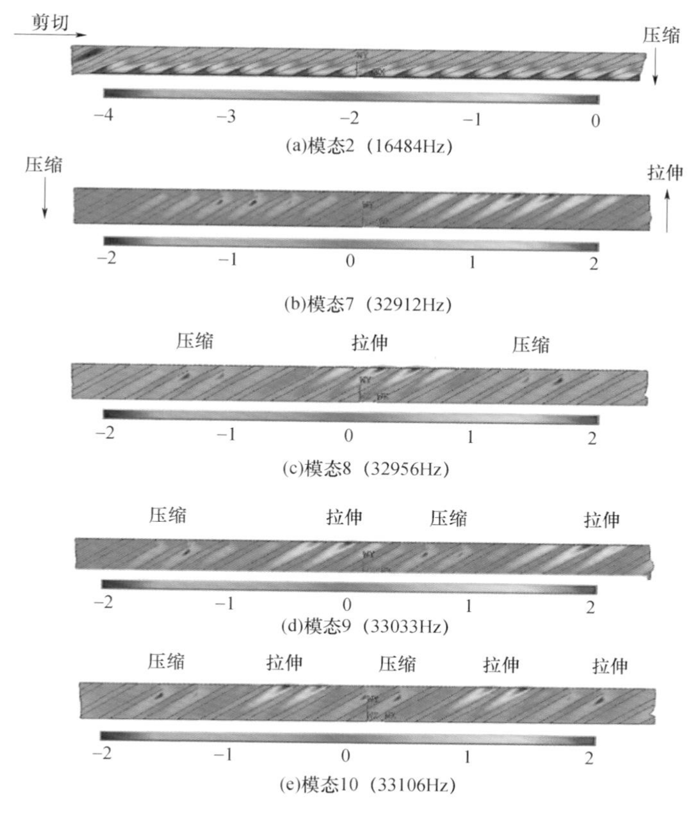

图 8.44 APDC 片的一些振动模态

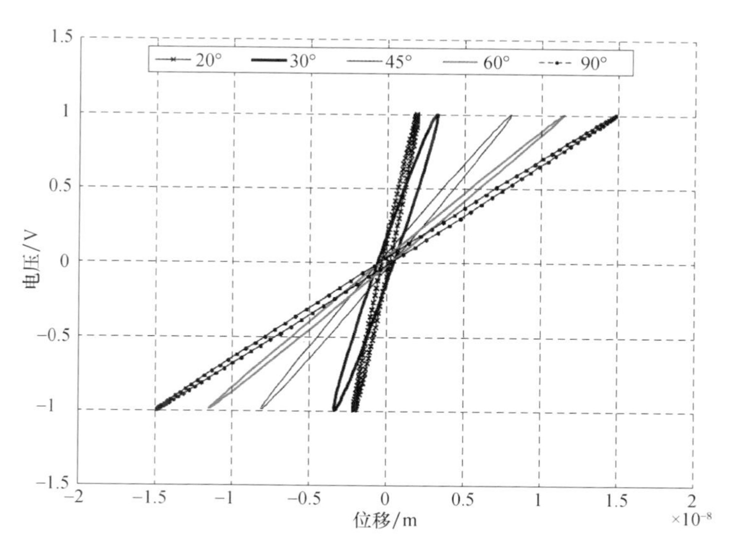

图 8.45 压电杆倾斜角度对 APDC 片的滞回特性的影响

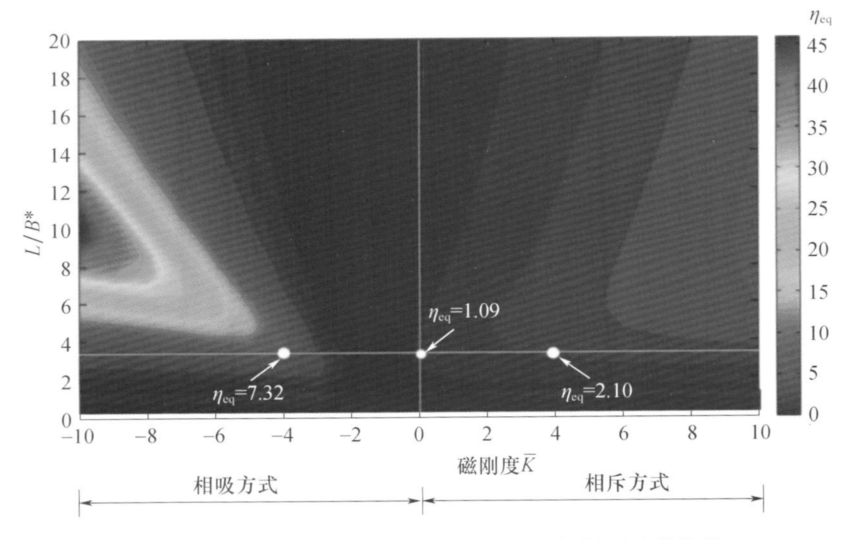

图 8.51 在 $L/B_0 - \bar{K}$ 平面内的 MCLD 的损耗因子等值线

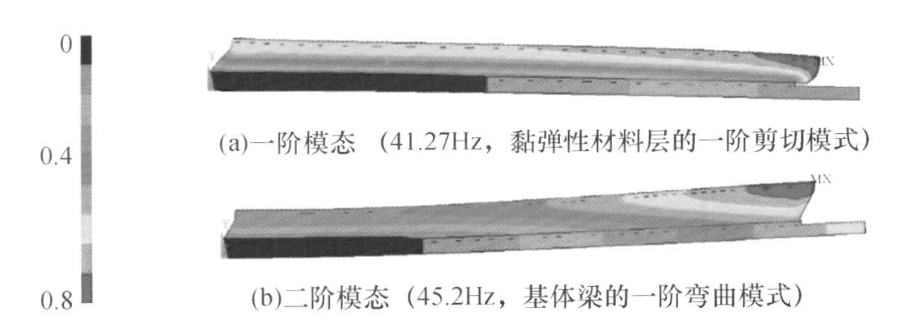

(a)一阶模态（41.27Hz，黏弹性材料层的一阶剪切模式）

(b)二阶模态（45.2Hz，基体梁的一阶弯曲模式）

图 8.55 梁/PMC 系统的前两阶振动模态

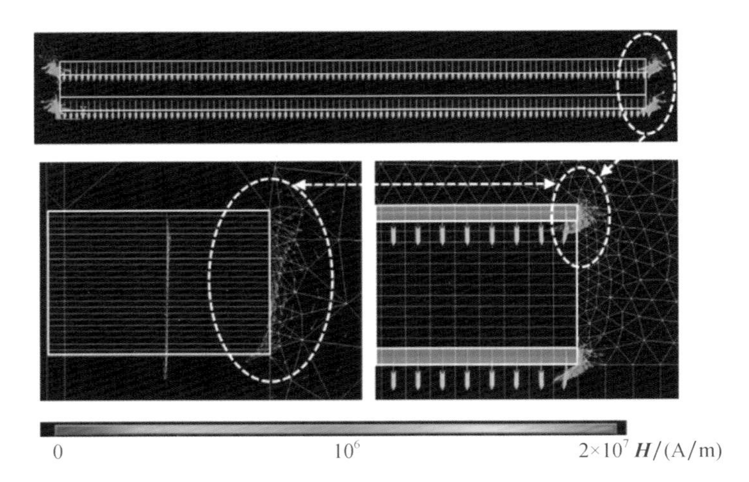

图 8.58 磁体层以相吸方式布置的梁/PMC 系统的磁场强度矢量 $\boldsymbol{H}$ 分布情况

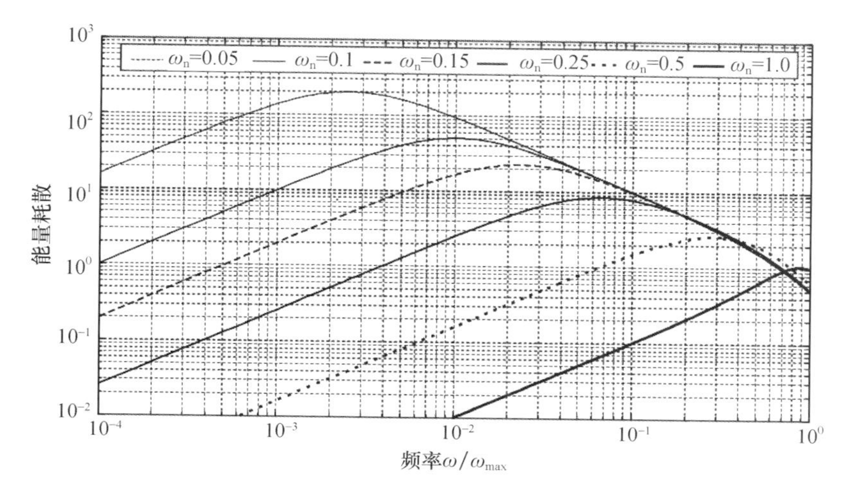

图 8.62　带有负刚度元件的单自由度系统的能量耗散特性($\bar{C}$ = 1)

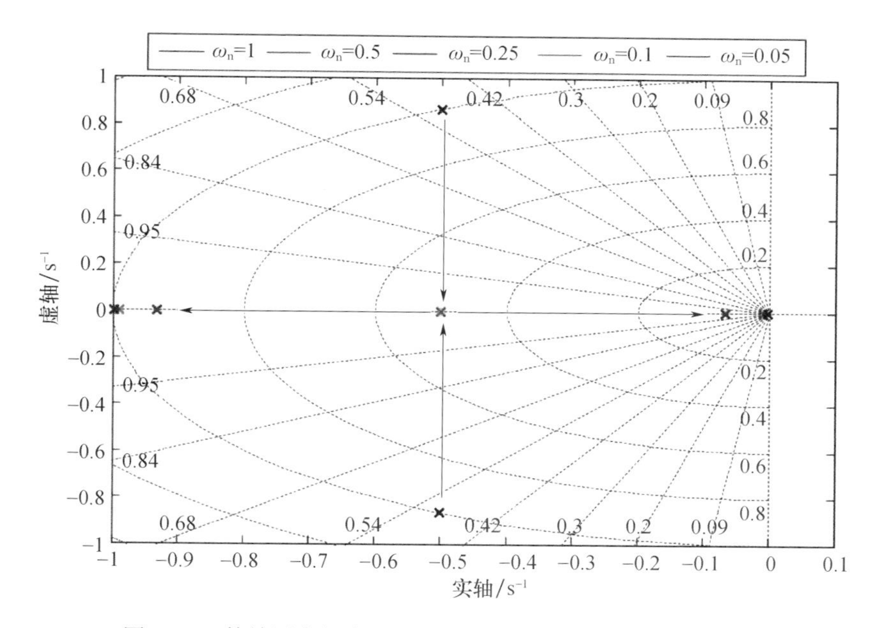

图 8.64　等效固有频率 $\bar{\omega}_n$ 对 NSC 系统极点的影响($\bar{C}$ = 1)

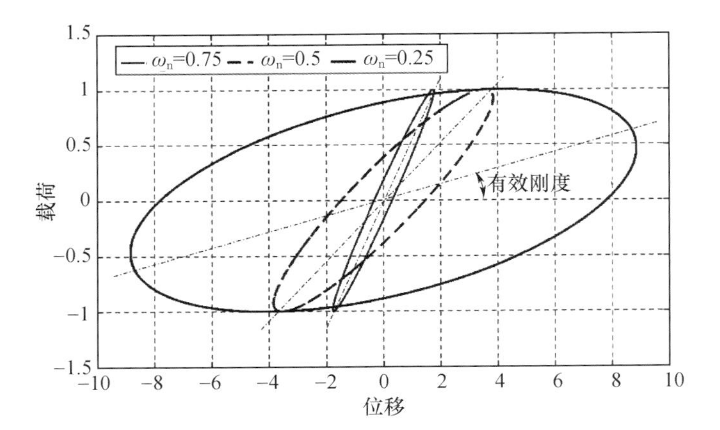

图 8.65 带有一个负刚度元件的 NSC 系统的

滞回特性($\bar{\omega}$ = 0.1, $\bar{C}$ = 1)

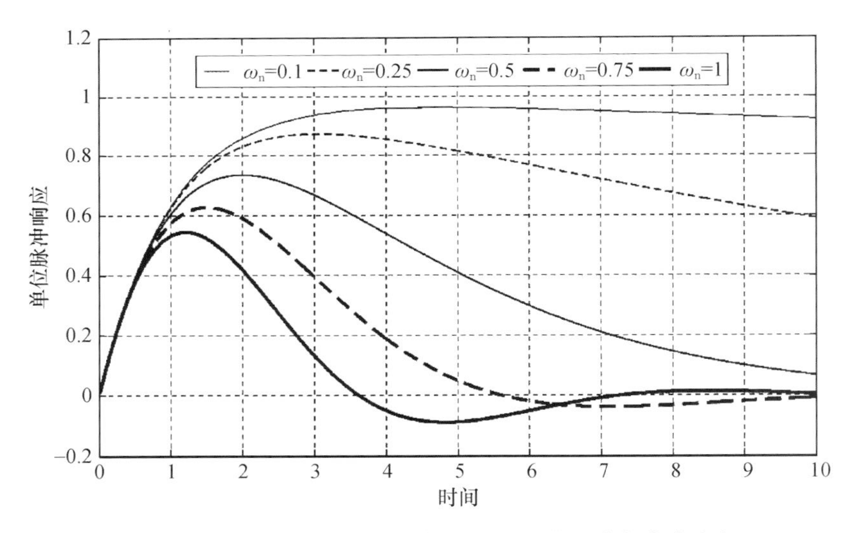

图 8.67 带有一个负刚度元件的 NSC 系统的单位脉冲响应

(针对不同的 $\bar{\omega}_n$ 值,且 $\bar{C}$ = 1.0)

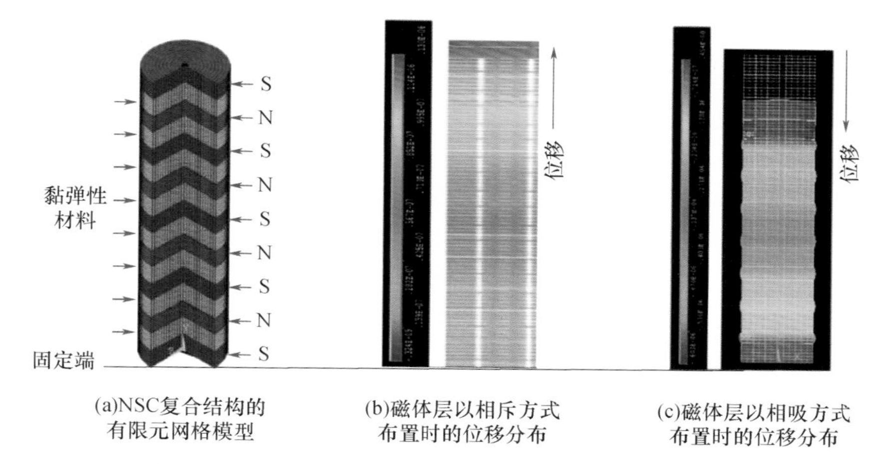

图 8.71　磁体层以相吸和相斥方式布置时磁复合结构的有限元模型以及位移分布情况

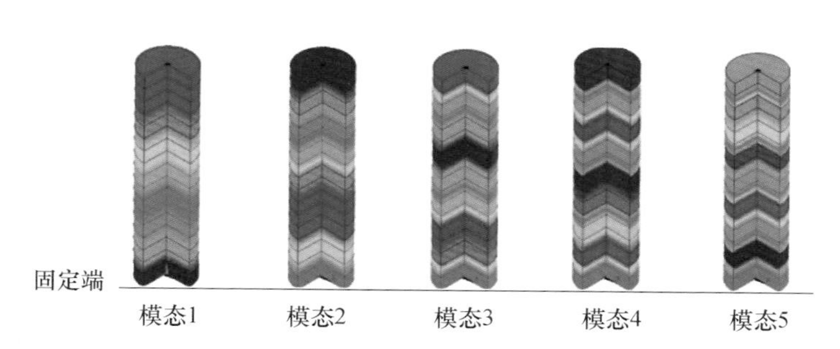

图 8.72　NSC 复合结构的前 5 阶模态形状

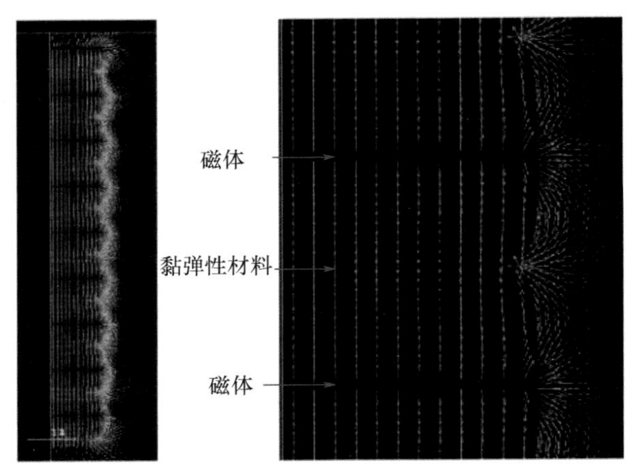

整体情况　　局部放大

(a)磁体层以相吸方式布置

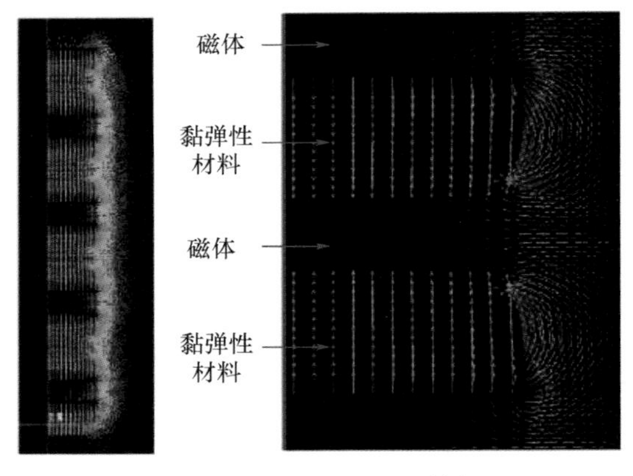

整体情况　　局部放大

(b)磁体层以相斥方式布置

图 8.74　磁复合结构(相吸和相斥布置方式)中的磁场情况

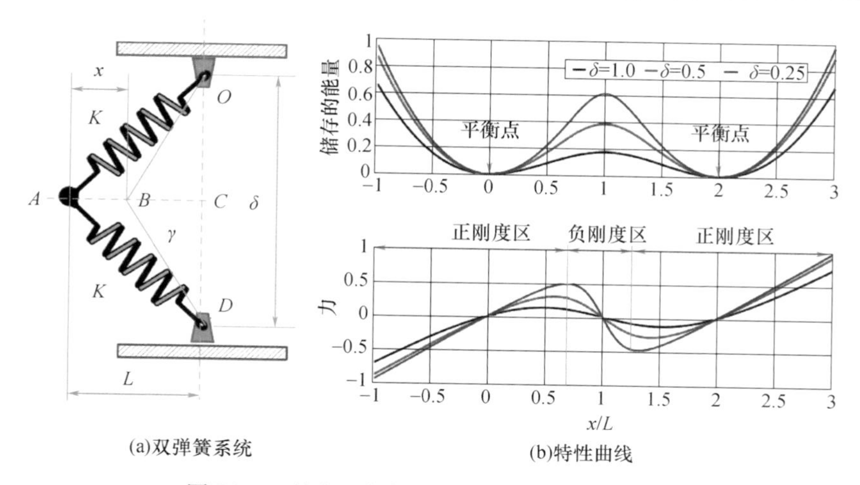

(a)双弹簧系统　　(b)特性曲线

图 P8.5　具有正负等效刚度特性的双弹簧系统

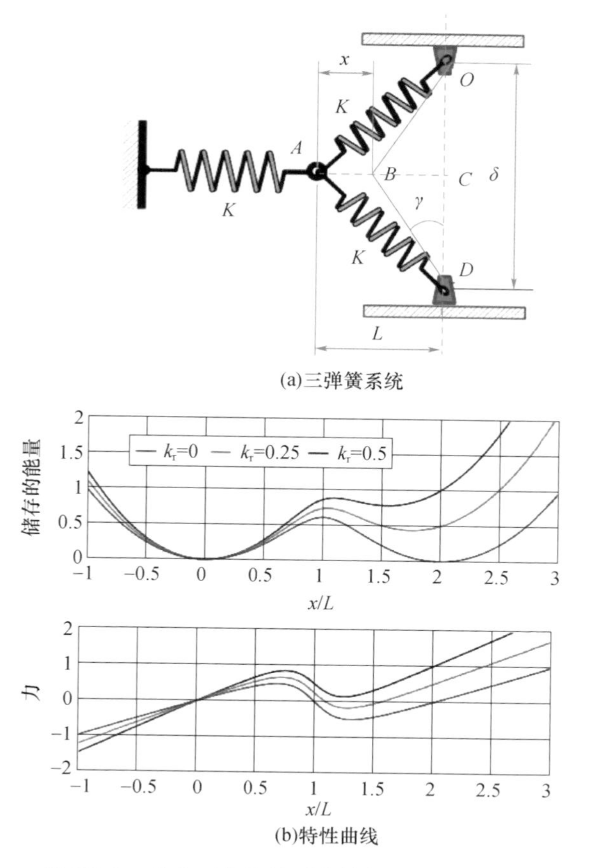

(b)特性曲线

图 P8.6　具有正负等效刚度特性的三弹簧系统

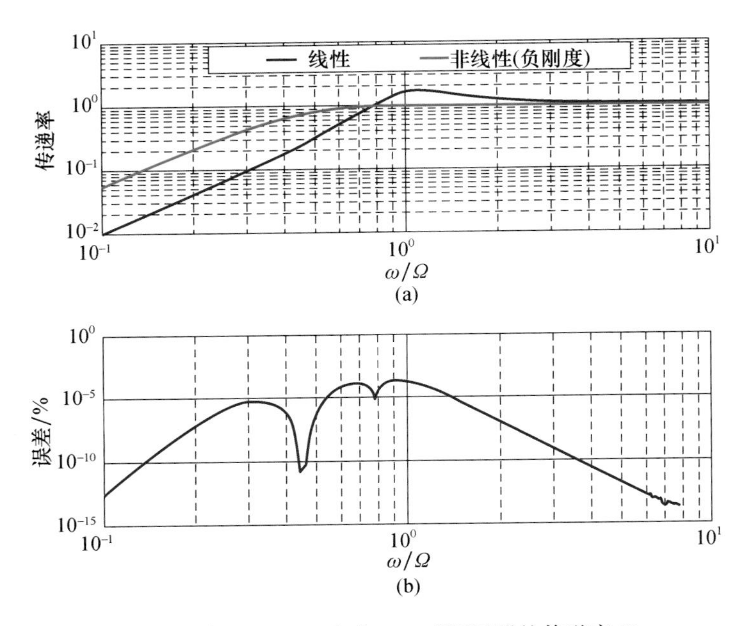

图 P8.9 当 $k_r = 0.2$ 和 $\bar{\delta} = 5$ 时隔振器的传递率 T_{NS}

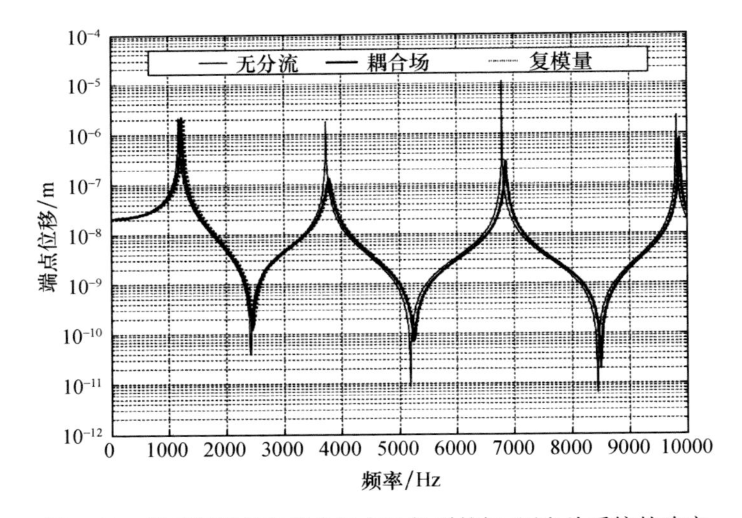

图 9.23 基于复模量和耦合场方法得到的杆/压电片系统的响应

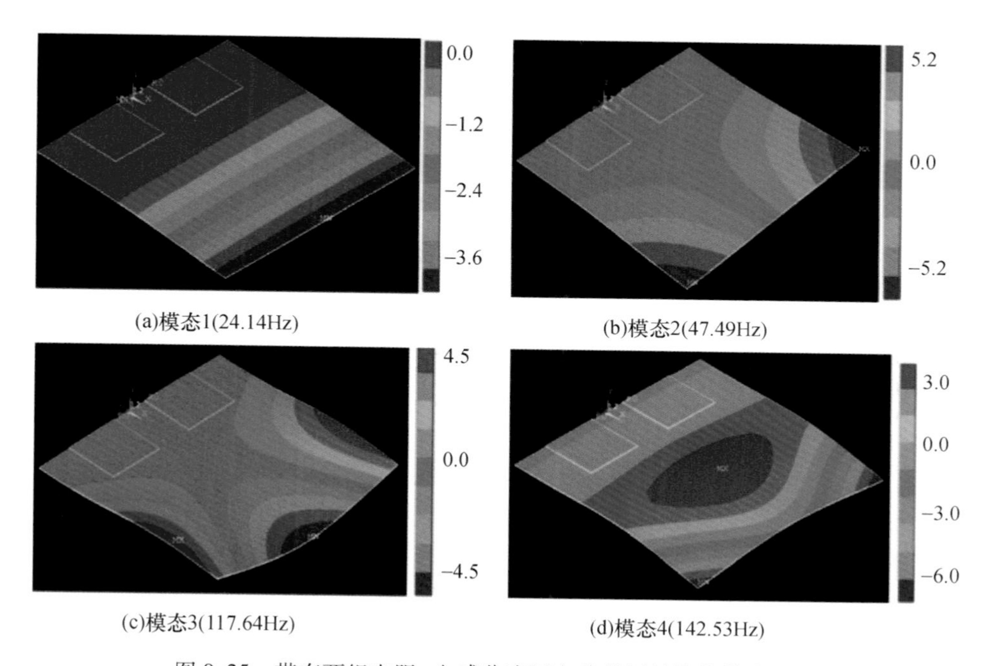

图 9.25 带有两组电阻-电感分流压电片的板结构的模态形状

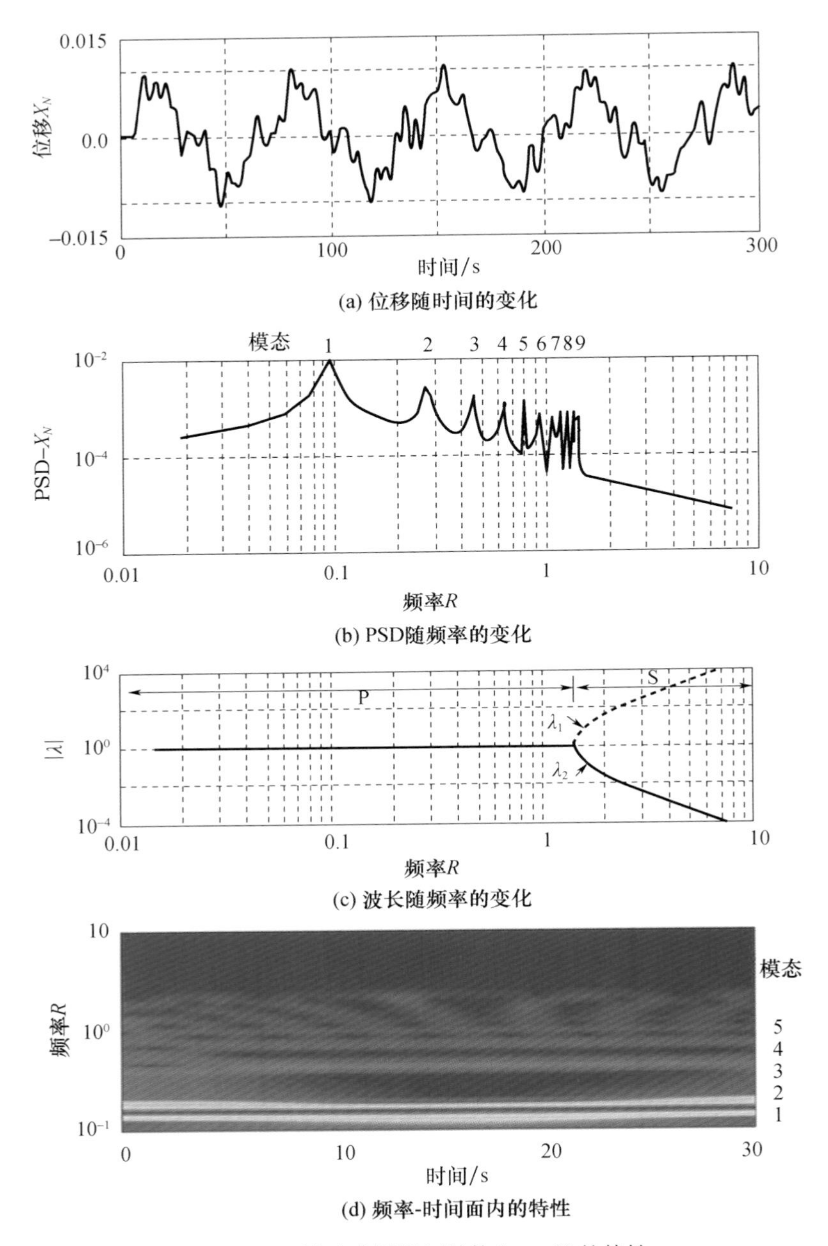

图 10.27　被动式周期杆结构($r_{kc}=0$)的特性

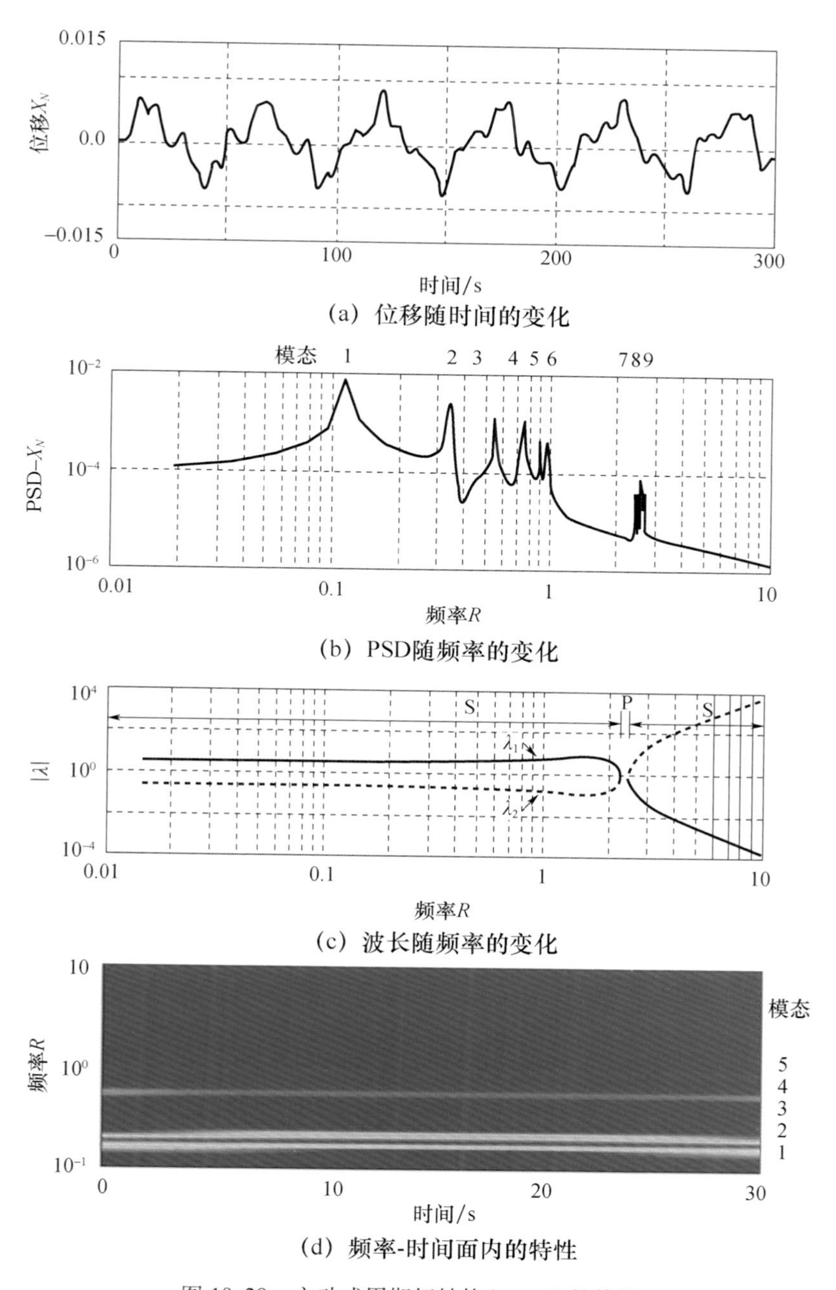

(a) 位移随时间的变化

(b) PSD随频率的变化

(c) 波长随频率的变化

(d) 频率-时间面内的特性

图 10.28　主动式周期杆结构($r_{kc}=5$)的特性

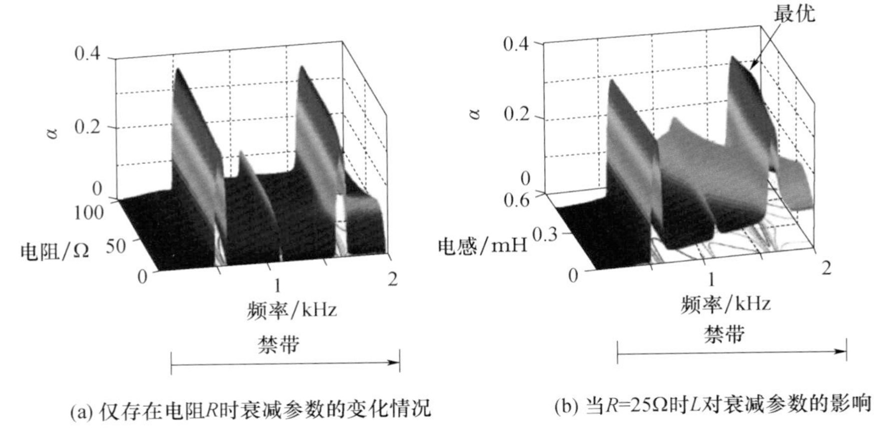

图 10.30　带有周期布置的分流压电片的杆结构

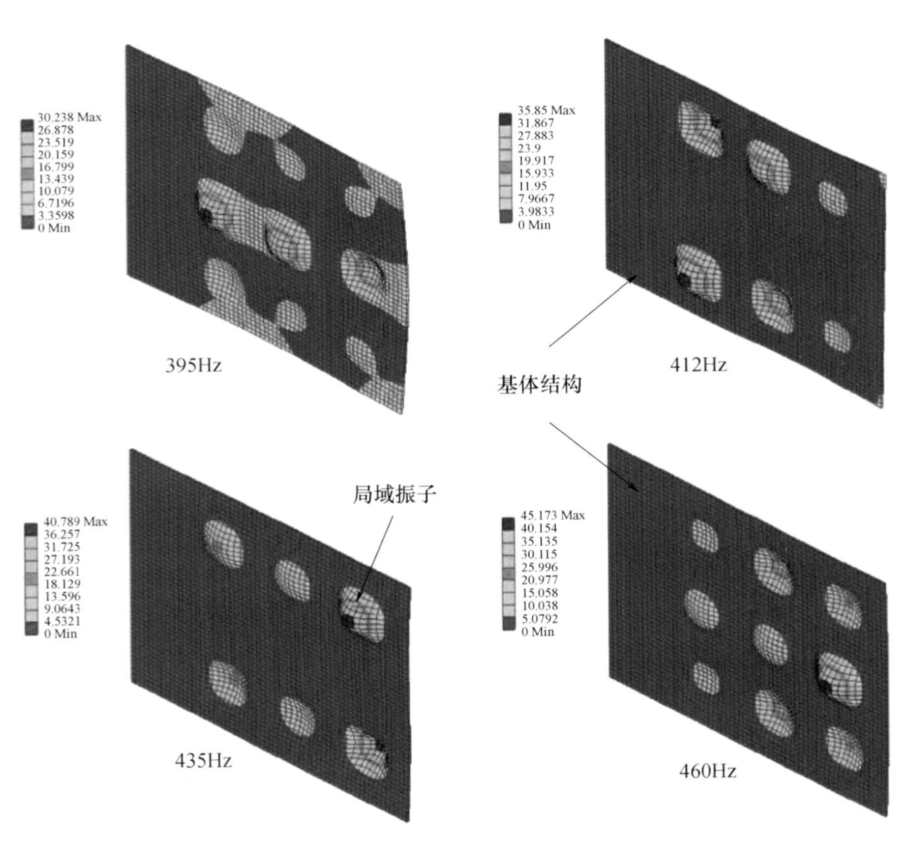

图 10.48　超材料板(带有周期布置的局域共振子)在第一禁带内的振动模式

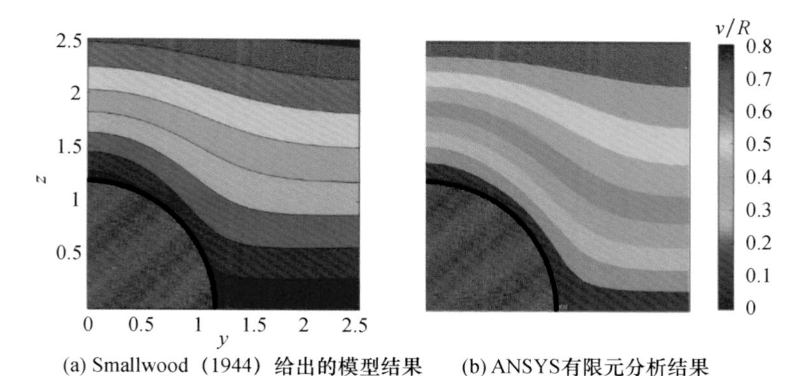

图 11.20 CB/聚合物复合材料的代表性体积单元(RVE)的 y 方向位移对比

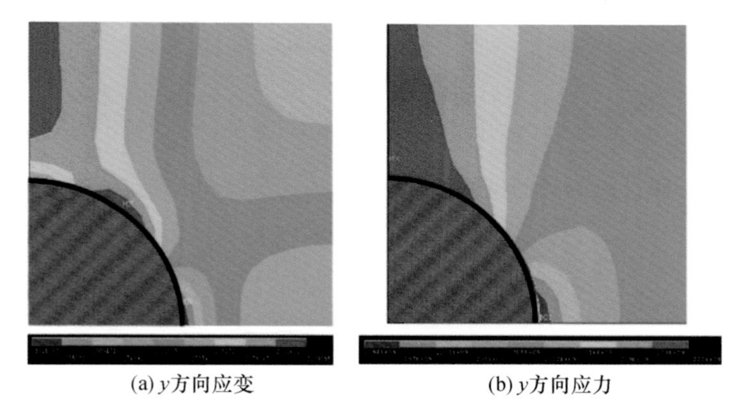

图 11.21 CB/聚合物复合材料的代表性体积单元(RVE)的 y 方向应力和应变云图（ANSYS 有限元计算结果）

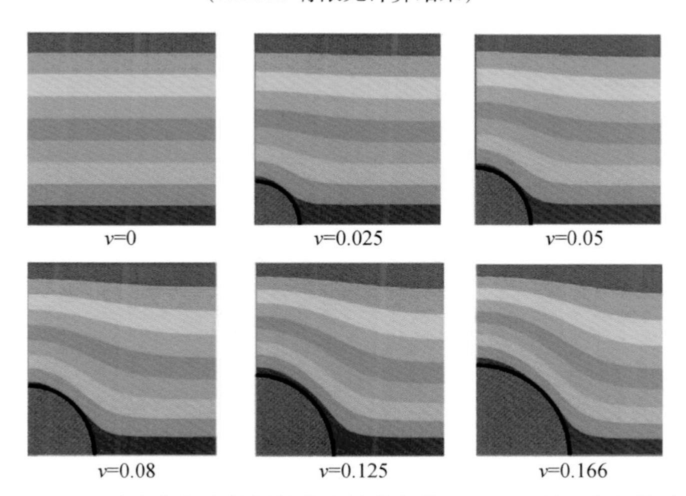

图 11.22 CB/聚合物复合材料的代表性体积单元(RVE)的 z 方向位移云图（ANSYS 有限元计算结果）

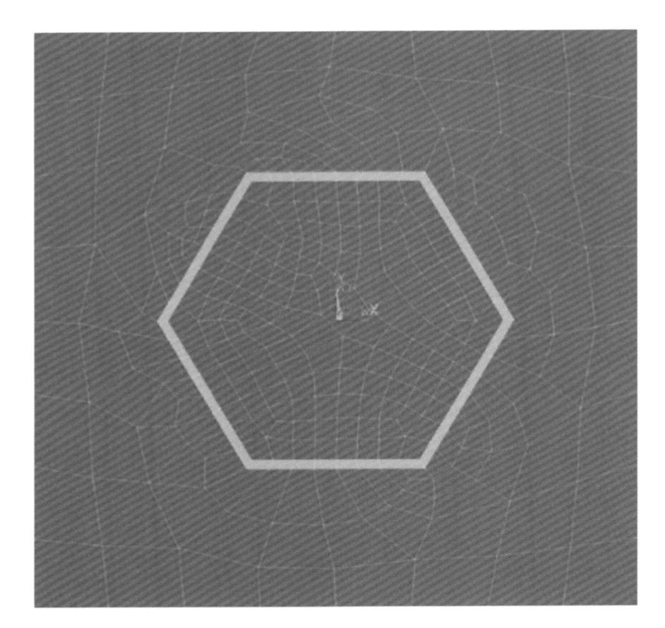

图 P11.7　方形阵列的有限元网格

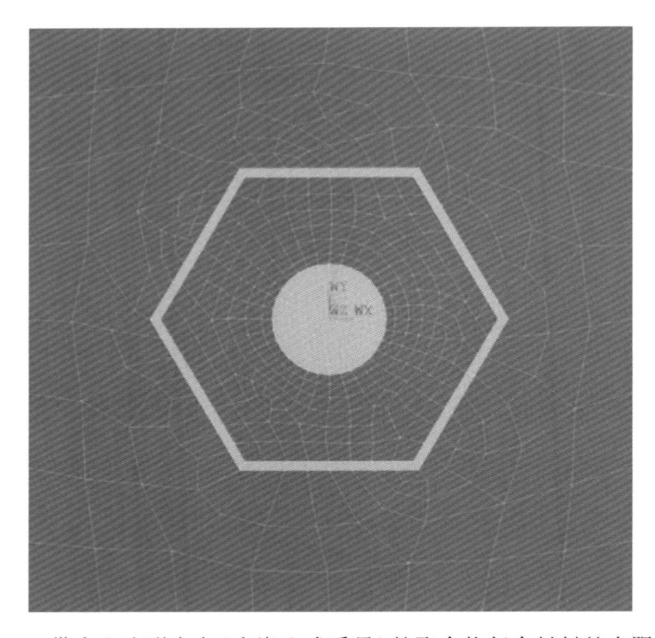

图 P11.9　带有六边形夹杂(含嵌入式质量)的聚合物复合材料的有限元网格

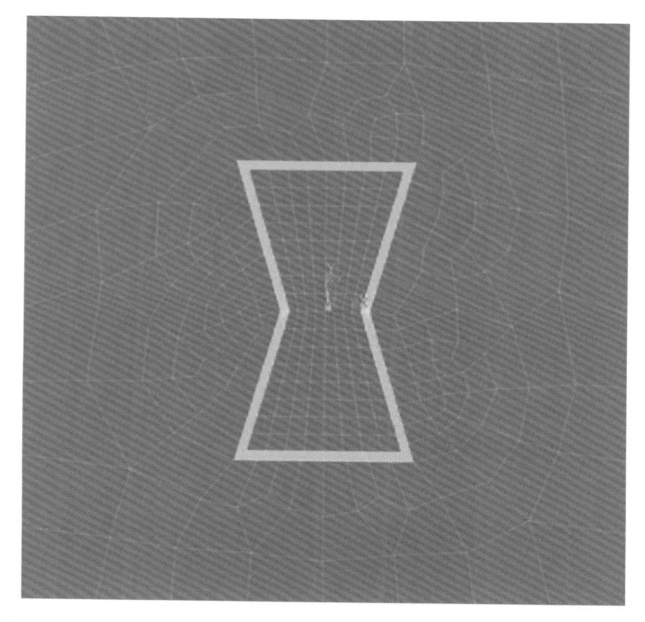

图 P11. 11　带有凹六边形夹杂的聚合物复合材料的有限元网格

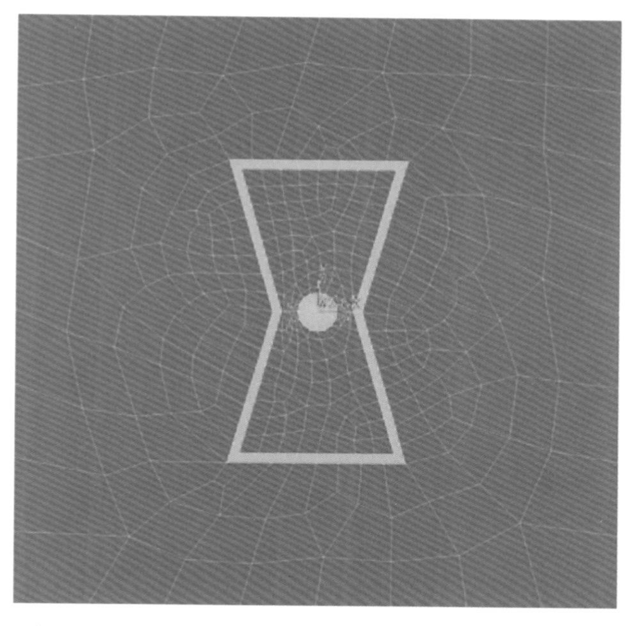

图 P11. 13　带有凹六边形夹杂(含嵌入式质量)的聚合物复合材料的有限元网格

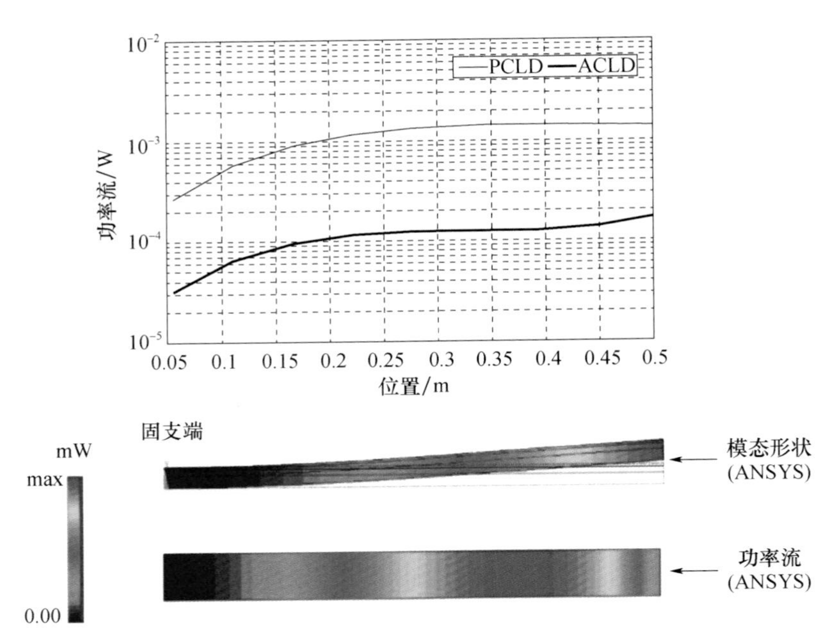

图 12.8　经过完全处理的梁结构的开环和闭环功率流(一阶模态处,48.9Hz)

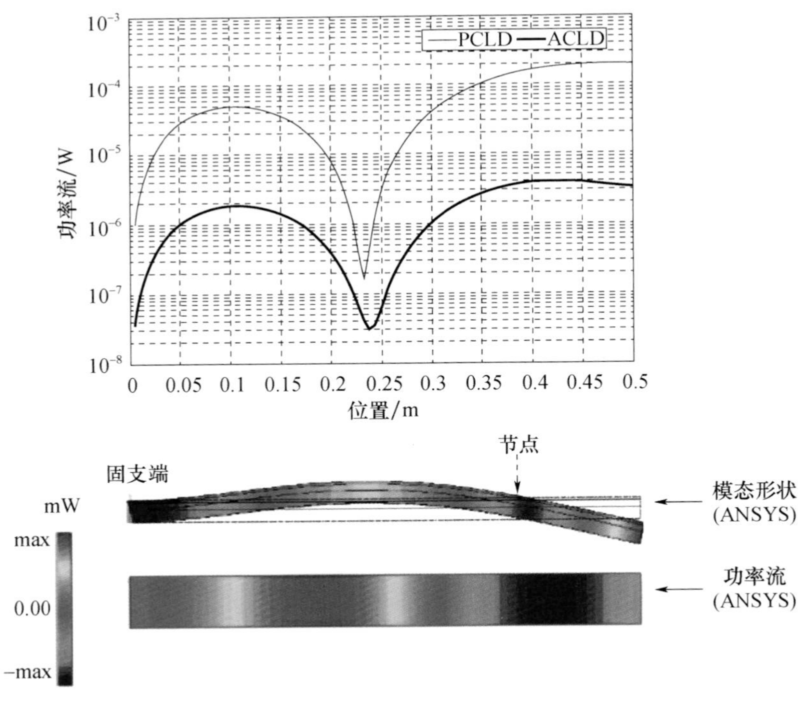

图 12.9　经过完全处理的梁结构的开环和闭环功率流(二阶模态处)

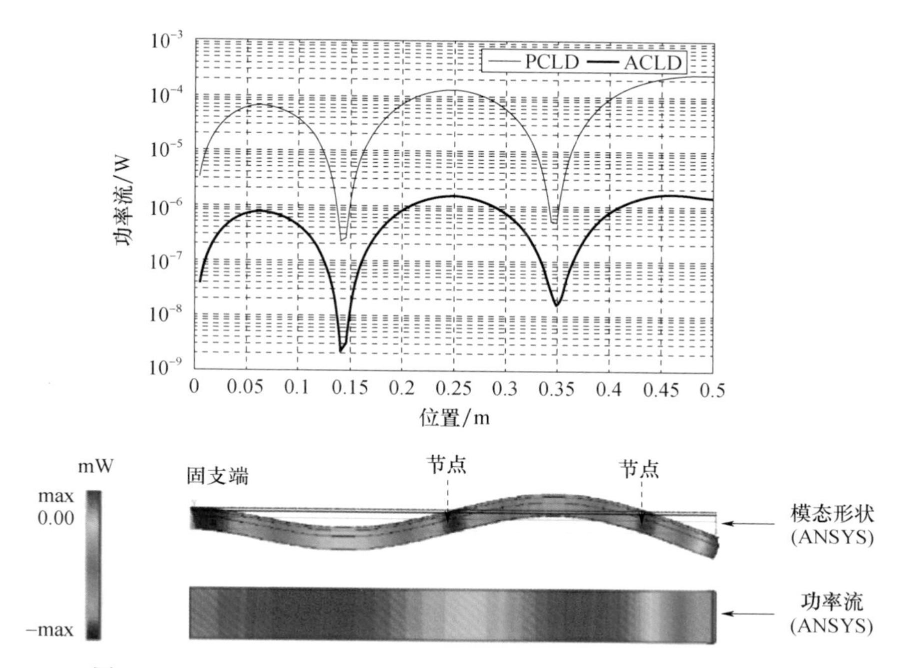

图 12. 10　经过完全处理的梁结构的开环和闭环功率流(三阶模态处)

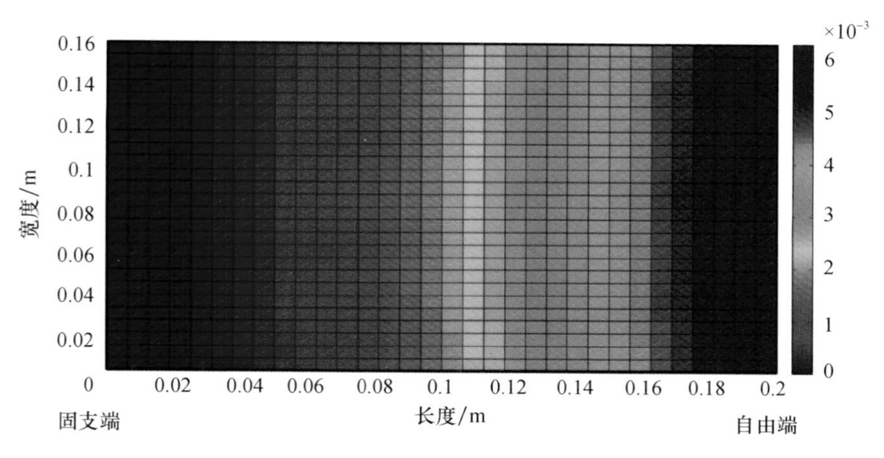

图 12. 13　悬臂板的一阶模态形状

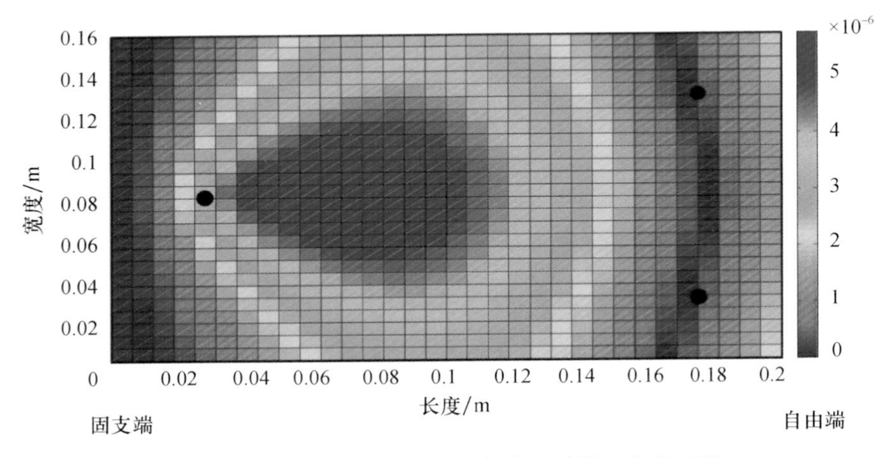

图 12.14 悬臂板在一阶固有频率处的横向位移云图

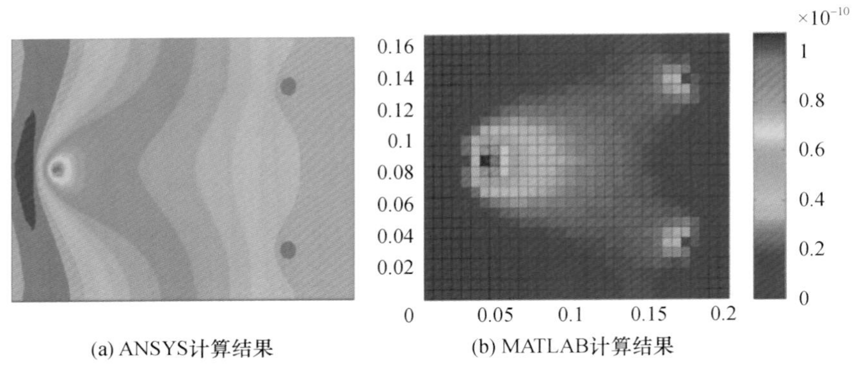

图 12.21 悬臂板在一阶固有频率处的功率流分布($C_1 = 5\mathrm{Nsm}^{-1}, C_2 = 5\mathrm{Nsm}^{-1}$)

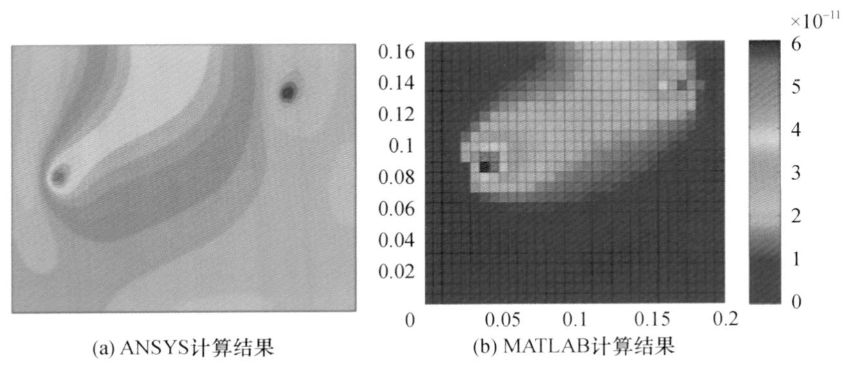

图 12.22 悬臂板在一阶固有频率处的功率流分布($C_1 = 1\mathrm{Nsm}^{-1}, C_2 = 5\mathrm{Nsm}^{-1}$)

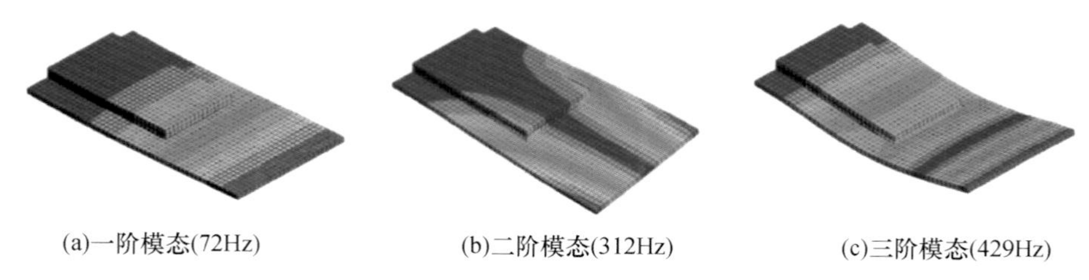

图 12.28 带有一块 PCLD 片的悬臂板结构的前三阶振动模态情况

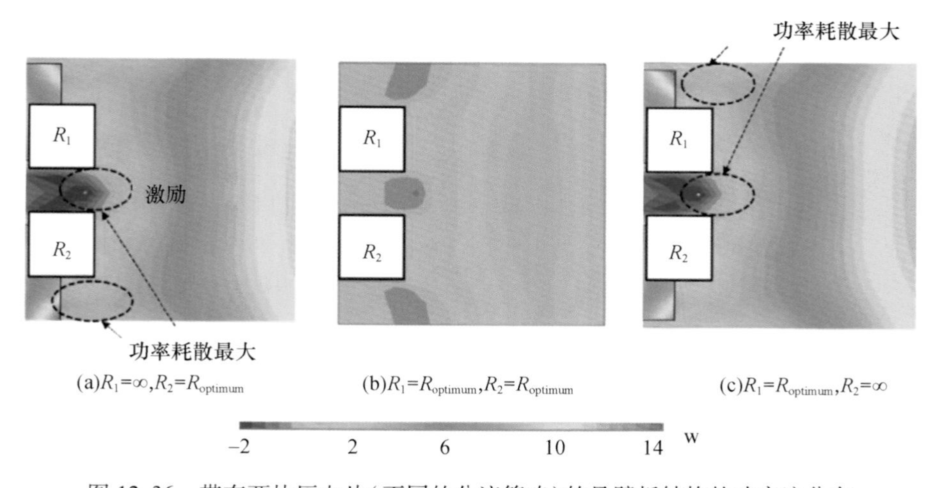

图 12.36 带有两块压电片(不同的分流策略)的悬臂板结构的功率流分布

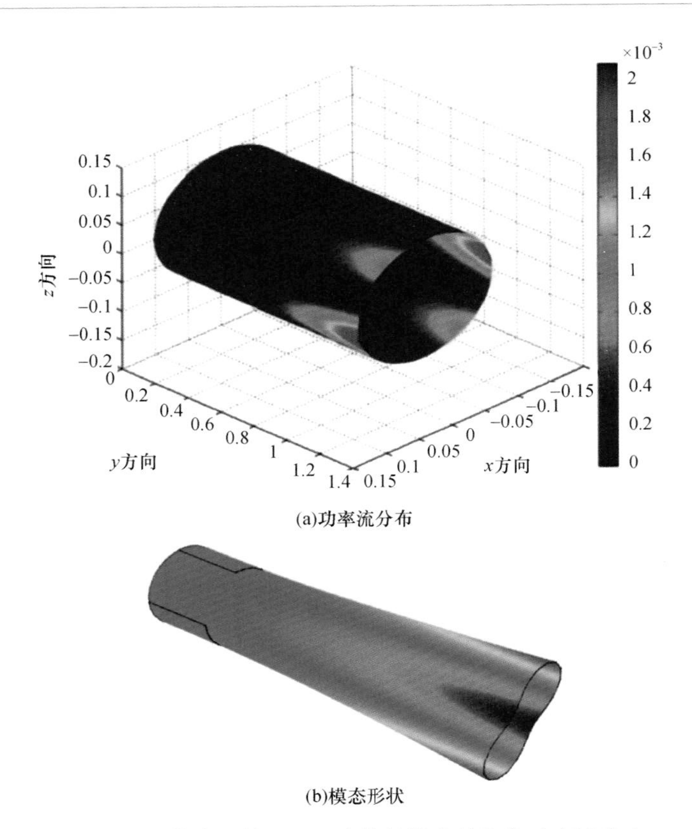

(a)功率流分布

(b)模态形状

图 12.38　带有两块 PCLD 片的悬臂壳结构的功率流分布（在 MATLAB 环境下基于有限元方法得到的结果）和模态形状

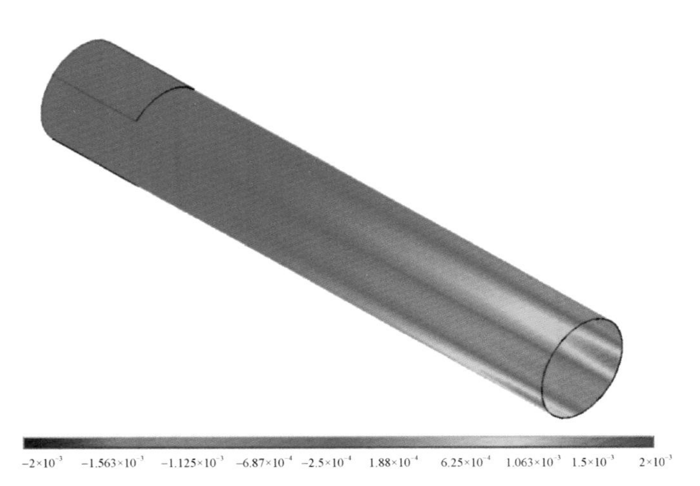

图 12.40　带有两块 PCLD 片的悬臂壳结构的功率流分布（基于 ANSYS 软件得到的计算结果）